杰诚文化/编著

·外行学·

Office电脑办公从入门到精通

图书在版编目（CIP）数据

外行学Office电脑办公从入门到精通/杰诚文化编著.—北京：中国青年出版社，2006
ISBN 978-7-5006-7019-3
I.外... II.杰... III.办公室—自动化—应用软件，Office IV. TP317.1
中国版本图书馆CIP数据核字（2006）第082226号

外行学Office电脑办公从入门到精通

杰诚文化 编著

出版发行：中国青年出版社
地　　址：北京市东四十二条21号
邮政编码：100708
电　　话：（010）59521188 / 59521189
传　　真：（010）59521111
企　　划：中青雄狮数码传媒科技有限公司

责任编辑：肖　辉　周　宁　吴汉英
封面制作：穆珊娜

印　　刷：北京新丰印刷厂
开　　本：787×1092 1/16
印　　张：25.75
版　　次：2008年11月北京第2版
印　　次：2008年11月第1次印刷
书　　号：ISBN 978-7-5006-7019-3
定　　价：22.00元（附赠1CD）

本书如有印装质量等问题，请与本社联系　电话：（010）59521188 / 59521189
读者来信：reader@cypmedia.com
如有其他问题请访问我们的网站：www.21books.com

前 言

当今时代是一个信息技术高速发展的时代，作为这个时代的标志，电脑已经被广泛地应用在各个领域和行业，为人们的生活、工作和学习带来了极大的方便——人们可以使用电脑来浏览最新资讯、收发电子邮件、远程视频聊天、共享网络资源等。

随着电脑在现代化办公应用中的不断普及，熟练运用电脑已成为办公人员必须具备的基本技能之一。越来越多的人开始涌入学习使用电脑办公的热潮之中，因此普及大众的电脑知识和应用技能势在必行。面对书店里多如牛毛的办公系列的书籍，您或许会困惑，或许会无所适从，不知该怎样选择。要想在短时间内快速成为办公高手，需要的是一本知识面较宽、讲解详细得当、并且环环与实际办公应用相扣，辅以实际办公中的实例进行提高的书籍，而本书正好就是这样一本书。

全书几乎涵盖了所有外行学电脑办公时必须掌握的技能，以实际操作为主要特色，每一个步骤都配有详细而直观的图片进行说明，将最简单的操作方法和最实用的功能技巧展现在读者面前，非常适合初学者阅读。在讲解Office办公软件时，以讲练结合的方式，即每讲解一个软件，就进行一次办公应用实战演练，使读者真正掌握该软件的使用方法并应用到实际工作中去。本书的另一大特色是书中绝大部分实例操作的步骤都配有具体详细的视频教学短片，如果读者在学习过程中遇到困难，只需打开视频教学光盘边学边做即可解决问题，从而帮助读者游刃有余地应用电脑进行办公。

本书覆盖面广，内容涉及到操作系统、输入法、办公常见设备、Office系列中的4大主要办公软件、电子邮件、即时通讯与网络安全等内容，与现代商务办公密切联系。在内容安排上充分考虑了广大电脑初学者渴望深入学习电脑办公知识的需求，层次清晰、重点突出。全书共分18章，第1~3章从基础入门讲起，为学习Office的办公软件做准备，先让读者掌握Windows XP操作系统、汉字输入法和常用办公设备的使用与维护；第 4~13章，认真分析读者在使用电脑办公过程中的困难和知识需求，选择以Office 2003最常用的4个组件：Word，Excel，PowerPoint和Access为基础，全面细致、由浅入深地介绍文字处理、表格处理、幻灯片制作以及建立数据库等方面的功能；第14章则讲述了如何应用Office四大组件协作办公；第15~18章，介绍了办公应用中的一些辅助工具、电子邮件、即时通讯以及网络安全办公等知识。其目的是希望读者能够学以致用，了解更多的电脑办公常识，在工作中更加得心应手。

本书适合于以下读者：想在较短时间内掌握使用电脑进行办公的读者；对电脑有一定了解，但想在办公应用方面更深入学习的读者；想学会网络办公应用，如电子邮件、即时通讯、网上订购等知识的读者；想要轻松应对各种现代商务办公需求的所有朋友！

由于作者水平有限，书中难免存在疏漏和不足之处，欢迎广大读者朋友不吝赐教。

作 者

2006年8月

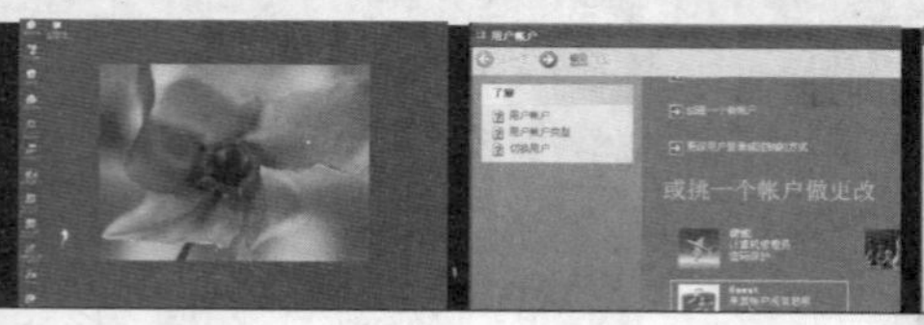
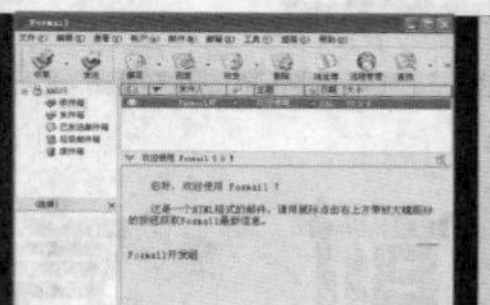
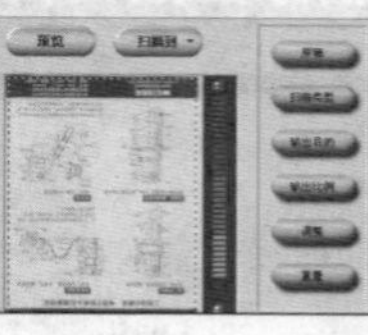

目录 CONTENTS

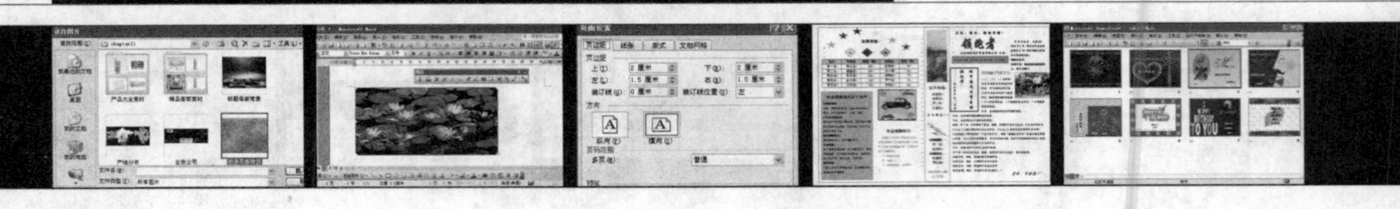

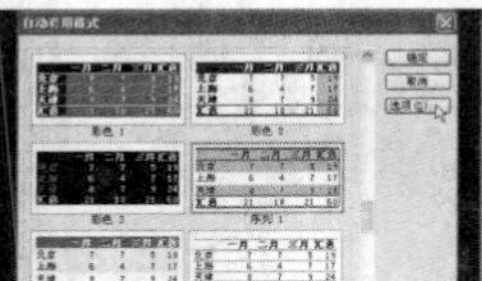

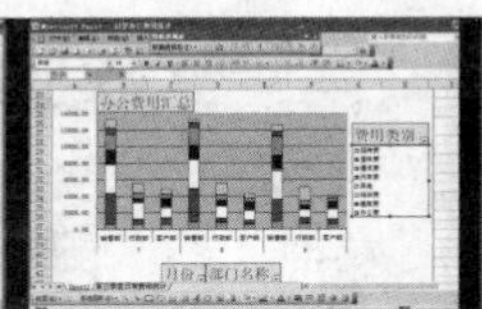
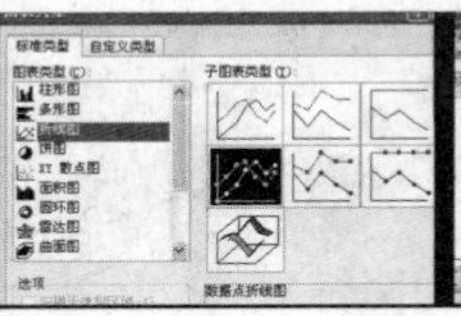
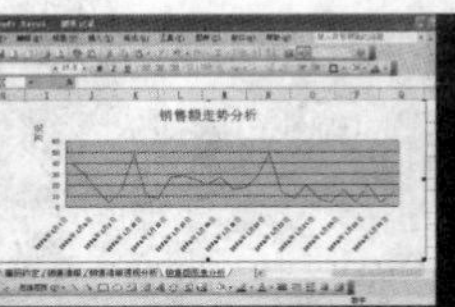

Chapter 6

Chapter 7

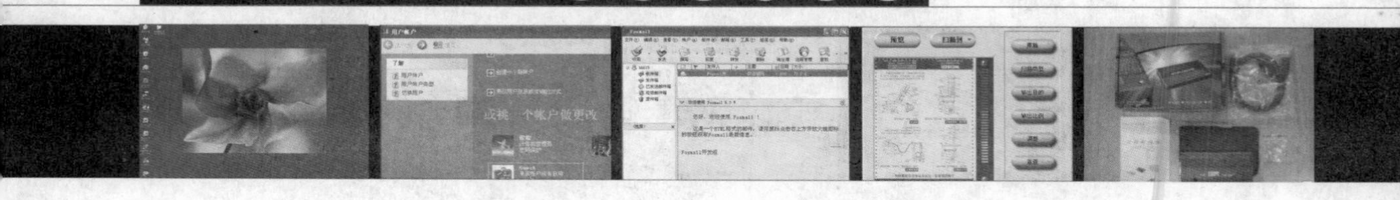

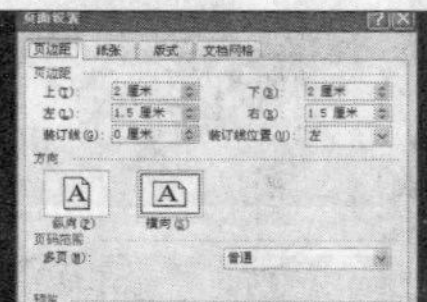

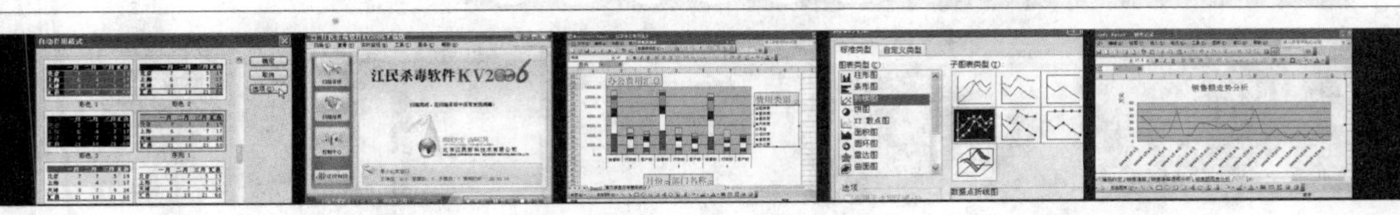

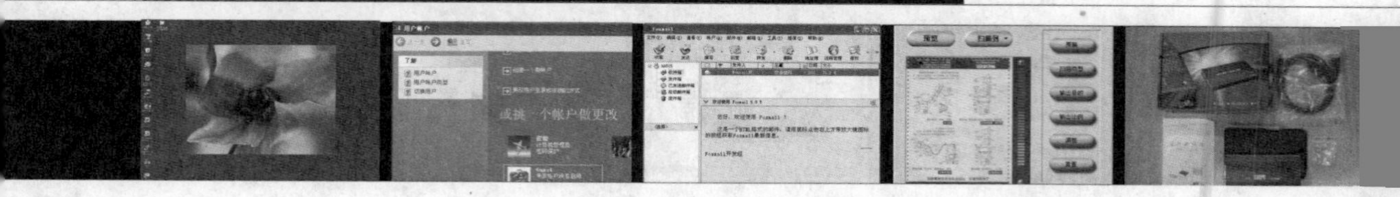

Chapter 1

定制个性化的Windows XP办公环境

Windows XP是微软公司发布的一套操作系统，由于Windows XP的可靠性、安全性、易用性和高性能，使得它成为商业办公中的主流操作系统。本章将向用户介绍如何根据自己的需要定制个性化的办公环境，使操作更加方便。

1. 自定义Windows桌面
2. 设置任务栏和“开始”菜单
3. 添加和删除程序
4. 设置和管理用户账户
5. 设置办公资源共享
6. 磁盘管理和数据备份

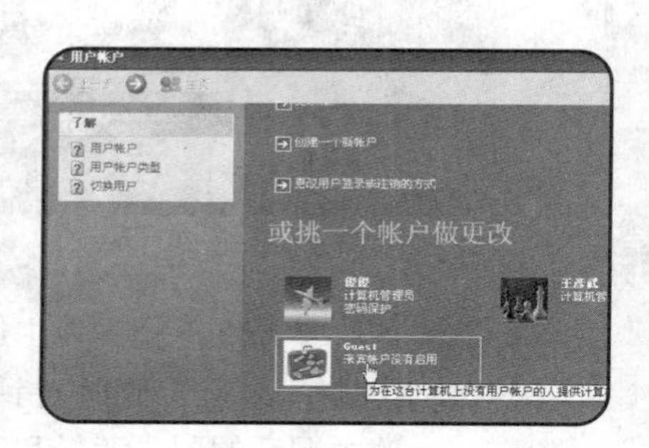

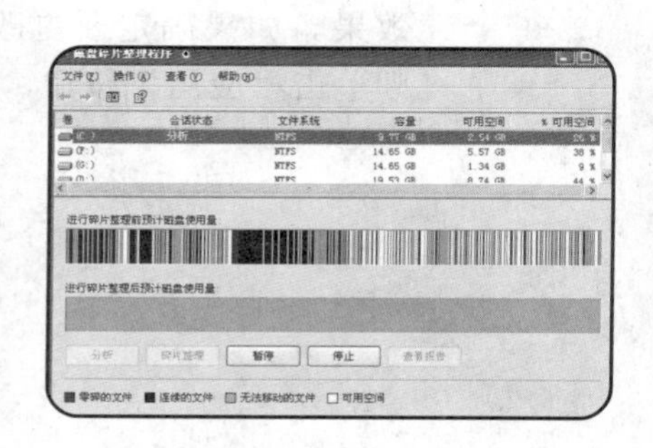

自定义 Windows 办公桌面

当启动 Windows XP 成功后，显示在用户面前的屏幕被人们形象地称为“桌面”，而用户每一天的工作都是从桌面开始的。Windows 允许用户根据需要自定义 Windows 主题、桌面背景、屏幕保护程序等选项，具体介绍如下。

自定义 Windows 主题

用户可以根据自己的需要自定义 Windows 主题。在 Windows XP 操作系统中，为用户提供了两种主题，分别为 Windows XP 和 Windows 经典。

1. 启动 Windows 后，右击桌面上的空白处，弹出一个快捷菜单，然后单击该菜单中的“属性”命令，如下图所示。

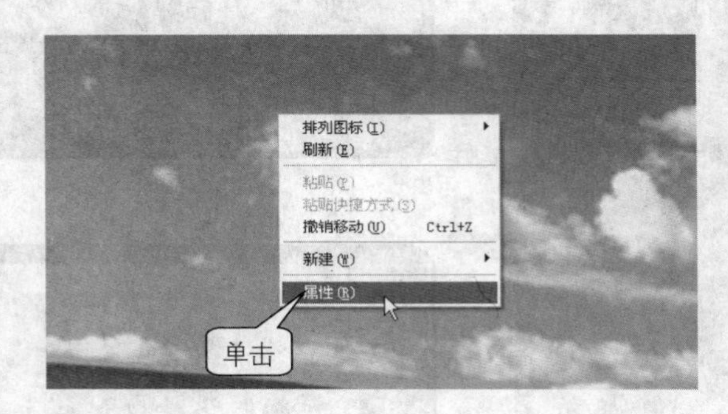

2. 此时将打开“显示属性”对话框，在“主题”选项卡中单击“主题”右侧的下拉按钮，打开系统提供的主题选项下拉列表，如下图所示。

3. 在“主题”下拉列表中选择“Windows 经典”选项，此时对话框中将显示更改主题后的屏幕背景和窗口样式的预览效果。如果确定要更改为当前主题，则单击“应用”按钮，如右图所示。

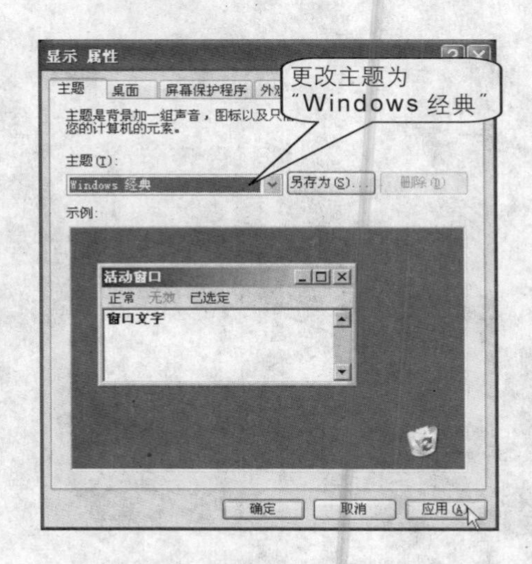

4 如果用户的计算机已经接入Internet，当从“主题”下拉列表中选择“其他联机主题”选项时，将打开Windows XP的官方主页，用户可以从该网站下载更多的主题，如下图所示。

5 如果在“主题”下拉列表中选择“浏览”选项，将打开如下图所示的“打开主题”对话框，用户可以自行选择想要的主题。

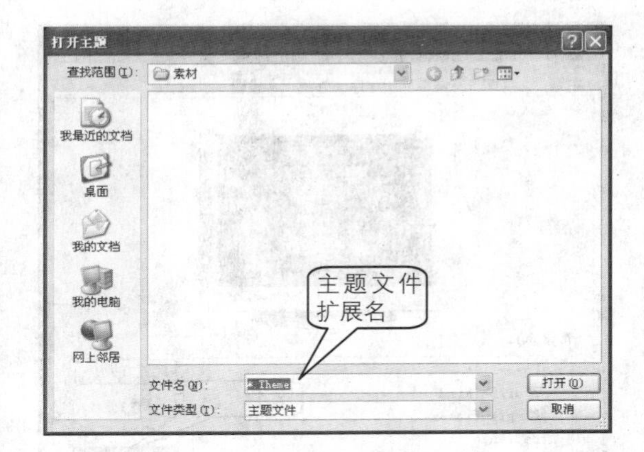

提示

Windows XP的主题文件的扩展名为“*.Theme”，用户还可以直接到网站上下载此类型的文件，或是安装第三方提供的插件，从而用Windows XP设置出丰富多彩的主题效果。

自定义和清理办公桌面

用户除了可以自定义桌面风格外，还可以设置定期清理办公桌面。大部分的应用程序在安装时都会自动在桌面上创建快捷方式图标，但也许用户并不需要在桌面上显示这些图标，这时Windows可以根据用户使用的频率自动清除不常用的图标。

1. 自定义桌面

1 在“显示属性”对话框中单击“桌面”标签，切换到“桌面”选项卡中，如下图所示。

2 在“背景”列表框中系统提供了几十种背景图片，选择文件名即可查看不同的背景效果，如下图所示。

③ 用户还可以设置背景图片的位置。单击“位置”右侧的下拉按钮展开“位置”下拉列表，系统提供了“居中”、“平铺”和“拉伸”3 种位置选项，如下图所示。

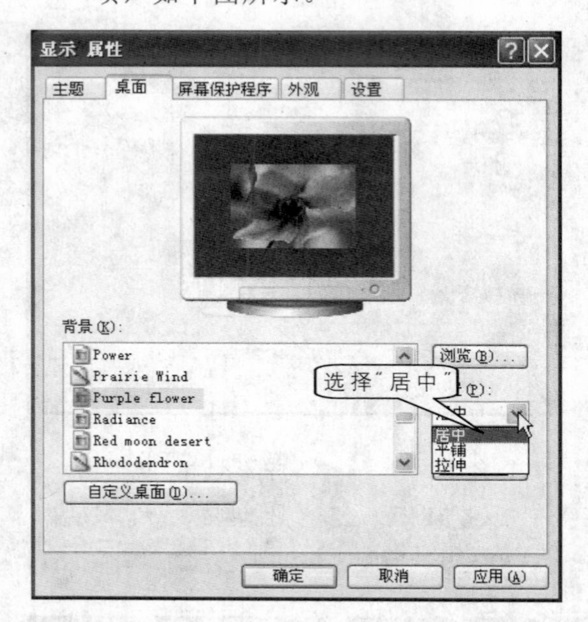

④ 单击“颜色”右侧的下拉按钮打开“颜色”下拉列表，可以选择其他颜色。如果需要更多的颜色，可单击“其它”按钮，如下图所示。

⑤ 此时将打开“颜色”对话框，在该对话框中提供了更丰富的基本颜色，同时用户还可以自定义颜色，如右图所示。

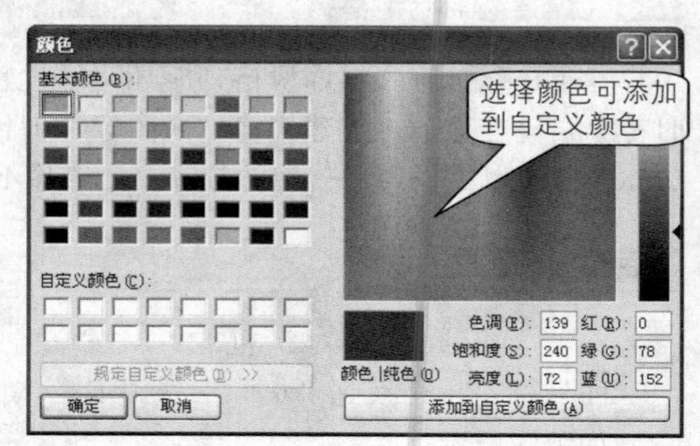

⑥ 用户还可以使用自定义的图片作为背景，单击“浏览”按钮打开“浏览”对话框，选中图片后单击“打开”按钮即可，如右图所示。

2. 清理桌面

1 单击“自定义桌面”按钮打开“桌面项目”对话框，在“桌面图标”选项区域中可以设置桌面上显示的图标，如下图所示。

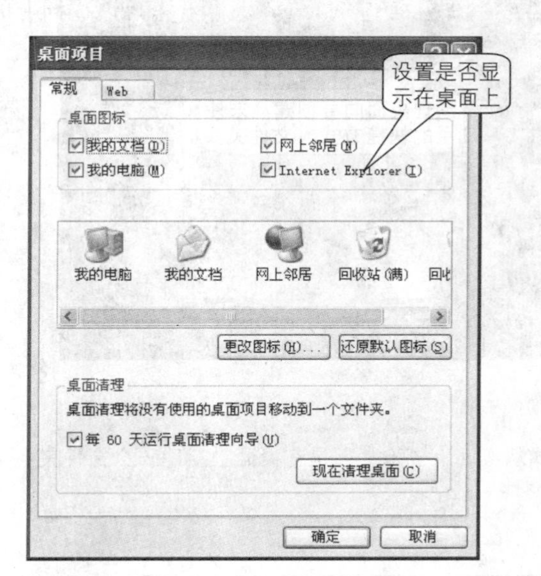

2 单击“更改图标”按钮打开“更改图标”对话框，用户可以选择其他的图标文件，如下图所示。

3 单击“桌面清理”选项区域中的“现在清理桌面”按钮，打开“清理桌面向导”对话框，然后单击“下一步”按钮，如右图所示。

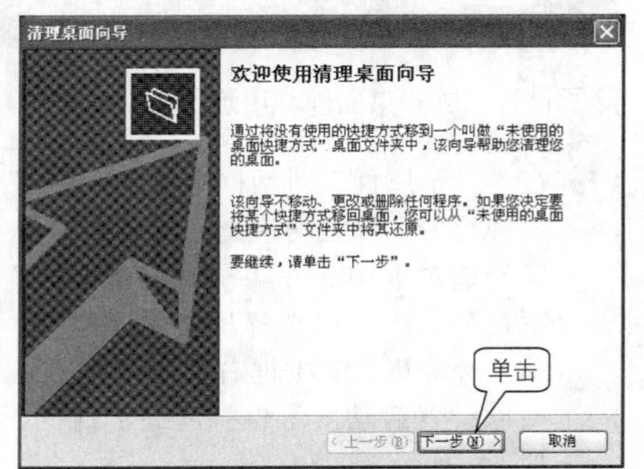

4 如右图所示，在“快捷方式”列表框中，系统会自动显示使用快捷方式的上次日期，并且会自动选中从不使用的快捷方式。用户可以选中或取消选中快捷方式前的复选框以确定是否要清理。

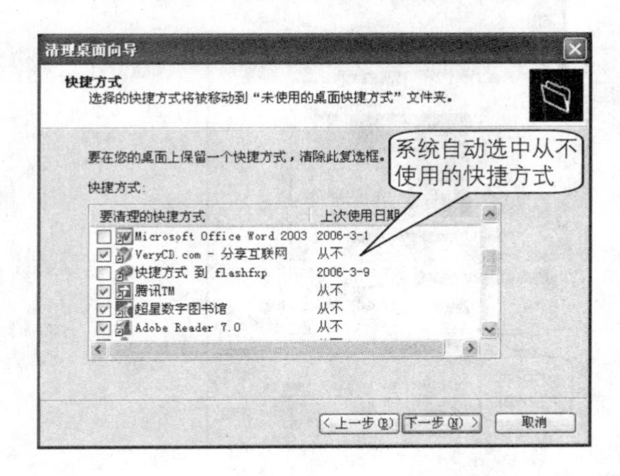

5 单击“下一步”按钮，打开“正在完成清理桌面向导”对话框，在“快捷方式”列表框中列出了即将清理的图标，如确定无误则单击“完成”按钮，如下图所示。

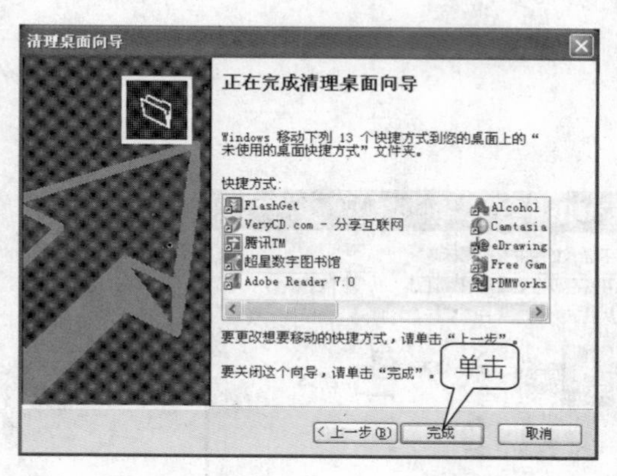

6 返回“显示属性”对话框中，单击“确定”按钮，清理图标后的桌面如下图所示。

提示

在使用清理桌面向导时，系统并不会将被清理的快捷方式从桌面上删除，而是在桌面上新建一个文件夹“未使用的快捷方式”，并将这些快捷方式放在该文件夹中。

显示属性的其他设置

除了设置主题和桌面外，用户还可以设置屏幕保护程序、外观以及显示器的分辨率、颜色等。

1 在“显示属性”对话框中单击“屏幕保护程序”标签切换到“屏幕保护程序”选项卡中。在“屏幕保护程序”下拉列表中可以选择屏幕保护程序，单击“等待”文本框右侧的微调按钮可以设置启动屏幕保护程序的时间，如下图所示。

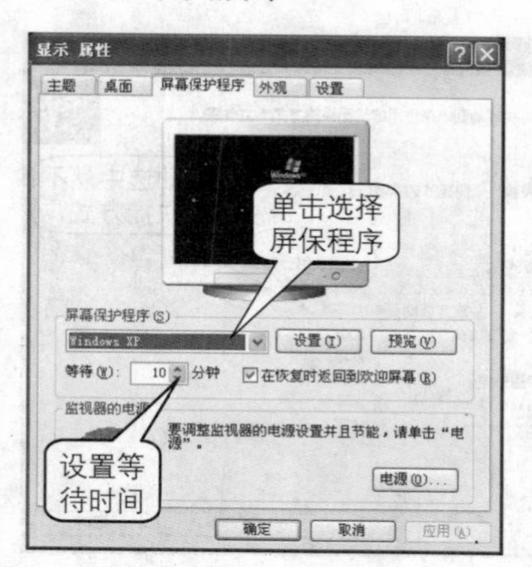

2 单击“外观”标签切换到“外观”选项卡中，在该选项卡中可以设置窗口和按钮的样式、Windows的色彩方案以及字体大小等，如下图所示。

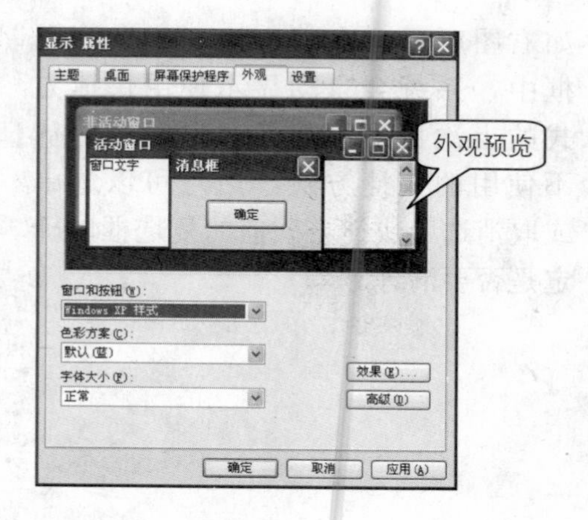

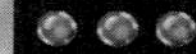

3 Windows提供了两种色彩方案，在“色彩方案”下拉列表中选择“银色”，在对话框的上半部分将显示银色方案的预览效果，如下图所示。

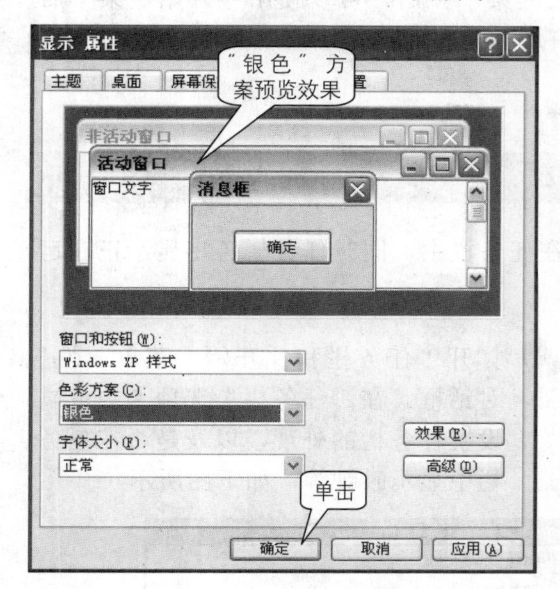

4 单击“效果”按钮打开“效果”对话框，在该对话框中可以设置Windows XP菜单栏、工具栏、图标等项目的一些显示效果，如下图所示。

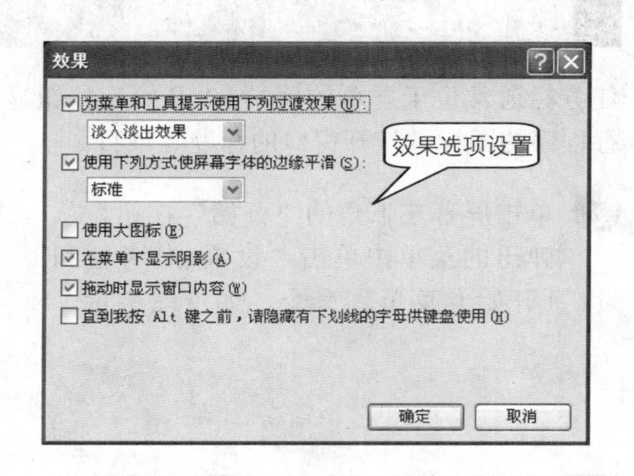

5 在“外观”选项卡中单击“高级”按钮打开“高级外观”对话框，在该对话框中可以设置窗口标题等项目的字体大小、颜色等属性，如下图所示。

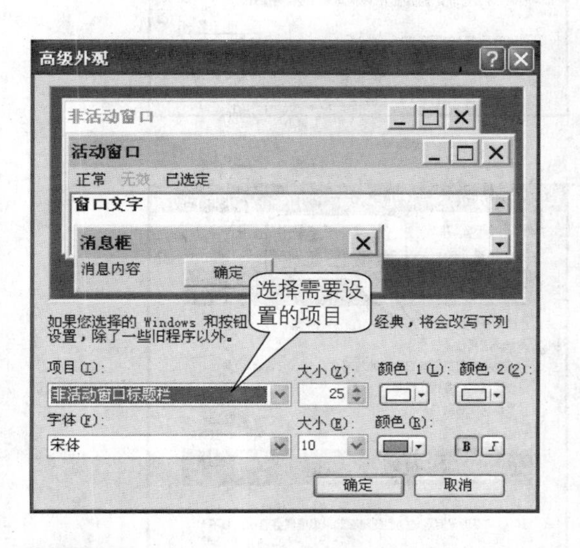

6 在“显示属性”对话框中单击“设置”标签，切换到“设置”选项卡中。可以在该选项卡中设置屏幕的分辨率和颜色质量，如下图所示。

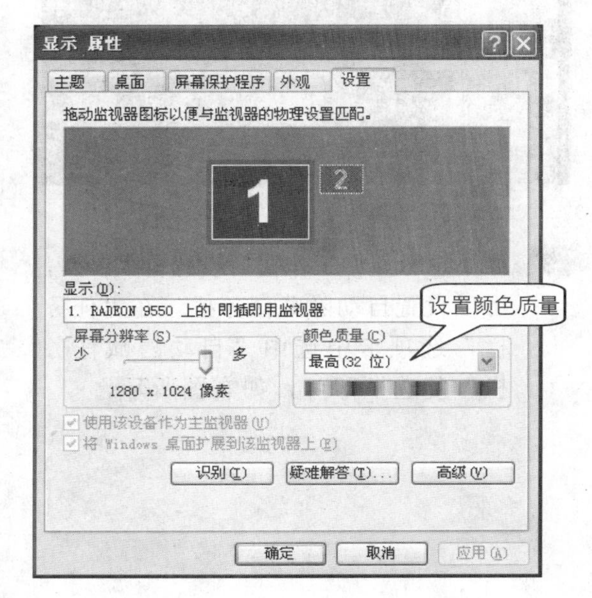

提示

分辨率和颜色质量主要取决于用户的显示器质量，设置好后不需要频繁改动。

设置任务栏和“开始”菜单

介绍完办公桌面后，接下来介绍任务栏和“开始”菜单。用户可以使用“开始”菜单启动一个新的程序或创建一个新文件，Windows 允许用户同时对多个窗口或文件操作，并使用任务栏在这些文件或窗口间切换。

设置任务栏

任务栏通常位于屏幕的底端，“开始”按钮显示在任务栏中，同时任务栏还将显示正在运行程序的图标、打开窗口的标题等项目。

1. 单击屏幕左下角的“开始”按钮，从弹出的菜单中单击“设置>任务栏和「开始」菜单”命令，如下图所示。

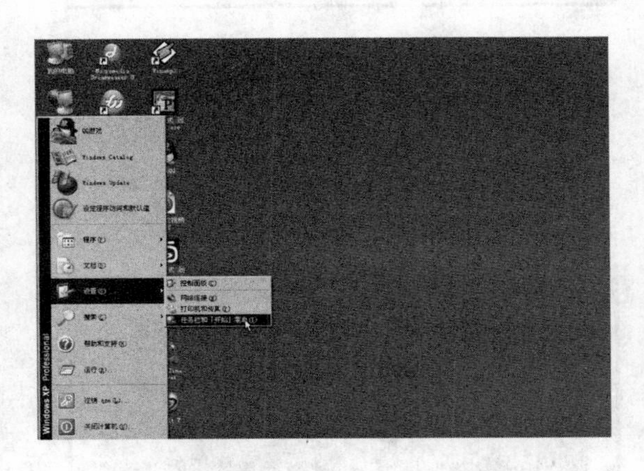

2. 打开“任务栏和「开始」菜单属性”对话框。在“任务栏”选项卡中可以设置任务栏的外观，以及是否在任务栏中显示时钟等，如下图所示。

任务栏和「开始」菜单属性

任务栏选项设置

3. 如果想尽量将工作窗口设置得大一些，可以设置自动隐藏任务栏。在“任务栏”选项卡中选中“自动隐藏任务栏”复选框即可，如右图所示。

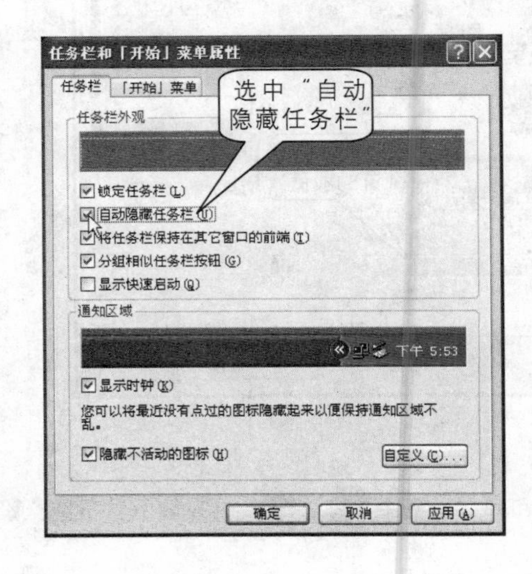

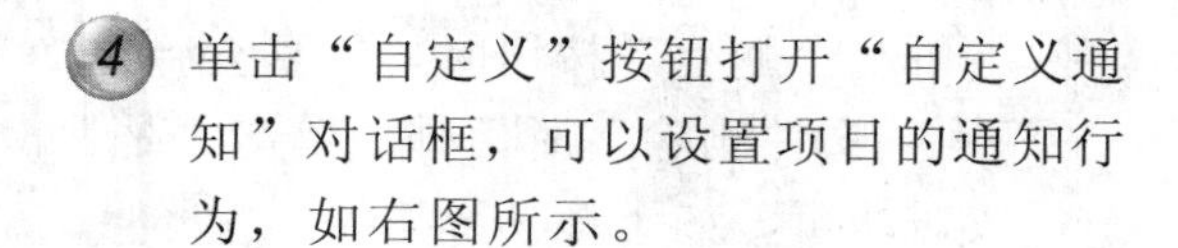

4 单击"自定义"按钮打开"自定义通知"对话框，可以设置项目的通知行为，如右图所示。

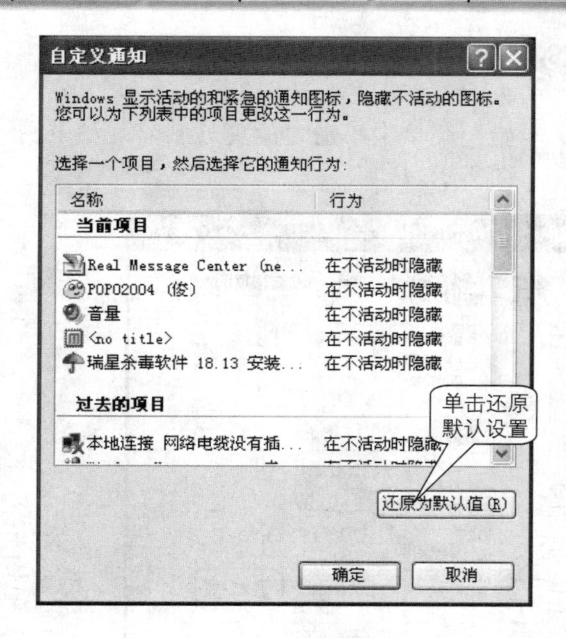

设置"开始"菜单

虽然安装 Windows XP 后，系统会自动创建"开始"菜单，但用户仍然可以根据自己的办公需要设置"开始"菜单中的项目。

1 在"任务栏和「开始」菜单属性"对话框中单击"「开始」菜单"标签，切换到"「开始」菜单"选项卡，如下图所示。

2 单击"自定义"按钮在打开的"自定义经典「开始」菜单"对话框中，可以添加或删除"开始"菜单中的项目，还可以设置"高级「开始」菜单选项"，如下图所示。

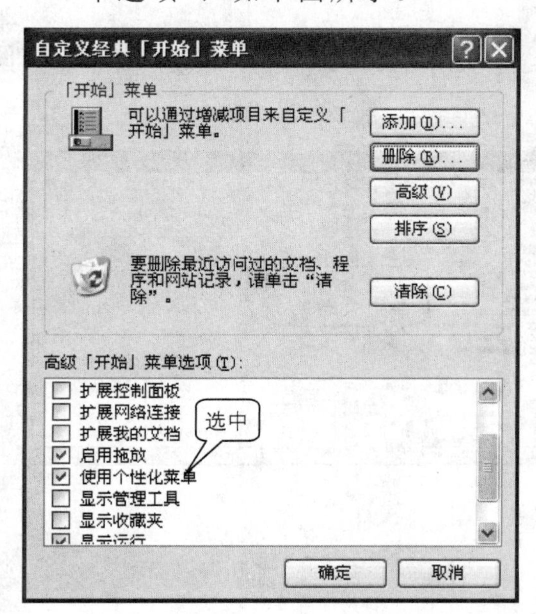

3 单击“删除”按钮打开“删除快捷方式/文件夹”对话框，可以将“开始”菜单中不需要的项目删除，如下图所示。

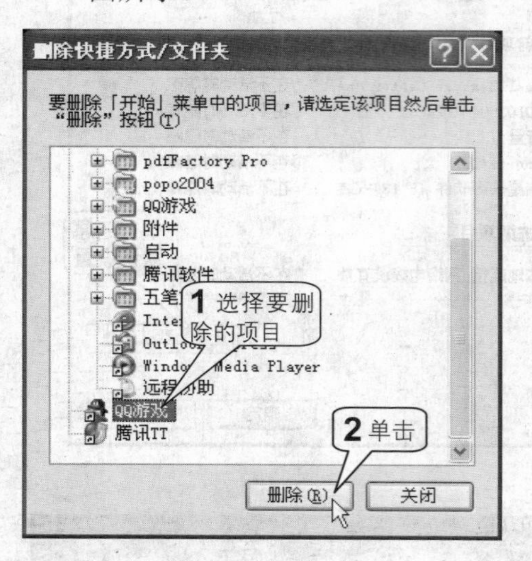

4 当单击“删除”按钮时，屏幕会弹出“确认文件删除”对话框，单击“是”按钮即可，如下图所示。

5 单击在“自定义经典「开始」菜单”对话框中“高级”按钮，打开“「开始」菜单”窗口，用户也可以直接在此窗口中添加或删除项目，如下图所示。

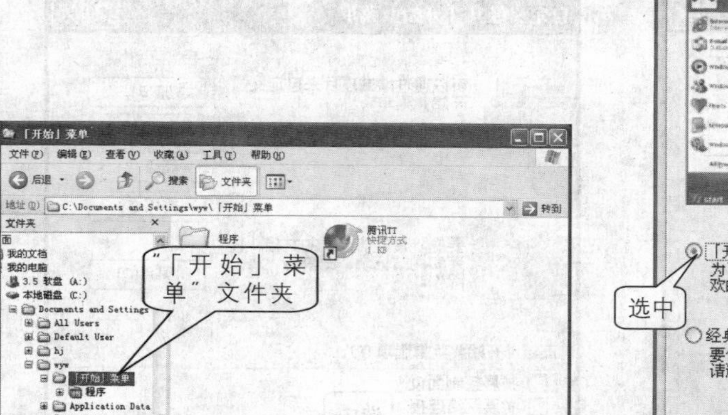

6 在“「开始」菜单”选项卡中选中“「开始」菜单”单选按钮，即可设置为另一种风格的“开始”菜单，如下图所示。

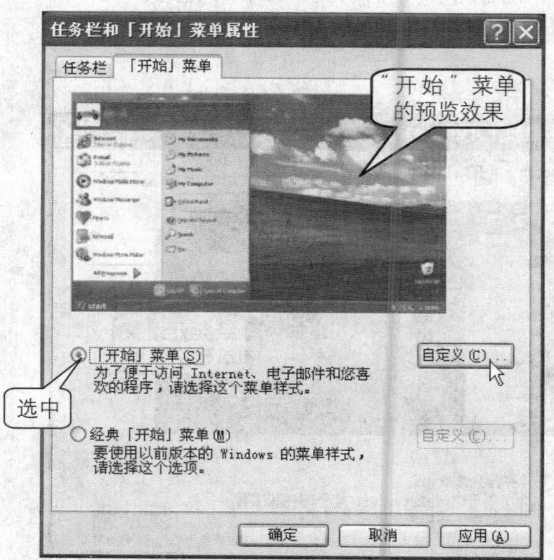

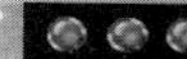

7 单击“自定义”按钮，打开“自定义「开始」菜单”对话框，用户可以设置程序图标等选项，如下图所示。

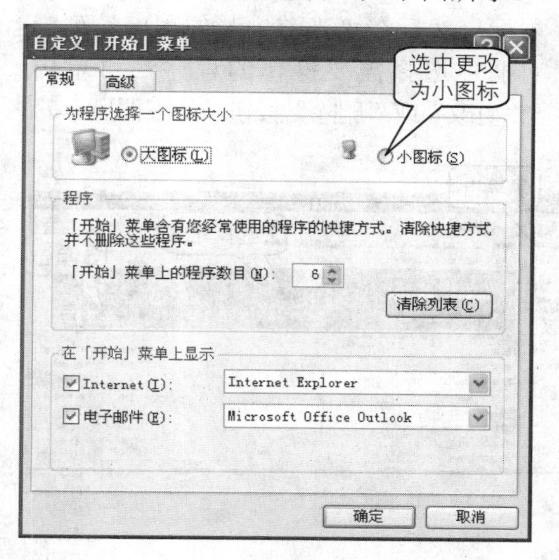

8 切换到“高级”选项卡中，在其中用户可以进一步设置“开始”菜单，如下图所示。

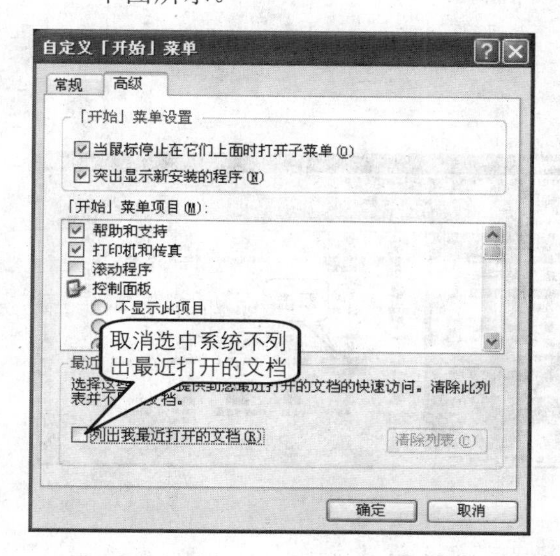

提示

“开始”菜单的“文档”中会自动记录用户最近访问过的文档名称，如果用户不希望别人看到该记录，可以在“自定义经典「开始」菜单”对话框中单击“清除”按钮。如果不是在经典开始菜单模式下，用户还可以取消系统自动列出最近打开的文档的功能，在“自定义「开始」菜单”对话框的“高级”选项卡中取消选中“列出我最近打开的文档”复选框即可。如果只是想清除文档列表，可单击“清除列表”按钮。

3 添加和删除程序

用户要想借助于计算机完成各项具体的工作，仅有Windows操作系统是不行的，还需要在操作系统中安装具有特定功能的应用程序。本节将介绍在“添加或删除程序”对话框中添加、更改或删除应用程序以及添加新的Windows组件的方法。

1 单击“开始>设置>控制面板”命令，如右图所示。

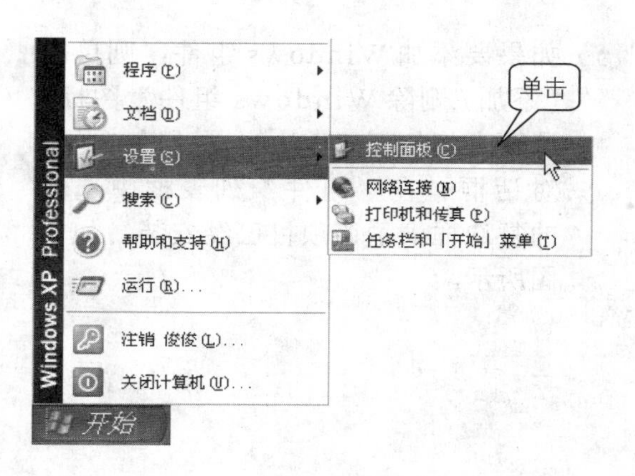

2 在打开的“控制面板”窗口中双击“添加或删除程序”图标，如下图所示。

3 打开“添加或删除程序”对话框。如果需要对已经安装的程序进行更改或删除，则单击“更改或删除程序”图标，然后在“当前安装的程序”列表框中选择需要操作的程序，再单击“更改”或“删除”按钮，如下图所示。

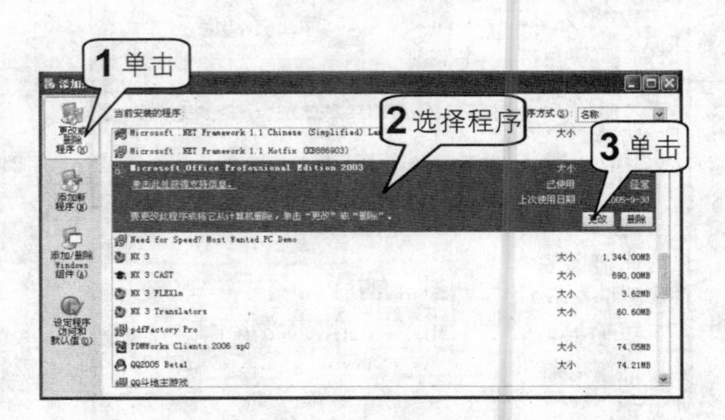

4 如果需要更改，可事先准备好安装盘，当单击“更改”按钮后，屏幕上将弹出正在准备安装的提示对话框。然后用户按照向导提示进行操作即可更改安装程序，如下图所示。

5 如果需要安装新程序，则单击“添加新程序”图标，如果要从光盘安装，放好光盘后，单击“CD 或软盘”按钮。如果要从 Microsoft 添加 Windows 功能，则单击“Windows Update”按钮，如下图所示。

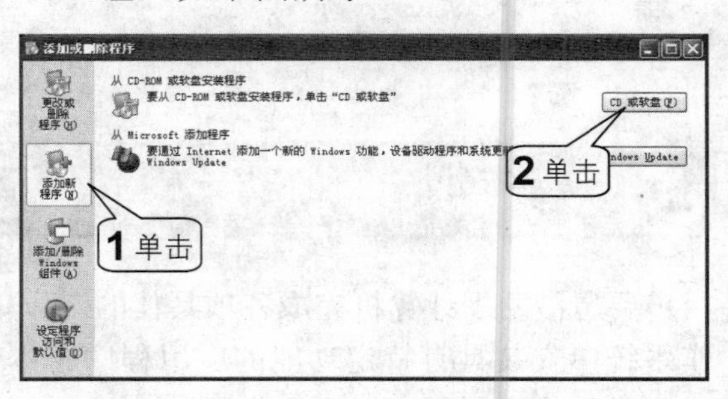

6 如果要添加 Windows 组件，则单击“添加 / 删除 Windows 组件”图标，屏幕上将打开“Windows 组件向导”对话框。在“组件”列表框中选中的复选框表示该项目已经安装，如右图所示。

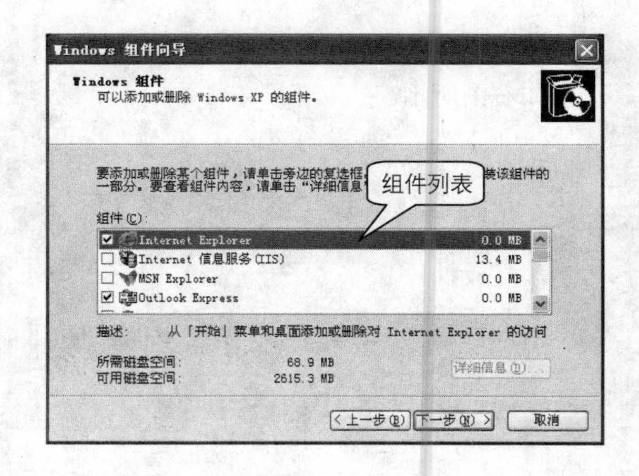

7 例如在“组件”列表框中选中“传真服务”复选框，在对话框底部显示了选定组件的描述信息，以及安装该组件所需的磁盘空间和当前可用的磁盘空间，如下图所示。

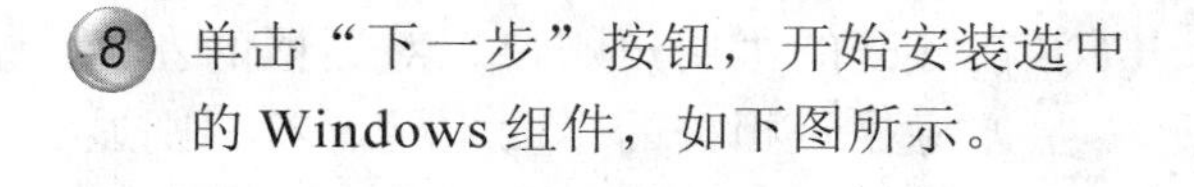

8 单击“下一步”按钮，开始安装选中的 Windows 组件，如下图所示。

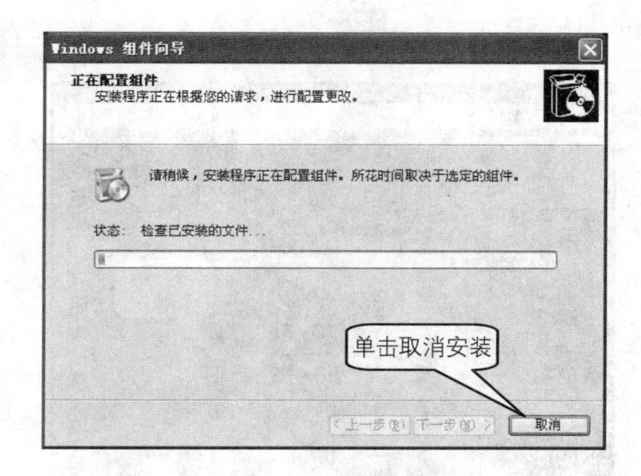

9 如果此时系统在光驱中没有找到安装盘，屏幕上会弹出“插入磁盘”的提示对话框。用户将安装光盘插入光驱后，单击“确定”按钮即可，如右图所示。

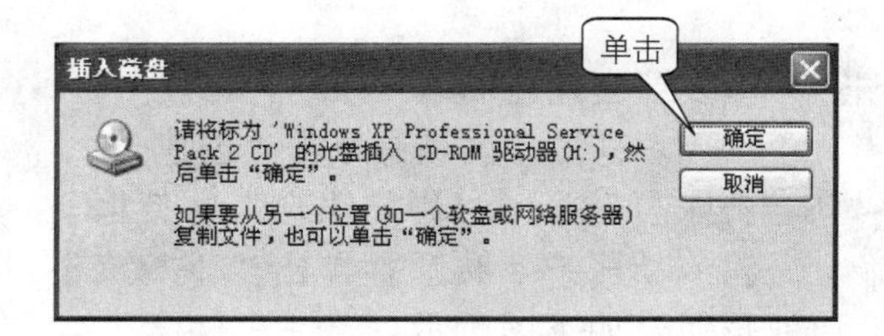

4 设置和管理用户账户

Windows XP 支持多用户操作，可以设置多个用户账户，并且赋予不同的操作权限。在公司办公中，如果是多个用户合用一台计算机，可以使用该功能为不同的用户设置账户名和登录密码。

创建新用户账户

1 在“控制面板”窗口中双击“用户账户”图标，如右图所示。

2 在打开的“用户账户”对话框的左上方将显示相关的帮助主题，右侧则显示任务和计算机中现有的账户，如下图所示。

3 单击“了解”列表框中的“用户账户”选项打开关于用户账户的帮助信息，如下图所示。

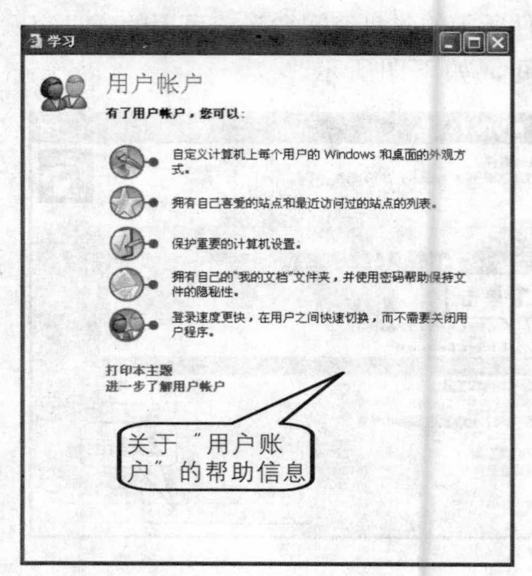

4 如要要创建新的用户账户，可在“挑选一项任务”区域中单击“创建一个新账户”打开“用户账户”对话框。输入新账户名称后，单击“下一步”按钮，如下图所示。

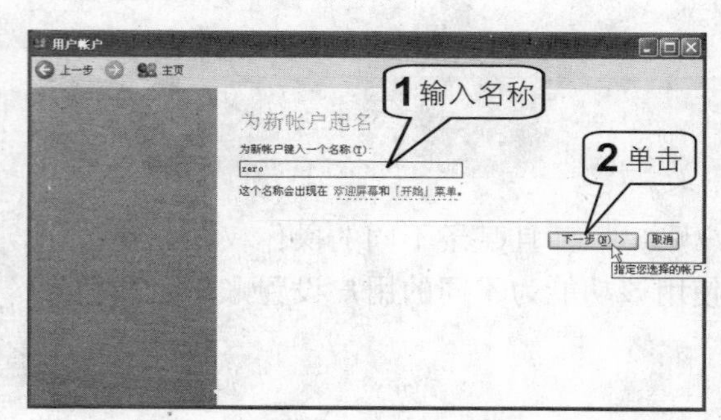

5 系统设置了两种账户类型：计算机管理员和受限。在“挑选一个账户类型”选项区域中选中所要创建的账户类型的单选按钮，然后单击“创建账户”按钮，如下图所示。

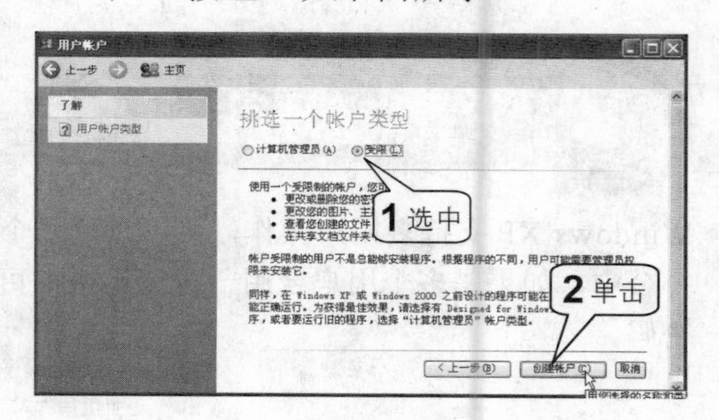

6 创建好新账户后，系统会为新账户添加一个默认的图标，同时和账户的名称及账户类型一起显示在对话框中，如右图所示。

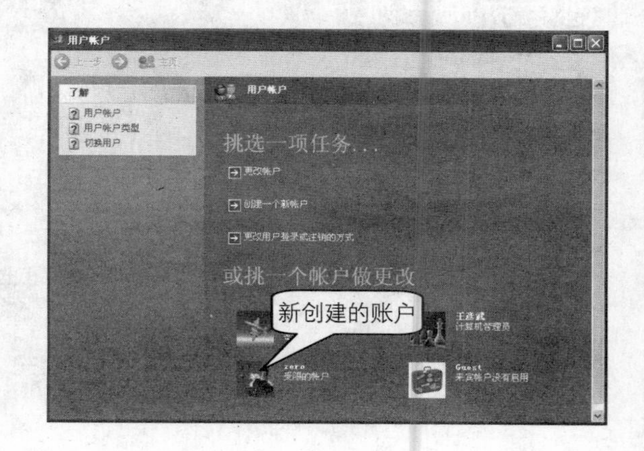

更改账户设置和删除账户

我们可以非常方便地修改某个用户的账户名称、账户密码、账户类型以及显示的图片，还可以将不再使用的用户账户删除。

1 在“用户账户”窗口中单击需要更改的用户账户，如下图所示。

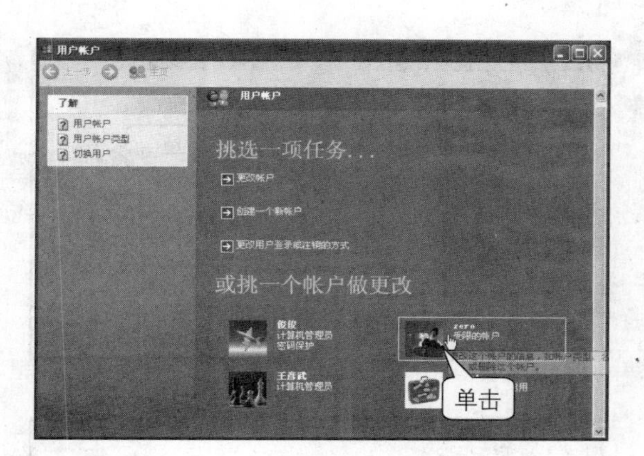

2 屏幕上将打开选中的用户账户，窗口中显示“更改名称”、“创建密码”等选项，如下图所示。

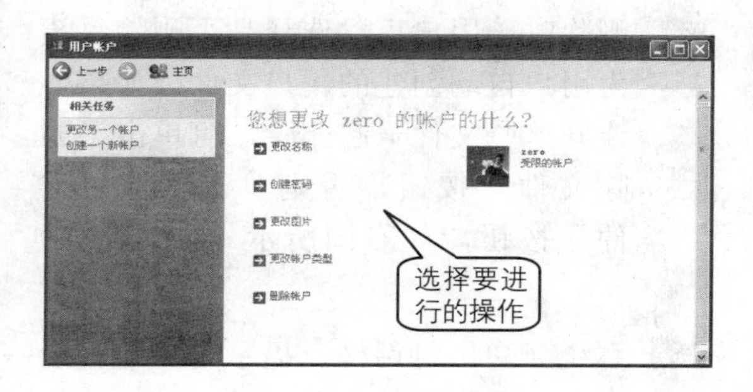

3 单击“更改名称”命令打开如下图所示的对话框，在名称框中输入新名称后，单击“改变名称”按钮即可修改账户名称，如下图所示。

4 单击“创建密码”命令可以为当前用户设置一个密码，两次在指定框中输入相同的密码后，单击“创建密码”按钮，如下图所示。

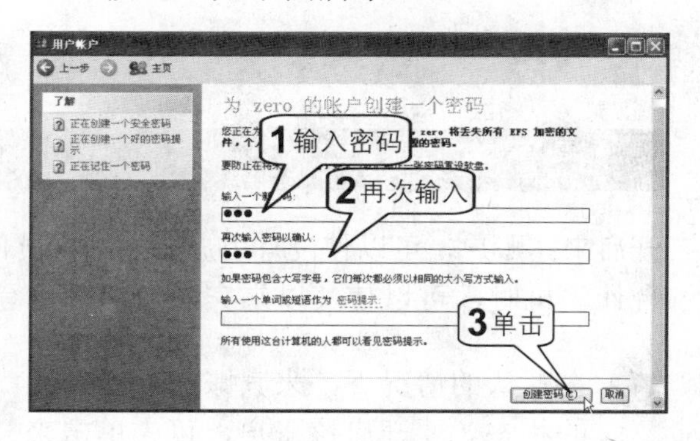

5 单击“更改图片”命令，可以为账户挑选一个自己喜爱的新图像。用户还可以单击“浏览图片”按钮，选择自己的图片，或者单击“从相机或扫描仪获得图片”按钮，直接从这些设备中获取图片，如右图所示。

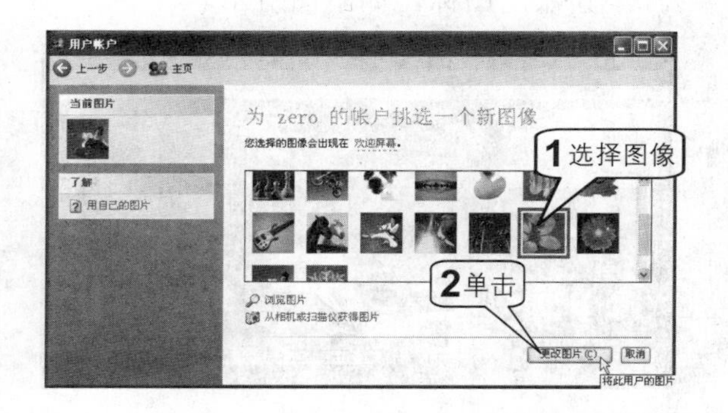

6 单击“更改账户类型”命令可以重新设置账户的类型，设置好类型后，单击“更改账户类型”按钮即可，如右图所示。

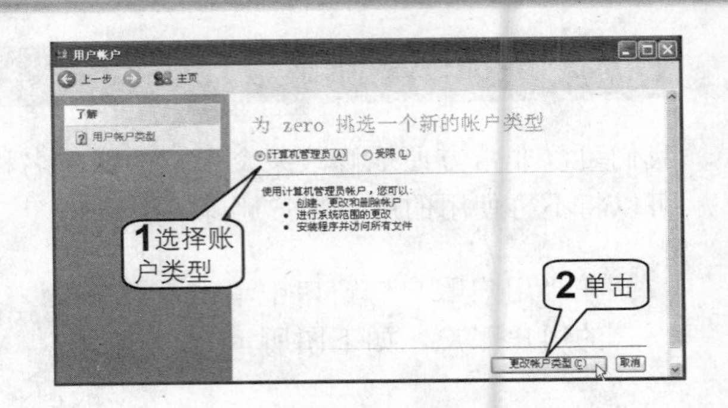

7 当需要删除某个不再使用的用户账户时，可单击“删除账户”命令。在删除时，用户可以选择是否删除系统为用户自动创建的用户文件，如果要连同这些文件一起删除，可单击“删除文件”按钮，否则单击“保留文件”按钮，如右图所示。

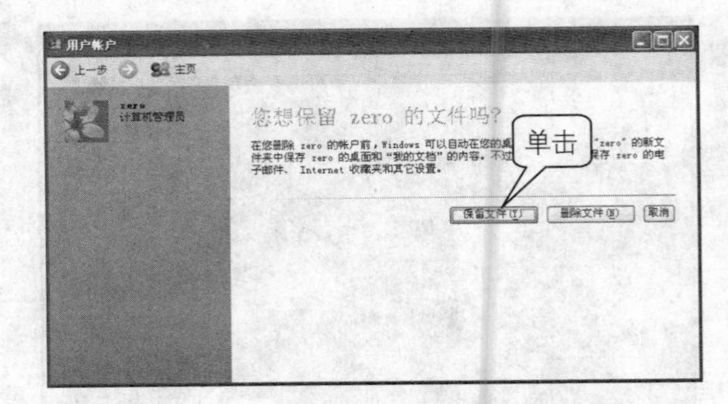

8 系统会弹出对话框，提示用户是否确定要删除指定的账户，单击“删除账户”按钮即可删除选定的账户，如右图所示。

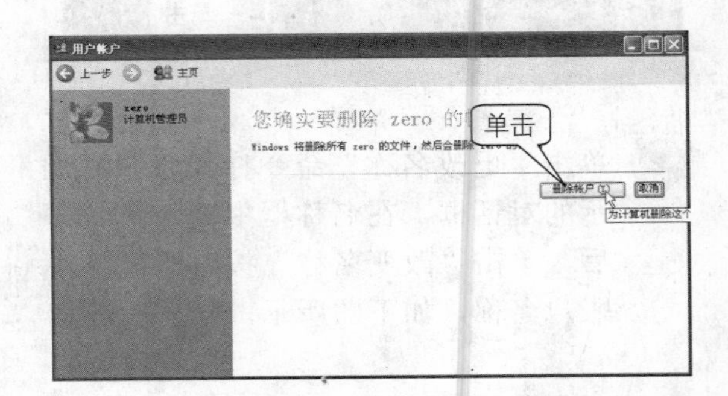

设置来宾账户

开启来宾账户，可以使没有用户账户的人员使用来宾账户登录计算机。当其他人需要使用某台计算机时，可以使其以来宾账户的身份登录。

1 在默认的情况下，来宾账户处于禁用的状态。要开启该账户，可先单击来宾账户图标，如下图所示。

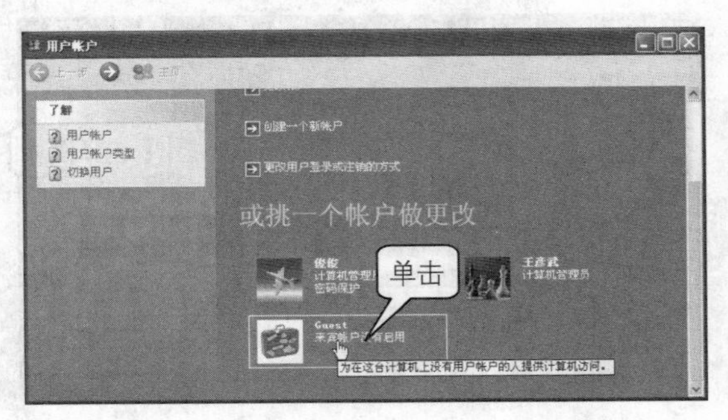

2 在打开的对话框中，单击“启用来宾账户”按钮，如下图所示。

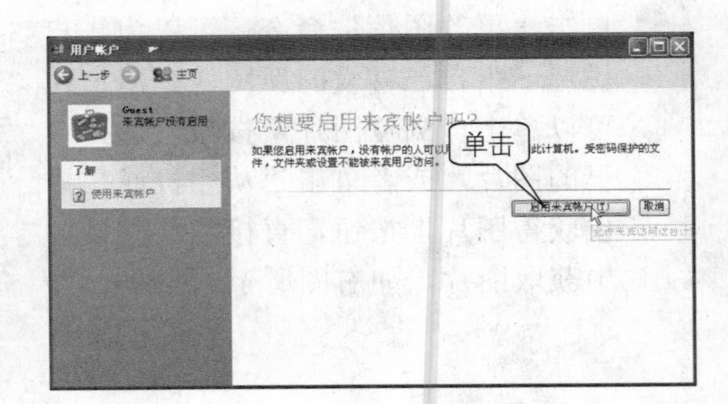

3 开启来宾账户后，“用户账户”对话框中的来宾账户会显示“来宾账户处于启用状态”的文字，如下图所示。

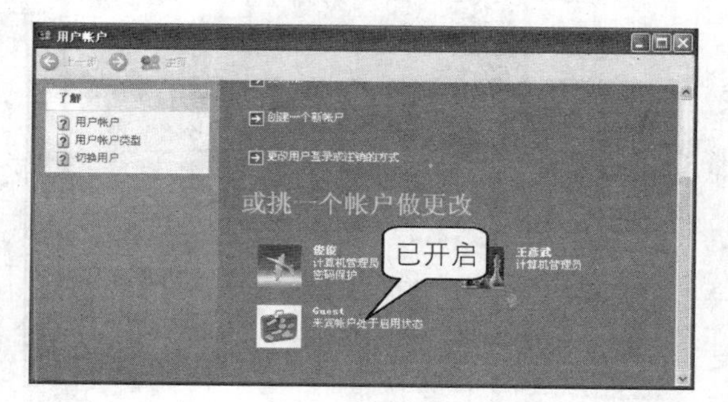

4 如果禁用来宾账户，再次单击该账户图标，在打开的窗口中单击“禁用来宾账户”命令。

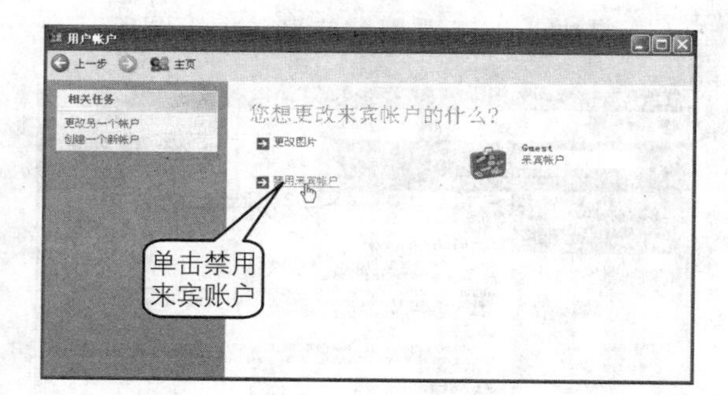

5 设置办公资源共享

在现代企业中，大部分企业都组建了内部网络。通过设置办公资源共享，不仅可以提高工作效率，而且还能有效地节约办公成本。除了可以将某个文件夹设置为共享外，还可以将计算机的磁盘、光驱甚至打印机设置为共享，允许网络中的其他用户使用。

共享文件和文件夹

当网络上的其他用户需要查看某个文件时，可以将该文件所在的文件夹设置为共享。

1 右击需要设置为共享的文件夹，在弹出的快捷菜单中单击“共享和安全”命令，如下图所示。

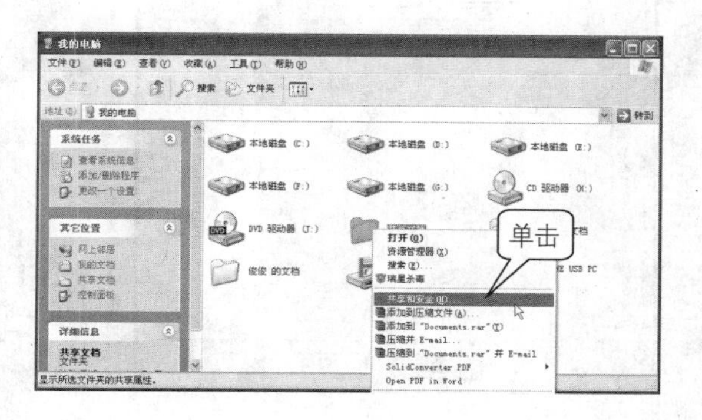

2 在打开的“共享文档属性”对话框中切换到“共享”选项卡。在“网格共享和安全”选项区域中选中“在网格上共享这个文件夹”复选框即可共享该文件夹，如下图所示。

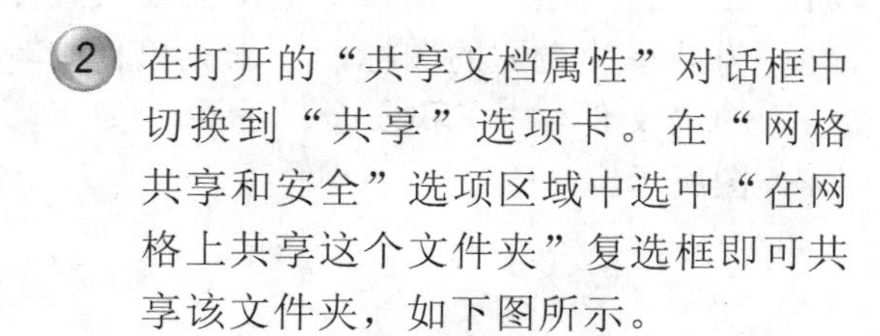

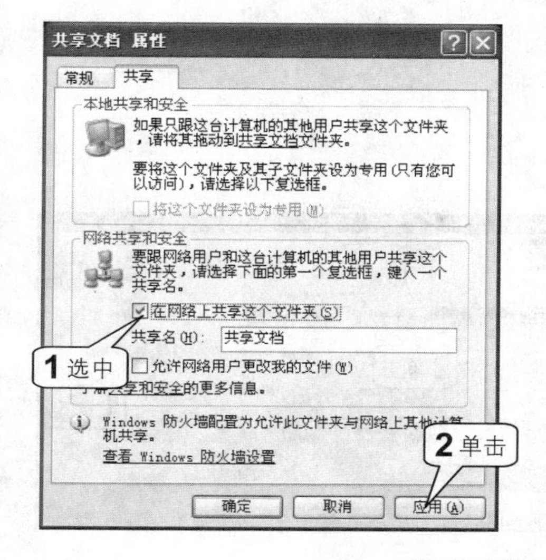

3 如果用户需要了解共享和安全相关知识，可以单击蓝色带下划线的“共享和安全”链接文字，打开“帮助和支持中心”查看相关信息，如下图所示。

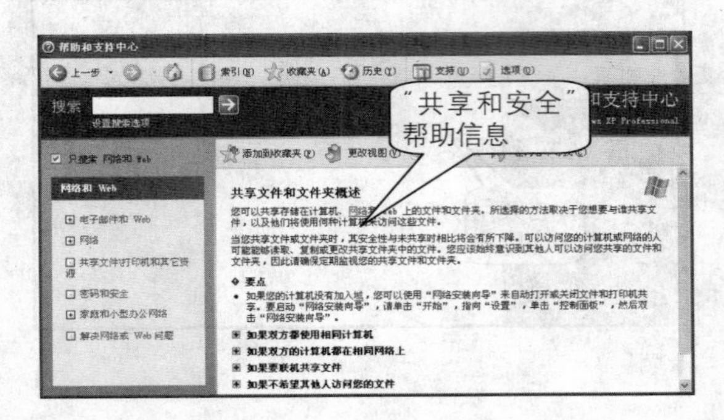

4 单击“确定”按钮后，设置为共享的文件夹的图标会显示手状的图标以示区别，如下图所示。

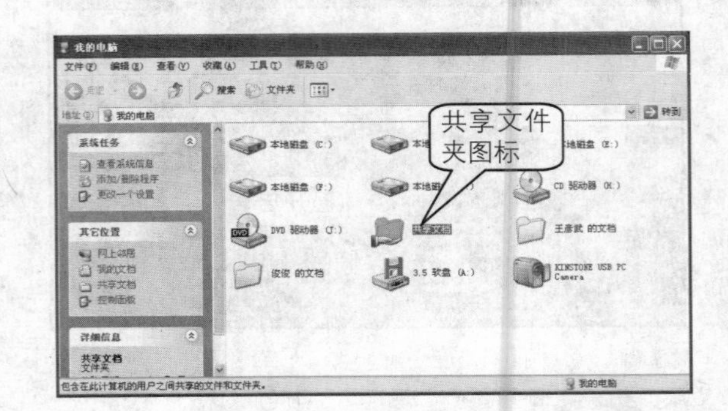

提示

如果允许其他用户对共享文件进行修改，还需要在“共享”选项卡中的“网格共享和安全”选项区域中选中“允许网格用户更改我的文件”复选框。

共享光驱

为了节约成本，公司可能只为某一台电脑配置光驱，这样当其他用户需要使用光驱时，可以将光驱设置为共享。

1 在“我的电脑”窗口中选中需要设置为共享的光驱的图标，单击菜单栏中的“文件>共享和安全”命令，如下图所示。

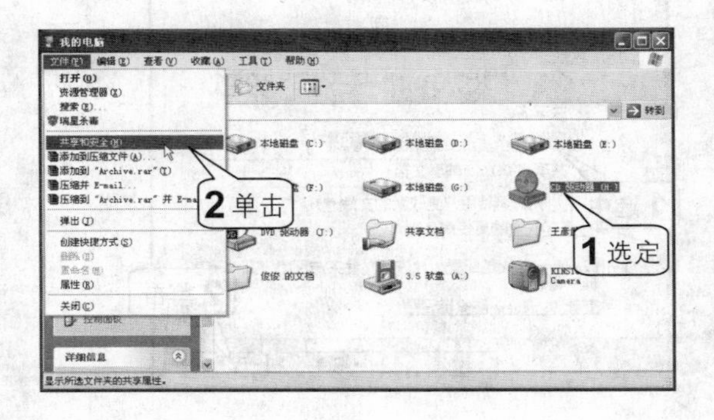

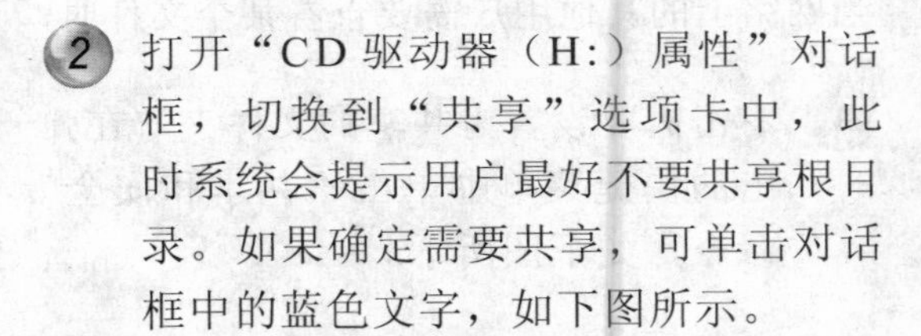

2 打开“CD 驱动器（H:）属性”对话框，切换到“共享”选项卡中，此时系统会提示用户最好不要共享根目录。如果确定需要共享，可单击对话框中的蓝色文字，如下图所示。

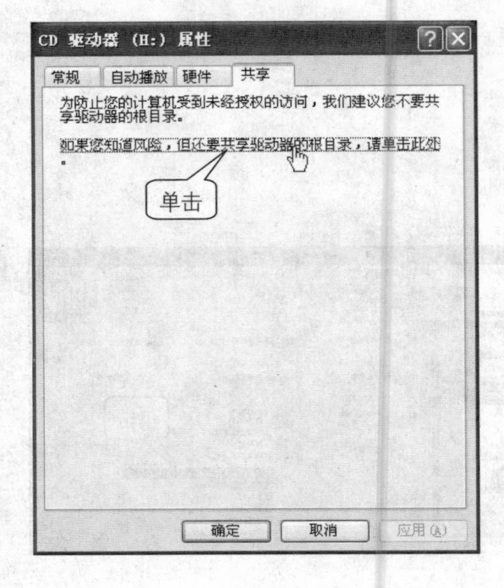

3 “共享”选项卡中将显示共享选项。和设置共享文件夹类似，在“网络共享和安全”选项区域中选中“在网络上共享这个文件夹”复选框，如下图所示。

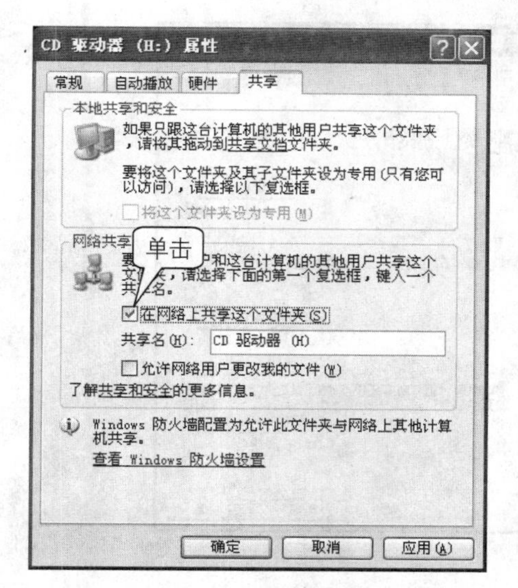

4 共享光驱后，光驱的图标中也会显示一个手状标记，如下图所示。

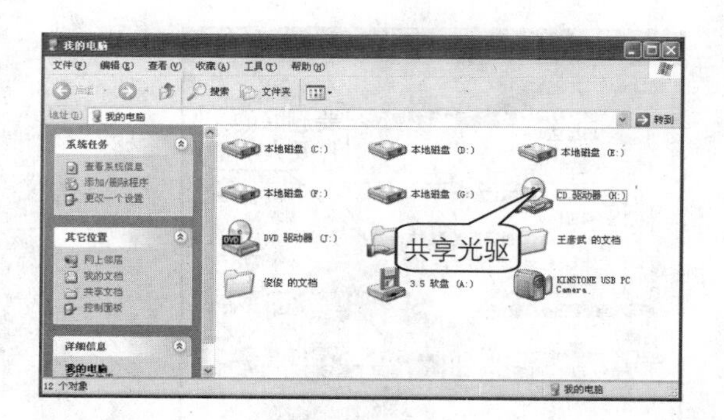

提示

在日常办公应用中，除了文件夹和光驱的共享外，用到更多的是打印机共享。本书将在第2章介绍打印机的共享。

6 磁盘管理和数据备份

如何安全、科学地管理计算机中的文件，是办公人员必须掌握的技能。虽然随着科技的迅速发展，现在计算机用户再也不用为容量而犯愁，但是合理地管理磁盘和数据，可以尽量避免数据的丢失；定期对磁盘进行整理，有助于提升系统的性能。

磁盘清理和碎片整理

用户在访问网页或者安装运行某些程序时，会产生大量的临时文件，而这些临时文件会降低系统的运行速度，因此应该养成定期整理磁盘的好习惯。Windows 自带有磁盘清理和碎片整理等系统工具，用户可以直接使用这些工具。

1 单击“开始>程序>附件>系统工具>磁盘清理”命令，打开“选择驱动器”对话框，在“驱动器”下拉列表中选择需要清理的驱动器，如下图所示。

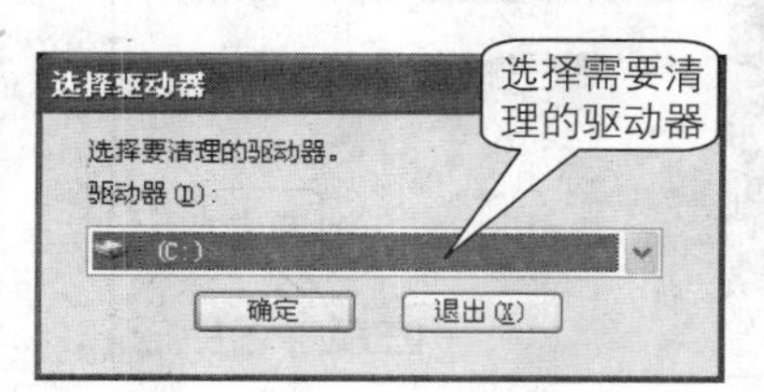

2 单击“确定”按钮，系统开始磁盘清理，如下图所示。

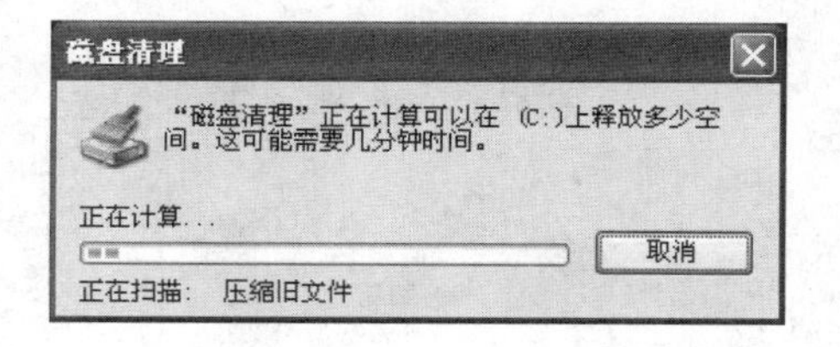

3 经过系统自动计算后，会将可以释放的空间大小显示在“磁盘清理”对话框中。同时还将显示要删除的文件和大小，如下图所示。

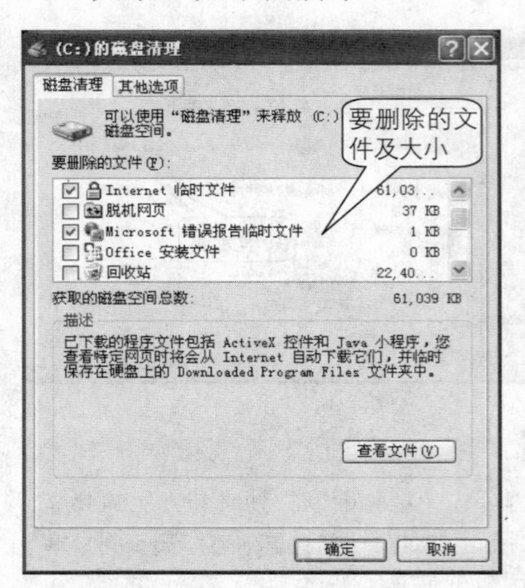

4 切换到“其他选项”选项卡中，用户还可以清理 Windows 组件和安装程序来释放磁盘空间，如下图所示。

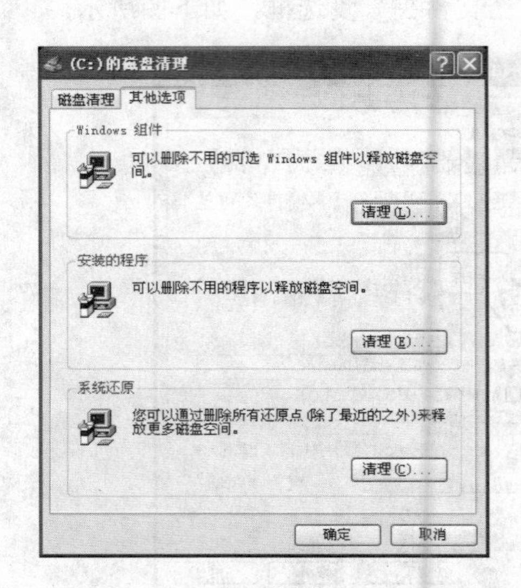

5 单击“开始>程序>附件>系统工具>磁盘碎片整理程序”命令，打开“磁盘碎片整理程序”对话框。单击“碎片整理”按钮，开始整理碎片，如右图所示。

数据备份

用户还可以使用Windows自带的数据备份功能定期对计算机中一些比较重要的数据进行备份。

1 单击“开始>程序>附件>系统工具>备份”命令，打开“备份或还原向导”对话框，然后单击“下一步”按钮，如右图所示。

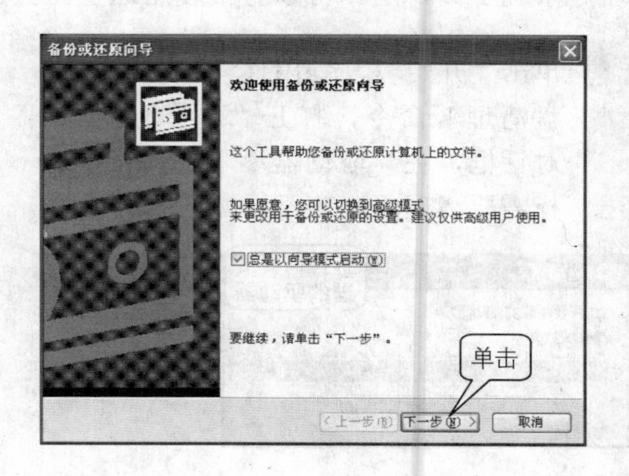

2 在“备份或还原”对话框中选中“备份文件和设置”单选按钮，然后单击“下一步”按钮，如下图所示。

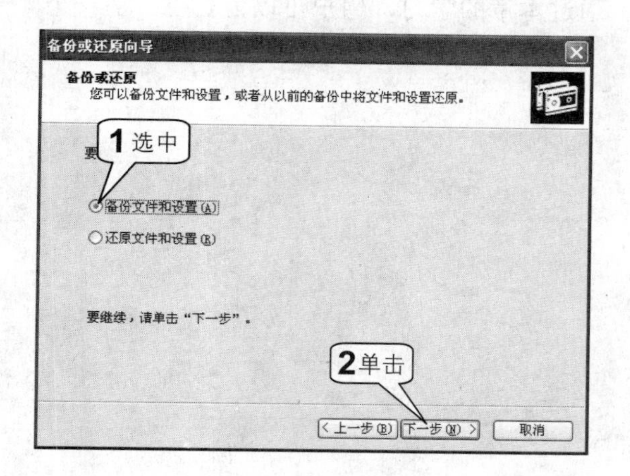

3 在“要备份的内容”对话框中选中需要备份的项目。如果用户需要自己选择备份的内容，可选中“让我选择要备份的内容”单选按钮。这里选中“我的文档和设置”单选按钮，然后单击“下一步”按钮，如下图所示。

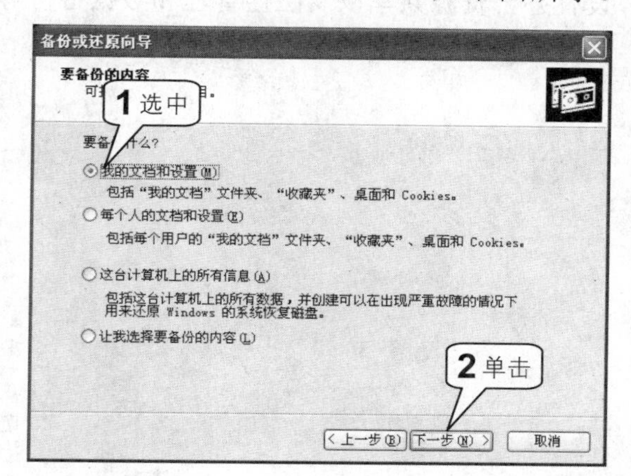

4 打开“备份类型、目标和名称”对话框，单击“浏览”按钮可以设置保存备份的位置，在“键入这个备份的名称”文本框中输入备份文件的名称，设置好后单击“下一步”按钮，如下图所示。

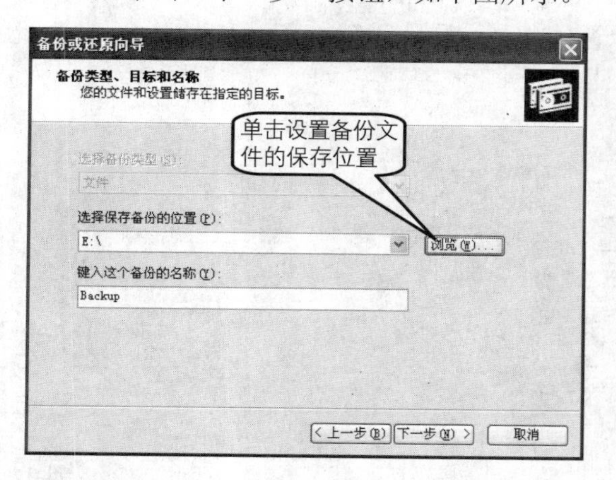

5 打开“正在完成备份或还原向导”对话框，在该对话框中会列出要创建的备份文件的信息，单击“完成”按钮，开始创建备份文件，如下图所示。

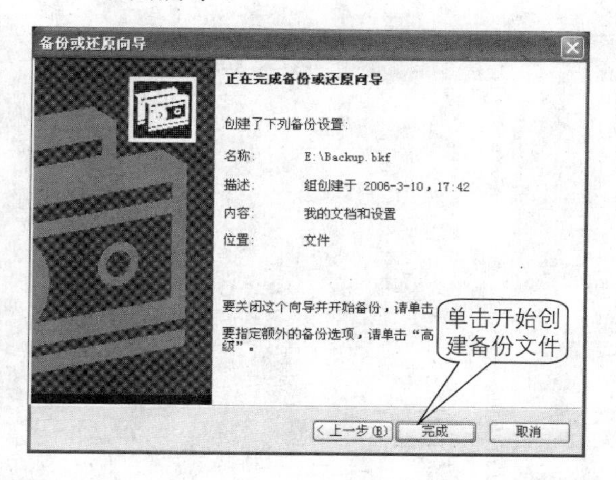

提示

当发生数据丢失时，用户可以使用该向导将备份的数据进行还原。还原可以算是备份的逆操作，操作步骤类似，由于篇幅有限，这里就不再介绍了。

本章小结

本章主要向用户介绍了 Windows 操作系统与办公应用中的一些基础知识，包括如何自定义 Windows 桌面设置、如何设置个性化的任务栏和“开始”菜单、添加和管理多个用户账户、设置办公资源共享以及磁盘管理和数据备份等。通过本章的学习，用户可以为自己打造一个符合自己办公需要的 Windows 办公环境。

Chapter 2

常用办公设备的使用和维护

办公自动化有效地提高了现代人的办公效率，节约了劳动成本；而办公自动化离不开办公设备，它们是人们工作上的得力助手。科学、合理地使用和维护好办公设备是十分必要的。本章将重点介绍常用办公设备的安装、使用及维护。

1. 打印机的安装、使用与维护
2. 扫描仪的安装、使用与维护
3. 刻录机的安装、使用与维护
4. 移动式存储器
5. 复印机的使用

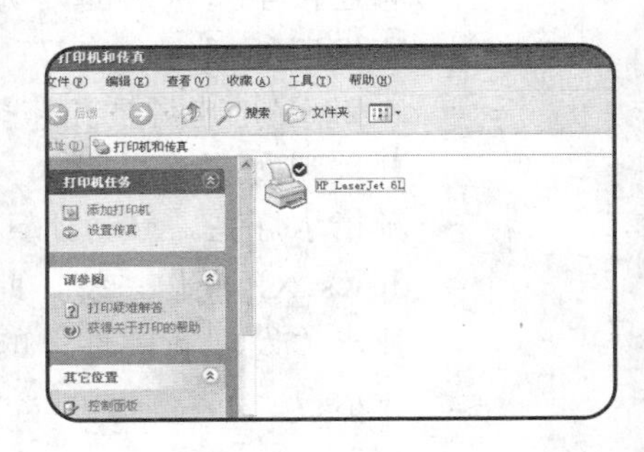

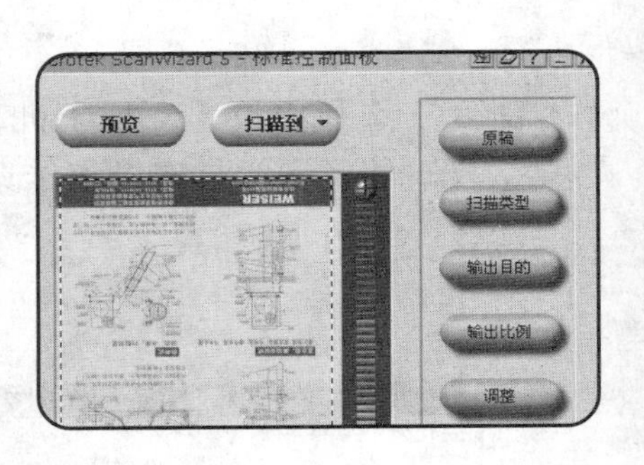

打印机

随着办公自动化的推广和网络打印的需求，打印机在日常办公中使用得越来越多。在各种类型的打印机中，激光打印机的性能比较高，但它的价格也较高；彩色喷墨打印机的性价比较高，主要用于打印彩色文档、图片等；针式打印机主要用于打印报表、数据、表格等。本节将以激光打印机为例介绍打印机的安装、设置、使用和日常维护注意事项。

安装打印机

打印机是计算机系统的标准外设之一，将其与计算机连接后，通过单击“开始”菜单中的相应命令，按弹出向导对话框的提示操作即可完成安装，具体步骤如下。

1. 关掉主机电源，将打印机数据线的一端连接至主机后面，另一端连接至打印机后的插座，将打印机的电源线插入220V的电源插孔。打开打印机电源开关（如果有的话），此时打印机电源指示灯亮。启动计算机并进入Windows XP操作系统，此时任务栏中将弹出“发现新硬件”的提示，如右图所示。

2. 单击“开始”菜单，从弹出的菜单中选择“设置>打印机和传真”命令，将弹出“打印机和传真”窗口，如下图所示。

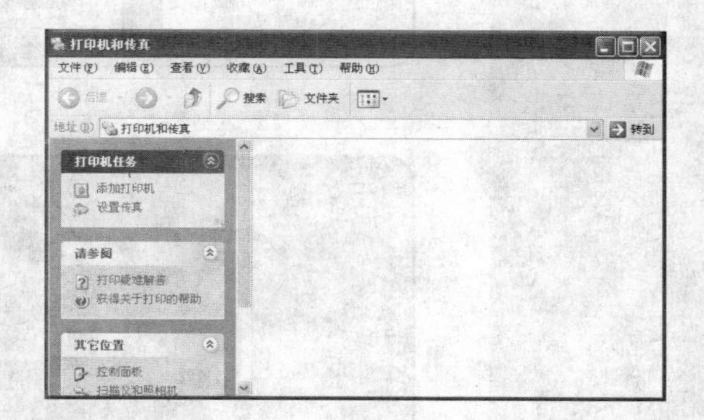

3. 单击对话框中左侧的“打印机任务”窗格中的“添加打印机”选项，此时将弹出“添加打印机向导”对话框，如下图所示。

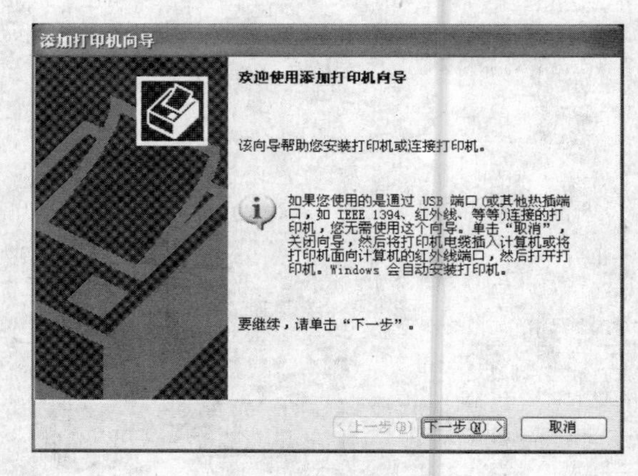

4 单击“下一步”按钮，将弹出打印机类型选择对话框，在此选中“连接到此计算机的本地打印机”单选按钮，并选中“自动检测并安装即插即用打印机”复选框，如下图所示。

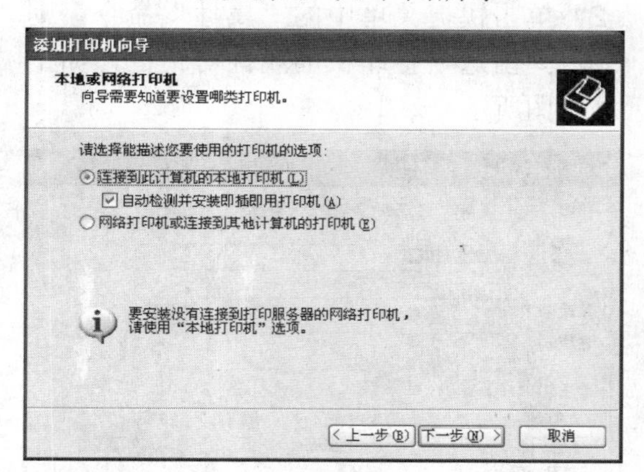

5 选定打印机类型后，单击“下一步”按钮，将弹出检测打印机步骤，如下图所示。

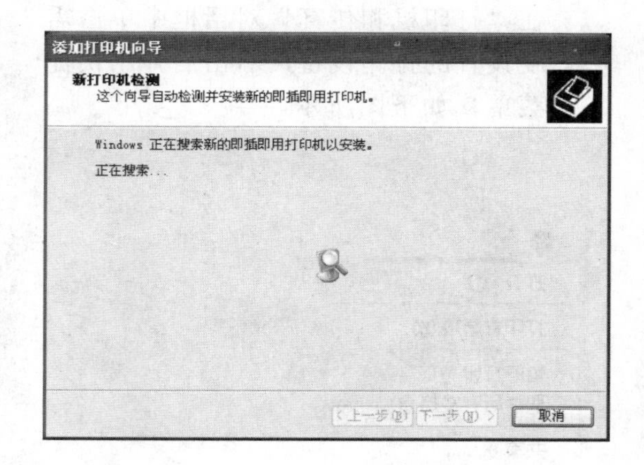

6 在自动检测到打印机后，系统将自动安装打印机驱动程序，并弹出打印测试页的提示对话框，如下图所示。

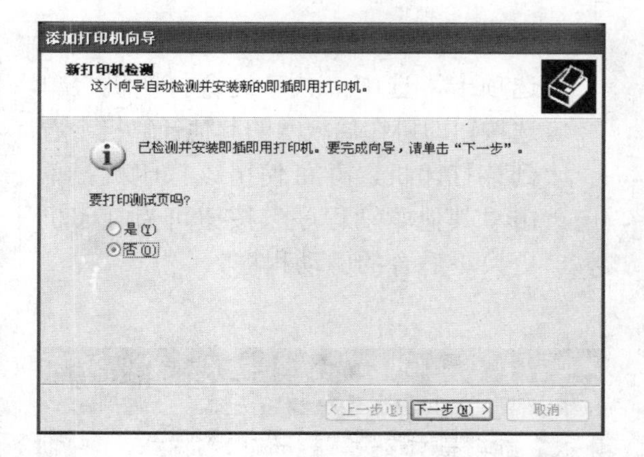

7 选中“否”单选按钮，在打印机纸盒中装入打印纸，单击“下一步”按钮，将弹出完成添加打印机向导对话框，如下图所示。

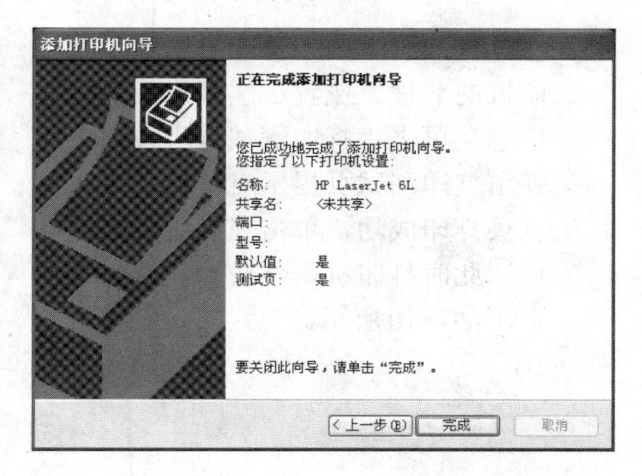

8 单击“完成”按钮，则完成打印机安装，同时在“打印机和传真”对话框中将出现当前已安装驱动程序的打印设备的图标，如右图所示。

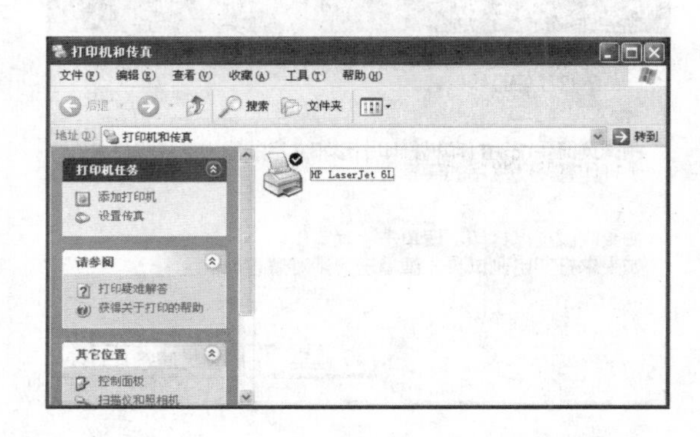

设置打印机

打印机安装后，还需进行设置才能正常使用。其设置过程相对来说比较简单，主要是通过打印机属性对话框进行的，下面介绍其具体的设置方法。

1 在“打印机和传真”对话框中单击需要设置的打印设备，右击后弹出快捷菜单，如下图所示。

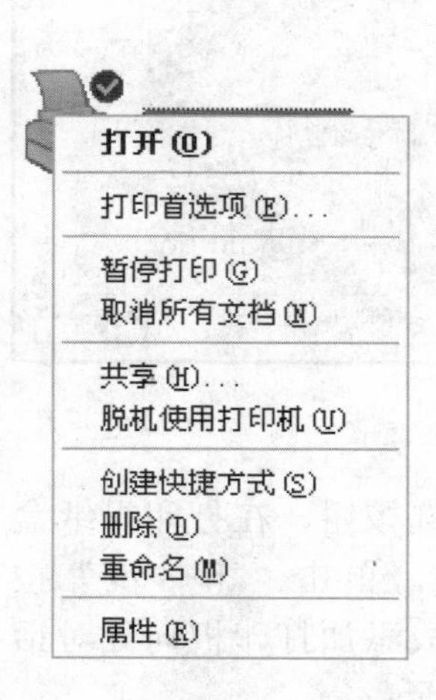

2 单击快捷菜单中的“属性”命令，则弹出选定打印机的属性对话框，如下图所示。

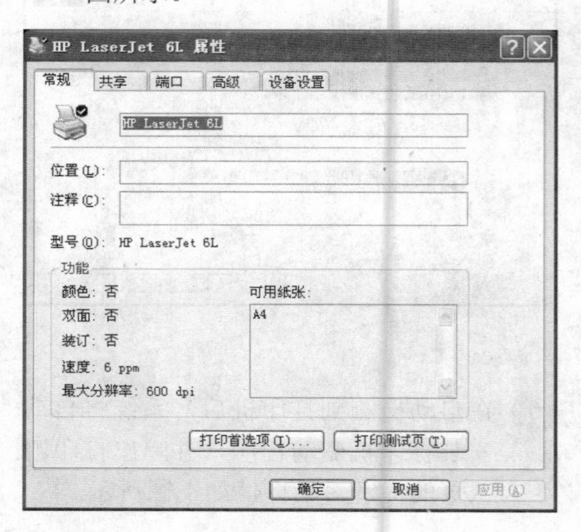

3 在默认的“常规”选项卡中显示了打印机的名称、位置、注释以及功能等信息，单击“打印测试页”按钮，将弹出打印测试页提示对话框，如果测试页打印成功，单击“确定”按钮即可。此时打印机安装成功，可以使用了，如下图所示。

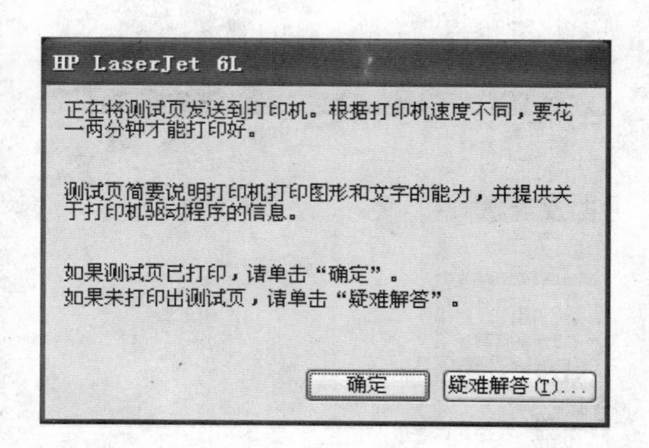

4 单击“共享”标签，切换至“共享”选项卡，选中“共享这台打印机”单选按钮即可在局域网的其他计算机上看到该打印机，并可使用该打印机；单击“其他驱动程序”按钮可为打印机更换更适合的驱动程序。

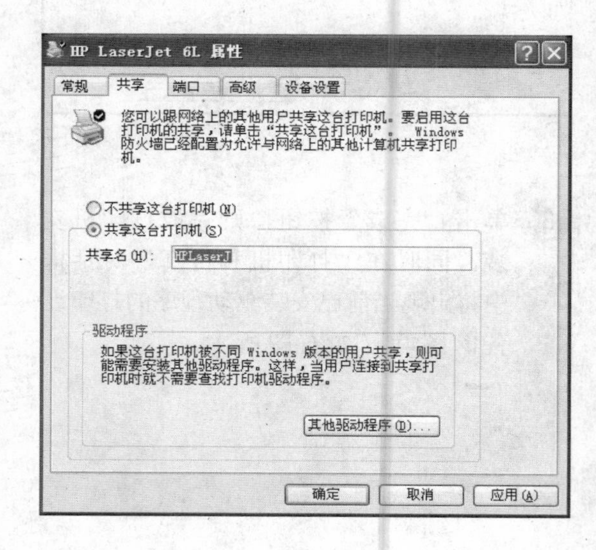

5 单击“端口”标签，切换至“端口”选项卡，在端口列表框中显示了当前的打印机所在的端口；单击“添加端口”按钮，可执行添加端口操作；单击“配置端口”按钮，在打开的对话框中进行端口配置，如下图所示。

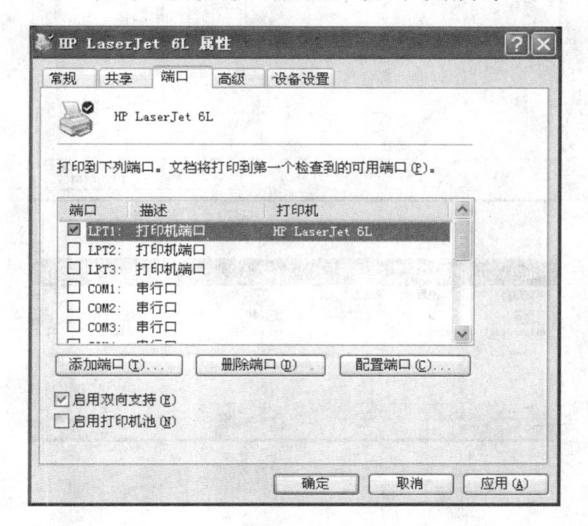

6 单击“高级”标签，切换至“高级”选项卡，在如下图所示的对话框中可以设置打印机的使用时间、优先级、更新打印机驱动程序、后台打印处理等。单击“打印处理器”按钮，可以设置打印机在不同情况下的处理情况。

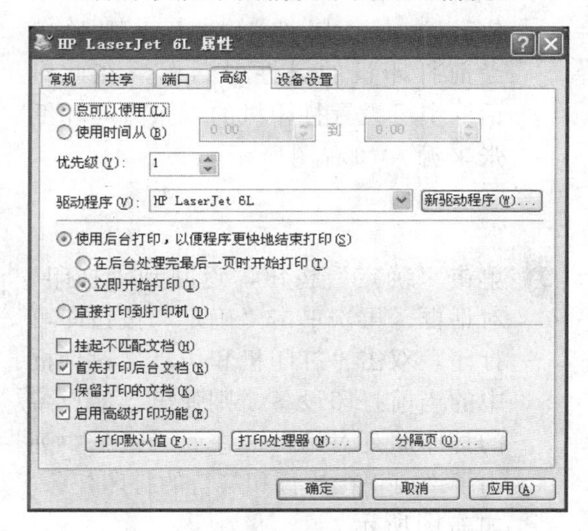

文件打印及打印状态

一般应用软件均配有“打印”命令，在典型 Windows 风格的应用软件的“文件”菜单中一般都有“打印”命令，单击后将弹出“打印”对话框。不同的软件的对话框略有差异，但是其选项不外乎有选择打印机、设置可打印区域、打印份数、打印范围等，用户根据需要设置完成后即可开始打印内容。在打印过程中还可对打印状态进行查看。

1 在 Word 2003 中，单击菜单栏中的“文件＞打印”命令，打开“打印”对话框，如右图所示。

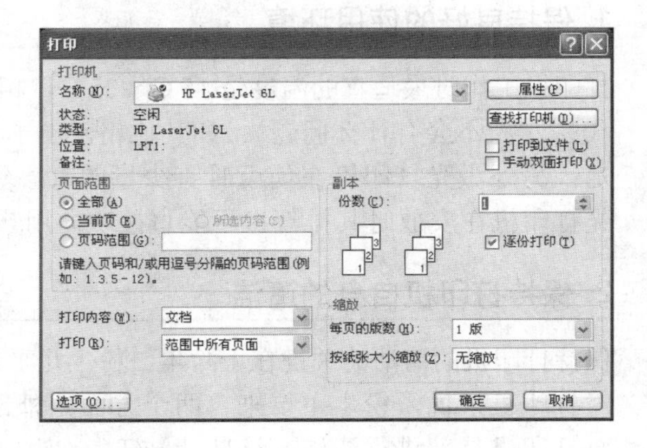

② 在"打印机"选项区域的"名称"下拉列表中选择当前的默认打印机；在"页面范围"选项区域中的全部、当前页、页码范围3种方式中选择一种；在"副本"选项区域中的"份数"文本框输入需要的份数值；单击"属性"按钮，则弹出当前打印机的属性对话框，在此对话框中可设置打印机的纸张方向和纸张来源，如右图所示。

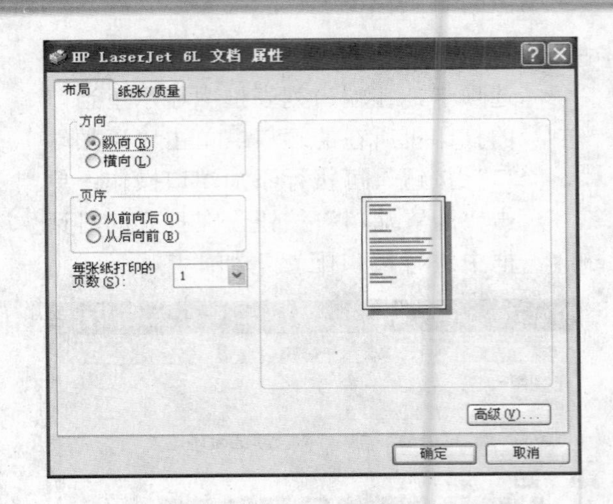

③ 单击"确定"按钮，返回到"打印"对话框，再次单击"确定"按钮即可打印。双击"打印机和传真"对话框中的当前打印设备，则弹出当前设备的打印队列对话框。在此对话框中列出了当前正在执行和等待的打印任务，如右图所示。

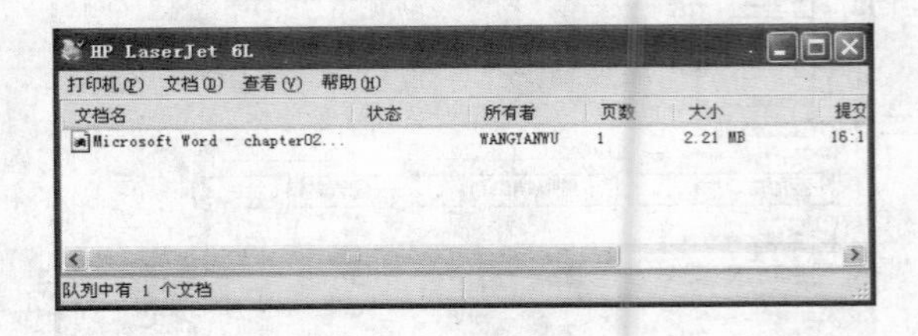

打印机的日常维护和注意事项

打印机是最常用的办公设备之一。它在方便人们工作、提高人们工作效率的同时，也面临着频繁使用和维护不当导致的损耗、出故障等问题。所以它需要经常维护，下面简单介绍一下日常维护的相关注意事项。

1. 保持良好的使用环境

打印机工作时最适宜的温度是15℃～25℃，相对湿度是40%～50%之间（一般情况上下浮动10%左右不会有什么问题）；和其他精密电子设备和仪器一样，激光打印机要求电压保持稳定；另外激光打印机在使用时有少量的有害气体产生，这对人体健康有一些影响，注意激光打印机在安放时其排气口不能直接吹向用户。

2. 保持打印机自身的清洁

保持打印机的清洁的关键在于除尘。粉尘几乎是导致所有的电器设备易损耗的主要因素之一，对打印机来说，粉尘主要来自两个方面：外部和内部。一般情况下，使用专用的清洁工具对打印机外部进行清洁，这些清洁工具使用方便，清洁效果也比较好，比较常见的是清洁纸；若要对打印机内部进行清洁，则首先打开打印机的机盖，取出硒鼓，再用干净柔软的棉布轻轻地来回擦拭滚轴等一些相关的部位，去除小纸屑和累积的灰尘。

3. 保持良好的使用习惯

卡纸是打印机最容易出现的一个故障，其实只要正确地用纸，卡纸概率是可以降低的。在向纸盒装纸之前，应将纸捏住抖动几下，以使纸张页与页之间散开，减少因为纸张静电粘合而造成的卡纸；纸盒不要装得太满，一般情况下安装额定数的80%～90%是比较合理的；注意打印介质的质量，一些质量较差的打印介质往往会出现卡纸的现象，所以在选购打印介质时要选择质量好一些的。

4. 特别注意

在进行打印机清洁时，要注意关闭电源，以防出现事故。

2 扫描仪

用户在制作公司宣传单、编写标书文件、维护单位网页时，常需要将现场、设备等的图像转换为计算机图片文件，这时就需要用到扫描仪，本节将介绍扫描仪的安装、使用及维护保养方面的相关知识。

扫描仪的安装

扫描仪的安装过程同其他受Windows支持的硬件一样，将设备通过专用线缆与计算机连接并接通电源，操作系统将自动识别该设备，接下来按安装向导的提示安装驱动程序即可，具体步骤如下。

1. 用USB数据线将扫描仪与计算机连接。操作系统会自动出现“找到新的硬件向导”对话框并提示用户，选中“从列表或指定位置安装”单选按钮，如下图所示。

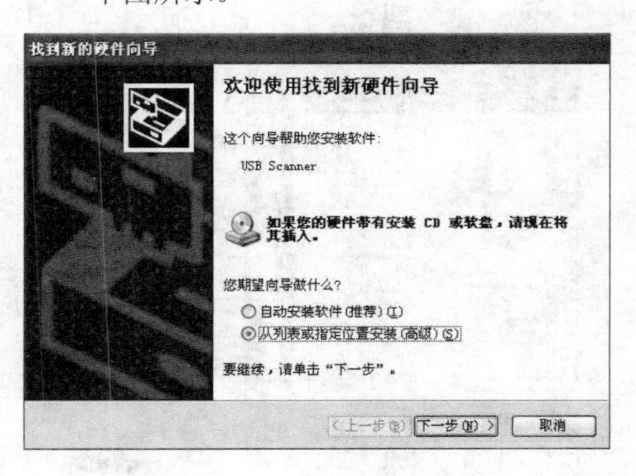

2. 单击“下一步”按钮，将弹出搜索驱动位置对话框，将扫描仪的驱动光盘放入光驱中，选中对话框中的第一个单选按钮及其所有复选框，如下图所示。

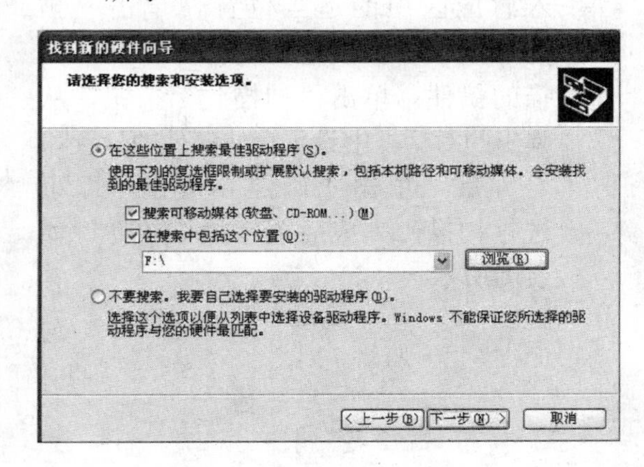

3 单击“下一步”按钮，在自动搜索到驱动程序后，系统将自动对其进行安装，最后弹出安装完成提示对话框。单击“完成”按钮，即完成扫描仪的安装，如右图所示。

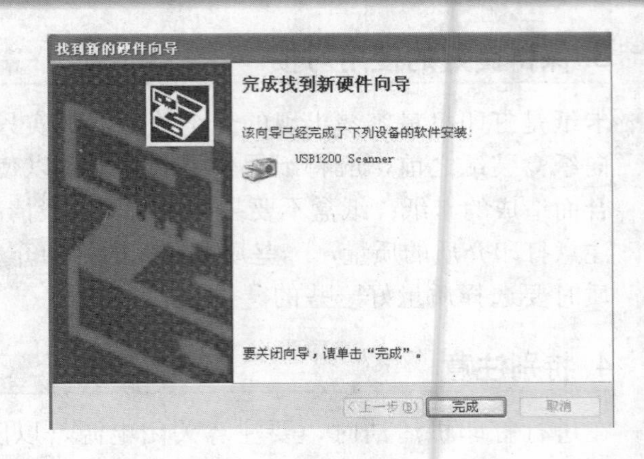

扫描仪的使用

扫描仪安装后还需安装专门的软件才能使用，一般在随机附送的安装光盘中可找到专门的软件，在安装这些软件后，扫描仪才可投入使用。

1 打开扫描仪电源，安装 ScanWizard 5 驱动程序。双击桌面上的“ScanWizard 5”图标，启动扫描软件，如右图所示。

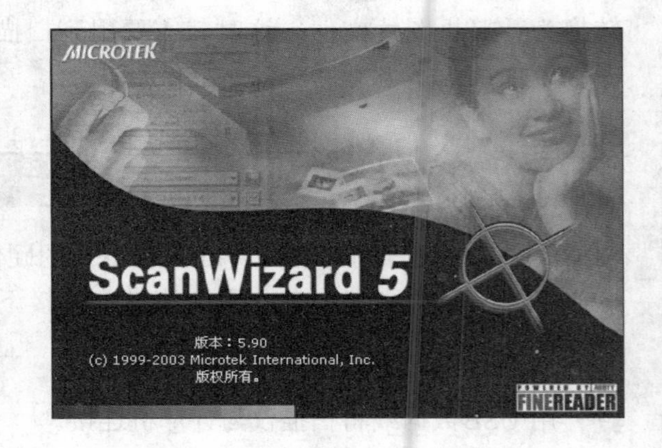

2 打开活动盖板，将需要扫描的介质放入感应区中的适当位置，单击“预览”按钮，在预览窗口中即出现要扫描的稿件；单击“扫描到”按钮，从弹出的对话框中设置存储稿件的位置和名称后，单击“确定”按钮，即可进行扫描，完成后关闭扫描软件，如右图所示。

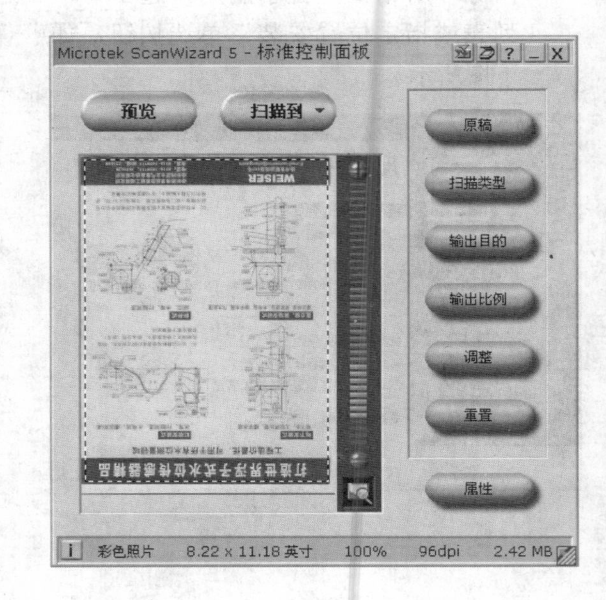

3. ScanWizard 5 高级控制模式是一个专业的软件，它是扫描仪与后端应用程序间的桥梁；其预览窗口包含了多个控制扫描仪的命令与工具，并可以预览图像范围和显示预览信息；功能菜单有“扫描仪”、“查看”、“属性”、“修正”、“帮助”等；动作按钮栏有“预览”、“预扫”、“扫描到”、“扫描介质”、“切换”、“离开”等按钮；工具按钮有扫描范围选框、放大镜、移动工具、吸管工具等。

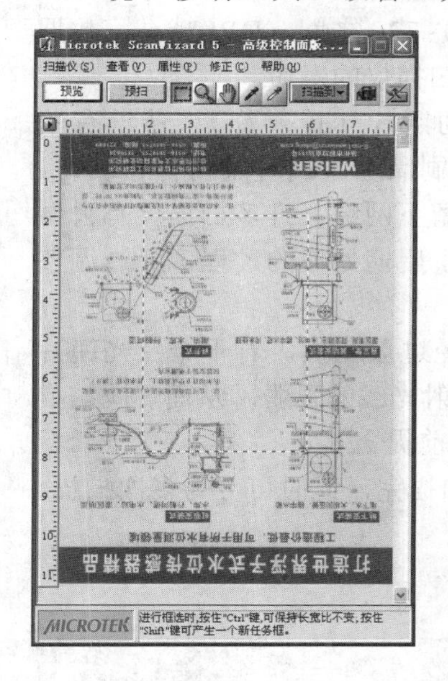

4. Scan Wiard 5 的“设置”窗口包含了扫描图像的输出参数及高级图像修正工具，它们分别是扫描任务、图像类型、分辨率、分辨率单位、扫描范围设置、比例、输出设置、扫描范围选项、色调曲线、亮度/对比度等，如下图所示。

5. 扫描任务即用户决定要如何处理及扫描的简单任务。当预览某图像，此图像有自己的参数，可视它为一个扫描任务，也可只选择其中一部分，对它进行调整参数的操作，如下图所示。

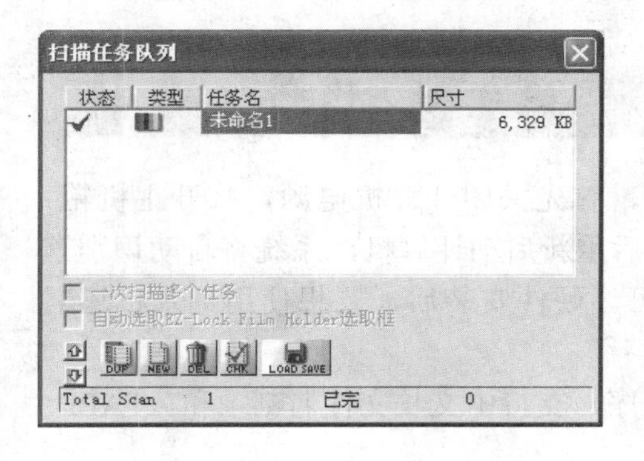

6. “信息”窗口是一个浮动窗口，用以提供预览图像上指针所在位置的信息；要显示“信息”窗口，可在“预览”窗口的“查看”菜单下执行显示信息窗口命令，如放大比率显示、输出数值、取样大小等，如下图所示。

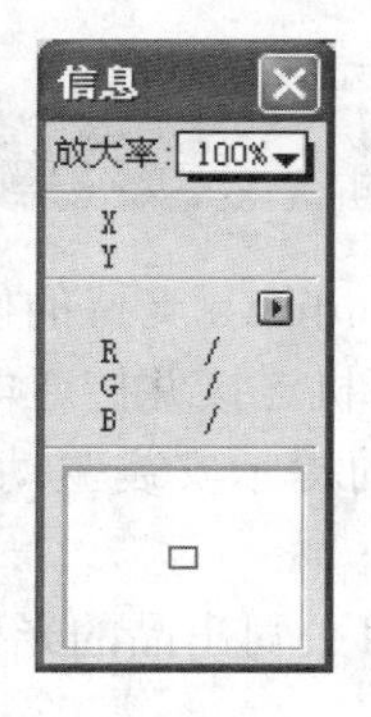

扫描仪的维护保养

办公设备中的扫描仪是一种精密的电子产品，它极大地方便了人们的日常办公，下面简单介绍一下它的日常维护注意事项。

（1）扫描仪的各部件中光学成像部分的设计最为精密，无论是光学镜头或是反射镜头，稍有偏差就会影响 CCD 成像的质量，甚至可能产生 CCD 接收不到图像信号的现象。因此扫描仪在长途搬运时，要把镜头锁定，使用时再将锁定扫描仪的镜头组件去掉。

（2）当扫描仪在 Windows 98 下使用时，要先开启扫描仪的电源，然后再启动计算机。因为 Windows 98 在启动时会检测所有的系统设备并进行登录，否则 Windows 98 系统将不认扫描仪为当前系统的注册设备，拒绝对此设备进行访问。

（3）在使用扫描仪软件时，先预扫一下图像，然后设置颜色数、DPI、对比度、明亮度等，最后选择要扫描的区域开始扫描。DPI 的数值范围为 150~720 之间，DPI 越高，数据就越大，但如果经常用很高的 DPI-M 来扫描图像，则会缩短扫描仪的寿命。

（4）最好的扫描输入稿件是正片（透射片），其次是一般的照片（反射片）。若没有较好的扫描材料，只能用印刷品或负片作为扫描材料。由于印刷品在印刷时采用青、品红、黄、黑（CMYK）四色油墨从不同角度套印，会在印刷品上留下网纹。许多扫描仪有去网纹的功能，该功能可由软件或由硬件完成，去网纹功能简化了后期处理的过程，经过调整可以直接得到无网纹的扫描图像。

（5）扫描仪工作时，光从灯管发出后到 CCD 接收，其间要经过玻璃板、若干个反光镜片及镜头，如果任何一部分落上灰尘或其他微小杂质都会改变反射光线的强弱，从而影响扫描图像的效果。因此工作环境的清洁是确保图像扫描质量的重要前提。

（6）如果扫描仪的幅面比较小，不能将需要扫描的器件一次扫描完，此时可分为多次扫描，扫描完毕以后可在 Photoshop 中进行无缝拼接图形的处理。

3 刻录机

随着刻录技术的发展，8 倍速刻写 CD-R、4 倍速刻写 CD-RW 已不算是新产品，而主流的 CD-RW 已经是 16 倍速。刻录机在数据接口上有 SCSI、IDE、USB 方式；其中 SCSI 接口的刻录机性能稳定、CPU 占用率低、数据传输效果平稳、刻录成功率高，但价格高，安装时需要专门的 SCSI 扩展卡；IDE 接口的刻录机以安装简单、成本低廉而成为市场主流机型；USB 接口方式的刻录机对计算机而言就是一台外设。本节将介绍刻录机的安装、使用和维护注意事项。

刻录机的安装

刻录机的安装过程同其他 Windows 支持的硬件一样，首先关闭计算机电源，打开主机箱，将刻录机通过专用线缆与计算机连接并接通电源；然后重新启动计算机，系统将自动识别该设备；接下来，按安装向导的提示安装驱动程序即可。硬件安装后，要想使用刻录机还需要相关软件的支持。

Nero 刻录机软件是德国 Ahead 公司出品的光碟刻录程序，支持中文长文件名刻录和 ATAPI

（IDE）的光碟刻录机，可刻录多种类型的光盘，全面支持DVD盘的刻录；是一个相当不错的光碟刻录程序。下面介绍其安装过程。

1 单击Nero安装目录下的“SETUP.EXE”图标，系统打开文件解压对话框，在该对话框将所有压缩的文件解压缩到当前文件夹，如下图所示。

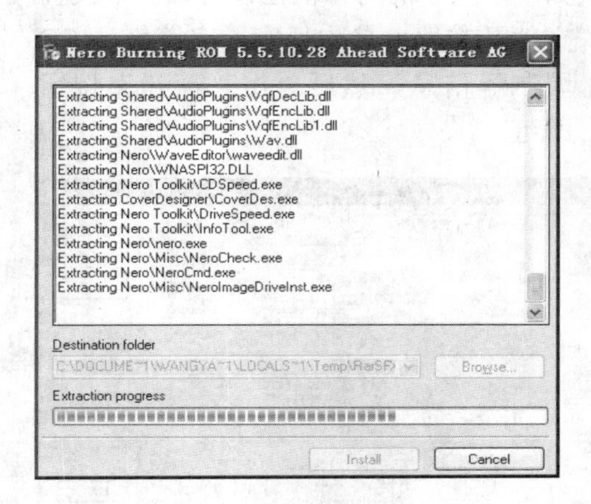

2 文件解压后即打开软件安装向导对话框，单击“下一步”按钮，安装程序打开软件安装许可证对话框，选中“本人接受上述许可协议的所有条款”单选按钮，如下图所示。

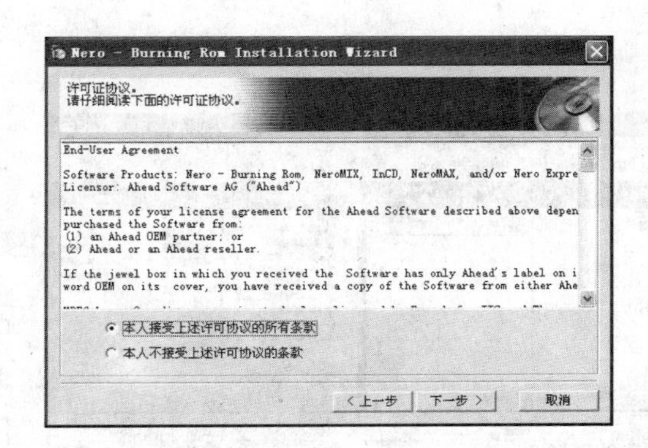

3 单击“下一步”按钮，打开“用户信息”对话框，输入用户名称、公司名称、软件安装目录等，单击“更改”按钮，即可更改软件安装路径，如下图所示。

4 单击“下一步”按钮，打开复制文件对话框，显示文件复制安装的进度。在文件复制完成后，单击“下一步”按钮即可，如下图所示。

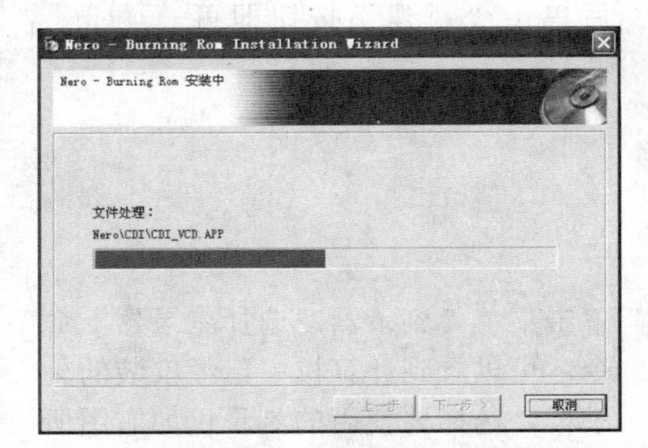

5 在文件复制完成后，弹出安装完成提示，如右图所示单击“完成”按钮即可。

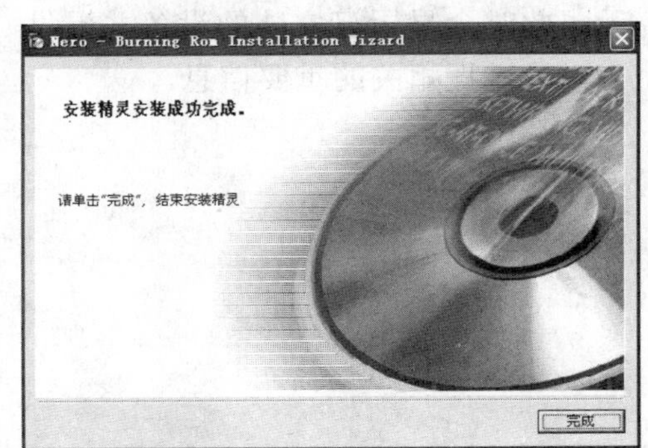

刻录操作

刻录操作相对于其他办公设备的操作过程相对复杂些。下面将介绍刻录文件的具体过程。

1. 在桌面单击Nero快捷图标，打开Nero刻录软件主界面，如下图所示该软件界面包括标题栏、菜单栏和工具栏，左侧为新建光盘区域，右侧为本地计算机文件浏览区域。

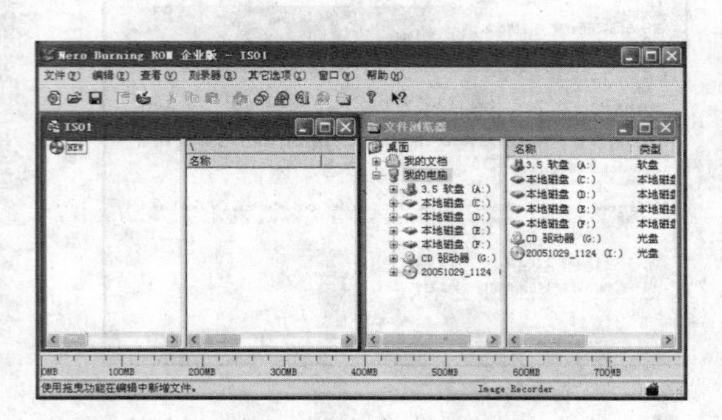

2. 在Nero刻录软件主界面中，单击“建立新编辑”按钮，打开“新编辑”对话框，CD-ROM（ISO）图标，打开如下图所示的对话框在该对话框中设置文件及文件夹名称长度、字符集、ISO限制等信息，然后单击“新建”按钮即可。

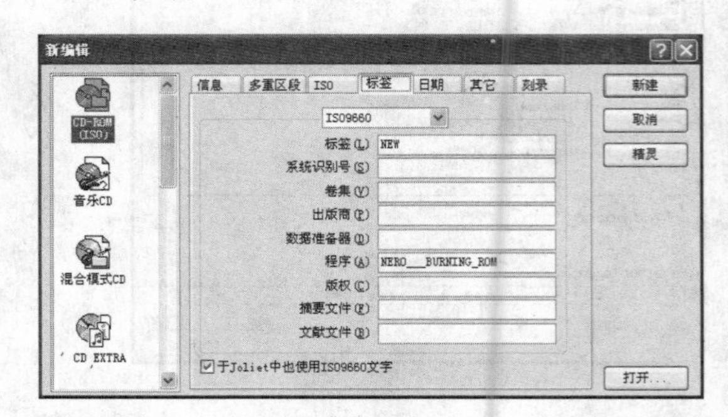

3. 或者单击“音乐CD”图标，打开如右图所示的对话框在该对话框中设置音乐CD的专辑名称、版权等信息，然后单击“新建”按钮即可。

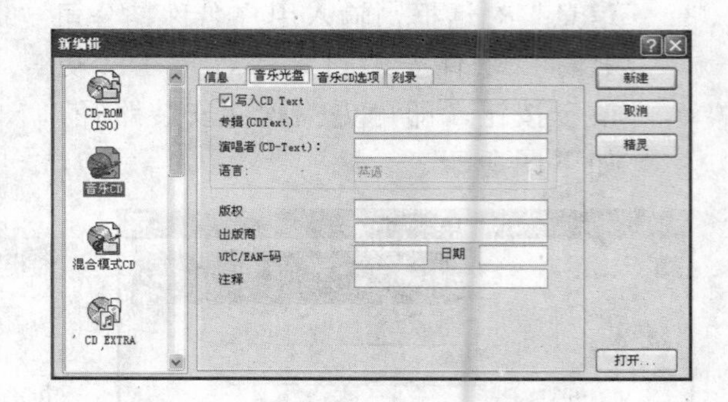

4. 单击菜单“刻录器>选择刻录器”命令，可以看到计算机中已经安装的刻录机，选择要使用的刻录机如右图所示，此时会显示已安装的设备并提供与刻录过程相关的重要信息。

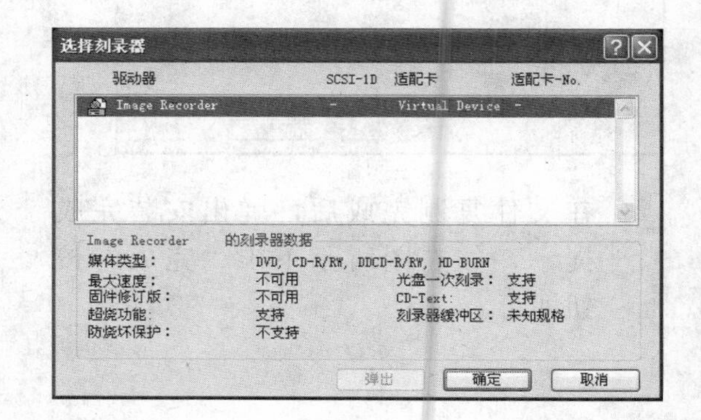

5 在Nero刻录软件主界面中，单击“打开复制光盘窗口”按钮，打开新编辑-复制光盘对话框，如下图所示此对话框可用于设置复制光盘的相关参数。

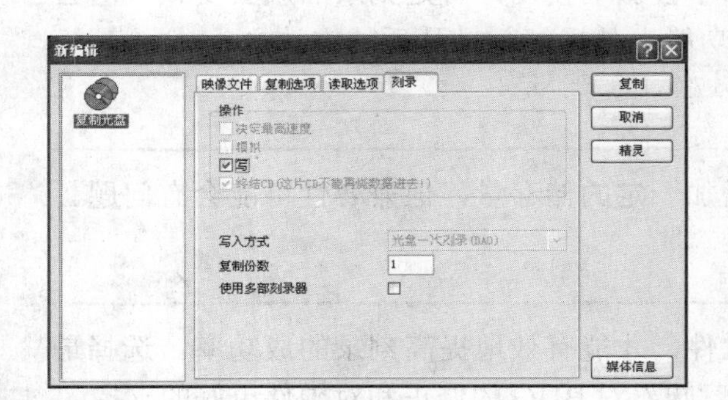

6 单击“复制”按钮，打开“刻录CD”对话框，同时又打开“等待媒体”对话框，弹出光驱，提示插入原媒体，如下图所示。

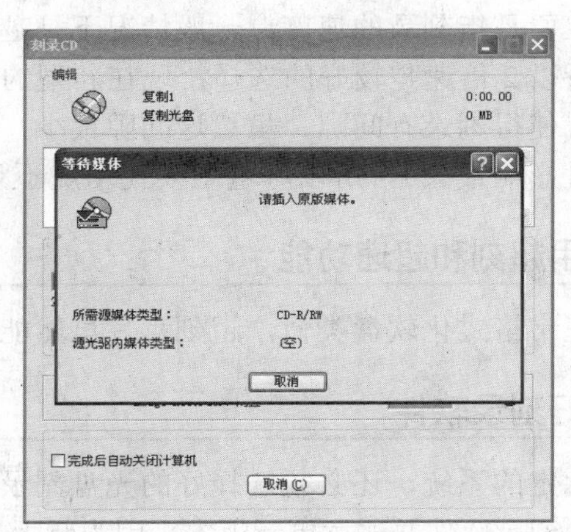

7 刻录机仓门自动打开后，放入一张空白光盘，自动打开“保存映像文件”对话框，如下图所示此对话框用于设置复制光盘的文件名。

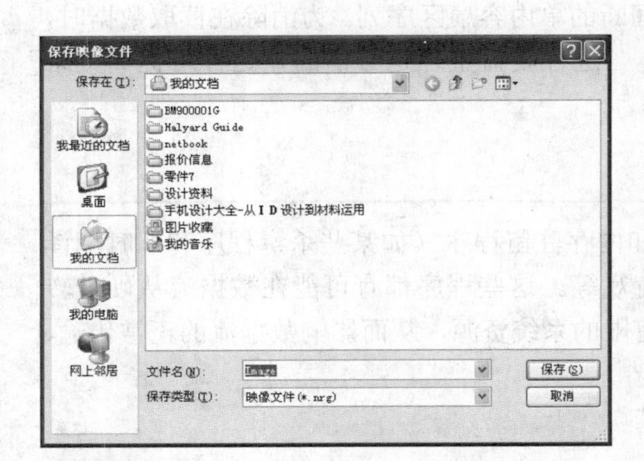

8 输入文件名后，单击“保存”按钮，则返回到“刻录CD”对话框，此时该对话框中显示刻录进度，如下图所示。

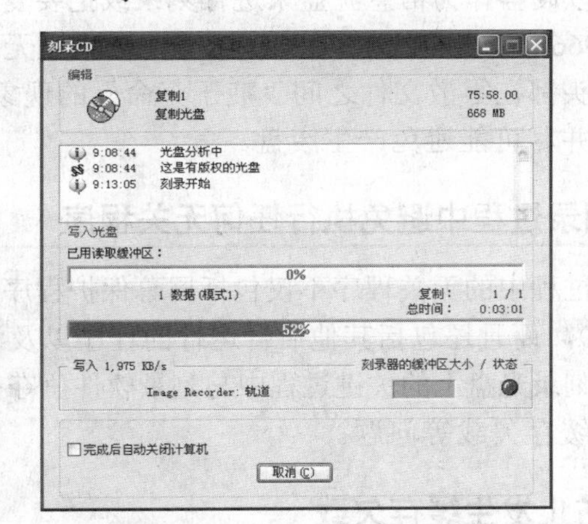

9 刻录完成后，弹出“刻录完毕”提示对话框，如右图所示单击“确定”按钮，即可完成刻录操作。

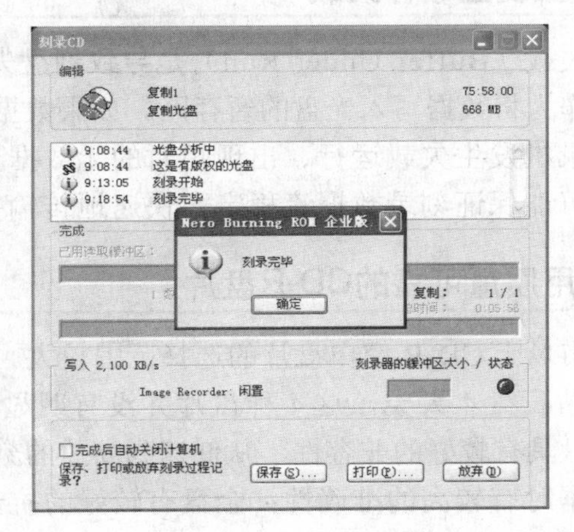

刻录光盘的注意事项

刻录的品质与刻录机的稳定性、刻录光盘的质量和刻录操作都有关系。首先刻录机的工作状态要稳定，也就是说刻录机是能正常使用的。其次就是用来刻录的光盘质量要好；刻录的操作主要是指刻录的速度，一般情况下是越慢越好，但很多刻录光盘都不能支持 1 倍速刻录，所以 2 倍速是较好的选择；现在新型的刻录机大都带有烧不死功能，但使用了烧不死功能就使得刻录有间隙，虽然这间隙很少，并不会影响使用，可是刻录品质会受损（对音频光盘影响最大），所以尽量不要使用烧不死功能也是提高刻录品质的方法之一。

1. 少用超刻和超速功能

和非正常格式化软盘类似，超刻盘片虽然能增加一定的储存量，但兼容性可能会有问题。

2. 选好刻录软件

有了稳定的系统，还必须选择好的光盘刻录软件，才能有效地提高刻录的成功率。选择最适合的刻录软件并注意更新版本，因为新版本意味着对 BUG 的修正和对硬件更好的支持。

3. 整理硬盘

整理硬盘即在每次刻录前对硬盘的每一个逻辑分区进行磁盘扫描和碎片整理。大多数情况下，都是以硬盘作为信息源盘来进行刻录或把要复制的光盘内容制成映像而存放在硬盘上。因为 ISO 9660 格式要求文件在 CD–R 盘上必须是无间断的单内容扇区序列。为消除在读取数据时，读写头都在零散文件之间“疲于奔命”的现象， 进行硬盘整理是必需的，这样可提高刻录效率并尽可能避免产生废盘。

4. 刻录过程中避免执行任何无关程序

刻录过程中的无关程序不仅包括屏幕保护程序和内存驻留程序（如某些杀毒程序和即时翻译程序），而且还包括其他后台运行的程序以及游戏等。这些程序都有可能在数据流从硬盘转移到刻录光盘上的关键过程中与刻录软件争夺有限的系统资源，从而影响数据流的正常传输、引发缓存欠载等问题。

5. 防止发生缓存欠载

缓存欠裁（Buffer Under Run）是导致刻盘失败的典型原因。CD-R 刻录机带有缓存并用此区域作为将数据写入光盘的暂存区。如果数据流进入缓存的速度低于流出缓存的速度，就会令刻录机发生欠载运行、出现短暂的无数据可刻的现象，从而导致坏盘的产生。所以要尽一切可能保证刻录数据流稳定、快速地传输并且不被打断。

6. 使用质量可靠的CD-R盘片

目前市场上 CD-R 空白盘片的选择范围较大。按反射层材料的不同可分为白金盘、金盘、蓝盘和钻石盘 4 大类，这 4 种盘片并没有明显的优劣差别，都可放心购买。从特性上来说，白金盘具有较好的兼容性，从低速到高速的刻录机都适用并且价格很便宜；蓝盘在写入和读取数据时有较高的准确性；金盘有较好的抗光性；钻石盘有最高的认盘和读取速度，但要

高速的刻录机方能很好的使用。关键的是，分别试刻不同类别和品牌的盘片，从中找出最适合您刻录机的盘片。

7. 注意散热

散热不良也是导致刻坏盘的一个重要原因，尤其是在炎热的夏季，这个问题更为突出。此外，如果用户的机器上是采用K6或PII这些发热量较大的CPU，就更应该注意散热问题了。以下是解决散热问题的几种方法：

（1）尽量避免连续长时间的刻录；

（2）刻录时打开机箱散热；

（3）最好安装空调。

8. 保持刻录激光头清洁

刻录CD-R/W盘时，光盘刻录机的激光头通过向CD-R/W盘片发射较高功率的激光来实现信息的“写入”，因此激光头清洁与否对刻录成败有着举足轻重的作用。落在激光头上的灰尘有可能在激光束的强烈照射下而发生轻微的烧结现象，故此时若用普通清洗盘来清洁，效果往往不能令人满意；并且由于刻录机内部较为精密，自行开盖清洁显然不太稳妥。所以最好的办法就是保持周围环境的清洁干净。

4 移动式存储器

移动式存储器因其良好的便携性和可靠性，自从一出现便很快引起市场普及风暴。在本节中主要介绍常用的U盘和移动硬盘的操作和日常维护注意事项。

U盘操作

U盘也叫闪存盘，它以低廉的价格、大容量的存储空间以及相对较快的存取速度，取代了软驱成为组装电脑的部件之一。根据USB的接口规范，目前较新的U盘采用USB 2.0，而以前的老式U盘仍然采用USB 1.1规范。对于Windows XP操作系统，绝大部分U盘是不需要用户单独安装驱动程序的，操作系统自带的驱动程序库已包含这部分U盘驱动程序。

1. 将U盘插入计算机USB接口，Windows XP操作系统弹出执行操作提示对话框，如下图所示。

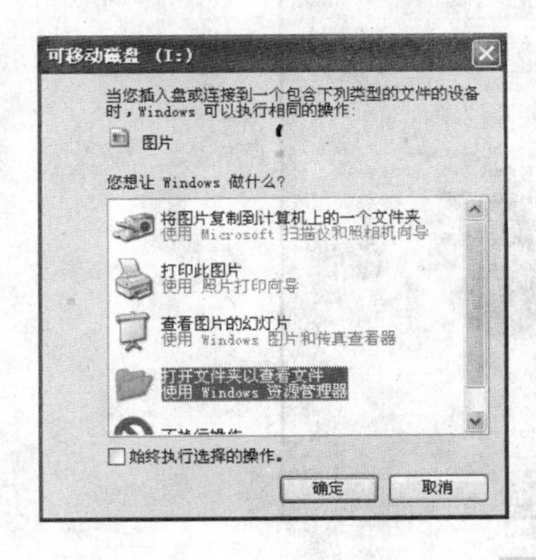

② 插入U盘后，“我的电脑”窗口显示U盘为FLASHDISK盘符，如下图所示。

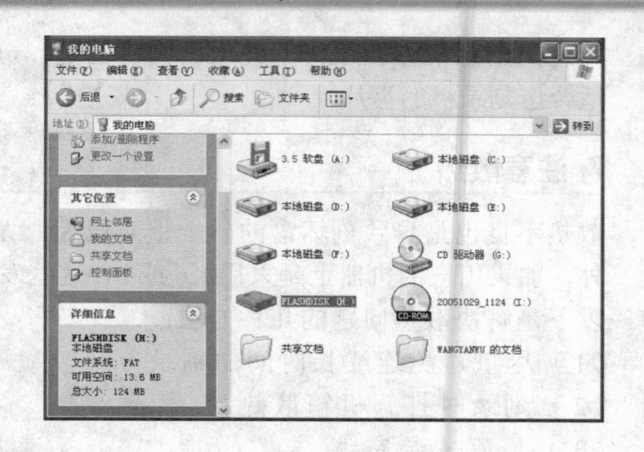

③ 右击“可移动磁盘”图标，系统弹出命令菜单对话框，如下图所示。

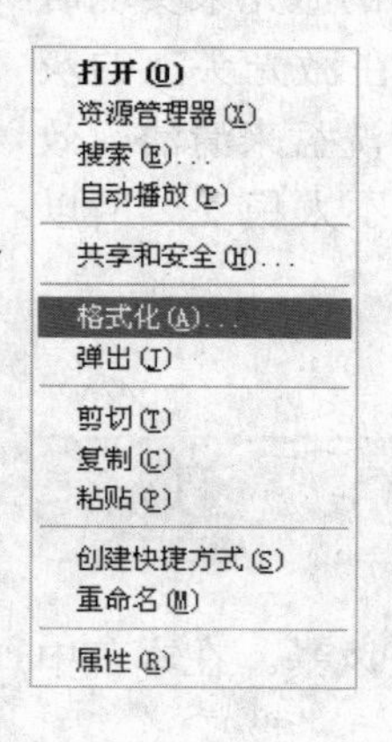

④ 单击“格式化”命令，操作系统再弹出格式化磁盘对话框。单击“开始”按钮对其进行格式化，如下图所示。

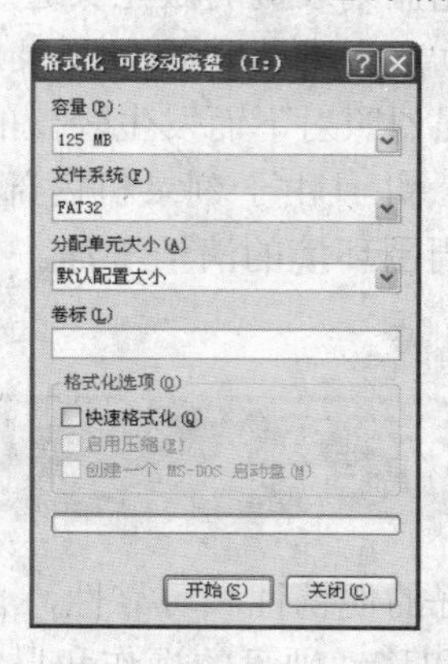

⑤ 右击“可移动磁盘”图标，系统弹出命令菜单对话框，单击“属性”命令，操作系统再弹出磁盘属性对话框，如右图所示，在“常规”选项卡中显示了磁盘的类型、文件系统、已用空间、可用空间、容量等信息。

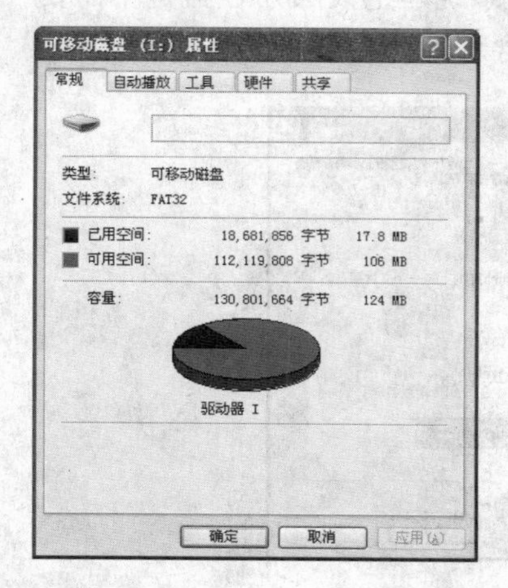

⑥ 单击“共享”标签，切换到“共享”选项卡，如右图所示，在“网络共享和安全”选项区域中可以设置可移动磁盘的共享。

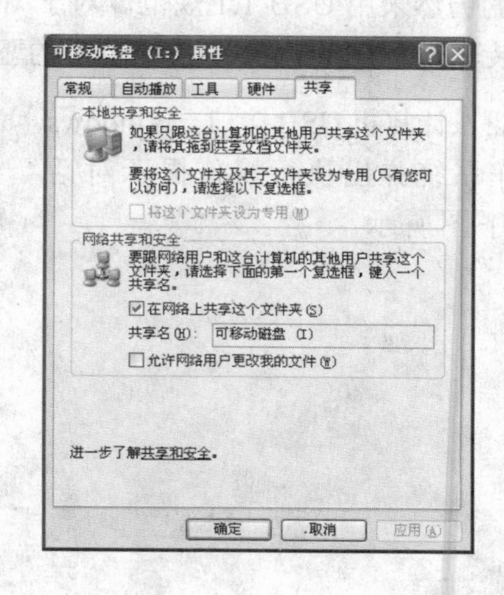

移动硬盘

移动硬盘的容量一般要比U盘大很多，通常采用笔记本电脑的硬盘作为移动硬盘的存储载体，这样计算机访问移动硬盘就类似于访问U盘。由于移动硬盘大多存在分区，因此在用户计算机上表现为多个驱动器，对每一个驱动器的操作和本地硬盘操作相同，但是访问本地硬盘的速度更快。

移动硬盘的外观及电脑中对移动硬盘的显示状况，如下两幅图所示。

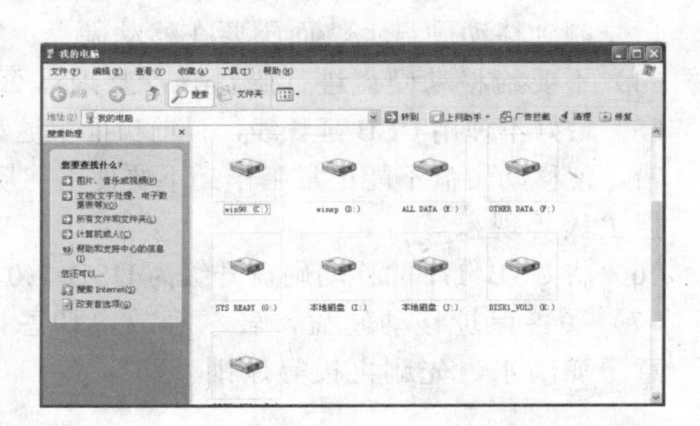

从上面的右图中可以看到，一般USB接口的移动硬盘，在使用上和U盘相差无几，只是表现在移动硬盘的容量大，具有一个以上的分区；有些移动硬盘有外置电源适配器。当移动硬盘通过USB线连接到计算机时，在计算机上会显示多个移动存储设备。此时，对本地硬盘的操作均可在移动硬盘上进行，包括复制、剪切、粘贴文件，对移动硬盘进行格式化等操作。

可移动存储器使用注意事项

1. U盘使用注意事项

（1）U盘不宜进行碎片整理，因为U盘保存数据信息方式的原理与硬盘不一样，它产生的文件碎片，不适宜经常整理；否则会影响它的使用寿命。

（2）保存和删除文件的操作最好一次进行。由于对U盘进行操作时，每对存储芯片中的数据刷新一次，将直接导致U盘物理介质的损耗；所以用U盘保存文件时，最好先用WinRAR等压缩工具将多个文件进行压缩后，再保存到U盘中；同样删除U盘中的信息时，也最好一次性地进行。

（3）在U盘不用时要退出，如果将U盘插入USB接口后，为了随时复制文件而不将它拔下，这会对个人数据带来安全隐患。因为当操作系统从休眠状态返回时容易修改U盘的数据；网络病毒也容易通过U盘进行扩散。

（4）U盘的热插拔不等于随意插拔。当U盘正在读取或保存数据时，一定不能拔出U盘，否则很容易损坏U盘或其中的数据；不要频繁进行插拔，否则容易造成USB接口松动；在插入U盘时要细心，注意方位。

2. 移动硬盘使用注意事项

（1）尽量不要选购过于廉价的产品，价格将决定移动硬盘的用料，用料过于廉价就无法保证移动硬盘的稳定运行。

（2）移动硬盘分区最好不要超过 2 个，以免在启动移动硬盘时增加系统检索和等待的时间；特别是使用 USB 1.1 传输接口的移动硬盘更应注意，否则将浪费掉许多宝贵的时间。

（3）移动硬盘不要插在电脑上长期工作。移动硬盘是用来临时交换或存储数据的，不是本地硬盘。若有需要转存下载资料的，正确的使用方法是使用本地硬盘下载和整理资料等，然后复制到移动硬盘上，而不要在移动硬盘上完成。

（4）不要给移动硬盘进行磁盘碎片整理，否则很容易损伤硬盘。

（5）最好不使用 USB 延长线，目前市面上这种线的质量一般不太好，会使 USB 数据同步出错，使移动硬盘不能正常工作；不要使用劣质 USB 硬盘盒，否则导致出现供电不足或是数据丢失等现象。

（6）将 USB 1.1 的移动硬盘升级为 USB 2.0，可让移动硬盘传输速率更快。

（7）妥善保护移动硬盘，轻拿轻放，切忌摔打；注意温度，太热就停止工作；另外注意干燥防水、先删再拔等原则。

5 复印机

外观及使用

一般单位、公司都拥有复印机，由于它的自动化程度较高，从而成为办公自动化中重要的设备之一。复印机的结构较为复杂，它是光学、机械、电子、化学和电脑相结合的高科技产品。在最新的产品中还出现了数字式复印机、新型彩色复印机、复印打印一体化机等，这些复印机不仅能复制出高清晰的图像，还具有非常丰富的编辑功能。

1. 复印机外观（如右图所示）

2. 一般使用过程

打开活动盖板，将需要复印的介质放入感应区中的适当位置，按下“开始”按钮，即可进行复印。

使用注意事项

复印机是聚集了光学、机械、电路等高科技的精密产品，定期进行清扫、整理、加油、调整是确保复印机正常运行的关键。必要的保养可以提高复印机的工作质量，延长使用寿命，节约维修费用。

1. 复印机的安放要求

复印机须安装在通风良好的室内；电源电压保持在220V±10%范围内，由电流容量大于15A的插座单独供电，复印机本体须接地处理；保证机器对环境的温度和湿度要求；避火源、避尘、避氨气、避阳光直射；复印机四脚着地保持水平状态，离墙至少10cm。

2. 经常性保养

在复印份数达到一定数量或一次性复印量较大时，应对复印机中易污染的部件进行清洁保养，主要包括清除感光板、电极丝、屏蔽罩、镜头、反射镜、搓纸轮、输纸棍、稿台玻璃等易污染部位的污垢和灰尘，并对其进行吹拂或擦拭。

3. 定期检查和维护

在复印机经过长期使用后，应对其机件进行全面检查和维护，主要是做好机件的全面清洁、润滑、调整以及更换易损件和失效的零部件等工作。

4. 使用要求

每天早晨上班后，要打开复印机预热半小时左右，使复印机内保持干燥；下班时要关闭复印机电源开关，切断电源，不可未关闭机器开关就去拉插电源插头，这样容易造成机器故障。在复印机工作过程中一定要盖好上面的挡板，以减少强光对眼睛的刺激。

5. 清洁复印机

复印机清洁涵盖如下方面的具体内容：盖板的清洁，可用棉纱布蘸些洗涤剂反复擦拭，然后用清水擦拭，再擦干即可；稿台玻璃的清洁，操作时应避免用有机溶剂擦拭，因为稿台玻璃上涂有透光涂层和导电涂层，这些涂层不溶于水，而溶于有机物质；电路系统的清洁包括光学系统的清洁、机械系统的清洁、进纸系统的清洁、出纸系统的清洁，这些应由专业人员处理。

6 本章小结

在办公自动化系统中，硬件设备的维护是办公室日常工作的重要内容，它直接关系到日常办公的效率和公司的形象等，正确地使用常用的办公设备是现代信息社会对广大用户的基本要求，通过对这些设备的合理维护可持续提高工作效率、降低成本，避免不必要的开支。希望通过对本章内容的学习，读者能迅速掌握办公设备的使用与维护，工作起来更加得心应手。

读书笔记

Chapter 3

汉字输入法与办公

要想使计算机成为用户办公中的亲密伙伴，就需要使用计算机的通用文字进行交流。目前市场上常见的键盘上全是一些英文字母、符号和数字，而大部分中国用户用得最多的是汉字，因此掌握汉字输入法是中国用户使用电脑进行办公的一个前提。

1. 汉字输入法及其分类
2. 添加与删除输入法
3. 设置输入法属性
4. 使用智能ABC输入法
5. 使用五笔加加输入法

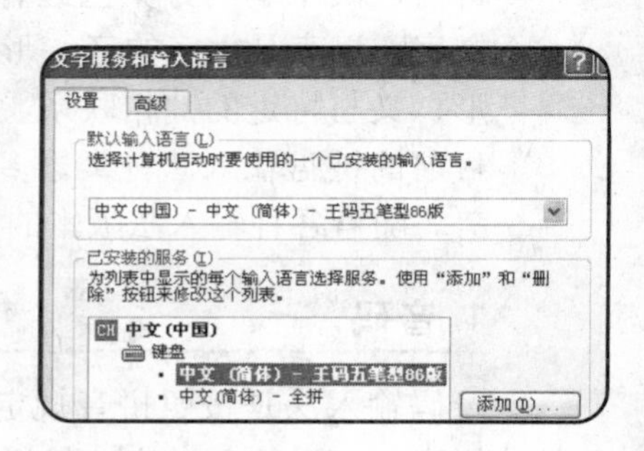

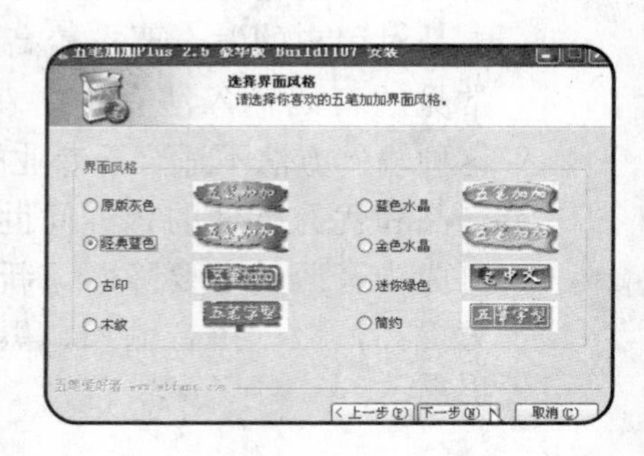

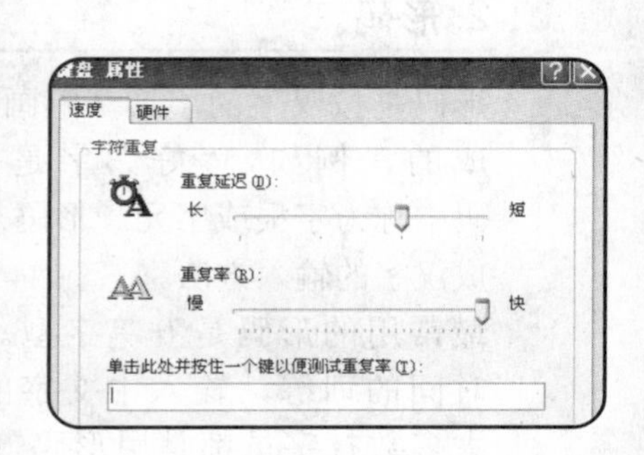

汉字输入法的分类

用户要把汉字输入计算机，就需要掌握专用的汉字输入方法。近年来，随着计算机行业的高速发展，汉字输入法也在不断地发展和进步，诞生了许多符合各类用户需求的优秀的汉字输入法。目前，汉字输入法可分为两大类：键盘输入法和非键盘输入法。

键盘输入法

键盘输入法，就是利用键盘，根据一定的编码规则来输入汉字的一种方法。

英文字母只有26个，它们对应着键盘上的26个字母，所以对于英文而言是不存在什么输入法的。汉字的字数有几万个，它们和键盘是没有任何对应关系的，但为了向电脑中输入汉字，必须将汉字拆成更小的部件，并将这些部件与键盘上的键产生某种联系，才能让用户通过键盘按照某种规律输入汉字，这就是汉字编码。

目前，汉字编码方案已经有数百种，其中在电脑上已经运行的就有几十种。作为一种图形文字，汉字是由字的音、形、义来共同表达的。汉字输入的编码方法基本上都是采用将音、形、义与特定的键相联系，再根据不同汉字进行组合来完成汉字的输入的。

目前的键盘输入法种类繁多，而且新的输入法不断涌现，各种输入法都有各自的特点和优势。随着各种输入法版本的更新，其功能也越来越强。目前常见的中文输入法有以下几类。

1. 音码

音码输入法是按照拼音规定来输入汉字的，不需要特殊记忆，符合人的思维习惯，只要会拼音就可以输入汉字。但拼音输入法也有缺点：一是同音字太多，重码率高，输入效率低；二是对用户的发音要求较高；三是难于处理不识的生字。

常见的音码输入法有全拼双音、双拼双音、新全拼、新双拼、智能ABC、微软拼音等。这种输入方法不适合于专业的打字员，但非常适合普通的电脑操作者，尤其是随着一批智能产品和优秀软件的相继问世，中文输入跨进了“以词输入为主导”的境界，重码选择已不再成为音码的主要障碍。新的拼音输入法在模糊音处理、自动造词、兼容性等方面都有很大提高，微软拼音输入、黑马智能输入等输入法还支持整句输入，使拼音输入速度大幅度提高。

2. 形码

形码是按汉字的字形（笔画、部首）来进行编码的。汉字是由许多相对独立的基本部分组成的，例如，“好”字是由“女”和“子”组成，这里的“女”、“子”在汉字编码中称为字根或字元。形码是一种将字根或笔划规定为基本的输入编码，再由这些编码组合成汉字的输入方法。

最常用的形码是五笔字型。形码最大的优点是重码少，不受方言干扰，只要经过一段时间的训练，输入中文字的效率会有大幅提高，因而这类输入法目前最受欢迎。现在大多数打字员都是用形码输入汉字，而且这类输入法对普通话发音不准的南方用户来说

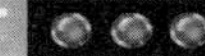

很方便，因为形码是不涉及拼音的。但形码的缺点就是需要记忆的东西较多，长时间不用会忘记。

3. 音形码

音形码吸取了音码和形码的优点，将二者混合使用。常见的音形码有郑码、钱码、丁码等。自然码是目前比较常用的一种混合码。这种输入法以音码为主，以形码作为可选辅助编码，而且其形码采用“切音”法，解决了不认识的汉字输入问题。
这种输入法的特点是速度较快，又不需要专门培训。适合于对打字速度有些要求的非专业打字人员使用，如记者、作家等。相对于音码和形码，音形码使用的人还比较少。

4. 混合型输入法

为了提高输入效率，某些汉字系统结合了一些智能化的功能，同时采用音、形、义多途径输入。还有很多智能输入法把拼音输入法和某种形码输入法结合起来，使一种输入法中包含多种输入方法。
以万能五笔、五笔加加等为例，它包含五笔、拼音、中译英、英译中等多种输入法。全部输入法只在一个输入法窗口里，不需要来回切换。如果会拼音就打拼音；会英语就打英语；如果不会拼音也不会英语，还可以打笔画；另外还有拼音＋笔画的输入方法，为用户考虑得很周到。
除此之外，一般输入法都有一些辅助输入功能，比如，联想功能、模糊音设置、自动造词、高频先见、自动忘却、多重南方音、叠字叠词、智能标点等。随着网络的发展，很多输入法既可以输入简体字，又可以输入繁体字，适用性更强了。

非键盘输入法

无论多好的键盘输入法，都需要用户经过一段时间的练习才可能达到基本要求的速度，至少用户的指法必须很熟练才行，这对于并不是专业的电脑用户来说，多少会有些困难。所以，现在有许多人想另辟蹊径，不通过键盘而通过其他途径，省却这个练习过程，让所有的人都能容易地输入汉字。这里把这些输入法统称为非键盘输入法，它们的特点就是使用简单，但都需要特殊设备，这里只做简单介绍。
非键盘输入方式无非是手写、听、听写、读听写等方式。但由于组合不同、品牌不同形成了各种产品，主要分为下面几类：手写笔、语音识别、手写加语音识别、手写语音识别加 OCR 扫描阅读器。

1. 手写输入法

手写输入法是一种笔式环境下的手写中文识别输入法，符合中国人用笔写字的习惯，只要在手写板上按平常的习惯写字，电脑就能将其识别显示出来。
手写输入法需要配套的硬件手写板，在配套的手写板上用笔（可以是任何类型的硬笔）来书写、录入汉字，不仅方便、快捷，而且错字率也比较低。用鼠标在指定区域内也可以写出字来，只是对用户的鼠标操作要求非常熟练。

手写笔种类最多，有汉王笔、紫光笔、慧笔、文通笔、蒙恬笔、如意笔、中国超级笔、金银笔、首写笔、随手笔、海文笔等。

2. 语音输入法

语音输入法，顾名思义是将声音通过话筒转换成文字的一种输入方法。语音识别以 IBM 推出的 Via Voice 为代表，国内则推出 Dutty++、天信、世音通等语音识别系统。以 IBM 语音输入法为例，虽然使用起来很方便，但错字率仍然比较高，特别是一些未经训练的专业名词以及生僻字。

语音输入法在硬件方面要求电脑必须配备能进行正常录音的声卡，调试好麦克风后，用户就可以对着麦克风用普通话语音进行文字录入了。如果用户的普通话口音不标准，只要用系统提供的语音训练程序，进行一段时间的训练，让它熟悉用户的口音，同样也可以通过讲话来实现文字输入。

3.OCR简介

OCR 即光学字符识别技术，它要求首先把要输入的文稿通过扫描仪转化为图形才能识别，所以扫描仪是必需的。原稿的印刷质量越高，识别的准确率就越高，最好是印刷体的文字，如图书、杂志等；如果原稿的纸张较薄，那么有可能在扫描时，纸张背面的图形、文字也透射过来，从而影响最后的识别效果。

OCR 软件的种类比较多，如常用的清华 OCR，在对图形进行识别后，系统会把不能肯定的字符标记出来，让用户自行修改。

OCR 技术解决的是手写或印刷文字的重新输入的问题，使用它必须得配备一台扫描仪，一般市面上的扫描仪基本都附带了 OCR 软件。

4. 混合输入法

手写加语音识别的输入法有汉王听写、蒙恬听写王系统等，慧笔、紫光笔等也添加了该输入法的功能。

语音手写识别加 OCR 的输入法有汉王“读写听”、清华“录入之星”中的 B 型（汉瑞得有线笔＋ Via Voice ＋清华 TH-OCR 5.98）和 C 型（汉瑞得无线笔＋ Via Voice ＋清华 TH-OCR 5.98）等。

微软拼音输入法 2.0，除了可以用键盘输入外，也支持鼠标手写输入，使用起来非常灵活。

总之，不论哪种输入法，都有自己的优点和缺点，用户可以根据自己的需要和习惯进行选择。

输入法的基本操作

本节将介绍如何添加、删除输入法以及如何设置输入法的属性，显示、隐藏语言栏等操作。

添加与删除输入法

现在很多共享和商业的输入法软件都有自动安装程序，能够自动安装，而卸载则提供自动卸载程序，也有通过输入法的设置窗口来卸载的。Windows XP 操作系统自带多种输入法，如全拼、智能 ABC 等；Win95/98 本身也带有很多输入法，如全拼、智能 ABC、郑码、区位等。这些输入法的添加与卸载都是通过输入法的设置窗口进行的，具体操作步骤如下。

1 打开“控制面板”窗口，双击“区域和语言选项”图标，如下图所示。

2 如下图所示，在打开的“区域和语言选项”对话框中单击“语言”标签切换到“语言”选项卡。

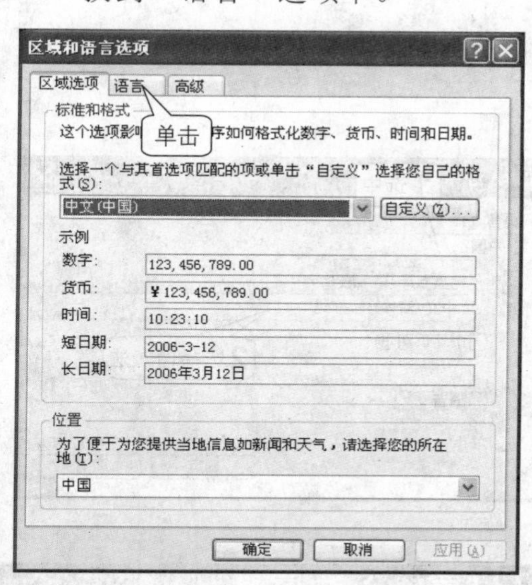

3 在“语言”选项卡中单击“详细信息”按钮，如下图所示。

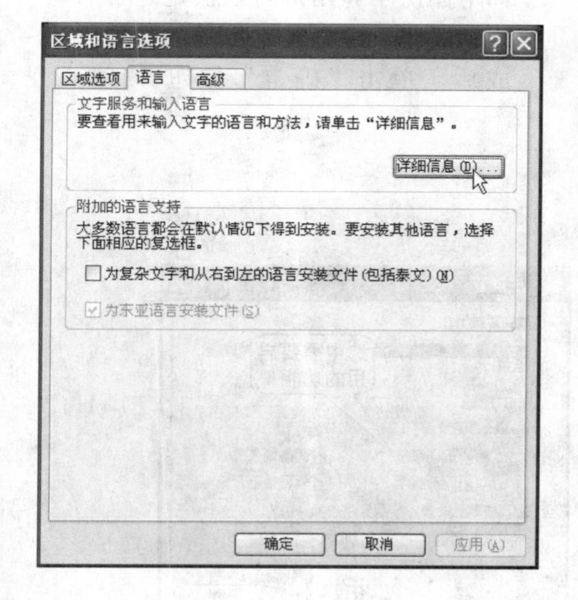

4 打开“文字服务和输入语言”对话框，设置默认语言。如果要添加其他的 Windows 自带的输入法，则单击“添加”按钮，如下图所示。

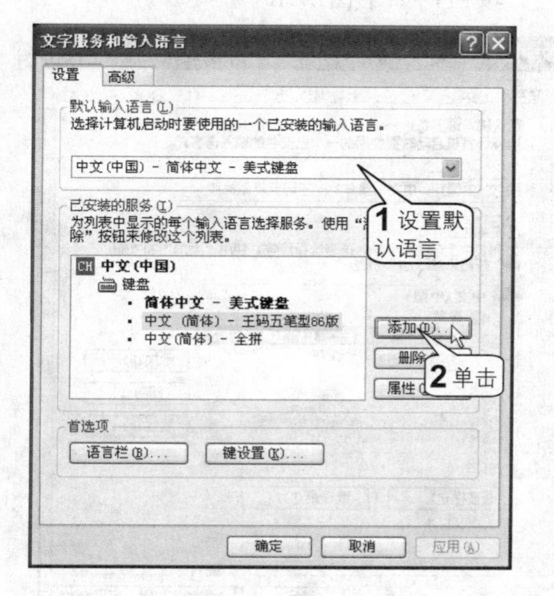

5 弹出“添加输入语言”对话框，如下图所示选中“键盘布局 / 输入法”复选框，并从其下拉列表中选择需要添加的输入方法，如郑码。

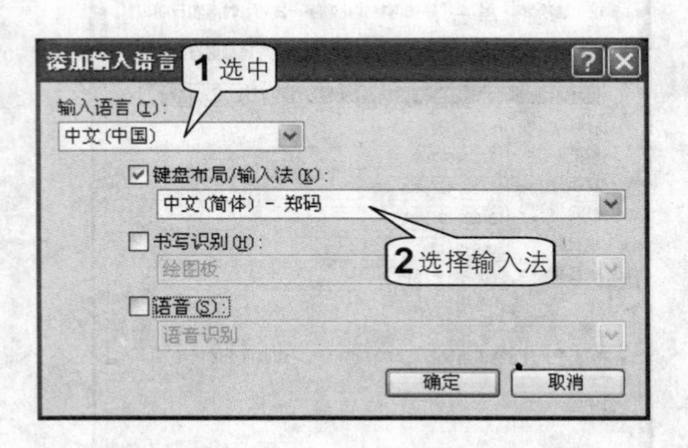

6 如果要删除某个输入法，只需要选中该输入法后，单击“删除”按钮即可，如下图所示。

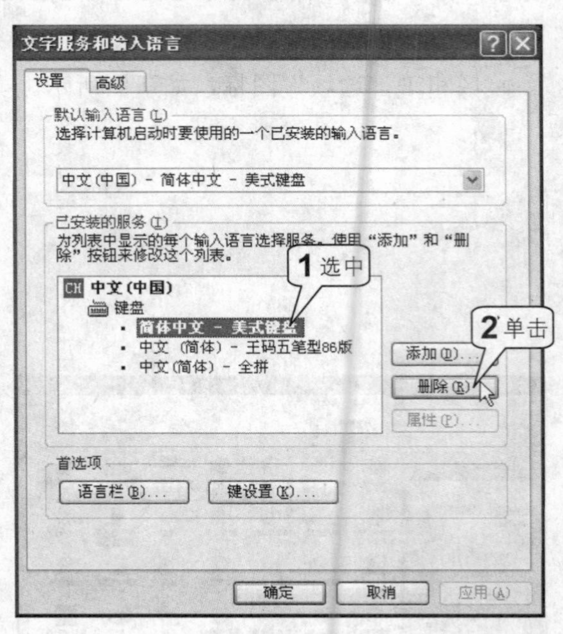

设置输入法属性

用户还可以根据自己的习惯设置输入法属性，具体操作方法如下。

1 在“文字服务和输入语言”对话框中选中一种输入法，然后单击“属性”按钮，如下图所示。

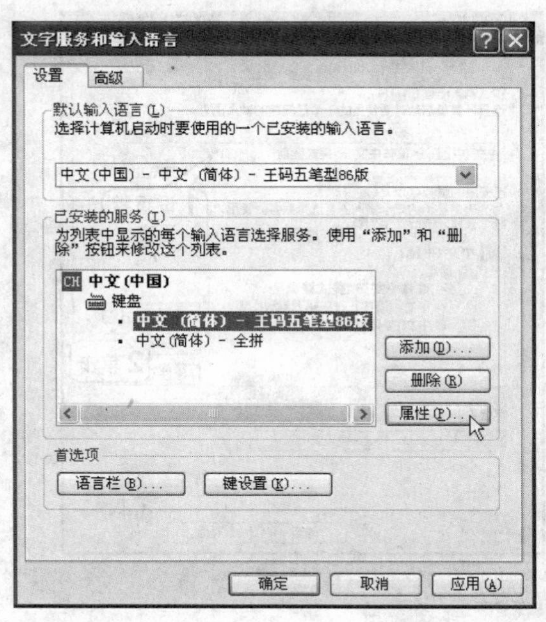

2 打开“输入法设置”对话框，在其中可以进行输入法功能和界面的设置，如下图所示。用户可以决定是否启动词语联想、逐渐提示等功能，设置完成后，单击“确定”按钮。

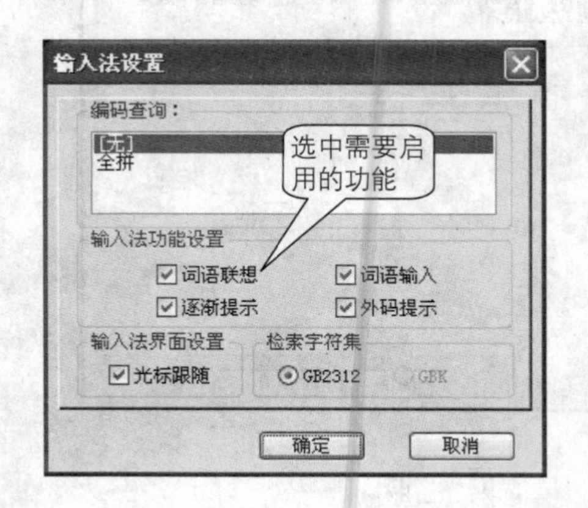

3 在“文字服务和输入语言”对话框中的“首选项”选项区域中单击“语言栏”按钮，打开“语言栏设置”对话框，如右图所示用户可以设置是否显示语言栏等，设置完成后，单击“确定”按钮。

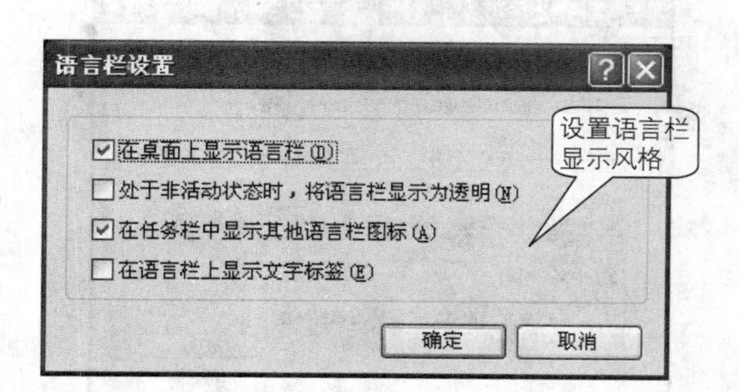

4 在“文字服务和输入语言”对话框中单击“键设置”按钮，打开“高级键设置”对话框。如右图所示在该对话框中可以为输入法设置快捷键。

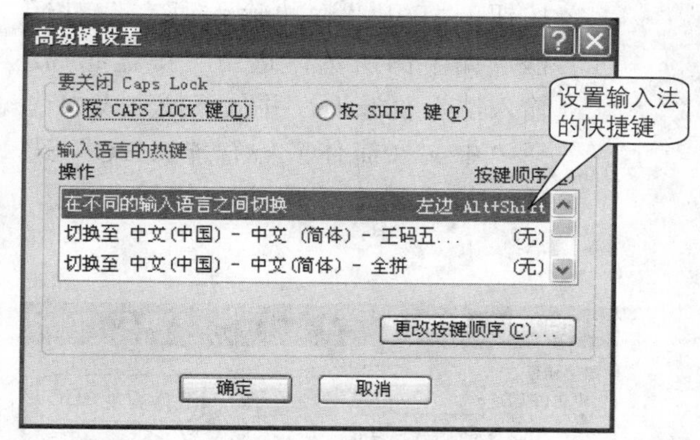

5 单击“更改按键顺序”按钮，打开“更改按键顺序”对话框，如下图所示在该对话框中可以设置切换输入法的按键等。

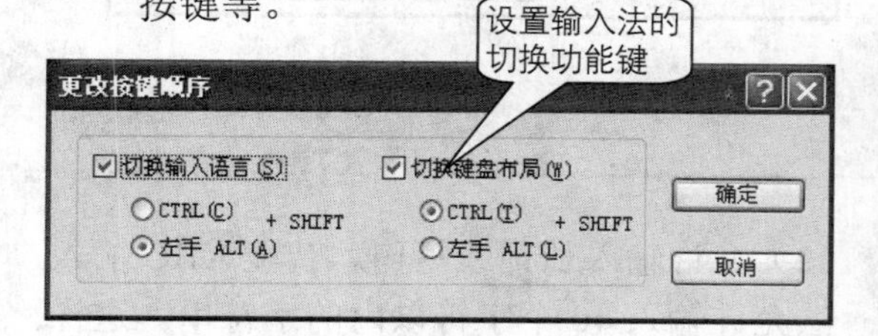

6 另一种方法是在任务栏右侧的输入法指示器中，用户可以通过鼠标单击在各种输入法之间切换，如下图所示。

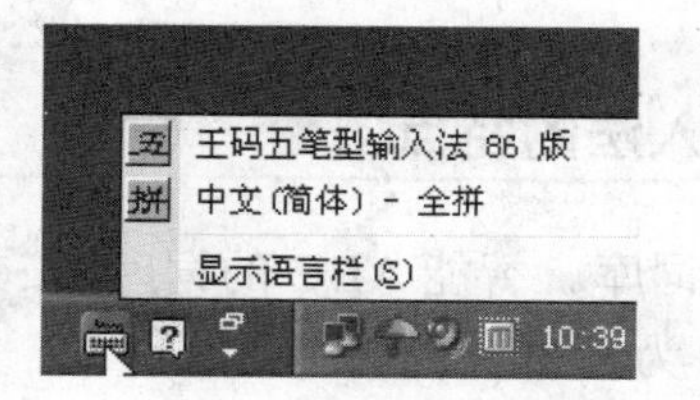

3 几种常见输入法介绍

本节将介绍一些较为常见的汉字输入方法，有属于音码输入的智能 ABC 输入法、混合码的五笔加加、陈桥五笔等汉字输入方法。

智能 ABC 输入法

智能 ABC 输入法（又称标准输入法）是中文 Windows 自带的一种汉字输入方法，简单易学、快速灵活，很受用户的青睐。

1. 添加智能ABC输入法

1 如果用户的输入法列表中没有智能ABC 输入法，则需要进行添加。按照上一节介绍的方法，打开“文字服务和输入语言”对话框并单击“添加”按钮，打开“添加输入语言”对话框，如下图所示，选中“键盘布局/输入法”复选框，并从下拉列表中选择“中文（简体）－智能ABC”选项，然后单击“确定”按钮。

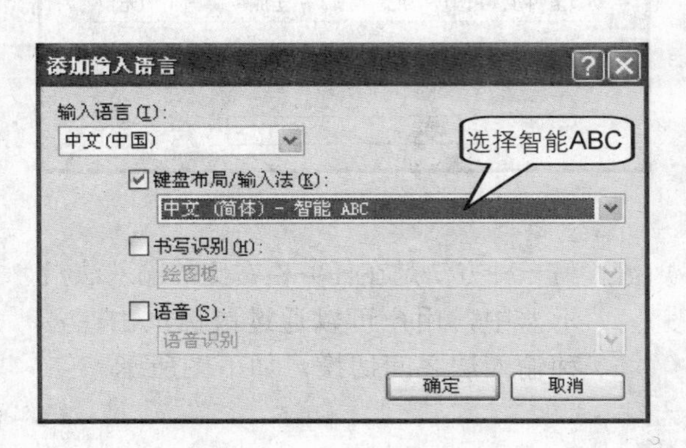

2 返回“文字服务和输入语言”对话框，如下图所示，在“已安装的服务”列表中用户会发现增加了智能ABC 输入法，单击“确定”按钮关闭此对话框。

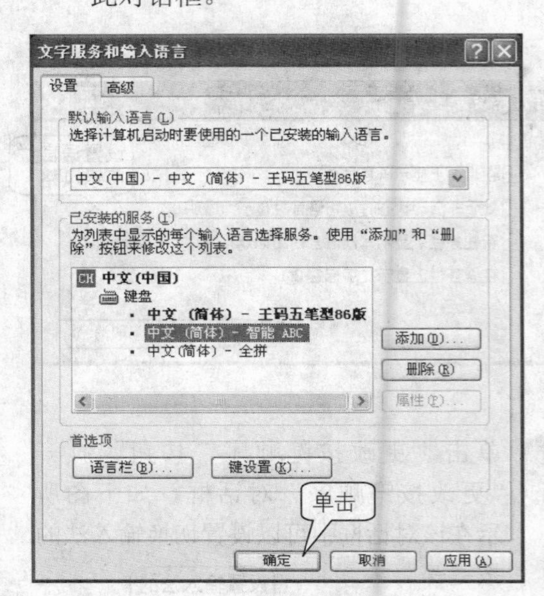

2. 智能ABC输入法的特点

（1）内容丰富的词库。智能 ABC 的词库以《现代汉语词典》为蓝本，同时增加了一些新的词汇，共收集了大约六万词条。其中单音节词和词素占13%；双音节占着很大的比重约有66%；三音节占11%；四音节占9%；五～九音节占1%。词库包含一般的词汇，也收入了一些常见的方言词语和专业术语，例如人名包括“周恩来”等中外名人三百多个；地名有国家名称及大都市、名胜古迹和中国的城市、地区一级的地名，约两千条。此外还有一些常用的口语、数词和序数词。熟悉词库的结构和内容，有助于恰当地断词和选择效率高的输入方式。

（2）允许输入长词或短句。智能 ABC 输入法允许输入40个字符以内的字符串。这样在输入过程中，就可以输入很长的词语甚至短句，还可以使用光标移动键进行插入、删除以及取消等操作，如下图所示。

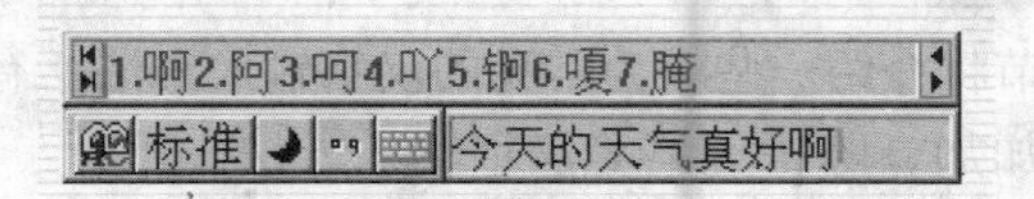

（3）自动记忆功能。智能 ABC 输入法能够自动记忆词库中没有的新词，这些词都是标准的拼音词，可以和基本词汇库中的词条一样使用。智能 ABC 允许记忆的标准拼音词最大长度为9个字。

（4）强制记忆。强制记忆一般用来定义那些非标准的汉语拼音词语和特殊符号。利用该功能，只需输入词条内容和编码两部分，就可以直接把新词加到用户库中。允许定义的非标准词最大长度为 15 个字；输入码最大长度为 9 个字符；最大词条容量为 400 条。

1 右击状态栏中的智能 ABC 输入法提示器中的图标，在弹出的快捷菜单中单击“定义新词”，命令，如下图所示。

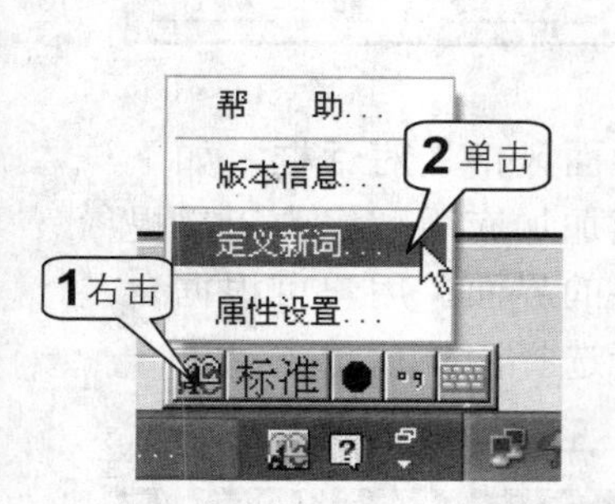

2 打开“定义新词”对话框，如下图所示，在“添加新词”选项区域中的“新词”文本框中输入需要增加的新词，在“外码”文本框输入简码，然后单击“添加”按钮。这样当在输入指定的外码时，只要按下空格键，系统就会自动显示对应的词语。

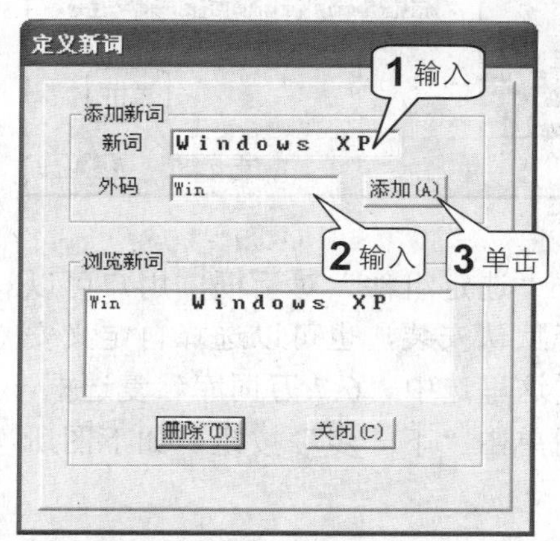

提示

在使用自动记忆功能时有如下两个注意事项。

（1）刚被记忆的词并不立即存入用户词库中，至少要使用 3 次后才有资格长期保存。新词栖身于临时记忆栈之中，如果记忆栈已经满时它还不具备长期保存资格，就会被后来者挤出。

（2）刚被记忆的词具有高于普通词语，但低于常用词的频度。

五笔加加输入法

五笔加加 Plus 是一款以五笔输入为主的优秀输入法软件，在“五笔加加试用版 v1.0”的基础上修改而成，修正了一些不足和错误，加入了对 GBK 的支持，并增加了“自动调频”及“用分号和单引号选择重码”等多项功能。五笔加加 Plus 不仅保持了原版兼容性和稳定性好、易用性极佳、简洁小巧的特点，而且更为体贴用户的操作习惯，功能性及实用性更强。

五笔加加 Plus 豪华版集成了五笔加加伴侣、五笔加加候选框设置、输入法小管家等工具，并增加了各种不同容量的词库和界面风格供用户选择，使用户对五笔加加 Plus 的定制更灵活，使用起来更得心应手。

1. 安装五笔加加输入法

1 双击五笔加加程序图标，启动五笔加加输入法安装向导，单击“下一步”按钮，如下图所示。

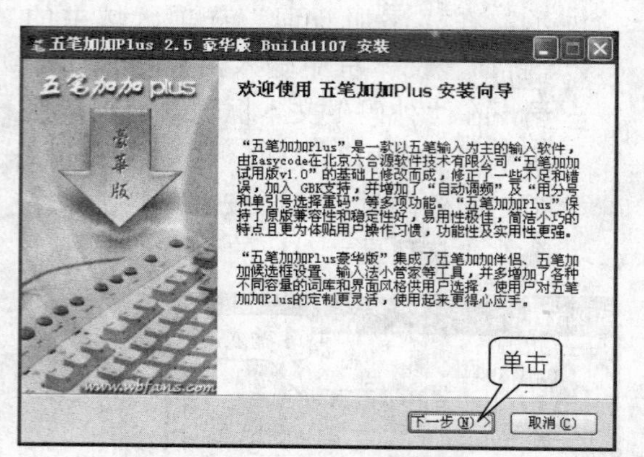

2 打开“许可协议”对话框，阅读后单击“我同意”按钮，如下图所示。

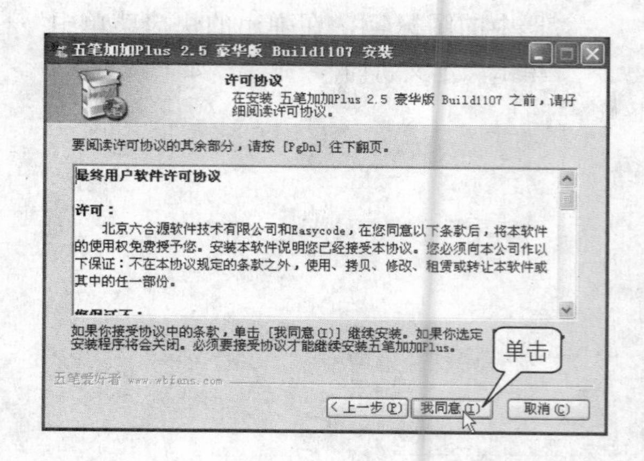

3 打开“选定组件”对话框，用户可以选择默认安装，也可以选择自定义安装。这里选中“6.7 万词库”复选框，然后单击“下一步”按钮，如下图所示。

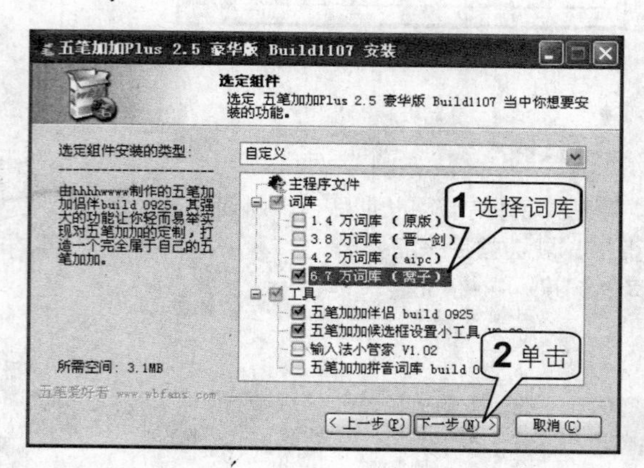

4 打开“选择界面风格”对话框，如下图所示，五笔加加应用程序为用户提供了多种风格的界面，用户可根据自己的喜好进行选择，然后单击“下一步”按钮。

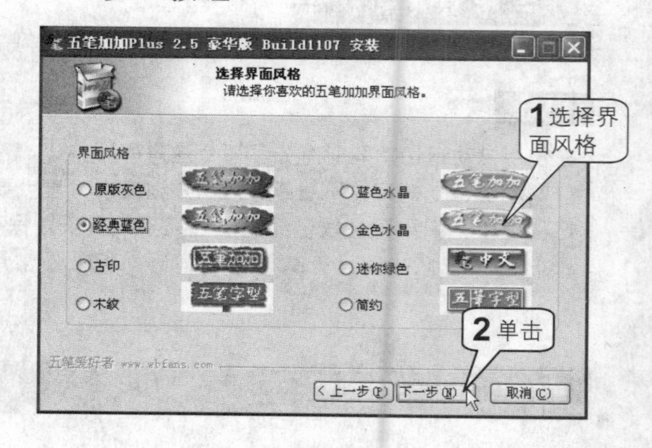

5 打开“选定安装位置”对话框，在“目标文件夹”选项区域中指定安装的位置，如果要更改可单击“浏览”按钮，然后单击“下一步”按钮。

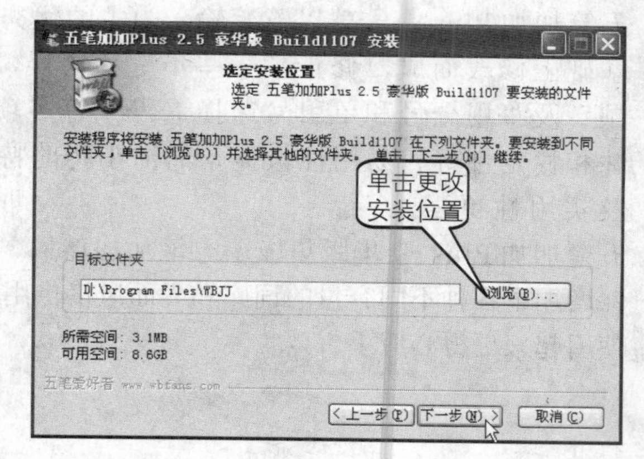

6 打开“选择开始菜单文件夹”对话框，如果不满意系统默认的文件夹名称，用户可以重新输入新名称，然后单击“安装”按钮开始安装，如下图所示。

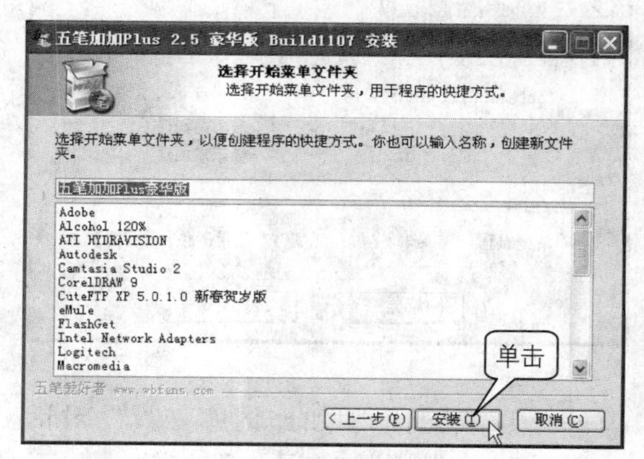

7 几秒钟后，屏幕上会提示五笔加加已经安装成功，如下图所示，单击“完成”按钮。

8 随后屏幕上会弹出五笔加加的帮助主页，如果用户还不太了解五笔加加，可以阅读该主页中的帮助信息，如右图所示。

2. 使用五笔加加输入办公

安装好五笔加加输入法后，就可以使用该输入法进行输入了。在使用五笔加加输入法之前，用户需要掌握五笔字形编码规则，还应学会将整个汉字拆分为字根，即用户至少应该会使用任何一种五笔字形输入法。由于篇幅有限，本书不介绍五笔字形的编码规则及字根的拆分等基础知识，如果读者需要了解这部分内容请参阅其他书籍。本节主要介绍五笔加加输入法中的一些简单设置。

1 切换到五笔加加输入法后，屏幕右上角会显示输入法界面风格图标。单击该图标即可弹出一个快捷菜单，在其中单击“设置”按钮，如右图所示。

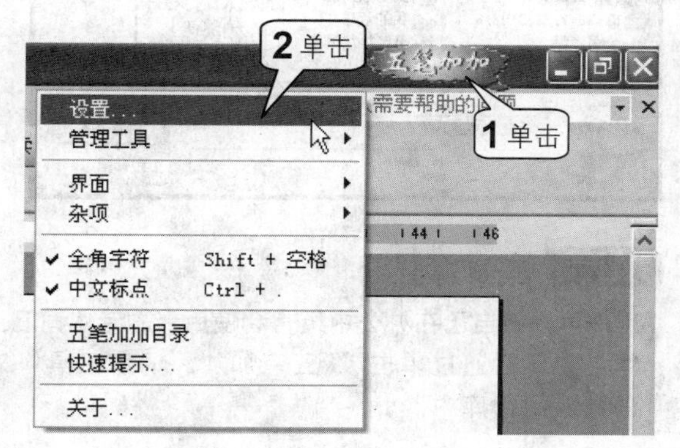

2 打开“《五笔加加》设置”对话框，如右图所示，用户可以设置五笔加加输入法的每页重码个数、翻页键、转换开关等选项。

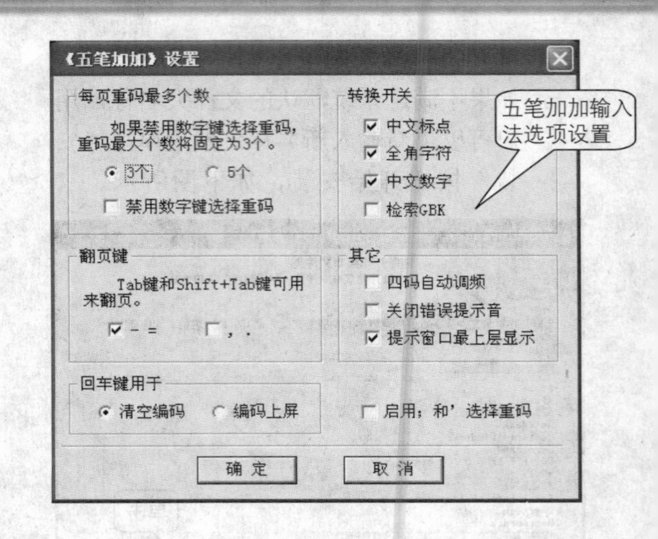

3 用户还可以将五笔加加输入法中的词库导出。单击五笔加加图标，在弹出的快捷菜单中单击“管理工具>词库管理工具”命令，如下图所示。

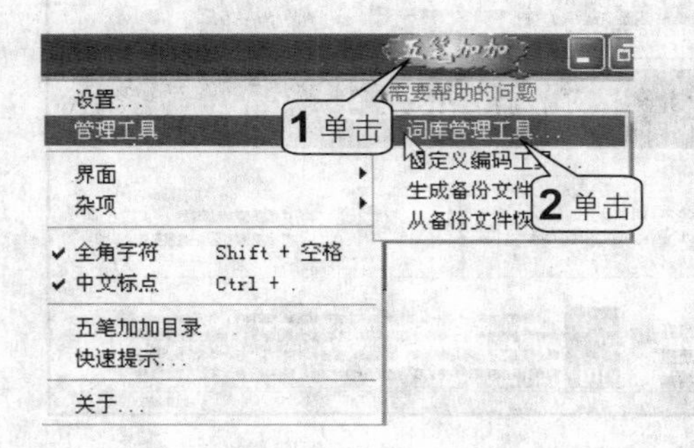

4 打开“《五笔加加》词库工具”对话框，单击“导出词条”按钮，如下图所示。

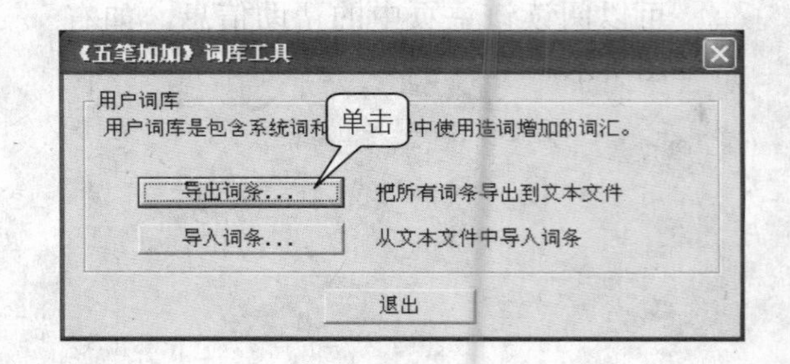

5 打开“另存为”对话框，如下图所示，设置好保存路径后，单击“保存”按钮。

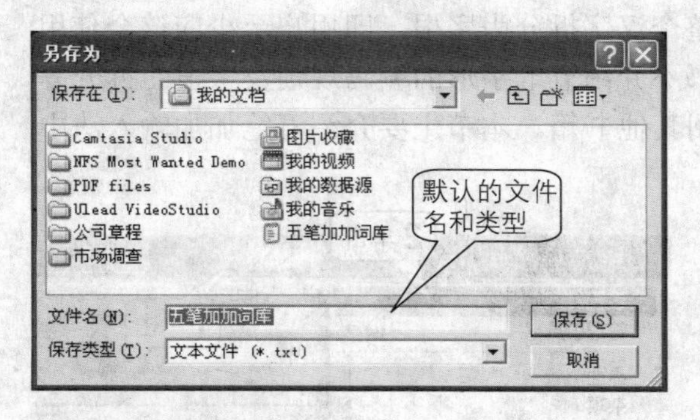

6 当打开五笔加加文本文件时，该文本文件中每行显示一个词语，如下图所示。

提示

用户可以将自己在办公中经常会使用到的专用词汇、行业术语等系统词库中没有的词语录入在一个文本文件中，然后通过单击“《五笔加加》词库工具”对话框中的“导入词条”按钮，将文本文件中的词语导入到词库中。

提高输入效率的方法

用户的输入效率主要取决于用户对键盘操作及输入方法掌握的熟练程度，但是还需要根据自己的输入速度正确设置键盘的属性。对于初学者而言，如果能在屏幕上显示键盘，将有助于快速熟练键盘上的按键布局。

1. 打开“控制面板”窗口，双击该窗口中的“键盘”图标，如下图所示。

2. 打开“键盘属性”对话框，在“速度”选项卡中的“字符重复”选项区域中拖动滑块，设置“重复延迟”和“重复率”，如下图所示。

3. 如果用户想在屏幕上显示键盘，可执行“开始>程序>附件>辅助工具>屏幕键盘”命令，如下图所示。

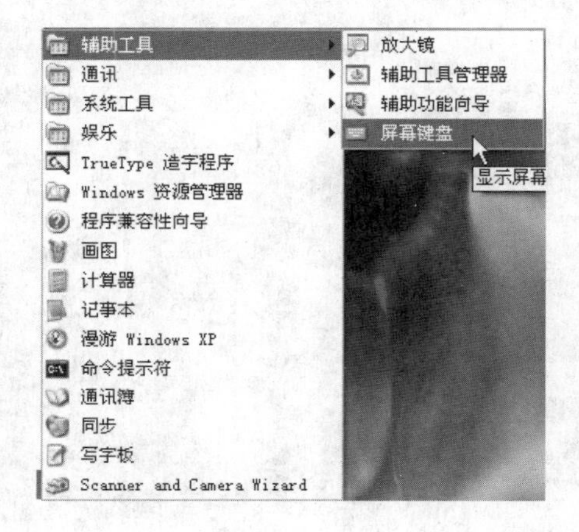

4. 此时在屏幕上将显示如下图所示的“屏幕键盘”，用户可以用鼠标单击屏幕键盘中的键来代替在键盘上手动按键，如下图所示。

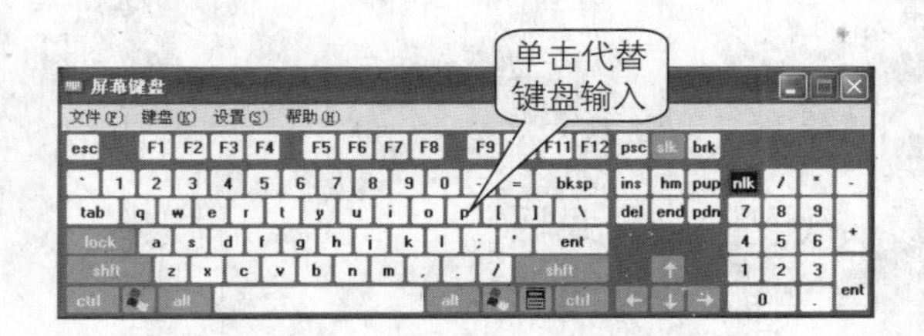

5 本章小结

本章主要介绍了输入法的分类以及常见的几种汉字输入法。输入法对于电脑初学者来说，是必须要掌握的。对于使用汉语的绝大部分中国用户来说，如何根据自身的特点选择最适合自己的输入法也是非常重要的。本章列举了几种类别的输入法各自的特点，用户可以根据这些叙述选择适合自己的输入法进行学习。

另外通过本章的学习，读者还应掌握在 Windows 中添加、删除输入法，在各种输入法之间设置切换的快捷键等常用的操作。

Chapter 4

Word 2003快速入门

本章介绍Word 2003的一些入门与基础操作，主要包括Word 2003的启动与退出、Word 2003的操作界面、文件操作、编辑文档、设置文档格式、视图操作以及表格操作等内容。

1. Word 2003的启动与退出
2. 自定义Word 2003的操作界面
3. Word 2003中的文件操作
4. Word中的编辑操作
5. 设置文档格式
6. Word中的视图方式
7. Word中的表格

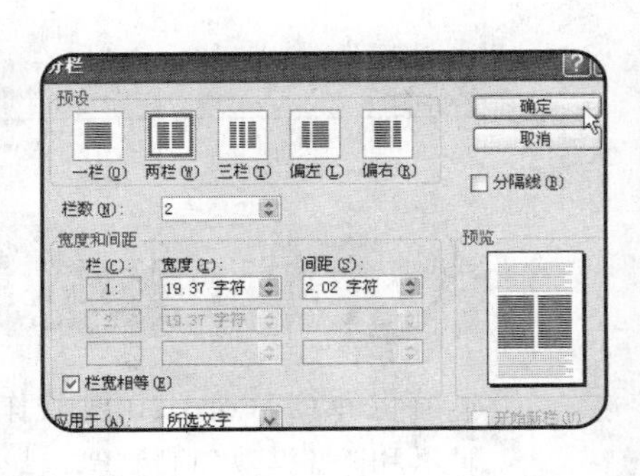

Word 2003的启动与退出

Word 2003 的启动与退出方法非常简单，而且有多种方式。通常，用户习惯使用“开始”菜单中的命令或者在桌面上创建快捷方式来启动 Word 2003；而要退出 Word 2003 更为简单，可以直接单击“关闭”按钮，也可以从“文件”菜单中退出。

1. 启动Word 2003

● 方法一：

启动 Windows 后，单击任务栏左侧的“开始>所有程序>Microsoft Office>Microsoft Office Word 2003”命令即可启动 Word 2003，如下图所示。

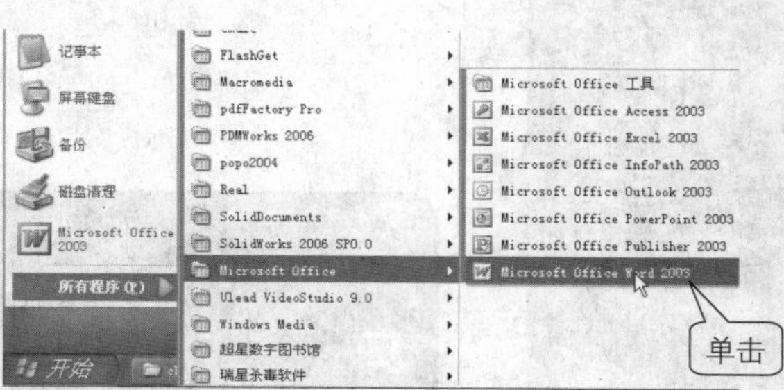

● 方法二：

用户也可以直接双击桌面上的Word 2003的快捷方式图标来启动 Word 2003，如下图所示。

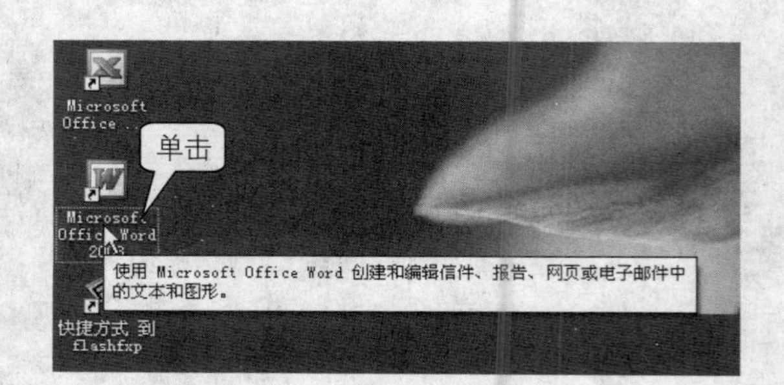

2. 退出Word 2003

● 方法一：

退出 Word 2003 的方法也有很多种，最为直接的方法是单击窗口右上角的“关闭”按钮，如下图所示。

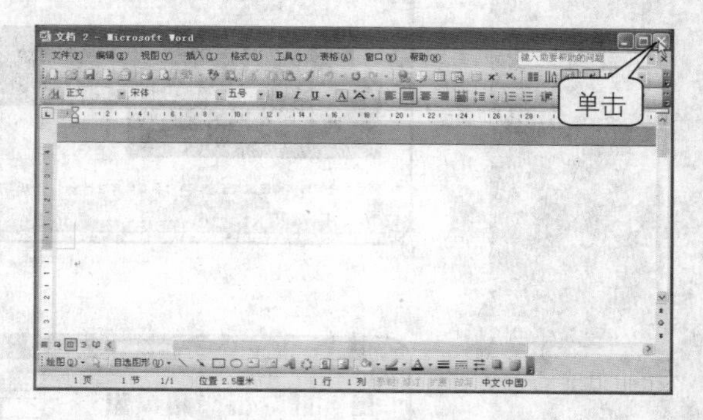

● 方法二：

用户也可以通过单击“文件”菜单中的“退出”命令来退出 Word 2003，如下图所示。

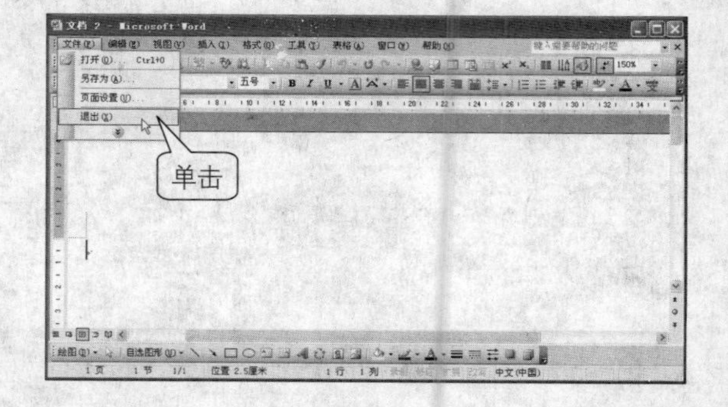

自定义 Word 2003 的操作界面

本节将介绍 Word 2003 操作界面中的各项元素，并讲解如何自定义 Word 2003 的操作界面，显示和隐藏某些项目等。

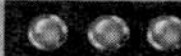

认识默认的操作界面

当启动 Word 2003 后所显示的窗口为默认的操作界面，该界面中显示了包括标题栏、菜单栏、窗口控制按钮、工具栏、标尺、滚动条、“绘图”工具栏以及状态栏等要素，如下图所示。

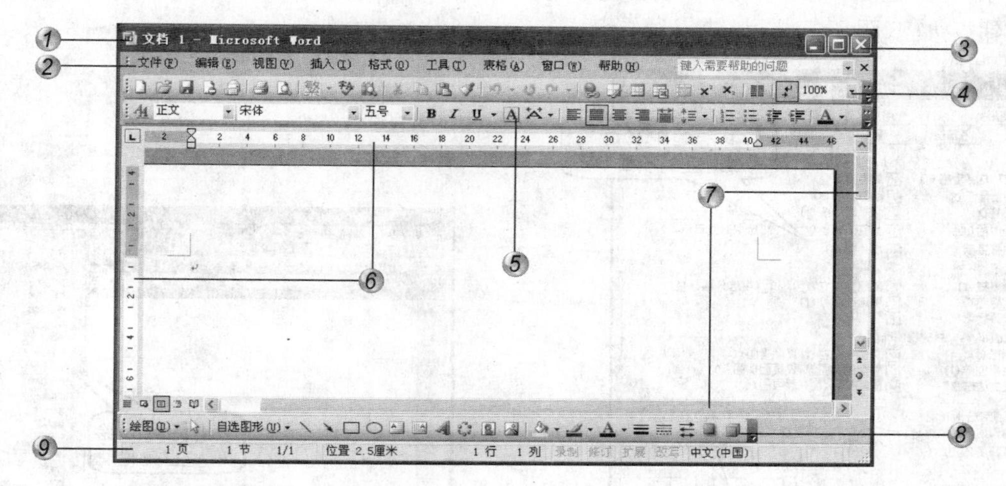

编号	名称	说明
1	标题栏	位于窗口的顶部，用于显示文件的标题和类型
2	菜单栏	显示程序所有的菜单，单击各菜单按钮将弹出相应的子菜单
3	窗口控制按钮	可以控制窗口最大化、最小化显示和关闭
4	“常用”工具栏	用于显示系统默认的常用工具栏操作按钮
5	“格式”工具栏	用于显示系统默认的格式操作命令按钮
6	标尺	包括水平标尺和垂直标尺
7	滚动条	包括水平和垂直滚动条，拖动可浏览文档整个页面
8	“绘图”工具栏	主要是包含绘图时所用的一些工具按钮
9	状态栏	显示当前的状态信息，如页数、节数、行列数及当前输入法状态

自定义操作界面

用户可以根据自己的需要，在屏幕中设置显示的元素。假如用户需要尽量增大 Word 2003 的编辑区域，可以将窗口中的工具栏、标尺等界面元素隐藏，具体操作方法如下。

单击菜单栏中的“工具>选项”命令，如右图所示。

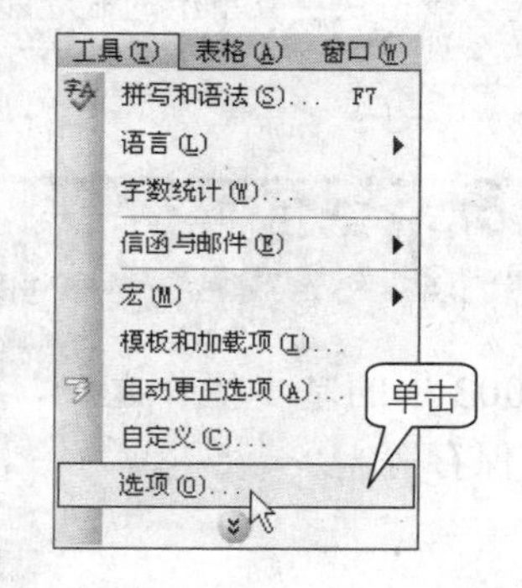

2 在“选项”对话框中单击“视图”标签切换到“视图”选项卡中，在“显示”选项区域中取消选中“状态栏”、“水平滚动条”和“垂直滚动条”复选框，然后单击“确定”按钮，如下图所示。

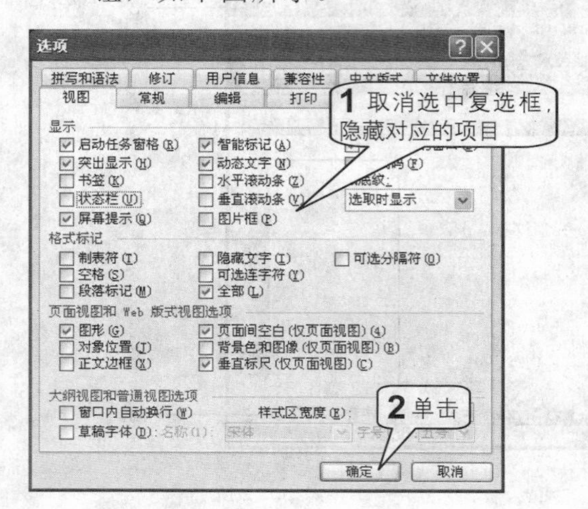

3 右击菜单栏中的空白处，在弹出的快捷菜单中单击“绘图”命令隐藏“绘图”工具栏。然后再用类似的方法依次隐藏“常用”工具栏和“格式”工具栏，如下图所示。

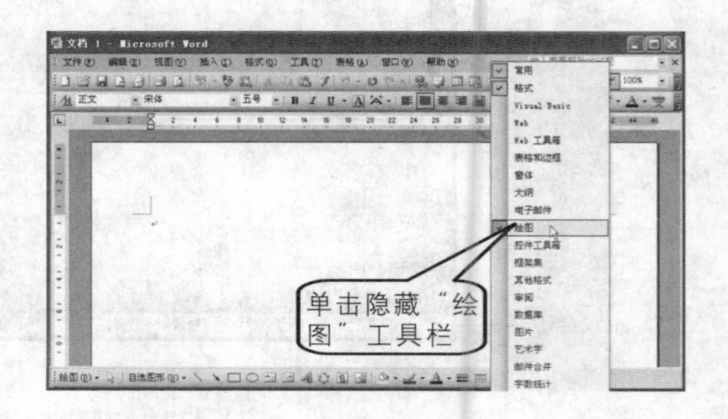

4 单击菜单栏中的“视图>标尺”命令取消“√”标记，即可隐藏标尺，如下图所示。

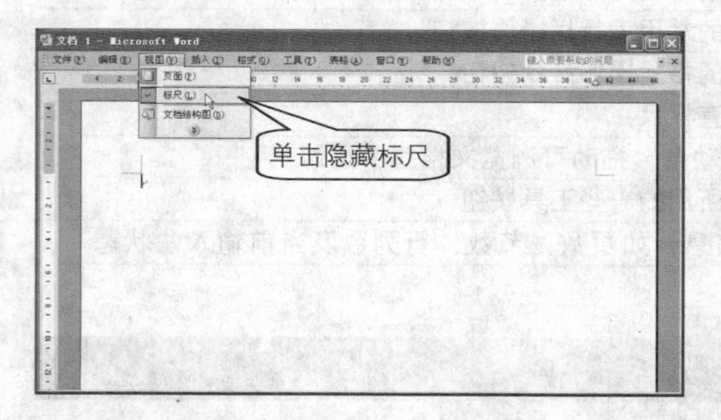

5 最后，操作窗口中只显示了标题栏、菜单栏以及窗口控制按钮，其余区域均为编辑区域，如下图所示。

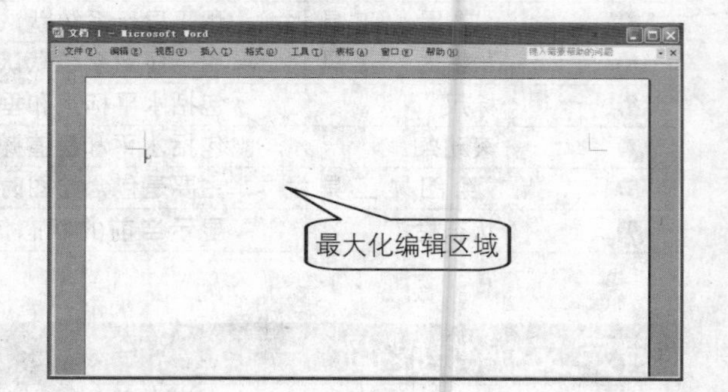

提示

如果要恢复这些隐藏的页面元素，可再次打开“选项”对话框，选中对应的复选框；而如果要显示隐藏的工具栏，只需要再次单击快捷菜单中的命令即可。

Word 2003 中的文件操作

文件操作是 Word 2003 中的基本操作之一，主要包括新建文件、保存文件、打开已有文件和将当前文件重命名保存等。

新建文件

新建 Word 文档通常有 3 种方式：创建空白文档；根据模板或向导创建文档；根据原有文档副本创建。下面分别利用这 3 种方法来创建文档。

1. 创建空白文档

1 启动 Word 2003，单击菜单栏中的“文件>新建”命令，打开“新建文档”任务窗格，在“新建”区域中单击“空白文档”命令，或者直接单击“常用”工具栏中的按钮，如下图所示。

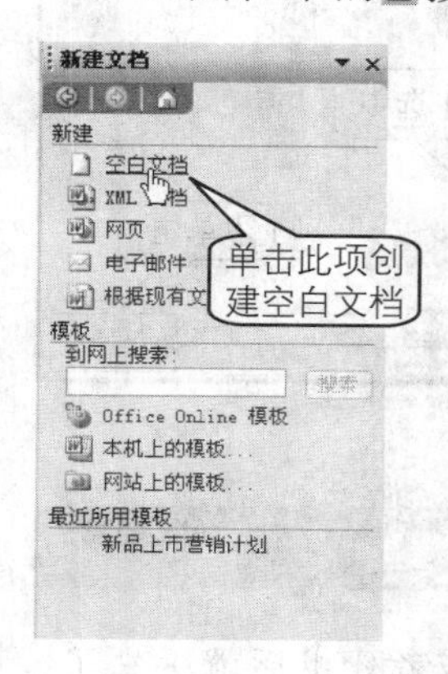

2 系统会创建一个空白文档，并自动命名为“文档×”。同时页面区域的左上角将显示一个闪烁的光标，用户可以从此处开始输入文字，如下图所示。

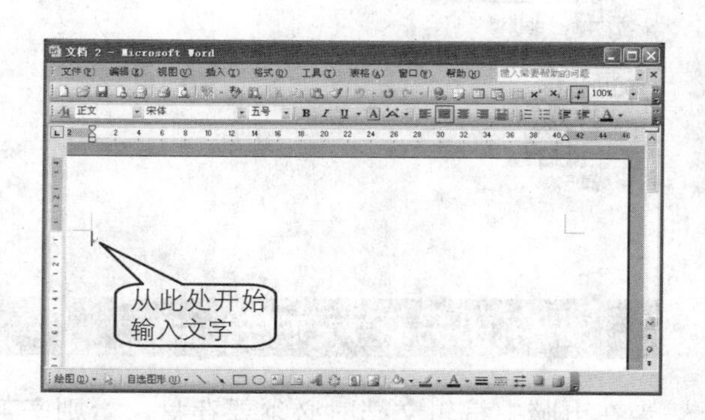

2. 根据模板或向导创建文档

1 在“新建文档”任务窗格中的“模板”区域中单击“本机上的模板”命令，如下图所示。

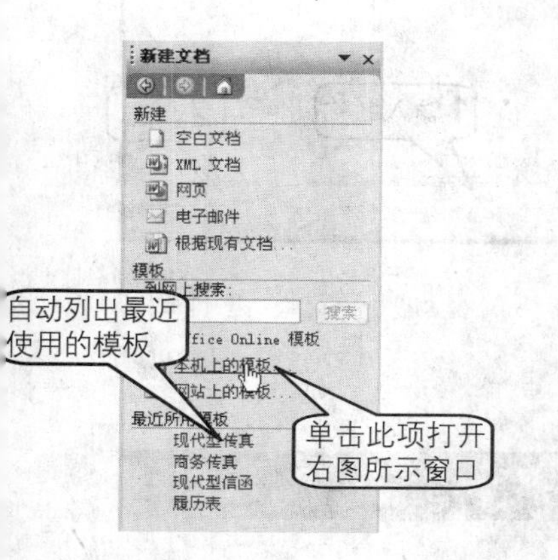

2 打开“模板”对话框，如下图所示。系统为用户提供了多种较为常用的文档的模板，可以切换到需要的文档类型的选项卡中，选择适当的模板，然后单击“确定”按钮。

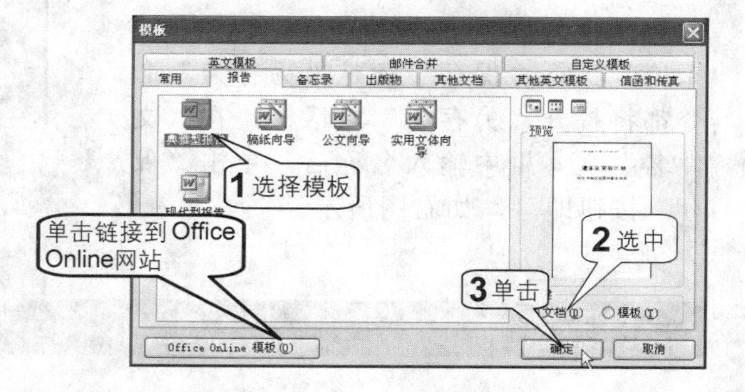

提示

如果知道模板的名称，可以直接在“到网上搜索”文本框中输入模板的名称，然后单击“搜索”按钮。但前提条件是当前计算机已经连接到 Internet。

3. 根据现有文档创建

1 在“新建文档”任务窗格中的“新建”区域中单击“根据现有文档”选项，如下图所示。

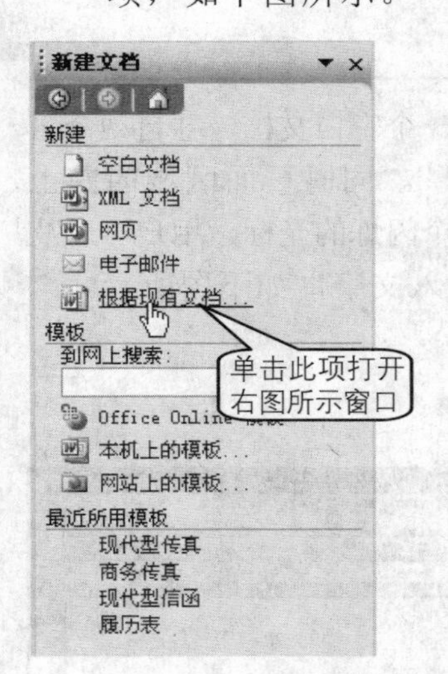

2 打开“根据现有文档新建”对话框，如下图所示。定位到适当的路径，选中原有的文档，单击“创建”按钮即可。

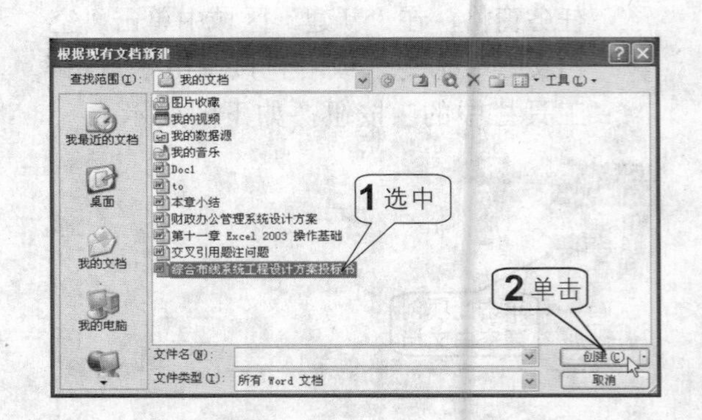

保存和另存为文件

当在电脑中编辑文档时必须要存盘，否则辛苦编辑的文档在意外断电或者死机后就丢失了。通常保存文件有两种方式：一种是直接保存，一种是重命名保存。

当编辑好文档后，可以单击菜单栏中的“文件>保存”命令或者是直接单击工具栏中的“保存”按钮进行保存。

在修改某个文件时，如果不希望影响原有文档，可以单击菜单栏中的“文件>另存为”命令。

无论是执行“保存”还是“另存为”命令都将打开“另存为”对话框，在“文件名”文本框中输入名称后，单击“保存”按钮即可，如右图所示。

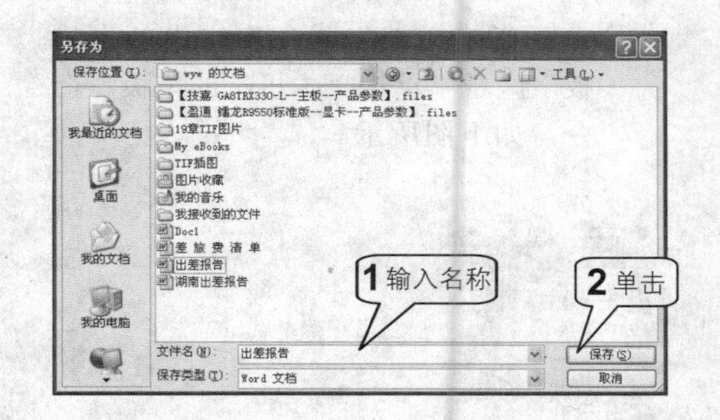

打开文件

打开文件的方法也有很多，最简单的就是直接双击文件的图标。此外，还可以使用“文件”菜单中的“打开”命令来打开文档，具体方法如下。

1. 单击菜单栏中的“文件>打开”命令，或者单击工具栏中的“打开”按钮，显示“打开”对话框，选中需打开的文件后，单击“打开”按钮，如下图所示。

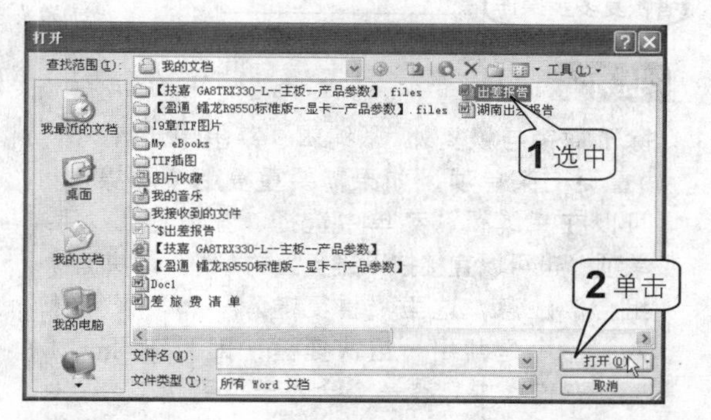

2. 如果要打开最近编辑过的文档，可在任意 Word 窗口单击“文件”菜单，在菜单栏的底部将显示最后编辑过的文档，单击即可打开指定的文档，如下图所示。

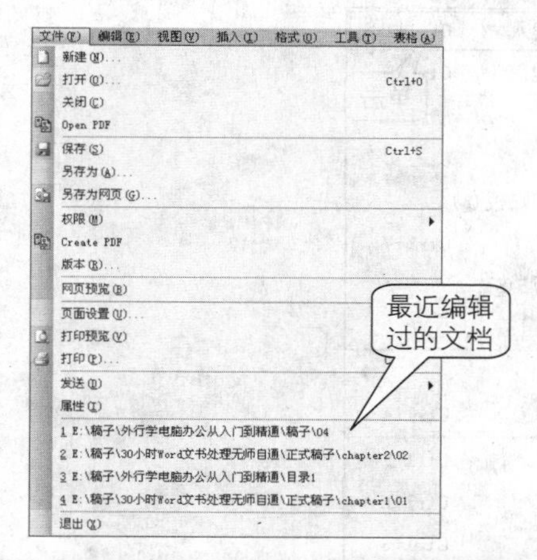

提示

在“打开”对话框中单击“打开”按钮右侧的下拉按钮，可以从弹出的菜单中选择不同的打开方式，如右图所示。这些打开方式的含义介绍如下。

- 打开：以正常方式打开选中的文件，并在 Word 窗口中显示；
- 以只读方式打开：以只读方式打开的文件只能浏览，不能修改；
- 以副本方式打开：以副本的方式打开选中的文件，对该文件所做的修改不影响原文件；
- 用浏览器打开：主要用来打开网页类型的文件，并在网页浏览器中显示；
- 打开时转换：打开文件并可以转换文件；
- 打开并修复：打开文件并可以修复受损文件。

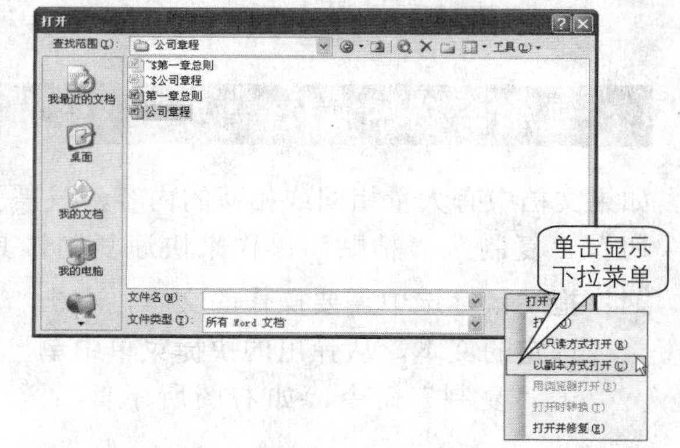

4 在Word中的编辑操作

在文档中添加了文字内容后，通常还需要对其进行编辑。这时可能会用到命令的撤销与恢复、复制与粘贴、剪切与移动等操作。

命令的撤销与恢复

在使用 Word 的过程中，即使出现了误操作也不要紧，因为 Word 中提供了撤销与恢复操作，可以方便地恢复到误操作之前的状态。

如果只需要撤销或者恢复上一次操作，可以单击“编辑”菜单，然后选择“撤销键入”或者“恢复键入”选项，如下图所示。

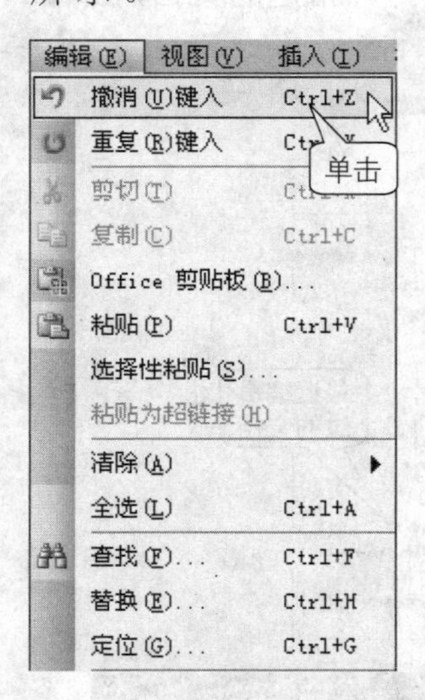

如果需要撤销或恢复之前的多步操作，可以单击“格式”工具栏中的“撤销键入”或“恢复键入”按钮旁的下拉按钮，从下拉列表中选择要操作的范围，如下图所示。

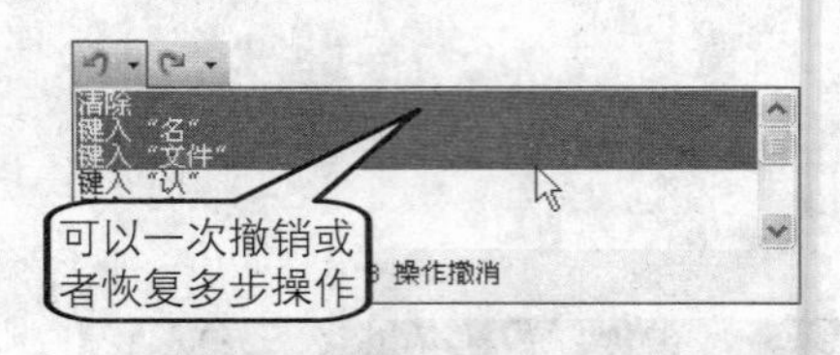

提示

除了撤销与恢复外，“编辑”菜单中还有一个“重复”菜单项。如果需要重复上一次操作，可以在“编辑”菜单中选择“重复键入”菜单项。也可以直接按下键盘上的Ctrl + Y快捷键组合。注意，这里“重复键入”和“恢复键入”命令是共用一组快捷键，因为在同一时刻，它们之中只有一个会处于可用状态。

复制与粘贴操作

如果文档中有大量相同或相似的内容，只需要输入一次，然后使用“编辑”菜单中的“剪切”、“复制”、“粘贴”操作来快速复制，具体步骤如下。

1. 拖动鼠标选中需要操作的文本，右击选定的文本，从弹出的快捷菜单中单击“复制”命令，如右图所示。

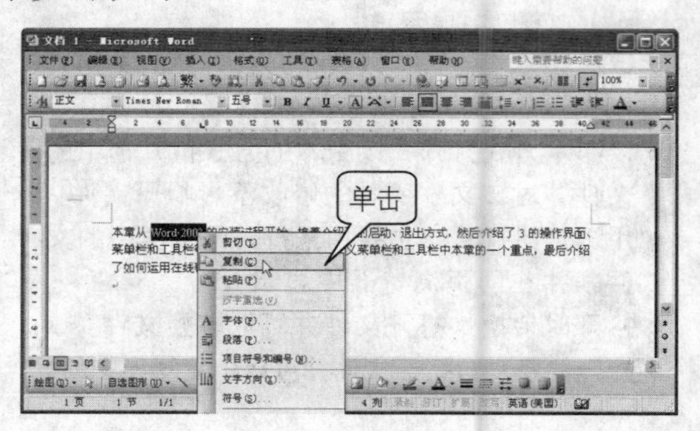

2. 右击需要粘贴的位置，从弹出的快捷菜单中单击“粘贴”命令，如右图所示。

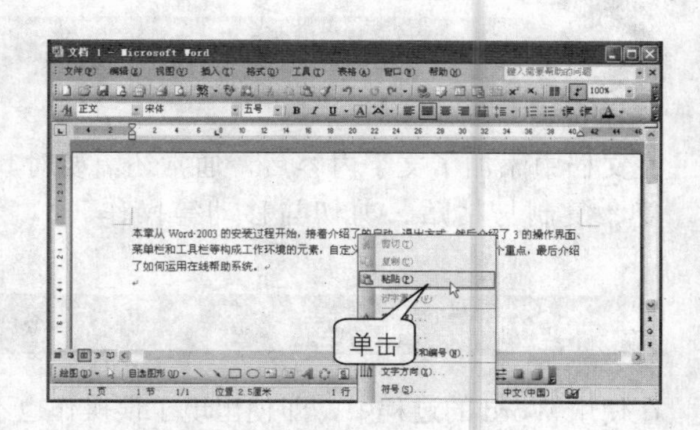

3 此时，粘贴的文本旁会出现一个粘贴选项按钮。将鼠标指针指向该按钮，旁边会显示一个下拉按钮，单击即可打开粘贴选项可拉菜单，如下图所示，用户可根据自己的需要进行设置。

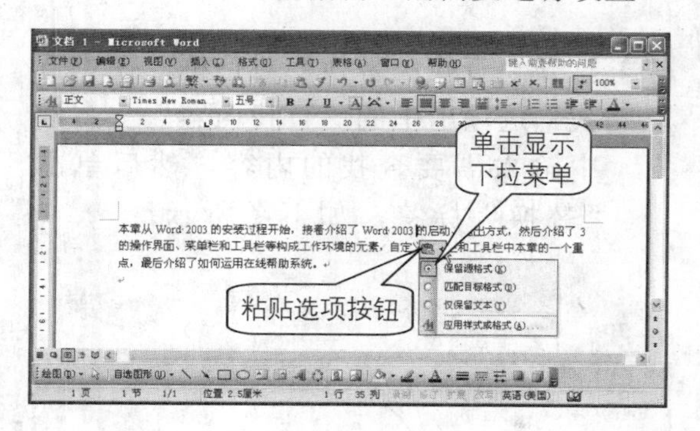

4 还可以用鼠标拖动进行复制。方法是选定文本后，按住键盘上的Ctrl键，然后用鼠标拖动文本到目标位置，如下图所示。

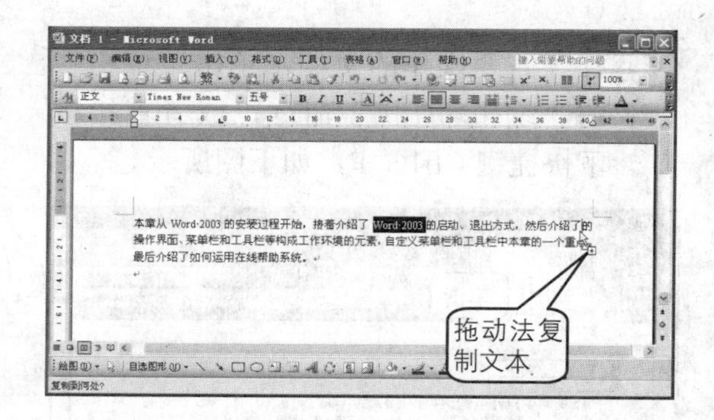

5 如果只需要将某段文字移到另外的位置那么在选定文本后，右键单击并在弹出的快捷菜单中单击“剪切”命令，如下图所示。然后在目标位置右击，在弹出的快捷菜单中单击“粘贴”命令，如下图所示。

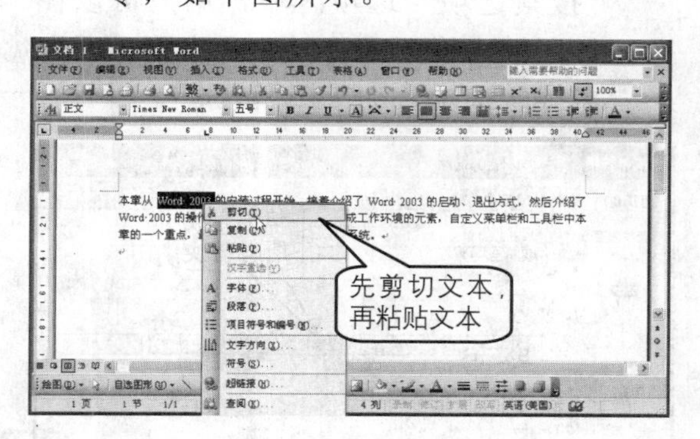

6 还有一种移动文本的方法是用鼠标选定文本后直接拖至目标位置即可，如下图所示。

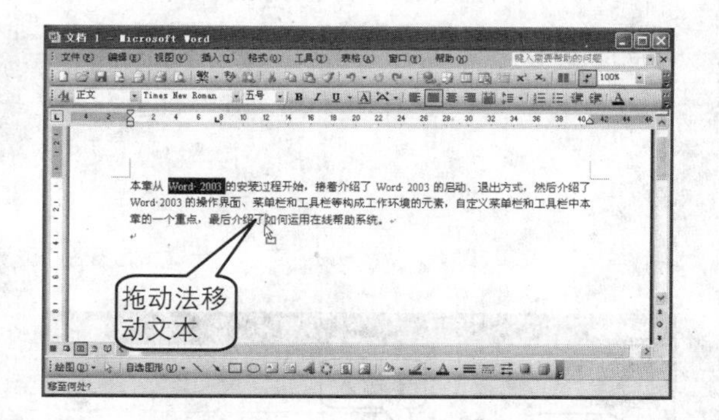

提示

如果用户执行粘贴操作后，屏幕上没有显示粘贴选项按钮，可单击菜单栏中的“工具>选项”命令打开“选项”对话框。然后单击“编辑”标签切换到“编辑”选项卡中，在“剪切和粘贴选项”选项区域中选中“显示粘贴选项按钮”复选框，最后单击“确定”按钮即可，如右图所示。

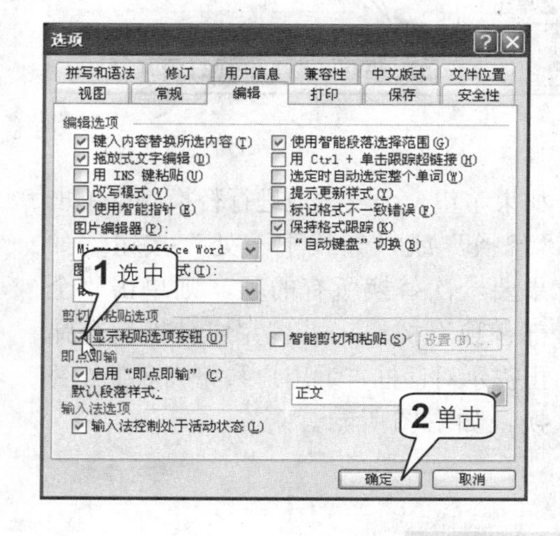

查找与替换操作

Word 2003 有着非常强大的查找与替换功能，这将便于用户编辑具有大部分相同内容的文档。例如，在编辑产品说明书时，只需要将产品名称等不相同的内容进行替换，即可在短时间内生成多种产品的说明书。

1 打开需要操作的文档，单击菜单栏中的“编辑>查找”命令，或者直接按下快捷键 Ctrl + F，如下图所示。

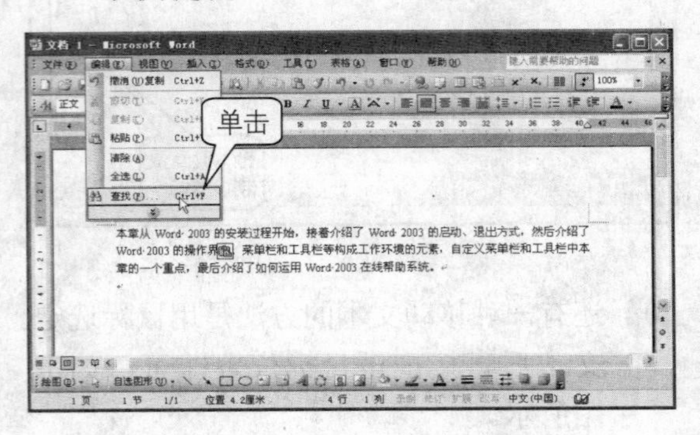

2 打开“查找和替换”对话框，在“查找”选项卡中的“查找内容”文本框中输入需要查找的内容，然后单击“替换”标签，如下图所示。

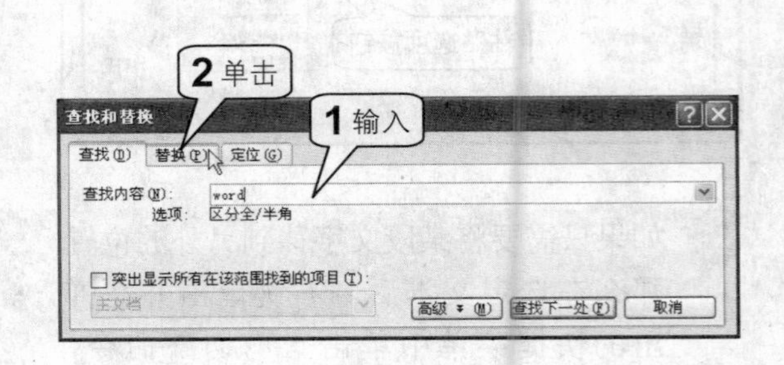

3 在“替换”选项卡中的“替换为”文本框中输入需要替换为的文本，然后单击“高级”按钮，如下图所示。

4 此时“查找和替换”对话框中将显示“搜索选项”选项区域，用户可以在该区域内设置是否区分大小写、匹配方式等选项，如下图所示。

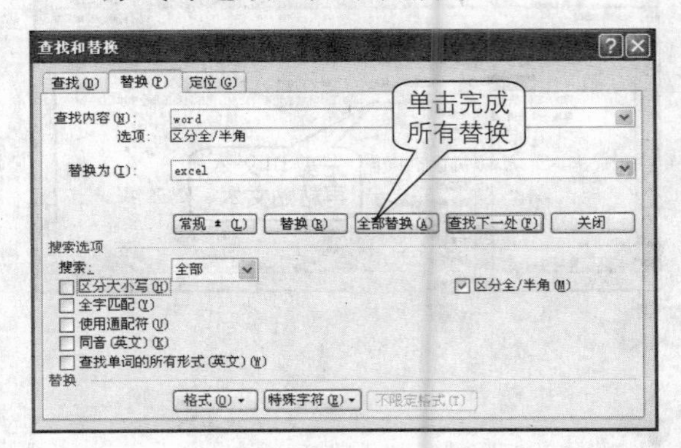

5 如果希望一个一个地进行替换，可单击“替换”或“查找下一处”按钮。如果要一次替换所有的项，则单击“全部替换”按钮，系统完成替换后会弹出提示对话框告诉用户共完成多少处替换，如右图所示。

6 替换后的文本如右图所示。

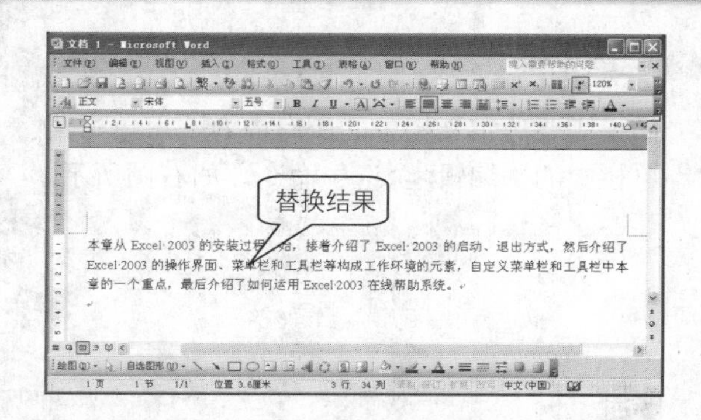

文本选定操作

在 Word 2003 中常见的选定文本或段落的方法有选定单个词组，选定整行、整列以及多行多列，具体介绍如下。

1. 用文本光标拖动选择

在文本编辑状态下，用“I”形光标在选定的文本开始处按住鼠标左键，然后向文本结束方向拖动，光标经过的位置的文本会高亮度显示，表示这些文本被选中，释放鼠标即完成选定操作，如下图所示。

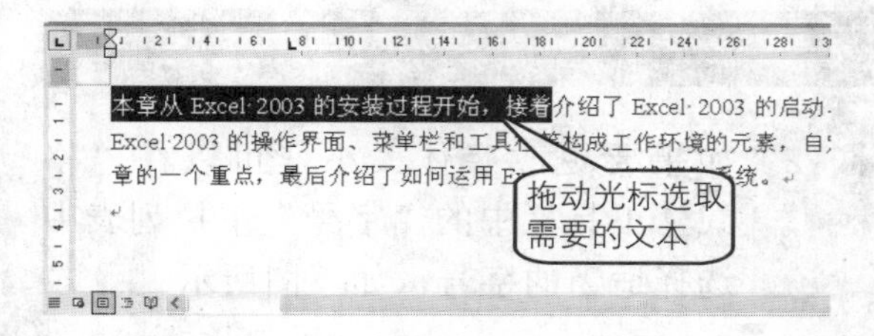

2. 选择整行

当所要选择的文本刚好是一整行时，则可以移动鼠标光标到文本的左侧，待光标变成箭头时，如下图所示，单击鼠标则可以选择整行，然后拖动鼠标可以选择多行，直至松开鼠标为止。

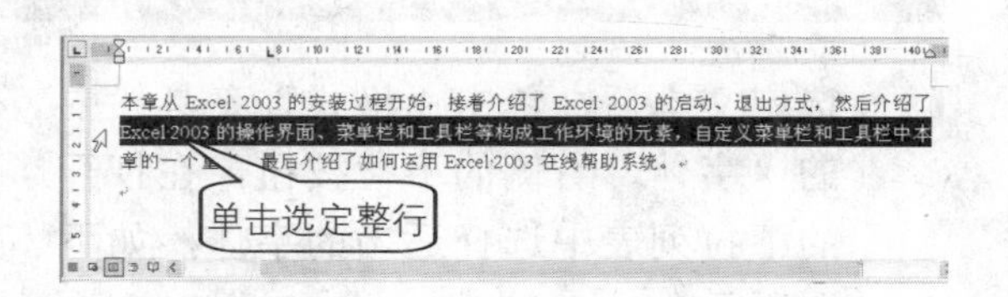

3. 选择词语

如下图所示，用鼠标直接在文本上双击，可以选择双击位置与其左右相邻的文本组成的一个词语，如下图所示。

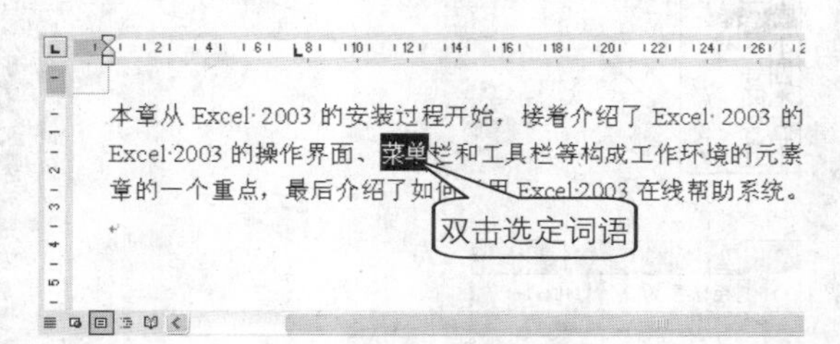

4. 选择段落

移动鼠标指向要选择的段落内的任意文本，在文本上连续单击 3 次，则可以选中单击处的文本所在的整个段落，如下图所示。

5. 用组合键选定文本

在开始位置单击，按住键盘上的 Shift 键，结合键盘上的 4 个方向键和功能键 Home 和 End 也可以实现以上 3 种选定文本的效果。

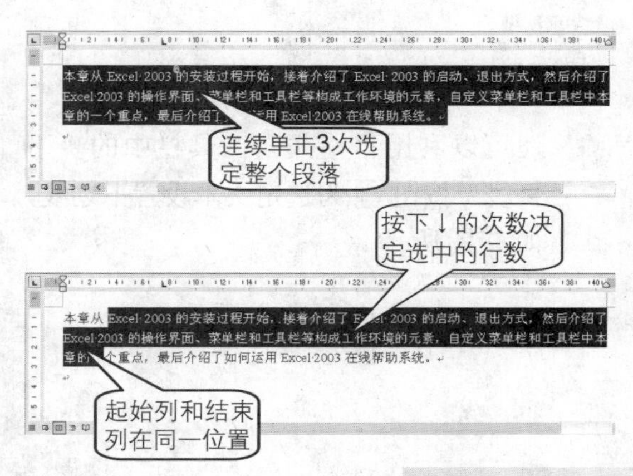

6. 选全操作

如果需要选定文档中的所有内容，可单击菜单栏中的“编辑>全选”命令，如右图所示。

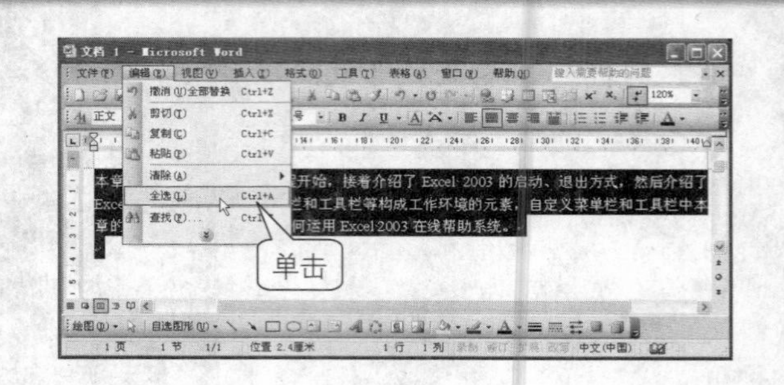

提示

Shift + Home 快捷键：选定光标位置到该行行首的所有内容；Shift+End 快捷键：选定光标位置到该行行尾的所有内容；Shift+↓(↑)快捷键：选中当前光标所在处至下一行（上一行）的该列位置，每按一次方向键，相应地选中下一行；Shift+ →(←)快捷键：选中当前光标位置右侧（左侧）的一个字符，每按一次方向键，则相应地选中下一个字符。

设置文档格式

通常将文字输入到 Word 中后，还应根据文档的性质及用途等设置文档的格式。一篇文档的格式主要包括字符格式和段落格式，设置的具体步骤如下。

设置文档字符格式

1. 选定文本后，单击“格式”工具栏中的“字体”右侧的下拉按钮，在打开的下拉列表中选择适当的字体，如下图所示。

2. 如果要更改字体大小，可以在“格式”工具栏中的“字号”下拉列表中选择适当的字号，如下图所示。

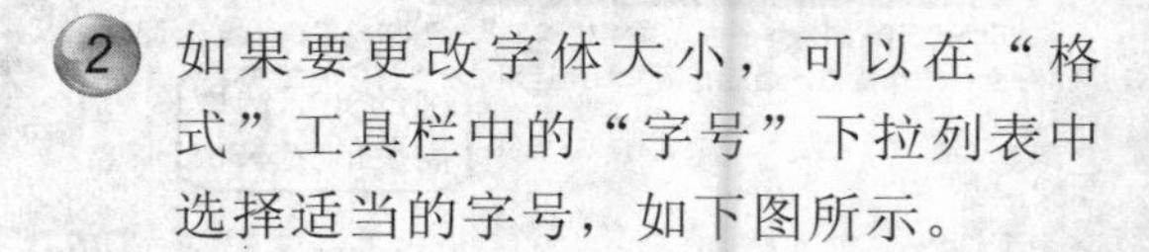

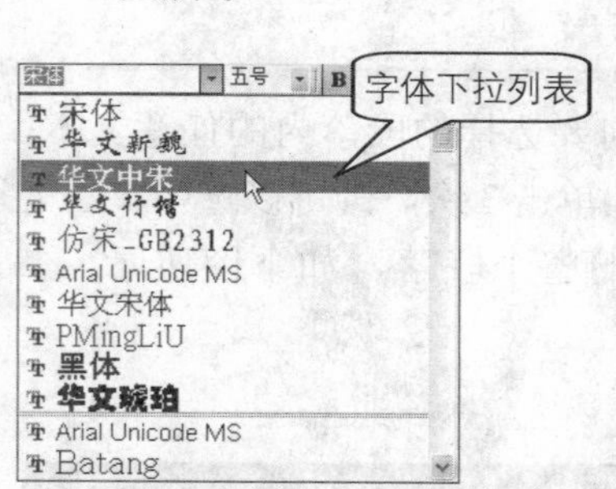

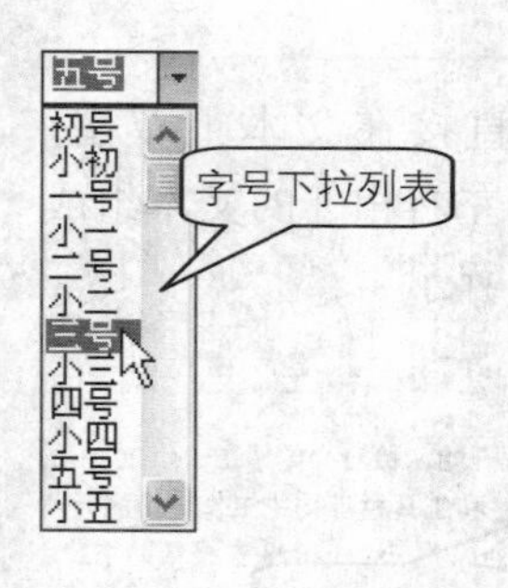

3. 还可以利用“格式”工具栏中的“下划线”按钮 U 为选定文本设置下划线，如右图所示。

4 设置后的效果如右图所示。

公司实行早会制度的有利因素

设置格式后的文本

5 也可以使用“字体”对话框进行设置。选定需要设置格式的文本，右击并在弹出的快捷菜单中单击“字体”命令，如下图所示。

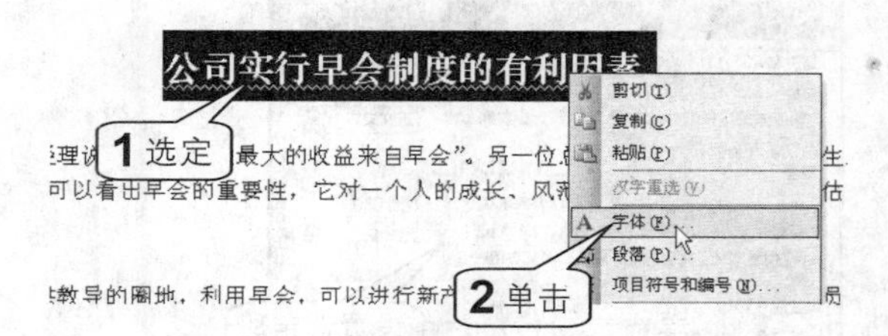

6 在打开的“字体”对话框中除了设置字体、字形和字号外，还可以设置一些特殊的效果。如在“效果”选项区域中选中“空心”复选框，得到如下图所示的效果。

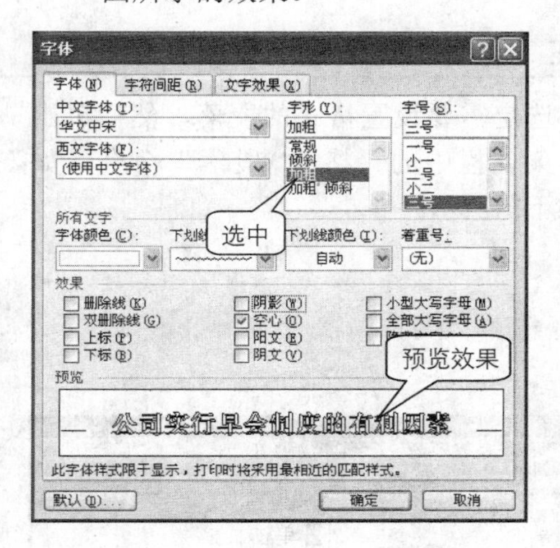

7 单击“字符间距”标签切换到“字符间距”选项卡中。用户可以设置字符缩放、字符间距以及字符的位置，如下图所示。

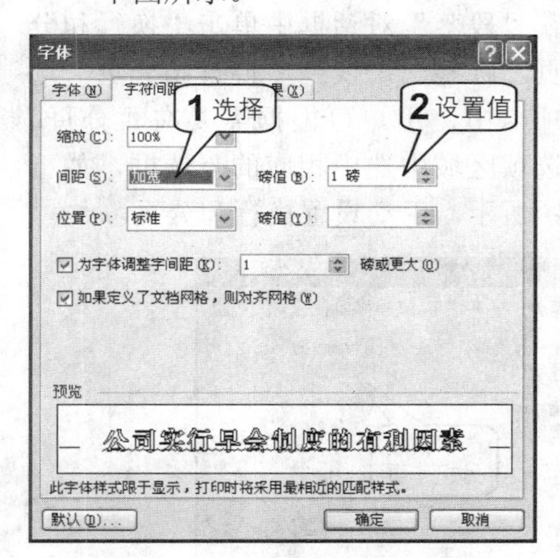

8 单击“文字效果”标签切换到“文字效果”选项卡中，从“动态效果”列表框中可以选择一种动态效果应用于所选定的文本，如下图所示。

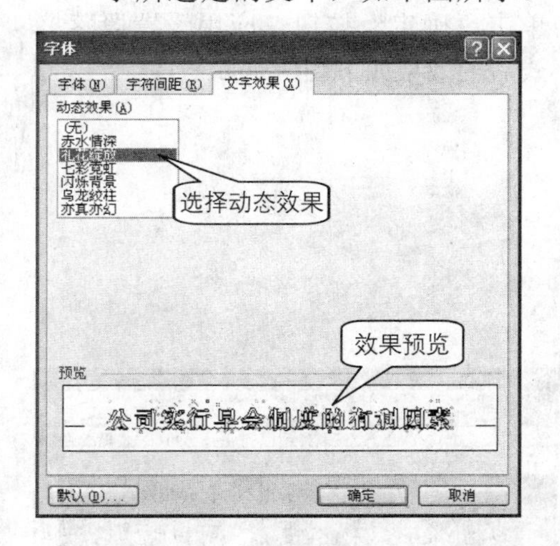

9 单击“确定”按钮后，选定文本的文字效果如右图所示。

公司实行早会制度的有利因素

提示

文字的动态效果只能在屏幕上显示，而不能打印出来，所以在打印预览视图中文字的动态效果将不会显示。

设置文档段落格式

文档的段落格式通常包括段落文本的对齐方式、段落的缩进、段落间距、行距以及换行和分页等设置。

1. 在“段落”对话框中设置段落格式

① 选定需要设置格式的段落，然后单击菜单栏中的“格式>段落”命令，如下图所示。

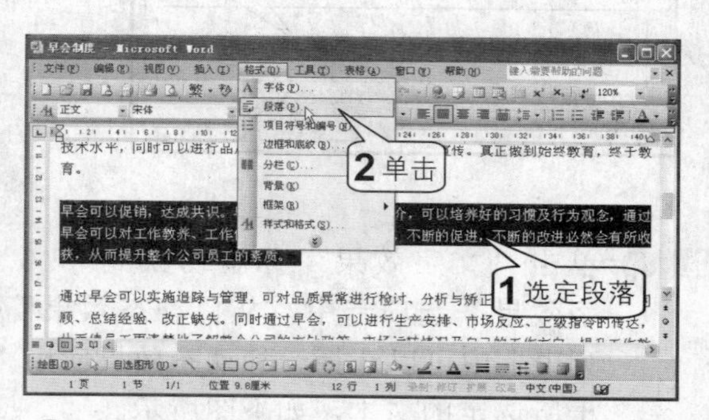

② 打开“段落”对话框，在默认的“缩进和间距”选项卡中可以设置选定段落的缩进与间距。例如进行如下图所示的设置。

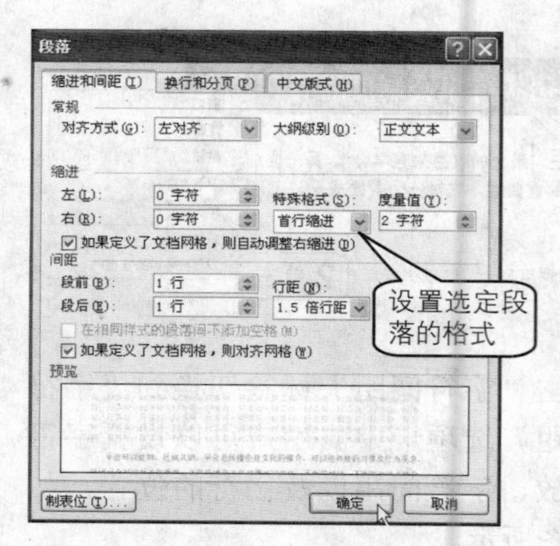

③ 单击“确定”按钮，应用设置段落格式后的效果如下图所示。

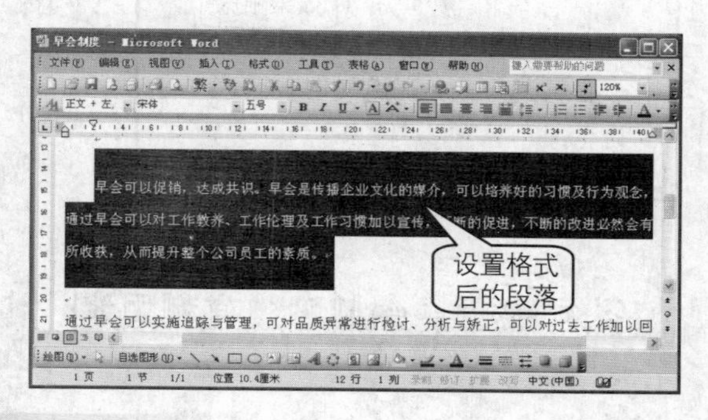

④ 在“段落”对话框中单击“换行和分页”标签，切换到“换行和分页”选项卡中，用户可根据需要在“分页”选项区域中选中相应的复选框，如下图所示，手动设置换行和分页。

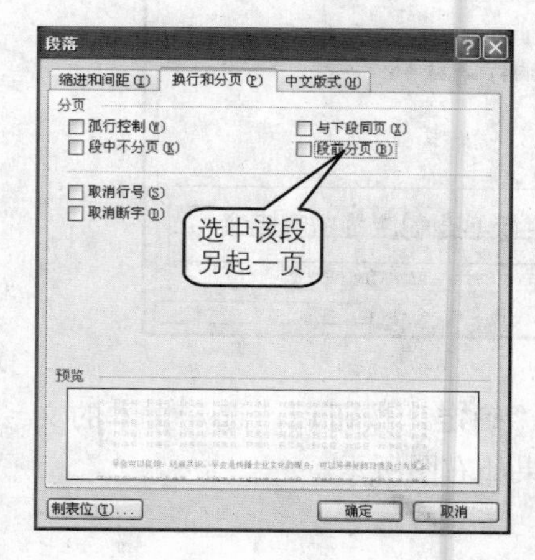

5 在“段落”对话框中单击“中文版式”标签切换到“中文版式”选项卡中，在该选项卡中可设置换行和字符间距。单击“选项”按钮，如下图所示。

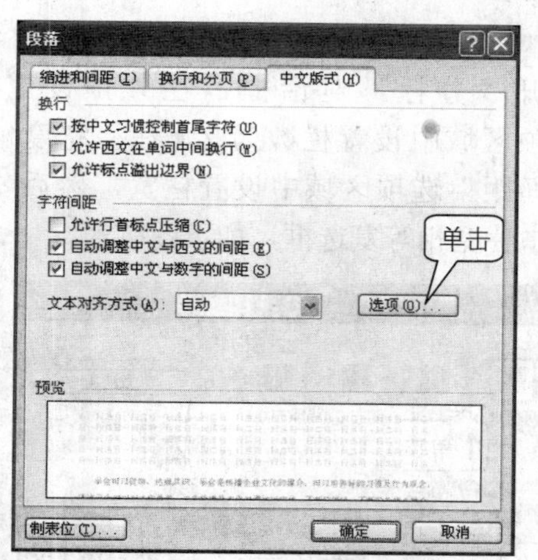

6 打开“中文版式”对话框，在该对话框中用户可以自定义首尾字符，如下图所示。

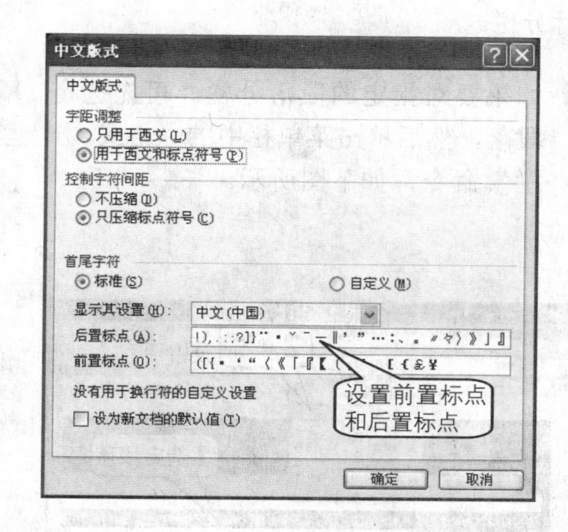

2. 设置首字下沉效果

在报刊或杂志中经常可以看到一篇文档的第一个字下沉几行，这种排版方式可以增加版面的美观性，在 Word 中也可以轻松实现这种首字下沉效果，具体操作步骤如下。

1 将光标插入点置于需要设置首字下沉的段落中，单击菜单栏中的“格式>首字下沉”命令，如下图所示。

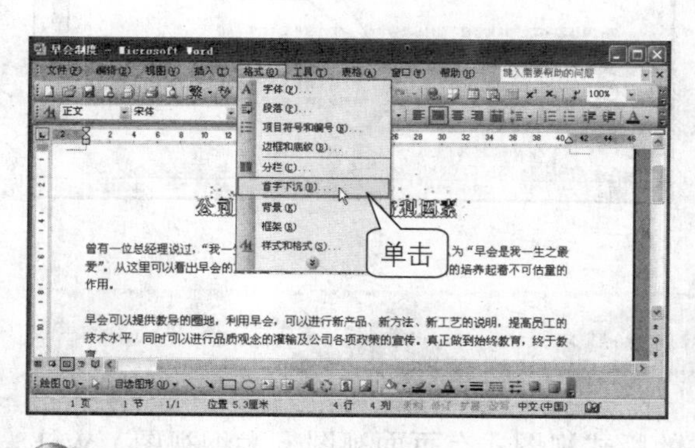

2 打开“首字下沉”对话框，在“位置”选项区域中单击“下沉”图标按钮，然后在“选项”选项区域中设置首字的字体、下沉的行数等，如下图所示。

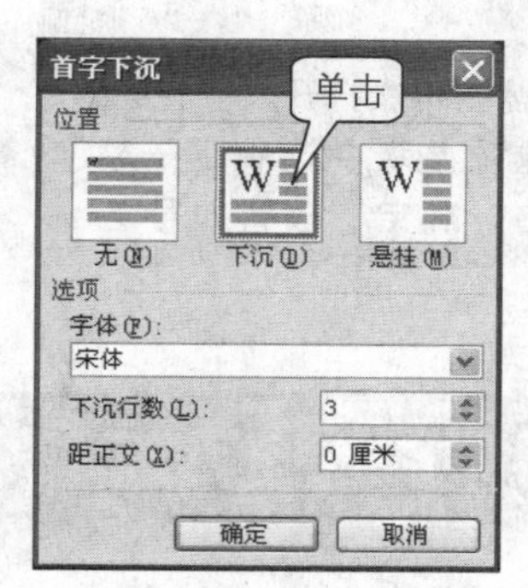

3 单击“确定”按钮，段落中的首字会按设置的行数下沉，效果如右图所示。

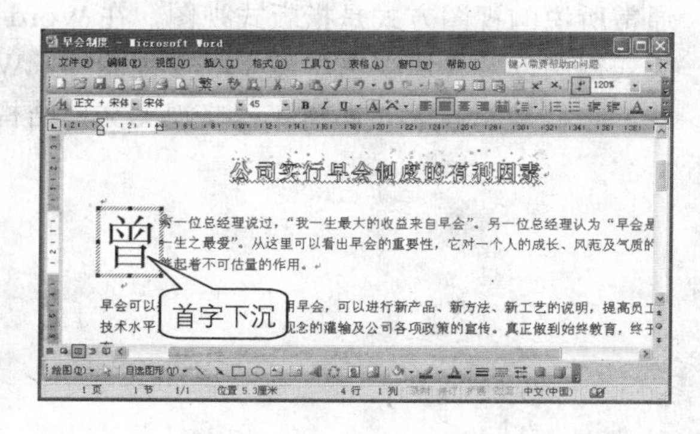

提示

如果需要取消首字下沉效果，只需要再次打开“首字下沉”对话框，在“位置”选项区域中单击“无”图标按钮即可。

3. 设置分栏

有时为了使文档排出的版面更加美观，需要将文档分为两栏或两栏以上，这在 Word 2003 中也是非常容易实现的。Word 2003 不但可以对整篇文档进行分栏，而且还可以对指定的段落进行分栏。

1. 如果要对指定的段落分栏。可先选定段落，然后单击菜单栏中的“格式>分栏”命令，如下图所示。

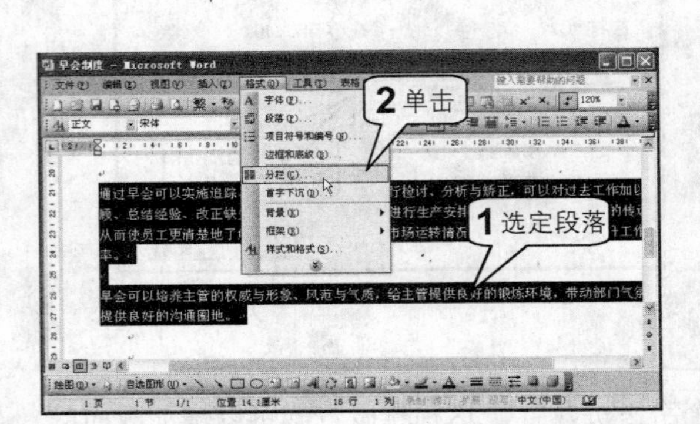

2. 打开“分栏”对话框，在“预设”选项区域中设置栏数为 2，在“宽度和间距”选项区域中设置栏宽，然后选中栏宽相等复选框，如下图所示。

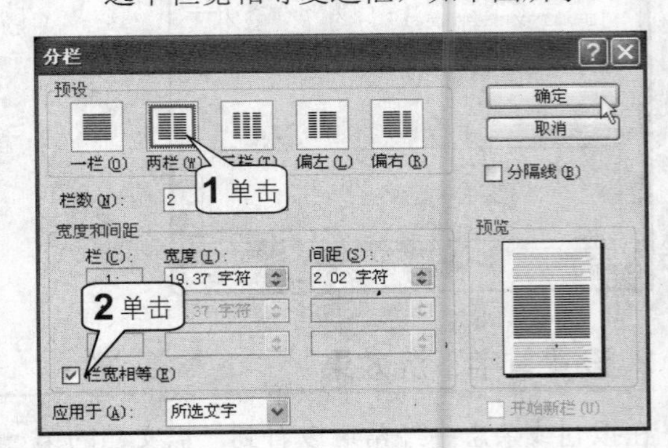

3. 单击“确定”按钮，指定的段落即被分为栏宽相等的两栏，但该段落之前或之后的段落不受影响，如右图所示。

提示

如果要取消分栏，只需要再次打开“分栏”对话框，在“预设”选项区域中选中“一栏”图标按钮，然后单击“确定”按钮即可。

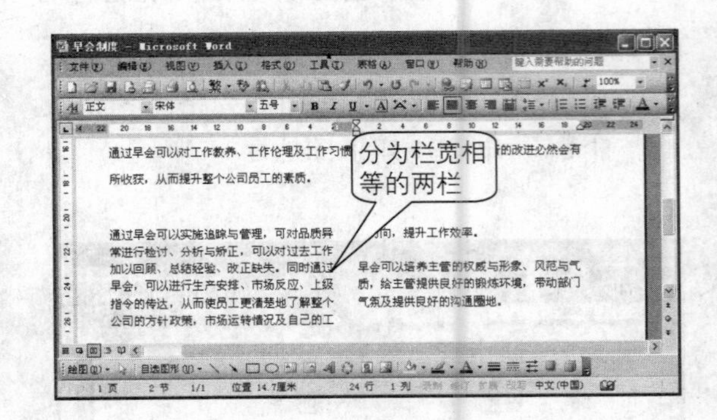

6 Word 中的视图方式

通常所说的视图方式是指版式视图，在 Word 中的版式视图式有页面视图、大纲视图、Web 版式视图以及普通视图。除了版式视图外，Word 中还有几种查看文档的视图，称为查看模式，它们是阅读版式视图和缩略视图文档结构图。

1. 页面视图

页面视图是默认的视图方式，可以单击菜单栏中的“视图>页面”命令，切换到页面视图方式，如下图所示在页面视图中设置的格式几乎和打印出来的效果完全一致。

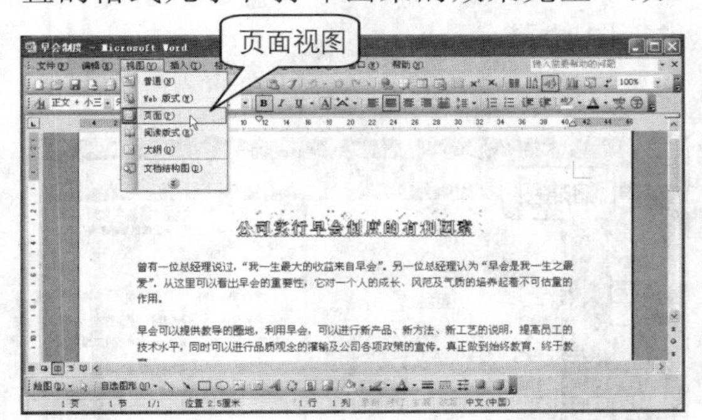

2. 大纲视图

单击菜单栏中的“视图>大纲”命令>可以切换到大纲视图，同时屏幕上还将显示“大纲”工具栏，如下图所示。

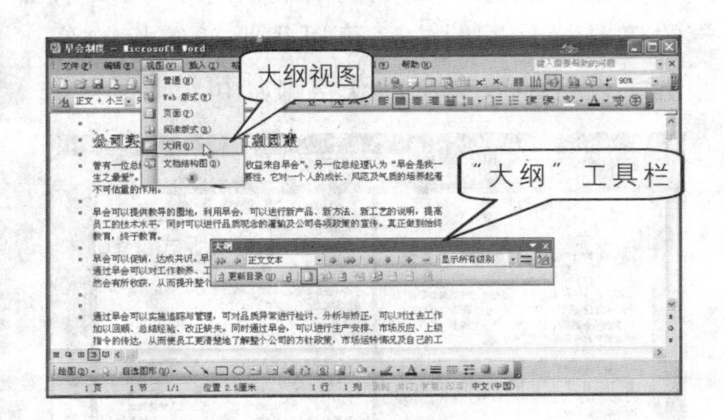

3. Web版式视图

单击“视图>Web版式”命令，切换到Web版式视图，如右图所示。

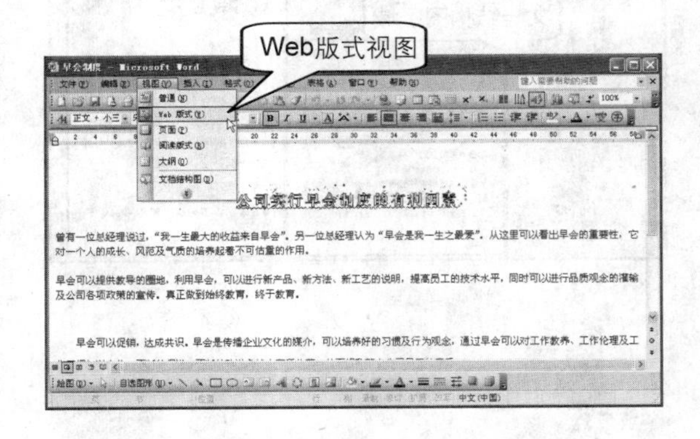

4. 普通视图

单击“视图>普通”命令，切换到普通视图模式，如右图所示。在该视图中可以输入、编辑和设置文本的格式，简化了页面的布局。

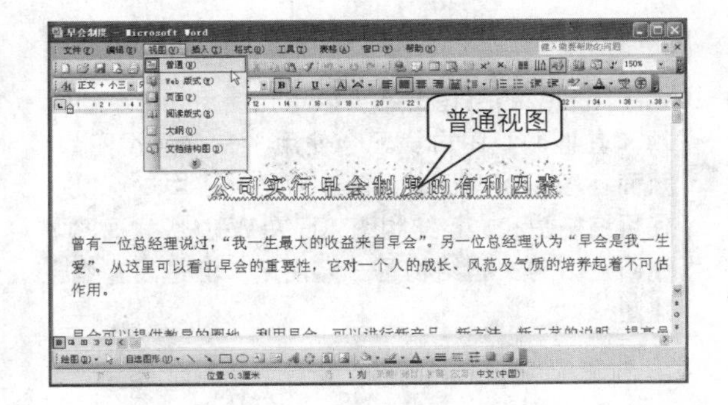

提示

除了利用“视图”菜单中的命令来切换视图方式外，单击窗口左下角的视图切换按钮也可以在视图之间切换。页面、大纲、Web 版式和普通这 4 种视图方式称为版式视图，所谓版式视图是指处理文档时使用的版式。这几种视图方式适应于不同的场合，现比较如下。

视图方式	特点
页面	可用于编辑页眉和页脚、调整页边距、处理分栏和图形对象，而且和输入的效果一致，也就是常说的“所见即所得”
大纲	可方便查看文档的结构，还可以通过拖动标题来移动、复制和重新组织文本
Web 版式	主要用于显示网页格式的文档，可显示背景。其中的文本为适应窗口而自动换行，图形位置与在Web浏览器中的位置一致
普通	不会显示页边距、页眉和页脚、背景、图形对象以及没有设置为“嵌入型”环绕方式的图片

5. 阅读版式视图

单击“视图>阅读版式”命令，阅读版式视图如下图所示。阅读版式视图的设计使在屏幕上阅读文档变得更舒服，因为在这种视图中删除了混乱的屏幕元素，如多余的工具栏。同时它还可以根据计算机的分辨率设置缩放文本以获得最佳可读性。

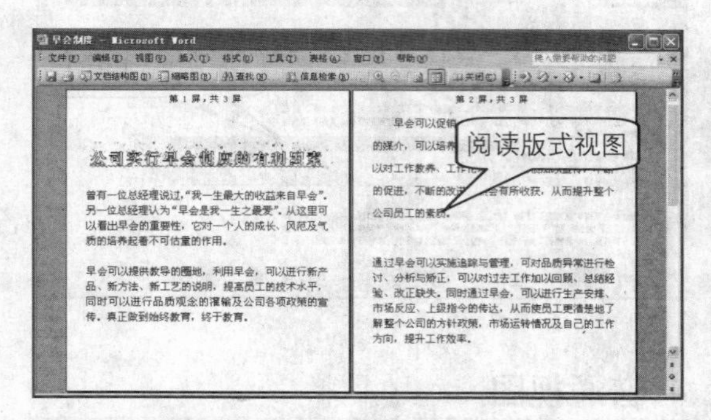

6. 缩略视图

在“阅读版式”视图中的工具栏中单击“缩略图”按钮，可以在窗口右侧显示缩略视图。也可以直接在页面视图方式下单击菜单栏中的“视图>缩略图”显示文档缩略图，如下图所示。

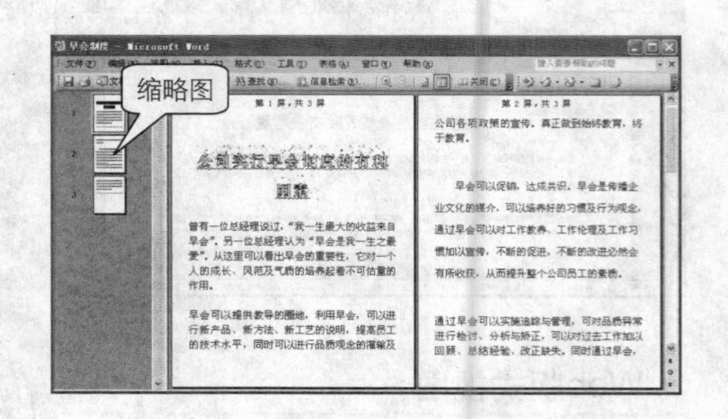

7.文档结构图

在页面视图或阅读版式视图中都可以显示文档结构图，显示方法与缩略图类似，如右图所示。

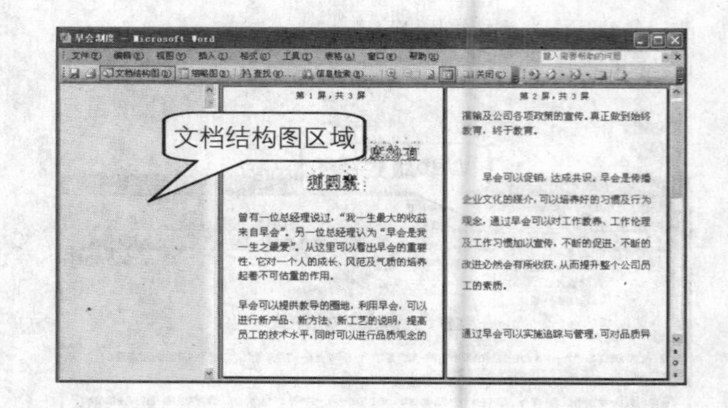

提示

缩略图和文档结构图不可以单独使用，它们必须和其他的视图方式配合使用。在普通视图、页面视图、大纲视图和阅读版式视图中均可以使用缩略图和文档结构图，而在Web版式视图中，可以与文档结构图一起使用，但是没有缩略图。

7 在Word中创建表格

表格由行和列的单元格组成，可以在单元格中填写文字和插入图片。表格通常用来组织和显示信息，还可以使用表格创建有趣的页面版式，或创建网页中的文本、图片和嵌套表格等。几乎所有的Microsoft Office组件都可以用来创建表格，但它们各自适合创建表格的类型却完全不同，Word可以创建包含复杂图形格式的表格。

创建表格

Microsoft Word提供了几种创建表格的方法：“插入表格”、“绘制表格”和“在表格中创建表格”。创建表格的具体步骤如下。

1. 插入表格

1 单击要创建表格的位置，然后单击菜单栏中的“表格>插入>表格”命令，如下图所示。

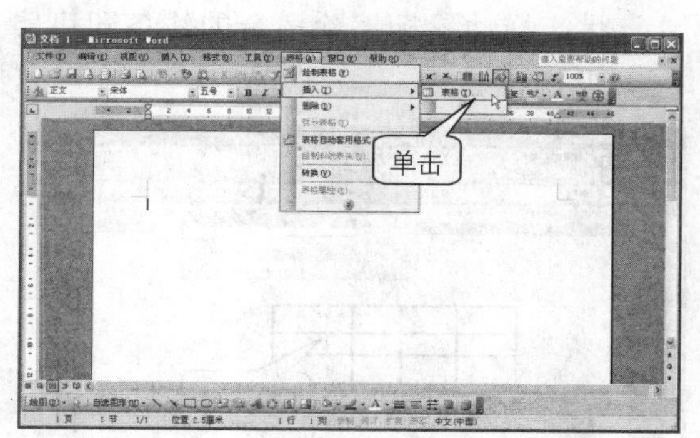

2 打开“插入表格”对话框，在“表格尺寸”选项区域中选择所需的行、列数；在“‘自动调整’操作”选项区域中选择调整表格大小的选项，然后单击“确定”按钮，如下图所示。

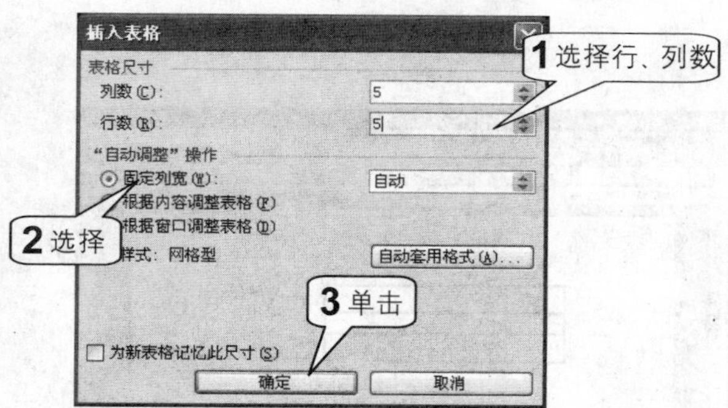

3 此时插入到文档中的表格如下图所示。单击左上角的控点可以选定表格，单击右下角的控点并拖动可以调整表格尺寸，如下图所示。

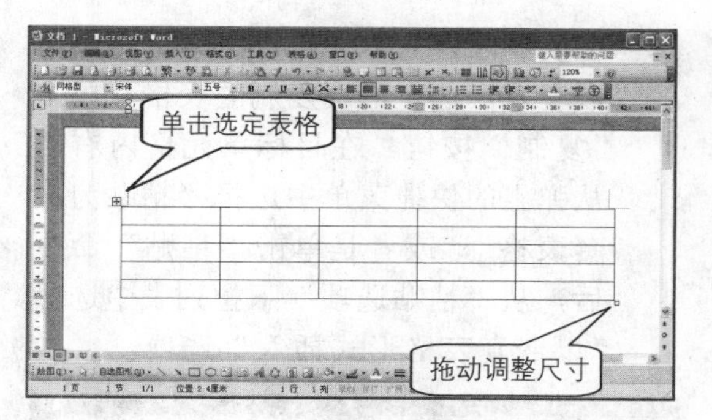

4 也可以在“常用”工具栏上单击“插入表格”按钮，然后拖动鼠标选择所需的行、列数，如下图所示。但这种方法只适合在行和列较少的时候使用。

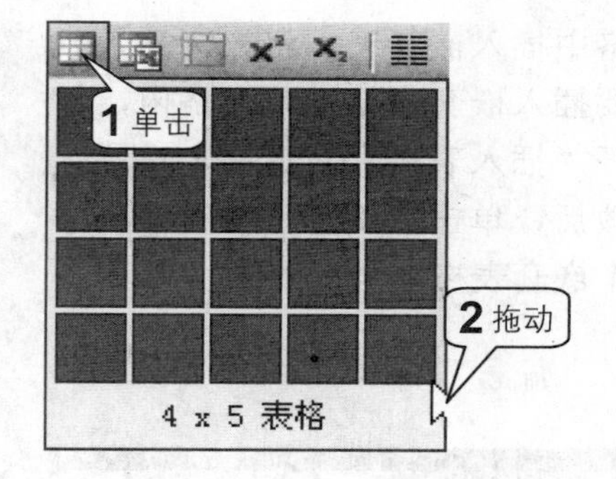

2. 绘制表格

当表格中包含大量不同高度的单元格或每行包含的列数不同时，可以用绘制表格的方法来创建表格，具体步骤如下。

1 单击要创建表格的位置，在“表格”菜单上单击“绘制表格”命令，如下图所示。

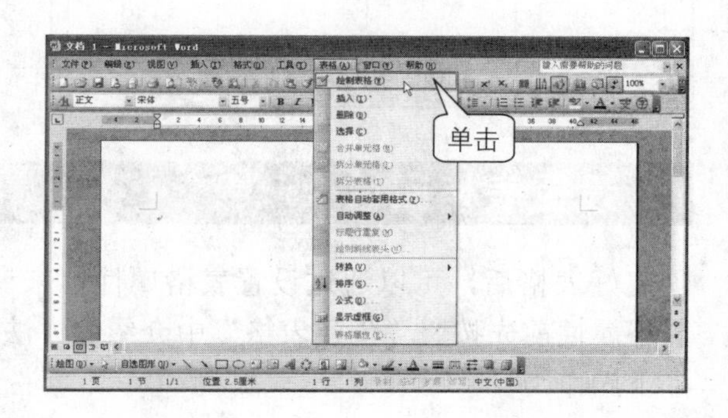

2 弹出“表格和边框”工具栏，在“表格和边框”工具栏中可以选择绘制表格的线型及其粗细等，如下图所示。

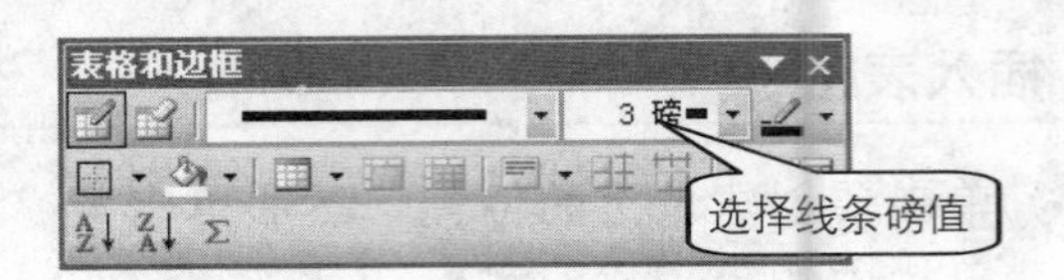

3 在页面上拖动笔形光标，首先绘制表格外框，然后再创建内部框线，如下图所示。

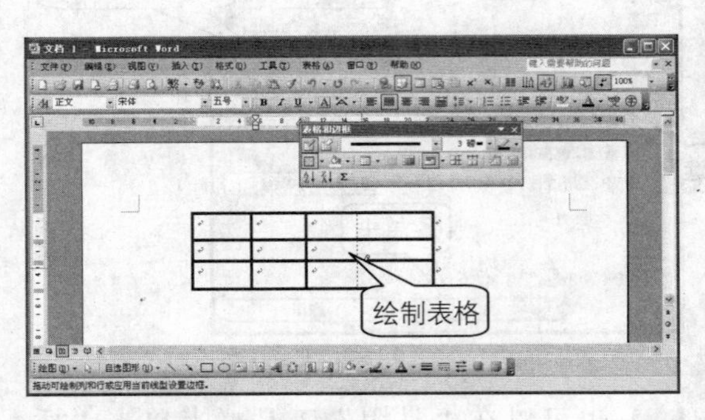

4 如果绘制了多余的线条，只需要单击“表格和边框”工具栏中的“擦除”按钮，此时鼠标指针变为橡皮擦状。拖动鼠标擦除多余的线条即可，如下图所示。

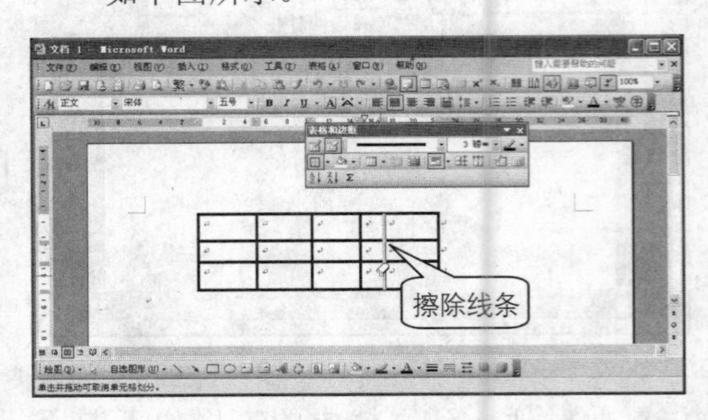

3. 在表格中创建表格

在表格中创建表格，即通常所说的创建嵌套表格。可以通过插入的方式创建嵌套表格，也可以通过粘贴的方式创建嵌套表格。

1 在表格中插入嵌套表。将光标插入点置于要插入嵌套表格的单元格内，然后打开“插入表格”对话框，设置好行列数后，单击“确定”按钮即可插入一个嵌套表格在当前单元格中。

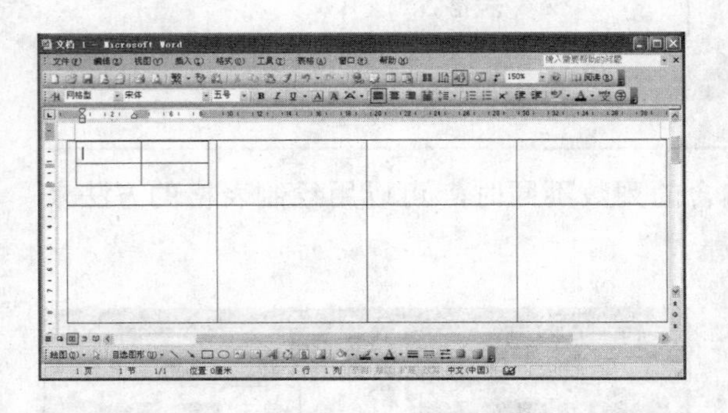

2 在复制表格时，还可以将表格粘贴为嵌套表。选定需要复制的表格并单击“复制”按钮，在目标单元格内右击从弹出的快捷菜单中选择“粘贴为嵌套表格”，或者是单击“粘贴”命令后，从“粘贴选项”下拉列表中选择“以嵌套表格形式插入”选项。

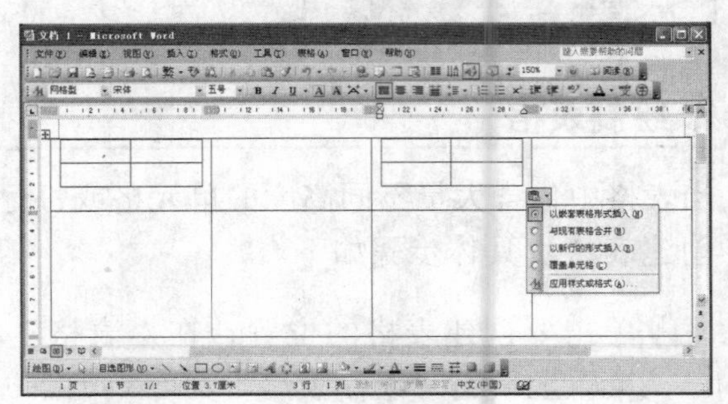

设置表格属性

创建好表格后，可以通过设置表格属性，来调整表格的对齐以及行列宽度等格式。在设置表格属性前先按照“创建表格”中介绍的方法在文档中插入一个5行5列的表格，然后进行如下操作。

1 将光标置于表格中任意位置，右键单击并在弹出的快捷菜单中单击“表格属性”命令；也可以单击菜单栏中的“表格>表格属性”命令，如下图所示。

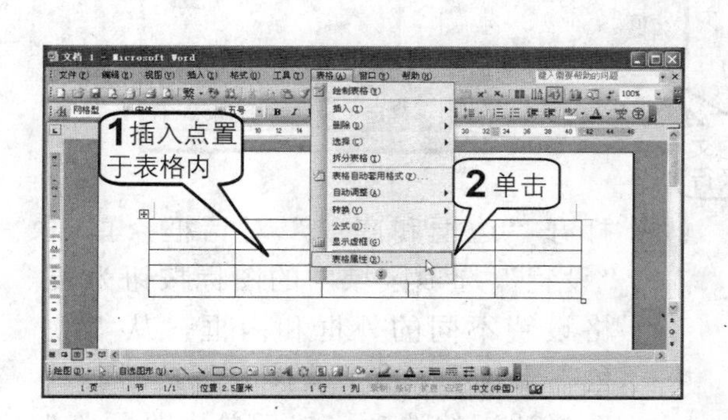

2 打开“表格属性”对话框，如下图所示，在“表格”选项卡中的“对齐方式”选项区域中选择表格的对齐方式“居中”；在“文字环绕”选项区域中单击“环绕”，则文字可以环绕在表格四周。

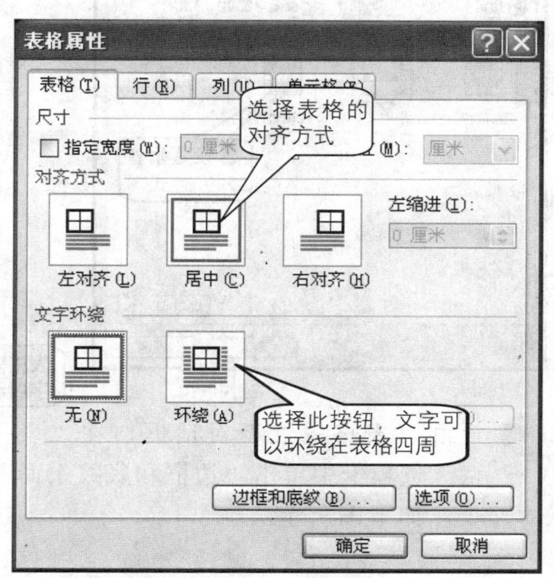

3 单击“行”标签切换到“行”选项卡中，选中“指定高度”复选框可以为表格中的每一行指定不同的高度值；单击“下一行”按钮可以设置下一行，如下图所示。

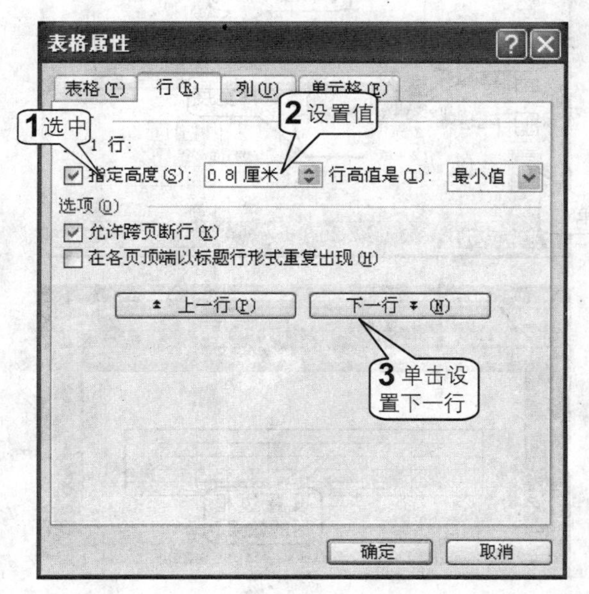

4 和行操作类似，也可以为表格中的每一列指定不同的宽度值，如下图所示。

③ 切换到“单元格”选项卡中，在此可以设置单元格的大小和垂直对齐方式，如下图所示。

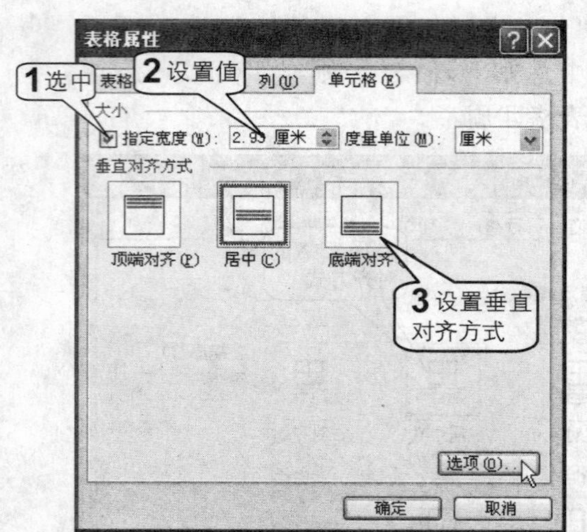

④ 在“单元格”选项卡中单击“选项”按钮，打开“单元格选项”对话框，在此可以设置单元格边框及其他选项，如下图所示，然后单击“确定”按钮。

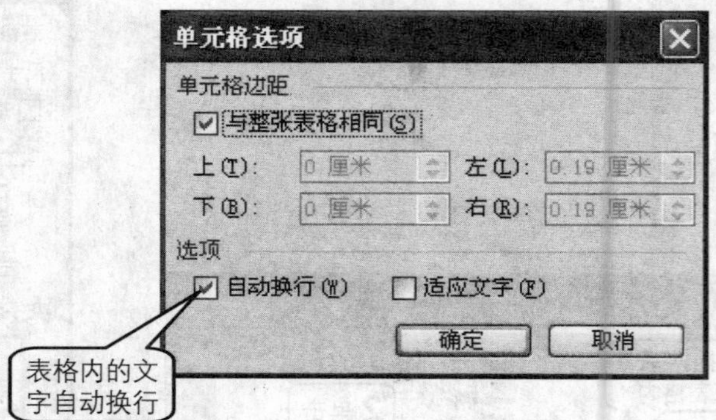

⑦ 返回“表格属性”对话框，在“表格”选项卡中单击“边框和底纹”命令，如下图所示。

⑧ 打开“边框和底纹”对话框，单击“设置”选项区域中的图标按钮为表格设置不同的外框和内框，从“颜色”下拉列表和“宽度”下拉列表中选择适当的选项；然后单击“预览”区域对应的外框线条或者对应的图标按钮，如下图所示。

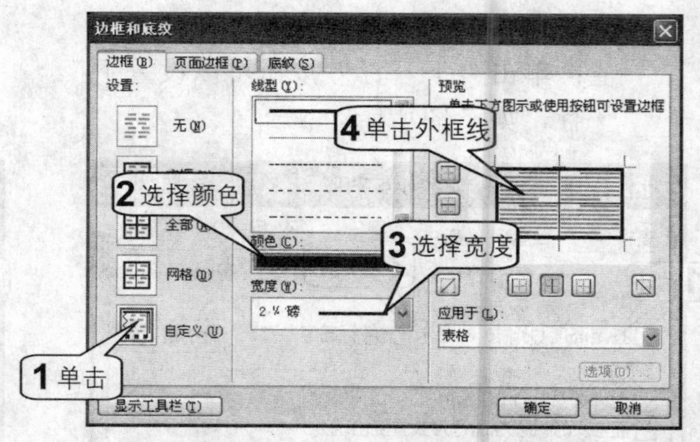

⑨ 依次单击“确定”按钮即可，关闭“表格属性”对话框，设置边框后的表格效果如右图所示。

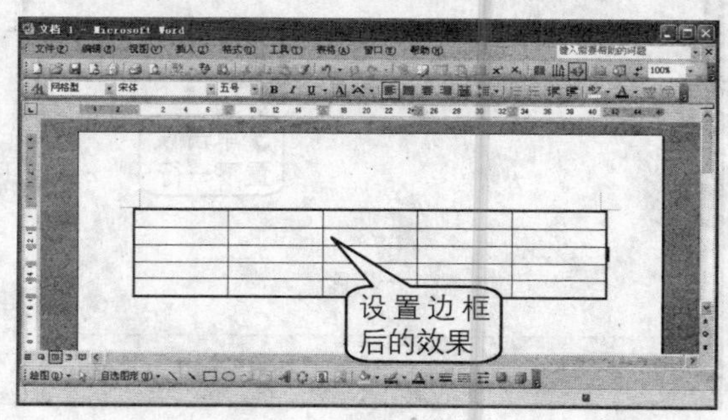

⑩ 如果需要为表格中的第1行添加底纹效果，则首先选定第1行，右击并在弹出的快捷菜单中单击“边框和底纹”命令，如下图所示。

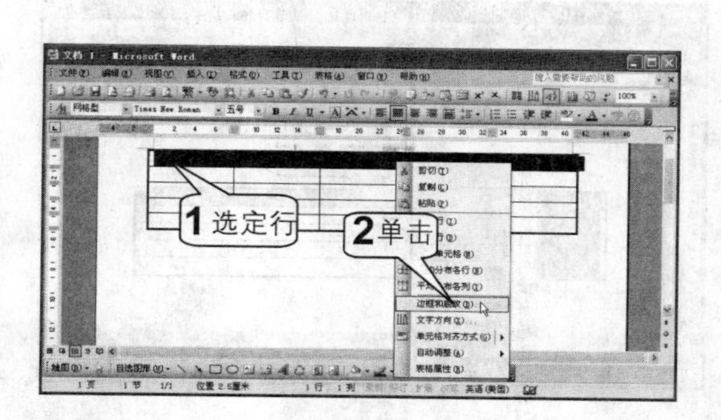

⑪ 弹出“边框和底纹”对话框，切换到“底纹”选项卡中。在“填充”选项区域的色板中选择需要的颜色，在“应用于”下拉列表中选择“单元格”，然后单击“确定”按钮，如下图所示。

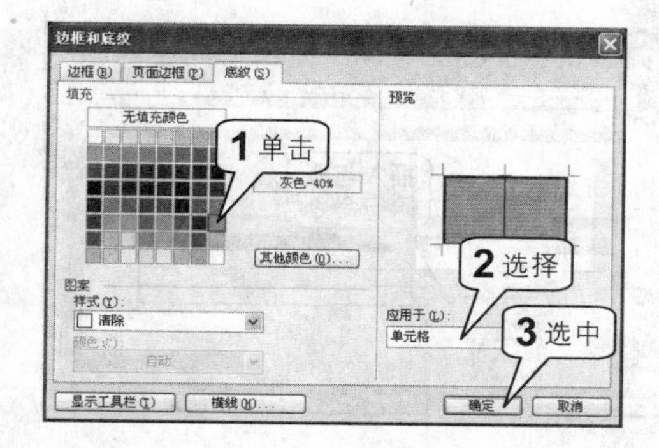

⑫ 表格效果如右图所示，可用同样的方法为表格中的第1列也添加同样的底纹效果。

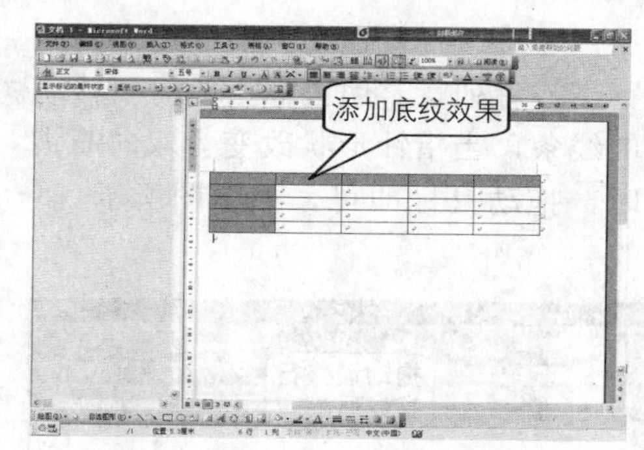

表格选定与行列操作

本节将介绍表格和单元格的选定、在表格中插入与删除行（列）、调整表格行高（列宽）以及平均分布行高（列宽）等操作，具体步骤如下。

① 单击表格左上角的表格选定标记可以选定整个表格，而拖动表格右下角的小方块可以改变表格的大小，如下图所示。

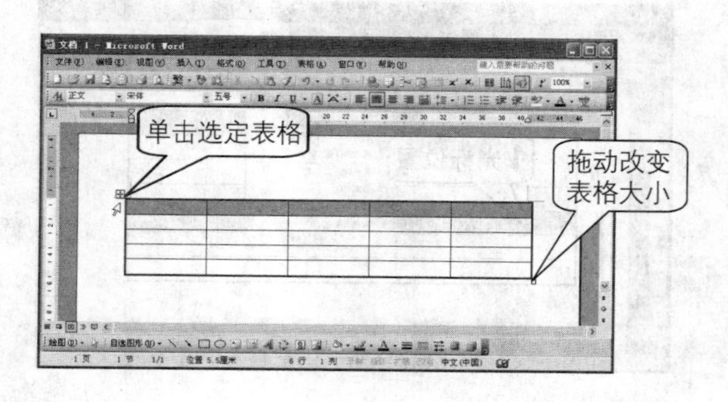

② 选定表格中的单元格方法非常简单。将鼠标移向需选定的单元格左侧，当鼠标指针变成黑色箭头时，按下鼠标左键即可选定该单元格，这时拖动鼠标即可扩展选定区域，如下图所示。

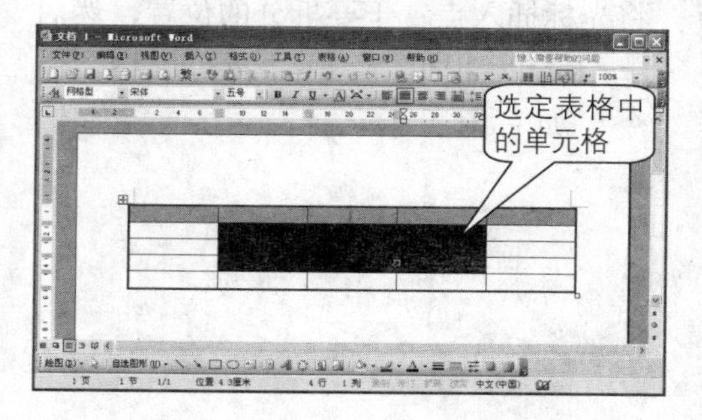

3 插入与删除行操作。选定表格中需要插入行的位置或者是需要删除的行，右击并在弹出的快捷菜单中选择“插入行”选项即可在当前位置插入一个空行，选择“删除行”选项即可删除选定行，如下图所示。

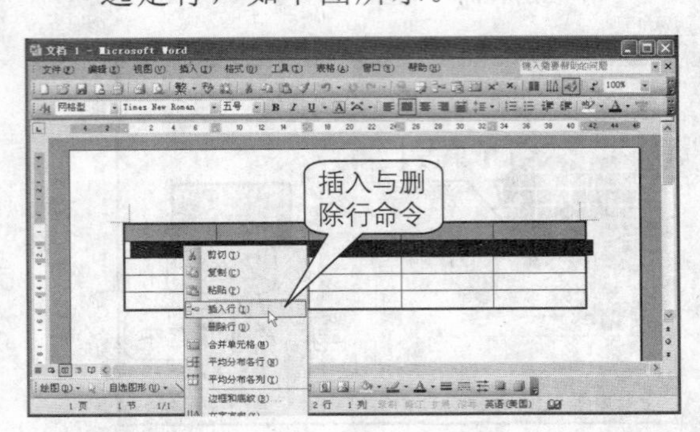

4 插入与删除列操作。与行操作类似，只需要选定插入位置的列或者是需要删除的列，然后右击并在弹出的快捷菜单中单击“插入列”或“删除列”命令即可，如下图所示。

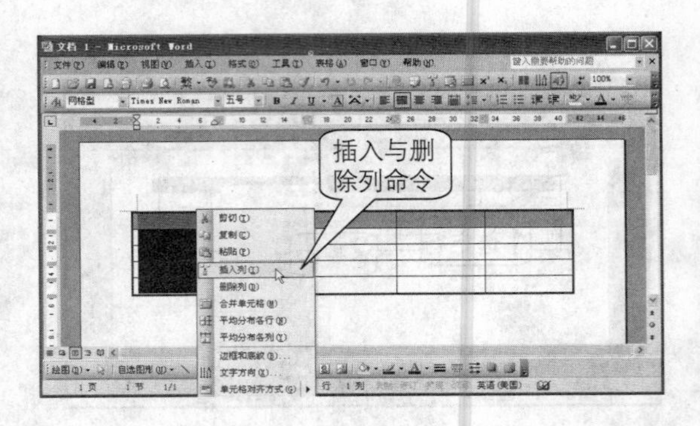

5 用户还可以直接拖动表格框线来调整行高或者列宽。用鼠标指向需要移动的线条，当指针形状改变为双向箭头时，拖动鼠标即可，如下图所示。

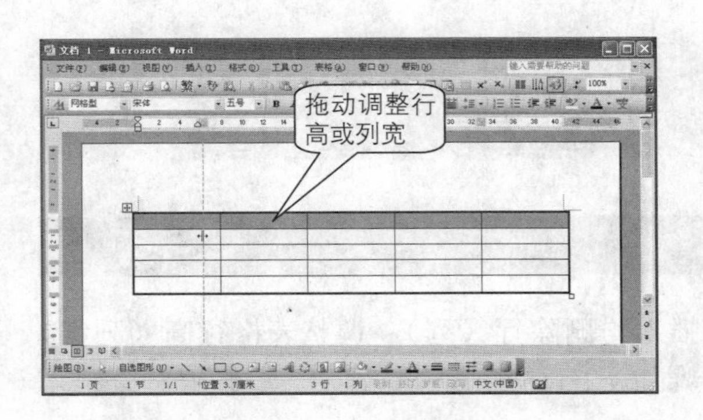

6 当需要表格中的行或列拥有相同的宽度或高度时，可以选定表格，右键单击，从弹出的快捷菜单中选择“平均分布各行”或者“平均分布各列”命令即可，如下图所示。

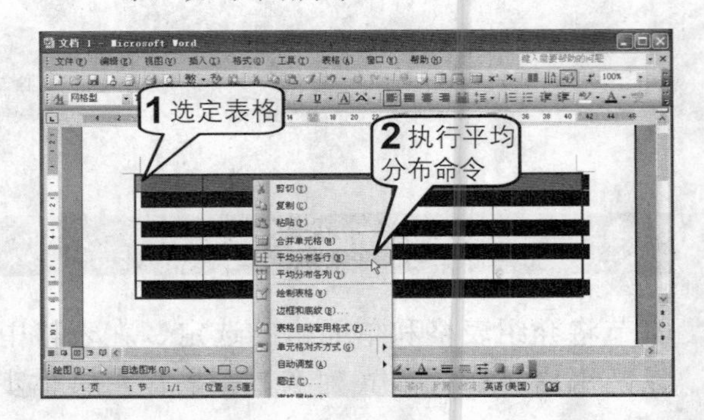

拆分表格与单元格

可以将一个表格拆分为多个表格，也可以将一个单元格拆分为多个单元格，具体操作步骤如下。

1 将光标插入点置于要拆分的位置，然后单击菜单栏中的“表格>拆分表格”命令，如右图所示。

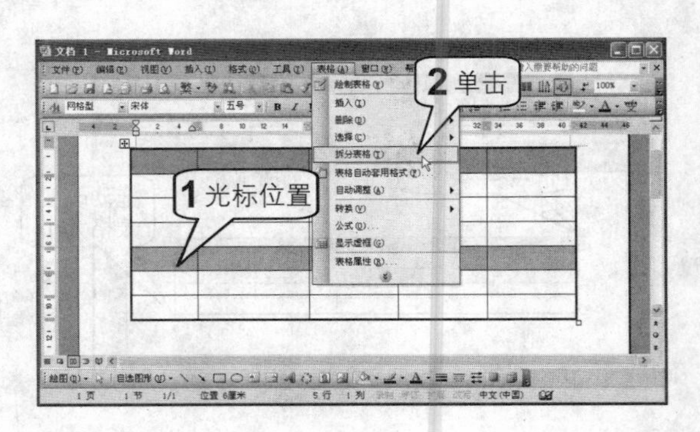

2 此时，表格将从光标插入点所在的行开始拆分为两个表格，如下图所示。

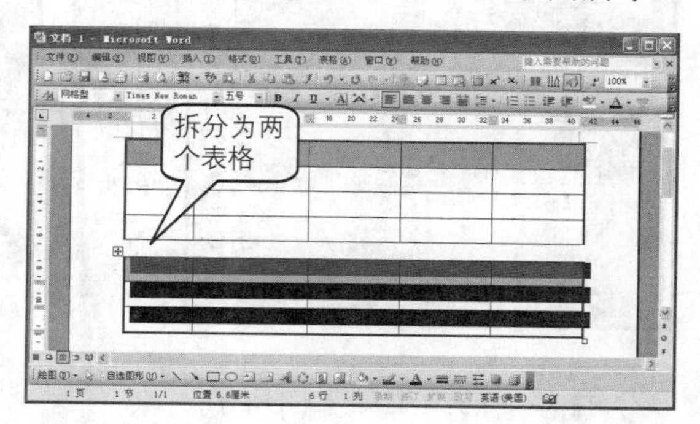

3 选定需要拆分的单元格，右击并在弹出的快捷菜单中单击“拆分单元格”命令，如下图所示。

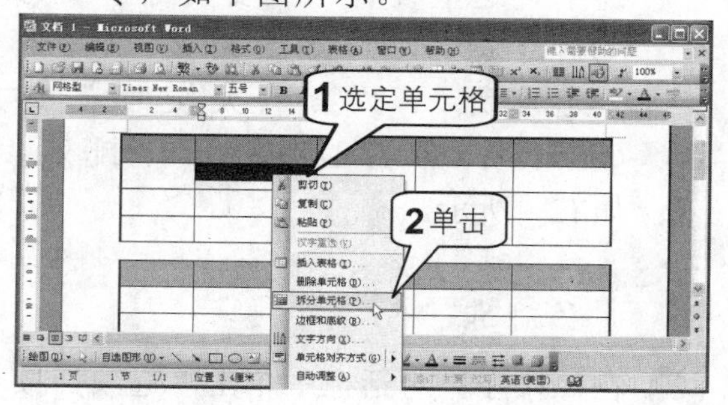

4 随后屏幕上弹出“拆分单元格”对话框，设置好列数和行数后，单击“确定”按钮，如下图所示。

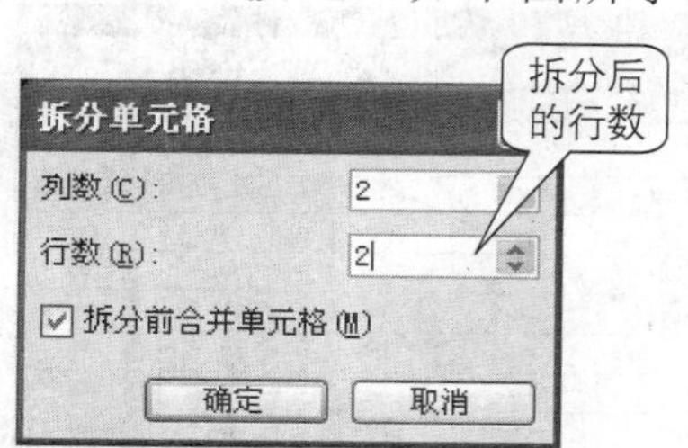

5 拆分后的单元格如下图所示。

提示

如果要合并拆分后的表格，只需在将要合并的两个表格中间的空行按Del键删除即可；如果要合并拆分后的单元格，可先选定这些单元格区域，单击“表格”菜单栏中的“合并单元格”按钮即可将这些单元格重新合并为一个单元格。

表格内容排序

当在表格中输入数据后，有时为了方便查看数据，需要对表格中指定的行进行排序。下面以“费用统计表”为例，介绍具体的操作步骤。

1 将光标插入点置于表格内任意单元格，然后单击菜单栏中的“表格>排序”命令，如右图所示。

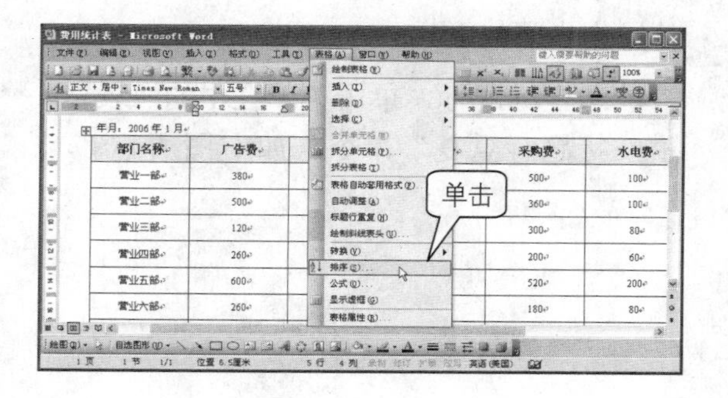

2 在打开的“排序”对话框中设置排序关键字。最多允许同时设置3个关键字。这里设置“主要关键字”为“广告费”，“次要关键字”为“交通费”，“第三关键字”为“通讯费”，并且均按升序排列，如右图所示。

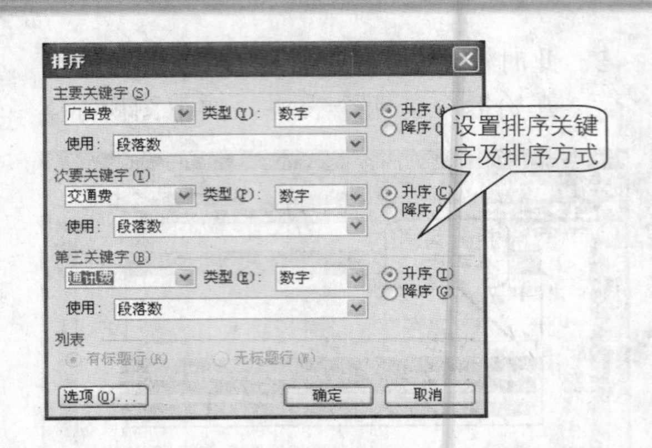

3 在“排序”对话框中单击“选项”按钮，打开“排序选项”对话框，用户可以设置分隔符和排序选项，如下图所示。

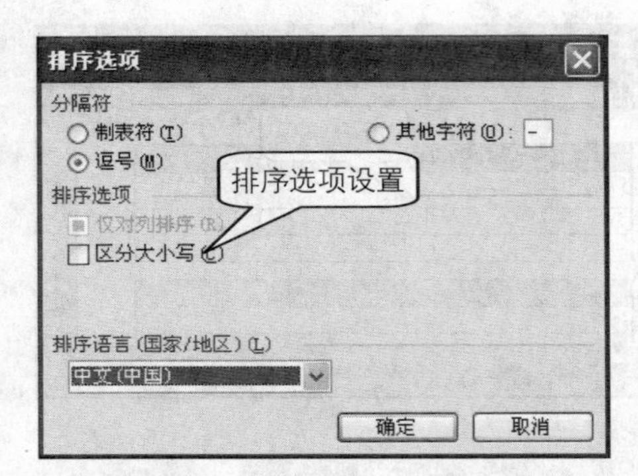

4 排序后的结果如下图所示。

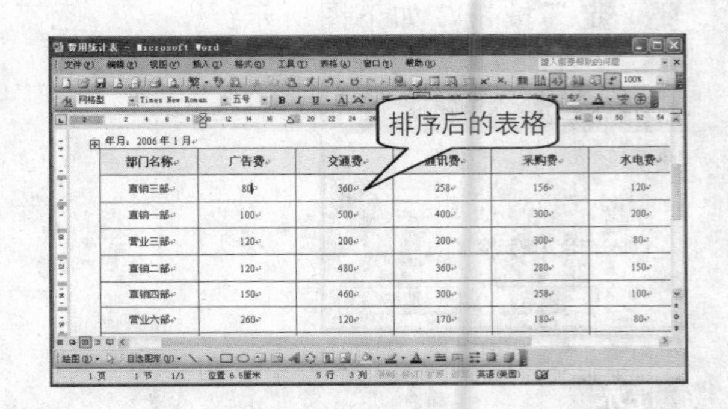

提示

如果用来排序的表格中存在合并单元格，系统将拒绝排序操作，同时屏幕上将弹出如右图所示的提示对话框。

表格标题行重复

当一个表格的数据较多，需要显示在多页上时，如果后面的页没有标题行，会使查阅表格变得不太方便。使用 Word 表格中的标题行重复功能可以自动为表格每一页添加标题行，具体操作步骤如下。

1 选定标题行，单击菜单栏中的“表格>标题行重复”命令，如右图所示。

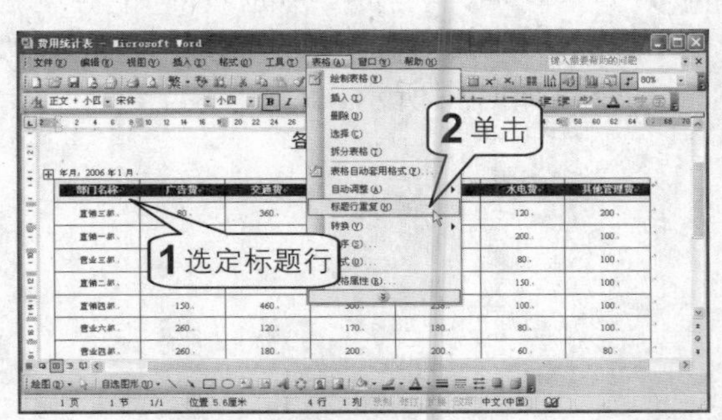

2 如右图所示，在表格中插入了空行，使表格自动换页，还可看见在第二页的顶端会自动插入了一个标题行。

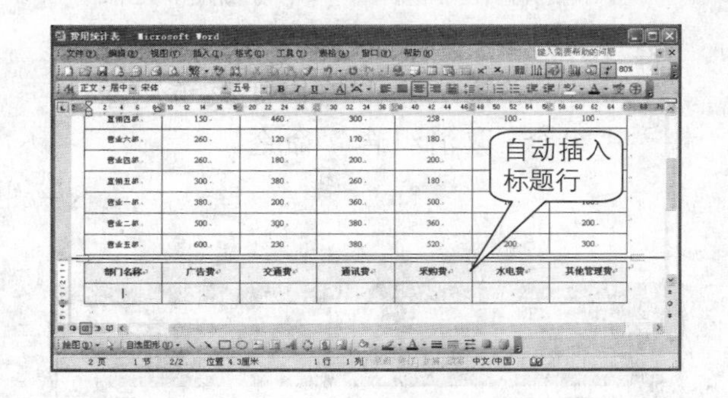

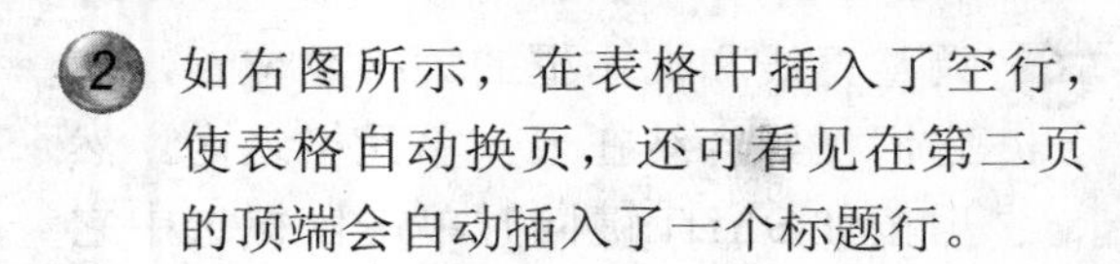

绘制斜线表头

表头指的是 Word 表格中左上角的第一个单元格。用户制作表格时，经常把这个单元格分割成几部分，用来标识表格其他部分的内容。在 Word 2003 中，可以非常方便地为表格创建斜线表头。

1 将光标插入点置于要插入表头的单元格，单击菜单栏中的“表格>绘制斜线表头”命令，如下图所示。

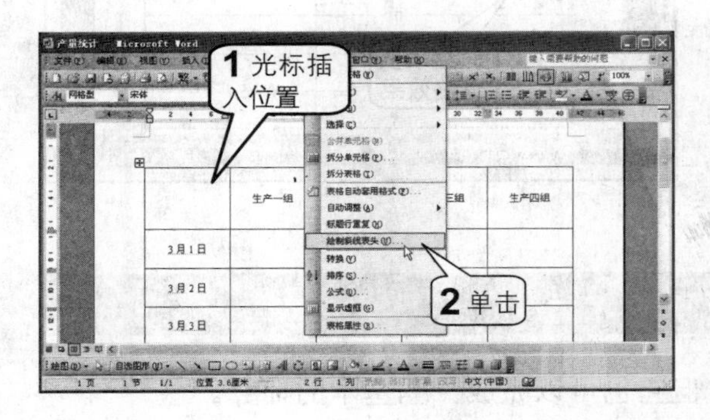

2 打开“插入斜线表头”对话框。在该对话框中，系统一共提供了5种表头样式，用户可以从“表头样式”下拉列表中选择表头样式名称，并依次预览各种表头样式，如下图所示。

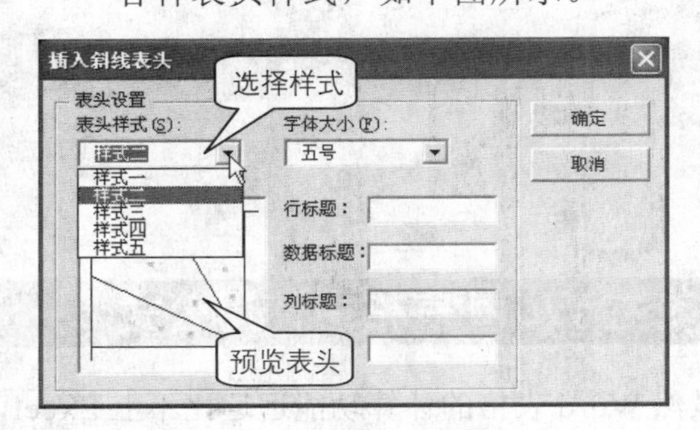

3 这里从“表头样式”下拉列表中选择“样式二”，然后在“行标题”文本框中输入“班组”，在“数据标题”文本框中输入“产量”，在“列标题”文本框中输入“日期”，如下图所示。

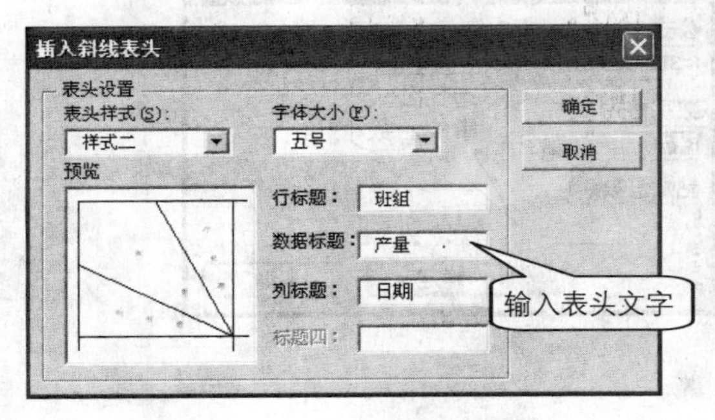

4 单击“确定”按钮，此时屏幕上将会弹出“插入斜线表头”提示对话框，直接单击“确定”按钮即可，如下图所示。

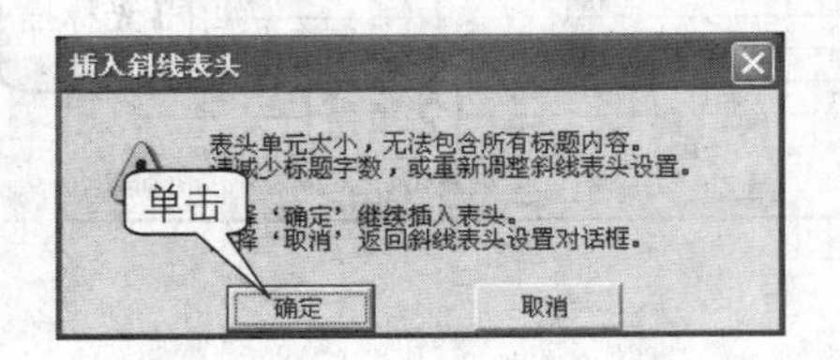

5 刚插入的表头看起来非常乱，选定表头右击并从弹出的快捷菜单中单击“组合>取消组合”命令。

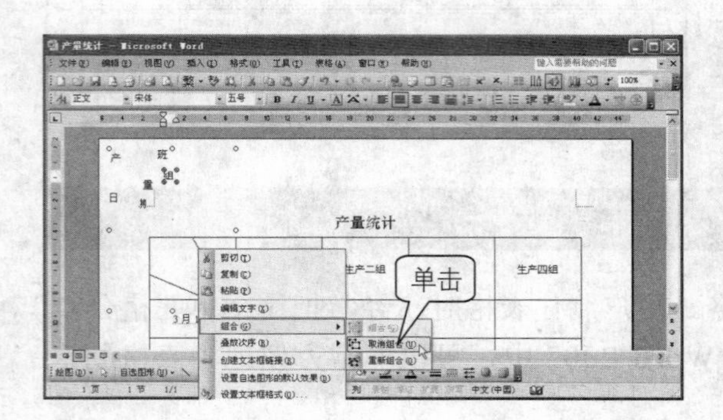

6 调整直线和文本框的大小及位置，使它们正好容纳在表头单元格之内。然后按住Shift键同时单击鼠标选中它们，右击并在弹出的快捷菜单中单击“组合>组合”命令，如下图所示。

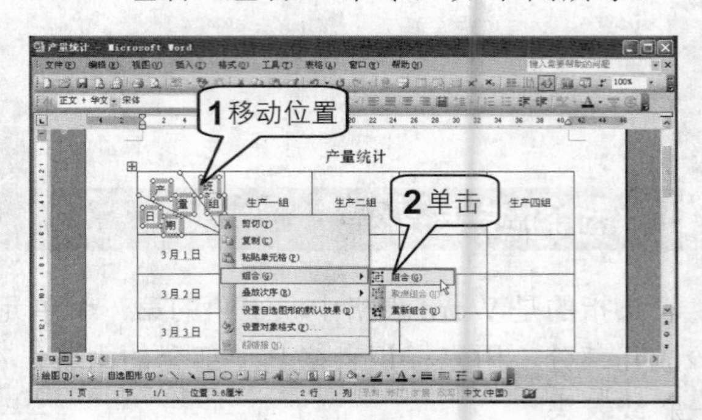

7 绘制好斜线表头的表格如右图所示。

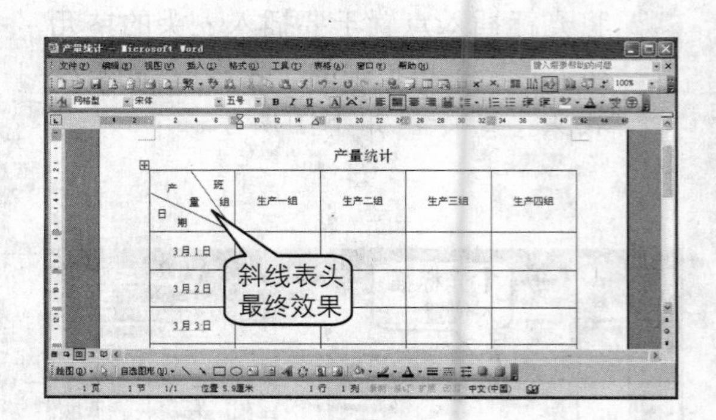

在 Word 表格中使用公式

虽然 Word 表格的计算功能远远比不上 Excel，但它也可以完成一些基本的计算。

1 将光标置于需要插入公式的单元格中，单击菜单栏中的“表格>公式”命令，如下图所示。

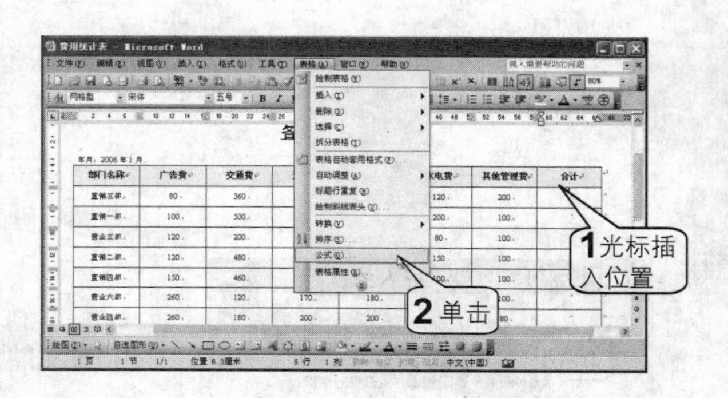

2 打开“公式”对话框，系统会根据表格中的数据特点，在“公式”文本框中给出一个默认的公式，用户也可以自己输入公式，如下图所示。

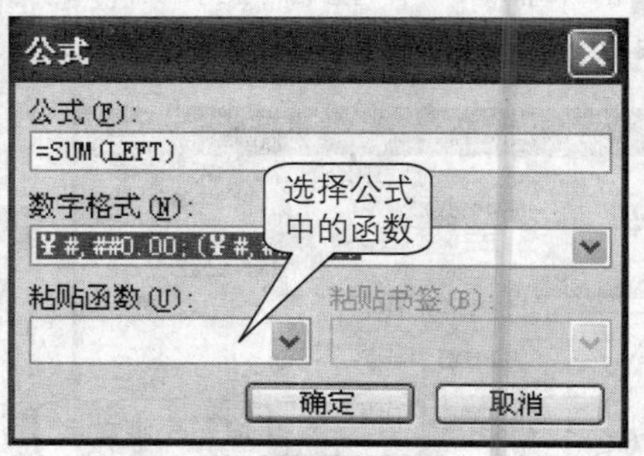

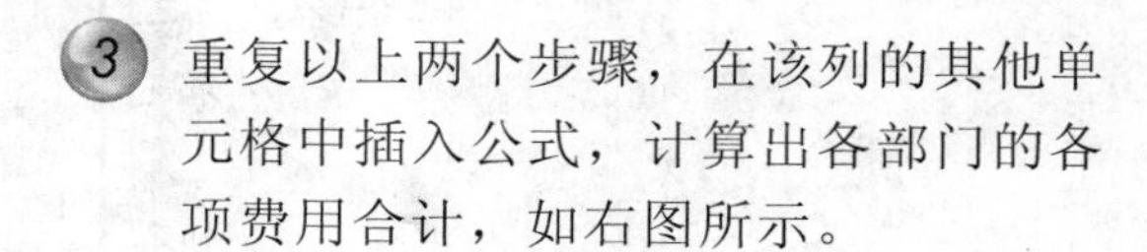

3 重复以上两个步骤，在该列的其他单元格中插入公式，计算出各部门的各项费用合计，如右图所示。

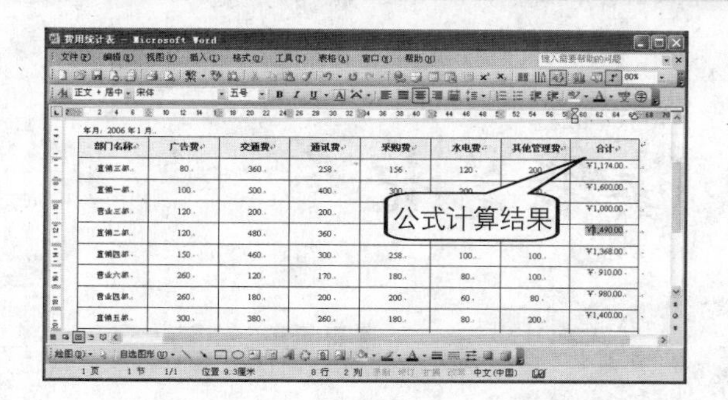

8 本章小结

本章由浅入深地引导读者迈进 Word 2003 办公之门。从 Word 2003 的启动与退出开始，详细地介绍了 Word 2003 的操作界面；接下来介绍了新建文件和保存文件等文件操作；然后介绍了撤销恢复，查找替换等编辑操作；随后介绍了如何设置文档的字符和段落格式以及 Word 中的视图方式；最后重点介绍了 Word 中的表格的相关操作。

通过本章内容的学习，读者可以使用 Word 2003 来完成日常办公中的一些公文的录入、编辑、文档格式设置等文书处理的基础知识。而且读者还可以学会如何使用 Word 2003 来创建办公中的一些简单或较复杂的表格。

文档处理和表格功能是 Word 2003 中比较基础和重要的部分，掌握了这部分的内容标志着用户使用 Word 2003 办公已经入门了。

读书笔记

Chapter 5

Word 2003高级应用

本章主要向读者介绍Word 2003中的一些高级应用，如样式的定义及应用、模板的创建与使用、自动功能设置、项目符号与编号列表、在文档中插入图形对象实现图文并茂以及页眉页脚等。

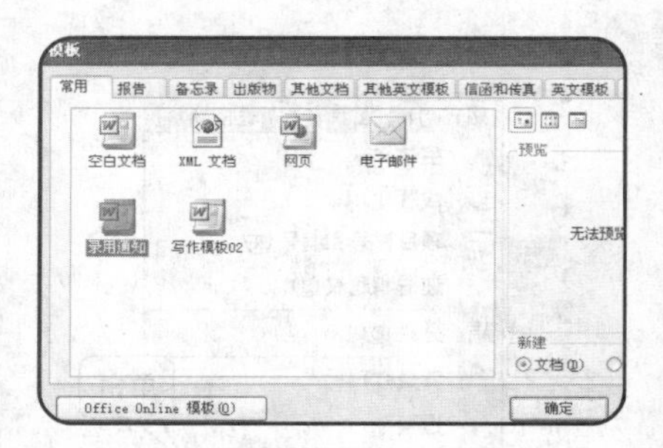

1. 样式及其应用
2. 模板及其应用
3. Word 2003中的自动功能
4. 项目符号和编号列表
5. 在Word中插入图形对象实现图文并茂
6. 页眉和页脚

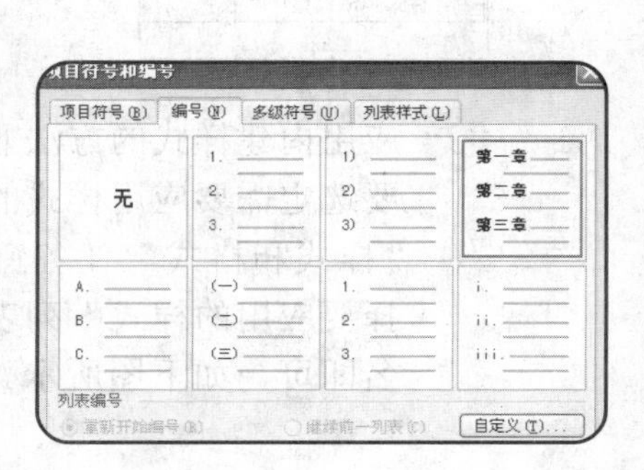

样式及其应用

样式即应用于文档中的文本、表格等的一系列格式特征，它能迅速改变文档的外观。 也可以这样理解，样式是一系列格式设置操作的集合，当应用样式时，系统会自动完成该样式中所包含的所有格式的设置工作，从而极大地提高排版的工作效率。

“样式和格式”任务窗格和内建样式

通过“样式和格式”任务窗格可以查看文档中的样式和为指定的段落应用样式。在默认情况下，Word 2003 为用户提供了多种内建样式，如“标题 1”至“标题 9”，“目录 1”至“目录 9”，用户在格式化文档时，可以直接套用这些内建样式。

1 启动 Word 2003，单击菜单栏中的“格式>样式和格式”命令，如下图所示。

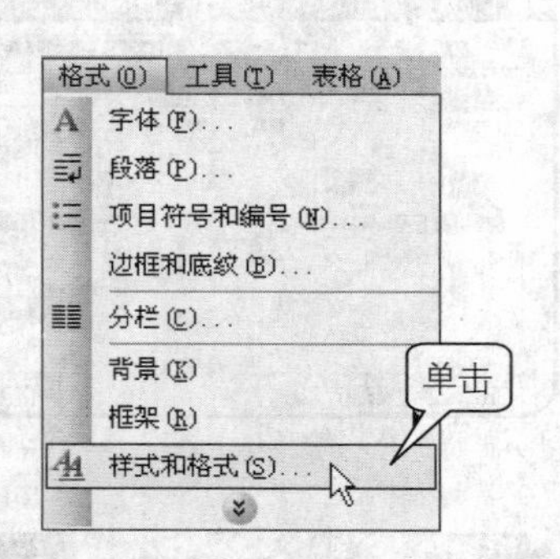

2 如下图所示，在窗口的右侧将显示“样式和格式”任务窗格。在“请选择要应用的格式”列表框中的“标题 1”、“标题 2”等即是系统提供的内建样式。

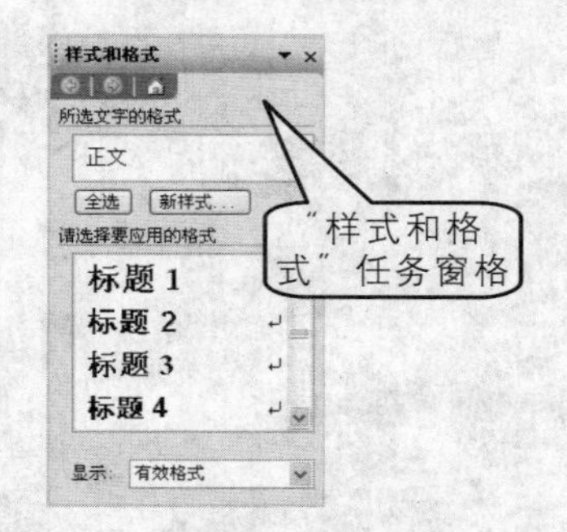

3 应用内建样式的方法非常简单，只需要选定需要应用样式的文本，然后在“样式和格式”任务窗格中的“请选择要应用的样式”列表框中单击样式名即可，如下图所示。

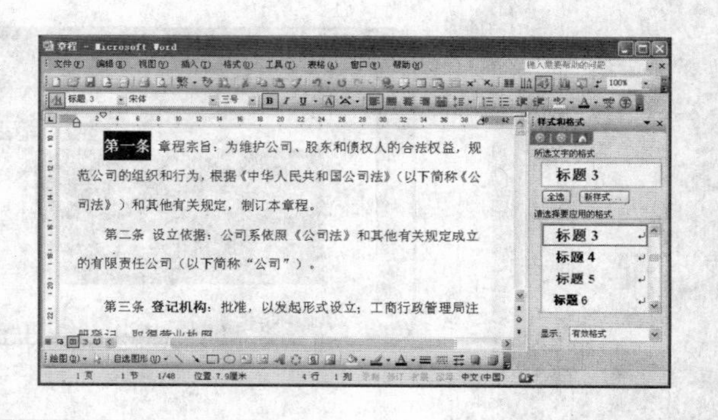

4 实际上内建样式是比较多的，但是通常在“样式和格式”任务窗格中并没有显示出所有的内建样式。如果要显示所有的样式，可单击该列表旁的下三角形按钮，从下拉列表中选择“所有样式”，如下图所示。

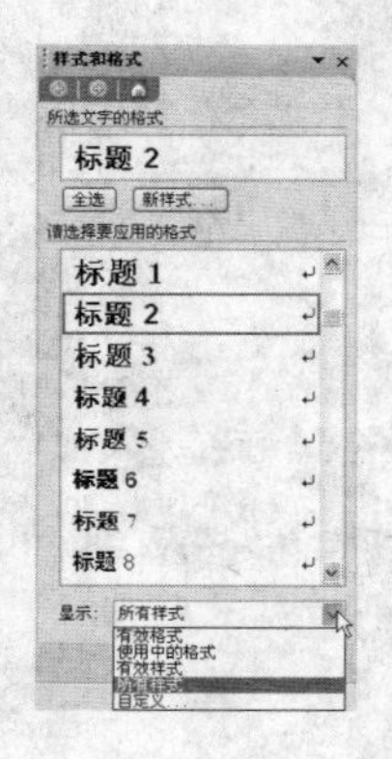

5 将鼠标指向“请选择要应用的格式”列表中的样式名，它的右侧会出现一个下拉箭头，单击该下拉箭头，弹出如下图所示的下拉菜单。如果选择“选择所有 3 实例”，则和单击“全选”按钮的效果一样，将选中文档中所有应用“标题 2”样式的段落。如果单击“修改”命令则会打开“修改样式”对话框，如下图所示。

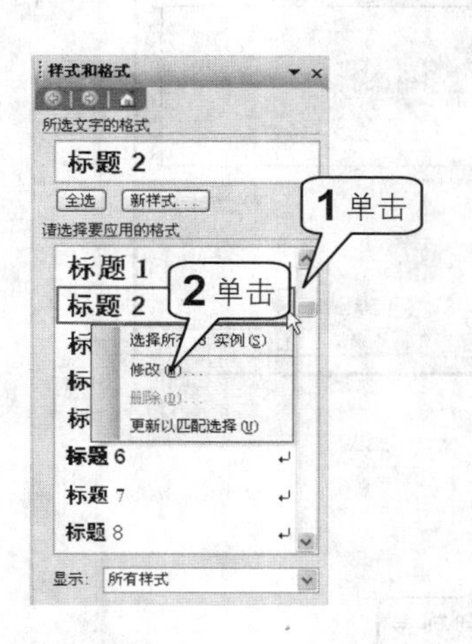

6 如果对内建样式“标题 2”并不是完全满意，可以根据需要修改它的格式，如下图所示在“属性”选项区域中，可以修改样式的“名称”、“样式基于”和“后续段落样式”。在“格式”区域可以直接修改字体、字号、间距以及对齐方式等格式。单击“格式”按钮可以打开“格式”下拉菜单，可以对其中的每一个格式类别进行修改，具体的修改样式的操作将在后面的“自定义样式”一节中详细介绍。

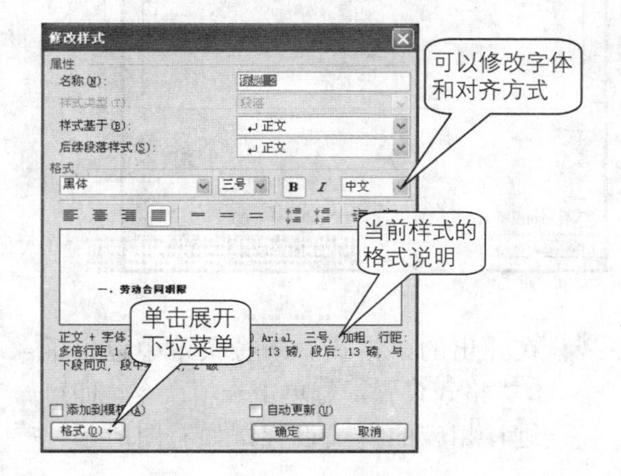

提示

虽然内建样式允许对其进行修改，但内建样式不允许被删除。所以在“样式和格式”任务窗格中单击内建样式，弹出的下拉菜单中“删除”命令呈灰色，表示不可用。

自定义样式

虽然系统提供了内建样式，但是毕竟是有限的，而且在许多的时候并不能满足用户的需要，好在 Word 允许用户根据需要自定义样式，这就极大地提高了排版的灵活性。

1 在“样式和格式”任务窗格中单击“新样式”按钮，如右图所示。

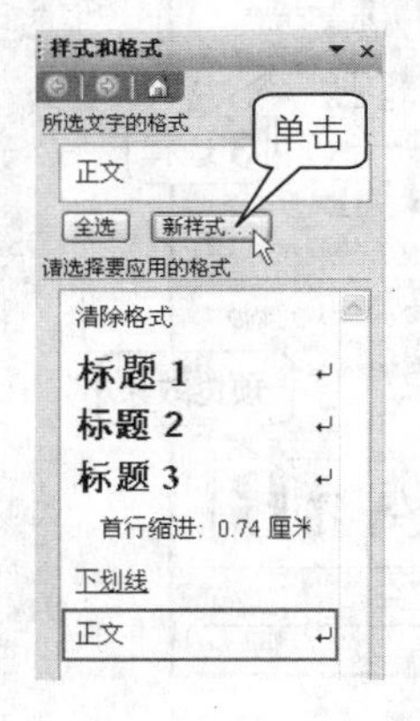

2 打开“新建样式”对话框，如下图所示。

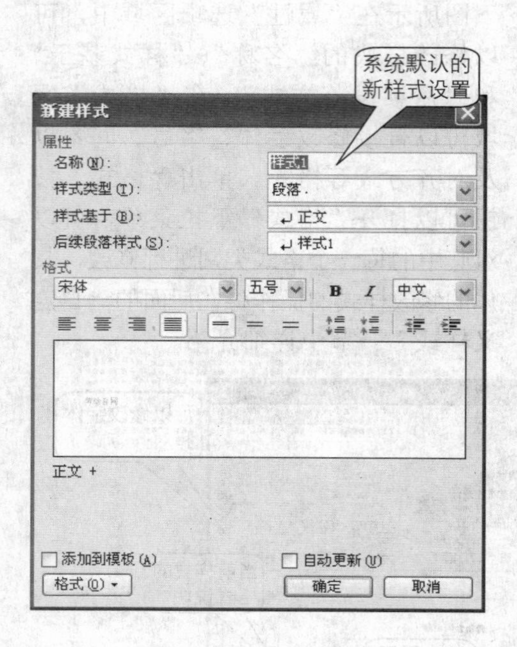

3 在“名称”文本框中输入“！文件标题”，将“后续段落样式”更改为“正文”，然后单击“格式”按钮，如下图所示。

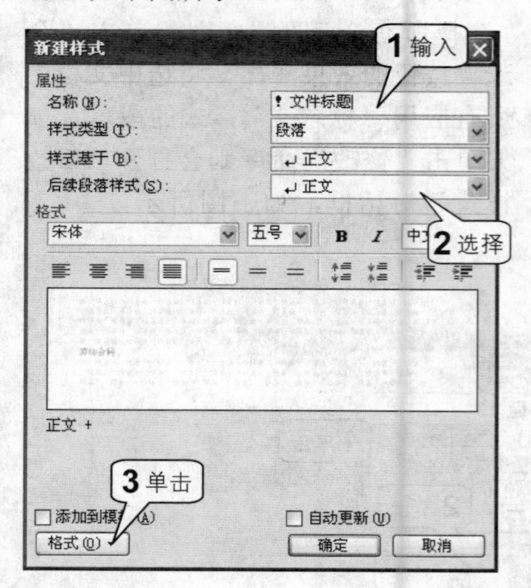

4 在弹出的“格式”下拉菜单中包含了8类格式设置，每单击一项命令，即可进行相应的格式设置，如右图所示。

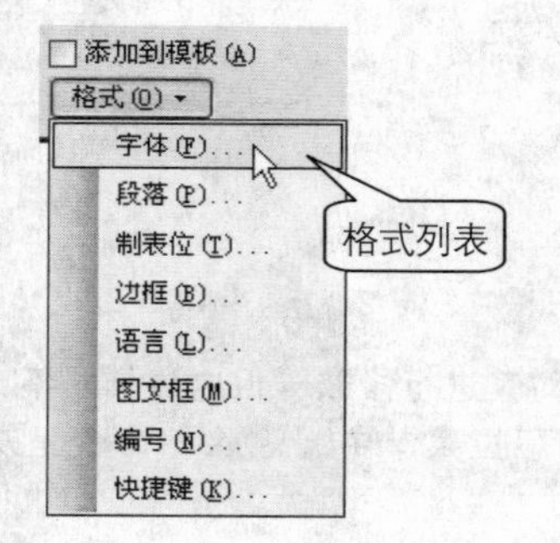

5 单击“字体”命令，打开“字体”对话框，参照下图设置“字体”格式。

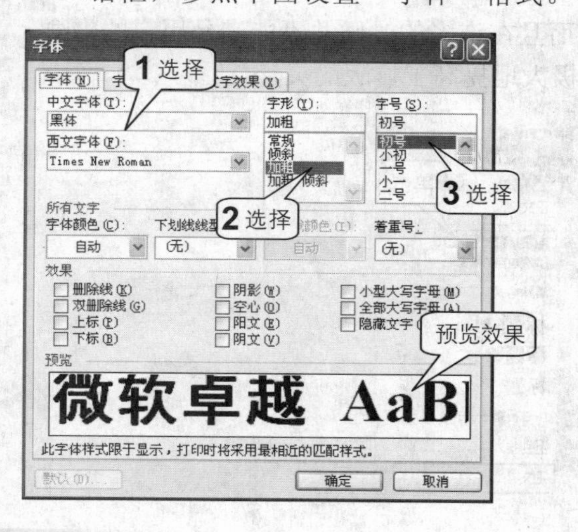

6 打开“字符间距”选项卡，参照下图设置“字符间距”。

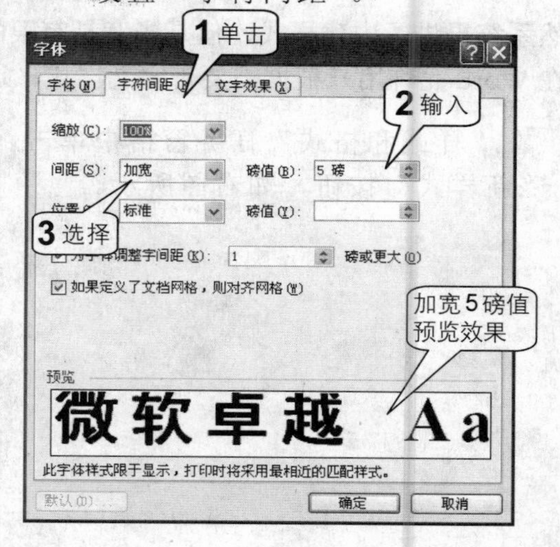

7 设置好格式后，单出“确定”按钮返回“新建样式”对话框，再单击“确定”按钮关闭该对话框。“样式和格式”任务窗格中会显示新增的自定义样式，如下图所示。

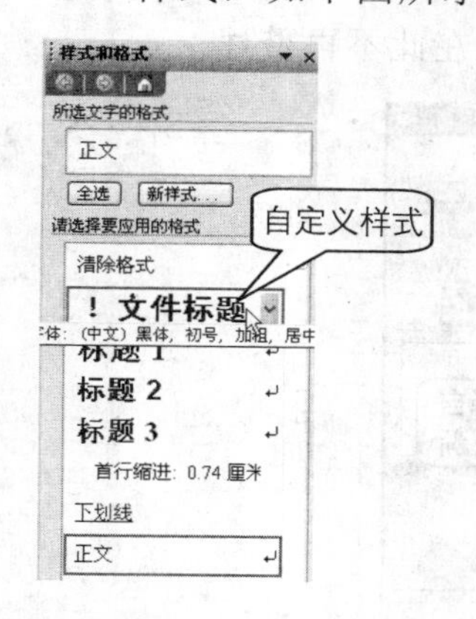

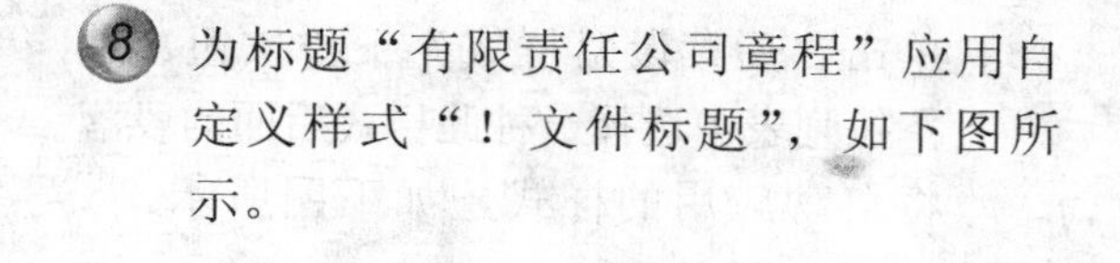

8 为标题“有限责任公司章程”应用自定义样式“！文件标题”，如下图所示。

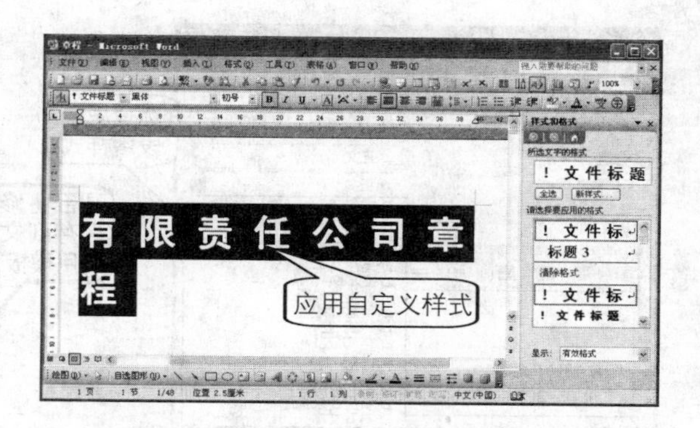

提示

当用户在自定义新样式时，为了与系统提供的内建样式区分开来，最好是从名称上就能看出明显的区别。所以在为自定义样式命名时，可以以某个特殊的符号开始，如“！”、“*”等；取的名称也应该直观一些，从字面上就应该能看出样式的用途，如“！1级标题”。

修改样式

无论是系统提供的内建样式，还是用户的自定义样式，都可以进行修改，操作方法如下。

1 在“样式和格式”任务窗格中指向需要修改的样式，单击下三角形按钮，从下拉菜单中选择“修改”选项，如下图所示。

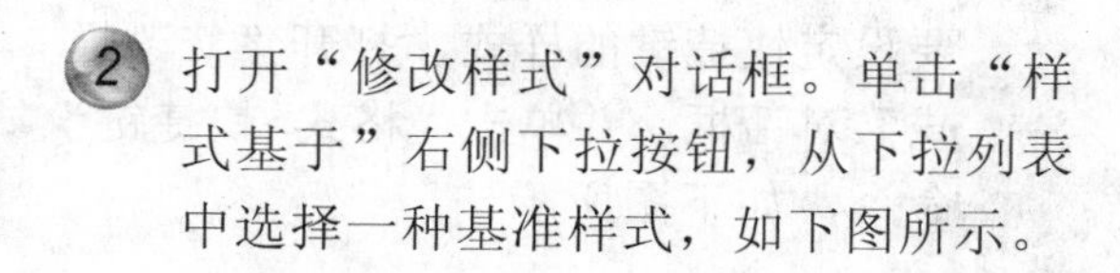

2 打开“修改样式”对话框。单击“样式基于”右侧下拉按钮，从下拉列表中选择一种基准样式，如下图所示。

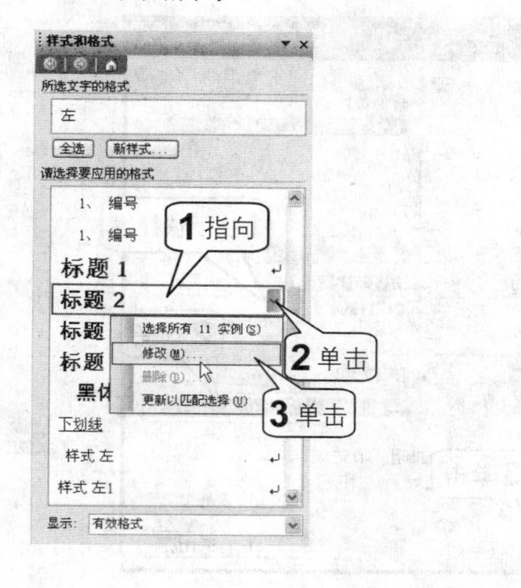

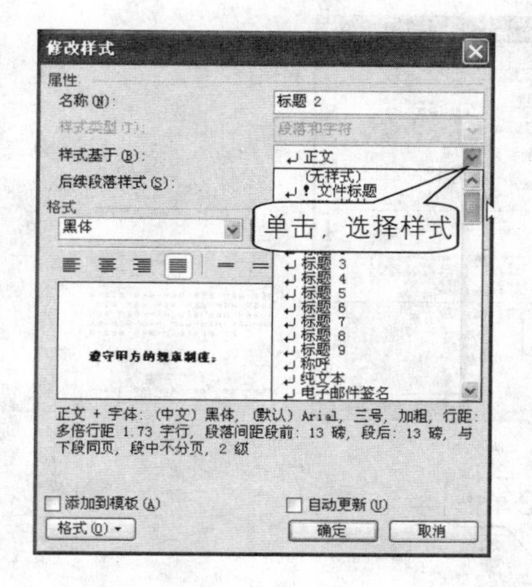

3 单击“后续段落样式”下拉按钮，从下拉列表中选择一种此样式后面的段落将自动应用的样式，如下图所示。

4 单击“格式”按钮，弹出格式下拉菜单。若需要对这些格式进行修改，只需单击下拉菜单中相应的命令即可，如下图所示。由于前面“自定义样式”中已经介绍过“格式”菜单中“字体”选项的设置，在此不再赘述。

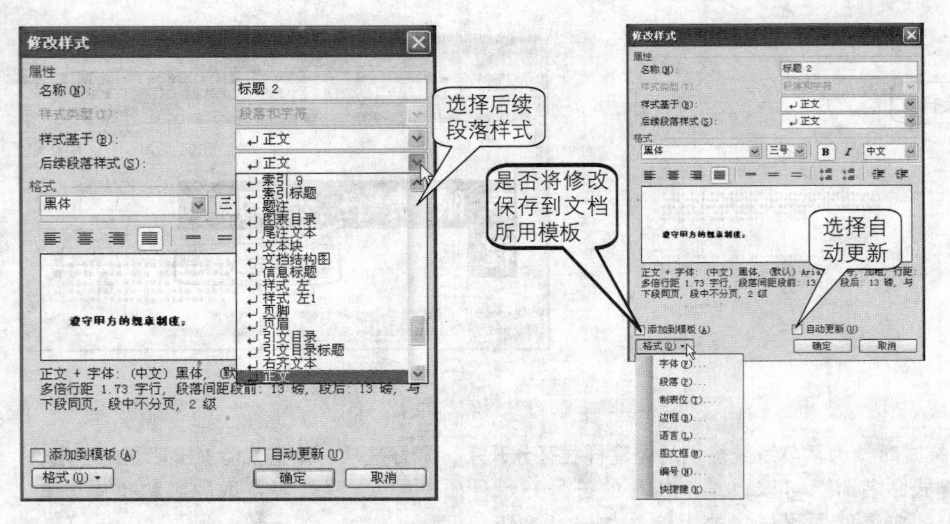

为样式指定快捷键

当需要频繁地应用某些样式时，为了提高效率，可以为样式指定快捷键，具体操作如下。

1 在“样式和格式”任务窗格中选定需要设定快捷键的样式，打开“修改样式”对话框，并单击“格式>快捷键”命令，如下图所示。

2 打开“自定义键盘”对话框，在“请按新快捷键”文本框中单击，然后按下适当的快捷键，在“将更改保存在”下拉列表中选择“劳动合同”，然后单击“指定”按钮，如下图所示。

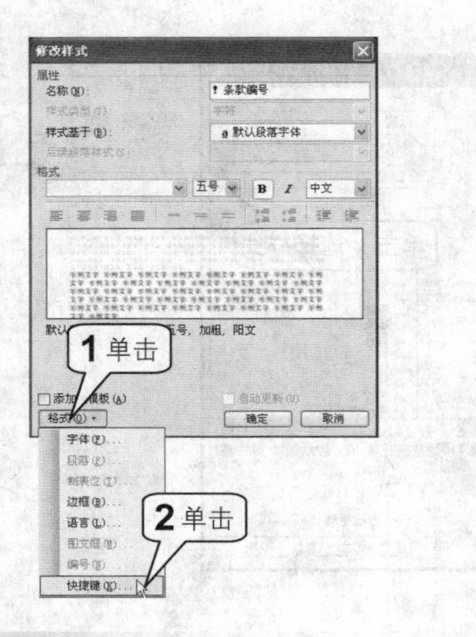

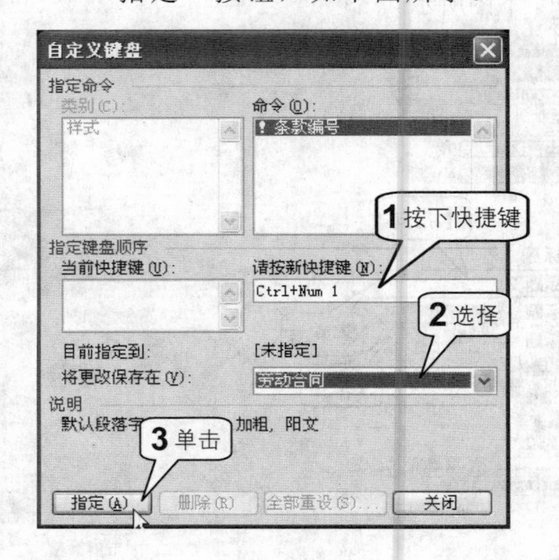

3 此时在“当前快捷键”文本框中将会显示先前按下的快捷键组合，如下图所示。

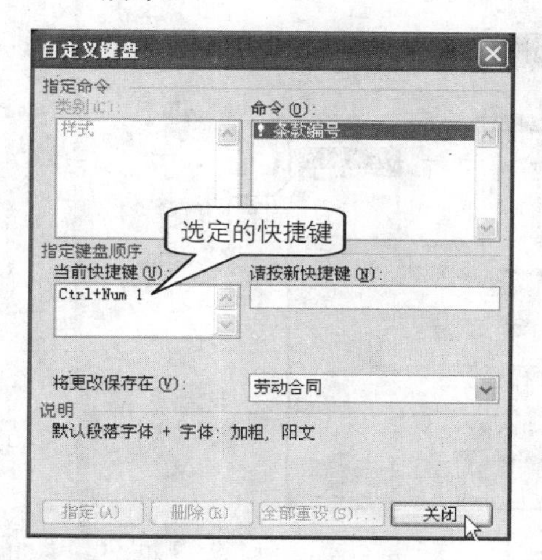

4 如果要删除快捷键，在“当前快捷键”文本框中单击选中当前快捷键，然后单击“删除”按钮即可，如下图所示。

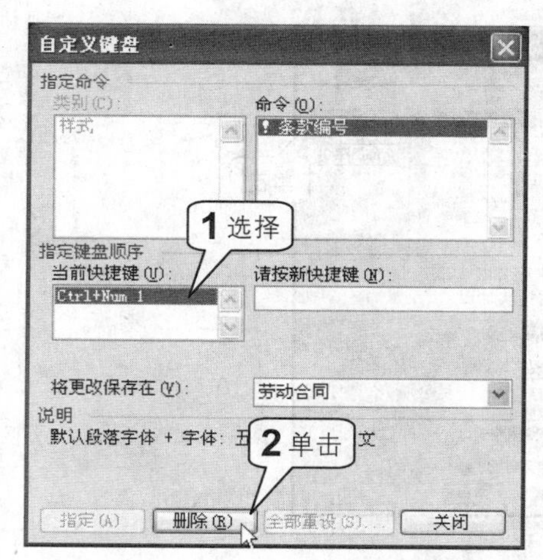

提示

在默认情况下，Word 2003 不显示自定义键盘快捷键。用户必须记住应用于样式的快捷键。如果使用的是可编程键盘，则不能指定 Ctrl+Alt+F8，因为该组合键已被保留，用于初始化键盘编程。

重命名和删除样式

通过前面的学习，用户已经知道如何在“样式和格式”任务窗格中的格式列表中删除指定的样式，以及如何在“修改样式”对话框中对样式重新命名。但每次只能对一个指定的样式进行删除操作，下面介绍另外一种重命名和批量删除样式的有效方法。

1 在“样式和格式”任务窗格底部单击“显示”下拉列表框右侧的下拉按钮，从下拉菜单中选择“自定义”命令，如下图所示。

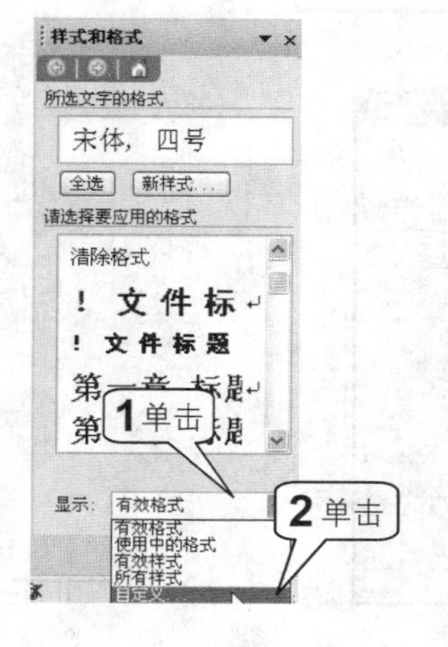

2 打开“格式设置”对话框。如下图所示，在“可见样式”列表框中，复选框被选中的样式名称会显示在“样式和格式”任务窗格中。

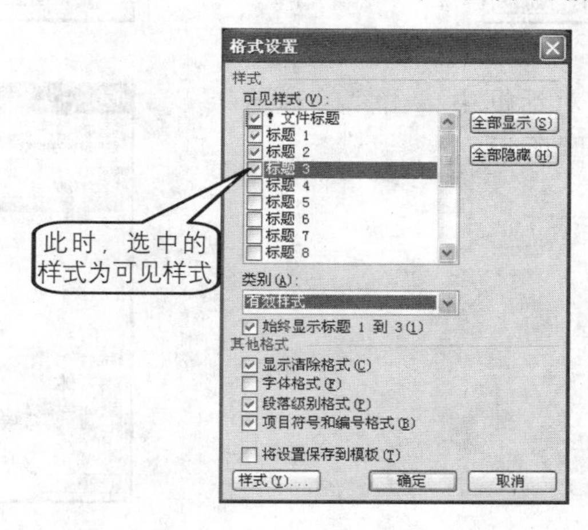

3 单击“全部显示”按钮，则会选中“可见样式”列表框中的所有样式名称前的复选框，如下图所示。

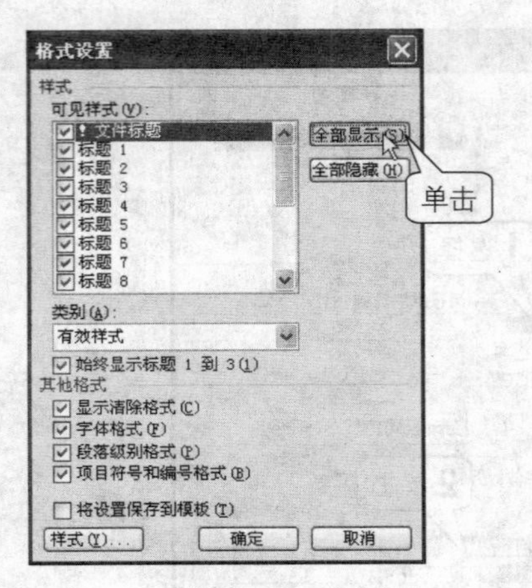

4 单击“全部隐藏”按钮，则取消选择“可见样式”列表框中所有的样式，如下图所示。

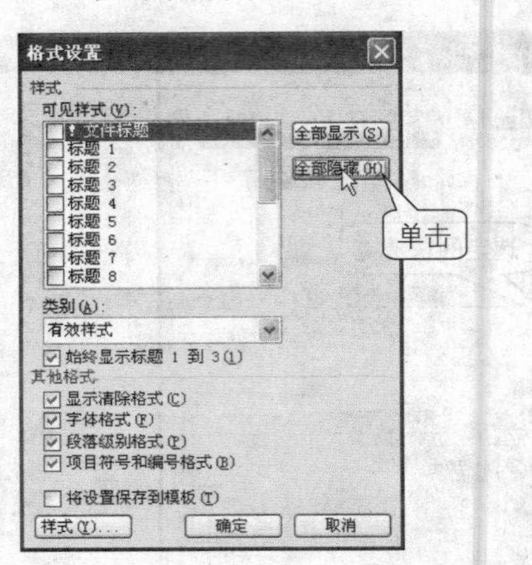

5 在“格式设置”对话框中单击“样式”按钮，打开“样式”对话框。可以从“类别”下拉列表中选择类别，再在“样式”列表框中单击选择某一样式，然后单击“删除”按钮，如下图所示。

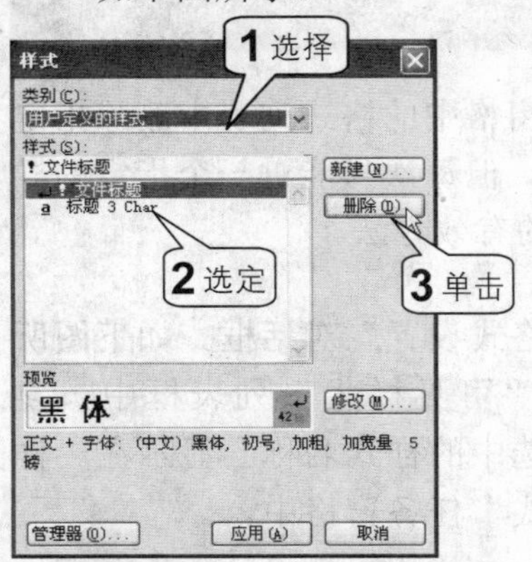

6 接着系统弹出提示是否删除所选样式的对话框，单击“是”按钮则删除当前选择的样式，单击“否”按钮则取消此次删除操作，如下图所示。

7 在“样式”对话框中单击“管理器”按钮，如右图所示。

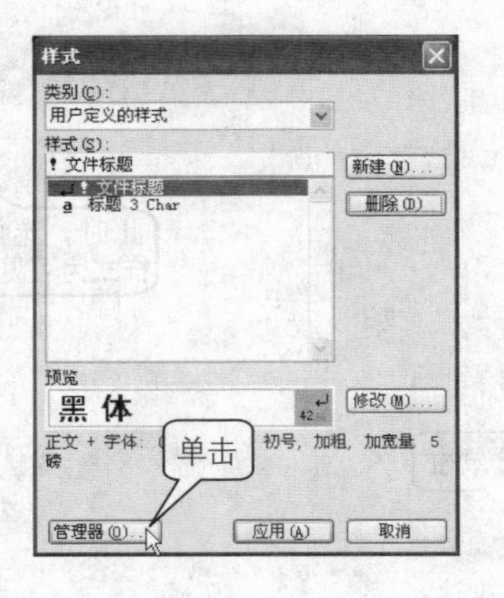

8 打开“管理器”对话框，系统默认打开“样式”选项卡，如下图所示。

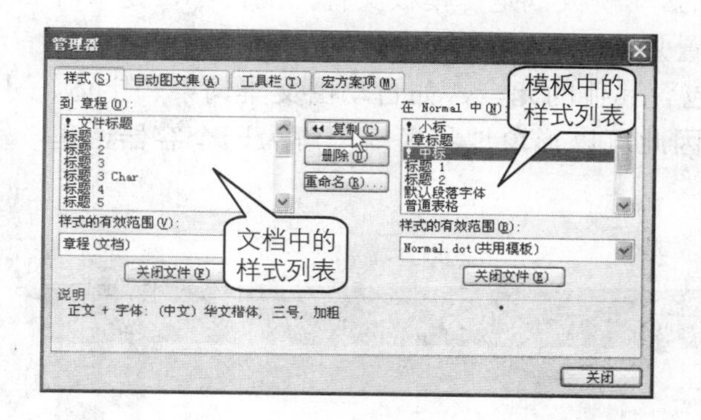

9 如果需要批量删除样式，只需要按下Ctrl键，单击选中所有需要删除的样式，然后单击“删除”按钮即可，如下图所示。

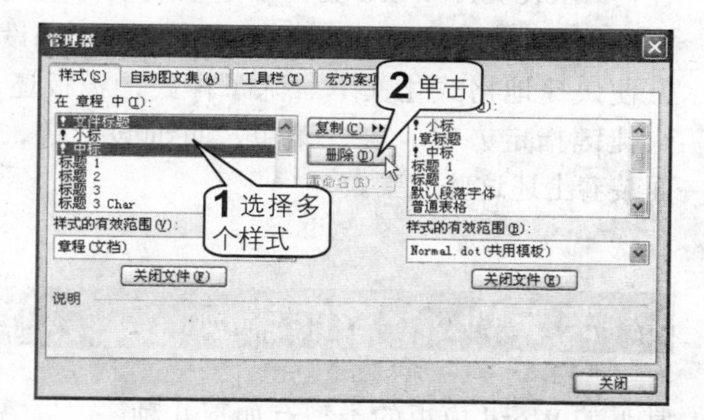

10 系统弹出是否删除样式的提示对话框，单击“是”按钮，则删除当前样式；单击“全是”按钮，则删除所有选定的样式，如下图所示。

11 如果需要对样式重新命名，需要先选定样式，然后单击“重命名”按钮即可，如下图所示。

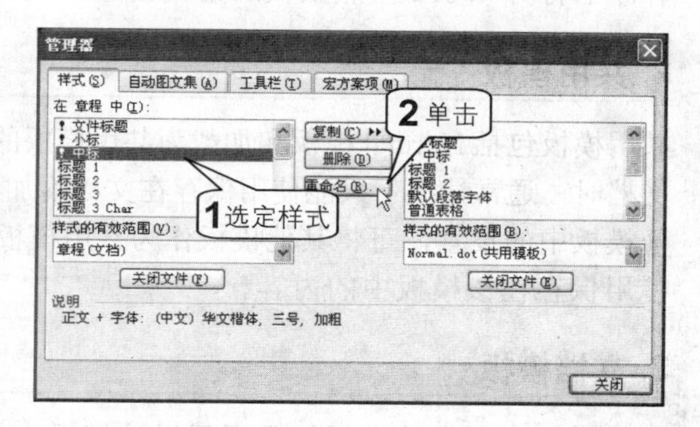

12 弹出“重命名”对话框，在“新名称”框中输入新的样式名，单击“确定”按钮即可。

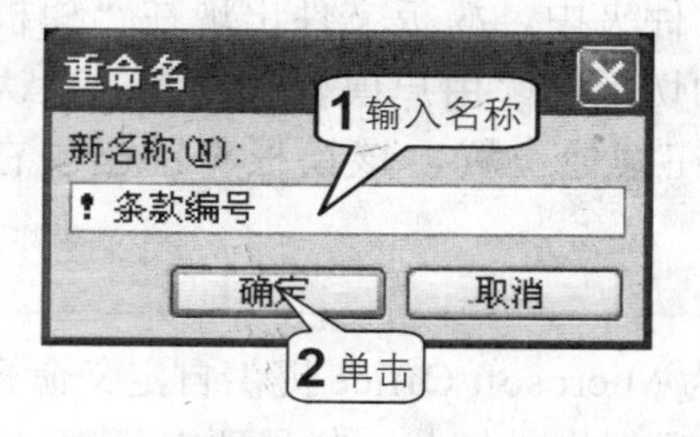

提示

如果文档中有许多都是没有用的样式，可以打开“管理器”对话框切换到“样式”选项卡中，在该选项卡中打开文档，将不再需要的样式批量删除。如果希望以后所有新建的文档也不要出现这些无用的样式，那么可打开该文档的模板，在模板中将这些无用的样式删除即可。

重命名操作只能一次修改一个样式，无法像删除样式那样进行批量操作。

2 模板及其应用

任何Microsoft Word文档都是以模板为基础的。“模板”是“模板文件”的简称，是一种特殊的文件，它决定文档的基本结构和文档设置并提供了一组样式的组合，使用它可以非常方便快捷地格式化文本。除了样式，模板还包含其他的元素，如自动图文集词条、字体、快捷键指定方案、宏、菜单、页面设置等，因此可以形象地将模板理解为一个容器，里面装着上述这些元素。

关于Word中的模板

常见的Word模板的类型有如下几种。

1. Normal模板

Normal模板是可用于任何文档的共用模板。可以通过修改该模板来更改默认的文档格式或内容。当打开Word按照默认的方式创建新文档时，系统都将生成该模板形式的新文档。

2. 共用模板

共用模板包括Normal模板和加载为共用模板的文档模板，所含设置适用于所有文档。在处理文档时，通常情况下只能使用保存在文档附加模板或Normal模板中的设置。要使用保存在其他模板中的设置，可将其他模板作为共用模板加载。加载模板后，以后运行Word时都可以使用保存在该模板中的内容。

3. 文档模板

文档模板中所含的设置仅适用于以该模板为基础创建的文档，通常情况下文档模板保存在Templates文件夹中，模板文件出现在“模板”对话框的“常用”选项卡中。保存模板时，Word会自动切换到“用户模板”位置。默认位置为Templates文件夹及其子文件夹。如果将模板保存在其他位置，该模板将不出现在“模板”对话框中。

4. 加载项

加载项是指为Microsoft Office提供自定义命令或自定义功能的补充程序。加载项和加载的模板在Word关闭时自动卸载。如果要在每次启动Word时加载加载项模板，可将加载项或模板复制到“Microsoft Office Startup”文件夹中。

5. 查看“用户模板”的默认位置

如果要查看“用户模板”的默认位置可单击菜单栏中的“工具>选项”命令，在打开的“选项”对话框中单击“文件位置”标签，切换到“文件位置”选项卡中。在“文件类型”

列表框中选择“用户模板”，此时该选项显示的对应位置为系统设定的默认位置，如果需要修改该位置，可单击“修改”按钮，重新设置保存位置即可，如右图所示。

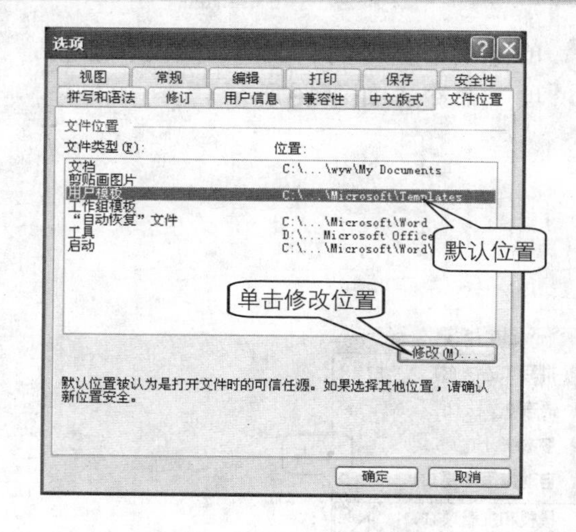

创建用户自定义模板

用户可以根据自己的需要，将办公中常用的一种文档样式存为模板。这样在每次需要创建同样样式的文档时，直接调用该模板就可以快速生成一份新的文档。

1 打开需要创建为模板的文件，单击菜单栏中的“文件>另存为”命令打开“另存为”对话框，从“保存类型”下拉列表中选择“文档模板”，然后在“文件名”文本框中输入模板的名称，然后单击“保存”按钮，如下图所示。

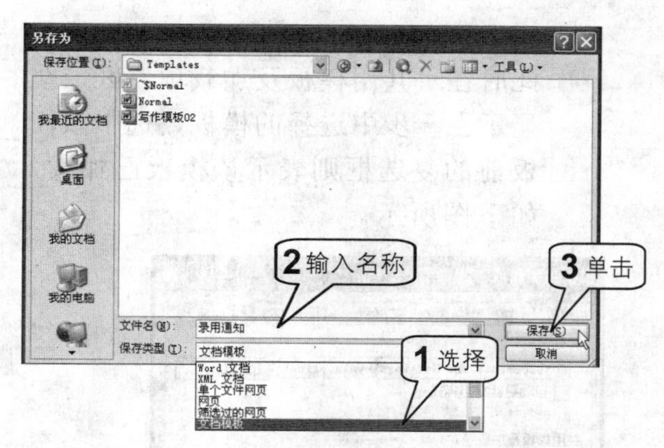

2 单击“文件>新建”命令，打开“新建文档”任务窗格，单击“本机上的模板”命令打开“模板”对话框，此时在“常用”选项卡中将会显示用户刚才创建的自定义模板，如下图所示。

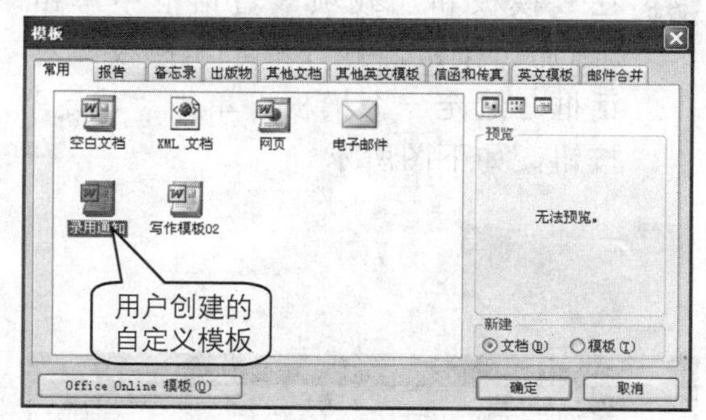

模板和加载项

加载项是为 Microsoft Office 提供自定义命令或自定义功能的补充程序。使用加载项可以将用户需要的模板加载，具体操作步骤如下。

1 单击菜单栏中的“工具>模板和加载项”命令，如下图所示。

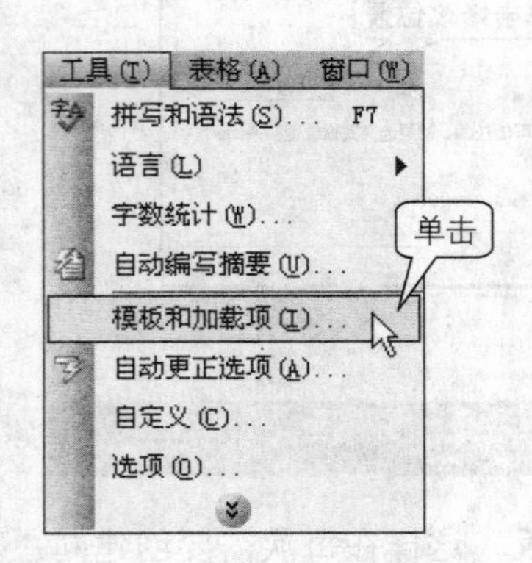

2 打开“模板和加载项”对话框中的“模板”选项卡。在“文档模板”文本框中显示了当前文档所用的模板为Normal模板，如下图所示。

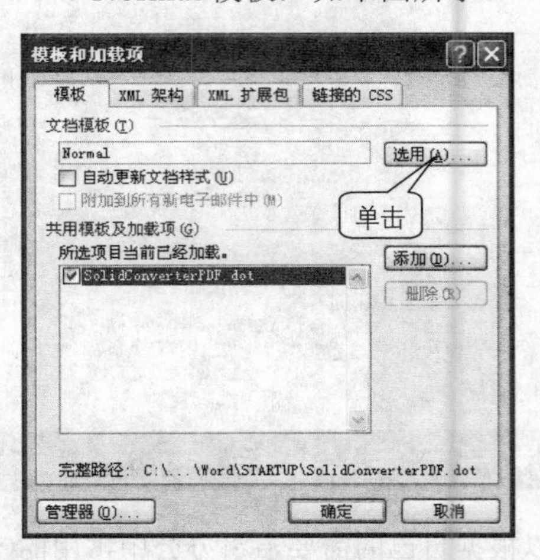

3 单击“选用”按钮，打开“选用模板”对话框，如右图所示。可以选择其他的模板作为当前文档的模板，只需选定模板，单击“打开”按钮即可。

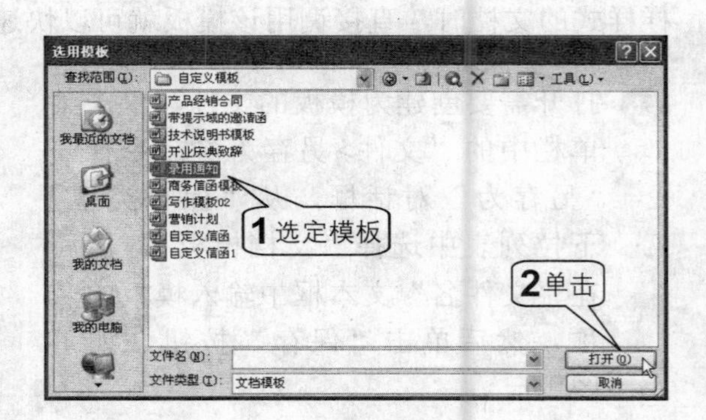

提示

只有选定某个模板文件时，“打开”按钮才会被激活，否则它将显示为灰色。

4 在“模板和加载项”对话框中单击“添加”按钮，打开“添加模板”对话框。选定一个模板，单击“确定”按钮，如下图所示。

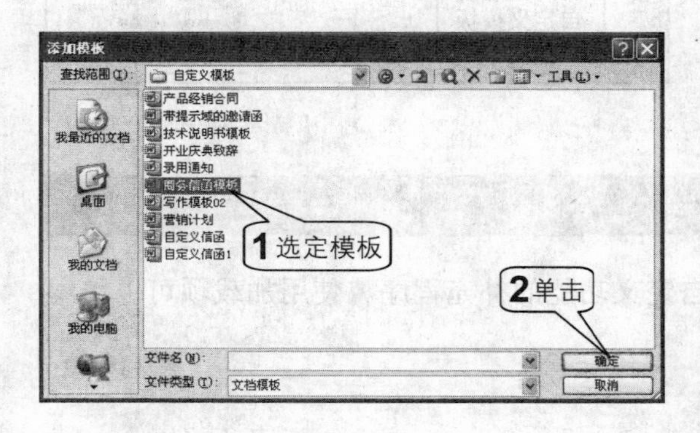

5 此时在“共用模板及加载项”区域会显示上一步中选择的模板，选中该模板前的复选框则表示该模板已加载，如下图所示。

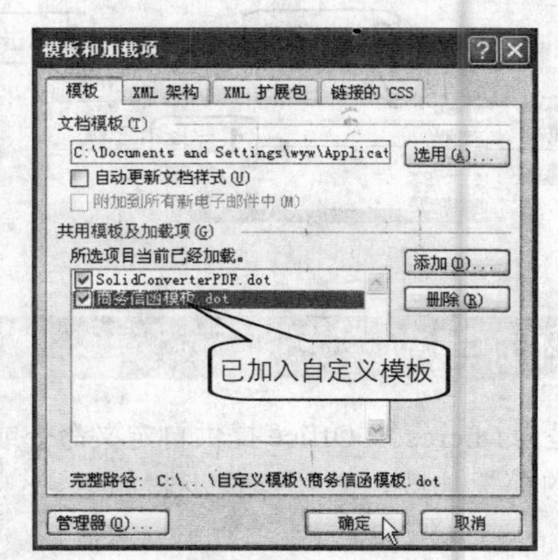

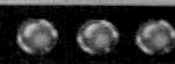

Word 2003 中的自动功能

在文档录入和编辑过程中，可以利用 Word 2003 中的一些自动功能来提高办公效率。这些自动功能包括设置自动更正选项、自动图文集以及自动项目符号和编号列表等。

自动更正选项

Word 2003 中的自动更正选项功能可以有效提高文字录入速度，具体操作步骤如下。

1. 在“工具”菜单上单击“自动更正选项”命令，打开“自动更正”对话框，如右图所示。

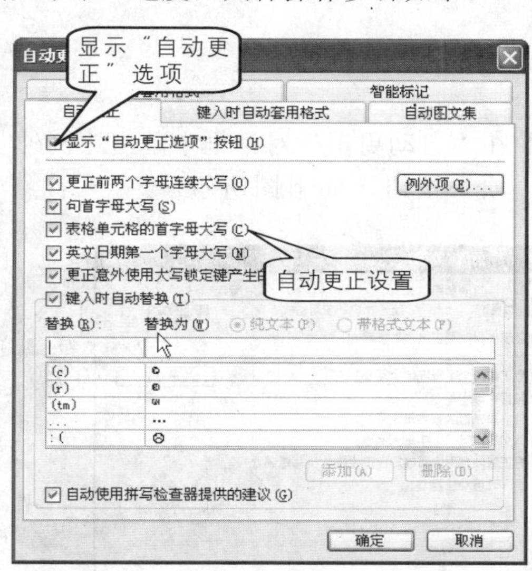

提示

若要显示或隐藏“自动更正选项”按钮，选中或清除“显示‘自动更正选项’按钮”复选框；若要设置与大写更正有关的选项，可选中或清除对话框中的后五个复选框；若要打开或关闭“自动更正”词条，可选中或清除“键入时自动替换”复选框；若要打开或关闭拼写检查提供的更正功能，可选中“键入时自动替换”复选框，然后选中或清除“自动使用拼写检查器提供的建议”复选框。

2. 例如在“替换”文本框中输入 the 和一个空格，在“替换为”文本框中输入 The，单击“添加”命令，然后再单击“确定”命令以后每次在文本中输入 the 时“自动更正”将其替换为 The，同时字母 T 下方会显示一个蓝色的小框 The 。指向它时，它会转换为“自动更正选项”按钮。单击该按钮打开下拉菜单，可以撤销、打开或关闭“自动更正”选项，如下图所示。

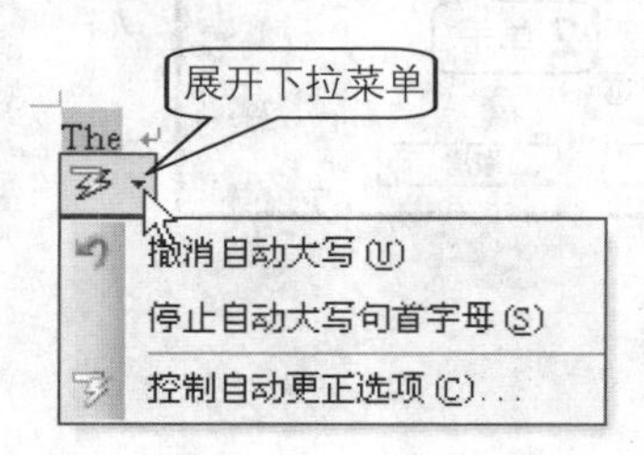

3. 为了提高输入效果，可以自己创建一些词条。例如，将 V 替换为 VCD，将 D 替换为 DVD，将 S 替换为 SDVD 等。可在“替换”和“替换为”框中输入内容，然后单击“添加”按钮即可添加到列表中，以后输入S 会自动替换为 SDVD，如下图所示。

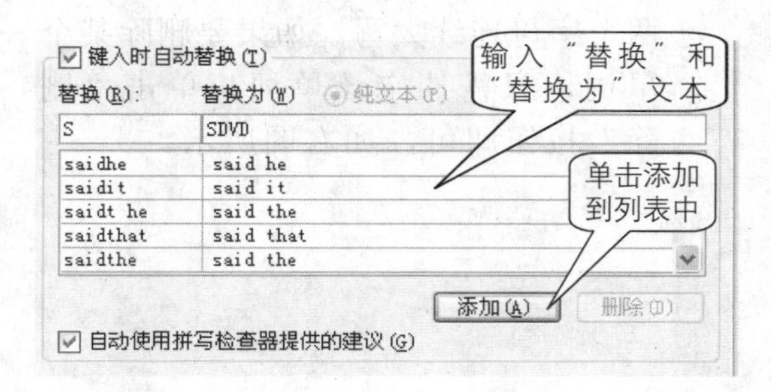

4 单击“确定”按钮完成自动更正设置。在文档中输入S，然后再输入其他符号或空格或按回车键，它将自动被替换为SDVD，如下图所示。

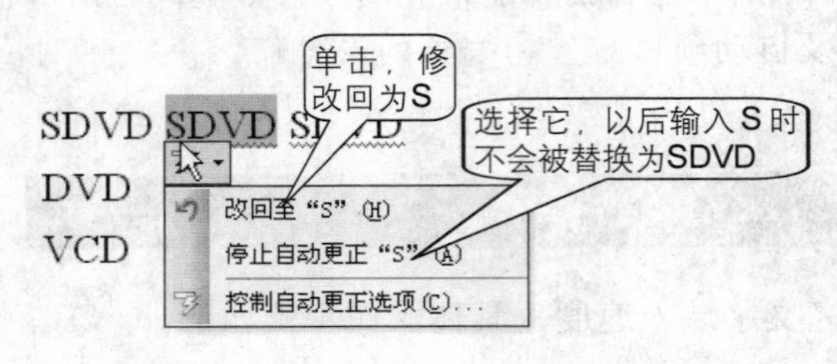

5 如果要删除某个自动替换项目，只需要选中该条目，然后单击“删除”按钮即可，如下图所示。

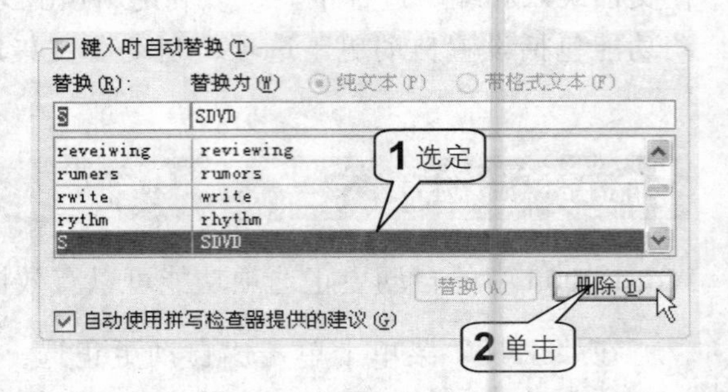

6 在“自动更正”对话框中单击“例外项”按钮，如下图所示。

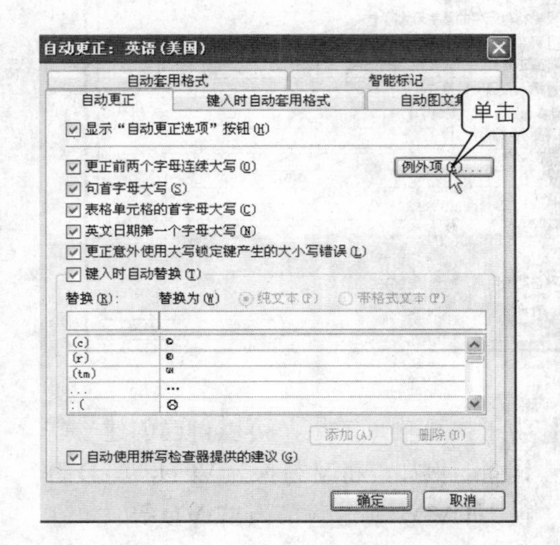

7 打开“‘自动更正’例外项”对话框，切换到“首字母大写”选项卡中，在“其后不大写”文本框中输入不需要自动更改为大写的单词，然后单击“添加”按钮，如下图所示。

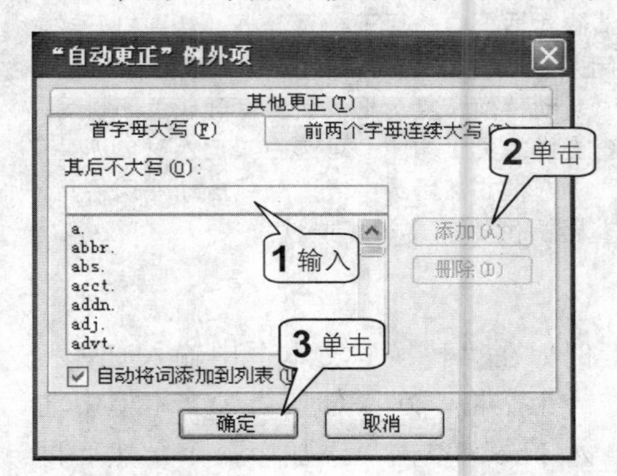

8 单击“前两个字母连续大写”标签，切换到该选项卡。在“不更正”文本框中输入单词，然后单击“添加”按钮即可将它添加到列表中。以后在输入该列表中的内容时，将会自动使前两个字母连续大写。如果要删除某个单词，只需选定该单词，单击“删除”按钮即可，如右图所示。

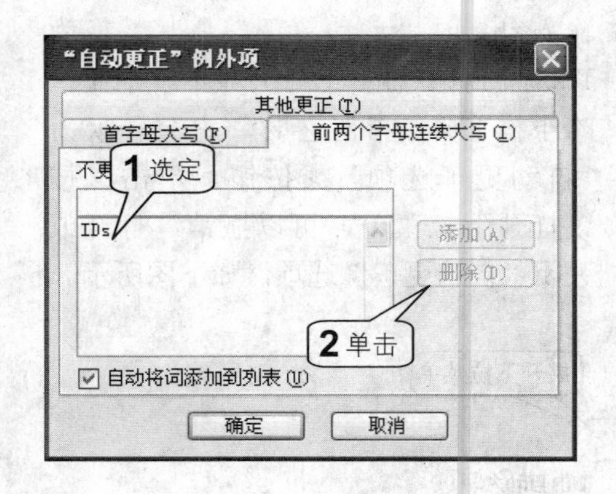

9 单击“其他更正”标签，切换到“其他更正”选项卡中，在“不更正”文本框中输入不需要更正的内容，单击“添加”按钮添加到列表。如果以后不需要该不更正项目了，选定它，然后单击“删除”按钮即可，如右图所示。

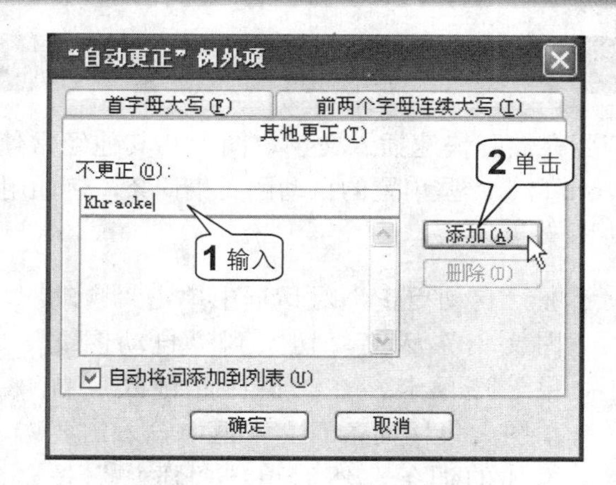

自动套用格式

通过使用“自动套用格式”，用户可以对文字快速应用标题、项目符号和编号列表、边框、数字、符号以及分数等格式，具体操作步骤如下。

1 在“自动更正”对话框中单击“自动套用格式”标签切换到“自动套用格式”选项卡中。在“应用”选项区域中选中所需样式的复选框，Word 可以快速对文字应用内置标题、项目符号等样式；在“替换”选项区域中选中需要自动替换的格式，例如自动将 Internet、网格和电子邮件地址设置为超链接等。只要选中相应的复选框，当用户在编写完文档后，Word 会自动分析文档的每一个段落，然后为它应用适当的样式，如下图所示。

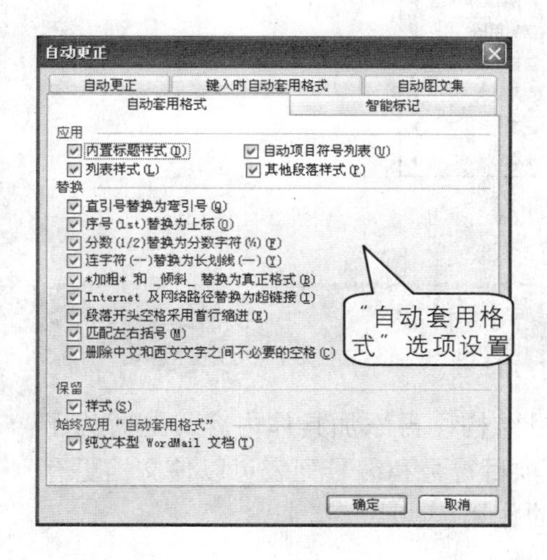

2 如果想在输入的时候应用自动套用格式，可在“自动更正”对话框中切换到“键入时自动套用格式”选项卡。如下图所示，然后在“键入时自动替换”选项区域、“键入时自动应用”选项区域和“键入时自动实现”选项区域选中需要替换或自动应用的格式项。例如，在“键入时自动应用”区域中选中“自动编号列表”，则当在句首输入类似“1.”、“1）”、“（1）”、“一、”、“第一”、“a）”等编号，再输入空格或制表位，然后输入文字，按回车键后，Word 会自动对文字进行编号列表。

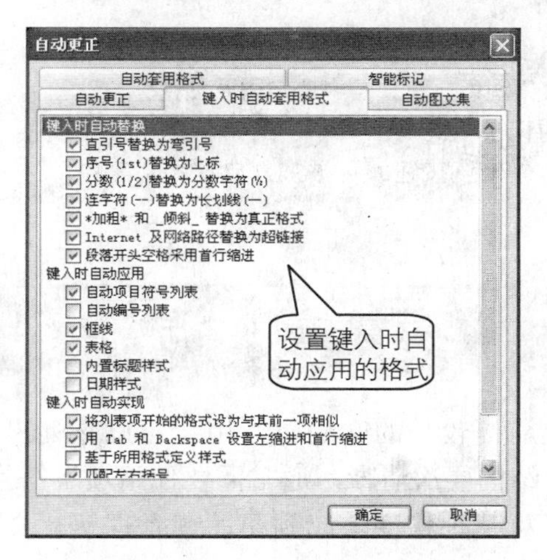

自动图文集

若要存储和快速插入文字、图形和其他经常使用的对象，可以使用自动图文集。Microsoft Word 自带一些内置的自动图文集词条，例如用于信函的称呼和结束语，并且可以自己创建自动图文集词条。

1 在“自动更正”对话框中单击“自动图文集”标签，切换到“自动图文集”选项卡，在“请在此键入‘自动图文集’词条”文本框中输入需要添加的词条，然后单击“添加”按钮，如下图所示。

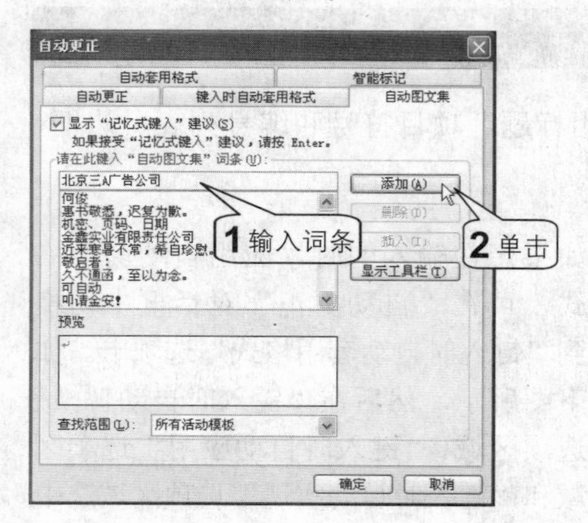

2 如果要插入自动图文集词条，可先选定词条然后单击“插入”按钮；如果要删除词条，可选定词条后单击“删除”按钮，如下图所示。

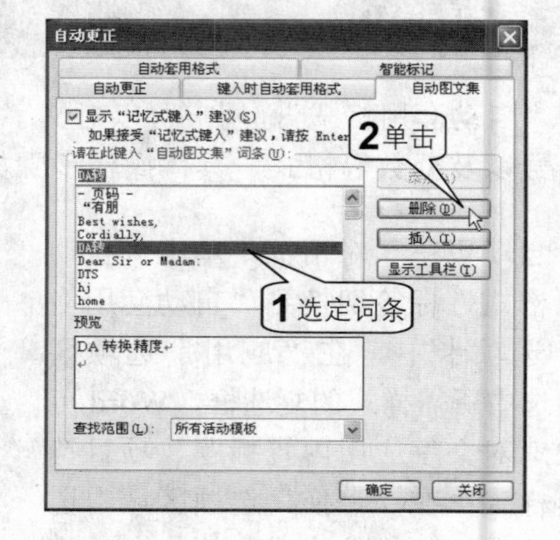

3 在“自动图文集”选项卡中单击“显示工具栏”按钮将打开“自动图文集”工具栏，单击“所有词条”按钮将显示所有的词条分类，从类别中单击词条即可插入到文档中，如右图所示。

自动图文集
所有词条(L)
新建(N)
参考文献行
称呼
结束语
列表
签名
签名单位
问候/复信用语
信封用语
页眉/页脚
引用缩写
正文
主题行
参考:
答复:
关于:
自动图文集词条

提示

也可以使用“自动图文集”工具栏创建新的自动图文集词条。在文档中选定需要创建为自动图文集的词条，此时工具栏中的“新建”按钮被激活，单击该按钮即可添加到自动图文集中。

4 项目符号和编号列表

在创建篇幅较长的文档时，用户可以先列出文档的纲目结构，再添加具体内容。这时为了使纲目结构层次清晰，通常需要使用项目符号和编号。项目符号和编号列表可以使文档更有条理，从某种程度上起到帮助读者理解行文层次结构的作用。

项目符号

项目符号用来放在文本或段落之前，它通常既可以是一些特殊的符号，也可以是图片。本节将介绍如何自定义项目符号、为文本应用项目符号以及删除项目符号，具体操作步骤如下。

1. 先选定要添加项目符号的段落，单击菜单栏中的“格式>项目符号和编号”命令，如下图所示。

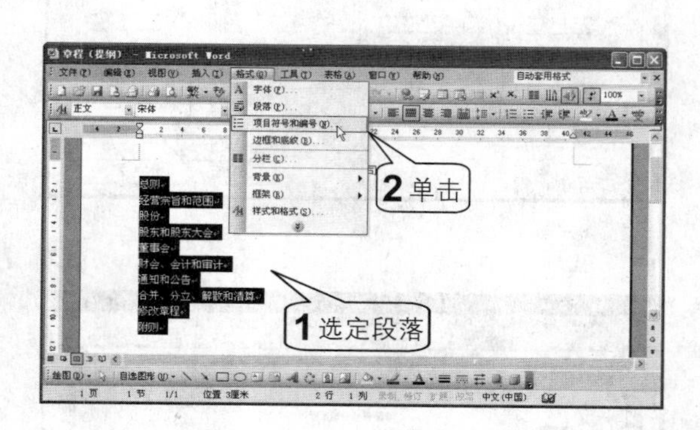

2. 在“项目符号和编号”对话框中的“项目符号”选项卡中选定一种项目符号，然后单击“自定义”按钮，如下图所示。

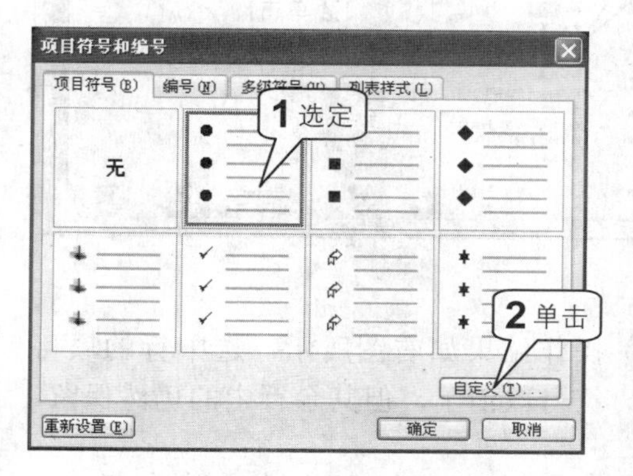

3. 在“自定义项目符号列表”对话框中单击“字符”按钮。如果要选用图片作为项目符号，可单击“图片”按钮，如下图所示。

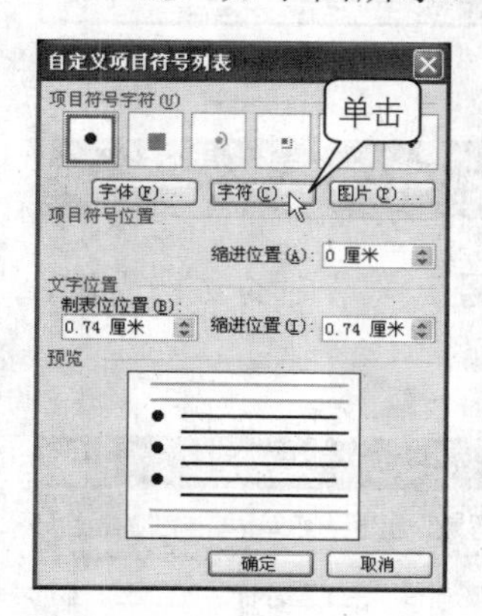

4. 在“符号”对话框中选择用作项目符号的符号后，单击“确定”按钮即可，如下图所示。

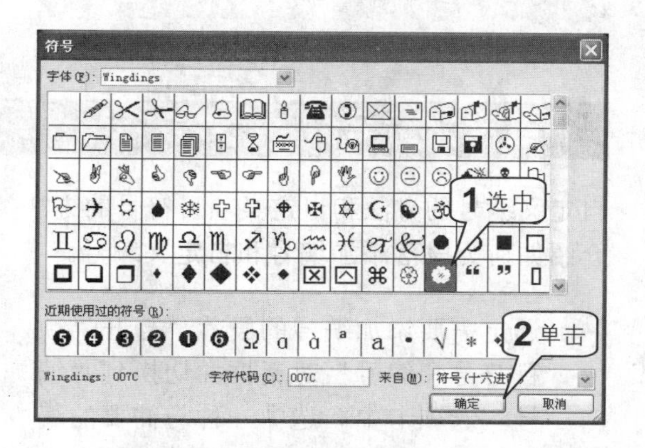

5. 此时选定的段落均会应用自定义的项目符号，如右图所示。

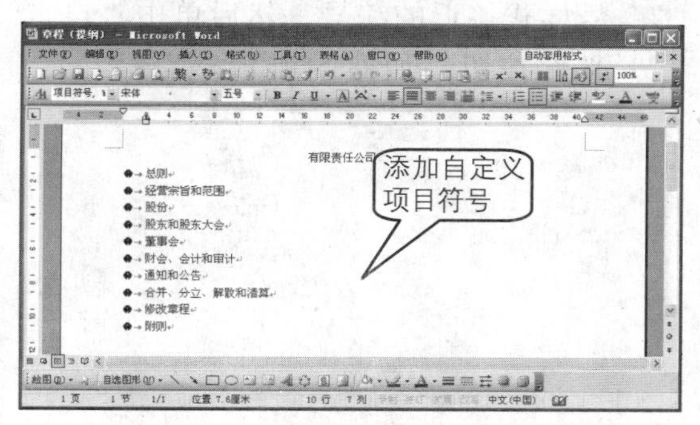

6 假如需要将第一行和第三行中的段落符号取消。首先选定这两行，然后单击菜单栏中的“格式>项目符号和编号”命令，如下图所示。

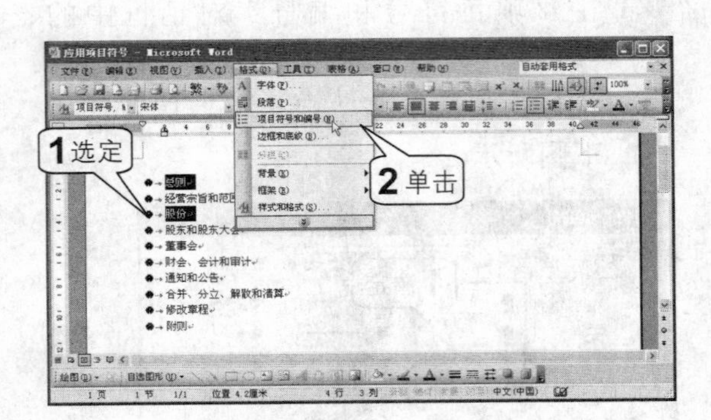

7 在“项目符号和编号”对话框中选中“无”按钮，然后单击“确定”按钮，如下图所示。

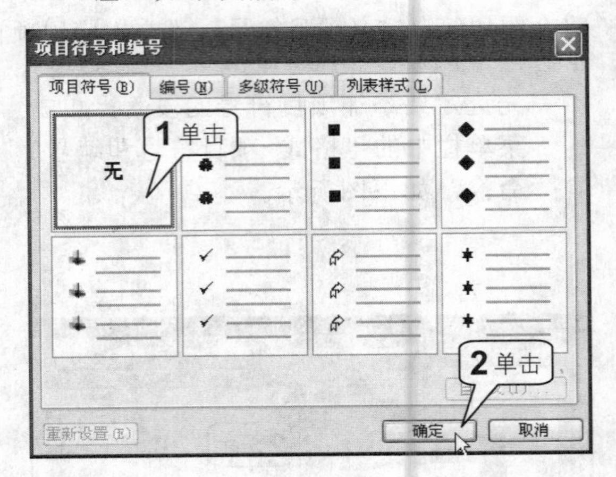

8 操作结果如右图所示，选中行的项目符号取消了，但其余行中的仍然保留。

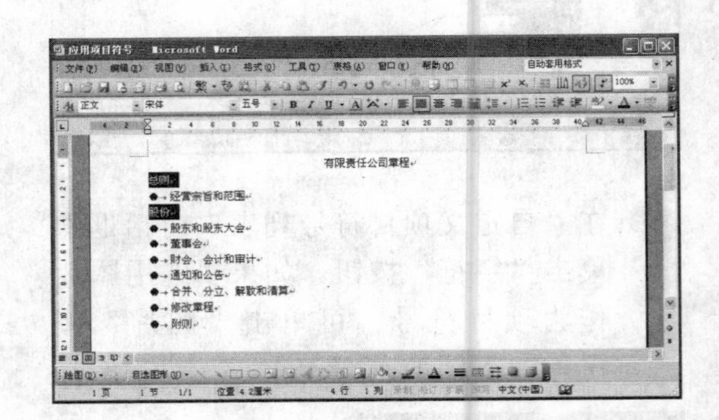

提示

还有一种删除项目符号的方法，就是选定需要删除项目符号的段落，直接单击工具栏中的"项目符号"☰按钮即可。

自定义编号

自定义编号的方法和自定义项目符号的方法类似，还是以“项目符号”一节中的文档为例，介绍如何为段落添加编号和自定义编号。

1 选定需要添加编号的段落，打开“项目符号和编号”对话框并切换到“编号”选项卡中。选中一种与需要的编号样式接近的编号，然后单击“自定义”按钮，如右图所示。

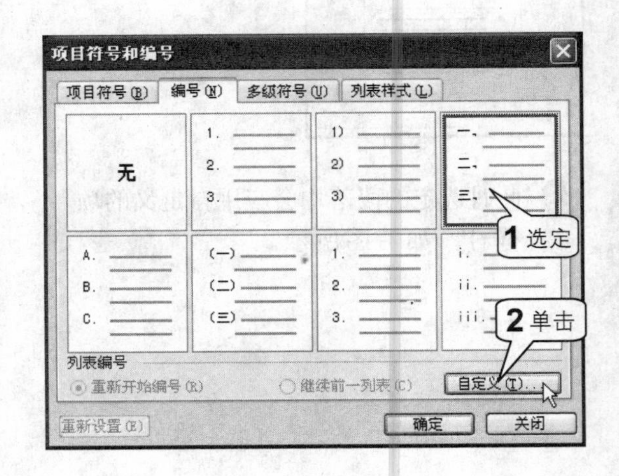

2 在“自定义编号列表”对话框的“编号格式”文本框中的编号“一”的前后分别输入“第”和“章”两个字，并删除编号后的标点符号，然后单击“字体”按钮，如下图所示。

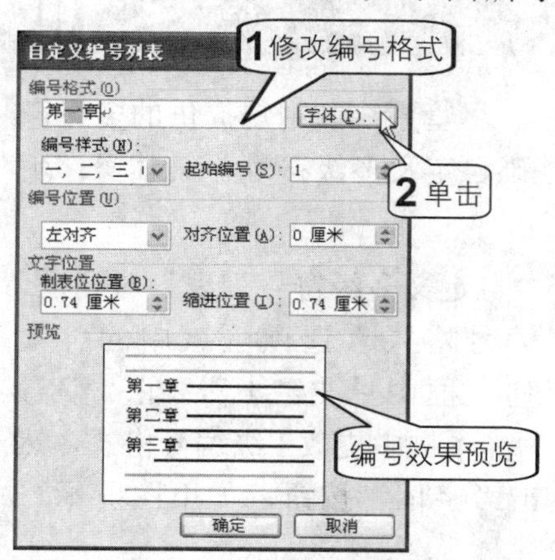

3 在“字体”对话框中可以设置编号的字体格式。例如，从“字形”列表框中选择“加粗”选项，然后单击“确定”按钮即可，如下图所示。

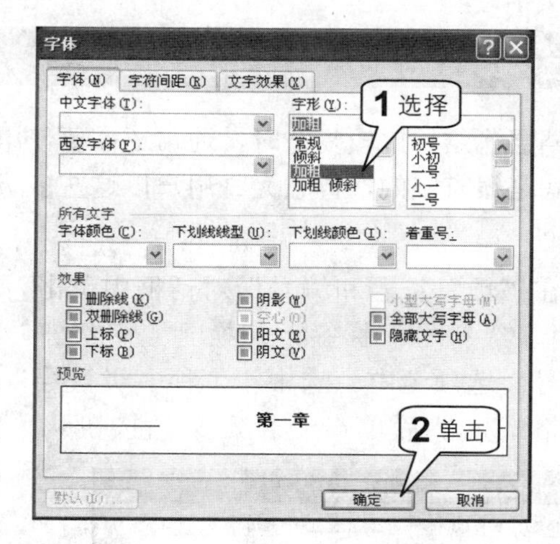

4 返回“自定义编号列表”对话框中，单击“确定”按钮，如下图所示。

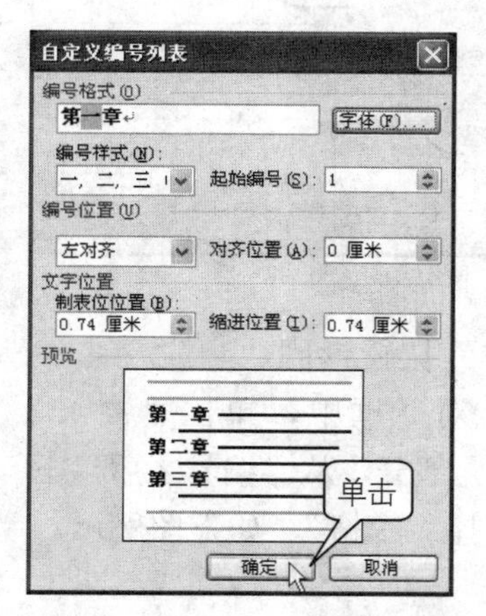

5 此时，选定的段落前将添加自定义的编号，如下图所示。

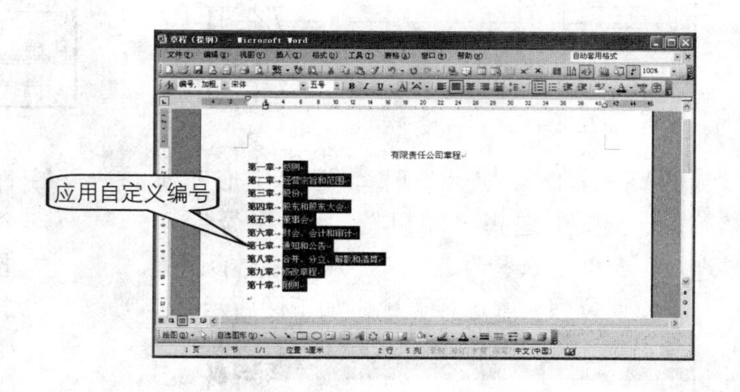

6 通常自定义的编号格式会自动保存在“编号”选项卡中。如果想恢复系统默认的编号，可选定需要恢复的编号格式，然后单击“重新设置”按钮，如右图所示。

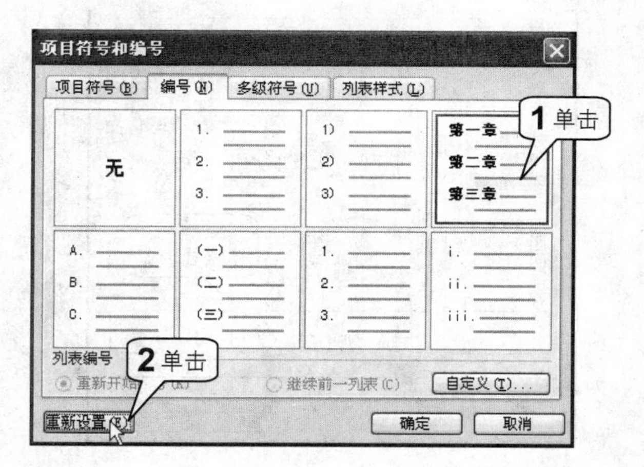

7 此时屏幕上会弹出询问是否恢复默认设置的提示对话框，单击“是”按钮即可恢复编号默认格式，如右图所示。

多级符号

当文档层次结构比较复杂时，通常还需要使用多级编号列表。尽管系统为用户提供的多级符号格式是很有限的，但它允许用户以这些多级符号格式为基础自定义多级符号，具体操作步骤如下。

1 在“项目符号和编号”对话框中单击“多级符号”标签，切换到“多级符号”选项卡中。选中第1种多级符号格式，然后单击“自定义”按钮。

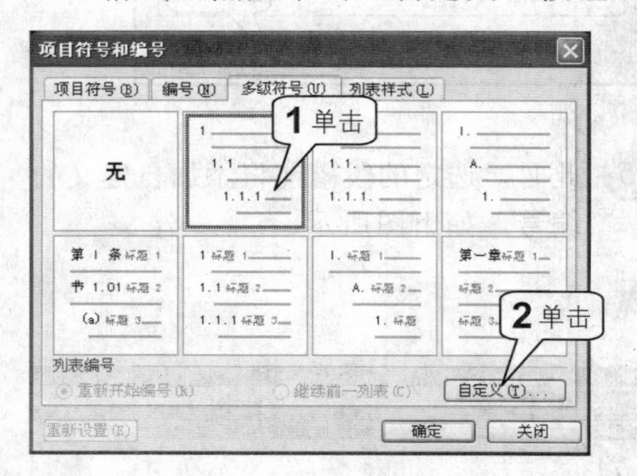

2 打开“自定义多级符号列表”对话框，在“编号格式”选项区域中的“级别”列表框中单击“1”，在“编号格式”文本框中更改1级编号格式，然后单击“字体”按钮，如下图所示。

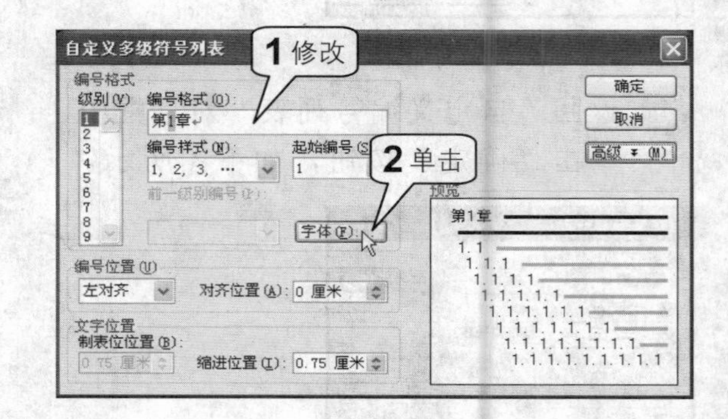

3 打开“字体”对话框，从“字形”列表框中选择“加粗”，从“字号”列表框中选择“三号”，从“字体颜色”下拉列表中选择蓝色，如下图所示。

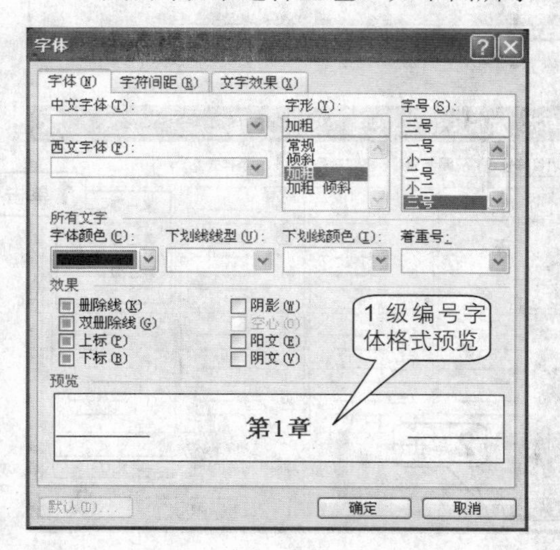

4 单击“确定”按钮返回“自定义多级符号列表”对话框中，单击“高级”按钮展开折叠部分，从“编号之后”下拉列表中选择“空格”，如下图所示。

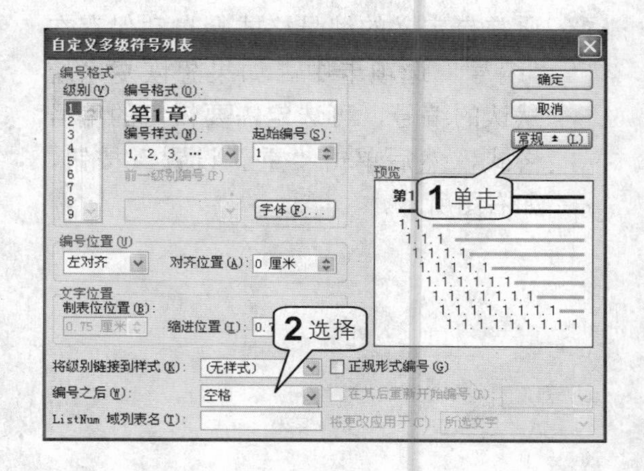

5 单击“级别”列表框中的“2”，从“编号之后”下拉列表中选择“空格”，如下图所示。

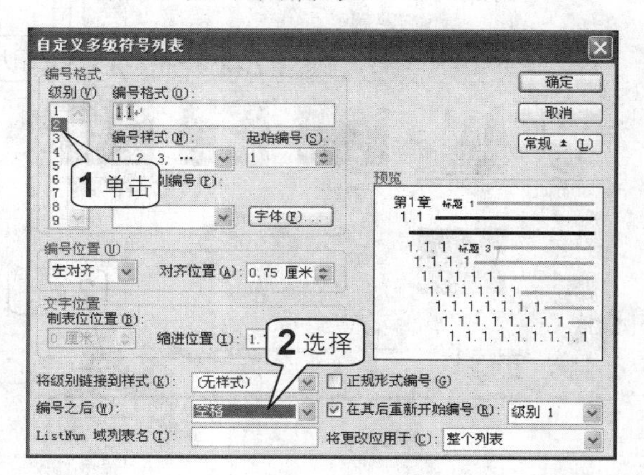

6 按上述同样步骤设置3级编号之后也为空格，如下图所示。

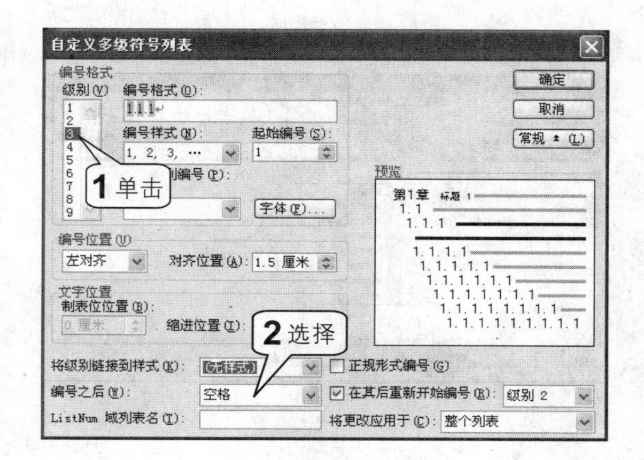

7 单击“确定”按钮，应用自定义多级符号列表，如下图所示。

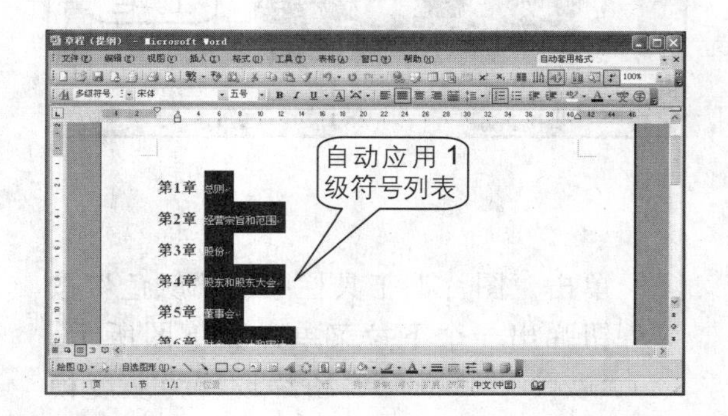

8 在“第 4 章”末级项目标题行后按下 Enter 键，系统会自动为插入的新行添加自动编号“第 5 章”，按下键盘上的 Tab 键，使之自动降为 2 级编号，如下图所示。

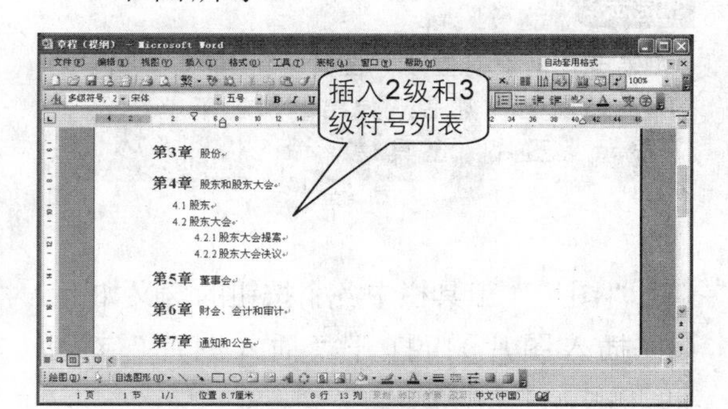

提示

用户可以使用键盘上的组合键来更改标题的级别。每按下一次 Tab 键时，就会使标题在当前级别的基础上下降一个级别；相反按下 Shift + Tab 键则可以使标题在当前级别基础上上升一个级别。

5 在 Word 中插入图形对象

本节将介绍 Word 中的图片、艺术字以及自选图形等对象。

插入图片和设置图片格式

用户可以在文档中插入图片，设置图片的格式，实现图文并茂的效果，具体操作步骤如下。

1 单击菜单栏中的“插入>图片>来自文件”命令，如下图所示。

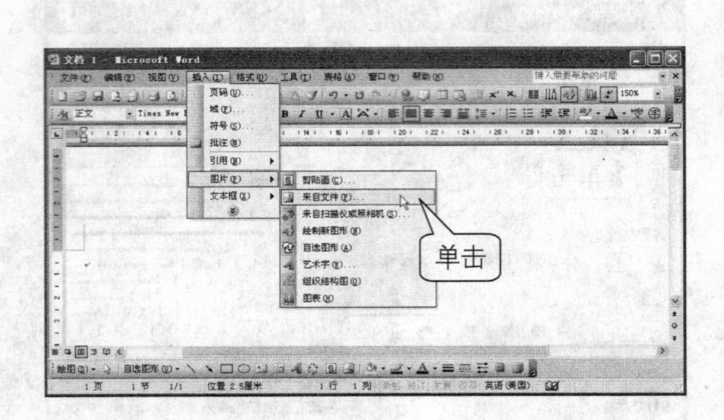

2 在“插入图片”对话框中选中需插入的图片后，单击“插入”按钮即可将选定的图片插入到文档中，如下图所示。

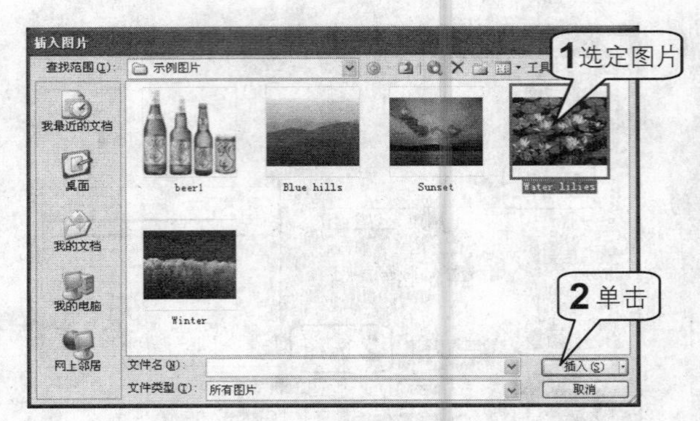

3 图片将插入到文档中，同时屏幕上还将显示“图片”工具栏。利用“图片”工具栏中的命令按钮即可完成图片的多种格式设置，如右图所示。

提示

如果屏幕上没有显示“图片”工具栏，可选定图片并右击，然后从弹出的快捷菜单中选择“显示‘图片’工具栏”命令。

4 “图片”工具栏中各个按钮的含义如下。

(插入图片)：打开“插入图片”对话框。

(颜色)：设置图片的颜色。

(增加对比度)和(降低对比度)。

(增加亮度)和(降低亮度)。

(裁剪)：可以裁剪图片中不需要的部分。

(向左旋转90°)：将图片向左旋转90°。

(线型)：设置图片边框的线型。

(压缩图片)：打开“压缩图片”对话框。

(文字环绕)：单击打开环绕方式列表。

(设置图片格式)：单击打开“设置图片格式”对话框。

(设置透明色)。

(重设图片)。

5 单击“图片”工具栏中的“颜色”按钮弹出一个下拉菜单，如下图所示。“灰度”命令可将图片设置为灰度模式，“黑白”命令可将图片设置为黑白模式，“冲蚀”命令可将图片设置为冲蚀（水印）效果。

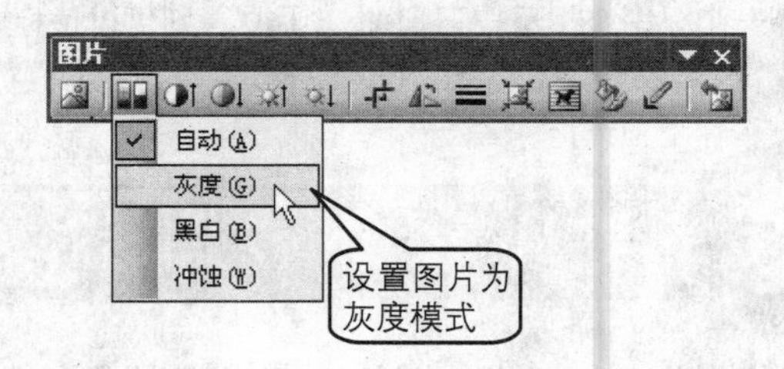

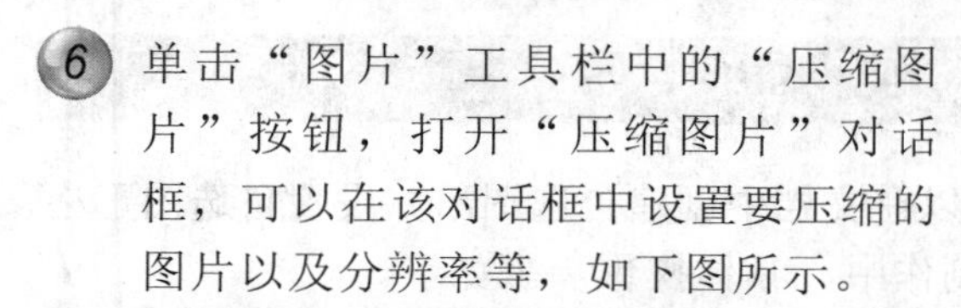

6 单击“图片”工具栏中的“压缩图片”按钮，打开“压缩图片”对话框，可以在该对话框中设置要压缩的图片以及分辨率等，如下图所示。

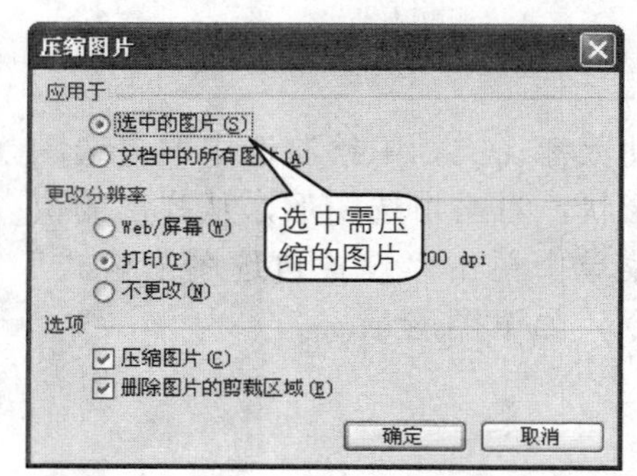

7 在“图片”工具栏中单击“文字环绕”按钮，打开下拉菜单，可以从菜单中选择图片与文字的环绕关系，如下图所示。

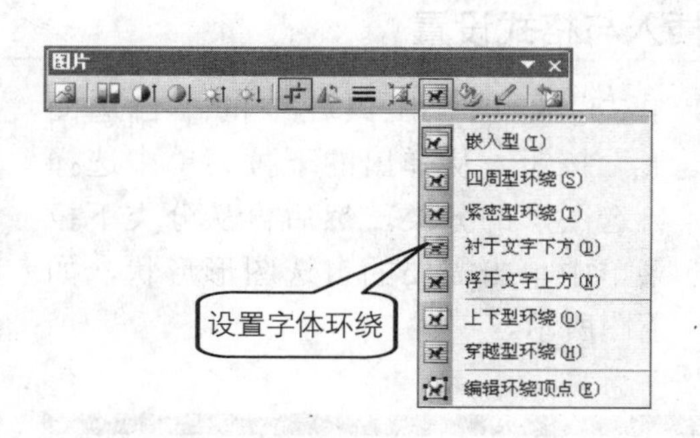

8 在“图片”工具栏中单击“设置图片格式”按钮，打开“设置图片格式”对话框中的“图片”选项卡，在该选项卡中可以裁剪图片、设置图片的颜色、亮度和对比度，如下图所示。

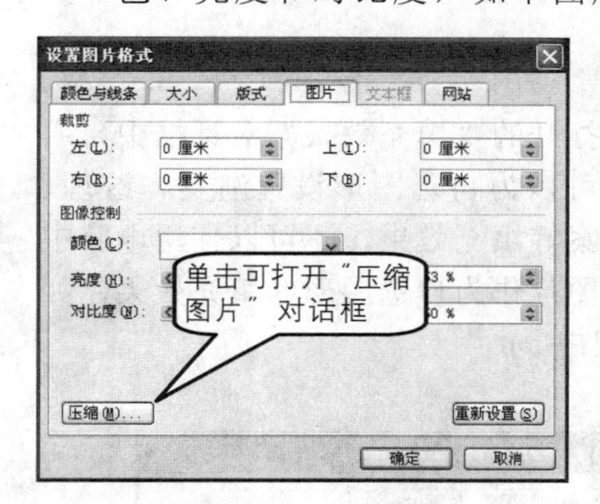

9 单击“版式”标签，切换到“版式”选项卡中，可以设置文字环绕方式，如下图所示。

10 打开“大小”选项卡，在该选项卡中可以设置图片的精确尺寸和缩放比例等，如下图所示。

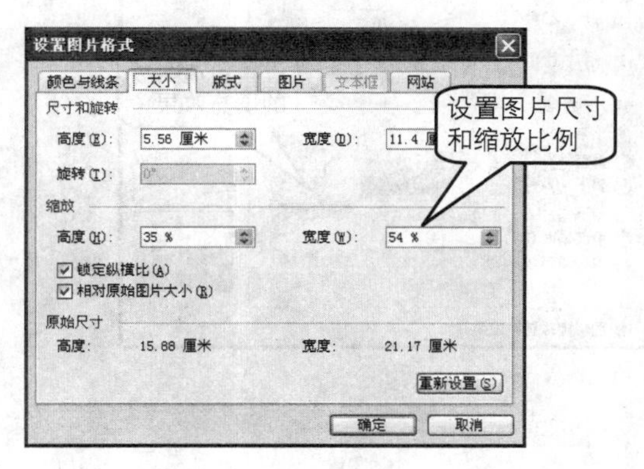

11 打开“颜色与线条”选项卡，在该选项卡可以设置图片的填充色和线条颜色，如下图所示。

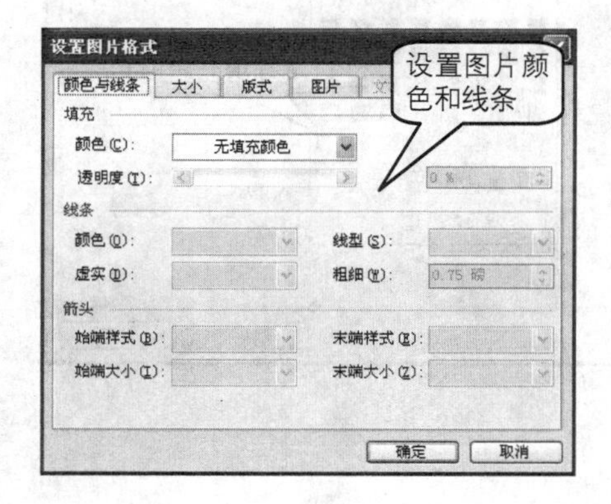

插入自选图形

Word 中还提供了丰富多样的自选图形，用户可以在文档中创建自选图形并设置自选图形格式。通常自选图形较多地应用于各种流程图的制作中，具体操作步骤如下。

1. 插入与格式设置

1 单击“绘图”工具栏中的“自选图形”按钮，从弹出的下拉菜单中选择自选图形的分类，然后再从分类下拉菜单中单击需要的自选图形形状，如下图所示。

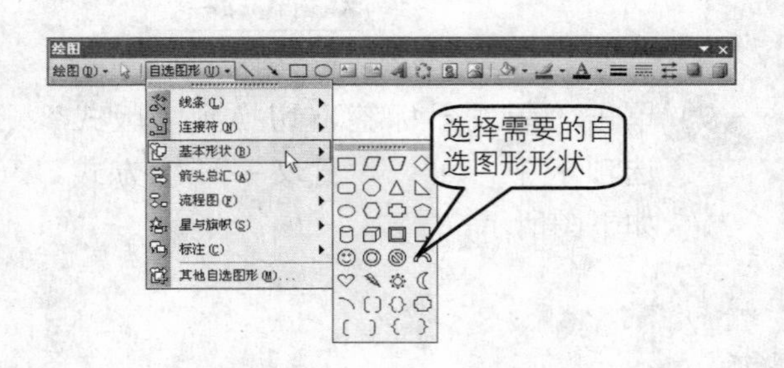

2 拖动鼠标在文档中绘制选中的自选图形形状。右击自选图形，从弹出的快捷菜单中单击“设置自选图形格式”命令，如下图所示。

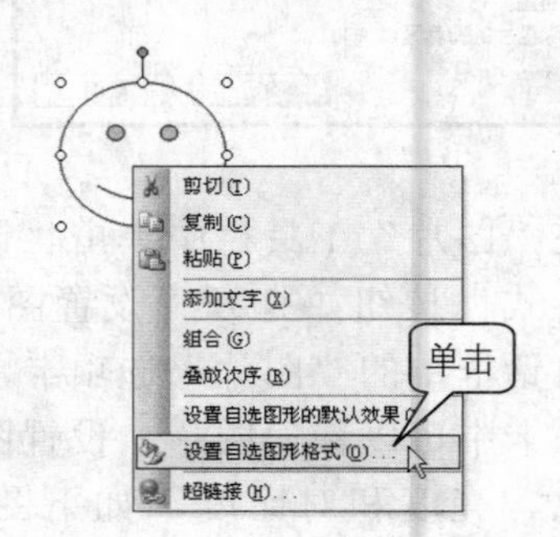

3 在弹出的“设置自选图形格式”对话框中可以设置自选图形的颜色与线条、大小、版式等格式。如果想为自选图形设置较为复杂的填充效果，可以打开“颜色和线条”选项卡，在“填充”选项区域中的“颜色”下拉列表中单击“填充效果”命令，如下图所示。

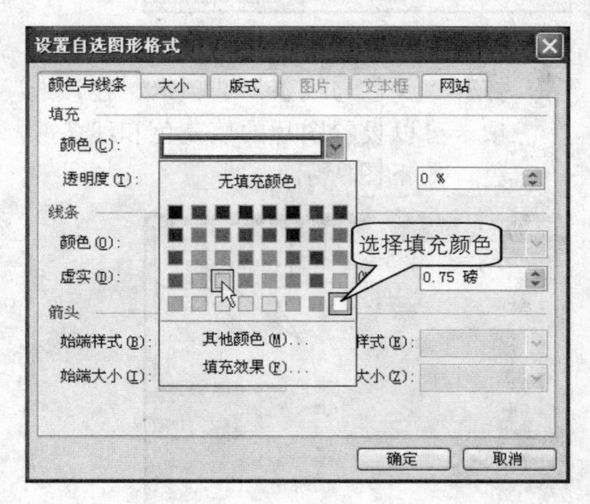

4 在打开的“填充效果”对话框中，用户可以为自选图形设置渐变、纹理、图案等填充效果，还可以使用电脑中的图片作为自选图形的填充效果，如下图所示。

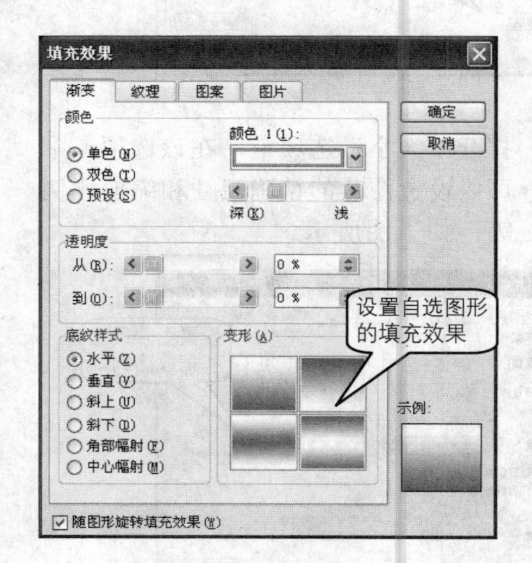

2. 设置阴影和三维效果

通过应用三维效果和阴影效果，可以为自选图形添加深度；还可以更改图形对象的深度、颜色、角度、照明方向和表面效果；可以添加图形对象的深度、调节阴影的位置并更改阴影的颜色。

1. 如果需要为自选图形添加阴影效果。可先选定自选图形，然后单击“绘图”工具栏中的“阴影样式”按钮，打开样式列表，从列表中选择适当的阴影样式，如下图所示。

2. 用户可以在“阴影样式”列表中单击“阴影设置”命令，打开“阴影设置”工具栏，在该工具栏中可以修改阴影的位置及颜色等，如下图所示。

提示

“阴影设置”工具栏中各命令含义如下。

（设置/取消阴影）：如果所选的图形已有阴影效果，则取消阴影设置，否则添加阴影。

（略向上移）：将向上微移阴影的位置。

（略向下移）：将向下微移阴影的位置。

（略向左移）：将向左微移阴影的位置。

（略向右移）：将向右微移阴影的位置。

（阴影颜色设置）：从列表中选择阴影颜色。

3. 如果要为自选图形设置三维效果，选定自选图形后，可单击“绘图”工具栏中的“三维样式”按钮，从打开的“三维样式”列表中选择适当的三维样式，如下图所示。

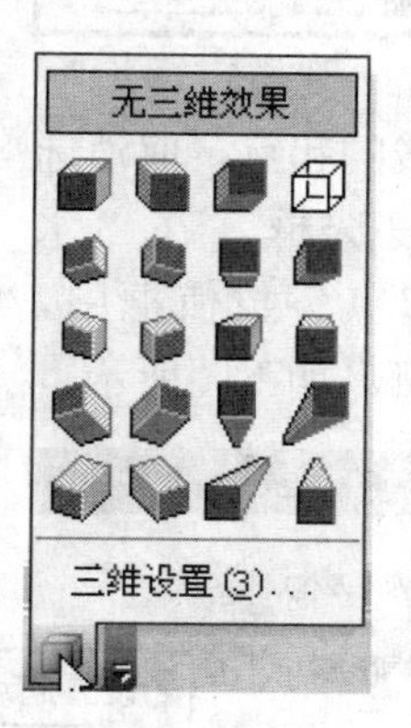

4. 如果需要修改三维样式，用户可以在“三维样式”列表中单击“三维设置”按钮，打开“三维设置”工具栏，如下图所示。

提示

“三维设置”工具栏中各个命令按钮功能如下。

（设置/取消三维效果）：选中图形，如果此时所选的图形已经设置了三维效果，单击则取消三维设置，再次单击，按系统默认的三维样式进行设置。

（下俯 / 上翘 / 左偏 / 右偏）：这一组命令按钮用于控件图形的三维角度，单击相应的命令按钮，图形将向相应的方向移到三维角度，用户可以试着单击按钮观察图形的变化来加深理解。

（深度）：设置三维图形的深度。单击将打开“深度”下拉列表，可以从列表中选择深度值，也可以自定义磅值。

（方向）：设置三维图形的方向。单击将打开一个下拉列表，可从列表中选择所需方向的样式。

（照明角度）：设置三维图形的照明角度。单击将打开下拉列表，可以从列表中选择从哪个角度照明。

（表面效果）：设置三维图形的表面效果。单击将打开下拉列表，列表中提供的表面效果有透明框架、亚光效果、塑料效果和金属效果这 4 种。

（三维颜色）：设置三维部分的颜色。单击打开颜色下拉列表，可根据需要选择适当的颜色作为三维部分的颜色。

3. 设置绘图网格和绘图画布

网格是用于对齐对象的一系列相交线，在 Word 文档中绘图时，用户可以打开绘图网格并可根据需要设置网格间的间隔和起始点，具体操作步骤如下。

1. 在“绘图”工具栏中单击“绘图”按钮旁的下三角形按钮，从打开的下拉列表中单击“绘图网格”命令，如下图所示。

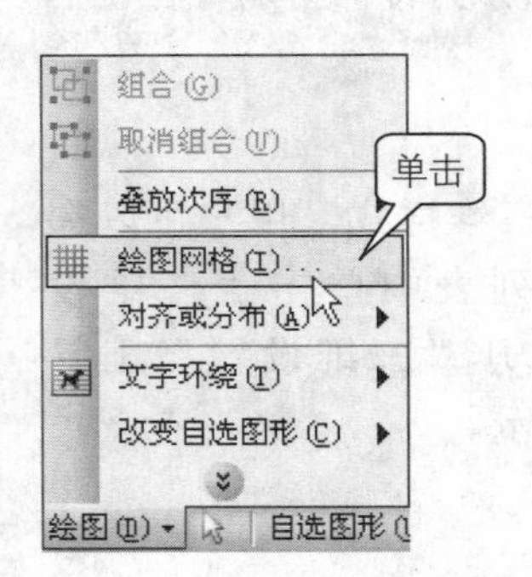

2. 打开“绘图网格”对话框若要在屏幕上显示绘图网格，可选中“在屏幕上显示网格线”复选框，然后单击“确定”按钮，如下图所示。

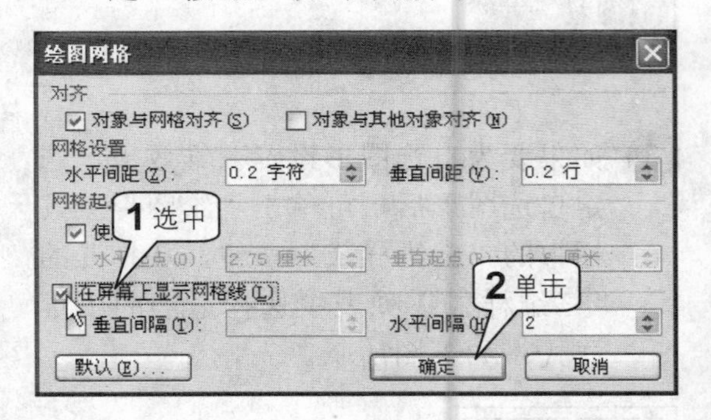

3. 用户可以更改绘图网格的间距。在“网格设置”选项区域中的“水平间距”和“垂直间距”数值框中输入或调节可得到需要的间距值，如下图所示。

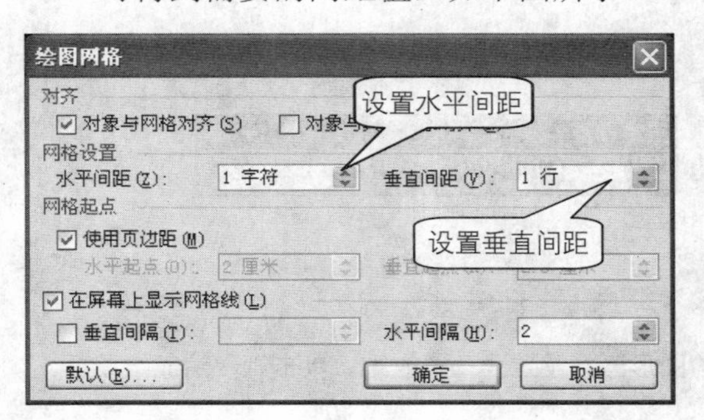

4. 用户也可以更改网格线的起点。取消选中“使用页边距”复选框，在“水平起点”和“垂直起点”数值框中，设置新的起点位置即可，如下图所示。

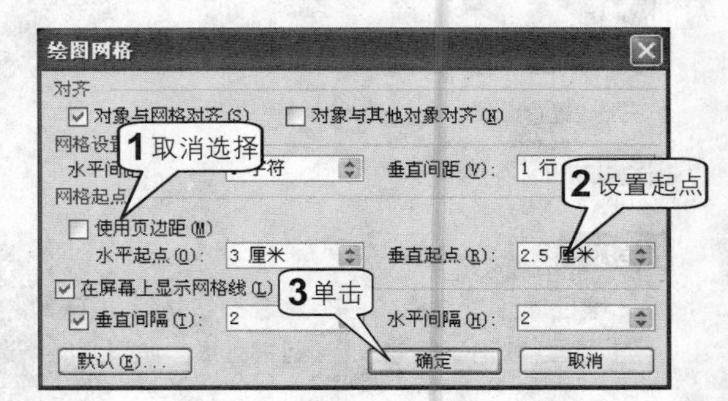

提示

网格线起点的初始设置是网格从页面的左上角开始；而且Word只在页边距内显示网格线，即使网格超出了页边距。当用户希望能够使用键盘上的方向键微移图片时，可以将绘图网格的水平间距或垂直间距设置得尽量小，以便可以使用方向键达到微移效果。

5 单击“确定”按钮，屏幕上将显示网格线，如下图所示。

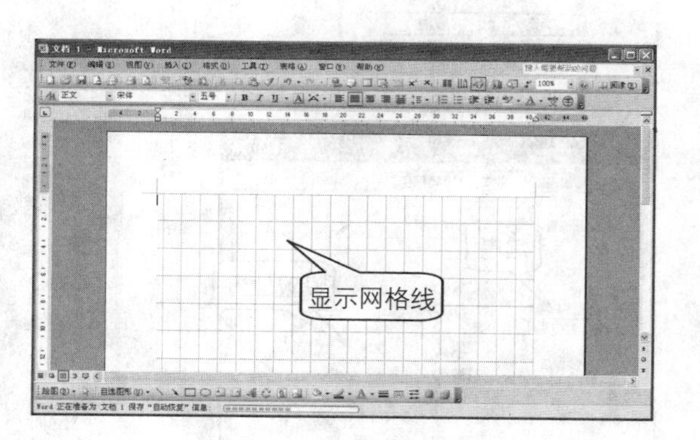

6 如果希望在文档中插入自选图形时自动创建绘图画布，可单击菜单栏中的“工具>选项”命令，打开“选项”对话框并切换到“常规”选项卡中。选中“插入‘自选图形’时创建绘图画布”复选框，单击“确定”按钮即可，如下图所示。

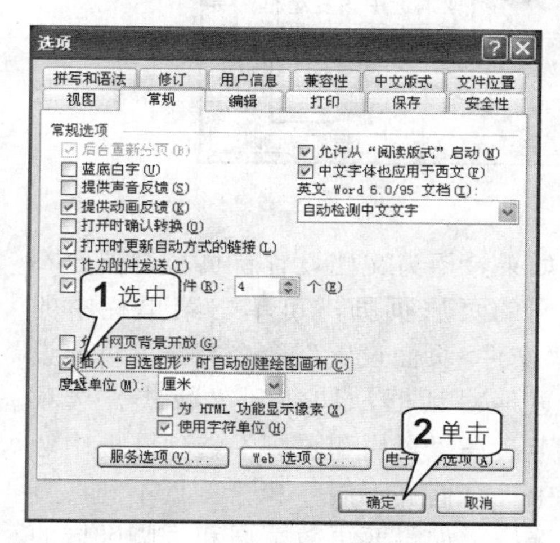

6 为文档添加页眉和页脚

页眉和页脚是文档中每个页面页边距的顶部和底部区域，通常可以在页眉中插入书名或者章节名称等一些信息，在页脚中可以插入文档的页码，如下图所示。

1 如果要为文档添加页眉和页脚，可单击菜单栏中的“视图>页眉和页脚”命令切换到“页眉和页脚”视图中。

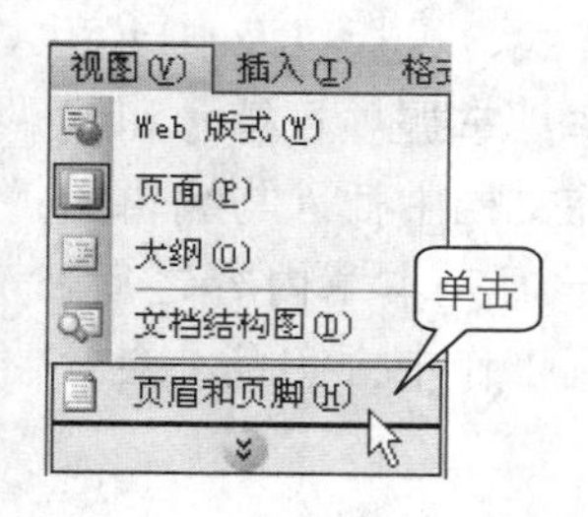

2 此时屏幕上将显示“页眉和页脚”工具栏。用户可以直接在页眉或页脚区输入内容，也可以利用“页眉和页脚”工具栏中的按钮添加页眉和页脚的内容。

提示

当鼠标指向工具栏中的按钮时，屏幕上会显示该按钮的屏幕提示。用户可以根据屏幕提示选择要进行的操作。

3. 如果要在页脚区插入页码，可将光标插入点置于页脚区，然后单击菜单栏中的“插入>页码”命令，打开“页码”对话框。从“位置”下拉列表中选择页码的位置，从“对齐方式”下拉列表中选择对齐方式，然后单击“格式”按钮，如下图所示。

4. 在打开的“页码格式”对话框中可以设置页码的格式。从“数字格式”下拉列表中可以选择不同的格式，在“页码编排”选项区域中可以设置起始页码，如下图所示。

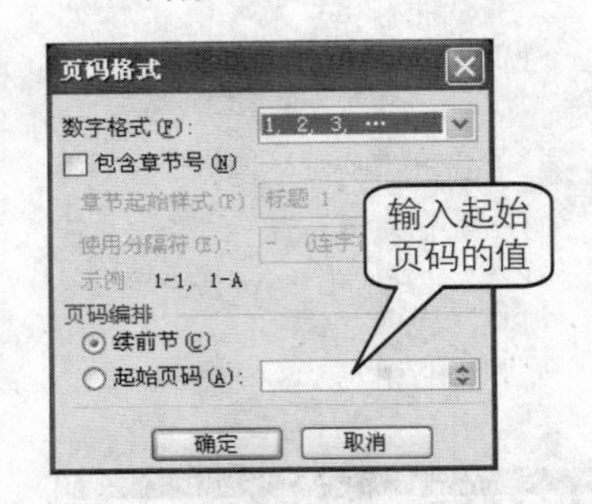

5. 如果希望为文档设置首页、奇偶数不同的页眉页脚，可单击菜单栏中的“文件>页面设置”命令打开“页面设置”对话框，切换到“版式”选项卡，在“页眉和页脚”选项区域中选中“奇偶页不同”和“首页不同”复选框。如果要更改页眉和页脚区域的位置，可在“页眉和页脚”选项区域中的“距边界”右侧的“页眉”和“页脚”数值框中输入或设置位置值。

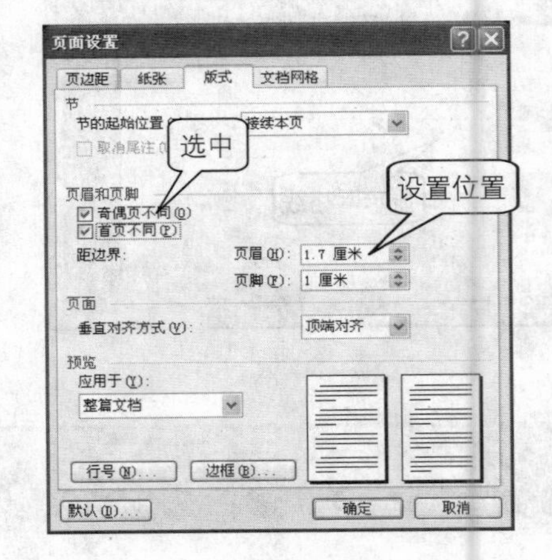

7 本章小结

本章在第4章的基础上，介绍了Word 2003办公中的一些高级应用，主要包括样式、模板、自动更正选项、自动图文集、项目符号和编号列表、在文档中插入图片、在文档中插入自选图形以及文档的页眉页脚设置等。样式是Word排版的灵魂，掌握样式、模板以及自动更正选项等自动功能可以帮助用户快速创建和格式化文档，提高工作效率；掌握项目符号和编号，可以使用户在创建层次结构较为复杂的文档时轻松自如；而掌握在文档中插入与编辑图片和艺术字，可以创建出图文并茂的文档，增加版面的美观度。在学习完本章内容之后，读者可以在日常办公中将Word 2003运用自如，将这些理论知识结合到工作中去实践，会发现其实使用Word 2003办公是一件非常轻松愉快的事。

Chapter 6

Word 2003办公应用实战演练——制作公司内部刊物

为了提高企业的文化理念，增强企业内部各方面的沟通与协调，目前许多大中型的企业都有自己的内部刊物。实际上，制作公司内部刊物并不是一件十分复杂的事，它既不需要专业人员，也不需要掌握相关的专业软件，使用 Word 2003 就可以创建出内容丰富、版式灵活的内部刊物。

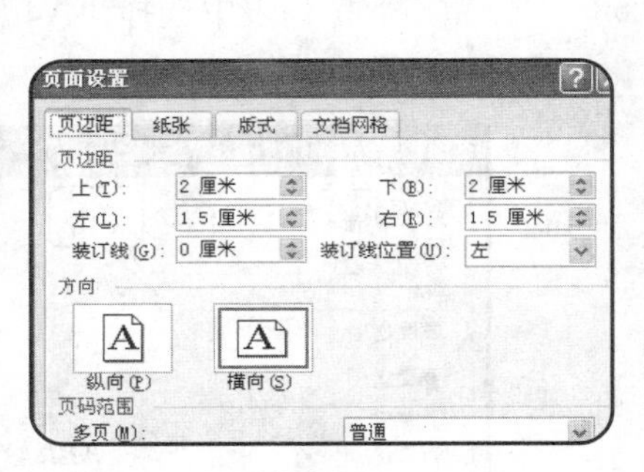

1. 页面设置
2. 添加页面边框
3. 分栏设置
4. 文本框的灵活应用
5. 图文并茂的编排效果

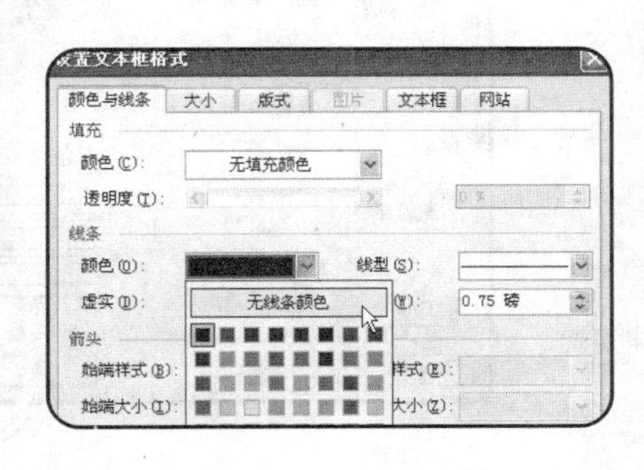

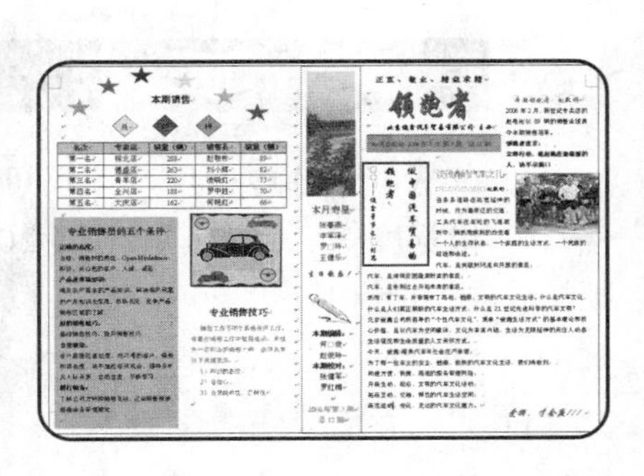

1 内部刊物版面规划

在正式开始创建内部刊物之前，首先应该根据企业内部刊物所包含的内容进行版面规划，这样既可以做到内容丰富，又不浪费版面。

设置纸张和页边距

首先应确定刊物的纸张大小、方向以及上、下、左、右的页边距大小。确定好纸张后，再进行版式规划，设置纸张和页边距的具体步骤如下。

1. 启动 Word 2003，新建一空白文档。单击菜单栏中的“文件>页面设置”命令，打开“页面设置”对话框并切换到“纸张”选项卡，从“纸张大小”下拉列表中选择“A4”，如下图所示。

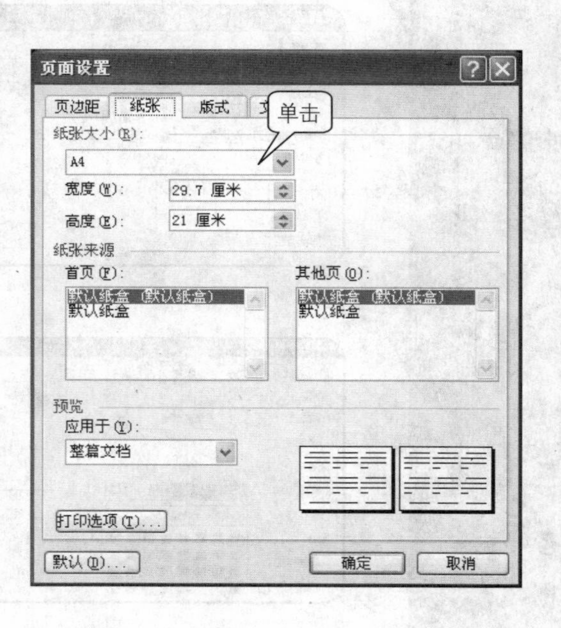

2. 单击“页边距”标签切换到“页边距”选项卡，分别设置页边距选项如下：上，2 厘米；下，2 厘米；左，1.5 厘米；右，1.5 厘米。然后在“方向”选项区域中单击“横向”图标按钮，最后单击“确定”按钮即可，如下图所示。

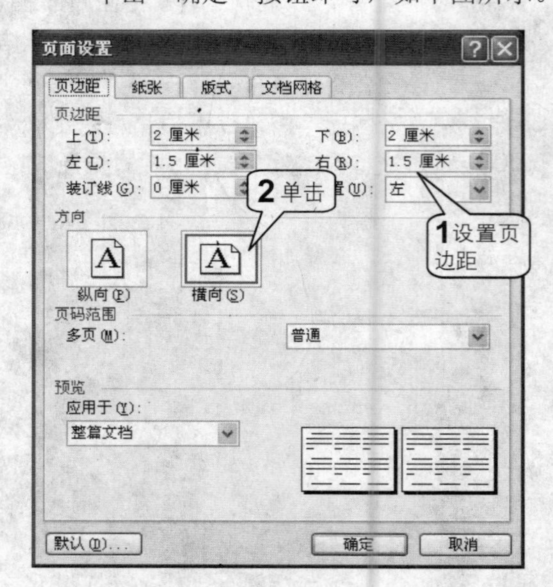

添加页面边框

在 Word 2003 中用户不仅可以根据需要选择适当的边框样式，还可以修改边框的线型、颜色和宽度等。此外，Word 2003 还为用户提供了多种漂亮的艺术型边框供用户选择，具体步骤如下。

1 单击菜单栏中的“格式>边框和底纹”命令，如下图所示。

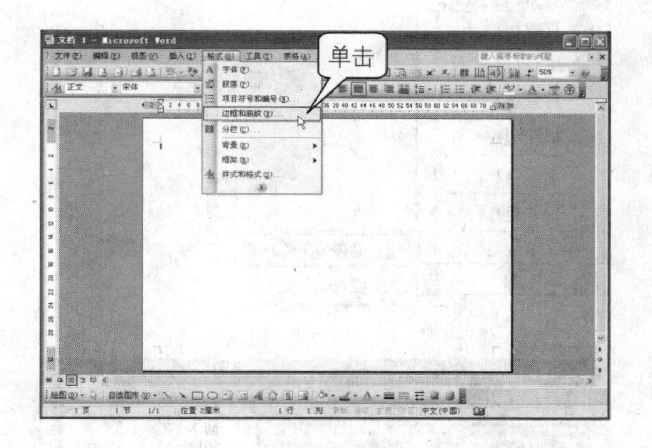

2 在打开的“边框和底纹”对话框中单击“页面边框”标签，切换到“页面边框”选项卡。如下图所示在“设置”选项区域中单击“方框”按钮，然后单击“确定”按钮，则Word 2003会在空白文档的页面四周添加方框。

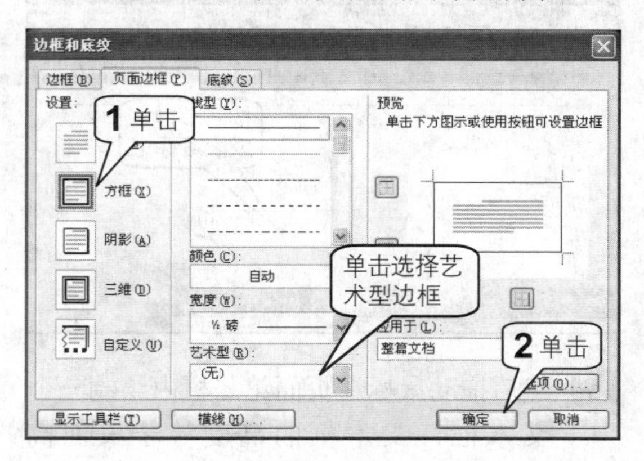

分栏设置

在默认情况下创建的Word文档都只有一栏，可是人们习惯在创建报刊杂志时采用灵活的多栏版式。实际上只需要使用Word 2003中的分栏功能就可以实现灵活多样的版面编排效果，具休操作步骤如下。

1 单击菜单栏中的“格式>分栏”命令，如下图所示。

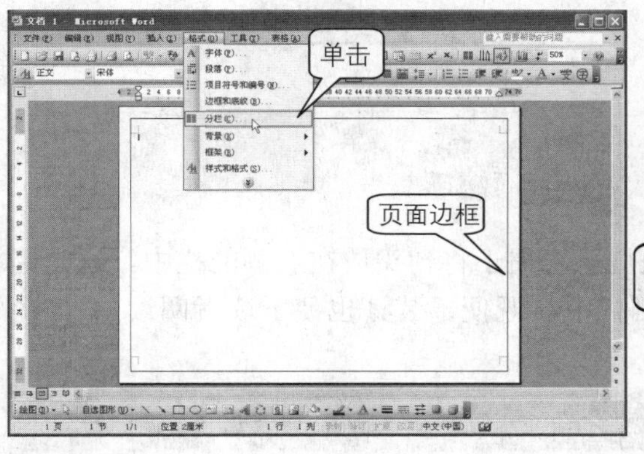

2 在“分栏”对话框中的“预设”选项区域中单击“三栏”按钮；然后取消选中“栏宽相等”复选框；设置1栏宽度为“30字符”，间距为“2字符”，2栏宽度为“8字符”，间距为“2字符”。此时Word 2003会自动计算出第3栏的宽度，然后单击“确定”按钮，如下图所示。

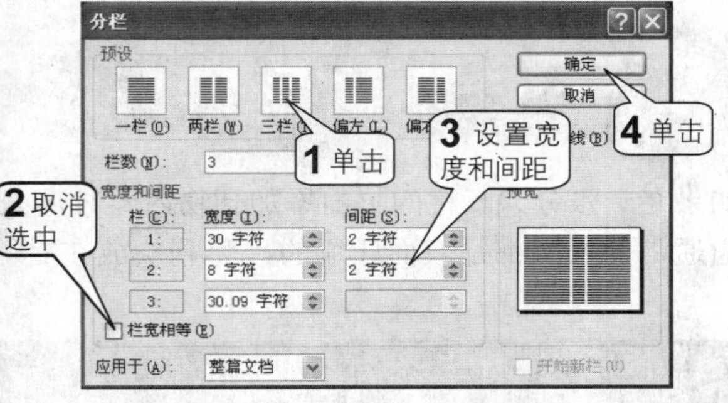

提示

如果需要各栏之间显示分隔线，可在“分栏”对话框中选中“分隔线”复选框。

3 在当前空白页中按 Enter 键产生空行，单击工具栏中的“显示 / 隐藏编辑标记”按钮显示段落标记，由段落标记的位置可以看出栏的分界位置，如下图所示。

4 单击菜单栏中的“插入>文本框>横排”命令，如下图所示。

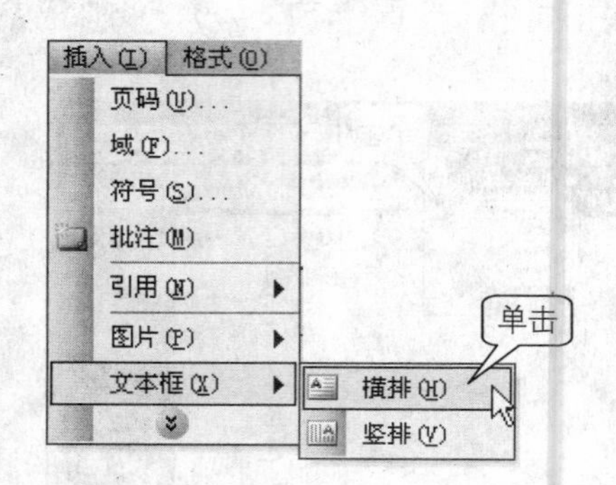

5 然后拖动鼠标在页面第二栏内绘制一个文本框，文本框的高度等于页面高度。选定文本框，单击“绘图”工具栏中的“线条颜色”按钮，从颜色列表中单击“海绿”色，如下图所示，然后单击“线型”按钮从线型列表中选择“1.5 磅”的线型。微调文本框的位置和大小，使文本框的上下边线与页面方框线重合。

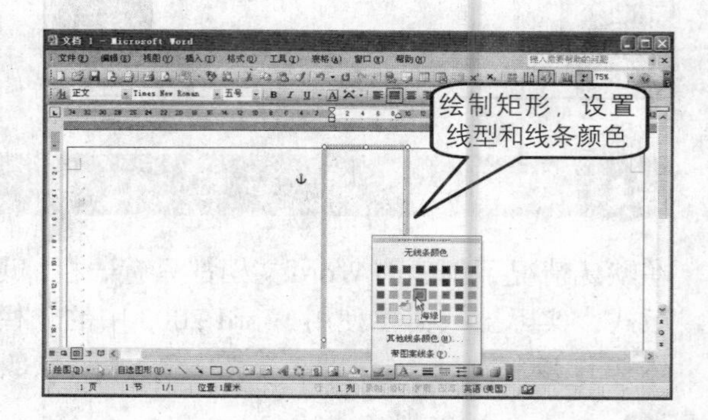

提示

如果发现移动的位置总是不合适，请单击“绘图”工具栏中的“绘图”按钮，从弹出的菜单中单击“绘图网格”命令，打开“绘图网格”对话框，在“网格设置”选项区域中将“水平间距”和“垂直间距”设置得尽量小，然后再试。

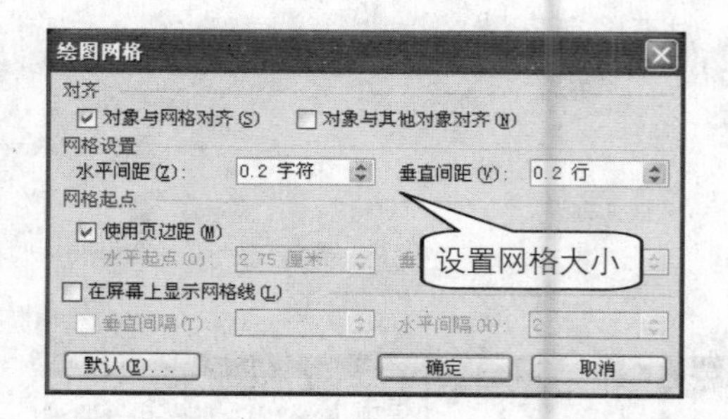

2 刊头的设计与制作

如果在一张分为三栏的页面添加刊物内容时，人们总习惯于将刊头放在右侧的栏中。这是因为通常的报刊都是双面印刷的，将刊头放在右侧栏中，既便于装订也便于读者阅读。

使用艺术字添加刊物标题

刊物的标题总是要求放在最醒目的位置，而且应该比较突出。因此，在 Word 中可以使用艺术字来创建刊物标题，具体操作步骤如下。

1 单击菜单栏中的“插入>图片>艺术字”命令或者直接单击“绘图”工具栏中的插入艺术字按钮，打开“艺术字库”对话框，选择适当的样式，然后单击“确定”按钮，如下图所示。

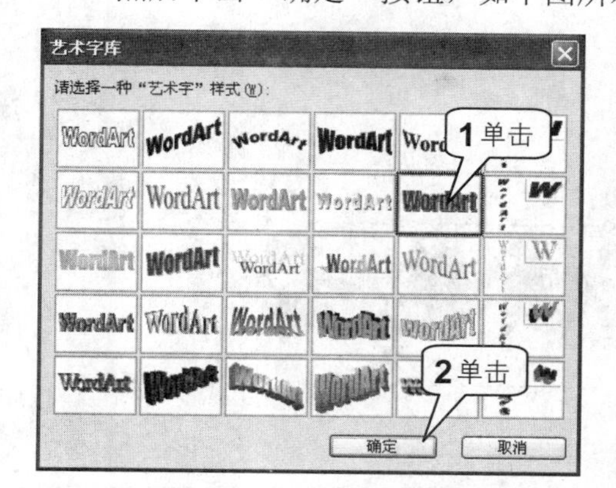

2 打开“编辑‘艺术字’文字”对话框，在“文字”文本框中输入需要的文字，从“字体”下拉列表中选择“华文行楷”，从“字号”下拉列表中选择48号，然后单击“确定”按钮，如下图所示。

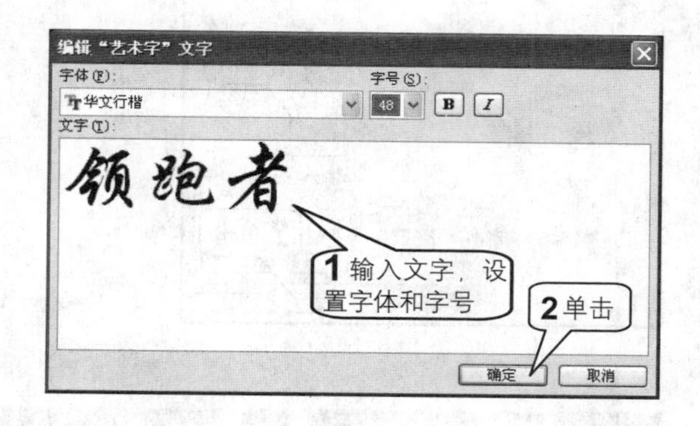

3 如果屏幕上没有显示“艺术字”工具栏，可选定插入到文档中的艺术字，右击，从弹出的快捷菜单中单击“显示‘艺术字’工具栏”命令，如下图所示。

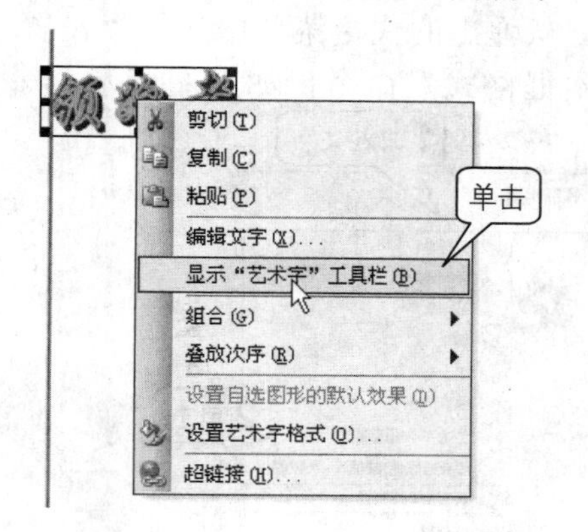

4 此时在屏幕上将显示“艺术字”工具栏，如下图所示。

提示

用户也可以右击菜单栏中的空白区域，从弹出的快捷菜单中单击“艺术字”命令显示“艺术字”工具栏。

5 单击“艺术字”工具栏中的设置艺术字格式按钮，打开“设置艺术字格式”对话框。在“颜色与线条”选项卡的“填充”选项区域中，从“颜色”下拉列表中选择红色，在“线条”选项区域中的“颜色”下拉列表中选择“无线条颜色”，如右图所示。

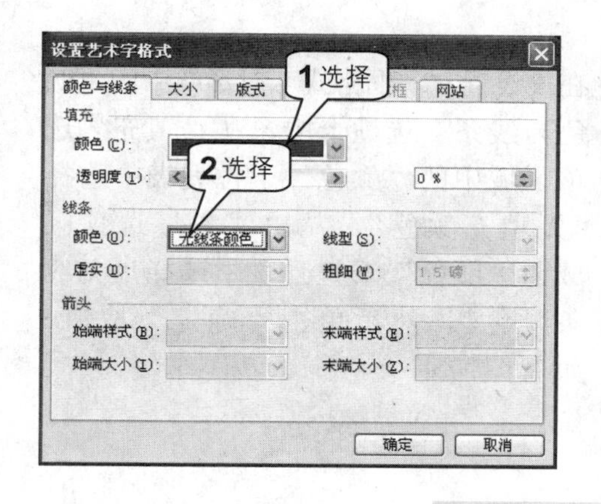

6 单击“版式”标签切换到“版式”选项卡，在“环绕方式”选项区域中单击“浮于文字上方”图标，然后单击“确定”按钮，如下图所示。

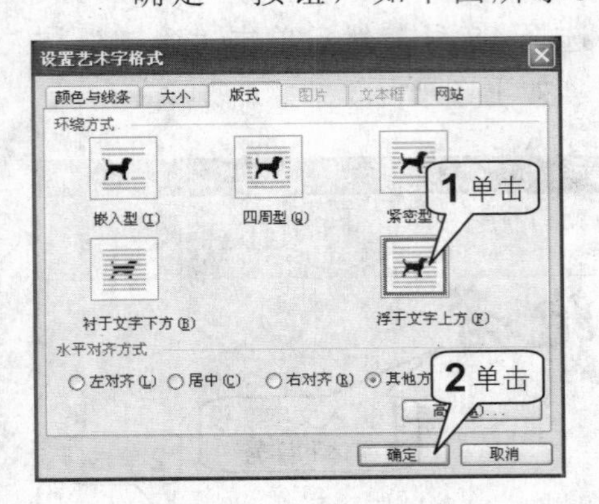

7 如果需要更改艺术字的大小，选定艺术字后，可以直接拖动角上的控点进行调整，如下图所示。

使用文本框创建主办单位

通常刊头内容除了刊物标题外，还应包括主办单位等内容，这些内容可以采用文本框来创建，具体操作方法如下。

1 将光标插入点置于艺术字上方，单击菜单栏中的“插入>文本框>横排”命令，如下图所示。

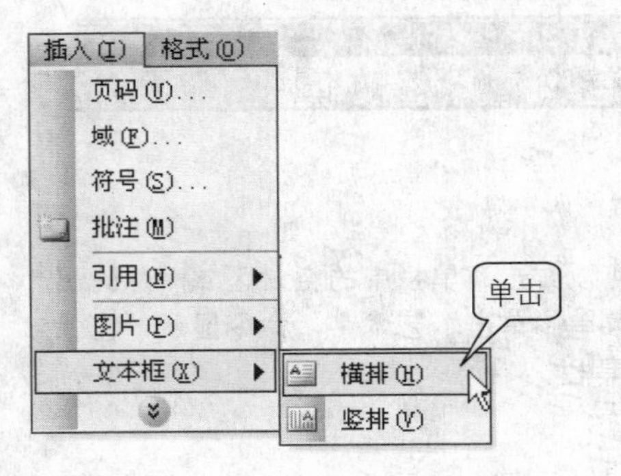

2 在文本框内输入文字，然后右击文本框，从弹出的快捷菜单中选择“设置文本框格式”命令，如下图所示。

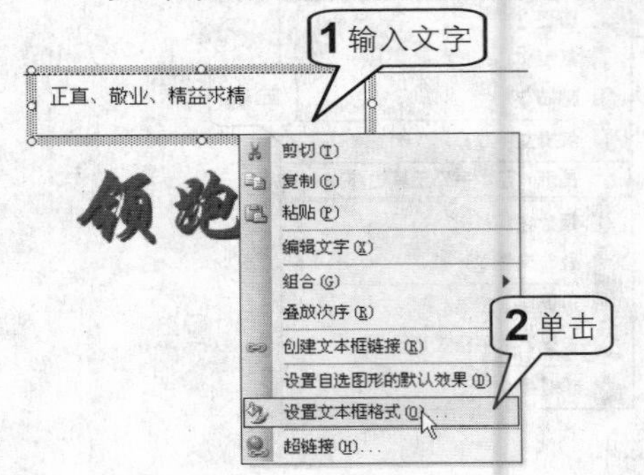

3 在“设置文本框格式”对话框中的“颜色与线条”选项卡中，从“填充”选项区域中的“颜色”下拉列表中选择“无填充颜色”，从“线条”选项区域的“颜色”下拉列表中选择“无线条颜色”，然后单击“确定”按钮，如右图所示。

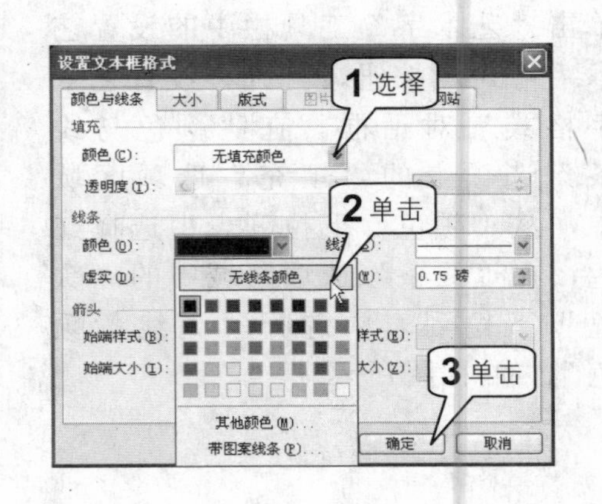

4 单击选中文本框，然后单击菜单栏中的“格式>字体”命令，如右图所示。

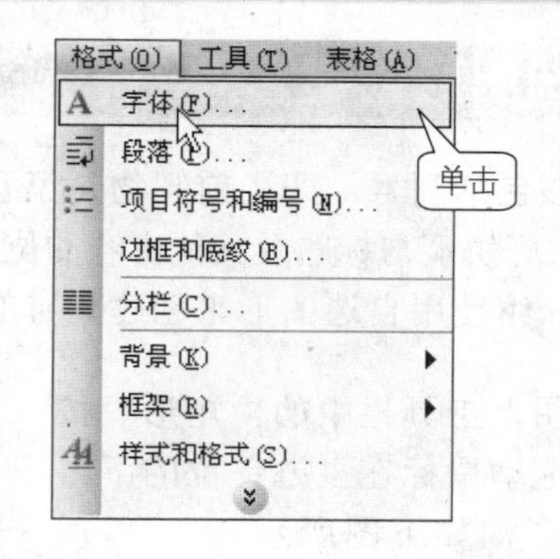

5 打开“字体”对话框，从“中文字体”下拉列表中选择“华文中宋”，从“字形”列表框中选择“加粗”，从“字号”列表框中选择“小四”，如下图所示。

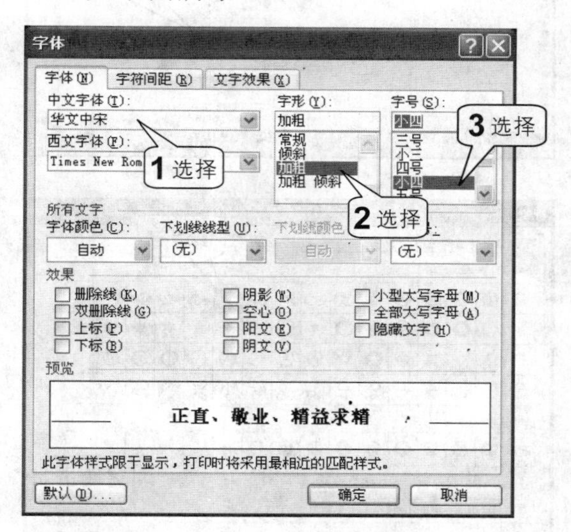

6 单击“字符间距”标签切换到“字符间距”选项卡中，从“间距”下拉列表中选择“加宽”，设置“磅值”为“2 磅”，然后单击“确定”按钮，如下图所示。

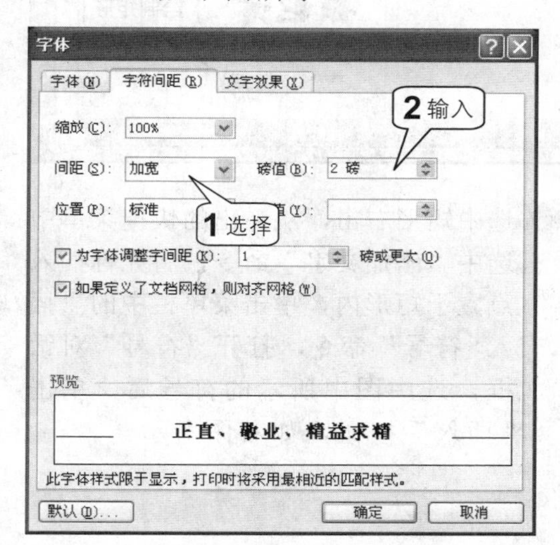

7 选中文本框，按住键盘上的Ctrl键，拖动鼠标复制一个具有相同格式的文本框到标题的下方，如下图所示。

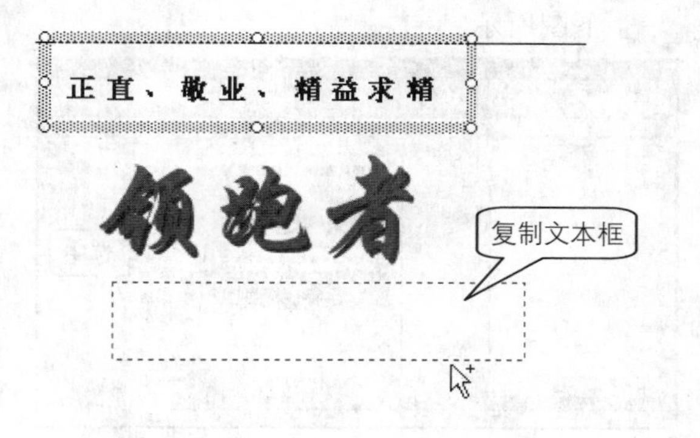

8 将复制的文本框的文字修改为刊物的主办单位，并将字体设置为“华文行楷”、“五号”、“加粗”格式，如下图所示。

正直、敬业、精益求精

使用自选图形创建刊号

刊物通常都应该包括刊号，即当前刊物是第几期，一共有几期等内容。如果直接将这些内容输入，就不太好协调与标题及其他内容的位置，因此需要将它们放在文本框或自选图形等容器内。下面介绍使用自选图形来创建刊号的具体操作步骤。

1. 单击“绘图”工具栏中的“矩形”按钮，然后拖动鼠标在主办单位的下方绘制一矩形，如下图所示。

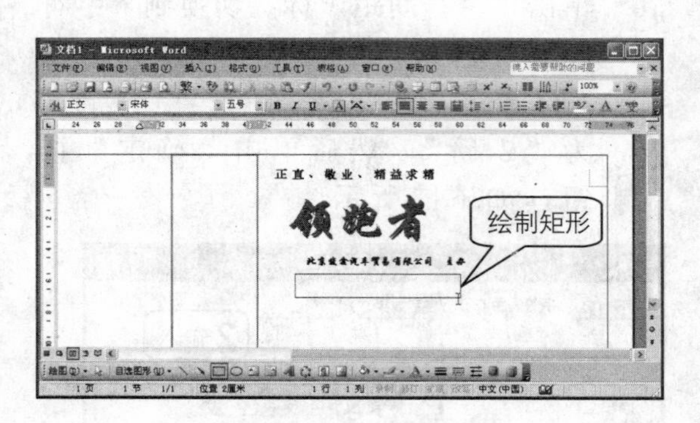

2. 选中矩形，单击“绘图”工具栏中的“填充颜色”按钮，从列表中选择“灰色”，然后单击“线条颜色”按钮，从列表中选择“无线条颜色”，如下图所示。

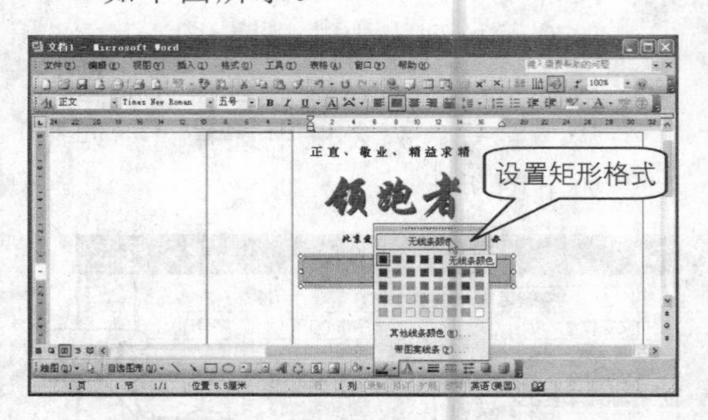

3. 选中矩形右击，从弹出的快捷菜单中选中“添加文字”命令，将光标插入点置于矩形内，单击菜单栏中的“插入>符号”命令，打开“符号”对话框，选中图中所示的符号后，单击“插入”按钮，如右图所示。

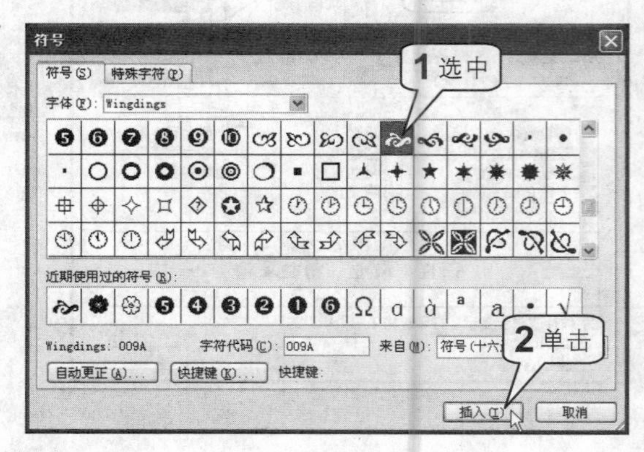

4. 将插入的符号设置为红色，然后在符号后输入公司名称、月份、本期刊号以及总刊号等内容，并设置字体为“小五”、“加粗”，如下图所示。

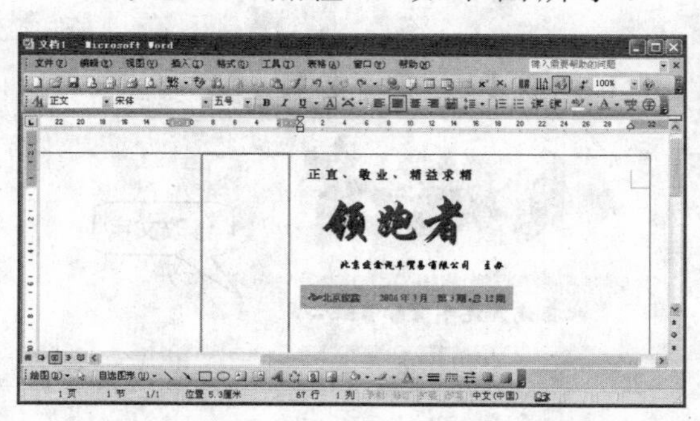

5. 选中“矩形”，单击“绘图”工具栏中的“三维效果样式”按钮，从打开的列表中选择“三维样式12”，如下图所示。

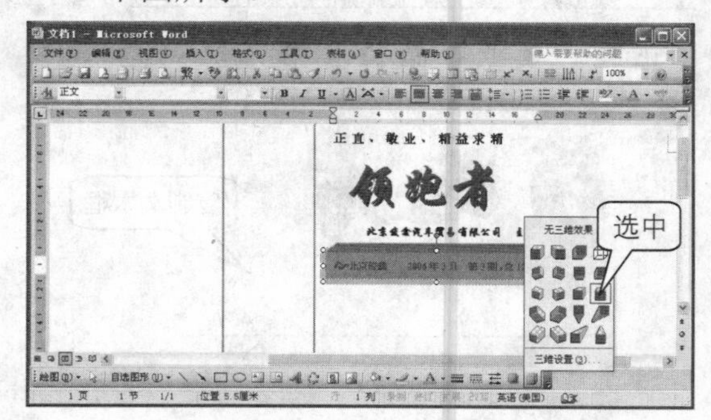

6 再次单击“三维效果样式”按钮，从打开的列表中选择“三维设置”，显示“三维设置”工具栏。单击该工具栏中的“深度”按钮，在“自定义”文本框中输入“20”，如下图所示。

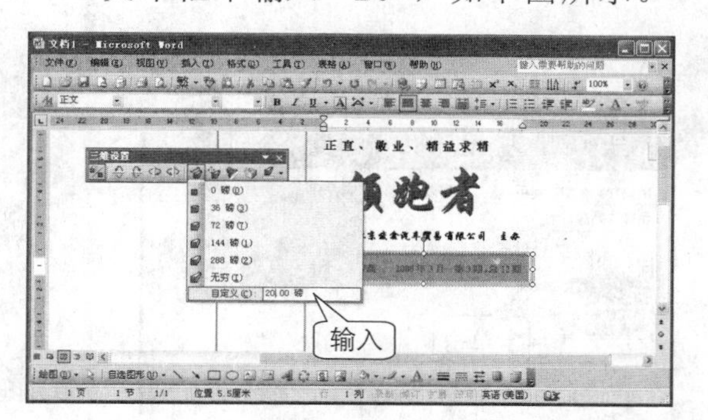

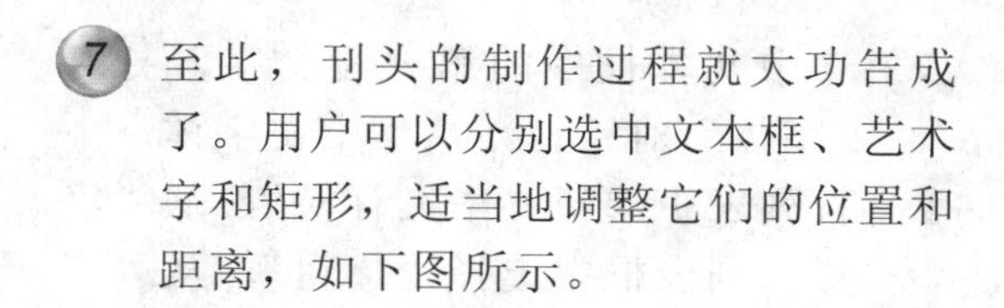

7 至此，刊头的制作过程就大功告成了。用户可以分别选中文本框、艺术字和矩形，适当地调整它们的位置和距离，如下图所示。

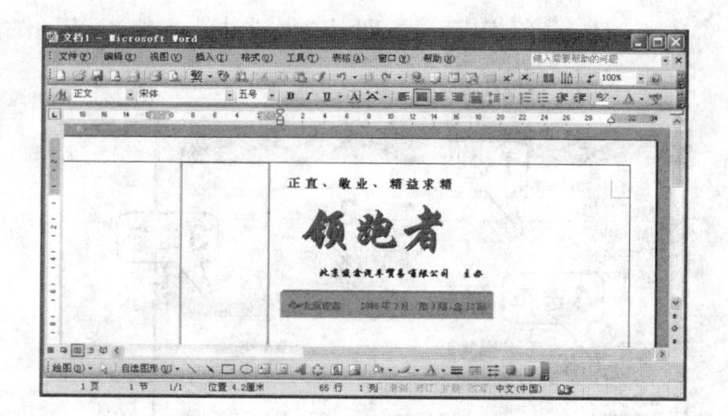

3 为刊物添加具体内容

设计好刊头之后，接下来就可以在刊物的左右两栏中添加具体的内容了。一般来说，在企业内部刊物中，可以包含企业文化、员工投稿以及企业的销售情况等内容。此外，色彩也可以用得较为鲜明一些，但颜色种类也不宜过多，最好不要超过 4 种。

使用文本框显示本期销售冠军

企业的内部刊物常可以用来发布企业内部的一些通知、公告等，还可以用来表彰先进等。例如，可以将公司每个月的销售冠军与刊物名称相对应，创建方法如下。

1 在刊头的右侧绘制一个文本框，并设置该文本框为无填充色、无线条色；然后从“实例文档\chapter6\刊物内容.doc”文档中将第一部分文字内容复制到该文本框中，如右图所示。

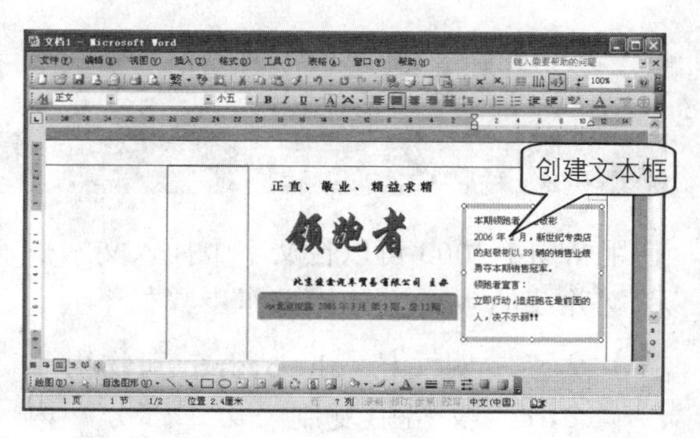

② 选中文本框中的第一段文字，打开“字体”对话框，从“中文字体”下拉列表中选择“华文行楷”，从“字形”列表框中选择“加粗”，从“字号”列表框中选择“五号”，从“字体颜色”下拉列表中选择“红色”，如下图所示。

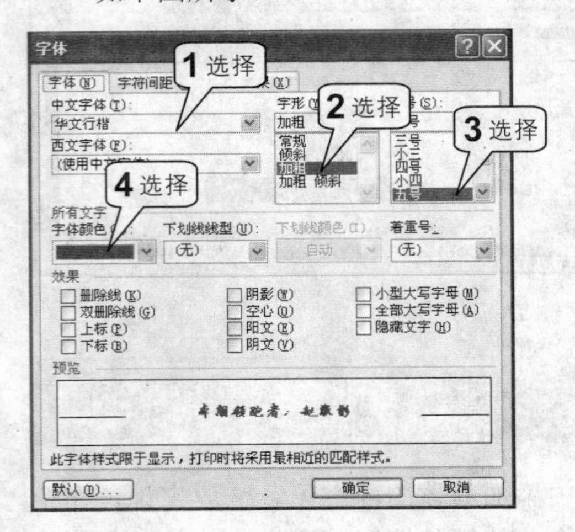

③ 打开“文字效果”选项卡，在“动态效果”列表中选择“七彩霓虹”，然后单击“确定”按钮，如下图所示。

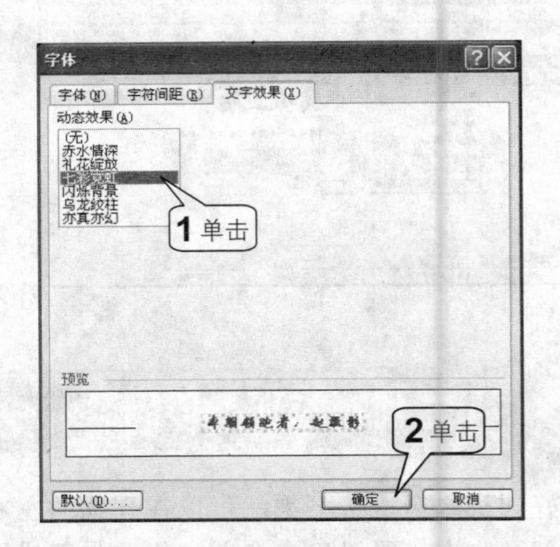

④ 设置其余文字字号为“小五”号，并加粗显示“领跑者宣言……”等文字段，如右图所示。

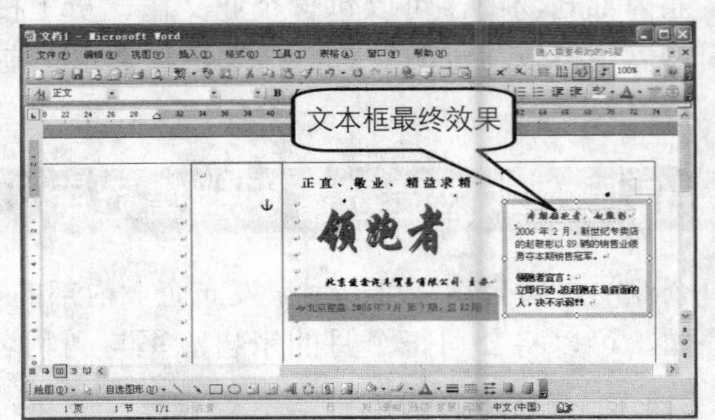

编排图文并茂的文档

使用 Word 2003 可以在文字中插入文本框、图片；而且通过设置文字环绕方式，可以实现图文并茂的效果，具体操作步骤如下。

① 从“实例文档\chapter6\刊物内容.doc”文档中复制“第二部分”内容到刊头下方的空白区域，如右图所示。

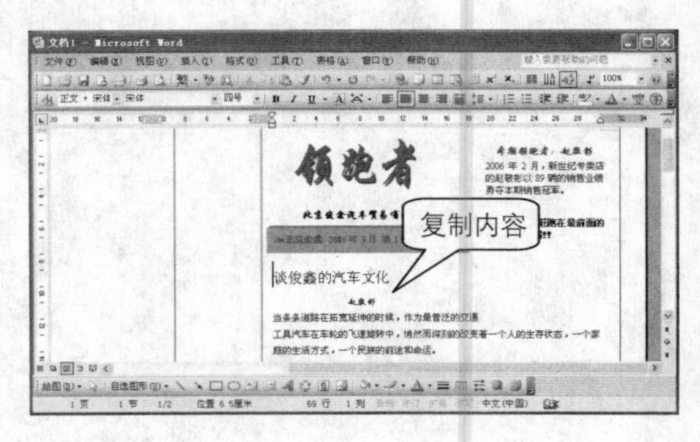

2 单击菜单栏中的“插入>文本框>竖排”命令，如下图所示。

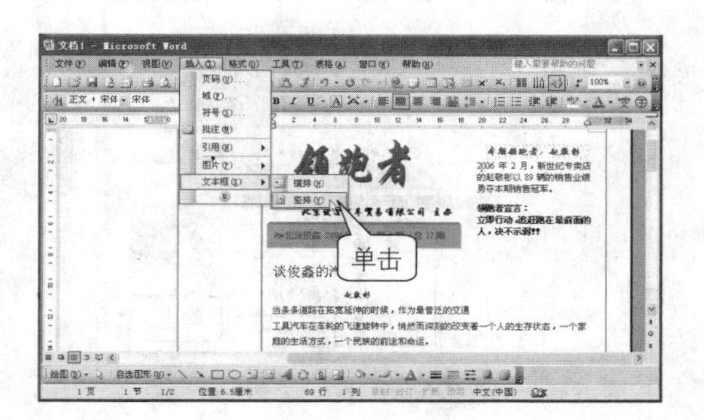

3 在文档的标题前方绘制一个竖排文本框，右击绘制的文本框，从弹出的快捷菜单中单击“设置文本框格式”命令，如下图所示。

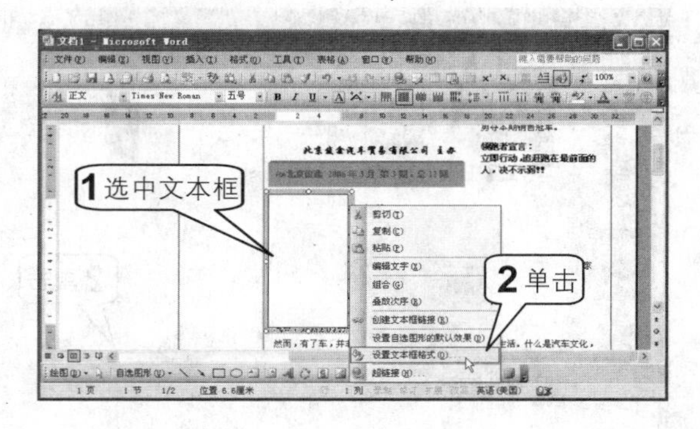

4 在“设置文本框格式”对话框中的“颜色与线条”选项卡中，从“线条”选项区域中的“线型”下拉列表中选择“3 磅”的线型，如下图所示。

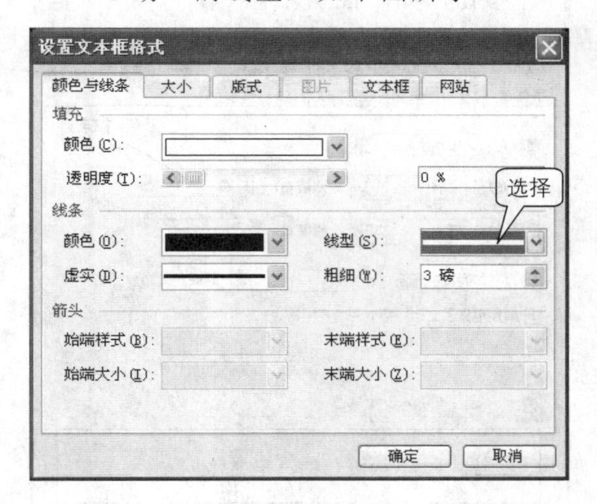

5 单击“版式”标签切换到“版式”选项卡中，在“环绕方式”选项区域中单击“四周型”，然后单击“确定”按钮，如下图所示。

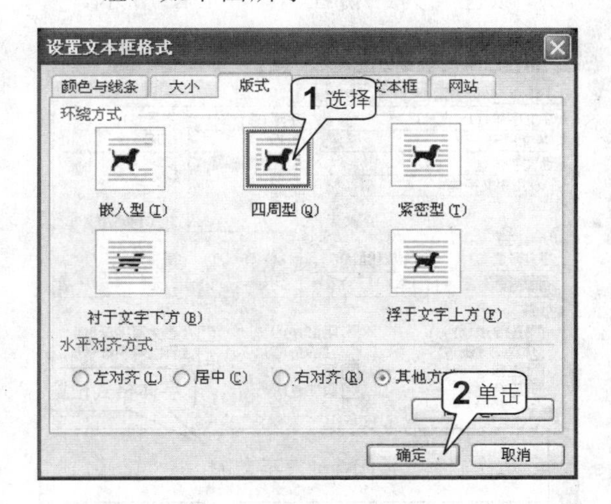

6 在文本框中输入文字，并设置字体格式，如下图所示。

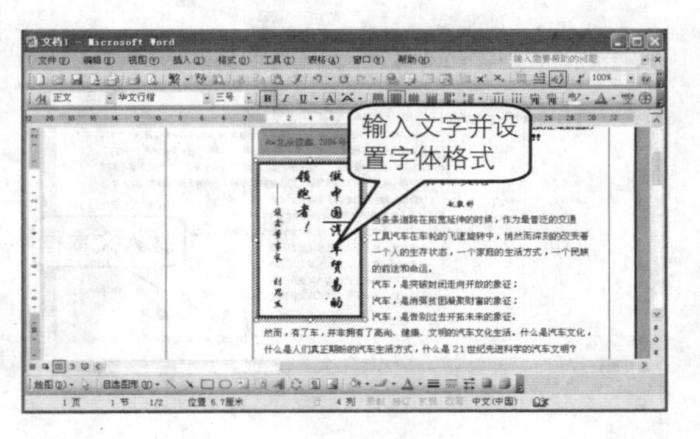

7 单击菜单栏中的“插入>图片>来自文件”命令，如下图所示。

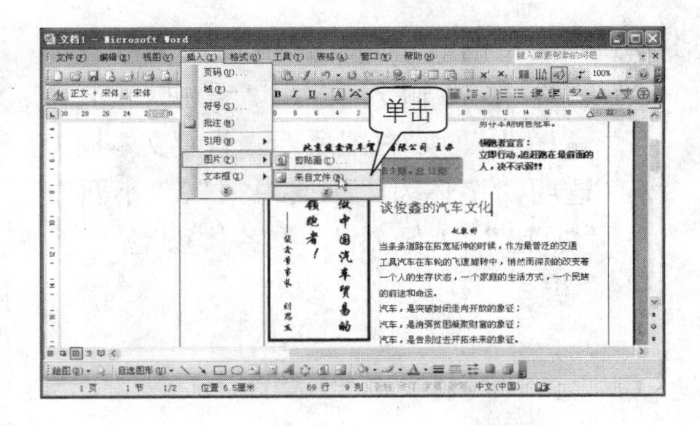

8 在打开的“插入图片”对话框中选中需要插入的“跑步”图片后，然后单击“插入”按钮，如下图所示。

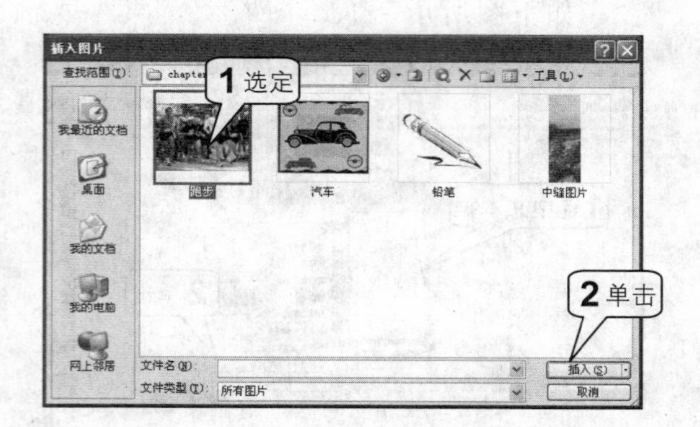

9 在“图片”工具栏中单击“文字环绕”按钮，从弹出的下拉菜单中单击“四周型环绕”命令，如下图所示；然后再适当调整图片大小和位置。

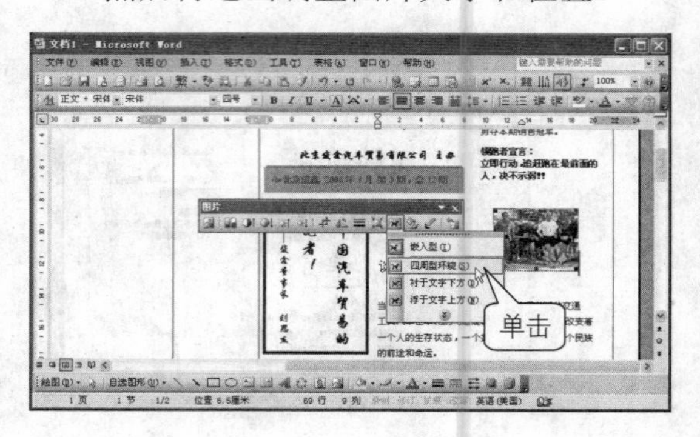

10 选定文章的标题“谈俊鑫的汽车文化”，打开“字体”对话框，设置字体为“华文中宋”、“四号”，“字体颜色”为“粉红”，如下图所示。

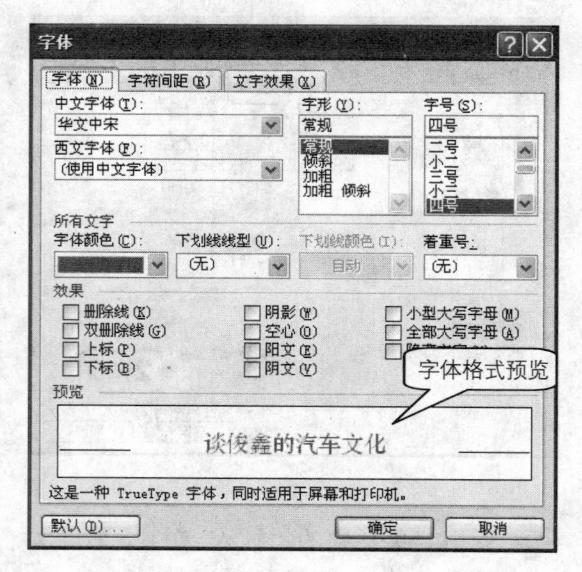

11 打开“字符间距”选项卡，从“间距”下拉列表中选择“紧缩”，设置“磅值”为“1 磅”，然后单击“确定”按钮，如下图所示。

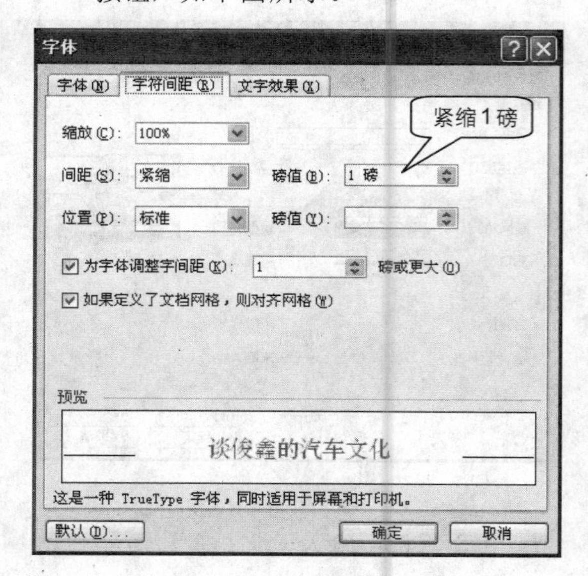

12 在文档的右下角空白区域，插入一个文本框，输入文字“爱拼，才会赢！！！”，如右图所示。设置文本框为透明，字体为“华文中宋”、“小四”、“加粗”、“倾斜”，“字体颜色”为“梅红”。

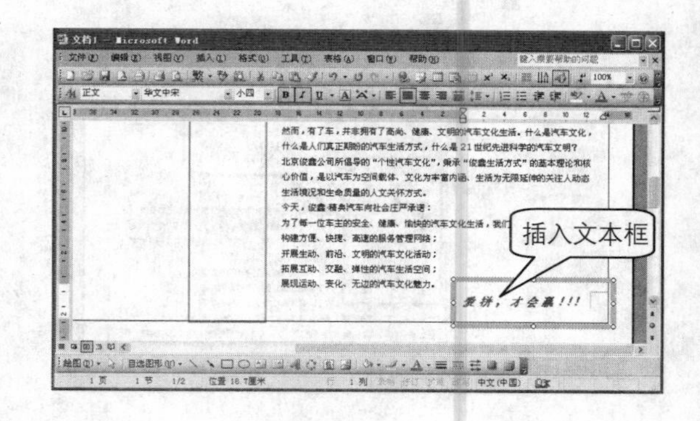

插入销售评比表格

为了使各销售部门和员工之间展开充分的竞争，最大程度地扩大公司销售业务，可以将公司每个月的销售评比表格公布在内部刊物中，插入销售评比表格的具体操作步骤如下。

1 在文档左上角输入文字“本期销售”，然后单击“绘图”工具栏中的“自选图形>基本形状>菱形”命令，如下图所示。

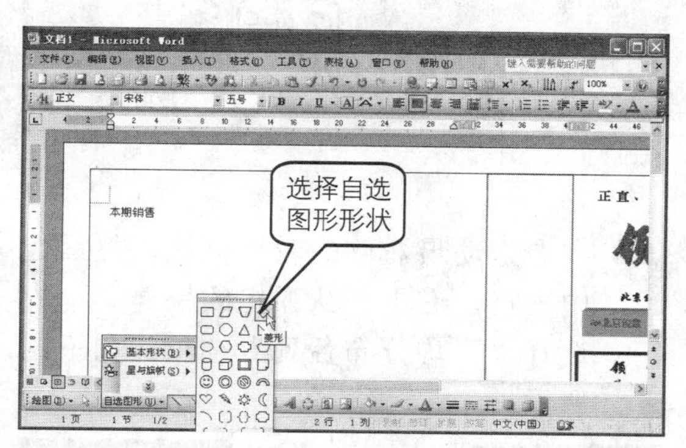

2 拖动鼠标在文档中绘制一个菱形，右击，从弹出的快捷菜单中选择“添加文字”命令，如下图所示。

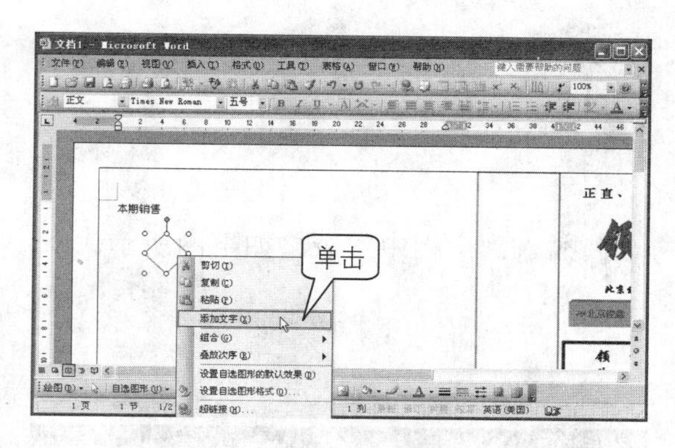

3 在菱形中输入文字“总”，并单击“绘图”工具栏中的“填充颜色”按钮，从列表中选择“黄色”；然后按住Ctrl键，创建2个该菱形的副本形状，效果如下图所示。

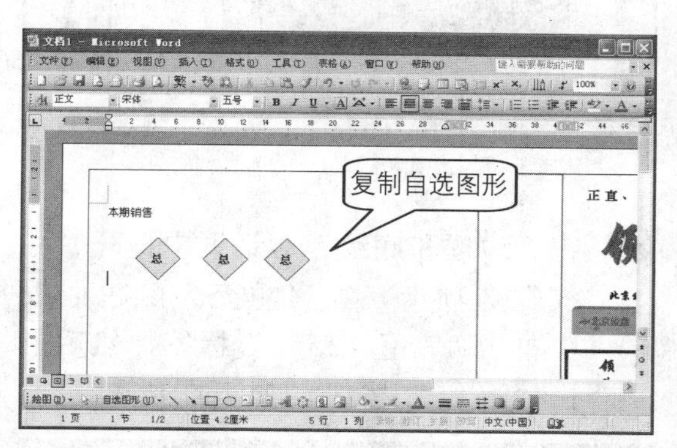

4 将复制的菱形文字更改为“评”、“榜”，填充颜色更改为红色和绿色，并将图形移动到该栏中心位置，如下图所示。设置“本期销售”字体为“黑体”、“四号”、“加粗”、“居中”。

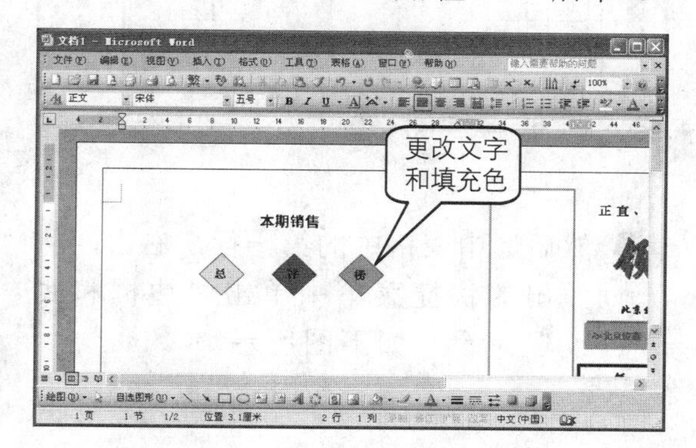

5 单击菜单栏中的“表格>插入>表格”命令，如右图所示。

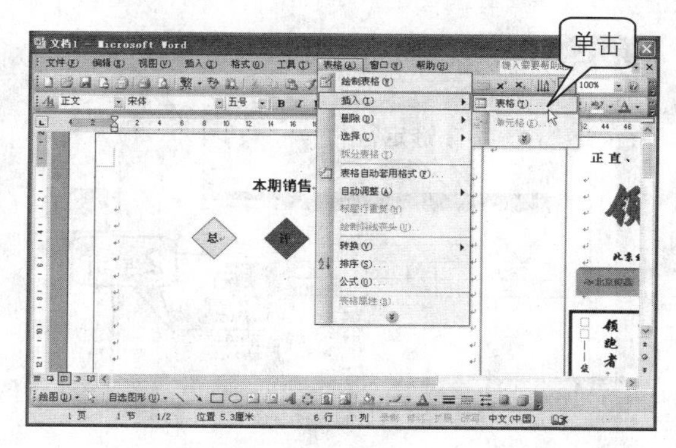

6 在打开的“插入表格”对话框中的“表格尺寸”区域中设置表格为5列6行，然后单击“确定”按钮，如右图所示。

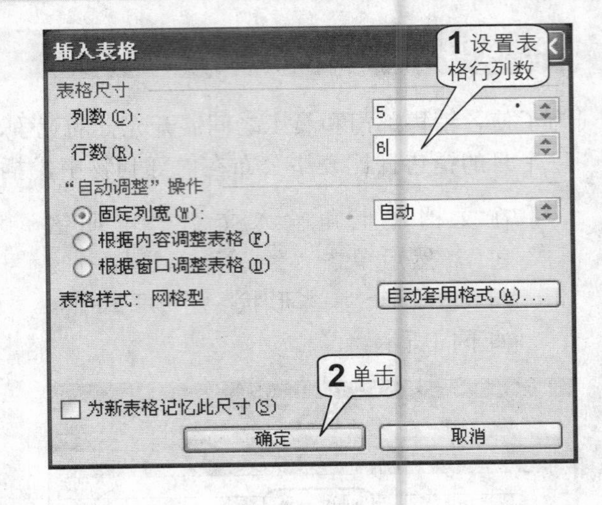

7 插入到文档中的表格如下图所示。

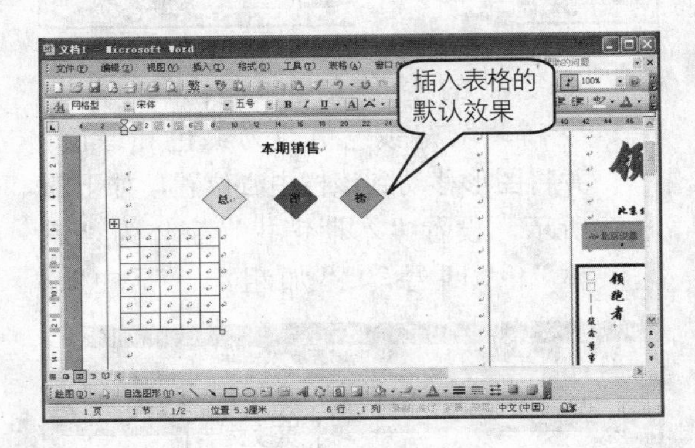

8 向右拖动最右侧的表格框线，然后选中表格，右击，从弹出的快捷菜单中选择“平均分布各列”选项，如下图所示。

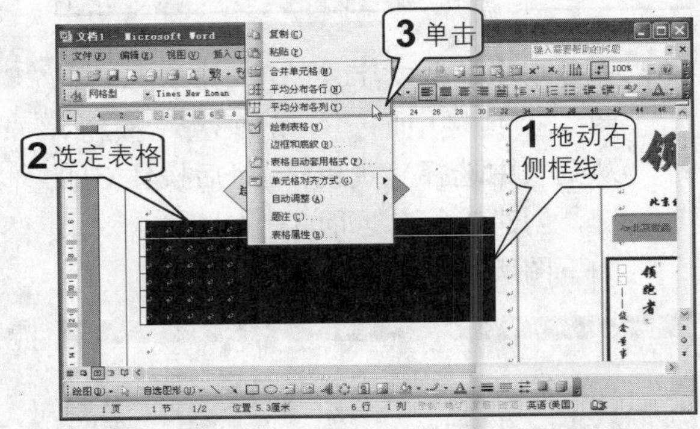

9 然后选中表格中的第一行，右击，从弹出的快捷菜单中单击“边框和底纹”命令，如下图所示。

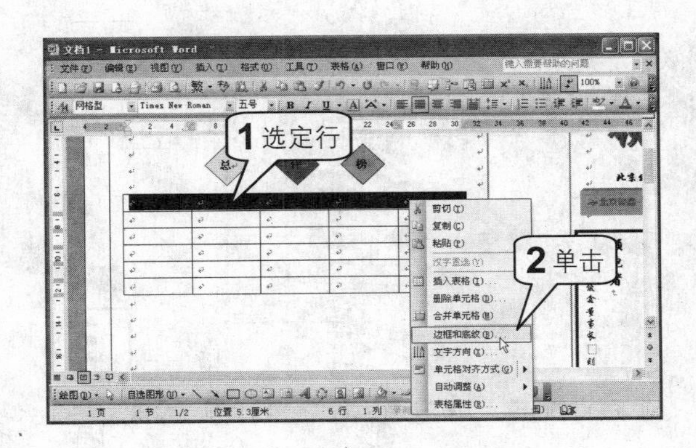

10 在“边框和底纹”对话框中打开“底纹”选项卡，在“填充”颜色面板中单击“灰色-25%”标签，然后单击“确定”按钮，如下图所示。

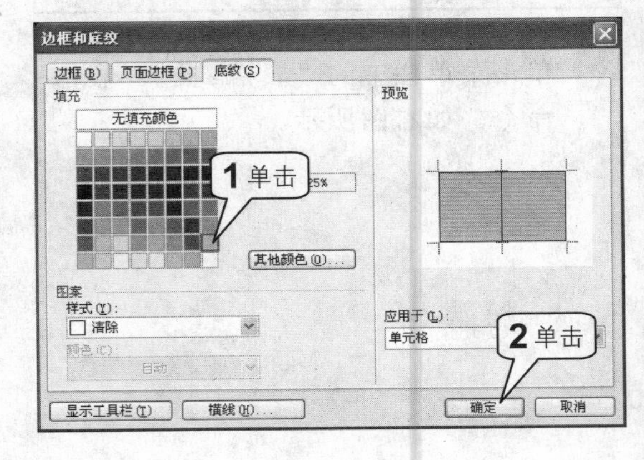

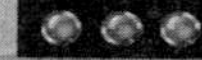

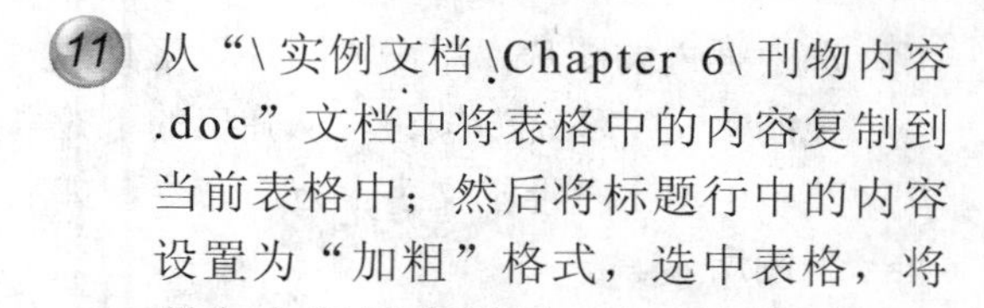

11 从“\ 实例文档 \Chapter 6\ 刊物内容 .doc”文档中将表格中的内容复制到当前表格中；然后将标题行中的内容设置为“加粗”格式，选中表格，将所有内容居中显示，如下图所示。

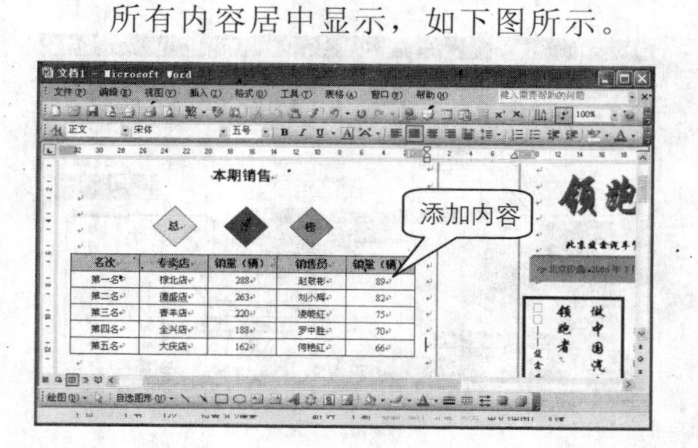

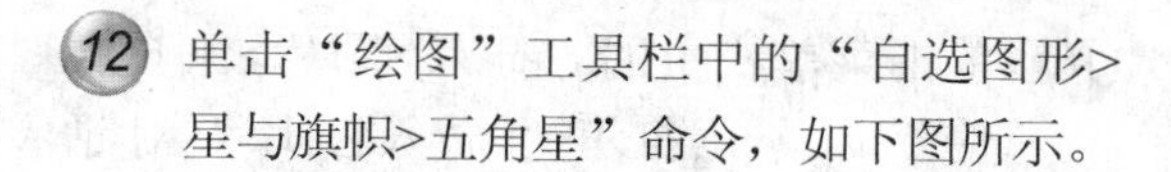

12 单击“绘图”工具栏中的“自选图形>星与旗帜>五角星”命令，如下图所示。

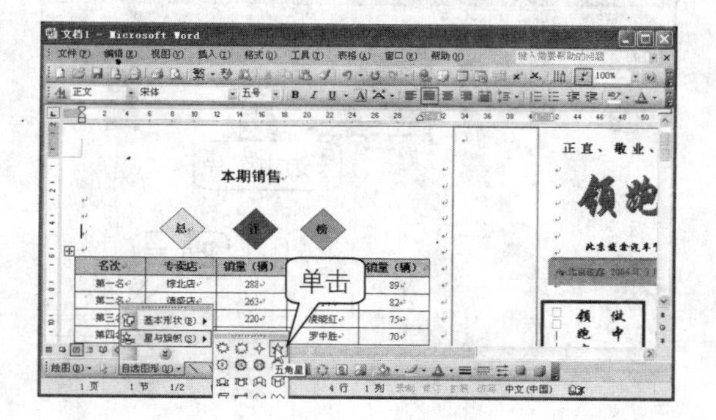

提示

当从原始文档中复制内容到表格中时，可在执行粘贴操作前，选中整个表格，Word 会根据选中的内容依次粘贴到表格对应的单元格中。如果不选中整个表格，Word 会将所有内容粘贴到当前单元格中。

13 在“本期销售”表格标题区域的空白处绘制 6 个五角星形，如下图所示。

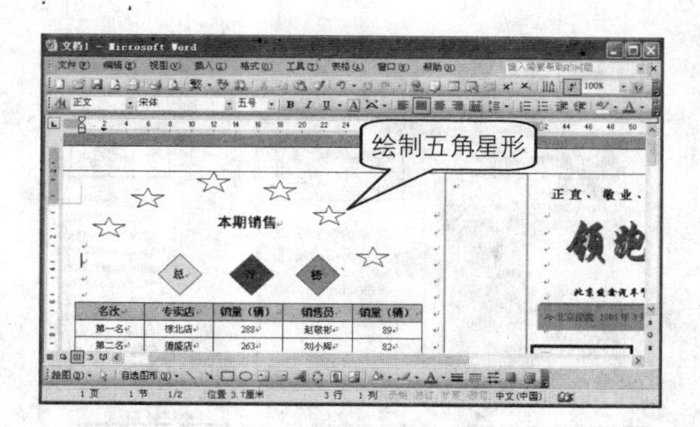

14 分别将绘制的五角星形填充为绿、粉红、蓝、黄、淡紫、红色，并设置所有的五角星形为无线条颜色，如下图所示。

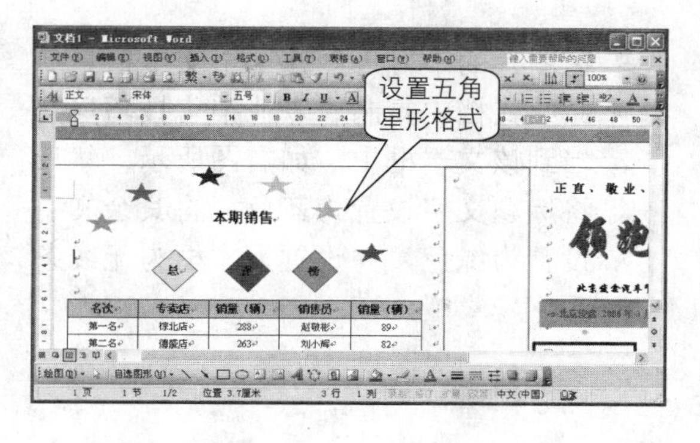

15 在表格下方绘制一个文本框，从“\ 实例文档 \Chapter 6\ 刊物内容.doc”文档中将“专业销售员的五个条件”复制到该文本框中，并将文本框填充为淡紫色，如右图所示。

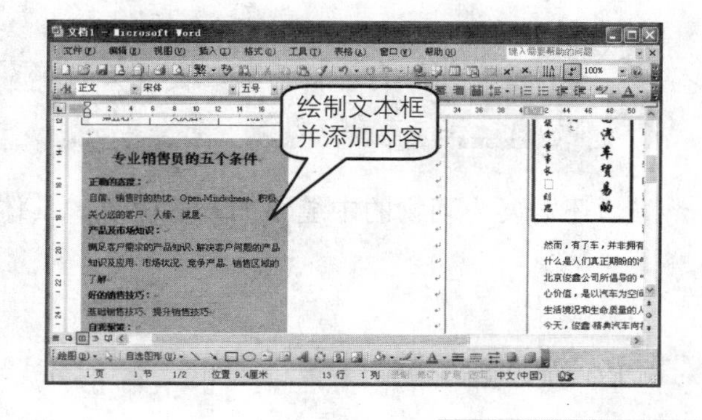

16 单击菜单栏中的“插入>图片>来自文件”命令，打开“插入图片”对话框，选中需要插入的“汽车”图片后，单击“插入”按钮，如下图所示。

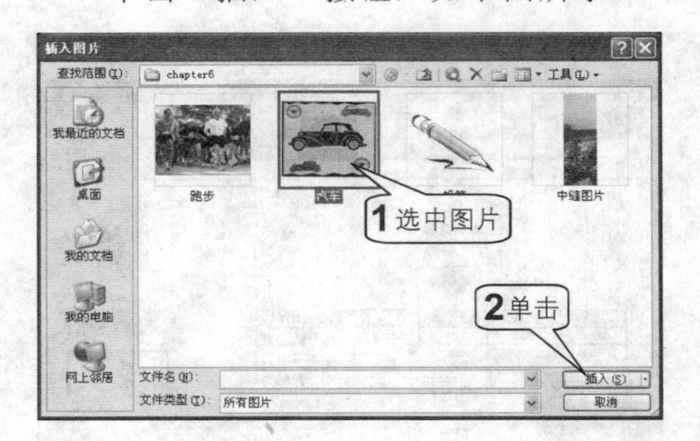

17 选中插入的图片，单击“图片”工具栏中的“文字环绕”按钮，从弹出的下拉菜单中单击“浮于文字上方”命令，如下图所示。

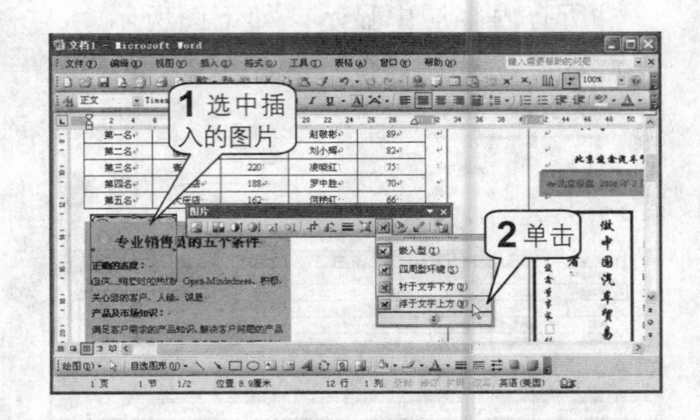

18 然后将图片拖动到表格的右下方，如右图所示。

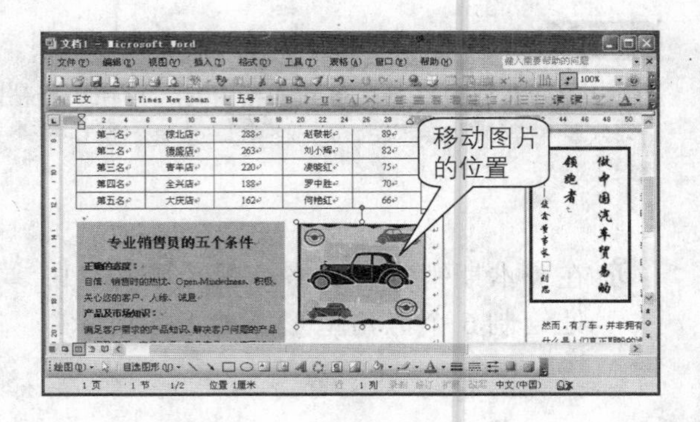

19 在图片的下方再创建一个文本框，从原始文档中复制“专业销售技巧”文档到该文本框中，如右图所示；然后将标题文字设置为蓝色，将其余文字设置为绿色，并设置文本框为无线条颜色。

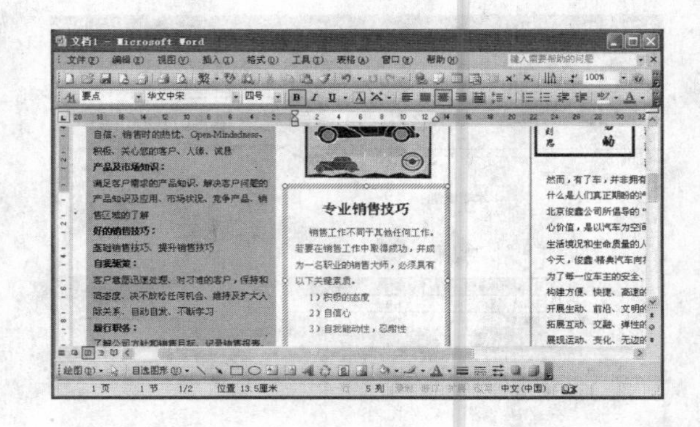

4 设置刊物中缝并添加内容

最后还需要为刊物的中缝添加一些内容，具体操作步骤如下。

1 将光标插入点置于矩形中，单击菜单栏中的“插入>图片>来自文件”命令，如下图所示。

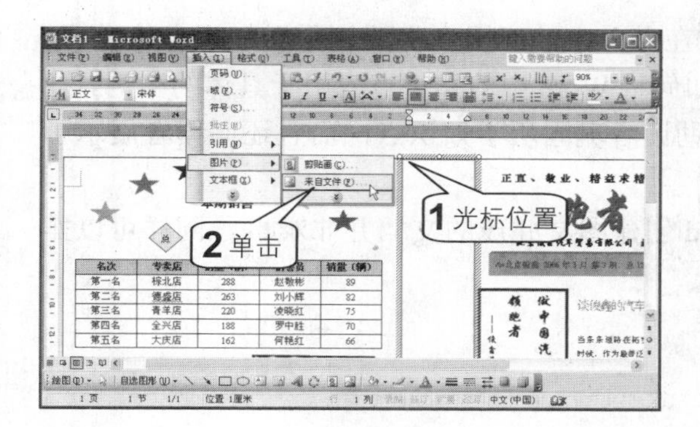

2 在“插入图片”对话框中选中需要插入的“中缝图片”后，单击“插入”按钮，如下图所示。

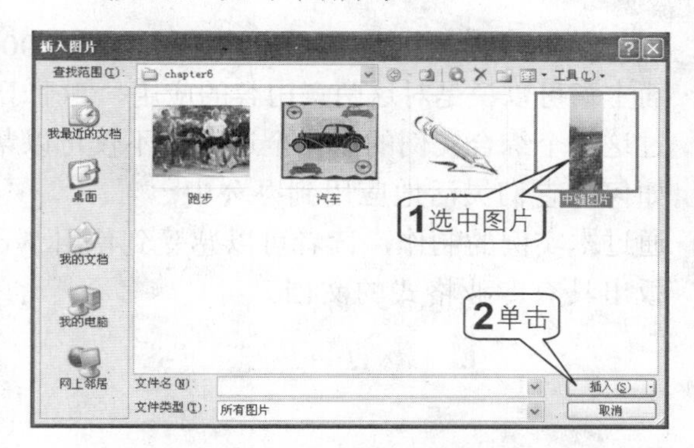

3 适当调整图片大小，再在图片下方输入本月过生日的员工名单，然后根据总体效果为文字设置字体格式，如下图所示。

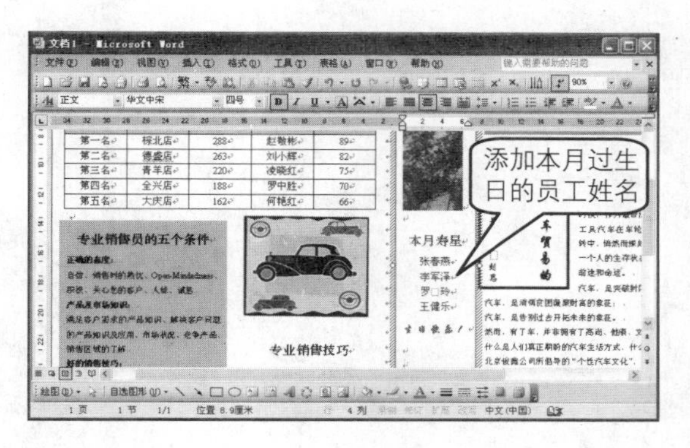

4 再次单击菜单栏中的“插入>图片>来自文件”命令，打开“插入图片”对话框，选中“铅笔”图片后，单击“插入”按钮，如下图所示。

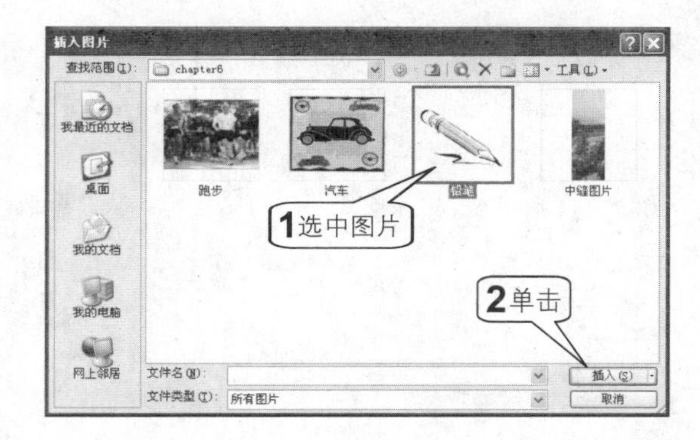

5 如下图所示在新插入的图片下方输入本期刊物的编辑和校对工作人员的名单以及刊号等信息，并适当设置字体格式。

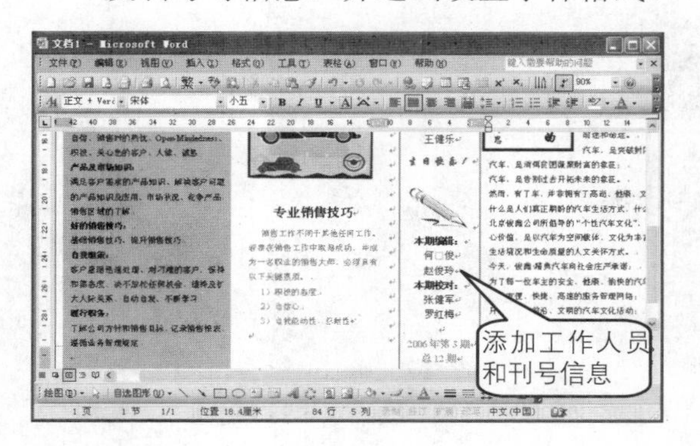

6 得到刊物的最终效果如下图所示。

本章小结

第 4 章和第 5 章由浅入深地介绍了 Word 2003 在办公中的应用，主要侧重于知识点的讲解。而本章可以说是对这两章内容的应用，侧重于如何将 Word 中的知识点应用于具体的实例。通过这一个综合实例的制作全过程，不仅可以帮助读者巩固所学知识点，而且还向读者展示了如何将它们灵活地应用到办公中。

通过本实例的制作，读者可以感受到使用 Word 创建图文并茂的文档并非难事，同样可以排版出具有专业格式的文档。

Chapter 7

Excel 2003快速入门

本章介绍Excel 2003中的一些入门与基础操作，而这些内容又根据操作的对象不同分为操作界面的介绍、工作簿操作、工作表操作、单元格和单元格区域操作等。

1. 自定义Excel 2003工作界面
2. 工作簿和工作表操作
3. 单元格和单元格区域操作
4. 格式化单元格和工作表
5. 设置数据有效性

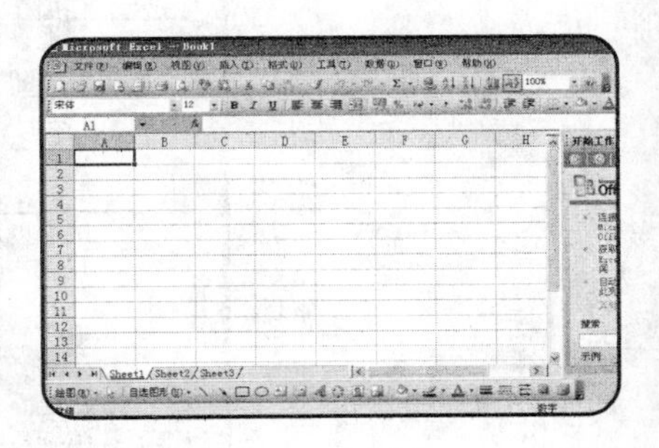

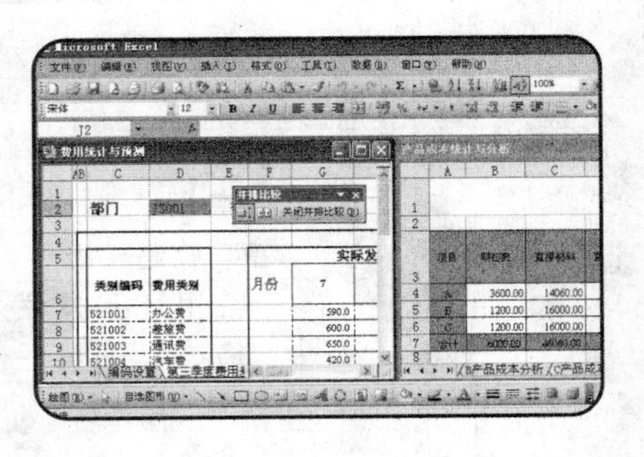

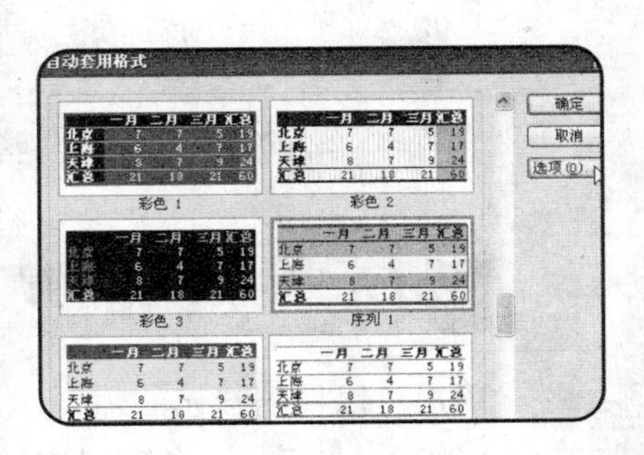

自定义 Excel 2003 的操作界面

由于 Excel 2003 的安装、启动与退出与 Word 2003 完全类似，因此不再介绍这部分内容，本章将直接引领读者熟悉 Excel 2003 操作界面中的各项元素，同时将介绍如何自定义 Excel 2003 的操作界面，显示和隐藏某些项目。

熟悉默认的操作界面

当启动 Excel 2003 后，显示的窗口为默认的操作界面，如下图所示，该界面中显示了标题栏、菜单栏、窗口控制按钮、工具栏、标尺、滚动条、“绘图”工具栏以及状态栏等要素，各选项功能的说明如下表所示。

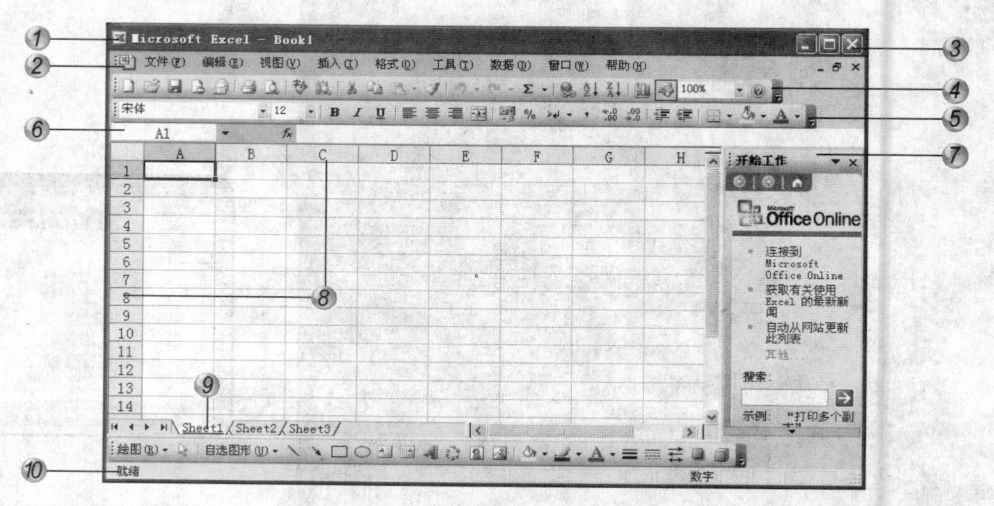

编号	名称	说明
1	标题栏	位于窗口的顶部，用于显示文件的标题和类型
2	菜单栏	显示程序所有的菜单，单击各菜单按钮将弹出相应的子菜单
3	窗口控制按钮	可以控制窗口最大化、最小化显示和关闭
4	“常用”工具栏	用于显示系统默认的常用的工具栏操作按钮
5	“格式”工具栏	用于显示系统默认的格式操作命令按钮
6	编辑栏	可以在编辑栏中对当前单元格输入文本、数字、公式等
7	任务窗格	以更直观的形式集成了Excel 2003应用程序的常用命令
8	行列标签	也就是单元格的行号和列号，单击时选中整行或整列
9	工作表标签	用来标识工作表名称，当前活动的工作表标签显示为白色背景
10	状态栏	显示当前的状态信息，如页数、节数、行列数及当前输入法状态等

自定义 Excel 2003 工作环境

用户可以根据自己的需要，设置在屏幕中显示的元素。假如用户需要尽量增大 Excel 2003 的编辑区域，可以将窗口中的工具栏、标尺等界面元素隐藏起来，具体操作方法如下。

1 单击菜单栏中的“工具>选项”命令，如右图所示。

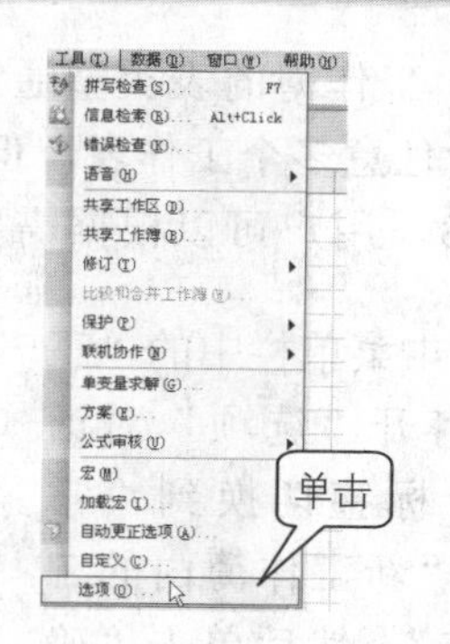

2 在“选项”对话框中单击“视图”标签，切换到“视图”选项卡。在“显示”选项区域中可以设置是否显示启动任务窗格、编辑栏、状态栏及任务栏中的窗口。在“窗口选项”选项区域中可以选中需要显示在窗口中的选项，如下图所示。

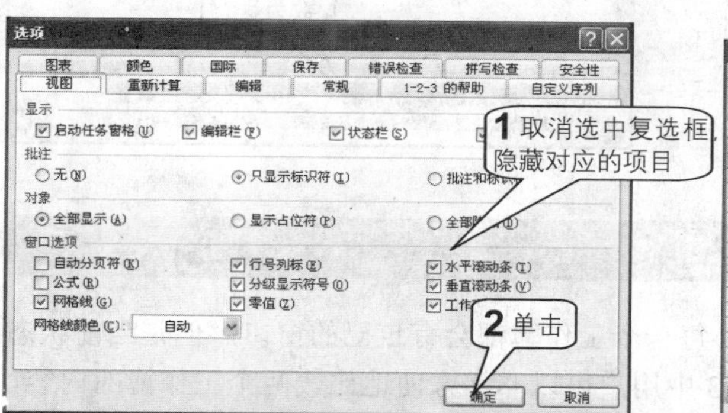

3 在“窗口选项”选项区域中，取消选中“网格线”和“工作表标签”复选框，单击“确定”按钮，可以隐藏工作表中的网格线和工作表标签，如下图所示。

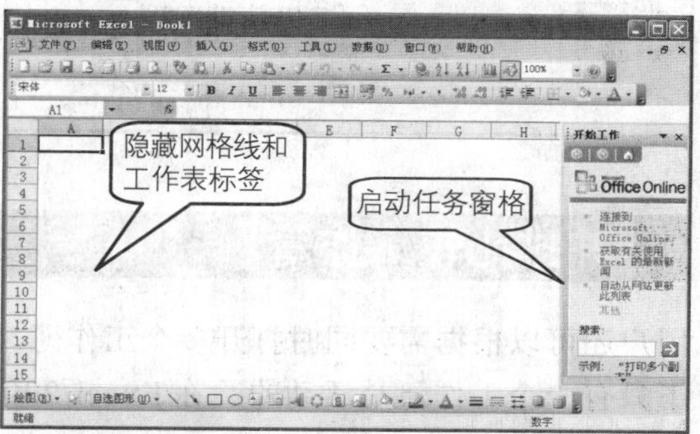

提示

在“视图”选项卡中的“显示”选项区域中取消选中“启动任务窗格”复选框时，此时打开的工作簿中的启动任务窗格并不会消失，只有在关闭该工作簿，重新启动 Excel 2003 时新创建的工作簿中才不会再显示启动任务窗格。

2 工作簿和工作表

在使用 Excel 2003 时，文件的新建、打开、保存和关闭都和 Word 2003 完全类似。惟一的区别是一个 Word 文件对应的就是一个 Word 文档；而一个 Excel 文件对应的是一个 Excel 工作簿，并且它可以包含多个工作表。

自定义工作簿中包含的工作表数量

工作簿是 Excel 2003 最常用的对象之一，在 Excel 2003 中所做的任何操作都存放在工作簿中，它使用后缀为.xls 的文件进行保存。一个工作簿可以有任意数量的工作表，但这必须要用户的计算机有足够的内存。工作簿的表类型通常有工作表和图表。

虽然一个工作簿可以包含任意多个工作表，但系统默认的每次新建一个工作簿时，该工作簿中包含工作表的数量为 3，用户可以根据需要修改该设置，具体操作如下。

1 启动 Excel 2003，单击菜单栏中的“工具>选项”命令，打开“选项”对话框，单击“常规”标签切换到“常规”选项卡中，将“新工作簿内的工作表数”设置为“5”，然后单击“确定”按钮，如下图所示。

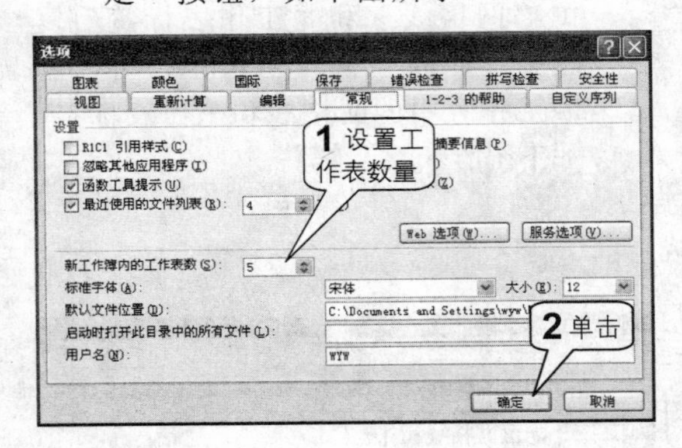

2 新建一个 Excel 工作簿，此时会发现新建工作簿中默认的工作表个数由原来的 3 个更改为 5 个，工作表名称分别是 Sheet1 至 Sheet5，如下图所示。

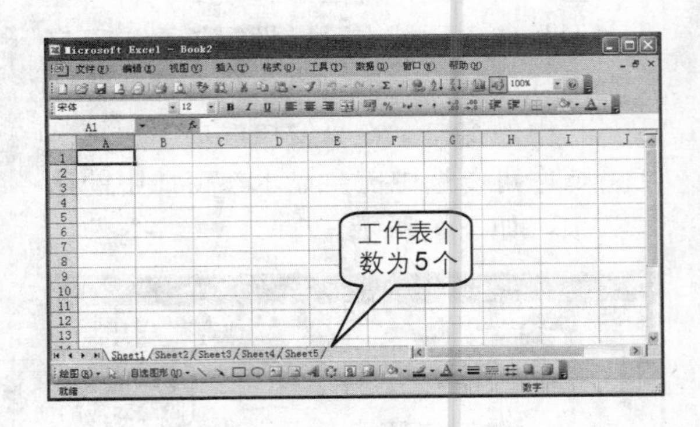

并排比较工作簿

用户还可以根据需要同时打开多个工作簿，每一个工作簿都会有自己的窗口，但是当前状态下只有一个工作簿是活动的。在 Excel 2003 中用户可以非常方便地比较两个工作簿的内容，具体操作如下。

1 打开需要并排比较的两个工作簿。在其中一个工作簿窗口单击菜单栏中的“窗口>并排比较”命令，如下图所示。

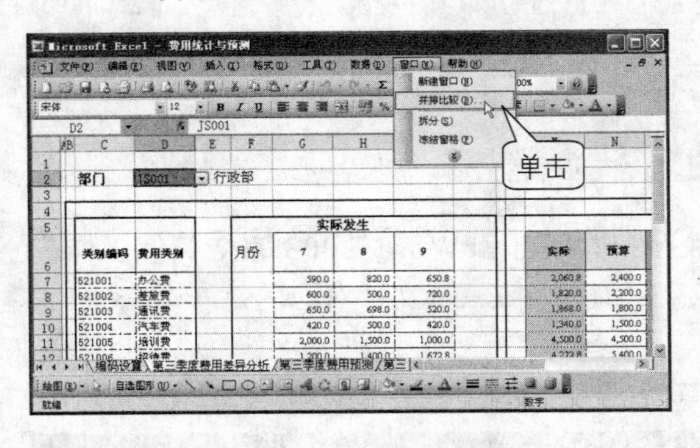

2 打开“并排比较”对话框，当前计算机中打开的Excel工作簿会显示在“并排比较”列表框中。选中需要比较的工作簿，单击“确定”按钮，如下图所示。

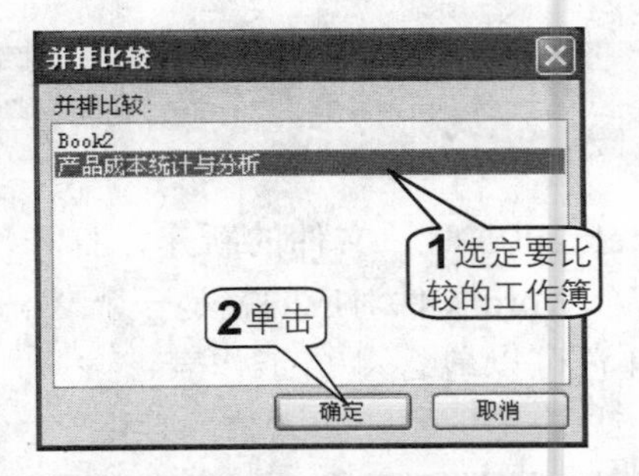

提示

也可以单击“窗口”菜单中的展开按钮，展开“窗口”菜单中所有的项目，此时菜单项中有一项为“与产品成本统计与分析 并排比较”命令，单击该命令也可将两个工作簿并排比较。

3 此时工作窗口中将水平并排两个工作簿，同时屏幕上还将打开“并排比较”工具栏，如下图所示。拖动两个工作簿中任意一个的滚动条，两个窗口将同步滚动。

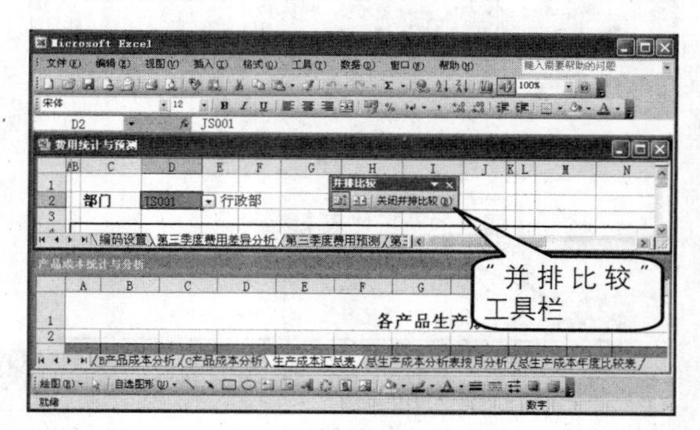

4 还可以更改工作簿窗口的排列方式。单击菜单栏中的“窗口>重排窗口”命令，如下图所示。

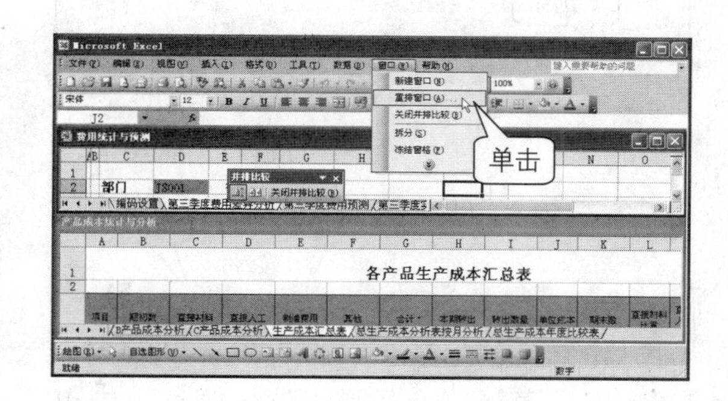

5 在“重排窗口”对话框的“排列方式”选项区域中选中“垂直并排”单选按钮，然后单击“确定”按钮，如下图所示。

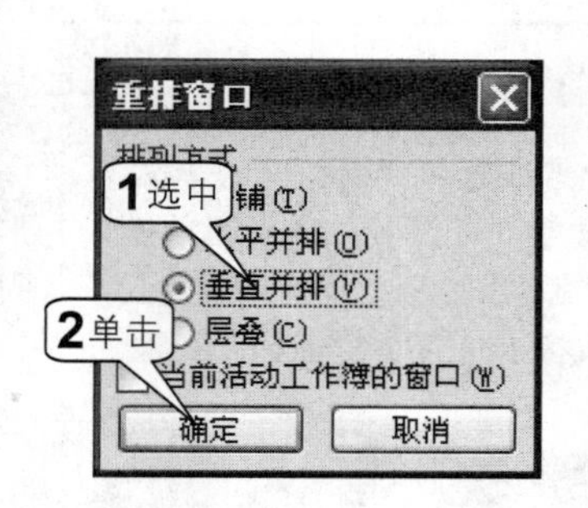

6 此时并排比较的两个工作簿窗口垂直并排，如下图所示。如果不需要再并排比较，可单击“并排比较”工具栏中的“关闭并排比较”按钮。

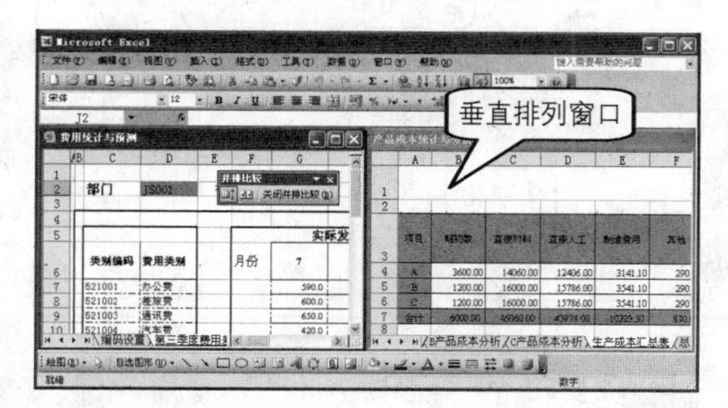

插入与删除工作表

在系统默认的情况下，创建一个工作簿时该工作簿中自动包含3个工作表，用户可以在该工作表中插入新工作表，也可以删除这些已有的工作表，具体操作步骤如下。

1 右击现有的工作表标签，从弹出的快捷菜单中选择“插入”命令，如下图所示。

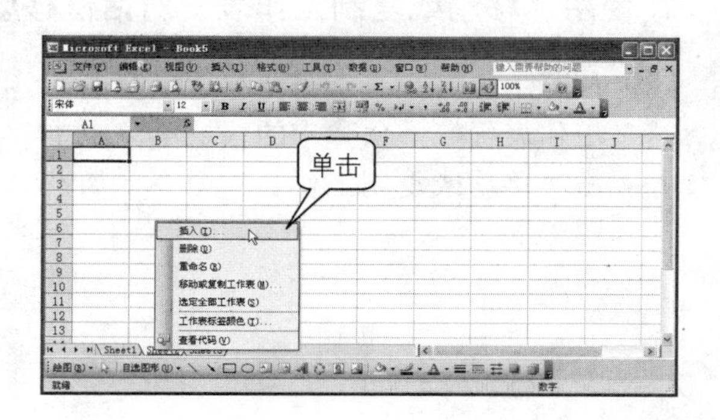

2 弹出“插入”对话框，在“常用”选项卡中的列表框中单击选择“工作表”，然后再单击“确定”按钮，如下图所示。

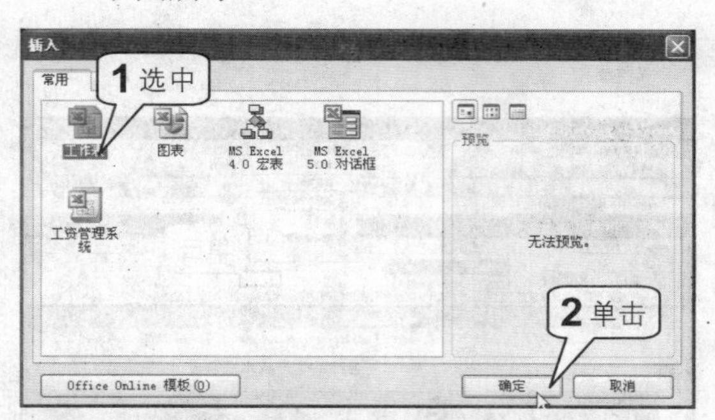

3 插入的新工作表默认名称为 Sheet4，它插入在前面右击的工作表标签之前，同时它会自动成为当前工作表，如下图所示。

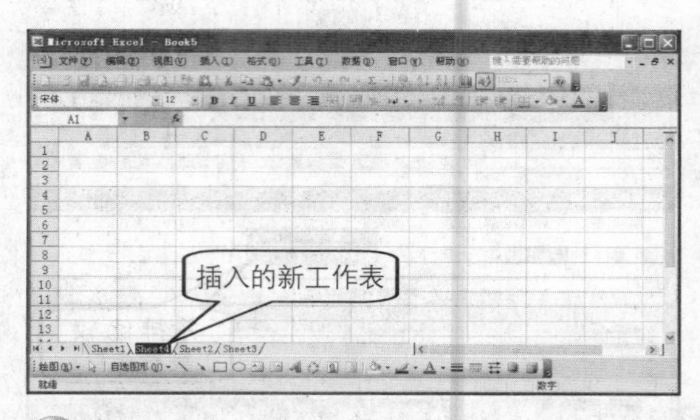

4 如果要删除某个工作表，可以右击该工作表标签，从弹出的快捷菜单中单击“删除”命令；也可以直接单击菜单栏中的“编辑>删除工作表”命令，如下图所示。

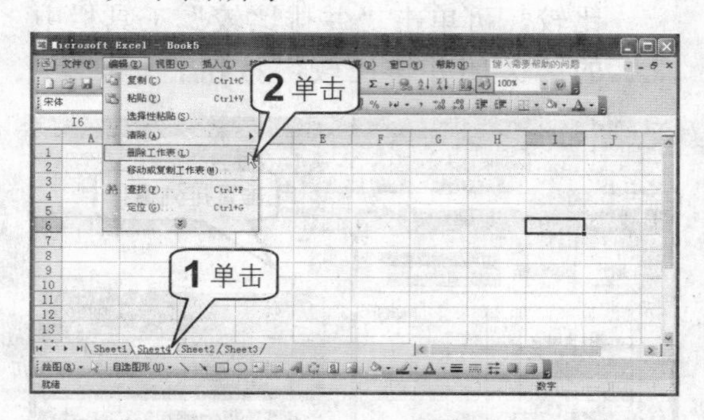

5 如果要删除的工作表中存在数据，屏幕上将弹出如右图所示的提示对话框进行询问。

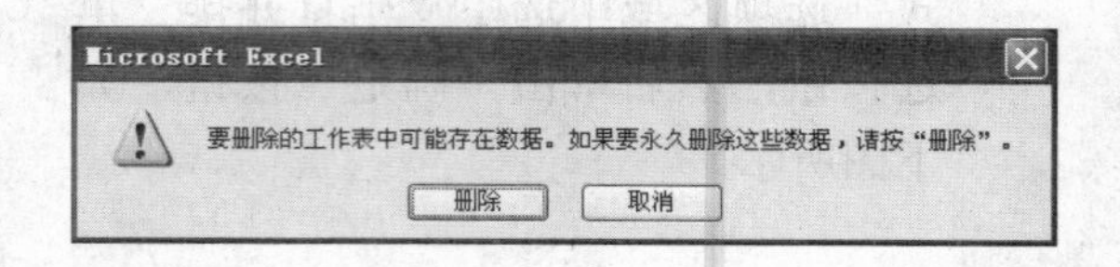

提示

插入的新工作表名称默认为“Sheet+<数字>”的形式，其中“<数字>”部分取决于当前工作簿中已有的工作表名称和数目。而新插入的工作表则位于当前活动状态的工作表标签的位置。

4 移动与复制工作表

有时需要调整工作表间的排列位置，此时就需要移动工作表。还有的时候，需要用复制具有某种格式的工作表来生成新工作表。通常移动和复制工作表有两种方法：一是使用“移动或复制工作表”对话框；另一种是直接拖动工作表标签，具体操作步骤如下。

1. 使用“移动或复制工作表”对话框移动和复制工作表

1 打开工作簿，右击需要移动或复制的工作表标签，从弹出的快捷菜单中单击“移动或复制工作表”命令，如右图所示。

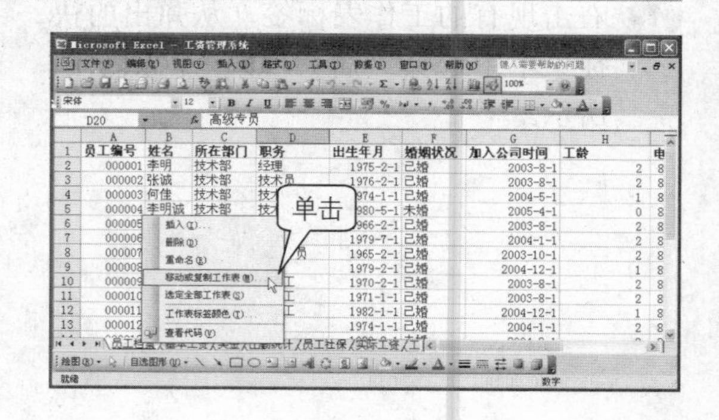

2 此时屏幕上会显示“移动或复制工作表”对话框，“工作簿”中默认的选项为当前工作簿，在“下列选定工作表之前”列表框中选择“(移至最后)”选项，然后单击“确定”按钮，如下图所示。

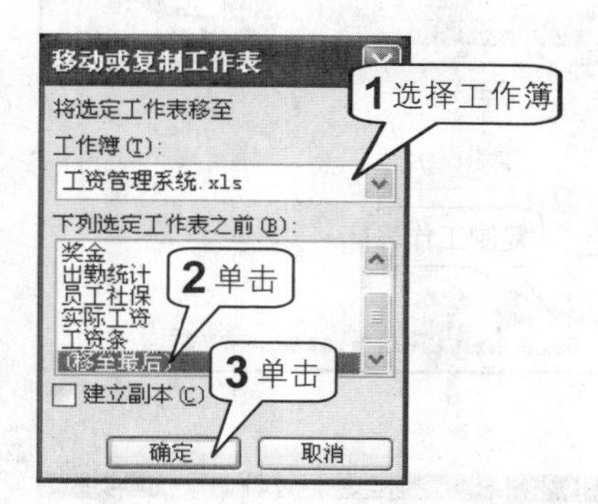

3 此时“员工档案”工作表标签将从原来的最左侧移动到最右侧，如下图所示。

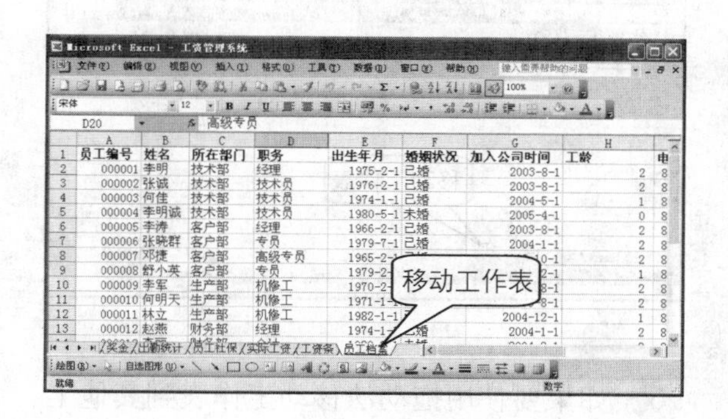

4 如果是要复制工作表，除了选择工作簿和工作表的位置外，还需要选中“建立副本”复选框，如下图所示。

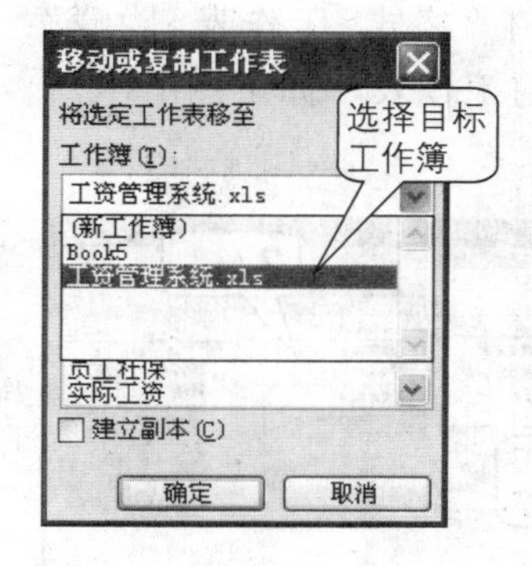

5 单击“确定”按钮，如下图所示，系统在工作表的最后创建一个名为“员工档案（2）”的新工作表，该工作表的内容和原工作表完全一致，同时原工作表不发生任何改变。

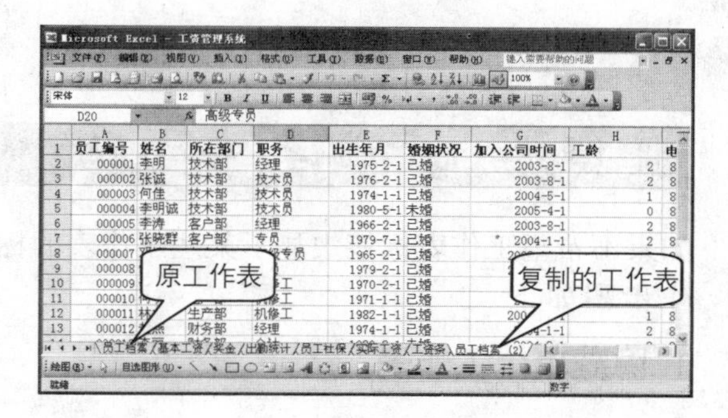

6 如果要将当前工作簿中的工作表移动或复制到其他工作簿中，可首先打开目标工作簿，在“移动或复制工作表”对话框中单击“工作簿”下拉列表框右侧的下拉按钮，从下拉列表中选择目标工作簿；如果要移动或复制到新工作簿中，可单击“（新工作簿）”选项。

移动或复制工作表
将选定工作表移至
工作簿(T):
工资管理系统.xls
(新工作簿)
Book5
工资管理系统.xls
员工社保
实际工资
建立副本(C)
确定 取消
选择目标工作簿

2. 使用拖动法移动和复制工作表

1 单击需要移动的工作表标签，按住鼠标左键拖动到新的位置后释放鼠标，即可完成移动工作表操作，如下图所示。

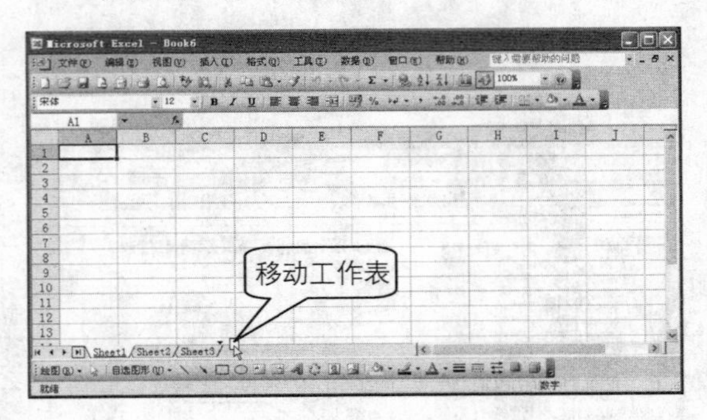

2 如果要使用拖动法复制工作表，可在拖动工作表的同时，按住键盘上的 Ctrl 键即可，如下图所示。

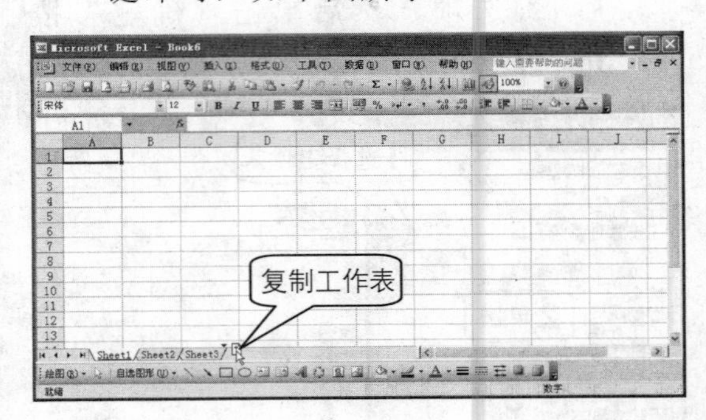

3 如果要使用拖动法移动工作表到其他工作簿中，可首先将原工作簿与目标工作簿窗口并排，然后拖动工作表到目标工作簿中即可；如果是要复制工作表，则可在拖动的同时按住键盘上的 Ctrl 键。

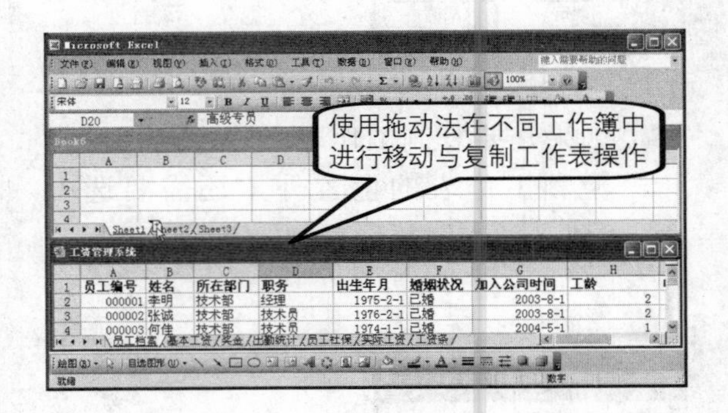

隐藏与显示工作表

如果不希望工作表标签中显示某些工作表的标签，则可以将对应的工作表进行隐藏，具体操作步骤如下。

1. 隐藏单个工作表

将需要隐藏的工作表设置为当前工作表，然后单击菜单栏中的“格式>工作表>隐藏”命令即可隐藏当前工作表，如下图所示。

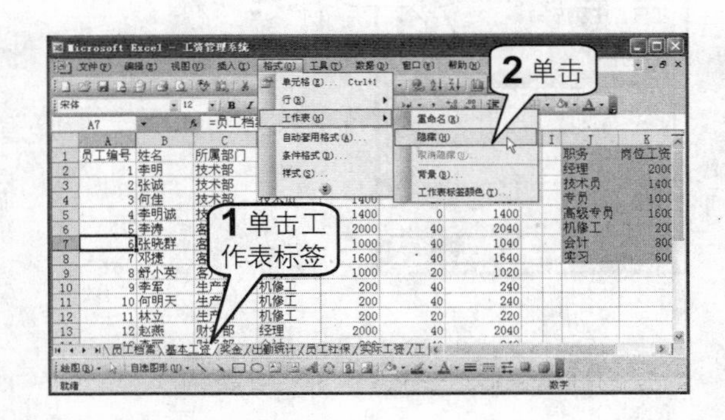

2. 隐藏多个工作表

按住键盘上的 Ctrl 键，依次单击需要隐藏的工作表标签，此时窗口中的标题栏中会显示“[工作组]”字样，然后单击菜单栏中的“格式>工作表>隐藏”命令，如下图所示。

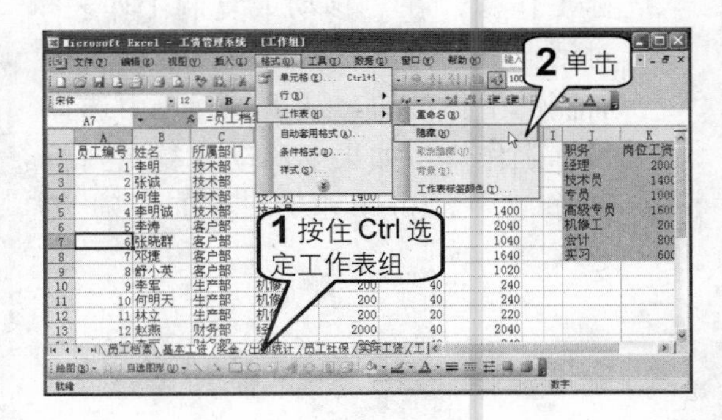

3. 取消隐藏工作表

① 如果要取消隐藏工作表，可单击菜单栏中的“格式>工作表>取消隐藏”命令，如下图所示。

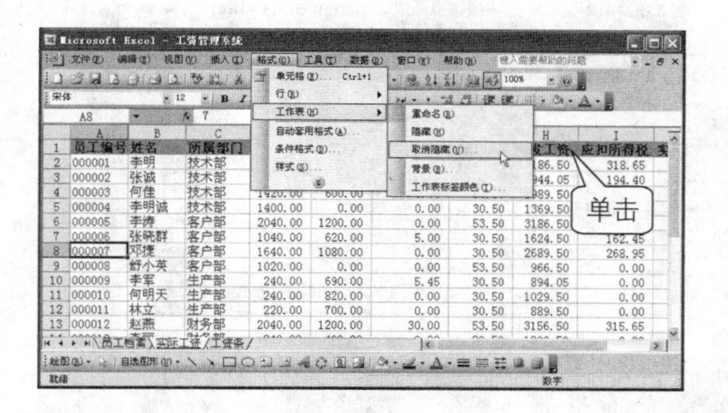

② 此时打开“取消隐藏”对话框，当前工作簿中所有的隐藏工作表名称均显示在“取消隐藏工作表”列表框中，选中需要显示的工作表名称，单击“确定”按钮即可取消隐藏，如下图所示。

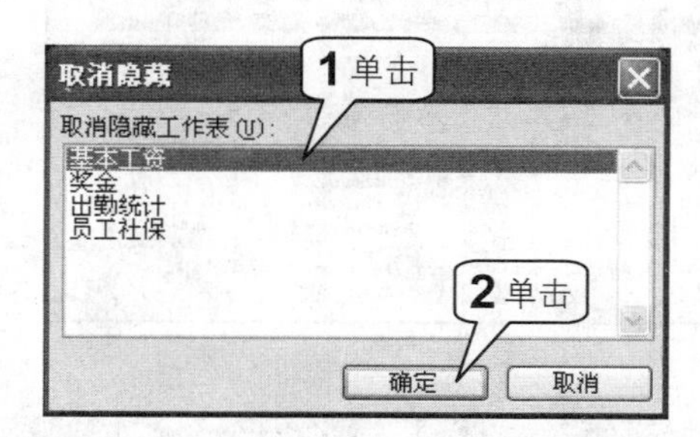

选定与重命名工作表

选定与重命名工作表是 Excel 2003 中工作表的基本操作之一。

1. 选中工作表

当需要对工作表进行操作时，首先应该选中工作表。在 Excel 2003 中，除了选中单个或全部工作表外，还可以选中多个工作表。

① 选中多个工作表。如下图所示，如果需要选中的多个工作表是相邻的，可按住键盘上的 Shift 键单击首、末工作表标签；如果需选定的多个工作表不是相邻的，可按住键盘上的 Ctrl 键依次单击工作表标签。

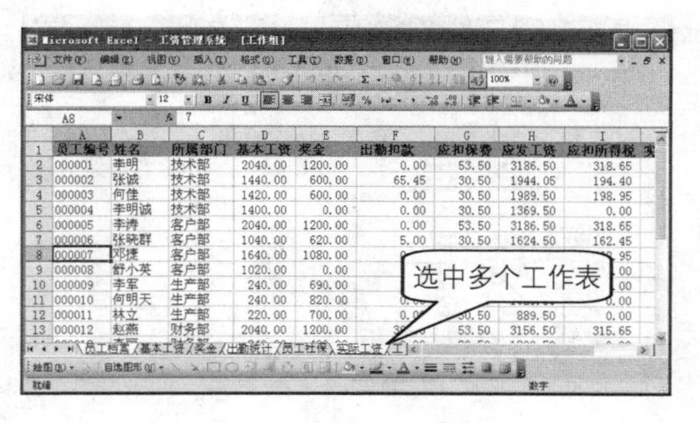

② 选中全部工作表。右击工作簿中的任意工作表标签，从弹出的快捷菜单中选择“选定全部工作表”选项即可选中工作簿中所有的工作表，如右图所示。

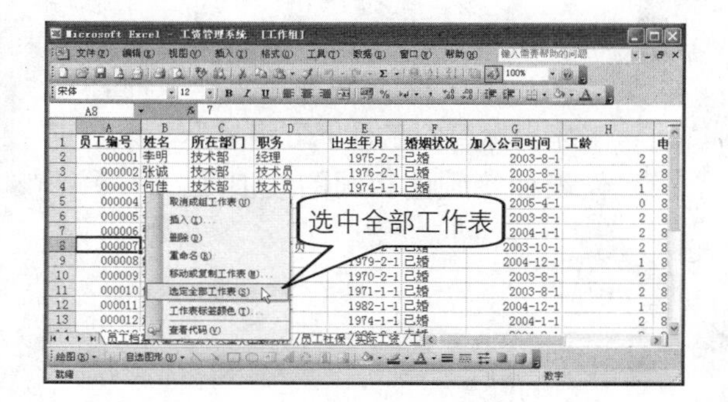

2. 重命名工作表

新建工作簿或插入新工作表时，工作表的名称都是系统默认的。为了使工作表使用起来更加方便、名字意义更加明显，用户可以自己为工作表重命名。

1 右击需要重命名的工作表标签，从弹出的快捷菜单中单击“重命名”命令，如下图所示。也可以直接双击需要命名的工作表标签。

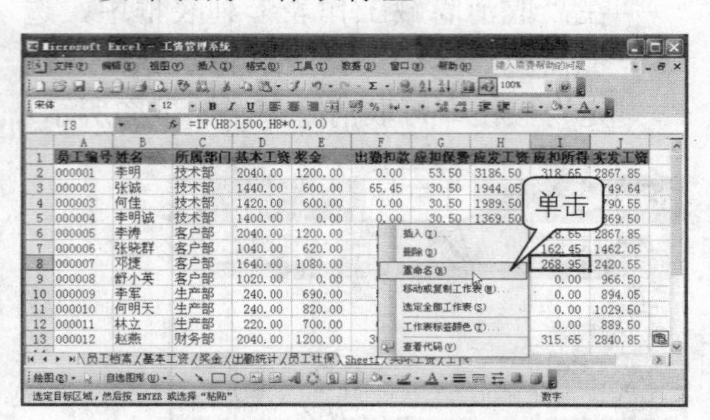

2 此时工作表标签变为可编辑的状态，如下图所示直接输入新的工作表名称，然后按下Enter键确认即可。

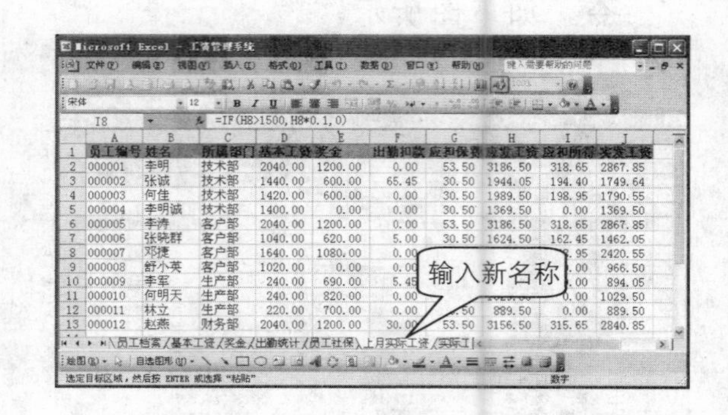

为工作表标签着色

为了更方便地查阅工作表，可以为工作表标签着色，具体操作步骤如下。

1 右击需要着色的工作表标签，在弹出的快捷菜单中单击“工作表标签颜色”命令，如下图所示。

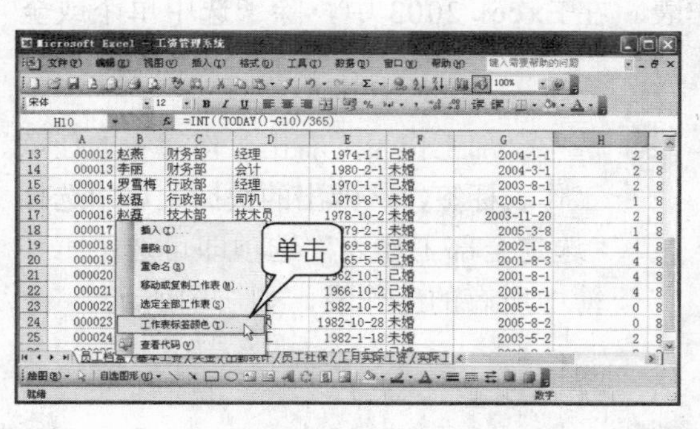

2 打开“设置工作表标签颜色”对话框，在“工作表标签颜色”面板中选择一种颜色，然后单击“确定”按钮，如下图所示。

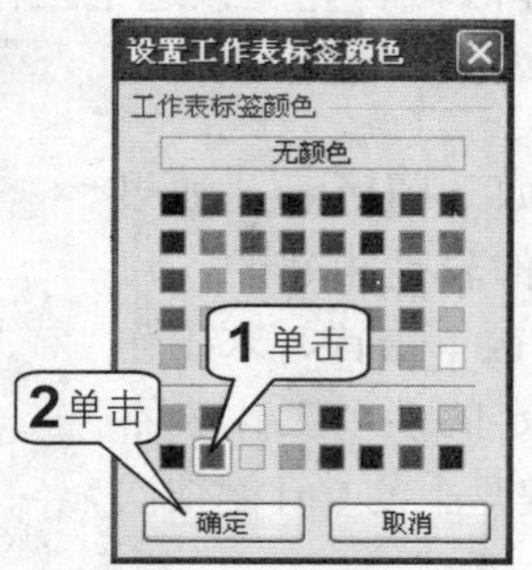

3 为工作表标签着色后的效果如右图所示。当该工作表为当前工作表时，在工作表标签的名称下方将显示一条与工作表标签颜色相同的波浪线。

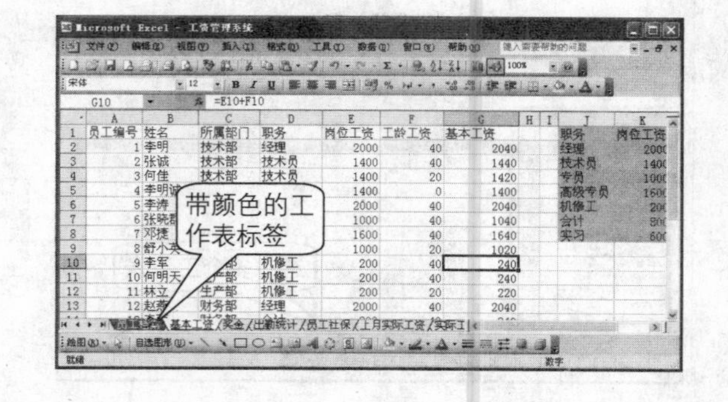

提示

如果要取消工作表标签的颜色，只需再次右击工作表标签，从弹出的快捷菜单中选择“工作表标签颜色”命令，打开“设置工作表标签颜色”对话框，在“工作表标签颜色”颜色面板中单击“无颜色”即可。

单元格的选取与定位

单元格是工作表的最小单位，对它的操作是学习工作表的基础。

单元格的选取

在Excel 2003相关操作中，所操作的对象必须是处于当前状态。在“工作簿与工作表”一节中已经提到过当前工作簿、当前工作表等，同样当要想对某个单元格操作时，必须先选中该单元格，使之成为当前单元格。

1. 选取单个单元格

1 选中一个单元格的方法非常简单，只需单击该单元格即可。打开“实例文档/chapter7/会议日程安排.xls”，如下图所示，当一个单元格处于选中状态时，该单元格本身被黑色的边框包围，其所在的行列号均突出显示，在名称框中还会显示其名称；如果该单元格中有内容，在编辑栏中还会显示其中的内容。

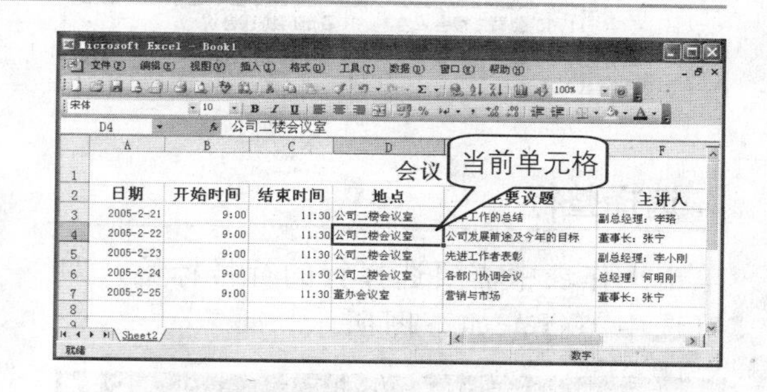

2 还可以使用名称框选择一个单元格。在名称框中直接输入单元格的名称，按下Enter键即可选中该单元格，如下图所示。

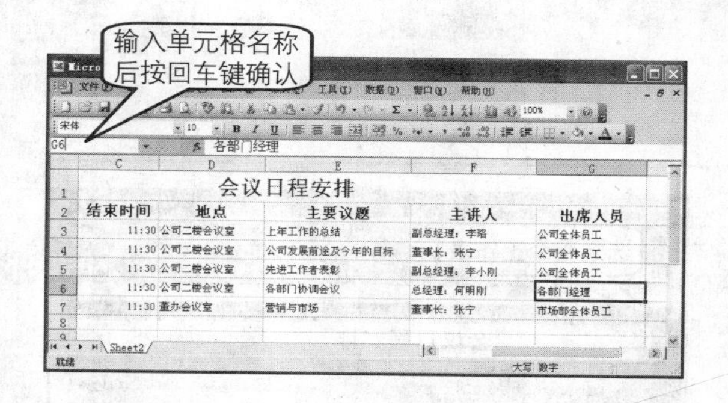

3 还可以使用“定位”对话框选中单个单元格。单击菜单栏中的“编辑>定位”命令，打开“定位”对话框，在“引用位置”文本框中输入单元格名称，然后单击“确定”按钮，如下图所示。

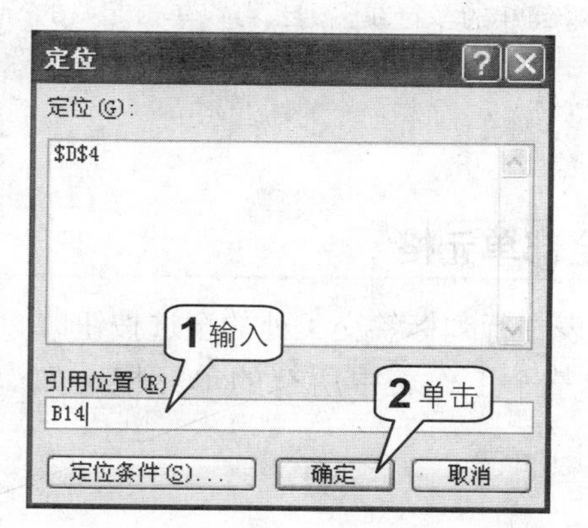

2. 选取单元格区域

① 单击需要选择区域左上角的第一个单元格，然后拖动指针到适当的位置，释放鼠标即选中了该区域内所有的单元格，此时被选中的区域四周会出现黑色的方框，如下图所示。

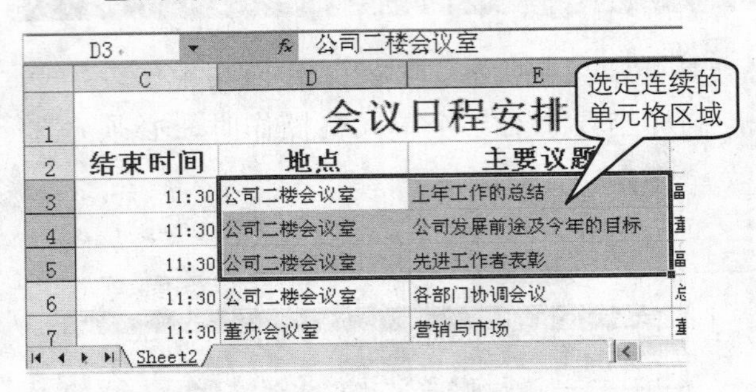

② 如果要选择多个不连续的单元格区域，可在拖动时按住键盘上的Ctrl键，如下图所示。

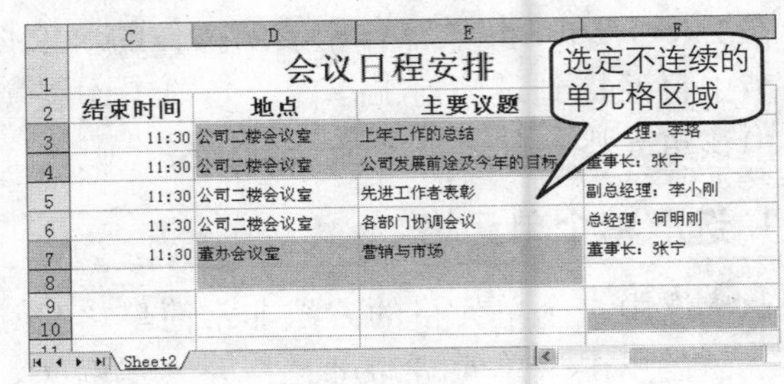

3. 选择整行

单击工作表中需要选择行的行号标签，即可选中整行，如下图所示。

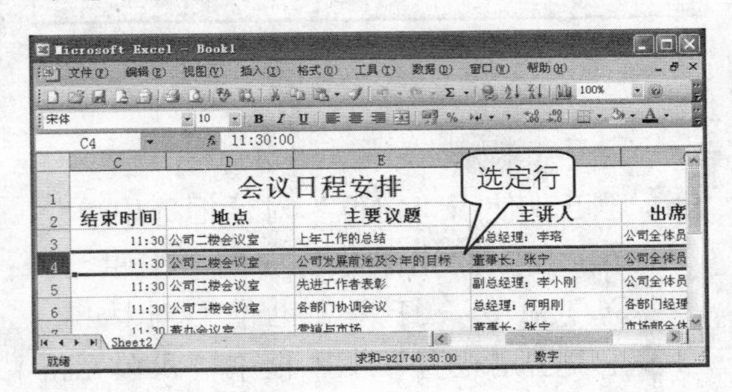

4. 选择整列

单击工作表中需要选择列的列标签，即可选中整列单元格，如下图所示。

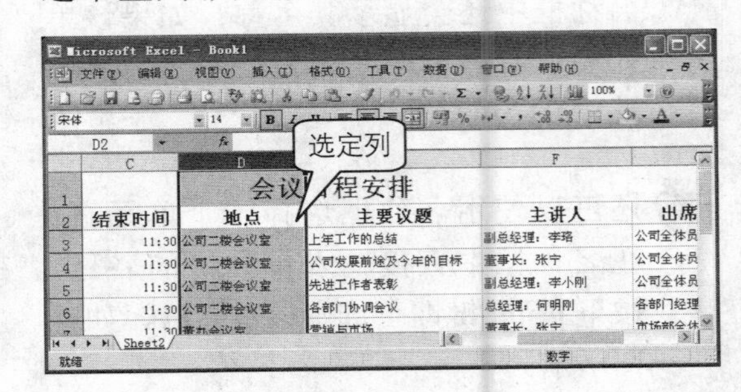

提示

如果要选择连续的多行或多列，可以单击起始的行标或列标，然后拖动鼠标到需要的行或列即可；如果要选择不连续的多行或多列，可单击第一个需要选择的行标或列标，然后按住 Ctrl 键，单击其他行标或列标即可。

5. 选择全部单元格

单击工作表中行列标签交叉处的全选按钮即可以选中整个工作表中所有的单元格，如右图所示。

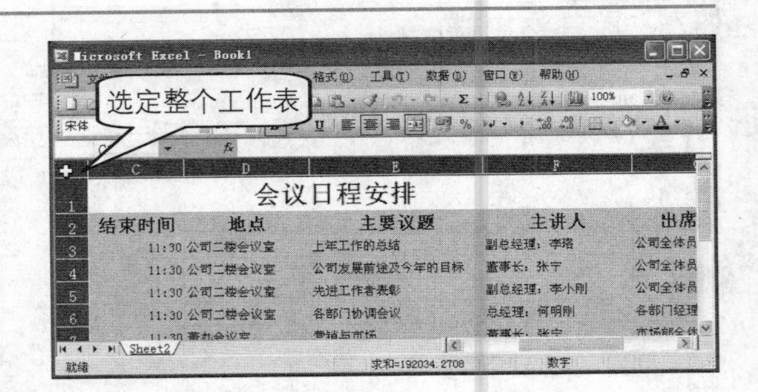

设置按下 Enter 键时光标的移动方向

当编辑完一个单元格中的内容后，人们习惯上使用回车键来完成该单元格的编辑，同时切换到下一个需要编辑的单元格。而对不同的工作表，下一个需要编辑的单元格可以是下方、上方、左侧或右侧的单元格。用户可以根据自己的需要，设置按下 Enter 键时光标的跳动方向，具体操作步骤如下。

1. 单击菜单栏中的“工具>选项”命令，如下图所示。

2. 打开“选项”对话框，单击“编辑”标签切换到“编辑”选项卡，选中“按 Enter 键后移动”复选框，然后单击“方向”框右侧的下三角形按钮，从弹出的下拉列表中选择需要移动的方向，然后单击“确定”按钮，如下图所示。

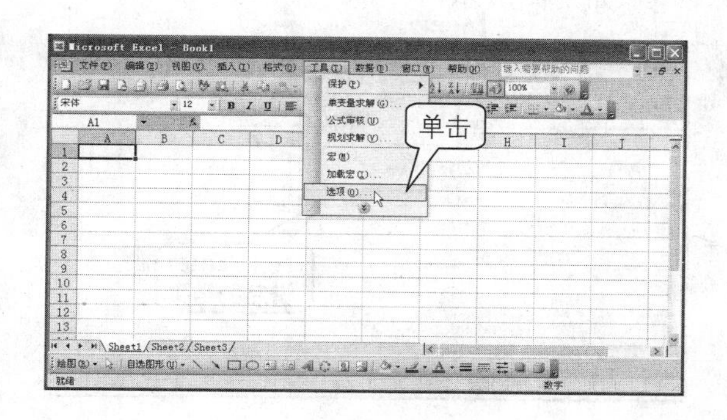

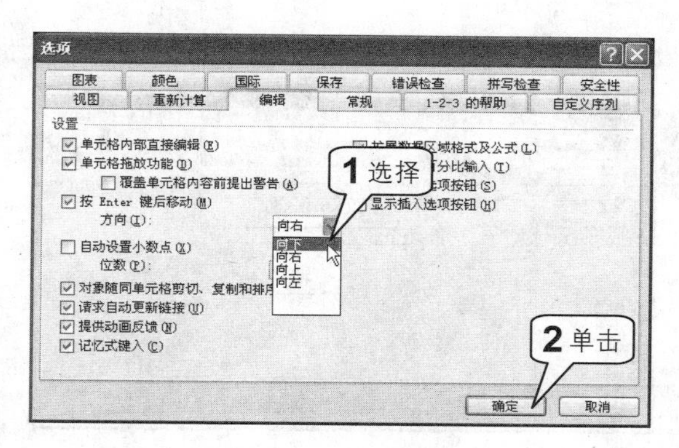

在单元格中输入数据

在 Excel 2003 中，可以向单元格输入的数据类型很多，例如文本、数字、日期、公式等，具体方法如下。

1. 输入文本

单击或双击需要输入文本的单元格，然后输入文字。此时在编辑栏和该单元格中都将显示输入的内容，如右图所示。

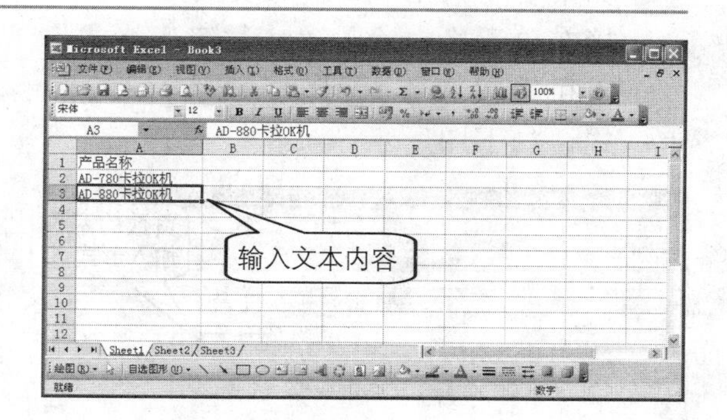

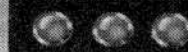

2. 输入常规数字

输入常规的数字数据同输入文本的方法类似，直接在单元格或编辑栏中输入即可，如右图所示。

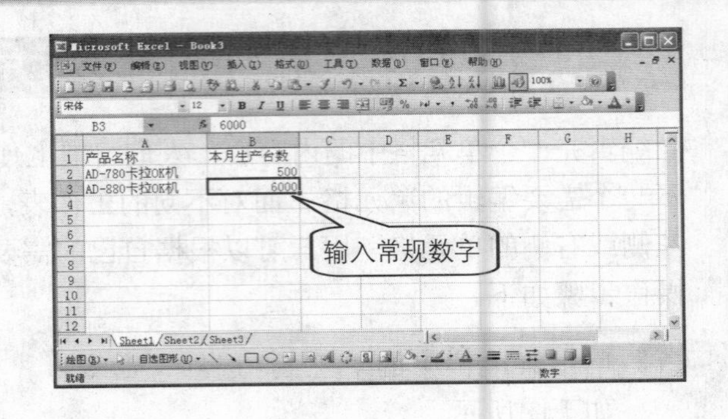

3. 输入分数

1 单击需要输入分数的单元格，在需要输入的分数前输入0和空格，然后再输入分数，如下图所示。

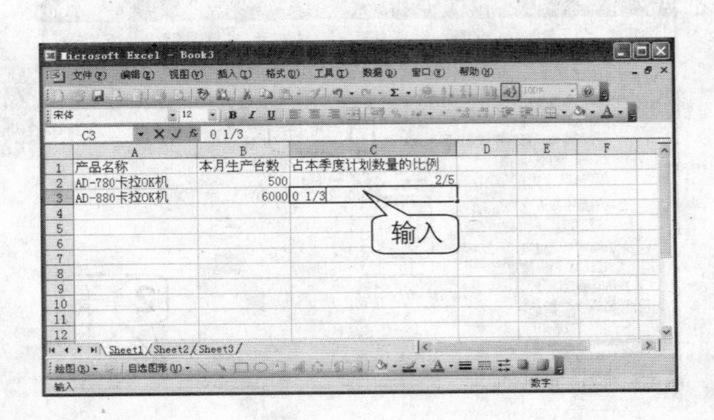

2 按下Enter键后，单元格中不再显示输入的0和空格，而是直接显示输入的分数，该分数会自动右对齐，同时编辑栏中也以小数的形式显示该分数的值，如下图所示。

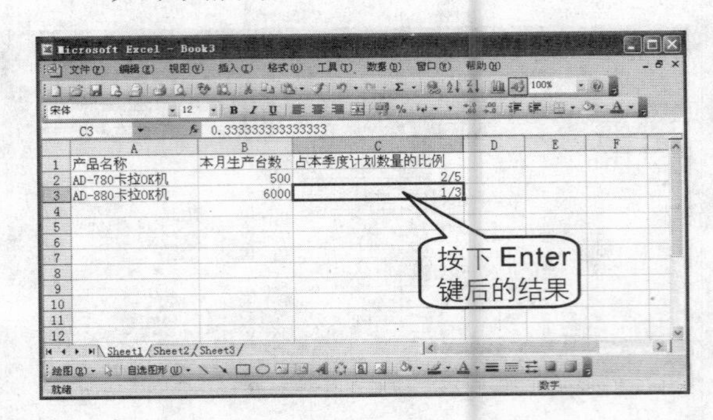

提示

文本类型的数据和数值类型的数据在单元格中的对齐方式不一致，在默认的情况下，文本数据自动左对齐，而数值数据自动右对齐。

4. 输入负数

1 如果要在单元格中输入负数，可以直接在单元格中输入"－数字"格式；也可以输入小括号"（数字）"的格式，如下图所示。

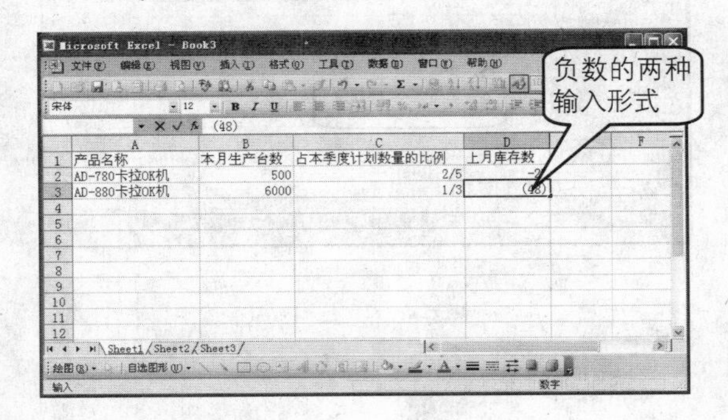

2 按下回车键后，两种输入方法输入的内容都会自动右对齐，同时都显示为"负号＋数字"格式，如下图所示。

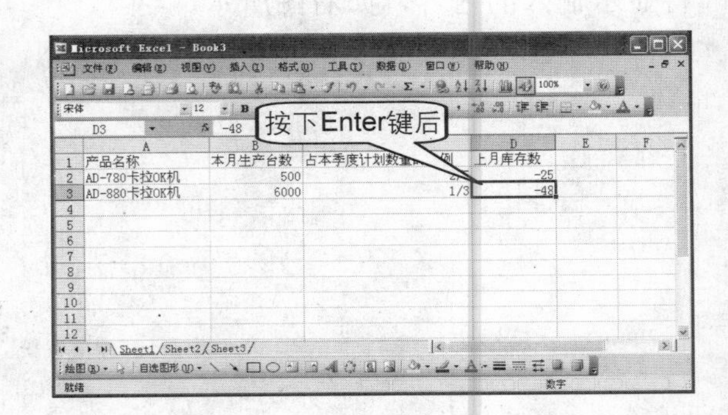

5. 输入日期

1 用户在输入日期时可以使用“/”或“-”作为分隔符，如下图所示。

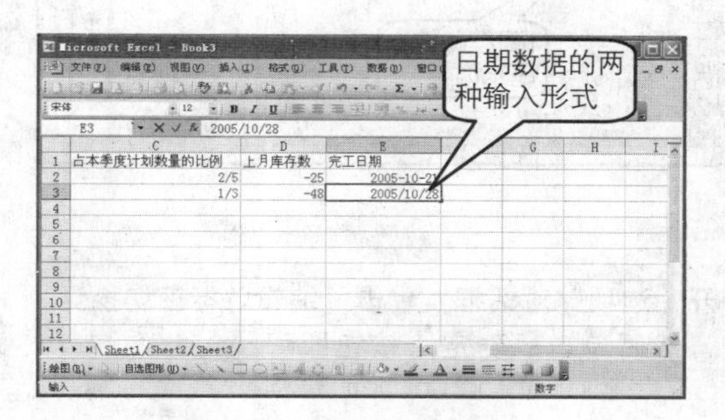

2 当按下回车键时，在默认的情况下日期数据都将显示为“2005-10-28”格式，不再显示“/”分隔符。

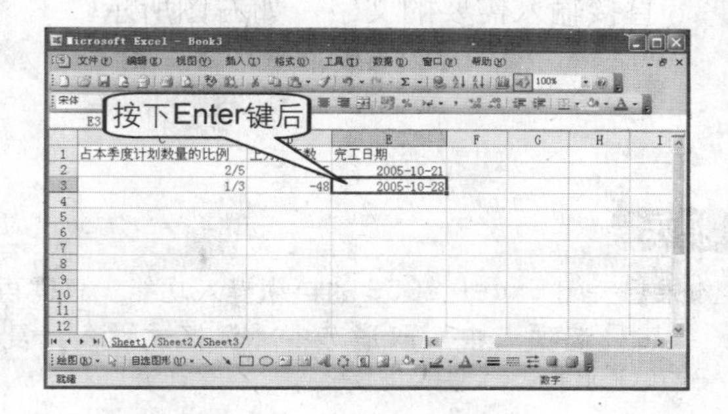

6. 输入文本型数字

1 有时候，需要将输入到单元格中的数值型数据保存为文本类型，例如输入批次编号“200510003”，如果直接在单元格中输入数字，系统会将它处理为数值型数据。如果要将它保存为文本类型的数据，可在输入数值前，先输入一个单撇号（'），如下图所示。

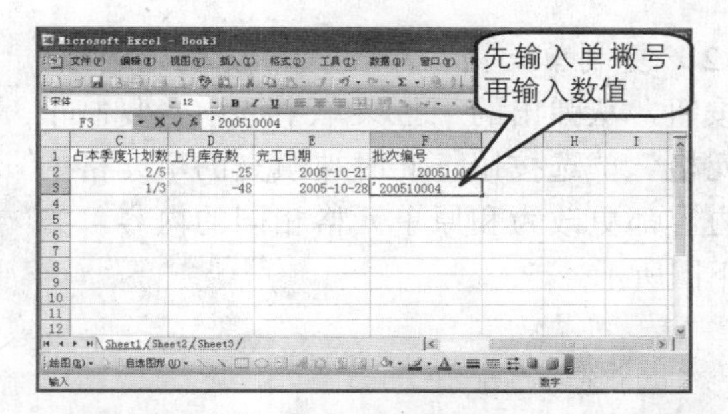

2 按下 Enter 键后，系统会将前面有单撇号（'）的数值处理为文本格式，它会自动左对齐。同时，如果此时设置了数字以文本形式存储的错误检查选项，该单元格的左上角会显示一个绿色的小三角形，选定单元格时左侧还将显示“错误选项”按钮，如下图所示。

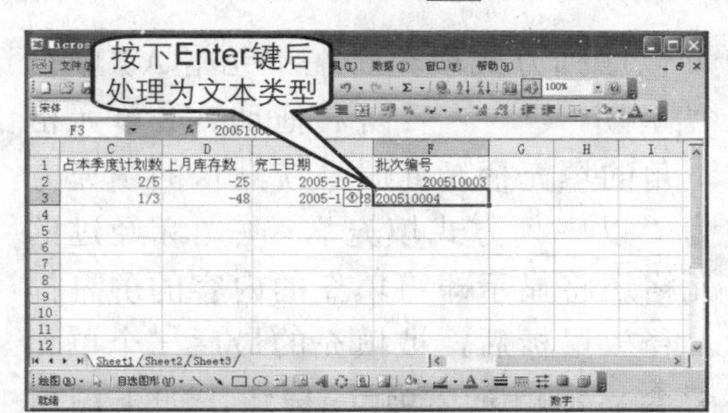

开启和关闭记忆功能

在 Excel 2003 中有一种记忆功能，开启该功能系统会自动记忆已经在表格中输入的内容，当重复输入某个单元格内容中的一部分文字时，系统会自动显示其余的文字，具体步骤如下。

1 单击菜单栏中的“工具>选项”命令，打开“选项”对话框并切换到“编辑”选项卡中，选中“记忆式键入”复选框，单击“确定”按钮开启记忆功能，如右图所示。

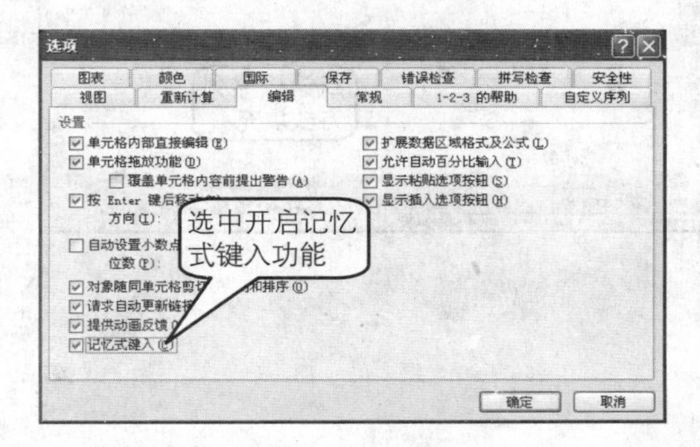

2 此时在工作表中输入与已有的单元格内容相同的前面几个字符时，屏幕上会反白显示其余的内容。如果按下 Enter 键或方向键，确认输入提示文字，否则直接输入需要的文字，如右图所示。

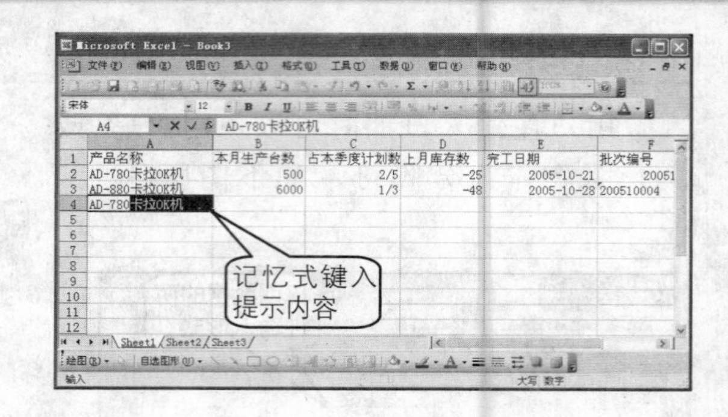

提示

如果想关闭 Excel 2003 的自动键入功能，只需再次打开“选项”对话框，单击“编辑”标签切换到“编辑”选项卡中，取消选中“记忆式键入”复选框，然后单击“确定”按钮即可。

使用 Excel 2003 中的自动填充功能

在 Excel 2003 中可以充分发挥鼠标功能来完成数据的输入，即使用 Excel 中的填充功能。该功能只能针对相邻的单元格区域，但该区域可以是水平方向的，也可以是垂直方向的。

1. 填充方式

Excel 2003 中填充的方式也有很多种，如以序列方式填充、复制单元格、仅填充格式等。

（1）以序列方式填充。在单元格 A1 中输入“星期一”，然后向右拖动 A1 单元格右下角的填充柄，此时系统默认的填充方式为“以序列方式填充”，在光标经过的单元格还将显示即将填充的内容的屏幕提示。释放鼠标后，被填充的最后一个单元格旁会显示填充选项按钮，如下图所示。

（2）复制单元格。单击“自动填充选项”按钮，从弹出的下拉菜单中选中“复制单元格”单选按钮，此时被填充的单元格的内容都更改为和原单元格相同的内容，如下图所示。

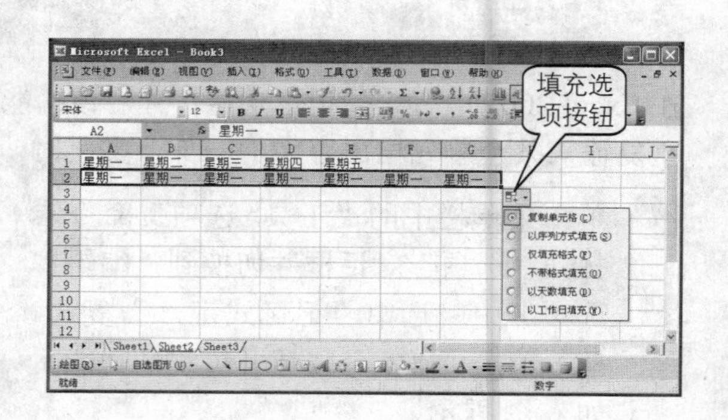

（3）以工作日填充。在单元格 A3 中输入“星期一”，向右拖动填充柄至需要的位置后释放鼠标。单击“自动填充选项”按钮，从下拉菜单中选中“以工作日填充”单选按扭，此时数据会自动只填充到“星期五”，然后又从“星期一”开始，如下图所示。

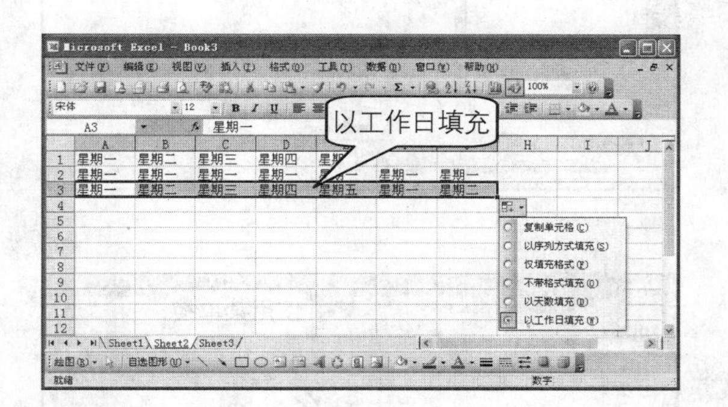

（4）不带格式填充。在单元格 A4 中输入“星期一”，并设置字体颜色为蓝色、加粗、倾斜；然后向右拖动 A4 单元格右下角的填充柄，在默认的情况下，以序列方式填充的同时，被填充的单元格还将保持单元格 A4 中的格式。如果希望不带格式填充，可单击“自动填充选项”按钮，从下拉菜单中选中“不带格式填充”单选按钮，如下图所示。

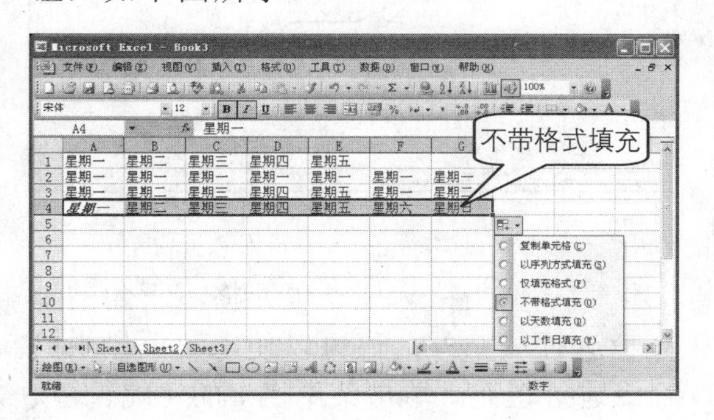

（5）仅填充格式。还可以只填充单元格的格式，而不去管单元格的内容。只需从“自动填充选项”下拉菜单中选中“仅填充格式”单选按钮即可，如下图所示。

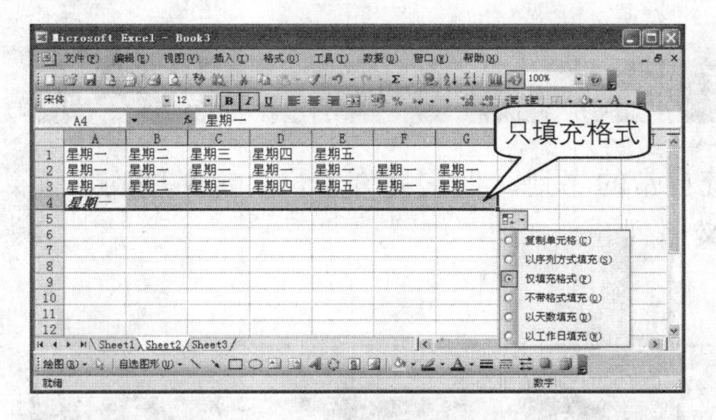

（6）在填充后的单元格中，输入任意内容，会发现输入的内容会自动应用与单元格 A4 相同的格式，如下图所示。

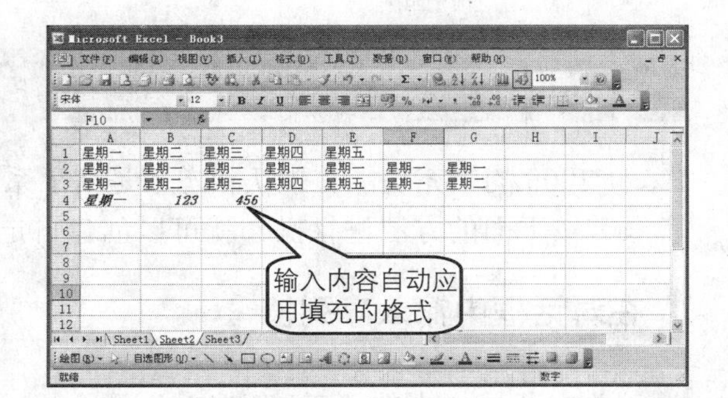

提示

单击“自动填充选项”按钮弹出的下拉菜单是动态的，它根据此时填充的数据类型的不同而不同。如“以工作日填充”、“以天数填充”等单选按钮只是在填充与日期相关的数据时才会出现。

2. 填充方向

用户还可以控制单元格填充的方向，可以在向上、向下、向左和向右这 4 个方向进行填充。

（1）向下和向右是常见的两个填充方向，实际上除此以外，还可以向左填充数据。在单元格 D15 中输入数字 5，向左侧拖动单元格 D15 右下角的填充柄，向左填充数据，如下图所示。

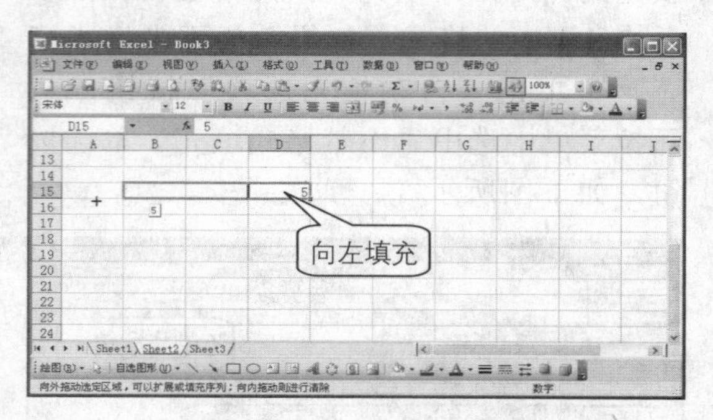

（2）也可以向上填充数据。向上拖动单元格 D15 右下角的填充柄进行填充，从“自动填充选项”下拉菜单中选中“以序列方式填充”单选按钮，会发现填充的数据从上至下为数字 1～4，如下图所示。

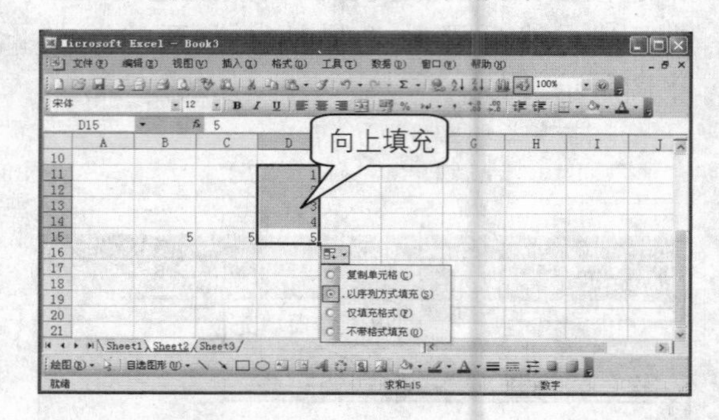

（3）除了使用鼠标拖动单元格右下角的填充柄进行填充外，还可以使用菜单栏中的命令进行填充。单击菜单栏中的“编辑>填充”命令，展开“填充”子菜单，可以从中选择需要填充的方向，如右图所示。

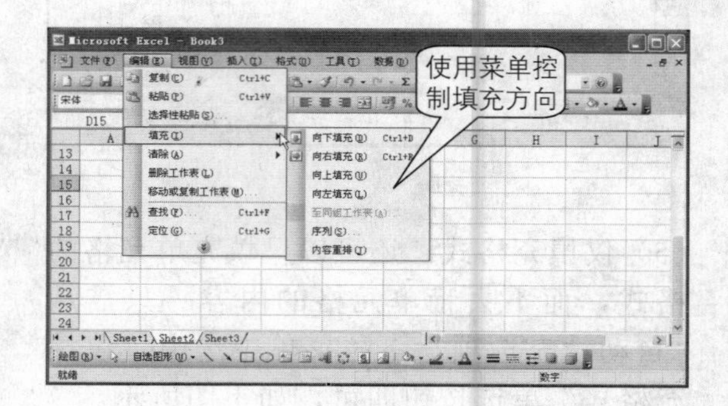

自定义序列填充

Excel 2003 的填充功能在默认状态下是基于系统自带的序列，但它允许用户自定义序列，读者只需按下面的方法进行操作就可以创建自定义序列。

1. 在对话框中输入序列值

1. 单击菜单栏中的“工具>选项”命令，打开“选项”对话框；然后单击“自定义序列”标签切换到“自定义序列”选项卡中，在“自定义序列”列表框中选中“新序列”，在“输入序列”列表框中输入序列值，然后单击“添加”按钮，如右图所示。

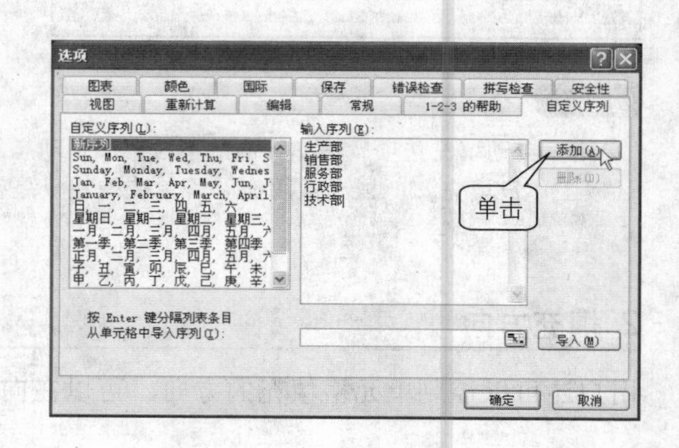

2 此时，序列会被添加到“自定义序列”列表框中的最下面一行，单击“确定”按钮关闭此对话框，如右图所示。

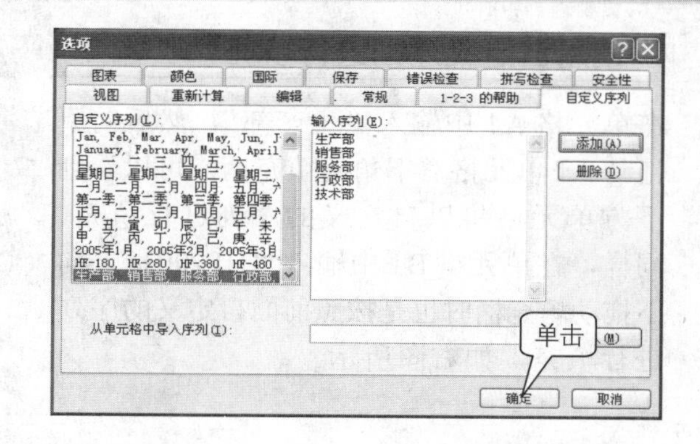

2. 从单元格中导入序列

1 如果用户需要添加的自定义序列内容存在于单元格区域中，那么可以直接从单元格中导入，如下图所示，单击菜单栏中的“工具>选项”命令。

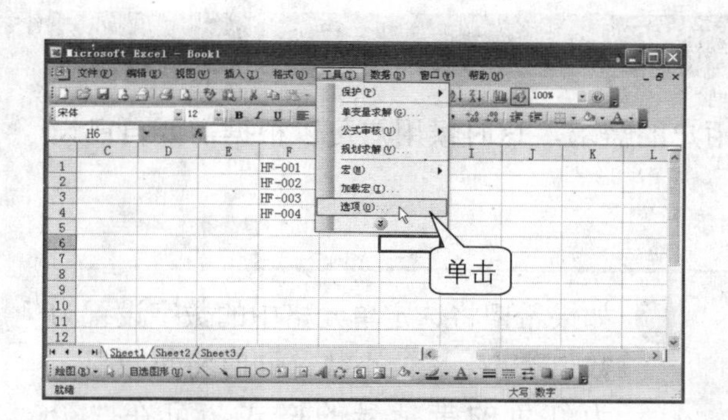

2 打开“选项”对话框并切换到“自定义序列”选项卡，单击“导入”按钮使“从单元格中导入序列”文本框获得焦点，然后单击该文本框右侧的单元格引用按钮。

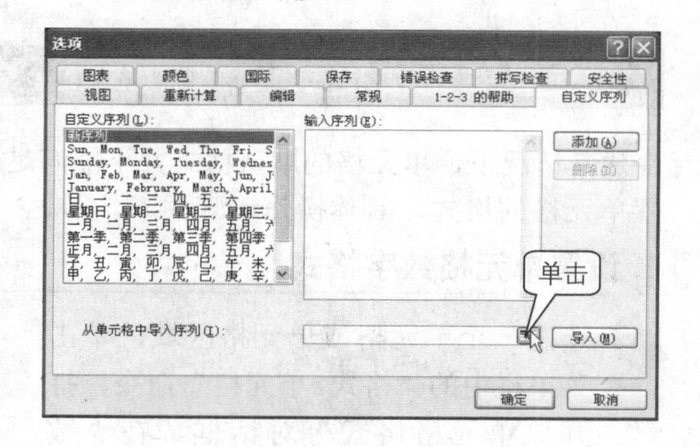

3 此时“选项”对话框会自动折叠，选中目标内容所在的单元格区域，单元格的地址会自动显示在“选项”对话框中，如下图所示。

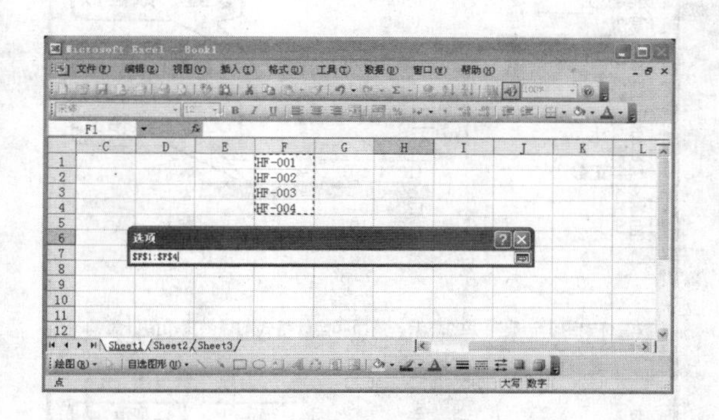

4 单击“选项”对话框中的“单元格引用”按钮，展开对话框，然后单击“导入”按钮，再单击“确定”按钮，替换结果如下图所示。

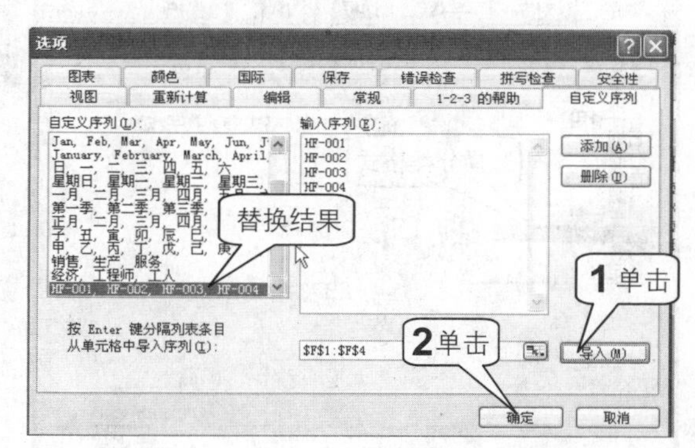

3. 使用自定义序列进行填充

在单元格 A1 中输入“生产部”，然后向下拖动 A1 单元格右下角的填充柄，可以看到下方单元格将以自定义的序列进行填充。同样，在单元格 B1 中输入“HF-001”，向下拖动填充柄时也是按照前面自定义的序列进行填充，如右图所示。

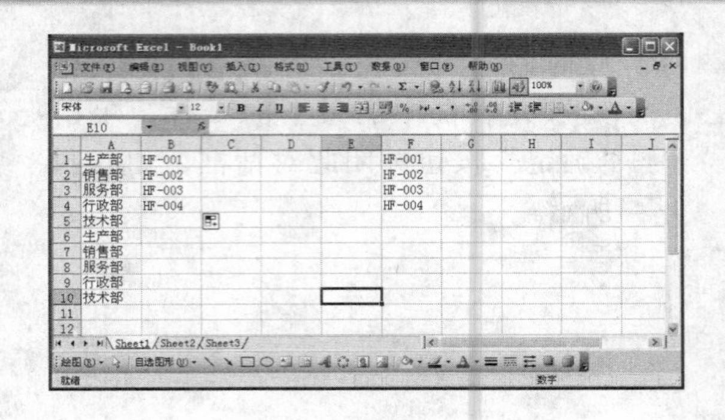

格式化工作表

在工作表中添加数据以后，还需要根据不同数据的特点为这些数据所在的单元格或单元格区域设置格式。通常，设置工作表的格式包含的具体项目有字体格式、数字格式、边框格式和底纹格式等。一张具有个性化格式的工作表会给读者留下深刻的印象，起到意想不到的效果。

设置单元格格式

在通常情况下，单元格的默认格式并不能满足用户的需求，这时候用户可以根据需要自己设置单元格的格式，具体操作步骤如下。

1. 设置单元格数字格式

1. 选定一个单元格或单元格区域，单击菜单栏中的“格式>单元格”命令，打开“单元格格式”对话框。在“数字”选项卡中的“分类”列表框中选择单元格中数据的格式，如下图所示。

2. 如果希望将选定单元格中的数字设置为数值类型、2 位小数，同时将负数显示为红色的带括号的格式，可在“分类”列表框中选择“数值”然后设置“小数位数”为 2，在“负数”列表框中选中需要的格式，如下图所示。

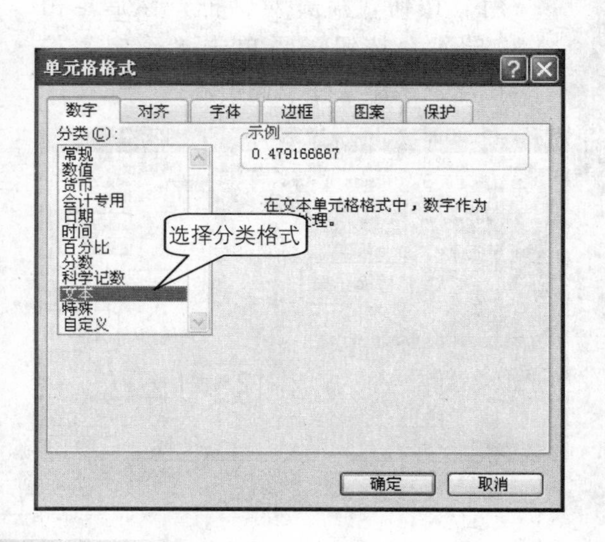

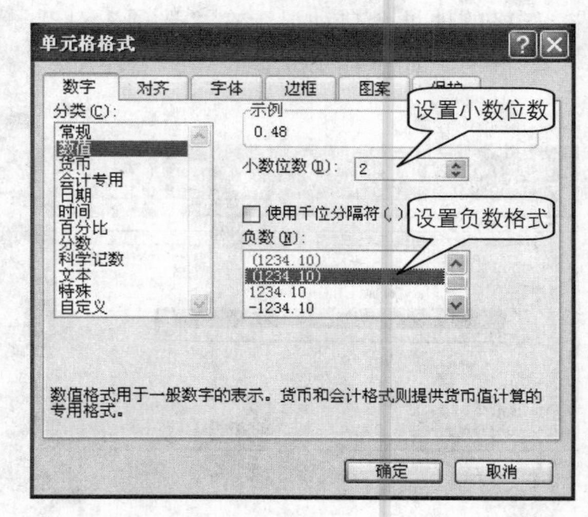

除了使用“分类”列表中的数字类型外，用户还可以自定义数字格式。在“分类”列表框中选择“自定义”，然后在“类型”列表框中选择一种与所需格式最为接近的格式，在“类型”列表框中可以重新设置格式，如右图所示。

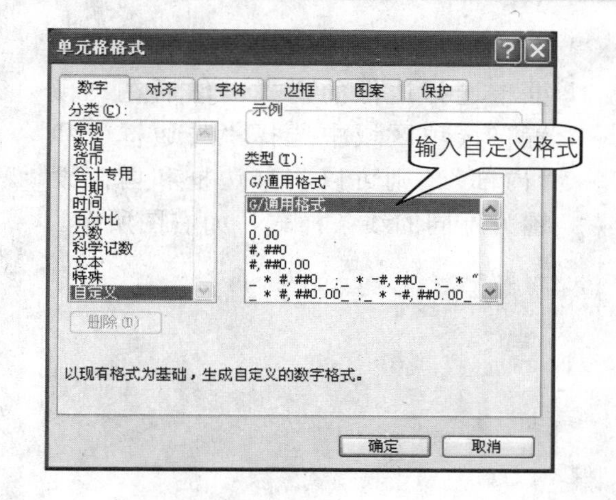

2. 设置单元格内容对齐方式

在“单元格格式”对话框中单击“对齐”标签，切换到“对齐”选项卡中，可以在该对话框中设置文本的对齐方式、文本自动换行等，如下图所示。

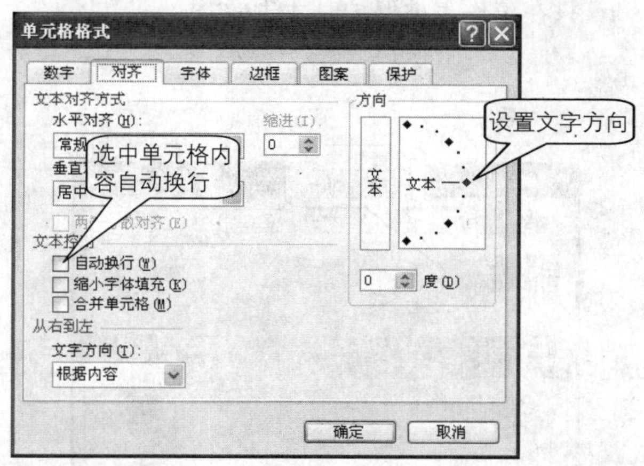

3. 设置字体格式

单击“字体”标签切换到“字体”选项卡中，在该选项卡中可以设置字体、字形、字号、下划线、字体颜色以及特殊效果，如下图所示。

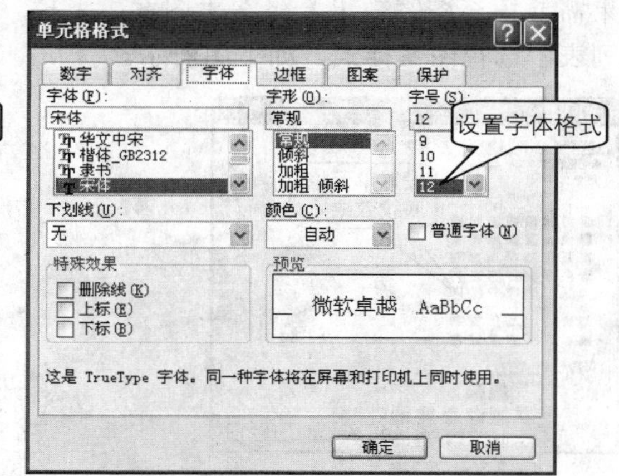

4. 设置边框格式

选中一单元格区域单击“边框”标签切换到“边框”选项卡，在默认的情况下单元格无边框设置，如右图所示。

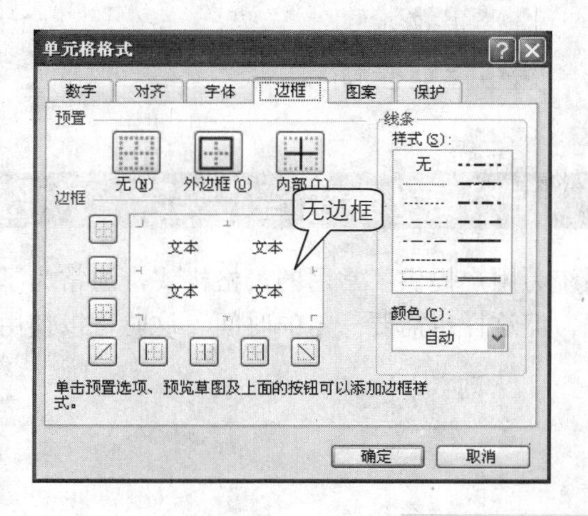

2 在“线条”选项区域“样式”列表框中选择边框的样式，然后在“预置”选项区域中选择“外边框”和“内部”，则可以将外边框和内部设置为不同的线条样式，如右图所示。

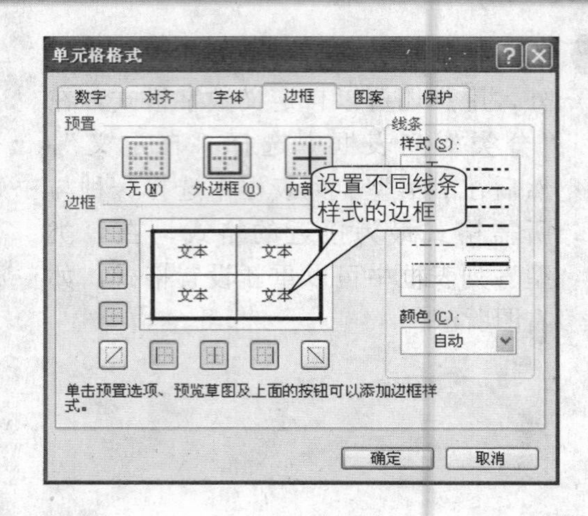

5. 设置图案格式

单击“图案”标签切换到“图案”选项卡中，在该选项卡中可以设置单元格的底纹效果。在“颜色”面板中单击某种颜色，可以将单元格填充为选择的颜色；如果需要填充图案效果，可在“图案”下拉列表中选择图案样式，如下图所示。

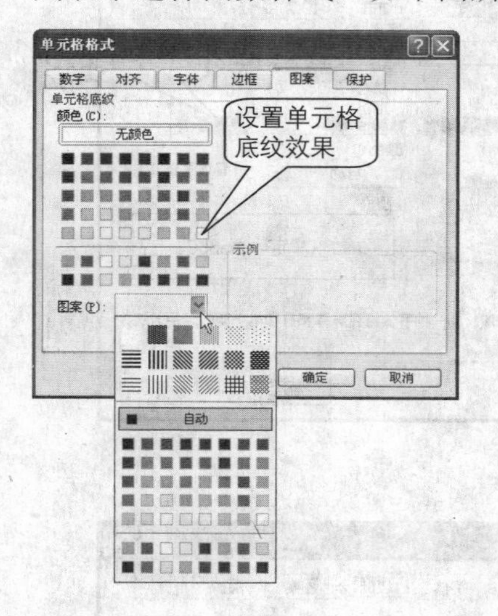

6. 设置保护

在“单元格格式”对话框中单击“保护”标签，切换到“保护”选项卡中。如下图所示，可以在该对话框中设置锁定单元格或隐藏公式，但锁定单元格和隐藏公式只在工作表被保护时才生效。

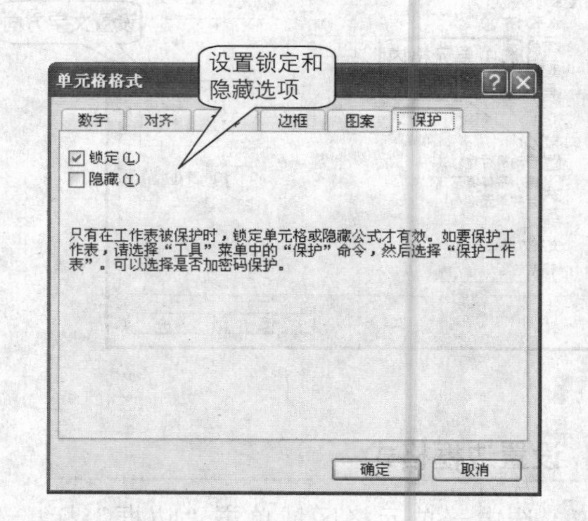

使用自动套用格式快速格式化工作表

系统为用户提供了常用的表格格式，通常为了使表格看上去更加美观，还需要为表格设置格式，但这样也需要一定的时间。这时可以使用自动套用格式快速为表格应用专业化的格式。

1 打开需要套用格式的工作簿文件“\实例文档\chapter7\会议日程安排.xls”，选中包含数据的单元格区域，从菜单中单击“格式>自动套用格式”命令，如下图所示。

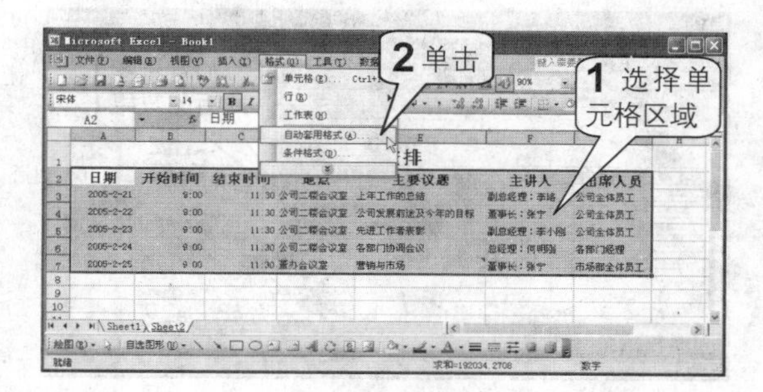

2 接着打开“自动套用格式”对话框，在列表中选择格式“序列1”，然后单击“选项”按钮，如下图所示。

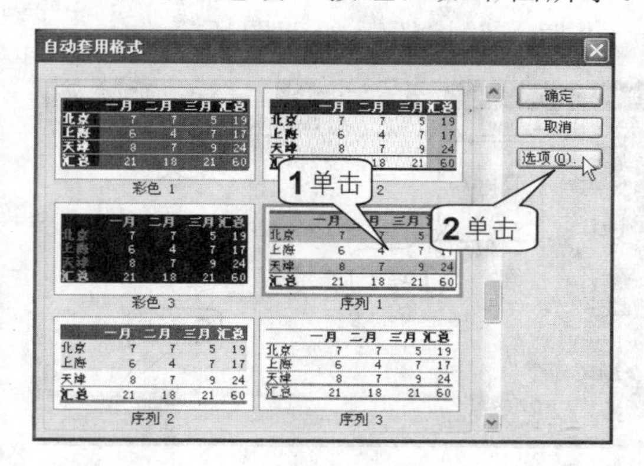

3 在“要应用的格式”选项区域中选中“边框”、“图案”复选框，取消选中其余的复选框，如下图所示。

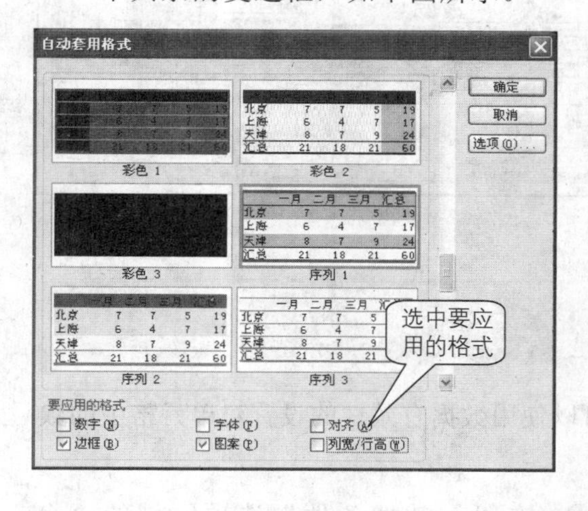

4 单击“确定”按钮，应用自动套用格式“序列1”的“边框”和“图案”，效果如下图所示。

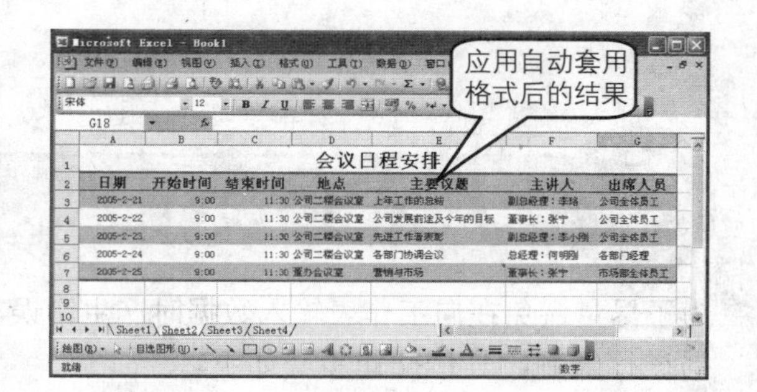

添加和删除工作表背景

和Word 2003文档一样，在Excel 2003工作表中也可以使用背景，虽然使用背景可以增强文档的美观性，但Excel 2003的背景文件仅仅可以美化表格，并不能将背景打印出来，具体操作步骤如下。

1 切换到需要添加背景的工作表中，单击菜单栏中的“格式>工作表>背景”命令，如右图所示。

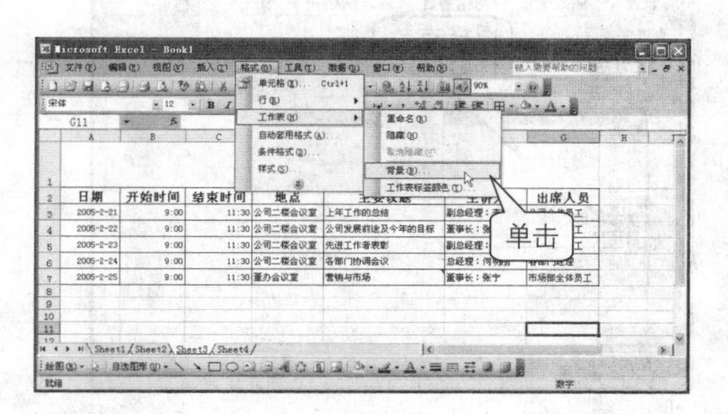

2 打开“工作表背景”对话框，利用“查找范围”下拉列表定位至目标文件所在位置后，选中背景文件，单击“插入”按钮，如下图所示。

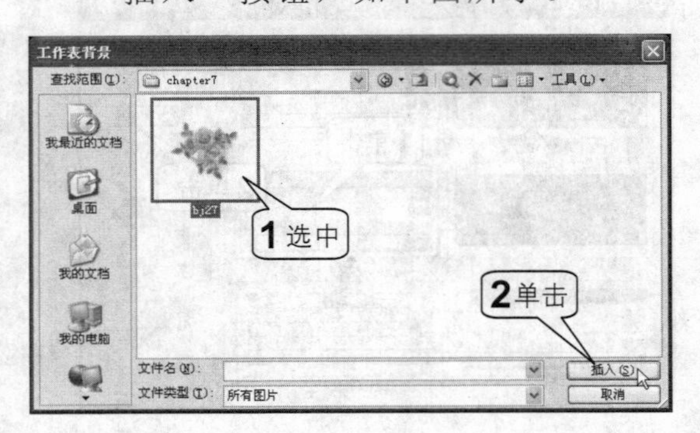

3 此时Excel 2003将会把选中的图片作为工作表的背景添加到工作表中，如下图所示。

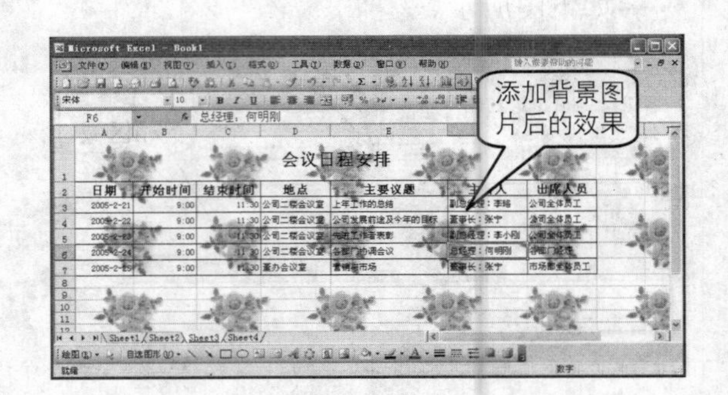

4 如果要删除工作表背景图片。单击菜单栏中的“格式>工作表>删除背景”命令即可，如右图所示。

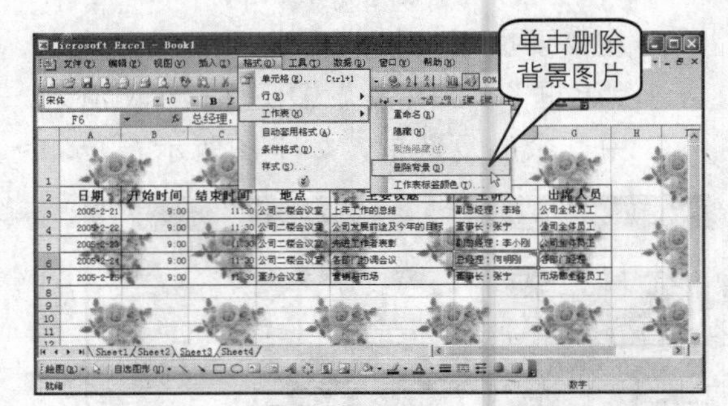

5 设置数据有效性

为了尽量避免在向工作表输入数据时产生错误，可以使用数据有效性的设置对单元格中的数据进行限制，具体操作步骤如下。

1 选中需要设置有效性的单元格，单击菜单栏中的“数据>有效性”命令，打开“数据有效性”对话框，如下图所示。

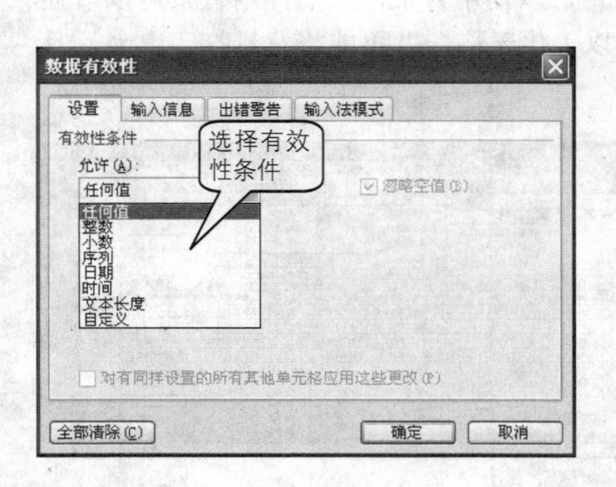

2 在“有效性条件”选项区域的“允许”下拉列表中选择“序列”，在“来源”文本框中输入序列的内容，如下图所示。

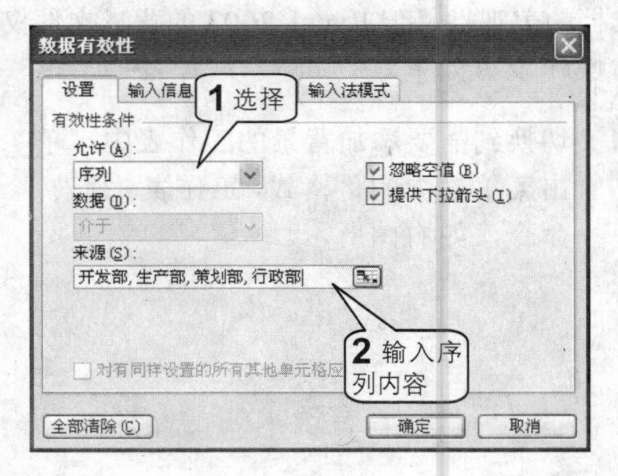

提示

在“来源”文本框中输入序列时，各序列项之间用英文状态下的逗号分隔。用户也可以单击“来源”框右侧的“单元格引用”按钮引用单元格内容作为序列项。

3 此时选中设置了有效性的单元格，该单元格右侧会显示一个下三角形按钮，单击该按钮显示一个下拉列表，如右图所示，用户可以从该列表中选择需要输入的值。

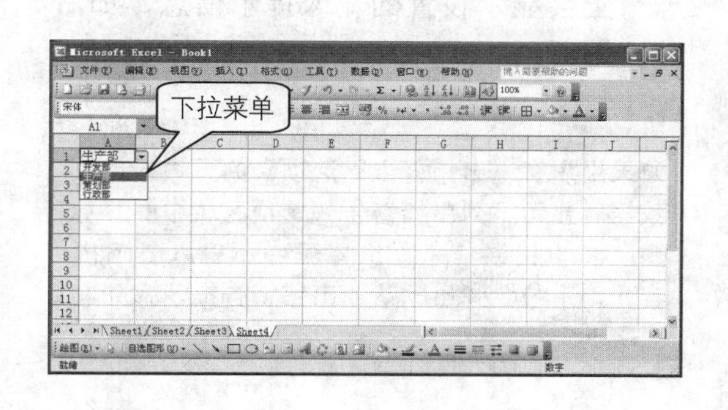

提示

只有在“数据有效性”对话框的“设置”选项卡中选中“提供下拉箭头”复选框才会显示下三角形按钮。

4 用户还可以设置输入到单元格中的数值范围。从“允许”下拉列表中选择“整数”，从“数据”下拉列表中选择“介于”，在“最小值”文本框中输入1，在“最大值”文本框中输入100，如下图所示。

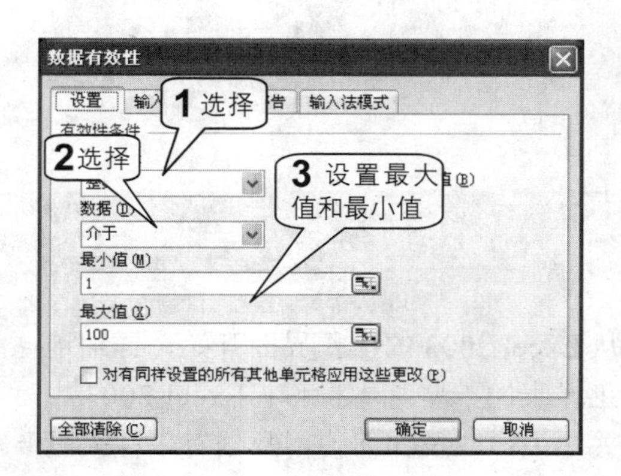

5 用户还可以设置在单元格中显示提示信息。单击“输入信息”标签切换到“输入信息”选项卡。在“选定单元格时显示下列输入信息”选项区域的“标题”文本框中输入标题，在“输入信息”文本框中输入提示信息，如下图所示。

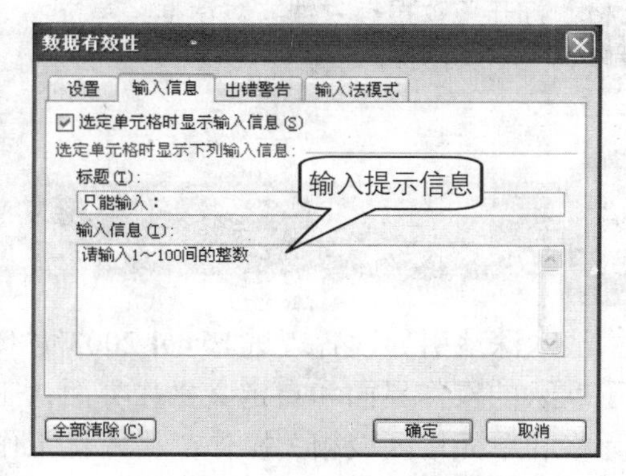

6 如果希望当用户输入错误的值时，系统能作出反应，可以设置出错警告。切换到“出错警告”选项卡中，在“输入无效数据时显示下列出错警告”选项区域中的“样式”下拉列表中选择“停止”，还可以在“标题”和“错误信息”文本框中输入错误提示信息，如右图所示。

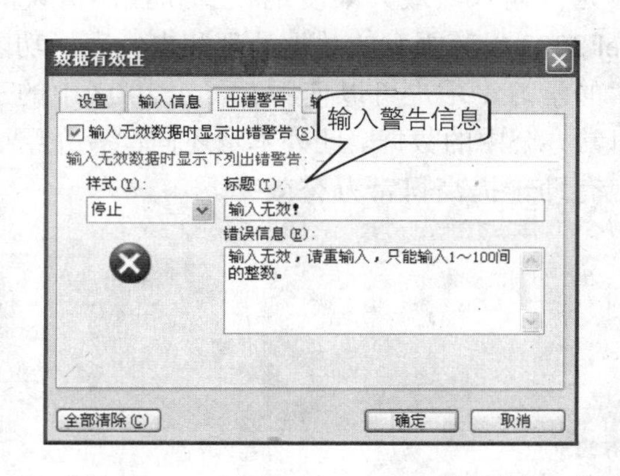

7 单击“确定”按钮关闭“数据有效性”对话框，在工作表中选中设置了数据有效性的单元格这时可以看到屏幕上会显示设置的输入提示信息，如右图所示。

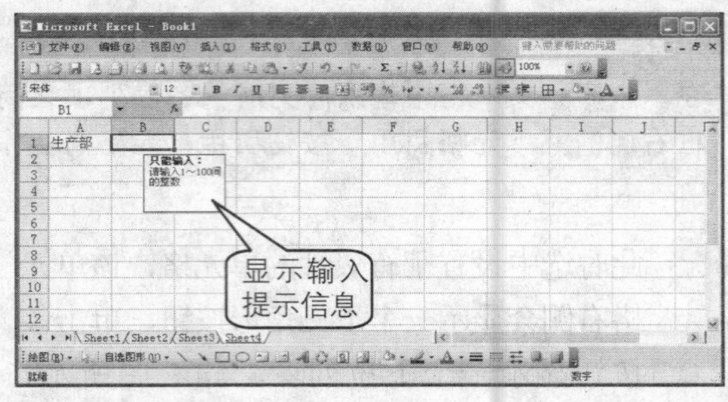

提示

如果用户在“出错警告”选项卡的“输入无效数据时显示下列出错警告”选项区域中的“标题”和“错误信息”文本框中不输入任何内容，则系统会弹出默认的出错警告提示，如右图所示。

8 当在单元格中输入非法值时，按下Enter键后屏幕上会弹出“输入无效！”错误提示对话框阻止用户输入，如右图所示。

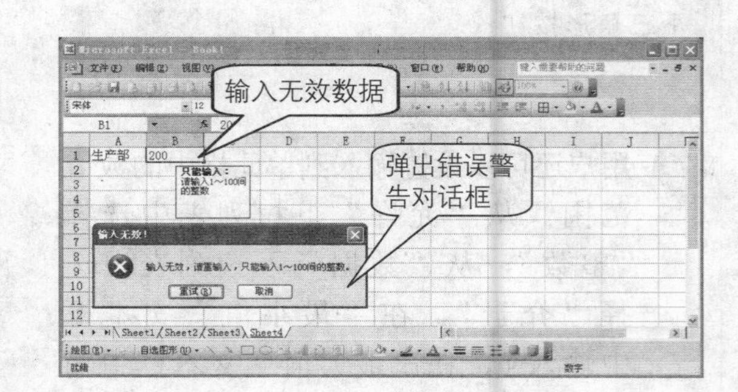

提示

如果希望在设置了数据有效性的对话框不允许空值的存在，则可取消选中“忽略空值”复选框，否则系统会忽略空值。

如果要清除数据有效性设置，可选中要清除的单元格，打开“数据有效性”对话框，单击“全部清除”按钮即可。

6 本章小结

本章由浅入深地引导读者迈进Excel 2003办公之门。从Excel 2003的操作界面开始，详细地介绍了默认的操作界面和自定义操作界面；工作簿和工作表的一些基本操作；Excel 2003中的单元格和单元格区域相关操作；格式化工作表的相关知识；以及如何使用数据有效性来限制单元格输入，最大限度地减少和控制错误的输入等。

Excel 2003以其强大的数据处理和电子表格功能成为Office 2003办公软件的另一亮点，通过本章的学习，用户可以使用Excel 2003中的工作簿、工作表以及单元格来录入、编辑和管理日常办公中的数据。此外本章还向读者介绍了在Excel中快速输入各种类型数据的方法和技巧，有助于提高日常办公效率。

»Chapter 8

Excel 2003高级应用

本章主要介绍Excel 2003中一些较为重要的数据统计与分析的操作方法，如数据排序、数据的自动筛选和高级筛选、数据分类汇总、使用数据透视表分析数据、使用图表分析数据及使用公式和函数进行计算等。

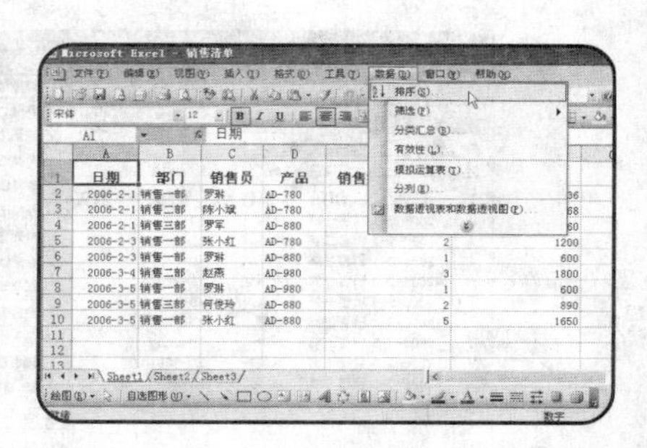

1. 数据排序、筛选和分类汇总
2. 数据透视表
3. 图表高级应用
4. Excel 2003中的公式与函数

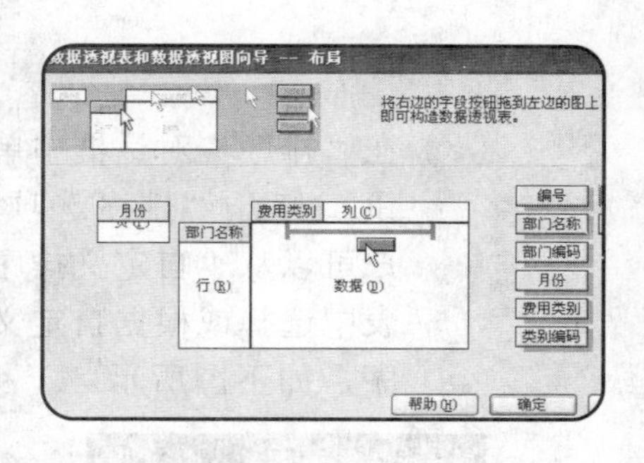

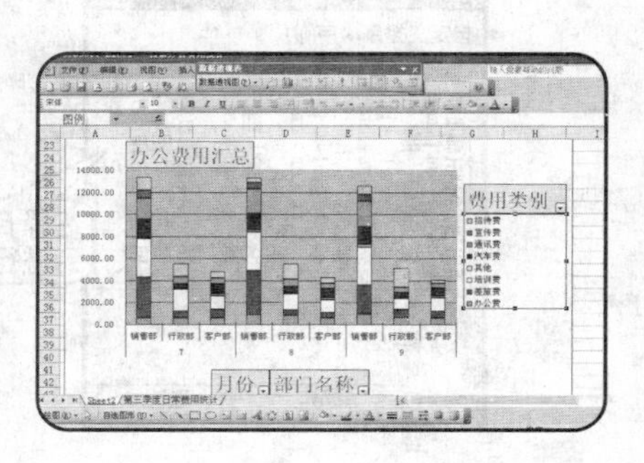

1 数据排序、筛选和分类汇总

Excel 2003 提供了对数据进行分析处理的功能，排序、筛选和分类汇总是最常见、最基本的操作，本节将详细介绍它们的具体操作。

数据排序操作

排序是进行数据操作的基本功能之一，Excel 2003 工作表的数据清单中的数据可以按顺序对它们进行排序操作，具体操作步骤如下。

1. 打开“\实例文档\chapter8\销售清单1.xls”文件，选中数据区域中的任意单元格，单击菜单栏中的“数据>排序”命令。此时，系统会自动扩展排序的数据区域，如下图所示。

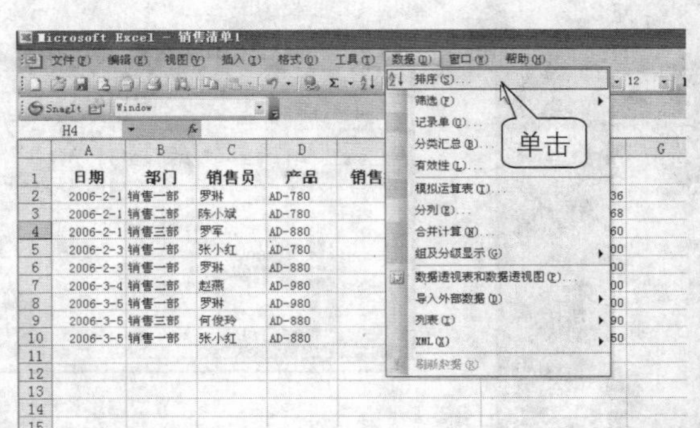

2. 在打开的“排序”对话框中，一共可以设置3个关键字，用户只需要单击下三角形按钮从下拉列表中选中关键字段即可，如下图所示。

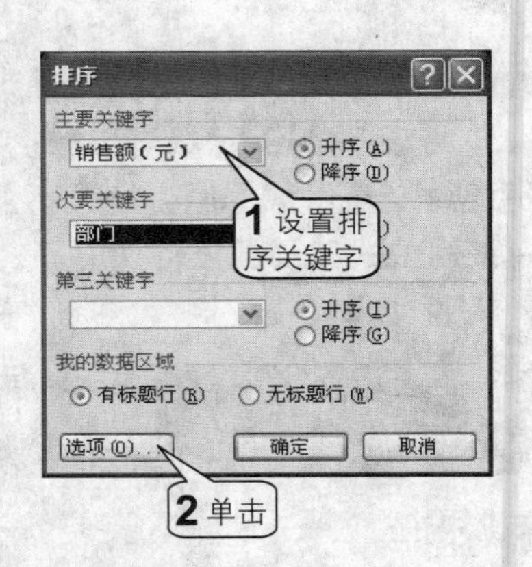

3. 在“排序”对话框中单击“选项”按钮，打开“排序选项”对话框，用户可以从“自定义排序次序”下拉列表中选择或根据自定义的序列进行排序，如下图所示。

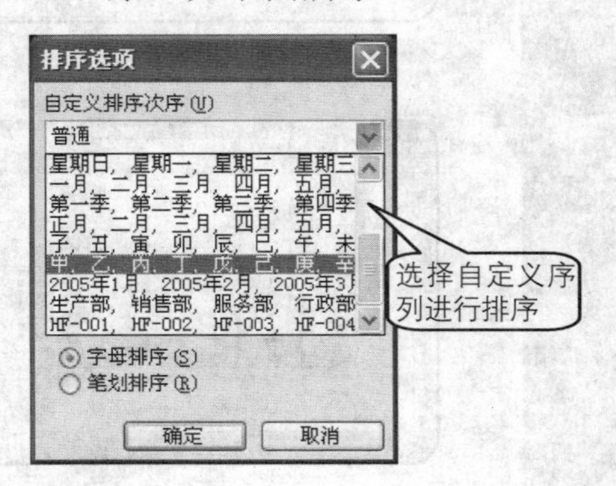

4. 在默认的情况下，都是对工作表中的列进行排序，实际上还允许对行进行排序。用户只需要在“排序选项”对话框中的“方向”选项区域中选中“按行排序”单选按钮即可，如下图所示。

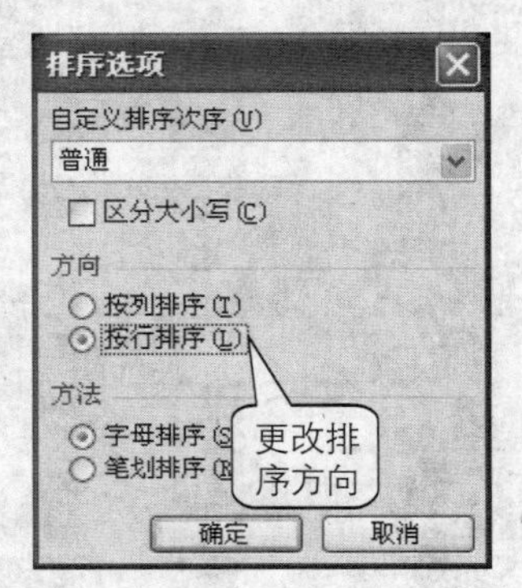

5 以“销售额（元）”为主关键字，以“部门”为次关键字按列排序后的结果如下图所示。

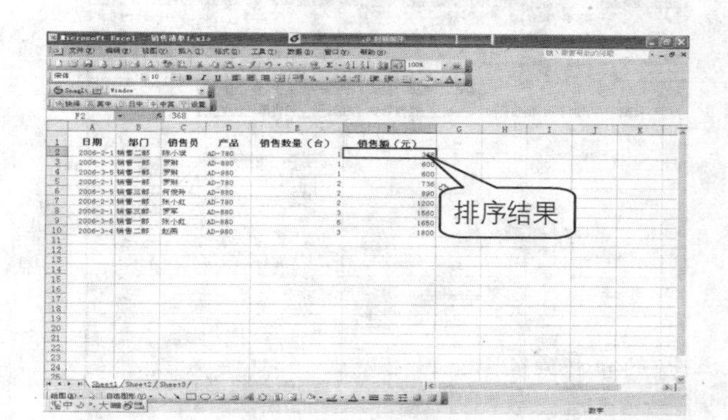

提示

当对有合并单元格的工作表内容进行排序时，屏幕上会弹出如下图所示的提示信息。因此，通常只能对数据清单进行排序。

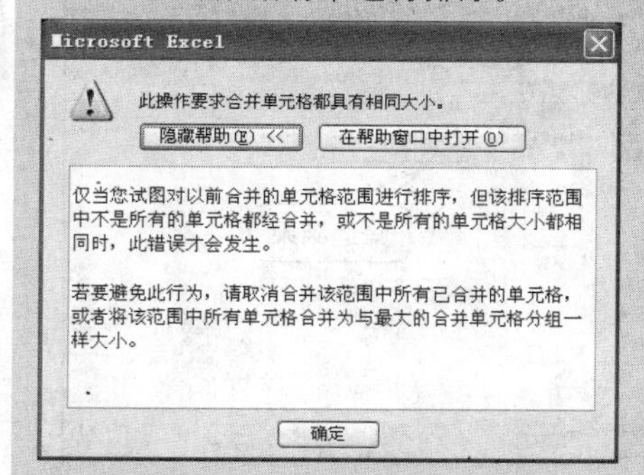

筛选操作

数据筛选的主要功能是将数据清单中满足条件的记录显示出来，而将不满足条件的记录暂时隐藏。数据筛选操作通常有两种方式：“自动筛选”和“高级筛选”，下面分别介绍如下。

1. 自动筛选

1 打开需要进行筛选操作的工作表“\实例文档\chapter8\销售清单1.xls”，选中任意单元格，执行菜单栏中的“数据>筛选>自动筛选”命令，如下图所示。

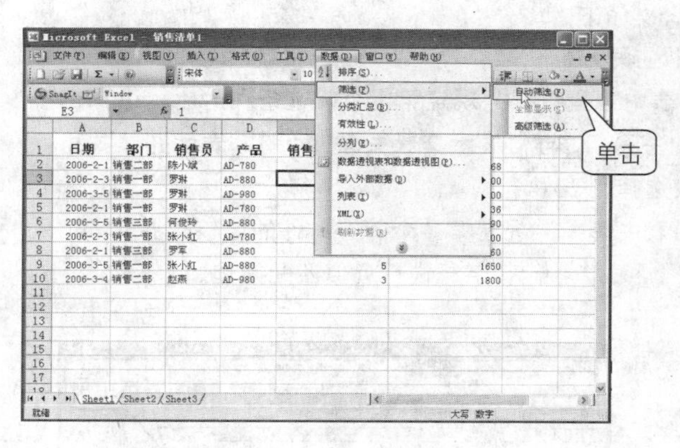

2 此时工作表中的标题行中每一个字段旁都会显示一个黑色的下三角形按钮，单击该按钮弹出一个下拉列表，用户可以从列表中选择自动筛选的条件，如下图所示。

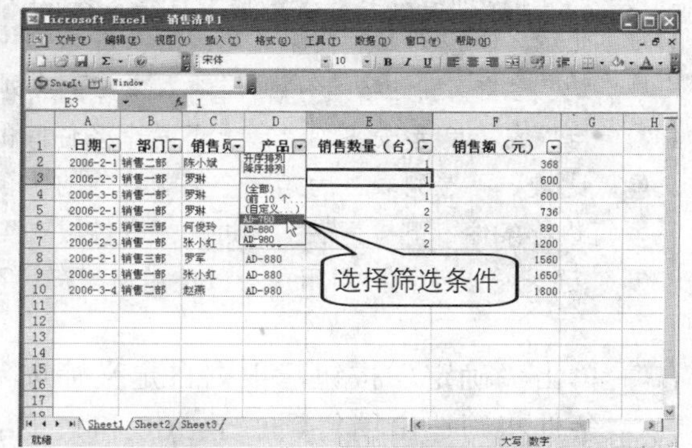

提示

下拉列表中另外5个选项分别是升序排列（对数据进行升序排列）、降序排序（对数据进行降序排列）、全部（显示列中所有的项目，单击此项可去除筛选状态）、前10个（筛选显示数据清单的前10个项目）、自定义（允许用户通过多个项目进行筛选）。

3 在“产品”字段的下拉列表中选择“AD-780”选项，筛选出所有产品为“AD-780”的记录，结果如下图所示。

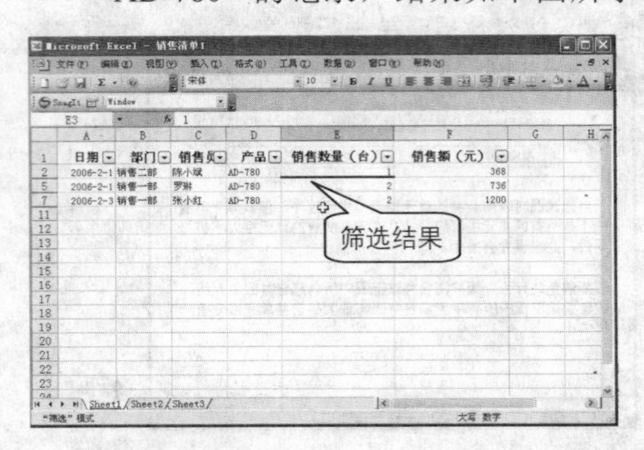

4 从“销售额（元）”字段的下拉列表中选择“（前10个）”选项，如下图所示。

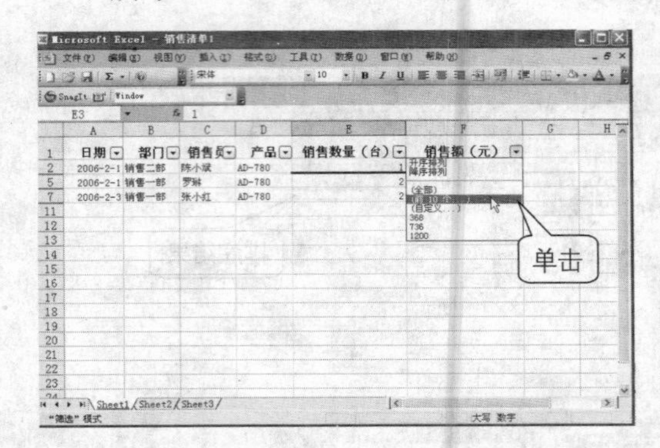

5 弹出“自动筛选前 10 个”对话框，用户可以在该对话框的“显示”选项区域中的最左边的下拉列表框中选择“最大”或“最小”，然后设置筛选的条件，如下图所示。

6 如果在“销售额（元）”字段的下拉列表中单击“（自定义）”选项将打开“自定义自动筛选方式”对话框。用户可以在该对话框自定义筛选条件，如下图所示。

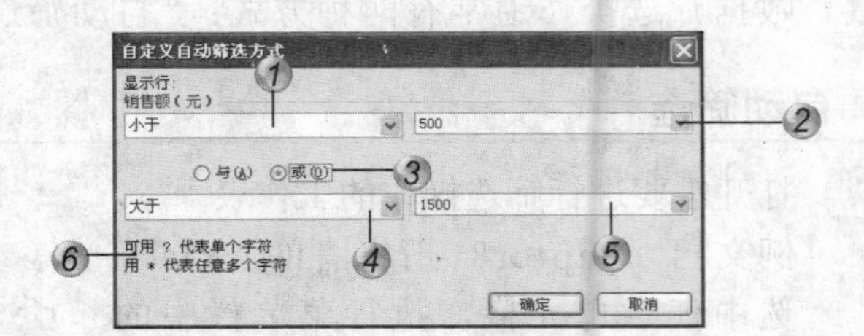

提示

“自定义自动筛选方式”对话框中各选项功能的含义如下。

1 “比较”下拉列表：为第 1 个筛选条件的比较选择列表。
2 “边界条件”下拉列表：通过输入或在下拉列表中选择数据，规定第 1 个筛选条件的比较边界。
3 “与 / 或”单选按钮：选择上下两个条件间的关系，“与”表示交集关系，“或”表示并集关系。
4 “比较”下拉列表：为第 2 个筛选条件的比较选择列表。
5 “边界条件”下拉列表：通过输入数值或在列表中选择，规定第 2 个筛选条件的比较边界。
6 通配符提示：提示用户可以使用通配符“?”和“*”代替字符进行近似匹配筛选。

7 单击“确定”按钮，根据自定义筛选条件将筛选出销售额小于 500 和大于 1500 的记录，如右图所示。

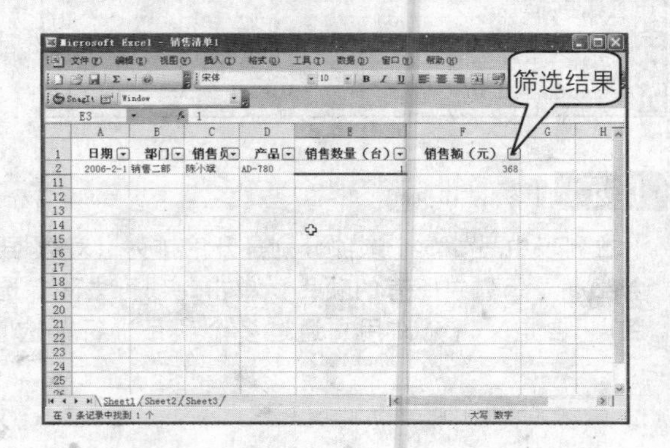

2. 高级筛选

高级筛选通常针对较为复杂的条件进行筛选，它与自动筛选最大的一个区别在于需要先创建筛选的条件区域，具体操作步骤如下。

1. 首先创建条件区域。条件区域应该与数据清单间至少要有一个空行或空列，例如打开“\实例文档\chapter8\销售清单.xls”文件在单元格 H1：I2 中创建部门为“销售一部”，“销售额（元）”为“>1000”的条件区域，如下图所示。

2. 单击菜单栏中的“数据>筛选>高级筛选”命令，如下图所示。

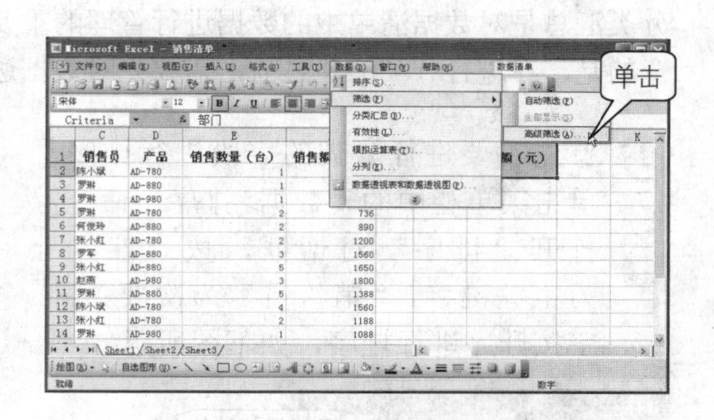

3. 在打开的“高级筛选”对话框中的“方式”选项组中单击“在原有区域显示筛选结果”单选按钮，然后单击“列表区域”框右侧的“单元格引用”按钮，如下图所示。

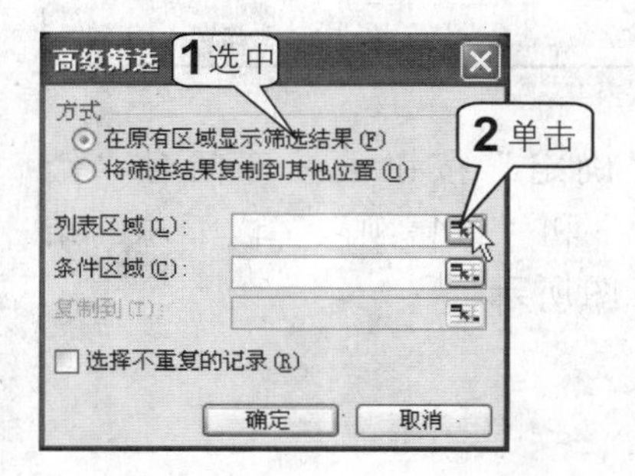

4. 此时，“高级筛选”对话框会自动折叠，在工作表中选中数据清单所在的区域，如下图所示。

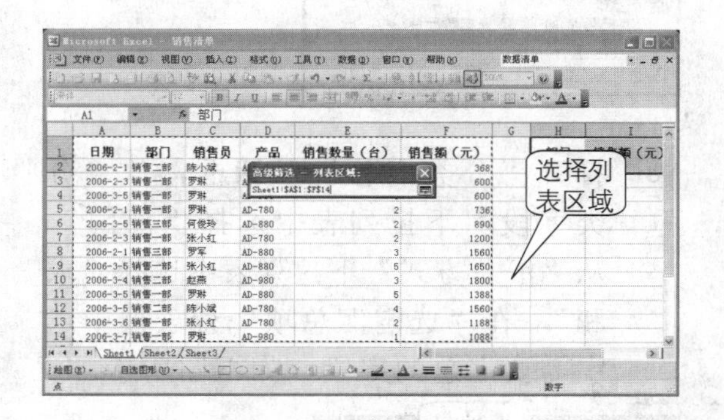

5. 单击“条件区域”右侧的“单元格引用”按钮选择条件所在的单元格区域，如右图所示。

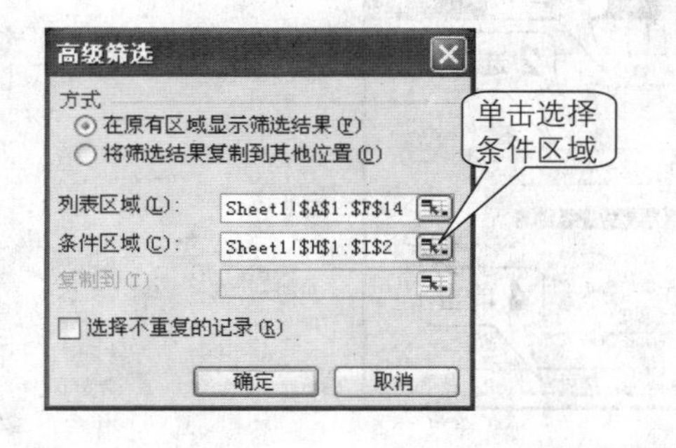

6 单击“确定”按钮，根据条件区域中设置的筛选条件筛选出的结果如右图所示。

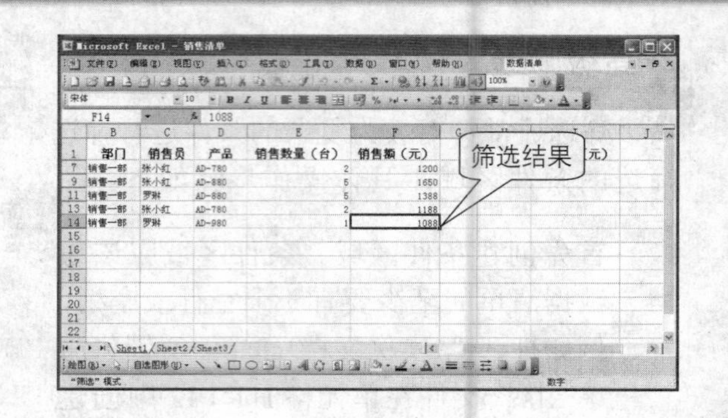

提示

如果要全部显示记录，单击菜单栏中的“数据>筛选>全部显示”命令即可。

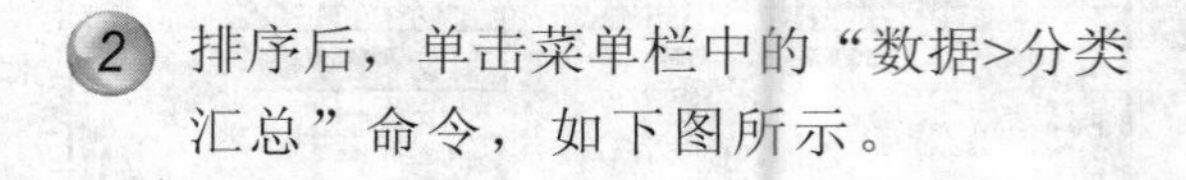

分类汇总数据

分类汇总是对数据清单中的数据进行管理的重要工具，它可以快速地汇总各项数据。但需要注意的是，在进行分类汇总之前，需要先对数据进行排序。分类汇总数据的具体操作步骤如下。

1 首先对要进行分类的字段进行排序。单击菜单栏中的“数据>排序”命令，打开“排序”对话框，按“部门”为主关键字，“销售员”为次要关键字按升序进行排序，如下图所示。

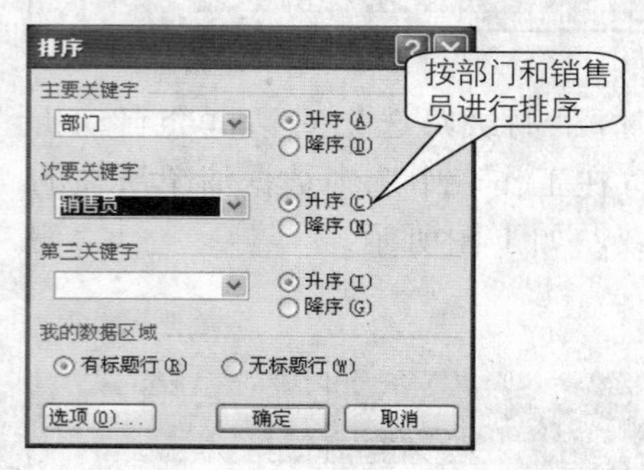

2 排序后，单击菜单栏中的“数据>分类汇总”命令，如下图所示。

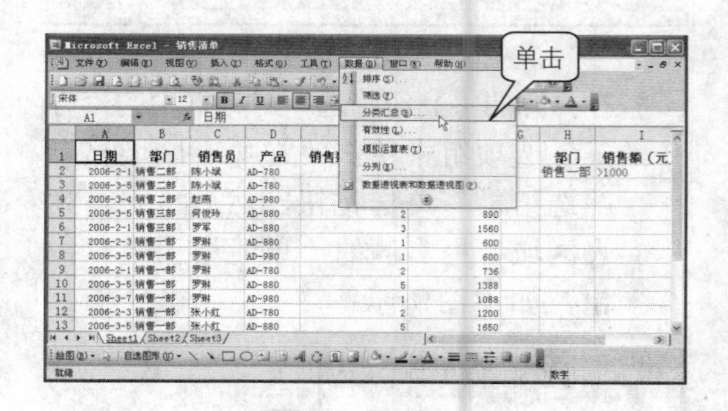

3 打开“分类汇总”对话框，从“分类字段”下拉列表中选择“部门”，从“汇总方式”下拉列表中选择“求和”，在“选定汇总项”列表框中选中需要汇总的字段，如下图所示。

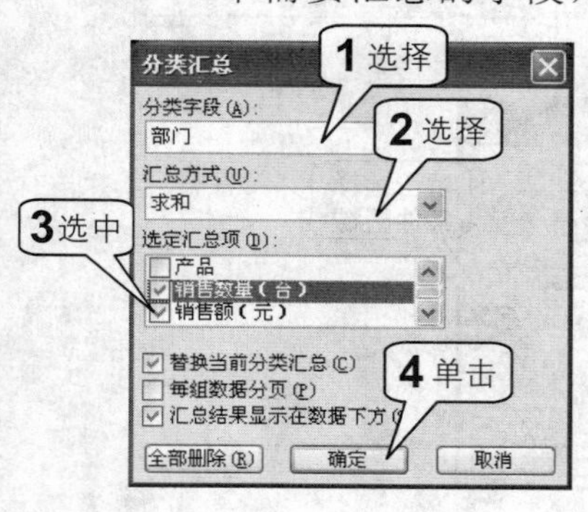

4 单击“确定”按钮，按部门对“销售数量”和“销售额”字段汇总的结果如下图所示。

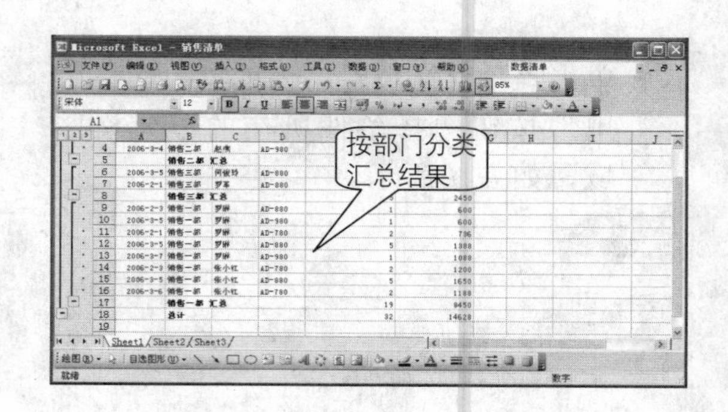

5 还可以进行多级分类汇总。再次单击菜单栏中的“数据>分类汇总”命令，打开“分类汇总”对话框，从“分类字段”下拉列表中选择“销售员”，并取消选中“替换当前分类汇总”复选框，如下图所示。

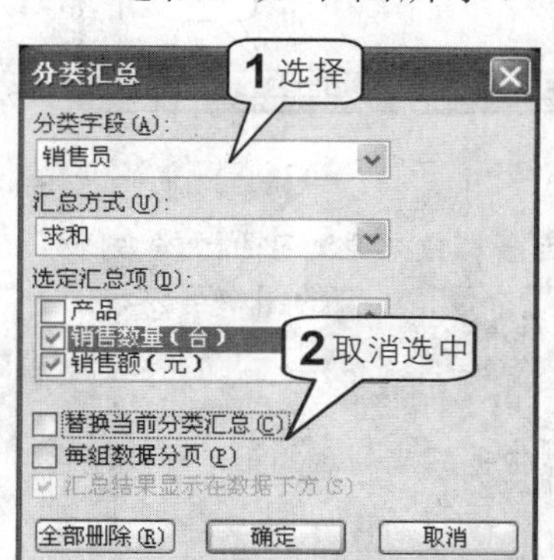

6 单击“确定”按钮，对“销售员”分类汇总的结果会显示在对“部门”分类汇总的结果的下方，如下图所示。

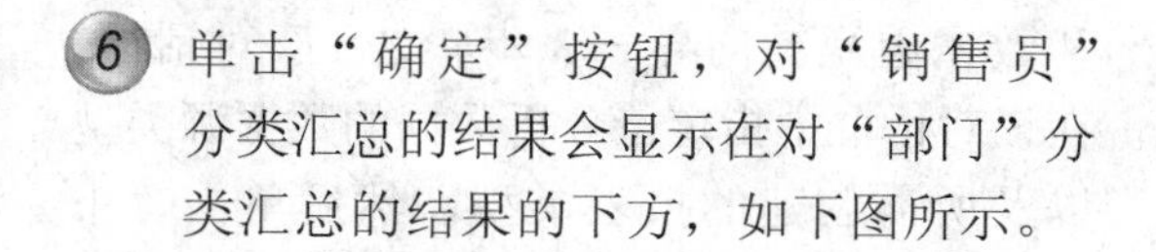

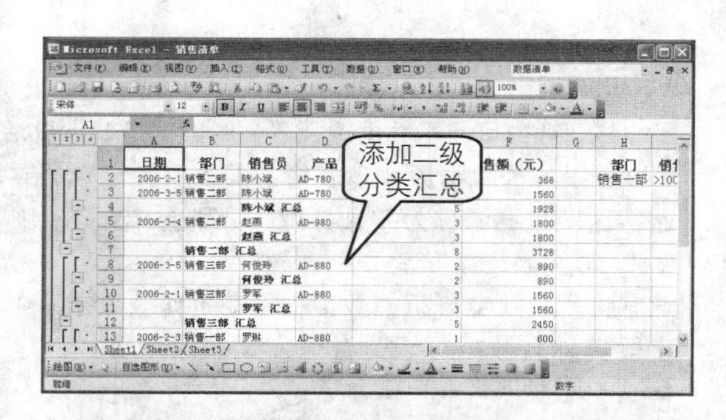

7 如果只想显示汇总结果，可以单击工作表左上侧相应的级次按钮或者是单击每一个汇总项行左侧的折叠按钮，显示结果如右图所示。

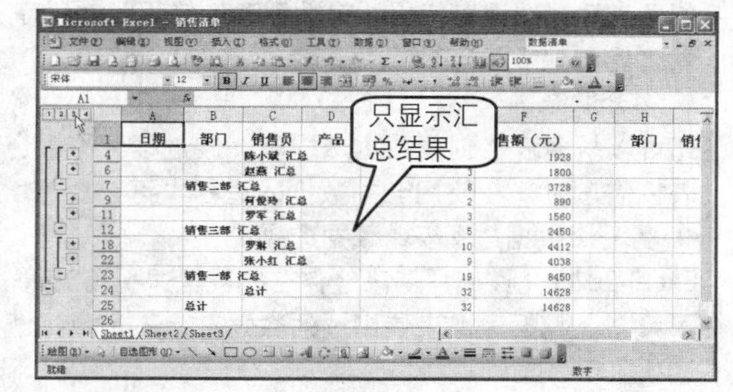

提示

如果要删除分类汇总，可再次单击菜单栏中的“数据>分类汇总”命令，打开“分类汇总”对话框，然后单击“全部删除”按钮。

2 数据透视表

在Excel 2003中，数据透视表是最具有创造性、技术性和强大分析能力的数据管理工具。它可以将大量繁杂的数据转换成汇总表，并帮助用户从多角度进行数据分析。本节将以“\实例文档\chapter8\日常办公费用统计.xls”为例全面介绍数据透视表。

使用向导创建数据透视表

在Excel 2003中可以使用系统提供的向导快速创建数据透视表，使用向导创建数据透视表的过程大概可以分为定义数据位置、选取数据源、设置透视表的位置、透视表布局等，具体操作方法如下。

1. 定义数据位置

单击菜单栏中的“数据>数据透视表和数据透视图”命令，打开如图所示的“数据透视表和数据透视图向导—3步骤之1”对话框，在该对话框中指定待分析数据的数据源类型以及所需创建的报表类型，然后单击“下一步”按钮。

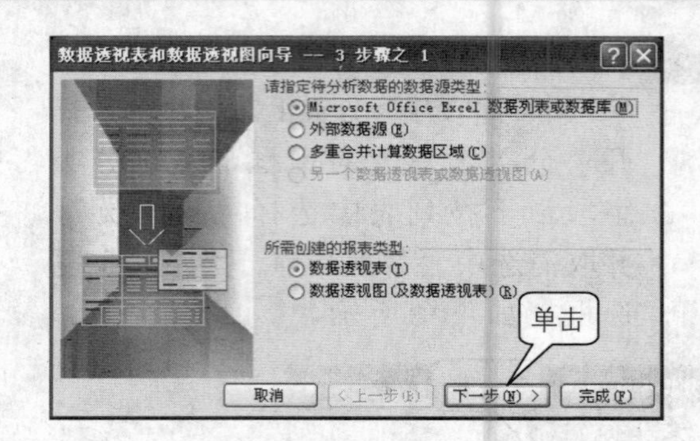

提示

Excel 2003中可用于数据透视表的源数据是非常灵活的，这些数据可以来自各种数据源，包括Excel列表、Excel以外的数据源、多表格范围以及其他数据透视表。从“1.定义数据位置”一节的图中可以看出，通常这些数据源分为4种类型，分别介绍如下。

- Excel列表或数据库

通常，用户所要分析的数据存储在工作表数据库中（有时也称为列表）。数据库或列表的第一行要包含字段名称，数据可以是数值、文本或者公式。

- 外部数据源

如果为数据透视表使用外部数据源，使用Query获得数据，可以使用Access、SQL Sever数据或者其他系统能够建立访问的数据。

- 多合并范围

还可以从多表格创建数据透视表，该过程等价于合并表格中的信息。当用户创建一个数据透视表来合并表格信息时，在使用合并数据的过程中可以发挥所有的数据透视表工具的优势。

- 另一个数据透视表或数据透视图

Excel 2003允许用户从已经存在的数据透视表创建一个新的数据透视表。但所要创建的数据透视表应是基于第一个数据透视表使用过的数据，而不是数据透视表本身。如果激活的工作簿中没有数据透视表，该选项显示为灰色。

并非所有的数据都可以创建数据透视表，用来创建数据透视表的数据必须以数据库的形式存在，在工作表中必须以列表的形式存在。一般来说，在数据库表格上的字段可以包含下列类型。

数据：包含需要总结的数值或数据。

类别：描述数据，即字段名称。

2. 选择数据源区域

在“数据透视表和数据透视图向导—3步骤之2”对话框中单击“选定区域”框右侧的“单元格引用”按钮，如下图所示。

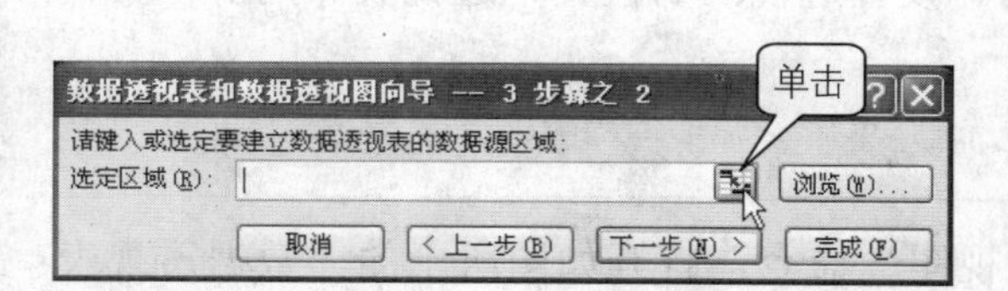

此时该对话框会折叠起来，在工作表中选择要作为数据透视表数据源的单元格区域，这些单元格区域的引用地址将出现在对话框中，如下图所示。

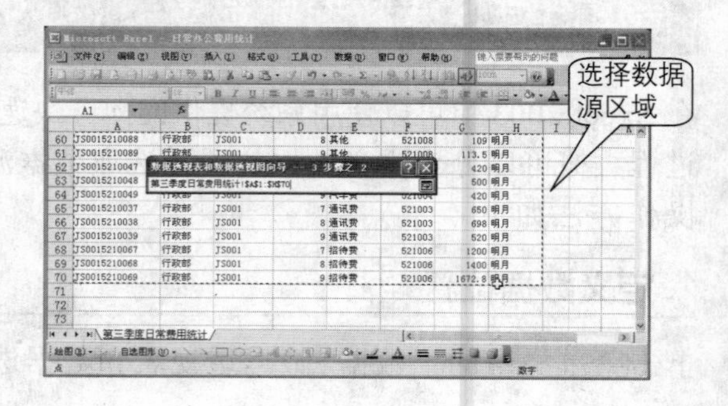

如果要作为数据透视表的源文件此时并没有打开，可在步骤之2的对话框中单击“浏览”按钮，打开“浏览”对话框，然后用户可以利用“查找范围”下拉列表选择所需的工作簿文件，最后单击“确定”按钮打开该工作簿，如右图所示。

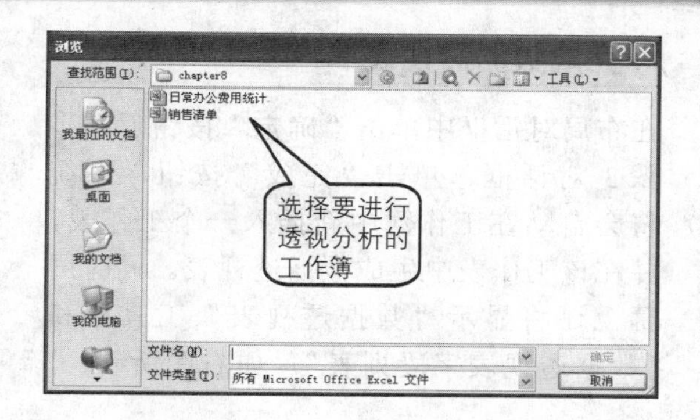

3. 设置数据透视表位置

选择好数据源区域后，单击“下一步”按钮，进入“数据透视表和数据透视图向导—步骤之3”对话框。在该对话框中需要设置数据透视表的显示位置。如果希望透视表显示在新的工作表中，可选中“新建工作表”单选按钮；如果希望透视表与数据源显示在同一个工作表中，可选中“现有工作表”单选按钮，然后在其下的文本框中引用起始位置的单元格地址，如下图所示。

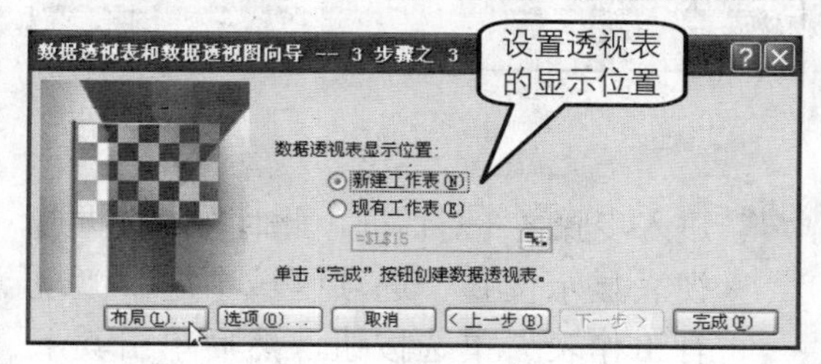

这里拖动“月份”字段到“页”区域，拖动“部门名称”字段到“行”区域，拖动“费用类别”到“列”区域，拖动“金额”字段到“数据”区域，此时数据区域中会自动显示“求和项：金额”，如下图所示。

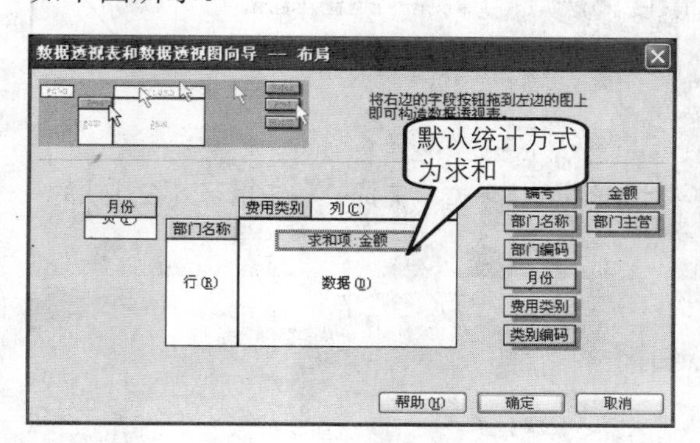

4. 数据透视表布局

在“数据透视表和数据透视图向导–3步骤之3”对话框中单击“布局”按钮，打开“数据透视表和数据透视图向导–布局”对话框。此时该对话框中会显示数据源中的所有字段，用户可以将字段拖动到数据透视表布局的字段中，如下图所示。

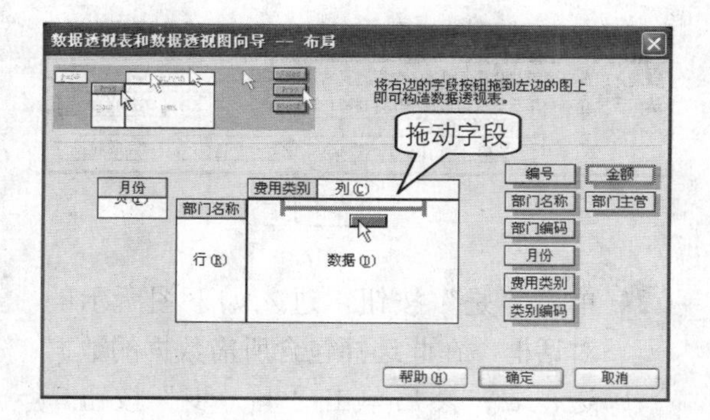

如果用户对布局对话框中的操作不是很明白，还可以单击“帮助”按钮显示Excel的帮助信息。在该对话框中显示了关于数据透视表布局的主题，如下图所示。

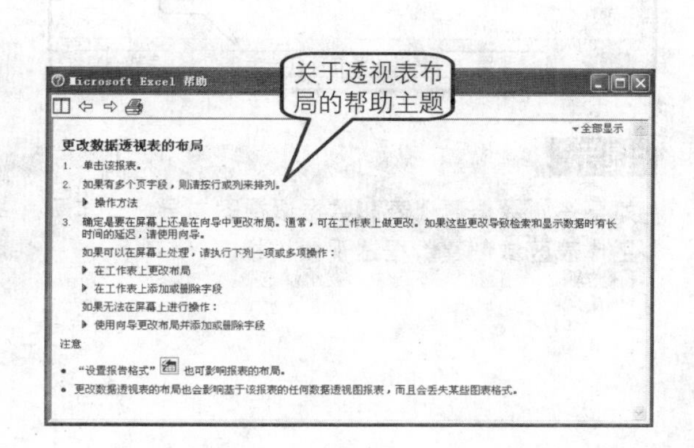

5. 完成数据透视表

在布局对话框中单击“确定”按钮返回步骤 3 对话框，单击“完成”按钮，系统将会自动在工作簿中新插入一个工作表，并在该工作表中生成数据透视表。同时屏幕上还将显示“数据透视表”工具栏和“数据透视表字段列表”，如右图所示。

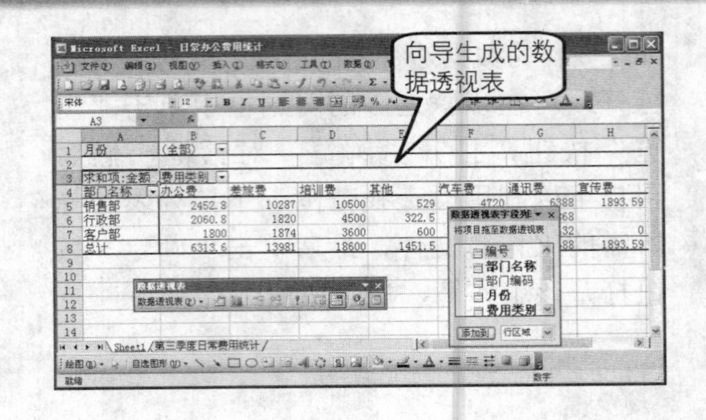

使用直接布局法创建

用户可以使用“数据透视表字段列表”工具栏直接在工作表中规划数据透视表，而不必在“布局”对话框中进行布局设置，如下这种方法适合于对透视表有一些了解的用户。

1. 和前面的方法一样，启动数据透视表向导，在步骤 2 时选择好数据源区域，然后单击“下一步”按钮，如下图所示。

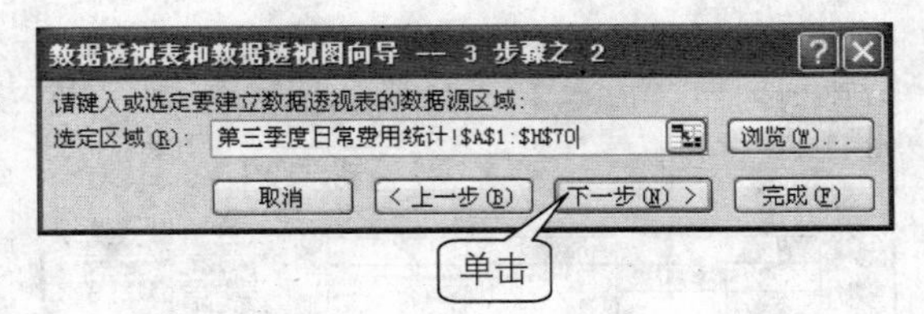

2. 由于所选的数据源区域已经创建过数据透视表，屏幕上会弹出如下图所示的对话框，提示用户是否基于已有的透视表创建新透视表。

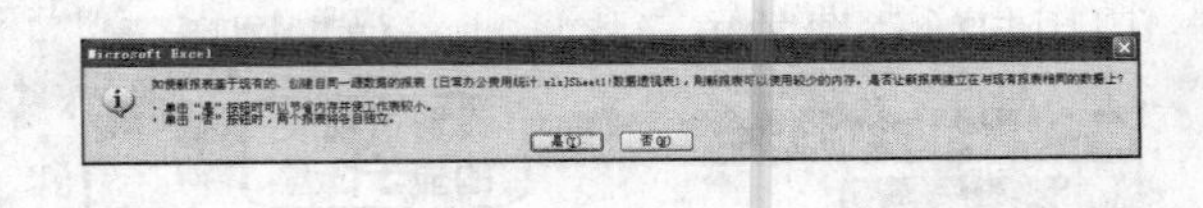

3. 单击“是”按钮，进入如下图所示的对话框，在此选择包含所需数据的数据透视表；然后单击“下一步”按钮。

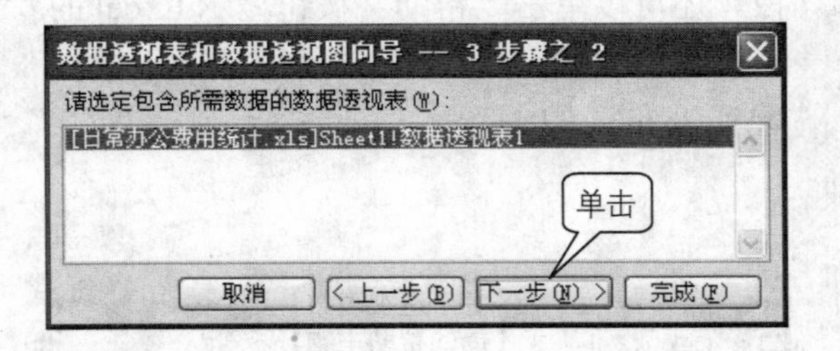

4. 进入步骤之 3 对话框，此时在“数据透视表显示位置”选项区域中选中“现有工作表”单选按钮，然后单击其下文本框右侧的“单元格引用”按钮选择透视表开始的位置，如下图所示。

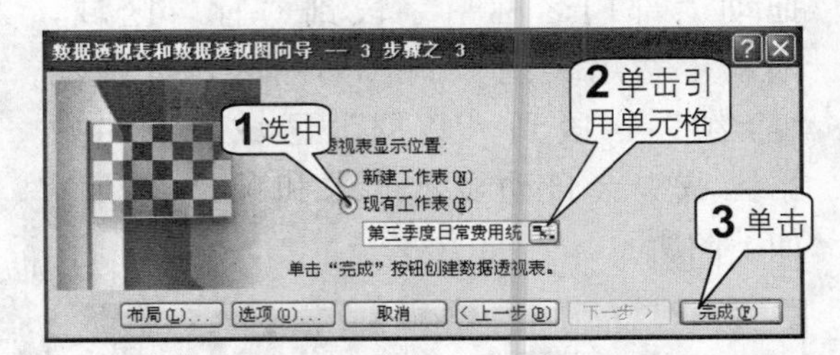

提示

如果在“数据透视表和数据透视图向导 – 3 步骤之 2”对话框中直接单击“完成”按钮也可以在默认的工作表区域创建数据透视表模板。

5 单击“完成”按钮，系统将在指定的区域创建数据透视表模板。同时屏幕上还将显示“数据透视表”工具栏和“数据透视表字段列表”，可从字段列表中拖动字段到模板中规划透视表布局。用户也可以在字段列表中单击选中需要的字段，然后在字段列表下面的下拉列表中选择模板区域，最后单击“添加到”按钮，如右图所示。

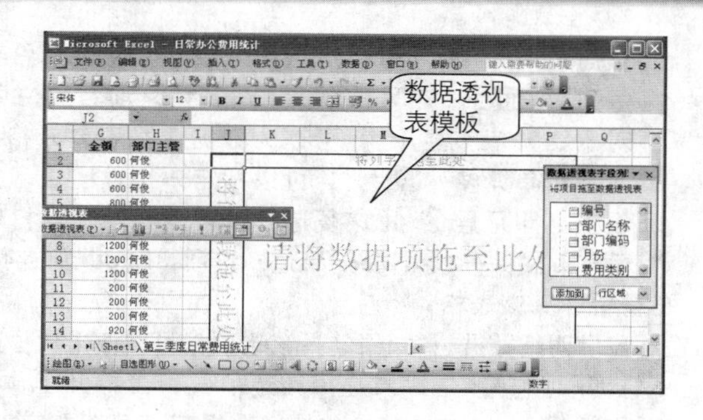

数据透视表选项设置

在使用向导创建数据透视表时，在步骤3的对话框中有个“选项”按钮，单击该按钮可以打开“数据透视表选项”对话框进行选项设置。用户也可以在完成数据透视表的创建以后，再进行选项设置，具体操作方法如下。

1 在创建的数据透视表上右击，从弹出的快捷菜单中单击“表格选项”命令，如下图所示。

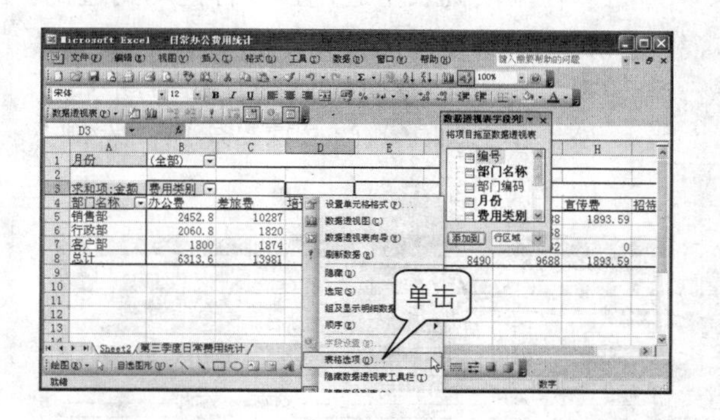

2 弹出“数据透视表选项”对话框，如下图所示。

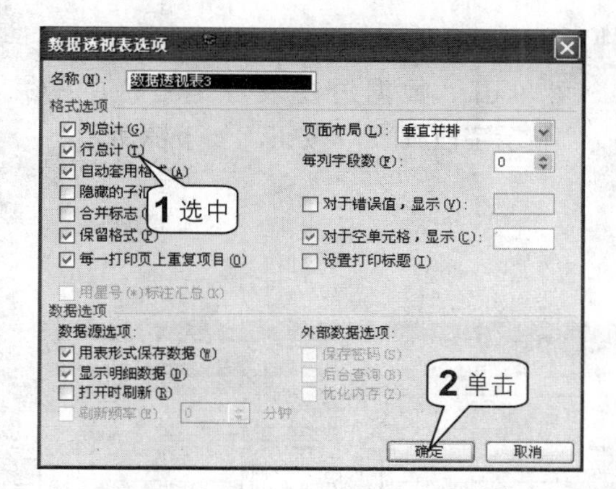

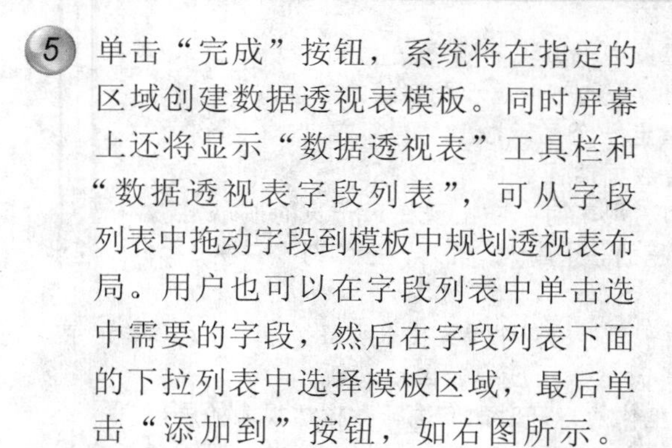

提示

“数据透视表选项”对话框中各选项的含义介绍如下。
名称：用户可以在该文本框中为数据透视表设置名称。
列总计：选中此复选框，会显示对列中项目计算的总数。
行总计：选中此复选框，会显示对行中项目计算的总数。
自动套用格式：选中此复选框，用户可以将Excel 2003中的自动套用格式应用于透视表中。
隐藏的子汇总项：选中此复选框，可以隐藏分类汇总中页字段中的项目。
合并标志：选中此复选框，数据透视表会出现合并的样式。
保留格式：选中此复选框，当更新数据透视表时，会保留原有格式。
每一打印页上重复项目：选中此复选框，当打印数据透视表时，会在每一页上显示标题行。
“用星号（*）标记汇总”：只有从OLAP数据源产生数据透视表时，该复选框才有效。如果选中它，要在每一部分及总和后添加星号。

"页面布局"：用户可以指定一个顺序，它表示希望页字段出现的顺序。
"每列字段数"：在另一个页字段开始之前，用户可以指定一个显示页字段的数字。
"对于错误值，显示"：可以为数据透视表单元格指定一个显示数值，显示出错。
"对于空单元格，显示"：可以指定一个数值表示空数据透视表单元格。
"设置打印标题"：用该复选框设置列标题，当打印透视表时，它出现在每一页的顶端。
"用表形式保存数据"：如果选中该项，Excel 保存数据的一个副本；当修改版面时，它使 Excel 快速地重新计算该表格。
"显示明细数据"：如果选择该选项，可以双击数据透视表上的一个单元格来观察参与总和计算的记录。
"打开时刷新"：如果选择该选项，每当打开工作簿时，数据透视表自动刷新。
"刷新频率"：如果链接到外部数据库，可以指定在工作簿打开时如何进行数据透视表的刷新。
"保存密码"：如果使用需要密码的外部数据库，可以把密码保存为查询的一部分，因此不需要重新输入。
"后台查询"：如果选择该选项，在继续工作时，Excel 在后台执行外部数据库查询。
"优化内存"：当刷新外部数据库查询时，该选项降低使用的内存数量。

更改数据透视表结构

数据透视表实际上是一种动态报表，前面已经提到数据透视表可以多角度对数据进行分析，当创建好数据透视表时，还可以在现有的透视表基础上，灵活地调整数据透视表的结果，具体步骤如下。

1 如果此时屏幕上没有显示字段列表，可单击"数据透视表"工具栏中的"显示字段列表"按钮，如下图所示。

2 如果需要在透视表中增加新的字段，可以在字段列表中选定字段行拖动到透视表中需要显示的位置；也可以将数据透视表中的字段交换位置，如拖动"月份"字段到"部门名称"字段的右侧，如下图所示。

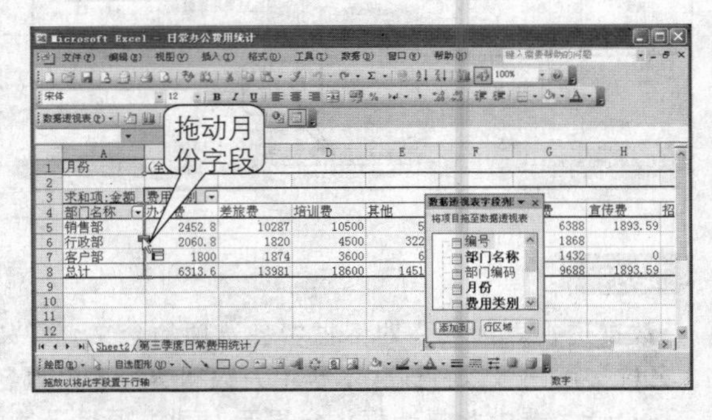

3 释放鼠标后，此时数据透视表变为如右图所示的布局。可以查看各部门每个月及该季度各项费用的明细和汇总金额。

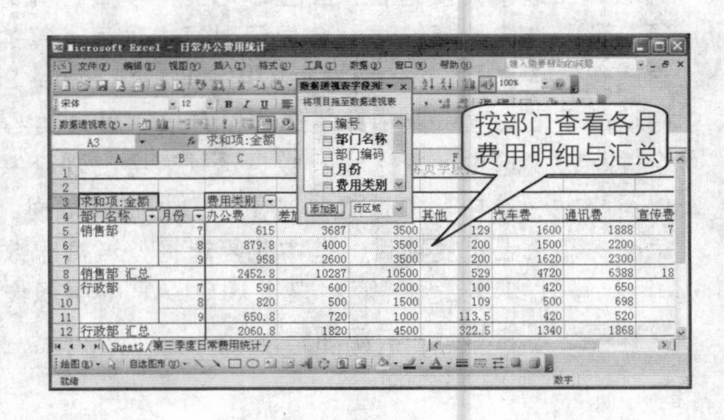

4 如果需要按月份查看各部门的费用情况，则可以将“月份”字段拖动到“部门名称”字段的左侧，如下图所示。

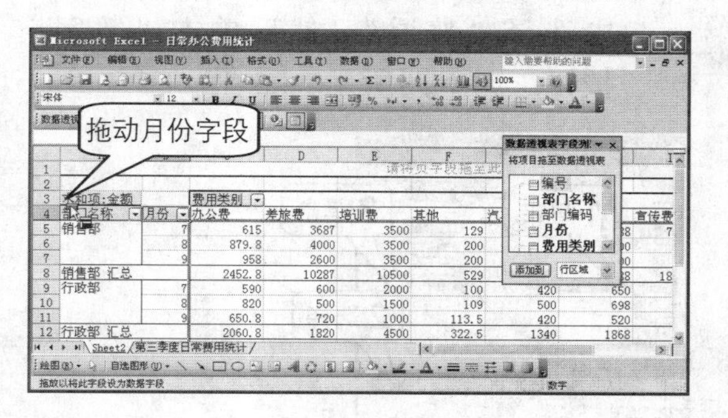

5 释放鼠标后，此时的数据透视表如下图所示。

更改数据透视表中字段名称和汇总方式

在创建数据透视表时，系统会根据数据的类型，选择默认的汇总方式，通常将汇总字段的名称以“求和项：字段名称”或“计数项：字段名称”等命名。这种名称并不是很直观，用户可以根据自己的需要为字段重新命名，还可以更改字段的汇总方式。

1 双击数据透视表中的“求和项：金额”字段，如下图所示。

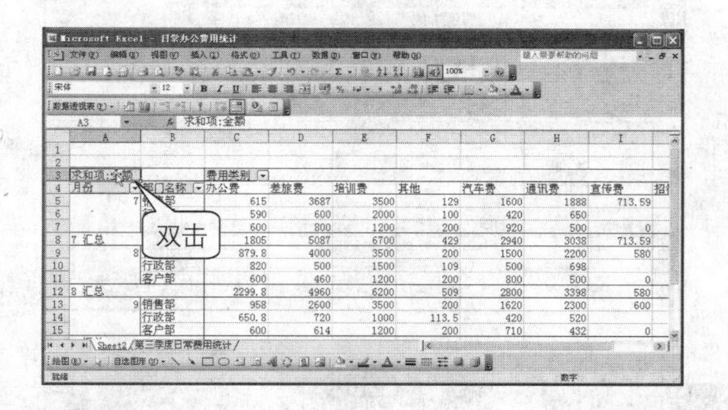

2 打开“数据透视表字段”对话框，在“名称”文本框中输入新的名称“办公费用汇总”，然后单击“选项”按钮，如下图所示。

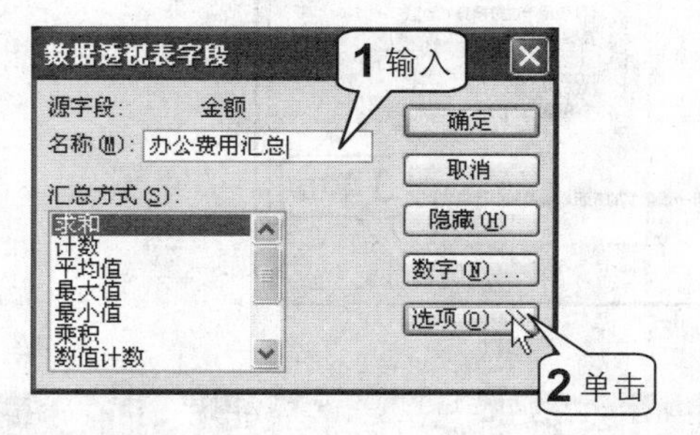

3 从“数据显示方式”下拉列表框中选择“占同行数据总和的百分比”，然后单击“确定”按钮，如下图所示。

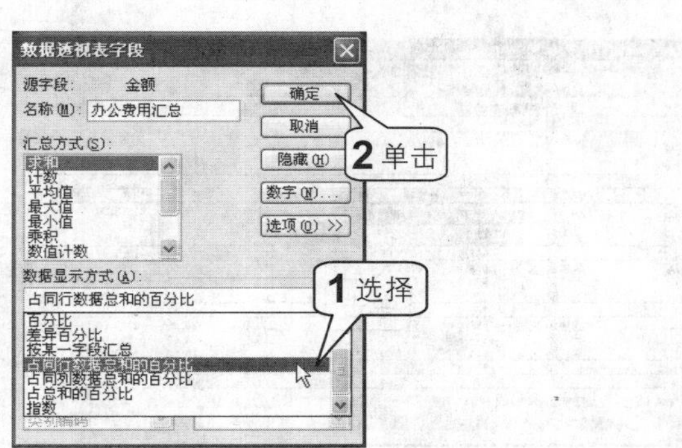

4 此时，如下图所示数据透视表中的数据全部更改为百分比格式，显示的是各部门各月份各项办公费用占总费用的比例。

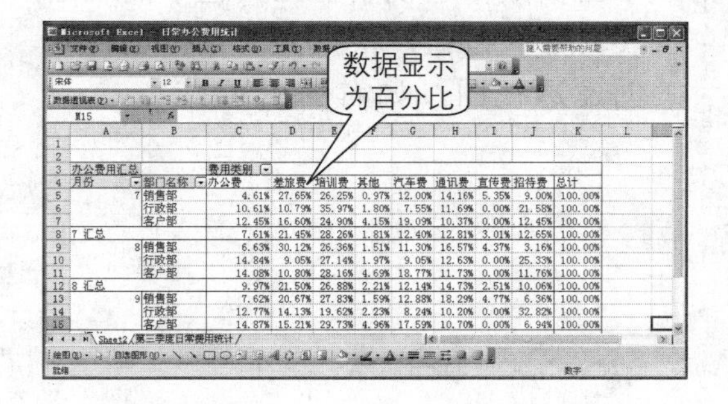

5 右击数据透视表，从弹出的快捷菜单中选择“字段设置”命令，如下图所示。

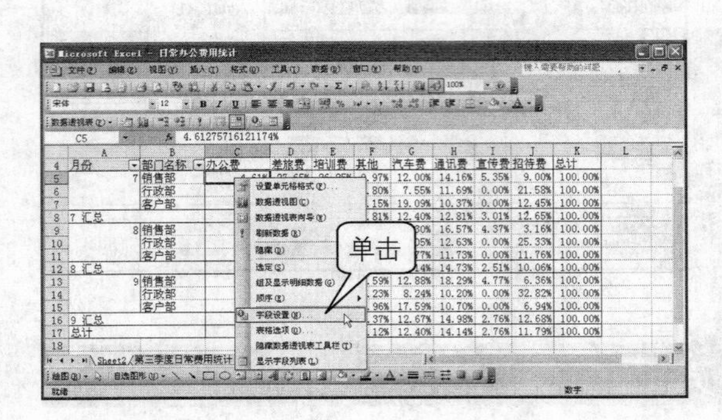

6 打开“数据透视表字段”对话框，从“汇总方式”列表框中选择“平均值”，从“数据显示方式”下拉列表中选择“普通”，然后单击“数字”按钮，如下图所示。

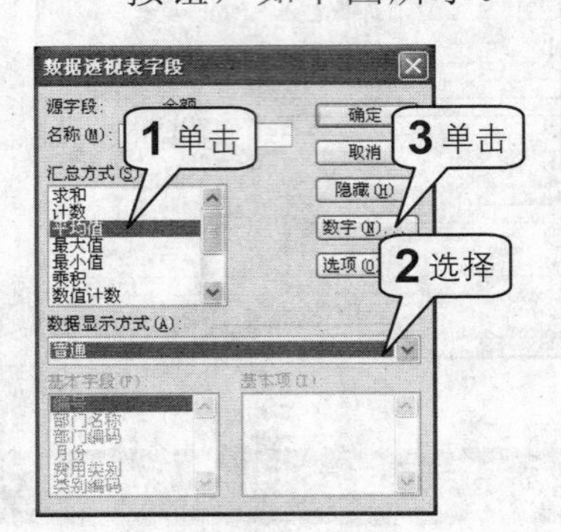

7 打开“单元格格式”对话框，从“分类”列表框中选择“数值”，设置“小数位数”为“2 位”，然后单击“确定”按钮，如下图所示。

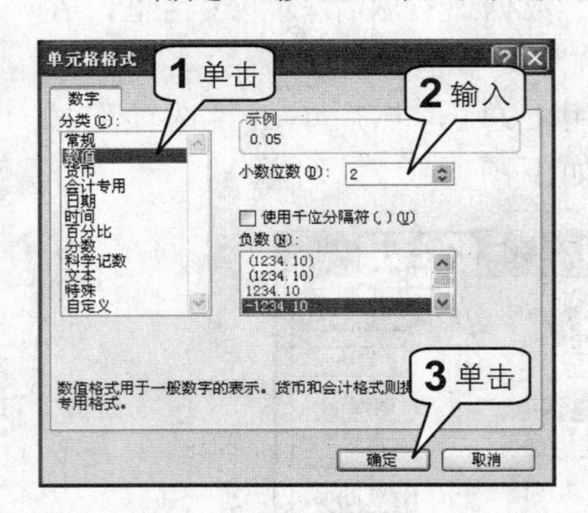

8 单击“确定”按钮，关闭“数据透视表字段”对话框最后数据透视表中的“汇总”行更改为对各月各部门间的平均费用的统计，如下图所示。

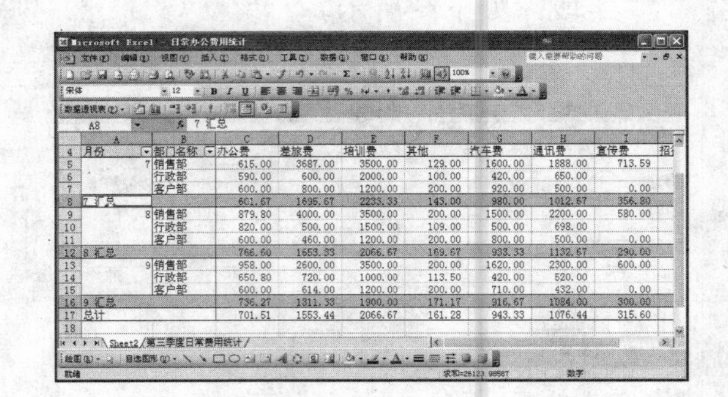

根据数据透视表创建透视图

当创建好数据透视表后，如果还需要加以图表说明，可以直接根据数据透视表创建数据透视图，具体操作步骤如下。

1 单击“数据透视表”工具栏中的“图表向导”按钮，根据当前数据透视表创建透视图，如右图所示。

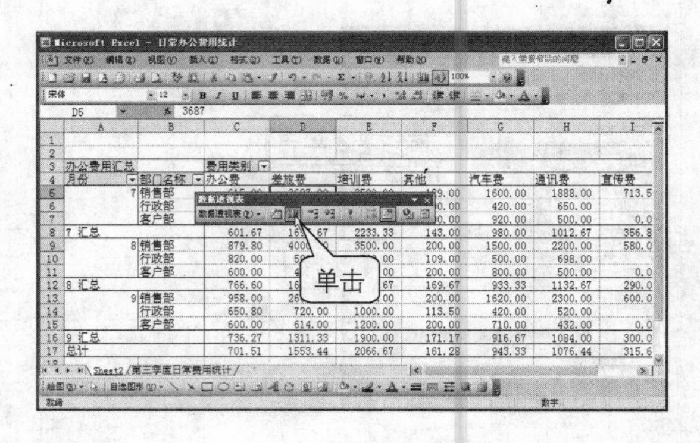

2 系统会以默认的方式在工作簿中新建一个工作表Chart1来创建数据透视图，如下图所示。

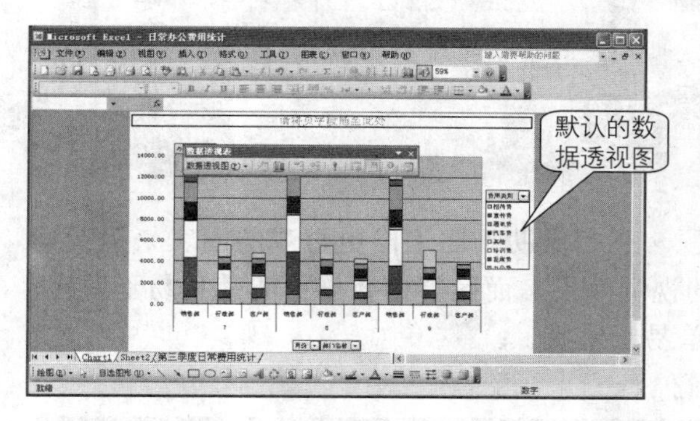

3 右击数据透视图，从弹出的快捷菜单中单击“位置”命令，如下图所示。

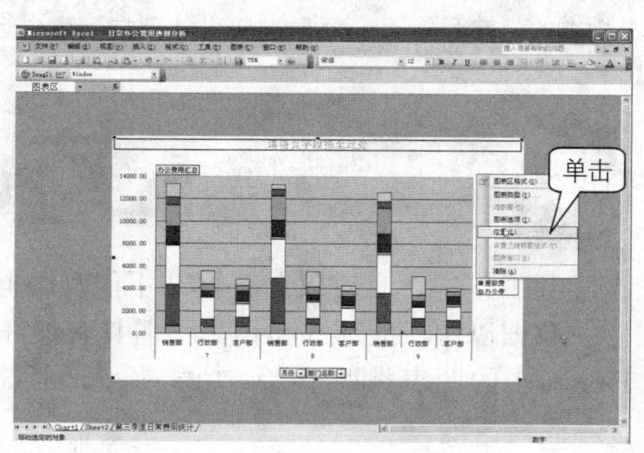

4 打开“图表位置”对话框，在“将图表”选项区域中选中“作为其中的对象插入”单选按钮，其后的下拉列表会选中数据源所在工作表作为默认选项，如下图所示。

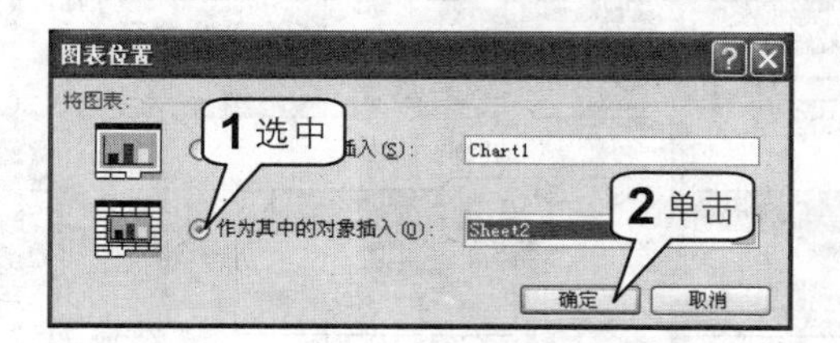

5 单击“确定”按钮，数据透视图将插入到工作表Sheet2中，如下图所示。

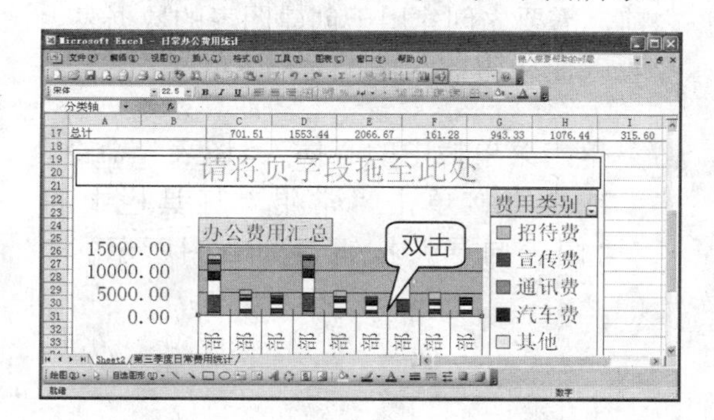

6 双击数据透视图中的分类坐标轴区域，打开“坐标轴格式”对话框，单击“字体”标签切换到“字体”选项卡，从“字号”列表框中选择“10”，然后单击“确定”按钮，如下图所示。

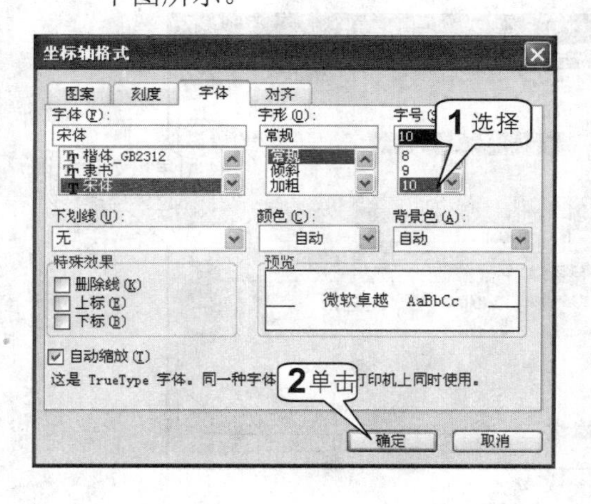

7 用同样的方法，设置数值坐标轴和图例项的字体字号都为10号，此时得到的数据透视图如下图所示。

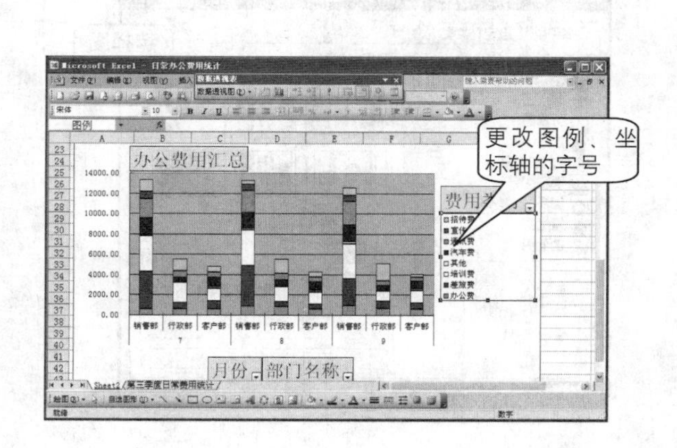

提示

用户如果要更改数据透视图中的字段按钮的字号，可以选中整个数据透视图，然后单击“格式”工具栏中的“字号”下三角形按钮，从下拉列表中选择适当的字号。

图表高级应用

在实际工作中，有时仅用表格并不能反映问题，还需借助于比表格更直观的图表来说明问题。数据以图表的形式显示，不但具有很好的视觉效果，而且会使数据更清楚和易于理解。Excel 中的图表类型丰富、功能强大，且简单易于掌握。

使用向导创建图表

和创建数据透视表类似，在 Excel 中用户可以使用图表向导来轻松创建图表；但在创建图表之前，需要先创建用于创建图表的数据表。读者可打开附书光盘中“\实例文档\chapter8\营业收入比较报表.xls”文档。

1. 单击菜单栏中的“插入>图表”命令，或者直接单击“常用”工具栏中的“图表向导”按钮，如右图所示。

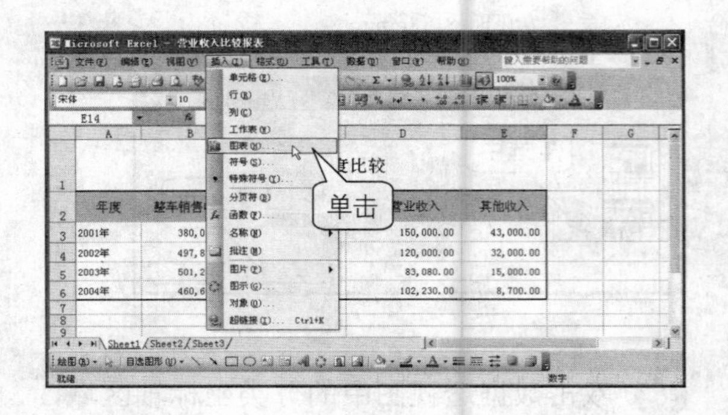

2. 打开“图表向导－4 步骤之 1－图表类型”对话框。保留默认的图表类型和子图表类型，然后直接单击“下一步”按钮，如下图所示。

3. 在“图表向导－4 步骤之 2－图表源数据”对话框中单击“数据区域”框右侧的“单元格引用”按钮，如下图所示。

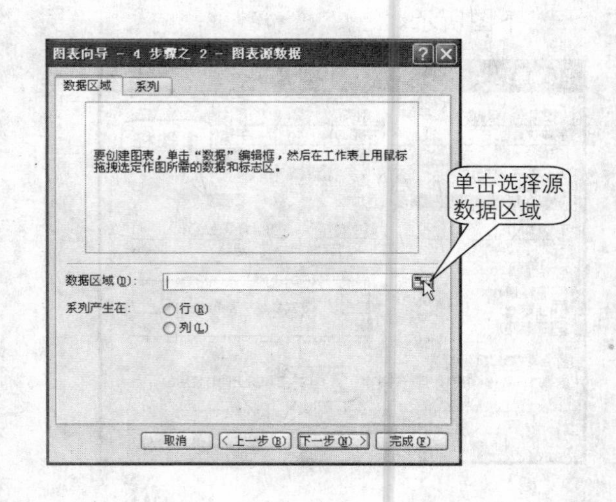

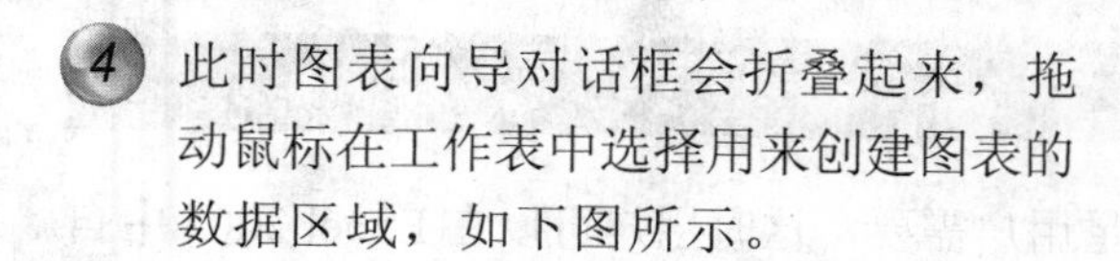

4 此时图表向导对话框会折叠起来，拖动鼠标在工作表中选择用来创建图表的数据区域，如下图所示。

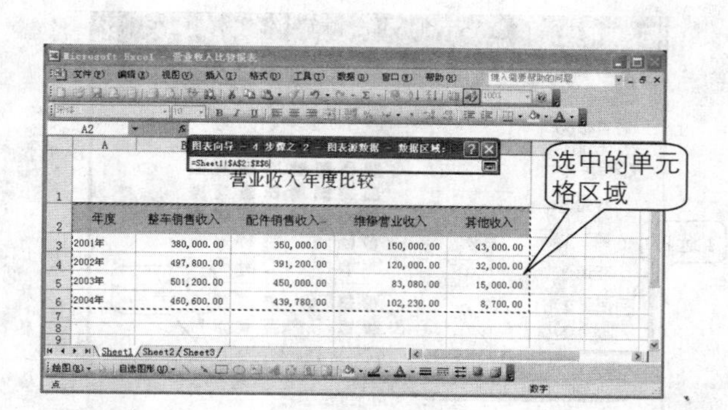

5 此时，所选区域的引用地址将显示在“数据区域”框中，单击“单元格引用”按钮，在“系列产生在”选项区域中选中“列”单选按钮，然后单击“下一步”按钮，如下图所示。

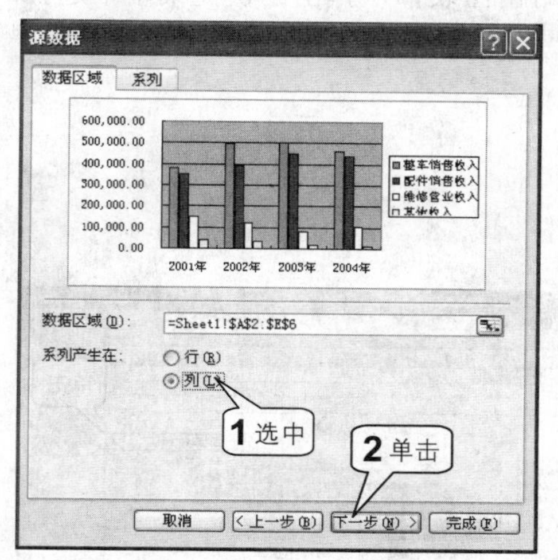

6 此时进入“图表向导－4 步骤之 3－图表选项”对话框，在“图表标题”文本框中输入图表标题，然后单击“下一步”按钮，如下图所示。

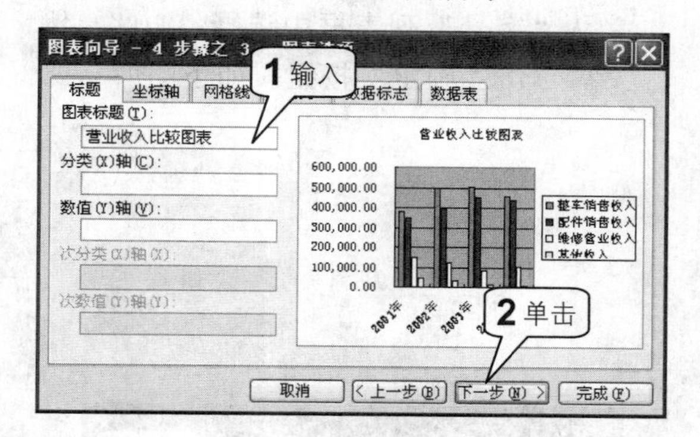

7 进入“图表向导－4 步骤之 4－图表位置”对话框，选中“作为其中的对象插入”单选按钮，此时默认的工作表为 Sheet1，然后单击“完成”按钮，如下图所示。

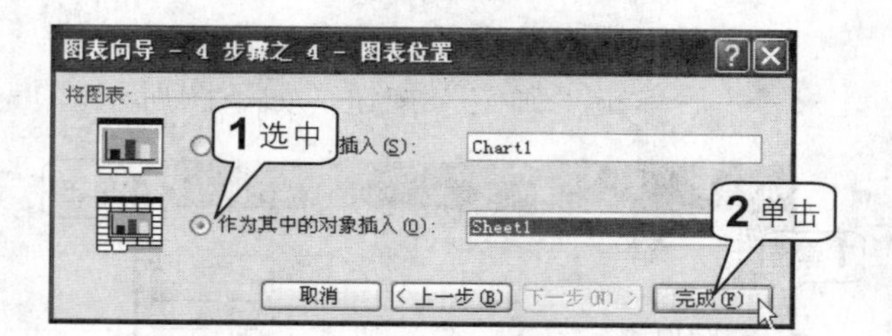

8 插入到工作表Sheet1中的数据透视图如右图所示。

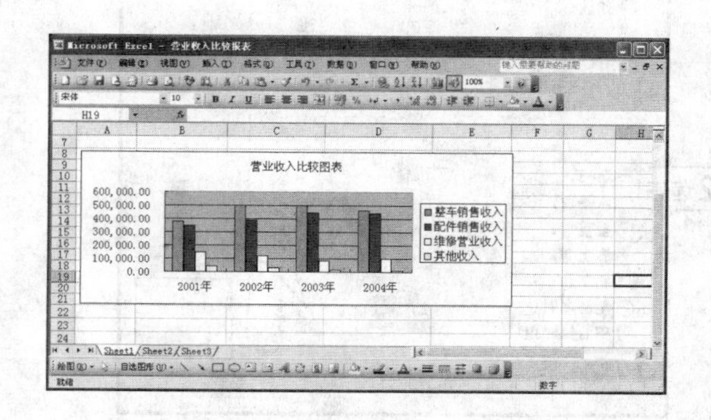

设置图表格式

使用图表向导创建的默认样式的图表有时很难满足用户需要，这时用户可以在 Excel 2003 中自己设置图表的格式，具体操作步骤如下。

1. 右击图表，从弹出的快捷菜单中选择“图表区格式”命令，如下图所示。

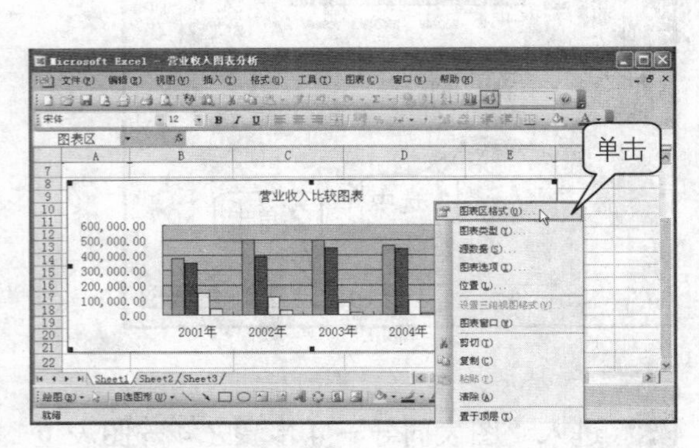

2. 打开“图表区格式”对话框，在“图案”选项卡中的“边框”选项区域中选中“阴影”和“圆角”复选框，然后单击“填充效果”按钮，如下图所示。

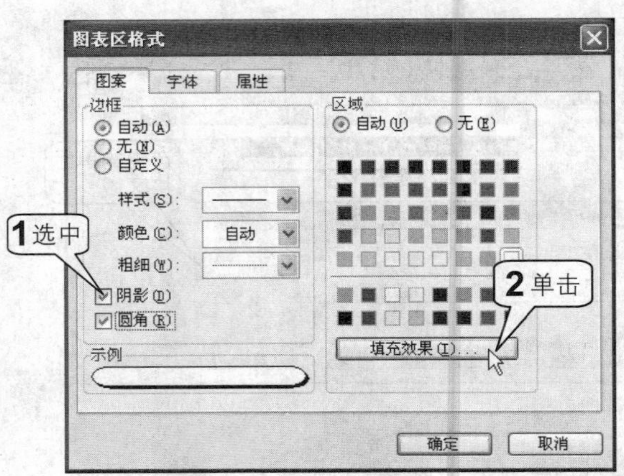

3. 打开“填充效果”对话框，在“颜色”选项区域中单击“单色”单选按钮，从“颜色 1”下拉列表中选择白色，在“底纹样式”选项区域中选中“斜上”单选按钮，在“变形”选项区域中单击最后一种变形效果，然后单击“确定”按钮，如下图所示。

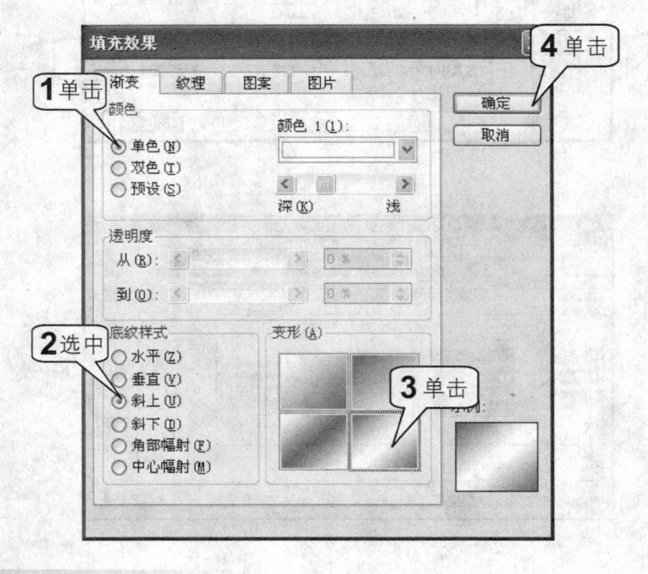

4. 在“图表区格式”对话框中单击“字体”标签，切换到“字体”选项卡，从“字号”列表框中选择“10”，然后单击“确定”按钮，如下图所示。

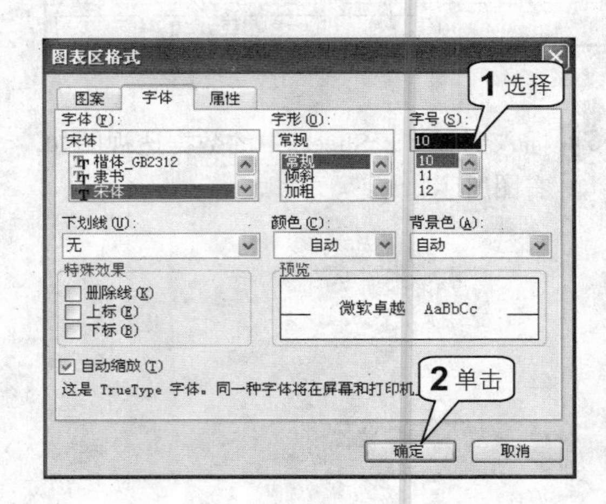

5 设置图表区填充效果后的图表如下图所示。

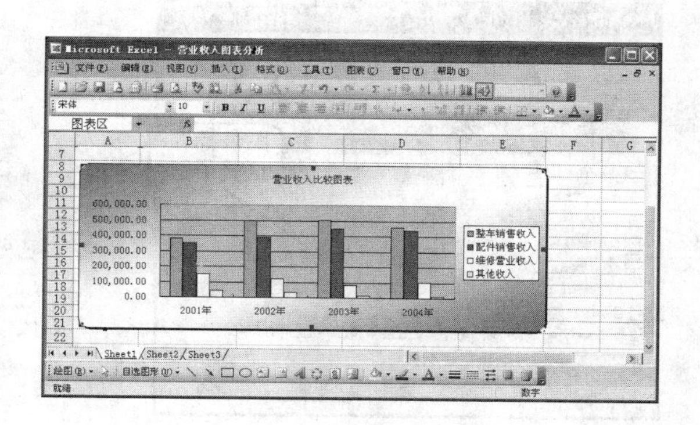

6 双击图表中的坐标轴弹出“坐标轴格式”对话框。在该对话框中可以设置坐标轴的图案、刻度、字体等格式，如下图所示。

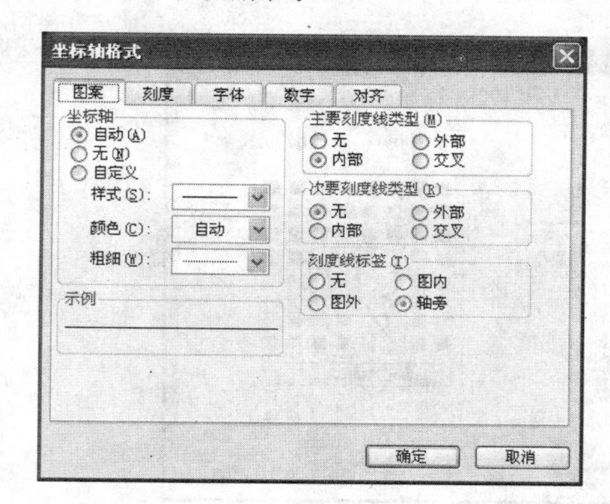

7 如果要更改坐标轴的刻度，可单击“刻度”标签切换到“刻度”选项卡，在该选项卡中可以更改刻度单位等选项，如下图所示。

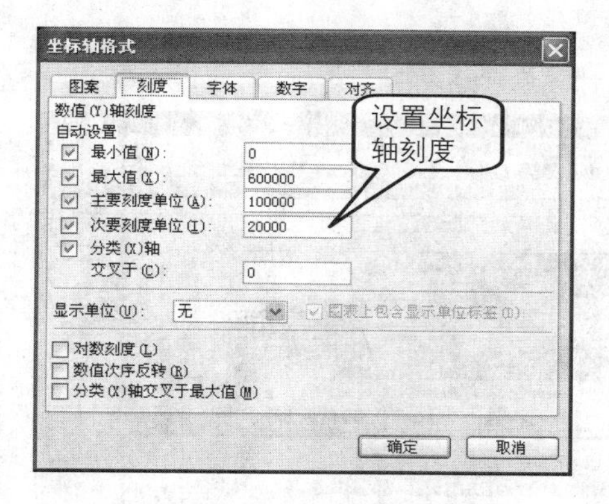

8 单击“字体”标签切换到“字体”选项卡，从“字形”列表框中选择“加粗”，将坐标轴设置为加粗格式，如下图所示。

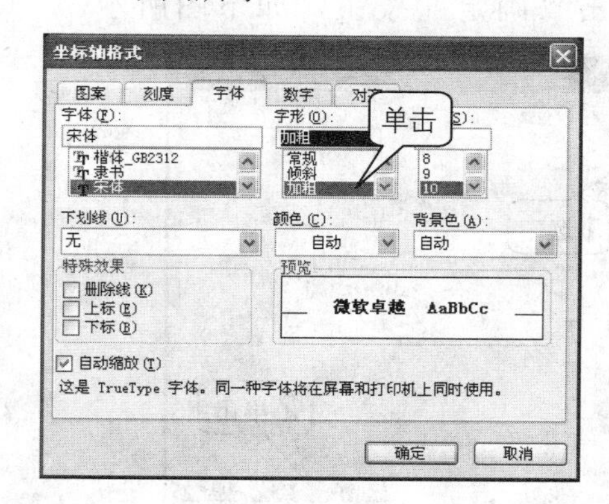

9 单击“数字”标签切换到“数字”选项卡中，调整“小数位数”为0，然后单击“确定”按钮，如下图所示。

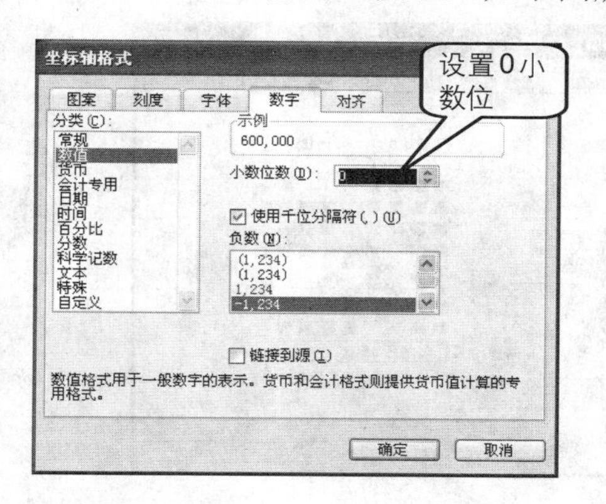

10 单击“对齐”标签切换到“对齐”选项卡，在该选项卡中可以设置坐标轴中文字的方向，如下图所示。

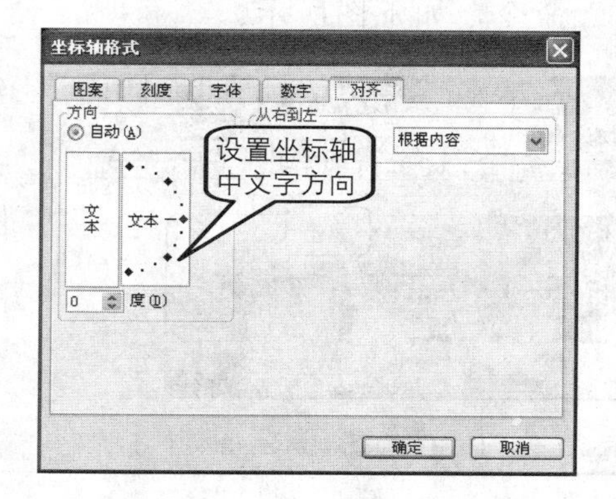

11 双击图表中的图表标题打开“图表标题格式”对话框，在“图案”选项卡中可以设置图表标题的图案效果，如下图所示。

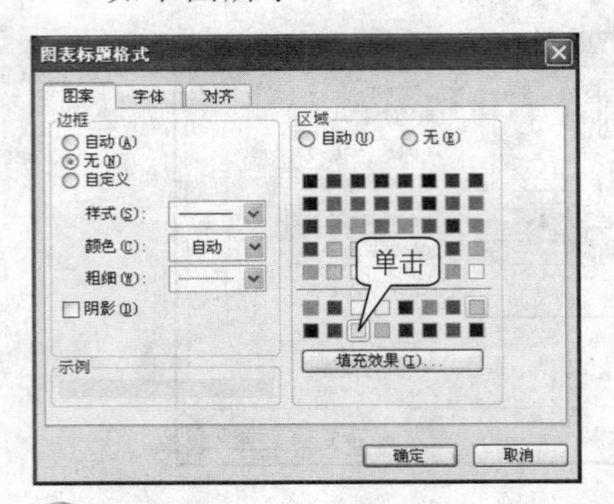

12 单击“字体”标签切换到“字体”选项卡，从“字形”列表框中单击“加粗”，从“字号”列表框中单击“12”然后单击“确定”按钮。

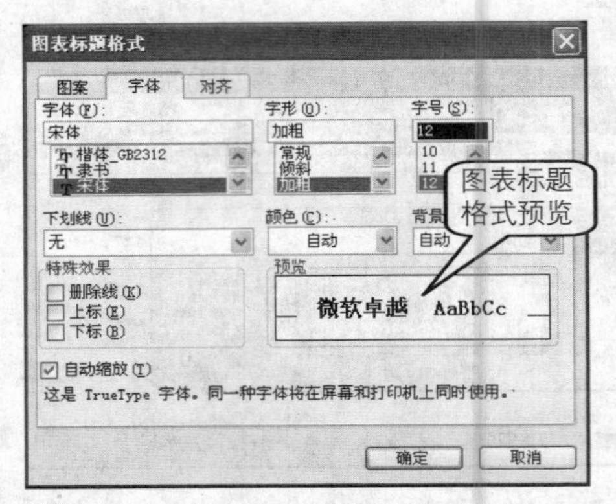

13 双击图例打开“图例格式”对话框，然后单击“位置”标签切换到“位置”选项卡中，在“放置于”选项区域中选中“底部”单选按钮，然后单击“确定”按钮，如下图所示。

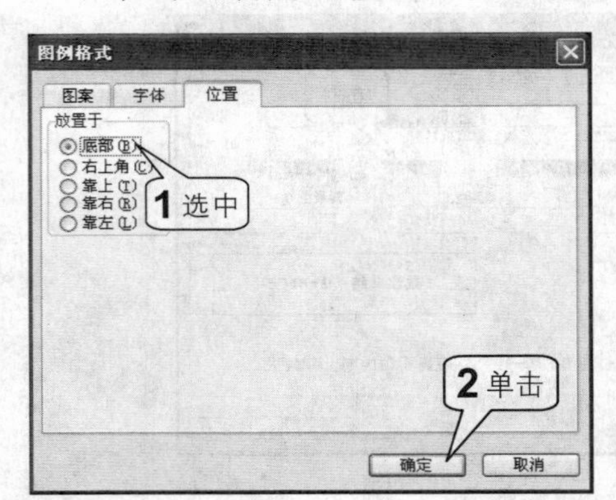

14 经过这一系列格式的设置操作之后，图表的效果如下图所示。

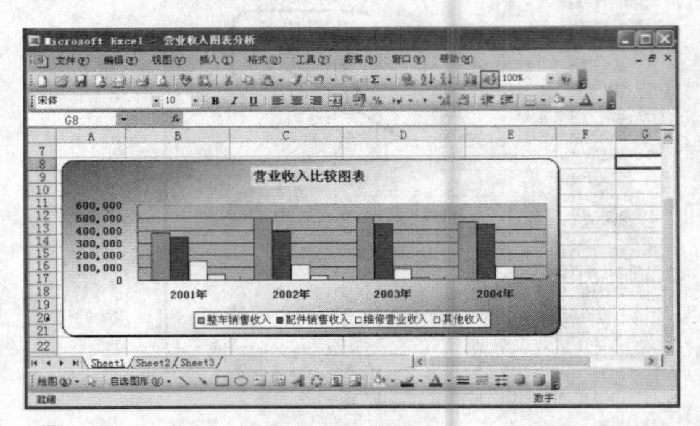

15 用户还可以设置数据系列的格式。选中需要设置格式的数据系列右击，从弹出的快捷菜单中单击“数据系列格式”命令，如下图所示。

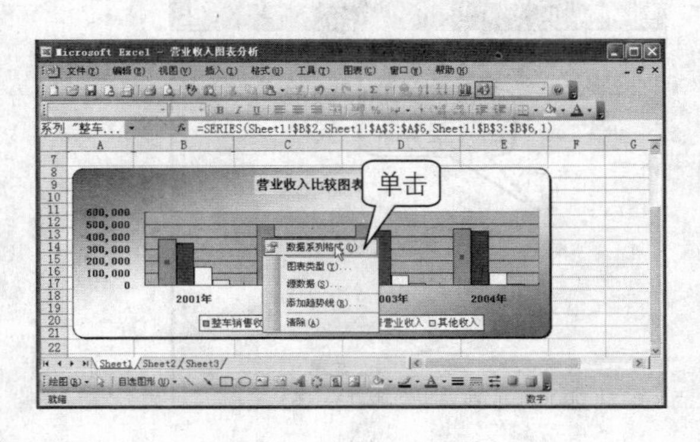

16 在打开的“数据系列格式”对话框中可以设置数据系列的图案、坐标轴、误差线等格式，如下图所示。

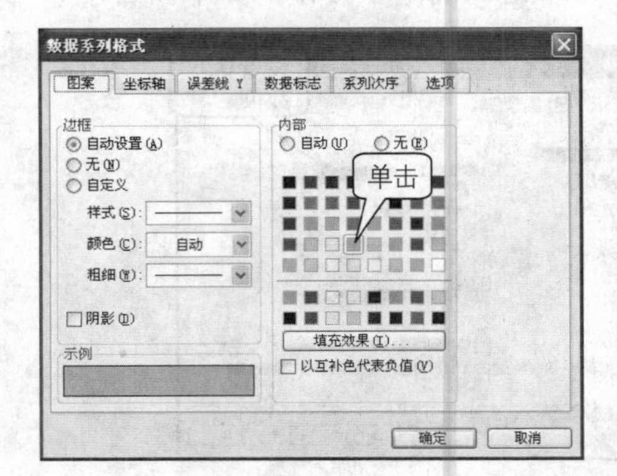

17 采用同样的方法，完成其他数据系列的格式设置，得到如右图所示的图表。

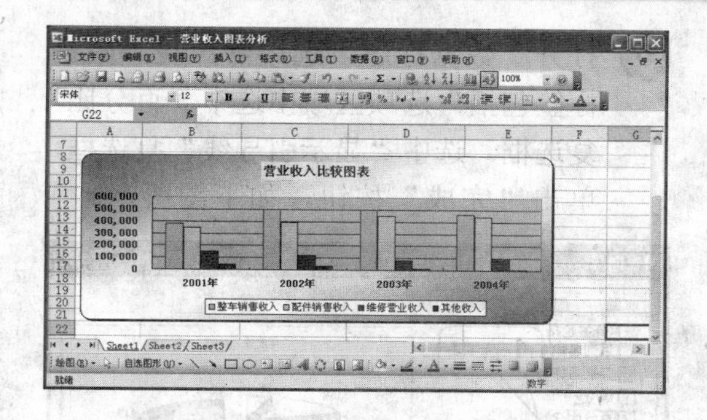

创建下拉菜单式图表

在Excel 2003中除了创建图表、编辑图表、设置图表外，还可以使用一些技巧创建具有下拉菜单的图表，具体操作方法如下所示。

1 打开"营业收入比较报表.xls"文档在单元格A8中输入1，然后在单元格A9中输入公式：=INDEX(B3:B6,$A$8)，按下Enter键后，向右复制公式，如下图所示。

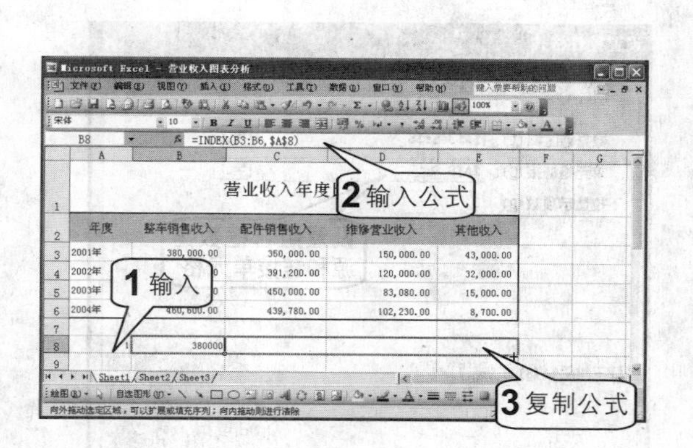

2 按Ctrl键，同时选中单元格区域B2:E2与B8:E8，单击"常用"工具栏中"图表向导"图标启动图表向导，在图表类型对话框中的"图表类型"列表框中选择"饼图"，在"子图表类型"列表框中选择"分离型三维饼图"，如下图所示，然后单击"下一步"按钮。

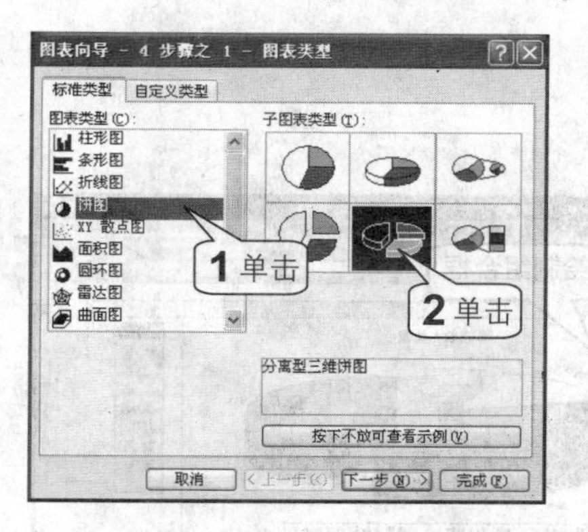

3 打开图表选项对话框，在"标题"选项卡中的"图表标题"文本框中输入图表标题，如下图所示。

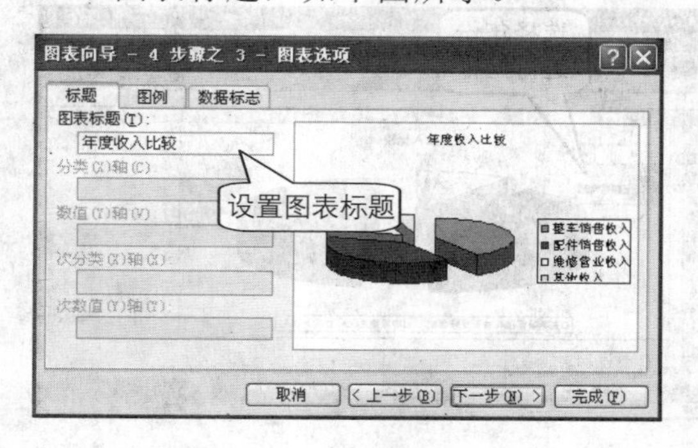

4 打开"图例"选项卡，从"位置"选项区域中选中"底部"单选按钮，如下图所示。

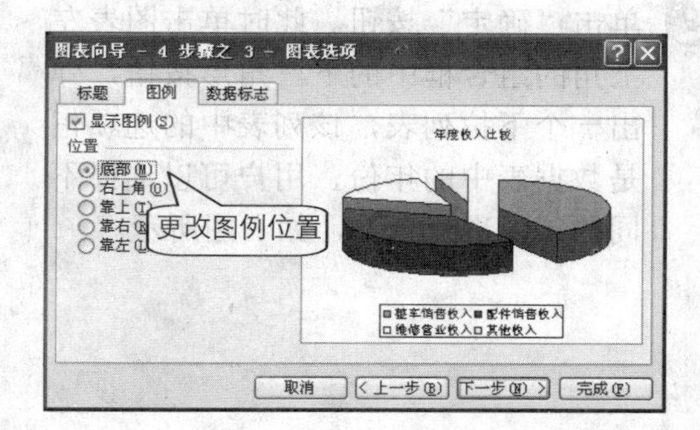

5 打开“数据标志”选项卡，在“数据标签包括”选项区域中选中“百分比”复选框，选中“显示引导线”复选框，单击“完成”按钮，如下图所示。

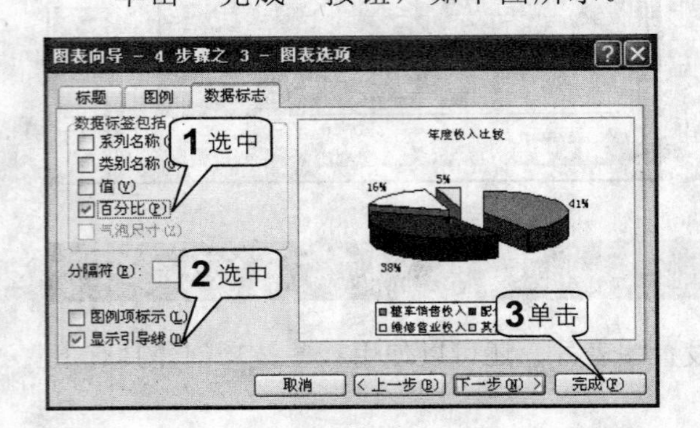

6 最终的饼形图如下图所示。

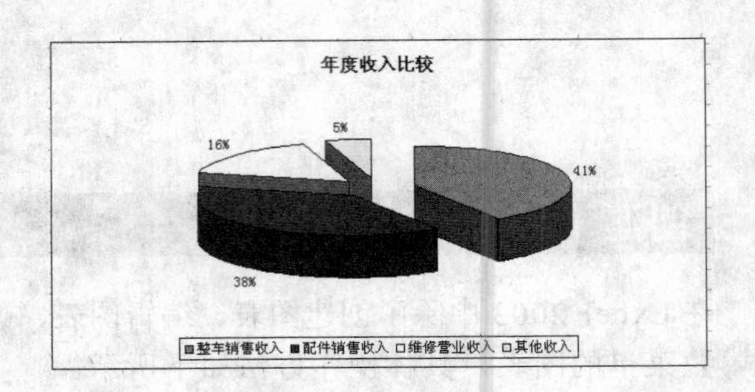

7 右击菜单栏中的空白区域，从弹出的菜单中选中“窗体”命令显示“窗体”工具栏。单击“窗体”工具栏中的“组合框”，在图表左上角绘制一个组合框控件，如下图所示。

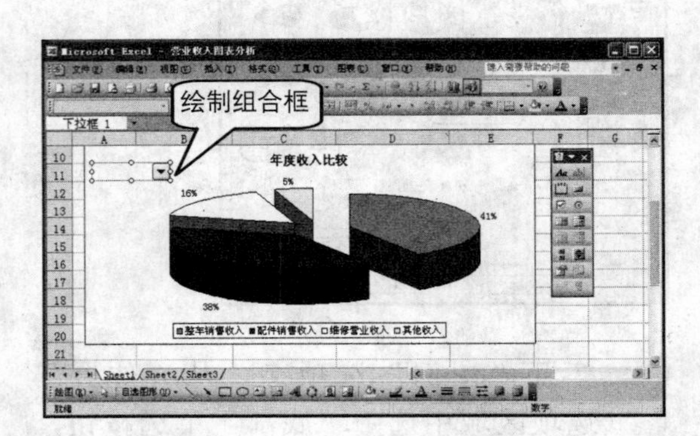

8 右击组合框控件，从弹出的菜单中选择“设置控件格式”命令，在“控制”选项卡中设置“数据源区域”为$A$3:$E$6，设置“单元格链接”为$A$8，然后单击“确定”按钮，如下图所示。

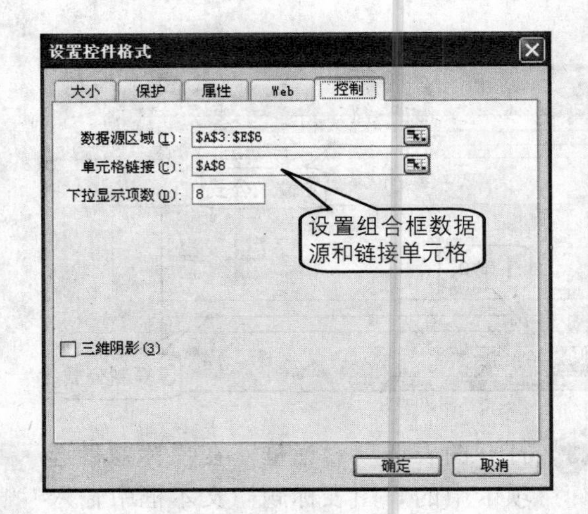

9 单击“确定”按钮。此时单击图表左上角的组合框中的下三角形按钮，弹出一个下拉列表，该列表中的选项正是数据表中的年份，用户可以选择不同的年份进行查看，如右图所示。

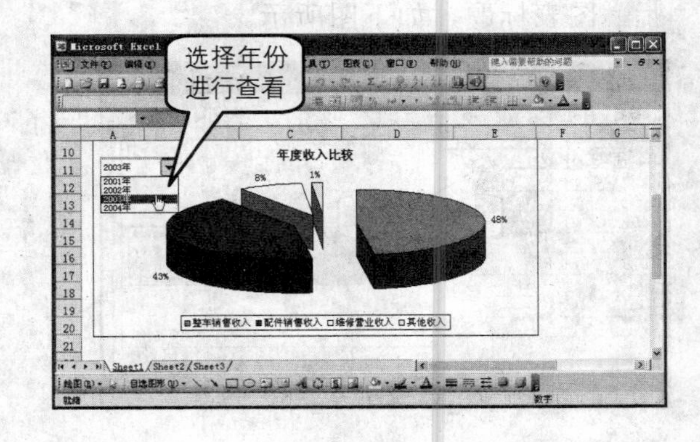

Excel 2003 中的公式与函数

Excel 2003 强大的功能在于计算，而这主要依赖于公式和函数。只要输入正确的计算公式，立即就会在活动单元格中显示其计算结果。如果单元格中的数据有变动，系统也会自动调整计算结果，使用户能够随时观察到正确的结果。函数是在公式中可以使用的一种内部工具，是一些预定义的公式。全面了解和掌握函数的知识对掌握好公式的使用是非常重要的。

下面将介绍 Excel 2003 公式与函数的基础知识，如 Excel 2003 中的运算符、单元格引用等内容。

1. Excel 2003中的运算符

Excel 2003 中包含丰富的运算符，本节将介绍 Excel 2003 中公式的构造以及公式中包含的运算符及其运算优先顺序。

在 Excel 2003 中输入公式的步骤是单击需要输入公式的单元格，然后输入“=”，接着输入公式内容，最后按 Enter 键结束公式输入。

公式中元素的结构或次序决定了最终的计算结果。Excel 2003 中的公式遵循特定的语法或次序：最前面是等号（=），后面是参与计算的元素（运算数），这些参与计算的元素又是通过运算符隔开的。每个运算数可以是不改变的数值（常量数值）、单元格或引用单元格区域、标志、名称或工作表函数。

Excel 从等号（=）开始从左到右执行计算（根据运算符优先次序）。可以使用括号组合运算来控制计算的顺序，括号括起来的部分将优先执行计算。

运算符是公式的基本元素，Excel 2003 中的运算符可分为如下 4 类。

（1）算术运算符：完成基本的数学运算，如加、减、乘、除、求幂、百分号等运算。

（2）比较操作符：比较操作符用于比较两个值。当用操作符比较两个值时，结果不是 TRUE 就是 FALSE 逻辑值。常见的比较运算符有等于、小于、大于、大于等于、小于等于、不等于等。

（3）文本运算符：使用和号（&）可以将文本连接起来。

（4）引用运算符

:（冒号）范围运算符，指向两个单元格之间所有的单元格引用；

,（逗号）联合运算符，合并多个单元格引用到一个引用中；

␣（空格）交叉运算符，用于产生多个单元格的一个引用。

2. 单元格引用

在 Excel 2003 中单元格引用的方式有 3 种：相对引用、绝对引用和混和引用。

1 相对引用。通常用户在输入公式时默认的引用方式为相对引用。使用相对引用的优点：当把一个含有单元格地址的公式复制到一个新的位置或者用一个公式填入一个范围时，公式中的单元格地址会随着改变，如下图所示。

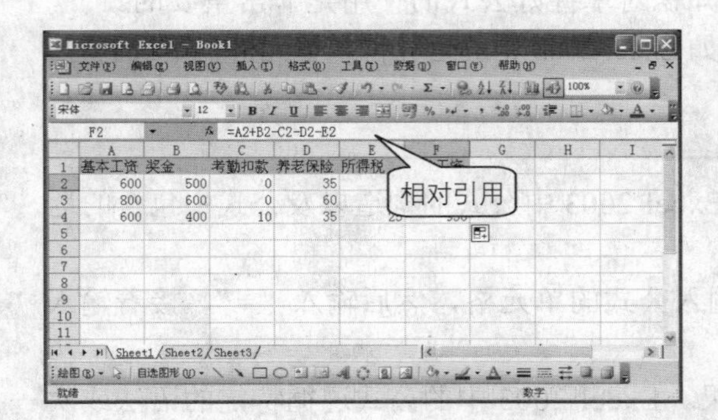

2 绝对引用。如需采用绝对引用的方式，需要用户手动在单元格的行列标号前手动添加美元符号 $。如果在公式中使用绝对引用，无论将其复制到什么位置，总是引用特定的单元格，如下图所示，如果采用绝对引用，复制公式所得到的计算结果完全一样。

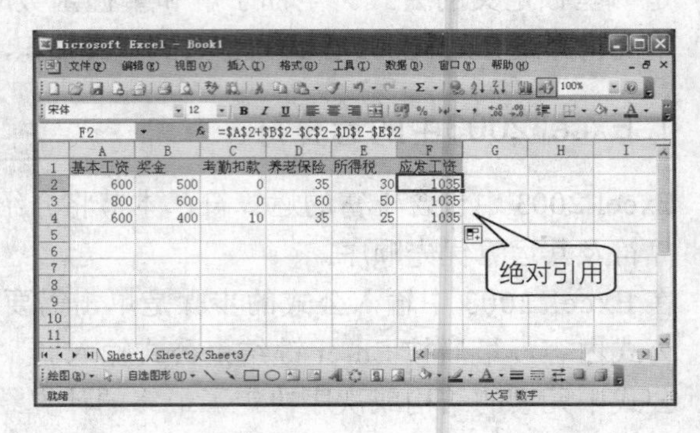

3 混和引用。在实际应用中，有时候并不需要纯粹的相对引用或绝对引用，例如可能对行采用绝对引用，而对列采用相对引用，这种引用方式称为混和引用。对于使用混和引用的公式在复制时，绝对引用的如果是行，那么行不会有变化，可是列的引用会随着改变，如右图所示。

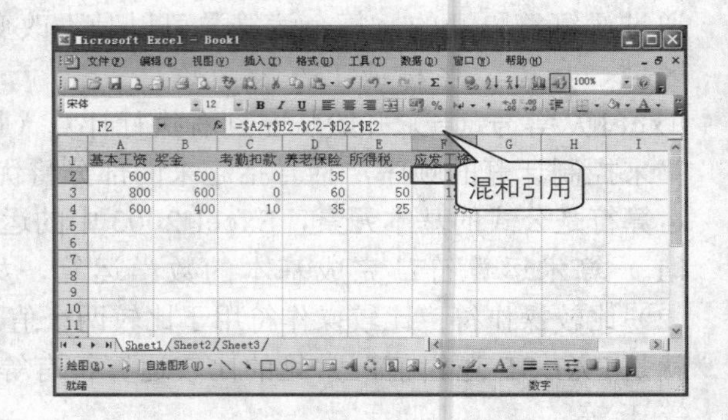

提示

用户要根据实际情况决定采用哪一种引用方式。如果创建了一个公式并希望将相对引用更改为绝对引用（反之亦然），有如下一种简便的方法：先选定包含该公式的单元格，然后在编辑栏中选择要更改的引用并按 F4 键。每次按 F4 键时，Excel 会在以下组合间切换：绝对列与绝对行（如 $A$1）；相对列与绝对行（A$1）；绝对列与相对行（$A1）以及相对列与相对行（A1），当切换到用户所需的引用时，按回车键确认即可。

3. 公式和函数运算中常见错误及分析

在应用公式和函数的时候，有时候用户会发现单元格中并没有显示想要的运算结果，而是出现了一些特殊的符号，这时候很可能是发生了错误。Excel 2003 中公式与函数运算中常见的错误符号及其对应含义如下表。

错误值	原因说明
####	该列宽不够，或者包含一个无效的时间或日期
#DIV/0!	该公式使用了0作为除数，或者公式中使用了一个空单元格
#N/A	公式中引用的数据对函数或公式不可用
#NAME?	公式中使用了Excel不能辨认的文本或名称
#NULL!	公式中使用了一种不允许出现相交但却交叉了的两个区域
#NUM!	使用了无效的数字值
#REF!	公式引用了一个无效的单元格
#VALUE!	函数中使用的变量或参数类型错误

使用函数

函数是在公式中可以使用的一种内部工具，是一些预定义的公式。

典型的函数一般可以有一个或多个参数，并能返回一个结果。在工作表中输入函数通常有两种方法：一是手工输入，一是通过“插入函数”对话框来输入，下面将分别介绍。

1. 手工输入函数

在Excel 2003中单击需要输入函数的单元格，先输入“=”号，再输入函数名称SUM，当输入的函数名称正确并输入了左括号后，此时会在输入点下面出现一列提示框，用来引导用户正确输入函数的参数，如右图所示。用户可以直接输入参数的单元格地址，也可以使用鼠标单击选中引用的单元格。

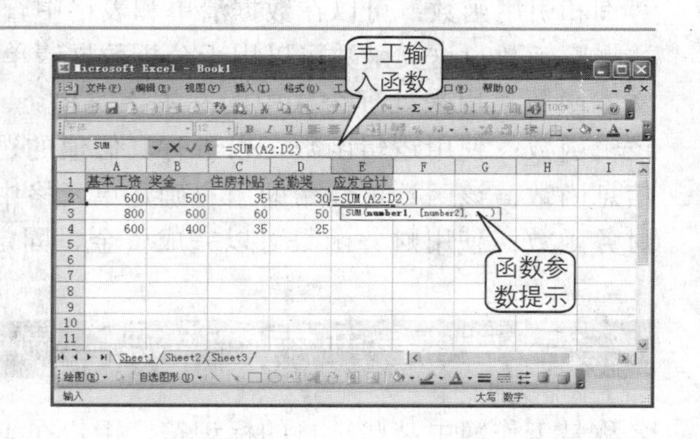

2. 使用“插入函数”对话框

1. 如果用户对函数的名称并不是非常熟悉，可以使用如下方法。选中单元格后，单击菜单栏中的“插入>函数”命令，如下图所示。

2. 打开“插入函数”对话框。用户可以在“搜索函数”文本框中输入函数开头的几个字母进行搜索，也可以直接从“或选择类别”下拉列表中选择函数的类别，然后从“选择函数”列表框中选择所需要的函数，如下图所示。

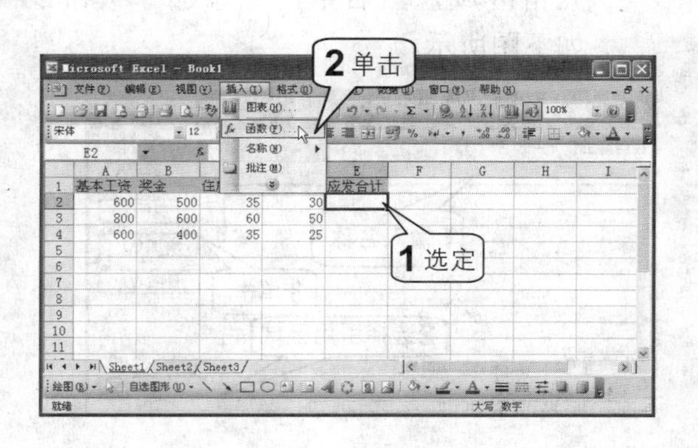

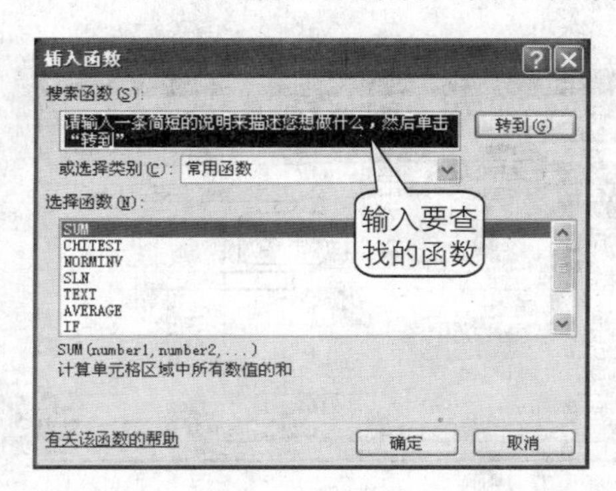

3 选中函数后，单击“确定”按钮打开“函数参数”对话框，此时对话框中会显示所选函数的参数，用户可以直接输入参数的引用地址，也可以直接在工作表中选择需引用的单元格，如右图所示。

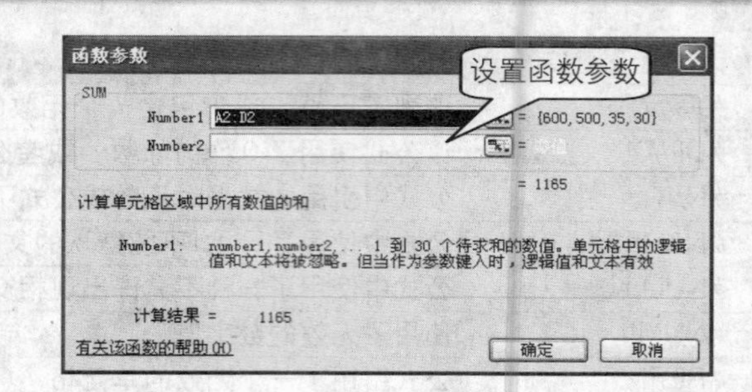

函数的分类

在Excel 2003中提供了大量的函数，按照各函数的功能可以分为以下几类。

日期和时间函数：这一类型的函数可以用来分析或操作与日期和时间相关的值。常见的有DAY, DATE, MONTH等。

数学和三角函数：该类函数可以用来进行数学和三角方面的计算。常见的有SIN正弦函数等。

统计函数：该类函数可以用来对选中区域进行数据统计分析，如计算方差、统计最值等。

查询和引用函数：可以在数据清单和表格中查找特定的内容，如LOOKUP、MATCH等。

数据库函数：这类函数可以用于分析数据清单中的数值是否符合特定的条件。

文本函数：用来处理公式中的文本字符串。

逻辑函数：使用逻辑函数可以进行真假值的逻辑判断。

信息函数：该函数可以帮助用户确定单元格中的数据类型。

财务函数：使用财务函数可以完成资金、固定资产折旧等财务问题的计算。

在公式中使用名称

名称是工作簿中某些项目的标识符，用户在工作过程中可以为单元格、常量、图表、公式或工作表建立一个名称。如果某个项目被定义了一个名称，则可以在公式或函数中通过该名称来引用，具体操作步骤如下。

1 单击菜单栏中的“插入>名称>定义”命令，如下图所示。

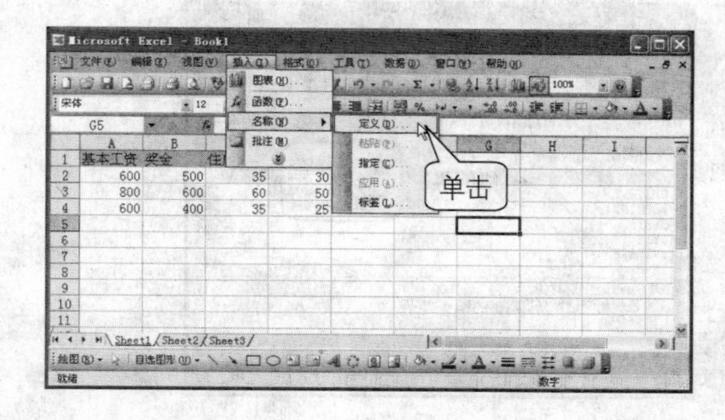

2 打开“定义名称”对话框，在“在当前工作簿中的名称”文本框中输入名称，单击“引用位置”文本框右侧的“单元格引用”按钮选中引用的单元格区域，然后单击“添加”按钮，如下图所示。

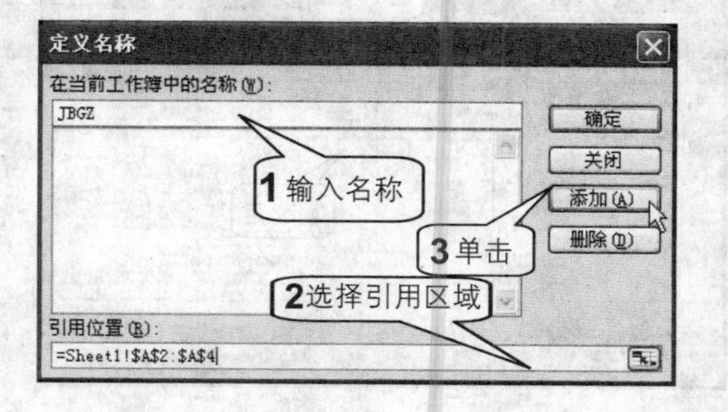

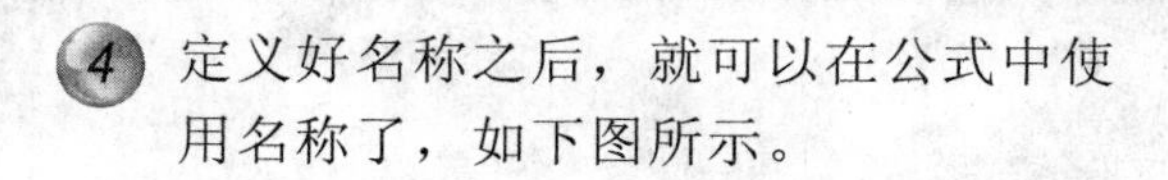

③ 如还需添加其他的名称，可以不关闭“定义名称”对话框，如下图所示。在“名称”文本框中输入新的名称后，选择好引用位置后，直接单击“添加”按钮。用户可以重复此操作，直到添加完所有的名称。

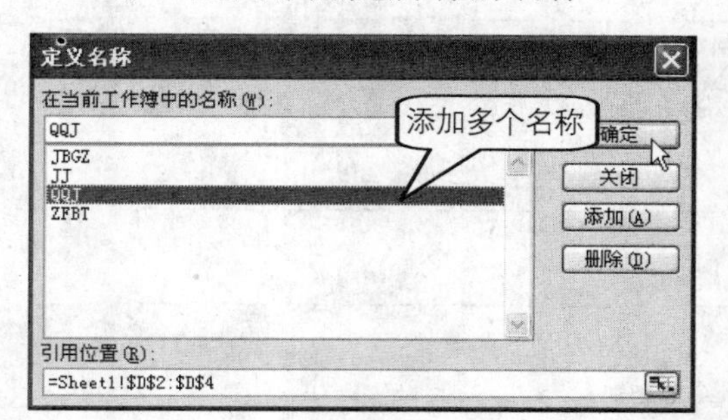

④ 定义好名称之后，就可以在公式中使用名称了，如下图所示。

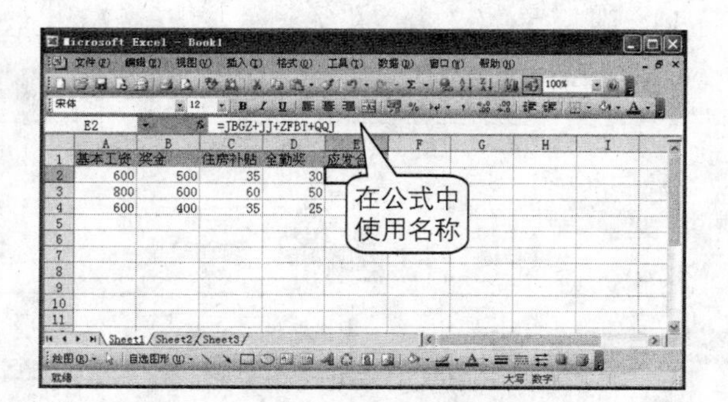

本章小结

本章在第7章的基础上，介绍了Excel 2003中的数据操作、数据分析以及数据计算等知识。本章的知识主要分为4大部分：第1部分介绍了数据的排序、筛选和分类汇总操作；第2部分介绍了数据透视图表，其中包括的知识点有使用向导创建透视表、数据透视表选项设置、更改数据透视表的结构、更改数据透视表中字段的名称和汇总方式以及创建数据透视图等；第3部分主要介绍了图表相关知识，包括使用向导创建图表、设置图表格式和如何创建菜单式图表等；第4部分主要介绍了Excel中公式与函数的基础知识，其中包括Excel 2003中的运算符、单元格引用、函数基础知识、名称的定义与应用等。

通过本章的学习，读者应该掌握Excel中的排序、筛选、分类汇总和数据透视图表等数据分析工具，另外还应该掌握图表、公式与函数相关知识，为学习第9章的实战演练打下基础。

读书笔记

Chapter 9

Excel 2003 办公应用实战演练——汽车销售管理

前面两章详细地介绍了 Excel 2003 中的知识点，本章以某汽车贸易公司的销售管理为实例，介绍如何将前面学习过的知识点应用于办公实践中。

通常汽车销售管理所包括的内容有：销售清单的录入；根据车辆型号、销售员等对销售清单进行分类统计；对销售量和销售额的统计与分析以及销售人员的提成计算等。

1. 基本表格的创建
2. 分类汇总销售清单
3. 使用透视图表分析销售量
4. 使用图表功能分析销售额
5. 计算销售员应得提成

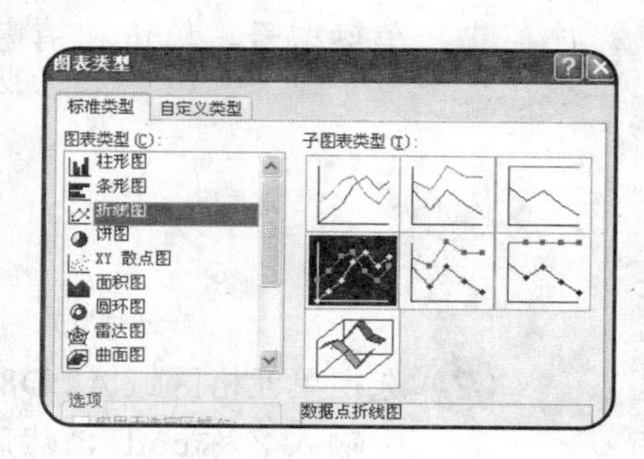

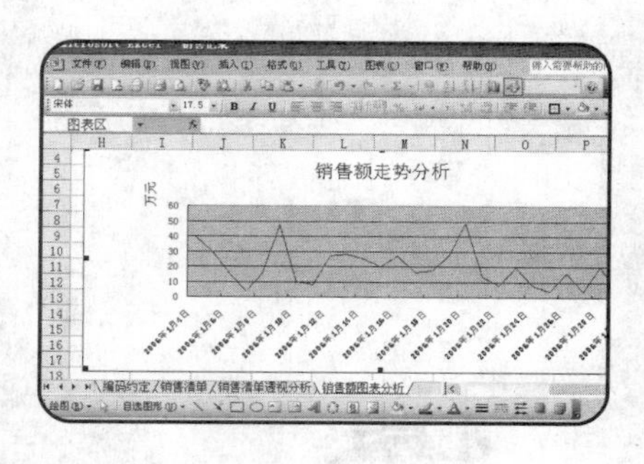

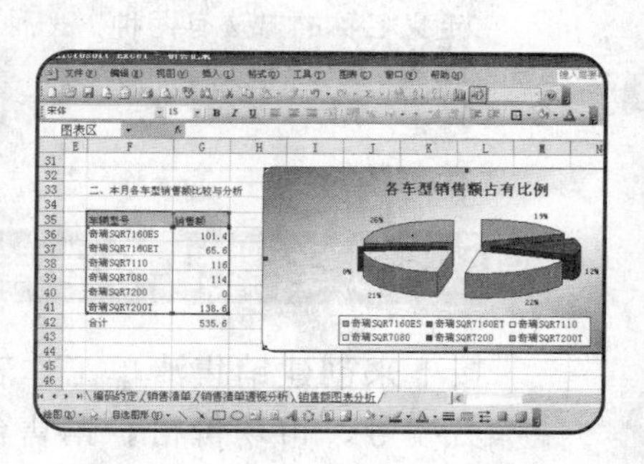

创建汽车销售系统基本表格

为了方便管理公司的汽车销售业务，公司决定采用Excel 2003来实现电脑管理化。通过使用Excel来管理汽车销售业务，主要可以实现3个功能：一是能方便地按销售员、按车型统计销售量和销售额；二是能够对一个月的汽车销售走势进行分析；三是能够方便地计算销售员的提成。

创建“编码约定”工作表

为了尽量提高工作效率，避免重复数据的录入，可以将汽车销售业务中一些较为固定的数据设置代码，在录入销售清单时使用代码代替，在分析时再通过公式进行替换。

1. 新建“销售记录”工作簿，在“编码约定”工作表中输入如图所示的内容。该表格主要包含的字段有代码、车辆型号、单价和销售员。

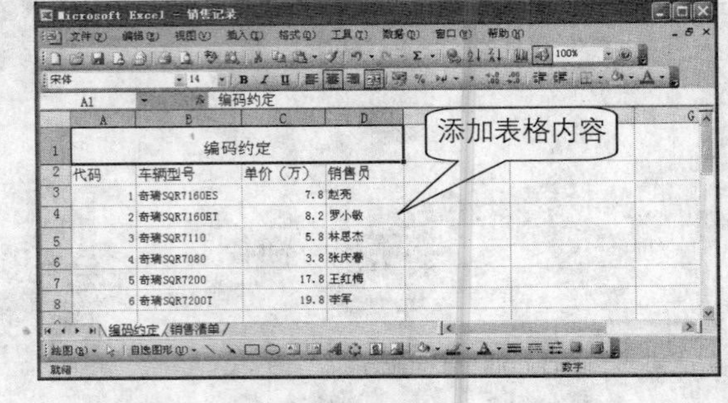

2. 选定单元格区域A2:D8，在“名称框”中输入名称code，然后按Enter键。

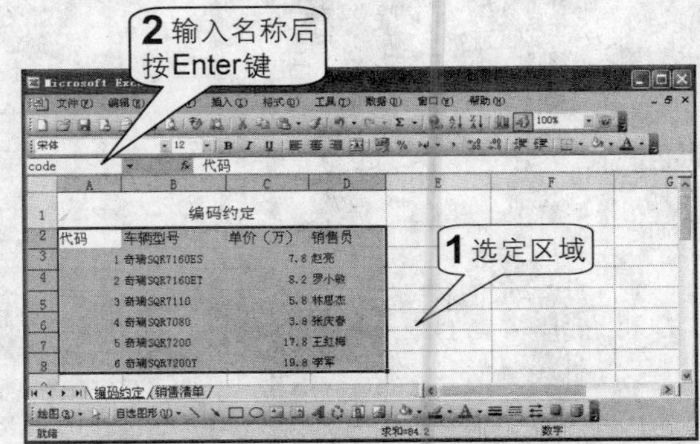

提示

定义名称的方法有两种，一种是在前面的章节中介绍过的使用“定义名称”对话框，另一种就是直接使用“名称框”进行定义。

创建“销售清单”工作表

接下来创建销售清单工作表，该工作表中包含的字具体：序号、日期、车型代码、销售员编号、市场价格、销售台次和销售金额，创建步骤具体如下。

1 在“销售清单”工作表中输入表格标题和字段标题，然后选定需设置有效性的单元格区域C4:D100，单击菜单栏中的“数据>有效性”命令，如下图所示。

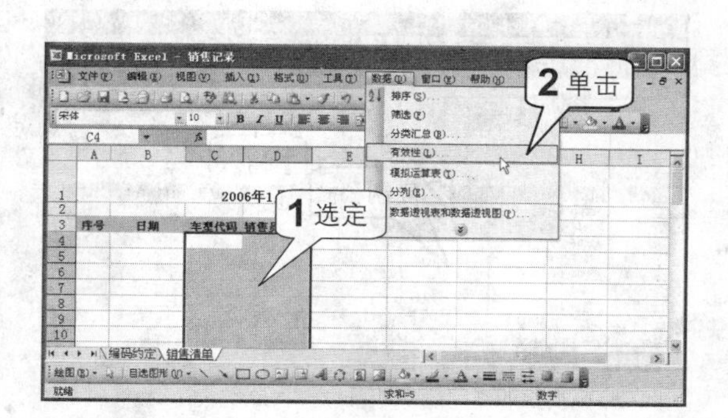

2 打开“数据有效性”对话框，在“允许”下拉列表中选择“整数”，在“数据”下拉列表中选择“介于”，分别设置最小值为1，最大值为6，如下图所示。

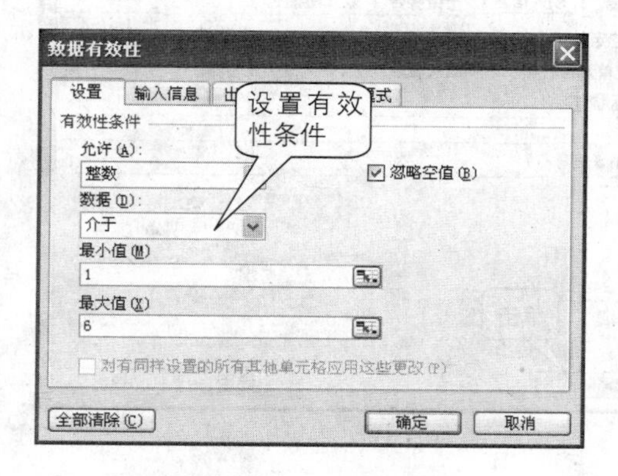

3 单击“输入信息”标签切换到“输入信息”选项卡，在“输入信息”文本框中输入 在选定单元格时显示在屏幕上的提示信息，然后单击“确定”按钮，如下图所示。

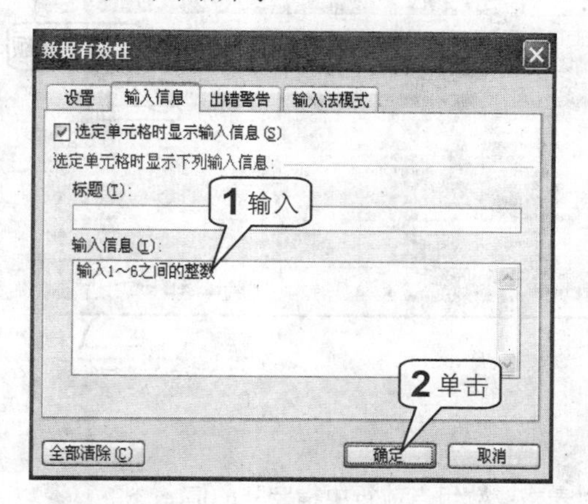

4 完成对序号、日期、车型代码、销售员编号和销售台次的数据录入。如下图所示，在单元格E4中输入公式“=VLOOKUP(C4,code,3,FALSE)”，按Enter键后向下拖动填充柄复制公式。

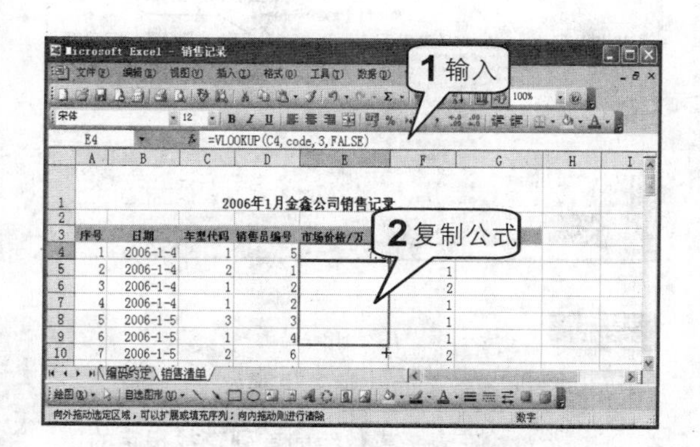

5 在工作表中插入两列，列标题分别为车辆型号和销售员，如下图所示。

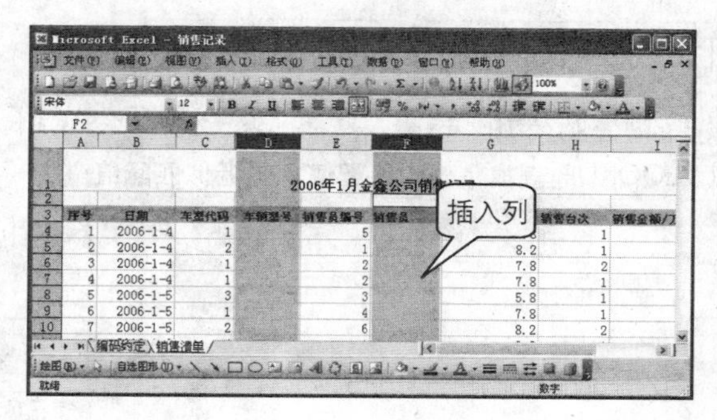

6 选定新插入的两列单元格，单击菜单栏中的“数据>有效性”命令，此时屏幕上将弹出如下图所示对话框，单击“否”按钮。

7 弹出“数据有效性”对话框，直接单击“全部清除”按钮，如下图所示，然后单击“确定”按钮。

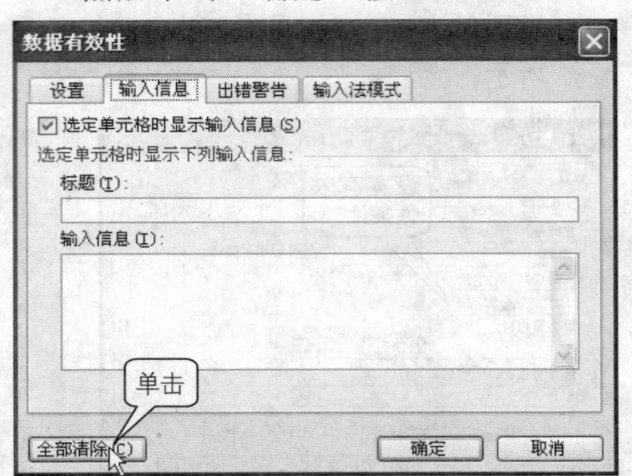

8 在单元格D4中输入公式“=VLOOKUP(C4,code,2,FALSE)”，按Enter后向下复制公式，如下图所示。

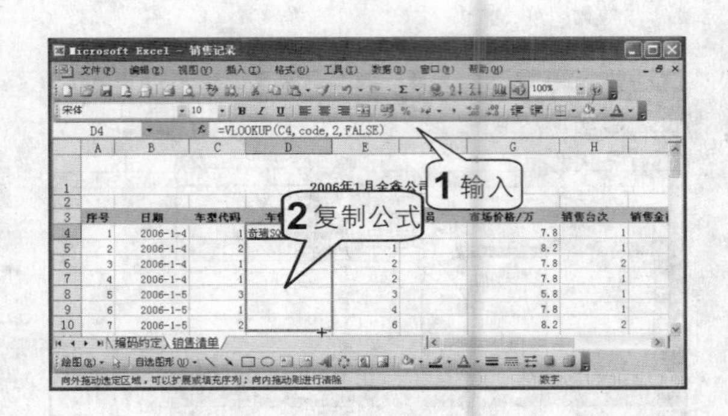

9 同理，在单元格F4中输入公式“=VLOOKUP(E4,code,4,FALSE)”，按Enter键后向下复制公式，如下图所示。

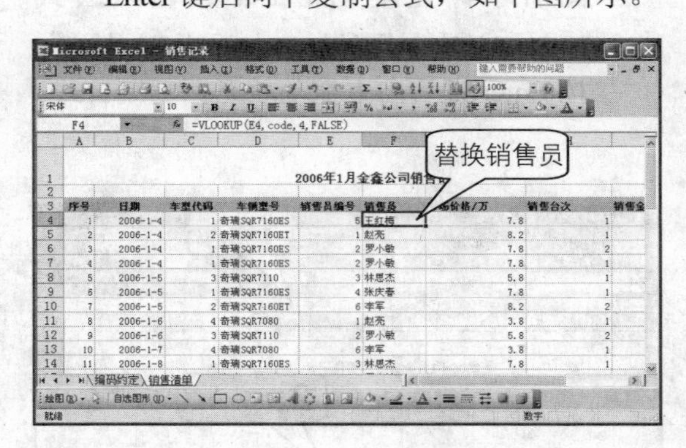

10 在单元格I4中输入公式“=G4*H4”，计算出各记录对应的销售额。

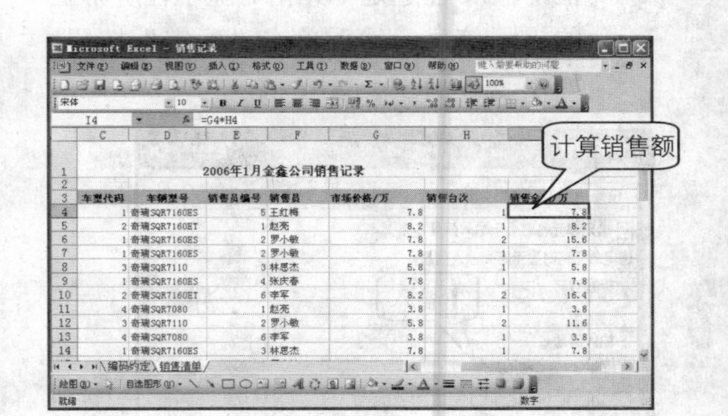

提示

VLOOKUP函数及函数相关说明如下。

功能	在表格或数组的首列查找指定的值，并由此返回表格或数组当前行中指定列的值	
语法	VLOOKUP(lookup_value,table_array,col_index_num,range_lookup)	
参数及含义	Lookup_value	为需要在表格数组第一列中查找的数值，Lookup_value 可以为数值或引用
	Table_array	为需要在其中查找数据的数据表。数据表中的值可以是文本、数字或逻辑值
	Col_index_num	为 table_array 中待返回的匹配值的列序号
	Range_lookup	为逻辑值，指定希望 VLOOKUP 查找精确的匹配值还是近似匹配值

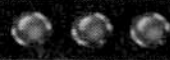

分类汇总销售清单

在使用 Excel 2003 时，文件的新建、打开、保存和关闭都和 Word 完全类似。惟一的区别是一个 Word 文件对应的就是一个 Word 文档，而一个 Excel 文件对应的是一个 Excel 工作簿，它可以包含多个工作表。

按车辆型号进行分类汇总

假如需要统计该月各种型号的车辆的销售情况，可以对销售清单中的数据进行分类汇总，具体操作步骤如下。

1. 单击菜单栏中的“数据>排序”命令，如下图所示。

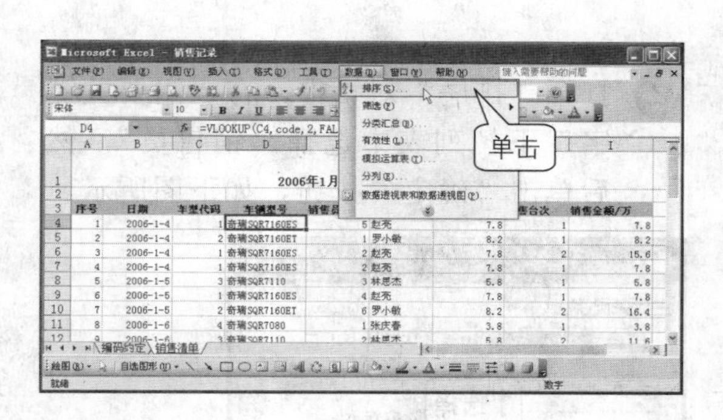

2. 打开“排序”对话框，在“主要关键字”下拉列表中选择“车辆型号”，然后单击“确定”按钮，如下图所示。

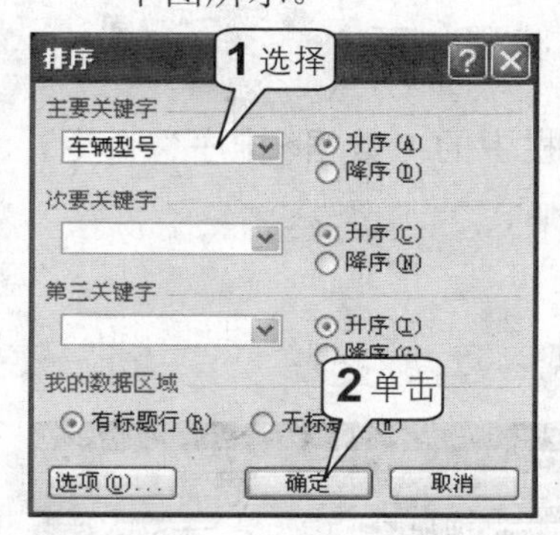

3. 单击菜单栏中的“数据>分类汇总”命令，如下图所示。

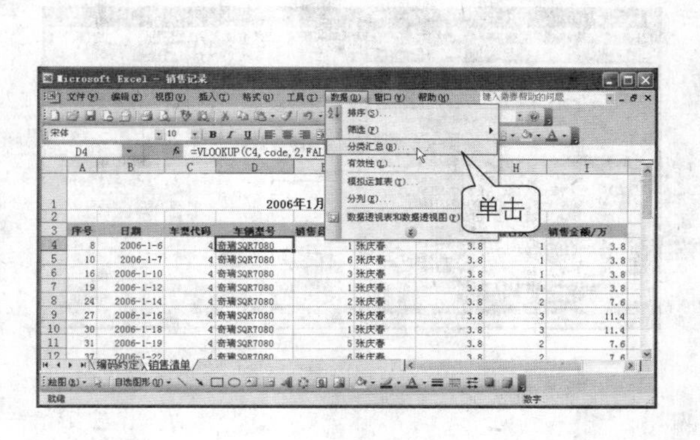

4. 打开“分类汇总”对话框，在“分类字段”下拉列表中选择“车辆型号”，在“汇总方式”下拉列表中选择“求和”，在“选定汇总项”列表框中选中“销售台次”和“销售金额/万”复选框，然后单击“确定”按钮，如下图所示。

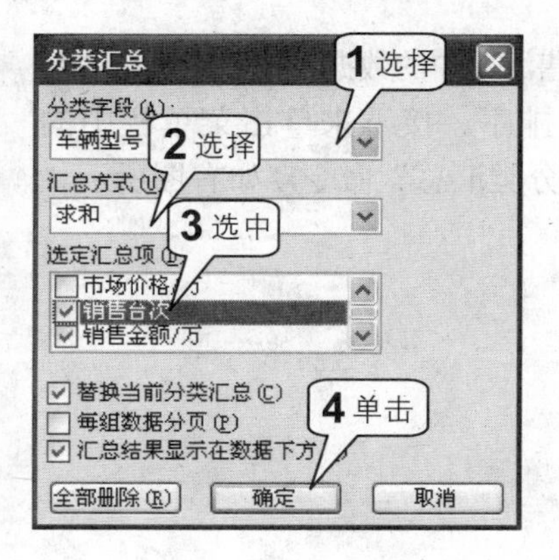

5 此时，系统会对各种车型的销售台数和销售额进行汇总，并将汇总结果显示在各明细数据的下方，如下图所示。

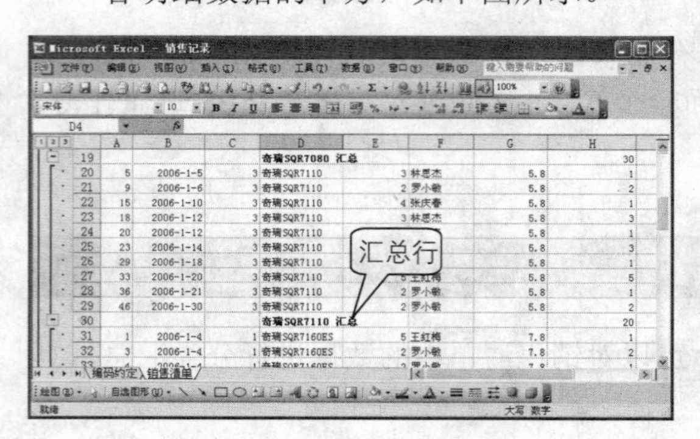

6 单击列标题左侧的级别按钮[-]，只显示汇总结果而隐藏明细数据，如下图所示。

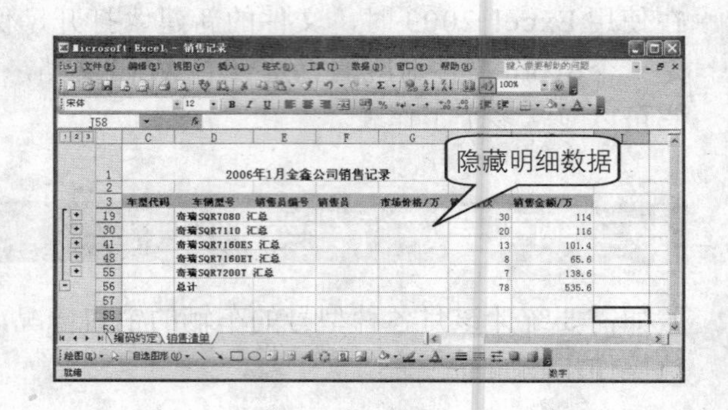

按销售员分类汇总

如果需要比较在该月中各销售员的销售业绩，可以按销售员对销售清单中的数据进行分类汇总，具体操作步骤如下。

1 单击菜单栏中的“数据>排序”命令，如下图所示。

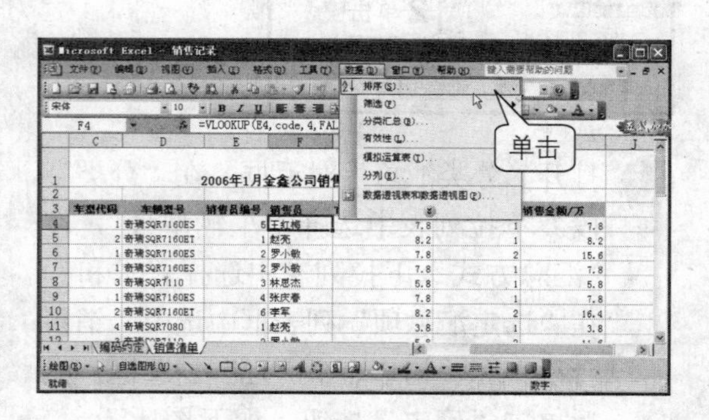

2 打开“排序”对话框，在“主要关键字”下拉列表中选择“销售员”，然后单击“确定”按钮，如下图所示。

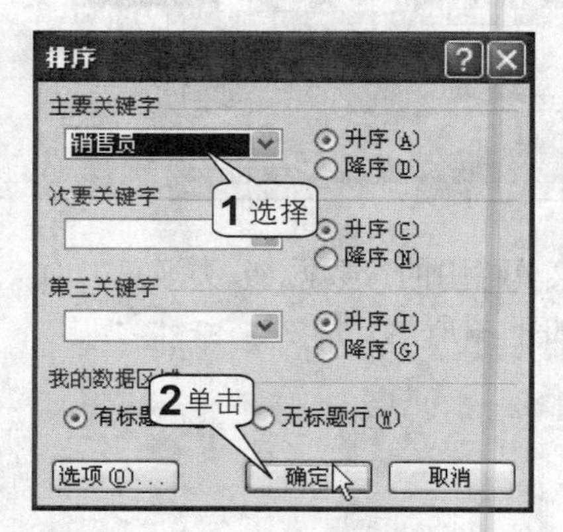

3 此时销售清单中的数据将按照销售员的名字进行排序。接下来单击菜单栏中的“数据>分类汇总”命令，如右图所示。

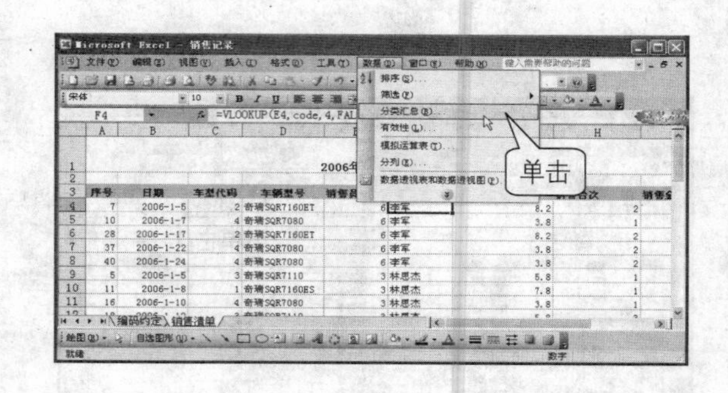

4 打开“分类汇总”对话框，在“分类字段”下拉列表中选择“销售员”，在“汇总方式”下拉列表中选择“求和”，在“选定汇总项”列表框中选中“销售台次”和“销售金额/万”复选框，最后单击“确定”按钮，如右图所示。

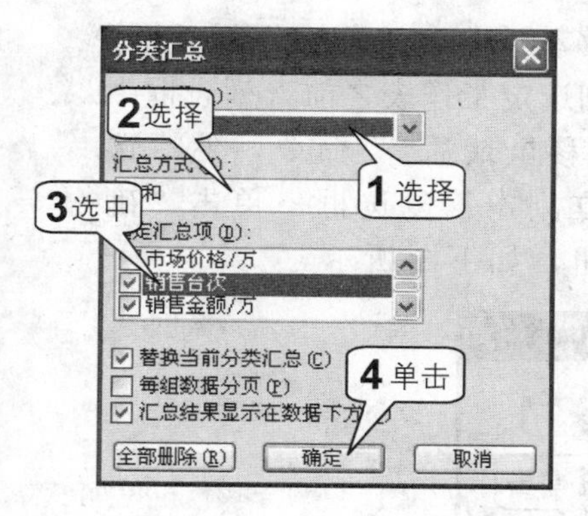

5 汇总行会显示在数据的下方，如下图所示。

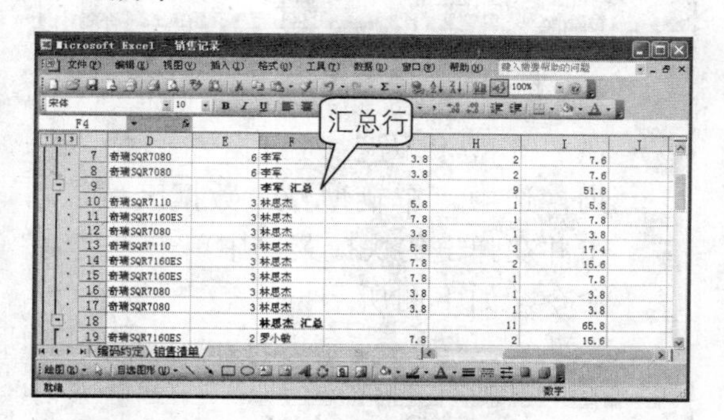

6 可以隐藏明细数据，只显示汇总结果，如下图所示。

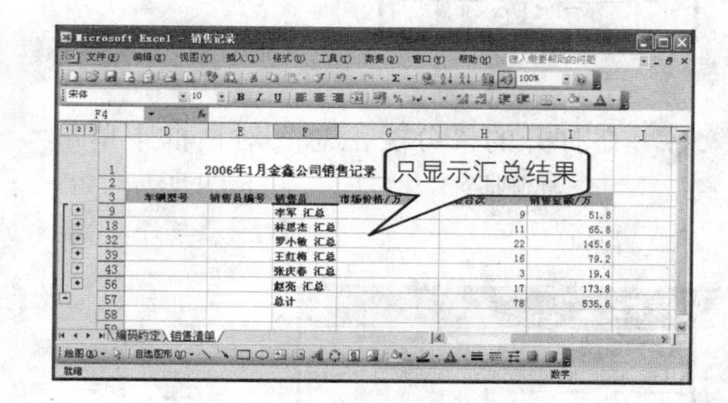

3 使用数据透视图表分析本月销售量

在系统默认的情况下，创建一个工作簿时该工作簿中自动包含3个工作表，用户可以在该工作簿中插入新工作表，也可以删除已有的工作表。

创建“销售清单”透视分析工作表

由于在进行数据透视分析时并不需要销售清单中的某些字段，因此可以重新创建一个新的工作表作为数据透视表的数据源。

1 右击“销售清单”工作表标签，在弹出的快捷菜单中单击“移动或复制工作表”命令。

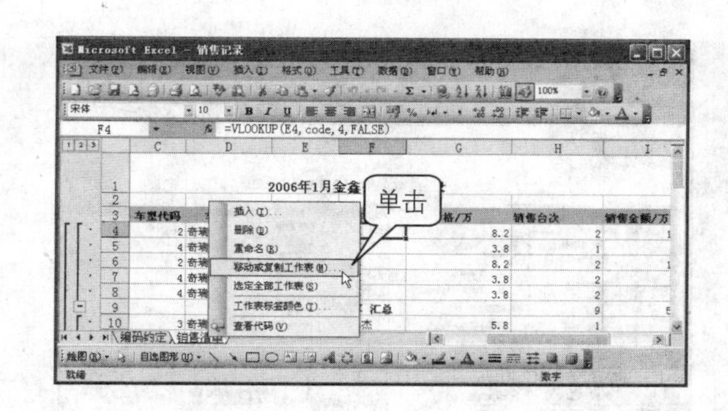

2 弹出“移动或复制工作表”对话框，在“下列选定工作表之前”列表框中单击“(移至最后)”命令，然后选中“建立副本”复选框，单击“确定”按钮，如下图所示。

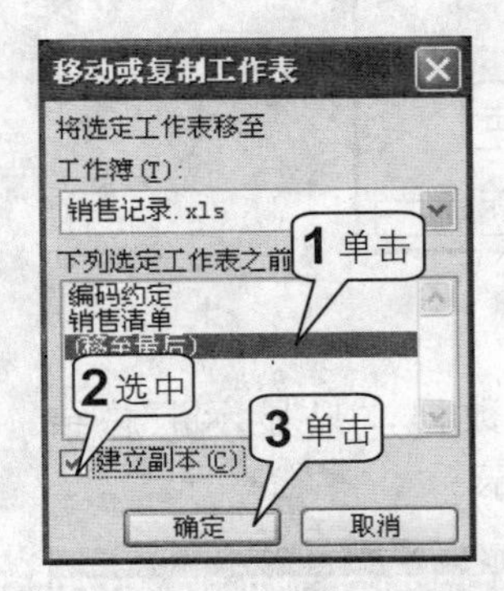

3 此时，系统会插入一个名为“销售清单（2）”的工作表，双击并重新输入工作表名称，然后单击菜单栏中的“数据>分类汇总”命令，如下图所示。

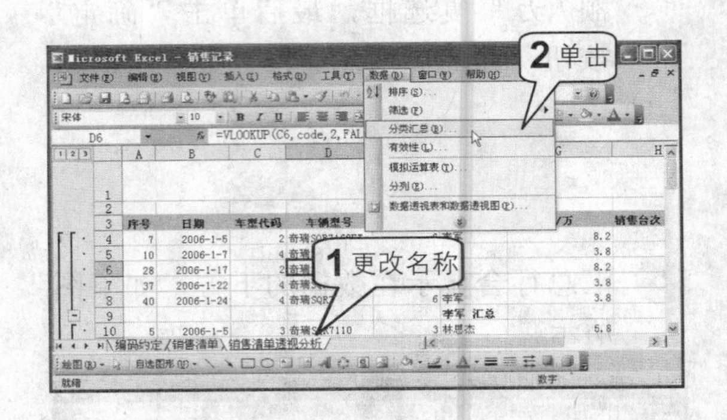

4 在打开的“分类汇总”对话框中单击“全部删除”按钮，如下图所示。

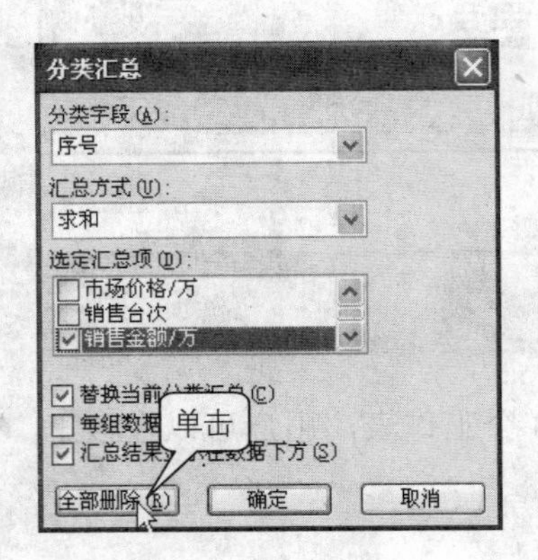

5 在“车型代码”列数据左侧插入一列，选中“车辆型号”数据区域，右击并在弹出的快捷菜单中单击“复制”命令，如下图所示。

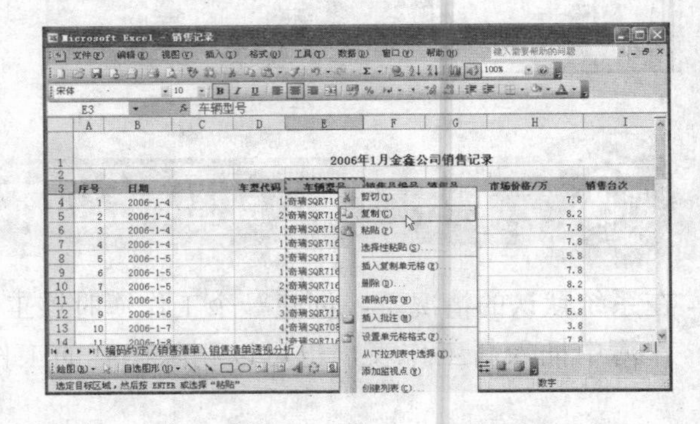

6 右击单元格 C3，在弹出的快捷菜单中单击“选择性粘贴”命令，如下图所示。

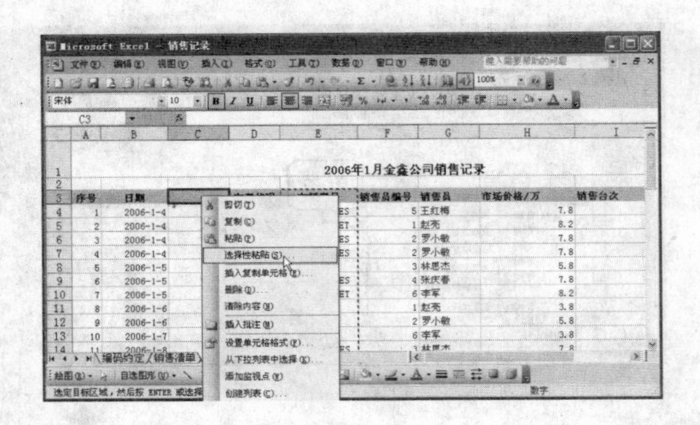

7 打开“选择性粘贴”对话框，在“粘贴”选项区域中单击“值和数字格式”单选按钮，然后单击“确定”按钮，如下图所示。

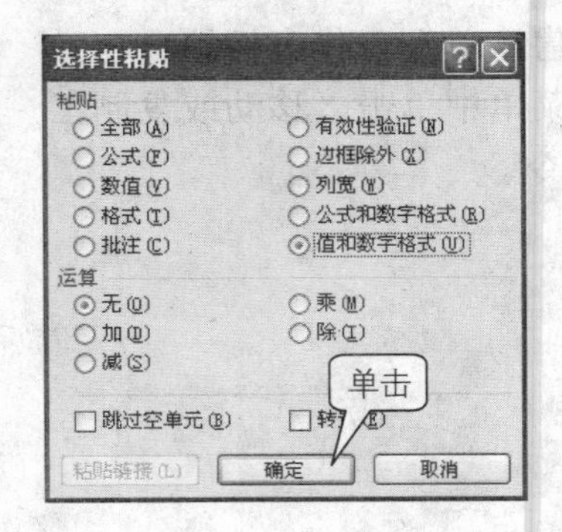

8 用同样的方法，复制“销售员”、“市场价格/万”列数据到新列中。然后删除代码和原数据列。此时，会发现F列的单元格中将会显示“#REF”错误标志，如下图所示，这是因为公式引用的单元格被删除了。

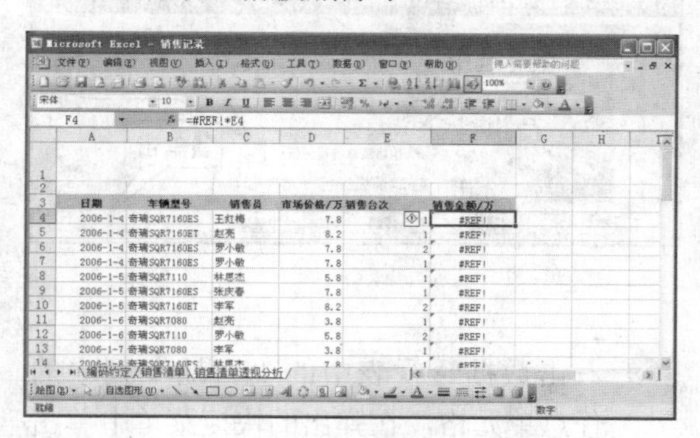

9 最后重新在单元格F4中输入公式“=D4*E4”，按Enter键后向下复制公式。

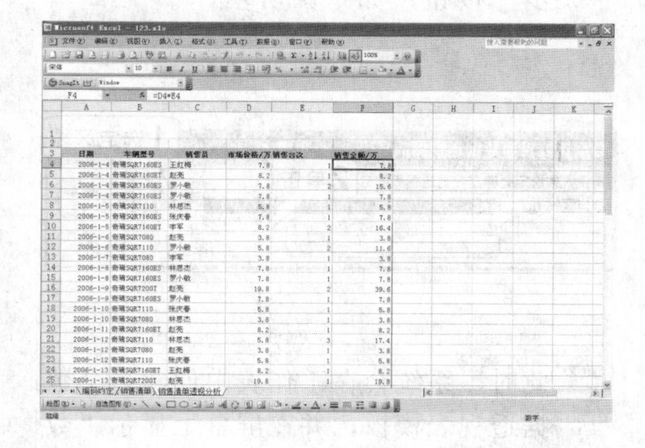

提示

REF是Excel公式中的一种错误值，产生这种错误的原因通常是公式中引用了一个无效的单元格。

使用数据透视表分析销量走势

如果将一个月的时间分为上、中、下旬3个时间段，可以使用数据透视表分析各种车型在该月的销售走势情况，具体操作步骤如下。

1 单击菜单栏中的“数据>数据透视表和数据透视图”命令，如右图所示。

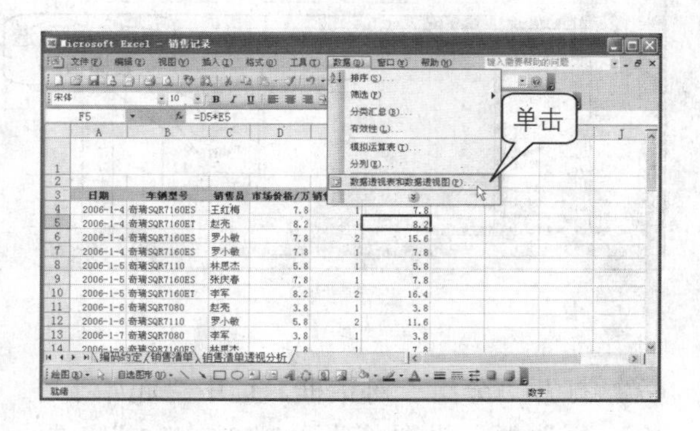

2 打开“数据透视表和数据透视图向导－3步骤之1”对话框，单击“下一步”按钮，如右图所示。

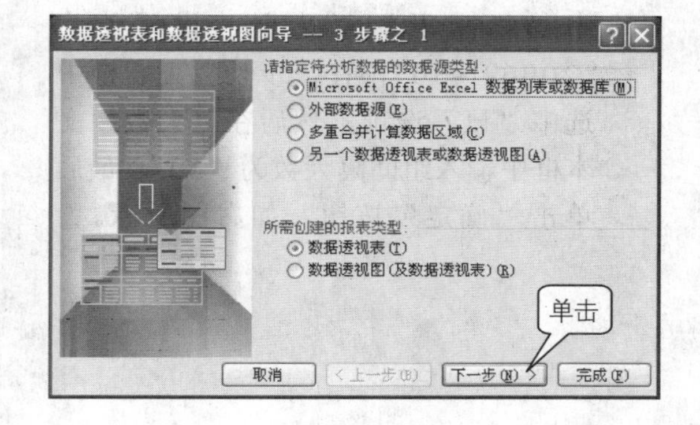

3 打开“数据透视表和数据透视图向导－3 步骤之 2”对话框，单击“选定区域”右侧的单元格引用按钮选定单元格区域A3:F50，然后单击“下一步”按钮，如下图所示。

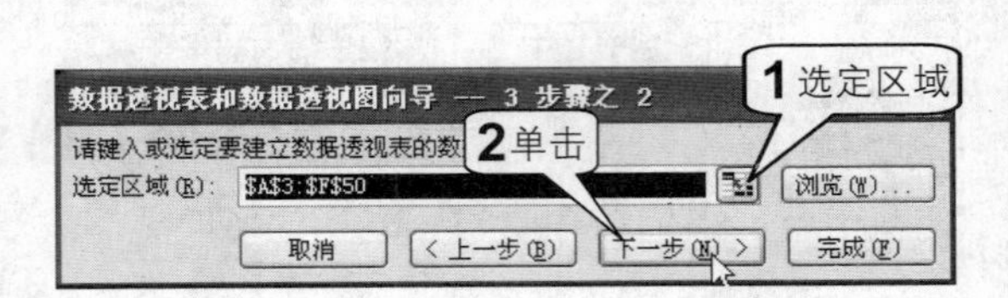

4 打开“数据透视表和数据透视图向导－3 步骤之 3”对话框，选中“现有工作表”复选框，然后在工作表中选定一个单元格，单击“完成”按钮，如下图所示。

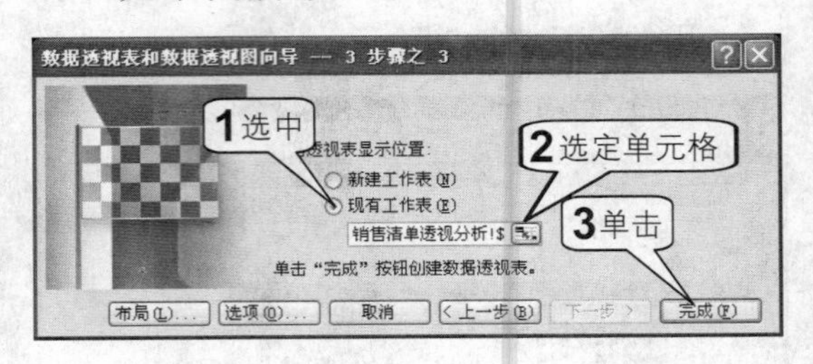

5 此时，系统会在工作表中创建一个数据透视表模板，并在屏幕上显示“数据透视表字段列表”对话框。拖动“日期”字段到行区域，拖动“车辆型号”字段到列区域，拖动“销售台次”字段到数据项区域，形成如下图所示的透视表。

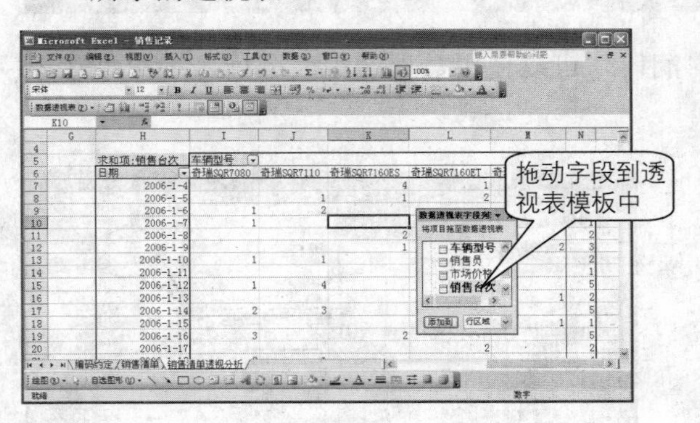

6 右击数据透视表中的“日期”列中的任意单元格，在弹出的快捷菜单中单击“组及显示明细数据>组合”命令，如下图所示。

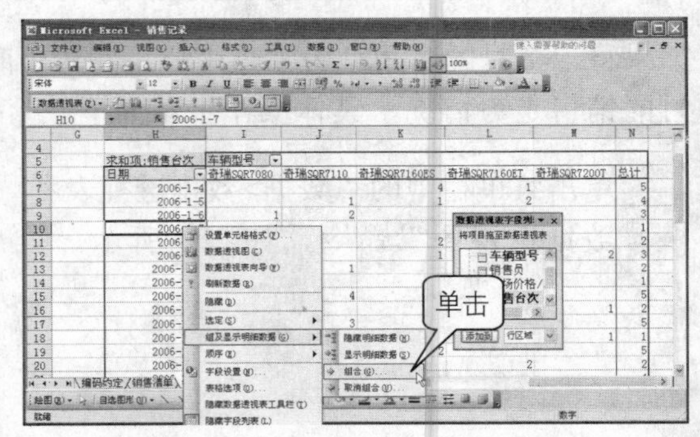

7 打开“分组”对话框，选中“起始于”复选框，设置值为“2006-1-1”，选中“终止于”复选框，设置值为“2006-1-30”，在“步长”列表框中选中“日”选项，然后在“天数”文本框中输入组间隔天数为“10”，最后单击“确定”按钮，如右图所示。

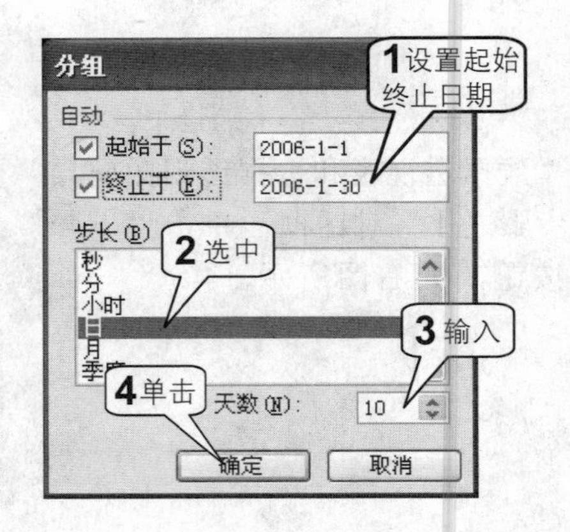

8 组合后的数据透视表如下图所示，从表中可以清楚地看到该月上、中、下旬各型号车辆的销售量及销售总量。

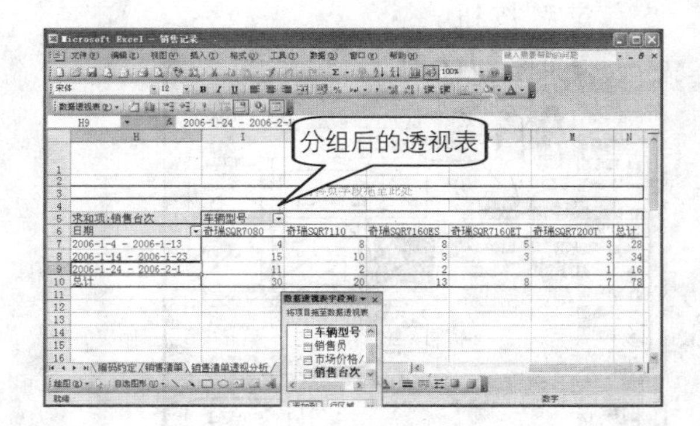

9 单击“数据透视表”工具栏中的“图表向导”按钮，系统会自动创建数据透视图到新工作表Chart1中。右击数据数据透视表，在弹出的快捷菜单中单击“位置”命令。

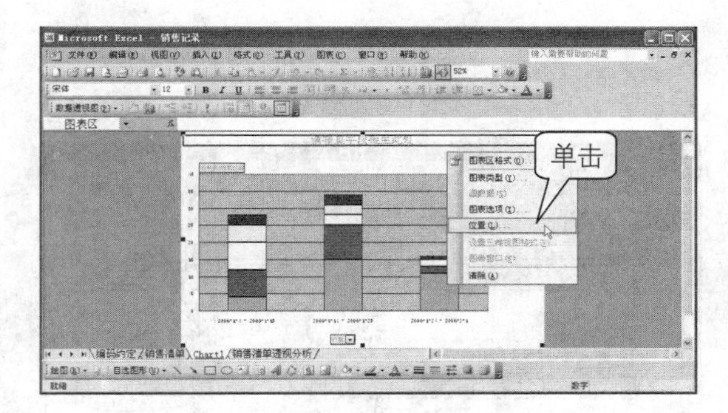

10 打开“图表位置”对话框，单击“作为其中的对象插入”单选按钮，并在其下拉列表中选择“销售清单透视分析”工作表，如下图所示。

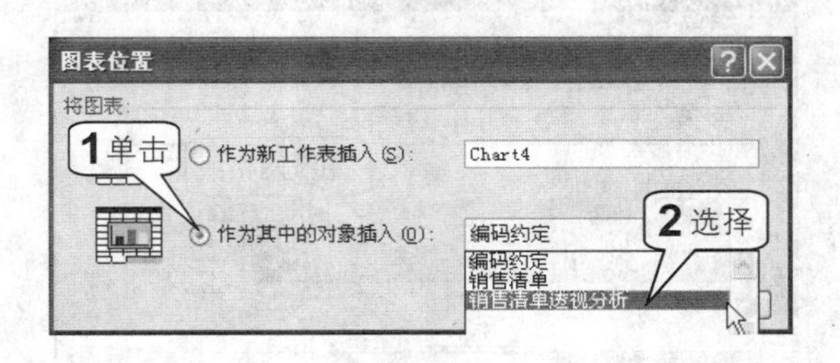

11 此时数据透视图插入到“销售清单透视分析”工作表中，用户可以选定透视图，拖动选定控点调整图的大小，如下图所示。

12 双击图中的图例，弹出“图例格式”对话框，在“字号”列表框中选择“10”，然后单击“确定”按钮，如下图所示。

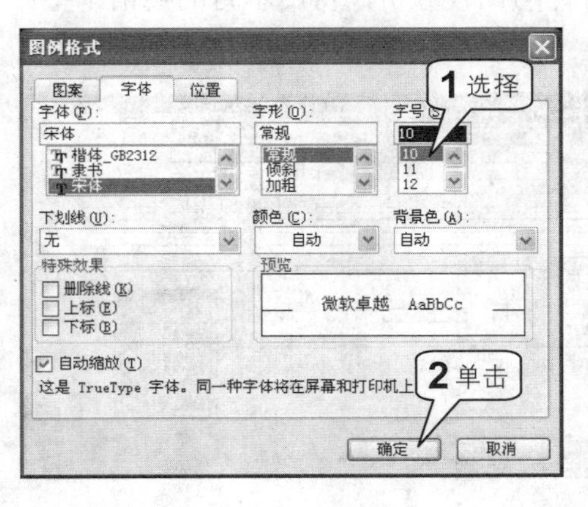

13 双击图表中的坐标轴，打开“坐标轴格式”对话框，如下图所示，在“字号”列表框中单击“10”，然后单击“确定”按钮。

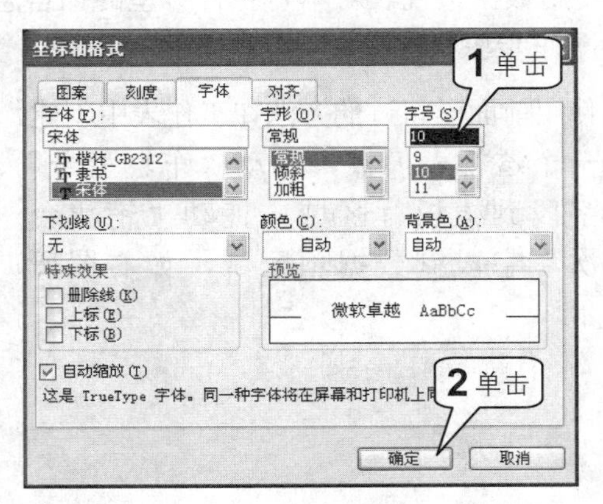

14 右击图表，在弹出的快捷菜单中单击“图表类型”命令，如下图所示。

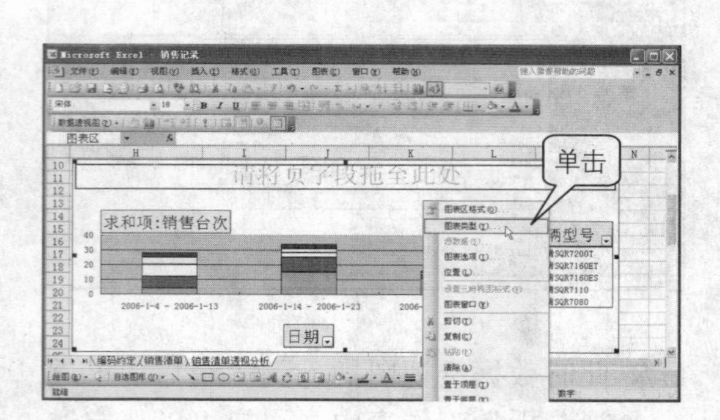

15 打开“图表类型”对话框，如下图所示，在“图表类型”列表框中单击“折线图”，在“子图表类型”中单击“数据点折线图”，然后单击“确定”按钮。

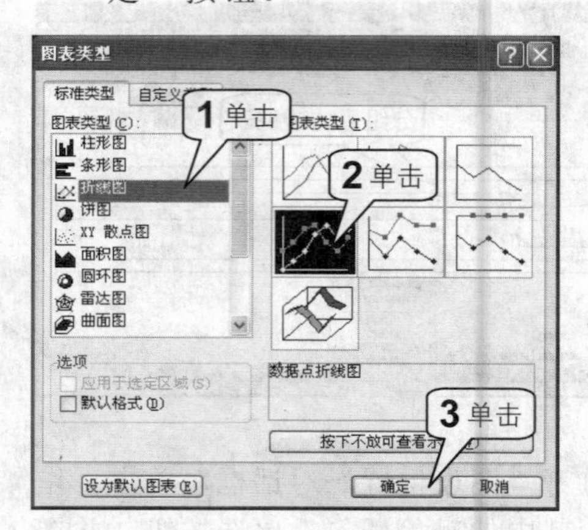

16 单击选定图表区域中的网格线，然后右击并在弹出的快捷菜单中单击“清除”命令，如下图所示。

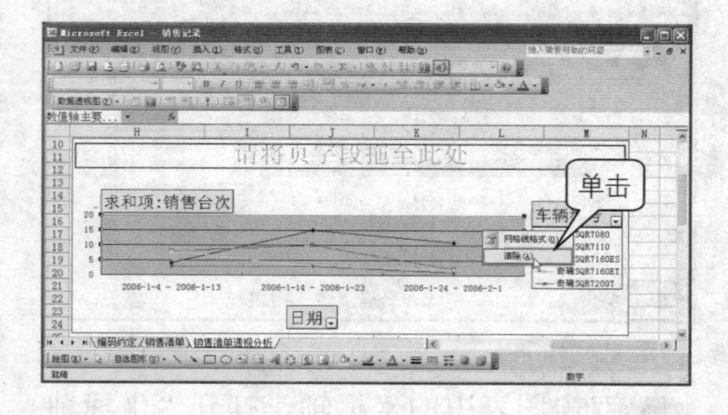

17 清除网格线以后的数据透视图效果如下图所示。

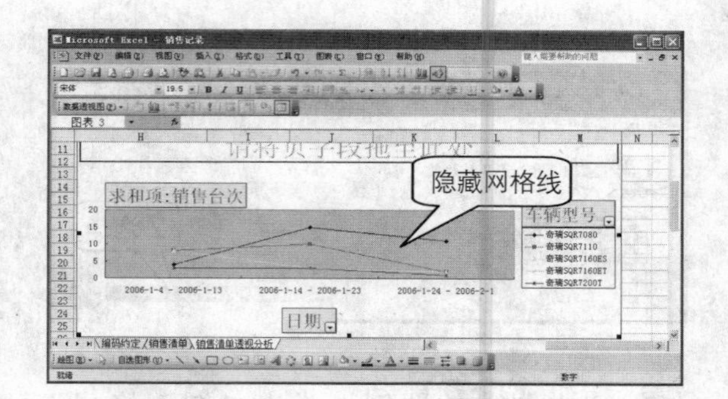

本月畅销车型分析

可以使用数据透视表对本月各种车型的销售总量进行统计与比较分析，得出本月的畅销车型，具体操作步骤如下。

1 使用前面学习过的方法在工作表中创建一个透视表模板，拖动“车辆型号”字段到模板行区域，拖动“销售台次”字段到数据项区域，如右图所示。

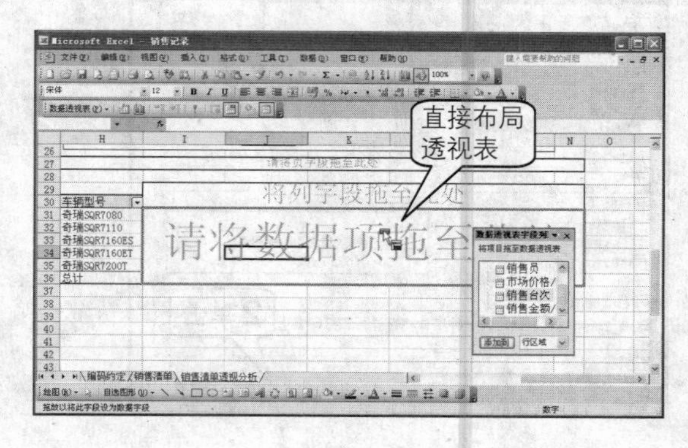

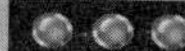

2 此时生成的数据透视表如下图所示，透视表中统计出了该月各车型的销售总量。

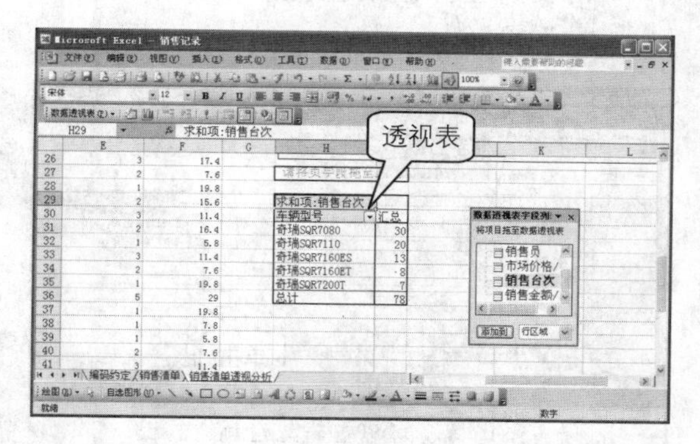

3 再次从“数据透视表字段列表”中拖动“销售台次”到数据项区域，形成如下图所示的布局。

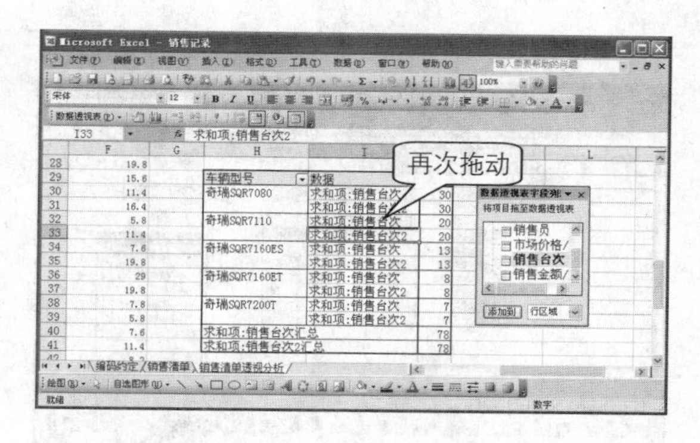

4 右击“求和项：销售台次2”单击格并在弹出的快捷菜单中单击“字段设置”命令，如下图所示。

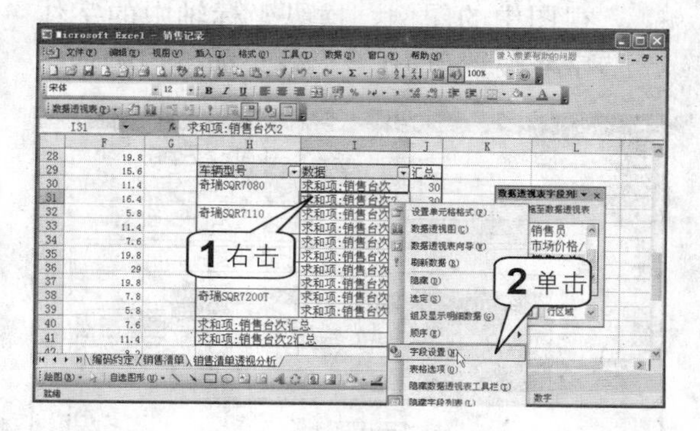

5 打开“数据透视表字段”对话框，在“名称”文本框中输入“百分比”，然后单击“选项”按钮，如下图所示。

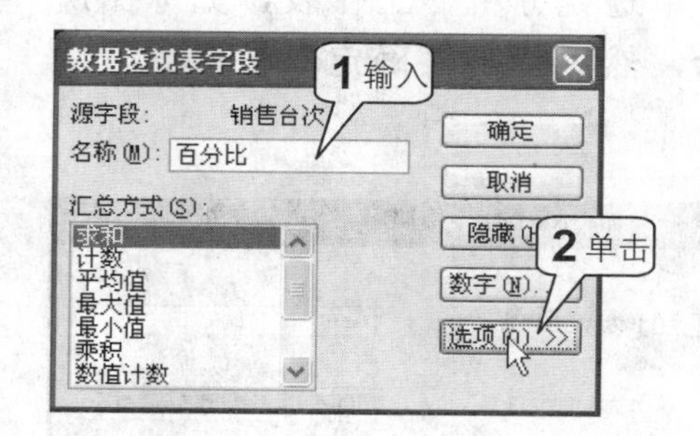

6 从“数据显示方式”下拉列表中选择“占总和的百分比”选项，然后单击“确定”按钮，如下图所示。

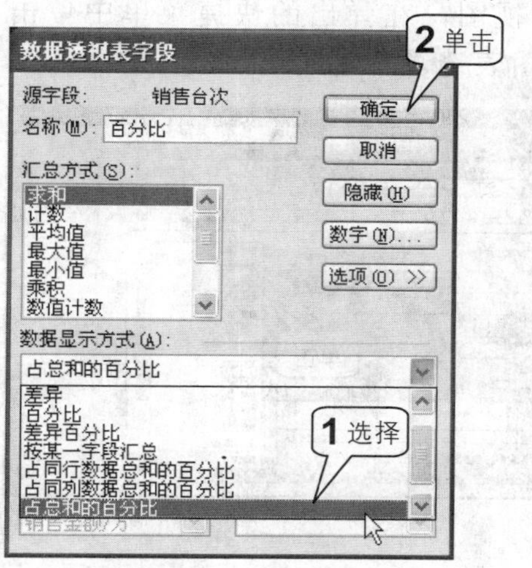

7 此时，数据透视表中所有的“求和项：销售台次2”字段名称都已更改为“百分比”，同时数据也显示为占总和的百分比形式，如下图所示。

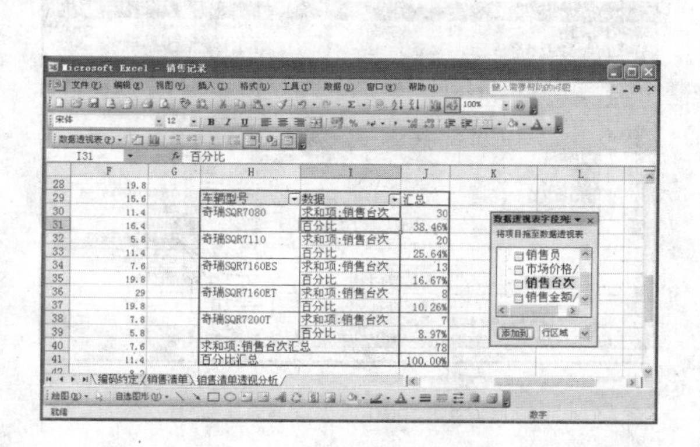

8 单击“数据”字段，向右拖动至“汇总”字段的右侧释放鼠标，使百分比显示在汇总结果的右侧，如下图所示。

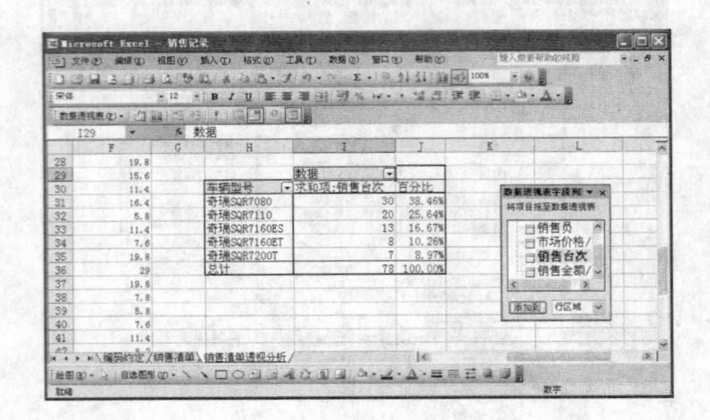

9 单击“数据透视图”工具栏中的“图表向导”按钮生成透视图，右击透视图表，在弹出的快捷菜单中单击“位置”命令。

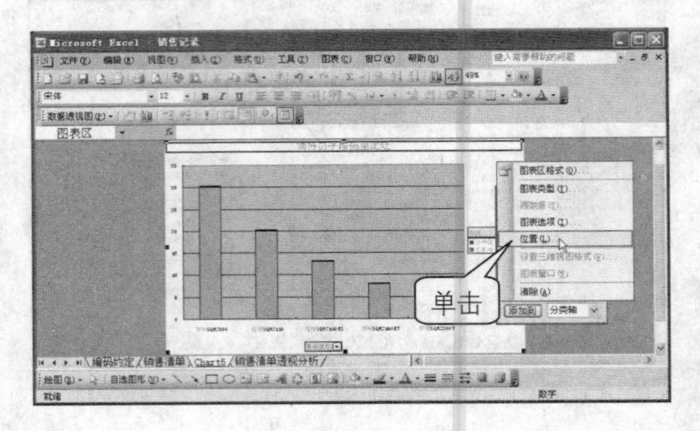

10 此时将弹出“图表位置”对话框，单击“作为其中的对象插入”单选按钮，从其后的下拉列表中选择“销售清单透视分析”工作表，如下图所示，然后单击“确定”按钮。

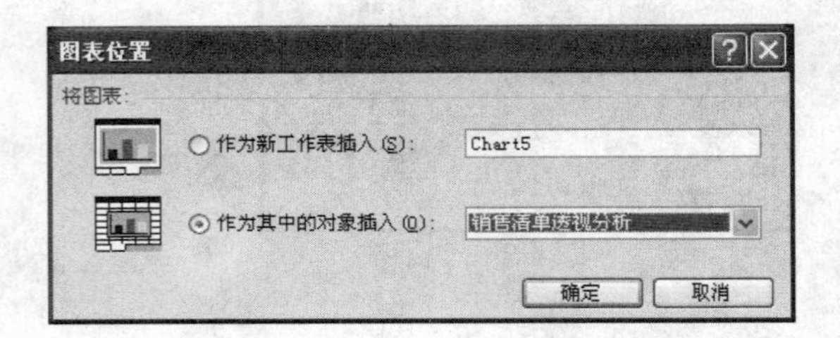

11 选定透视图，拖动控制点调整透视图大小，并使用前面学习过的方法将透视图中的图例、横纵坐标轴中的字体字号设置为10号，效果如下图所示。

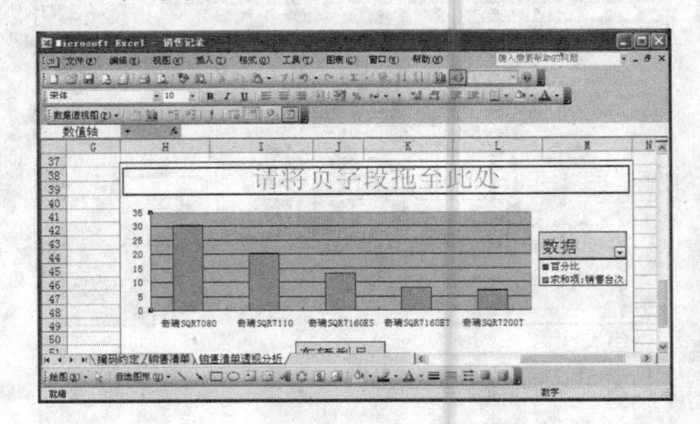

12 右击“数据”字段按钮，在弹出的快捷菜单中单击“隐藏数据透视图字段按钮”命令，如下图所示。

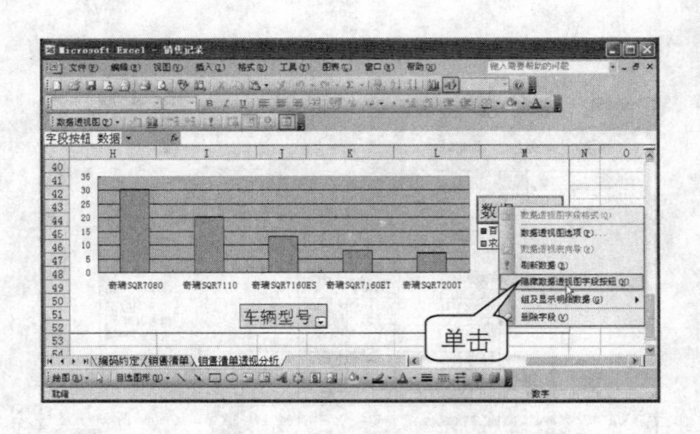

13 选中图例，按Del键删除。然后右击透视图，在弹出的快捷菜单中单击“图表选项”命令。

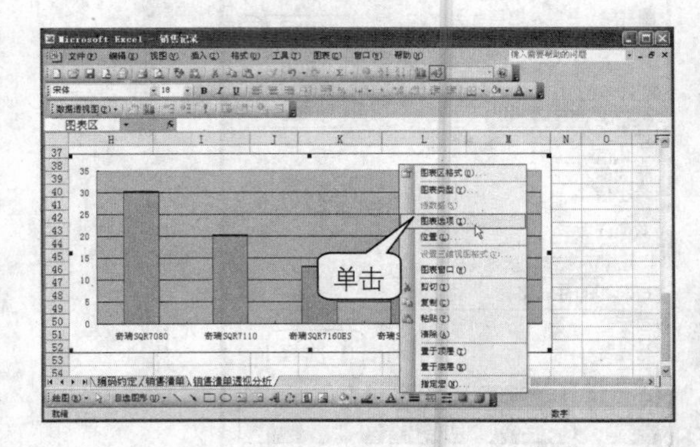

14 打开“图表选项”对话框，在“标题”选项卡中的“图表标题”文本框中输入“畅销车型分析透视图”，然后单击“确定”按钮，如下图所示。

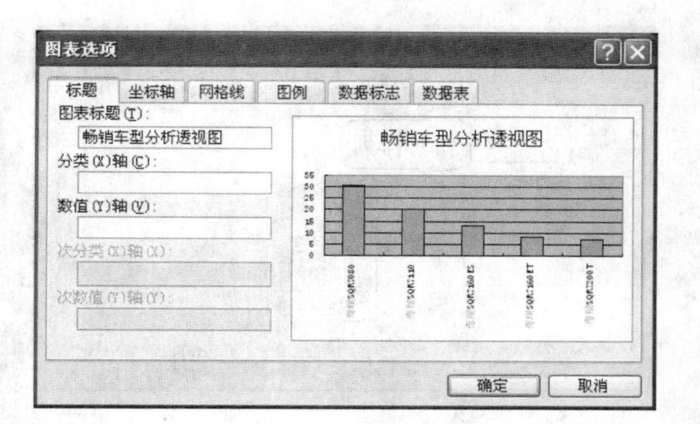

15 透视图的最终效果如下图所示。

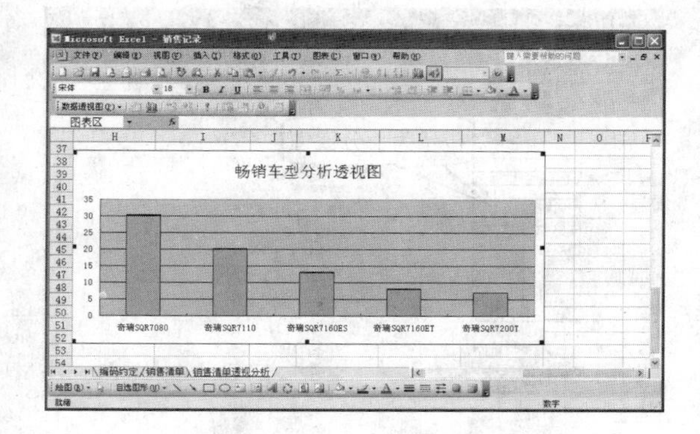

提示

当隐藏数据透视图中的字段按钮后，从表面上看，数据透视图和普通的图表几乎没有区别了，但实际是它还是数据透视图，但是可以采用编辑图表的方法编辑透视图。

本月销售员销量比较与分析

同样可以使用数据透视表和数据透视图分析本月销售员的销售业绩，掌握销售员完成销售任务的情况，具体操作步骤如下。

1 使用同样的方法在工作表中创建一个数据透视表模板，拖动“销售员”字段到行区域，拖动“销售台次”字段到数据项位置，得到如下图所示的数据透视表。

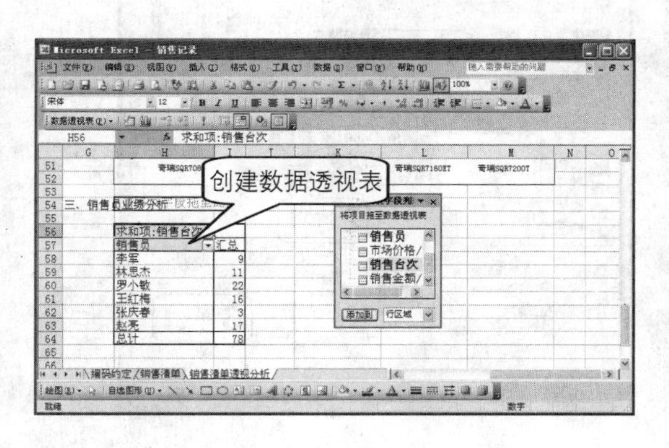

2 双击“求和项：销售台次”字段按钮打开“数据透视表字段”对话框，在“名称”文本框中输入“销售业绩”，在“数据显示方式”下拉列表中选择“占总和的百分比”，然后单击“确定”按钮，如下图所示。

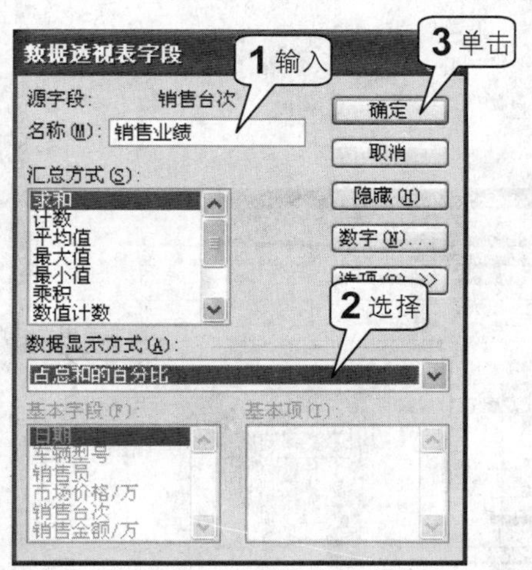

3 此时，数据透视表中的数据更改为百分比显示方式，如下图所示。

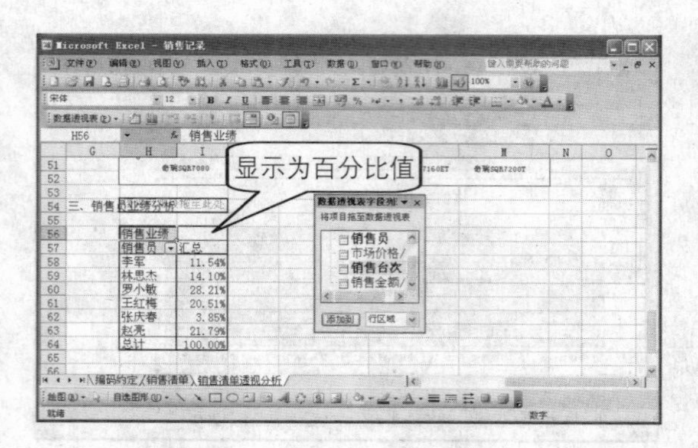

4 选中“汇总”列数据的单元格，单击“常用”工具栏中的“降序排列”按钮，使透视表中的数据按销售业绩汇总进行降序排列，如下图所示。

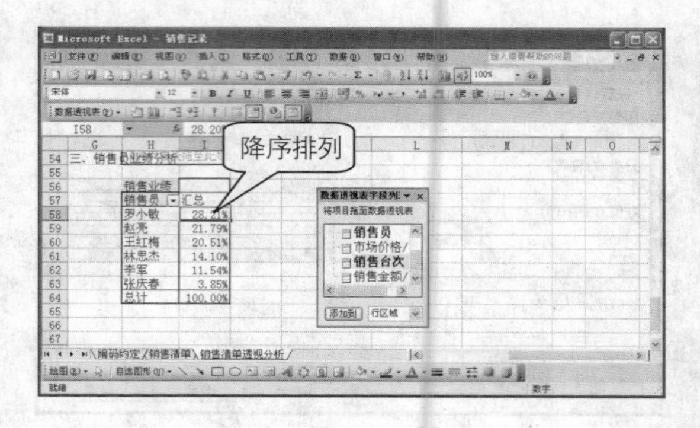

5 单击“数据透视表”工具栏中的“图表向导”按钮创建透视图，并按照前面讲解过的方法，将该透视图的位置移到当前工作表中，如下图所示。

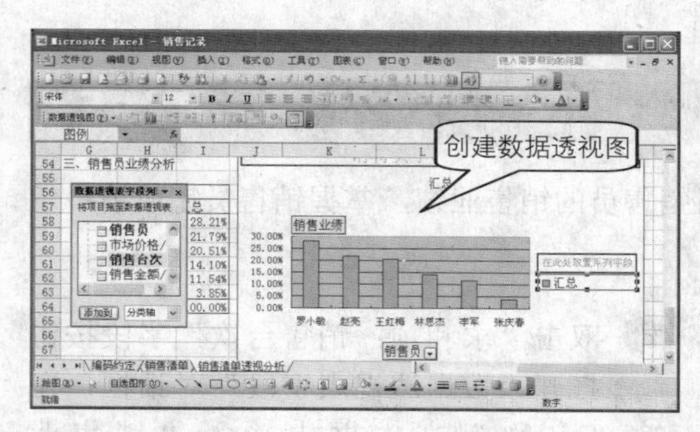

6 右击“销售业绩”字段按钮，在弹出的快捷菜单中单击“隐藏数据透视图字段按钮”命令，如下图所示。

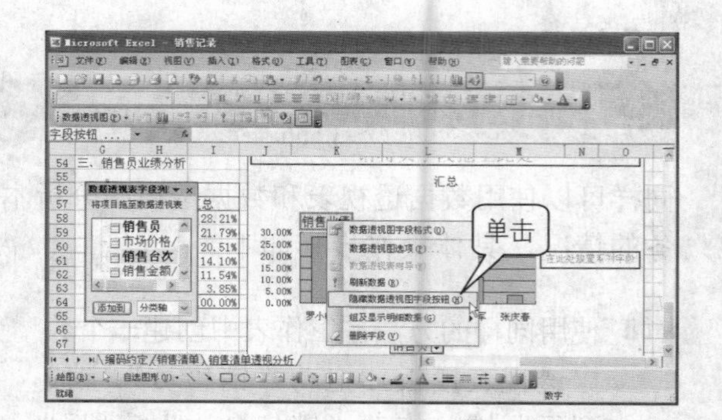

7 右击透视图，在弹出的快捷菜单中单击“图表类型”命令，如下图所示。

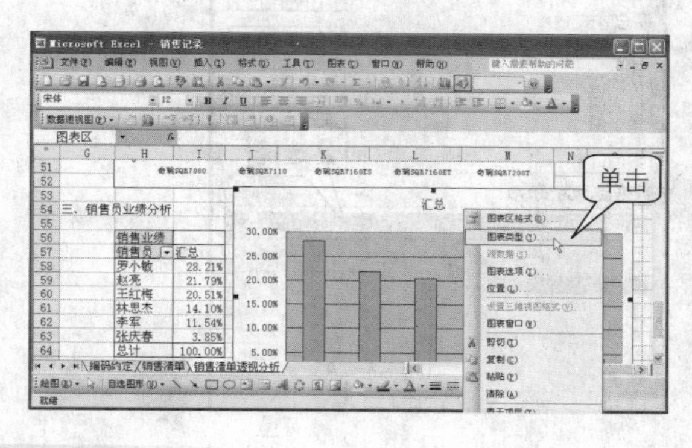

8 弹出“图表类型”对话框，在“图表类型”列表框中单击“饼图”，在“图表类型”中选择“分离型三维饼图”，然后单击“确定”按钮，如下图所示。

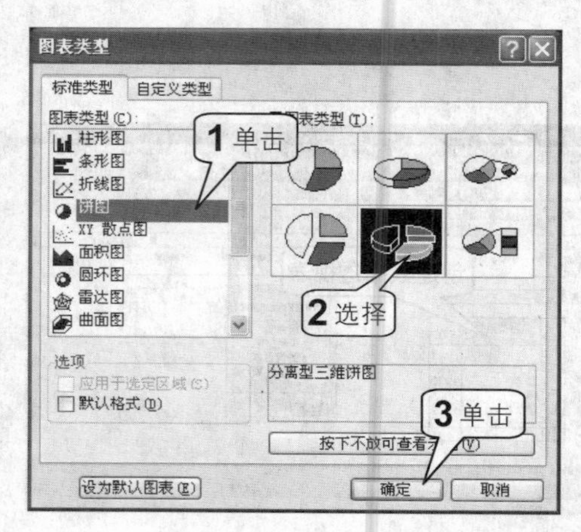

9 右击图表，在弹出的快捷菜单中单击“图表选项”命令，如下图所示。

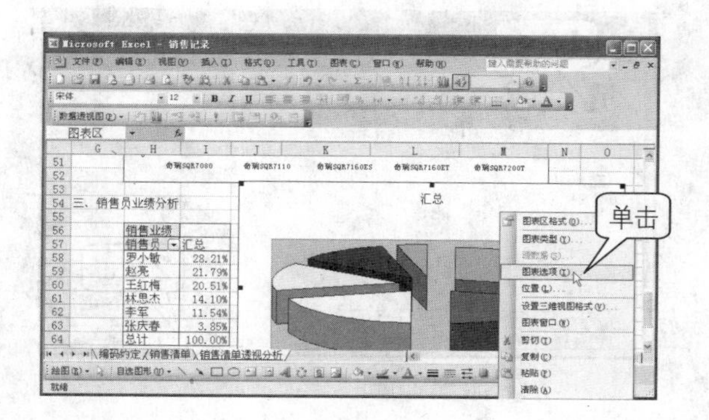

10 弹出“图表选项”对话框，在“标题”选项卡中的“图表标题”文本框中输入标题“销售业绩比较分析”，如下图所示。

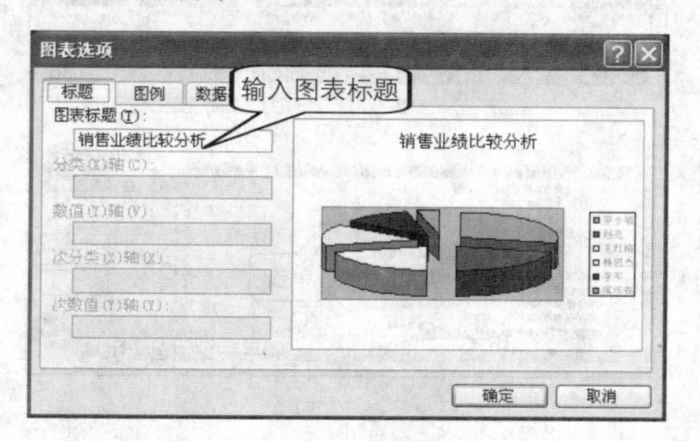

11 单击“数据标志”标签，切换到“数据标志”选项卡中，在“数据标签包括”选项区域中选中“百分比”复选框，然后单击“确定”按钮，如下图所示。

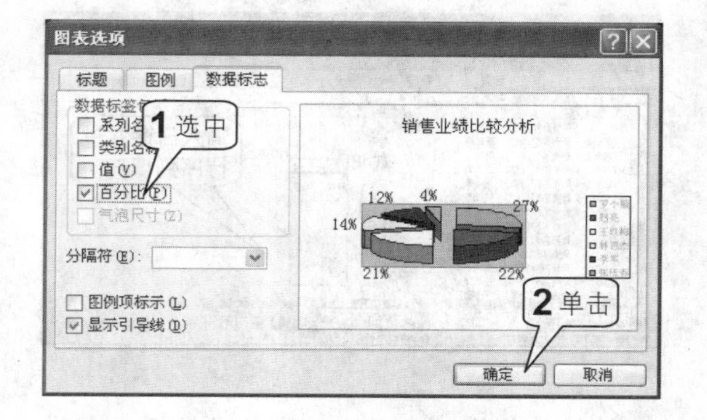

12 最后得到如下图所示的销售业绩比较分析透视图。

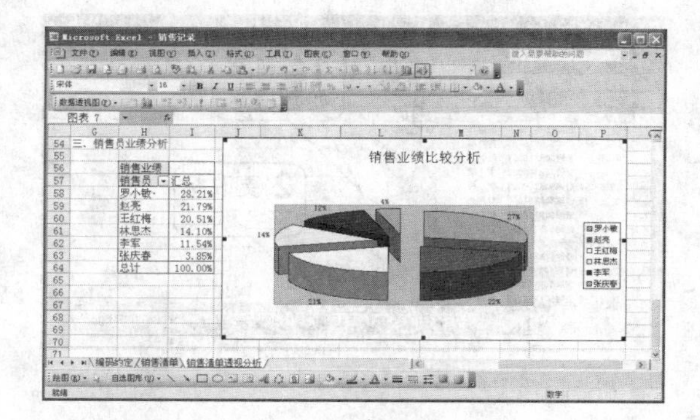

4 使用图表分析本月销售额

在上一节中介绍了使用 Excel 中的数据透视表对本月的销售量进行分析，在实际工作中，除了对销售量进行分析，还应该对销售额进行分析。本节将介绍使用 Excel 中的图表分析本月销售额。

日销售额趋势分析

通过对本月中每个工作日的销售额的统计，可以进行日销售额趋势分析，具体操作步骤如下。

1. 右击“销售清单透视分析”工作表标签，在弹出的快捷菜单中单击“插入”命令，如下图所示。

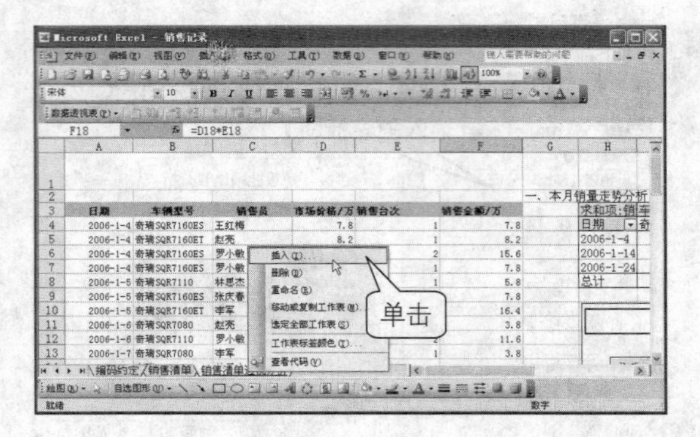

2. 打开“插入”对话框，在“常用”选项卡中选中“工作表”图标后，单击“确定”按钮，如下图所示。

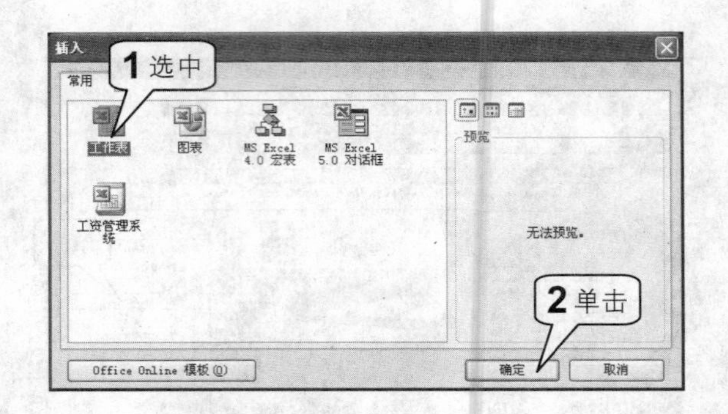

3. 将“销售清单透视分析”工作表中的“日期”、“车辆型号”、“销售员”和“销售金额/万”列数据复制到新工作表中，在复制时要使用选择性粘贴，不要复制公式。最后将新工作表标签更改为“销售图表分析，如下图所示”。

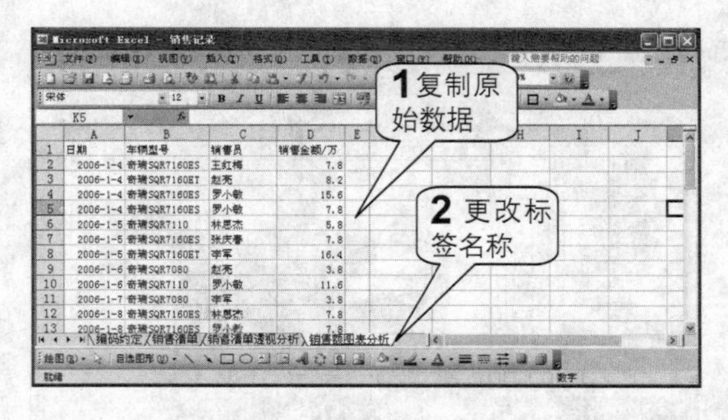

4. 在单元格 F 列输入标题文字“一、日销售额走势分析”，并创建日期和销售额标志，在单元格 F4 中输入“2006-1-4”，然后拖动填充柄向下进行序列填充，如下图所示。

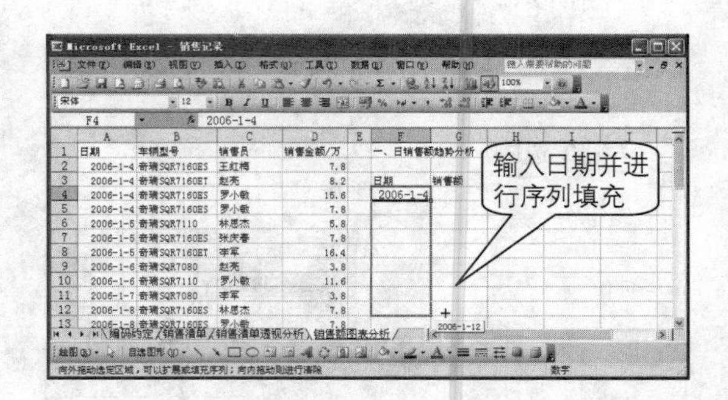

5. 在单元格 G4 中输入公式“=SUMIF($A$2:$A$48,F4,$D$2:$D$48)”，按 Enter 键后向下复制公式，分别对每日的销售额进行汇总，如下图所示。

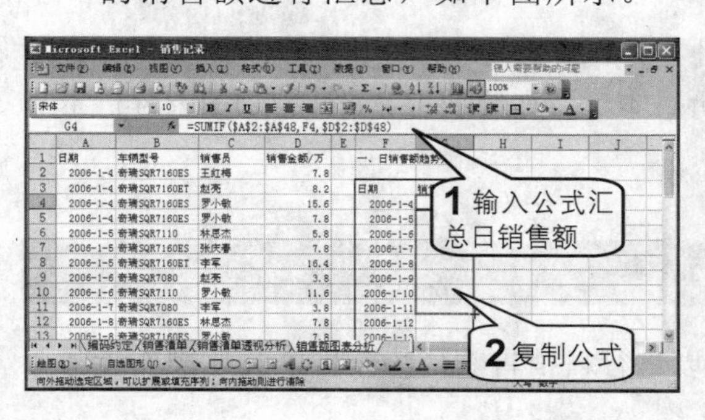

6. 填充完毕后，单击填充选项按钮，在弹出的下拉菜单中选择“不带格式填充”选项。

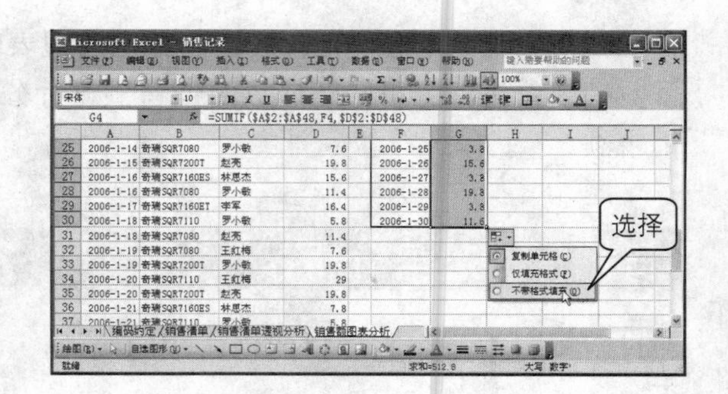

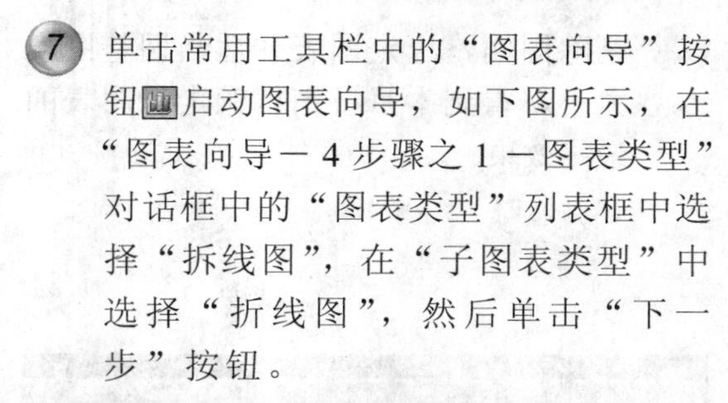

7 单击常用工具栏中的“图表向导”按钮启动图表向导，如下图所示，在“图表向导－4步骤之1－图表类型”对话框中的“图表类型”列表框中选择“拆线图”，在“子图表类型”中选择“折线图”，然后单击“下一步”按钮。

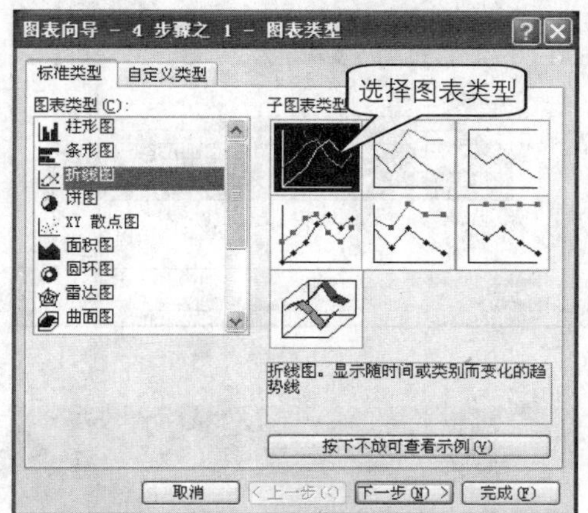

8 打开如下图所示的对话框，单击“数据区域”右侧的单元格引用按钮选定单元格区域F3:G30，然后在“系列产生在：”选项区域中单击“列”单选按钮，单击“下一步”按钮。

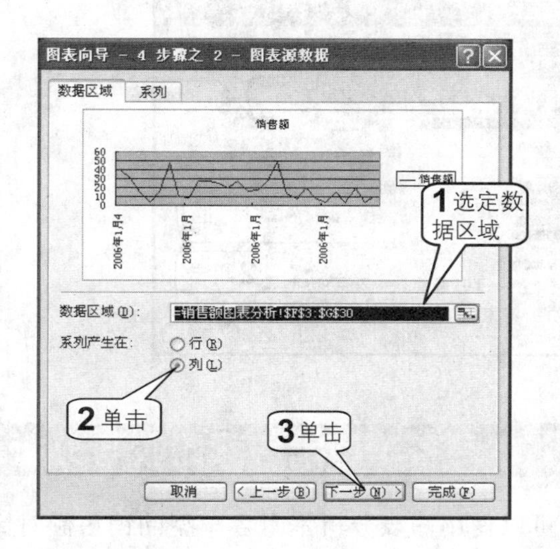

9 在“图表标题”文本中输入“销售额走势分析”，在“数据（Y）值”文本框中输入“万元”，然后单击“下一步”按钮，如下图所示。

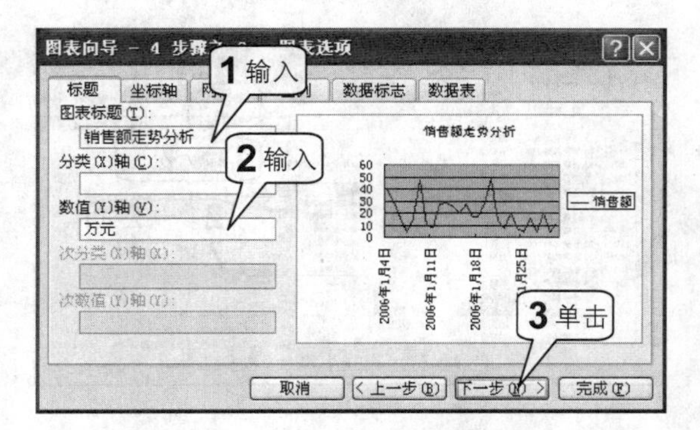

10 打开图表位置对话框，单击“作为其中的对象插入”单选按钮，在其下拉列表中选择“销售额图表分析”，然后单击“完成”按钮。

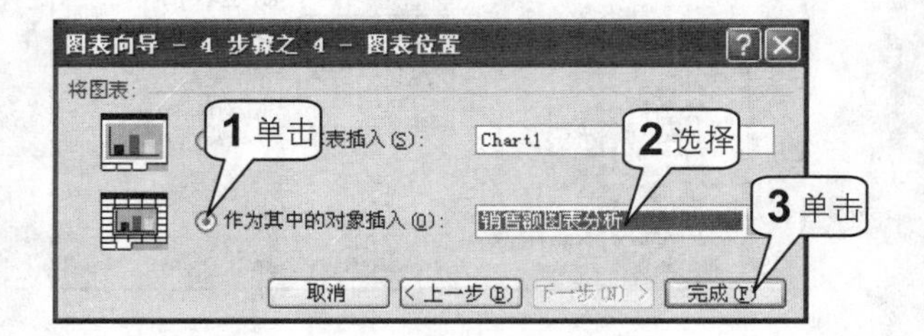

11 此时生成的图表效果如右图所示。

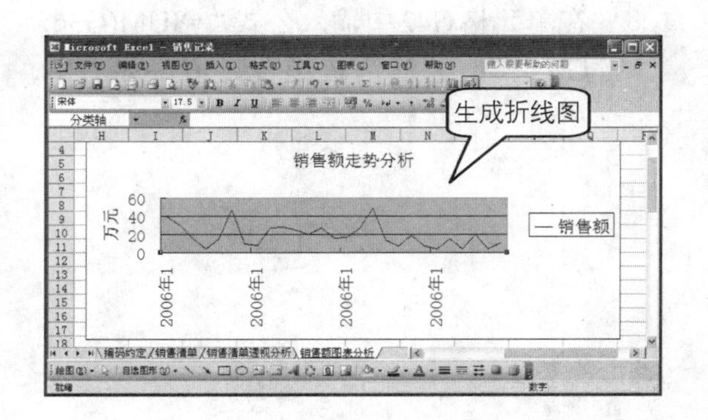

12 双击日期横坐标轴，弹出“坐标轴格式”对话框，在“字号”列表框中选择“9”，然后单击“确定”按钮，如下图所示。同理，将纵坐标轴字号也更改为9号。

13 删除图例，选定图表并适当调整图表大小，得到本月日销售额走势图表的最终效果。

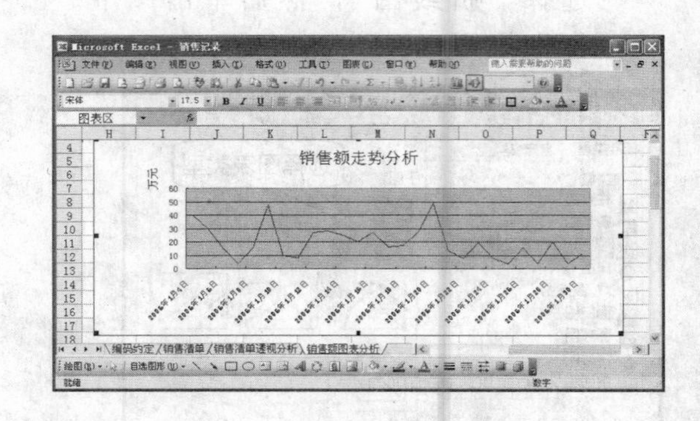

本月各车型销售额比较与分析

还可以使用图表分析本月各车型的销售额对比情况，具体操作步骤如下。

1 在“销售额图表分析”工作表中创建如下图所示的统计表格，用来统计该月每种车型的销售额。

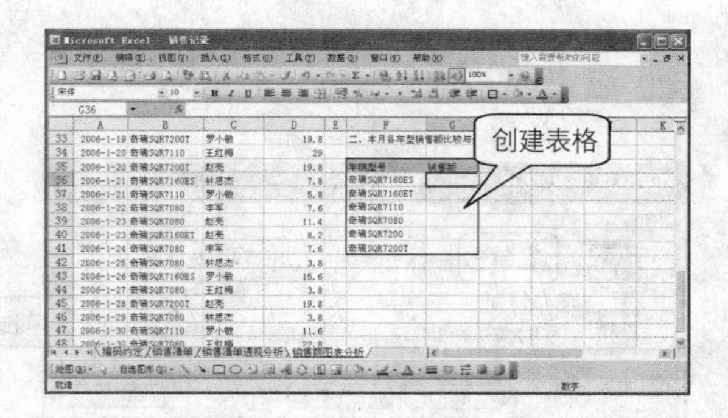

2 在单元格G36中输入公式“=SUMIF($B$2:$B$48,F36,$D$2:$D$48)”，按Enter键后拖动填充柄向下复制公式，如下图所示，统计出每种车型的销售额。

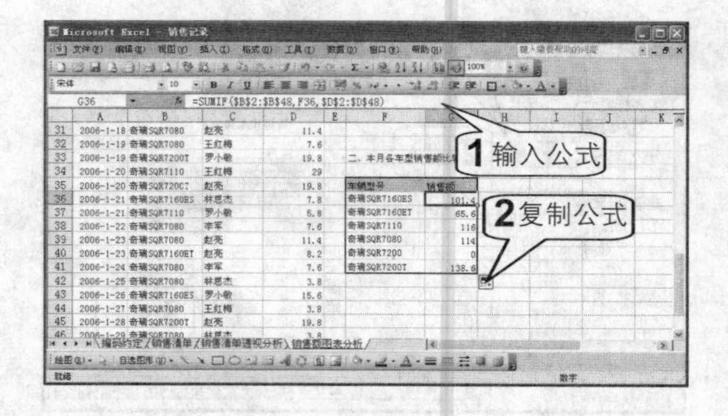

3 在单元格G42中输入公式“=SUM(G36:G41)”，计算销售额合计值，如右图所示。

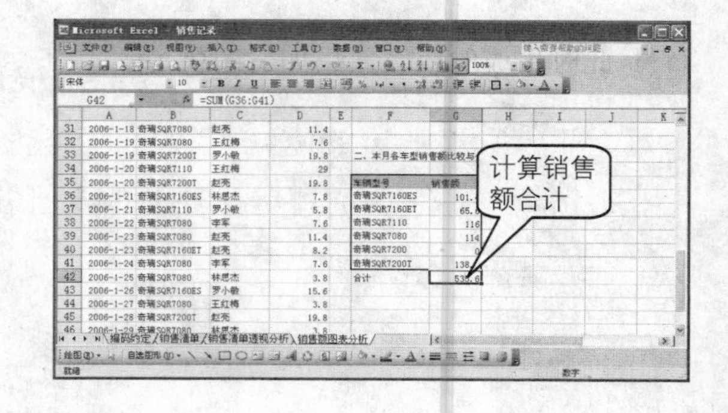

4 单击“常用”工具栏中的“图表向导”按钮启动图表向导，选择“分离型三维饼图”，单击“下一步”按钮，如下图所示。

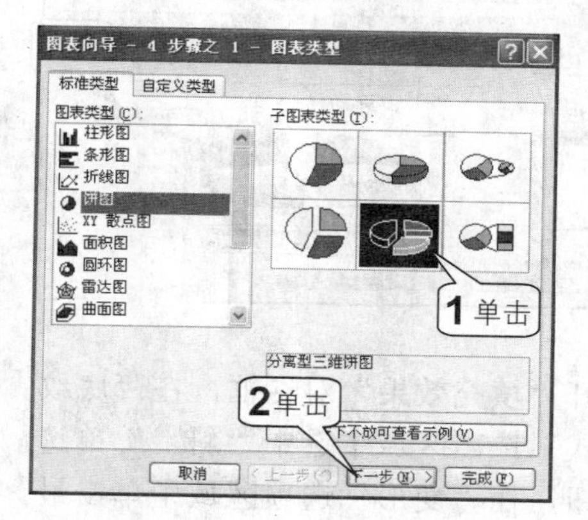

5 在“源数据”对话框中单击“数据区域”右侧的单元格引用按钮选中单元格区域F35:G41，然后单击“下一步”按钮，如下图所示。

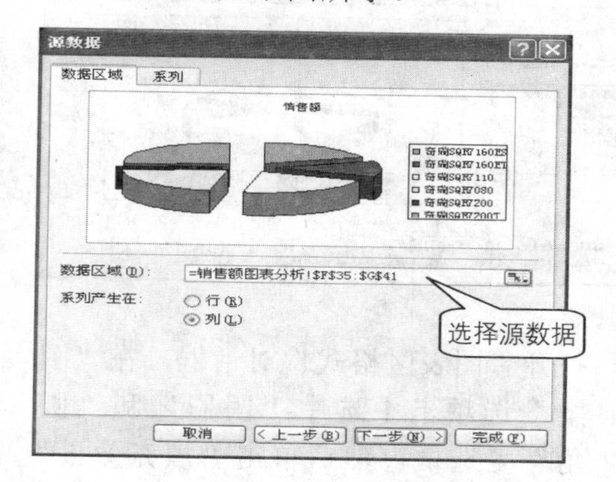

6 打开图表向导步骤之3的图表选项对话框，在“图表标题”文本框中输入图表标题，如下图所示。

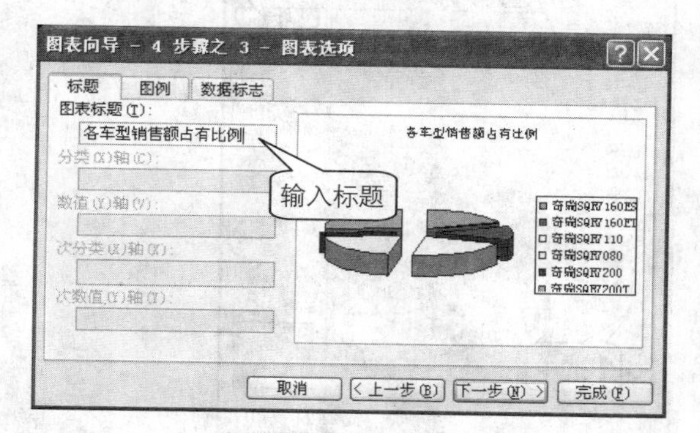

7 单击“图例”标签切换到“图例”选项卡中，在“位置”选项区域中单击“底部”单选按钮，如下图所示。

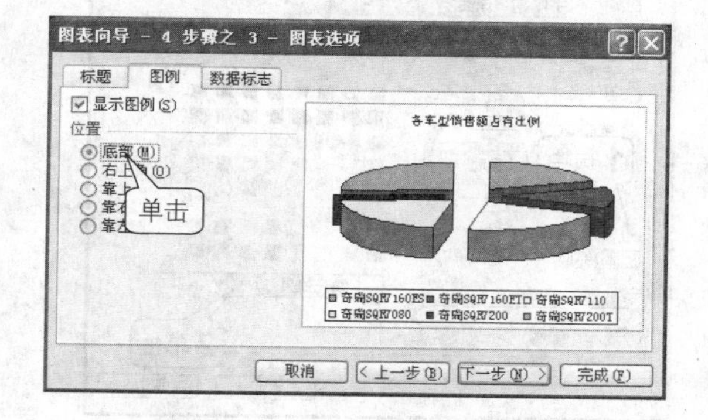

8 单击“数据标志”标签切换到“数据标志”选项卡中，在“数据标签包括”选项区域中选中“百分比”复选框，然后单击“下一步”按钮，如下图所示。

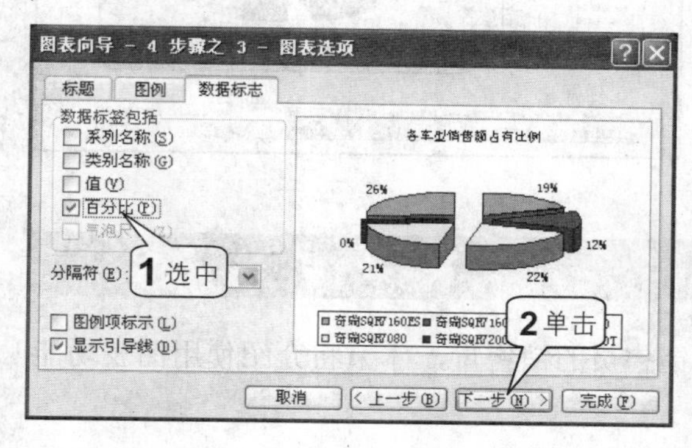

9 进入图表位置对话框，单击“作为其中的对象插入”单选按钮，从其后的下拉列表中选择“销售额图表分析”，然后单击“完成”按钮，如下图所示。

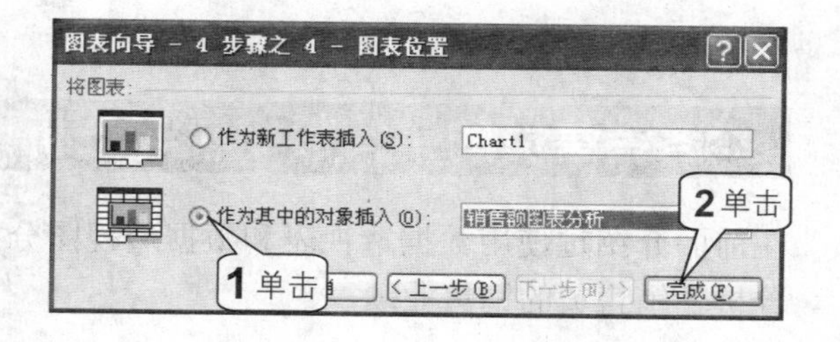

10 得到如下图所示的图表。

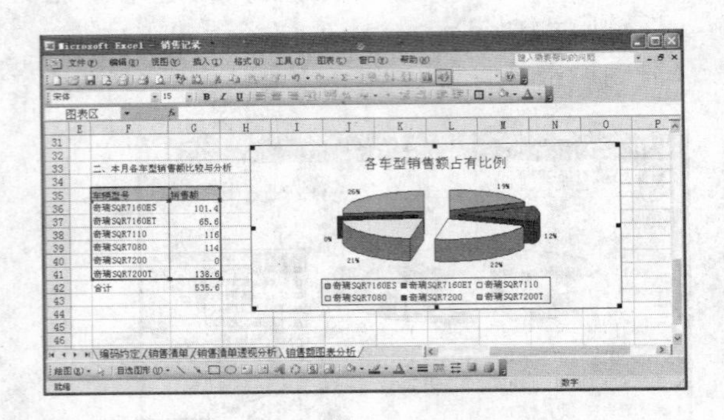

11 右击图表，在弹出的快捷菜单中单击“图表区格式”命令，如下图所示。

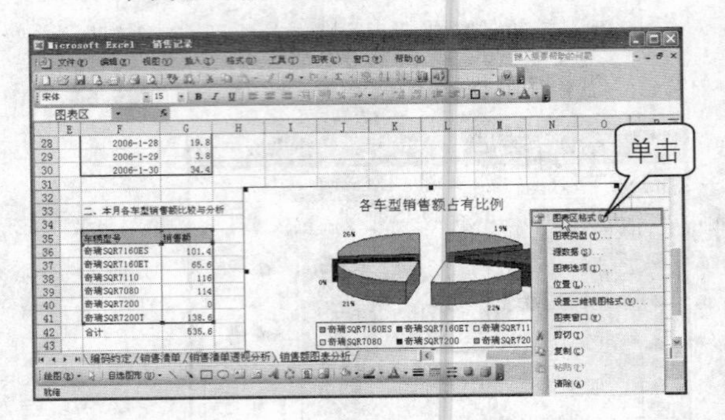

12 打开“图表区格式”对话框，在“图案”选项卡中选中“阴影”和“圆角”复选框，然后单击“填充效果”命令，如下图所示。

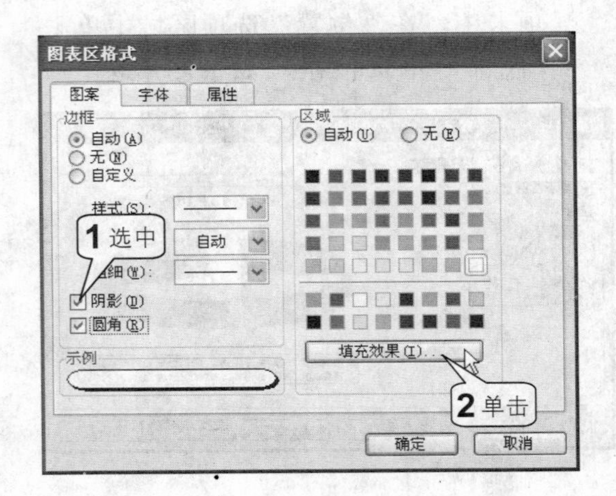

13 打开“填充效果”对话框，在“底纹样式”选项区域中选中“斜上”单选按钮，在“变形”选项区域中单击最后一种变形效果，最后单击“确定”按钮，如下图所示。

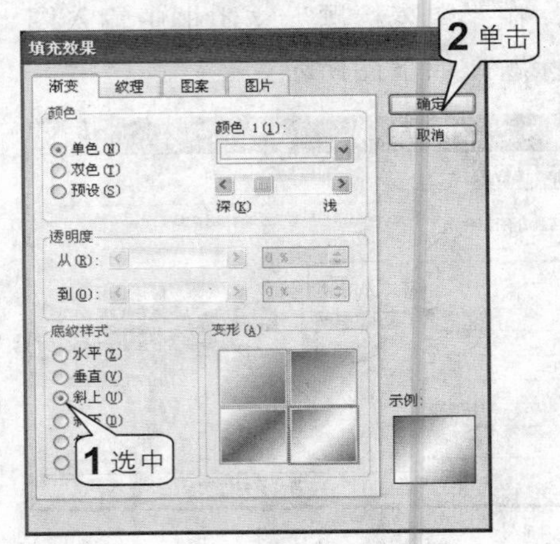

14 选中图表标题，单击“格式”工具栏中的“加粗”按钮，得到最终的图表效果，如右图所示。

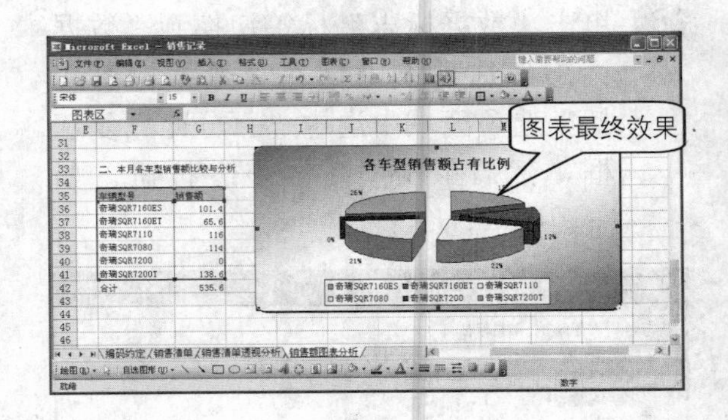

各销售员的销售额比较与分析

在前面介绍过使用数据透视表和数据透视图分析销售员的销售量，本节将介绍使用图表功能分析各销售员的销售业绩。

1 创建如下图所示的统计表格。

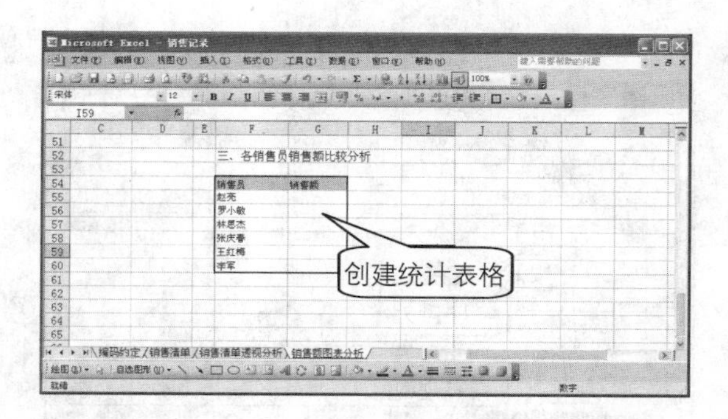

2 在单元格G55中输入公式“=SUMIF($C$2:$C$48,F55,$D$2:$D$48)”，按Enter键后向下复制公式，如下图所示。

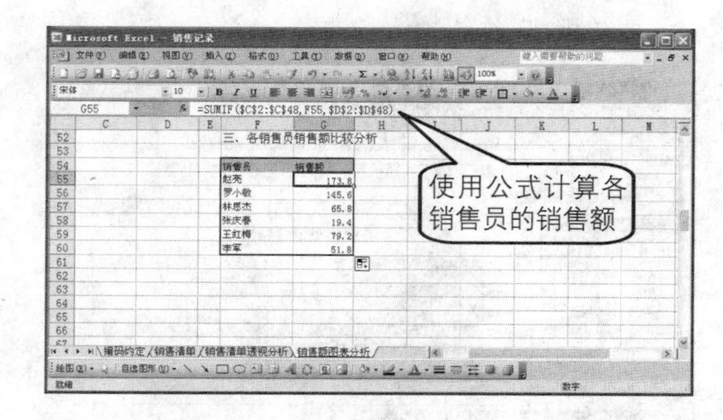

3 单击“常用”工具栏中的“图表向导”按钮打开图表向导对话框，在“图表类型”列表框中单击“条形图”，在“子图表类型”中选择“三维簇状条形图”，然后单击“下一步”按钮，如下图所示。

4 打开图表源数据对话框，单击“数据区域”右侧的单元格引用按钮选中单元格区域F54:G60，然后单击“下一步”按钮，如下图所示。

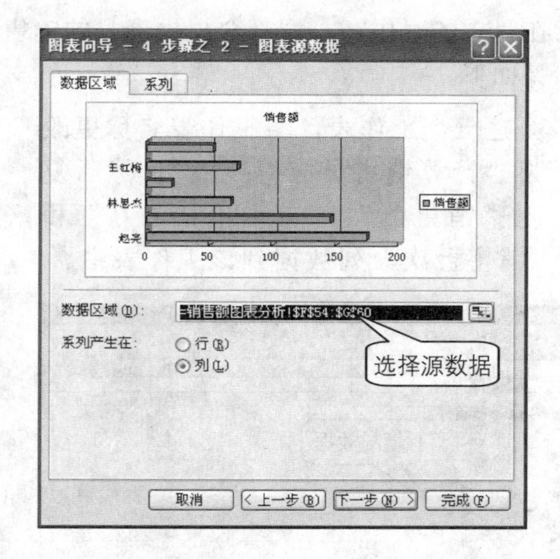

5 在图表选项对话框中的“图表标题”文本框中输入标题，然后单击“完成”按钮，如下图所示。

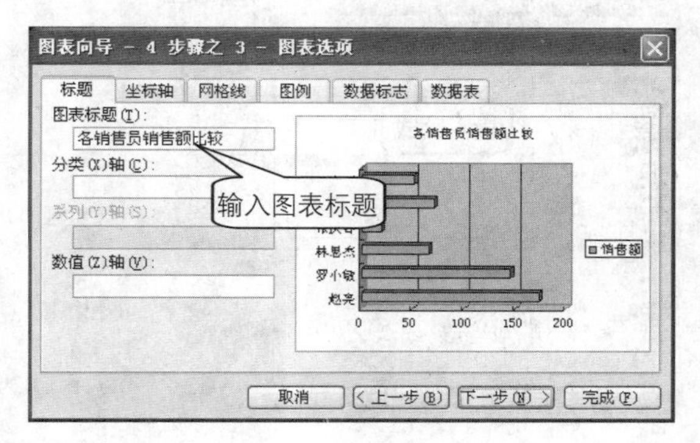

6 此时图表会做为对象插入到当前工作表中，如下图所示。

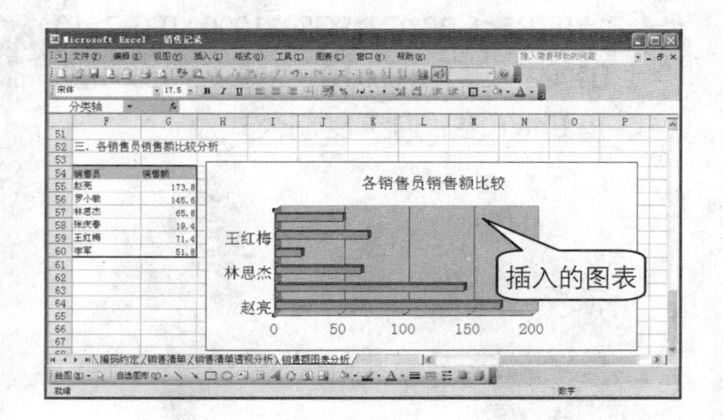

7 为了使图表能更直观地反映各销售员的销售额，可将图表源区域中的“销售额”字段按降序排列，此时会发现图表也跟着变化。

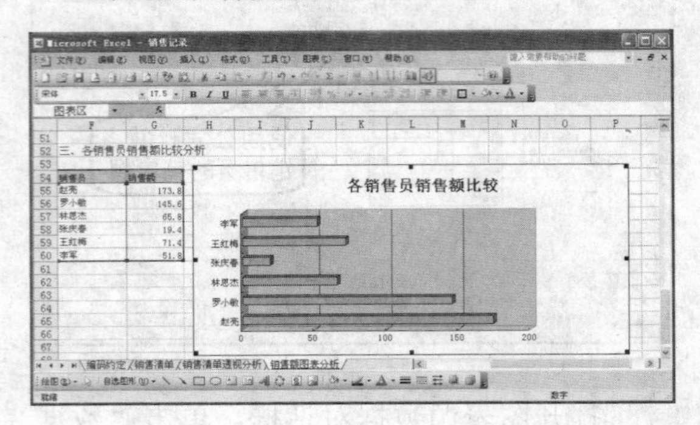

8 最终得到如下图所示的图表。

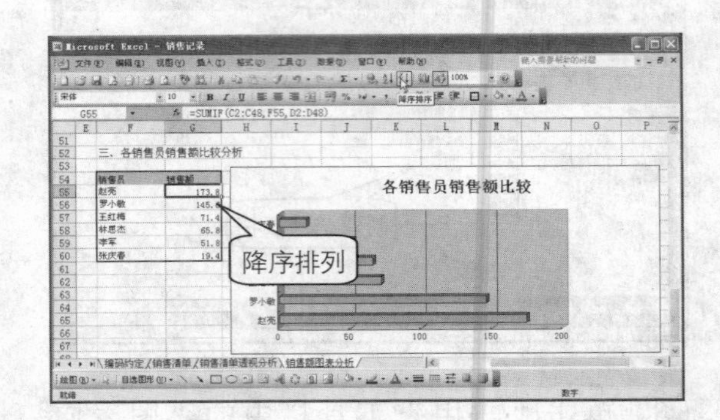

5 计算销售员应得提成

通常在月末的时候，公司都会根据当月的销售情况计算本月销售员应得的提成金额，具体操作步骤如下。

1 新建一个工作表，将工作表名称更改为“计算销售员应得提成”，然后复制“销售员”、“市场价格 / 万”和“销售台次”列数据到该工作表中。

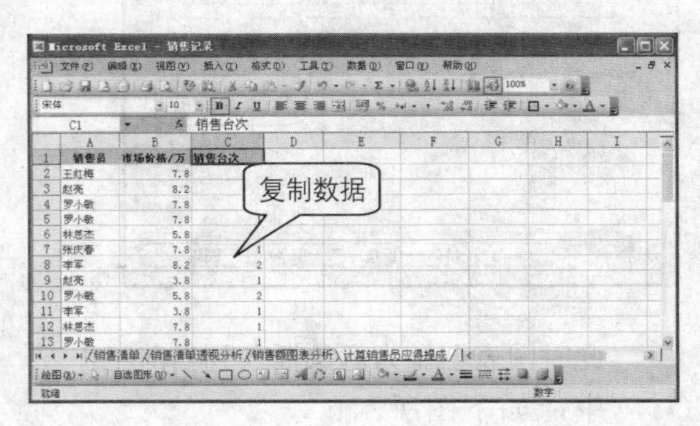

2 在销售台次右侧插入一列，输入列标志为“应得提成”，然后在工作表中创建如下图所示的两个表格。

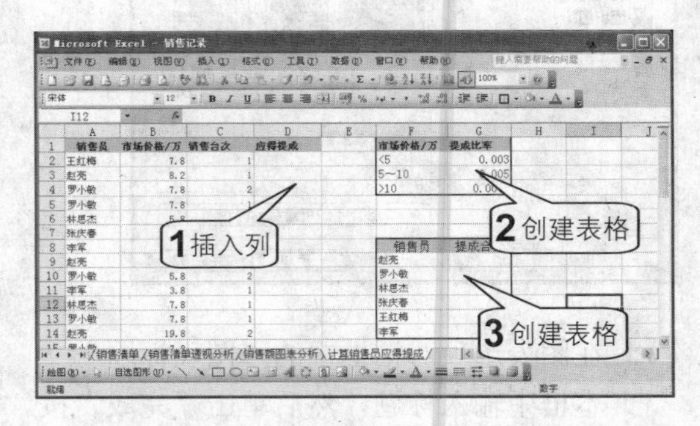

3 如右图所示，在单元格 D2 中输入公式“=IF(B2<5,B2*C2*$G$2*10000,IF(B2>10,B2*C2*$G$4*10000,B2*C2*$G$3*10000))”，按 Enter 键后向下复制公式。

4 在单元格 G9 中输入公式“=SUMIF($A$2:$A$48,F9,$D$2:$D$48)”，按 Enter 键后向下复制公式，如右图所示。

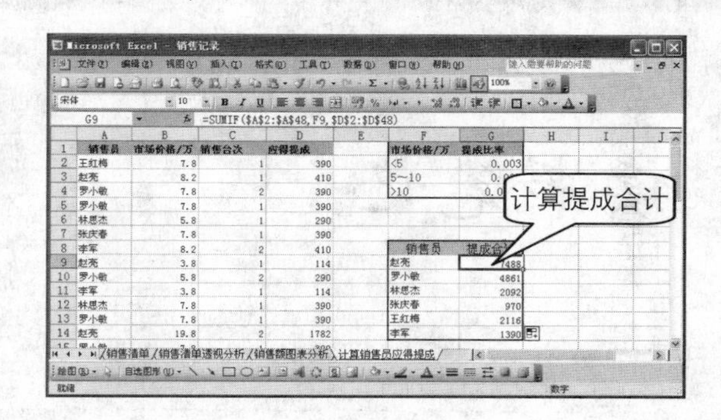

本章小结

本章以某汽车贸易公司的销售管理为实例，介绍了如下内容：使用 Excel 2003 创建销售清单；对销售清单进行分类汇总；使用透视图分析日销售量的趋势、对各种车型之间的销售量进行对比分析、对各销售员之间的销售量进行对比分析；使用图表对销售额进行日销售趋势分析、对各种车型之间的销售额进行对比分析、对各销售员之间的销售额进行对比分析以及使用 Excel 中的公式和函数计算销售员的提成金额等。

本章涵盖了前面讲解的 Excel 中的诸多知识点的应用，例如数据有效性设置、数据分类汇总、数据透视表和数据透视图、使用图表分析数据以及公式和函数的应用等。相信通过本章的学习，用户将可以游刃有余地将 Excel 应用于实际办公中。

读书笔记

Chapter 10

PowerPoint 2003 办公从入门到精通

PowerPoint 2003 也是 Office 2003 办公系列软件中的一员，PowerPoint 2003 是一款制作幻灯片的专业多媒体软件，它能使幻灯片具有声音、图像及动画效果。本章主要介绍 PowerPoint 的基础知识及其应用。

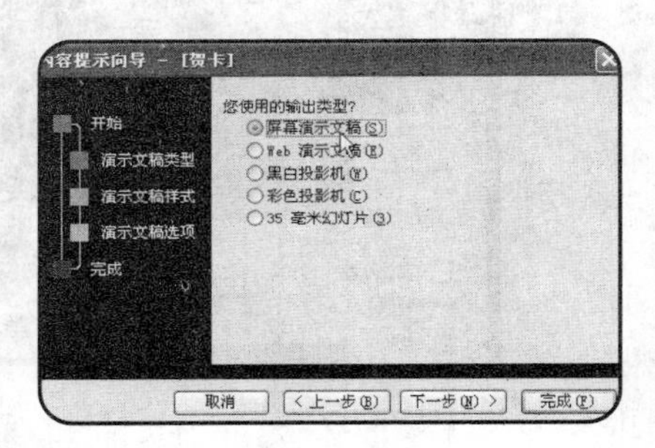

1. 初识 PowerPoint
2. 创建幻灯片
3. 幻灯片的查看方式
4. 幻灯片的美化
5. 使用 PowerPoint 模板提高制作效率
6. 设置幻灯片之间的动画效果

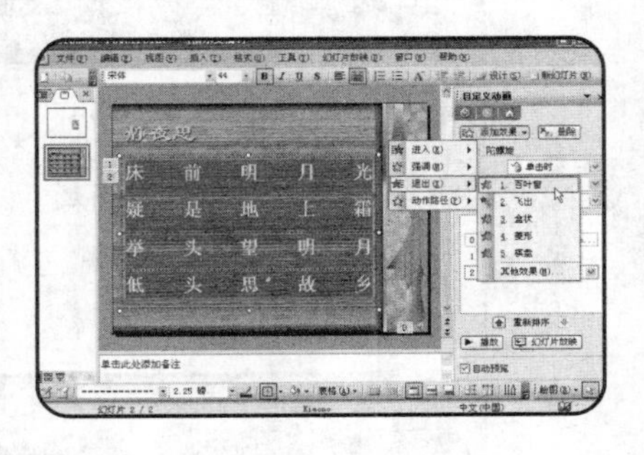

1 初识 PowerPoint

在本节中，我们将要学习 PowerPoint 的启动、认识 PowerPoint 窗口、保存 PowerPoint 文件和退出 PowerPoint 系统等基本操作。

启动 PowerPoint

要使用 PowerPoint，必须先启动它，启动 PowerPoint 的具体操作步骤如下。

1. 在桌面上依次单击“开始>程序>Microsoft Office>Microsoft Office PowerPoint 2003”命令，如下图所示。

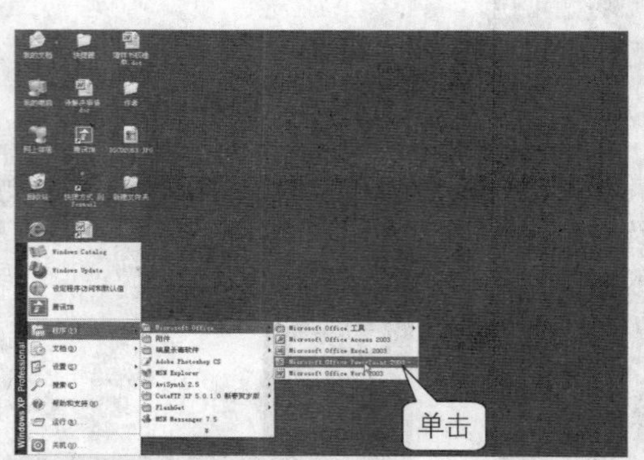

2. 打开 PowerPoint 2003 程序窗口，并且在窗口的右侧显示“开始工作”任务窗格，如下图所示。

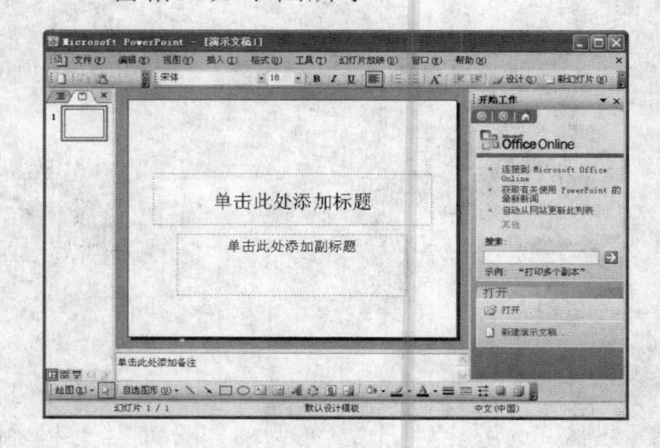

认识幻灯片 PowerPoint 窗口

认识 PowerPoint 窗口，需要进入主程序界面，具体操作步骤如下。

1. 启动 PowerPoint 2003 程序，进入 PowerPoint 2003 窗口，在“开始工作”任务窗格上单击“新建演示文稿”命令，如下图所示。

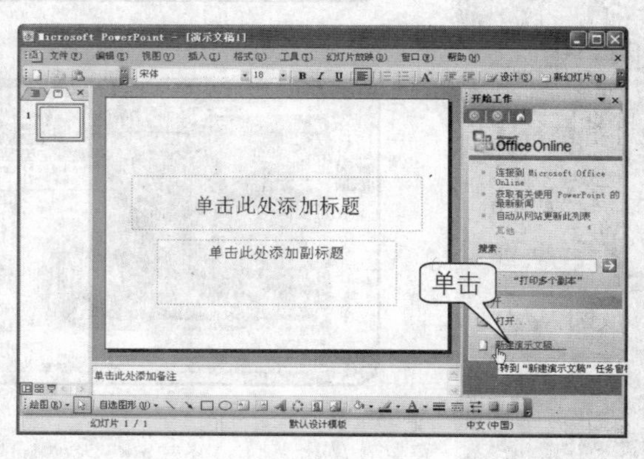

2. 打开“新建演示文稿”任务窗格，单击“空演示文稿”命令，如下图所示。

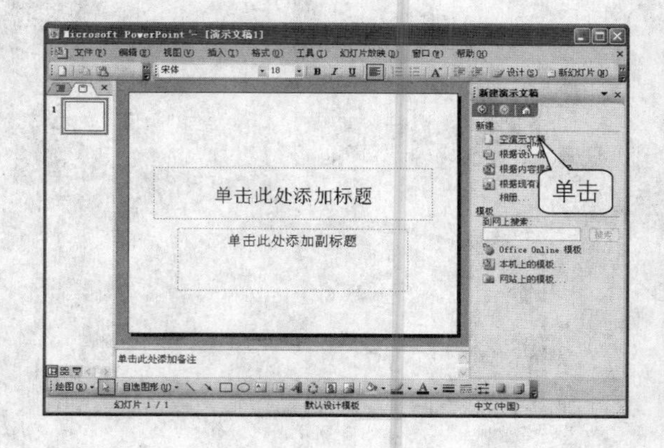

3 打开“幻灯片版式”任务窗格，任意单击需要版式的下拉按钮，在弹出的下拉菜单中单击“应用于选定幻灯片”命令，如下图所示。

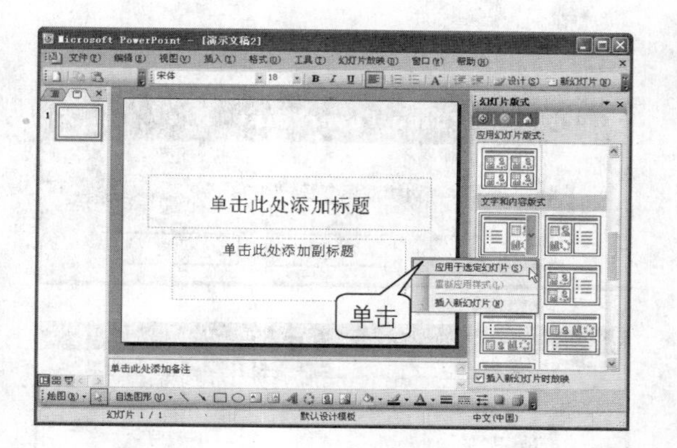

4 PowerPoint窗口即被应用为选定的幻灯片版式，如下图所示，PowerPoint窗口主要是由标题栏、菜单栏、工具栏、状态栏、PowerPoint视图按钮、大纲选项卡和幻灯片选项卡组成。

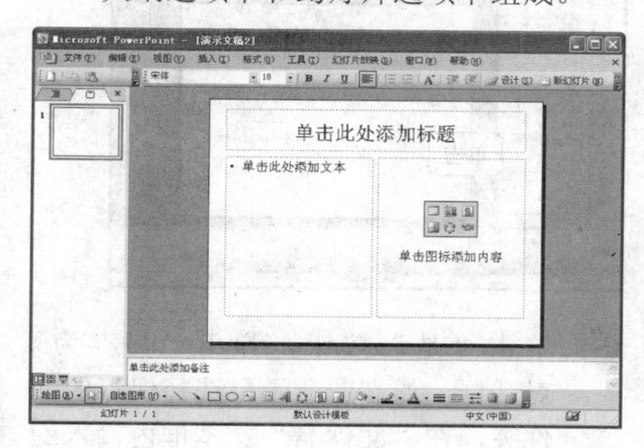

保存PowerPoint文件

将PowerPoint文件编辑完成后，可以将幻灯片保存到电脑磁盘上，具体操作步骤如下。

1 在PowerPoint 2003程序窗口的菜单栏上单击“文件>保存”命令，如下图所示。

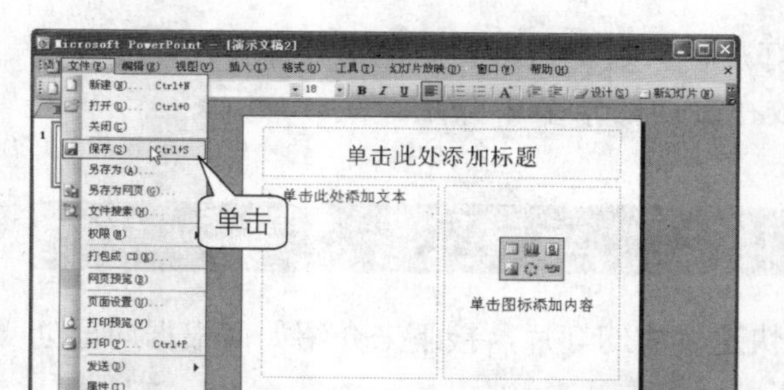

2 打开“另存为”对话框，如下图所示，选择保存的文件夹后，在“文件名”文本框中输入幻灯片名称，然后单击“保存”按钮即可将此幻灯片保存在电脑磁盘上。

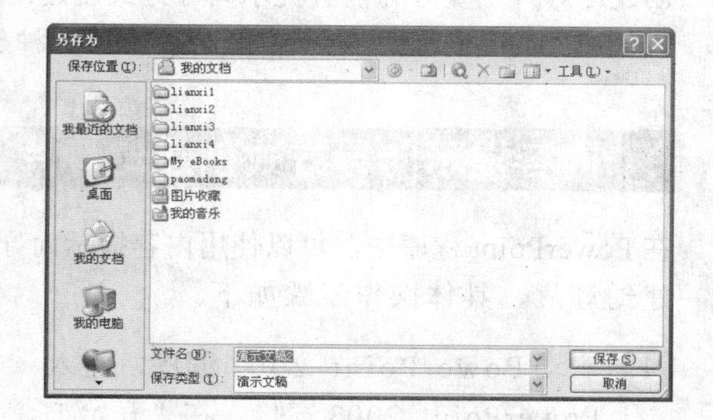

退出PowerPoint程序

退出PowerPoint 2003程序的具体操作步骤如下。

1 在 PowerPoint 2003 程序窗口的菜单栏上单击“文件>退出”命令，如下图所示。

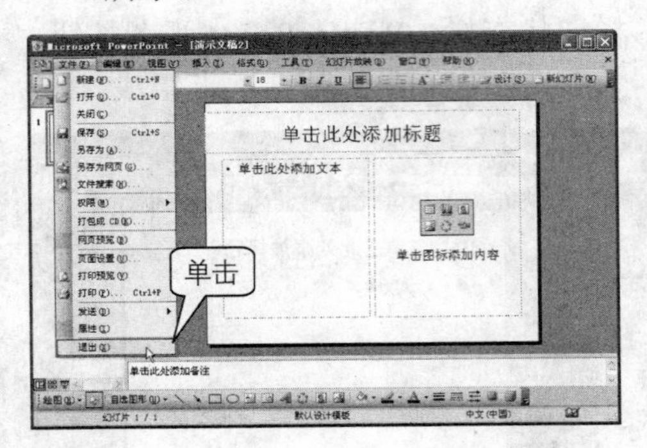

2 如果用户在退出 PowerPoint 2003 之前并未保存过，则会弹出提示对话框，提示是否保存文件，如下图所示。

3 单击“是”按钮，弹出“另存为”对话框，如右图所示，选择保存的文件夹，在“文件名”文本框内输入幻灯片名称，单击“保存”按钮便可将此幻灯片保存，并同时退出了 PowerPoint 2003 程序。

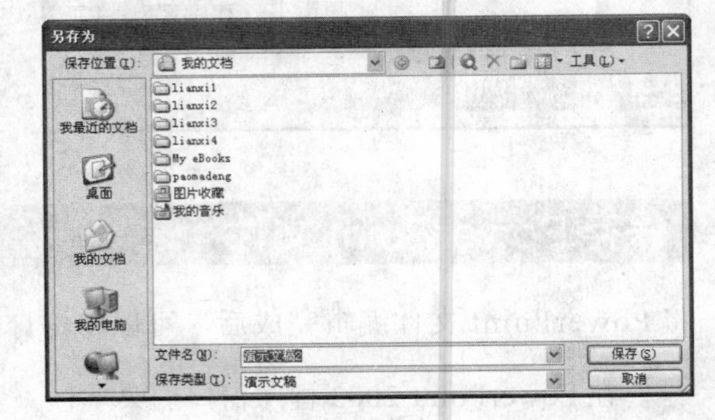

2 创建幻灯片

创建幻灯片主要分为内容提示向导方式创建幻灯片、普通空白方式创建幻灯片和设计模板方式创建幻灯片，这里先介绍前两种，第 3 种放在后面的章节中介绍。

内容提示向导方式创建幻灯片

在 PowerPoint 程序中，可以使用内容提示向导快速生成幻灯片，接下来介绍如何根据向导创建幻灯片，具体操作步骤如下。

1 启动 PowerPoint 2003 程序，进入 PowerPoint 2003 窗口，在“开始工作”任务窗格上单击“新建演示文稿”命令，如右图所示。

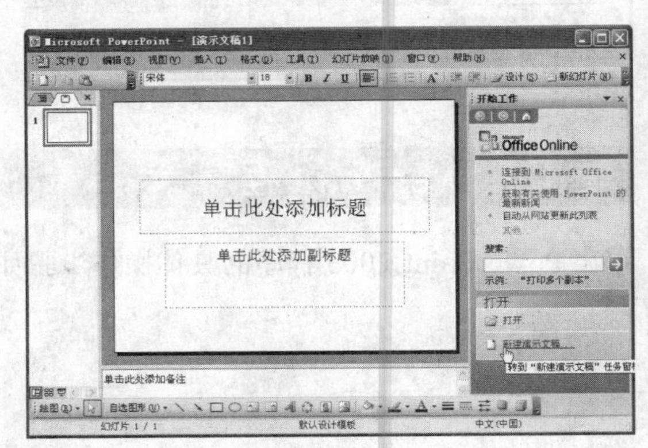

2 切换至“新建演示文稿”任务窗格，单击“根据内容提示向导”命令，如下图所示。

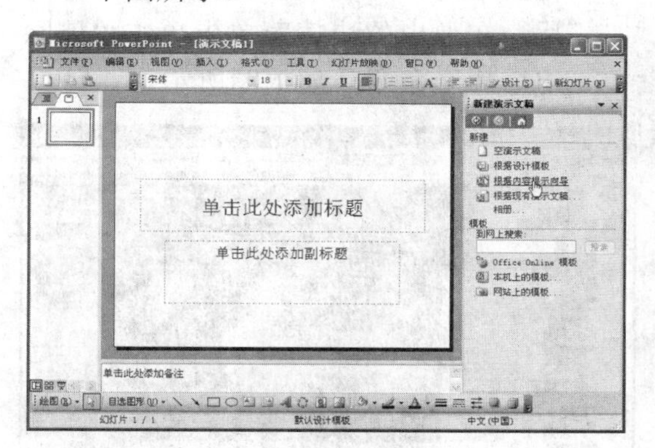

3 打开“内容提示向导”对话框，单击“下一步”按钮，如下图所示。

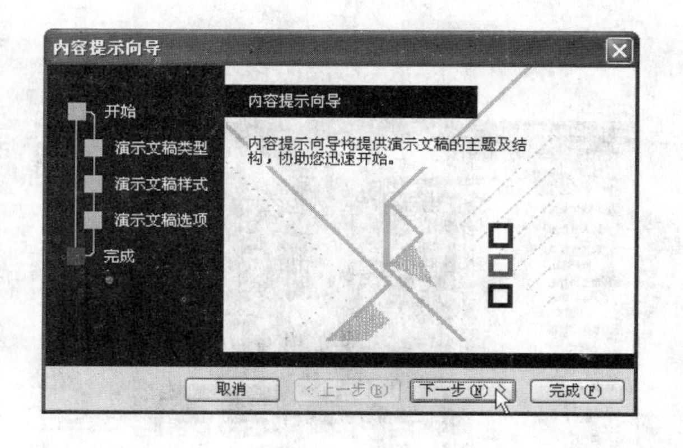

4 切换至演示文稿类型界面，单击“成功指南”按钮，并在右侧列表框中选择“贺卡”选项，然后单击“下一步”按钮，如下图所示。

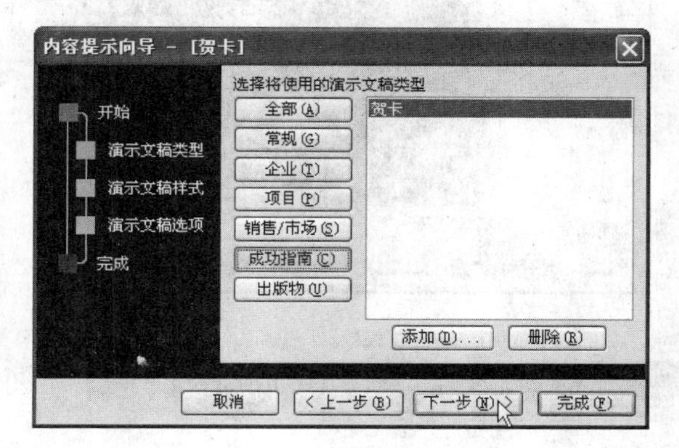

5 切换至演示文稿样式界面，在使用的输入类型选项区域中单击“屏幕演示文稿”单选按钮，如下图所示。

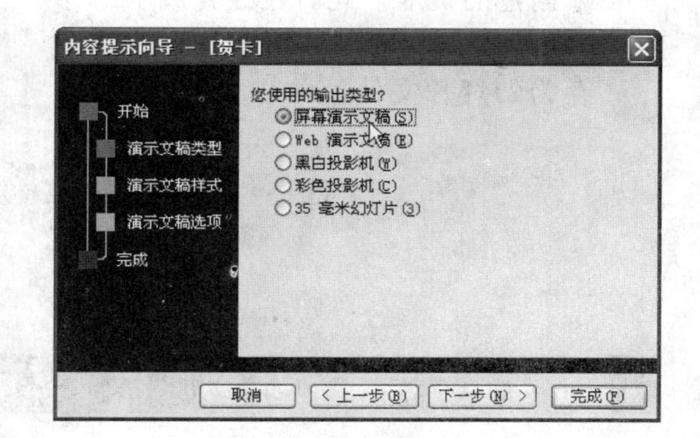

6 单击“下一步”按钮，切换至演示文稿选项界面，在其中进行如下图所示的设置。

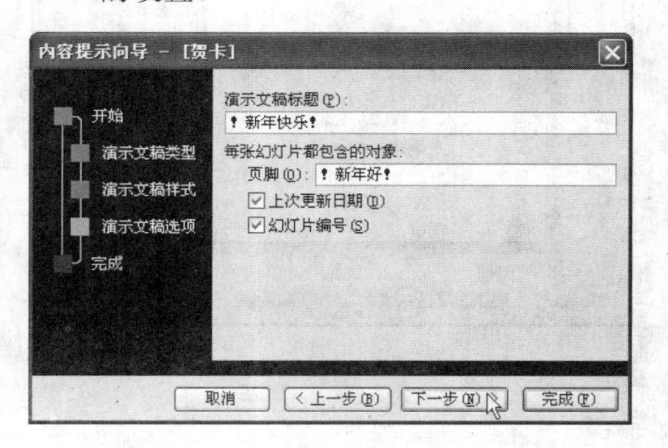

7 单击“下一步”按钮，切换至“内容提示向导”对话框的完成界面，单击“完成”按钮，如下图所示。

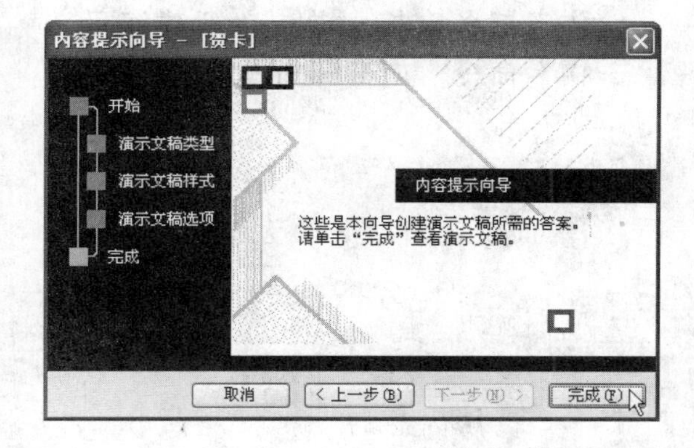

8. PowerPoint 文稿内即插入多张贺卡，如下图所示，左侧的“大纲”选项卡中显示出所有包含的幻灯片贺卡。

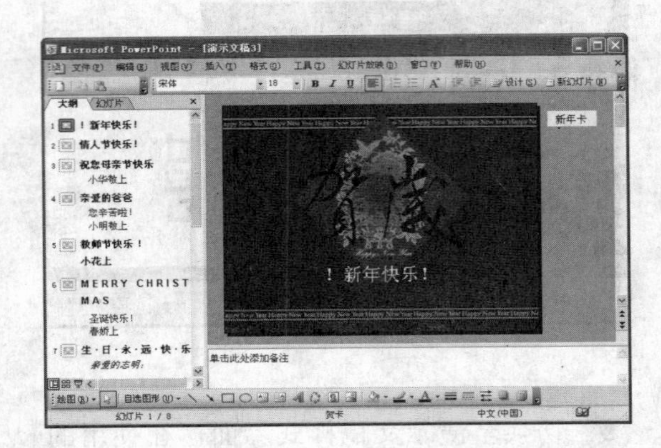

9. 由于只需要第一个贺卡，因此要将其他贺卡删除，即按住 Shift 键的同时选定其他幻灯片，然后右击选定的幻灯片，在弹出的快捷菜单上单击“删除幻灯片”命令，如下图所示。

10. 如右图所示，在 PowerPoint 2003 窗口左侧的“大纲”选项卡中只剩下了刚才创建的贺卡，此时已经完成了幻灯片的创建，之后用户可以选择将其保存为幻灯片文件。

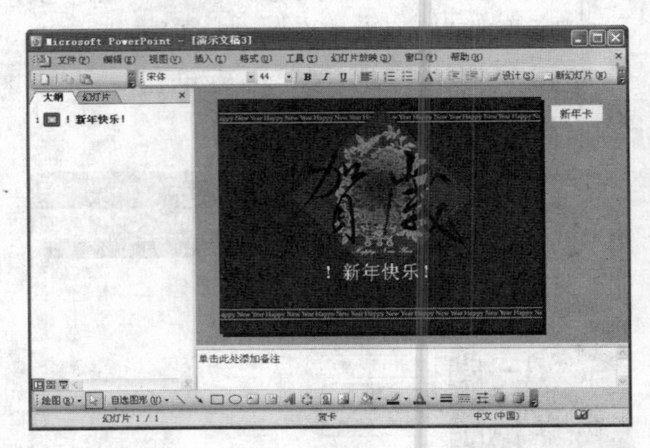

普通空白方式创建幻灯片

对于一些特殊的幻灯片，用户需要在空白的演示文稿中制作幻灯片，使用普通空白方式创建幻灯片的具体操作步骤如下。

1. 启动 PowerPoint 2003 程序，进入 PowerPoint 2003 窗口，在“开始工作”任务窗格中单击“新建演示文稿”命令，如右图所示。

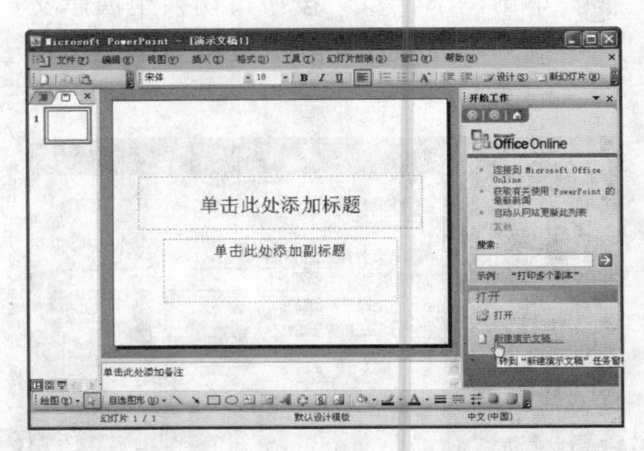

2 切换至“新建演示文稿”任务窗格，单击“空演示文稿”命令，如下图所示。

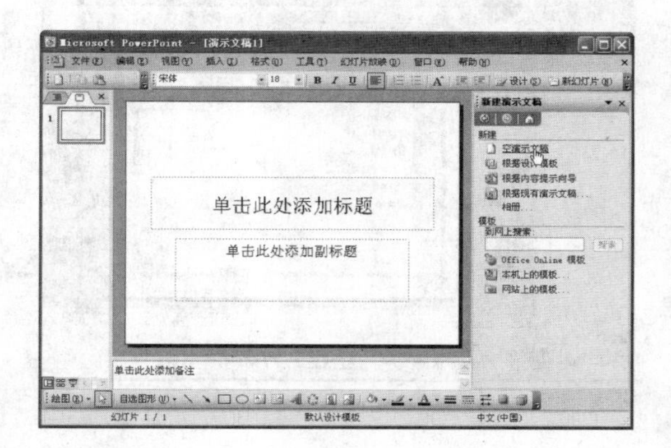

3 切换至“幻灯片版式”任务窗格，单击需要版式的下拉按钮，在弹出的下拉菜单中单击“应用于选定幻灯片”命令，如下图所示。

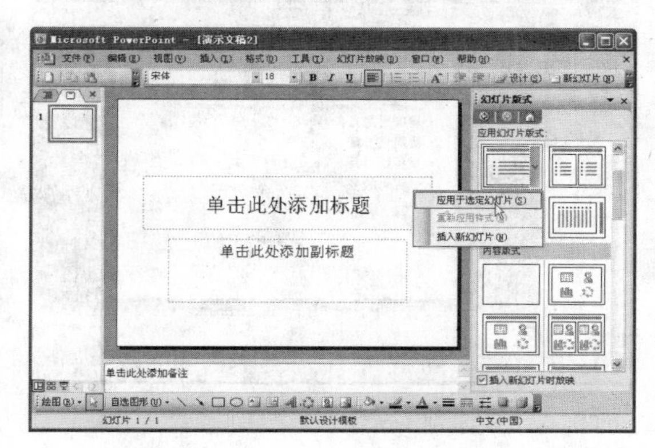

4 PowerPoint 2003程序即应用了所选的版式，如下图所示，用户需要在其中添加标题以及正文部分。

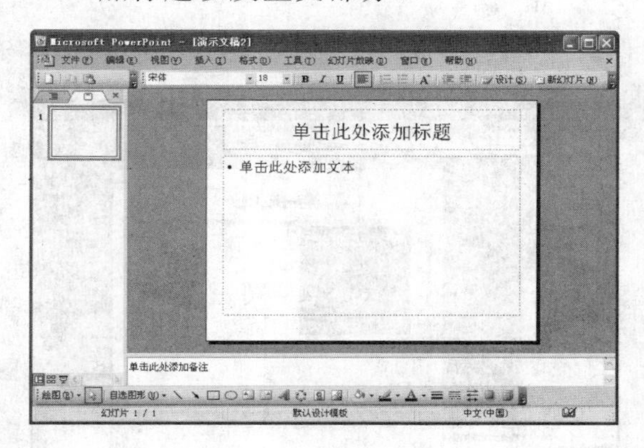

5 分别在标题处和文本处输入《静夜思》的标题和诗句，如下图所示。

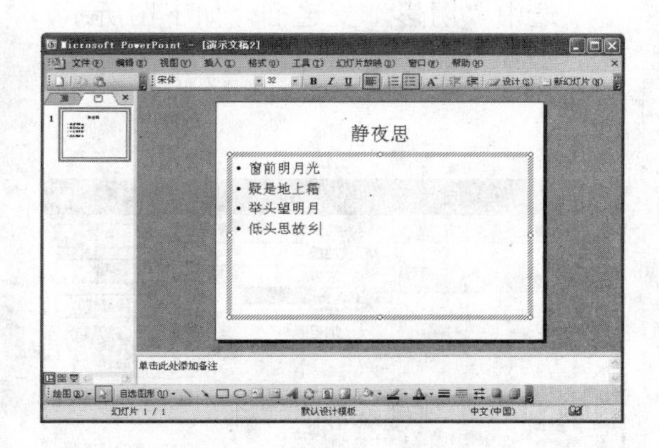

6 接下来对标题进行格式化设置，即选定此标题，在工具栏上单击“字体”右侧的下拉按钮，在弹出的下拉列表上选择“隶书”选项，如下图所示。

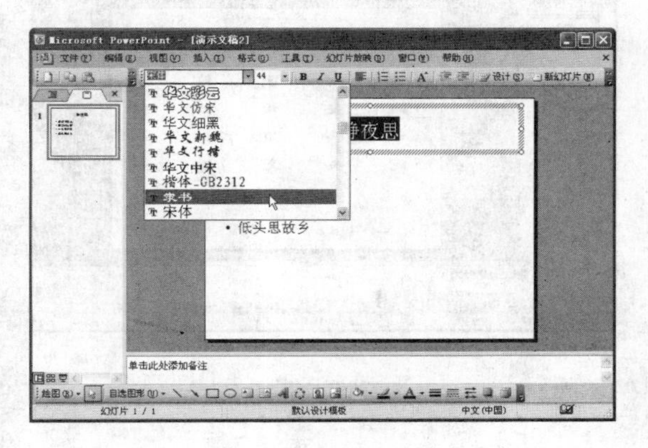

7 在工具栏上单击“字号”右侧的下拉按钮，在弹出的下拉列表中选择“60”，如下图所示。

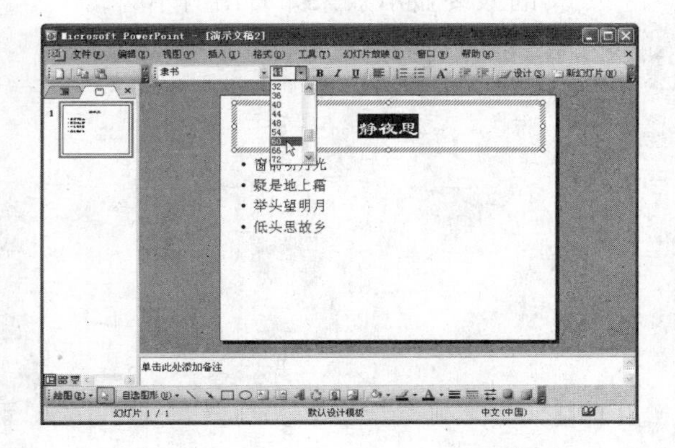

8 再在工具栏上依次单击“加粗”按钮 B 和“阴影”按钮 S，如下图所示。

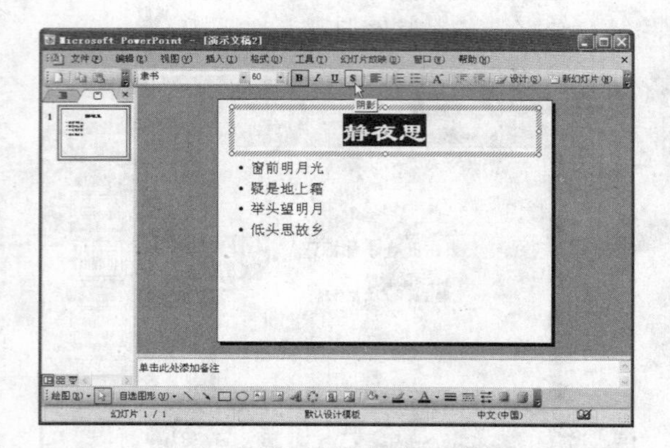

9 接着来设置诗句的格式，即选定所有的诗句，然后在菜单栏上单击“格式>字体”命令，如下图所示。

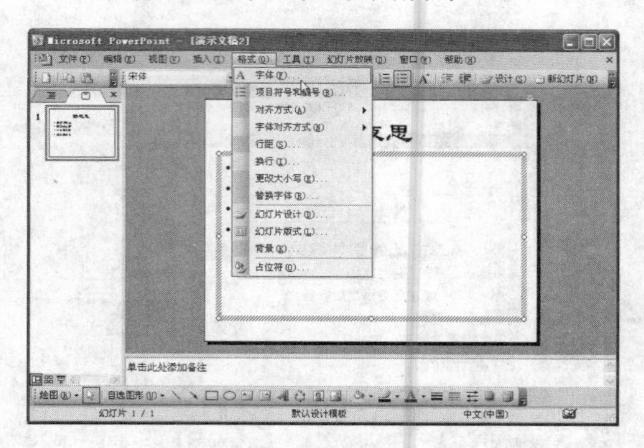

10 弹出“字体”对话框，将中文字体设置为隶书，将字形设置为加粗，将字号更改为44，将颜色设置为蓝色，并选中“阴影”复选框，如下图所示。

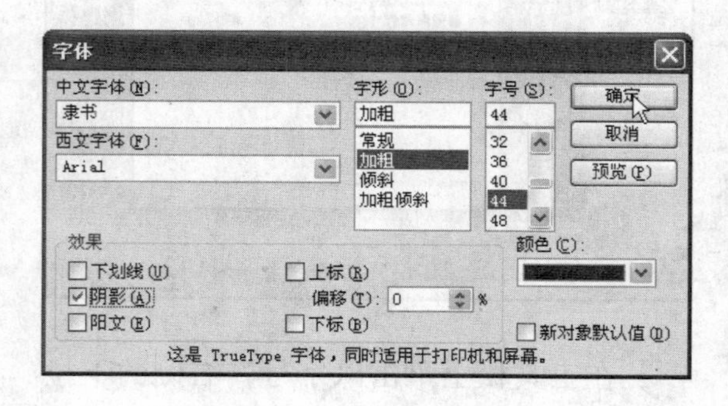

11 单击“确定”按钮，返回PowerPoint窗口，再在工具栏上单击“分散对齐”按钮，如下图所示。

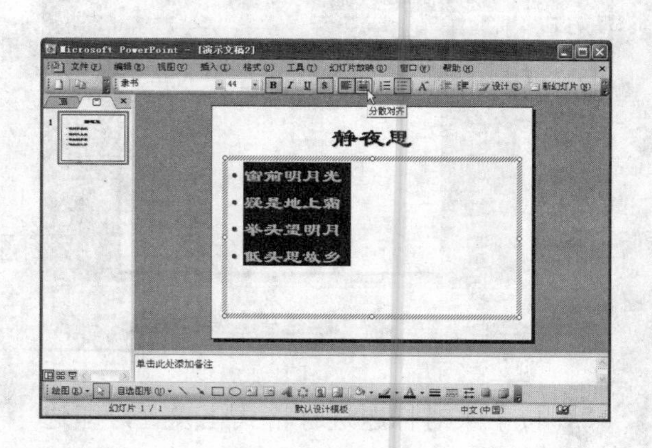

12 单击PowerPoint窗口的其他位置，诗文的最终显示效果如右图所示。

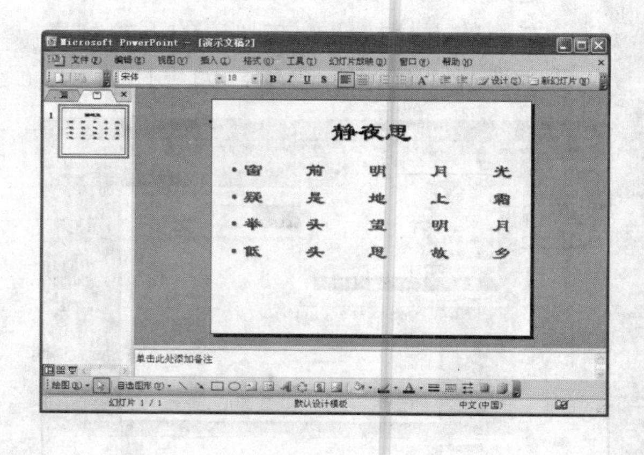

幻灯片的查看方式

幻灯片的查看方式有 3 种：普通方式、幻灯片浏览方式和幻灯片放映方式。

1. 普通方式

幻灯片查看的普通方式也就是上一节介绍的视图方式，如右图所示。

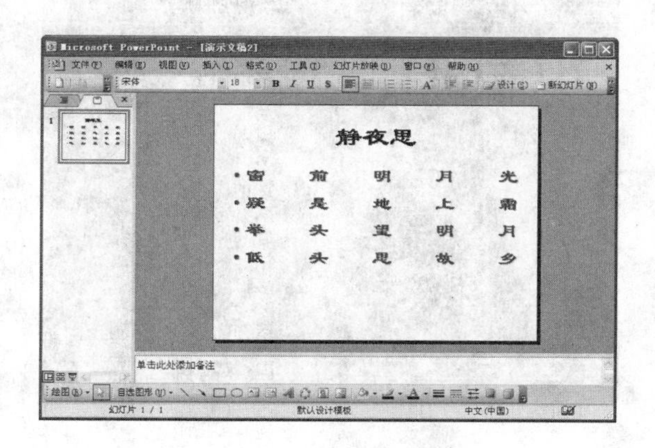

2. 幻灯片浏览方式

1. 幻灯片查看的幻灯片浏览方式可以使用菜单命令进入，即在菜单上单击“视图>幻灯片浏览”命令，如下图所示。

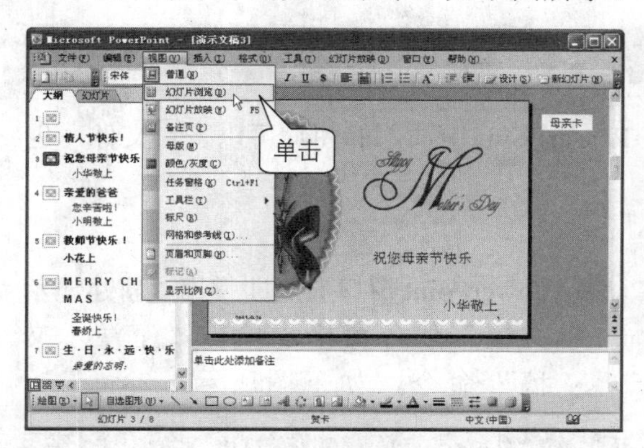

2. PowerPoint程序窗口即变换为如下图所示的演示，各张幻灯片以微缩图的形式显示在窗口中。

3. 幻灯片放映方式

1. 幻灯片放映方式也可以使用菜单命令，即在菜单栏上单击“视图>幻灯片放映”命令，如右图所示。

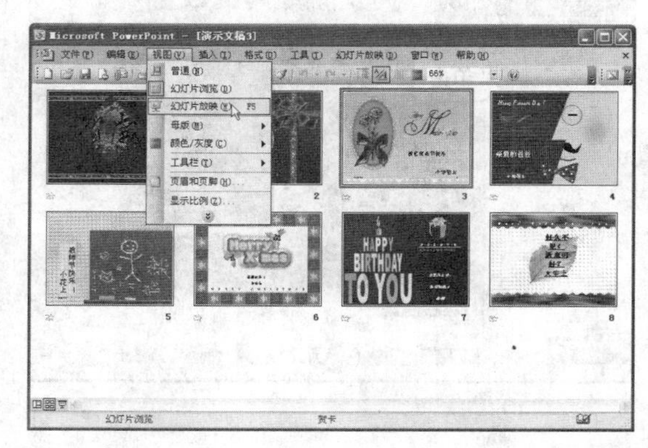

2. PowerPoint 程序开始依次播放幻灯片，如下图所示的第一个幻灯片。以后用户只需一步步地单击鼠标，即可浏览 PowerPoint 文件中的所有幻灯片，如下图所示的就是其中的一张。

3. 当幻灯片播放完毕后，会显示如下图所示的界面，此时用户只需单击鼠标，便可退出幻灯片的查看方式。

4 幻灯片的美化

幻灯片的美化包括向幻灯片中添加图片、表格、背景和多媒体文件等。

向幻灯片中添加图片和剪贴画

插入图片会使幻灯片看上去更加生动、活泼，在 PowerPoint 中插入的图片可以来自文件，也可以使用 PowerPoint 自带的剪贴画。

向幻灯片中添加图片的具体操作步骤如下。

1. 新建一个空白幻灯片，即在菜单栏上单击“文件>新建”命令，如下图所示。

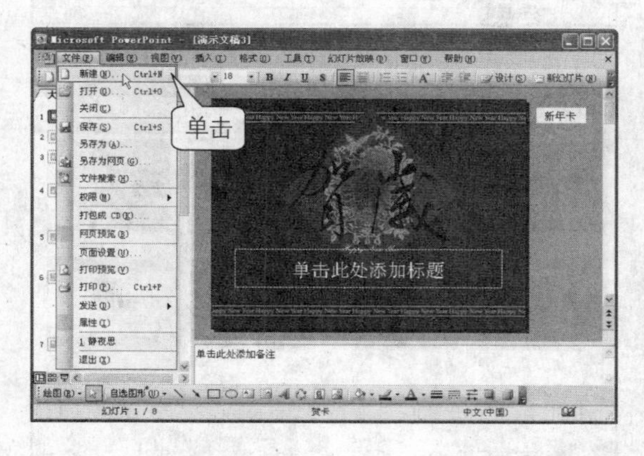

2. PowerPoint 窗口右侧即弹出“新建演示文稿”任务窗格，单击“空演示文稿”命令，如下图所示。

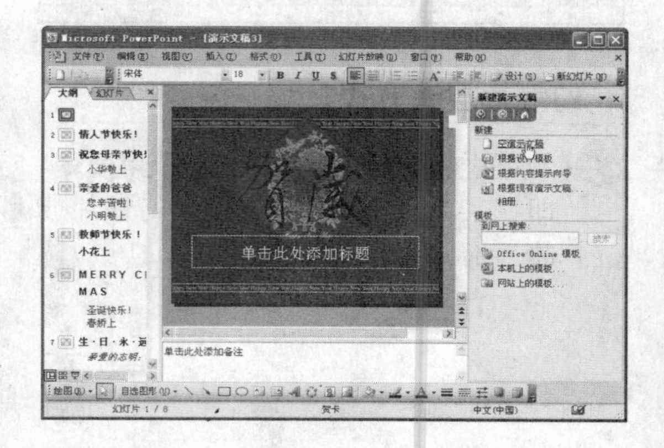

3 切换至“幻灯片版式”任务窗格，在列表框中单击幻灯片版式的下拉按钮，在弹出的下拉列表中单击“应用于选定幻灯片”命令，如下图所示。

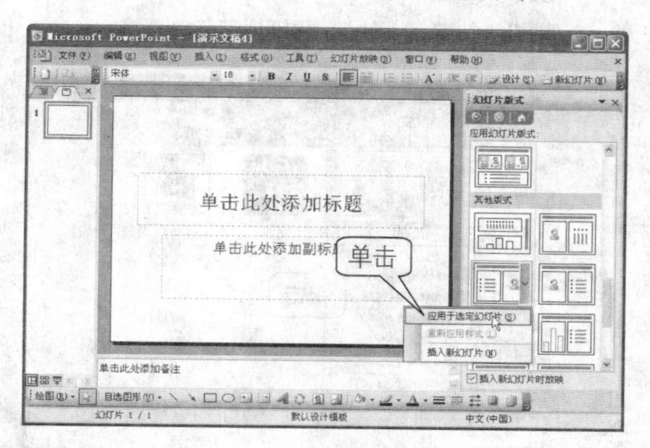

4 PowerPoint程序即进入选定的幻灯片版式下，如下图所示。

5 如果要插入外部的图片文件，则选定幻灯片上的剪贴画插入框，然后在菜单栏上单击“插入>图片>来自文件”命令，如下图所示。

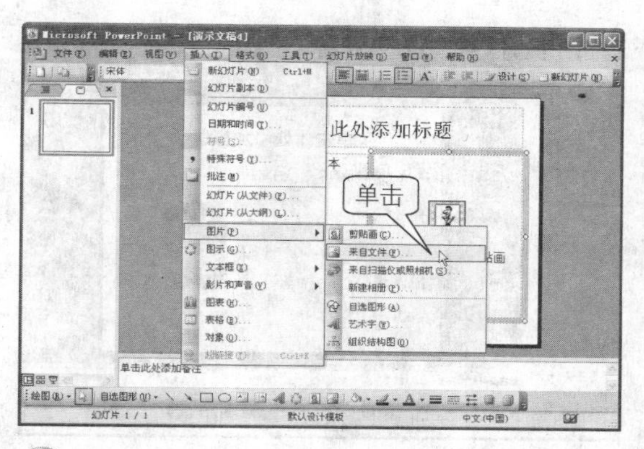

6 弹出“插入图片”对话框，在“查找范围”下拉列表中选择图片所处的文件夹，然后在列表框中选择需要插入的图片，如下图所示。

7 单击“插入”按钮，选定的图片即被插入PowerPoint文稿中，并自动调整图片的大小以适应剪贴画插入框的大小，如下图所示。

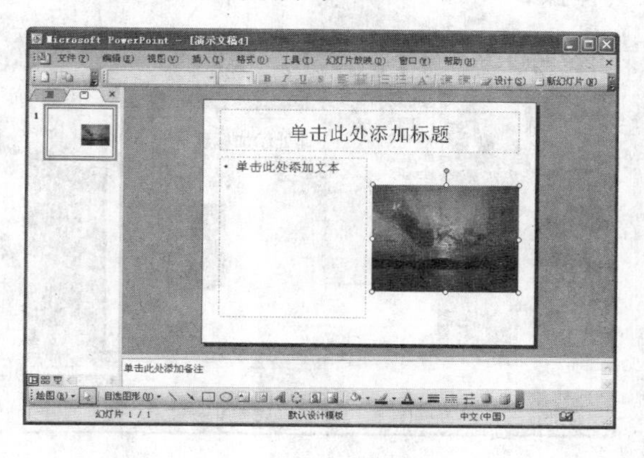

8 接下来看看如何插入剪贴画，即选定此图片，然后在菜单栏上单击“插入>图片>剪贴画”命令，如下图所示。

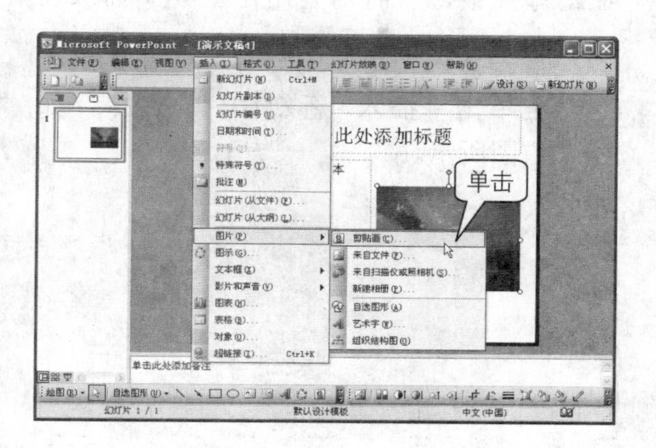

9 PowerPoint 窗口右侧弹出“剪贴画”任务窗格，在其上单击“管理剪辑”命令，如下图所示。

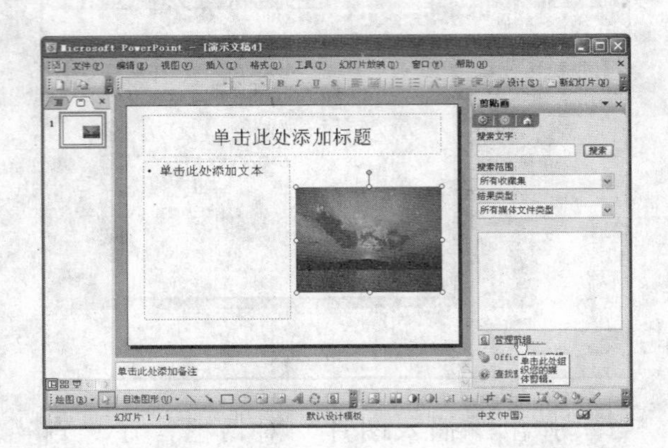

10 弹出“剪辑管理器”窗口，在左侧列表框选择剪贴画的类型，然后在右侧窗格中单击需要插入的剪贴画的下拉按钮，在弹出的下拉列表中单击“复制”命令，如下图所示。

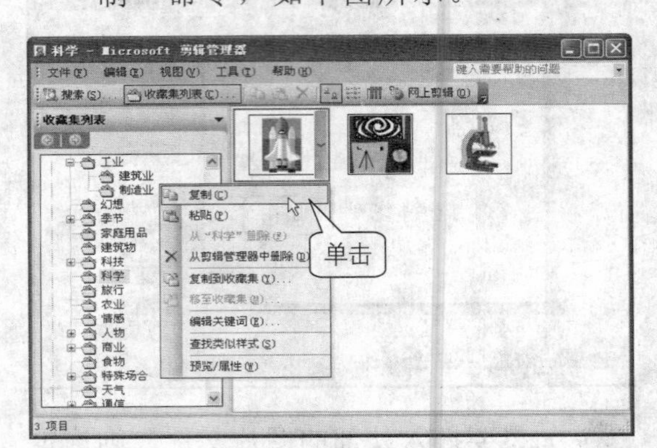

11 返回 PowerPoint 文稿中，在菜单栏中单击“编辑>粘贴”命令，如下图所示。

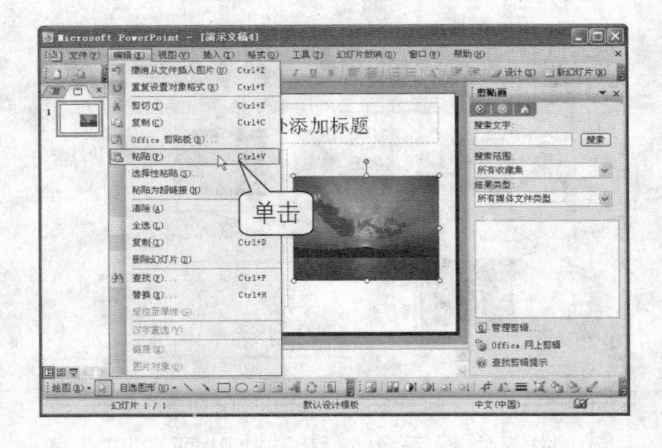

12 选定的剪贴画即被插入至原图片所处的位置，效果如下图所示。

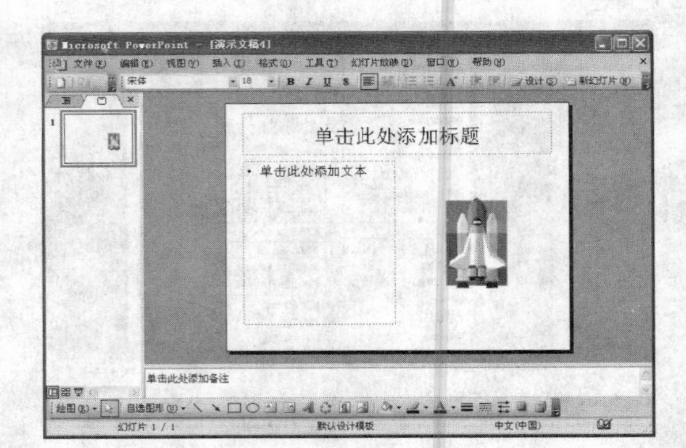

向幻灯片中添加表格

在幻灯片中，有时需要用户在其中插入表格，具体操作步骤如下。

1 首先插入一个新幻灯片，即在菜单栏上单击“插入>新幻灯片”命令，如右图所示。

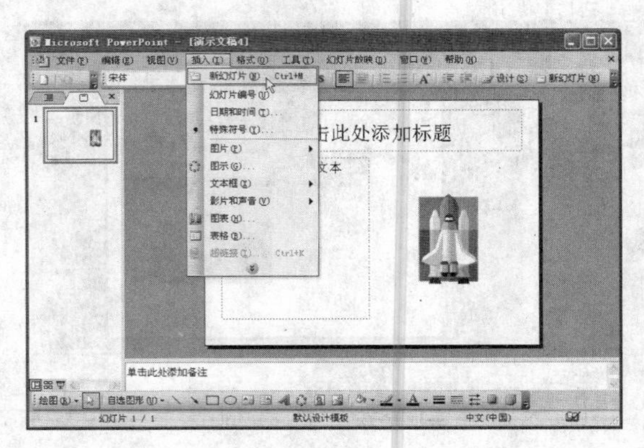

2 切换至“幻灯片版式”任务窗格下，在列表框中单击如下图所示的幻灯片版式的下拉按钮，在弹出的下拉列表中单击“应用于选定幻灯片”命令。

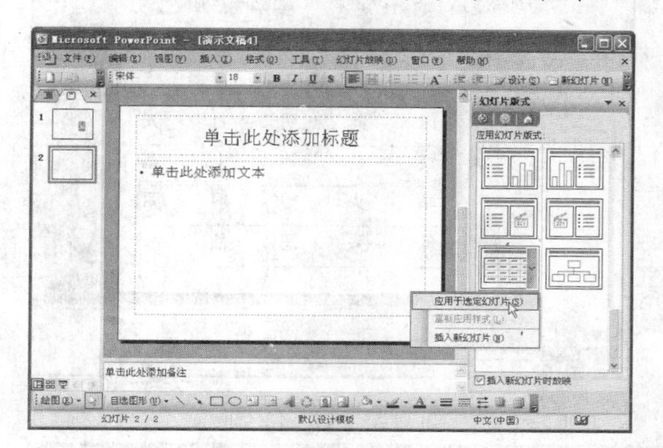

3 PowerPoint程序即应用选定的幻灯片版式，如下图所示。

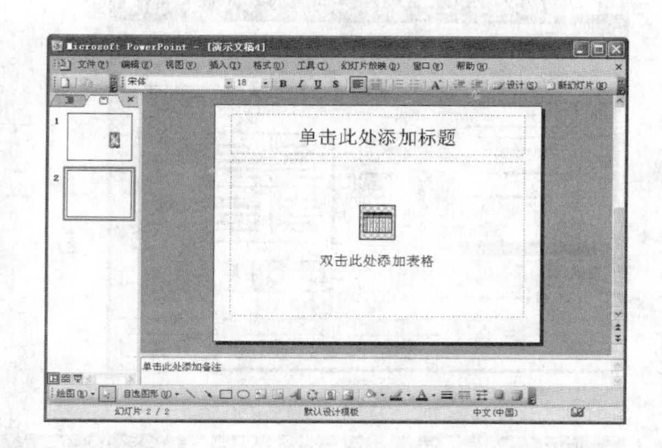

4 双击文稿上的表格图标，弹出“插入表格”对话框，在“列数”和“行数”文本框中分别输入“1”和“4”，如下图所示。

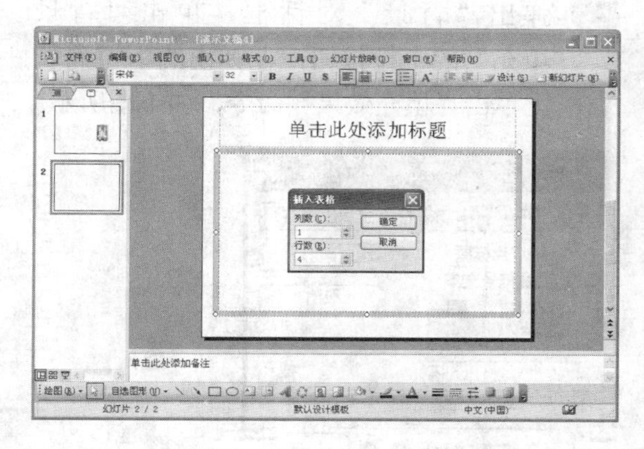

5 单击“确定”按钮，即在PowerPoint文稿中插入如下图所示的四行一列的表格。

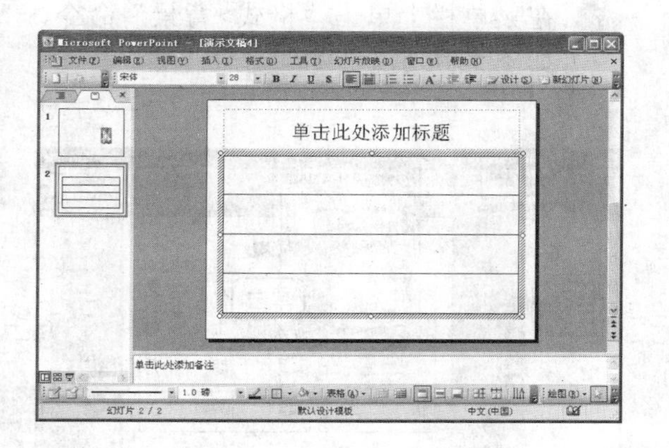

6 在PowerPoint文稿中添加标题，在表格内输入诗句，并以分散对齐方式显示，效果如下图所示。

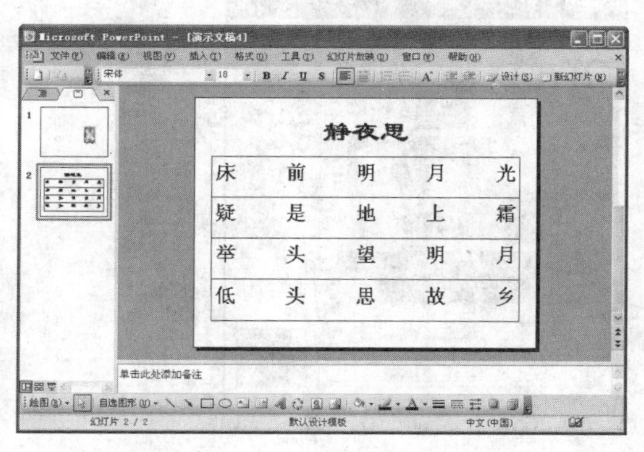

7 接下来选定表格框，然后在菜单栏上单击“格式>设置表格格式”命令，如下图所示。

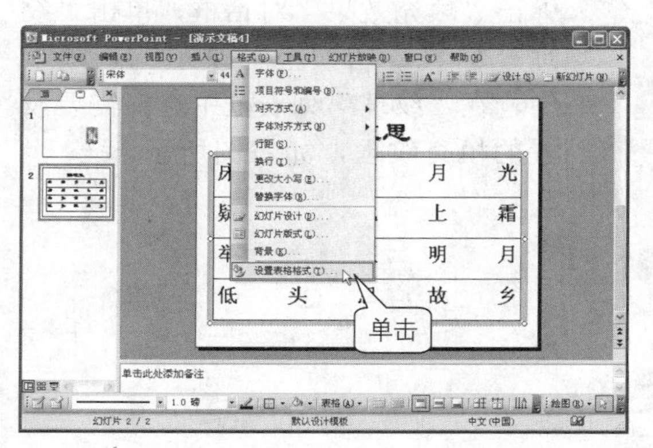

8 弹出“设置表格格式”对话框，在边框选项卡中进行如下图所示的设置。

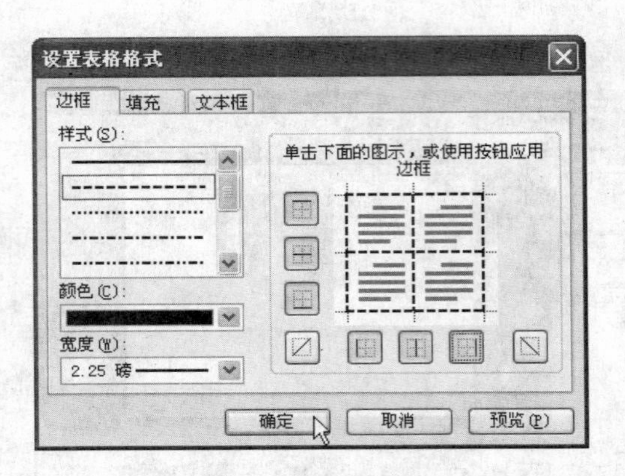

9 单击“确定”按钮，返回 PowerPoint 文稿中，表格边框的显示效果如下图所示。

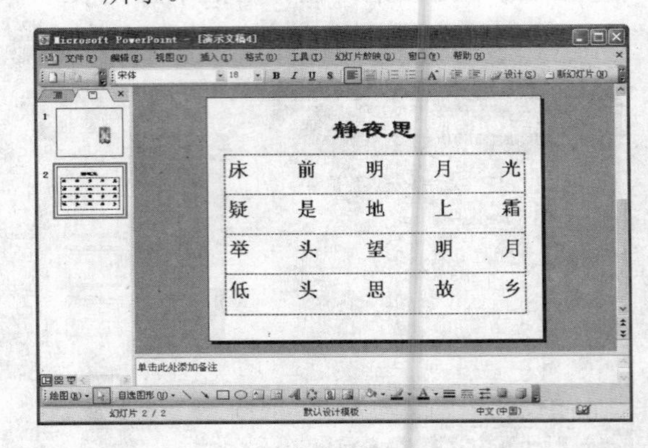

向幻灯片中添加背景

在 PowerPoint 中可以为幻灯片设置背景，通过改变幻灯片背景的颜色、纹理或图案，能使幻灯片更加美观。为幻灯片添加背景的具体操作步骤如下。

1 在菜单栏上单击“格式>背景”命令，如下图所示。

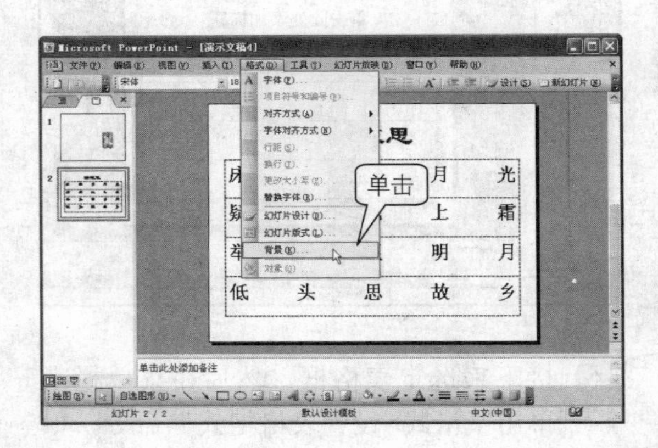

2 弹出“背景”对话框，单击“背景填充”的下拉按钮，在弹出的下拉列表上单击“填充效果”命令，如下图所示。

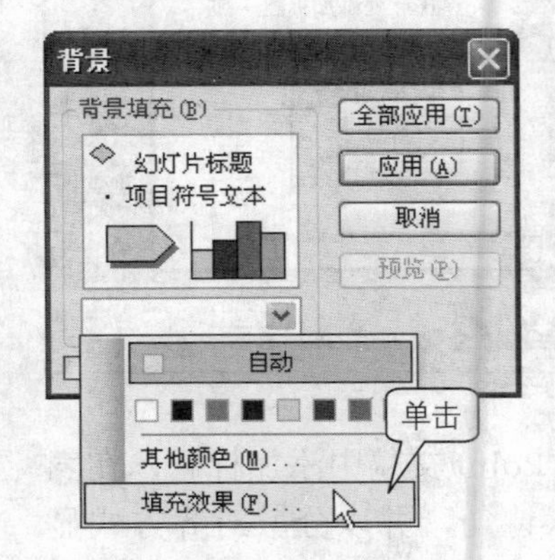

3 弹出“填充效果”对话框，单击“纹理”标签，切换至“纹理”选项卡中，在“纹理”列表框中选择需要设置的填充纹理，如右图所示。

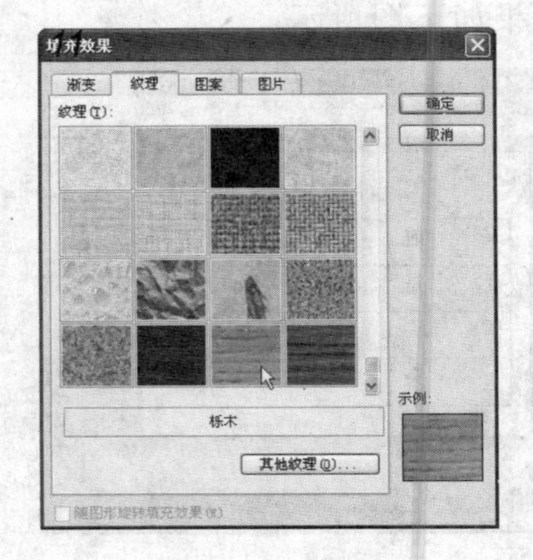

4 单击“确定”按钮，返回“背景”对话框中，单击“应用”按钮，如下图所示。

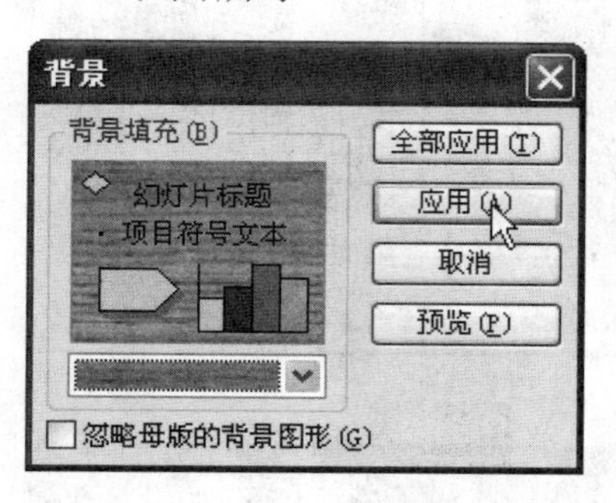

5 PowerPoint文稿的背景即被设置为选定的纹理效果，如下图所示。

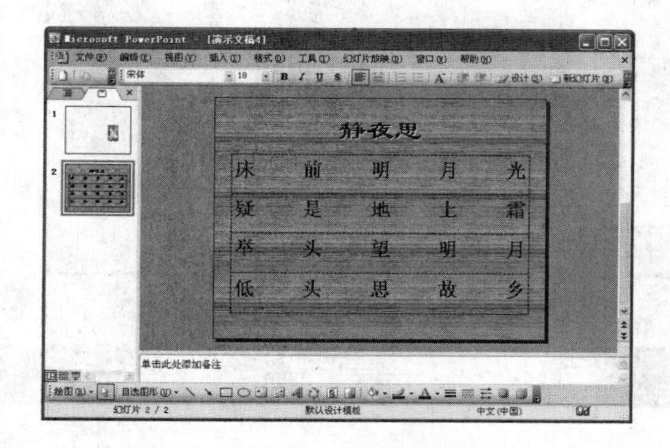

提示

“填充效果”对话框中还包含“过渡”、“图案”和“图片”选项卡，用户可以试试用它们进行不同的设置，查看不同的效果。

向幻灯片中添加多媒体文件

声音是多媒体的特征之一，在PowerPoint中也能为幻灯片添加声音，本节就来讲述如何在幻灯片中插入音乐声音，包括音乐文件、CD音乐以及录音等。接下来以插入音乐文件为例介绍如何向幻灯片中添加多媒体文件，具体操作步骤如下。

1 在菜单栏上单击“插入>影片和声音>文件中的声音”命令，如下图所示。

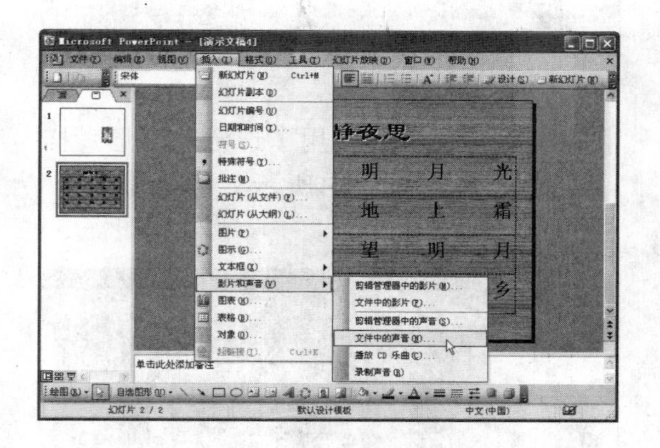

2 弹出“插入声音”对话框，在“查找范围”下拉列表中选择要插入的声音文件然后单击“插入”按钮，如下图所示。

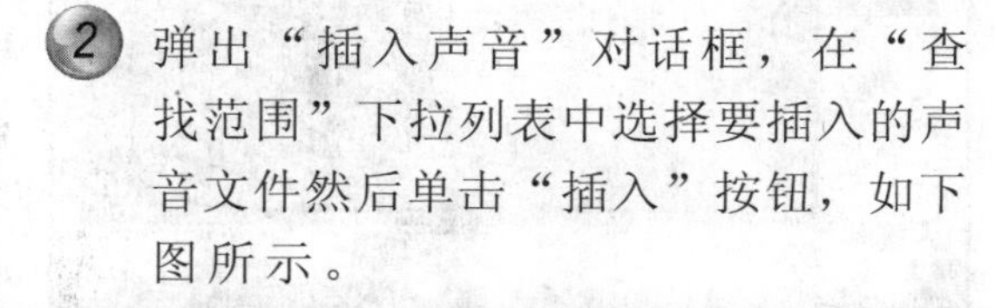

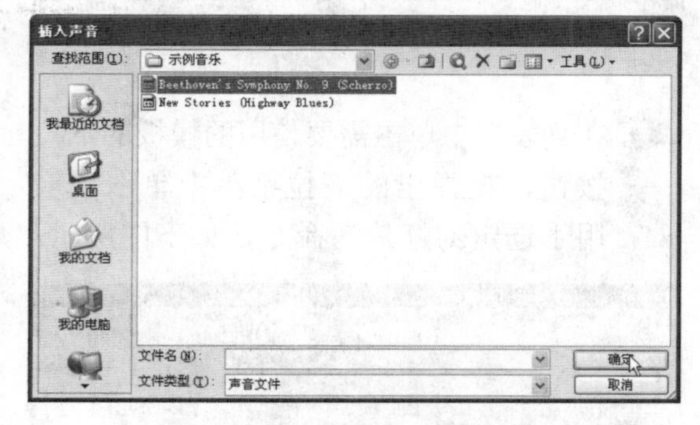

3 系统会弹出提示对话框，提示用户选择何时播放声音，如下图所示。

4 单击任意按钮，返回PowerPoint文稿中，将处于文稿中央的声音图标拖动至右下角，如下图所示，便完成了插入声音的操作。

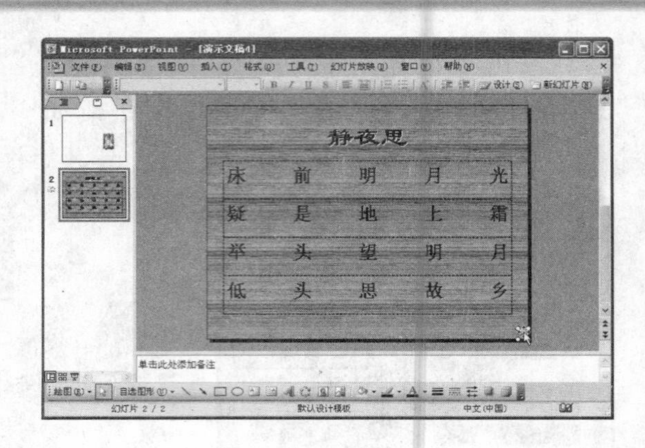

使用模板提高制作效率

PowerPoint还提供了许多精美的应用设计模板，用这些模板可以很方便的给幻灯片添加漂亮的背景，添加应用设计模板的具体操作步骤如下。

1. 在菜单栏上单击“插入>幻灯片设计”命令，如下图所示。

2. PowerPoint窗口右侧即出现“幻灯片设计”任务窗格，在列表框中显示的是所有能够提供的模板样式，如下图所示。

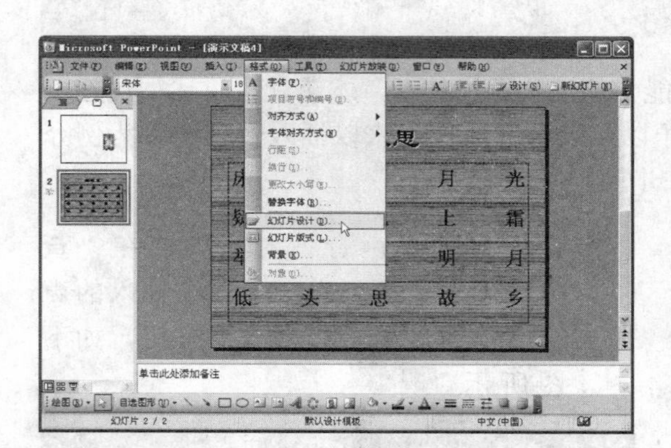

3. 在列表框中单击需要使用的模板的下拉按钮，在弹出的下拉菜单中单击“应用于选定幻灯片”命令，如下图所示。

4. 幻灯片文稿即应用了选定的幻灯片样式，效果如下图所示。

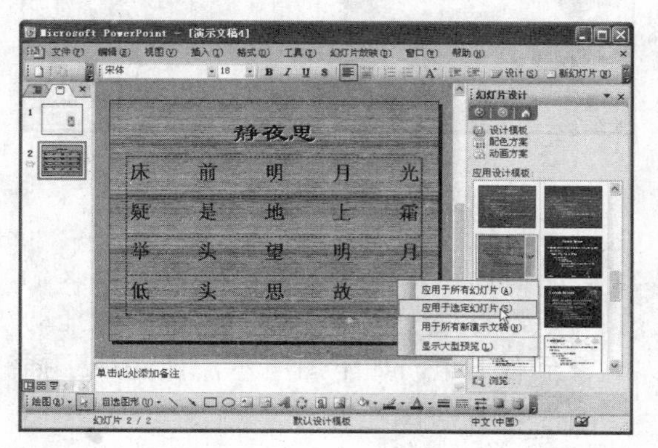

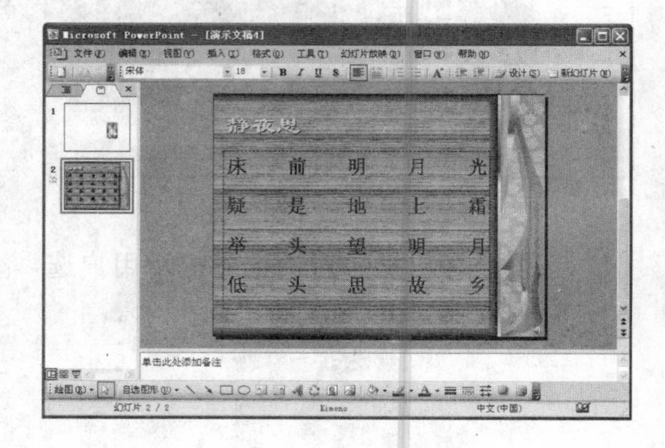

设置幻灯片之间的动画效果

PowerPoint 可以动态地显示幻灯片上的文本、图片以及图形等对象，而设置动画效果可以增强幻灯片的趣味性。

添加预设定动画

幻灯片内有些动画是预设定的，接下来以给幻灯片内的标题文字添加预设定动画效果为例，详细讲解具体操作步骤如下。

1 选中PowerPoint文稿中的标题文本，然后在菜单栏上单击“幻灯片放映>动画方案”命令，如下图所示。

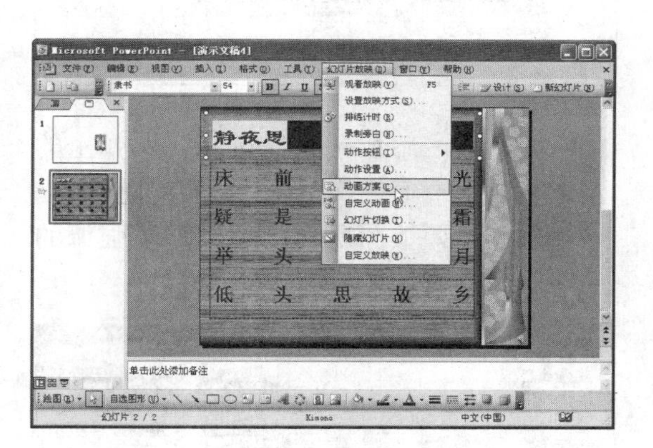

2 PowerPoint 窗口右侧即弹出“幻灯片设计”任务窗格，此时正处于动画方案选项下，列表框中列举了系统提供的动画方案，如下图所示。

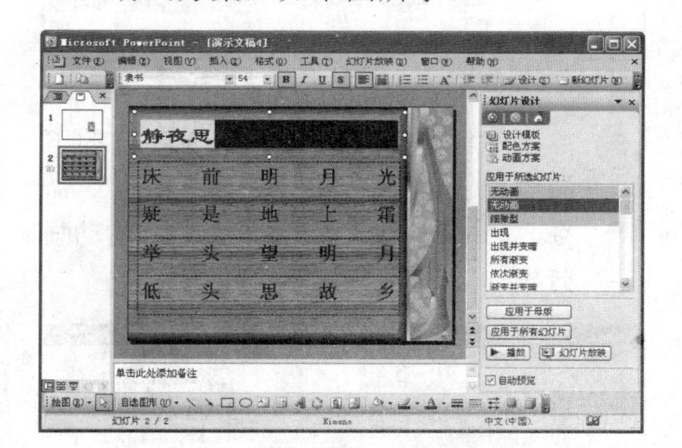

3 在列表框中选择需要设置的动画方案，然后单击“应用于母版”按钮，如下图所示。

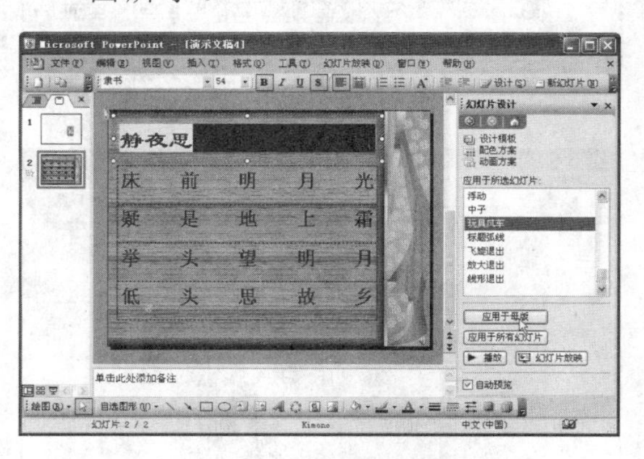

4 如果用户需要查看动画效果，则可以单击“幻灯片放映”按钮，如下图所示，即可预览动画效果。

添加自定义动画

虽然添加预设动画简单易学，但是预设动画的种类是有限的，用户也可以在 PowerPoint 中可以添加自己定义的动画，具体操作步骤如下。

1. 在 PowerPoint 文稿中选中所有的诗句，然后在菜单栏上单击“幻灯片放映>自定义动画”命令，如下图所示。

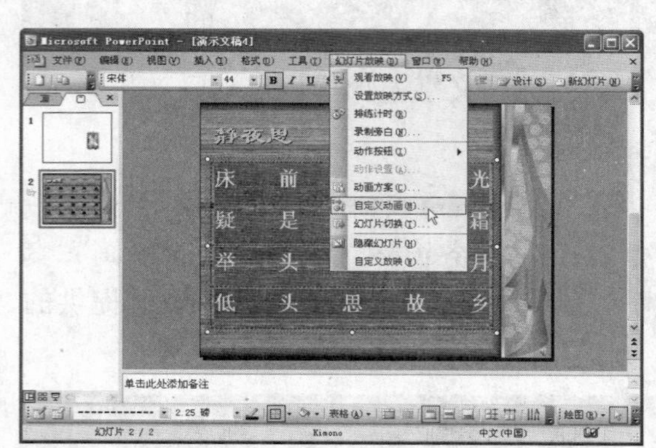

2. 在 PowerPoint 窗口的右侧即弹出“自定义动画”任务窗格，如下图所示。

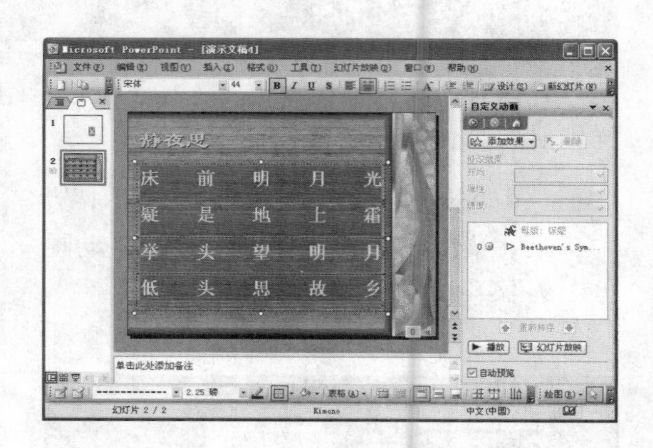

3. 单击“添加效果”按钮，在弹出的下拉菜单上依次单击“进入>棋盘”命令，如下图所示，便添加了进入的动画效果。

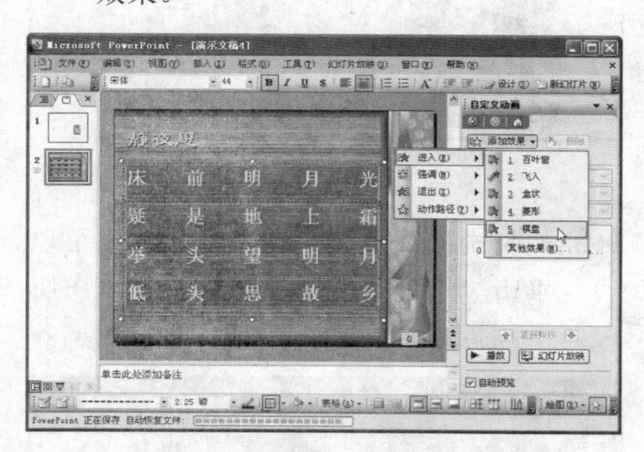

4. 再单击“添加效果”按钮，在弹出的下拉菜单上依次单击“强调>陀螺旋”命令，如下图所示，便添加了强调的动画效果。

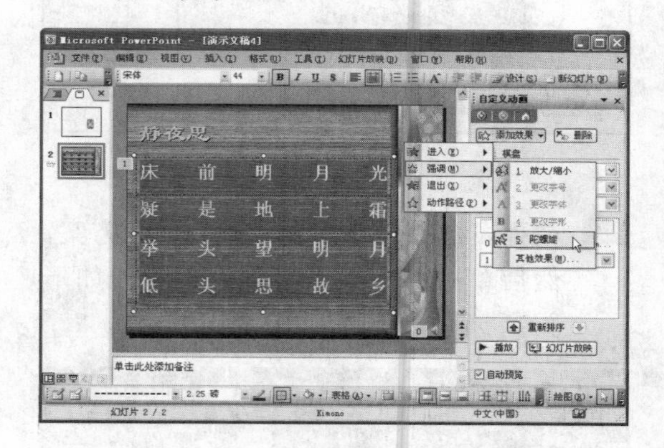

5. 单击“添加效果”按钮，在弹出的下拉菜单上依次单击“退出>百叶窗”命令，如右图所示，便添加了退出的动画效果。

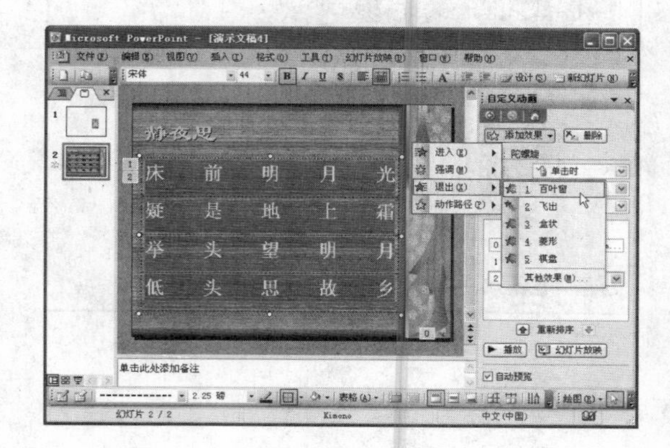

6 单击“添加效果”按钮，在弹出的下拉菜单上依次单击“动作路径>对角线向右下”命令，如下图所示，便添加了动作路径的动画效果。

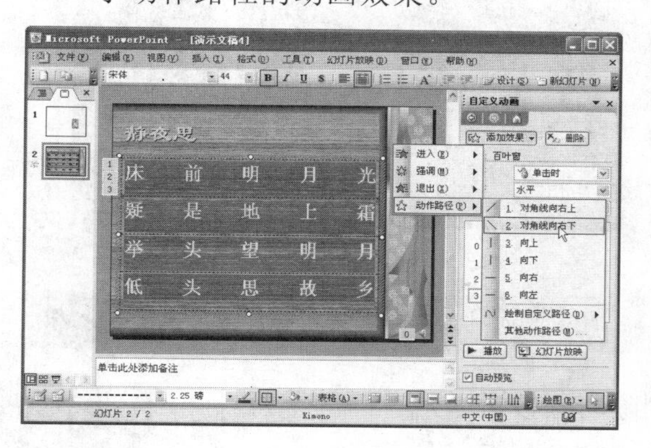

7 添加完毕后，右侧的“自定义动画”任务窗格的列表框中便显示出所添加的动画效果，如下图所示。

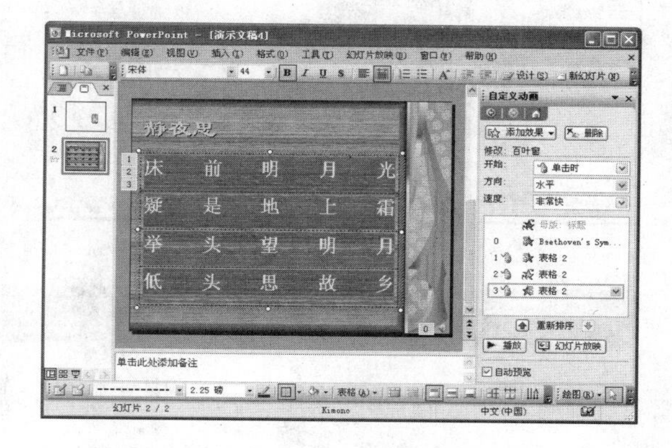

提示

用户可以单击“播放”按钮或“幻灯片放映”按钮，查看幻灯片效果。

添加动作按钮

在幻灯片内添加按钮不但可以便捷地对幻灯片进行切换，而且也为幻灯片的播放提供了方便。在幻灯片内添加动作按钮的具体操作如下。

1 在菜单栏上单击“幻灯片放映>动作按钮”命令，在弹出的下拉菜单中选择需要的按钮类型，如下图所示。

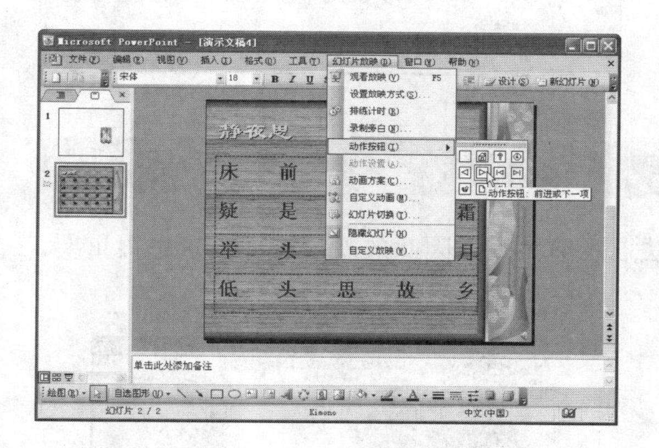

2 单击鼠标弹出“动作设置”对话框，单击“单击鼠标”标签，切换至“单击鼠标”选项卡中，进行如下图所示的设置。

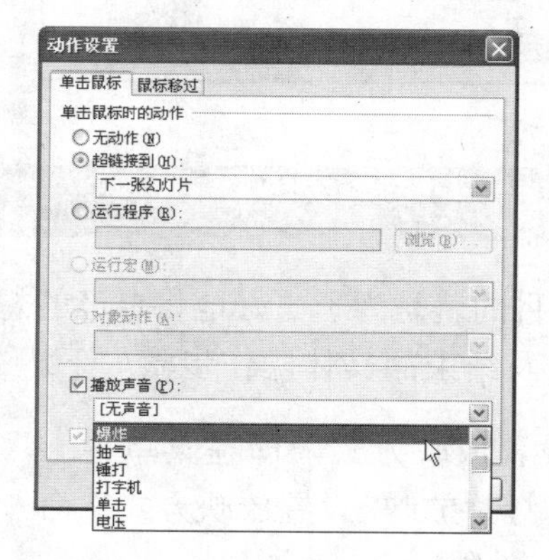

3 设置完毕后，单击“确定”按钮返回PowerPoint文稿中，并将此按钮移至幻灯片的右下角，如下图所示。

4 用户可以按F5快捷键播放幻灯片，同时可以使用动作按钮，如下图所示，看到听到自己设置的幻灯片效果。

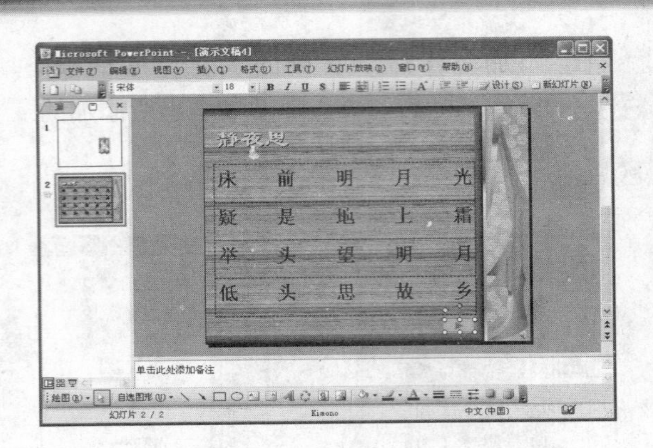

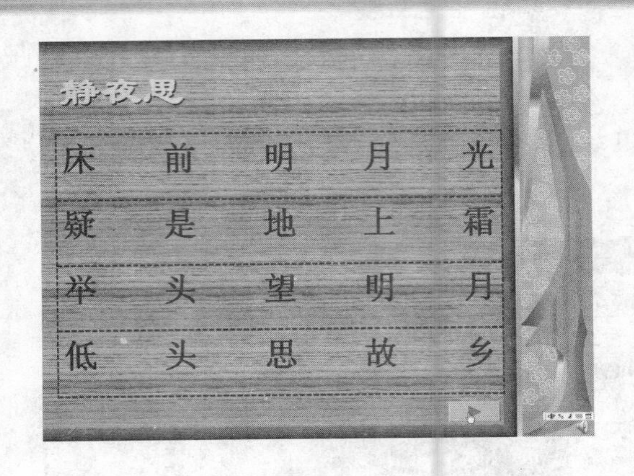

删除动作按钮

对于那些错误添加的按钮，可以将其删除，删除动画按钮通常有两种方式。

1. 使用剪切命令

在 PowerPoint 文稿中选中需要删除的动作按钮，然后在菜单栏上单击“编辑>剪切”命令，如下图所示。

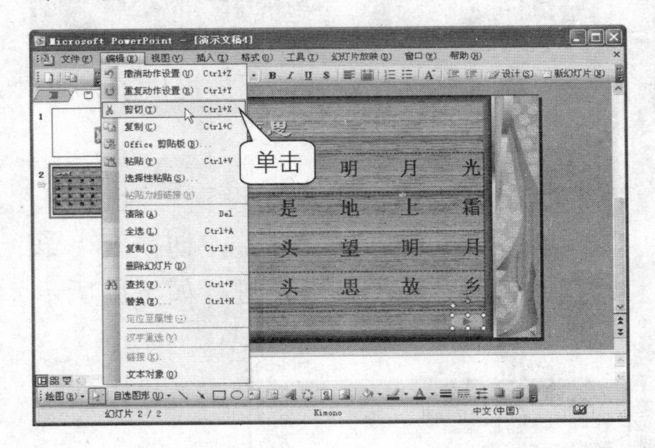

2. 使用清除命令

在 PowerPoint 文稿中选中需要删除的动作按钮，然后在菜单栏上单击“编辑>清除”命令，如下图所示。

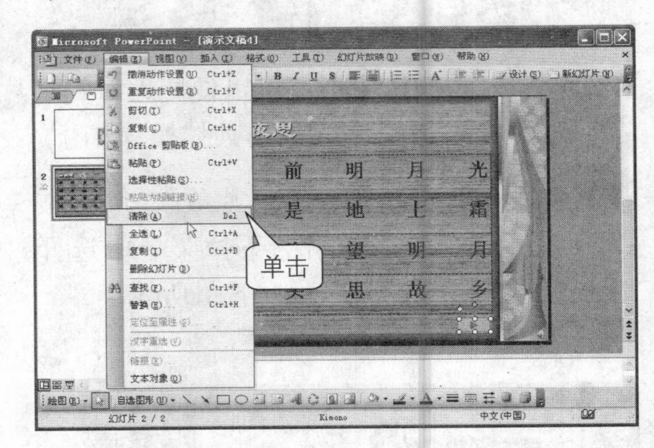

幻灯片的放映和结束

制作幻灯片的目的就是为了更好地将自己的想法展示给大家，因此放映的过程设置也很重要。放映幻灯片以及结束的具体操作步骤如下。

1. 首先来设置放映方式，即在菜单栏上单击“幻灯片放映>设置放映方式”命令，如右图所示。

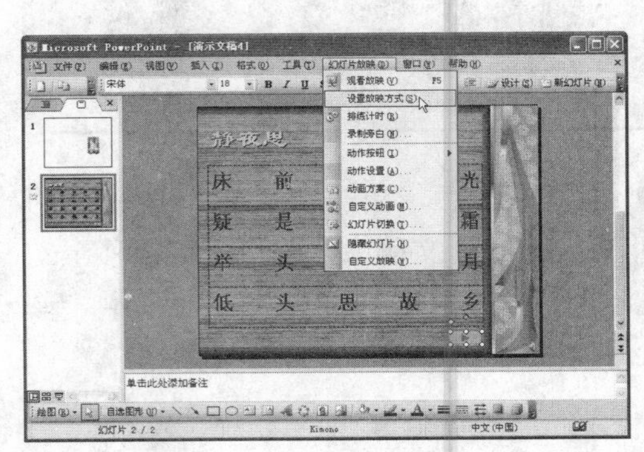

2 弹出“设置放映方式”对话框，如下图所示，在其中可进行放映类型、放映选项、放映幻灯片、换片方式等项目的设置。

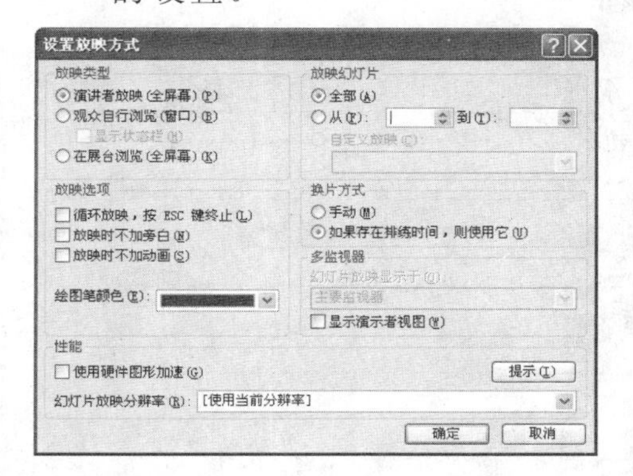

3 设置完毕后，单击“确定”按钮，返回 PowerPoint 文稿中，在菜单栏上单击“幻灯片放映>观看放映”命令，如下图所示。

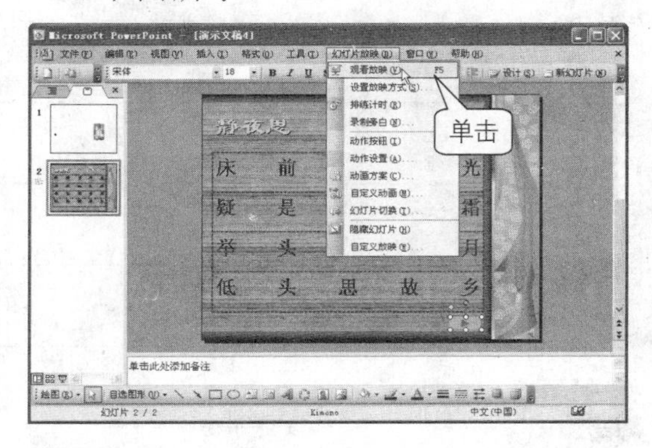

4 接着便开始幻灯片的放映，如下图所示的即是幻灯片在播放时的效果。

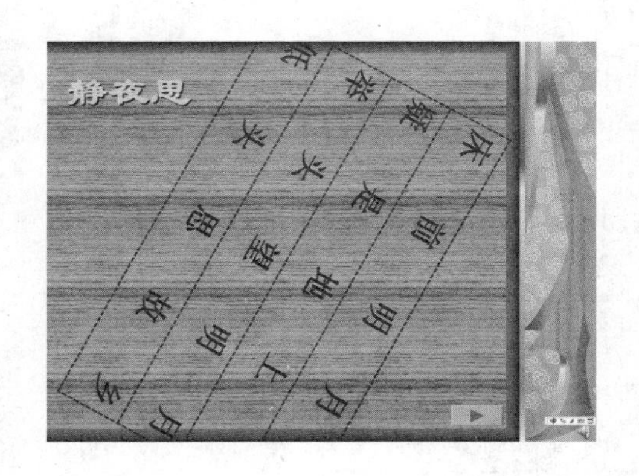

5 如果用户需要提前退出幻灯片，则可以右击鼠标，在弹出的快捷菜单上单击“结束放映”命令，便可提前退出幻灯片放映。

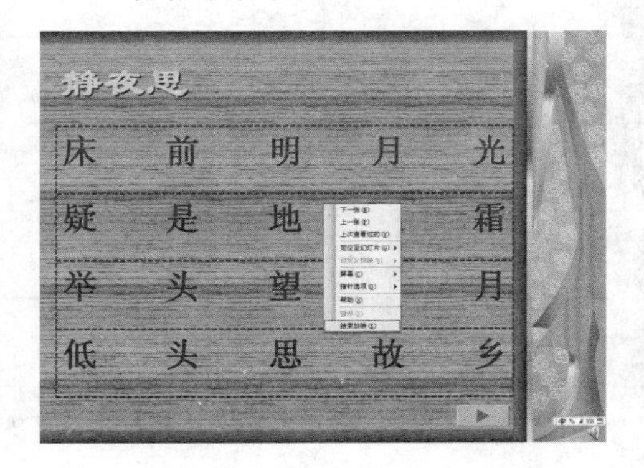

6 本章小结

PowerPoint 作为 Office 办公软件三剑客之一，主要用来制作多媒体演示幻灯片。被广泛应用于现代办公中的各个领域。

本章从启动 PowerPoint 2003 开始，介绍了 PowerPoint 2003 的操作界面、PowerPoint 文件的保存、退出 PowerPoint 2003 的方法等入门知识；接着讲解了如何创建幻灯片、向幻灯片中添加内容等基础知识；然后介绍了幻灯片的多种查看方式；接着又介绍了如何美化幻灯片，其中包括的知识点有向幻灯片中添加图片、添加表格、添加背景等对象；最后介绍了如何在幻灯片之间添加动画等切换效果等内容。

通过本章内容的学习，读者要学会将 PowerPoint 2003 应用于实际办公中，能够创建工作中需要的演示文稿，并根据需要对演示文稿进行美化，还要学会控制和播放演示文稿。

读书笔记

Chapter 11

PowerPoint 2003 办公应用实战演练——公司形象宣传

在商业竞争激烈的现代社会，为使用户或投资者能较全面地了解自己公司的经营发展及业务状况，就必须把公司像推销产品一样通过一种有效的方式介绍给自己的客户。使用 PowerPoint 2003 可以制作出图文并茂的演示文稿，使客户在短期内对公司有一个深入、系统地了解。本章主要介绍 PowerPoint 2003 的高级应用。

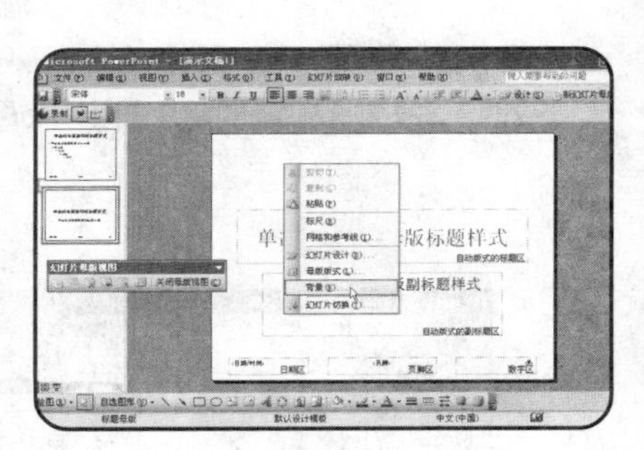

1. 设计标题母版和幻灯片母版
2. 为演示文稿添加内容幻灯片
3. 设置幻灯片的切换效果
4. 为演示文稿添加自定义动画效果
5. 放映演示文稿

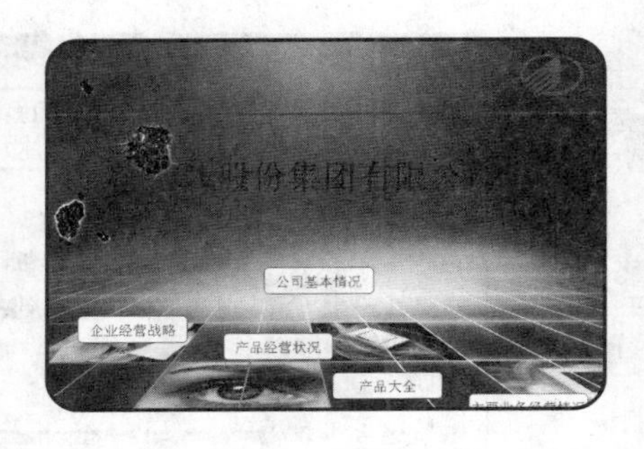

为演示文稿设计母版

母版是演示文稿中所有幻灯片或页面格式的底版，或者说样式，它包含了所有幻灯片具有的公共属性和布局信息，当母版进行改动时，会影响到相应视图中的每一张幻灯片、备注页或讲义部分。

一个完整的母版通常包含以下内容：占位符、配色方案、背景图片、页眉和页脚、日期和页码等。当然，在很多情况下，我们的母版不一定要把所有的内容都包含进去，要包含哪些内容可以视实际情况而定。

演示文稿中的母版有 4 种类型：幻灯片母版、标题母版、讲义母版和备注母版，分别用于控制一般幻灯片、标题幻灯片、讲义和备注的格式。

设计演示文稿的标题母版

标题母版用来控制标题幻灯片，创建方法具体如下。

1. 新建一个演示文稿，单击菜单栏中的“视图>母版>幻灯片母版”命令，如下图所示。

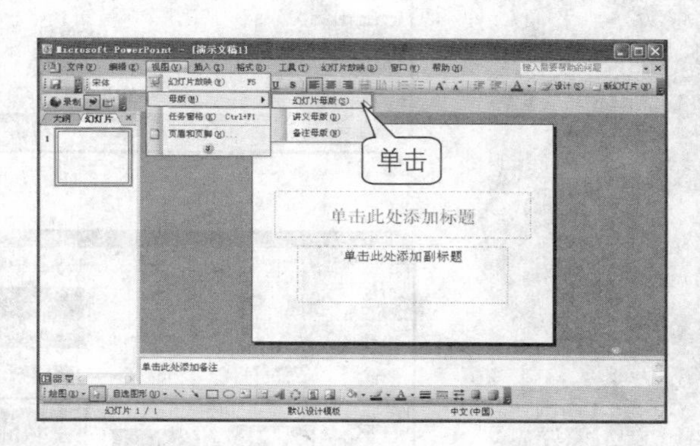

2. 切换到幻灯片母版视图中，此时演示文稿中默认的是母版的幻灯片母版样式，同时还将显示“幻灯片母版视图”工具栏，如下图所示。

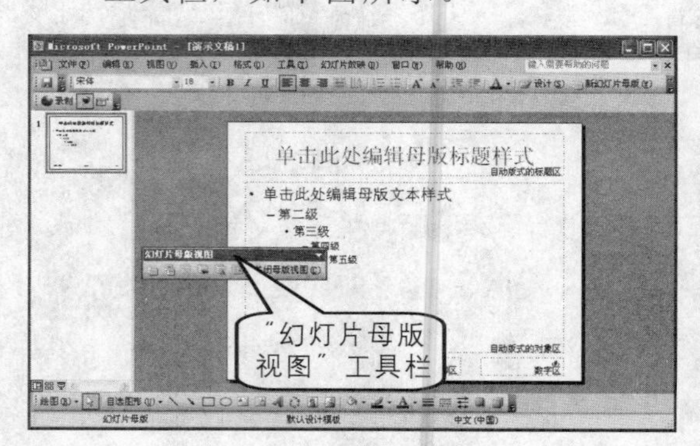

3. 单击“幻灯片母版视图”工具栏中的“插入新标题母版”按钮，插入一个默认样式的标题母版，如下图所示。

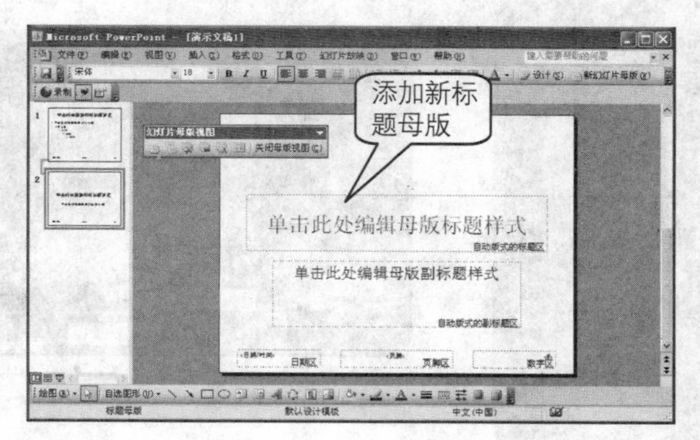

4. 右击标题母版中的空白处，在弹出的快捷菜单中单击“背景”命令。

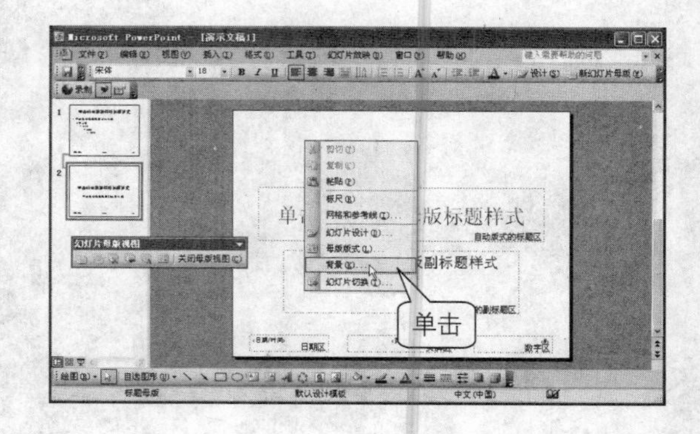

5 打开“背景”对话框，单击下拉按钮，在弹出的下拉菜单中单击“填充效果”命令，如下图所示。

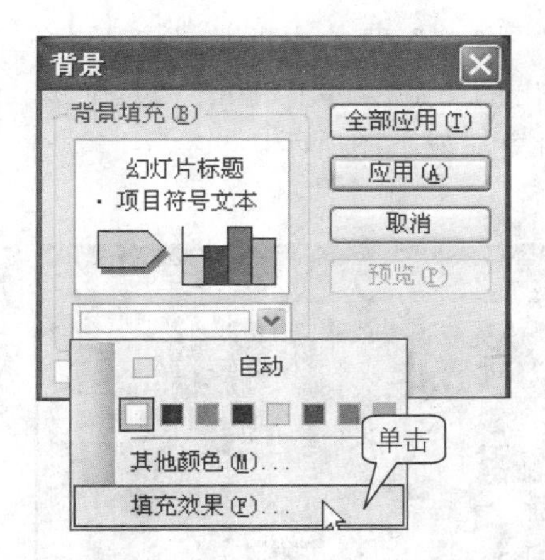

6 打开“填充效果”对话框，单击“图片”标签切换到“图片”选项卡中，然后单击“选择图片”按钮，如下图所示。

7 弹出“选择图片”对话框，选中要作为标题母版背景的图片后，单击“插入”按钮，如下图所示。

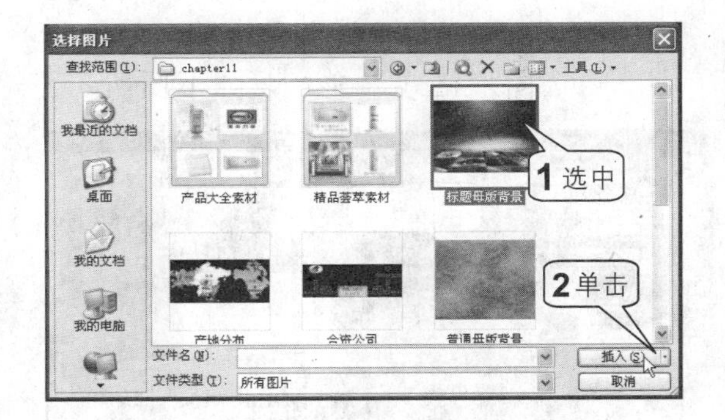

8 返回“填充效果”对话框中，此时选中的图片将显示在“图片”预览框中，单击“确定”按钮。

9 返回“背景”对话框中，单击“预览”按钮，可以看到标题母版应用背景图片后的效果，如下图所示。

10 如果对图片效果满意，则单击“应用”按钮，否则可以在“查找图片”对话框中单击下拉按钮选择其他的图片。

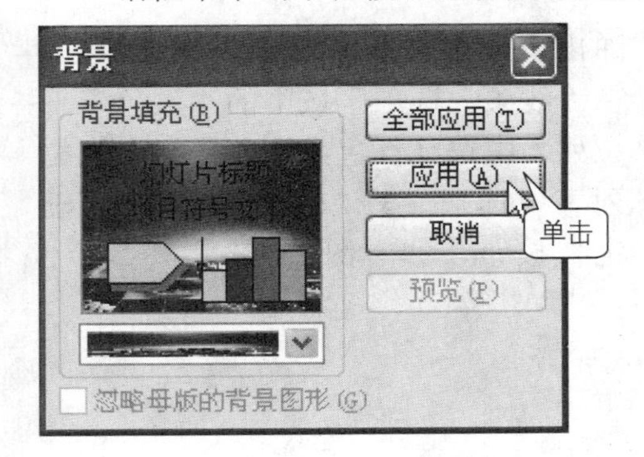

提示

此时，如果单击“全部应用”按钮，该图片不但会作为标题母版的背景，而且还将作为幻灯片母版的背景。

11 选中标题占位符，在“格式”菜单栏中的“字体”下拉列表中选择“华文中宋”，然后单击“加粗”按钮 B，如下图所示。

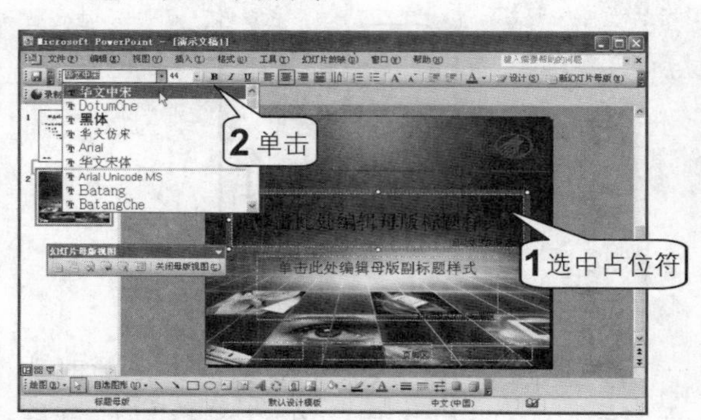

12 单击“格式”菜单中的按钮，并在弹出的下拉菜单中单击“其他颜色”命令，如下图所示。

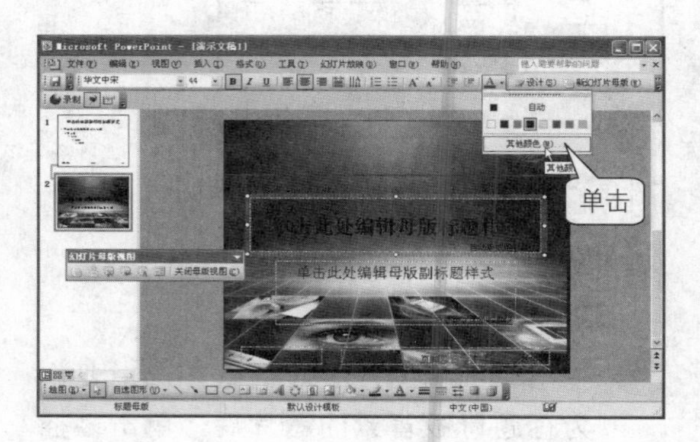

13 在打开的“颜色”对话框中选择适当的颜色后，单击“确定”按钮，如下图所示。

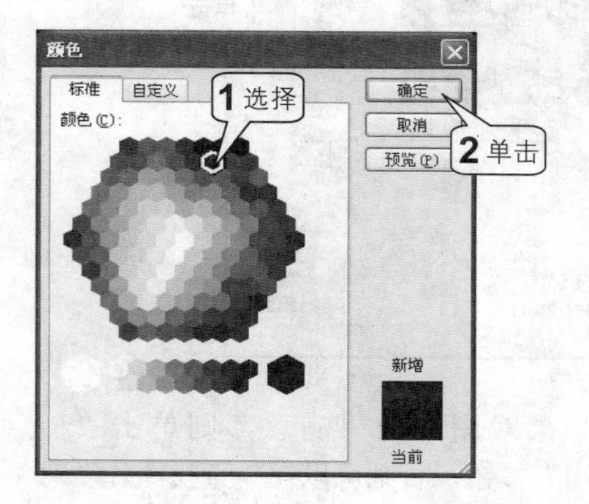

14 单击“绘图”工具栏中的“直线”按钮后，按住 Shift 键后在标题占位符的上方绘制一条直线。然后右击该直线，在弹出的快捷菜单中单击“设置自选图形格式”命令，如下图所示。

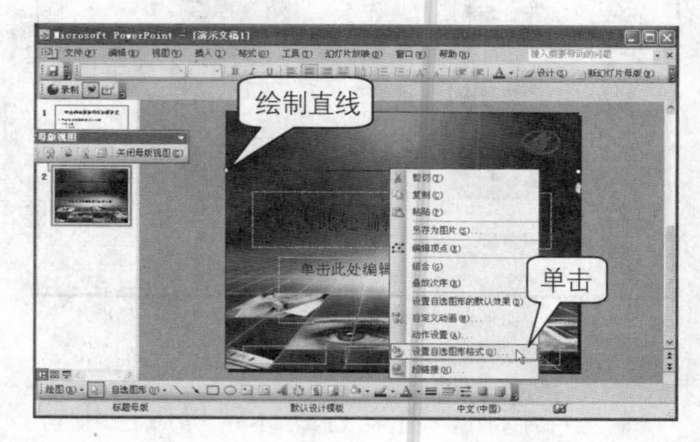

15 弹出“设置自选图形格式”对话框，在“线条”选项区域中的“颜色”下拉列表中选择红色，在“粗细”下拉列表中选择“3 磅”，然后单击“确定”按钮，如右图所示。

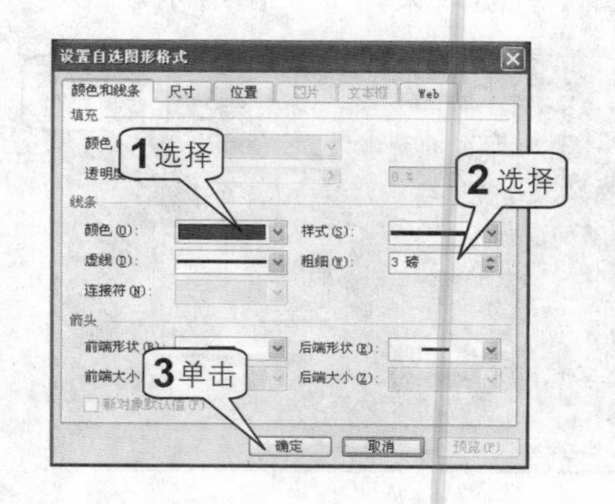

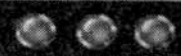

16 删除其余的占位符，此时标题母版的设计就完成了，如右图所示。

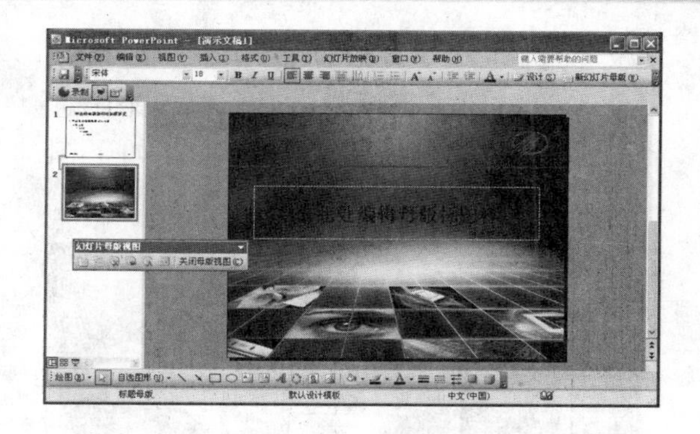

设计幻灯片母版

幻灯片母版是最常用的母版，实际上它是一张特殊的幻灯片，用户可以直接对该幻灯片母版进行修改，那么所做的修改便可直接应用到演示文稿中的所有幻灯片上。

1 在大纲选项卡中单击幻灯片母版缩略图，切换到幻灯片母版中，如下图所示。

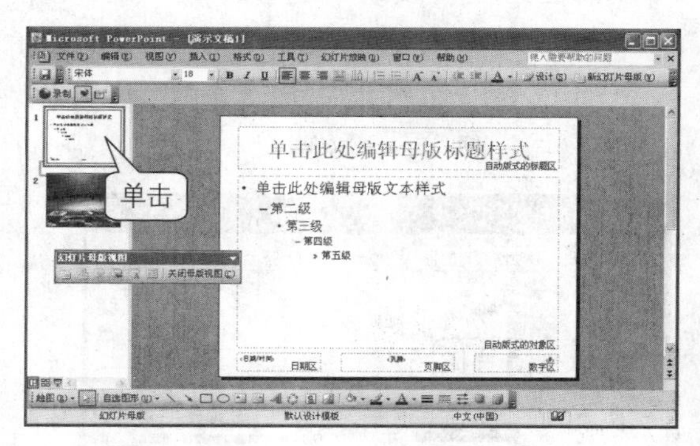

2 右击幻灯片，在弹出的快捷菜单中单击“背景”命令，如下图所示。

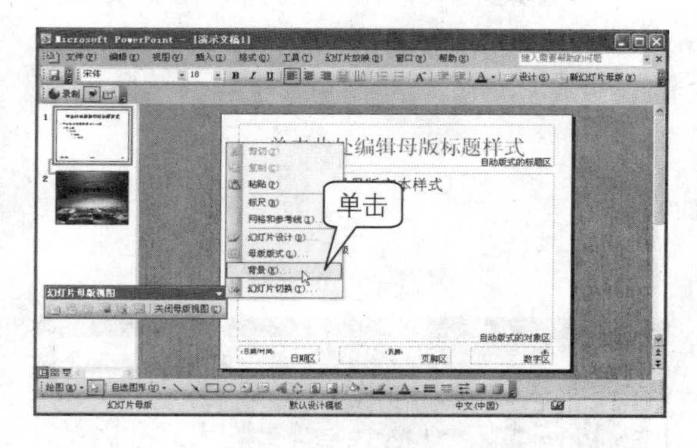

3 同上一节所讲的操作方法一样，打开“背景”对话框单击“填充效果”命令，在“填充效果”对话框中的“图片”选项卡中单击“选择图片”按钮打开“选择图片”对话框，选中图片后，单击“插入”按钮，如下图所示。

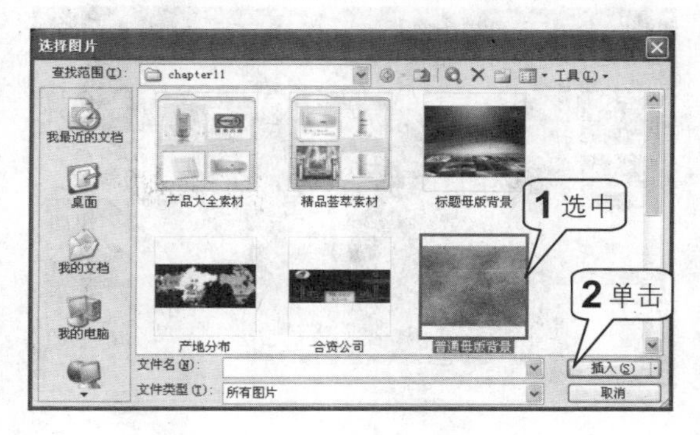

4 此时，选中的图片会显示在“填充效果”对话框中，单击“确定”按钮，如下图所示。

5 返回“背景”对话框中，单击“预览”按钮进行预览，对预览效果满意后，则单击“应用”按钮，如下图所示。

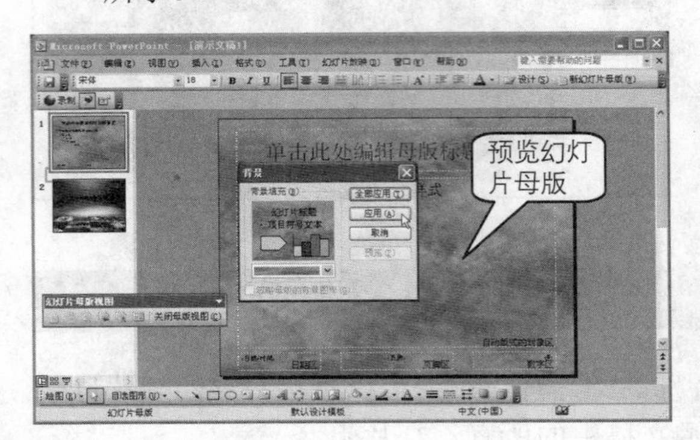

6 选中幻灯片母版中的标题占位符，从“字号”下拉列表中选择“32”，如下图所示。

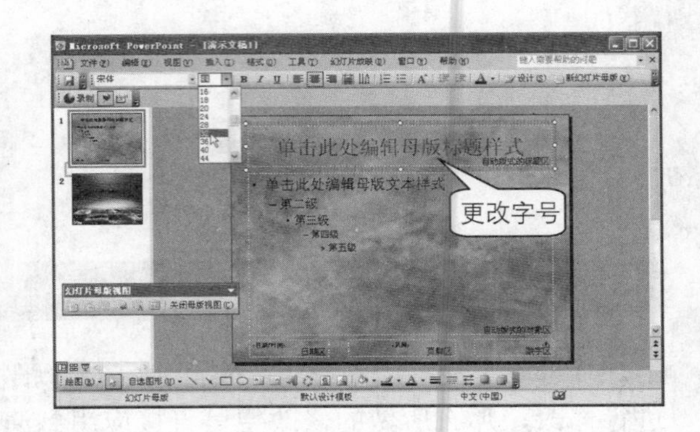

7 选中内容占位符，单击“格式”工具栏中的“字体颜色”按钮在弹出的下拉菜单中单击“按背景配色方案”命令，如下图所示。

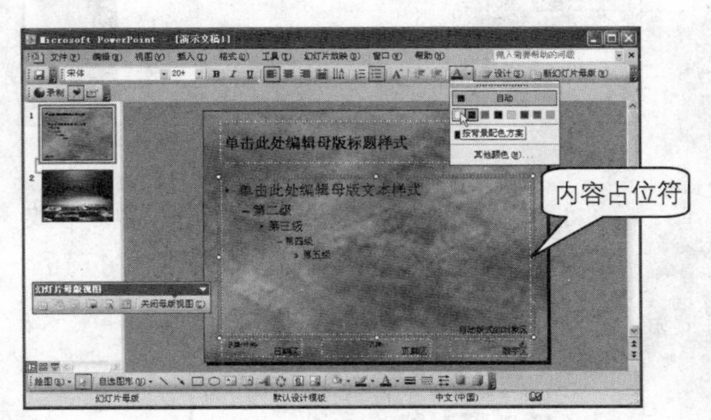

8 在幻灯片母版标题占位符下方绘制一条直线，打开“设置自选图形格式”对话框，在“线条”选项区域中的“颜色”下拉列表中选择红色，在“粗细”下拉列表中选择“3 磅”，然后单击“确定”按钮。

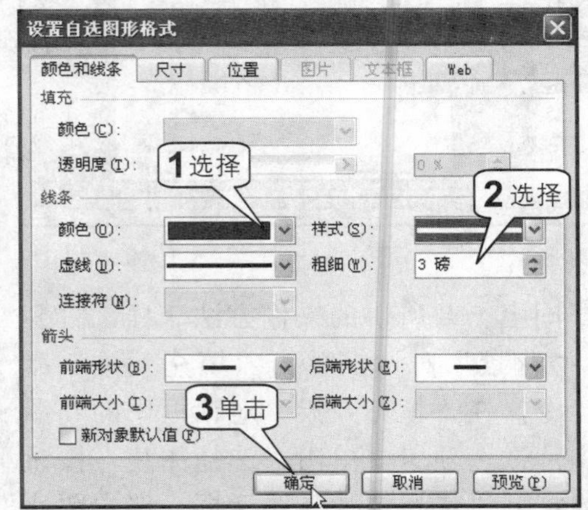

9 最后得到的幻灯片母版如右图所示。

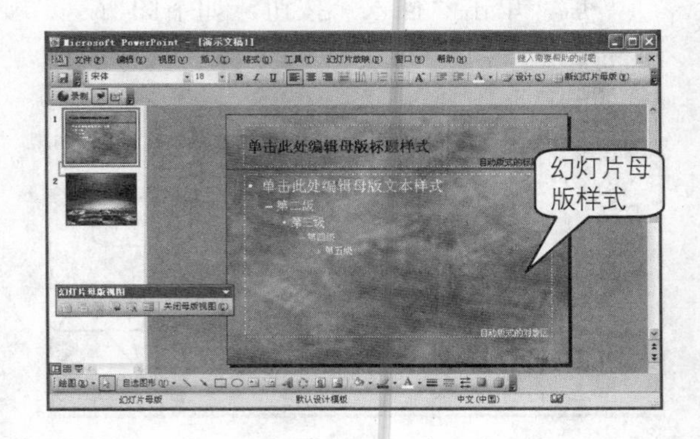

为演示文稿添加内容幻灯片

制作好了演示文稿的母版后，接下来就可以为演示文稿添加具体的内容了，下面进行详细介绍。

创建公司形象宣传演示文稿标题幻灯片

要注意区分标题母版和标题幻灯片，标题幻灯片会完全按照标题母版的格式，但它通常是指一个演示文稿中的第一张幻灯片。

1 单击“幻灯片母版视图”工具栏中的“关闭母版视图”按钮，如下图所示。

2 此时返回到普通视图中，可以看到演示文稿中默认的只有一张幻灯片，即为标题幻灯片。在标题占位符中单击并输入标题文字，如下图所示。

3 单击“绘图”工具栏中的“自选图形>基本形状>圆角矩形”命令，如下图所示。

4 在标题幻灯片中绘制一个圆形矩形，设置该矩形填充颜色为白色，在矩形中添加文字“公司基本情况”，设置字体颜色为红色，如下图所示。

5 按住 Ctrl 键复制该矩形，并将矩形中的文字更改为需要的文字。最后适当调整各矩形的分布位置，得到标题幻灯片的最终结果，如右图所示。

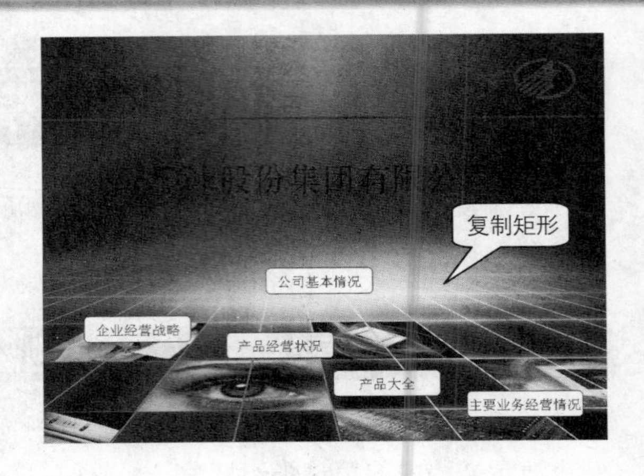

制作“公司基本情况”幻灯片

接下来创建”公司基本情况”幻灯片，具体操作步骤如下。

1 单击菜单栏中的“插入>新幻灯片”命令，如下图所示。

2 此时将在演示文稿中插入一张新幻灯片，同时插入的新幻灯片会自动应用幻灯片母版版式，如下图所示。

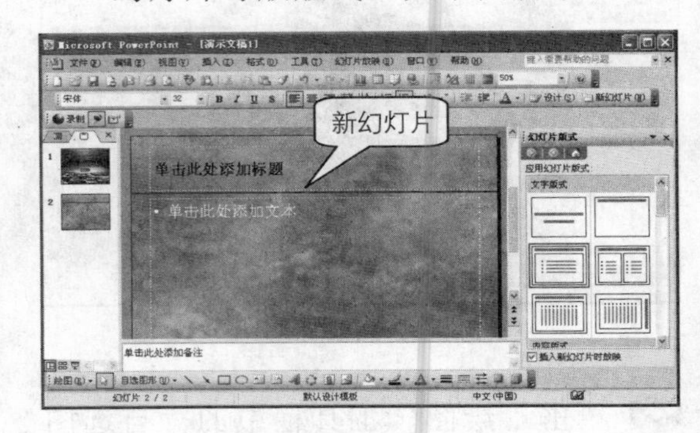

3 单击标题占位符，输入“公司基本情况”，并在文本占位符中输入内容，如下图所示。

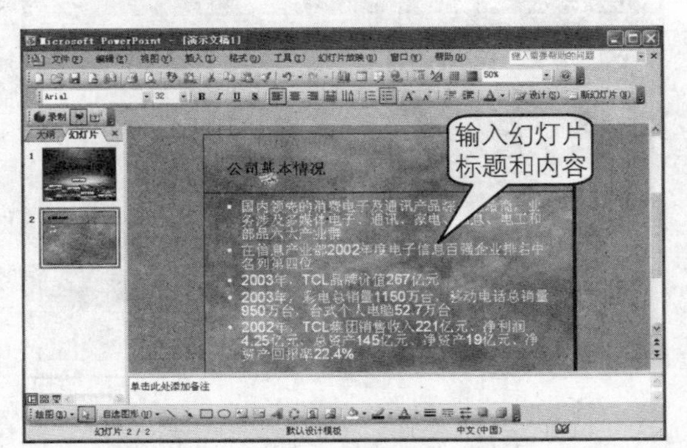

4 选中文本占位符中的内容，将字号更改为20，然后单击菜单栏中的“项目符号和编号”命令，如下图所示。

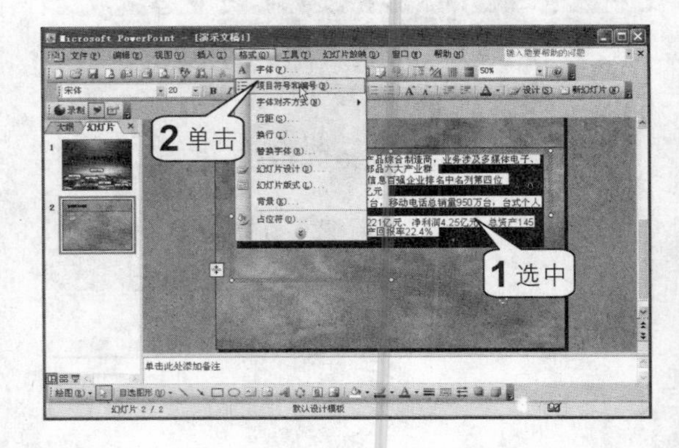

5 打开“项目符号和编号”对话框，单击选中如下图所示的项目符号，并从“颜色”下拉列表中选择红色，然后单击“确定”按钮。

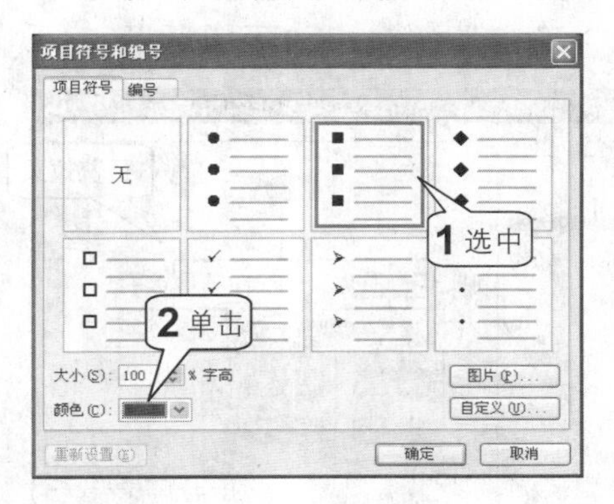

6 单击菜单栏中的“插入>图示”命令，如下图所示。

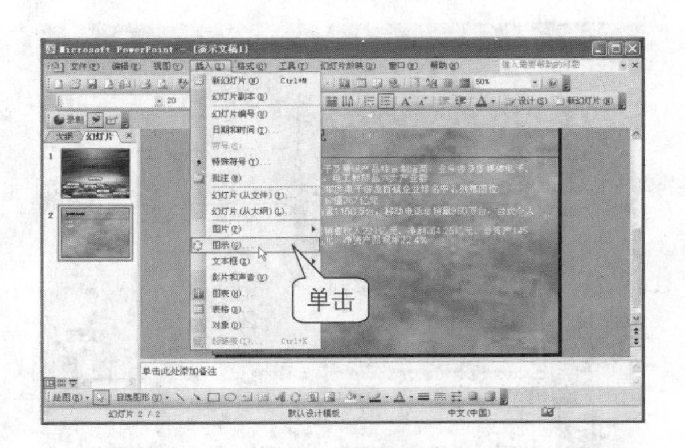

7 打开“图示库”对话框，在“选择图示类型”列表框中选中“组织结构图”，然后单击“确定”按钮，如下图所示。

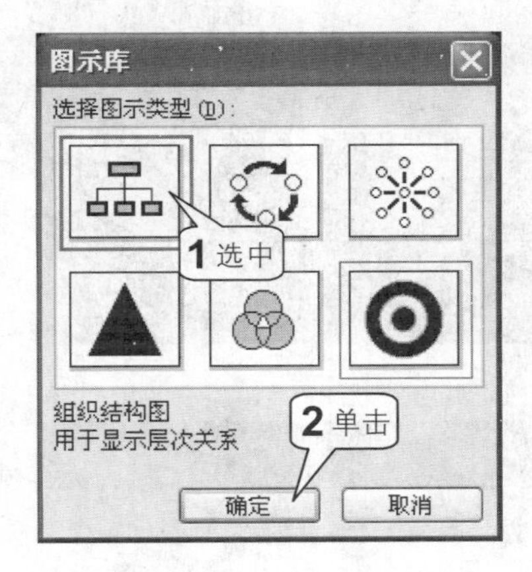

8 接着调整插入的组织结构图的大小，并将其拖动到幻灯片的底部，如下图所示。

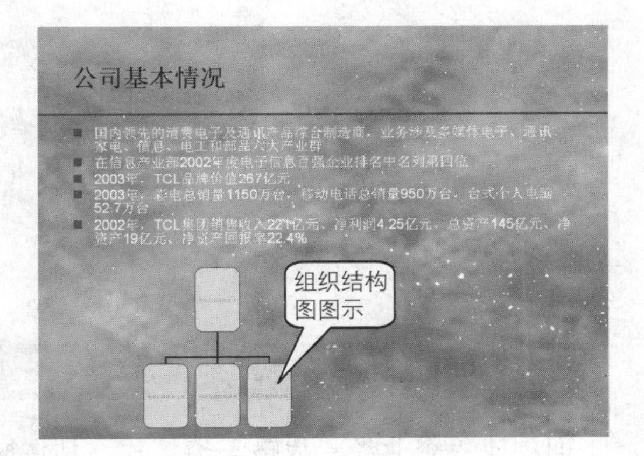

9 选中最上面的形状，在“组织结构图”工具栏中单击“插入形状”按钮，并从下拉列表中单击“下属”命令，如下图所示。

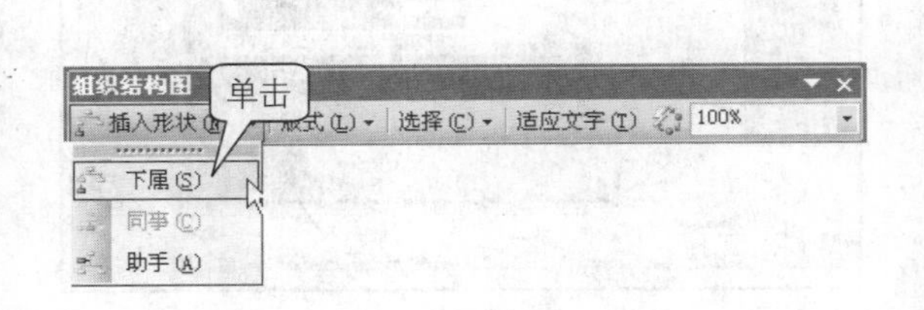

10 重复此操作三次，使组织结构图中一共显示6个下属形状，如下图所示。

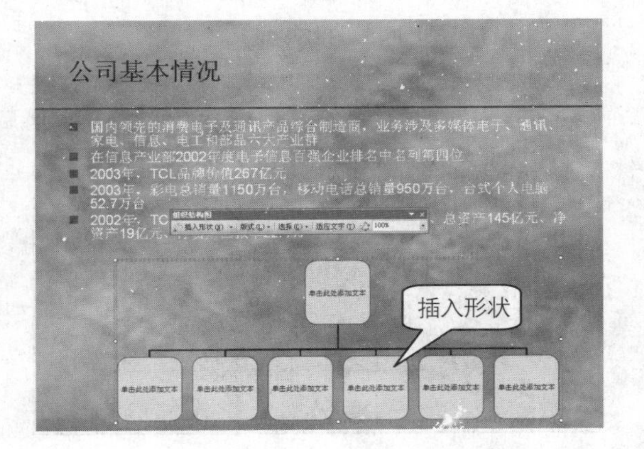

11 在组织结构图图示中添加具体的内容，并根据图示的大小设置字体格式，如下图所示。

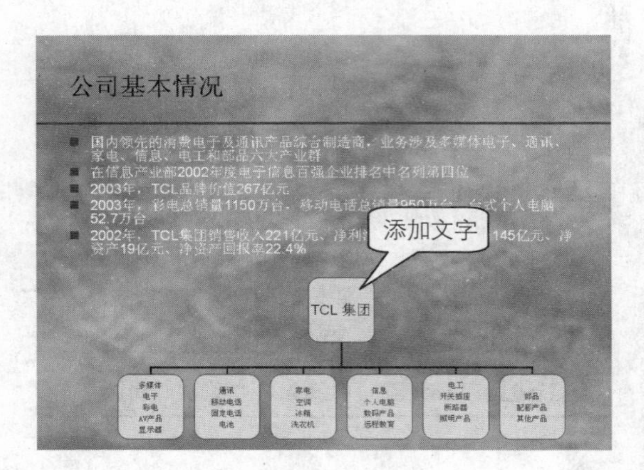

12 单击“组织结构图”工具栏中的“自动套用格式”按钮打开“组织结构图样式库”对话框，在“选择图示样式”列表框中选择“原色”，然后单击“确定”按钮，如下图所示。

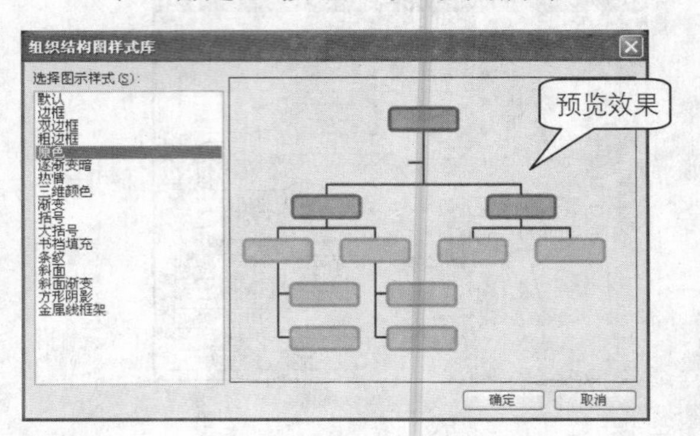

13 “公司基本情况”幻灯片的最终效果如右图所示。

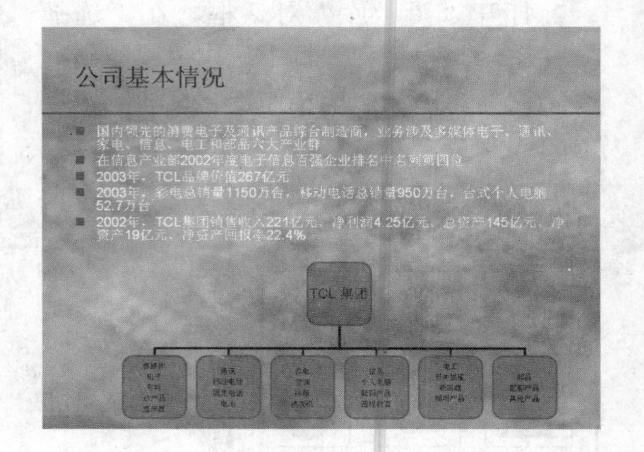

制作“企业经营战略”幻灯片

下面创建“企业经营战略”幻灯片，具体操作步骤如下。

1 单击菜单栏中的“插入>新幻灯”命令，然后在标题和内容占位符中输入内容，如下图所示。

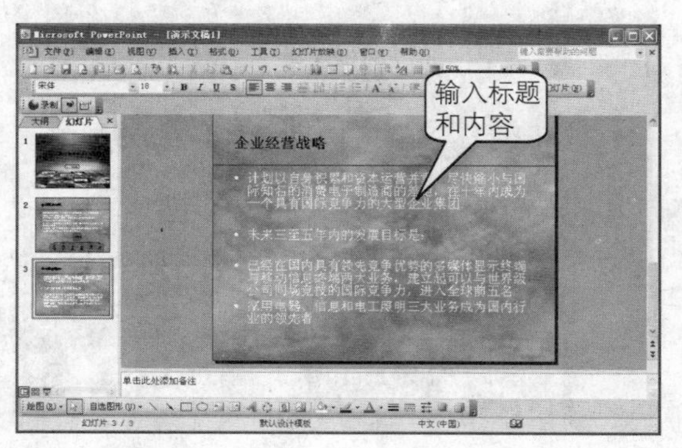

2 选中内容，将字号大小设置为 20 号，然后单击菜单栏中的“格式>行距”命令，如下图所示。

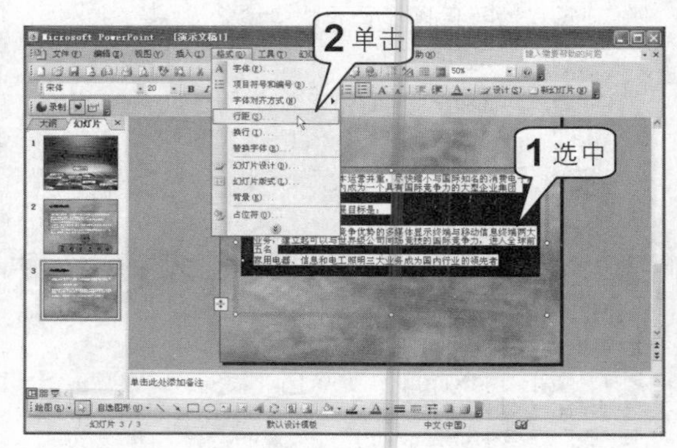

3 打开"行距"对话框，设置行距为1.2，然后单击"预览"按钮查看效果，如下图所示满意后单击"确定"按钮。

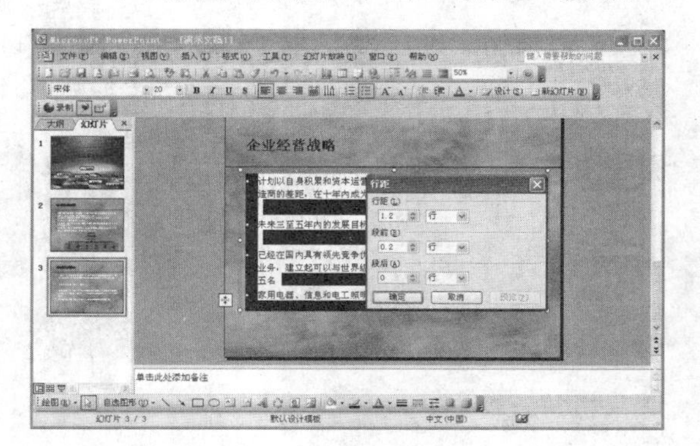

4 最后将内容中一些重要文字的颜色设置为黄色，并设置为加粗格式，使它们看起来更加突出和醒目，如下图所示。

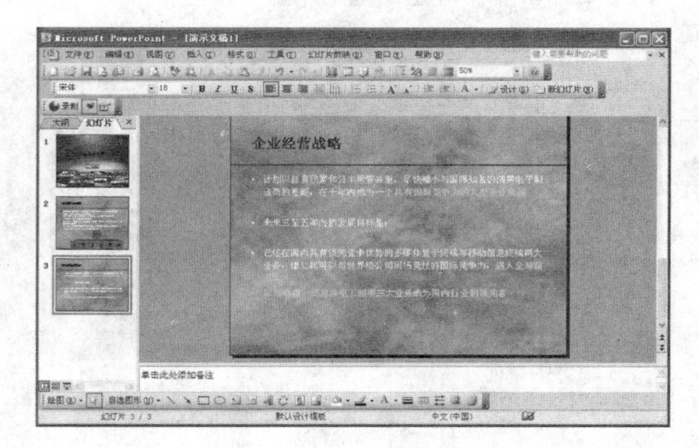

制作"产品经营状况"幻灯片

下面制作"产品经营状况"幻灯片，具体操作步骤如下。

1 单击菜单栏中的"插入>新幻灯片"命令插入新幻灯片，如下图所示。

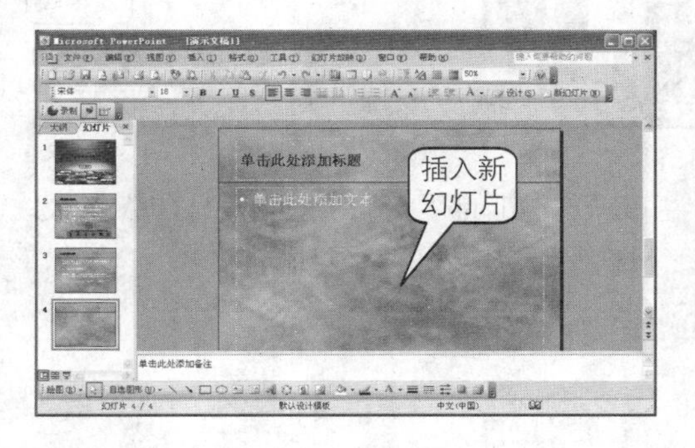

2 单击"格式>幻灯片版式"命令显示"幻灯片版式"任务窗格，在"文字和内容版式"选项区域中单击应用"标题和文本在内容之上"版式，如下图所示。

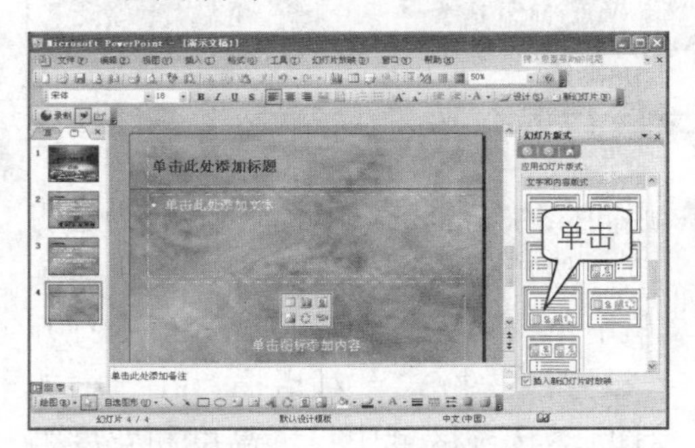

3 在幻灯片中输入标题和内容，然后单击内容区域中的"插入图片"按钮，如下图所示。

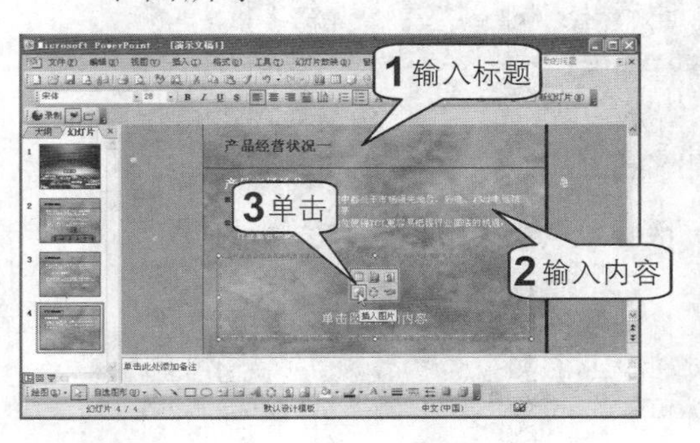

4 打开"插入图片"对话框，选中需要插入的图 片，然后单击"插入"按钮，如下图所示。

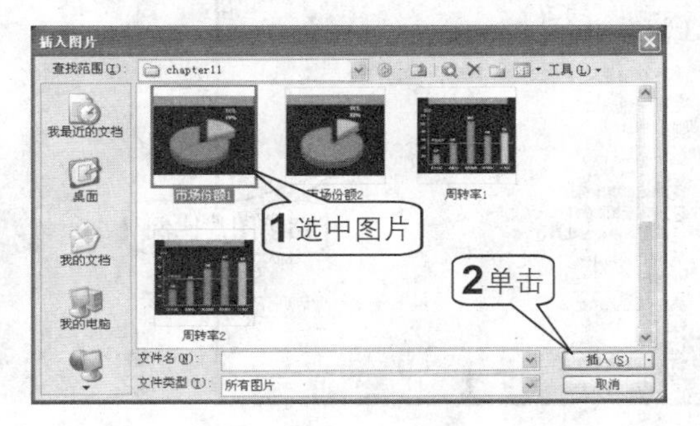

5 插入到幻灯片中的图片如下图所示，单击“图片”工具栏中的“设置透明色”按钮。

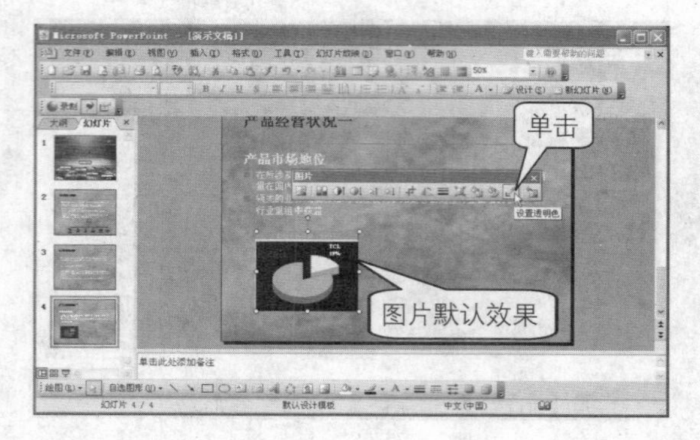

6 然后将鼠标移至图片中黑色背景处单击，此时黑色的背景即变为透明效果，如下图所示。

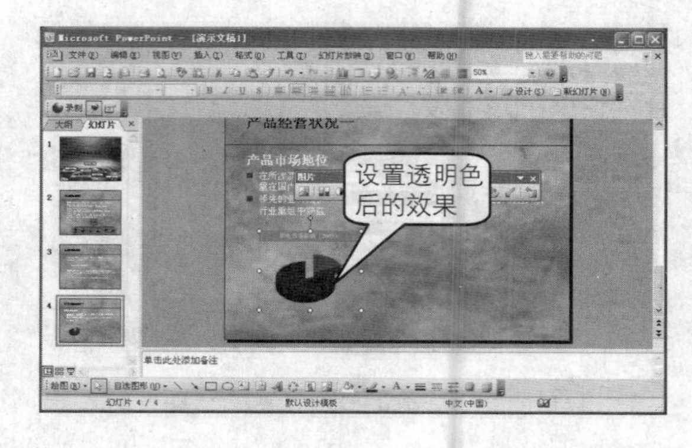

7 单击菜单栏中的“插入>图片>来自文件”命令，如下图所示。

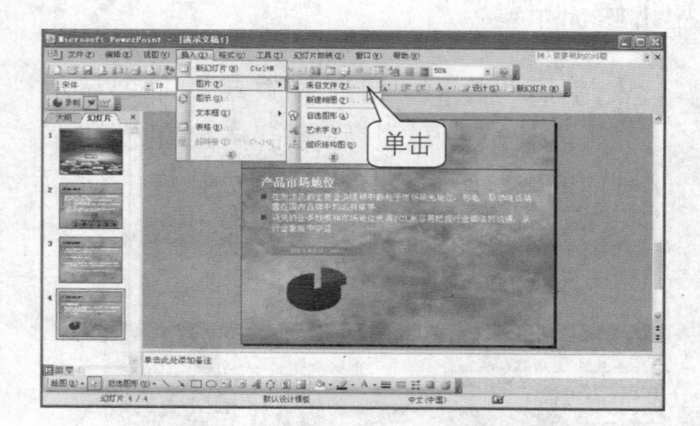

8 在“插入图片”对话框中选中另一个需要插入的图片，然后单击“插入”按钮，如下图所示。

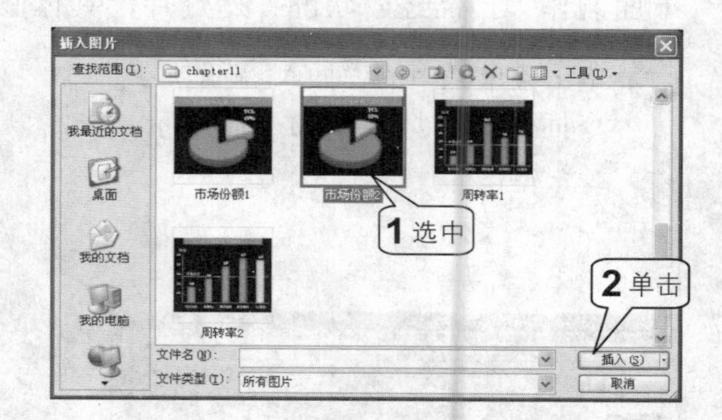

9 用同样的方法将该图片背景设置为透明色，然后右击图片，在弹出的快捷菜单中单击“设置图片格式”命令打开“设置图片格式”对话框，在“缩放比例”选项区域中设置高度和宽度缩放比例均为70%，然后单击“确定”按钮，如下图所示。

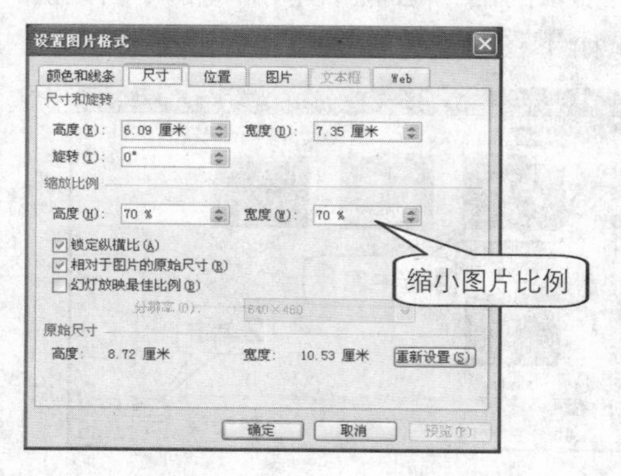

10 最后得到的“产品经营状况一”的幻灯片，效果如下图所示。

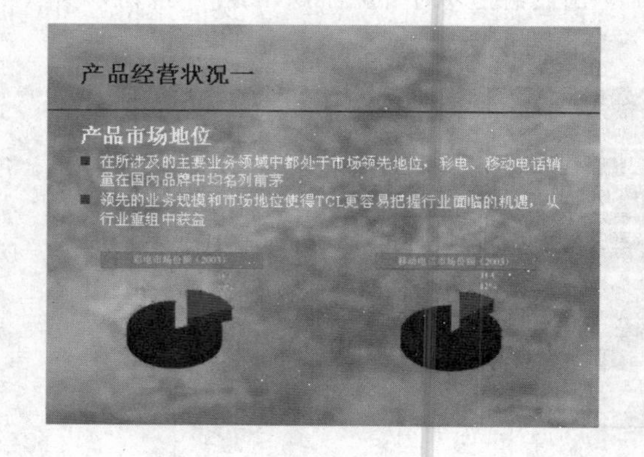

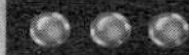

11 新建一张幻灯片，单击菜单栏中的“插入>图片>来自文件”命令打开“插入图片”对话框，按住Ctrl键同时选中要插入的图片，然后单击“插入”按钮，如下图所示。

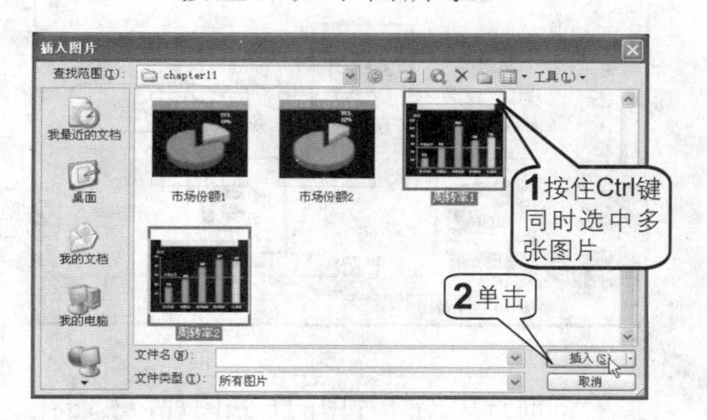

12 使用前面的方法设置图片透明色和适当缩小图片比例，然后再输入幻灯片的标题和文字内容，得到如下图所示的最终效果。

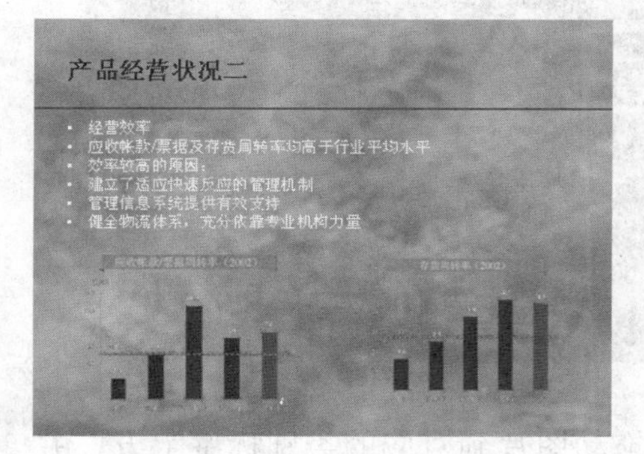

制作“产品大全”幻灯片

“产品大全”幻灯片主要用于展示公司的产品，因此需要插入一些产品的图片，具体操作步骤如下。

1 插入一张新幻灯片，输入标题“产品大全”，在幻灯片中绘制两个长条的黄色矩形，并在矩形下方绘制多个文本框，设置文本框为透明色，并参照下图添加文本框内容。

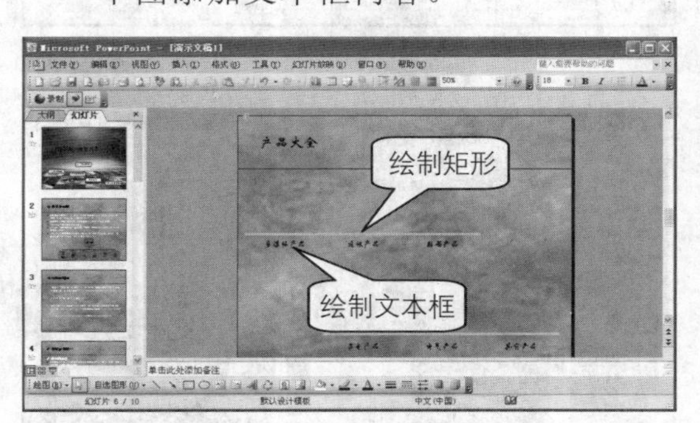

2 单击菜单中的“插入>图片>来自文件”命令打开“插入图片”对话框，同时选中需要插入的图片后，单击“插入”按钮，如下图所示。

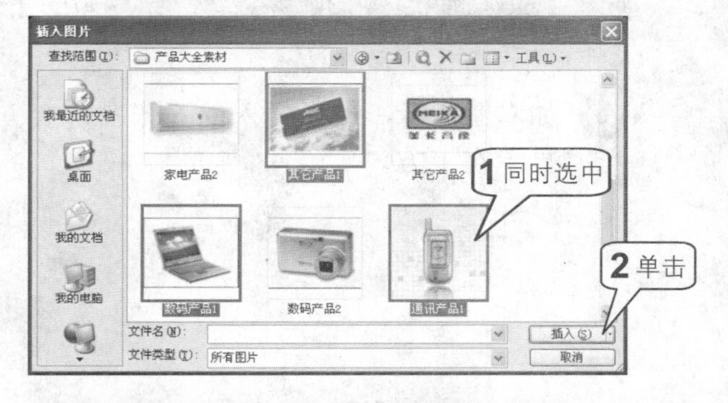

3 此时选中的图片会插入到幻灯片的左上角，如右图所示。

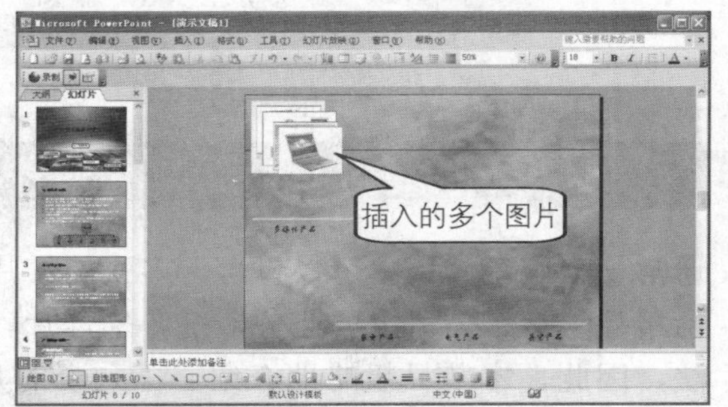

4 将各个图片拖放到其对应的产品类型标签上方，如下图所示。

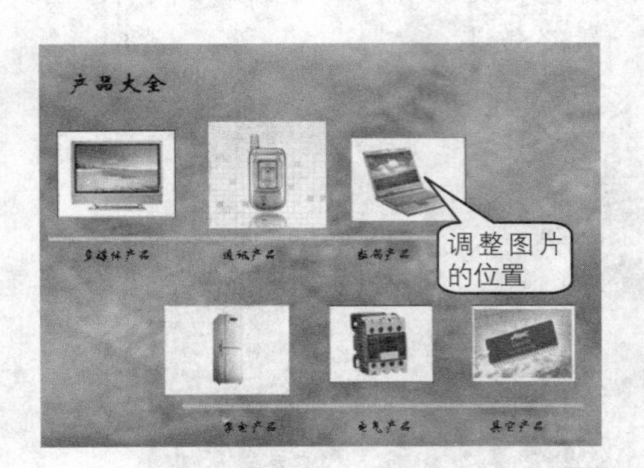

5 再次打开“插入图片”对话框，选中所有需要插入的图片，然后单击“插入”按钮。

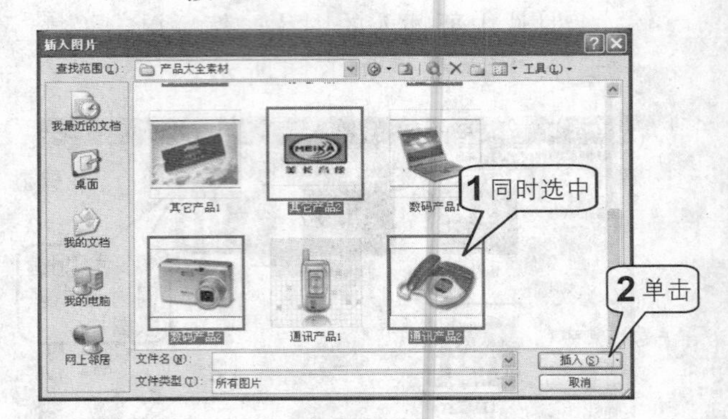

6 拖动图片到对应的类别标签上方，并重叠在原来的图片上面，而且最好将两张重叠的图片大小设置也一样。

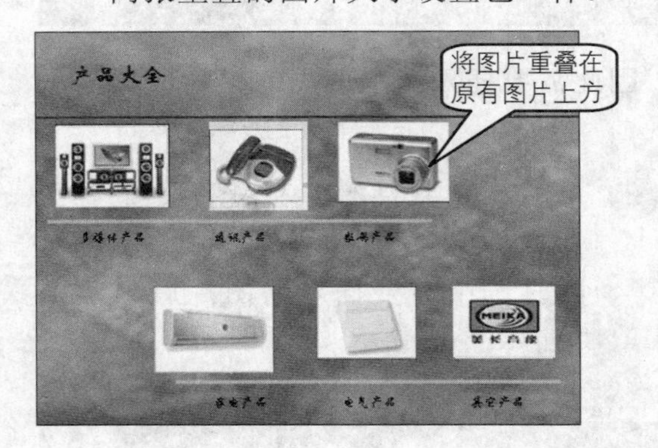

7 同时选中幻灯片中的6张图片，右击在弹出的快捷菜单中单击“叠放次序>置于底层”命令，如下图所示。

8 如右图所示，最先插入的 6 张图片会显示在上方。

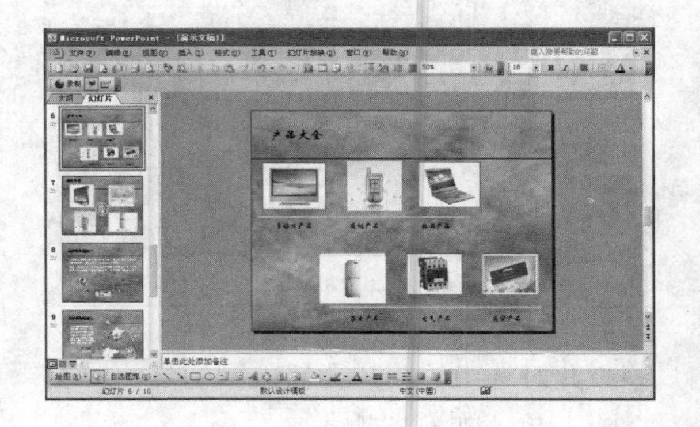

制作其他幻灯片

通常一个演示文稿中可以包含许多张幻灯片，在本例中，除了前面介绍的幻灯片外，还包括精品绘萃、公司主要业务情况等幻灯片。由于前面已经非常详细地介绍制作幻灯片的方法，因此，本节只粗略地介绍一下剩余的几张幻灯片的创建方法。

1 新插入幻灯片，将精品荟萃素材文件夹中的所有图 片插入到幻灯片，如下图所示。

2 使用前面介绍过的方法，一次只显示 4 张图片，其余图片放在这些图片的下面，如下图所示。

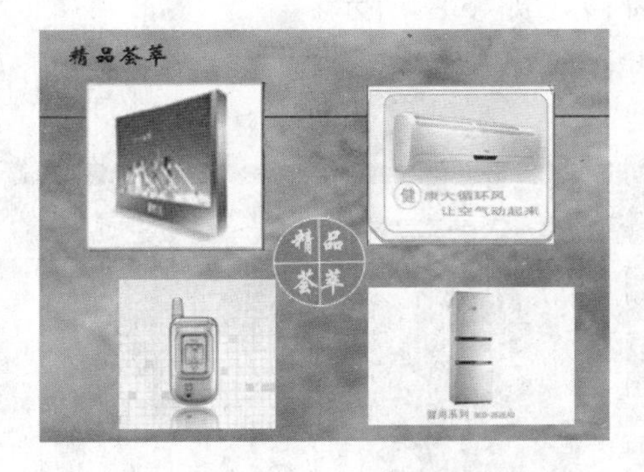

3 创建“主要业务情况一”幻灯片，如下图所示。

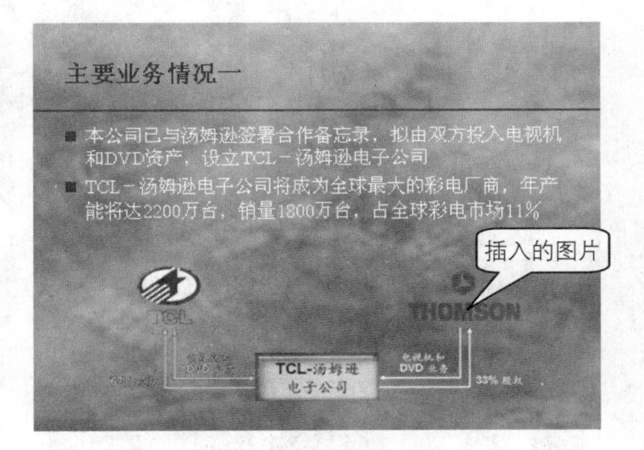

4 创建“主要业务情况二”幻灯片，如下图所示。

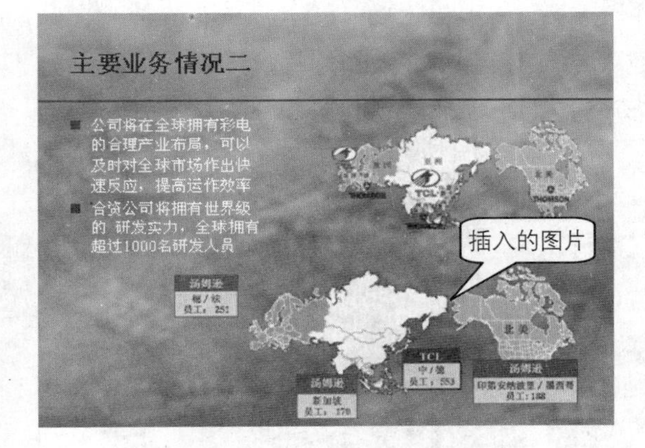

5 制作结束幻灯片，如右图所示。

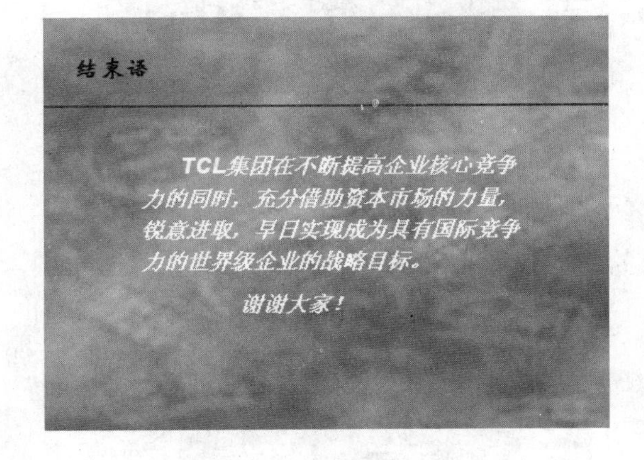

3 设置幻灯片的切换效果

幻灯片的切换效果是指在两张相邻的幻灯片之间添加的一种效果，用户可以为同一个演示文稿中的所有幻灯片添加同一种切换效果，也可以为每一张幻灯片添加不同的切换效果。

1 单击菜单栏中的“幻灯片放映>幻灯片切换”命令打开“幻灯片切换”任务窗格，如下图所示。

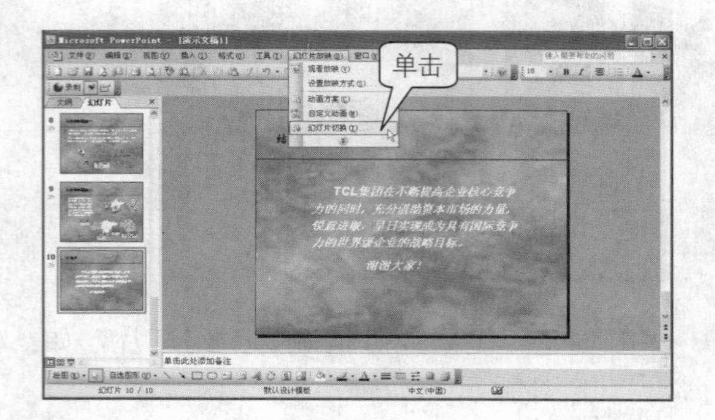

2 在左侧的“幻灯片”选项卡中单击第1张幻灯片，在“幻灯片切换”任务窗格中的“应用于所选幻灯片”列表框中选择“水平百叶窗”，在“速度”下拉列表中选择“中速”。

3 切换到第2张幻灯片，设置切换效果为“向右插入”，“速度”为“慢速”，如下图所示。

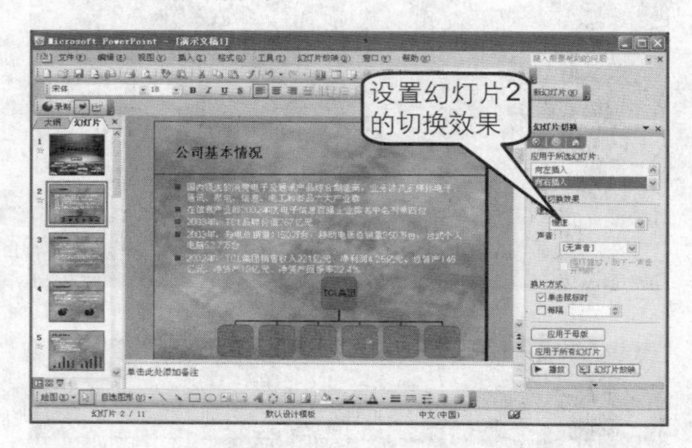

4 切换到第3张幻灯片，设置切换效果为“盒状展开”，设置“速度”为“快速”，如下图所示。

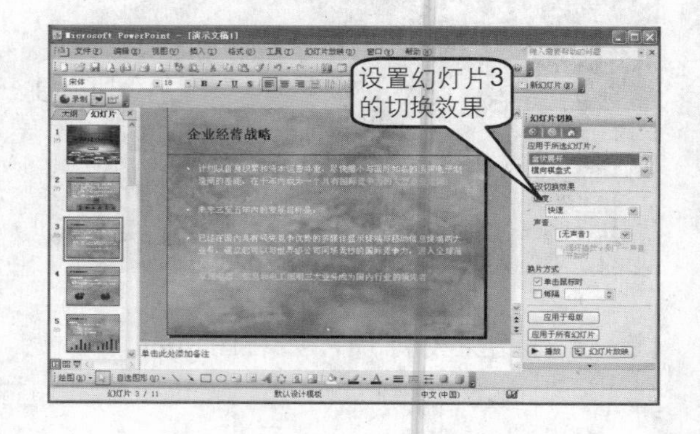

5 切换到第4张幻灯片，设置其切换效果为“新闻快报”，在“速度”下拉列表中选择“中速”，如下图所示。

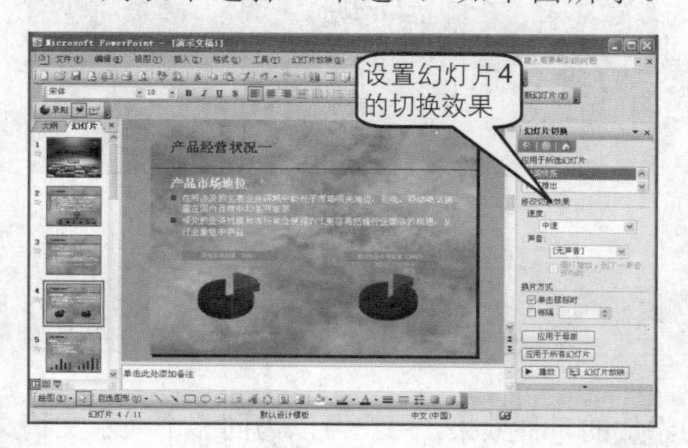

6 切换到第5张幻灯片，设置其切换效果为“溶解”，在“速度”下拉列表中选择“快速”，如下图所示。

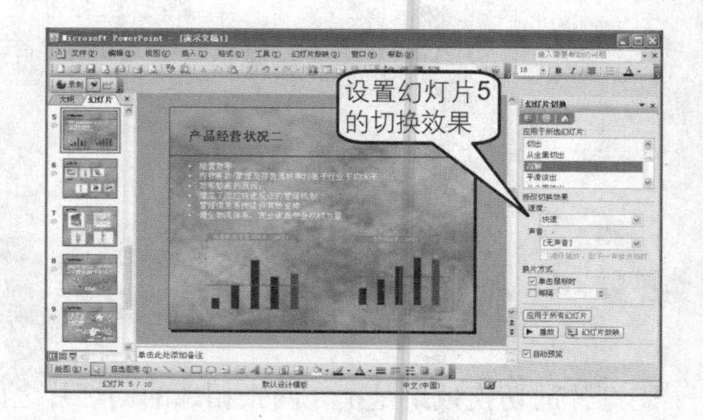

7 切换到第 6 张幻灯片，设置切换效果为“阶梯状向右下展开”，在“速度”下拉列表中选择“中速”，如下图所示。

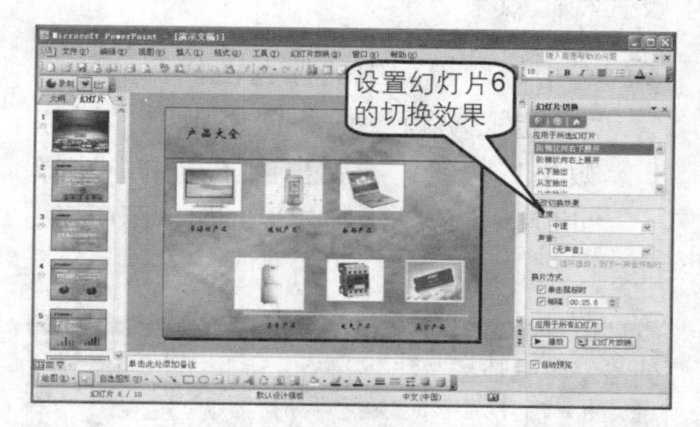

8 切换到第 7 张幻灯片，设置切换效果为“从右下抽出”，在“速度”下拉列表中选择“中速”，如下图所示。

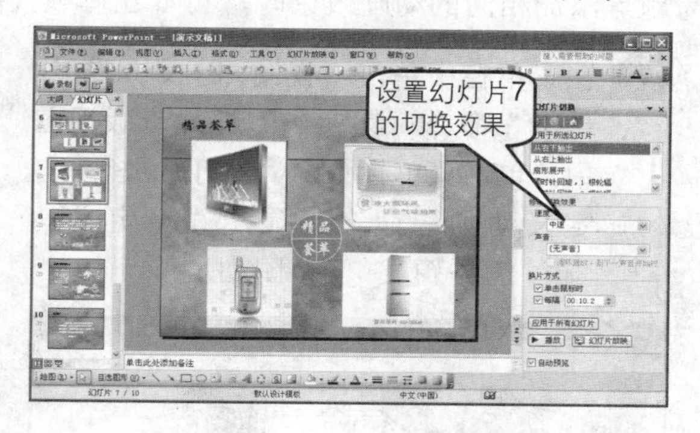

9 切换到第 8 张幻灯片，设置切换效果为“扇形展开”，在“速度”下拉列表中选择“中速”，如下图所示。

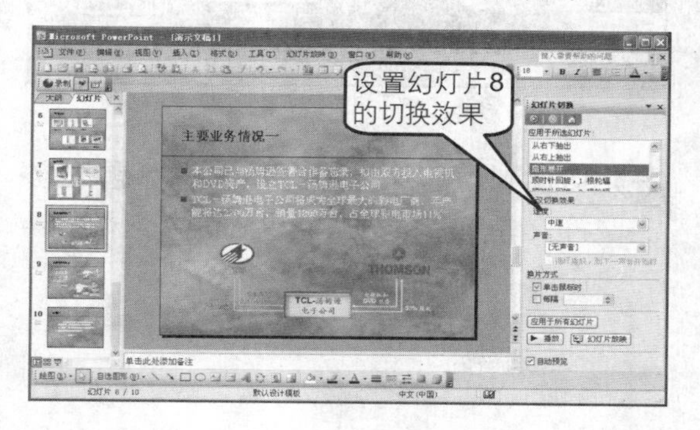

10 切换到第 9 张幻灯片中，设置切换效果为“从右抽出”，在“速度”下拉列表中选择“快速”，如下图所示。

11 切换到第 10 张幻灯片，设置切换效果为“顺时针回旋，8 根轮辐”，在“速度”下拉列表中选择“快速”，如右图所示。

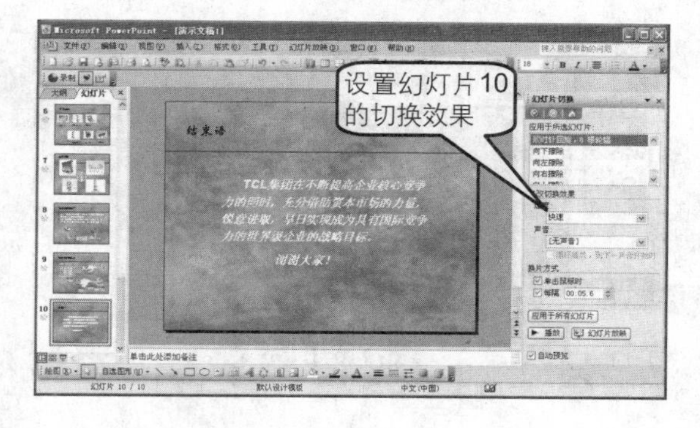

4 自定义动画效果

为幻灯片中的文本、图形、图示及图片等其他对象添加动画效果，不仅可以突出重点，而且可以增强演示文稿的趣味性。

在母版视图中设置动画效果

如果需要为演示文稿中的每一张幻灯片的相同对象，如背景图片、公司的标志以及幻灯片标题等添加相同的动画效果时，可以在母版视图中设置动画效果。

1. 在菜单栏中单击“视图>母版>幻灯片母版”命令，切换到幻灯片母版视图中，单击菜单栏中的“幻灯片放映>自定义动画”命令，显示“自定义动画”任务窗格，如下图所示。

2. 选中标题母版中的标题占位符，单击“自定义动画”任务窗格中的“添加效果”按钮，在弹出的子菜单中选择“进入>飞旋”动画效果，如下图所示。

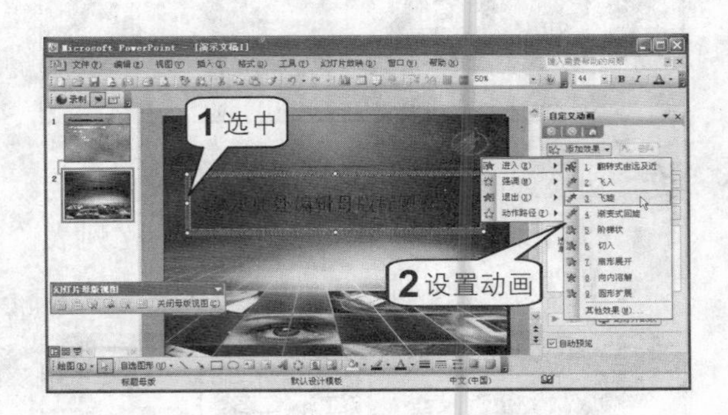

3. 在“自定义动画”任务窗格中，在“开始”下拉列表中选择“之前”。如果希望设置好动画后自动播放，则选中“自动预览”复选框。也可以单击“自定义动画”任务窗格中的“播放”按钮查看播放效果，如下图所示。

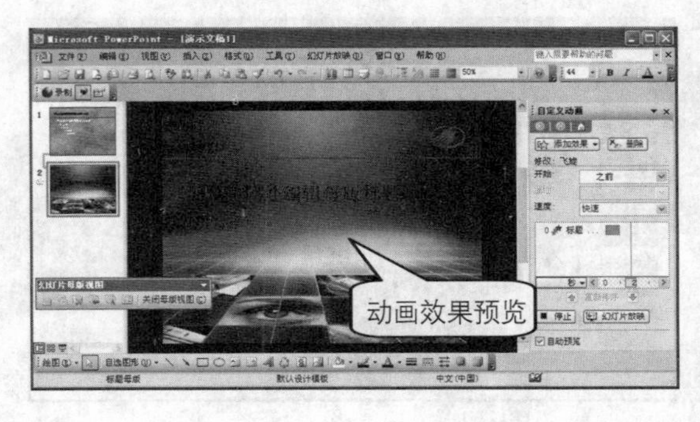

4. 切换到幻灯片母版中，选中标题占位符，单击“添加效果>进入>飞旋”命令，如下图所示。

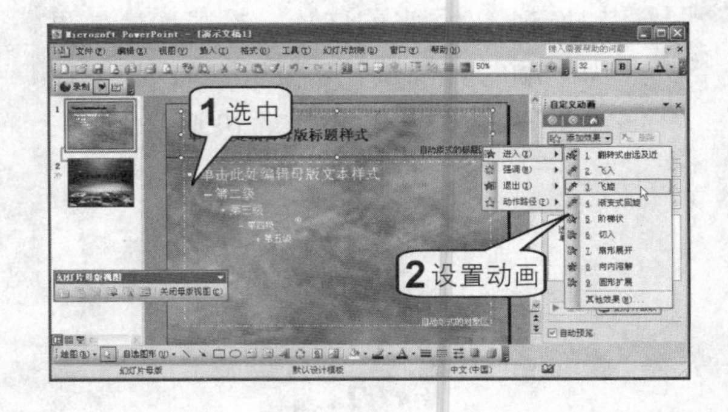

5. 选中标题占位符下面的内容占位符，单击“添加效果>进入>切入”命令，然后从“速度”下拉列表中选择“中速”。在设置动画效果后会发现幻灯片中显示出一些数字标签，如右图所示。

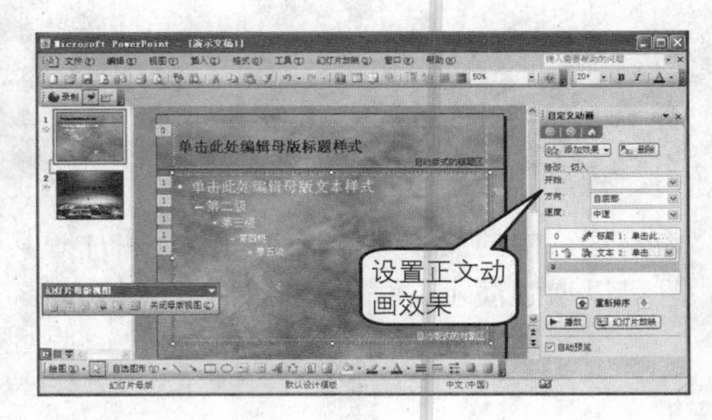

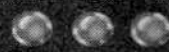

6 选中“自动预览”复选框即可在设置完动画后自动显示预览效果，同样也可以单击“播放”按钮进行预览，如下图所示。

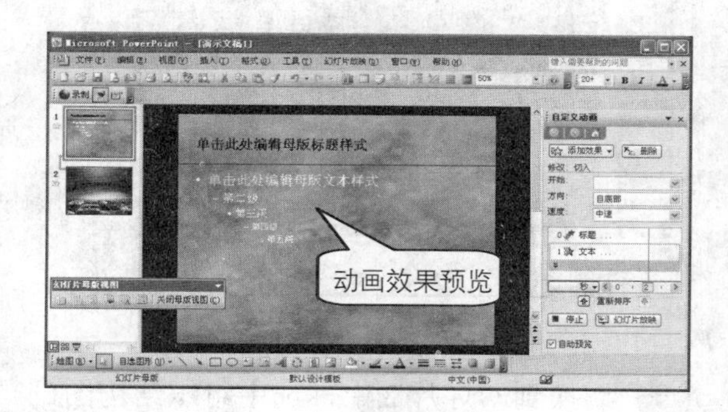

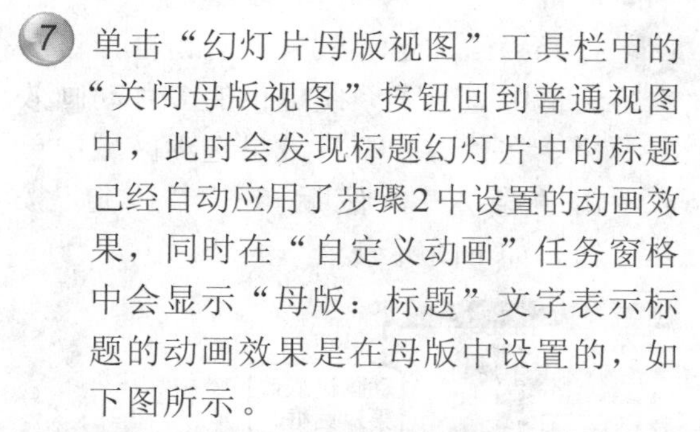

7 单击“幻灯片母版视图”工具栏中的“关闭母版视图”按钮回到普通视图中，此时会发现标题幻灯片中的标题已经自动应用了步骤2中设置的动画效果，同时在“自定义动画”任务窗格中会显示“母版：标题”文字表示标题的动画效果是在母版中设置的，如下图所示。

8 切换到其余的幻灯片中，可以看到所有幻灯片中的标题和正文都应用了在幻灯片母版视图中设置的动画效果，如右图所示。

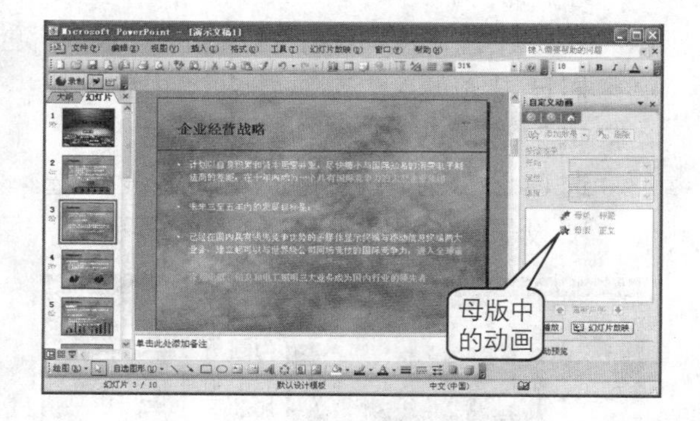

在普通视图中设置自定义动画

虽然在母版视图中为演示文稿中所有的幻灯片的标题和正文都设置了动画效果，但还需要在普通视图中对幻灯片的其他对象设置动画效果。

1 在标题幻灯片中，选中“公司基本情况”自选图形，单击“自定义动画”任务窗格中的“添加效果>进入>其他效果”命令，如右图所示。

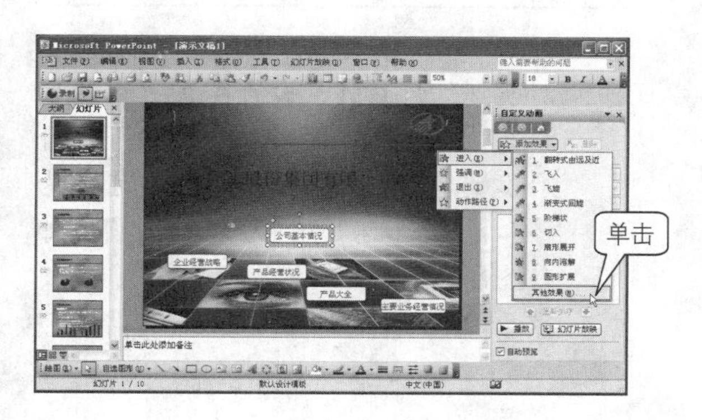

2 打开“添加进入效果”对话框，该对话框中显示了系统提供的多种动画效果。在“温和型”效果选项区域中单击“渐入”，然后单击“确定”按钮，如下图所示。

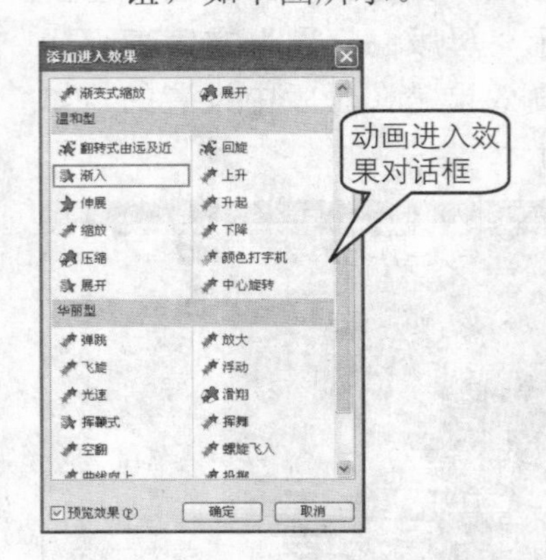

3 在“自定义动画”任务窗格中从“开始”下拉列表中选择“之后”，如下图所示。

4 分别选中“企业经营战略”、“产品经营状况”、“产品大全”和“主要业务经营情况”4 个自选图形，为它们设置“飞入”动画效果，并将“开始”选项设置为“之后”，“方向”选项设置为“自底部”，“速度”选项设置为“快速”，如下图所示。

5 切换到幻灯片 2 中，选中组织结构图，设置动画效果为“向内溶解”，在“开始”下拉列表中选择“之后”，在“速度”下拉列表中选择“中速”，如下图所示。

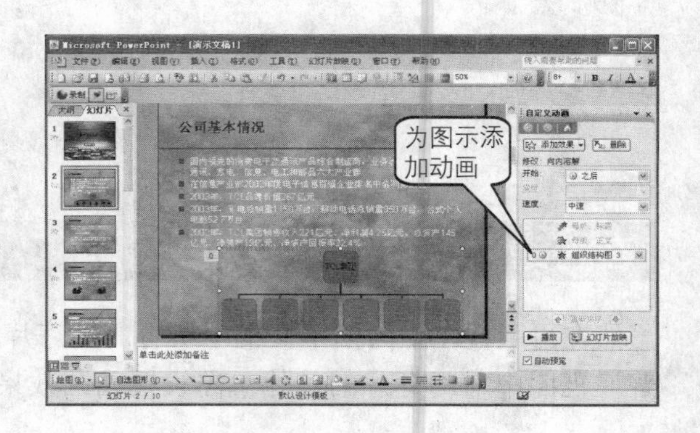

6 切换到幻灯片 4，设置图片“市场份额 1”的动画效果为“阶梯状”，“开始”选项为“之后”，“方向”为“右下”，“速度”为“快速”，如右图所示。

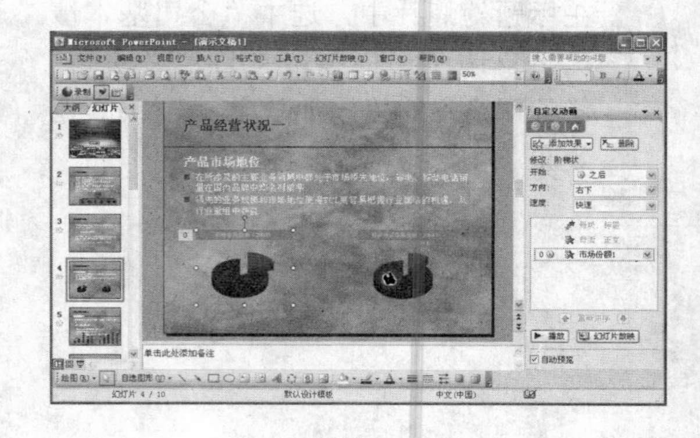

7 设置图片“市场份额 2”的动画效果为“阶梯状”，“开始”为“之后”，“方向”为“左下”，“速度”为“快速”，如下图所示。

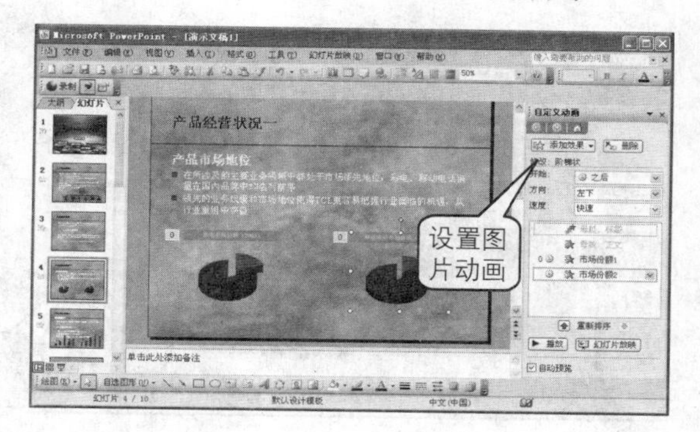

8 切换到幻灯片 5，分别设置图片“周转率 1”和“周转率 2”的动画效果为“渐入”，“开始”为“之后”，“速度”为“快速”，如下图所示。

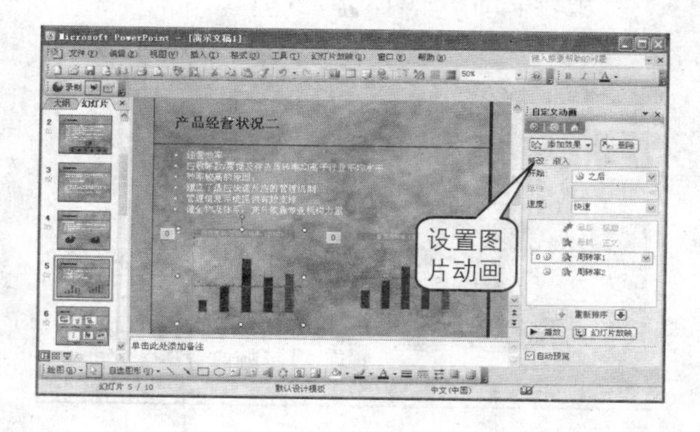

9 切换到幻灯片 6，按住 Ctrl 键同时选中产品类别矩形，单击“自定义动画”任务窗格中的“添加效果>进入>翻转式由远及近”命令，同时为这些矩形添加该动画效果，如下图所示。

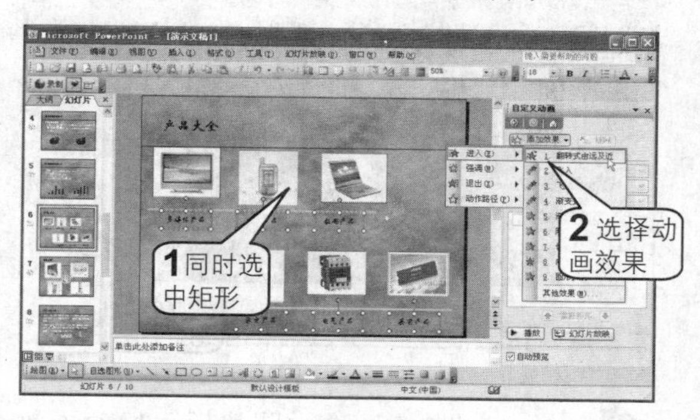

10 然后将各个矩形动画效果的“开始”选项更改为“单击时”，如下图所示。

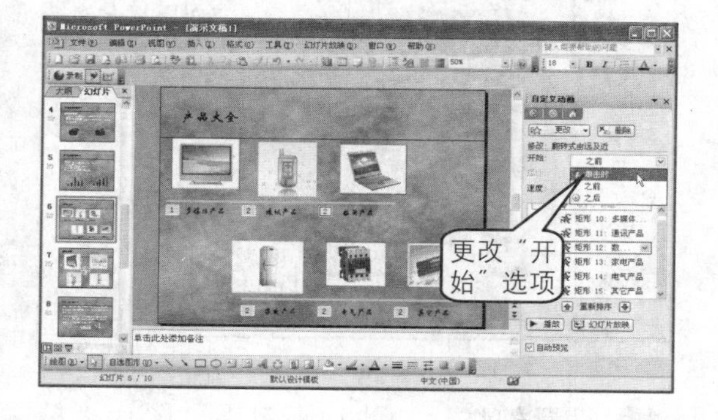

11 更改“开始”选项设置后得到如下图所示的效果。

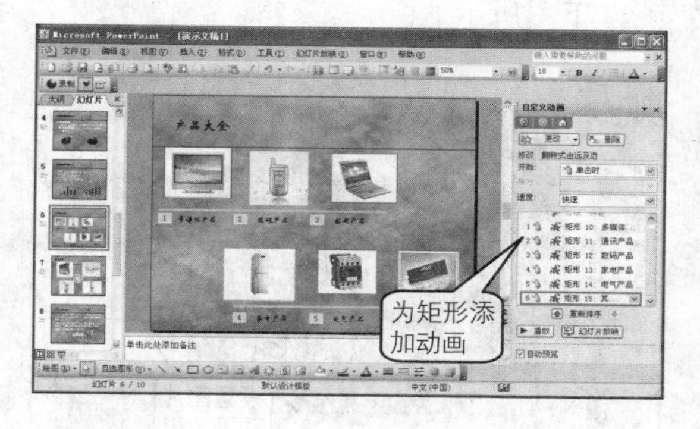

12 接下来为幻灯片中的图片添加动画效果，如下图所示。

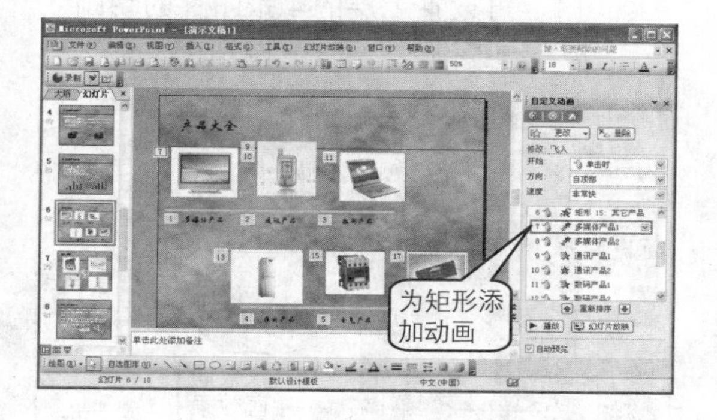

13 按住 Ctrl 键同时选中“自定义动画”任务窗格中的“多媒体产品 1”和“多媒体产品 2”，单击“重新排序”按钮 将这两项移动至“多媒体产品”矩形之后，如下图所示。

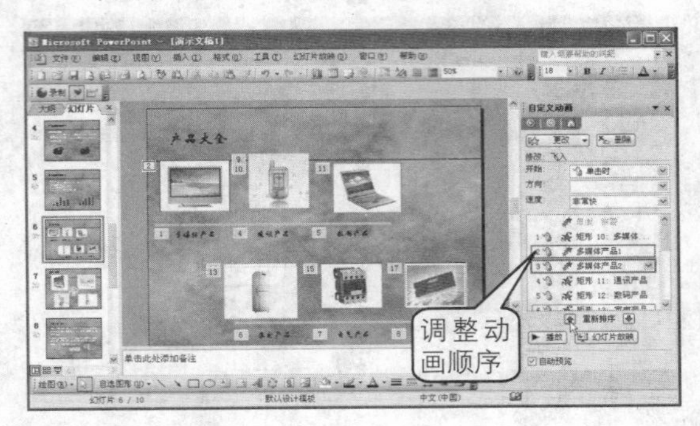

14 然后从“开始”下拉列表中选择“之后”，使这两个图片的动画在“多媒体产品”矩形之后开始启动，如下图所示。

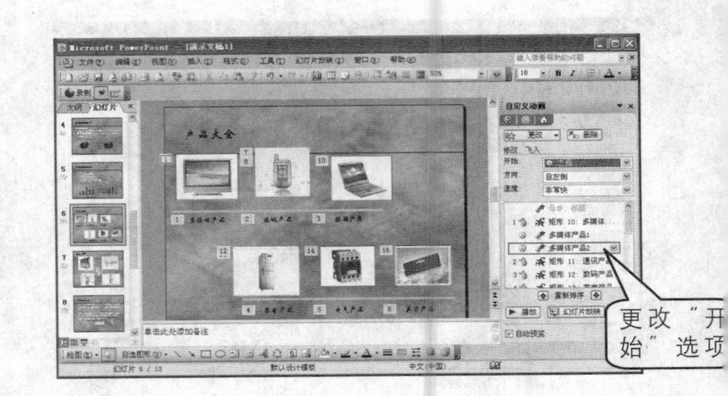

15 如下图所示，单击“重新排序”按钮将“多媒体产品 2”移到“多媒体产品 1”之前。然后用同样的方法，重新排列其他类别产品的动画顺序。

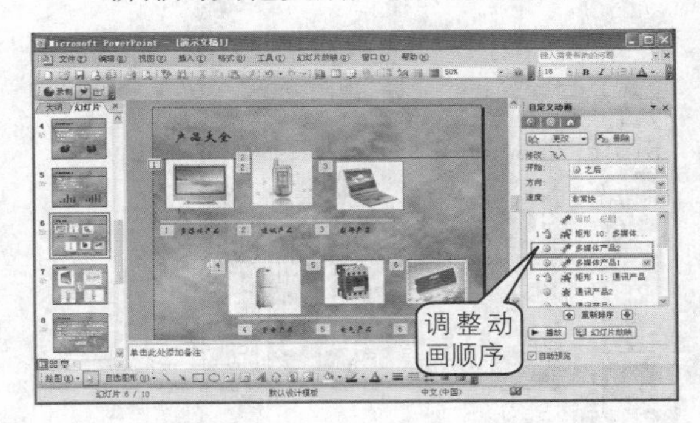

16 设置好动画效果后，单击“自定义动画”任务窗格中的“播放”按钮即可查看播放效果，如下图所示。

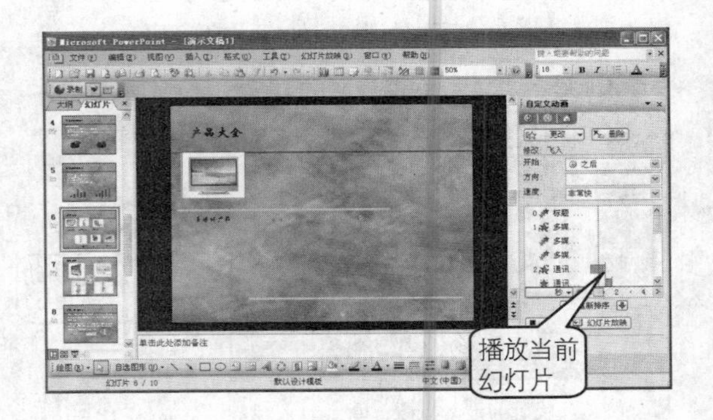

17 设置幻灯片 7 的动画效果。图片“精品荟萃”动画为“旋转”，然后依次设置底层的 4 张图片动画效果为“展开”，再设置上层的 4 张图片的动画效果为“回旋”，如下图所示。

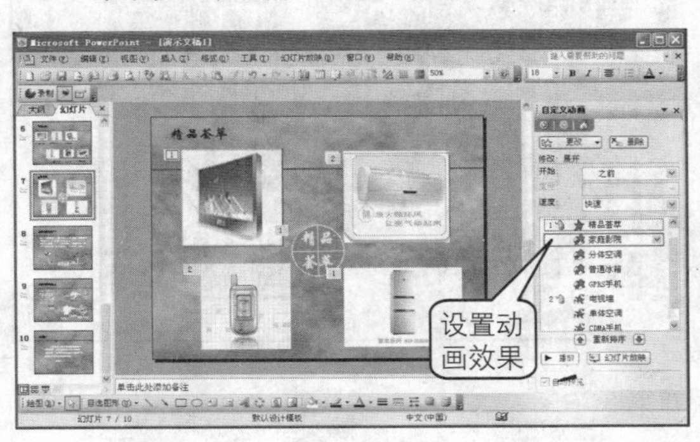

18 在幻灯片 8 中，选中图片后添加动画效果“渐入”，设置“开始”为“单击时”，“速度”为“快速”，如下图所示。

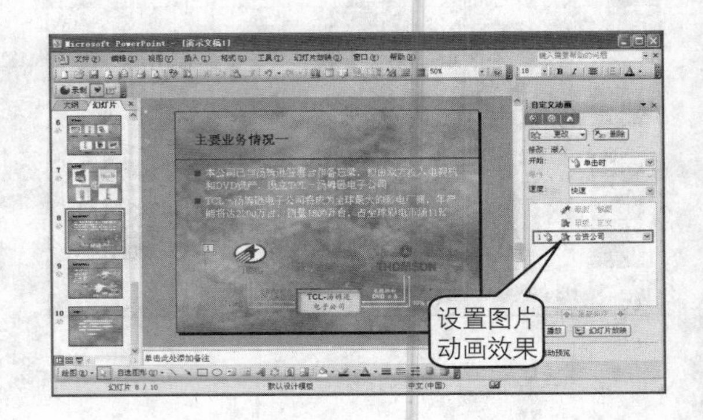

19 在幻灯片9中，分别设置图片的动画效果为“渐入”和“缓慢进入”，如右图所示。至此，演示文稿的动画设置就全部完成了。可见，使用母版进行动画设置，不但可以统一演示文稿的整体风格，而且还可以节约时间，提高工作效率。

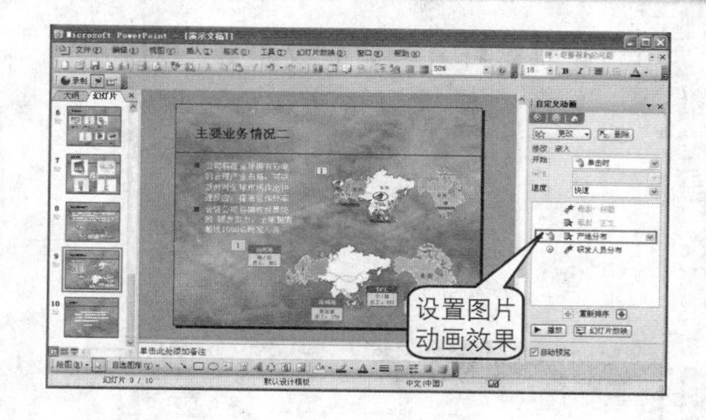

5 放映演示文稿

幻灯片的放映很简单，放映的方式也有很多种。用户可以自己控制放映的内容和进程。

1 单击菜单栏中的“幻灯片放映>观看放映”命令或者是直接按下键盘上的F5键就可以开始放映演示文稿了，如下图所示。

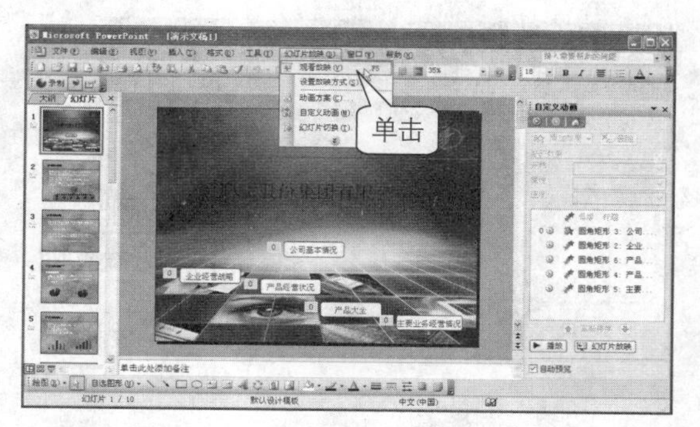

2 在放映演示文稿时，右键单击弹出如下图所示的快捷菜单，用户可以在该菜单中选择命令控制放映进程。

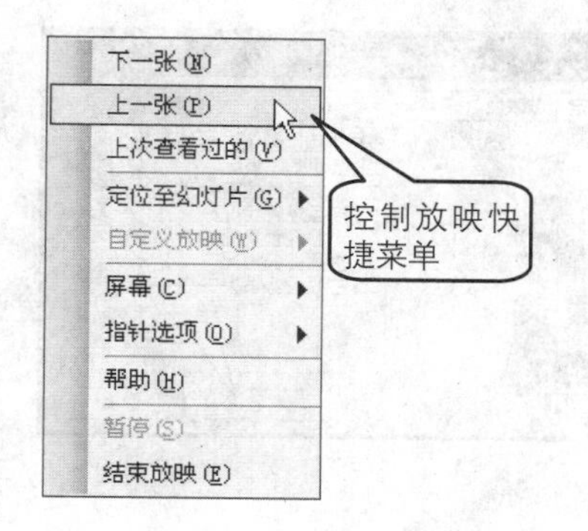

3 单击菜单栏中的“幻灯片放映>设置放映方式”命令打开“设置放映方式”对话框，如下图所示，用户可以在该对话框中选择放映类型和需要放映的幻灯片等。

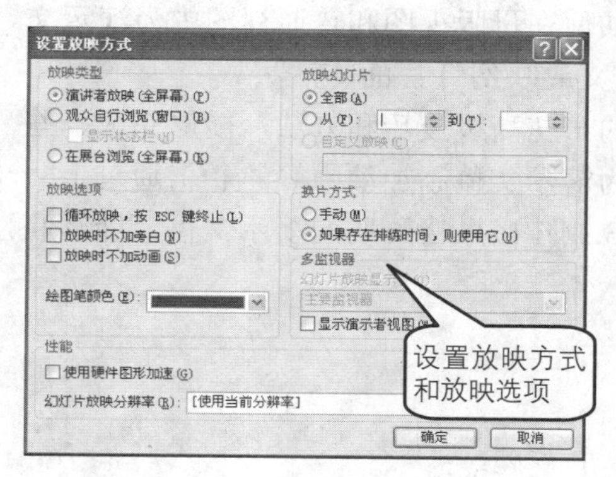

4 用户还可以设置自定义放映方式。单击菜单栏中的“幻灯片放映>自定义放映”命令，如下图所示。

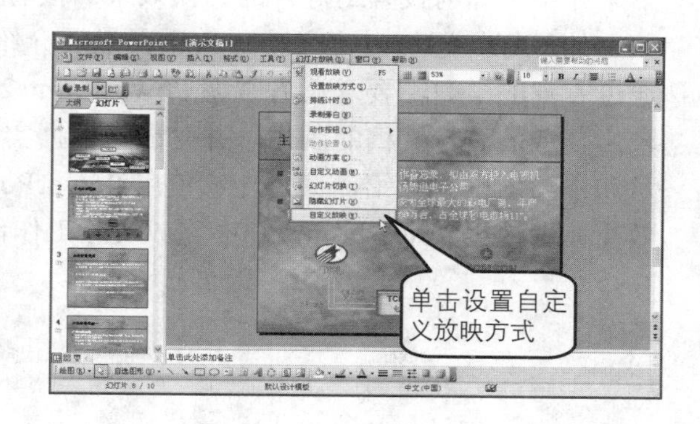

5. 此时将打开“自定义放映”对话框，单击“新建”按钮，如下图所示。

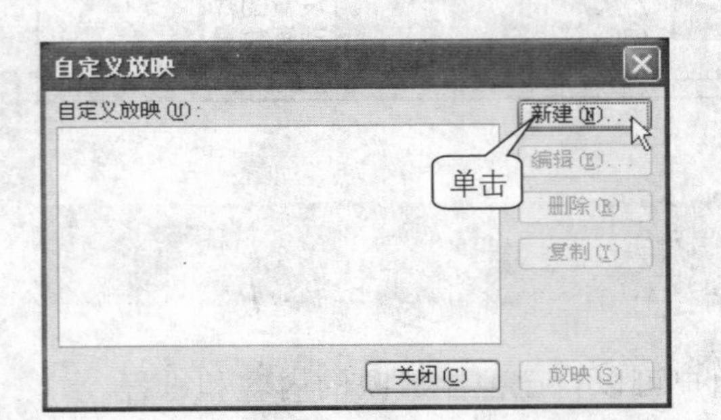

6. 打开“定义自定义放映”对话框，用户可以自行设置幻灯片放映名称，在“在演示文稿中的幻灯片”列表框中选中需要放映的幻灯片，然后单击“添加”按钮添加到“在自定义放映中的幻灯片”列表框中，如下图所示。

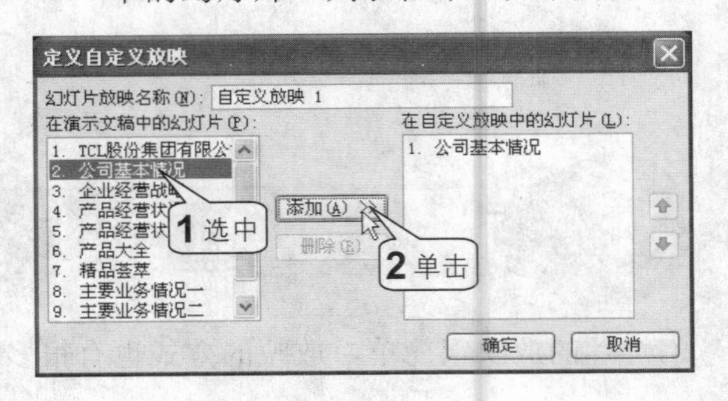

7. 添加完所有需要放映的幻灯片后，单击“确定”按钮关闭“定义自定义放映”对话框，如下图所示。

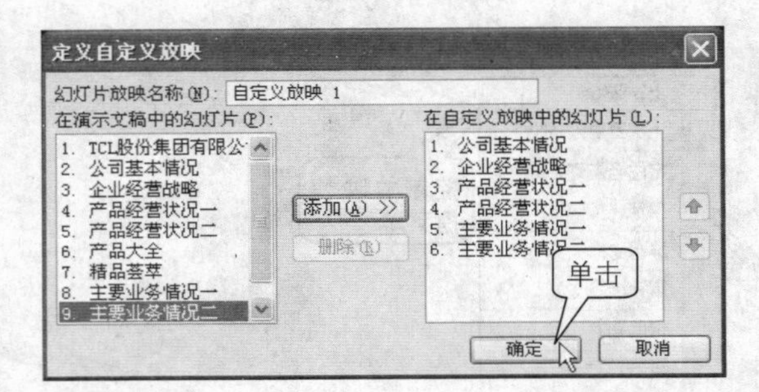

8. 在“自定义放映”对话框中单击“放映”按钮开始播放“自定义放映 1”，如下图所示。

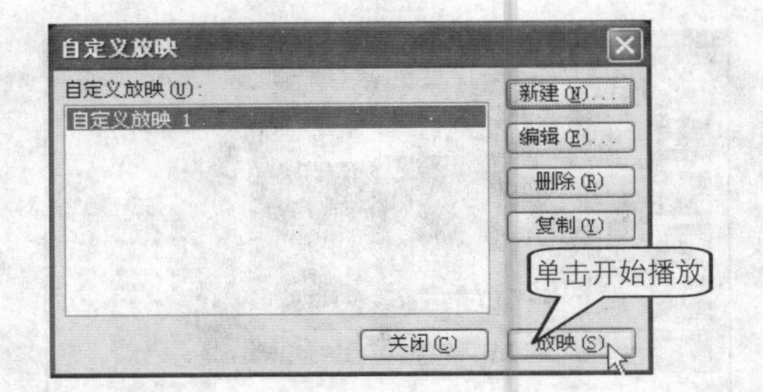

6 本章小结

本章以某公司的公司形象宣传幻灯片为实例，首先介绍了设计演示文稿的标题母版和幻灯片母版的具体方法；然后介绍了向幻灯片中输入文字、插入图片和自选图形等内容和对象；接下来介绍了如何设置幻灯片的切换效果；接着介绍了如何在母版视图和普通视图中为演示文稿中的幻灯片添加自定义动画效果；最后介绍了自定义放映幻灯片的方法。

通过本章的学习，要求读者掌握 PowerPoint 2003 中的一些高级技巧和方法，能够完成一些较为复杂的演示文稿的制作，并且能够根据实际需要为演示文稿添加动画等。相信通过上一章和本章的内容介绍，读者能够使用 PowerPoint 2003 制作出风格鲜明的演示文稿，能够高效高质地使用 PowerPoint 2003 完成实际工作任务。

Chapter 12

Access 2003快速入门

数据库是公司办公中不可缺少的一环，特别是在信息时代来临的现代商务社会，Access 2003数据库管理系统是处理这些事务的最佳助手，它作为Office 2003的组件之一，其简单易学的特点深受广大用户喜爱。本章从Access 2003的启动与退出开始，介绍了在Access 2003中创建表、编辑表间关系、设置主键、数据的排序与筛选、多种方式创建查询和窗体等知识。

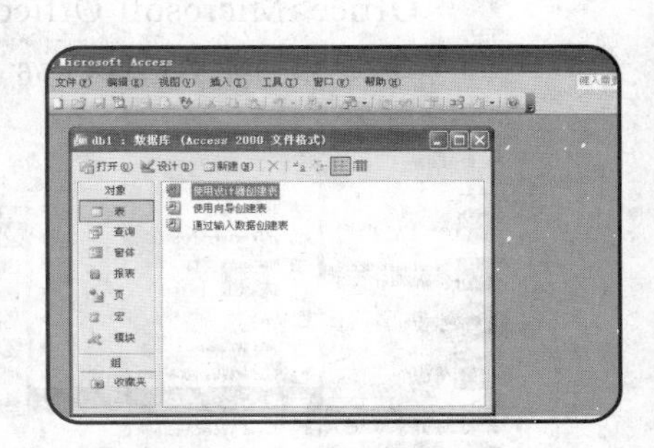

1. Access 2003的启动与退出
2. 在数据库中创建表
3. 编辑表之间的关系
4. 使用与编辑数据表
5. 在Access中创建查询和窗体

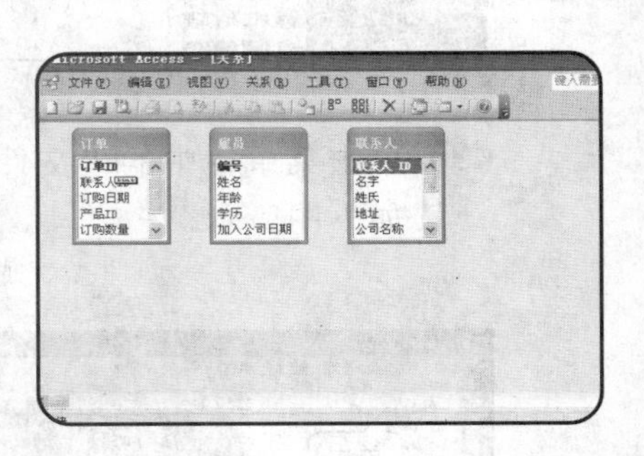

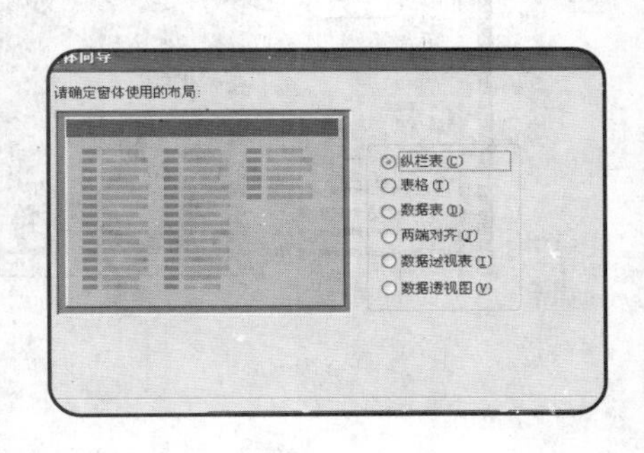

Access 2003的启动与退出

Access 2003 的启动与退出方法非常简单，而且有多种方式。通常，用户习惯使用“开始”菜单中的命令或者在桌面上创建快捷方式来启动 Access 2003；而要退出 Access 2003 更为简单，可以直接单击“关闭”按钮，也可以从“文件”菜单中退出。

启动 Access 2003

和启动 Office 的其他软件一样，启动 Access 2003 也有多种方法，现分别介绍如下。

1. 从“开始”菜单启动

1 启动 Windows 后，用鼠标单击任务栏左侧的“开始>所有程序>Microsoft Office>Microsoft Office Access 2003”命令即可启动 Access 2003，如下图所示。

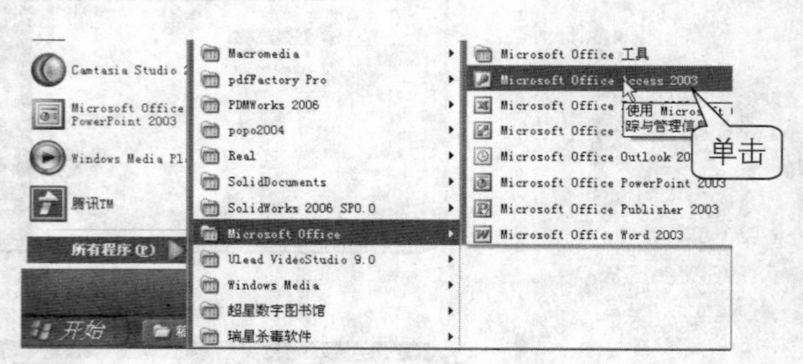

2 屏幕上将显示 Microsoft Access 2003 窗口，并在窗口的右侧显示“开始工作”任务窗格，如下图所示。

3 单击菜单栏中的“文件>新建”命令，如下图所示。

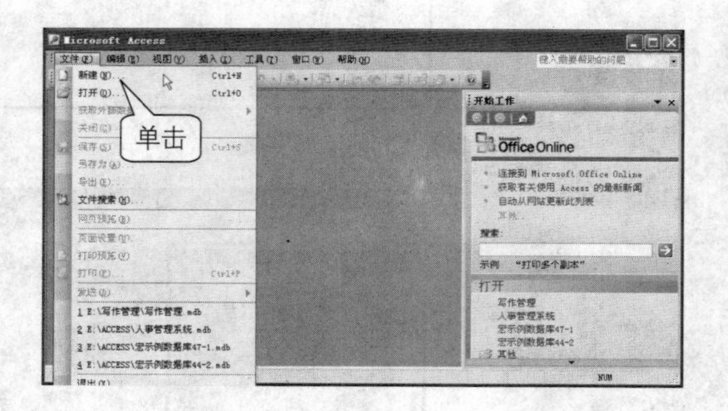

4 此时窗口的右侧会显示“新建文件”任务窗格，在“新建”区域中单击“空数据库”命令，如下图所示。

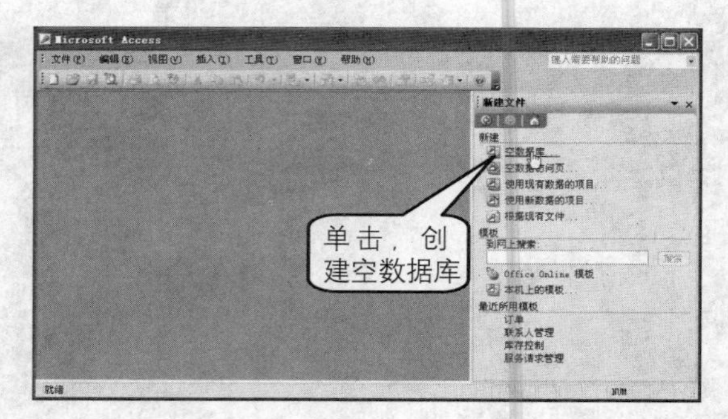

5 选择“空数据库”后，屏幕上会弹出“文件新建数据库”对话框。在这里可以设置数据库保存的路径和名称以及类型。系统默认的文件名为db1，默认的路径为“我的文档”文件夹。如果不需要更改名称和路径，可直接单击“创建”按钮，如下图所示。

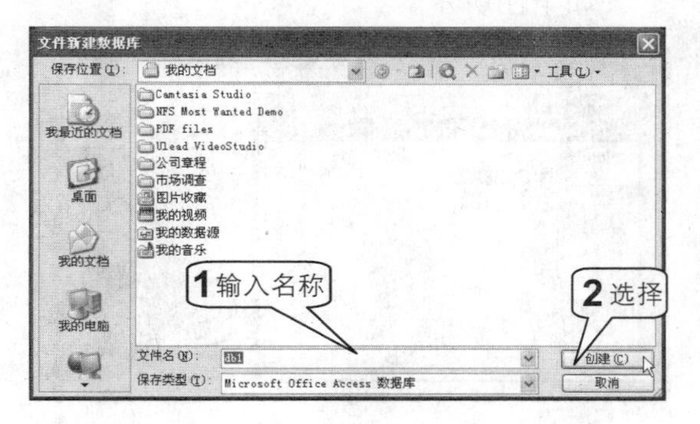

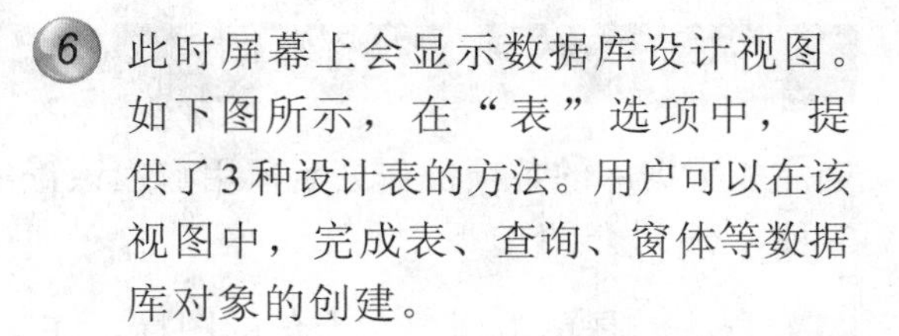

6 此时屏幕上会显示数据库设计视图。如下图所示，在“表”选项中，提供了3种设计表的方法。用户可以在该视图中，完成表、查询、窗体等数据库对象的创建。

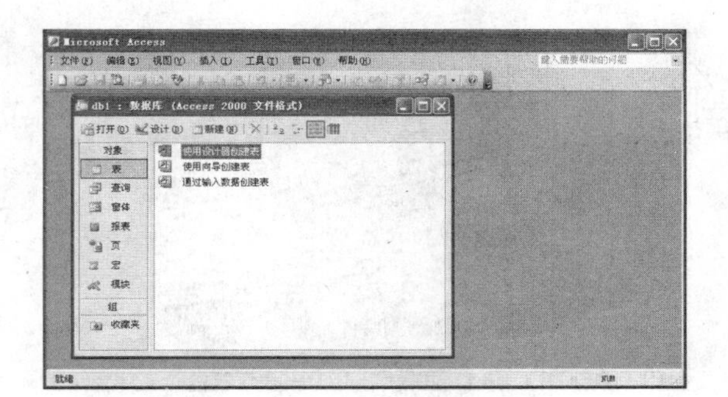

2. 使用“新建Office文档”启动

1 单击“开始”按钮，从弹出的菜单中选择“新建Office文档”命令，如下图所示。

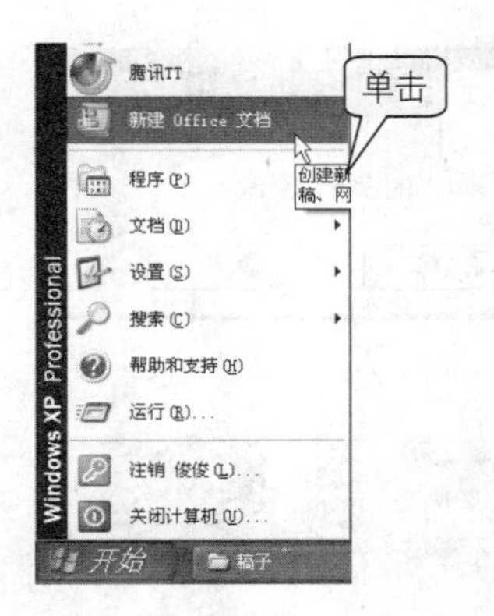

2 打开“新建Office文档”对话框，在“常用”选项卡中选中“空数据库”图标，然后单击“确定”按钮即可创建一个新的空白数据库，如下图所示。

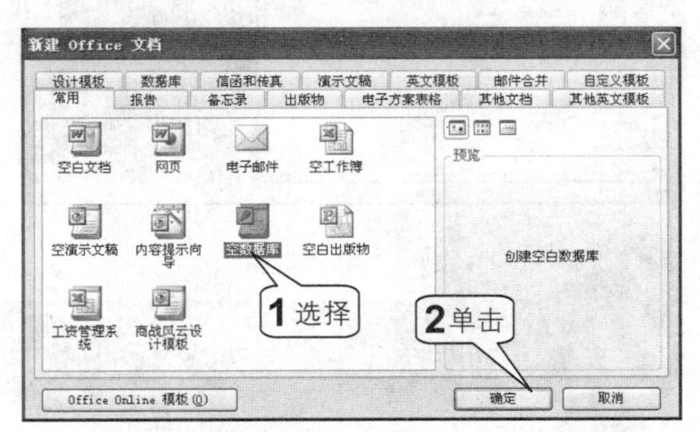

3 如果想要根据模板创建，可单击“数据库”标签切换到“数据库”选项卡，在该选项卡中选中需要的模板，然后单击“确定”按钮，如右图所示。

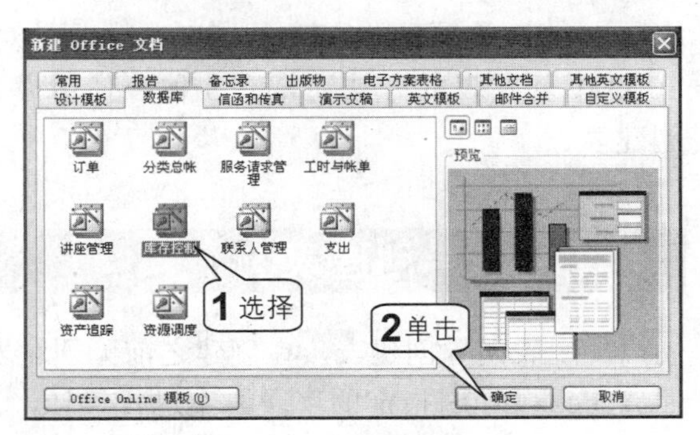

提示

如果用户想要获得更多更新的数据库模板，若计算机已经连入Internet，可单击“Office Online模板”按钮到Office官方网站下载更多的数据库模板。

退出 Access 2003

当完成数据库的各项操作之后，用户应该正常退出 Access 2003 数据库，常见的退出方法有 3 种，分别介绍如下。

1. 方法一是单击程序左上角的图标，在出现的下拉菜单中选择“关闭”命令，如下图所示。

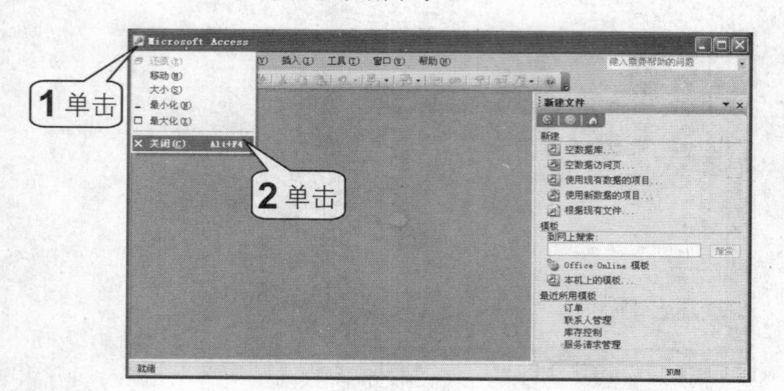

2. 方法二是直接单击程序右上角的“关闭”按钮退出 Access 2003 应用程序，如下图所示。

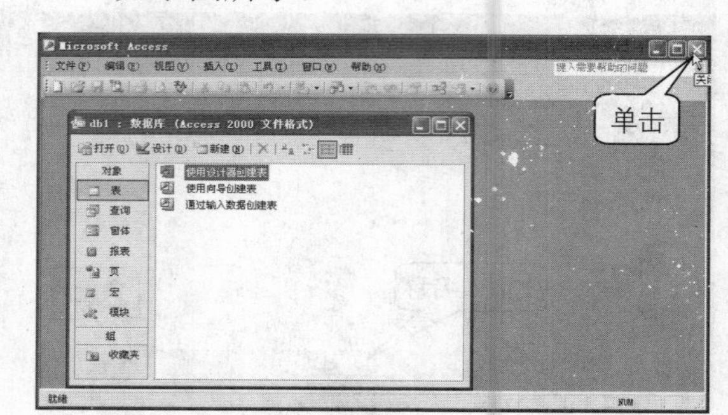

3. 方法三是单击菜单栏中的“文件>退出”命令，如下图所示。

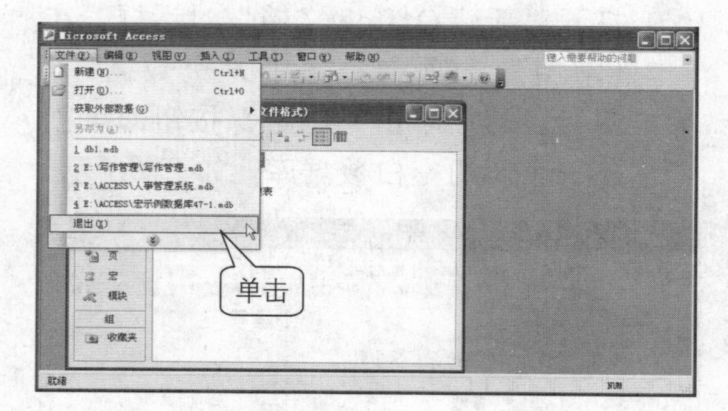

提示

无论采用上述哪一种方法，用户在退出之前一定要对数据进行保存。如果在退出前未进行保存，系统会弹出对话框提示用户是否保存。

2 在数据库中创建表

表是 Access 关系型数据库中用来存储数据的对象，可以说表是一个数据库系统的基石。Access 2003 中创建表的方法通常有 3 种：使用设计器创建表、使用向导创建表和通过输入数据创建表。

使用向导创建表

用户使用表向导创建表，在创建之前无须对表进行设计，只需要根据向导的提示和指引，按照 Access 2003 指定的字段方案进行设计，从而轻松地完成表的创建，具体操作步骤如下。

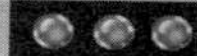

1 新建db1.mdb文件，在“db1:数据库”窗口的“表”对象面板中单击“新建”按钮，如下图所示。

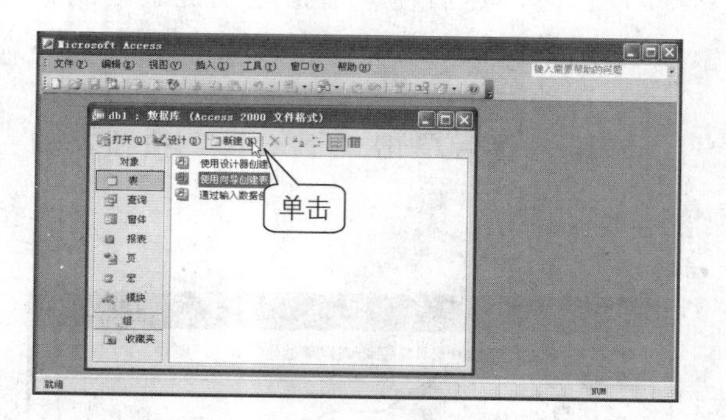

2 弹出“新建表”对话框，选择列表中的“表向导”选项，单击“确定”按钮，如下图所示。

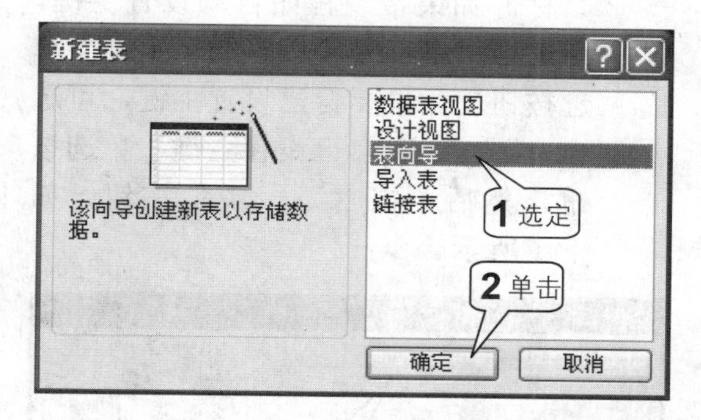

提示

用户也可以直接在“数据库”窗口中，双击“使用表向导创建表”命令启动“表向导”对话框。

3 弹出“表向导”对话框。根据需要，用户可以选择表的类型为“商务”或“个人”，这里可选中“商务”单选按钮，然后在“示例表”列表框中选择“联系人”，在“示例字段”列表框中选中需要的字段，然后单击 > 按钮将该字段添加到“新表中的字段”列表框中，如下图所示。

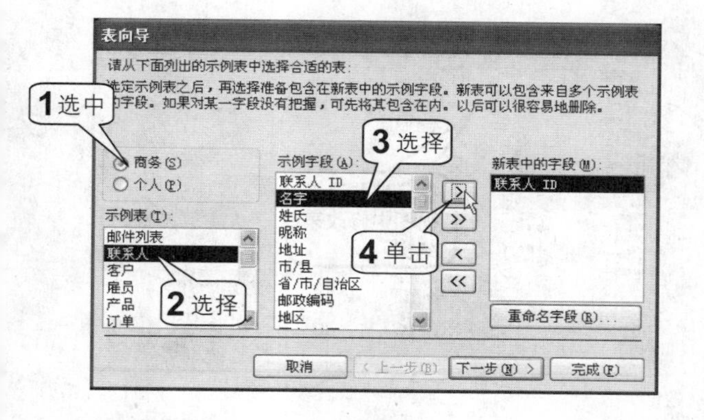

4 重复步骤3中的方法，将“联系人”示例表中所有需要的字段添加到“新表中的字段”列表框中，然后单击“下一步”按钮，如下图所示。

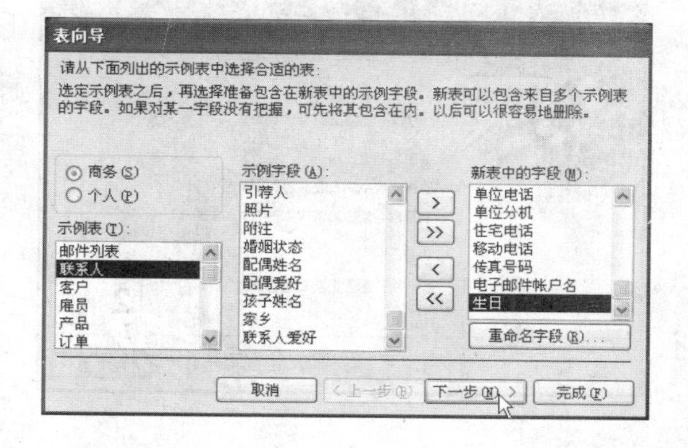

提示

> 的含义是将示例表中选定的字段添加到“新表中的字段”列表框中；>> 按钮的含义是将示例表中所有的字段添加到“新表中的字段”列表框中；< 按钮的含义是将“新表中的字段”列表框中选定的字段清除；<< 按钮的含义是将“新表中的字段”列表框中所有的字段清除。

5 进入"表向导"的下一步骤，在"请指定表的名称"文本框中为新表指定名称。如果希望程序自动设置主键，可选中"是，帮我设置一个主键"单选按钮，如果要自己设置主键，可选中"不，让我自己设置主键"单选按钮，然后单击"下一步"按钮，如下图所示。

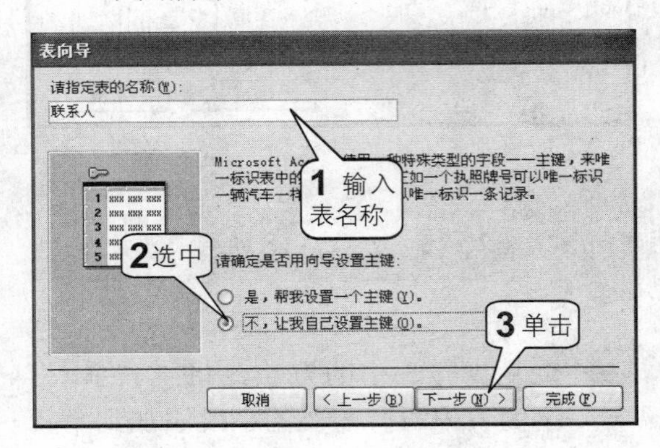

6 进入"表向导"的选择主键字段步骤。从下拉列表中选择要作为主键的字段，然后在"请指定主键字段的数据类型"中选中"让 Microsoft Access 自动为新记录指定连续数字"单选按钮。然后单击"下一步"按钮，如下图所示。

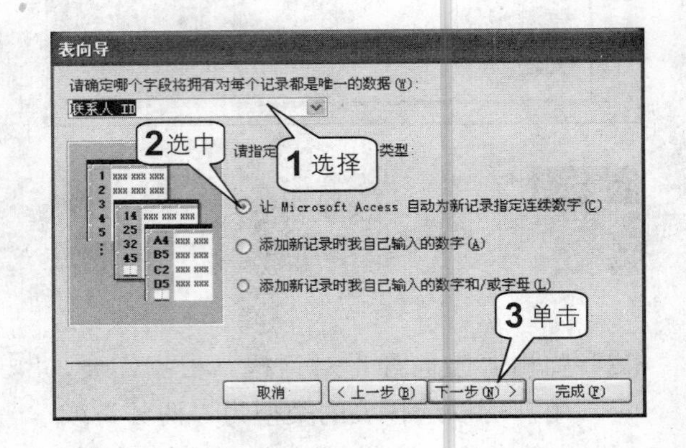

7 进入"表向导"最后一步，在这里可以选择向导完成后的操作。如果希望再对表的结构进行修改，可选中"修改表的设计"单选按钮，然后单击"完成"按钮，如下图所示。

8 此时将在设计视图中打开新创建的表，如下图所示。用户可以修改该表中字段的名称和数据类型等。

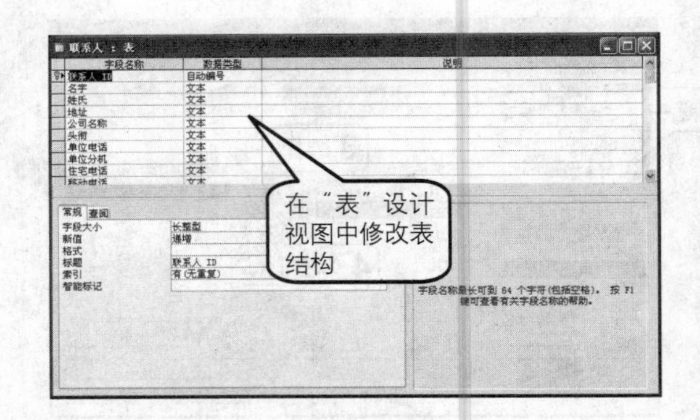

使用设计器创建表

虽然表向导提供了简单的表的创建方法，但如果向导不能提供用户所需要的字段，用户还需要重新创建。这时，用户常可以在设计器中设计表，具体操作步骤如下。

1 在"表"对象面板中双击"使用设计器创建表"命令，如下图所示。

2 屏幕上在表设计视图中显示"表1：表"窗口，如下图所示。

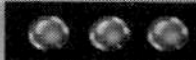

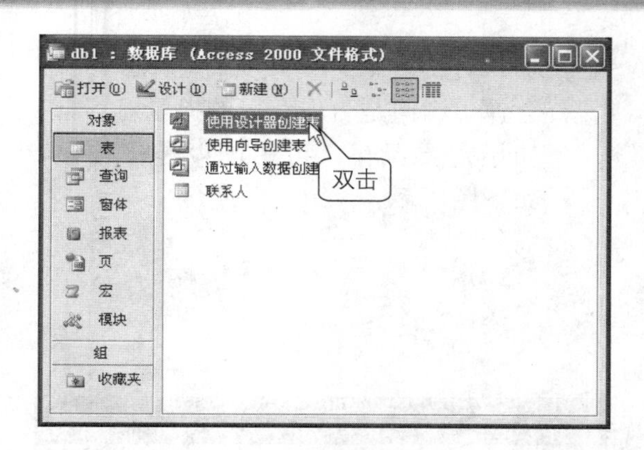

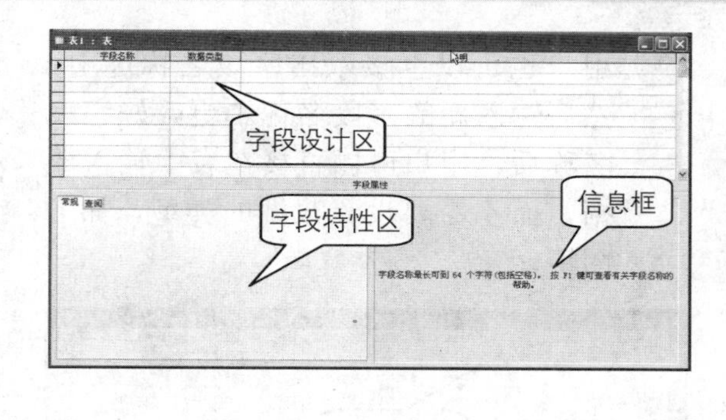

3 表的每一行均由4部分组成。最左边的灰色的小方块为行选择区，当用户移动鼠标指针到某一行时，对应行选择区会出现一个黑色的三角形，该三角形称为行指示器，用它指明当前操作行。其余3部分分别是字段名称、数据类型和说明。在“字段名称”列中输入字段的名称，单击对应行的“数据类型”单元格，此时该单元格右侧会显示下三角形按钮，单击该按钮可以从下拉列表中选择适当的数据类型，如右图所示。

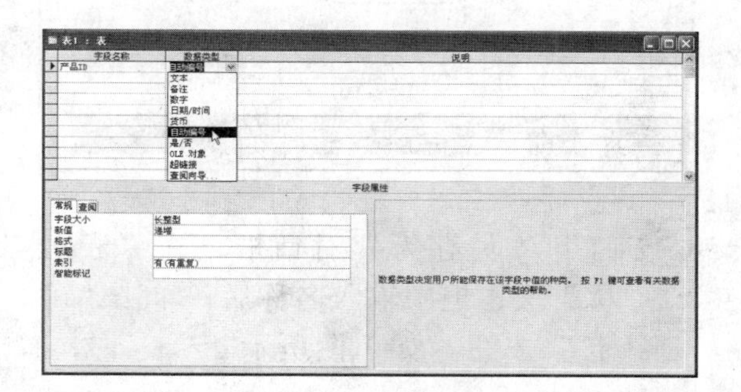

通过输入数据创建表

用户可以通过直接输入数据的方式来创建一个新表，在保存表的时候，Access会自动分析数据并为每一个字段选择适当的数据类型，具体操作步骤如下。

1 在数据库对象窗口中的“表”对象中，双击“通过输入数据创建表”选项，如下图所示。

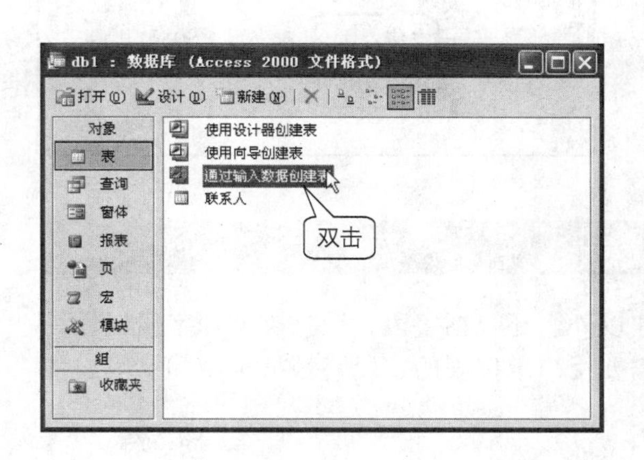

2 此时，会打开一个默认的名称为“表1：表”的窗口。右击“字段1”，从弹出的快捷菜单中选择“重命名列”命令可以为表中的字段进行重命名，如下图所示。

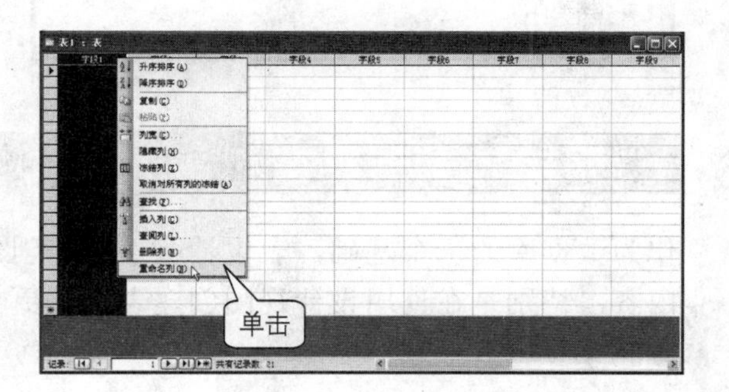

3 用户也可以直接双击字段名称选中，然后输入新的字段名称。更改好字段名称后，用户可以直接在表中输入数据，而不需要设置数据的类型，如下图所示。

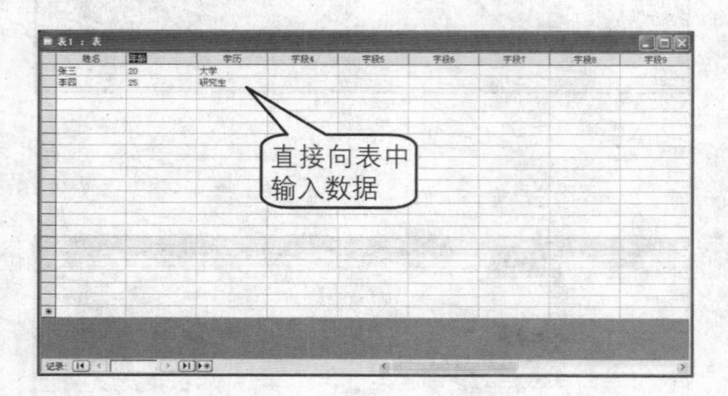

4 输入好内容后，单击关闭按钮，此时会弹出询问是否保存表的提示对话框。如果需要保存，可单击“是”按钮，如下图所示。

5 打开“另存为”对话框，在“表名称”文本框中输入名称后，单击“确定”按钮，如下图所示。

6 屏幕上会弹出如下图所示的对话框，因为表中尚未定义主键，单击“是”按钮接受系统为该表创建主键。

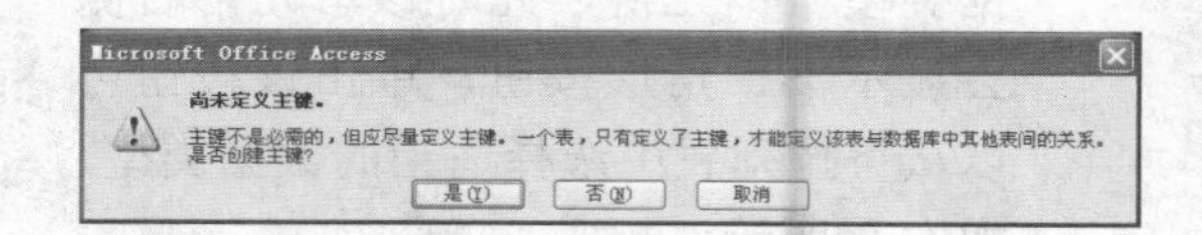

7 在对象面板中，选中“雇员”表，然后单击“设计”按钮，如下图所示。

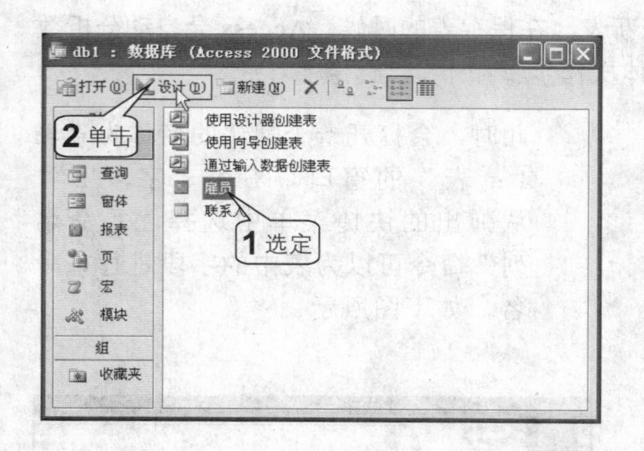

8 此时在设计视图中打开“雇员”表，可以看到系统根据用户输入的数据会自动为表中的字段分配适当的数据类型，如下图所示。

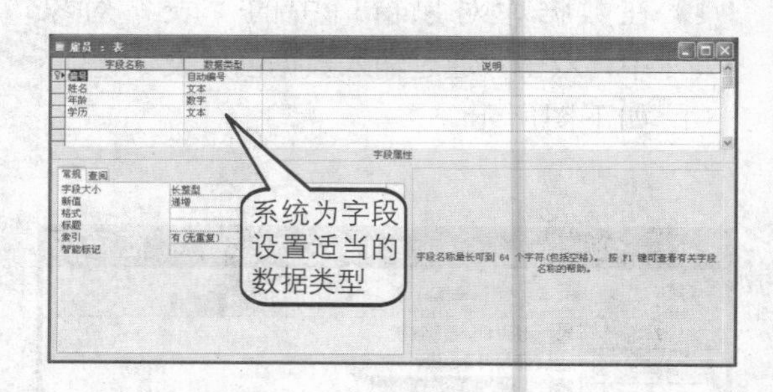

字段、数据类型和字段属性

作为数据库的一个基础，表设计除了表的创建以外，还包括字段、数据类型和字段属性等内容，特别是在使用设计视图创建表时，更需要用户掌握表的字段、数据类型和字段属性等内容。

1. 字段

表中的记录包含许多字段，分别存储着关于每个记录的不同类型的信息。打开表设计器之后，应该设置表中的字段了。在设计字段名称时，某些字符不允许出现在字段名称中，它们分别为如下字符。

- .句点。
- ！惊叹号。
- []左右方括号。
- ‘左单引号。

提示

字段名称最长可达 64 个字符，但是用户应该尽量避免使用特别长的字段名。因为如果不调整列的宽度，就难以看到完整的字段名。

2. 字段数据类型

Access 2003 定义了 10 种数据类型：文本（Text）、备注（Memo）、数字（Number）、日期/时间（Date/Time）、货币（Currency）、自动编号（Auto Number）、是/否（Yes/No）、超级链接（HyperLink）、OLE 对象（OLE Object）、查询向导（Lookup Wizard）。各数据类型的使用说明如下表内所示。

数据类型	使用说明
文本（Text）	文本或者文本与数字的组合，也可以是和数字计算无关的数字，如电话号码、身份证号码等
备注（Memo）	用于保存较长的字符，例如一些说明性的文字
数字（Number）	用于计算的数字，但是有两种数字用单独的数据类型表示即货币和日期/时间
日期/时间（Date/Time）	用于表示有关日期或者时间的数据，用户可以在“字段属性”窗口中设置它们的格式，也可以自定义格式
货币（Currency）	用来表示货币值，可以精确到小数点左侧 15 位以及小数点右侧 4 位
自动编号（Auto Number）	每添加一条记录自动添加的表项（递增 1）
是/否（Yes/No）	用于表示两种值的一种，可以自定义格式，如 Yes/No 和 On/Off
超级链接（HyperLink）	保存超级链接的字段
OLE 对象（OLE Object）	在其他使用 OLE 协议程序创建的对象，用于连接这些 OLE 对象
查询向导（Lookup Wizard）	字段允许使用组合框选择另一个表或者一个列表框的值，如果选择此项，将打开向导进行定义

3. 字段属性设置

用户可以通过对字段属性的设置对字段进行更高一级的设置，字段大小用来设置文本型最大长度和数字型字段的取值范围；字段格式的设置是用来设置数据的显示和打印方式的。

1. 字段大小的设置。用户可以在属性设置区域中的“常规”选项卡中设置字段大小。例如在默认情况下，文本类型字段的大小均为50，用户可以根据需要更改该值，如下图所示。

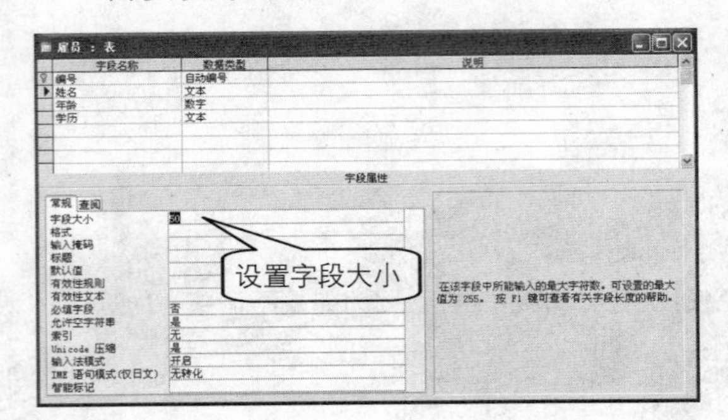

2. 字段格式设置。在“常规”选项卡中单击“格式”框，单击右侧的下三角形按钮，打开格式下拉列表，用户可以从该列表中选择需要的字段格式，如下图所示。

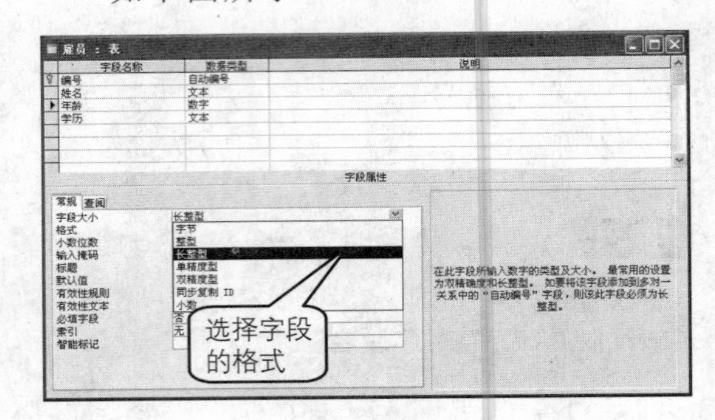

3. 如果是数字类型的数据，还可以设置小数位数。单击“小数位数”下拉列表框，从下拉列表中选择所需要小数位数，也可以直接输入小数位数值，如下图所示。

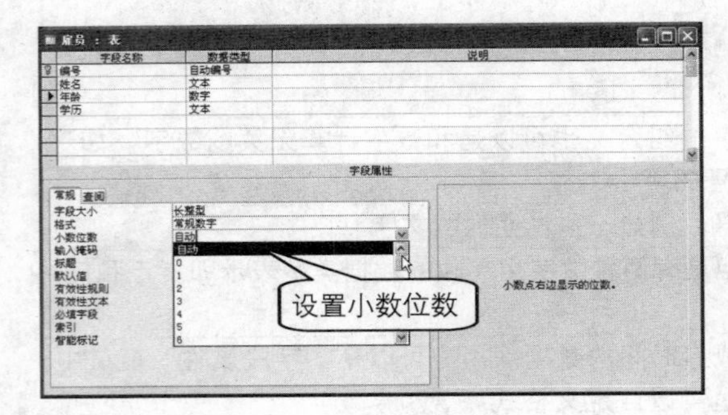

4. 将鼠标光标置于“输入掩码”框中，然后单击该框右侧的按钮[...]为该字段设置掩码，如下图所示。

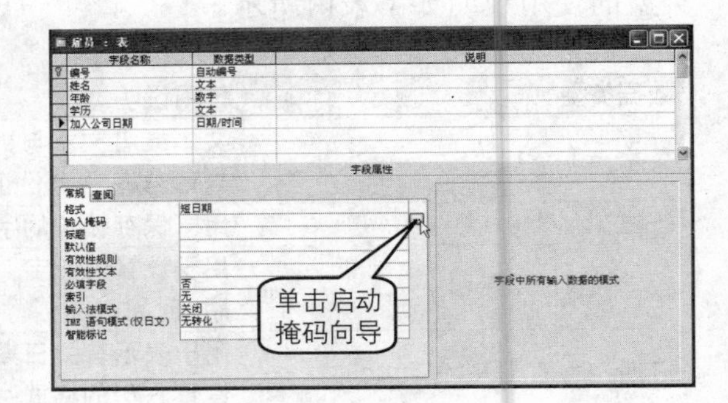

5. 此时屏幕上弹出“输入掩码向导”对话框，提示用户必须先保存表，可单击“是”按钮，如右图所示。

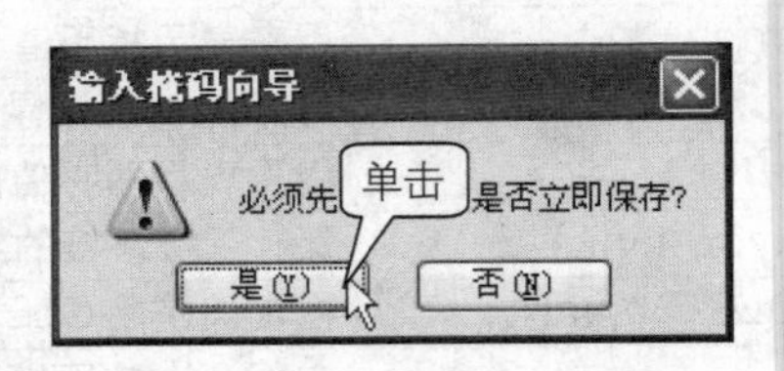

6. 然后进入“输入掩码向导”对话框中的“请选择所需的输入掩码”步骤，在“输入掩码”列表框中选择需要的掩码，在“尝试”文本框中单击可以查看所选掩码的效果。设置好后，可单击“下一步”按钮，如右图所示。

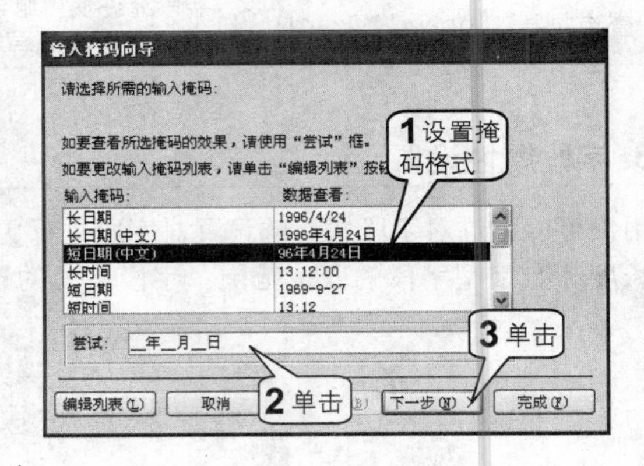

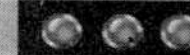

7 在接下来的对话框中可以设置掩码的占位符，从“占位符”下拉列表中选择合适的占位符，然后单击“下一步”按钮，如下图所示。

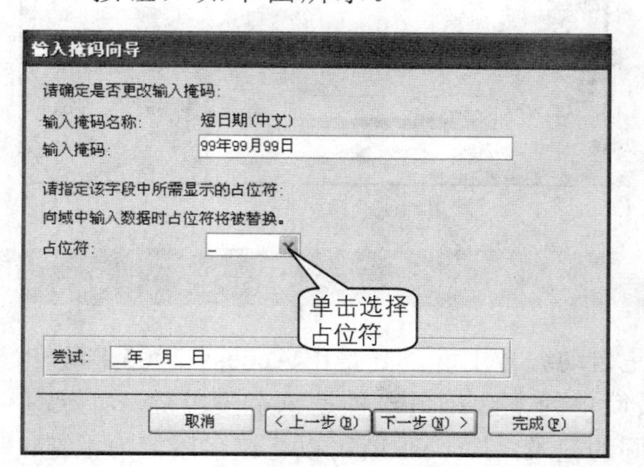

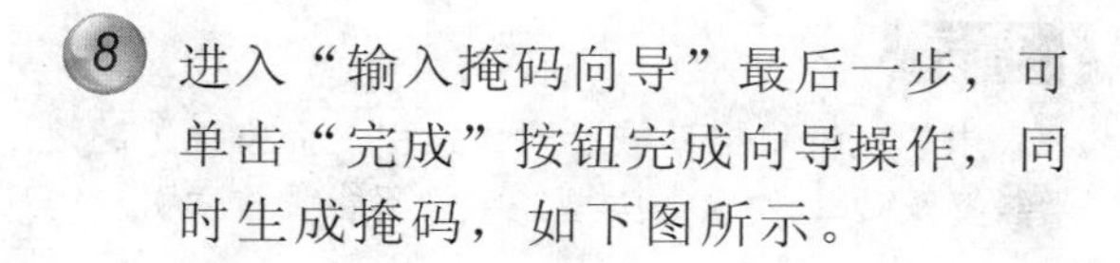

8 进入“输入掩码向导”最后一步，可单击“完成”按钮完成向导操作，同时生成掩码，如下图所示。

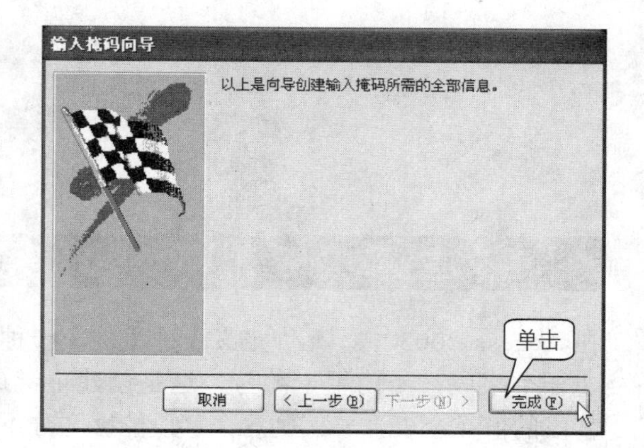

3 编辑表之间的关系

在 Access 2003 数据库中各表之间并不是独立的，它们彼此之间存在或多或少的联系，这就是“表间关系”。本节将首先介绍表索引的创建，接着介绍表的主键，在此基础上介绍 Access 2003 中关系的种类及定义关系的准则、怎样设定表间关系，表间关系的作用以及怎样删除无用的关系。

表的索引

当表中的数据越来越多时，需要利用索引帮助用户更有效地查询数据。索引有助于 Access 2003 快速查找和排序记录。大多数情况下，都是对经常搜索的字段、排序字段或查询中连接到其他表字段的字段设置索引。通常可以用来进行索引设置的数据类型字段如下：

- 字段数据类型为文本、数字、货币及日期 / 时间；
- 搜索保存在字段中的值；
- 排序字段中的值。

Access 2003 为每个字段提供了 3 个索引选项，如下表所示。

选项	说明
无	该字段没有被编入索引
有（有重复）	该字段被编入索引，同一类型的数据（有重复）可以输入该字段的多条记录中
有（无重复）	该字段被编入索引，同一类型的数据（无重复）可以输入到该字段的多条记录中

创建和删除索引的方法非常简单，如下图所示，在设计视图下打开表，使要操作的字段成为当前字段；然后在“常规”选项卡中的“索引”下拉列表中选择需要的选项即可。

提示

表中的主键将自动被设置为索引，而备注、超链接及OLE对象等类型的字段不能设置索引。

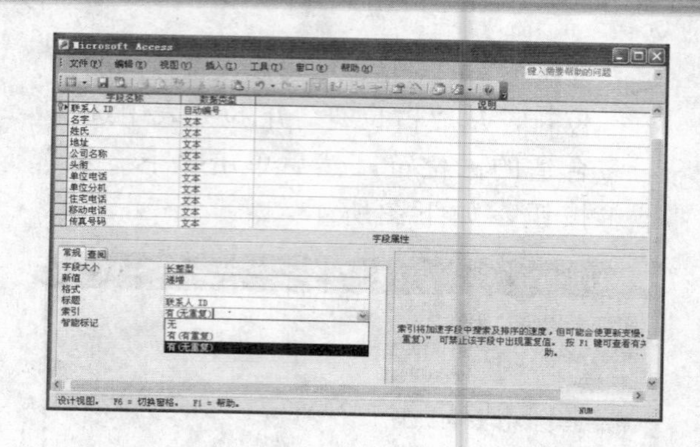

定义主键

在Access 2003中，允许定义3种主键。一种是自动编号主键，它是由Access 2003自动创建一个字段，专门用于编号，这是创建主键最简单的方法；另一种是单字段主键，如果某字段的值在全表惟一，则这个字段能够区分不同的记录，Access就可以将该字段作为主键；还有一种是多字段主键，即在同一个表中将两个或多个字段设置为主键。

1. 在设计视图中打开之前创建的“联系人”表，可以看到在“联系人ID”字段左侧的行选择区上显示一个主键图标，该字段即为自动编号主键。

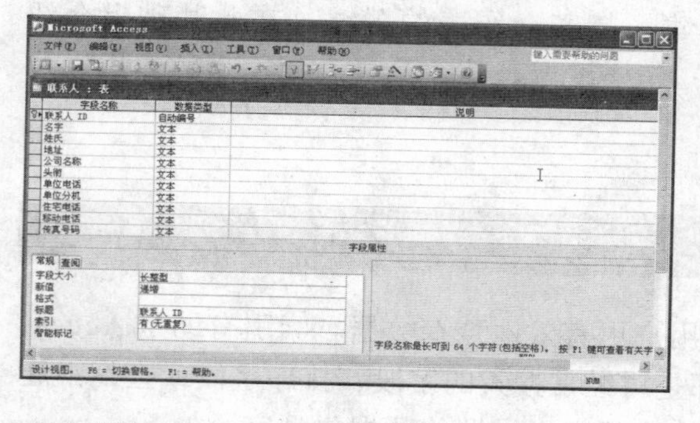

2. 如果要将表中的多个字段都设置为主键，可按住Ctrl键，同时选中这些字段，然后单击工具栏中的“主键”按钮将选中的字段设置为主键。

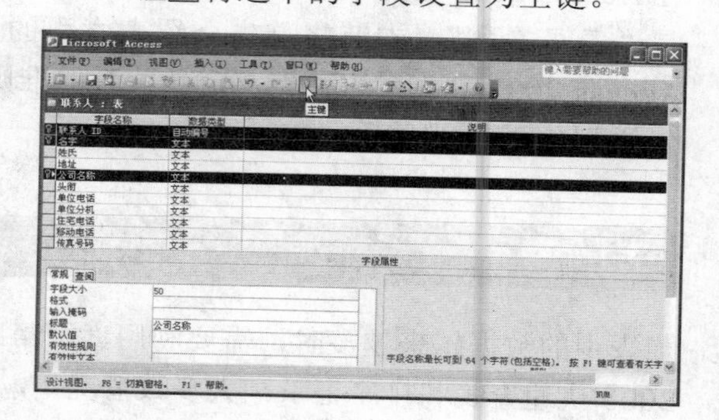

提示

如果要取消将某个字段作为主键，只需要选中该字段，再次单击工具栏中的“主键”按钮即可。
在Access中使用主键的优点：Access可以根据主键进行索引，提高查询和其他操作的速度；当用户打开一个表的时候，记录将以主键顺序显示记录；指定主键为表与表之间的联系提供可靠的保证。

关于Access 2003中的关系

关系是两个表之间的共有字段之间创建的关联性。当在数据库中创建表之后，经常需要将不同表中的信息彼此关联起来，这就需要定义表之间的关系。

Access 2003提供了3种表间关系，分别介绍如下：

- 一对一关系，A表一个记录只与B表的一个记录相匹配，B表的一个记录也只能与A表的一个记录相匹配；

- 一对多关系，A 表一个记录可以与 B 表的多个记录相匹配，而 B 表的一个记录只能与 A 表的一个记录相匹配；
- 多对多关系，A 表的一个记录可以与 B 表的多个记录相匹配，B 表的一个记录也可以与 A 表的多个记录相匹配。

在 Access 中定义表间关系时，应该遵循以下准则：

- 如果两个表中的相关字段只有一个是主键或唯一索引，则定义一对多的关系；
- 如果两个表中的相关字段都是主键或唯一索引，则定义一对一的关系；
- 如果两个表都能通过第三个表创建一对多的关系，第三个表的主键包含来源于这两个不同表的两个字段的外部关键字，则定义多对多的关系。

创建和查看表间关系

在 Access 中设定数据库表之间的关系非常简单，就像拖放一个对象一样。但是在定义关系之前，用户必须关闭所有的表，因为不能在已打开的表之间创建或修改关系。

1 打开需要创建关系的数据库，单击工具栏上的“关系”按钮，如下图所示。

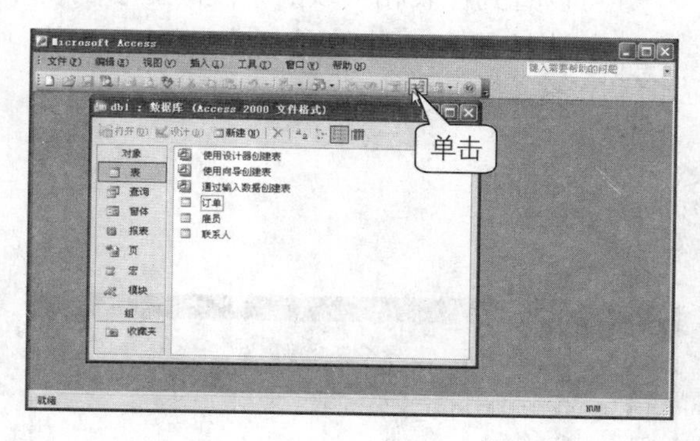

2 这时，屏幕上会弹出“显示表”对话框，在该对话框中选中需要创建关系的表，然后单击“添加”按钮。当添加完所有需要的表后，单击“关闭”按钮，如下图所示。

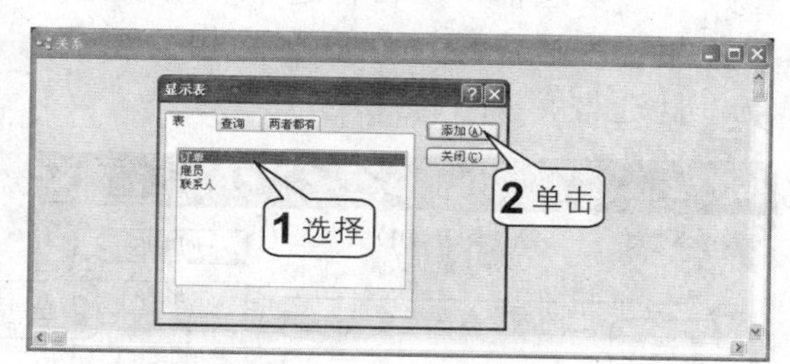

3 此时，在上一步中选中的表将以字段列表的方式显示在“关系”面板中，如下图所示。

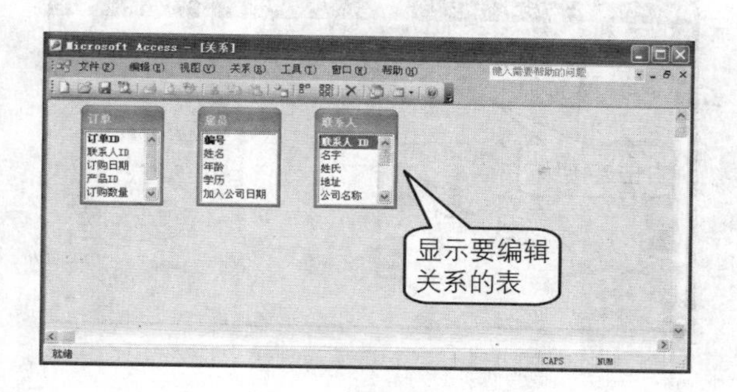

4 假如要创建“联系人”表中的“联系人 ID”字段与“订单”表中的“联系人 ID”字段的关系，可在“联系人”表中选中“联系人 ID”字段拖动到“订单”表中的“联系人 ID”字段上。

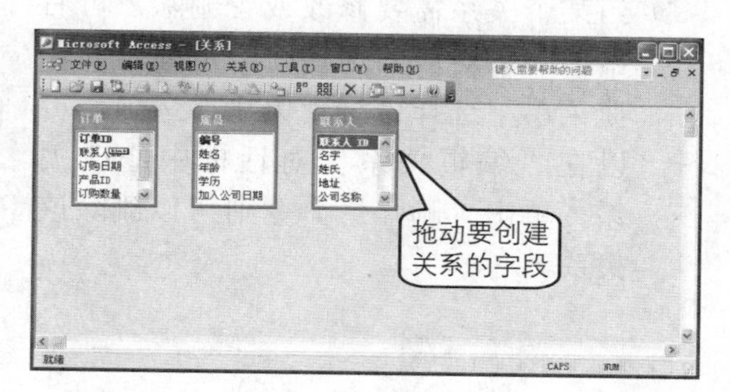

5 屏幕上弹出“编辑关系”对话框。系统会根据字段的数据特点选择默认的关系类型，这里为一对多类型。如果用户需要修改关系类型，可单击“联接类型”按钮，如下图所示。

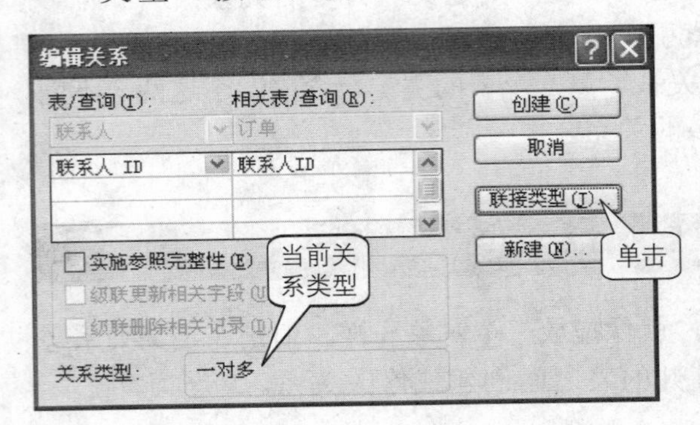

6 打开“联接属性”对话框，用户可以在该对话框中重新选择关系类型，如下图所示。

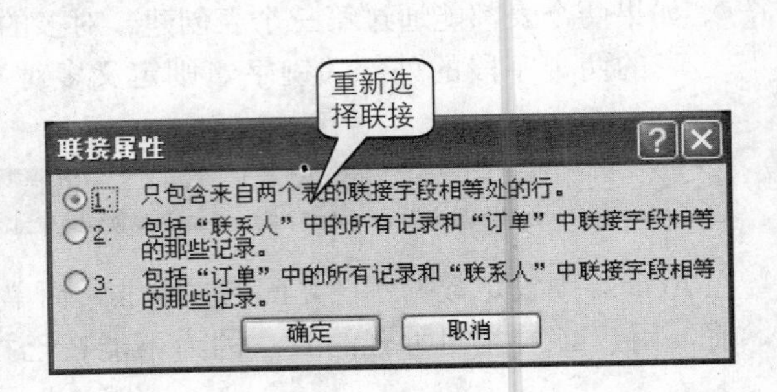

7 如果用户希望有关系的字段的数据能够自动更新或级联删除，可以在“编辑关系”对话框中选中“实施参照完整性”复选框，然后再选中“级联更新相关字段”或“级联删除相关记录”复选框，如下图所示。

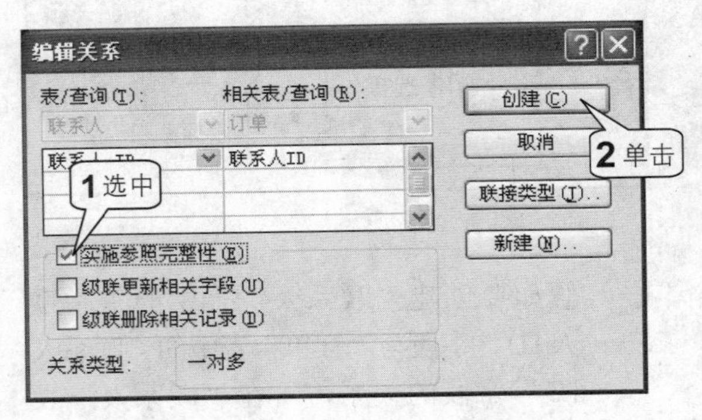

8 单击“创建”按钮创建关系。此时，可以看到在表相关联的字段间显示了一条连接线和一些符号，来代表表间的关系，如下图所示。

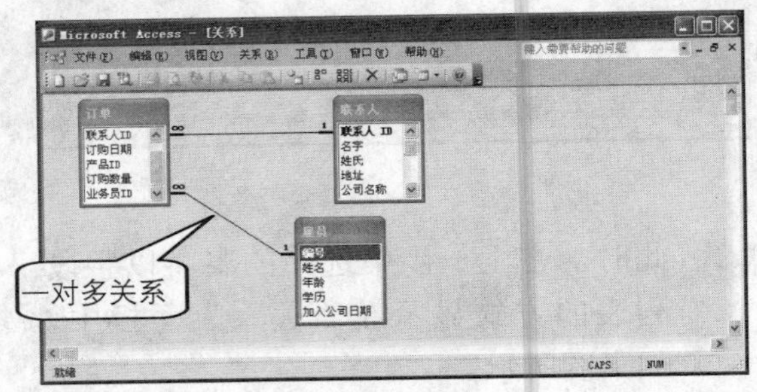

9 当某个关系需要修改或者删除，可右击该关系对应的连接线，从弹出的快捷菜单中选择“编辑关系”选项，可以在“编辑关系”对话框中修改关系，单击“删除”命令则可以删除该关系。

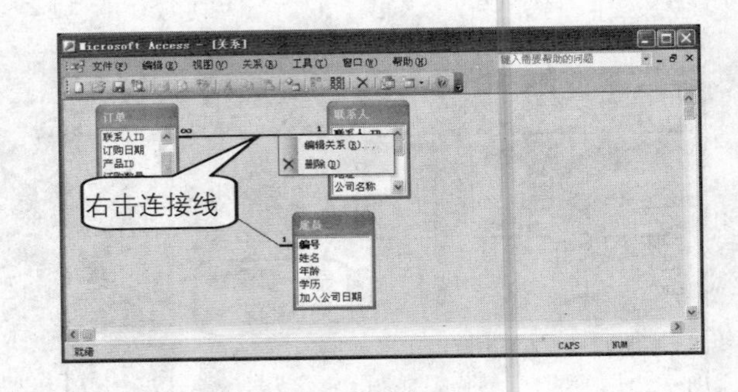

10 当退出“关系”窗口时，系统会弹出询问对话框，询问用户是否保存关系的更改，如果需要保存，单击“是”按钮，如右图所示。

使用与编辑数据表

在数据表视图方式下，用户可以进行许多操作，例如更改表的显示方式、修改表中的数据记录、查找表中的某个记录、对表中的记录进行排序、筛选表中的记录等。

更改数据表的显示方式

用户可以自定义Access 2003数据表的显示方式，设置数据表的字体格式和单元格效果，操作方法如下。

1 更改字体格式。首先打开需要更改显示方式的表，单击菜单栏中的“格式>字体”命令，打开如右图所示的“字体”对话框。和Word 2003中设置字体的方法类似，用户可以设置表中的字体、字形、字号以及字体颜色等格式。

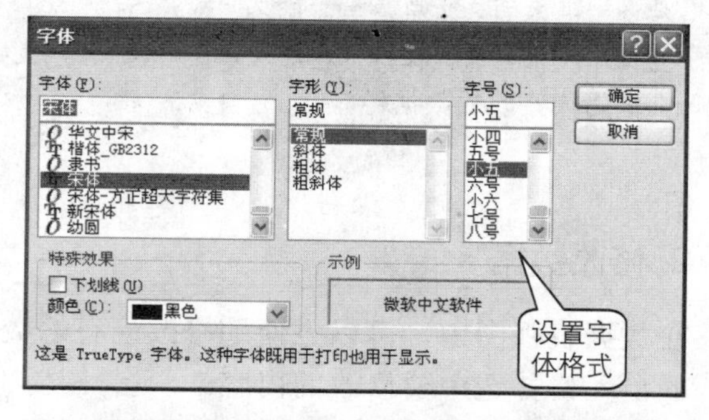

2 设置单元格效果。单击菜单栏中的“格式>数据表”命令，打开“设置数据表格式”对话框。如右图所示，在“单元格效果”选项区域中有“平面”、“凸起”和“凹陷”3个单选按钮，用户可以根据需要选择适当的选项。在“网格线显示方式”选项区域中包括“水平方向”和“垂直方向”两个复选框，在默认的情况下，这两个复选框都被选中，如果用户希望隐藏网格线，则可以取消选中这两个复选框。在“背景色”选项区域中的下拉列表中可以更改背景色，在“网格线颜色”下拉列表中可以更改网格线的颜色。在“边框和线条样式”选项区域中可以设置数据表的边框和样条样式。

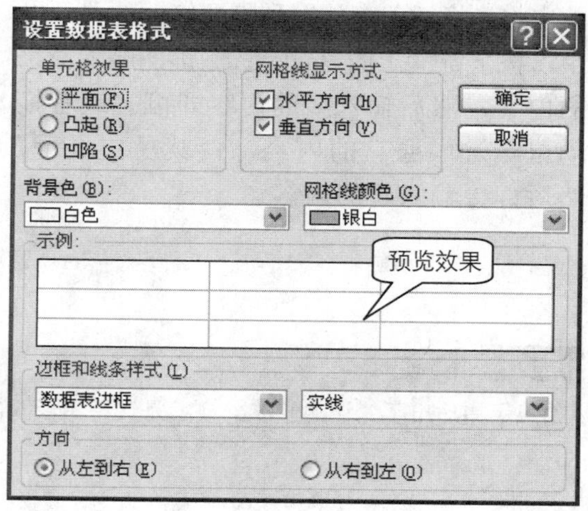

修改数据表中的数据

用户对数据的修改主要包括以下几个方面：插入新数据、修改数据、替换数据、复制数据和删除数据等。

1. 插入新数据

在 Access 2003 中添加新记录非常简单，因为 Access 2003 中的记录操作具有一项新记录功能。在数据表视图中打开需要添加新记录的表，如右图所示，此时在表的末端有一个空白行，其行选定器显示一个“*”符号，用户可以在此行中向各个字段添加数据。当在此行输入完数据后，会发现该符号自动移到下一行。

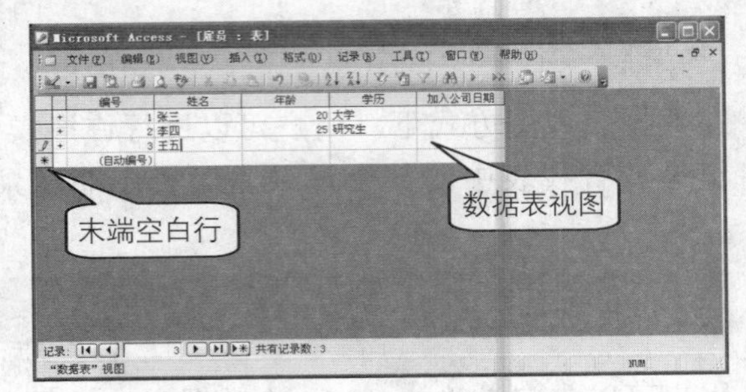

提示

行选定上不同的符号具有不同的意义。
三角形表示当前操作行；星形表示该行为表的末端空白记录，可用来输入新记录；铅笔形表示该行为正在编辑或修改的数据行。

2. 修改数据

在数据表视图中，可以方便地修改已有的数据。在修改之前，需要将光标移动到需要修改的单元格并选中要修改的内容。

单击将光标插入点放置到需要修改的单元格中，按下键盘上的 Backspace 键，删除原来的内容，然后输入新的内容即可。或者拖动鼠标选中原有的内容，使其反白显示，然后直接输入新的内容。

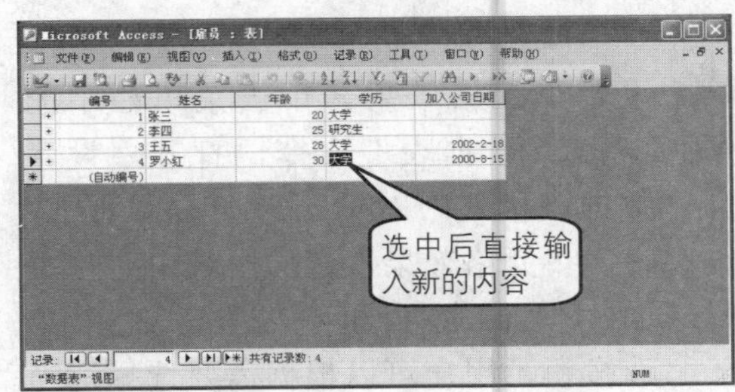

提示

如果用户作出了错误的修改，或者是又不想修改内容了，可以按 Esc 键取消对整个记录的修改。

3. 查找和替换操作

和在 Word 2003 使用查找和替换操作类似，在 Access 2003 中也可以使用查找和替换操作批量修改某些数据。

1. 单击菜单栏中的“编辑>查找”命令，或者直接按下快捷键Ctrl+F键，如下图所示。

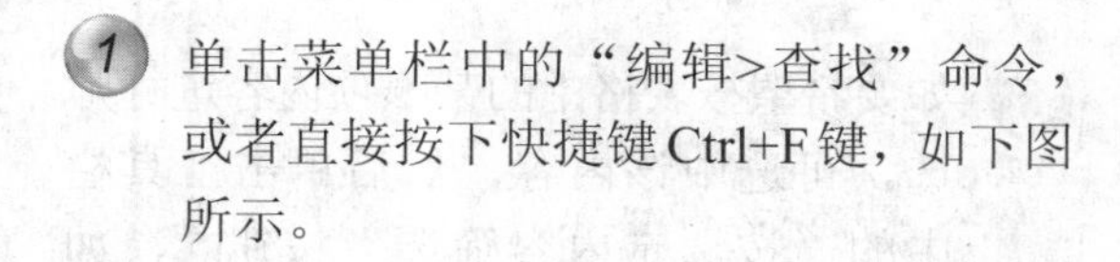

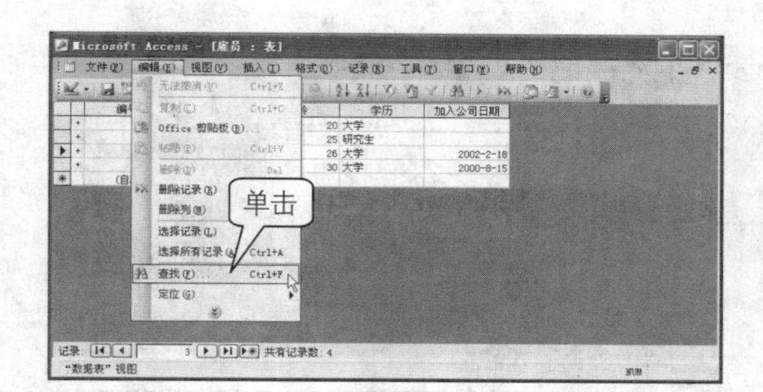

2. 屏幕上显示“查找和替换”对话框。在“查找”选项卡中的“查找内容”文本框中输入需要查找的内容，然后从“查找范围”下拉列表中选择范围，从“匹配”下拉列表中选择匹配项，从“搜索”下拉列表中选择搜索的范围，如下图所示。

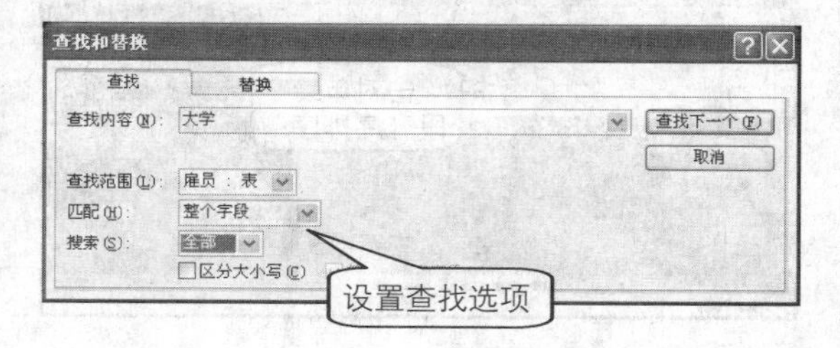

3. 单击“替换”标签切换到“替换”选项卡中，在“替换为”文本框中输入需要替换为的内容，然后单击“全部替换”按钮，如下图所示。

4. 此时，屏幕上会弹出如下图所示的提示对话框，提醒用户不能撤销替换操作，是否继续。如果确定要替换，可单击“是”按钮。

5. 此时返回如右图所示的数据表中，会发现所有学历为“大学”的都被替换为“本科”了。

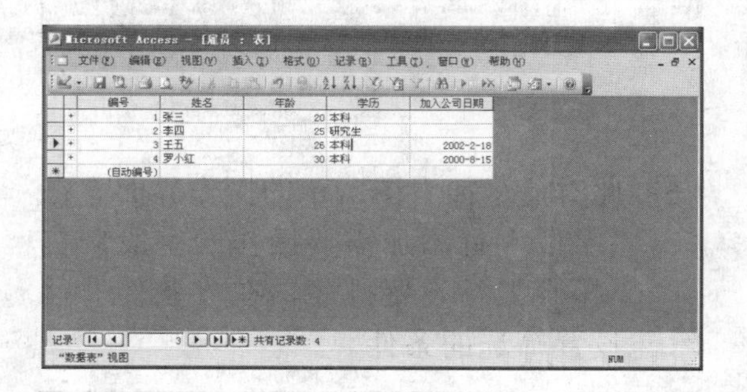

提示

因为使用“查找和替换”对话框进行替换后，系统不允许对替换操作进行撤销，因此在处理数据时，用户在替换之前需要仔细确认是否需要替换。

Access 2003 中的排序和筛选操作

在Access中，用户可以对表中的字段进行排序和筛选操作，具体操作如下。

1 将光标插入点置于需要排序的字段中，如果要对该字段按升序排序，可单击工具栏中的“升序排序”按钮；如果要对该字段按降序排序，可单击“降序排序”按钮，如下图所示。

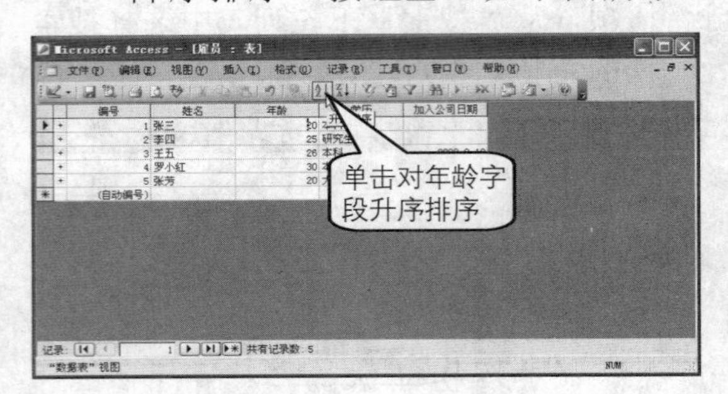

2 如要希望按表格中的某一项内容进行筛选，可选中该内容，然后单击工具栏中的“按选定内容筛选”按钮，如下图所示。

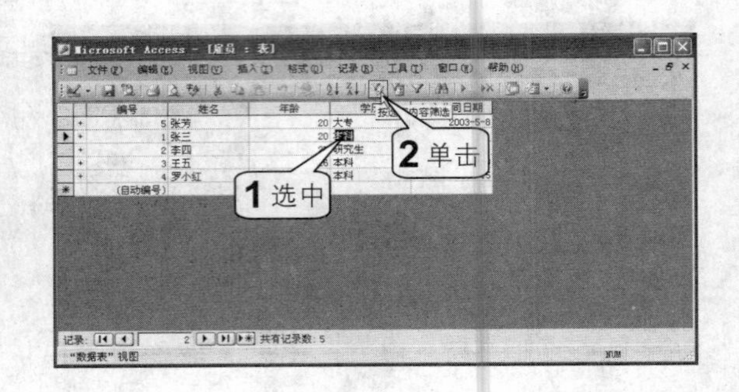

3 此时按选中内容筛选的结果如下图所示。

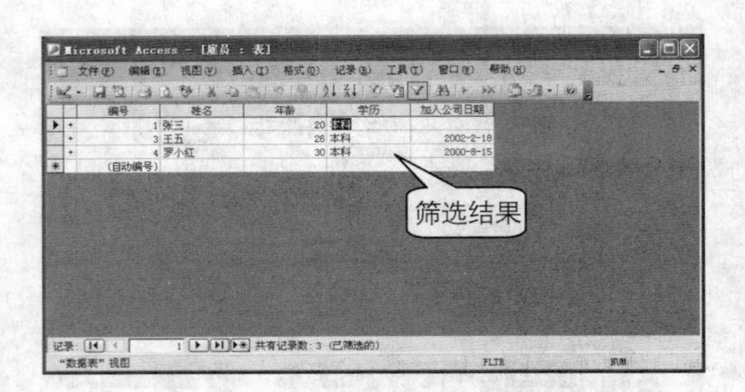

4 如果用户希望同时完成较为复杂的筛选和排序操作，可单击菜单栏中的“记录>筛选>高级筛选/排序”命令。

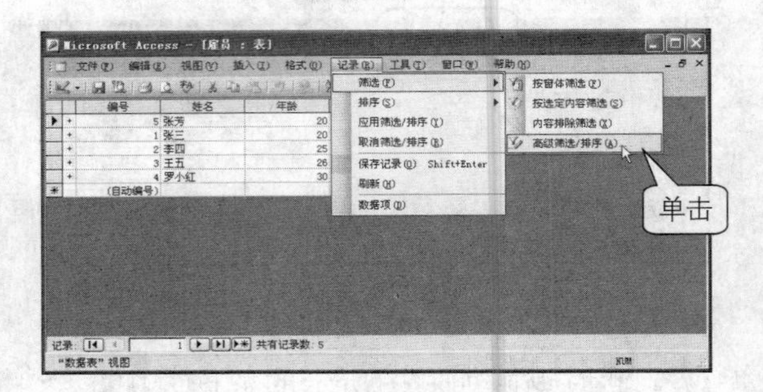

5 此时显示如下图所示的操作界面。在“字段”行添加需要操作的字段，在“排序”行设置排序，在“条件”行设置筛选的条件。

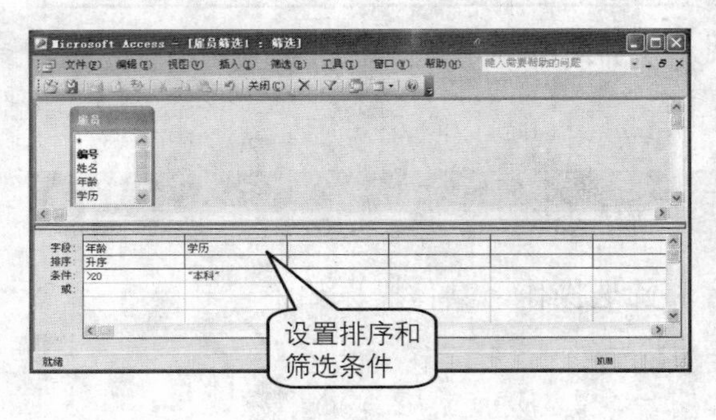

6 在上一步中设置按年龄排序，并筛选出“年龄>20”同时学历为“本科”的记录，然后单击“筛选>应用筛选/排序”命令筛选结果如下图所示。

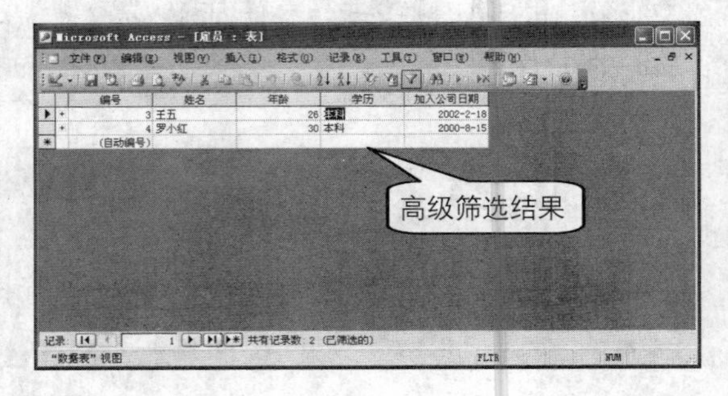

在 Access 2003 中创建查询

数据库不仅用来记录各种各样的数据，而且还要对数据进行管理。建立好一个数据库后，就可以对数据库中的基本表进行各种管理工作，其中最基本、最具有灵活性的操作就是查询。

查询的概念和种类

查询就是依据一定的查询条件，对数据库中的数据信息进行查找。它与表一样都是数据库的一个对象。它允许用户依据准则或查询条件抽取表中的字段和记录。

查询结果以工作表的形式显示出来，显示查询的工作表又称为结果集。它虽然与基本表有着十分相似的外观，但它并不是一个基本表，而是符合查询条件的记录集合。其内容是动态的，当关闭一个查询后，其结果集便不再存在了。

查询和它们所依据的表是相互作用的。当用户更改了查询中的数据时，查询所依据的表中的数据也随之更改。同样当用户更改了表中的数据，查询的结果也会改变。

Access 2003 提供了多种查询方式，极大地方便了用户的查询工作。查询的方式可分为选择查询、汇总查询、交叉表查询、重复项查询、不匹配查询、动作查询、SQL 特定查询以及在多个表之间进行的关系查询。这些查询方式总结起来有 4 类：选择查询、特殊用途查询、操作查询和 SQL 查询。

1. 选择查询

选择查询是最常用的一种查询，用于从数据库的一个或多个表中提取特定信息。选择查询的结果显示在一个数据表上供查看或编辑使用，或者用作窗体或报表的基础。利用选择查询，用户还可以对记录分组并对组中的字段值进行计算，例如汇总、统计、求平均值、最小值和最大值等。Access 2003 中的选择查询包括以下类型。

- 简单选择查询是最常用的查询方式，即从一个或多个基本表中按照某一指定的准则进行查找，并在类似数据表视图中显示结果集。
- 汇总查询是一种特殊的查询，可以对查询的结果集进行各种统计，包括总计、求平均值、最大值、最小值等。
- 重复项查询可以在数据库的基本表中查找具有相同字段信息的重复记录。
- 不匹配查询是在基本表中查找与指定的条件不相符合的记录。

2. 特殊用途的查询

Access 2003 中特殊用途查询包括以下类型。

- 参数查询：运行时显示一个对话框，用户可以把检索数据的准则或要插入字段的值输入到这个对话框中。
- 自动查找查询：自动把新记录中的某些字段值填充到一个或多个表中。
- 交叉表查询：计算电子表格式中的总计或对结果进行统计和分组。

3. 操作查询

操作查询用于对表执行全局数据管理操作。用户可以通过操作查询完成某些动作，例如更新或删除数据库基本表、根据现有表编制一个新表、给现有表追加新记录等。虽然其他查询也可以进行某些动作的操作，但是每次只能修改一个记录，而操作查询却可以通过单一的操作同时完成对多个记录的修改。Access 2003 中的操作查询包括以下类型。

- 更新查询：对一个或多个表中的一组记录进行全局更改。例如将所有员工基本工资上浮 10%。
- 追加查询：把一个或多个表的一组记录添加到一个或多个其他表的末尾。
- 删除查询：从一个或多个表中删除特定的一组记录。
- 生成表查询：用一个或多个表中的数据创建一个新表。

4. SQL查询

SQL 查询只能通过 SQL（结构化查询语言）语句访问。全部查询由 SQL 程序设计语言构造，而不是像其他查询类型那样用设计网格构造。SQL 是一种用于数据库的标准化语言，许多数据库管理系统都支持该语言。Access 2003 中的 SQL 查询包括以下类型。

- 联合查询：把一个或多个表的字段组合成结果中的一个字段。
- 传递查询：使用服务器专用命令把指令直接发送到 ODBC 数据库。
- 数据定义查询：创建或更改 Access 2003、SQL 服务器或其他服务器数据库中的数据库对象。
- 子查询：是在其他查询中形成一个 SELECT 查询的 SQL SELECT 或其他服务器语句。

以上几种查询方式并不是互相孤立的，而是相辅相成的，用户在学习时应该注意区分各种不同类型的查询之间的区别和联系。

查询的作用和功能

查询是数据库提供的一种功能强大的管理工具，可以按照使用者所指定的各种方式来进行查询。查询基本上可以满足用户以下需求。

- 指定所要查询的基本表（可以是一个或多个）。
- 指定想要在结果集中显示的字段。
- 指定准则来限制结果集中所要显示的记录。
- 指定结果集中记录的排序次序。
- 对结果集中的记录进行数学统计。
- 将结果集生成一个新的基本表。
- 在结果集的基础上建立窗体和报表。
- 根据结果集建立图表，得到直观的图像信息。
- 在结果集中进行新的查询。
- 查找不符合指定条件的记录。

根据查询的作用和功能，用户可以决定什么时候使用查询、使用何种查询等。如果用户使用一个查询，不必先打开表，因为查询本身就是一个对象。使用筛选时则必须先打开表，然后才能查看筛选结果或设计一个新的筛选。

创建查询

在 Access 2003 中系统提供了多种创建查询的方法，如使用向导创建查询、在设计视图中创建查询，具体操作步骤如下。

1. 使用向导创建查询

1 在“对象”面板中单击“查询”按钮，然后选择“在设计视图中创建查询”，再单击“新建”按钮，如下图所示。

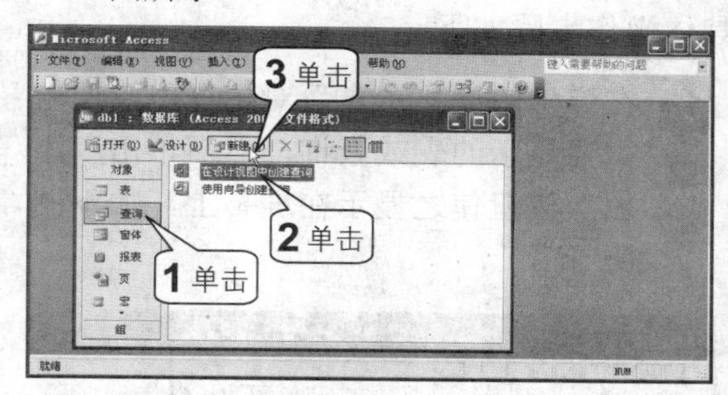

2 在打开的“新建查询”对话框中选中“简单查询向导”选项，然后单击“确定”按钮，如下图所示。

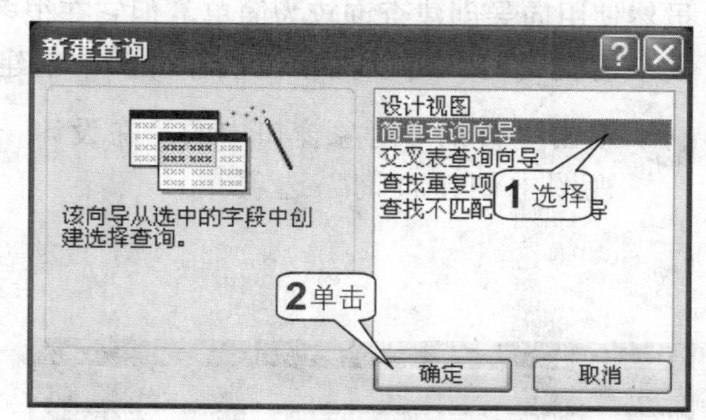

3 打开“简单查询向导”对话框，用户可以从“表/查询”下拉列表中选择数据库中已有的表或查询，然后将需要的字段添加到“选定的字段”列表框中，再单击“下一步”按钮，如下图所示。

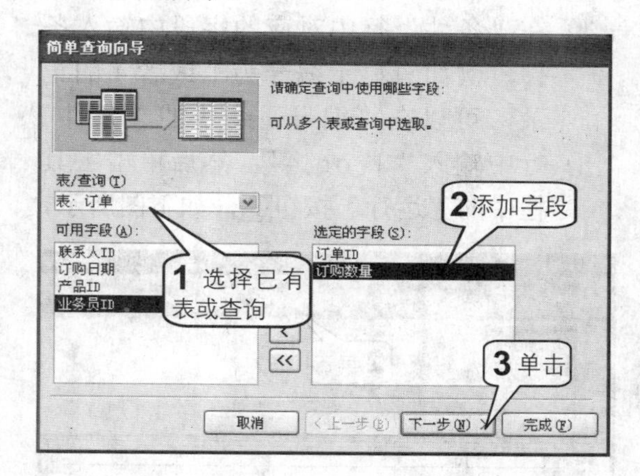

4 进入简单查询向导的第二个步骤，在“请为查询指定标题”文本框中输入查询的标题，如果希望直接打开查询，可选中“打开查询查看信息”单选按钮，然后单击“完成”按钮，如下图所示。

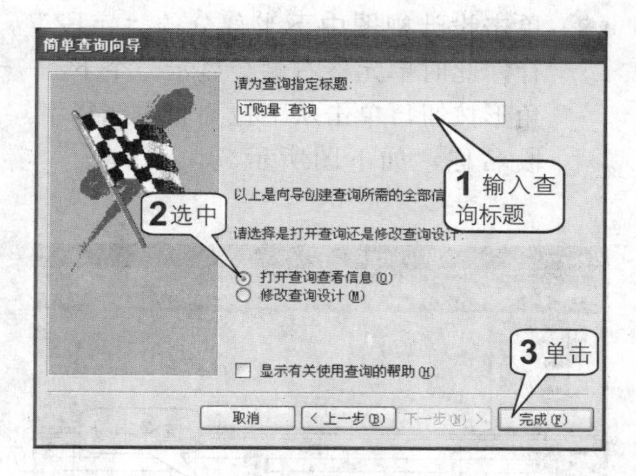

5 此时将打开如下图所示的查询。查询结果只显示“订单ID”字段和“订购数量”字段，由于此时“订单”表中未录入数据，因此查询结果也无数据显示。

6 如果用户希望修改查询，可单击工具栏中的“视图”按钮切换到设计视图，然后可以在该视图中修改查询，如下图所示。

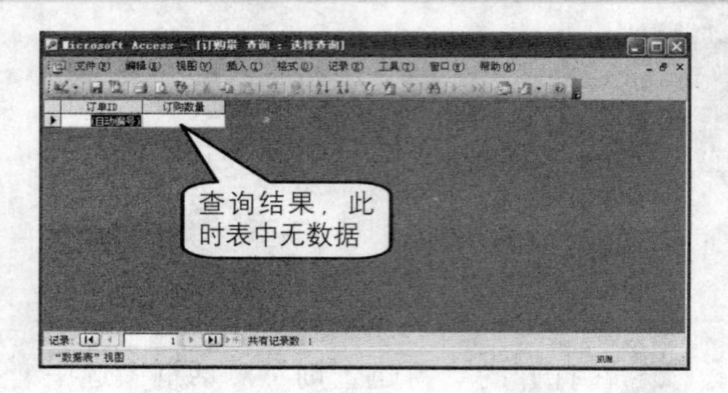

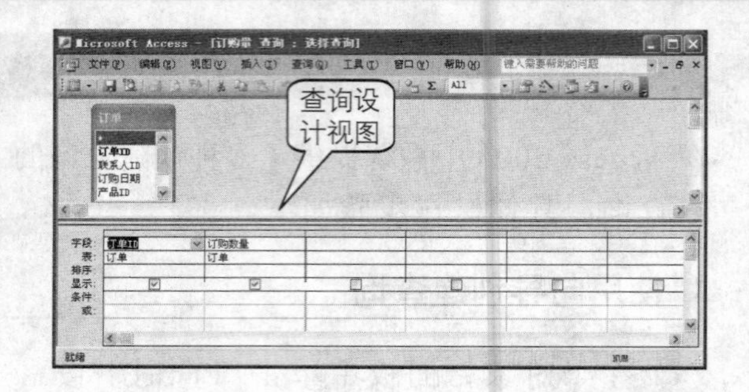

2. 使用设计视图创建查询

虽然使用向导创建查询较为简单，但它在很多时候并不能满足用户的需求。当需要创建较为复杂的查询时，可以直接在设计视图中创建，具体操作步骤如下。

1 双击“查询”对象窗口中的“在设计视图中创建查询”选项。

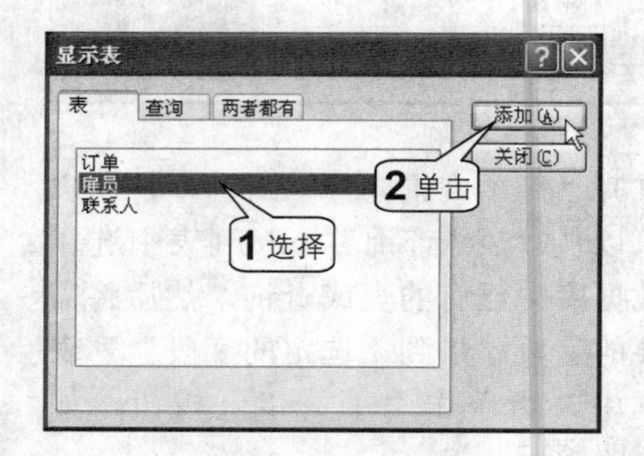

2 在弹出的“显示表”对话框中，选中需要显示的表或查询，然后单击“添加”按钮使之显示在屏幕上，如下图所示。

3 单击设计视图中下半部分的“字段”行，此时单元格右侧会显示一个下三角形按钮，单击从下拉列表中选择字段名称，如下图所示。

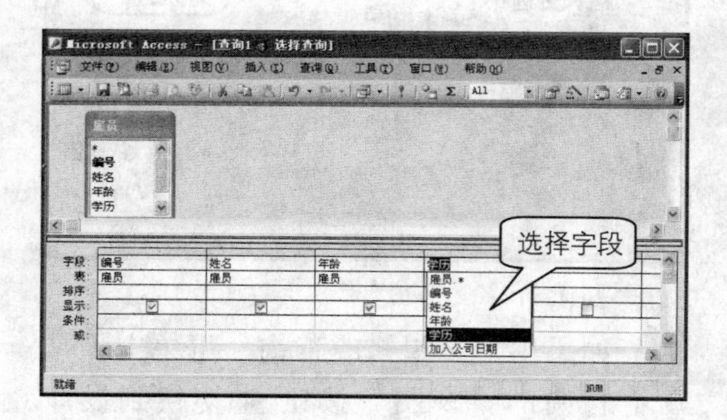

4 在“条件”行中对应的字段中输入条件，例如只显示编号为 1 或者 4 的记录，可以在“编号”字段的“条件”行中输入“1 or 4”，然后单击工具栏中的“运行”按钮，如下图所示。

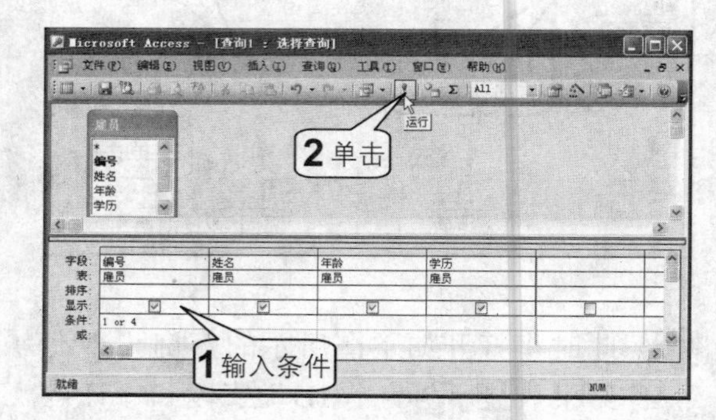

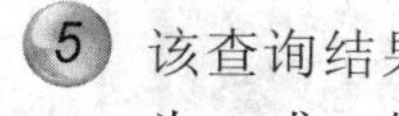

5 该查询结果如下图所示，只显示编号为 1 或 4 的记录。

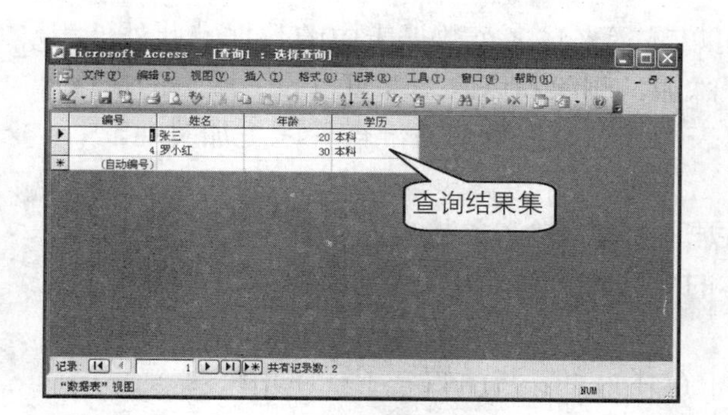

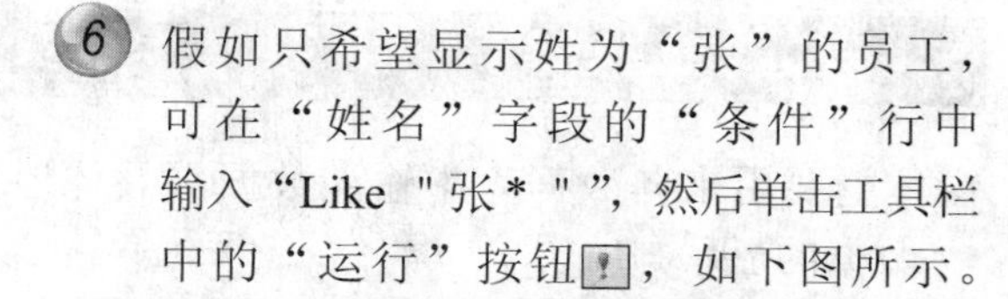

6 假如只希望显示姓为“张”的员工，可在“姓名”字段的“条件”行中输入“Like "张*"”，然后单击工具栏中的“运行”按钮，如下图所示。

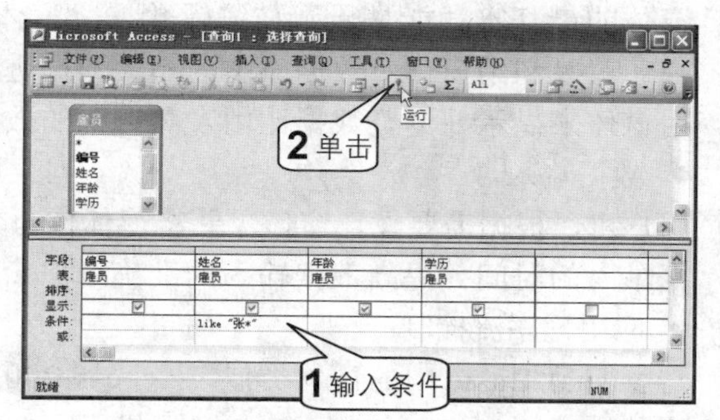

7 查询结果如右图所示，只显示姓张的员工的记录。

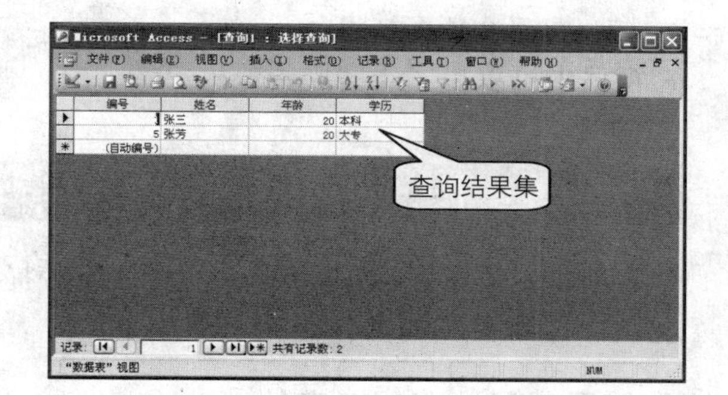

提示

在使用设计视图设计查询时，用户需要掌握查询的准则表达式，例如前面所提到过的 Or、Like 都是准则表达式中的操作符。常见的查询准则操作符及其作用说明如下。

And：“与”操作符。例如“A” And “B”，表示查询表中的记录必须同时满足由 And 所连接的两个准则 A 和 B，才能进入查询结果集。

Or：“或”操作符。例如“A” Or “B”，表示查询表中的记录只要满足 A 或 B 条件中的一个就可进入查询结果集。

Between...And：用于指定一个范围。例于 Between “A” And “B”，它等价于“>=A And <=B”。

In：用于指定某一系列的列表。例如 In(A、B、C)，表示属于括号中的任意一个。

Like：用于查找指定模式的字符串。在字符串中允许使用一些通配符，如“?”表示字符串中该位置可以为任意一个字符；“*”且示字符串中该位置可以为任意若干个字符；“#”表示字符串中该位置可以为任意一个数字；“!”表示字符串中该位置可以为任意一个非“!”之后所跟的字符。

6 在 Access 2003 中创建窗体

窗体作为 Access 2003 数据库的重要组成部分，是联系数据库与用户的桥梁。窗体提供了输入和维护表中数据的另一种方式，可以说窗体是 Access 2003 中最灵活的部分。通过使用窗体，可以使数据库更为丰富、更具有变化性。

窗体的功能

窗体主要用来向数据库中输入数据，具体地说，窗体具有以下几种功能。

● 数据的显示与编辑

窗体的最基本功能是显示与编辑数据。窗体可以显示来自多个数据表中的数据。此外，用户还可以利用窗体对数据库中的相关数据进行添加、删除和修改，并可以设置数据的属性。用窗体来显示并浏览数据比用表和查询的数据表格显示数据更加易于查看，更加美观。

● 数据输入

用户可以根据需要设计窗体，并将窗体作为数据库中数据输入的接口，这种方式可以节省数据录入的时间并提高数据输入的准确度。窗体的数据输入功能正是它与报表的主要区别。

● 应用程序流控制

与 Visual Basic 中的窗体类似，Access 2003 中窗体页可以与函数、子程序相结合。在每个窗体中，用户可以使用 VBA 编写代码，并利用代码执行相应的功能。

● 信息显示和数据打印

在窗体中可以显示一些警告或解释的信息。此外，窗体也可以用来打印数据库中的数据。

创建窗体

通常创建窗体有两种方式，一种是使用系统提供的窗体向导进行创建，另一种是直接在设计视图中创建窗体，具体操作步骤如下。

1. 使用向导快速创建窗体

1 在数据库窗口中的“对象”面板中单击“窗体”按钮，然后双击“使用向导创建窗体”选项，如下图所示。

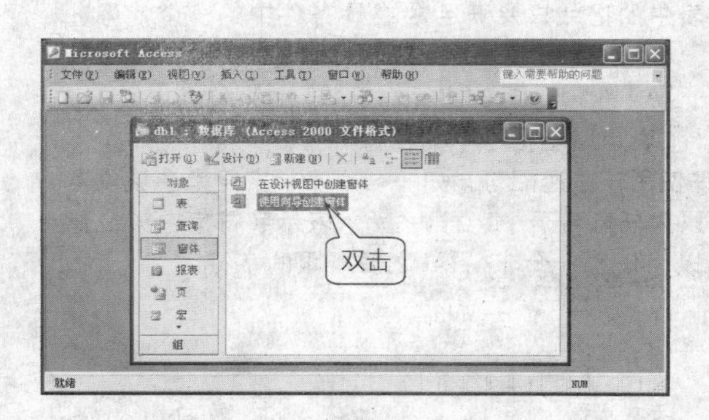

2 打开“窗体向导”对话框，进入窗体向导第一个步骤，选择窗体上需要的字段。从“表 / 查询”下拉列表中选择需要的表或查询，如下图所示。

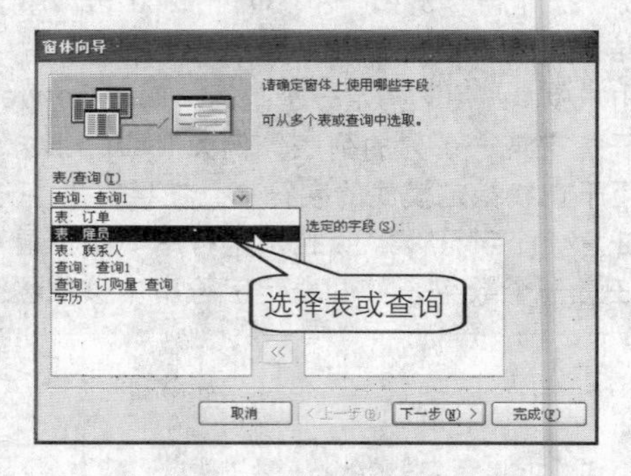

3 然后根据需要从“可用字段”列表框中选择需要的字段添加到“选定的字段”列表框，如果是全部添加可直接单击 >> 按钮。选择好字段后，单击“下一步”按钮，如下图所示。

4 进入“窗体向导”的第二个步骤，选择窗体布局。系统提供了多种窗体布局，用户可以选中相应的选项按钮查看预览效果。设置好布局后，单击“下一步”按钮，如下图所示。

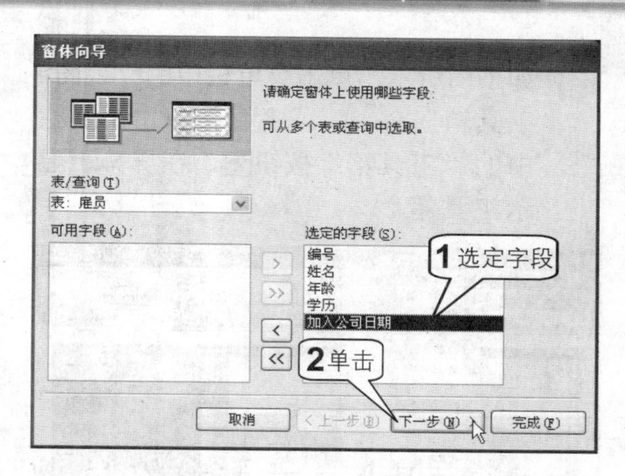

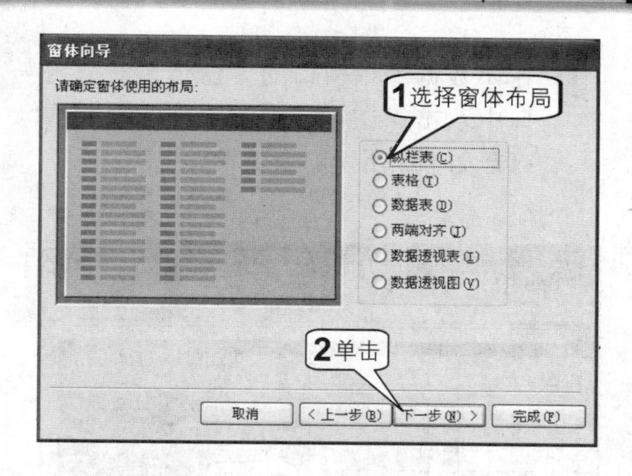

5 进入“窗体向导”第三步，选择窗体样式。在列表框中单击选中样式名，在左侧的框中会显示该样式的预览效果。确定好窗体所用的样式后，单击“下一步”按钮，如下图所示。

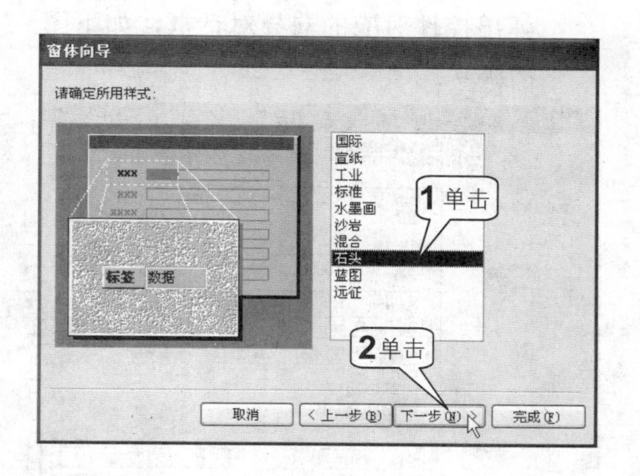

6 进入“窗体向导”的最后一个步骤，在“请为窗体指定标题”文本框中输入窗体标题，然后根据需要选择“打开窗体查看或输入信息”单选按钮或者“修改窗体设计”单选按钮，再单击“完成”按钮，如下图所示。

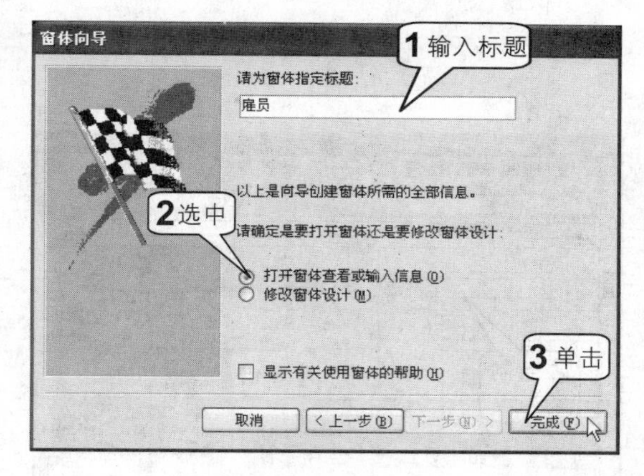

7 最后得到如右图所示的窗体。在该窗体中可以查看表中已有的记录，还可以在该窗体中直接添加新记录。

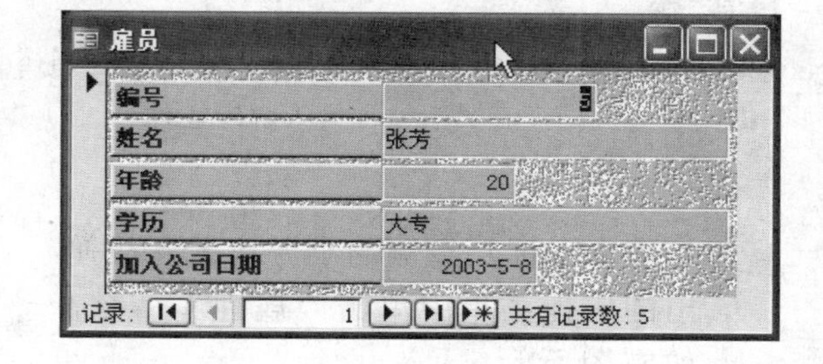

2. 在设计视图中创建窗体

虽然使用向导创建窗体十分简单，但向导创建的窗体只有系统提供的几种布局和样式，灵活性不太高。在设计视图中用户可以创建出个性化的窗体，而不必受向导的局限，具体操作步骤如下。

1 在“数据库”窗口的“窗体”对象窗口中双击“在设计视图中创建窗体”，打开如下图所示的窗体设计视图。

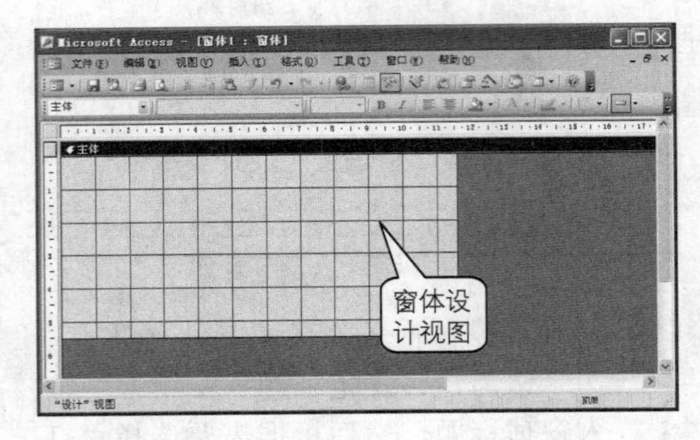

2 如下图所示，单击菜单栏中的“视图>工具箱”命令，或者直接单击工具栏中的“工具箱”按钮，在屏幕上显示工具箱。

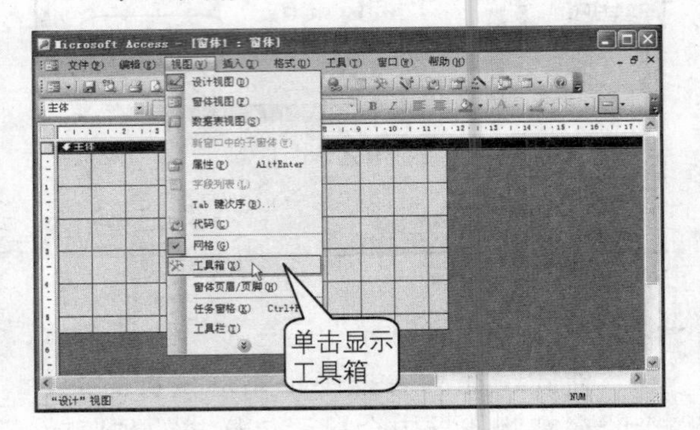

3 然后单击“工具箱”工具栏中的控件按钮，在窗体中拖动鼠标即可绘制控件，如下图所示。

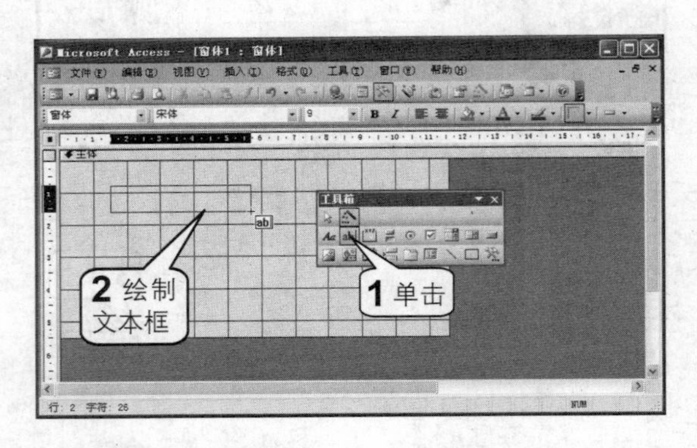

4 如果“工具箱”工具栏中的“控件向导”按钮处于选中状态，当创建文本框或命令按钮等控件时，屏幕上会弹出控件对应的向导对话框，如下图所示。

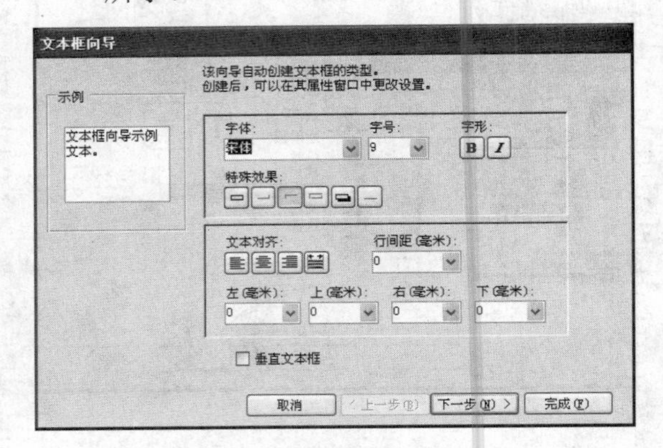

提示

当使用“工具箱”工具栏中的控件直接在窗体中绘制时，所添加的控件是未绑定的，即这些控件与数据库中的数据没有关系，称为未绑定控件。

5 右击水平标尺左侧的小方块，从弹出的快捷菜单中单击“属性”命令，如右图所示。

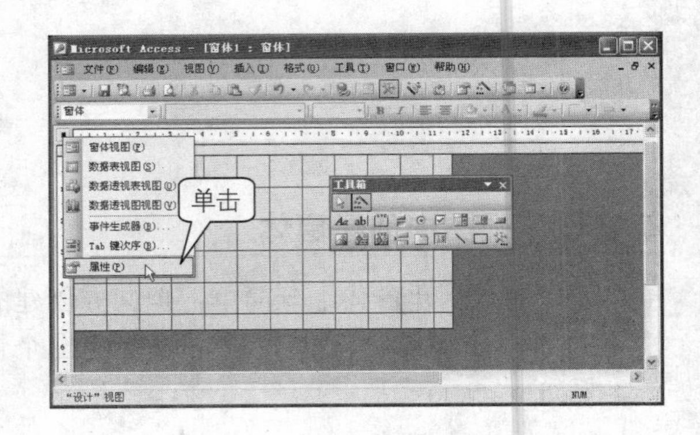

6 打开“窗体”属性对话框，从“记录源”下拉列表中选择作为窗体数据记录源的表或查询，如下图所示。

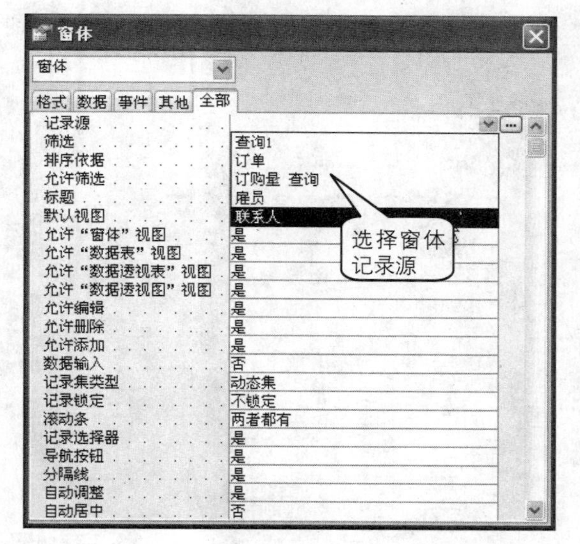

7 此时，作为记录源的表的字段列表会显示在屏幕上。从表中拖动字段到窗体上方，如下图所示。此时在窗体中的文本框控件是绑定的，它与数据库中对应的字段绑定。

用户可以自由地排列控件的位置，设置控件的格式以及窗体的格式等。

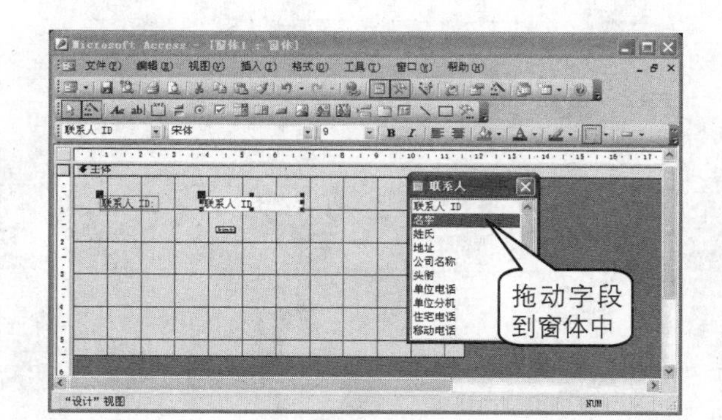

7 本章小结

Access 2003作为Office 2003中一个重要的组件，其简单易学的特点深受广大办公用户的喜爱，因为它既可以创建具有专业水准的数据库，而又无须花费大量精力学习。

本章首先介绍了Access 2003的启动与退出操作；接下来介绍了使用多种方式创建表、Access 2003中的字段、数据类型及字段属性；然后介绍了表的索引、主键的定义以及创建和查看表之间的关系；再随后介绍了如何使用和编辑数据库中的数据表；并介绍了在Access 2003中的查询以及创建查询的方式；最后介绍了窗体在数据库中的功能及创建窗体的方法。

通过本章的学习，读者应掌握在Access中创建和编辑数据表、表间关系、查询、窗体等基本知识，并且能够使用Access 2003创建较为简单的数据库系统。

读书笔记

Chapter 13

Access 2003 办公应用实践演练——员工工资管理系统

在竞争激烈的现代社会，为使客户能较全面地了解本公司的经营发展及业务状况，就必须通过一种有效的方式展示公司全貌。使用 Access 2003 可以制作出图文并茂的演示文稿，可以使客户在短期内对公司有一个深入、系统的了解。由于 Access 2003 简单易学，并不需要太多的专业知识，因而备受广大办公用户的青睐。

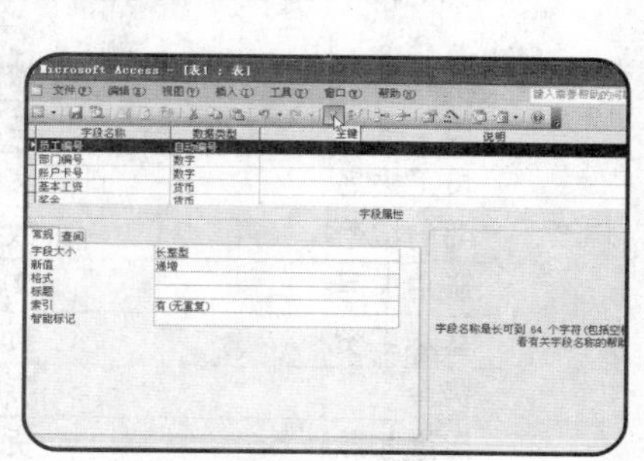

1. 工资管理系统数据库和表的设计
2. 工资管理系统查询的设计
3. 工资管理系统窗体的设计
4. 使用“切换面板管理器”工具创建切换面板
5. 为数据库设置启动窗体

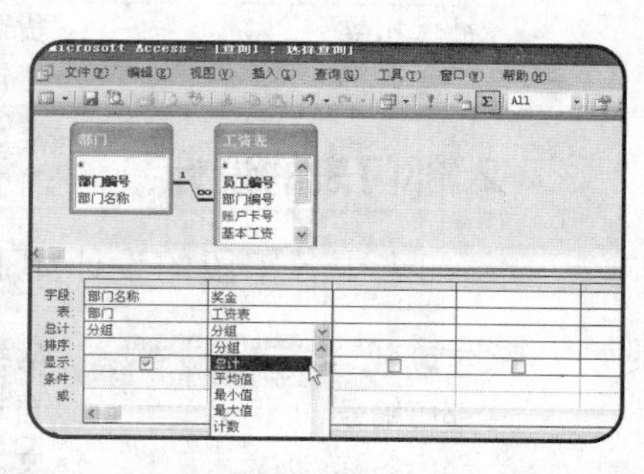

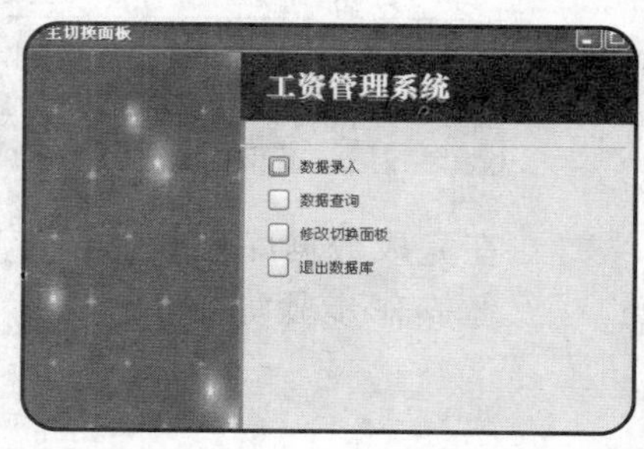

工资管理系统数据库和表的设计

数据库和表的设计是数据库系统最重要的一步，它直接关系到数据库管理系统所要进行的操作对象。本节将通过一个工资管理系统的数据库和表的设计向读者展示设计数据库的方法与操作步骤。

工资管理数据库的设计

数据库设计的任务是建立数据库管理系统能够处理的数据表，根据实际情况分别确定数据表中各字段的名称、数据类型、值域范围等，并对各表进行数据结构设计、关键字设计、约束设计等。

1. 工资表的设计

工资表中各字段的设计如下：

字段名	数据类型	字段大小	格式	索引否
员工编号	自动编号	长整型		有（无重复）
员工姓名	文本	8		无
部门编号	数字	长整型	常规数字	无
账户卡号	文本	19		无
基本工资	货币		货币	无
奖金	货币			无
出勤扣款	货币			无
社保扣款	货币			无
应发合计	货币			无

2. 部门表的设计

部门表中各字段的设计如下：

字段名	数据类型	字段大小	格式	索引否
部门编号	自动编号	长整型	常规数字	有（无重复）
部门名称	文本	50		无

创建工资管理数据库

在完成数据库及表的设计后，接下来就可以创建数据库了。首先创建工资管理数据库，具体操作步骤如下。

1 启动Access 2003，单击"开始工作"任务窗格标题中的下三角形按钮，从下拉菜单中单击"新建文件"命令。

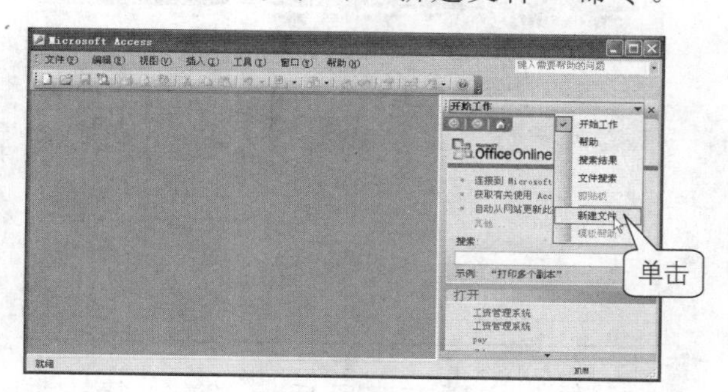

2 打开"新建文件"任务窗格，单击"空数据库"命令项，如下图所示。

3 打开"文件新建数据库"对话框，利用"保存位置"下拉列表选择好保存位置后，在"文件名"文本框中输入数据库系统的名称，然后单击"创建"按钮，如下图所示。

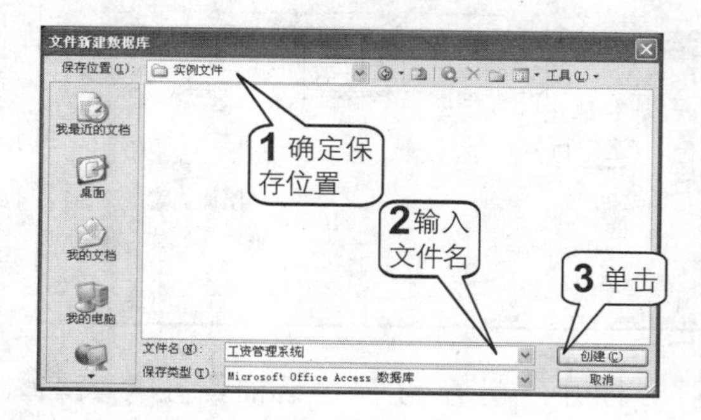

4 此时系统会创建一个名为"工资管理系统"的空数据库，并在屏幕上显示"工资管理系统：数据库"窗口，如下图所示。

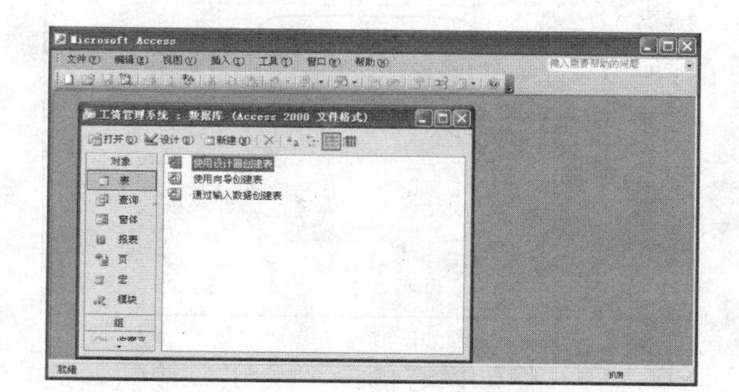

创建工资管理数据库中的表

创建或打开工资管理数据库以后，就可以开始创建相应的数据表。在第12章中已经介绍了创建表通常有3种方法，虽然用向导创建表非常方便，但前题是用户所需要的表与系统提供的示例表比较接近。当用户需要创建的表与系统提供的示例表没有共同点时，最好还是采用设计视图来创建表，具体操作步骤如下。

1 在"工资管理系统：数据库"窗口的"对象"面板中单击"表"，然后选择"使用设计器创建表"，接着单击"新建"按钮，如右图所示。

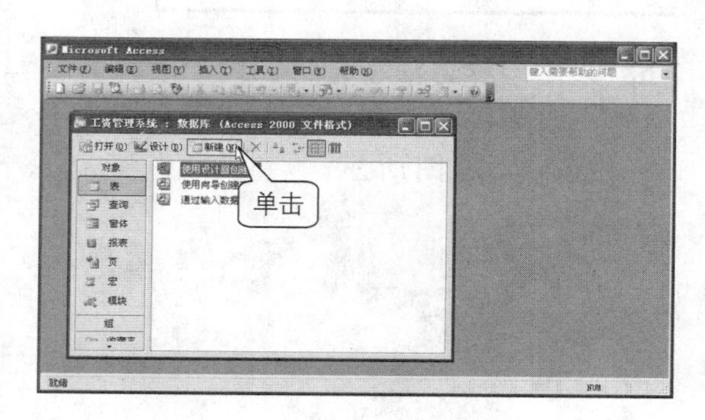

2 打开“新建表”对话框，在列表框中选中“设计视图”，然后单击“确定”按钮，如下图所示。

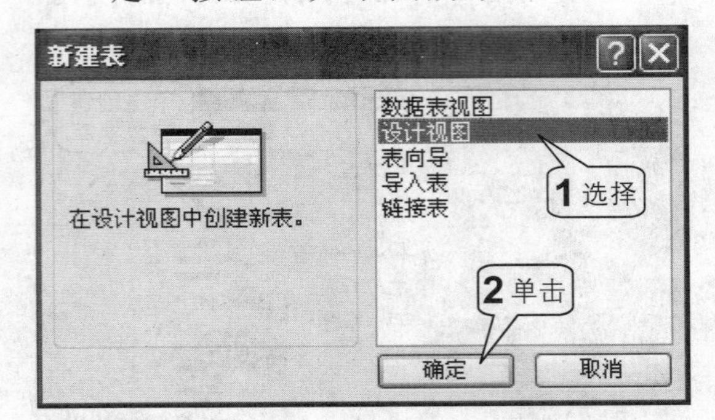

3 此时将打开如下图所示的表设计视图，同时系统会自动将当前表命名为“表1”。

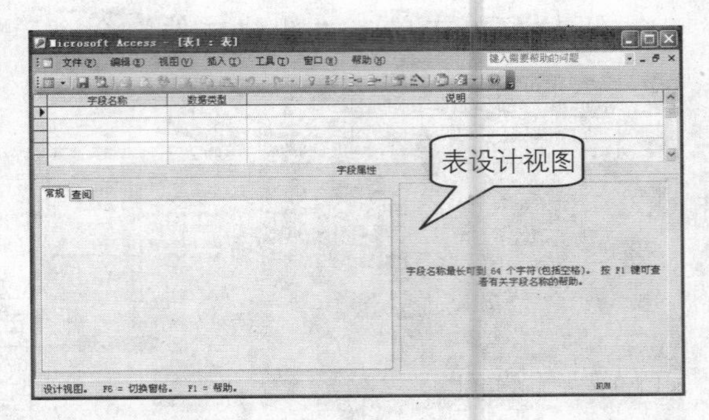

4 根据前面对表的设计，在“字段名称”列中输入各字段的名称，在“数据类型”列中设置字段的数据类型。

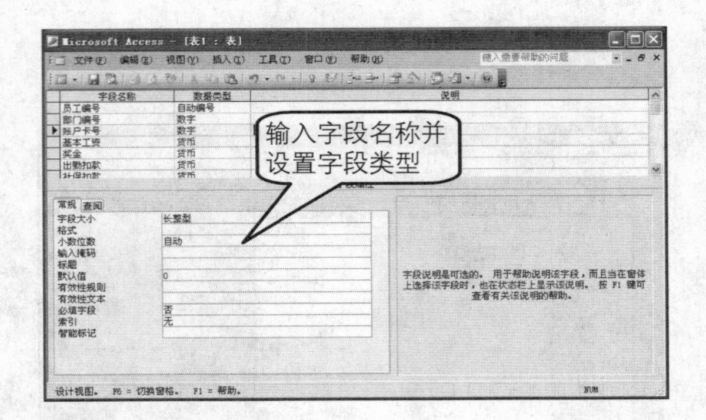

5 输入完所有字段后，单击“行选定器”选中需要设置为主键的行，然后单击工具栏中的“主键”按钮将选中行设置为主键，如下图所示。

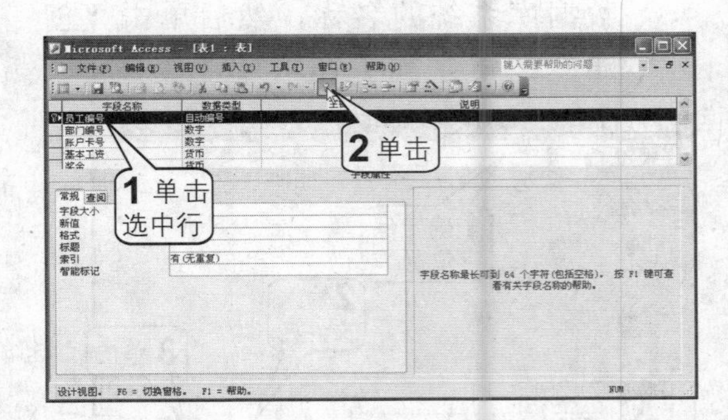

6 单击菜单栏右侧的“关闭”按钮，此时屏幕上会弹出如下图所示的提示对话框，询问是否保存该表，单击“是”按钮。

7 打开“另存为”对话框，在“表名称”文本框中输入表的名称，然后单击“确定”按钮，如下图所示。

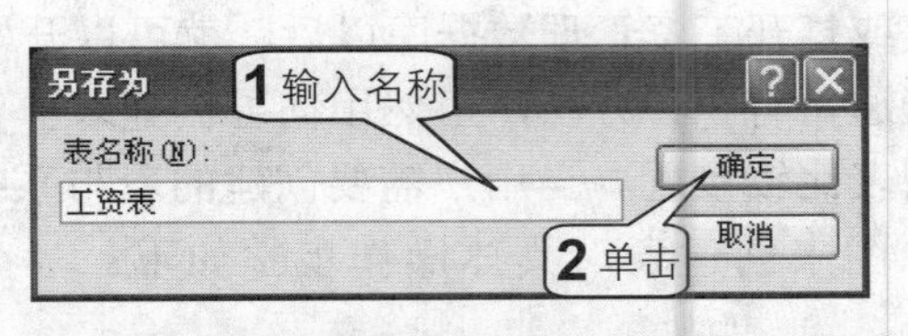

8 采用同样方法创建“部门”表，并将该表中的“部门编号”字段设置为主键，如右图所示。

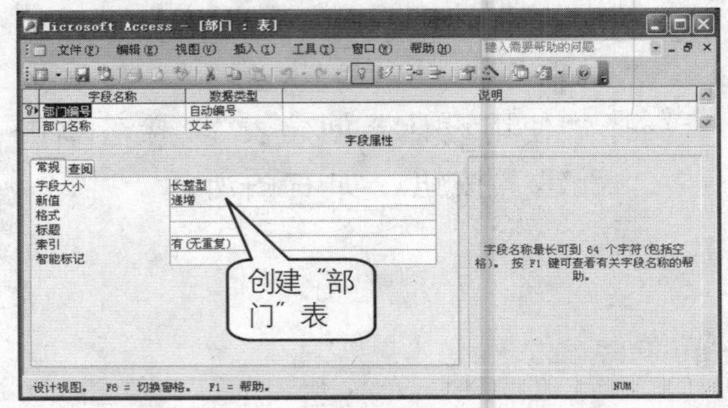

创建表间的关系

通常，一个数据库系统中可能存在多个表，并且这些表之间并不是独立存在的，因此在完成表的创建之后，还应为这些表创建关系，创建表间关系的操作步骤如下。

1 在“工资管理系统：数据库”窗口中，单击工具栏中的“关系”按钮，如下图所示。

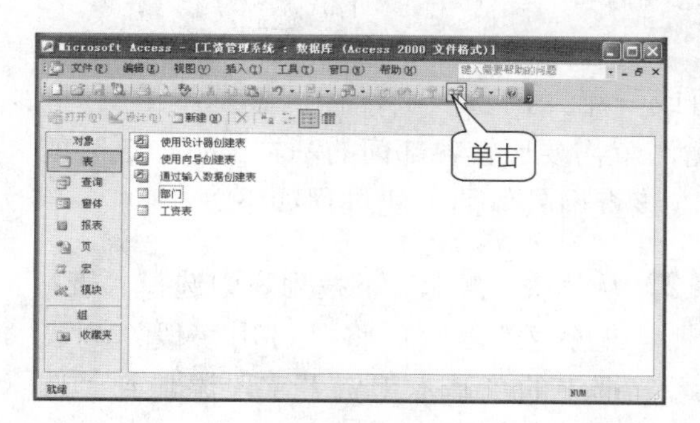

2 打开“显示表”对话框，在列表框中选择需要显示的表，然后单击“添加”按钮。重复该操作直到添加完所有需要创建关系的表，如下图所示。

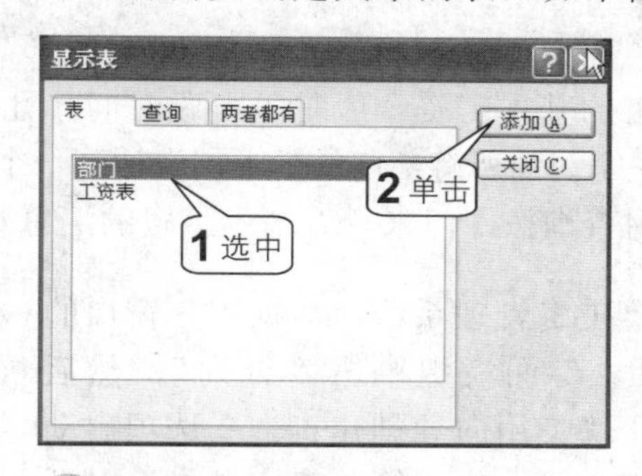

3 此时，选中的表将显示在“关系”窗口，如下图所示。从“部门”表中选中“部门编号”字段，拖动鼠标到“工资表”中的“部门编号”字段。

4 释放鼠标后，屏幕上将显示“编辑关系”对话框。选中“实施参照完整性”复选框，然后单击“创建”按钮，如下图所示。

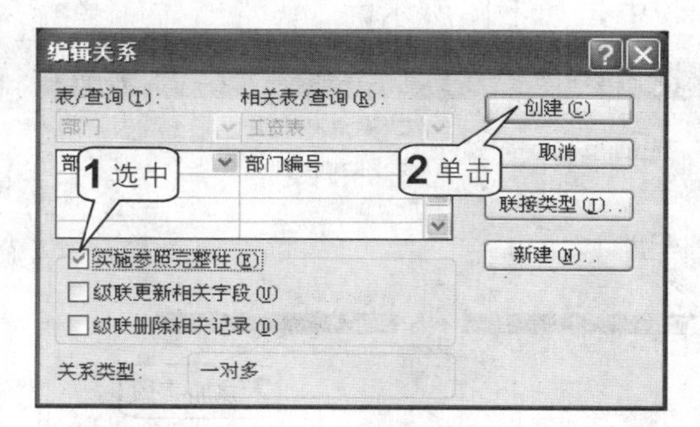

5 此时在创建了关系的两个表之间将显示关系连接线，如果是一对多关系，还将显示“一”方和“多”方的标记“1”和“∞”，如下图所示。

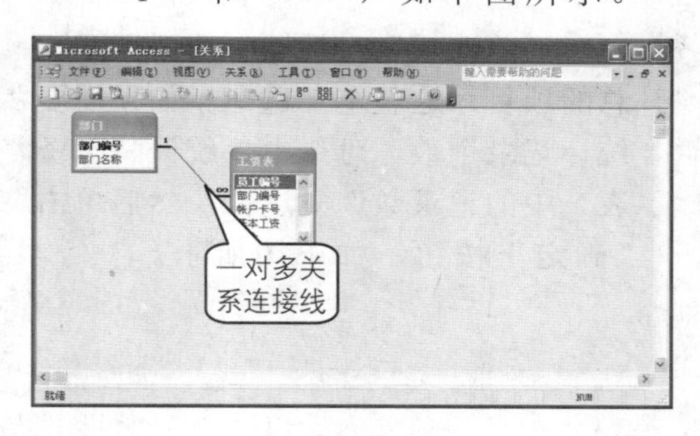

6 单击“关系”窗口菜单栏左侧的“关闭”按钮，屏幕上会弹出如下图所示的提示对话框，询问用户是否保存关系布局的更改，单击“是”按钮。

工资管理系统查询的设计

对数据库应用系统的普通用户来说，数据库是不可见的。用户要查看数据库当中的数据都要通过查询操作，所以查询是数据库应用程序中非常重要的一个部分。查询不仅可以对一个表进行简单的查询操作，还可以把多个表的数据链接到一起，作整体查询。

按部门查询基本工资

通常员工的基本工资一般是隔一段时间（几个月或一年）调整一次，在调整基本工资时，为了使整个公司所有部门的基本工资达到一个平衡，就需要比较各部门的基本工资，这时就可以使用查询按部门来查看基本工资的汇总数据。该查询具体的创建过程如下。

1 在“工资管理系统：数据库”窗口的“对象”面板中单击“查询”，然后双击“使用向导创建查询”选项启动查询向导。在“简单查询向导”对话框中的“表/查询”下拉列表中选择“表：部门”，然后将“部门名称”字段添加到“选定的字段”列表框中，如下图所示。

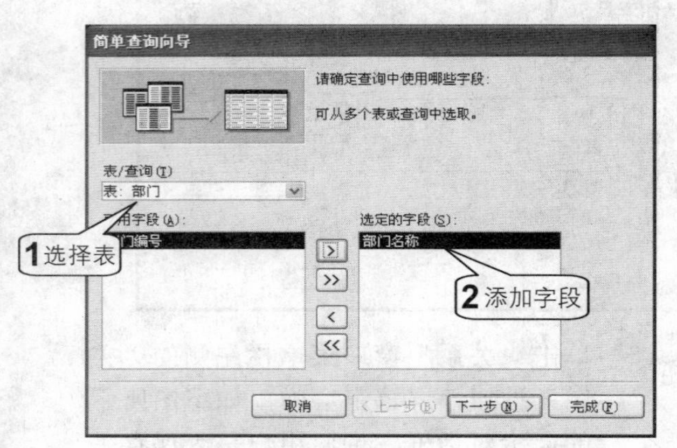

2 从“表/查询”下拉列表中选择“表：工资表”，然后将“可用字段”列表框中的“基本工资”字段添加到“选定的字段”列表框中，单击“下一步”按钮，如下图所示。

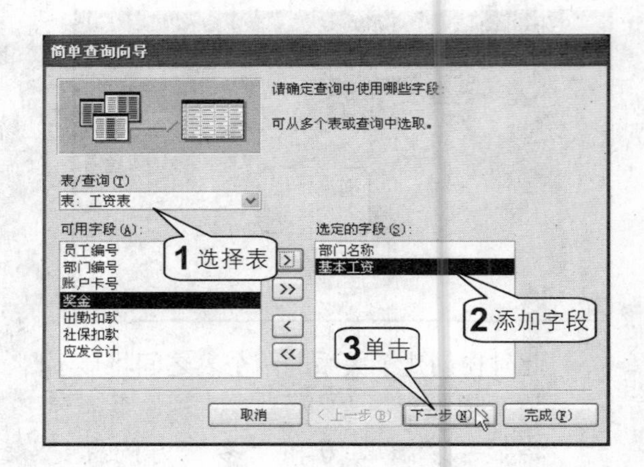

3 进入“简单查询向导”对话框的下一个步骤，在“请确定采用明细查询还是汇总查询”选项区域中选中“汇总”单选按钮，然后单击“汇总选项”按钮，如下图所示。

4 在“汇总选项”对话框中选中需要汇总的项目，这里全部选中。如果需要统计记录个数，可选中“统计　工资表　中的记录数”复选框，然后单击“确定”按钮，如下图所示。

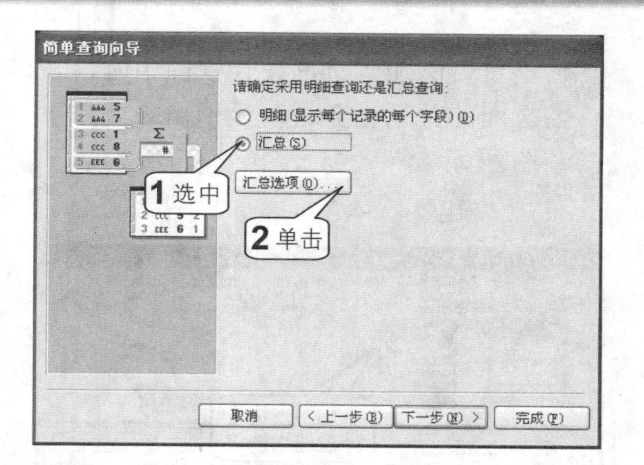

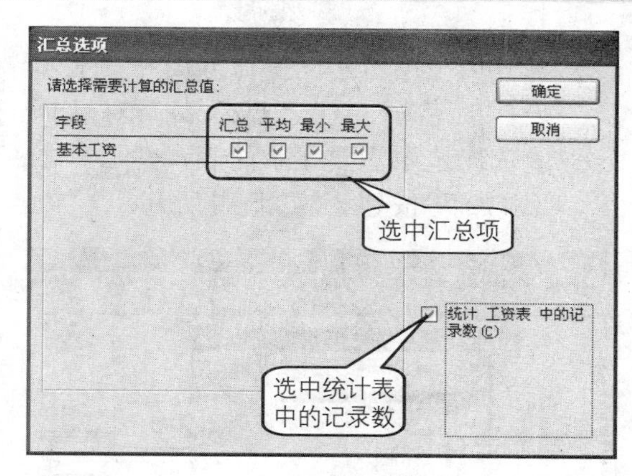

5 返回步骤3的对话框中，单击“下一步”按钮进入如下图所示的操作界面，在“请为查询指定标题”文本框中输入标题后，单击“完成”按钮。

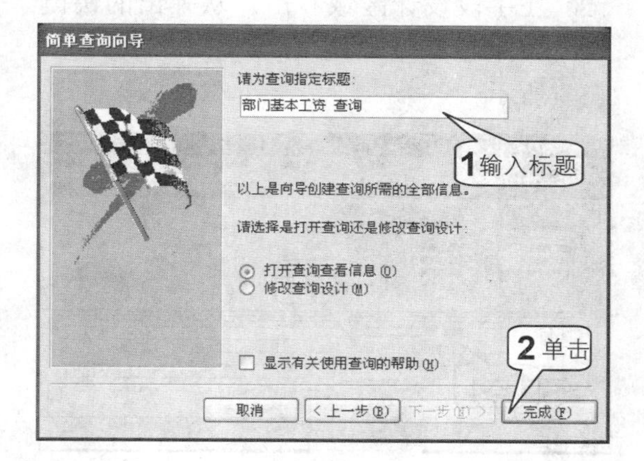

6 因为在上一步中选中了“打开查询查看信息”单选按钮，因此系统会自动打开该查询，只是此时表中还未添加任何记录，如下图所示。

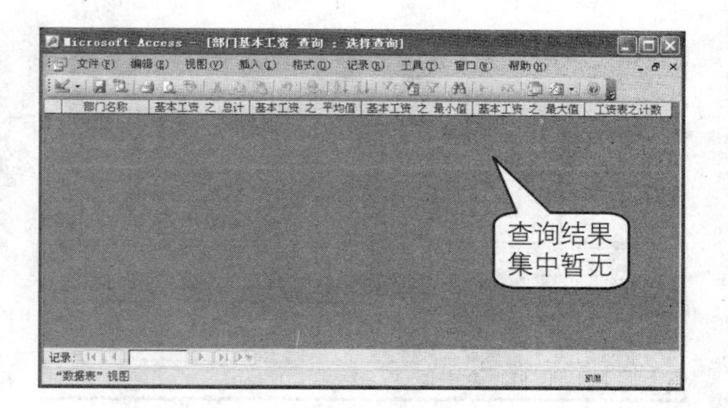

按部门查询奖金

用户还可以按部门统计与查看奖金。在第12章的“在Access 2003中创建查询”一节中介绍了创建查询通常有两种方式，用户可以使用向导创建，操作步骤和上一节中介绍的完全类似。本节将在设计视图中介绍创建按部门查询奖金的方法，具体操作步骤如下。

1 在“工资管理系统：数据库”对话框的“对象”面板中单击“查询”按钮，然后双击“在设计视图中创建查询”选项，如右图所示。

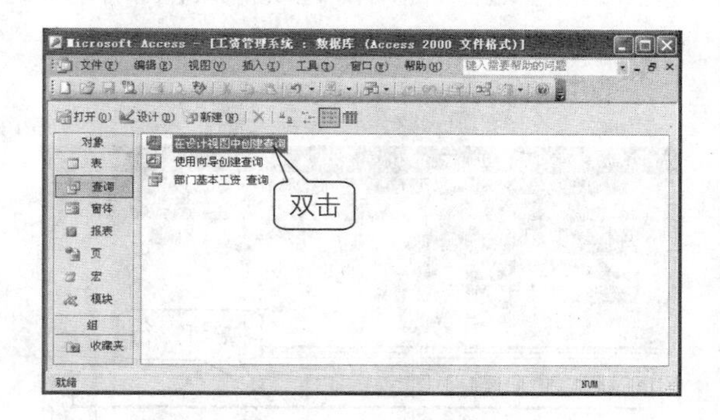

2 打开如下图所示的操作界面和“显示表”对话框。在“显示表”对话框中依次选中需要显示的表，然后单击“添加”按钮，如下图所示。

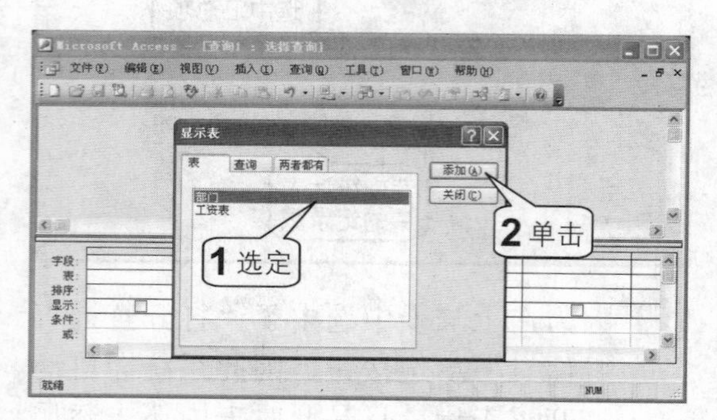

3 当将表添加到查询设计视图中时，表之间的关系也会自动显示出来，如下图所示。

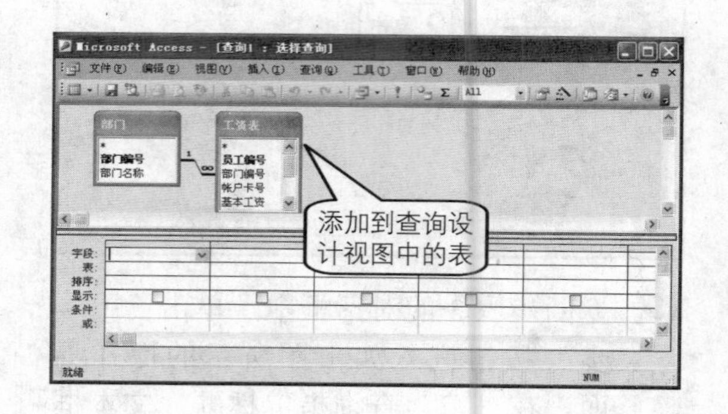

4 单击“字段”行中的单元格，从下拉列表中选择“部门　部门名称”和“工资表　奖金”字段，如下图所示。

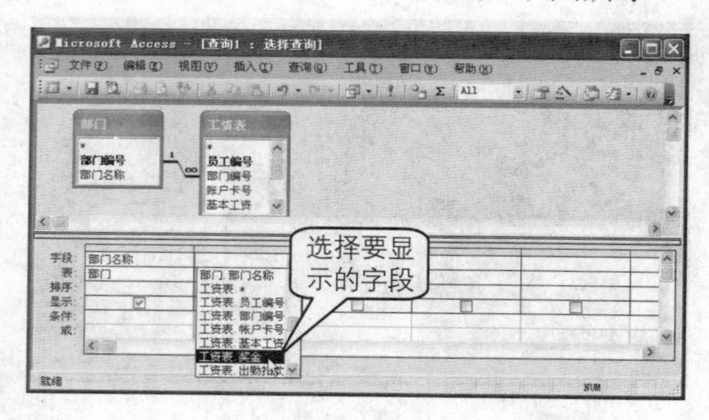

5 在字段设计区域右击，从弹出的快捷菜单中单击“总计”命令，如下图所示。

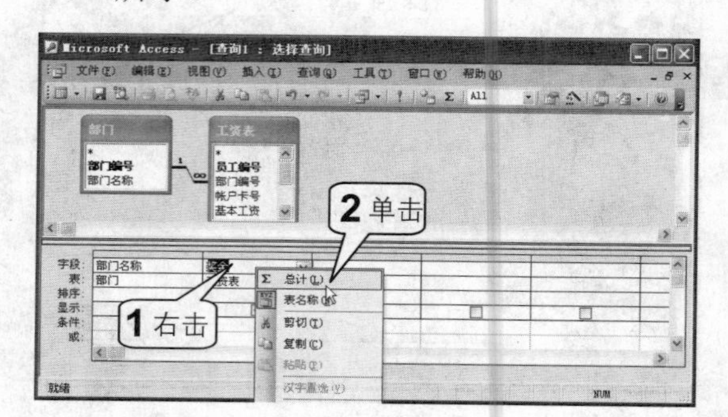

6 此时查询设计视图中的设计窗口将新增加一行“总计”，并且默认的“总计”选项为“分组”。单击“奖金”字段对应的“总计”单元格，从下拉列表中选择“总计”选项，如下图所示。

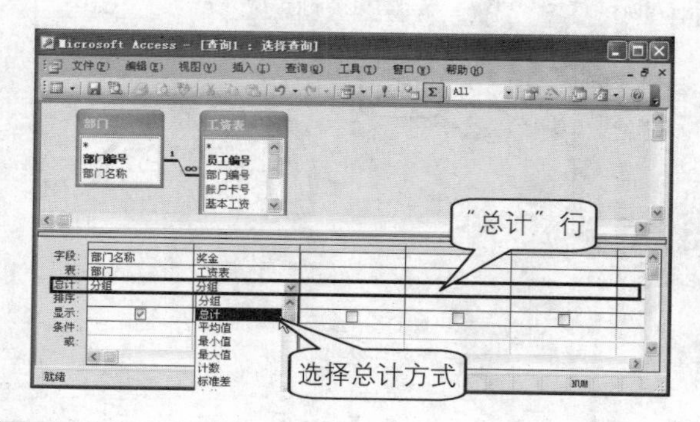

提示

在查询设计视图中的“总计”下拉列表中的选项实际上对应的是Access中的几个常见的总计函数，现说明如下。

总计：SUM 函数，计算字段所有值的总和。
平均值：AVG 函数，计算字段所有值的平均值。
最小值：MIN 函数，计算字段所有值的最小值。
最大值：MAX 函数，计算字段所有值的最大值。
计数：COUNT 函数，返回设定字段的值不为空的计数。
标准差：STDEV 函数，计算标准差。
方差：VAR 函数，计算统计变化量。
第一条记录：FIRST 函数，返回第一行的记录的值。
最后一条记录：LAST 函数，返回最后一条记录的值。

7 在查询设计窗口的第3列的“字段”单元格中选择“奖金”，然后将该字段的“总计”方式更改为“平均值”，在第4列的“字段”单元格中选择“奖金”，将“总计”方式更改为“标准差”，如右图所示。

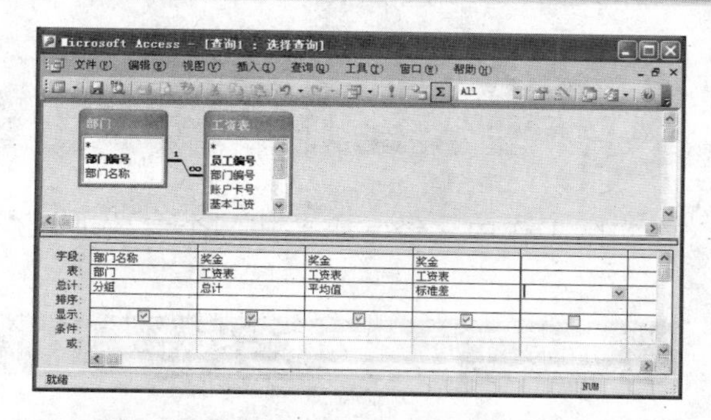

8 单击窗口中菜单栏右侧的“关闭”按钮，此时屏幕上会弹出如右图所示的提示对话框，单击“是”按钮。

9 弹出“另存为”对话框，在“查询名称”文本框中输入“按部门 查询奖金”，然后单击“确定”按钮，如下图所示。

10 打开“按部门 查询奖金”查询，如下图所示，此时查询结果集中没有任何数据，如下图所示。

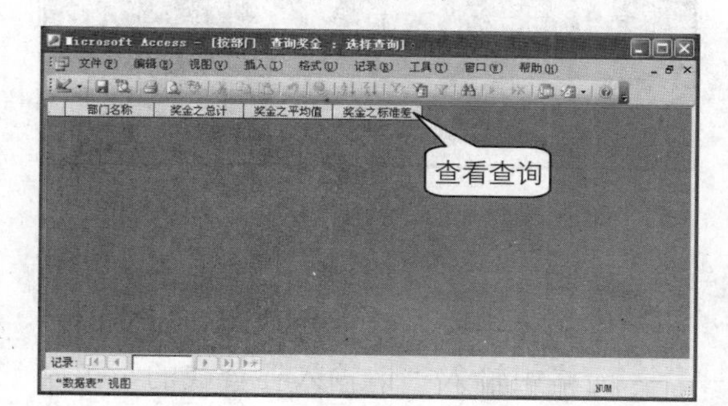

按部门查询应发工资合计

还可以查询各部门的应发工资合计，操作方法与前面类似，这里只作简单介绍。

1 在查询设计视图中显示表“部门”和“工资表”，选中“部门名称”和“应发合计”字段，将“应发合计”的“总计”方式更改为“总计”，如下图所示。

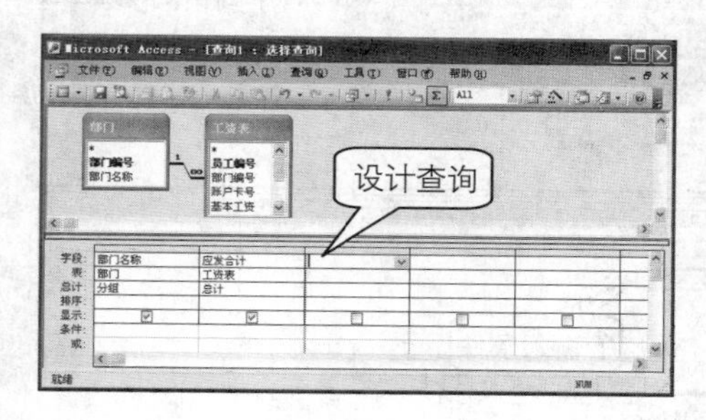

2 关闭查询设计窗口，将该查询保存为“各部门 应发合计统计”，如下图所示。

3 创建参数查询

在实际工作中，经常需要按某个参数进行查询，而该参数又是动态的。

按员工姓名查询

在工资管理数据库系统中，员工姓名是动态变化的，如果要按员工的姓名查询工资，那么就需要将该查询创建为参数查询，在运行查询前接受用户输入的参数，具体操作步骤如下。

1. 为数据库中的“部门”列添加几条记录，如下图所示。

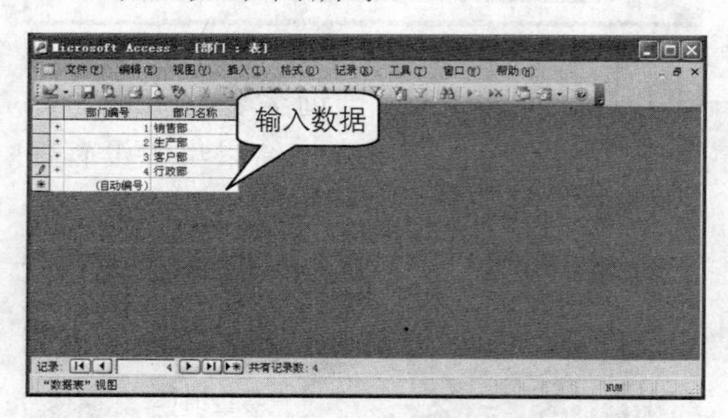

2. 为“工资表”添加几条记录，如下图所示。

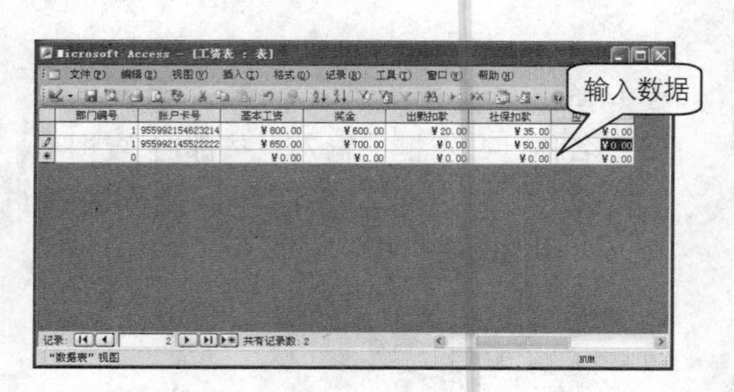

3. 打开查询设计视图新建一个查询，并显示表“部门”和“工资表”。然后在“字段”行中最左侧列对应的单元格中输入“请输入要查找的员工姓名：”文字，按下Enter键后，系统会自动将输入的内容放在方括号“[]”内，同时会在前面添加“表达式1：”文字，如下图所示。

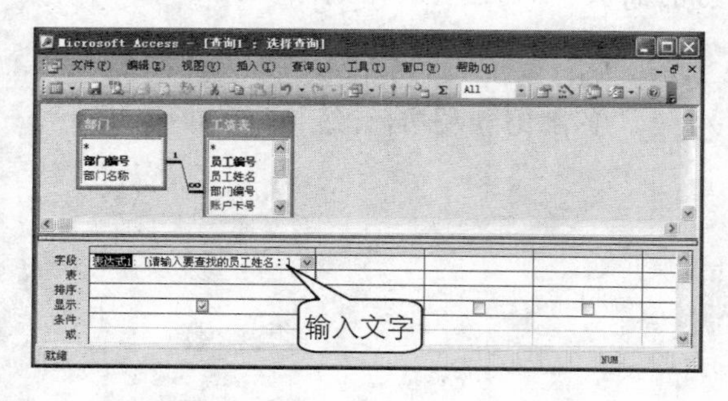

4. 选中文字“表达式1”，将它更改为“员工姓名”，然后在后面的列中依次选择需要显示的字段，如“员工编号”、“账户卡号”、“基本工资”、“奖金”等”

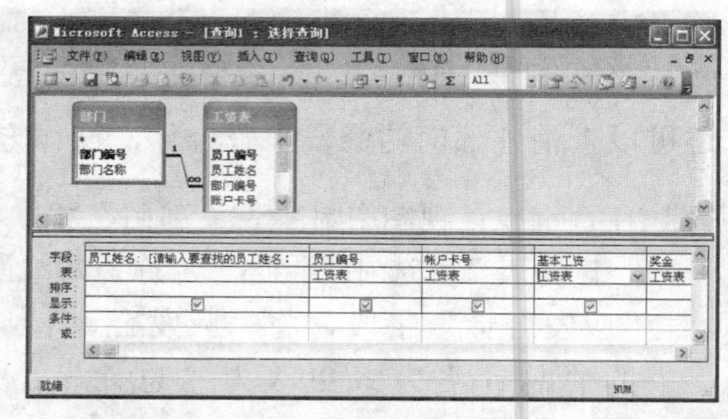

5. 在最左侧的表达式列对应的“条件”行交叉处的单元格中输入“=[员工姓名]”，如右图所示。

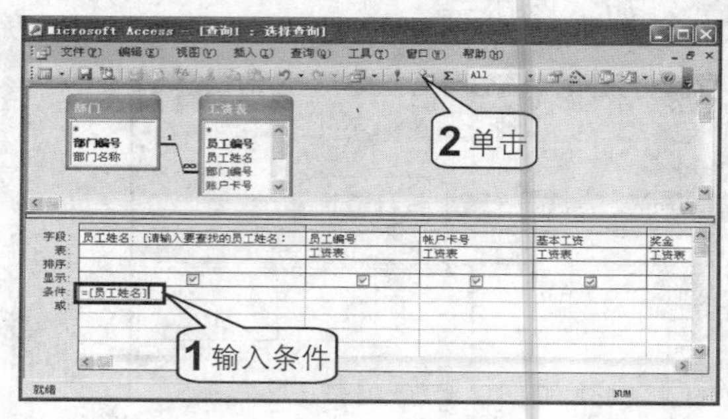

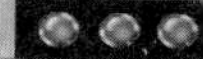

6 单击工具栏中的“运行”按钮，屏幕上将弹出“输入参数值”对话框，并显示提示文字“请输入要查找的员工姓名：”，在文本框中输入员工的姓名，如“张三”，然后单击“确定”按钮，如下图所示。

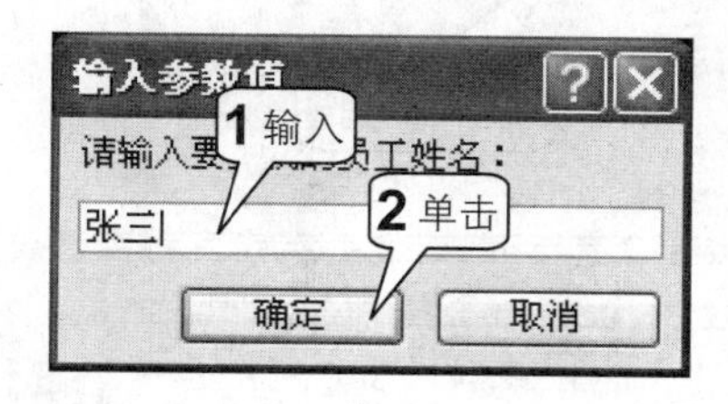

7 此时屏幕上将显示查询运行结果，可以看到查找的结果为姓名为“张三”的记录，如下图所示。

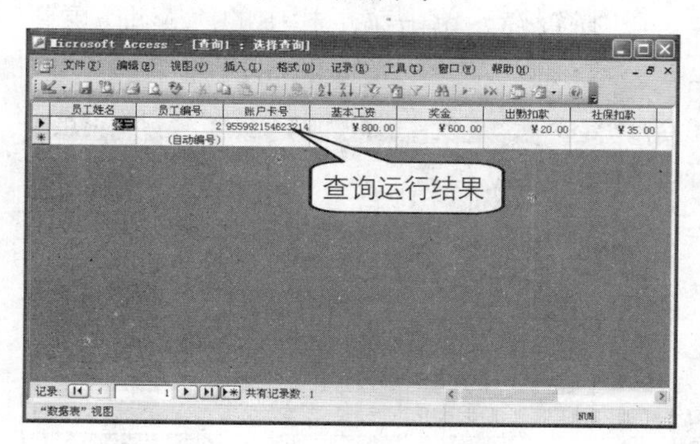

8 单击“保存”按钮，将该查询保存，弹出“另存为”对话框，在“查询名称”文本框中输入“按姓名查询”，然后单击“确定”按钮，如右图所示。

按账户卡号查询

还可以按员工的账户卡号进行查询，该查询的设计方法与按姓名查询类似，具体操作步骤如下。

1 在查询设计视图中显示“部门”和“工资表”表，在最左侧的“字段”单元格中输入“账户：[输入卡号]”，在“条件”行中输入“=[账户卡号]”，然后设置查询中需要显示的字段，如下图所示。

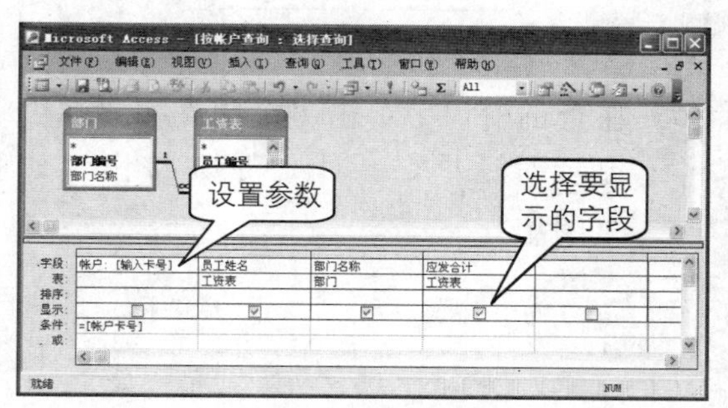

2 当运行查询时，屏幕上会弹出“输入参数值”对话框要求用户输入要查找的卡号，如下图所示。

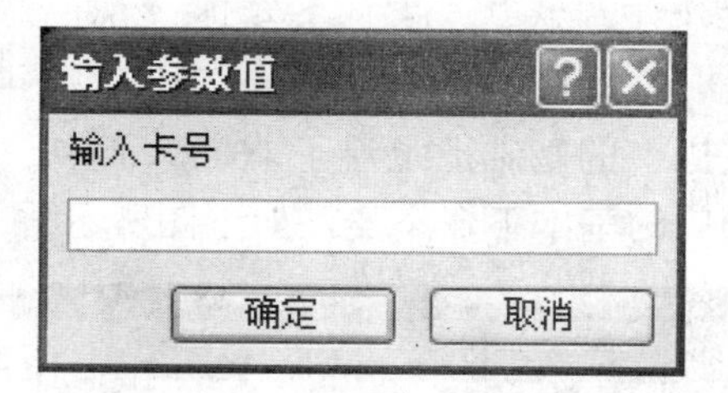

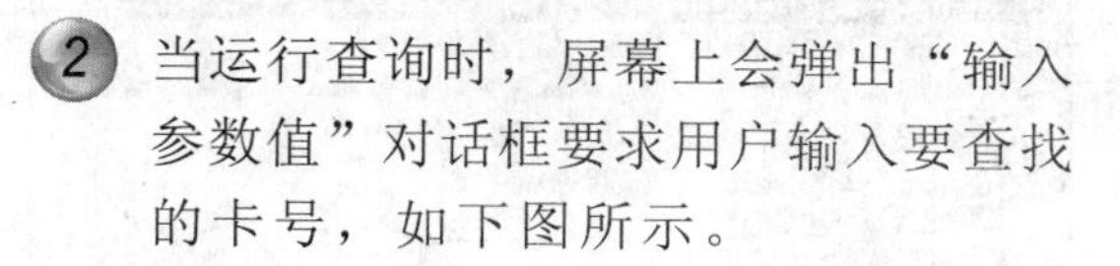

创建基本工资更新查询

假如需要将某个部门员工的基本工资上浮10%，这里就可以使用更新查询来完成该操作。具体操作步骤如下。

1 在“工资管理：数据库”窗口中双击“在设计视图中创建查询”新建一个“查询1”，此时默认的查询类型为选择查询。单击菜单栏中的“查询>更新查询”命令，如下图所示。

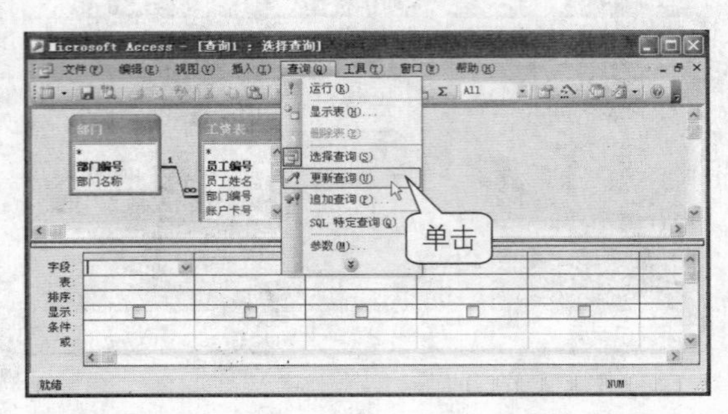

2 此时，查询类别由原来的选择查询更改为“更新查询”，可从窗口的标题栏看出，如下图所示。

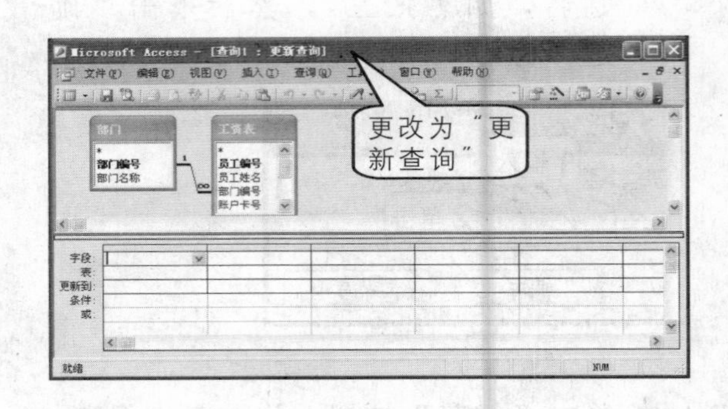

3 从“字段”列表中选择“部门 部门名称”和“工资表 基本工资”。在“部门名称”字段的“条件”行中输入条件“= 销售部”，在“基本工资”字段的“更新到”行中输入“=[基本工资]*1.1”，然后单击工具栏中的“运行”按钮，如下图所示。

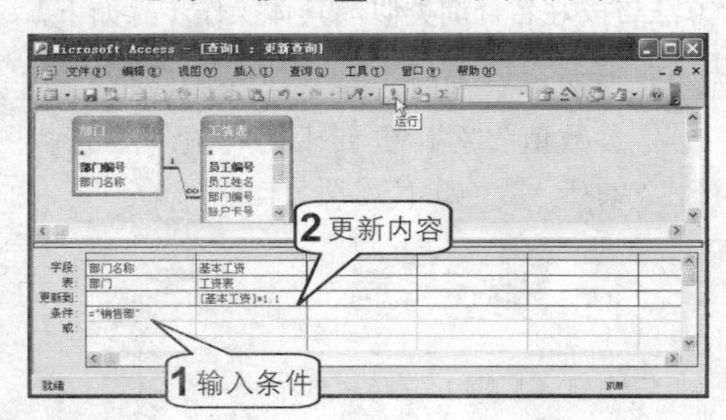

4 此时屏幕上将弹出如下图所示的对话框，提示即将更新的有2条记录，更新后不能撤销，询问用户是否继续。如果确定要更新销售部员工的基本工资，可单击“是”按钮，如下图所示。

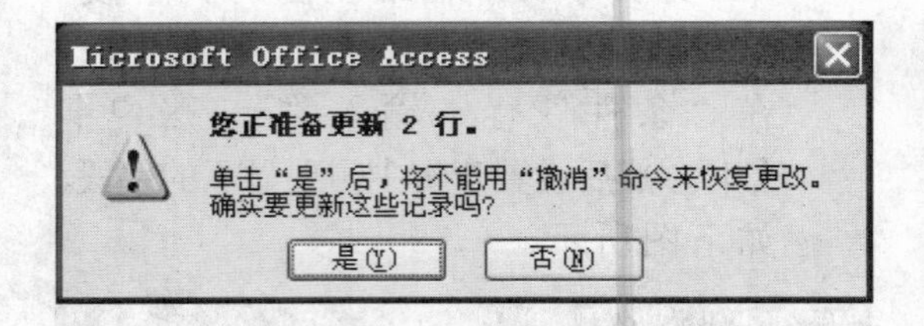

5 打开“工资表”，此时会发现“部门编号”为1的部门（即销售部）基本工资在原有的基础上上浮了10%，而其他部门的基本工资不变，如下图所示。

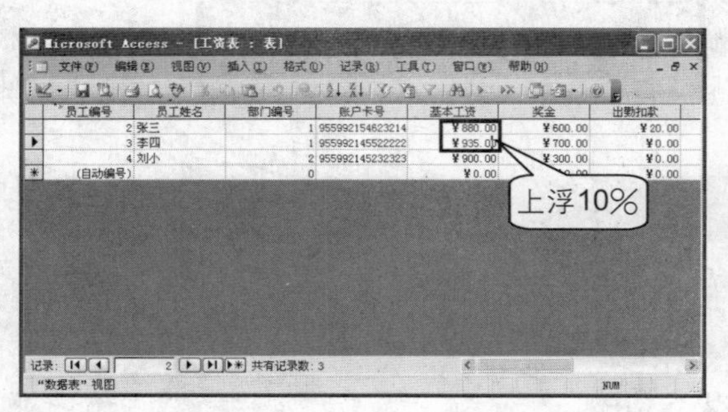

6 在查询窗口中单击“关闭”按钮弹出提示对话框，单击“是”按钮，如下图所示。

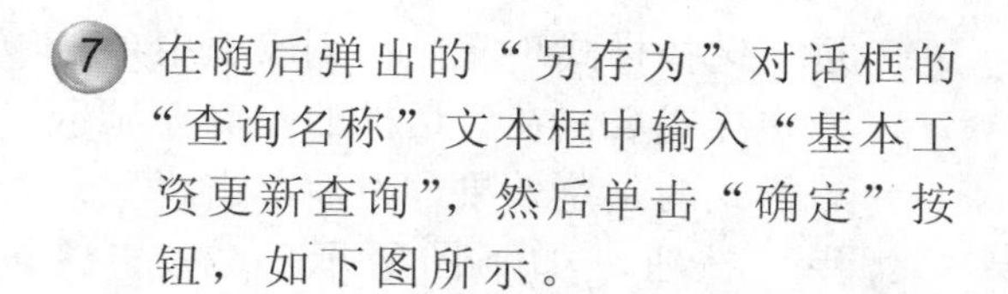

7 在随后弹出的“另存为”对话框的“查询名称”文本框中输入“基本工资更新查询”，然后单击“确定”按钮，如下图所示。

8 此时在“工资管理系统：数据库”窗口的“查询”对象窗口中，可以看到“基本工资更新查询”。如下图所示，除了该查询外，其他查询均为选择查询，而该查询为更新查询，从查询名称前面的图标也可以看出。

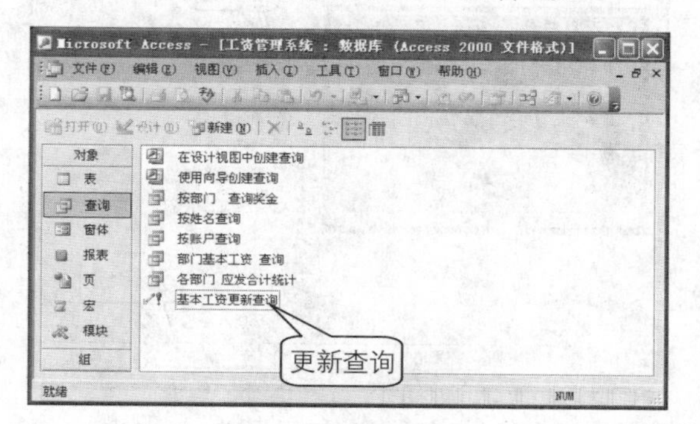

4 窗体的设计

在通常情况下，一般的用户是通过窗体对数据库中的数据进行录入、编辑、查询等操作的，因此，窗体是用户和数据库之间的桥梁，在数据库中窗体的设计是非常重要的。

创建“部门”窗体

首先创建一个部门窗体，用于添加、修改或删除公司中的部门信息，操作步骤如下。

1 在“工资管理系统：数据库”窗口的“窗体”对象中，双击“使用向导创建窗体”选项，如下图所示。

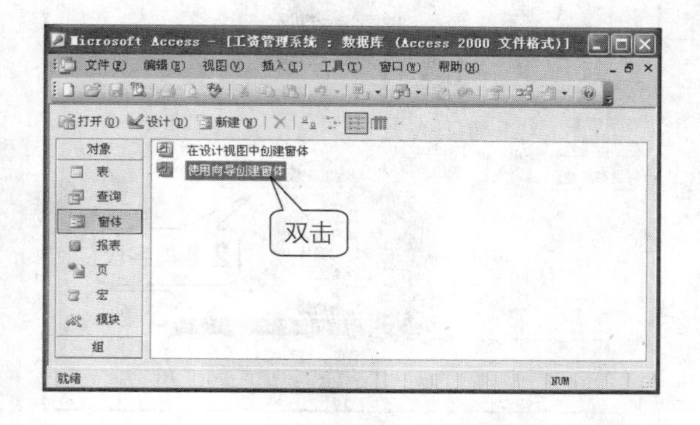

2 启动窗体向导，打开“窗体向导”对话框，从“表/查询”下拉列表中选择“表：部门”，单击 » 按钮将所有字段添加到“选定的字段”列表框，然后单击“下一步”按钮，如下图所示。

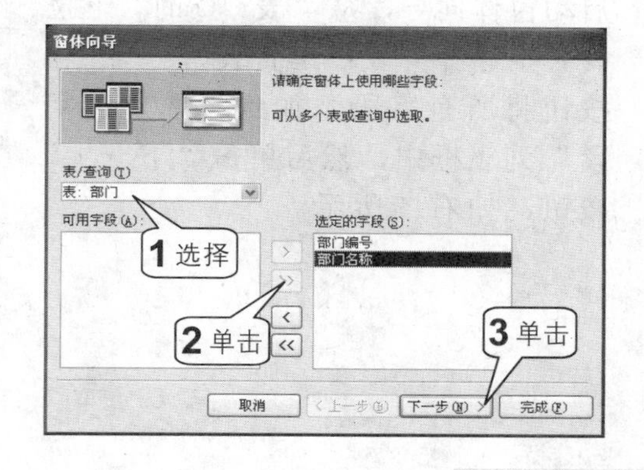

3. 进入选择窗体布局步骤，在对话框中选中需要的布局单选按钮，如“纵栏表”，然后单击“下一步”按钮，如下图所示。

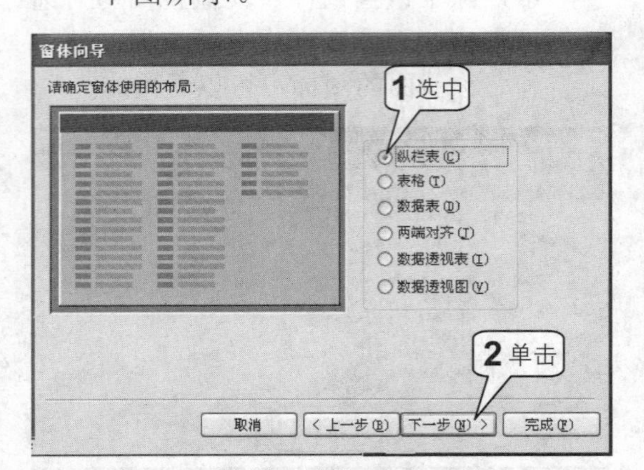

4. 进入选择样式步骤，在列表框中单击选中样式名，在对话框的左侧会显示该样式的预览效果，然后单击“下一步”按钮，如下图所示。

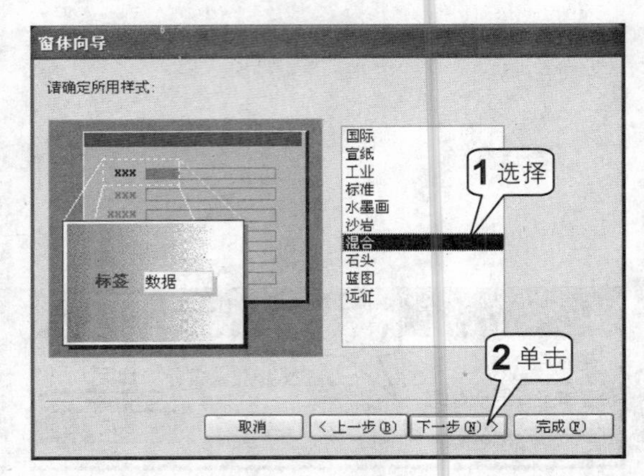

5. 在“请为窗体指定标题”文本框中输入标题“部门”，然后单击“完成”按钮，如下图所示。

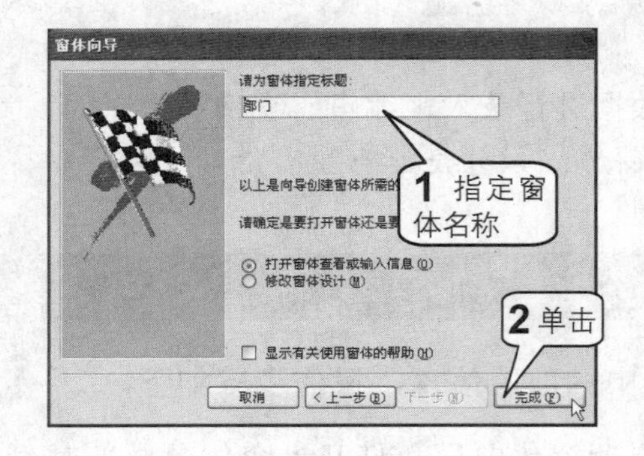

6. 生成的“部门”窗体如下图所示。通过窗体底部的记录导航按钮，可以移动记录和添加新记录。

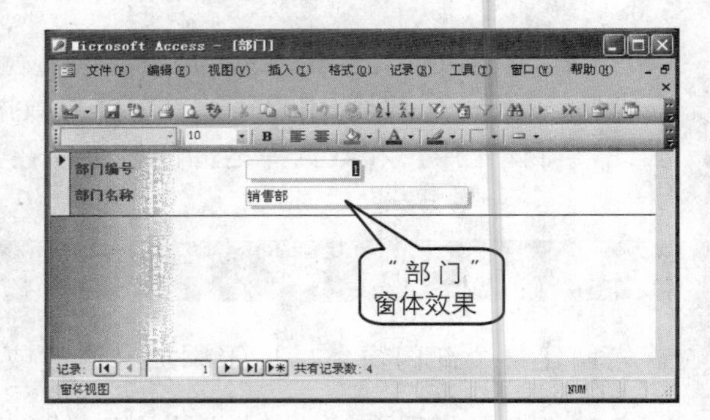

创建“工资表录入”窗体

窗体是人机交互的操作界面，在工资系统中需要创建一个窗体用于录入与员工工资相关的各项数据，即“工资表录入”窗体，具体操作步骤如下。

1. 启动窗体向导，从“表/查询”下拉列表中选择“表：工资表”，单击 >> 按钮将所有字段添加到“选定的字段”列表框中，然后单击“下一步”按钮，如右图所示。

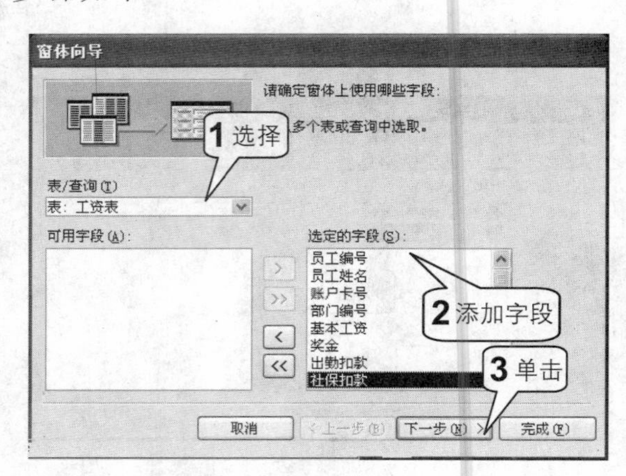

2 选中“纵栏表”单选按钮，然后单击“下一步”按钮，如下图所示。

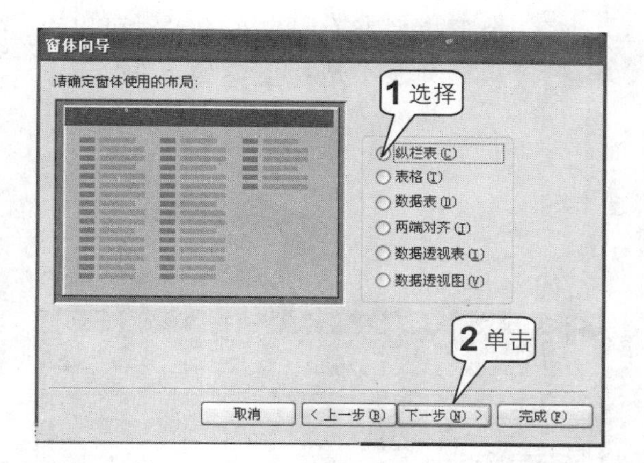

3 在“请确定所用样式”列表框中选中“石头”，然后单击“下一步”按钮，如下图所示。

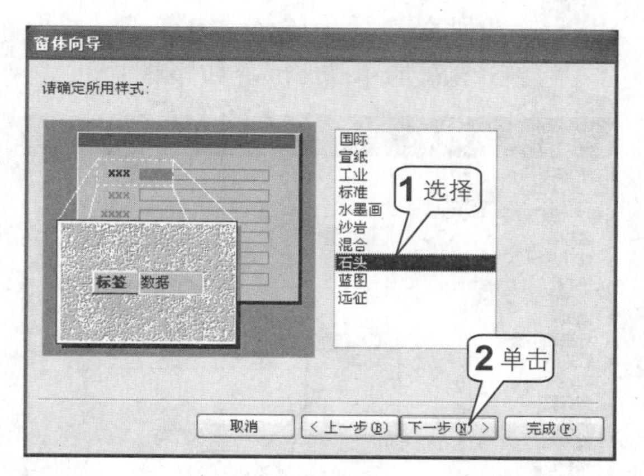

4 在“请为窗体指定标题”文本框中输入“工资表录入”，然后单击“完成”按钮，如下图所示。

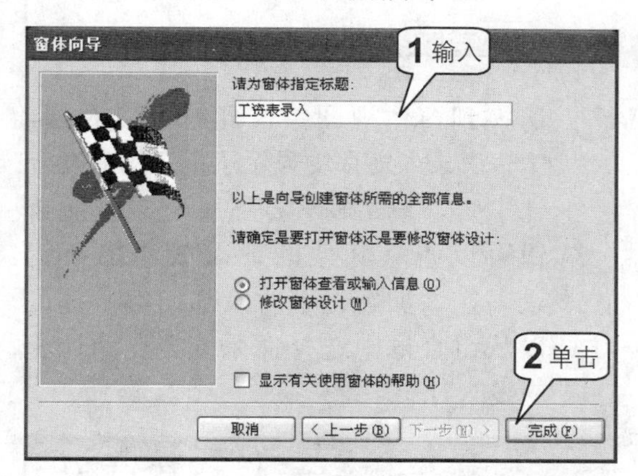

5 此时屏幕上将打开创建的“工资表录入”窗体，如下图所示。

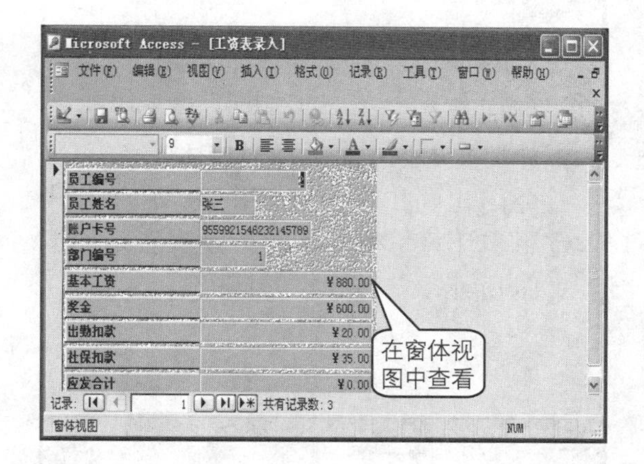

6 单击工具栏中的“视图”按钮切换到窗体设计视图中，右击“部门编号”文本框，从弹出的快捷菜单中选择“更改为>组合框”选项，如下图所示。

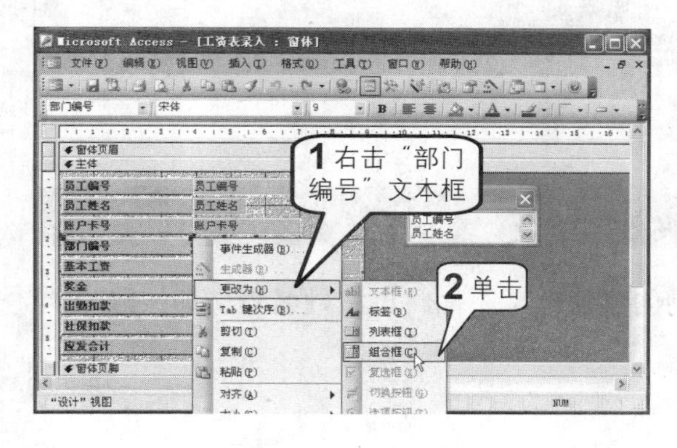

7 然后单击菜单栏中的“视图>属性”命令，如下图所示。

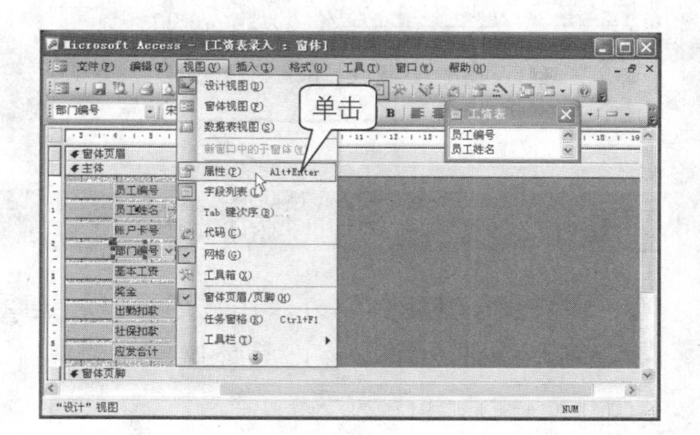

8 打开“组合框：部门编号”属性对话框。从“行来源类型”下拉列表中选择“部门”，将“列数”更改为 2，在“列宽”行中输入“0;3”，系统会自动添加单位 cm，如下图所示。

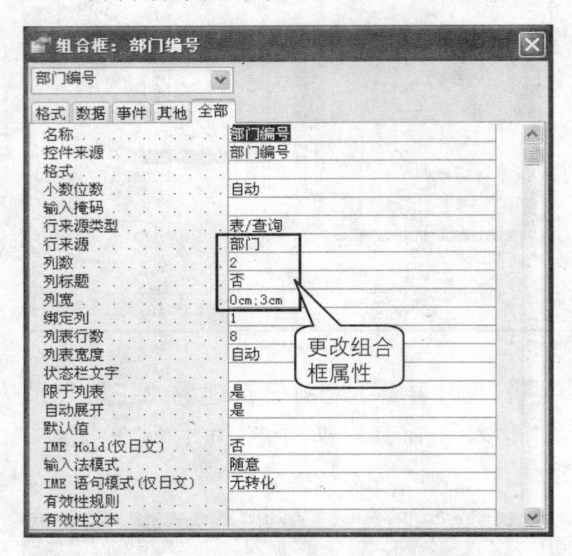

9 切换回窗体视图中，此时可以看到，“部门编号”显示为一个组合框，单击组合框中的三角形按钮，可以打开一个下拉列表，用户在输入时可以直接从该列表中选择值，如下图所示。

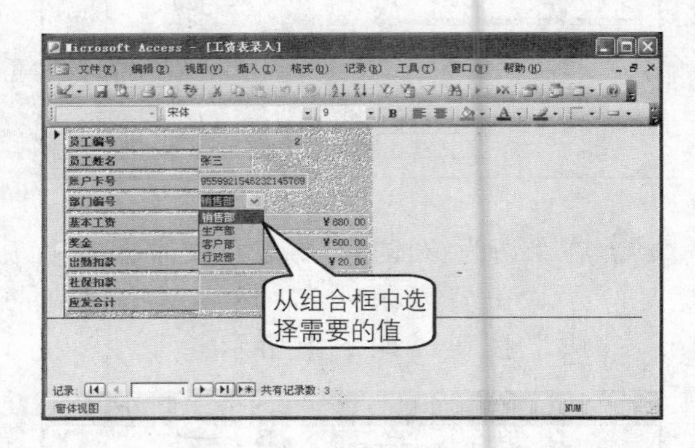

10 再切换到设计视图中，在“应发合计”文本框中输入“=[基本工资]+[奖金]-[出勤扣款]-[社保扣款]”，该公式用来计算每位员工的应发工资，如下图所示。

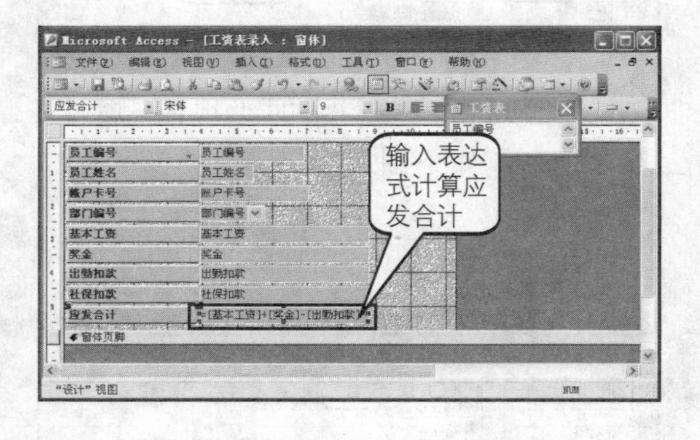

11 切换到窗体视图中，此时可以看到，工资表录入窗体中显示了员工的应发合计工资。单击窗体底部的记录导航按钮可以查看其他的记录或添加新记录。在添加新记录时，部门编号都可以从组合框中选择，系统会自动计算应发合计。

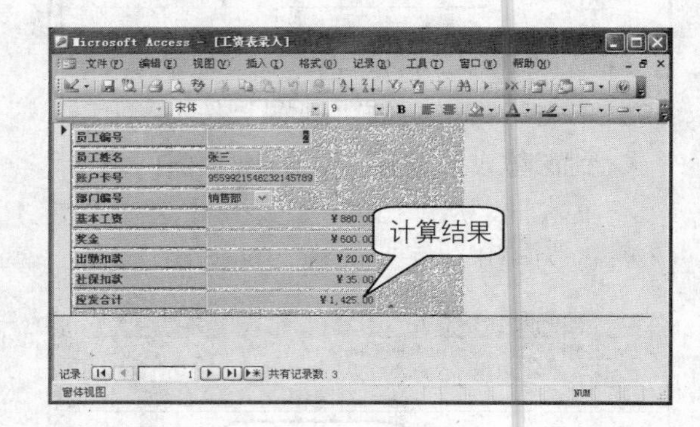

创建参数查询窗体

除了通过表创建窗体以外，用户还可以通过查询创建窗体，下面将以按姓名查询和按账户卡号查询来创建两个窗体，具体操作步骤如下。

1 创建“按姓名查询”窗体。启动窗体向导，在“表/查询”下拉列表中选择“查询：按姓名查询”查询，创建的窗体在设计视图如下图所示。

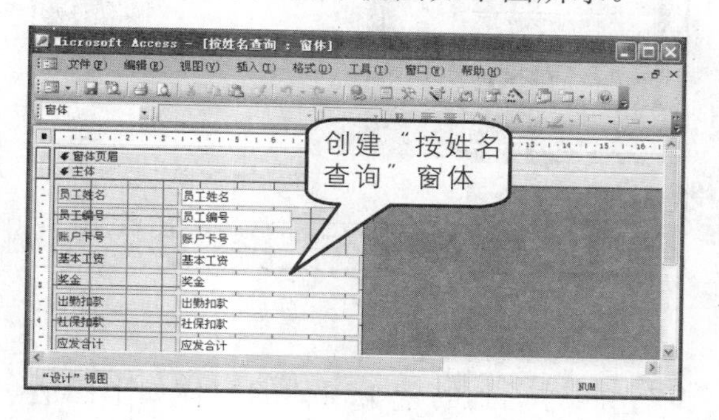

2 采用同样的方法创建“按账户查询”窗体，如下图所示。

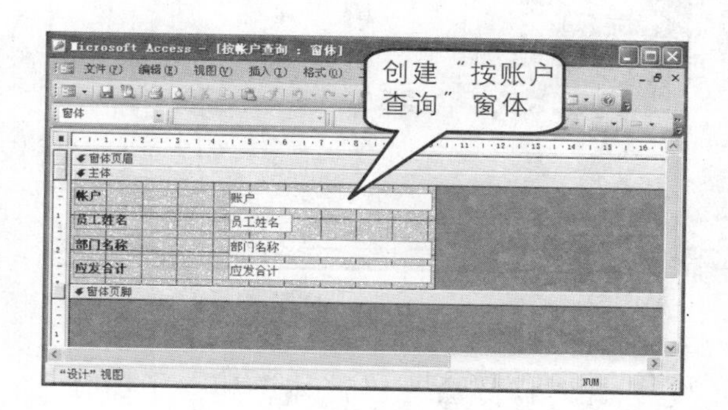

创建各部门工资表明细窗体

当公司的员工数量较多时，为了更好地管理和操作工资管理系统中的数据，可以将整个工资数据库中的数据按部门分类。

1 启动窗体向导，添加“部门”表中的“部门名称”字段，选中“工资表”中的“员工编号”、“员工姓名”、“账户卡号”、“基本工资”、“奖金”、“出勤扣款”、“社保扣款”和“应发合计”字段。然后单击“下一步”按钮，如下图所示。

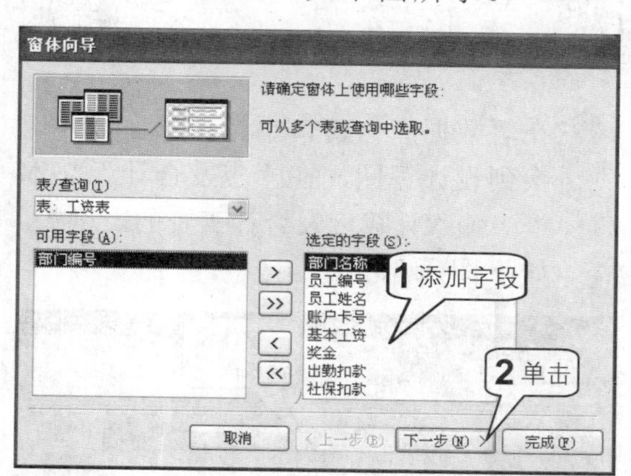

2 此时“窗体向导”对话框如下图所示，由于选中的字段包括两个表中不相同的字段，系统会要求用户确定查看数据的方式，这里选择“通过部门”，然后单击“下一步”按钮，如下图所示。

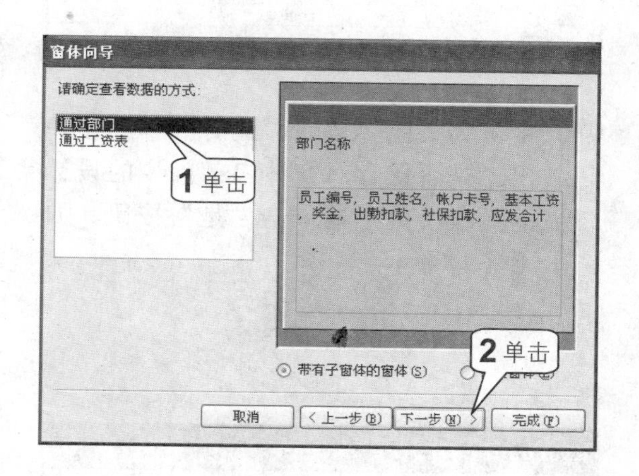

3 进入确定子窗体使用的布局步骤，选中“数据表”单选按钮，然后单击“下一步”按钮，如下图所示。

4 进入选择样式步骤，选择样式“国际”，然后单击“下一步”按钮，如下图所示。

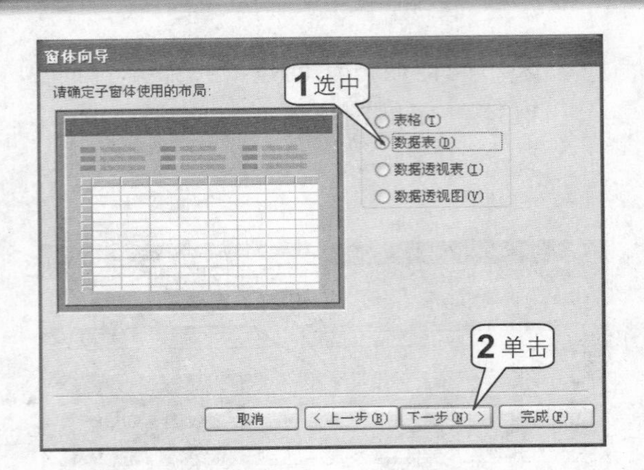

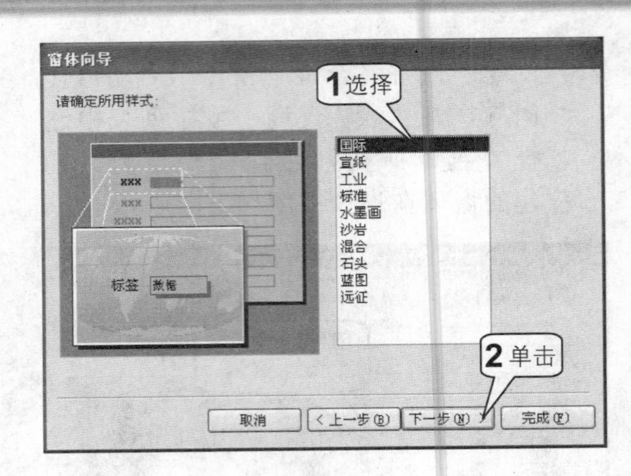

5 此时向导会为“窗体”和“子窗体”指定默认标题，用户可输入需要的标题文字，然后单击“完成”按钮，如下图所示。

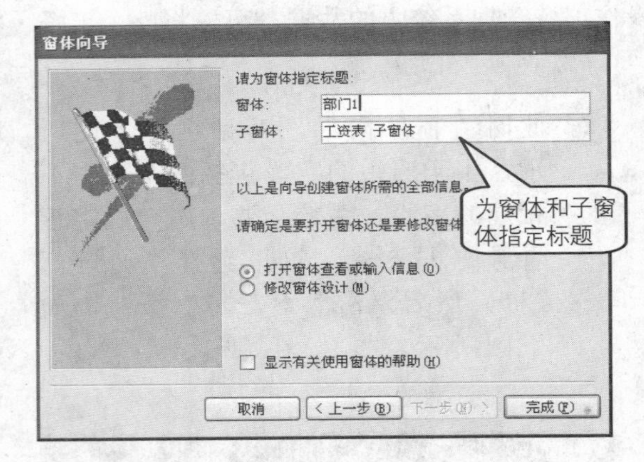

6 此时得到的带子窗体的窗体如下图所示。在主窗体中显示了部门信息，在子窗体中显示了该部门中各员工的工资明细。

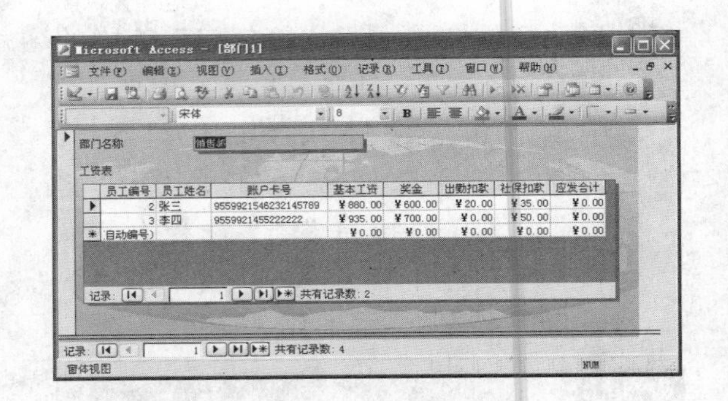

7 单击“关闭”按钮，此时屏幕上会弹出“是否保存对窗体‘部门’的设计的更改”提示框单击“是”按钮，如下图所示。

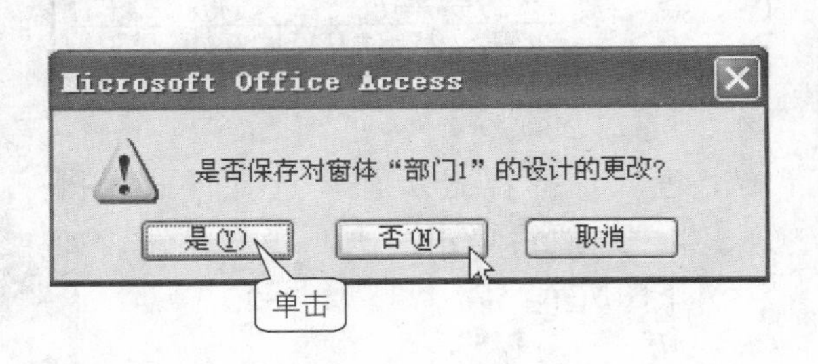

8 在“数据库”窗口中打开子窗体并切换到设计视图，在“应发合计”文本框中输入计算应发合计工资的表达式，如下图所示。

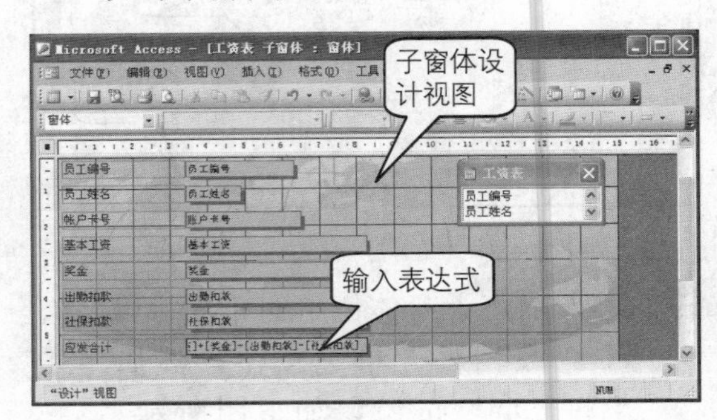

9 再次打开“部门1”主窗体，如右图所示，可以看到，在该窗体的子窗体中计算出了每位员工的应发合计工资。

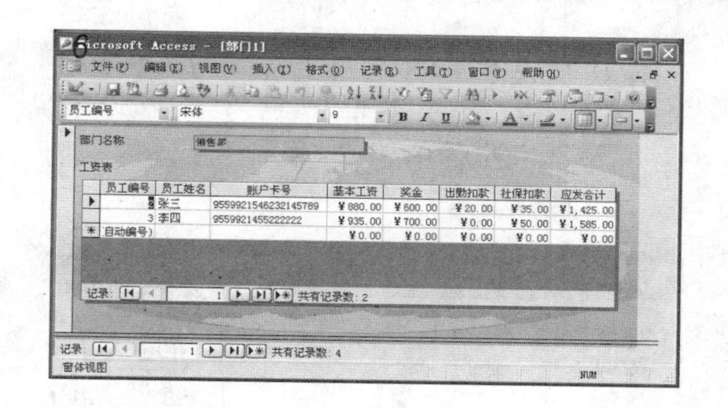

为工资管理系统设计切换面板

使用 Access 2003 中的“切换面板管理器”工具可以为数据库创建一个切换面板来管理数据库系统，使得用户应用数据库系统更加得心应手。

创建切换面板

“切换面板管理器”是 Access 2003 系统自带的数据库实用工具之一，使用该工具用户可以快速轻松地为数据库创建切换面板。

1 在“工资管理系统：数据库”窗口中，单击菜单栏中的“工具>数据库实用工具>切换面板管理器”命令，如下图所示。

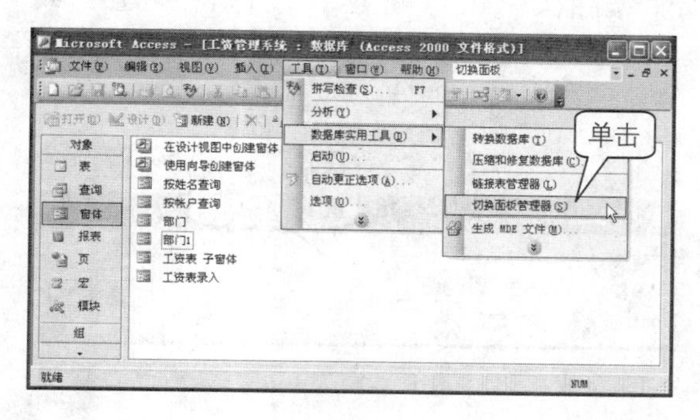

2 此时屏幕上会弹出“切换面板管理器”提示对话框，单击“是”按钮，如下图所示。

3 打开“切换面板管理器”对话框，单击“新建”按钮，如右图所示。

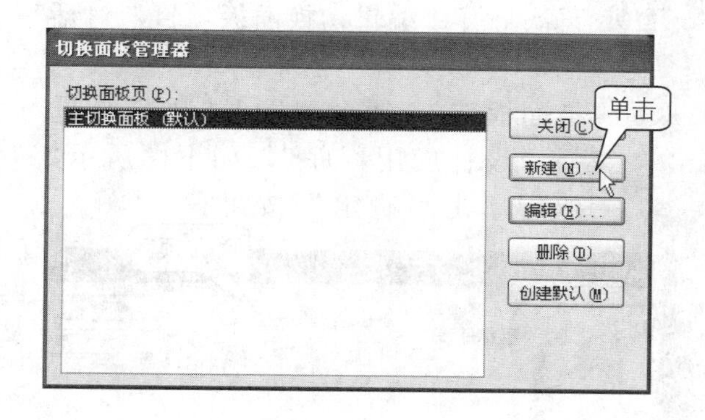

4 在弹出的“新建”对话框的“切换面板页名”文本框中输入“数据录入”，然后单击“确定”按钮，如下图所示。

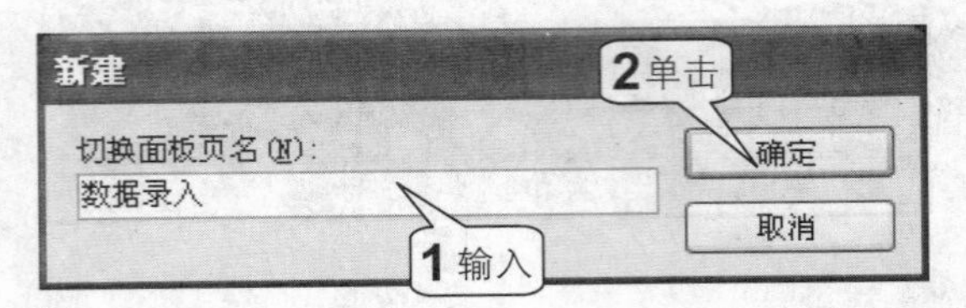

5 重复以上两个步骤，再新建一个切换面板页，命名为“数据查询”，如下图所示，然后单击“确定”按钮。

6 此时“切换面板管理器”对话框如下图所示，在“切换面板页”列表框中选中“主切换面板（默认）”，然后单击“编辑”按钮，如下图所示。

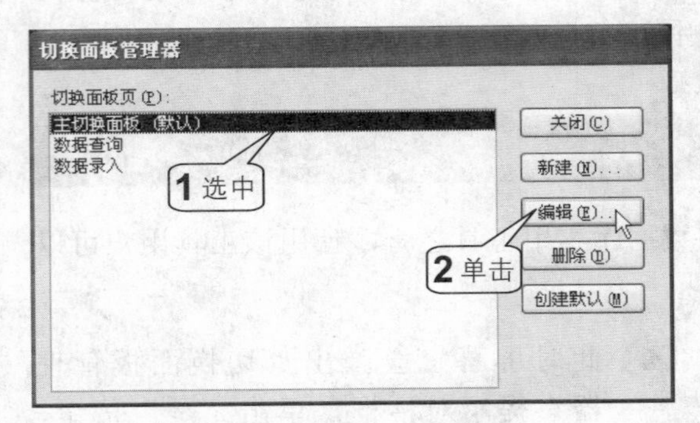

7 打开“编辑切换面板页”对话框，单击“新建”按钮，如下图所示。

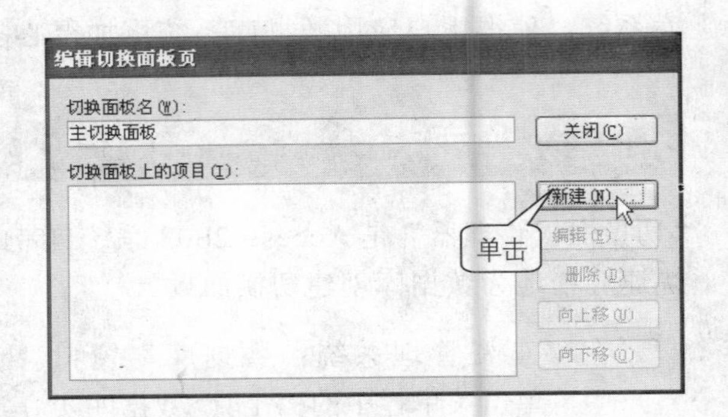

8 在“编辑切换面板项目”对话框的“文本”框中输入“数据录入”，从“切换面板”下拉列表中选择“数据录入”，然后单击“确定”按钮，如下图所示。

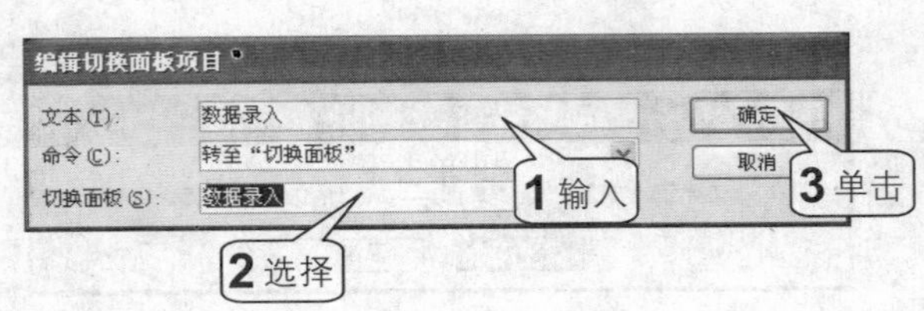

9 返回“编辑切换面板页”对话框中，再次单击“新建”按钮，新建“数据查询”项目，如下图所示，然后单击“确定”按钮。

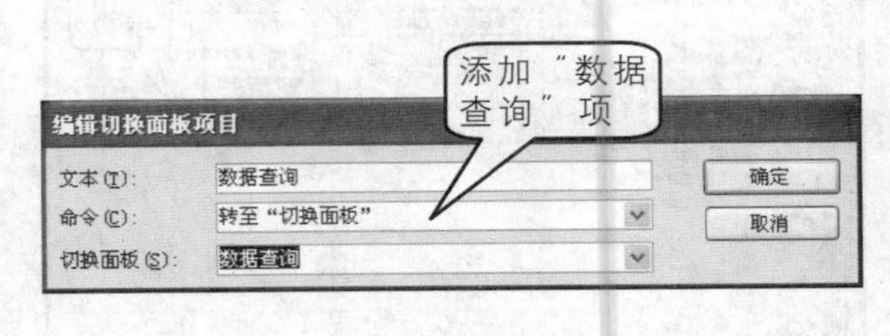

10 再次打开“编辑切换面板项目”对话框，在“文本”框中输入“修改切换面板”，从“命令”下拉列表中选择“设计应用程序”，如下图所示，然后单击“确定”按钮。

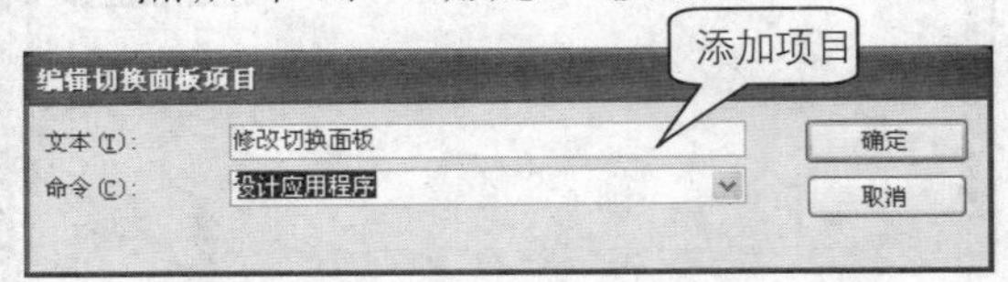

11 再新建一个项目“退出数据库”，从“命令”下拉列表中选择“退出应用程序”，然后单击“确定”按钮，如下图所示。

12 此时，“编辑切换面板页”对话框如下图所示，单击“关闭”按钮，如下图所示。

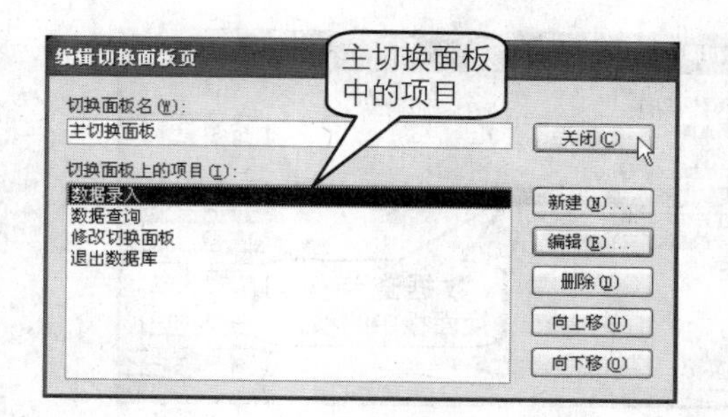

13 在“切换面板管理器”对话框的“切换面板页”列表框中选中“数据录入”，然后单击“编辑”按钮，如下图所示。

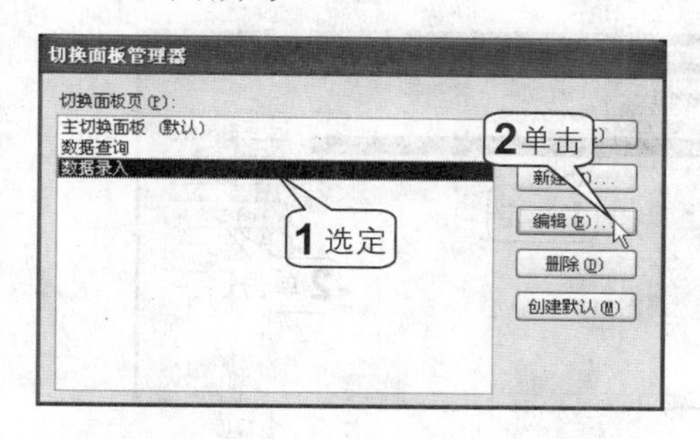

14 此时进入“数据录入”面板页的项目编辑，单击“新建”按钮，如下图所示。

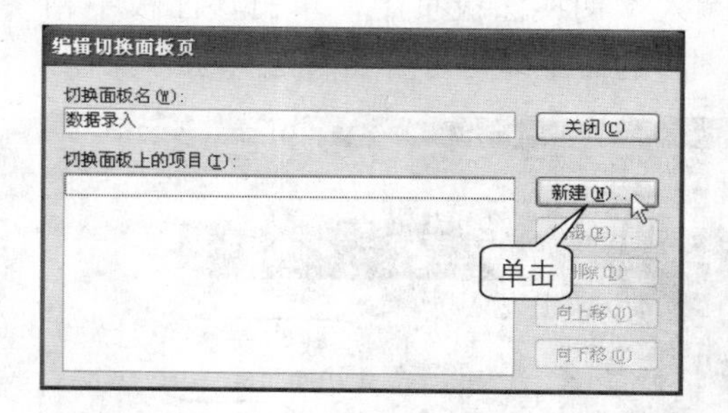

15 在打开的“编辑切换面板项目”对话框中的“文本”框中输入“录入部门信息”，从“命令”下拉列表中选择“在‘编辑’模式下打开窗体”，从“窗体”下拉列表中选择“部门”，如下图所示，然后单击“确定”按钮。

16 返回“编辑切换面板页”对话框中，单击“新建”按钮，再次打开“编辑切换面板项目”对话框，在“文本”文本框中输入“录入员工工资明细”，从“窗体”下拉列表中选择“工资表录入”，然后单击“确定”按钮，如下图所示。

17 返回“编辑切换面板页”对话框中，单击“新建”按钮。再次打开“编辑切换面板项目”对话框，在“文本”文本框中输入“返回”，从“切换面板”下拉列表中选择“主切换面板”，然后单击“确定”按钮，如下图所示。

18 此时返回“编辑切换面板页”对话框，可以看到“数据录入”面板页中一共添加了3个项目，如右图所示，然后单击“关闭”按钮。

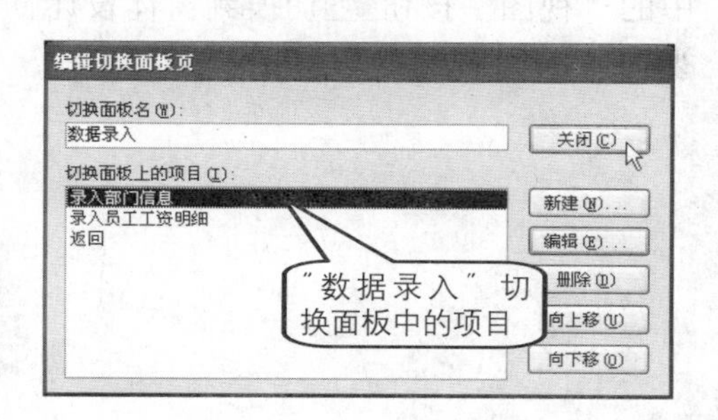

19 在“切换面板管理器”对话框中的“切换面板页”列表框中选中“数据查询”，然后单击“编辑”按钮，如下图所示。

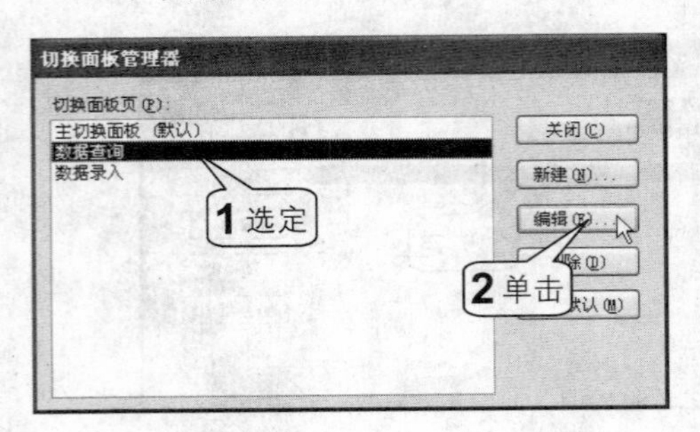

20 采用同样的方法为“数据查询”切换面板页添加如下图所示的项目。

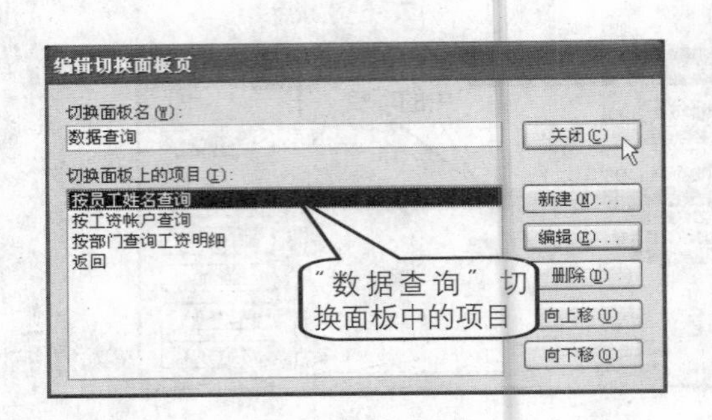

21 最后，主切换面板如下图所示，单击如下图所示的按钮可执行相应的操作。

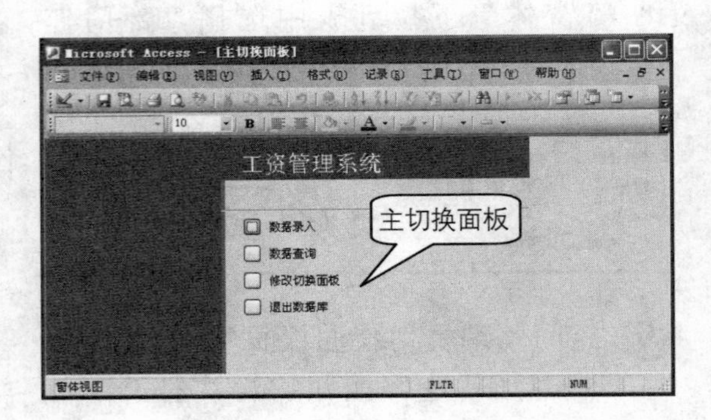

22 在主切换面板中单击“数据录入”按钮，切换到如下图所示的“数据录入”切换面板页中，单击该面板中相应的命令即可打开窗体进行录入操作。

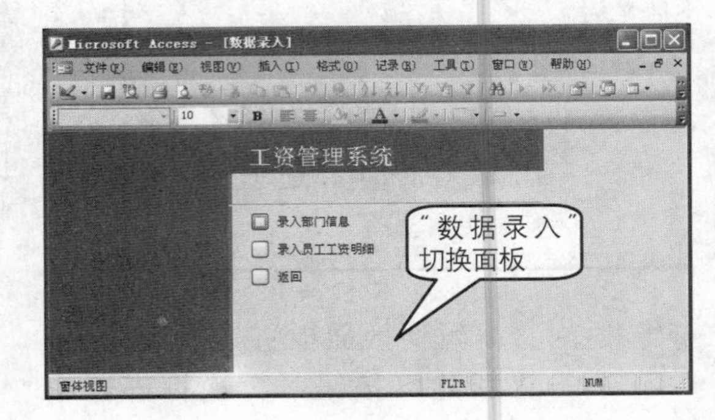

在设计视图中修改切换面板

虽然“创建切换面板”一节中介绍了创建切换面板的方法，但创建的切换面板的外观是默认样式，并不能完全满足用户需求。不过，用户可以采用像设计其他窗体一样的方法在设计视图中修改切换面板，具体操作步骤如下。

1 在“对象”面板中单击“窗体”，然后双击“切换面板”，再单击工具栏中的“视图”按钮切换到窗体设计视图中，如右图所示。

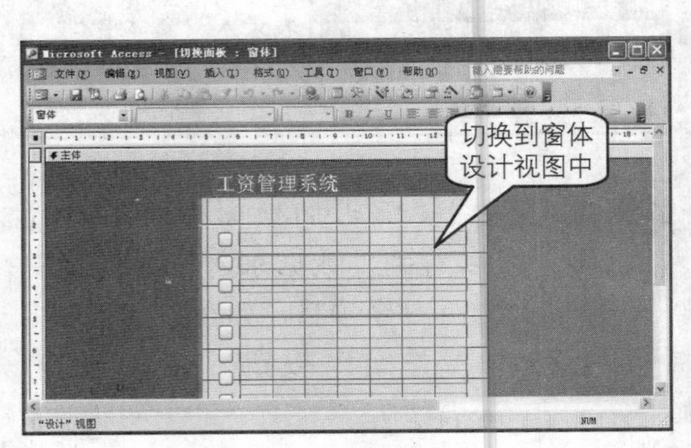

2 选中“工资管理系统”文本框，将字体更改为“华文中宋”，然后单击“加粗”按钮，如下图所示。

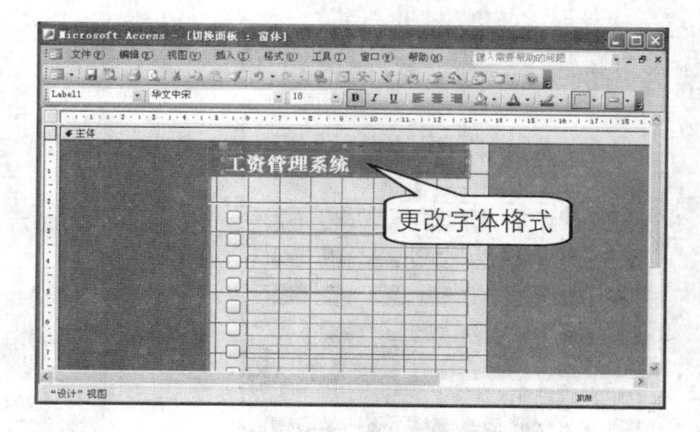

3 右击窗体左侧的绿色区域（实际上是一个图像控件），从弹出的快捷菜单中选择“属性”命令，如下图所示。

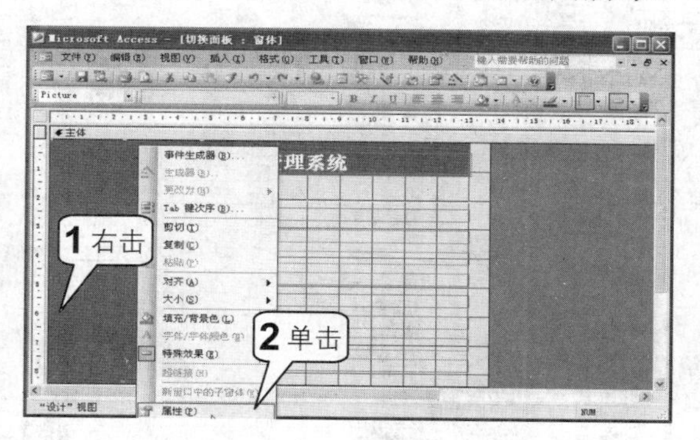

4 打开“图像：Picture”对话框，单击“图片”框右侧的按钮，如下图所示。

5 打开“插入图片”对话框，选中需要的图片后，单击“确定”按钮，如下图所示。

6 此时图片的路径会显示在“图片”文本框中，单击“关闭”按钮，如下图所示。

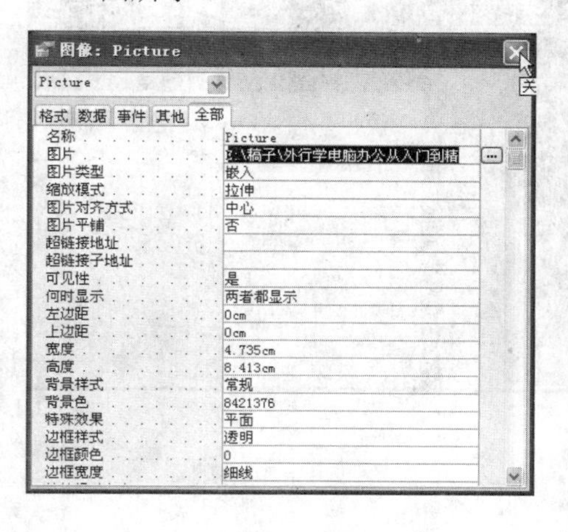

7 选中“工资管理系统”文字下面的绿色矩形右击，从弹出的快捷菜单中选择“属性”选项，如下图所示。

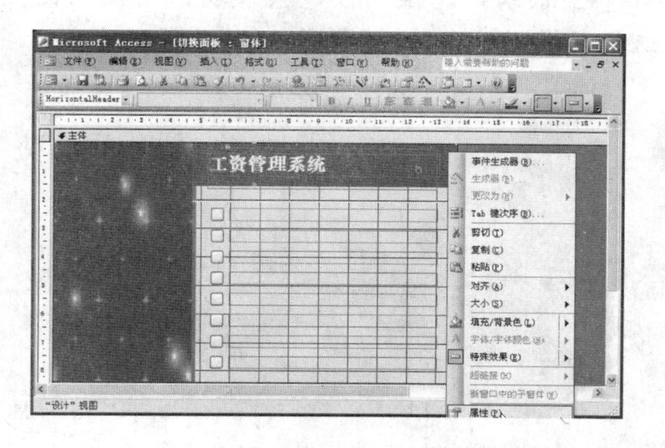

8 在打开的“矩形”属性对话框中，单击“背景色”框右侧的按钮。

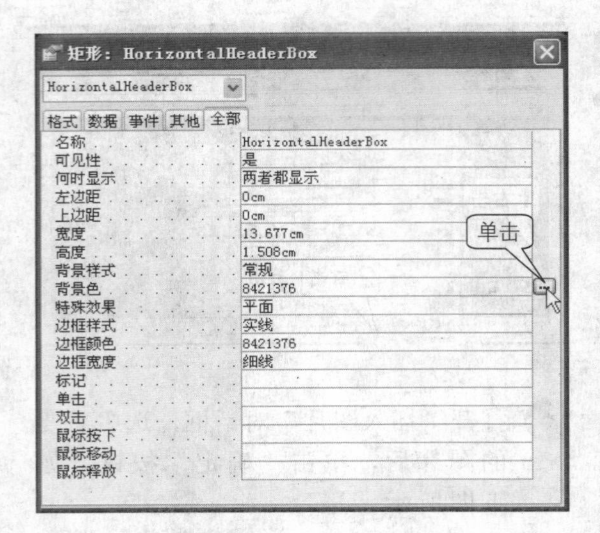

9 打开“颜色”对话框，选中如下图所示的颜色，然后单击“确定”按钮再单击“关闭”按钮。

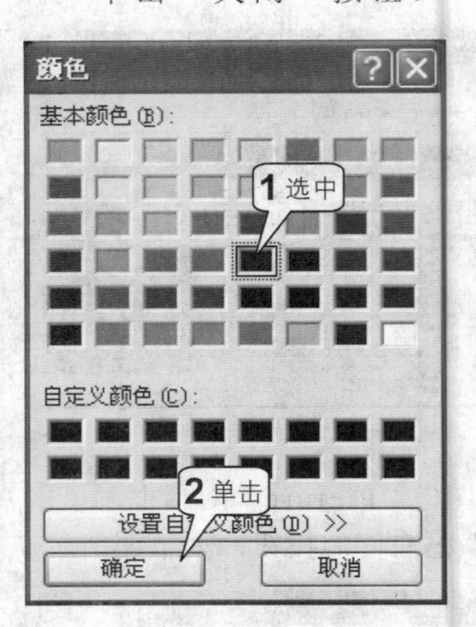

10 此时的窗体效果如下图所示。

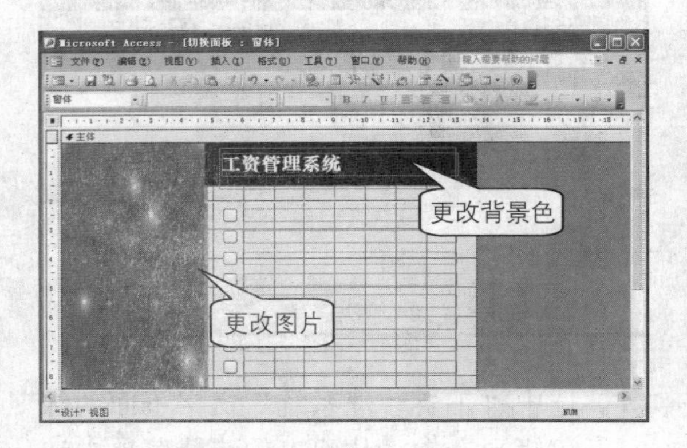

11 切换到窗体视图中，此时主切换面板效果如下图所示。

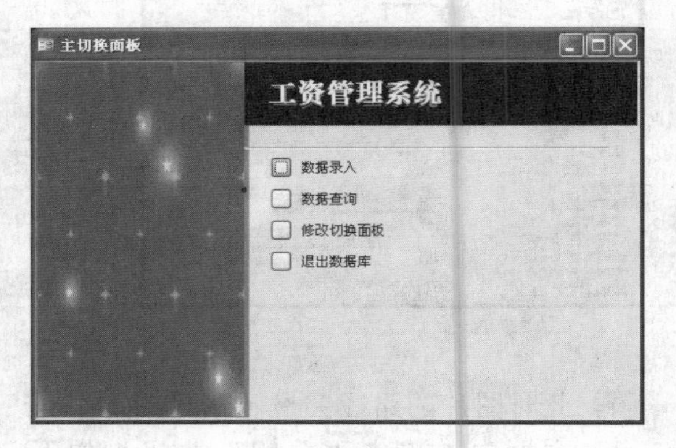

12 单击“数据录入”按钮切换到“数据录入”切换面板，会发现该切换面板也作了同样的更改，如右图所示。

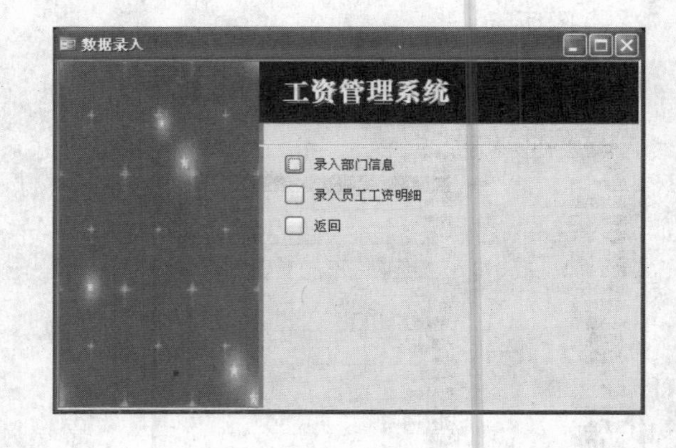

6 为工资管理系统设置启动窗体

通常在为数据库创建了切换面板后，总是希望在打开该数据库时，只显示主切换面板，从而使用户只能通过该切换面板对数据库进行操作，具体操作步骤如下。

1 单击菜单栏中的“工具>启动”命令，如下图所示。

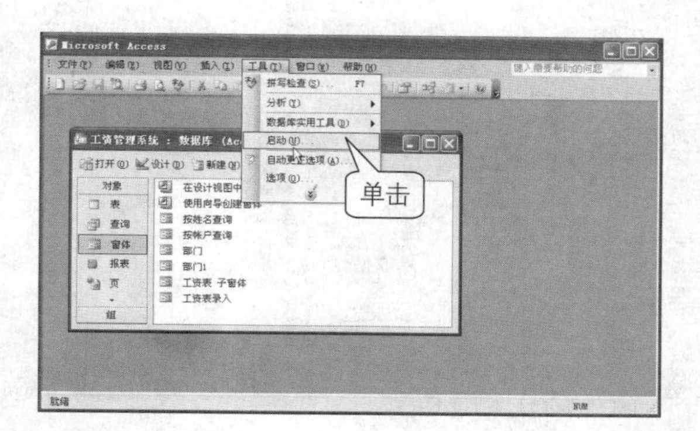

2 打开“启动”对话框。在“应用程序标题”文本框中输入标题，从“显示窗体/页”下拉列表中选择“切换面板”，取消选中“显示数据库窗口”和“显示状态栏”复选框，然后单击“确定”按钮，如下图所示。

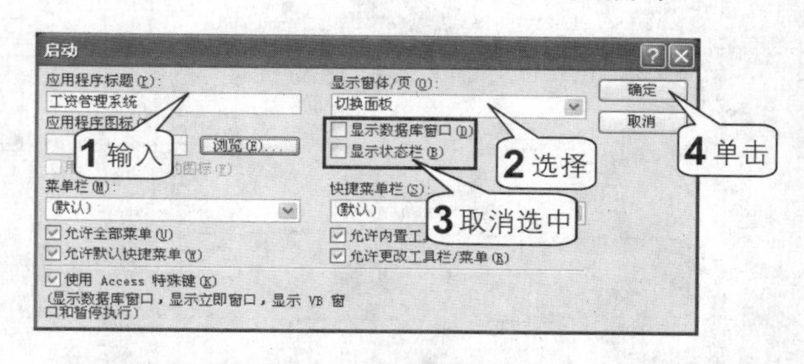

3 重新打开工资管理系统，打开后的界面如右图所示。这时只能看到主切换面板，而隐藏了数据库窗口和状态栏。

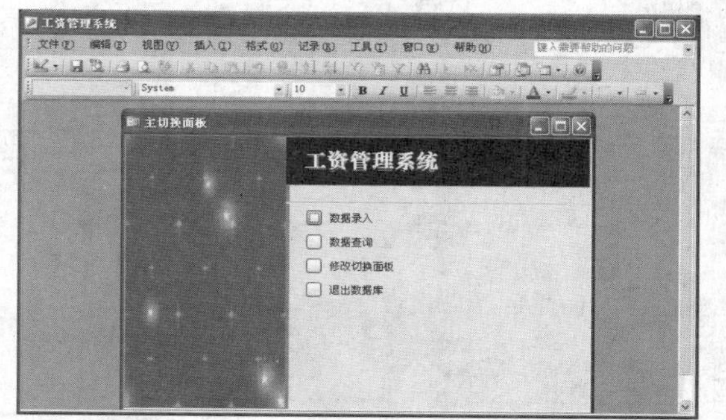

7 本章小结

本章在前一章的基础上，以员工工资管理系统为实例，介绍了创建一个数据库的全部过程。首先从数据库和表的设计开始，然后介绍了如何创建工资管理数据库、数据库中的表、表间的关系；接下来介绍了在数据库中创建查询，其中包括按部门查询基本工资、按部门查询奖金、按员工姓名查询和更新基本工资查询等，其中包括了多种查询类型，有选择查询、参数查询和更新查询；然后介绍了窗体的设计，分别介绍了使用表和查询创建窗体；随后又介绍了如何为数据库系统添加切换面板以及在设计视图中修改切换面板；最后介绍了为工资管理系统设置启动窗体。

通过本章的学习，读者应能结合具体情况，使用Access 2003设计出实用性较强的数据库，从而完善现有的工作方式，提高办公效率。

读书笔记

Chapter 14

Office 组件协作办公

Microsoft Office 各组件都具有强大的功能，但是各组件的特长都有所不同。例如，Word 擅长于处理文档，而 Excel 更适合于处理数据和表格，PowerPoint 则可以把数据、图片和表格做成幻灯片。另外，Excel 虽然也可以创建数据库，但 Microsoft Office 提供了一个更专业的数据库处理软件——Access。因此，在实际应用中，往往是多个软件一起协作，才能更快、更好地完成一项工作。

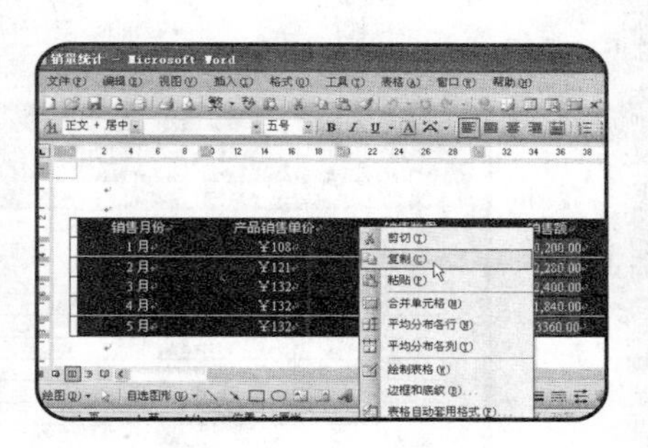

1. Word 与 Excel 相互协作
2. Word 与 PowerPoint 相互协作
3. Excel 与 PowerPoint 相互协作
4. Excel 与 Access 相互协作

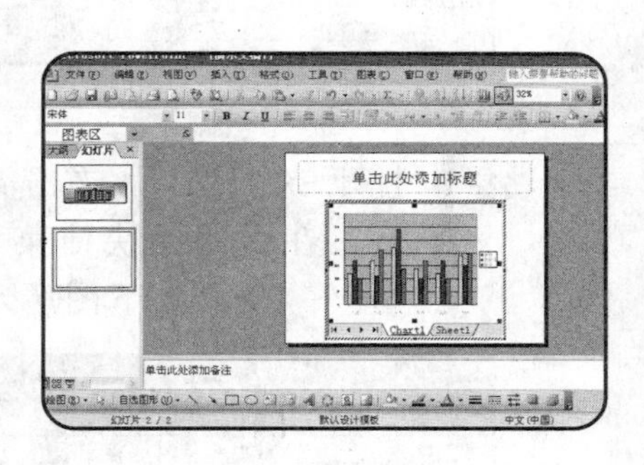

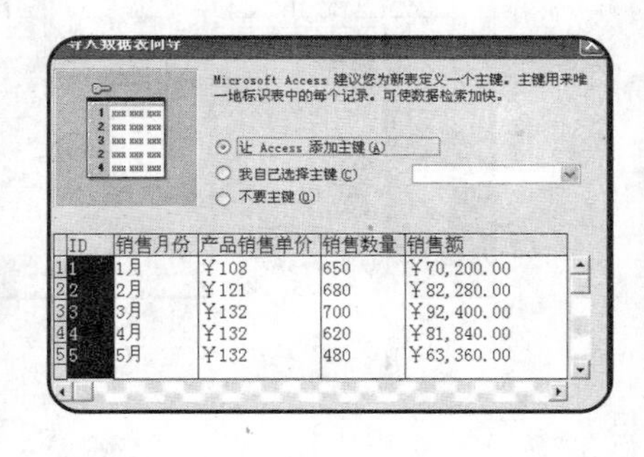

ID	销售月份	产品销售单价	销售数量	销售额
1	1月	￥108	650	￥70,200.00
2	2月	￥121	680	￥82,280.00
3	3月	￥132	700	￥92,400.00
4	4月	￥132	620	￥81,840.00
5	5月	￥132	480	￥63,360.00

Word 与 Excel 相互协作

当 Excel 与其他程序之间复制信息时，即可以将信息复制为链接对象，也可以复制为嵌入对象。所谓链接对象是指在一个文件中创建，并插入到另一个文件中的信息，同时还保持了两个文件之间的链接。嵌入对象是指直接插入到文件中的信息。

对于链接对象，如果链接到的文件在计算机中的位置发生了变化，链接就会失败。而嵌入对象则是把插入的对象作为自己的一部分，因此与原来的文件相互独立。

复制 Word 表格到 Excel 中

如果需要使用 Excel 的运算和数据清单管理功能处理 Word 中的数据，则可以从 Word 中复制表格到 Excel 中。具体操作步骤如下。

1. 首先打开需要复制的 Word 表格，如下图所示。

2. 单击表格左上角的表格选定标记选定表格，右击并在弹出的快捷菜单中单击“复制”命令，如下图所示。

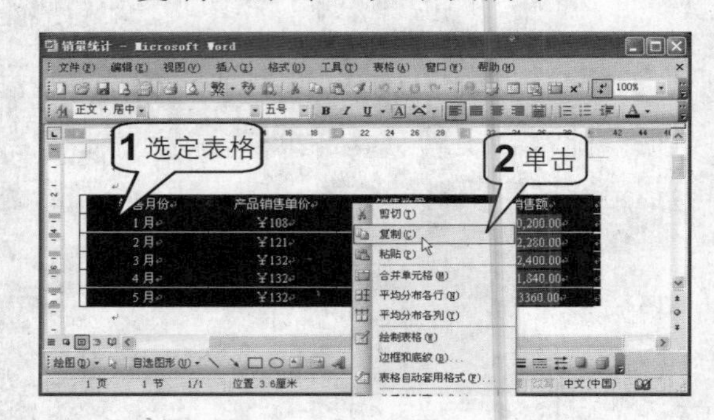

3. 打开 Excel 文件，右击需要粘贴的单元格，在弹出的快捷菜单中单击“粘贴”命令，如下图所示。

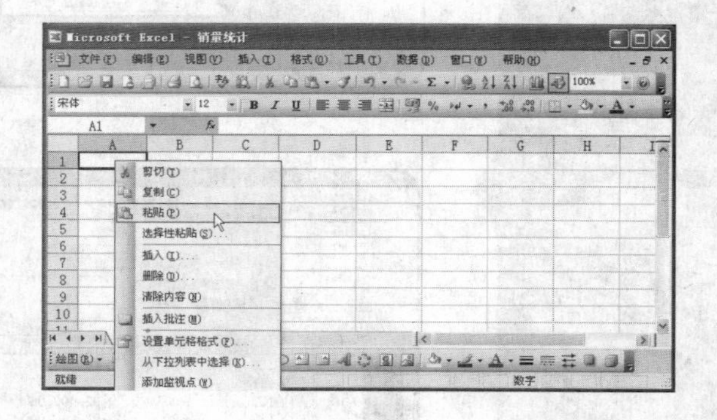

4. 复制的结果如下图所示，复制到 Excel 中的表格内容的格式和原来一样，并没有发生变化。

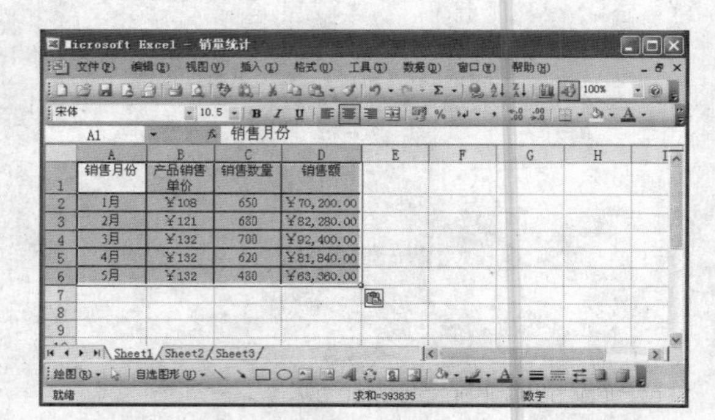

在 Word 中插入 Excel 对象

用户同样可以将 Excel 中的内容复制到 Word 中，另外还可以使用插入对象的方法将 Excel 工作表或图表对象插入到 Word 文档。前一种方法和上一节中的操作类似，这里主要介绍后一种方法。

1. 打开 Word 文档，单击菜单栏中的“插入>对象”命令，如下图所示。

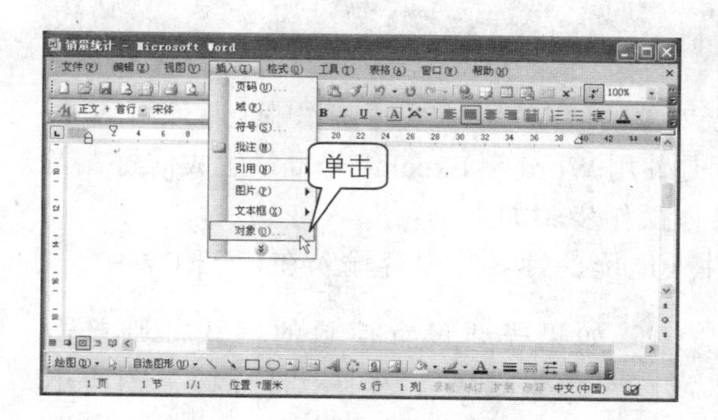

2. 打开“对象”对话框，在“新建”选项卡中的“对象类型”列表框中选择“Microsoft Excel 工作表”，然后单击“确定”按钮，如下图所示。

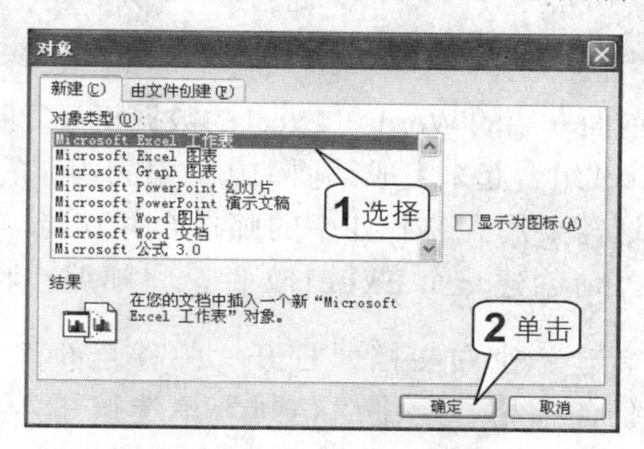

3. 此时将在 Word 文档中插入一个空白的工作表，双击激活该工作表，可以显示工作表行列标号和工作表标签，然后可以对该工作表进行编辑，如下图所示。

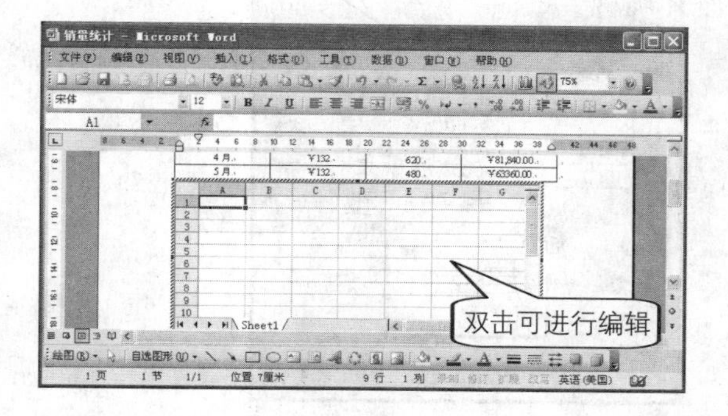

4. 如果是需要插入已有的 Excel 文件，则单击“由文件创建”标签切换到“由文件创建”选项卡中，然后单击“浏览”按钮，如下图所示。

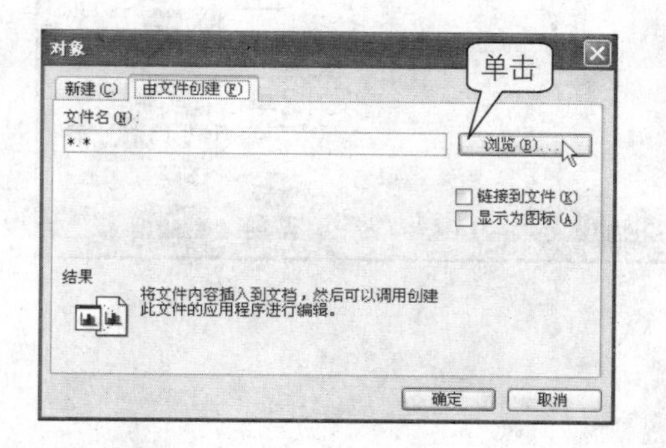

5. 在“浏览”对话框中选中需要插入的 Excel 文件，此时 Word 中会显示选定的工作簿中当前工作表的内容，如右图所示。

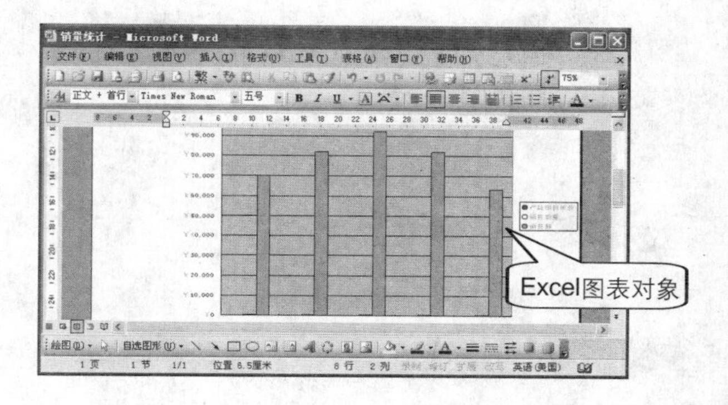

6 双击插入的Excel对象激活它，此时可以在Word中编辑Excel，单击工作表标签可以切换到其他工作表中，如右图所示。

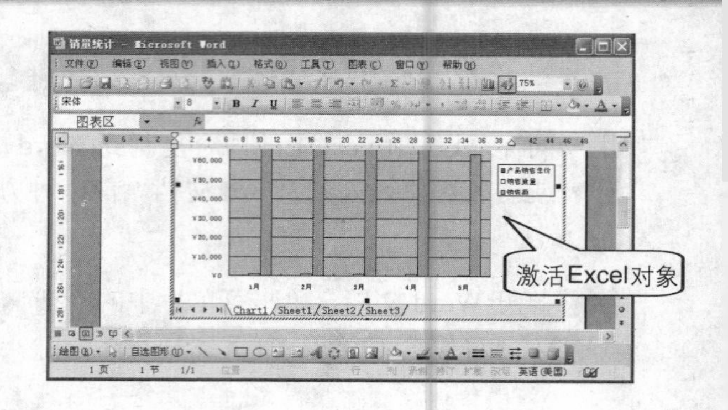

使用 Word 与 Excel 组合办公

除了前面介绍的Word和Excel的数据相互复制及对象的嵌入外，在实际工作中经常使用Word和Excel组合起来完成某项工作，最为明显的就是使用Word和Excel组合批量生成信封。当然，这需要用到Word中的邮件合并功能，具体操作步骤如下。

首先，请创建一个Excel文件，将邮编、收件人地址、姓名等内容输入在该工作表中。

1 新建一空白文档，打开“邮件合并”任务窗格，选中“信封”单选按钮，单击“下一步：正在启动文档”选项，如下图所示。

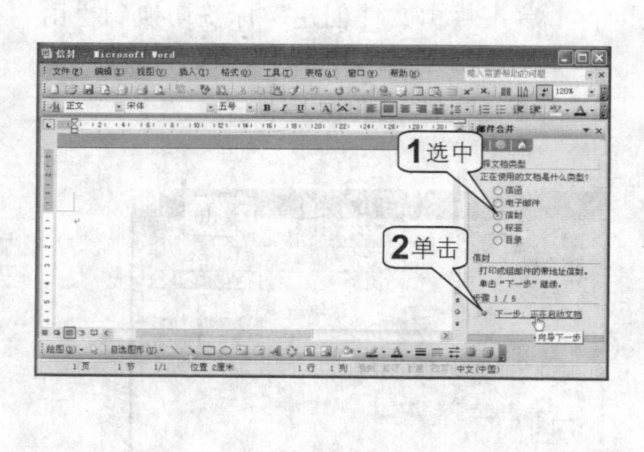

2 如果需要设置信封的格式，则单击“信封选项”选项，打开如下图所示的“信封选项”对话框，在其中可以设置信封的尺寸、字体以及信封上项目的位置。

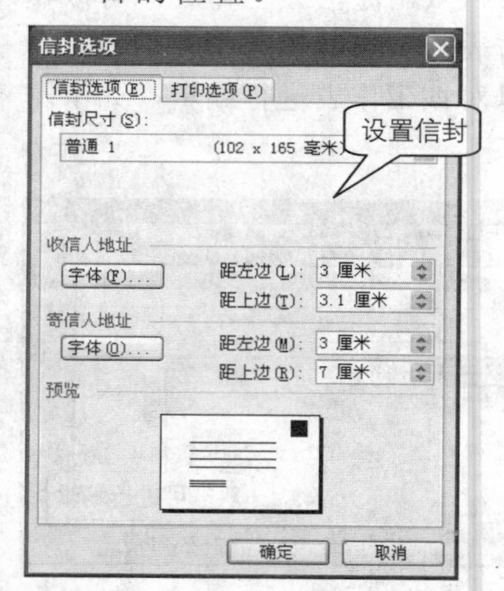

3 单击“下一步：选取收件人”选项，如右图所示。

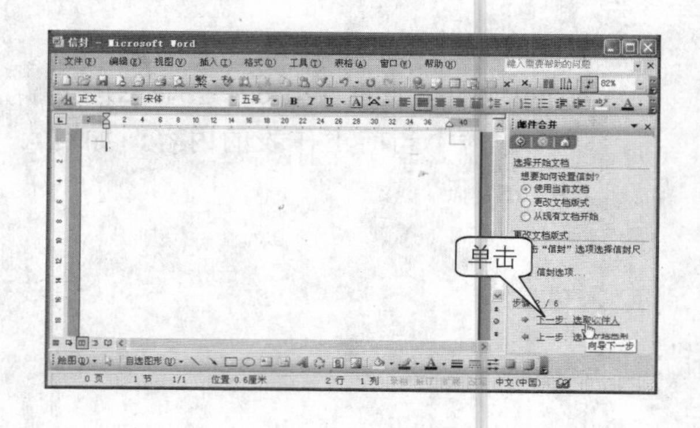

4 此时，单击“浏览”选项，如下图所示。

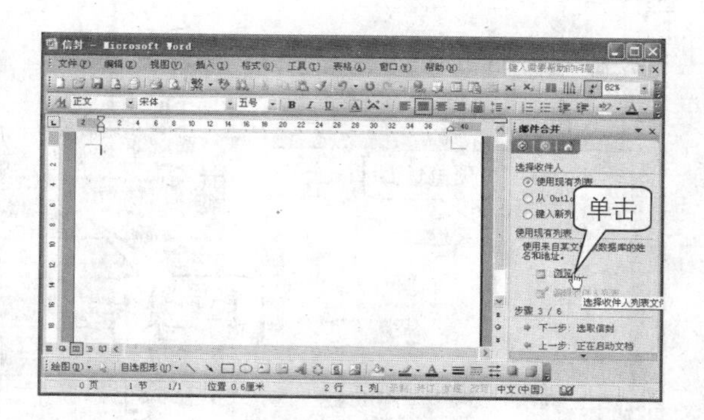

5 在“选取数据源”对话框中选中“客户名单”，然后单击“打开”按钮，如下图所示。

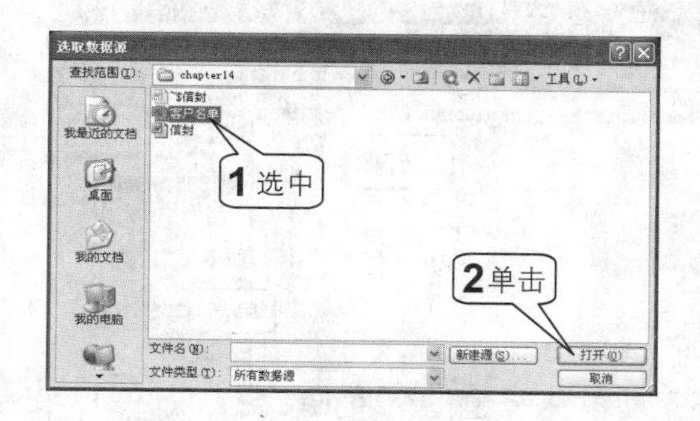

6 在“选择表格”对话框中选中数据所在的工作表，如果数据中包括标题行，则选中“数据首行包含列标题”复选框，然后单击“确定”按钮，如下图所示。

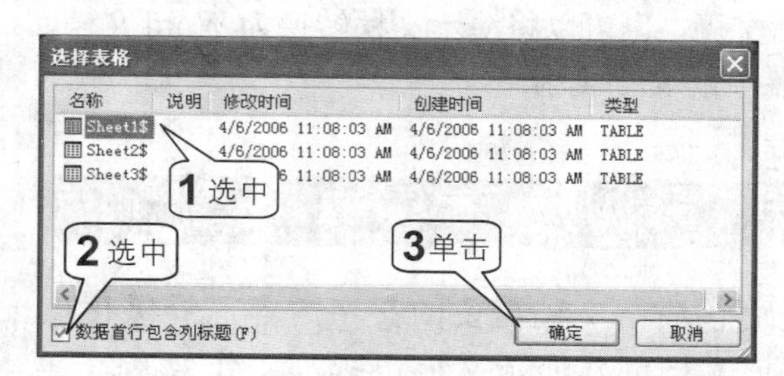

7 接着打开“邮件合并收件人”对话框，直接单击“确定”按钮，如下图所示。

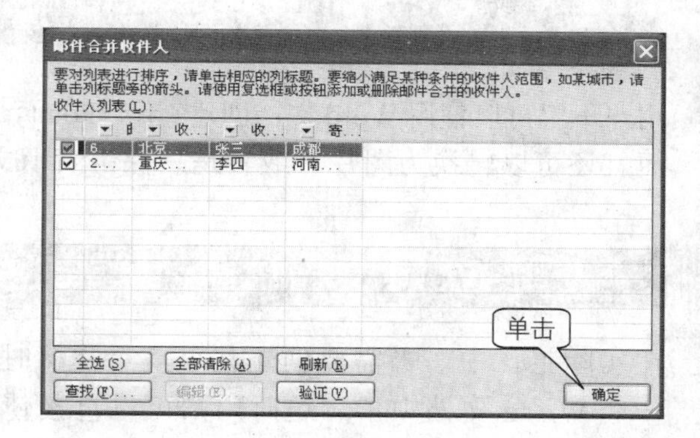

8 在“邮件合并”任务窗格中单击“下一步：选取信封”选项，如下图所示。

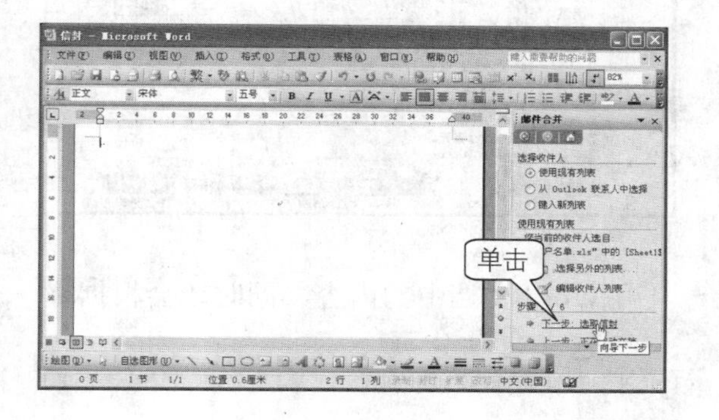

9 在“邮件合并”任务窗格中单击“其他项目”打开“插入合并域”对话框，依次将域插入到文档中适当的位置，如下图所示。

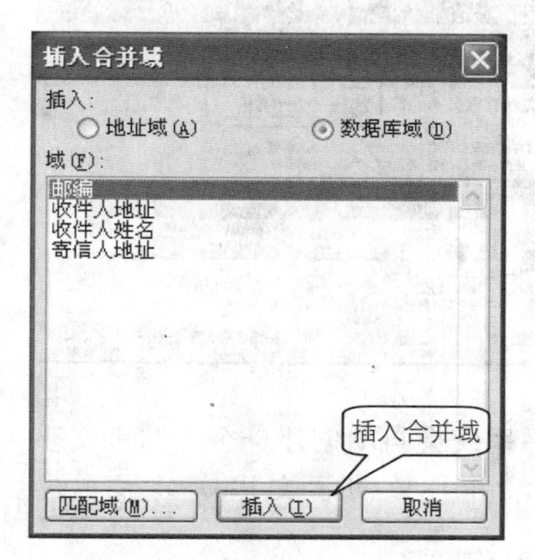

10 插入合并域后的文档如下图所示，然后单击“下一步：预览信封”选项，如下图所示。

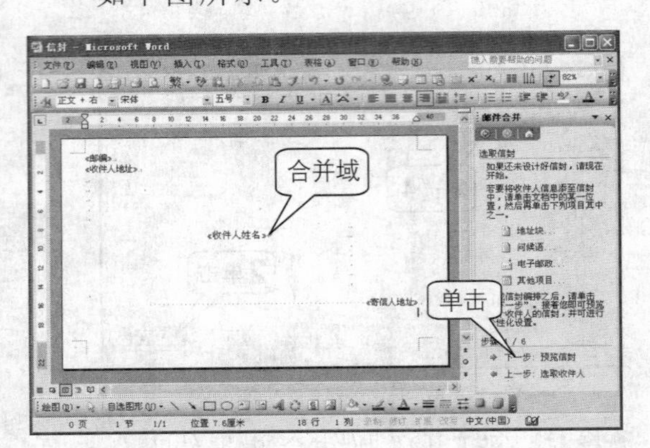

11 预览结果如下图所示，可以看到，信息上的信息来源于客户名单.xls 文件。

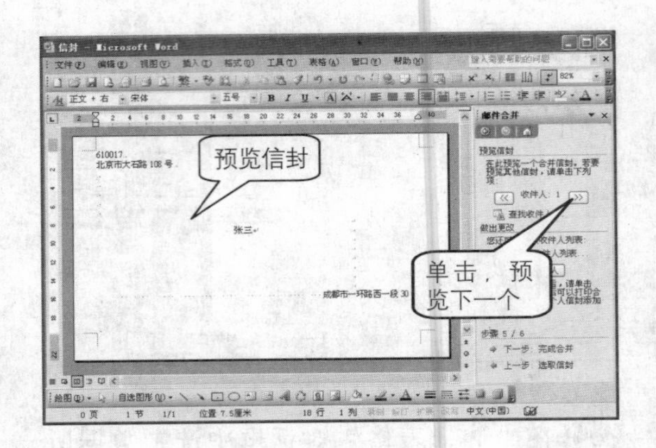

2 Word 和 PowerPoint 协作办公

用户不仅可以使用 Word 文档创建 PowerPoint 演示文稿，也可以将演示文稿转换为 Word 文档，而且还可以转换为图片，或者是只保留演示文稿中的文字内容。

使用 Word 文档快速创建演示文稿

在实际工作中，当需要创建某个演示文稿时，而该演示文稿需要的文字内容已经保存在一个 Word 文档中了，这时用户可以直接使用该文档创建演示文稿，提高工作效率。具体操作步骤如下。

1 首先为要用来创建演示文稿的文档应用标题样式或大纲级别，区分开各级标题和正文内容，如下图所示。

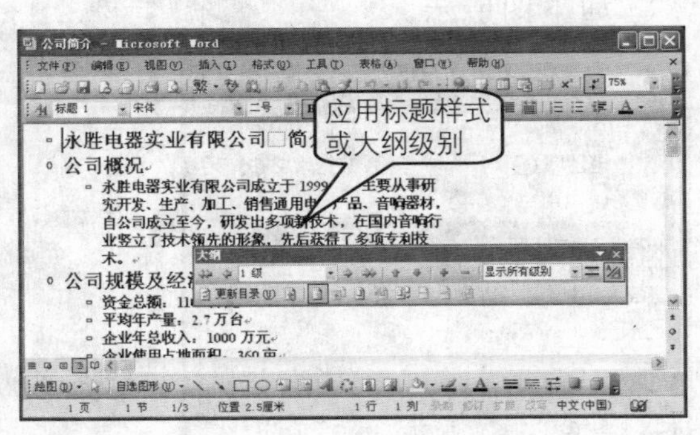

2 在菜单栏中单击“文件>发送>Microsoft Office PowerPoint”命令，如下图所示。

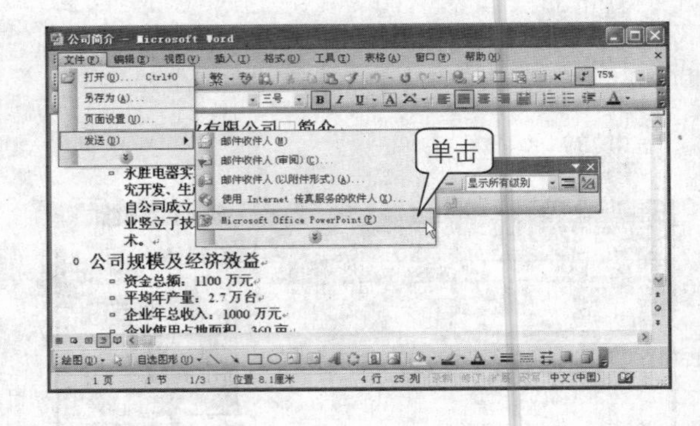

3 然后系统会自动创建一个“演示文稿 1”，并且该演示文稿中会显示出 Word 文档中的内容，同时还会根据标题来自动分页。

提示

使用该方法时，一定要注意为Word文档使用样式进行格式化，以便系统在转换到PowerPoint时能够根据标题样式进行自动分页。

将演示文稿转换为Word文档

同样用户也可以将演示文稿转换为Word文档，而且还可以选择将演示文稿转换为图片插入文档中或者只保留演示文稿中的文字内容。

1. 打开需要转换为Word的PowerPoint文档，单击菜单栏中的“文件>发送>Microsoft Office Word”命令，如下图所示。

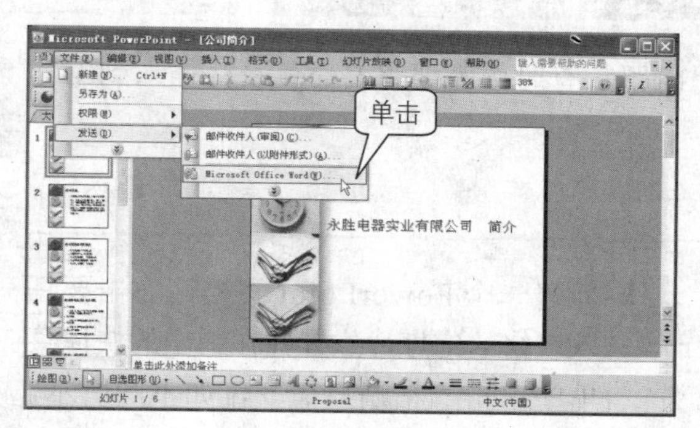

2. 弹出“发送到Microsoft Office Word”对话框，用户可以选择Word使用的版式，如下图所示。

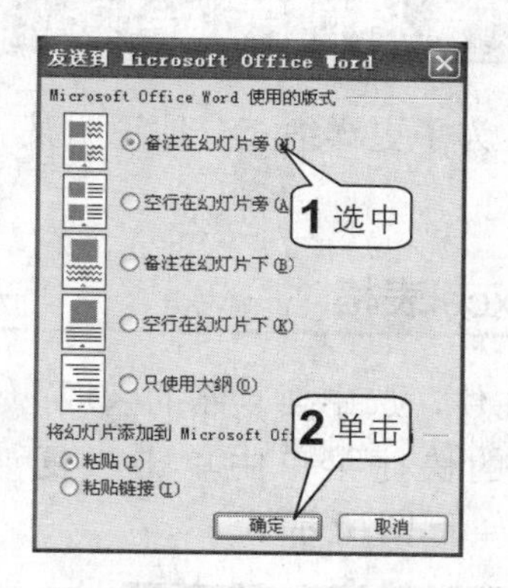

3. 此时，系统会新建一个文档，如下图所示，系统将幻灯以图片的方式插入到文档中，并且在图片旁添加了幻灯片编号备注。

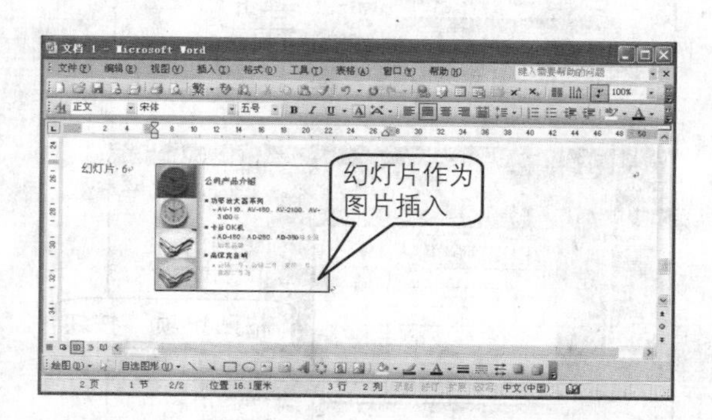

4. 如果用户只希望将演示文稿中的文字内容转换到Word文档中，则在“发送到Microsoft Office Word”对话框中选中“只使用大纲”单选按钮，然后单击“确定”按钮，如下图所示。

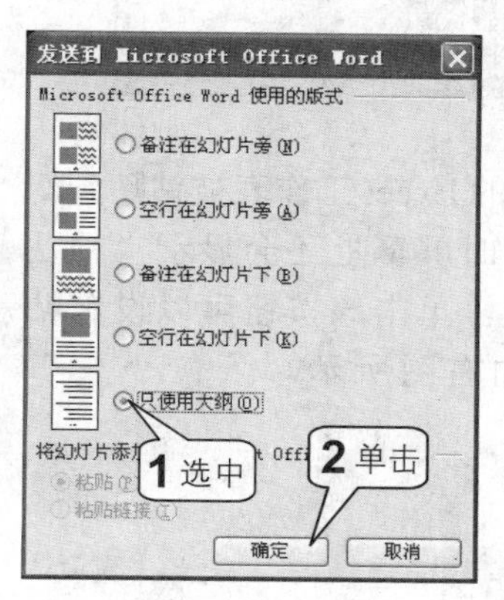

5 转换后的结果如右图所示，完全是一个纯文本的 Word 文档。

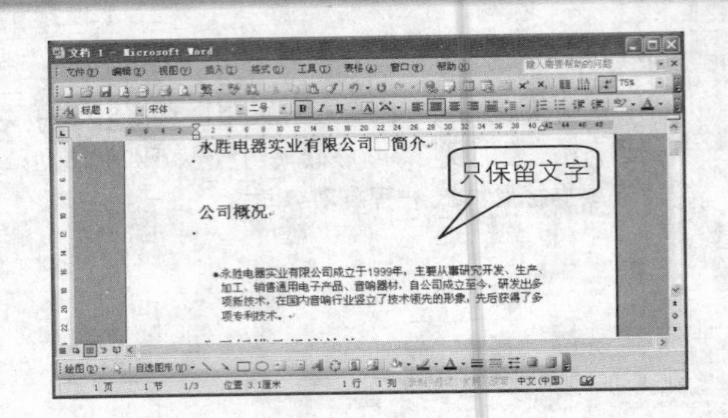

Excel 与 PowerPoint 协作办公

因为 PowerPoint 是专门用来做演示幻灯片的软件，所以 PowerPoint 与 Excel 的协作，也往往就是把 Excel 中的表格或图表复制到 PowerPoint 中，而很少会将 PowerPoint 中的内容复制到 Excel 中，下面就来介绍两者的协作。

复制 Excel 表格到 PowerPoint

在创建幻灯片时，为了更详细充分地说明某一个问题，有时候需要将 Excel 表格插入到幻灯片中。

1. 复制已有的Excel表格

1 打开 Excel 文件，选中要复制的区域，右击在弹出的快捷菜单中单击“复制”命令，如下图所示。

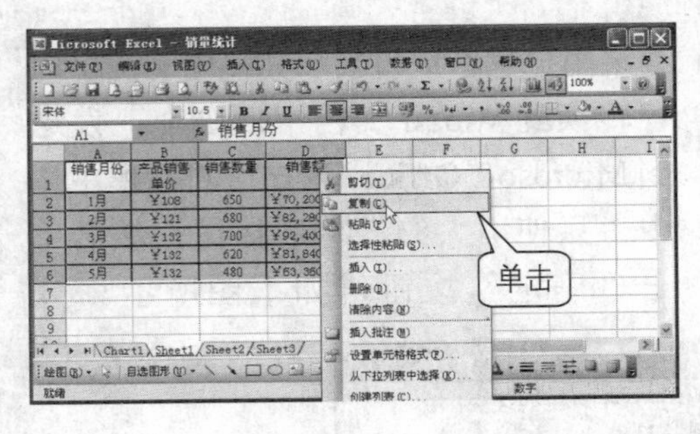

2 新建一个 PowerPoint 文档，右击要插入表格的幻灯片位置并在弹出的快捷菜单中单击“粘贴”命令，如下图所示。

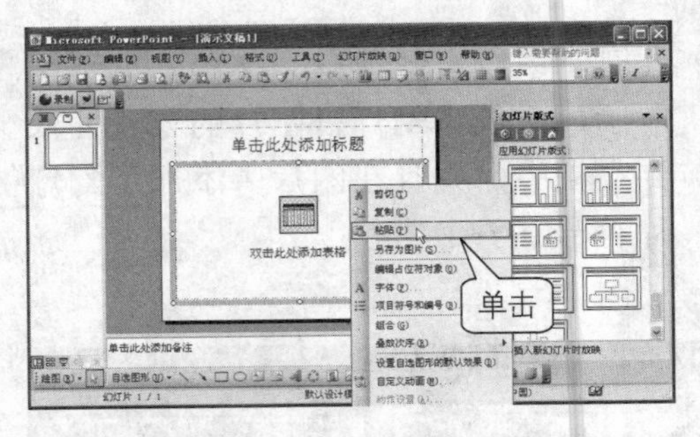

3 此时，选定的 Excel 工作表被粘贴到幻灯片中，同时屏幕上还会显示“粘贴选项”按钮，单击该按钮可以设置粘贴选项，如右图所示。

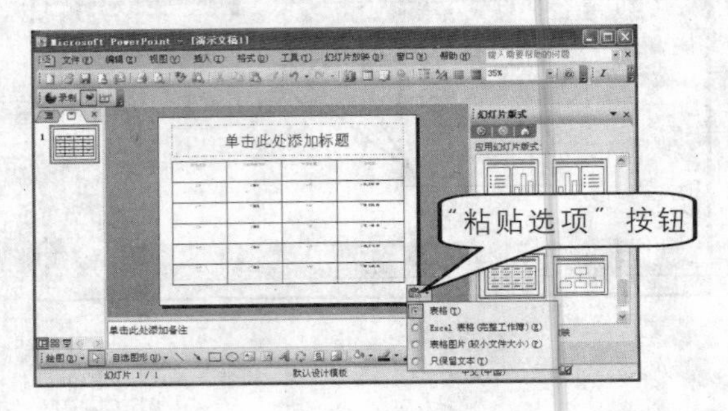

2. 插入新建Excel表格

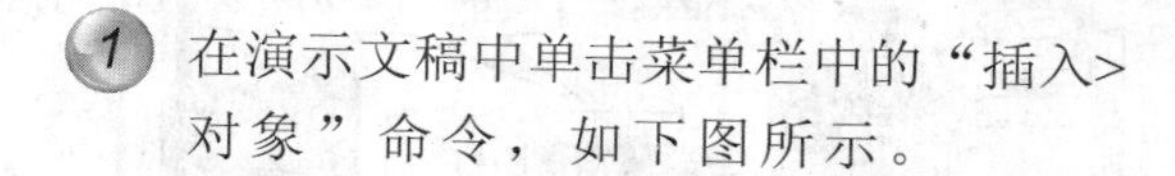

① 在演示文稿中单击菜单栏中的“插入>对象”命令，如下图所示。

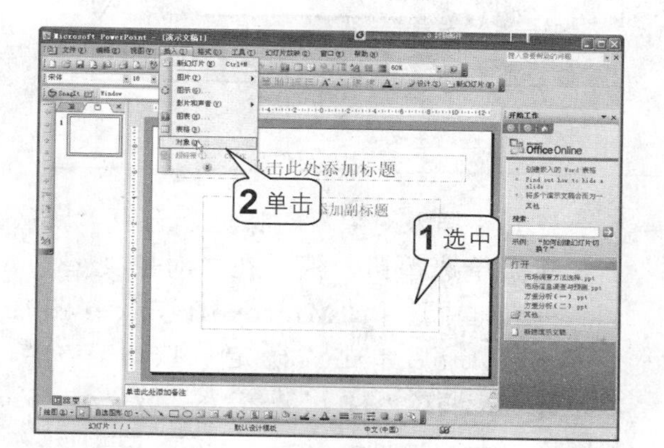

② 打开“插入对象”对话框，默认选中“新建”单选按钮，然后在“对象类型”列表框中选中“Microsoft Excel 工作表”，如果需要显示为图标，请选中“显示为图标”复选框，然后单击“确定”按钮，如下图所示。

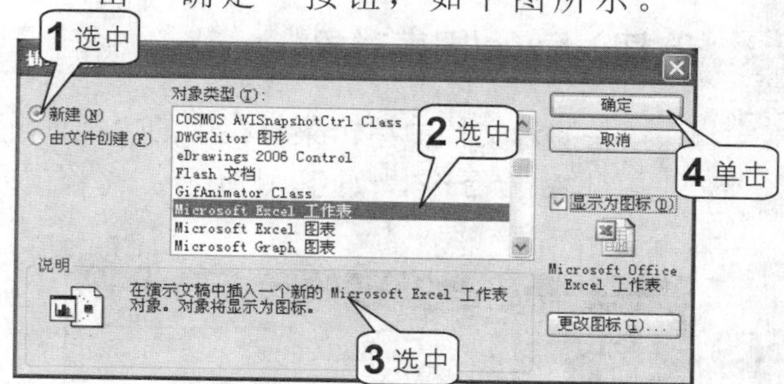

③ 此时，在幻灯片中将显示一个Excel文件图标，如下图所示。

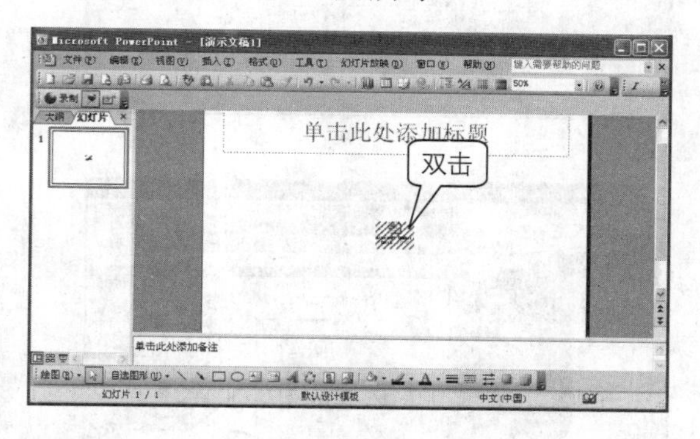

④ 双击该图标则可以打开一个Excel工作表，如下图所示。

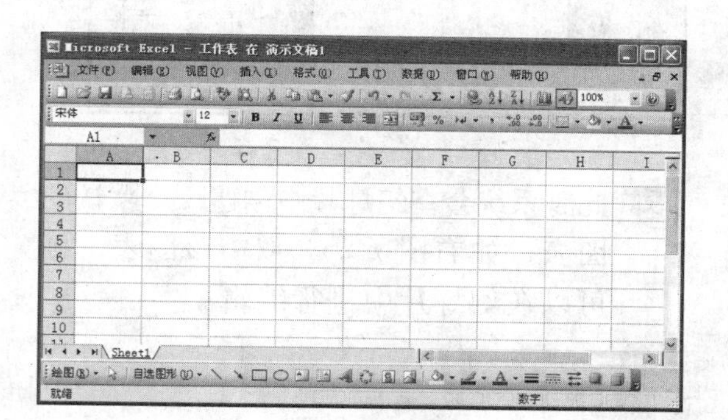

提示

如果要插入的是一个已经创建好的Excel表格，则在“插入对象”对话框中选中“由文件创建”单选按钮，然后选中需要插入的文件。

插入 Excel 中的图表到 PowerPoint 中

还可以将Excel中的图表插入到PowerPoint中，插入的方法仍然有两种，一种是直接将图表选中并复制到幻灯片中；另一种是插入Excel图表对象。

1. 将图表复制到幻灯片中

① 如下图所示，选中最上面的形状，在“组织结构图”工具栏中单击“插入形状”按钮，从下拉列表中选择“复制”命令。

② 然后打开演示文稿，在幻灯片中右击并在弹出的快捷菜单中单击“粘贴”命令，将图片粘贴到幻灯片中。

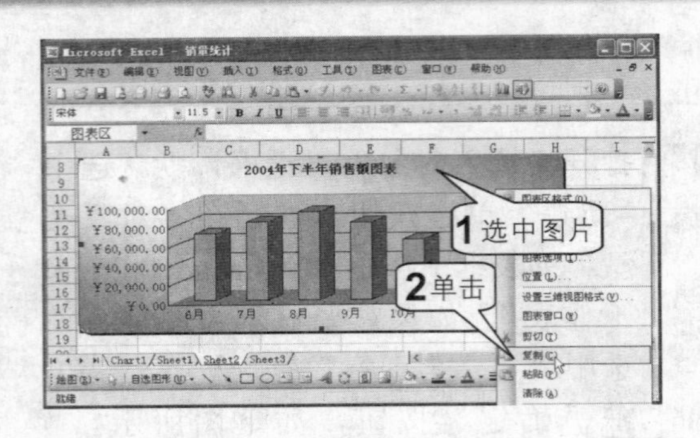

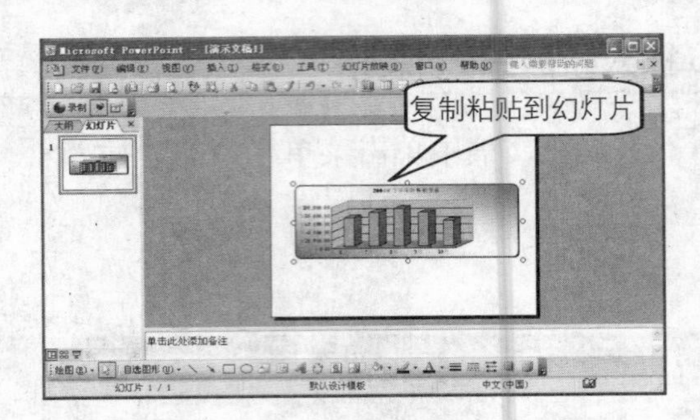

2. 插入Excel图表对象

1 在演示文稿中单击菜单栏中的“插入>对象”命令，如下图所示。

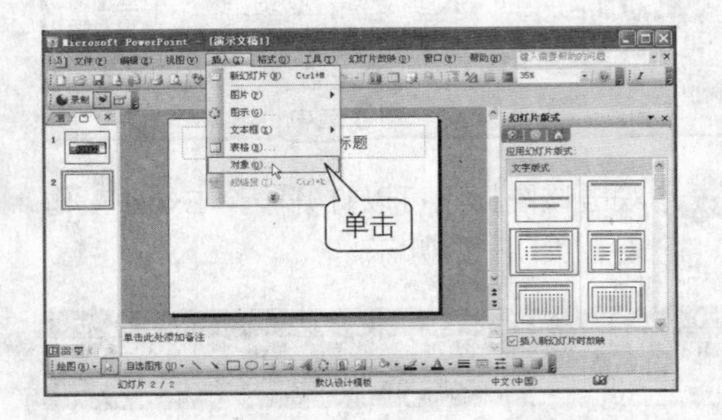

2 打开“插入对象”对话框，选中“新建”单选按钮，然后在“对象类型”列表框中选中“Microsoft Excel 图表”，最后单击“确定”按钮。

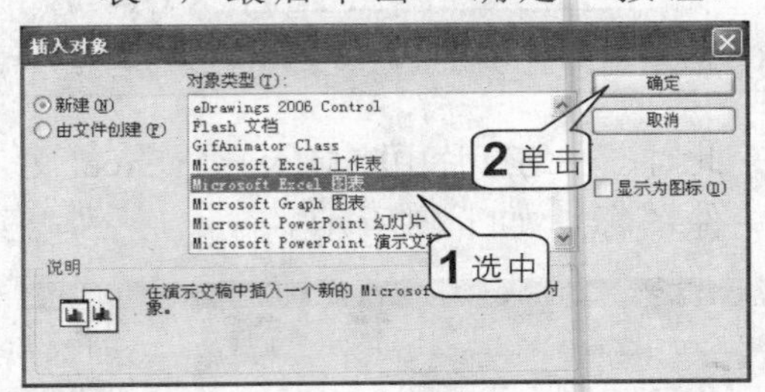

3 此时系统会在幻灯片中创建一个默认的图表，如右图所示。双击该图表，则可以在幻灯片中进行编辑。

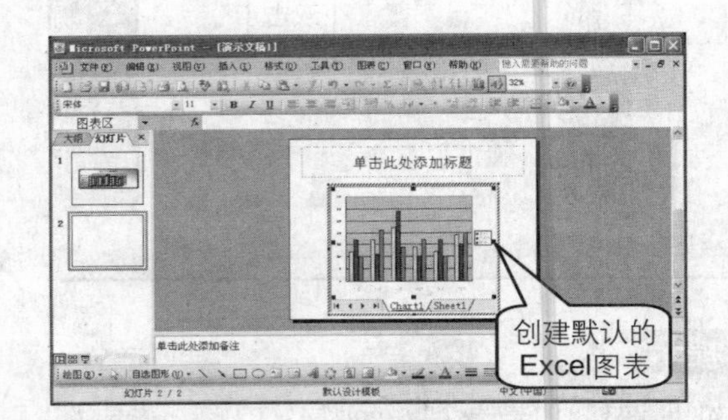

4 Excel 与 Access 的协作

在 Microsoft Office 办公软件中，Access 是专门用来进行数据库的有关操作的，而 Excel 由于制表或是进行数据的分类汇总，也经常要用到数据库，所以这两个软件之间的协作就相当具有实用意义了。

将 Excel 数据导入 Access 中

要想将 Excel 工作表中的数据导入 Access 中，需先将源数据保存并关闭其所在的工作簿。具体操作步骤如下。

1 在Access中，打开要导入数据的数据库，单击“文件>获取外部数据>导入”命令，打开“导入”对话框。在对话框的“文件类型”下拉列表中选择“Microsoft Excel”选项，并在“查找范围”下拉列表中选中要导入的文件，单击“导入”按钮。

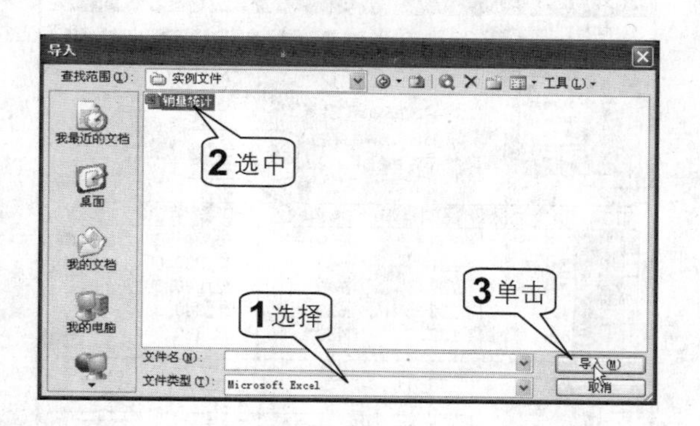

2 在“导入数据表向导”对话框中默认选中“显示工作表”单选按钮，然后选中数据所在的工作表，此时在对话框中会显示工作表中的数据预览，然后单击“下一步”按钮。

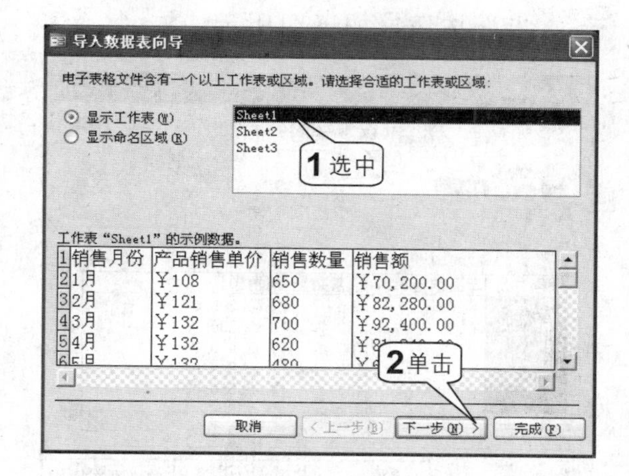

提示

在该对话框中，可以根据需要选择数据源，数据源既可以在列表框中选择某一个工作表内的数据，也可以选中“显示命名区域”单选按钮后，从某个工作表中导入某个单元格区域的数据。

3 在如下图所示的对话框中，可以选择是否将表格的第一行作为列标题，若选中“第一行包含列标题”复选框，则数据库将把第一行作为字段名称。然后单击“下一步”按钮。

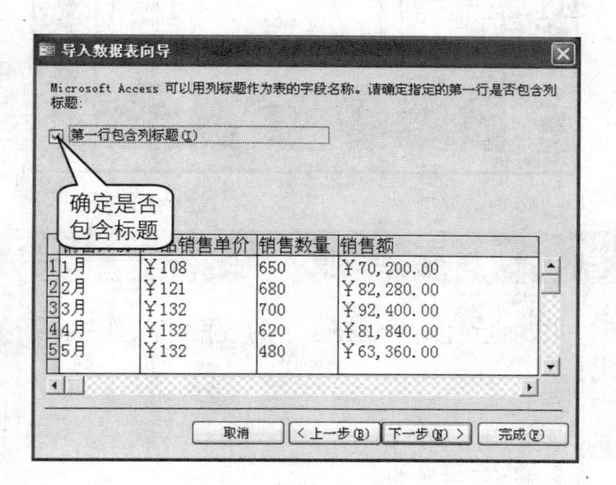

4 进入如下图所示的对话框用户在这一步骤中需要确定数据的保存位置。如果希望将导入的数据放在一个新表，则选中“新表中”单选按钮；如果希望将数据导入到已经存在的表中，则选中“现有的表中”单选按钮，然后在其右侧的下拉列表中选择表名称。设置好后，单击“下一步”按钮。

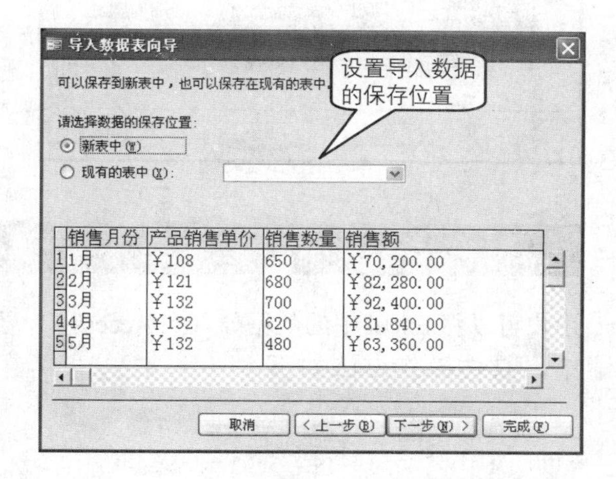

5 此时，在如下图所示的“字段名”文本框中可以直接输入字段的名称，还可以直接在下面的预览框中单击选择不同的列，此外，还可以选择跳过不想导入的列。设置好后，单击“下一步”按钮，如下图所示。

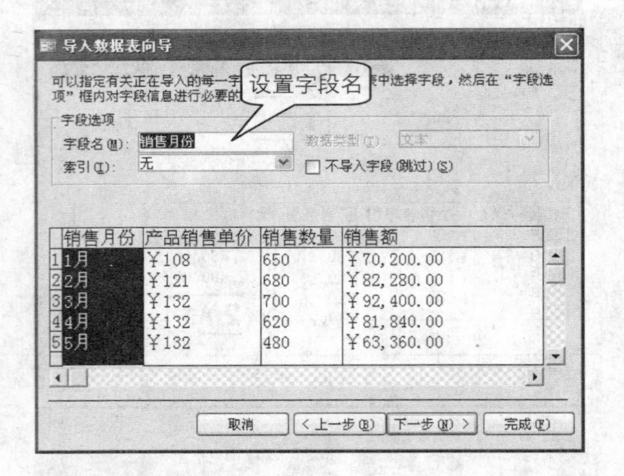

6 进入如下图所示的主键设置步骤。数据库中的主键可以用来惟一地标识表中的每一个记录，所以设置主键后可以使检索数据库变得容易快捷。这里默认让系统自动添加主键，然后单击“下一步”按钮。

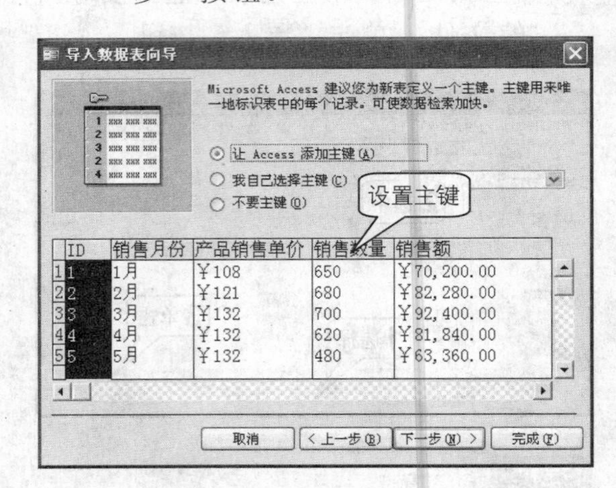

7 进入“导入数据表向导”的最后一步，在“导入到表”文本框中输入新表名称，然后单击“完成”按钮，如下图所示。

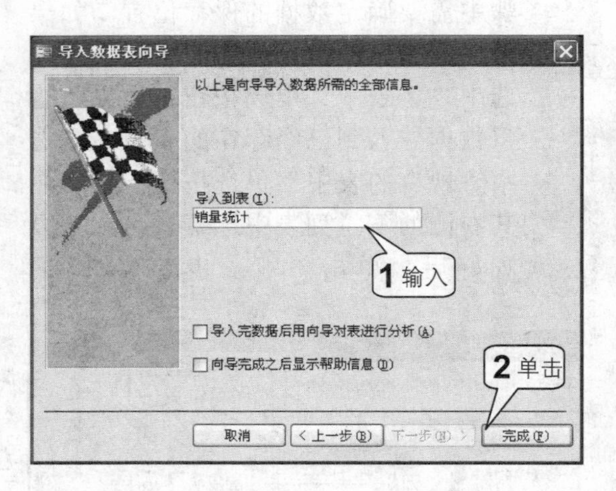

8 最后，在 Access 中打开“销量统计”表，可以看到该表中的数据和 Excel 原文件中的数据完全一样，如下图所示。

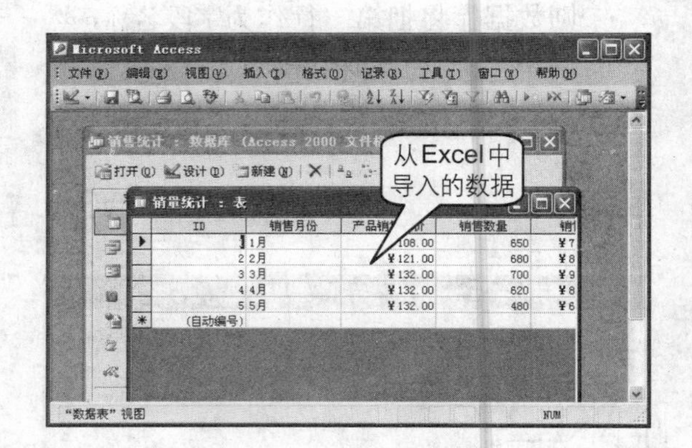

将 Access 中的数据导入到 Excel 中

用户可以将 Excel 中的数据导入到 Access 中，反过来，也可以将 Access 中的数据导入到 Excel 中，具体操作方法如下。

1. 直接在Excel中打开Access文件

1 在Excel文件窗口单击菜单栏中的“文件>打开”命令，如下图所示。

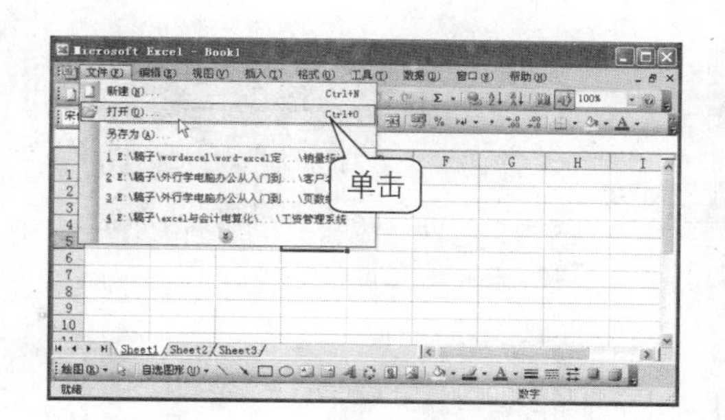

2 在“打开”对话框中，从“文件类型”下拉列表中选择“Access数据库”，然后在“查找范围”下拉列表中选中需要导入的数据库文件，单击“打开”按钮。

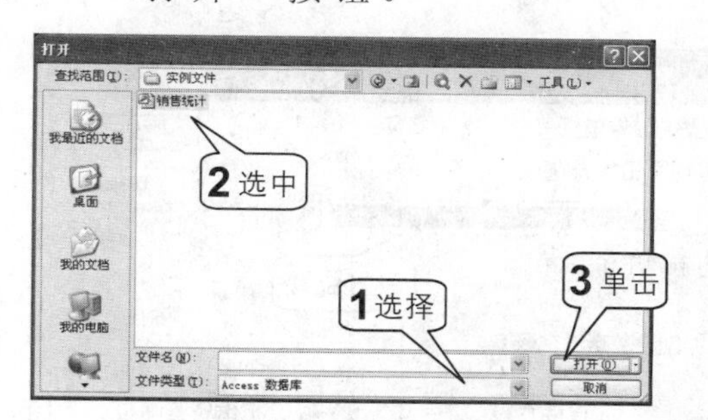

3 此时屏幕上会弹出“打开查询”对话框，直接单击“打开”按钮，如下图所示。

4 接着，刚才选中的数据库中的数据已经被导入到一个Excel新工作簿中，如下图所示。

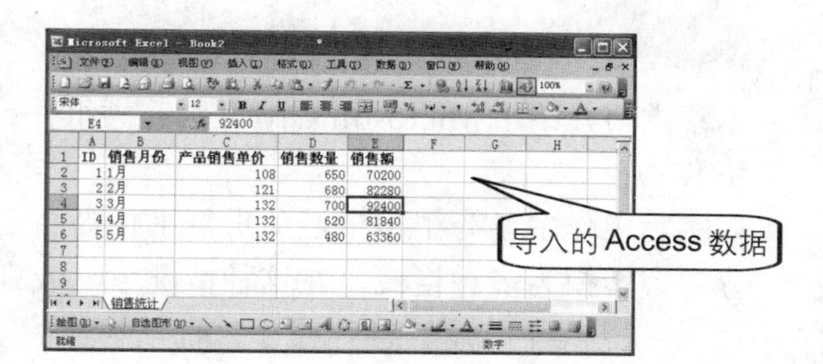

2. 使用“导入外部数据”命令

还可以使用“数据”菜单中的“导入外部数据”命令来导入Access数据，具体操作步骤如下。

1 在Excel文件窗口，的菜单栏中单击“数据>导入外部数据>导入数据”命令，如下图所示。

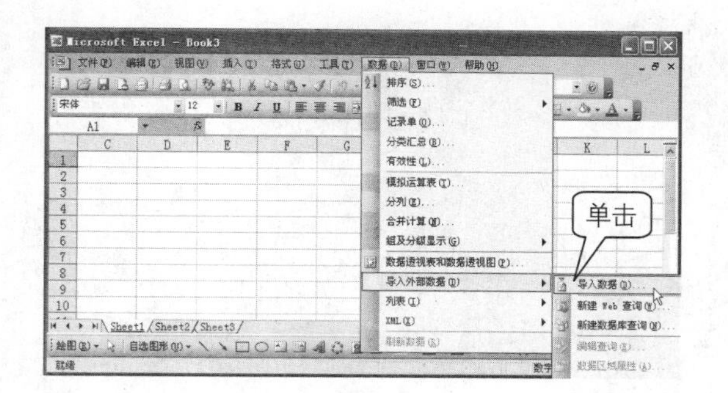

2 打开“选取数据源”对话框，从“文件类型”下拉列表中选择“Access数据库”，然后在“查找范围”下拉列表中选中需要导入的Access文件，单击“打开”按钮，如下图所示。

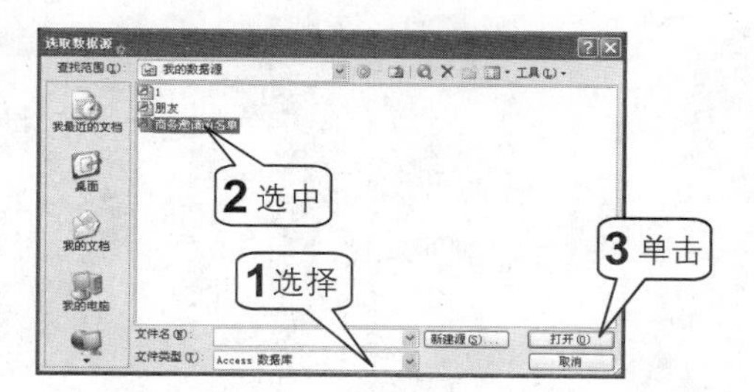

③ 弹出“导入数据”对话框，在“数据的放置位置”选项区域中设置数据的位置。默认位置为“现有工作表”，起始位置为单元格 A1。如果希望导入的数据存放在新工作表中，则选中“新建工作表”单选按钮，如下图所示。

导入数据
数据的放置位置
现有工作表(E):
=$A$1
新建工作表(N)
设置位置
创建数据透视表(P)...
确定
取消
属性(R)...
参数(M)...
编辑查询(Q)...

④ 单击“确定”按钮，导入的 Access 数据到 Excel 工作表中的结果如下图所示。

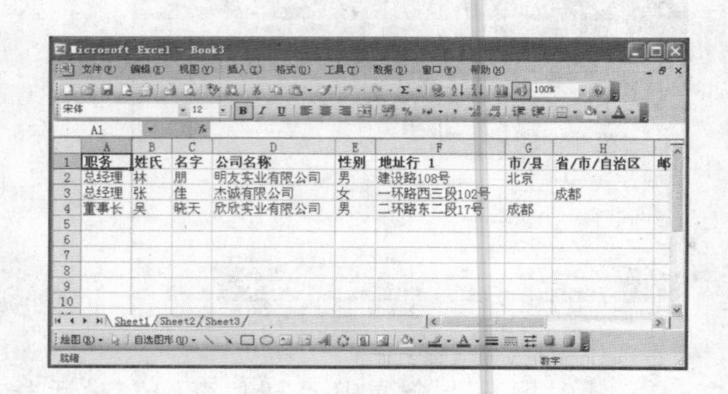

	A	B	C	D	E	F	G	H
1	职务	姓氏	名字	公司名称	性别	地址行 1	市/县	省/市/自治区
2	总经理	林	朋	明友实业有限公司	男	建设路108号	北京	
3	总经理	张	佳	杰诚有限公司	女	一环路西三段102号		成都
4	董事长	吴	晓天	欣欣实业有限公司	男	二环路东二段17号	成都	

5 本章小结

本章主要介绍了 Microsoft Office 的几大组件：Word, Excel, PowerPoint 和 Access 之间的相互协作办公。

在实际工作中，为了尽量避免重复工作提高工作效率，经常需要将一个文件或者文件中的部分内容转换为多种格式，在这种情况下，或许一般人首先想到的就是使用复制粘贴命令，通过系统提供的剪贴板进行操作。而实际上，在这些软件之间，有更好的数据转换方法。相信通过本章的学习，读者已经基本上掌握了这几大 Office 组件之间的协作和相互转换，这样在日常办公中，就可以结合各软件的特点，扬长避短、高质高效地完成工作。

Chapter 15

常用办公软件的使用

在实际的办公应用中，仅会使用 Windows XP 操作系统和 Office 办公软件是不够的，还要会一些辅助软件。通常这类软件是针对某种特殊的要求设计的，操作简单、实用是它们的特点，如：压缩软件、下载软件、翻译软件等。这些软件一般可以通过购买安装盘或从网上下载获得，本章选择几个具有代表性，常用的办公辅助工具软件进行讲解。

1. 压缩工具软件 WinRAR
2. 下载工具网际快车 FlashGet
3. 翻译软件金山快译 2006
4. 文秘办公助手金山书信通

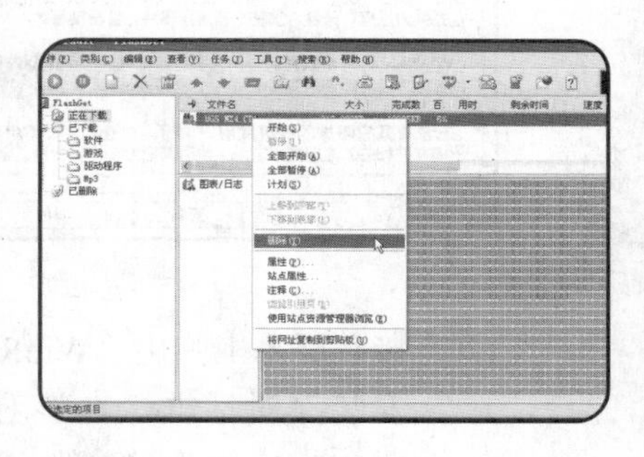

1 文件压缩好手——WinRAR

WinRAR 是 32 位 Windows 版本的 RAR 压缩文件管理器，它是允许用户创建、管理和控制压缩文件的一个强大工具。WinRAR 的发展经历了一系列版本，应用于数个操作系统环境：Windows、Linux、FreeBSD、DOS、OS/2 等。WinRAR 有高度成熟的压缩算法，完全支持 RAR 和 ZIP 等多种压缩格式，深受广大电脑用户的青睐。

安装 WinRAR 软件

WinRAR 是一个非常实用的共享软件，用户可以在许多网站上下载该软件。它的发展也经历了多个版本，本节将以 WinRAR3.5 版为例介绍其安装过程。

1. 双击可执行的程序图标文件，启动安装向导界面如下图所示。在“目标文件夹”文本框中系统会给出默认的安装路径，用户可以单击“浏览”按钮进行修改，如下图所示。

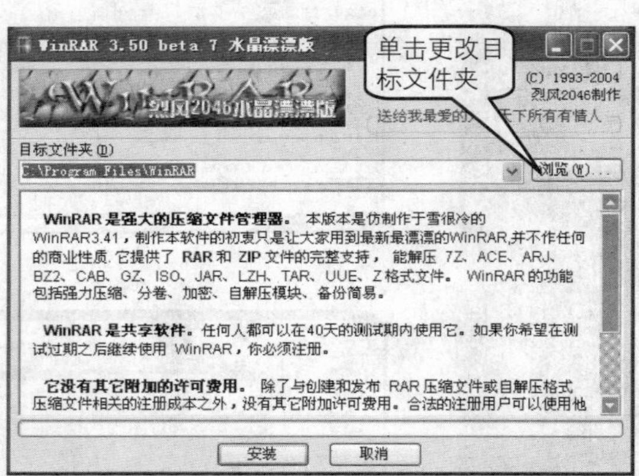

2. 单击“安装”按钮，开始安装 WinRAR 软件，如下图所示，对话框中会显示安装文件的解压及安装进度。

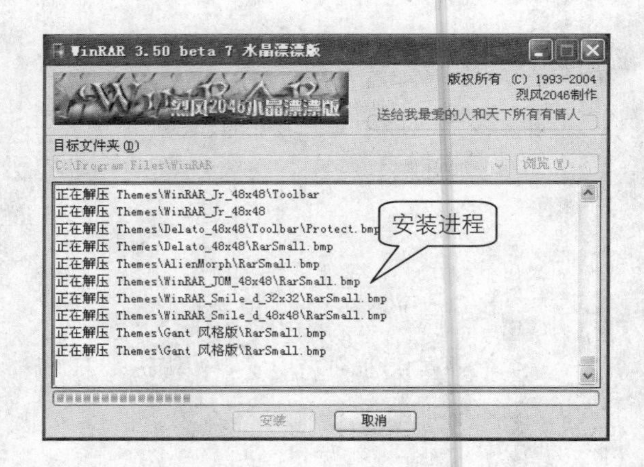

3. 接着屏幕上弹出“WinRAR 简体中文版安装”对话框，在该对话框中可以设置 WinRAR 关联文件、界面等内容，如右图所示。

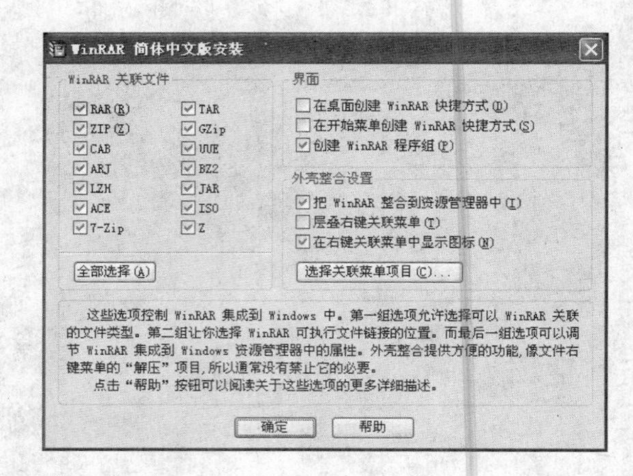

4 单击“确定”按钮进入如右图所示的对话框，提示安装成功。用户可以运行 WinRAR、阅读帮助信息等，也可以直接单击“完成”按钮关闭该对话框。

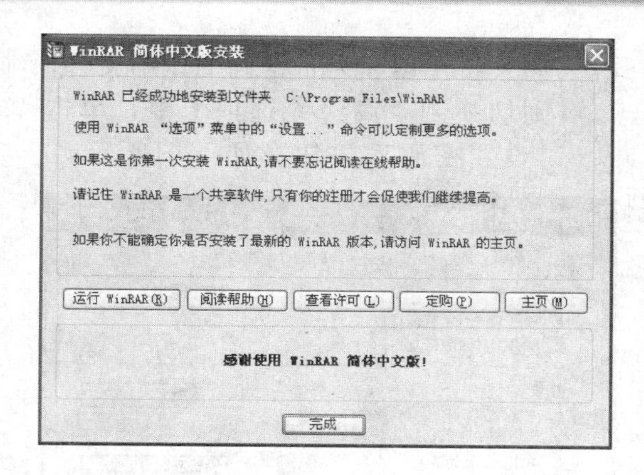

使用 WinRAR 软件

完成安装以后，用户就可以使用该软件来完成创建压缩包或是解压压缩包的操作了，具体操作方法如下。

1 单击“开始”菜单中的“程序>WinRAR>WinRAR”命令，启动 WinRAR 软件，如下图所示。

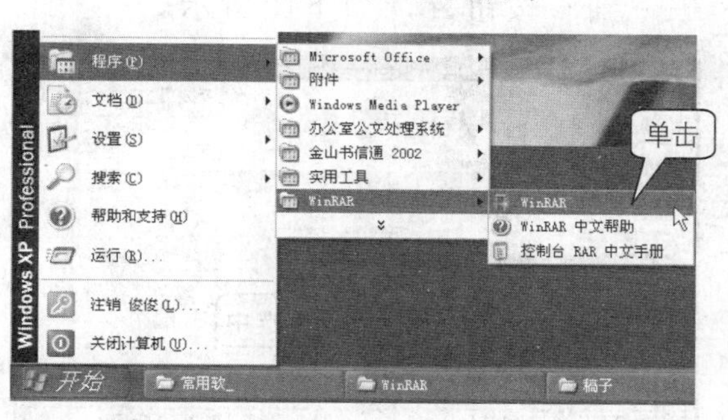

2 接着屏幕上会显示如下图所示的 WinRAR 软件操作界面。

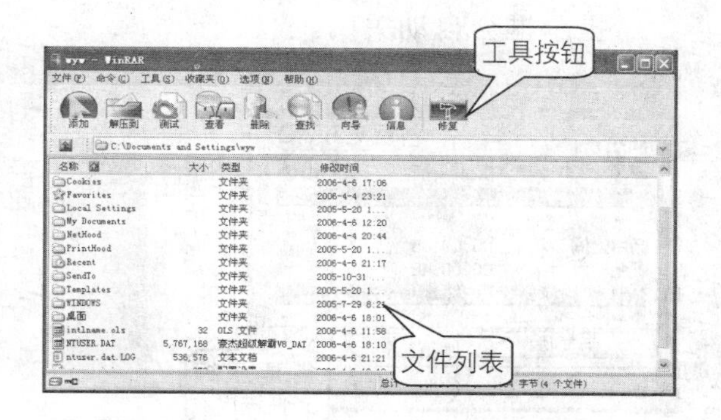

3 在窗口的文件列表框中，选中需要创建压缩文件的文件夹或文件，然后单击工具栏中的“添加”按钮，如下图所示。

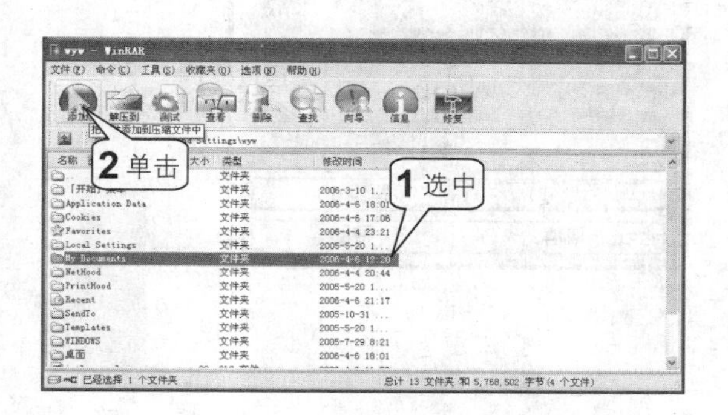

4 打开“压缩文件名和参数”对话框，在该对话框中可以设置压缩文件名、压缩文件格式、压缩方式以及压缩选项，如下图所示。

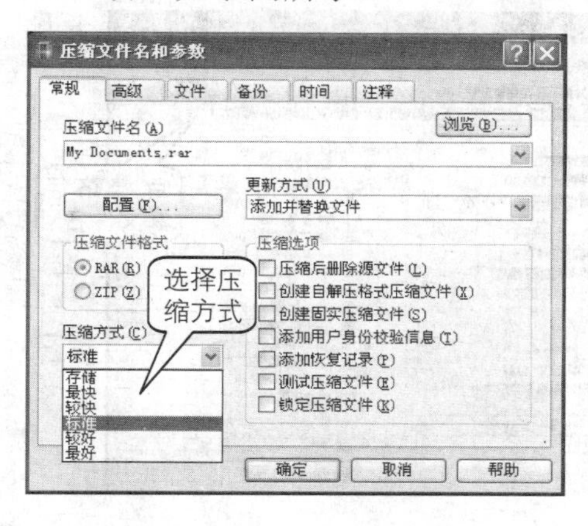

5 如果希望创建为带密码的压缩文件，则切换到“高级”选项卡中，单击“设置密码”按钮，如下图所示。

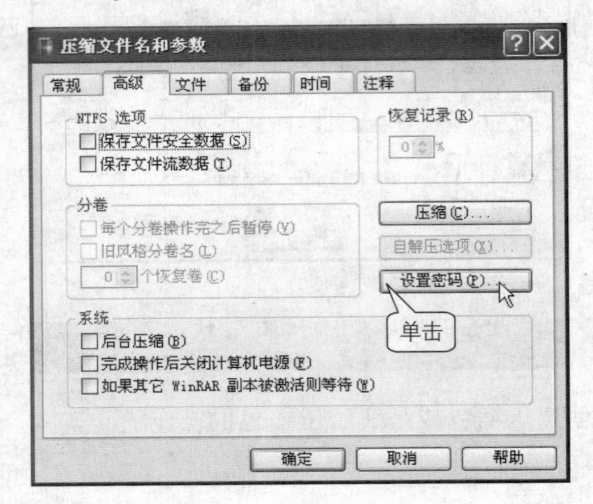

6 打开“带密码压缩”对话框，在“输入密码”和“再次输入密码以确认”文本框中输入相同的密码，然后单击“确定”按钮，如下图所示。

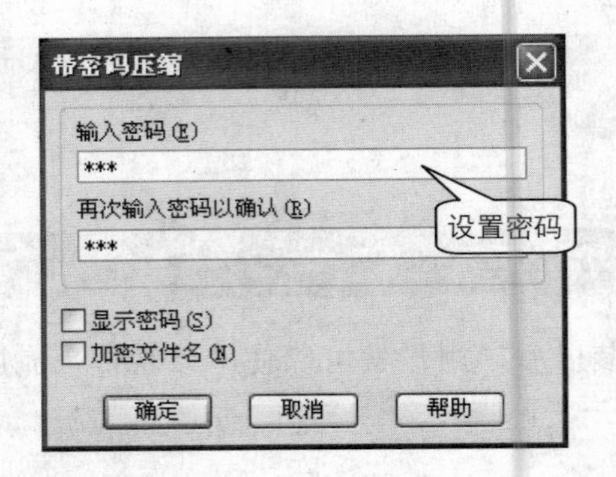

7 开始创建压缩文件，此时屏幕上会弹出下图所示的提示框，压缩结束后此提示框会自动关闭。

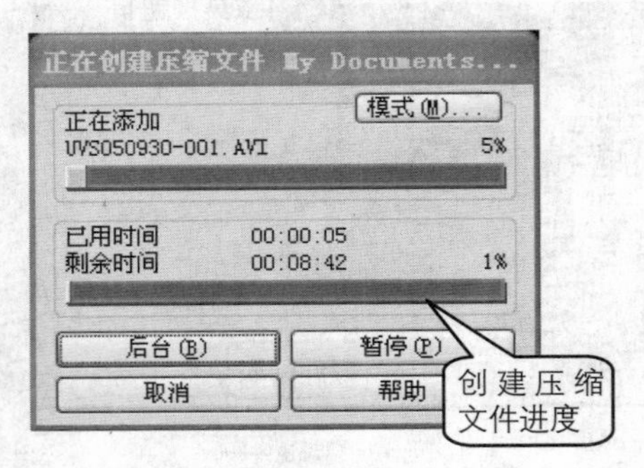

8 如果要将某个压缩文件解压，则选中该压缩文件，单击工具栏中的“解压到”按钮，如下图所示。

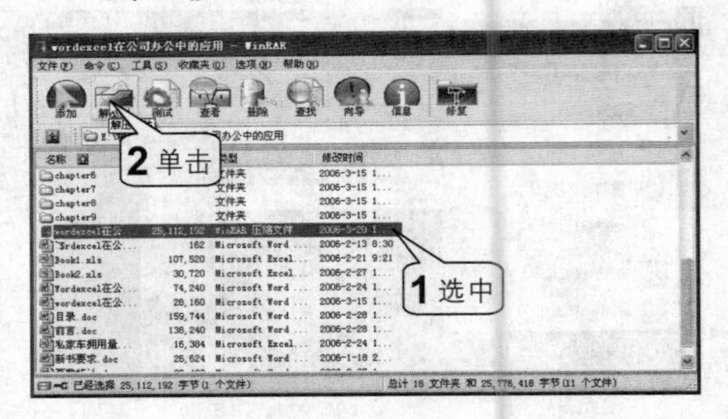

9 弹出“解压路径和选项”对话框，如下图所示，用户可以在该对话框中设置目标路径和解压方式等选项。

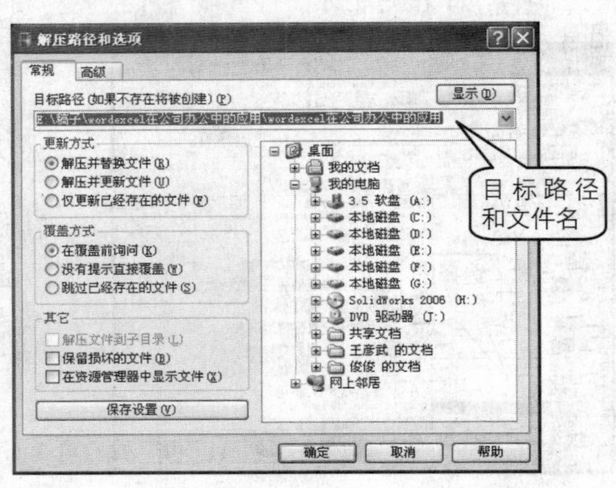

10 单击“确定”按钮开始解压文件，解压过程如下图所示。

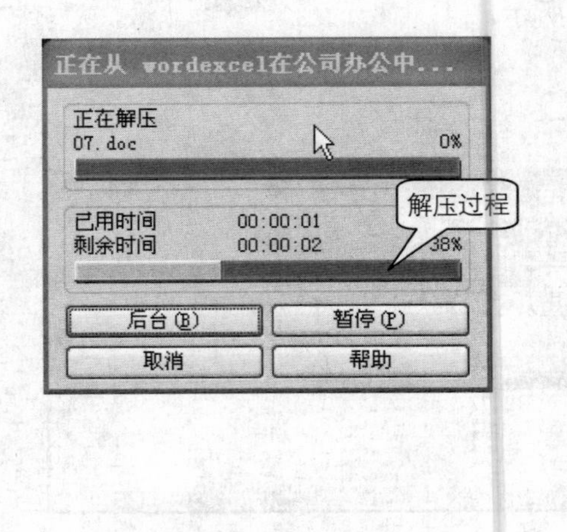

11 用户也可以直接选中需要创建为压缩文件的文件夹，右键单击并在弹出的快捷菜单中单击“添加到压缩文件”命令创建压缩文件，如下图所示。

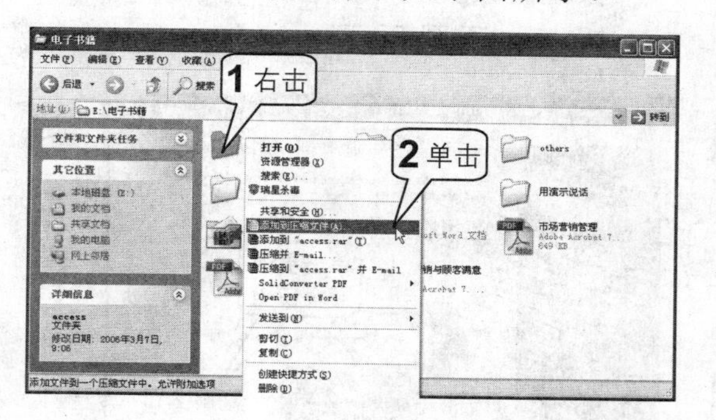

12 同样在解压时，也可以右击需要解压的文件，在弹出的快捷菜单中单击“解压文件”命令进行解压，如下图所示。

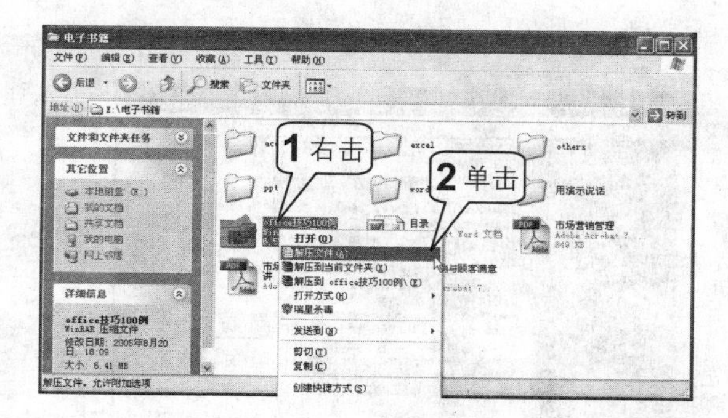

2 下载好工具——网际快车FlashGet

在网络化、信息化的现代社会中，“下载”已成为人们日常工作和生活中必不可少的事务。下载的最大问题是速度，其次是下载后的管理。网际快车FlashGet（JetCar）就是为解决这两个问题所写的，通过把一个文件分成几个部分同时下载可以成倍的提高速度，下载速度可以提高100%～500%。FlashGet可以创建不限数目的类别，每个类别指定单独的文件目录，不同的类别保存到不同的目录中去，强大的管理功能包括支持拖拽、更名、添加描述、查找以及文件名重复时自动重命名等等，而且下载前后均可轻易管理文件。

安装FlashGet

FlashGet是一款强大的免费下载工具软件，它经历了多个版本，现在比较流行的是FlashGet1.71，下面介绍该软件的安装过程。

1 双击FlashGet程序文件，启动安装向导，屏幕会弹出“Welcome”对话框，单击“Next”按钮，如右图所示。

2 接着弹出“Software License”对话框，单击“I Agree”按钮，如下图所示。

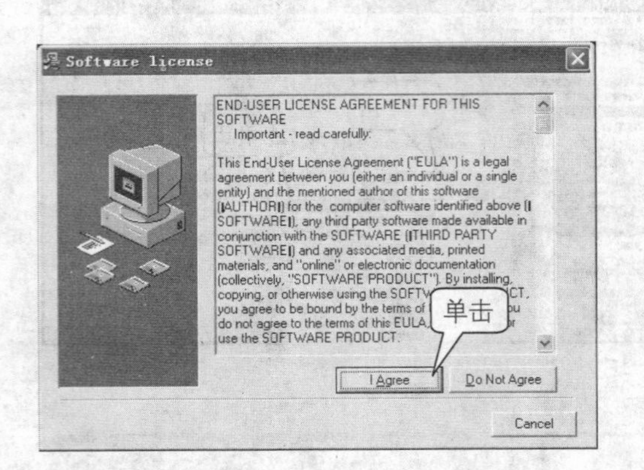

3 接下来，需要确定FlashGet安装的位置。系统会自动指认一个默认位置，如果用户需要修改则单击“Browse”按钮。设置完成后，单击“Next”按钮，如下图所示。

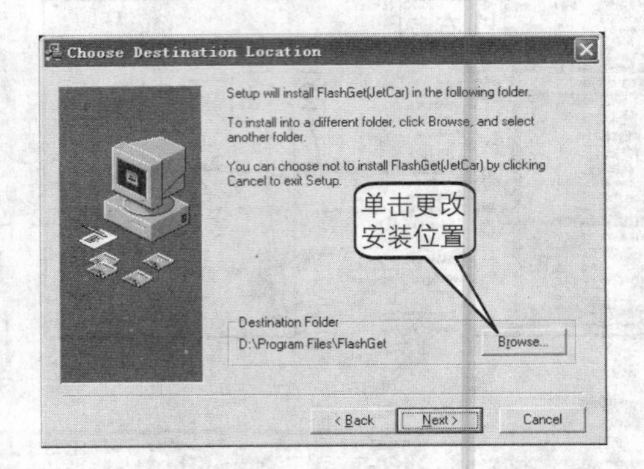

4 进入安装向导下一步操作，要确定程序的名称，默认的名称为“FlashGet”，用户也可以修改为其他名称，如输入中文名称等。设置好名称后，单击“Next”按钮，如下图所示。

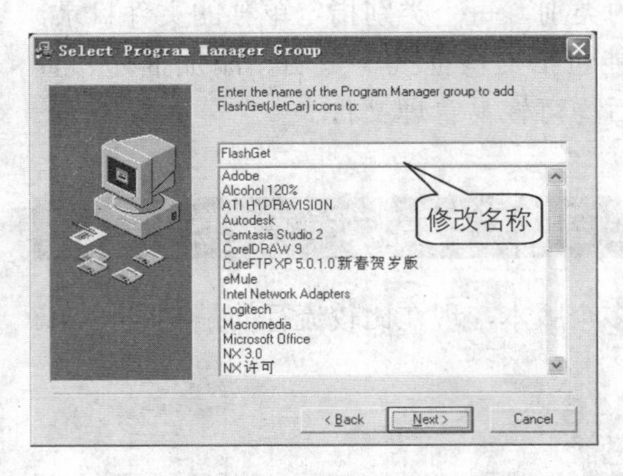

5 进入安装向导下一步，对话框中提示准备开始安装FlashGet，直接单击“Next”按钮，如下图所示。

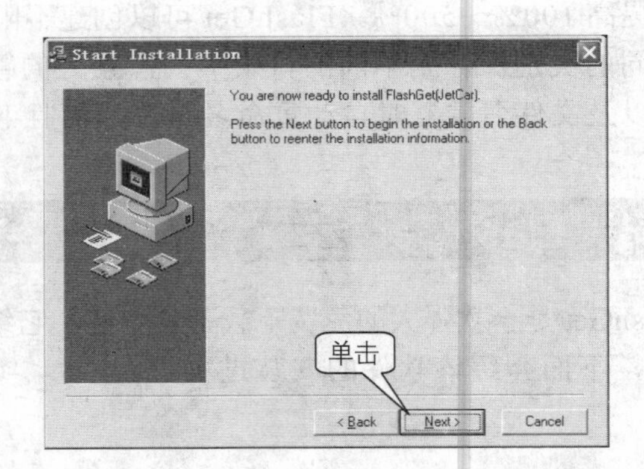

6 此时，计算开始拷贝文件，如右图所示。

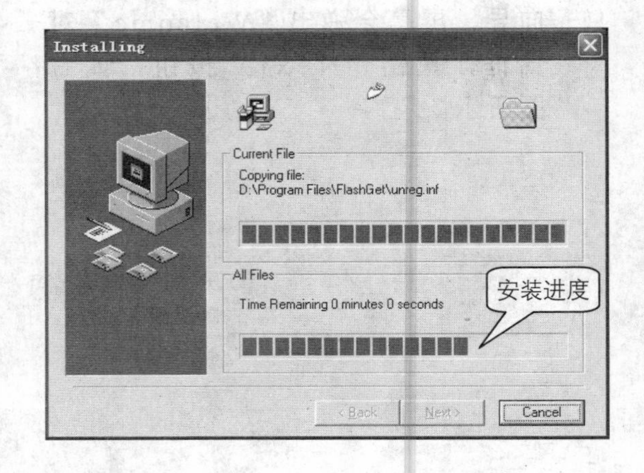

7. 文件拷贝完毕后，弹出如下图所示的对话框。用户可以选择是否使用文件镜像服务，是否在桌面上创建快捷方式以及是否将导航快车设置为浏览器首页等。

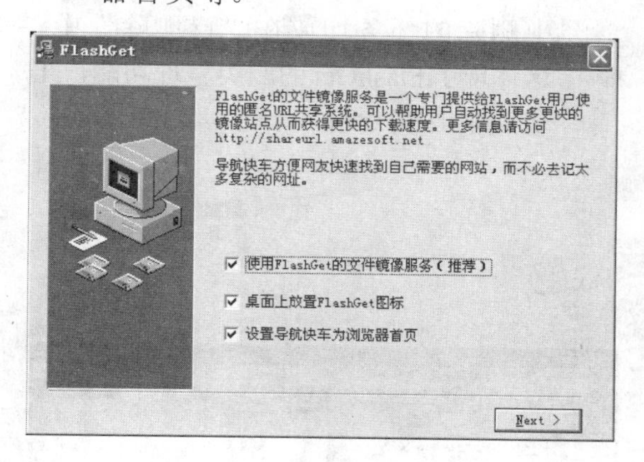

8. 单击“Next”按钮进入向导最后一步，提示已安装成功，单击“Finish”按钮，如下图所示。

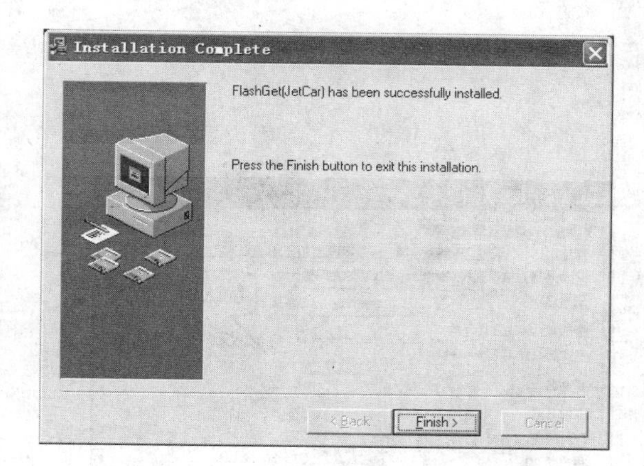

使用 FlashGet 快速下载文件

安装好 FlashGet 软件后，接下来就可以领略其下载的神奇魔力了。使用 FlashGet 下载文件，不仅传输速度较快，而且可以支持断点续传，不会因故中断导致下载任务前功尽弃的结果。

1. 在网页上右击程序或文件下载链接地址，FlashGet 会添加“使用网际快车下载”和“使用网际快车下载全部链接”两个菜单项到 IE 的弹出式菜单中，以便选择下载本页所有的链接或者选择的单个链接，如下图所示。

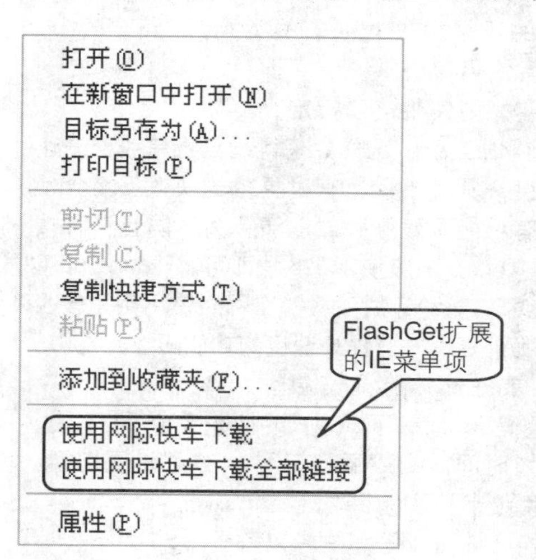

2. 用户也可以手动添加下载任务。打开 FlashGet，在菜单栏中单击“任务>新建下载任务”命令，或者按下 F4 键，如下图所示。

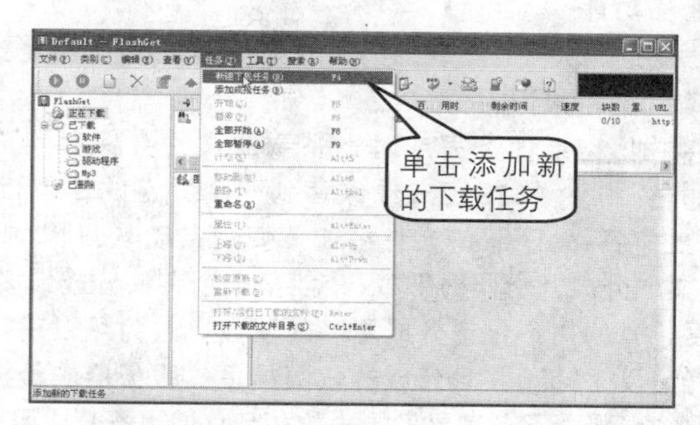

提示

FlashGet 可以监视浏览器的点击，当点击 URL 时，FlashGet 可监视该 URL，如果该 URL 符合下载的要求（扩展名符合设置的条件），该 URL 就自动添加到下载任务列表中。为了和浏览器有更好的兼容性，可设置为需要使用 Alt 键时才允许捕获浏览器点击。

3 此时，屏幕上将弹出“添加新的下载任务”对话框，如下图所示，用户可以在“网址”文本框中输入网址，然后单击“确定”按钮。

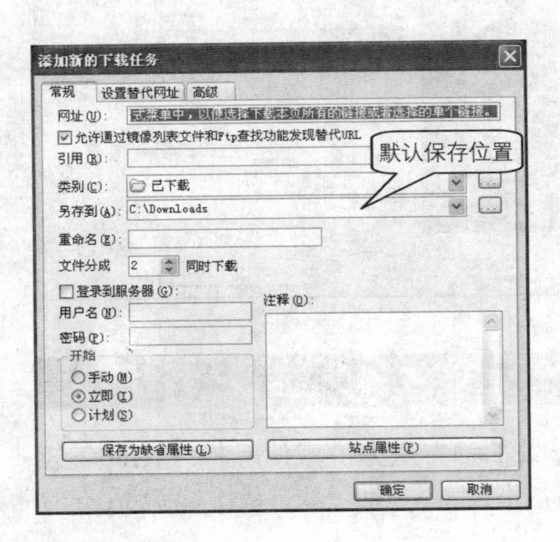

4 如下图所示FlashGet缺省创建“正在下载、已下载、已删除”三个类别，所有未完成的下载任务均放在“正在下载”类别中，所有完成的下载任务均放在“已完成”类别中，从其他类别中删除的任务均放在“已删除”中，这体现了FlashGet的归类整理功能，此功能很具实用性。

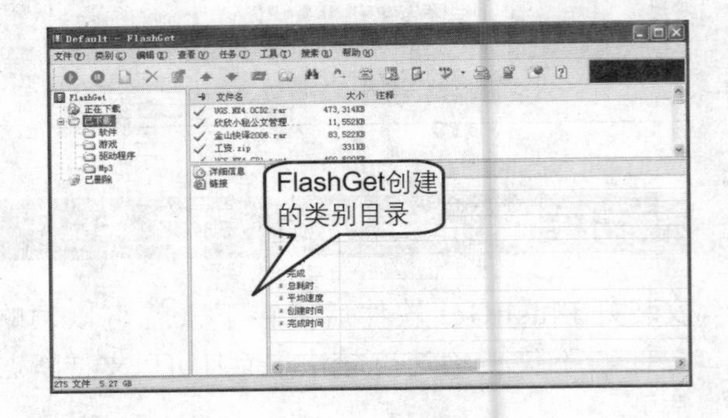

提示

“添加新的下载作务”对话框中的“常规”选项框中的选项解释如下。

“允许通过镜像列表文件和FTP查找功能发现替代URL”：有时要下载一些专门的文件，用户肯定无法通过镜像列表文件或者FTP查找功能找到替代的URL，去掉该选项FlashGet会禁止镜像列表文件或者FTP查找功能。

“引用”：从何处下载的页面的URL,有的服务器需要该字段才可以下载，一般留空，FlashGet会自动生成合适的URL。

“类别”：当任务完成时，下载的文件会保存到该类别指定的目录中去，缺省的类别为“已下载”。

“另存到”：可指定文件保存到一个固定的目录，不过不提倡使用该设置。

“重命名”：下载的文件名如不使用自动从URL中提取的名字，则使用该项指定。

“文件分成几份同时下载”：能把一个文件分成最多10个线程同时下载，这样会获得几倍于单线程的速度，有的用户希望分成更多的块数，以为可以获得更快的速度，其实不然，有时更多的块数反而会使得速度下降，并且分成的块数越多，服务器的负担也越重，有可能导致服务器崩溃。为了防止该种情况的出现，不必有更多的块数并且我们也不赞成用户全部分成10块，一般使用3-5块即可。FlashGet不仅靠把一个文件分成几个部分同时下载来提高速度，也支持镜像功能和计划下载，在网络使用用户较少和费用较便宜的时段下载也可以获得较高的速度和节省金钱。另外还有一些提高速度的功能正在开发中。

“登录到服务器、用户名、口令”：有些服务器需要验证，要在此添验证信息。

“开始”：包括“手动”、“立即”、“计划”，“手动”只是添加到下载列表中不会立即开始，“立即”设置好属性后立即开始下载，“计划”该任务在计划时间段内下载。三种状态可随便切换，比如发现现在正在下载的文件速度比较慢，可暂停下载并切换到计划时间下载。

注释：已经下载的文件经过较长时间可能忘了该文件的用处，在此可以添加注释以备参考。

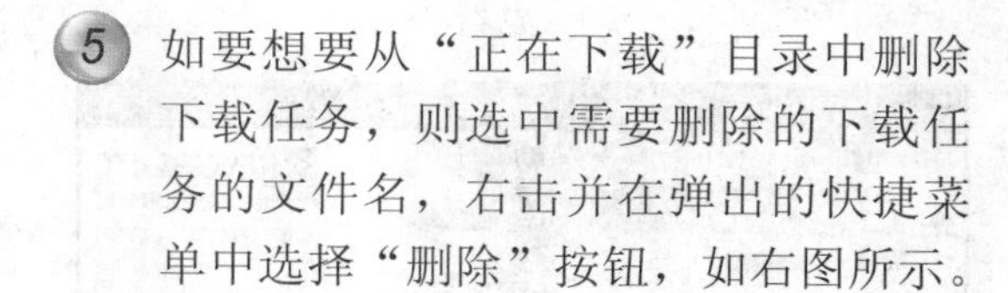

5 如要想要从“正在下载”目录中删除下载任务，则选中需要删除的下载任务的文件名，右击并在弹出的快捷菜单中选择“删除”按钮，如右图所示。

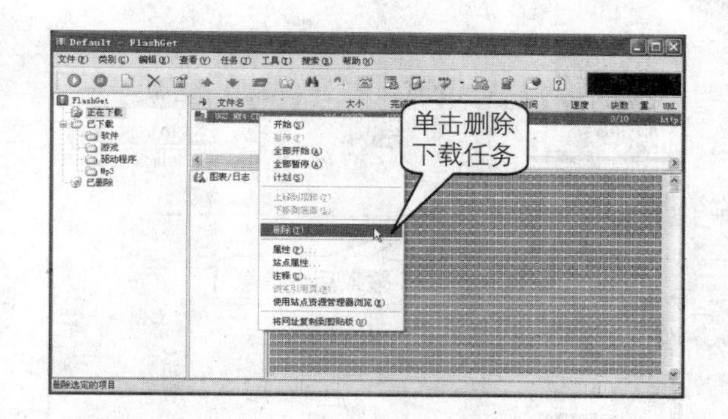

3 翻译办公助手——金山快译 2006

《金山快译2006》是金山公司知名软件《金山快译2005》的升级版本，它是一款强大的权威的中日英翻译系统，既是广阔的词海，也是灵活准确的翻译家。用户无须懂得英文、日文，只要启动《金山快译2006》，一篇篇的英文、日文文章，丰富多彩的英文、日文网页便会被自动译成符合国人习惯的精彩汉语。

安装金山快译 2006

1 双击金山快译2006的可执行程序文件，启动安装向导，出现如下图所示的安装界面。直接单击“下一步”按钮。

2 打开“许可证协议”对话框，选中“我接受该许可证协议中的条款”单选按钮，然后单击“下一步”按钮，如下图所示。

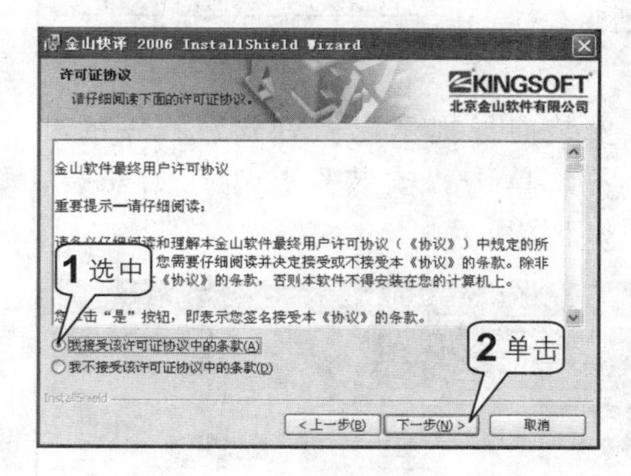

3 打开“用户信息”对话框，在“用户姓名”和“单位”文本框中输入用户信息，并选择此应用程序的使用者，然后单击“下一步”按钮，如下图所示。

4 打开“安装类型”对话框，系统一共提供了“典型安装”、“自定义”和“最小化安装”三种类型，用户可以根据需要进行选择。这里保留默认的安装方式“典型安装”，然后单击“下一步”按钮，如下图所示。

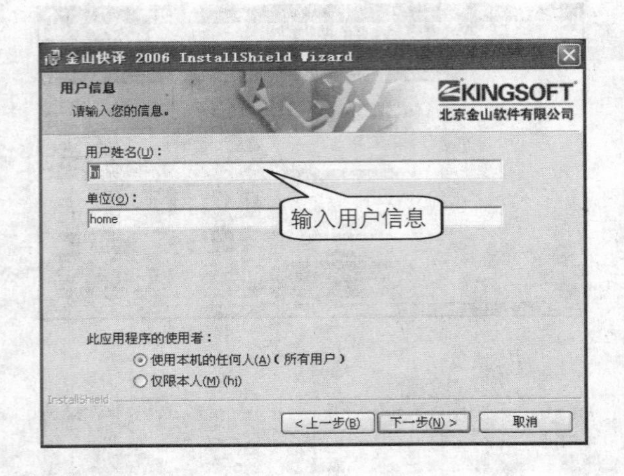

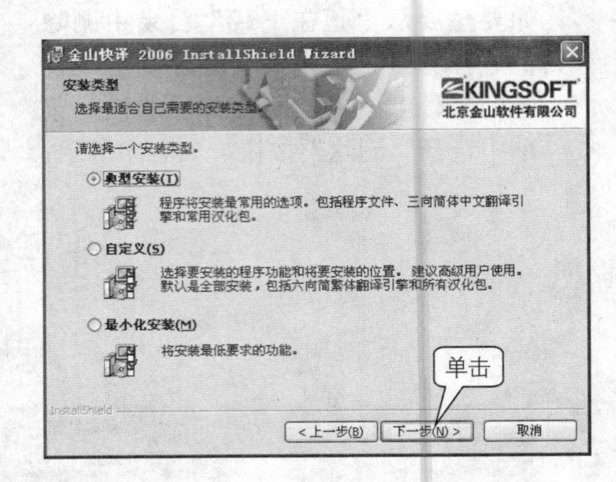

5 打开“目的地文件夹”对话框，单击“更改”按钮可以自定义安装位置，然后单击“下一步”按钮，如下图所示。

6 打开“安装选项”对话框，用户可以根据自己的需要选中相关复选框，然后单击“下一步”按钮，如下图所示。

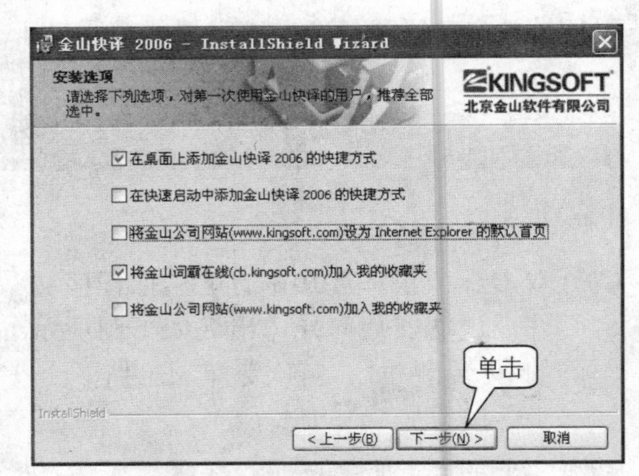

7 安装向导提示已做好安装程序的准备，单击“安装”按钮开始安装，如下图所示。

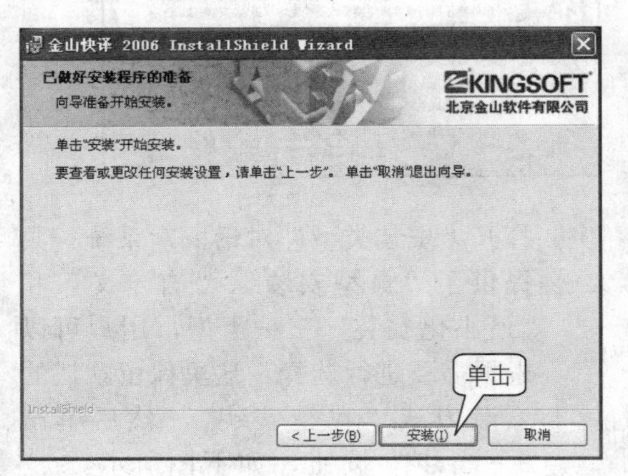

8 安装过程如下图所示，安装界面中显示正在安装用户选择的程序功能，并显示安装进度和所需要的大概时间。

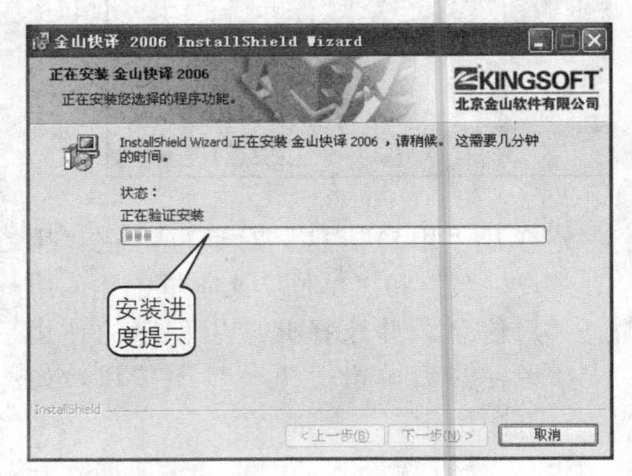

9 几分钟后，屏幕上提示安装已完成，单击“完成”按钮，如下图所示。

10 弹出“金山快译2006安装程序信息”提示框，提示用户需要重新启动计算机，单击“是”按钮则立即重新启动。

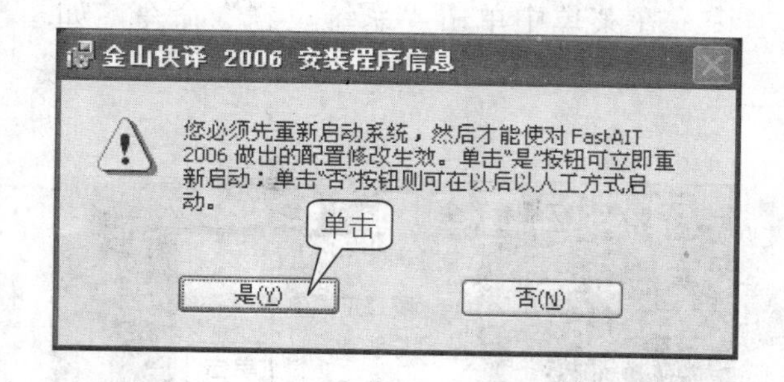

金山快译2006界面详解

安装完金山快译2006后，就可以双击桌面上的快捷方式启动金山快译2006。接下来将介绍金山快译2006简洁的操作界面及界面中各个命令按钮的功能。

金山快译2006的界面继承了以往版本简洁、易用的特点，将所有功能都集中在一个小浮动工具条上，形成快译的主界面。界面图如右图所示。

提示

金山快译2006的界面中的工具按钮依次介绍如下。

译：快速简单翻译按钮，可对当前任何活动窗体进行英文到中文的翻译，所以也叫“全屏汉化”按钮。

A：取消当前汉化按钮，恢复到原来页面的状态。

汉：软件界面汉化按钮，仅汉化软件的界面。选中要汉化的界面的窗体，点击该按钮对窗体的界面进行汉化。

永：软件永久汉化按钮，永久汉化工具是一个很好的软件汉化工具。

全：高质量全文翻译按钮，无论是英翻中、还是中翻英、或是日翻中；也无论是简体中文还是繁体中文，都可以使用全文翻译器得到满意的结果。

码：转码工具/取消转码按钮，通过下拉菜单选择转换的类型，对当前文本或网页进行相应的转换。

：开启浮动控制条方式，浮动菜单条始终位于当前活动窗口的右上角。

：开启写作助理按钮，按下此按钮后，当前的输入状态切换成金山英文写作助理。

：开启/关闭词霸取词按钮，按下该按钮，即开启了词霸的全部功能，如果没有安装金山词霸，则不能用词霸取词。

：综合设置按钮，快译的全部系统设置均通过此按钮的下拉菜单进行设置。

软件设置

通常在使用金山快译之前，用户可以先进行系统设置，如设置翻译方式、词库等，具体操作步骤如下。

1. 单击主菜单中的按钮弹出快捷菜单，在菜单中单击“系统设置”命令，如下图所示。

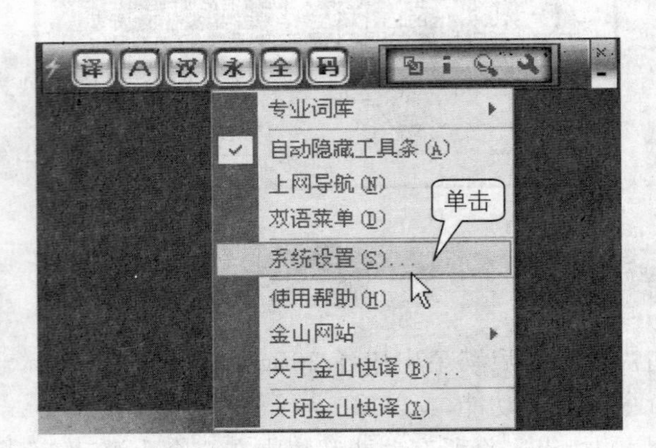

2. 打开“金山快译 2006 设置”对话框，在“翻译设置”选项卡中可以设置翻译的快捷键和菜单翻译风格，如下图所示。

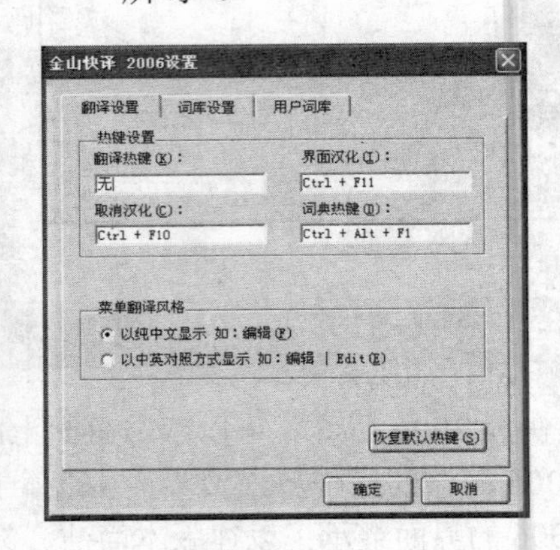

3. 单击“词库设置”标签切换到“词库设置”选项卡中，在该选项卡中可以选择需要的专业词库，如下图所示。

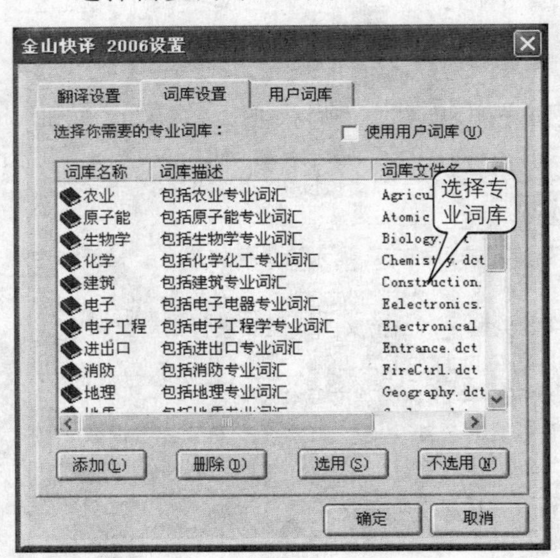

4. 单击“用户词库”标签切换到“用户词库”选项卡中，单击“添加”按钮可以创建自定义词库，如下图所示。

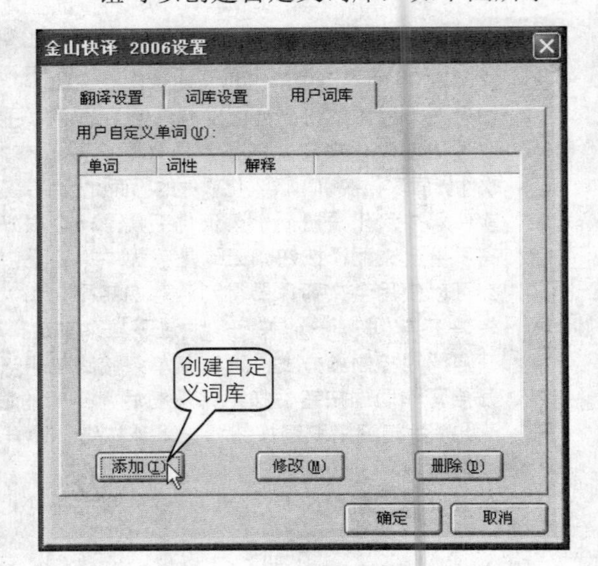

使用内嵌工具栏快速翻译

除了可以使用金山快译 2006 的主界面完成翻译外，还可以使用金山快译 2006 的内嵌工具栏完成翻译。

1. 启动Word，此时将会发现Word操作窗口中显示了一个“金山快译”工具栏。单击该工具栏中的“设置”按钮，如下图所示。

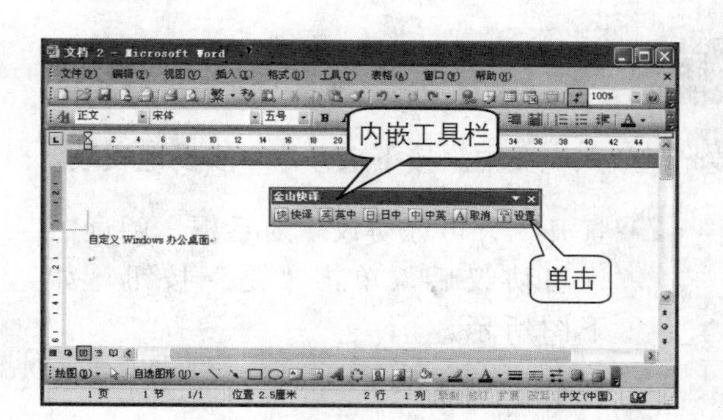

2. 此时屏幕将弹出如下图所示的“金山快译翻译设置”对话框。如果希望译文与原文对照显示，则在“翻译方式”选项区域中选中“句子对照”单选按钮，然后在“翻译对象”选项区域中选中需要翻译的对象，最后单击“确定”按钮。

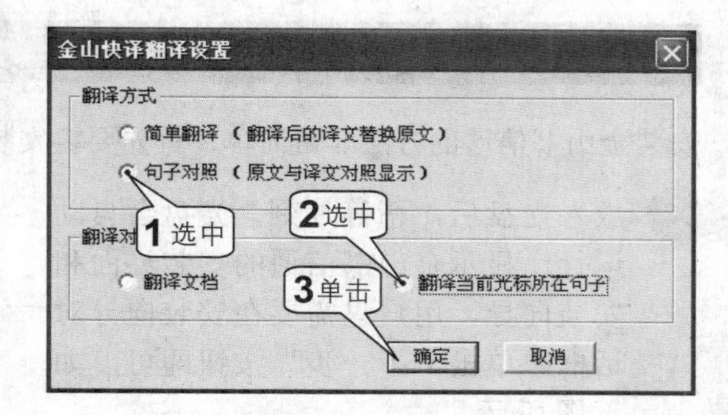

3. 然后单击“金山快译”工具栏中的“中英”按钮，如下图所示译文将显示在原文之后。

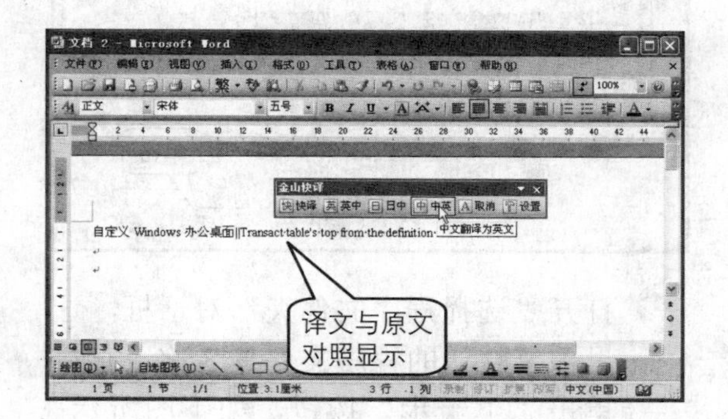

4. 如果希望对整篇文档进行快译，则要在“翻译对象”选项区域中选中“翻译文档”单选按钮，然后单击“确定”按钮，如下图所示。

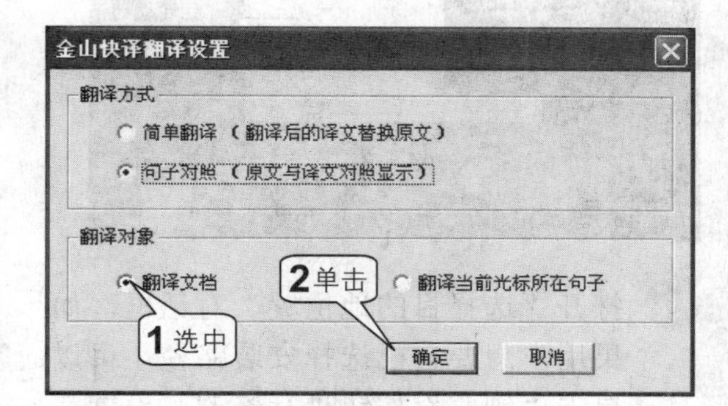

5. 最后单击“金山快速”工具栏中的“快译”按钮，系统就会从文档开始处进行翻译，并将翻译后的译文显示在原文之后，如右图所示。

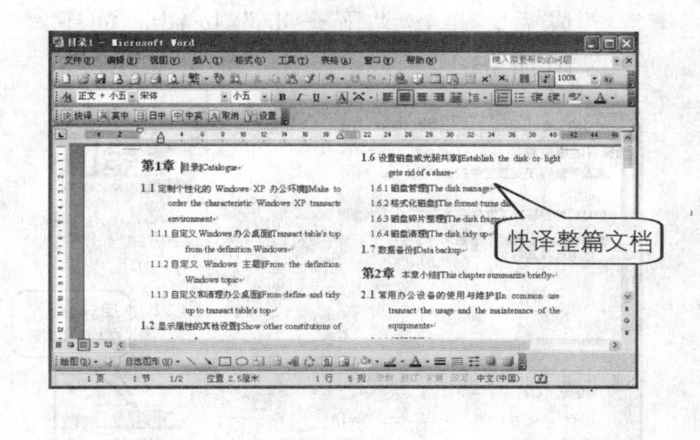

文秘办公好帮手——金山书信通

金山书信通是金山公司出品的三通教育系列软件之一，它是一款帮助用户书信写作、提供用户常用资料的软件。该软件包含书信写作的方方面面，内容非常丰富。主要包括法律、公文全书、社交礼仪、精彩祝词、手机短信、电话区号、通讯录以及备忘录等常用资料。

安装金山书信通

安装金山书信通的方法非常简单，首先要将安装光盘放入光驱中。接下来开始一步步地安装。

1. 放入光盘后，稍等片刻，光盘会自动运行，显示金山书信通的安装界面和安装向导，用户只需要在安装向导对话框中单击“下一步”按钮即可，如下图所示。

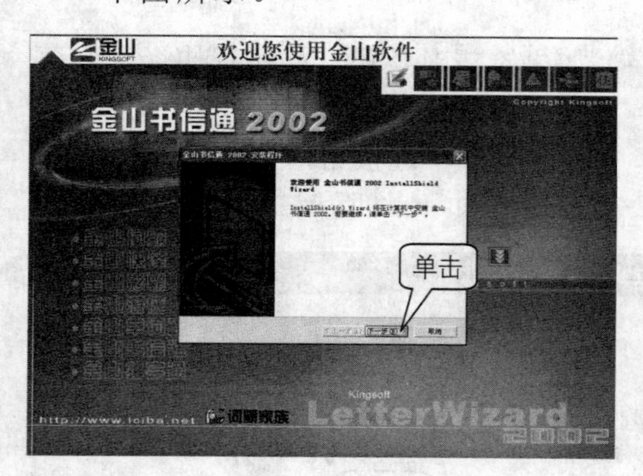

2. 打开“许可证协议”对话框，阅读了许可协议后，单击“是”按钮，如下图所示。

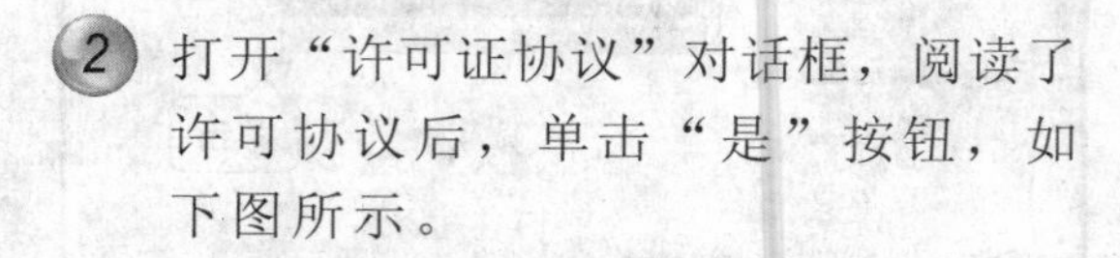

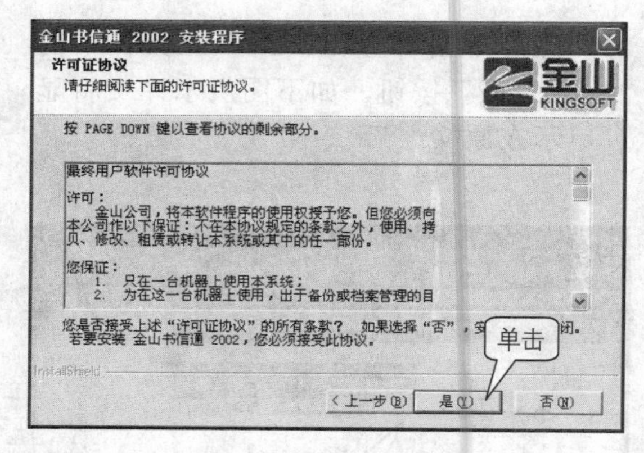

3. 打开“选择目的地位置”对话框，如果用户想要自己选择安装路径，可以单击“浏览”按钮进行修改。设置完成后，单击“下一步”按钮，如下图所示。

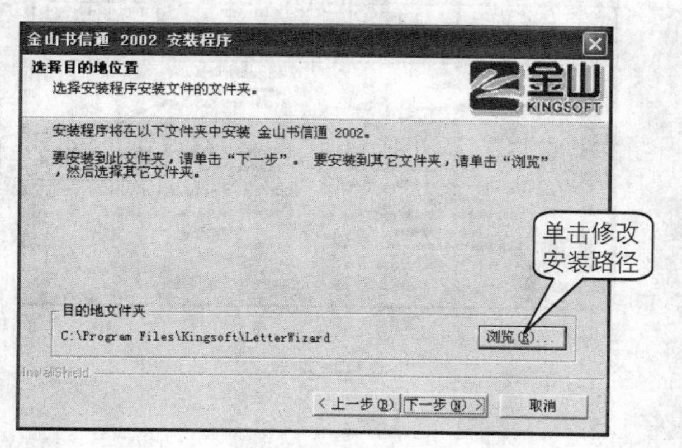

4. 打开“选择程序文件夹”对话框，这里保留默认的程序文件夹名称，直接单击“下一步”按钮，如下图所示。

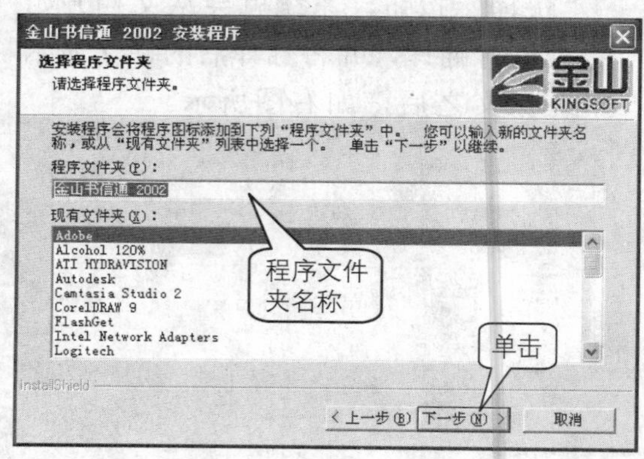

5 随后，安装程序开始拷贝文件，如下图所示。

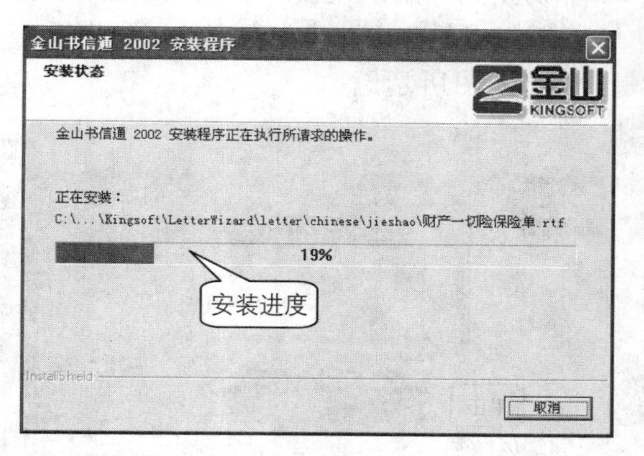

6 几分钟后，安装向导提示安装已完成，单击“完成”按钮关闭对话框。

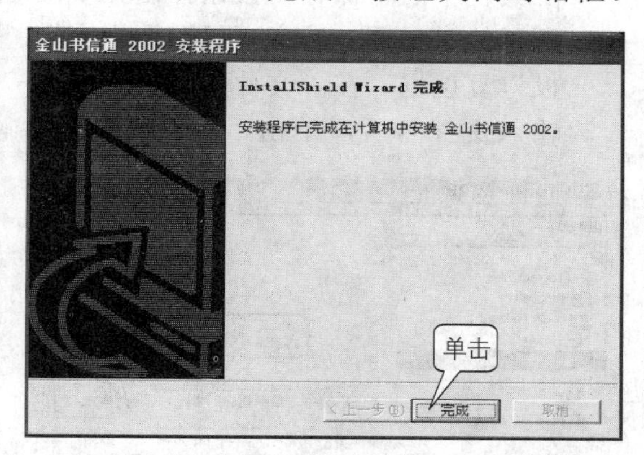

金山书信通 2002 功能介绍

金山书信通不仅可以帮助用户进行书信写作，还提供了丰富多彩的内容供用户查询。用户可以使用金山书信通轻轻松松地进行编辑、查询各具特色的资料、使用书信模板、Email 发送邮件等。此外，金山书信通 2002 还具有通讯录和备忘录功能。

1 启动金山书信通 2002 后的界面如下图所示。该界面主要由 3 大部分组成：工具栏、树型结构目录栏和显示栏。

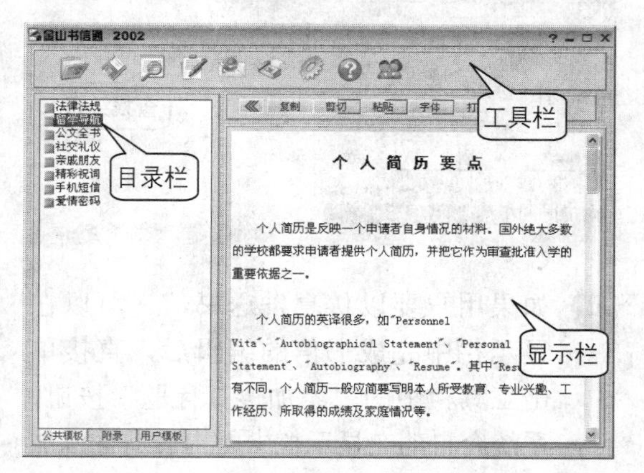

2 单击工具栏中的“打开”按钮弹出“打开”对话框，如下图所示，该软件只能打开后缀为.rtf 的文件和文本文件。

3 用户可以从目录栏中选择需要的模板，直接在显示栏中对模板中的内容进行编辑，如右图所示。

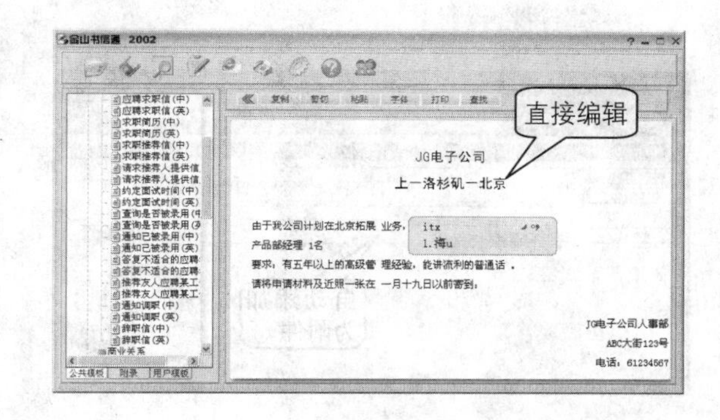

4 如果需要保存编辑后的内容，则单击工具栏中的“保存”按钮弹出如下图所示的对话框。选中“保存至用户模板”复选框，在“文件名”文本框中输入文件名后，单击“保存”按钮。

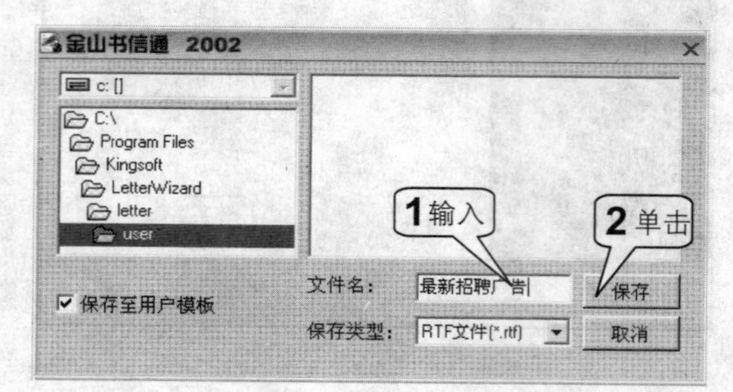

5 在目录栏底部单击“用户模板”按钮切换到“用户模板”目录列表中，此时可以看到上一步中保存的用户模板，如下图所示。

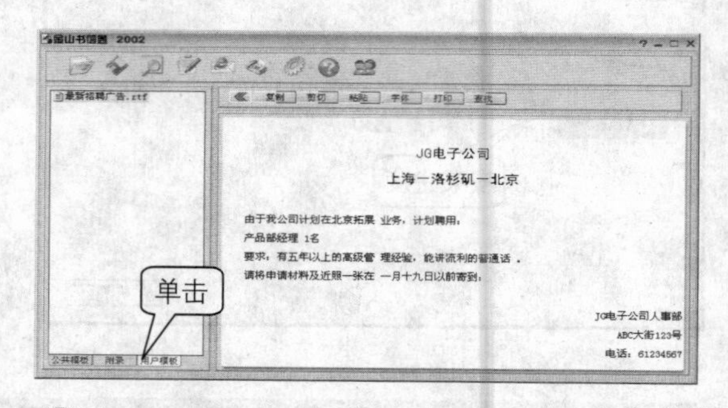

6 用户也可以使用外部编辑器进行编辑。单击工具栏中的“外部编辑器”按钮可以利用写字板打开当前模板文件，如下图所示。

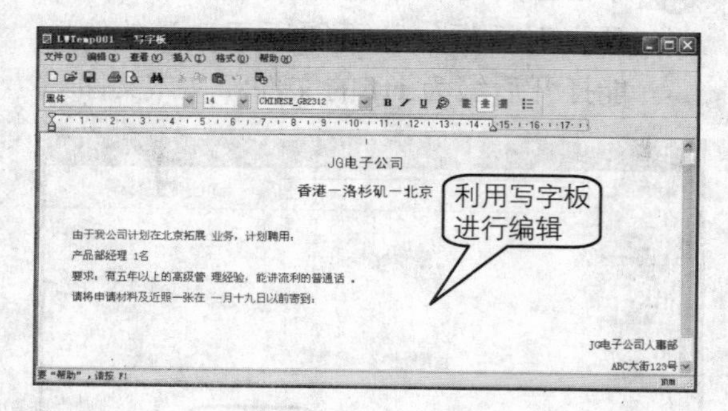

7 单击工具栏中的“索引文件”按钮打开下图所示的对话框，可以按标题或正文内容索引公共模板。例如选中“标题索引”单选按钮，在“索引内容”文本框中输入“求职信”，然后单击“立即索引”按钮，找到的结果会显示在“查找结果”列表框中。

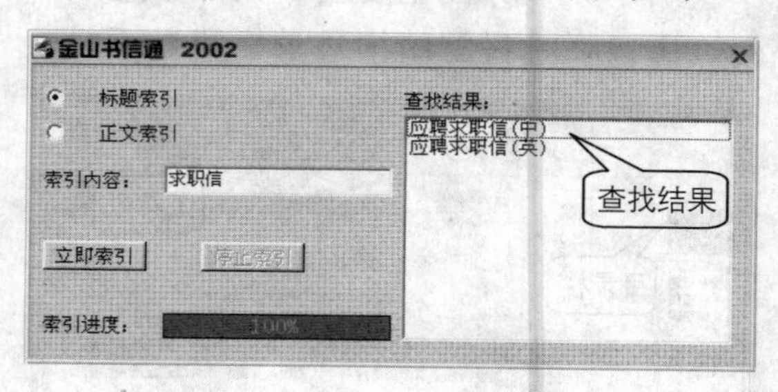

8 用户还可以使用电子邮件的方式发送书信。在显示栏中完成编辑后，单击工具栏中的“电子邮件”按钮，就会自动将显示栏中的内容作为附件放在所要发送的邮件当中。

9 如果用户要以传真发送书信。可以在显示栏中完成书信的编辑后，直接单击工具栏中的“添加传真标题”按钮，系统会自动在显示栏中的内容前面添加一个专业的传真标题，如下图所示。

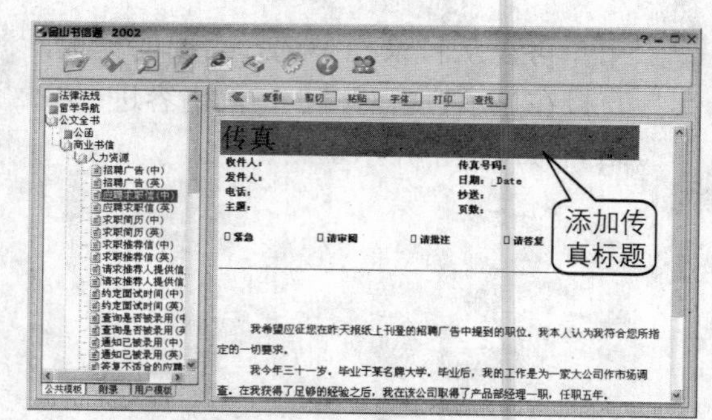

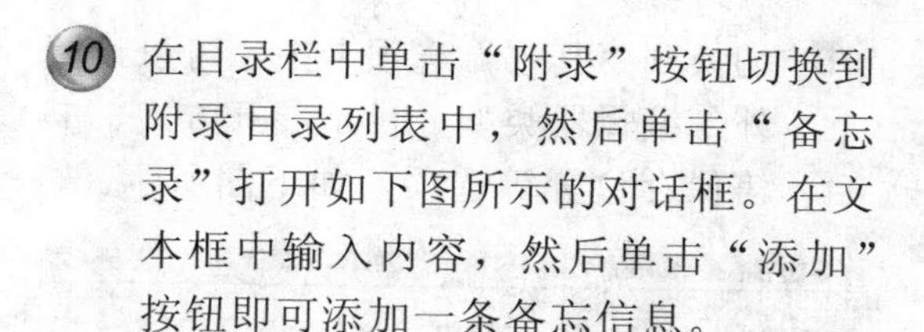

⑩ 在目录栏中单击“附录”按钮切换到附录目录列表中，然后单击“备忘录”打开如下图所示的对话框。在文本框中输入内容，然后单击“添加”按钮即可添加一条备忘信息。

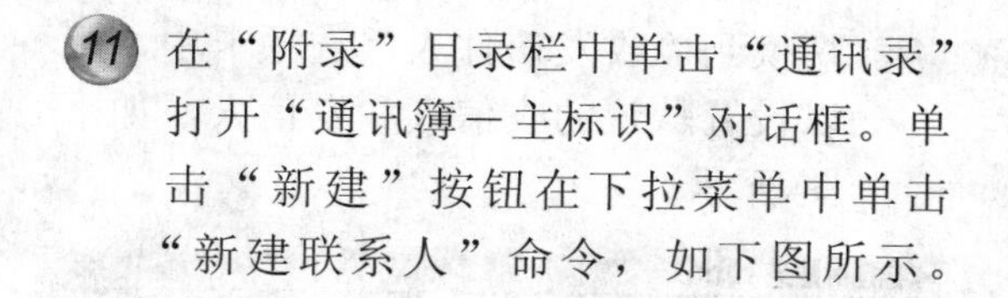

⑪ 在“附录”目录栏中单击“通讯录”打开“通讯簿－主标识”对话框。单击“新建”按钮在下拉菜单中单击“新建联系人”命令，如下图所示。

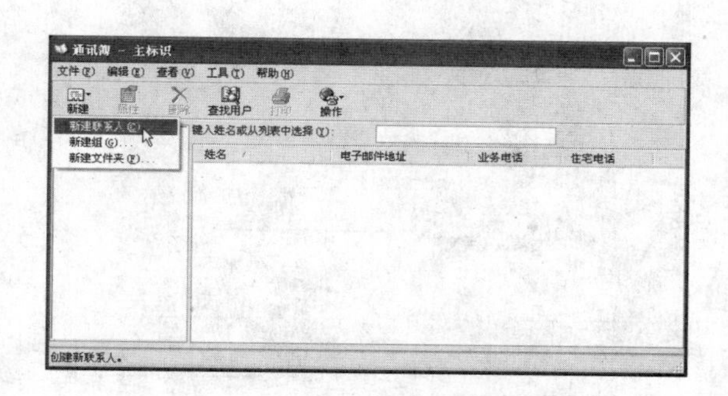

⑫ 弹出一个属性对话框，在“姓名”选项卡中输入联系人的姓名、职务、电子邮件地址等信息，然后单击“添加”按钮，如下图所示。

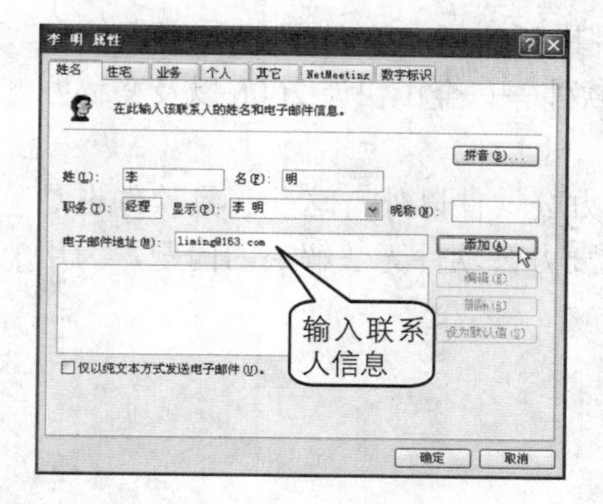

⑬ 单击“确定”按钮后，新添加的联系人会显示在“通讯簿－主标识”对话框中的列表中，如下图所示。

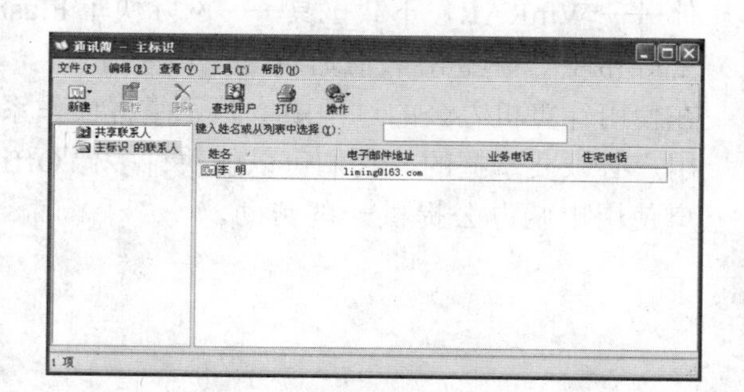

⑭ 用户还可以根据自己的习惯设置热键。单击工具栏中的“设置选项”按钮打开如右图所示的对话框。在“热键”选项卡中可以设置打开文件、电子邮件等功能热键。

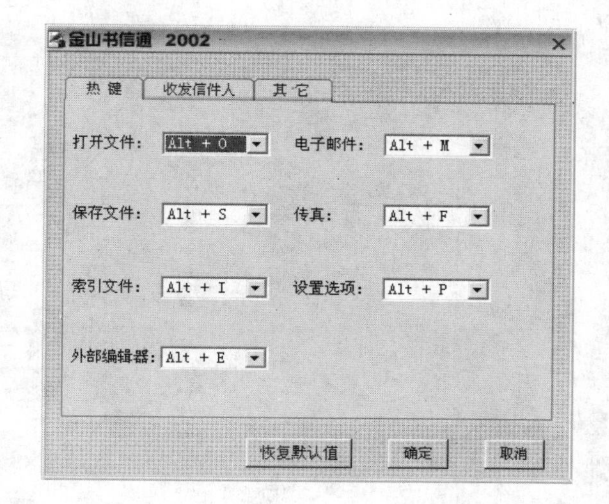

15 切换到“收发信件人”选项卡中，可以设置默认的收信人和发信人，如下图所示。

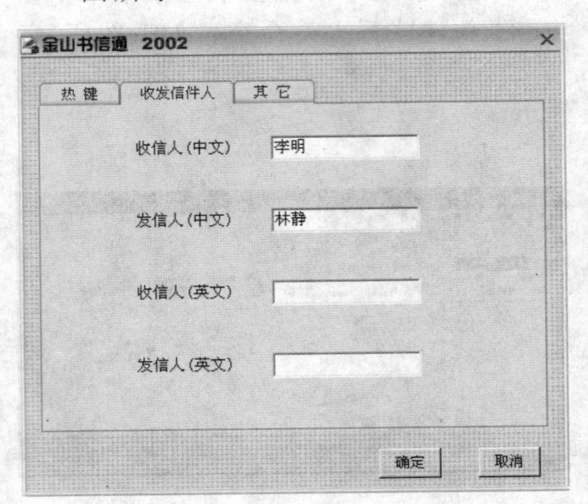

16 切换到“其它”选项卡中，可以设置外部编辑器类型、目录展开方式、书信保存位置等选项，如下图所示。

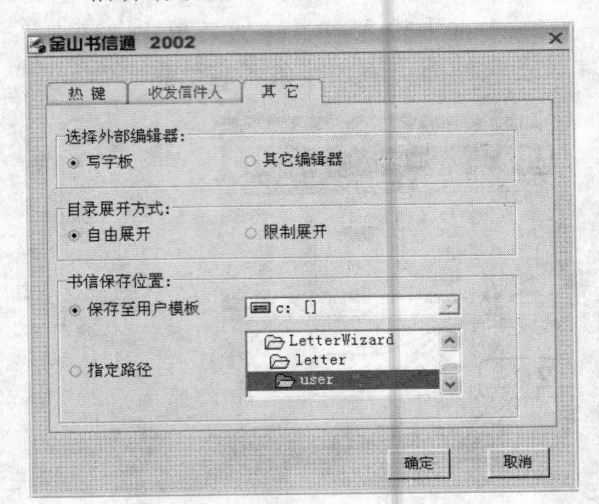

5 本章小结

本章主要介绍了一些用来辅助办公的常见的工具软件。其中包括：文件压缩与解压缩软件——WinRAR，下载工具——网际快车 FlashGet，翻译软件——金山快译 2006 以及文秘办公好帮手——金山书信通。

在使用计算机办公的过程中，除了掌握操作系统和主要的办公软件以外，这些工具软件也是用户必须要掌握的，它们可以解决许多像 Office 这样的主要办公软件无法解决的问题，为用户使用电脑办公提供一些帮助。

»Chapter 16

使用电子邮件进行远程办公

在网络上进行交流，除了聊天工具以外，或许最重要的工具就是电子邮件了。在网络化的现代社会，电子邮件已成为现代办公中的重要工具和得力助手，正是由于电子邮件的出现和使用，使得现代办公越来越趋向于“无纸化”。

1. 电子邮件的工作原理、域名和格式
2. 如何申请电子邮箱
3. 使用电子邮箱收发邮件
4. Outlook Express 客户端设置
5. 使用 Outlook Express 收发电子邮件
6. 在 Outlook Express 中自定义信纸

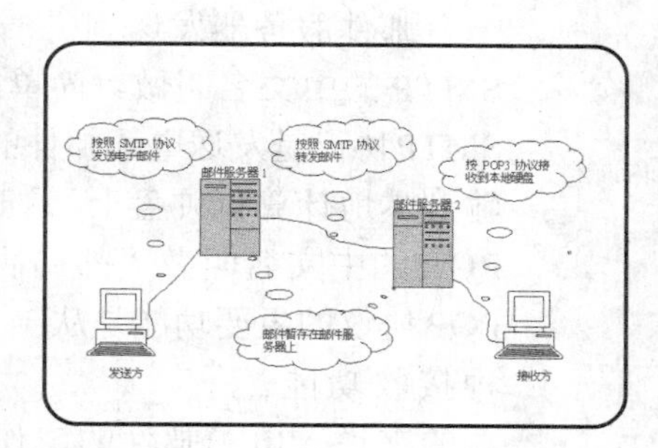

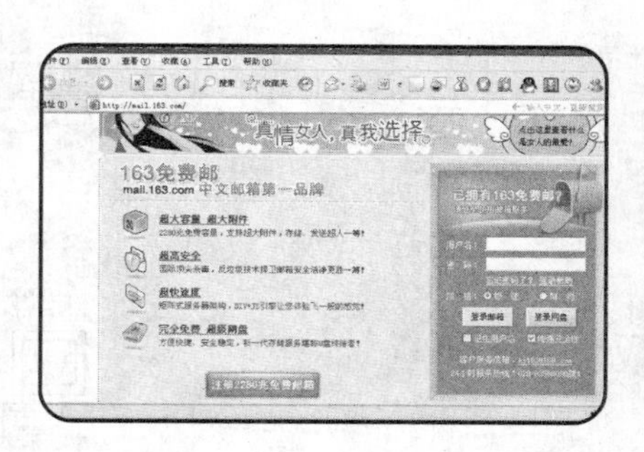

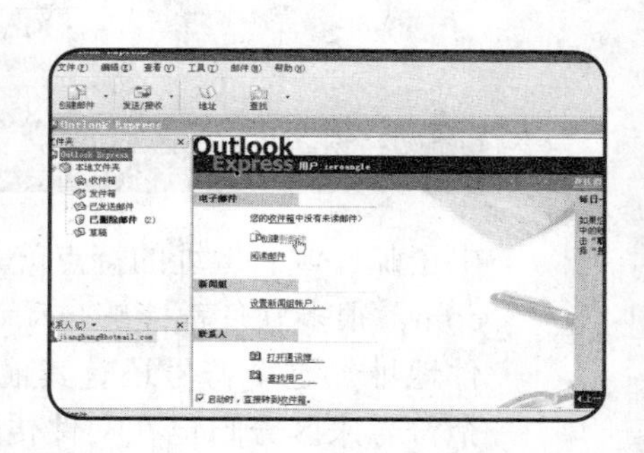

1 电子邮件工作原理及免费邮箱的申请

电子邮件的英文名称是 E-mail，全称是：Electronic Mail，也就是利用电子方式进行传输的信件。在现代商务办公环境中，电子邮件已成为人们日常办公和生活中相互联系的主要方式之一。

电子邮件的工作原理

从工作原理上来说，电子邮件的传输入方式跟普通信件传递具有更大的类似性，而跟电话传输入方式相比差别却很大。电话系统主要是基于一百年前贝尔所发明的电话原理，电路交换方式时，通话过程中通信双方始终都必须占据一条线路。电子邮件则采用另一种不同的方式——包交换或者分组交换来进行通信。邮件发送的时候不会始终占用一条固定线路，而是采用打包方式来将电子邮件发送出去，整个发送过程就跟我们在日常生活中发送普通信件一样。传送电子邮件所采用的协议叫做 SMTP 协议，它保证把各种类型的电子邮件通过这一协议从一台邮件服务器发送到另一台邮件服务器上。

SMTP 的中文名叫做“简单邮件传输协议”，其英文全称是 Simple Mail Transport Protocol。

SMTP协议是发送电子邮件的基础，在接收端为了能够使用户从有关的邮件服务器上将邮件传输到本地计算机硬盘上, 这时就需要采用一种叫做 POP3 的协议。

POP 的中文名叫做“邮局协议”，其英文全称是 Post-Office Protocol。

POP 协议的主要功能是从一台邮件服务器上把邮件传输到本地硬盘上，POP3 协议只是完成一种接收功能。

总的来说，电子邮件的工作原理可用下面的图示加以概括。

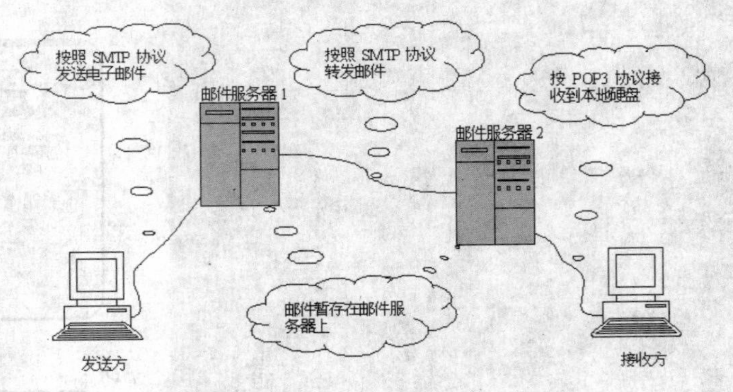

电子邮件的域名和格式

电子邮件域名地址的特点就是在用户名和域名之间加一个特殊的“@”符号，例如 abc@163.com。很多软件都能够自动识别这个符号，而把有这个特殊符号的字符串自动识别为电子邮件地址。这个符号还有其他一些用途，比如在使用文件传输协议时，有时用户也要采用这个符号来区分自己在文件传输服务器上所拥有的账号和密码。

一封完成的电子邮件通常由发件人、收件人、抄送、暗送、主题以及内容等项目组成，现详细说明如下。

- 发件人：也就是发送该电子邮件时发件人的地址。
- 收件人：也就是一封电子邮件要发送到对方的电子邮件地址。
- 抄送：所谓抄送（CC）指的是该电子邮件除了向发件人地址发送出去以外，还可以向其他一些电子邮件地址发送出去。
- 暗送：暗送（BCC）的功能跟抄送基本相似，只不过在电子邮件发送到对方的时候，对方只知道这一封电子邮件发送给了自己，而不知道这一封电子邮件还向其他哪些人发送了。
- 主题：主题指的是对这一封电子邮件的一个简单描述。
- 内容：这里指的是电子邮件的主要内容或正文。

免费电子邮箱的申请

其实申请电子邮箱非常简单，只是对于刚学会上网的新手来说可能感到无所适从罢了。由于电子邮箱的种类很多，因此申请的地方也很多，常见的有网易、新浪、263电子邮局、搜狐邮箱、雅虎邮箱等。本节将以申请免费的网易邮箱为例介绍如何申请免费邮箱。

1. 要申请电子邮箱，必须知道电子邮局的地址，在许多网页上都有电子邮局地址的链接。网易电子邮局的地址是http://mail.163.com，打开该网页，如下图所示，然后单击“注册2280M免费邮箱”按钮，如下图所示。

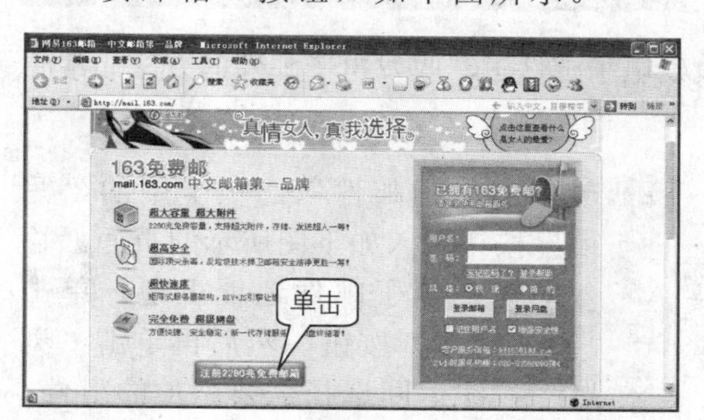

2. 接着弹出网易通行证服务条款页面。用户仔细阅读这些条款，便可知道只要注册了网易通行证，即可获得免费的网易电子邮箱。阅读完毕后，单击“我接受”按钮，如下图所示。

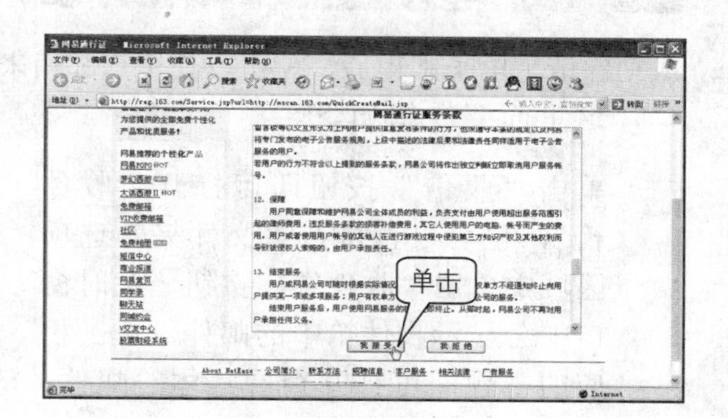

3. 然后进入选择用户名和输入密码的页面。用户可以在该页面中设置自己的网易通行证用户名（邮箱账户）和安全设置，填充相关内容后，单击“提交表单”按钮，如右图所示。

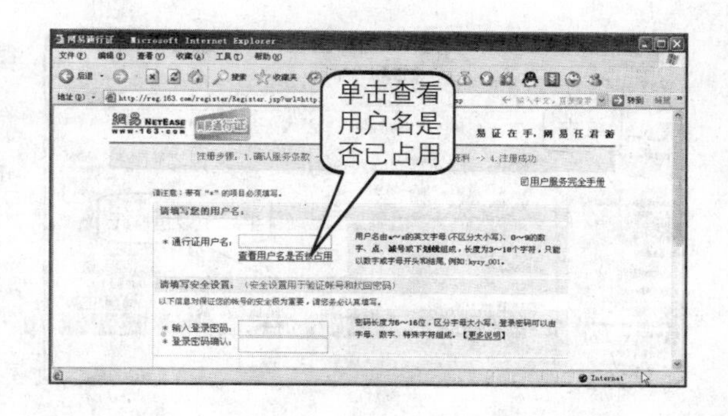

4 进入“填充个人资料”步骤，输入用户的性别、通行证密码等必填资料后，单击“提交表单”按钮，如下图所示。

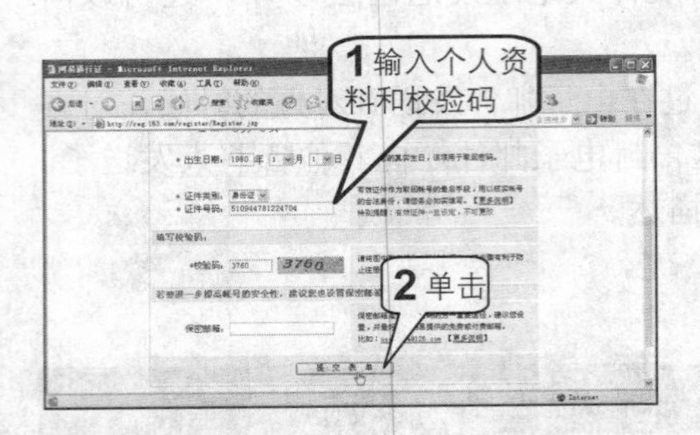

5 此时，用户便完成网易通行证的注册。如下图所示，网页上会提示“163免费邮箱申请成功”，同时还会显示用户刚刚申请的免费邮箱地址。单击“进入2G免费邮箱”按钮。

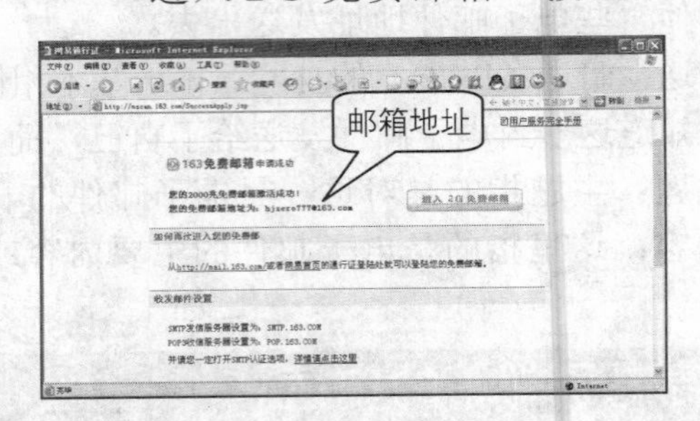

6 进入申请的邮箱页面，如右图所示。可以看到用户有1封新邮件，那是成功申请邮箱后，网易邮件中心发出的欢迎信件，如右图所示。

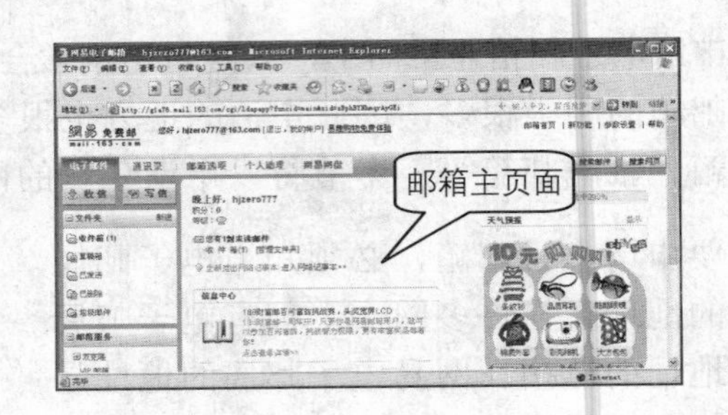

在网页上使用邮箱收发电子邮件

成功申请了电子邮箱后，就可以使用该邮箱来收发电子邮件了，收发电子邮件的方法非常简单，这里简要介绍如下。

1 单击“收信”按钮即可打开“收件箱”，也可以直接在“文件夹”选项区域中单击“收件箱”按钮。此时窗口中会显示收件箱中的邮件，单击相应的主题即可打开查看具体的邮件，如下图所示。

2 单击“电子邮件”选项卡中的“写信”按钮进入如下图所示的页面。输入对方的电子邮件地址主题。单击“添加附件”按钮，然后再单击“浏览”按钮返回选择需要添加的附件。在工具按钮的下方空白区域输入邮件的具体内容，如下图所示。

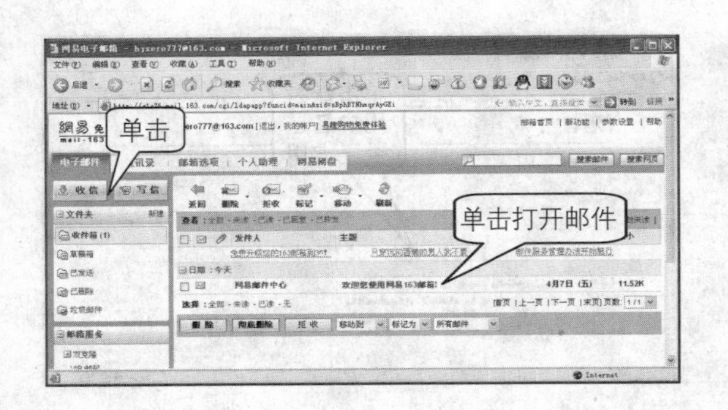

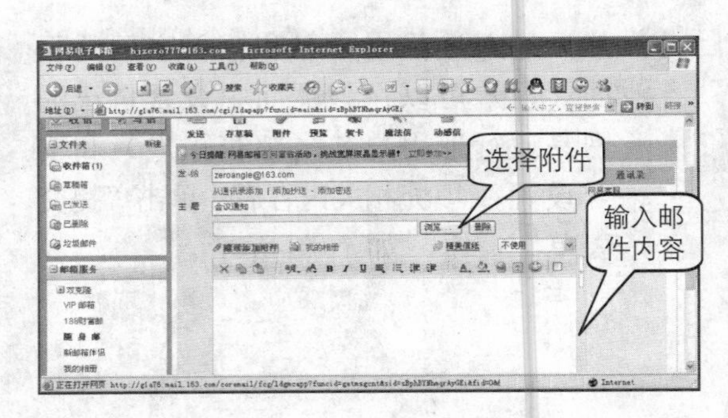

3 用户还可选择信纸来美化邮件，单击“精美信纸”按钮，在弹出的“精美信纸”对话框中选择“商务信纸1”，如下图所示。

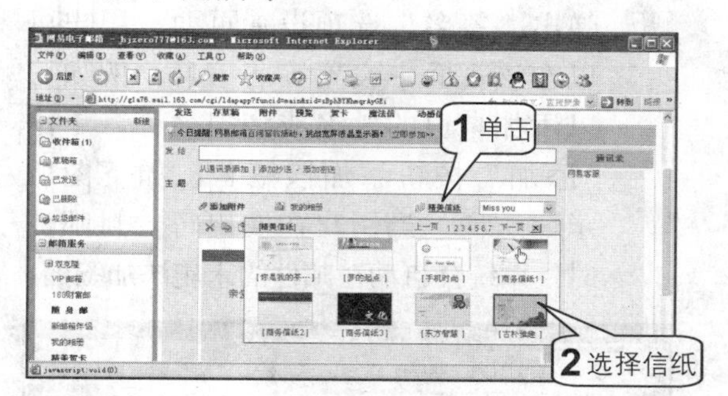

4 此时可以看到在信件的内容区域添加了“商务信纸”后的效果，如下图所示。

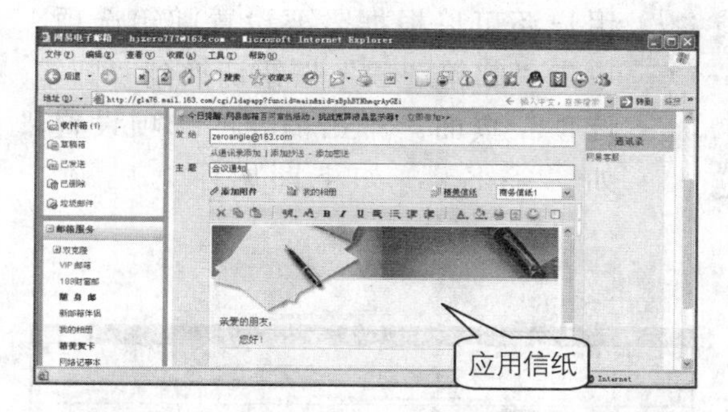

5 在信纸中添加信件的具体内容，如下图所示。如果需要在发送同时保存该信件，则选中“发送时同时保存到[已发送]”复选框。用户还可以根据需要选中“紧急”和“已读回执”复选框。设置好后，单击“发送”按钮，如下图所示。

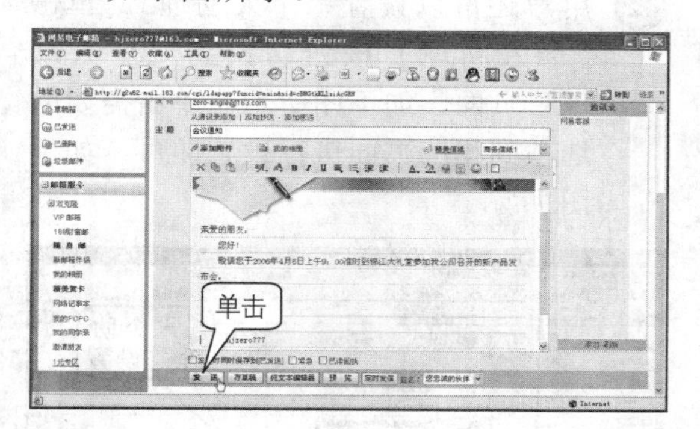

6 发送过程根据用户邮件的大小，可能需要几分钟甚至更长时间。当邮件成功发送后，页面上会显示“发送成功”的提示，如下图所示。

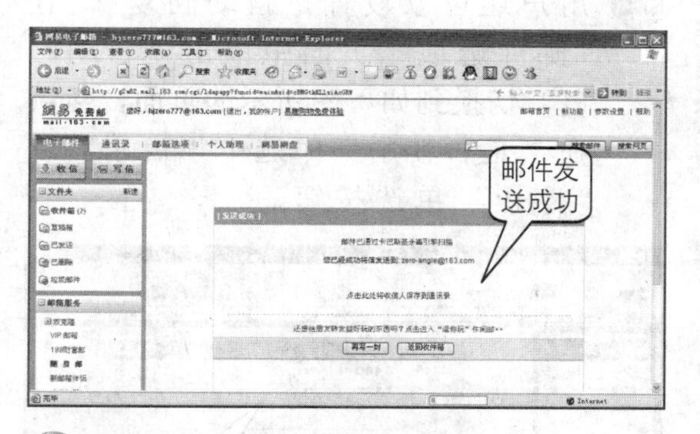

7 为了提高工作效率，用户可以将经常需要邮件联系的联系人邮箱地址直接保存在系统里。单击“通讯录”标签切换到“通讯录”选项卡，然后单击“新加联系人”按钮，如下图所示。

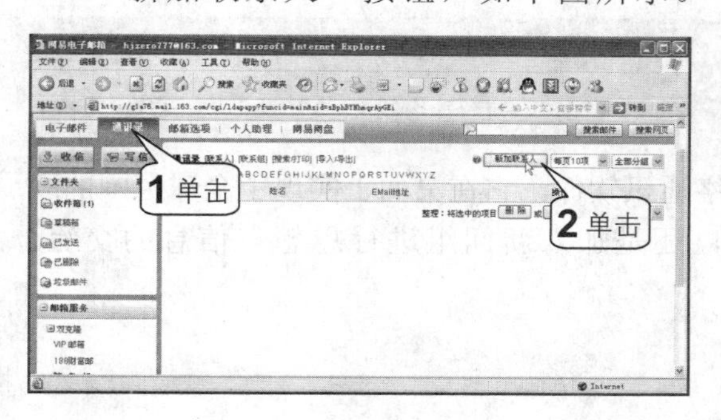

8 弹出“添加/编辑联系人”页面，在该页面中输入联系人的相关信息，其中注为“（必填项）”的文本框必须填写，填写好后，单击“确定”按钮，如下图所示。

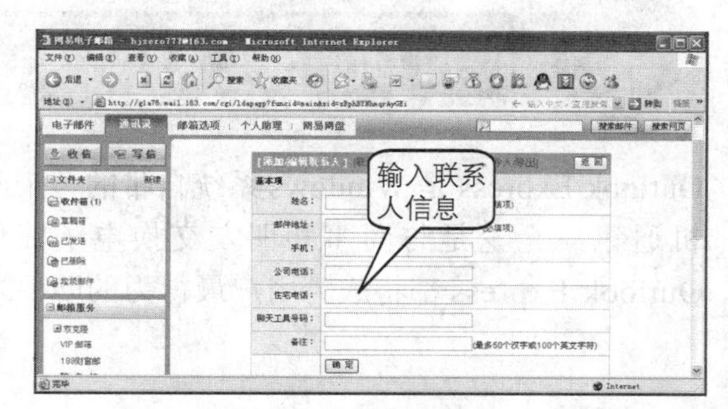

提示

当将对方用户的信息添加到通讯录中以后，用户在发送电子邮件时，就不再需要逐字地输入对方的邮箱地址，而可以单击“从通讯录添加”按钮直接进行选择。

9 用户还可以根据需要设置邮箱选项。单击“邮箱选项”按钮切换到“邮箱选项”页面。单击需要的选项设置，如“签名”，如下图所示。

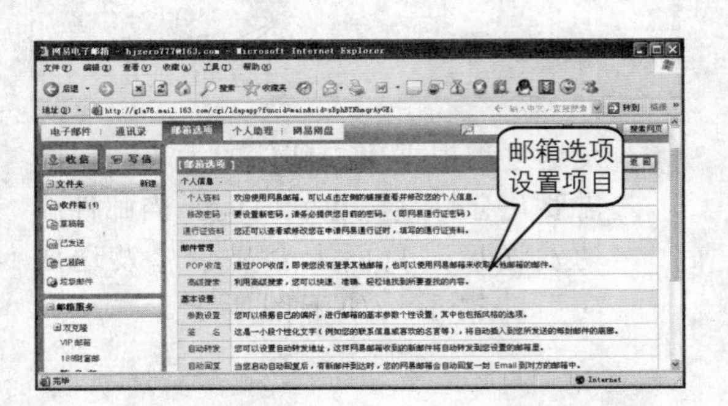

10 弹出“签名”选项设置页面。用户可以在该页面中设置签名信息，例如可以添加自己的姓名或公司名称，单击“添加”按钮添加该签名，如下图所示。这样，当用户在发出每一封邮件时，系统会自动在邮件的末尾添加签名。

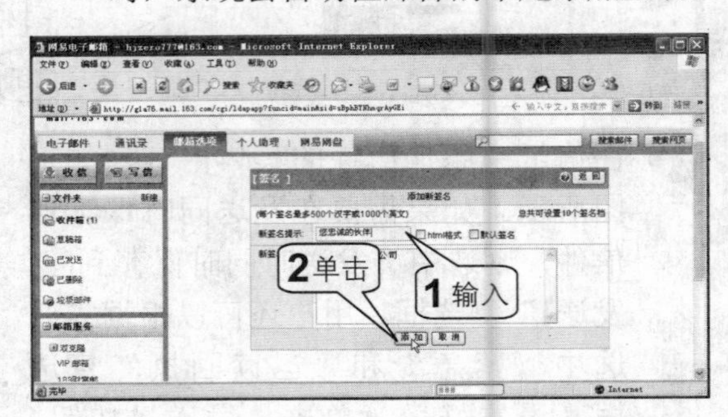

11 用户还可以设置“自动回复”。在“邮件选项”页面中单击“自动回复”切换到如下图所示的页面，然后在“是否使用”中选中“启用”或“停止”单选按钮。

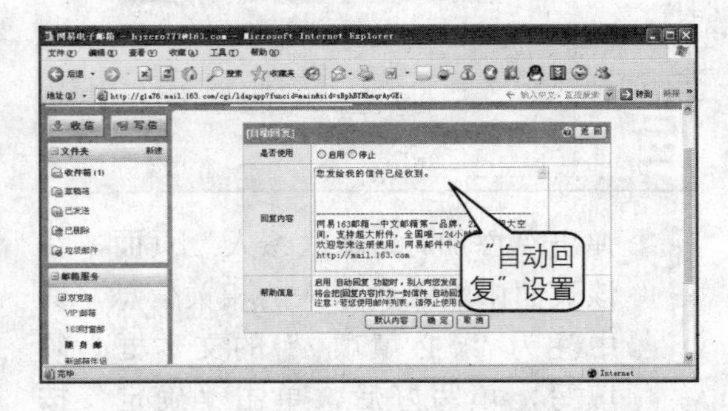

12 用户还可以设置“个人助理”。单击“个人助理”按钮切换到“个人助理”页面，如下图所示。单击需要的选项到相应页面进行设置即可，如下图所示。

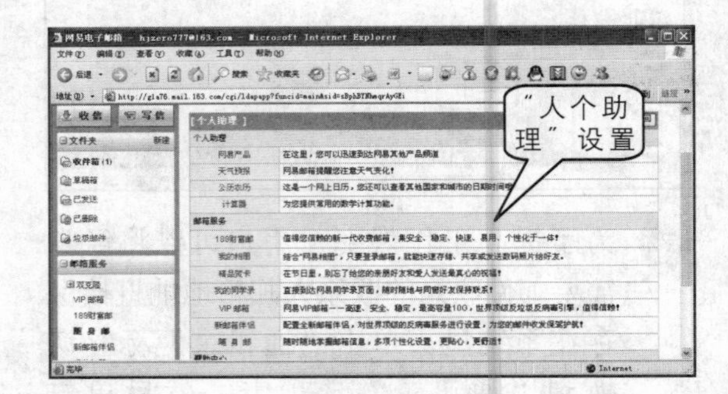

2 使用 Outlook Express 收发邮件

Outlook Express 是 Windows 系统自带的一个网络通讯软件。它在桌面上实现了全球范围的联机通讯。无论是与同事和朋友交换电子邮件，还是加入新闻组进行思想与信息的交流，Outlook Express 都将成为用户最得力的助手之一。

Outlook Express客户端设置

在使用Outlook Express收发邮件之前，首先要进行设置，具体操作步骤如下。

1 单击“开始”菜单中的“程序>Outlook Express”命令，如下图所示。

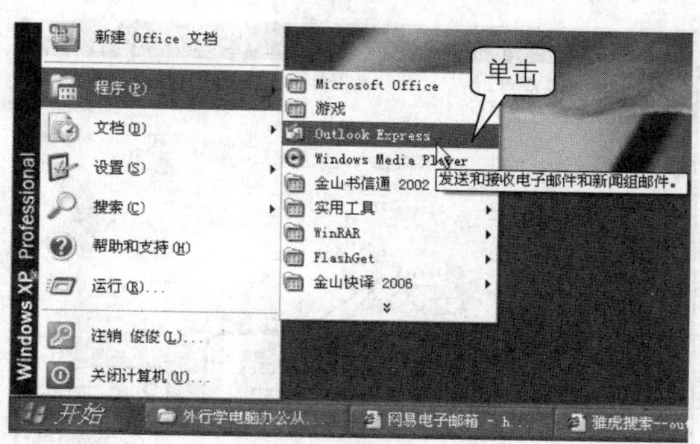

2 启动Outlook Express后，单击菜单栏中的“工具>账户”命令，如下图所示。

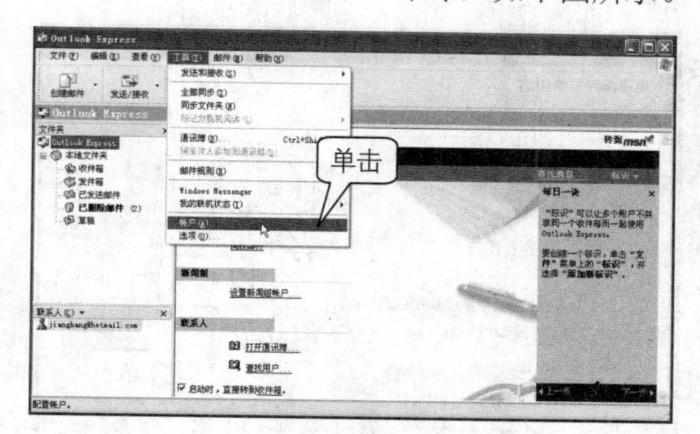

3 打开“Internet账户”对话框，单击“邮件”标签切换到“邮件”选项卡中，如下图所示。

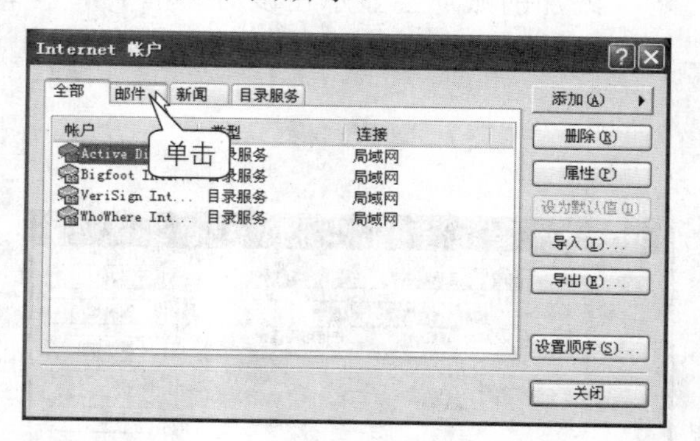

4 单击“添加”按钮，在弹出的子选项中单击“邮件”命令，如下图所示。

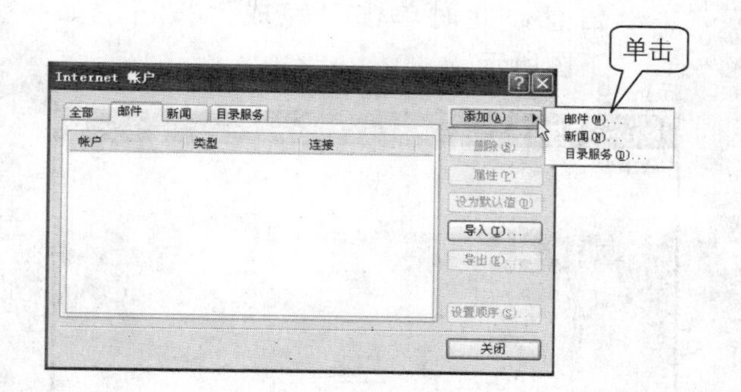

5 弹出“Internet连接向导”对话框，在“显示名”文本框中输入用户的姓名，然后单击“下一步”按钮。

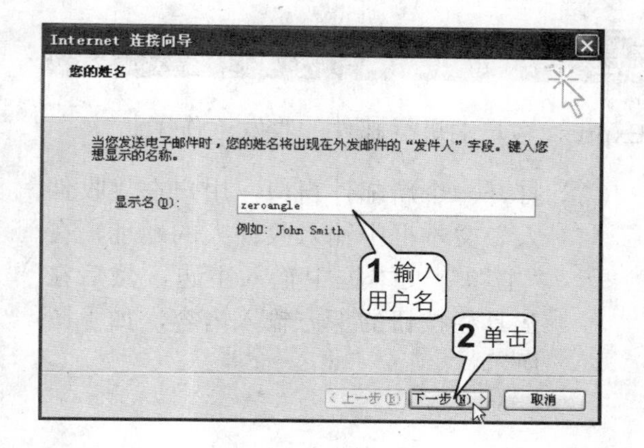

6 打开“Internet电子邮件地址”对话框，在“电子邮件地址”文本框中输入用户的电子邮件地址，然后单击“下一步”按钮，如下图所示。

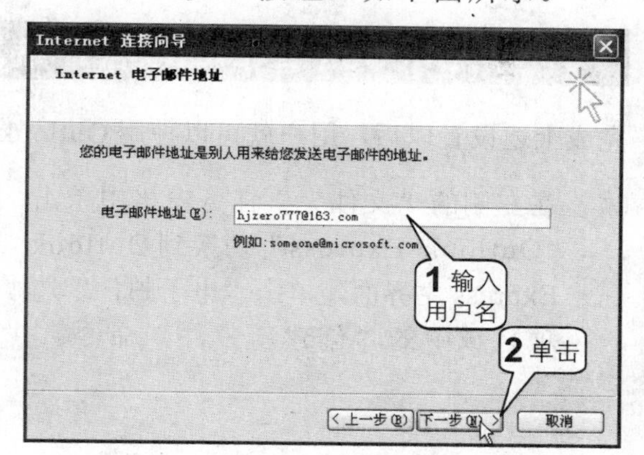

7 打开“电子邮件服务器名”对话框，在“接收邮件服务器”文本框中输入“pop3.163.com”，在“发送邮件服务器”文本框中输入“smtp.163.com”，然后单击“下一步”按钮，如下图所示。

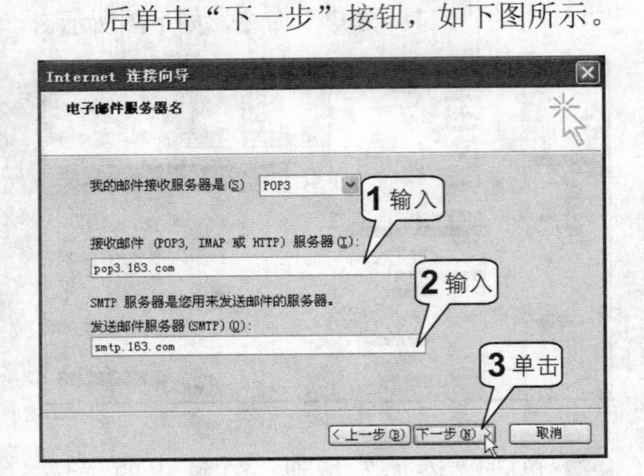

8 打开“Internet Mail 登录”对话框，输入用户的电子邮箱账户名和密码，然后单击“下一步”按钮，如下图所示。

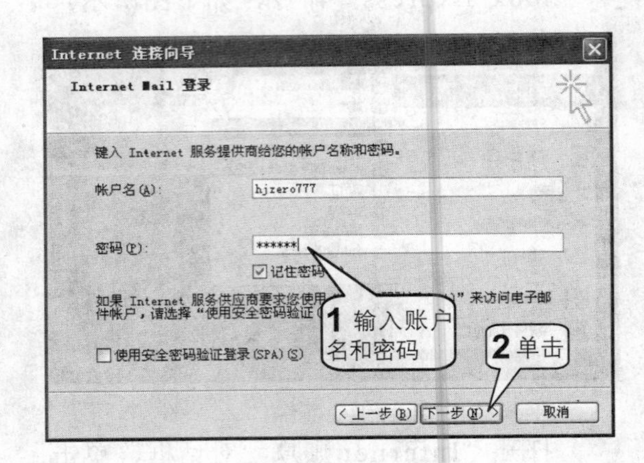

9 进入连接向导的最后一步，如果前面的设置正确，系统会显示“祝贺您”信息，此时单击“完成”按钮，如下图所示。

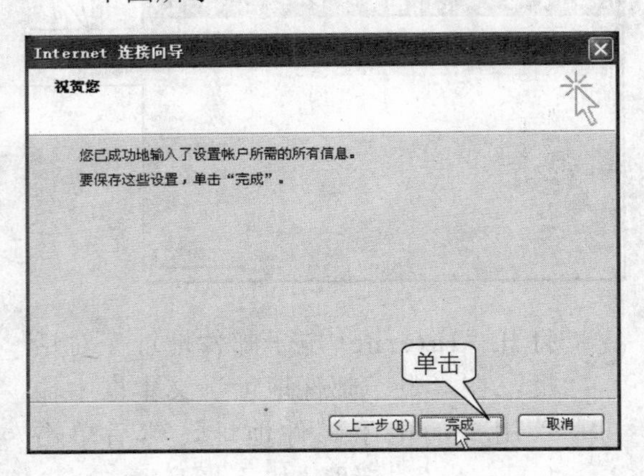

10 返回“Internet 账户”对话框，此时添加的账户会显示在该对话框中，单击“关闭”按钮关闭此对话框。

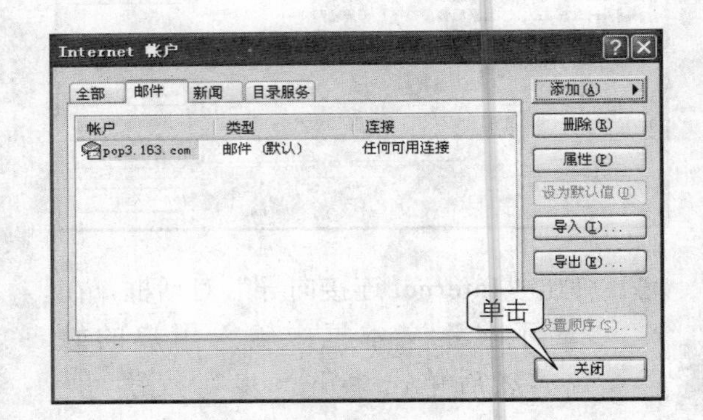

使用 Outlook Express 客户端发送电子邮件

完成上述设置以后，用户就可以使用 Outlook Express 客户端进行邮件的收发工作了。

1 在左侧的“文件夹”任务窗格中单击“Outlook Express”切换到 Outlook Express 主界面，单击“电子邮件”选项区域中的“创建新邮件”命令。

2 打开一个新邮件窗口，用户在“收件人”文本框中输入收件人的地址，在“主题”文本框中输入主题，然后在工具栏按钮的下方输入内容，如下图所示。

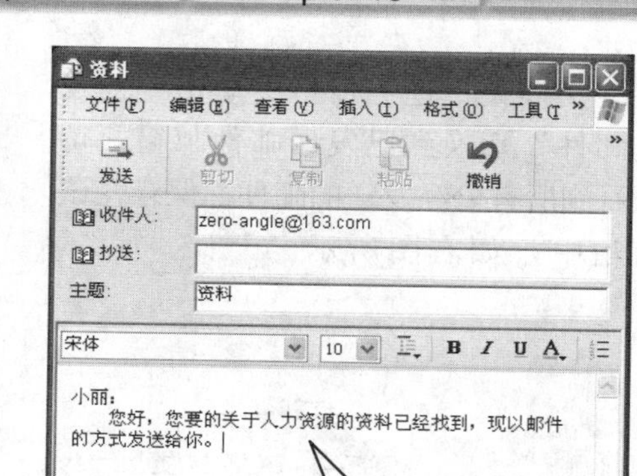

3 如果需要发送附件，则单击菜单栏中的“插入>文件附件”命令，如下图所示。

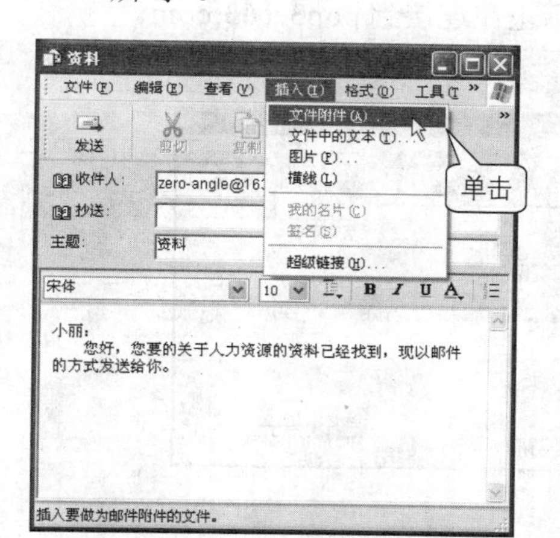

4 弹出“插入附件”对话框，选中要发送的附件文件，单击“附件”按钮，如下图所示。

5 此时，添加的附件会显示在“主题”行的下方。单击工具栏中的“发送”按钮发送邮件，如下图所示。

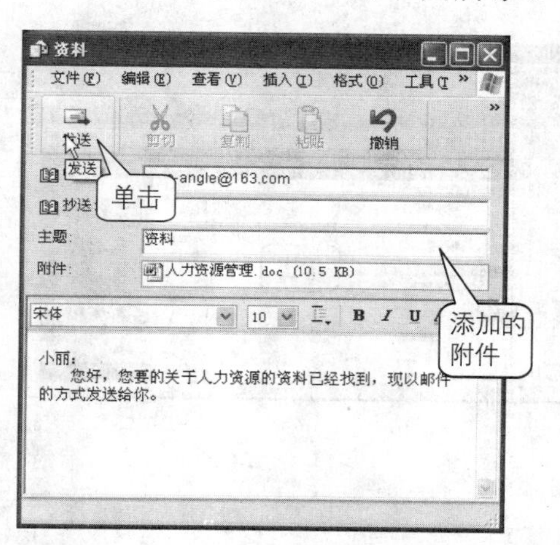

6 此时，屏幕右下角会显示邮件发送的进度，如下图所示。

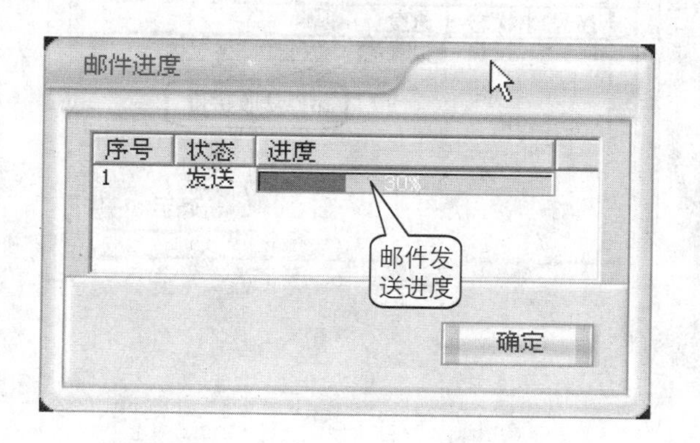

7 在“文件夹”任务窗格中单击“已发送邮件”切换到已发送邮件邮箱，可以看到所有已经发送的邮件都保存在该信箱中，如右图所示。

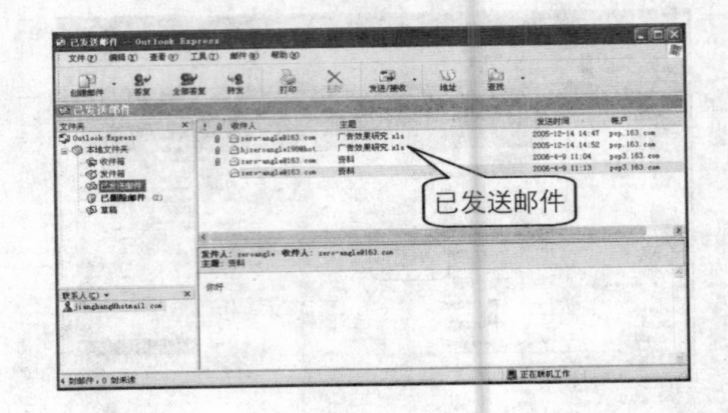

使用 Outlook Express 客户端接收电子邮件

用户也可以直接使用 Outlook Express 接收新邮件，而不必打开网页进行邮箱操作。具体操作步骤如下所示。

1 启动 Outlook Express，单击工具栏中的“发送/接收”按钮在弹出的菜单中单击“接收全部邮件”命令，如下图所示。

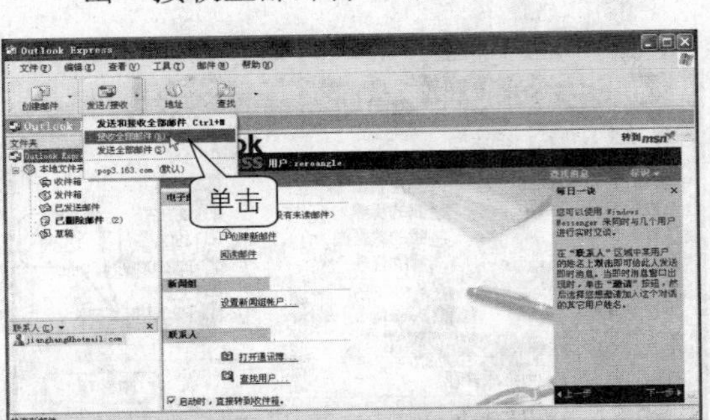

2 屏幕上即弹出如下图所示的对话框，提示正在连接到 pop3.163.com。

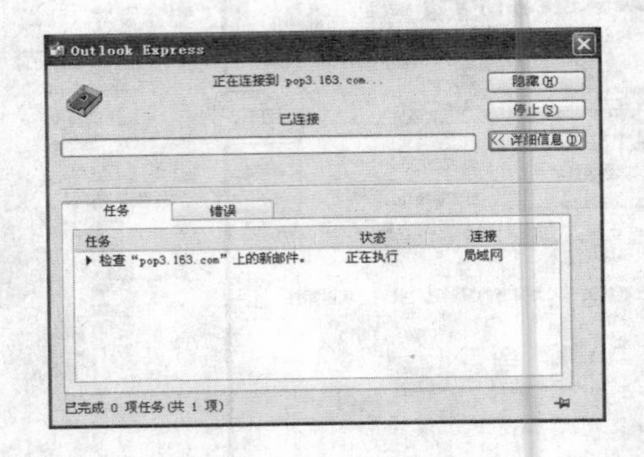

3 接着屏幕右下角显示出“邮件进度”提示框，该提示框中会显示当前接收邮件的进度，如下图所示。

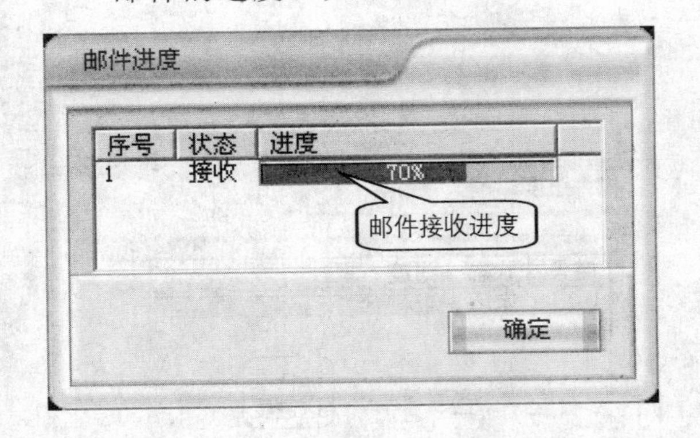

4 如果有新邮件，Outlook Express 会给出有几封未读邮件的提示。用户可以单击该提示文字，查看邮件，如下图所示。

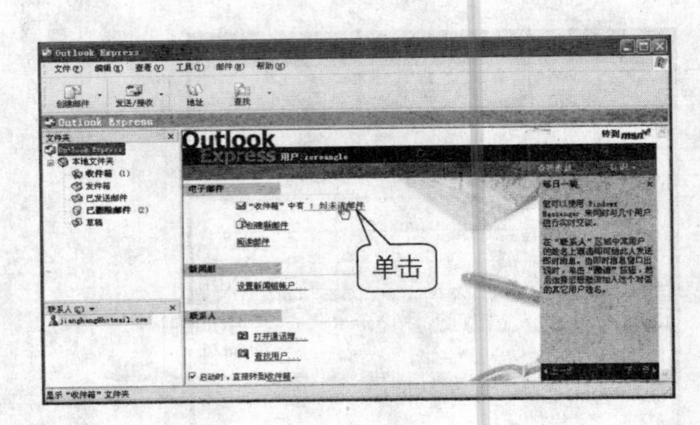

5 再切换到“收件箱”，收件箱中会显示接收到的邮件，单击邮件主题可阅读该邮件，如右图所示。

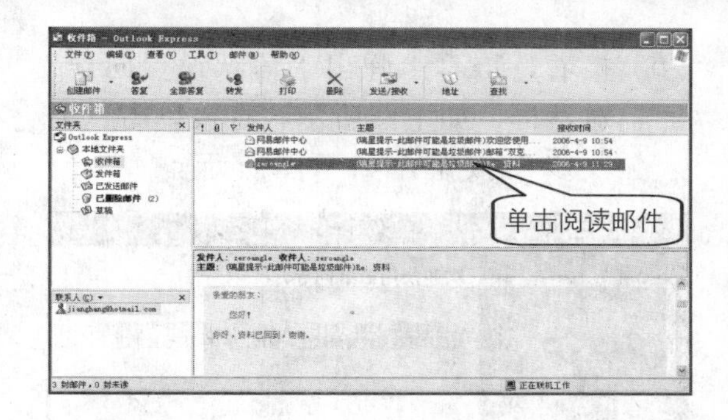

创建信纸

在使用 Outlook Express 撰写邮件时，用户还可以选择系统提供的信纸，或者自已创建个性化的信纸来美化邮件。

1 单击工具栏中的“创建邮件”按钮弹出一个下拉菜单，用户可以在该菜单中选择系统提供的信纸样式，如“秋叶”，如下图所示。

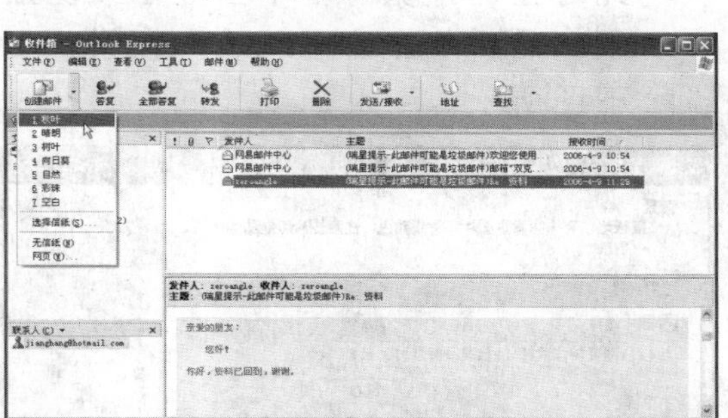

2 此时屏幕上会弹出一个“新邮件”窗口，该窗口的内容区域会应用“秋叶”信纸样式，如下图所示。

3 如果用户希望自定义信纸，则单击“创建邮件”按钮，在弹出的菜单中单击“选择信纸”命令，如下图所示。

4 接着打开“选择信纸”对话框，默认情况下系统提供的几种信纸会显示在该对话框中。如果确定要自定义信纸，则单击“创建信纸”按钮，如下图所示。

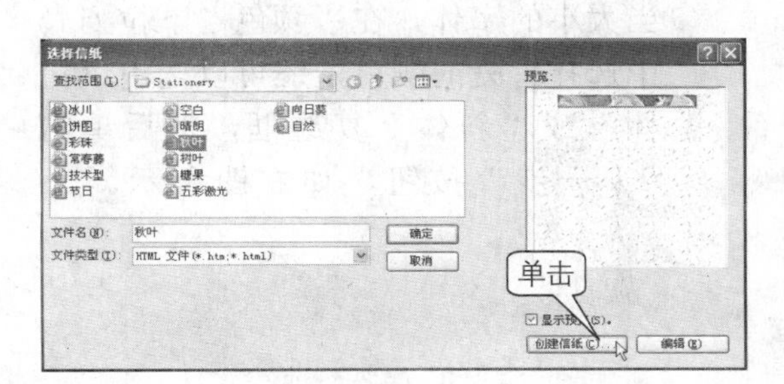

5 接着，屏幕上弹出“信纸设置向导”对话框，如下图所示。直接单击“下一步”按钮，如下图所示。

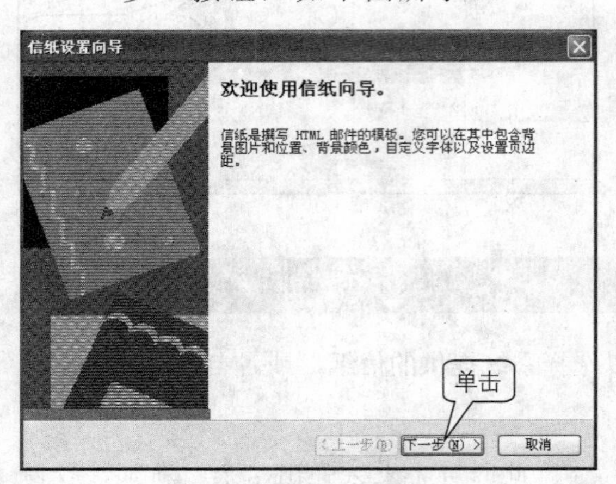

6 打开“背景”对话框，选中“图片”复选框，单击“浏览”按钮，如下图所示。

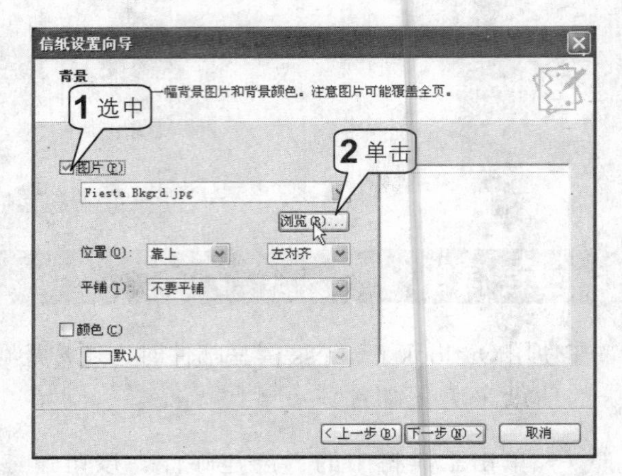

7 在“背景图片”对话框中选中要用来作为信纸的背景图片，然后单击“打开”按钮，如下图所示。

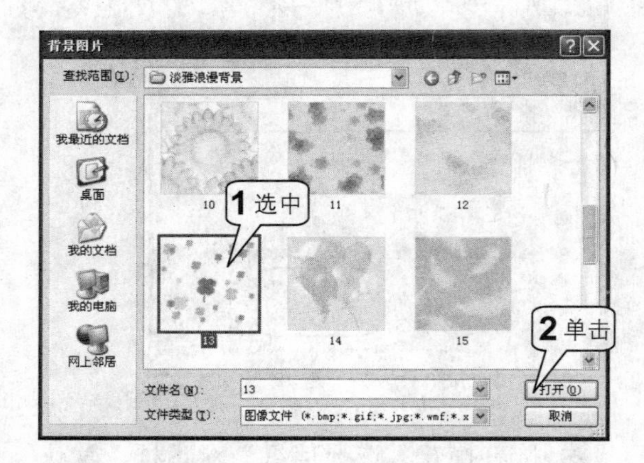

8 用户可以设置背景图片的位置，在“平铺”下拉列表中选择“全页”，此时在“预览”框中会显示预览效果。然后单击“下一步”按钮，如下图所示。

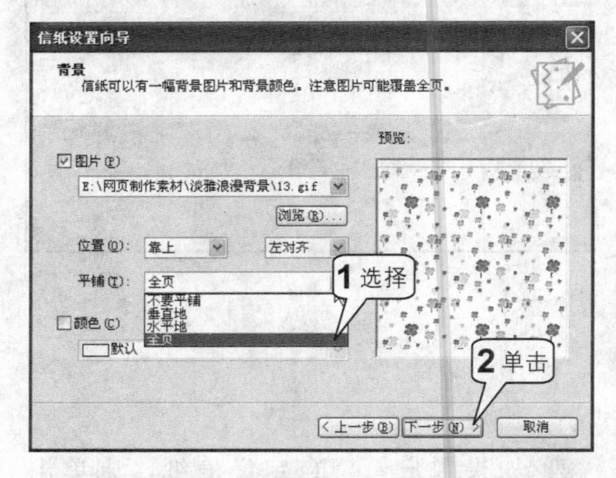

9 打开“字体”对话框，用户可以在“字体”下拉列表中选择自己喜欢的字体，在“大小”下拉列表中选择适当大小的字体，在“颜色”下拉列表中选择喜爱的颜色，还可以选中“粗体”或“斜体”复选框，然后单击“下一步”按钮，如右图所示。

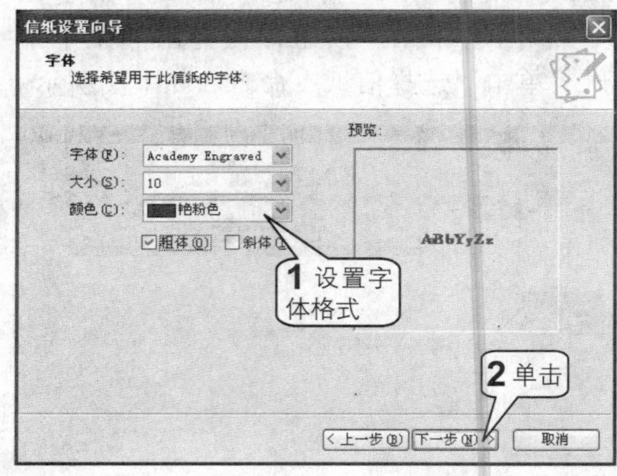

Chapter 17

办公即时通讯与电子商务

如何与分布在世界各地的朋友进行交流呢？在网络诞生以前，最为先进的方式是使用电话。但是在网络时代的今天，使用网络进行交流已成为首选。使用网络进行交流的最大优点是不必担心产生高昂的费用。然而使用网络进行交流，必须要安装办公即时通讯软件，如MSN、TM等。

1. MSN Messenger的安装与使用
2. TM Messenger的安装与功能介绍
3. 网上购物和网上订购

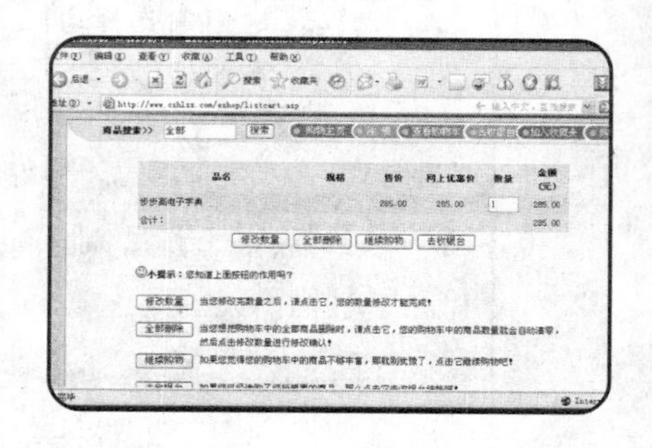

使用 MSN Messenger

Microsoft Passport Network 是一项联机服务，允许用户使用单个电子邮件地址和密码登录到任何 Passport 参与网站或服务。不论用户从何处访问 Internet，MSN Messenger 都可以通过 Passport 账户来标识和检索用户的设置。

安装 MSN Messenger

在使用 MSN Messenger 之前，需要安装该软件。现以 MSN Messenger7.5 为例介绍该软件的安装过程，具体操作步骤如下。

1. 双击可执行程序文件，启动安装向导，如下图所示，直接单击“下一步”按钮，如下图所示。

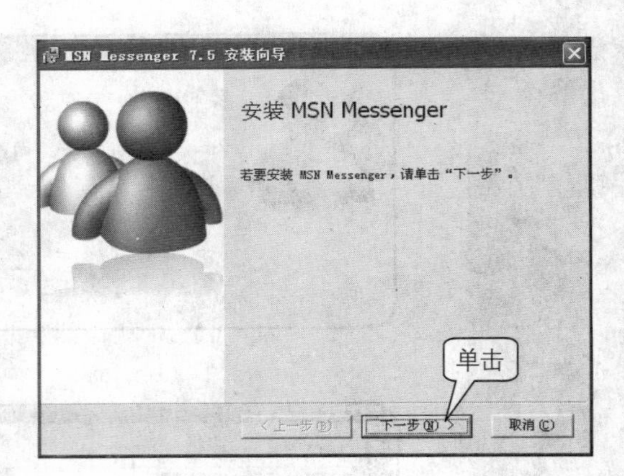

2. 打开“使用条款”和“隐私声明”对话框，选中“我接受‘使用条款’和‘隐私声明’中的条款”单选按钮，然后单击“下一步”按钮，如下图所示。

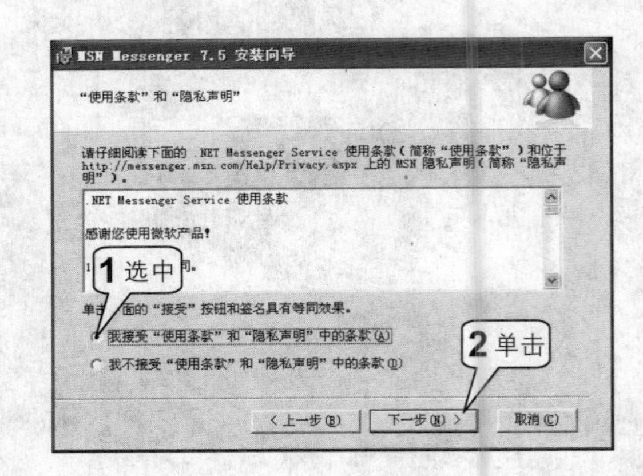

3. 打开“选择其他的功能和设置”对话框，用户可以选中需要的功能和设置所对应的复选框，然后单击“下一步”按钮，如下图所示。

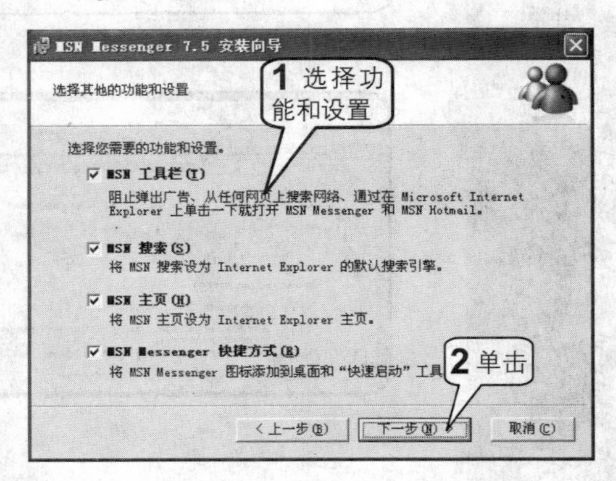

4. 打开“正在安装 MSN　Messenger”对话框，屏幕上会显示如下图所示的安装进度。

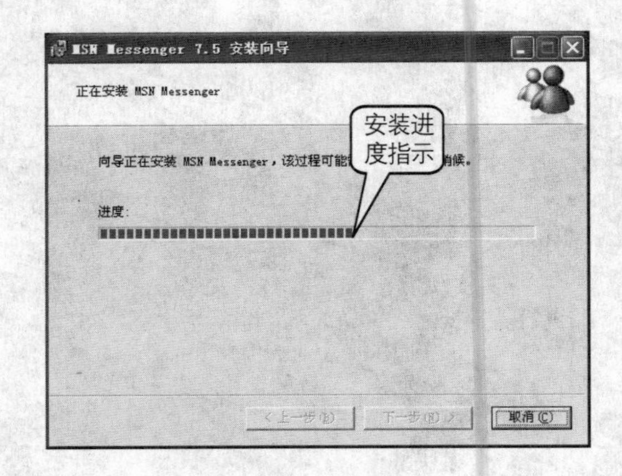

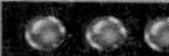

5 稍后，屏幕上会弹出下图所示的对话框，提示“已经成功安装MSN Messenger”，单击“完成”按钮，如下图所示。

6 接着屏幕上会弹出“MSN Messenger”工作窗口，如下图所示。

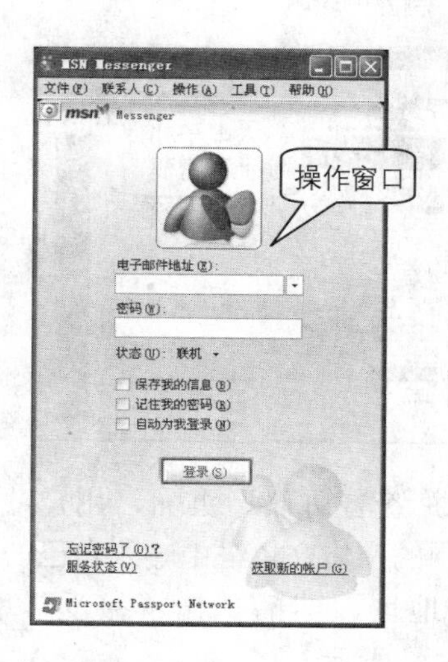

新建账户

安装了MSN Messenger之后，还需要获取MSN账户，才能登录MSN Messenger。获取MSN账户的方式有两种，一种是使用已有的电子邮件地址注册一个MSN账户，另一种是直接申请一个Hotmail电子邮件地址。

1. 使用已有电子邮件地址

1 在“MSN Messenger”工作窗口中单击“获取新的账户”命令。

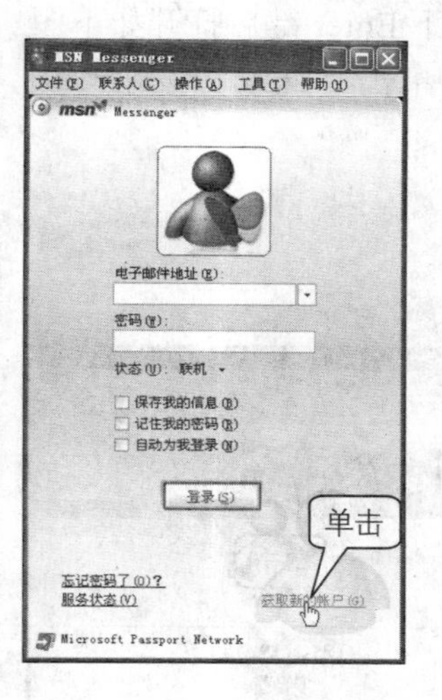

2 此时将打开MSN注册主页，选中“是，使用我的电子邮件地址”单选按钮，然后单击“继续”按钮，如下图所示。

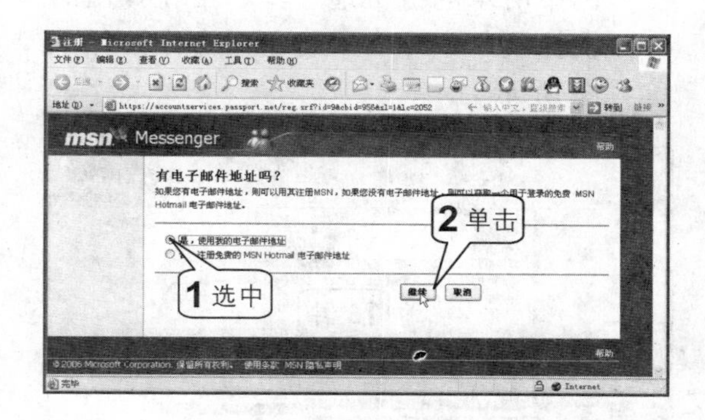

3 进入“创建凭据”页面，用户需要在此输入自己的电子邮件地址和密码等信息，输入完毕后，单击“继续”按钮，如下图所示。

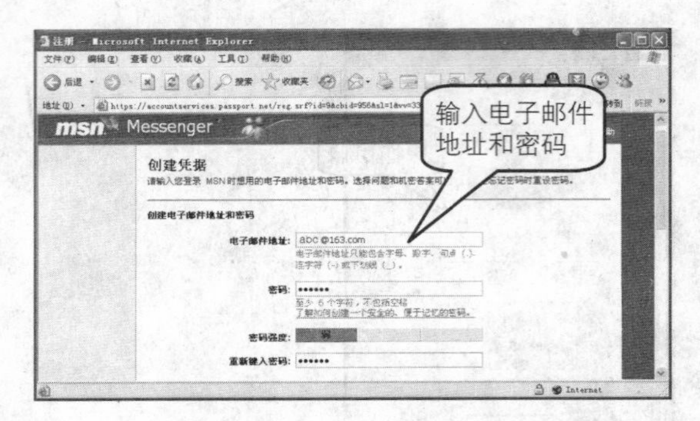

4 进入“创建MSN账户”页面，在该页面中用户可以输入自己的个人信息等内容，输入完毕后，单击“继续”按钮，如下图所示。

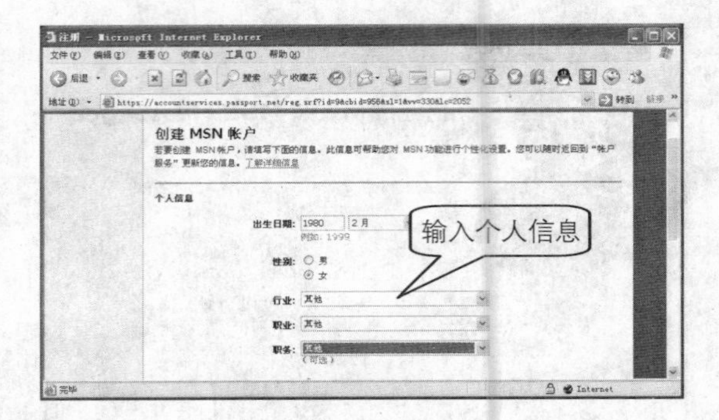

5 进入“查看并签署协议”页面，用户需要在该页中的空白文本框中输入自己的电子邮件地址，然后单击“接受”按钮，如下图所示。

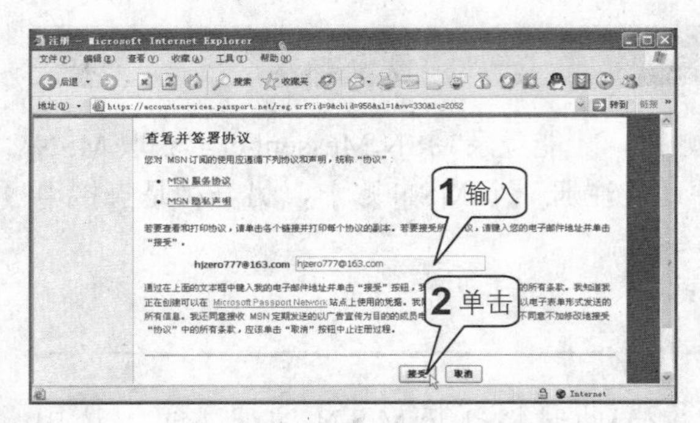

6 此时，屏幕上会弹出“您已经创建了一个MSN账户”的相关提示内容，如下图所示，单击“继续”按钮返回注册站点。

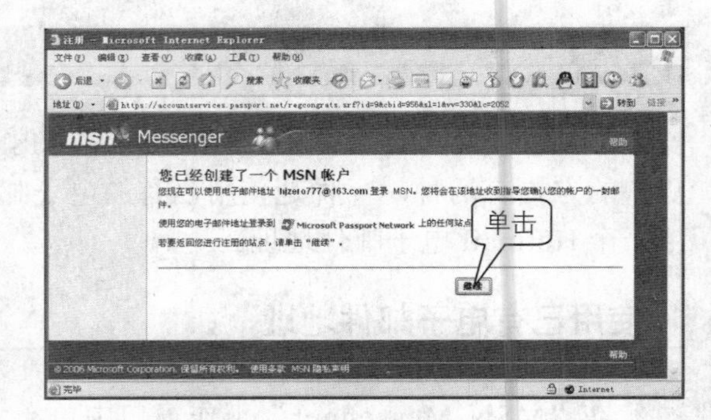

7 打开用户的电子邮件，此时会发现收件箱中收到一封来自MSN站点的电邮，仔细阅读该邮件内容后，进行相应的操作。如果要确认账户，则选中图中所示的链接地址，右击在弹出的快捷菜单中单击“复制”命令，如下图所示。

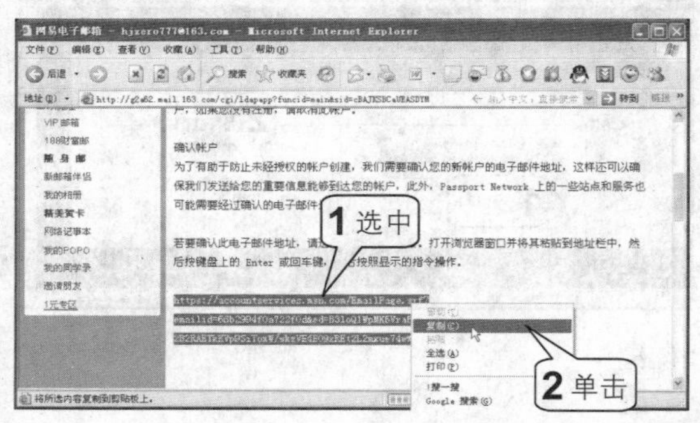

8 将该地址粘贴到IE浏览器中的“地址”行中，按下Enter键后打开如下图所示的主页，单击“继续”按钮确认电子邮件地址。

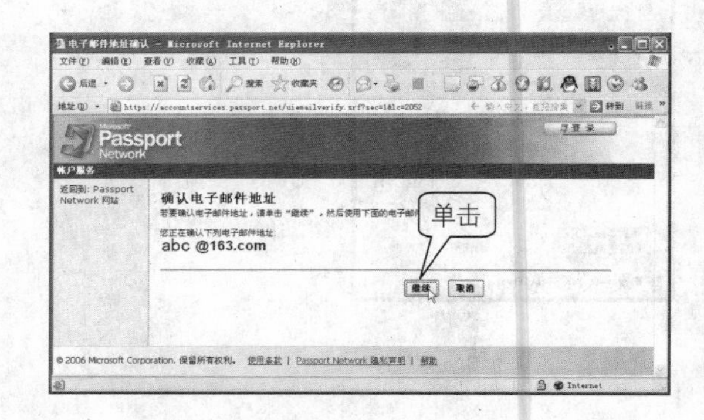

9 进入“登录到Passport Network 网站”页面，选中“保存电子邮件地址”单选按钮，单击“登录”按钮，如下图所示。

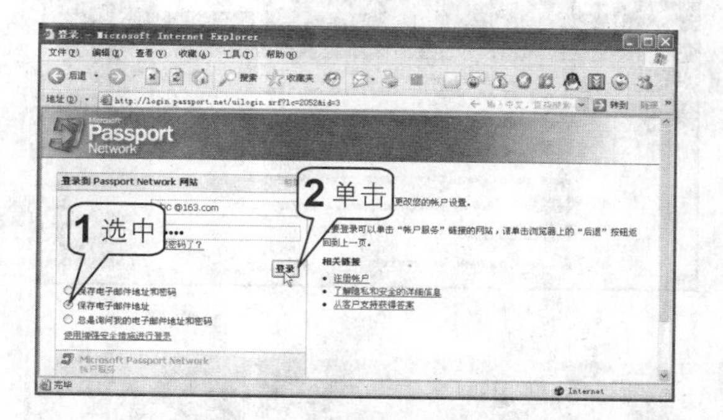

10 此时打开“电子邮件地址已经过确认”主页，屏幕上显示电子邮件地址已经过确认，用户直接单击“完成”按钮即可，如下图所示。

2. 注册免费的MSN Hotmail邮件地址

1 在“注册”主页中选中“否，注册免费的MSN Hotmail电子邮件地址”单选按钮，然后单击“继续”按钮，如下图所示。

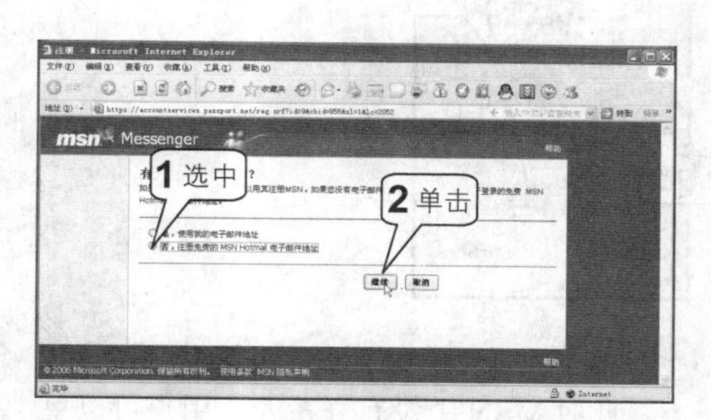

2 打开“创建Hotmail电子邮件地址”对话框，用户输入电子邮件地址后，可以单击“确定账户未被使用”按钮来检测账户名，如果该账户已被使用，系统会在其上方显示红色的提示文字，如下图所示。

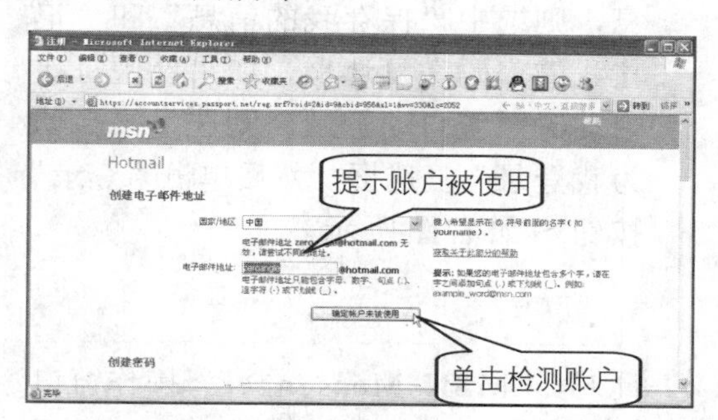

3 此时，用户需要重新修改电子邮件的地址，然后再次单击“确定账户未被使用”按钮，直到检测出该账户有效为止，如下图所示。

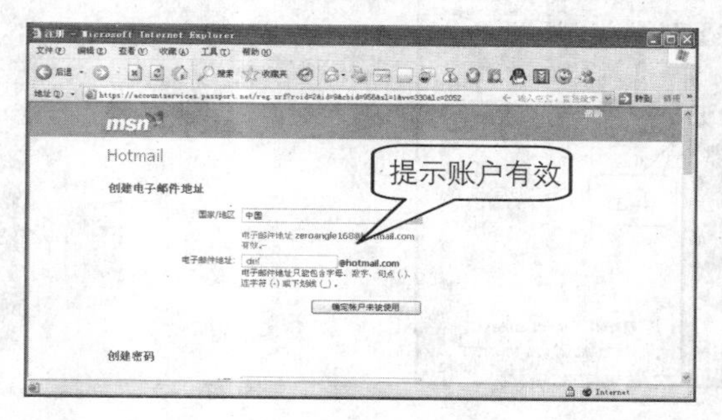

4 在该页面中创建密码、个人信息等内容，完成这些信息的输入后，单击“接受”按钮，如下图所示。

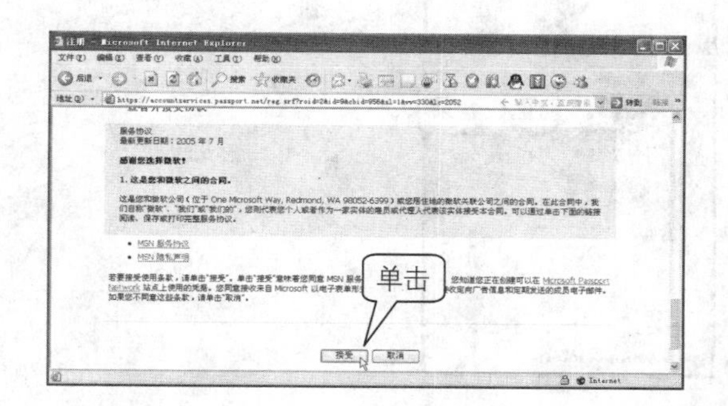

5 此时屏幕上会弹出用户注册的 Hotmail 邮箱可以使用的信息，如下图所示。

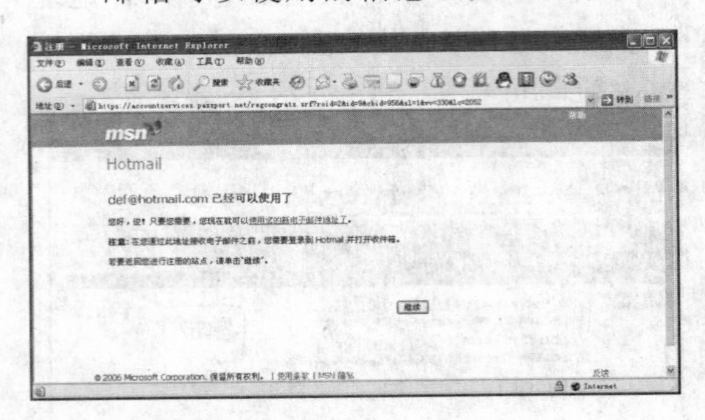

6 单击“继续”按钮返回“MSN 账户服务主页”，如下图所示。

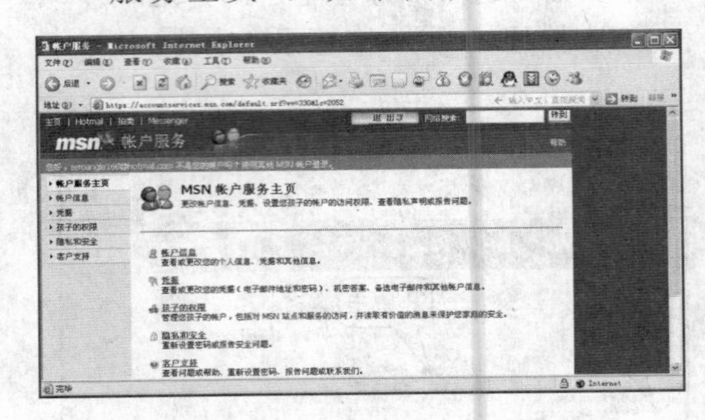

使用 MSN Messenger 进行即时通讯和传递文件

成功地注册了账号后，就可以登录 MSN Messenger 了。登录以后，用户便可以添加联系人，与联系人进行即时讯息交流、传递文件图片等。

1. 登录MSN

1 在“电子邮件地址”文本框中输入邮件地址，在“密码”文本框中输入密码，如果希望系统自动保存用户信息，则选中“保存我的信息”和“记住我的密码”复选框，如果希望每次启动时系统自动登录，则选中“自动为我登录”复选框，然后单击“登录”按钮，如右图所示。

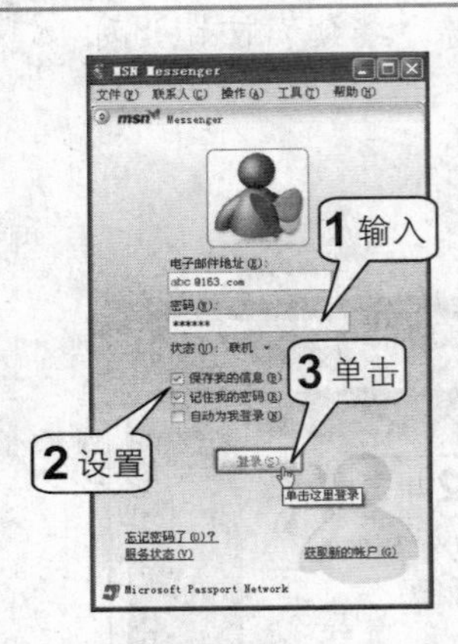

2 此时，“MSN Messenger”操作窗口会显示“正在登录”的过程，如下图所示。

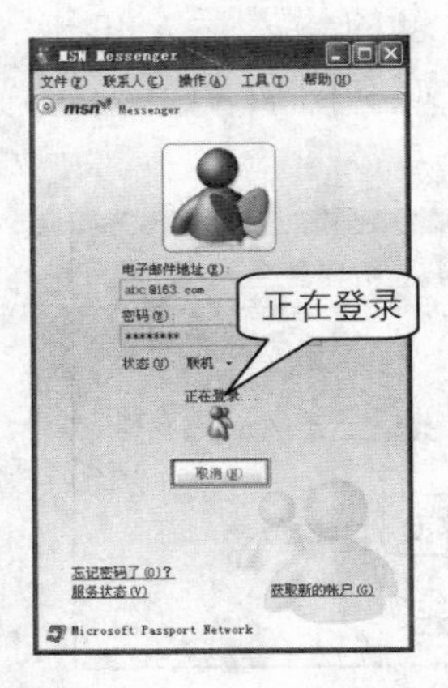

3 第一次成功登录后的界面如下图所示，此时 MSN 中没有联系人。用户可以单击“添加联系人”命令进行该操作。

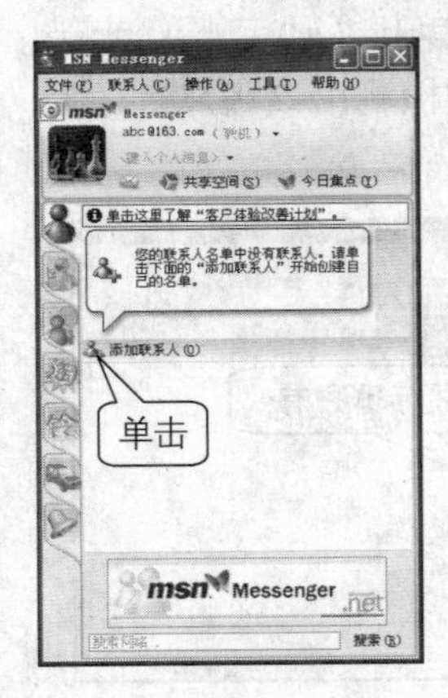

2. 添加联系人

1 单击MSN界面的“添加联系人”命令，打开“添加联系人”对话框，选中“根据电子邮件地址创建新的联系人”单选按钮，然后单击“下一步”按钮，如下图所示。

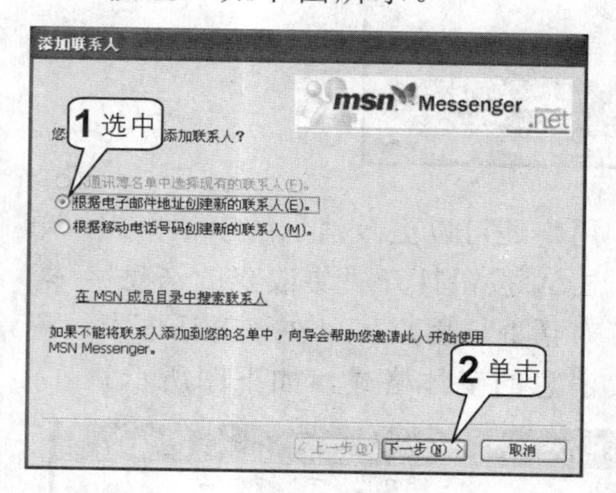

2 进入添加联系人的第2个步骤，在“请输入您的联系人的电子邮件地址”文本框中输入对方的电子邮件地址，然后单击“下一步”按钮，如下图所示。

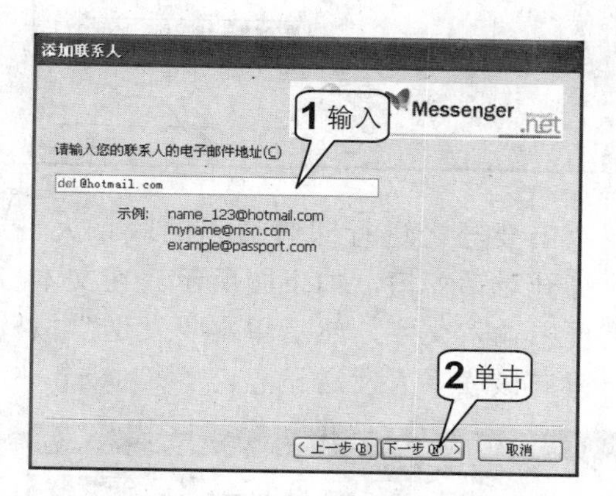

3 系统会提示该联系人已经添加到用户名单中，如下图所示，如果用户需要，MSN可以为该联系人自动发送一封电子邮件，选中“向此人发送关于MSN Messenger的电子邮件”复选框，并且可以在其下的文本框中输入内容。最后，单击“下一步”按钮。

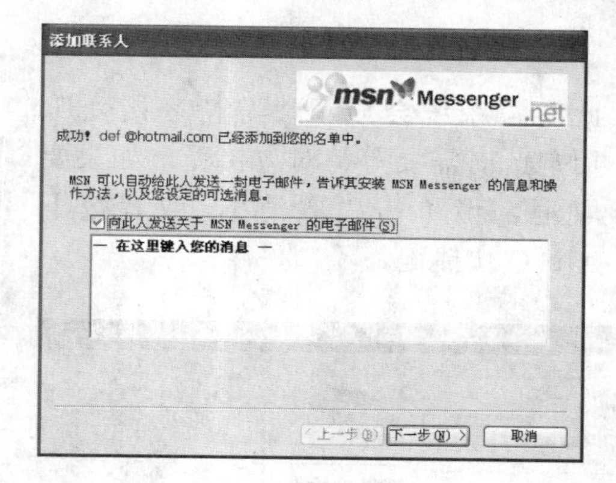

提示

用户采用“根据电子邮件地址创建新的联系人”方式添加联系人时，该联系人必须是已经注册了Microsoft Passport账户。如果用户输入的电子邮件地址并没有注册Microsoft Passport账户，屏幕上会在如下图所示的对话框中告诉用户不能添加该联系人。

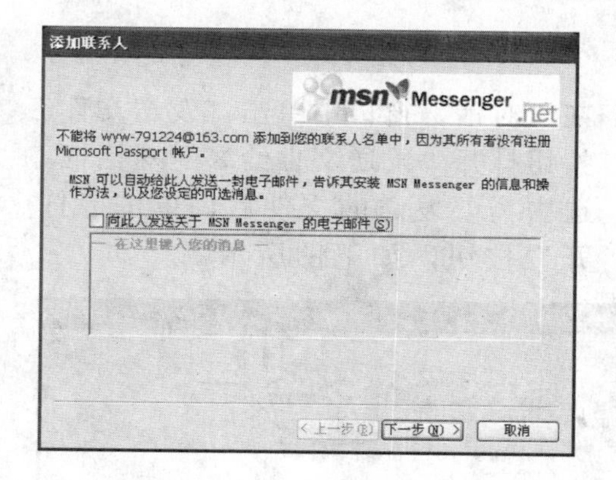

4 进入如下图所示的“添加联系人”的最后步骤，如果需要添加该联系人的移动电话号码，则单击“添加此联系人的移动电话号码”按钮，如果不需要，则直接单击“完成”按钮。

5 如果刚刚填加的联系人当前也在线，则此联系人会显示在“联机”列表中，否则会显示在“脱机”列表中，如下图所示。

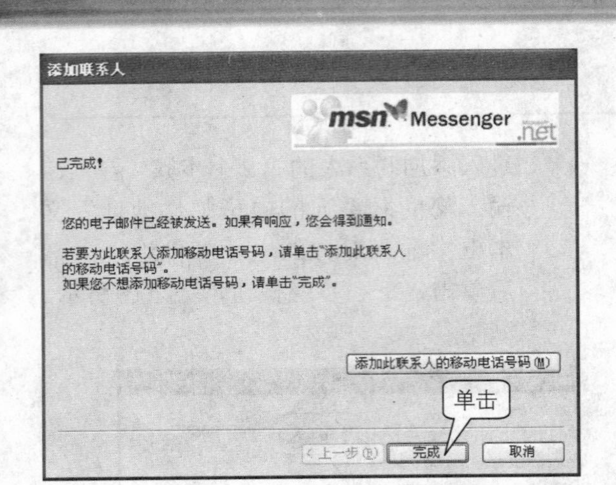

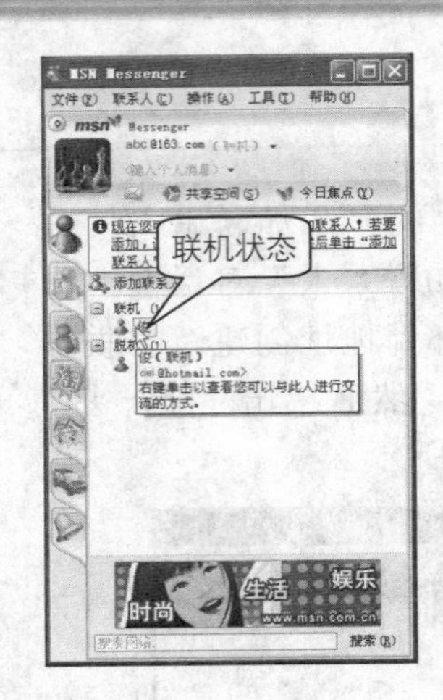

6 双击要与之进行即时通讯的联系人，打开对话窗口，如下图所示。在文本框中输入文字，然后单击"发送"按钮向该联系人发送讯息。

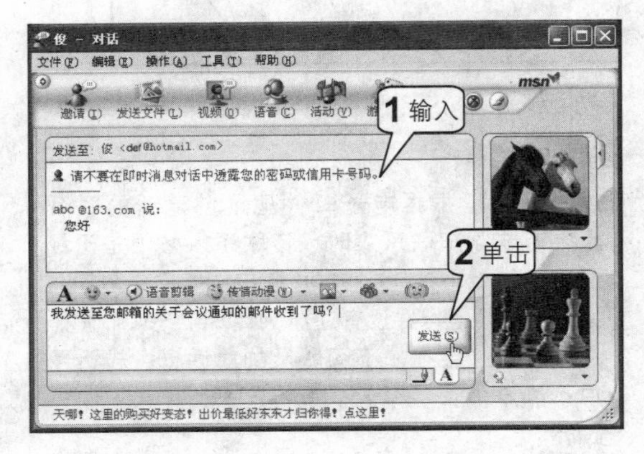

7 用户还可以更改消息的字体格式，单击A按钮打开"更改我的消息字体"对话框，用户可以在该对话框中设置消息的字体格式，如下图所示。

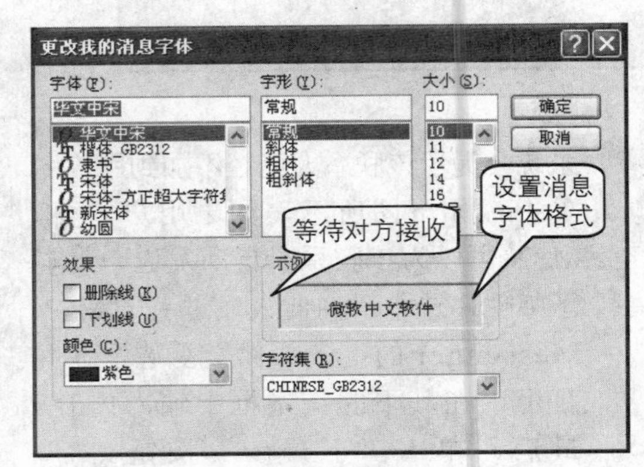

8 在"对话"窗口中单击"发送文件"按钮打开"发送文件给×"对话框，选中需要发送的文件后，单击"打开"按钮，如下图所示。

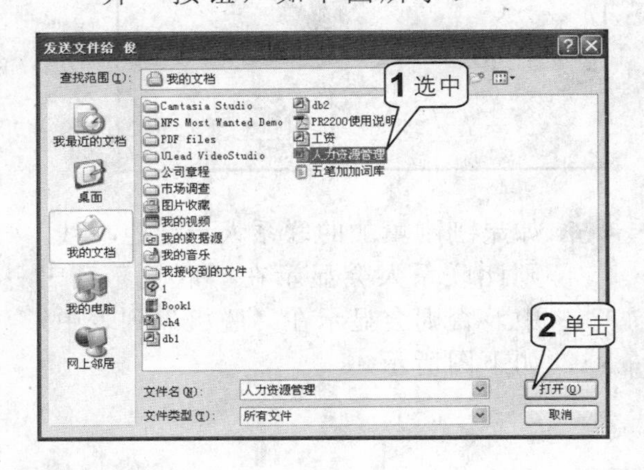

9 此时，系统会显示"等待×接受"，用户此时需要等待对方接受，如果要取消，请单击"取消"，或者按下Alt+Q快捷键。

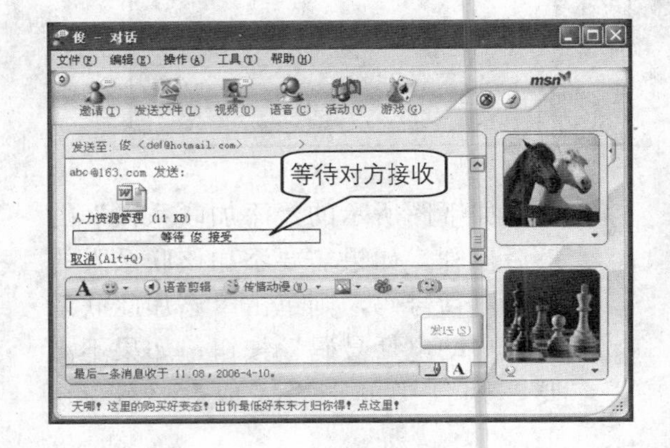

3. 接受文件或图片

1 当对方给用户发送文件或图片时，也需要等待接受，如下图所示。通常，用户可以选择“接受”、“另存为”和“拒绝”。如选择“接受”，则会将文件存放在默认的文件夹中。

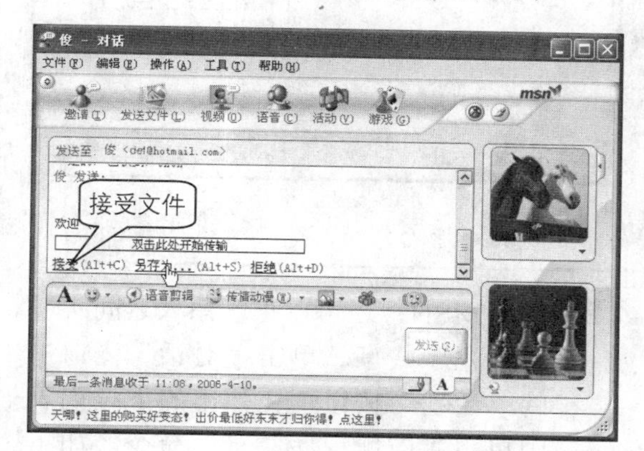

2 如果需要修改文件的存放位置，则单击“另存为”打开“将待收的文件另存为”对话框，用户可以选择其他的接收位置，如下图所示。

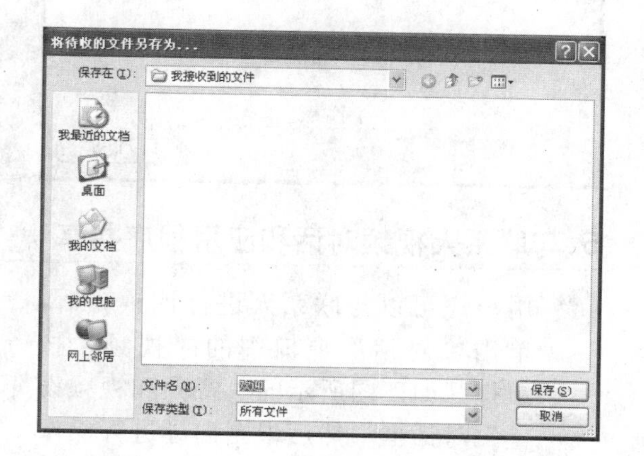

3 设置好保存位置后，单击“保存”按钮，屏幕上会弹出如下图所示的提示对话框。如果希望以后接受文件时不弹出该对话框，则选中“以后不再显示此消息”复选框，然后单击“确定”按钮。

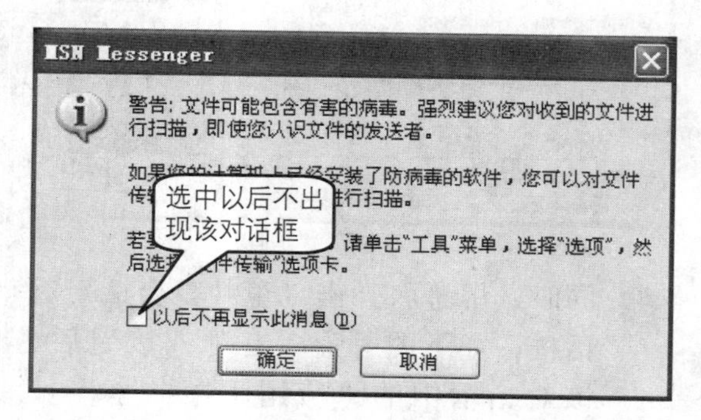

4 当文件接收完毕后，“对话”窗口会给出相应的提示信息，用户单击该信息中的文件位置链接即可打开接收的文件进行查阅，如下图所示。

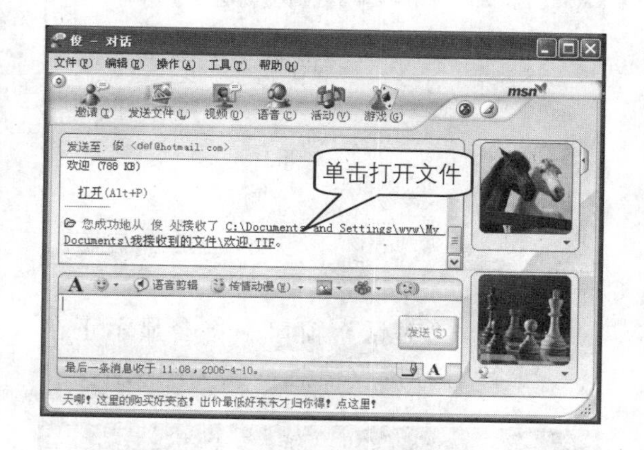

4. 添加多个联系人展开讨论

1 用户还可以使用MSN Messenger来展开讨论。单击“邀请”按钮打开“邀请某人到该对话”对话框，可以在“我的联系人”选项卡中添加多个联系人参与该对话，如下图所示。

2 如果想邀请不在MSN Messenger联系人列表中的其他用户，则切换到“其他”选项卡中，在“输入电子邮件地址”文本框中输入要添加的用户的电子邮件地址，如下图所示，单击“确定”按钮即可。

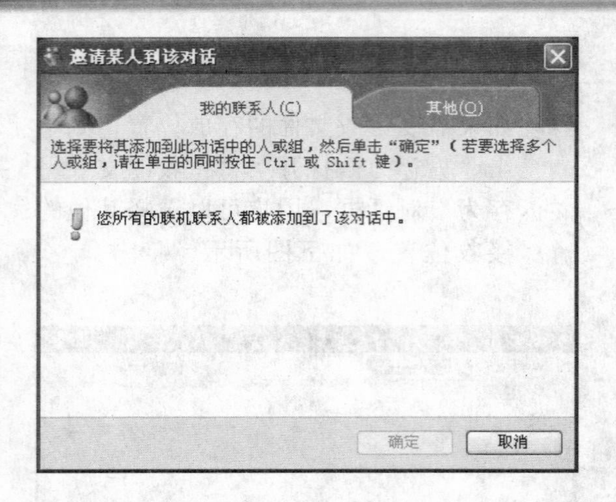

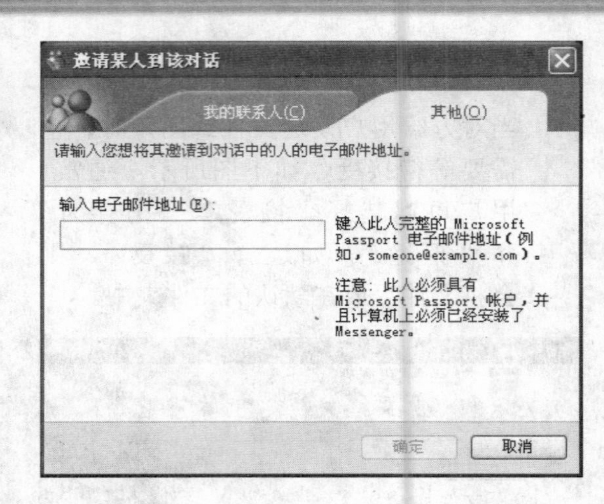

5. 与联系人视频对话和应用程序共享

1 用户还可以与联系人进行视频对话，单击"对话"窗口中的"视频"按钮打开如下图所示的"音频和视频设置"对话框，然后根据向导进行操作即可。

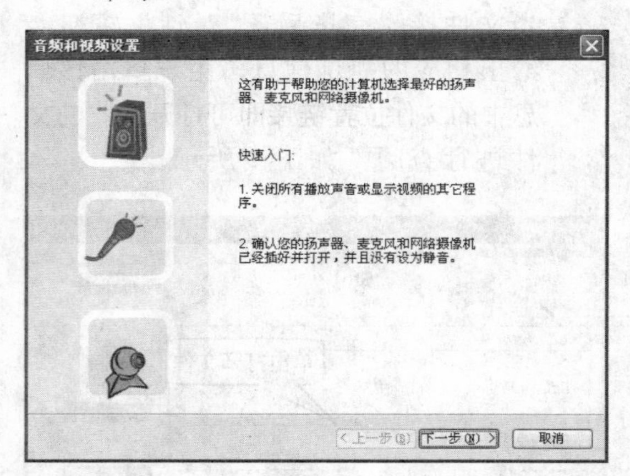

2 使用MSN，还可以与联系人之间实现应用程序共享。单击"对话"窗口中的"活动"按钮，在弹出的下拉列表中单击"应用程序共享"命令，如下图所示。

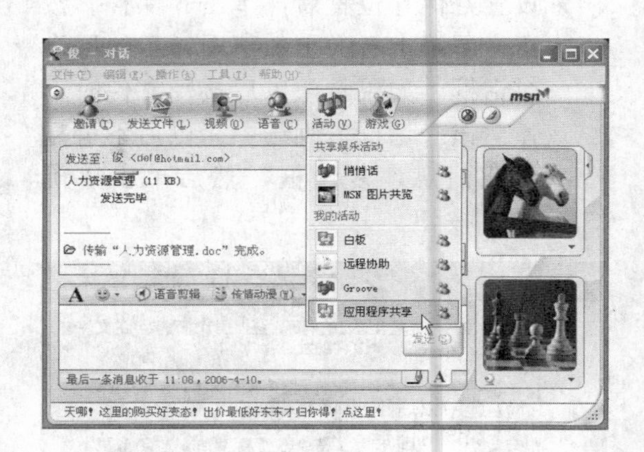

3 此时，"对话"窗口中将会显示正在等待对方接收信息，如下图所示。

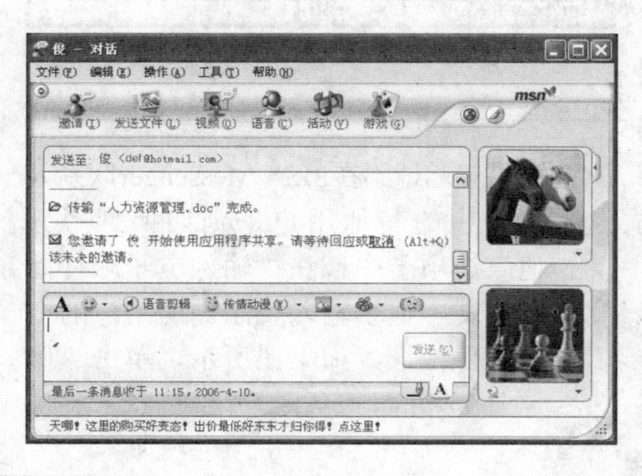

4 同时，屏幕将弹出"正共享会话"对话框，如下图所示，当对方接受后，该对话框中的"应用程序共享"按钮将被激活。用户就可以单击该按钮设置需要共享的程序了。

使用 TM Messenger 进行即时通讯

Tencent Messenger（简称 TM）是腾讯公司把握市场需求，针对成熟办公用户推出的具有办公特色的即时通讯软件。其安全实用的功能如在线企业、电子名片、TM 小秘书、视频语音、消息加密传输等，让用户的沟通更轻快，工作效率更出众。

安装 TM Messenger

如果计算机上已经安装了 QQ2004 或以上版本的 QQ 软件，那么可以使用该软件完成 TM 的安装，用户也可以直接到腾讯的官方网站下载最新版的 TM 软件进行安装。

1. 使用QQ完成TM的安装过程

1 如果用户已经登录了 QQ，右击 QQ 操作面板中的“菜单”按钮即可打开如下图所示的菜单项，单击“使用 TM”命令。

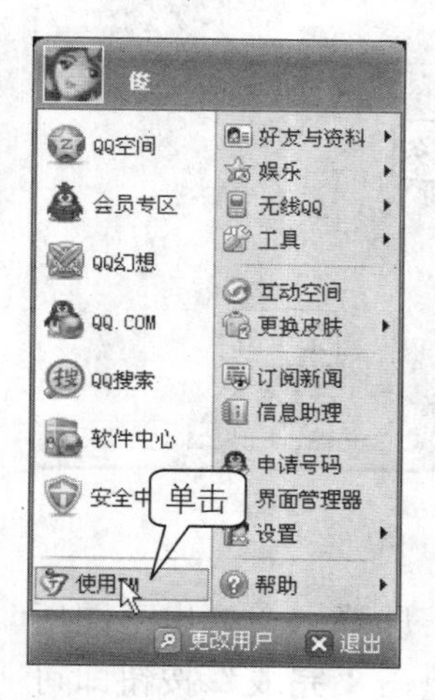

2 如果此时计算机中未安装 TM，屏幕上会弹出如下图所示的“TM 安装”对话框，单击“同意条款并下载安装”按钮。随后计算机会自动下载并安装 TM，无须用户手动进行操作。

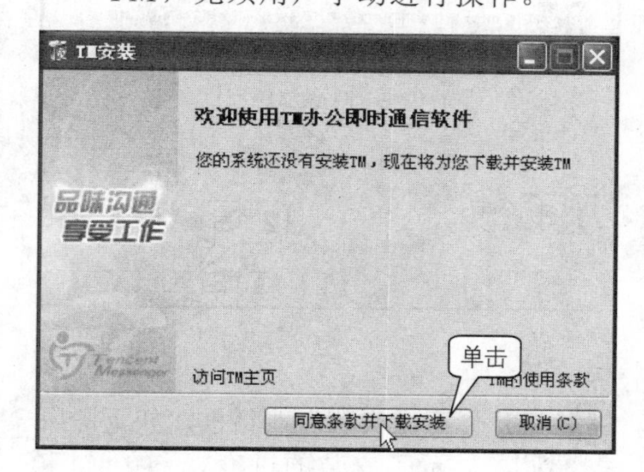

2. 直接下载TM并进行安装

用户也可以选择只使用 TM，而不使用 QQ。下面以 TM 2006 新春版为例，介绍 TM 的安装过程。

1 双击安装程序图标启动安装向导，如下图所示，单击“下一步”按钮。

2 打开“软件许可协议”对话框，阅读软件许可协议后，单击“我同意”按钮，如下图所示。

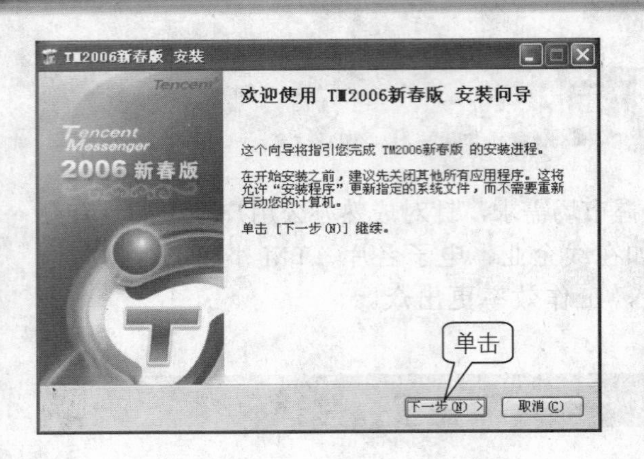

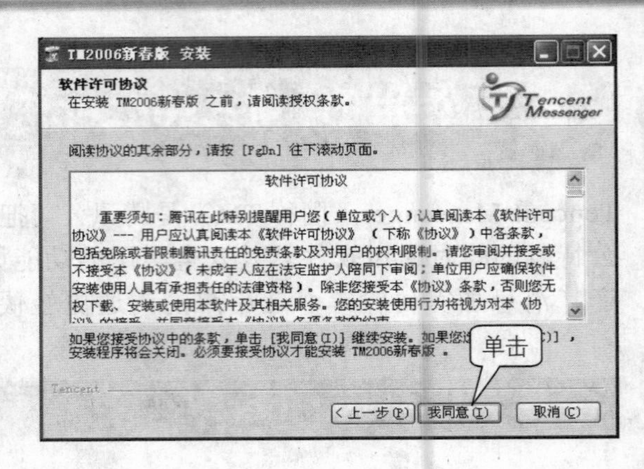

3 打开“选定安装位置”对话框，单击“浏览”按钮可以更改安装路径，设置完成后，单击“下一步”按钮，如下图所示。

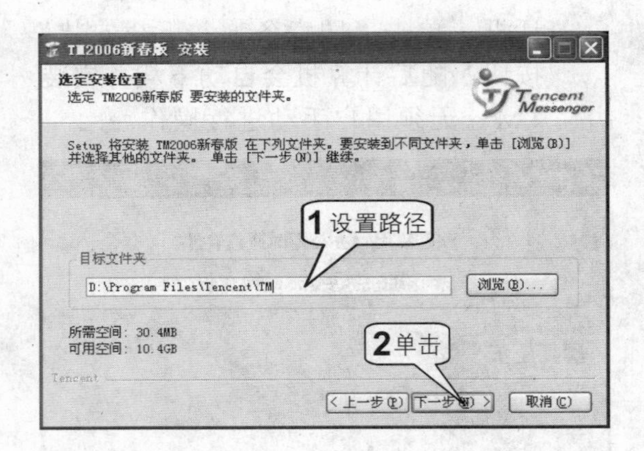

4 进入“选定安装位置”对话框的附加任务步骤，用户可以选择附加的三项任务，然后单击“安装”按钮，如下图所示。

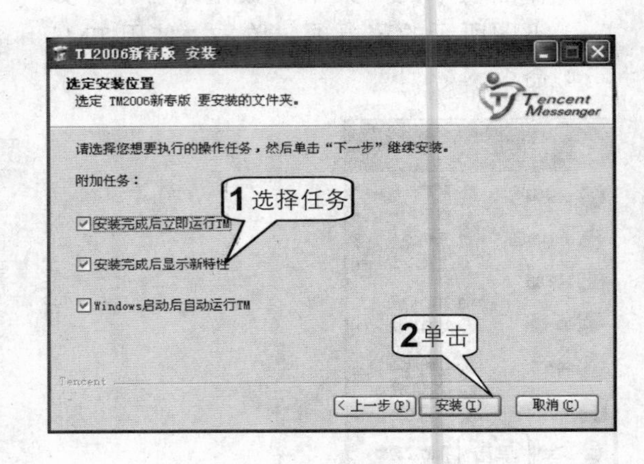

5 打开“正在安装”对话框，如下图所示，显示了安装的进度。

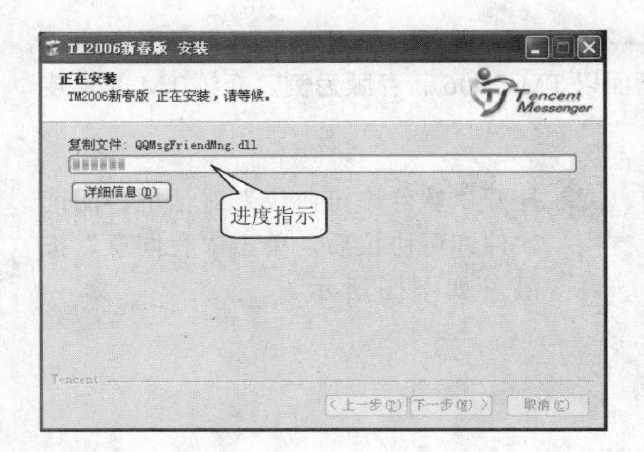

6 当安装完成后，屏幕上会弹出下图所示的对话框，单击“完成”按钮即可结束安装。

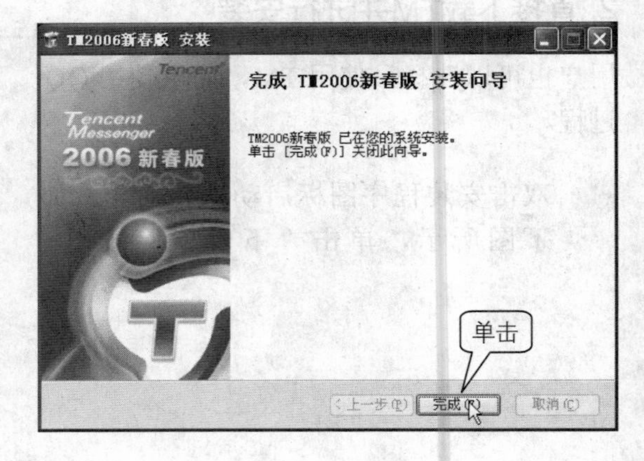

 随后屏幕上会弹出右图所示的登录界面。

TM Messenger 功能详解

TM 是一款功能强大的网络即时通讯软件，其主要功能有即时通讯、传输文件、在线企业、我的秘书、个人名片、TM 通讯录、语音视频等。本节将主要介绍与办公相关的在线企业、我的秘书和个人名片等功能。

1. 腾讯在线企业（TOC）功能

Tencent Online Corporation（简称 TOC）是腾讯公司依托 TM 产品专为办公人士提供的基于组织架构的沟通功能。针对办公交流特点，为用户提供方便直观的 Office 沟通方案，侧重于同事间的交流。使用户的办公交流对象方便的集成于 TM 中，随时随地与同事进行沟通。成功申请在线企业后用户不仅可以主动添加企业成员，还可以根据公司的实际情况建立相应的组织架构，另外 TOC 全面支持企业 BBS 和企业相册。

 在“Tencent Messenger”主窗口中单击“在线企业”按钮 ，如下图所示。

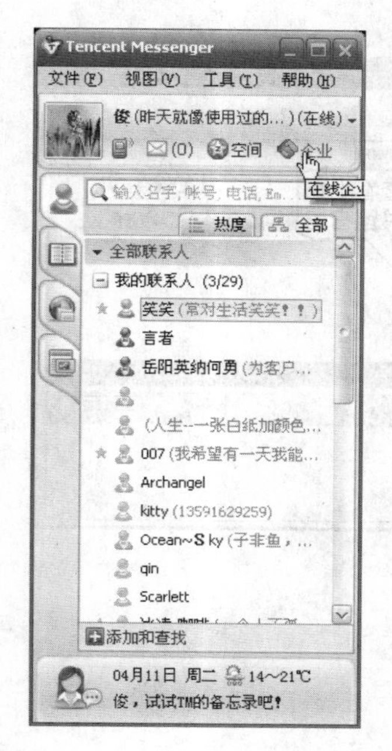

2 打开“欢迎使用在线企业”对话框，用户可以查找在线企业也可以创建在线企业，如下图所示。

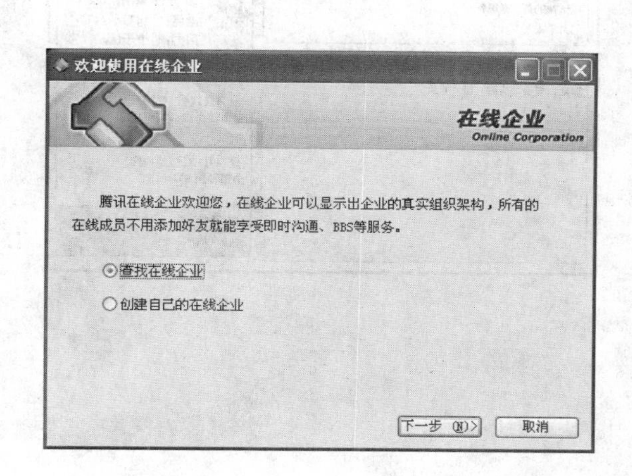

3 如果用户需要查找在线企业，在上一步中选中“查找在线企业”单选按钮，然后在如下图所示的对话框中输入企业号码或企业名称进行查找。

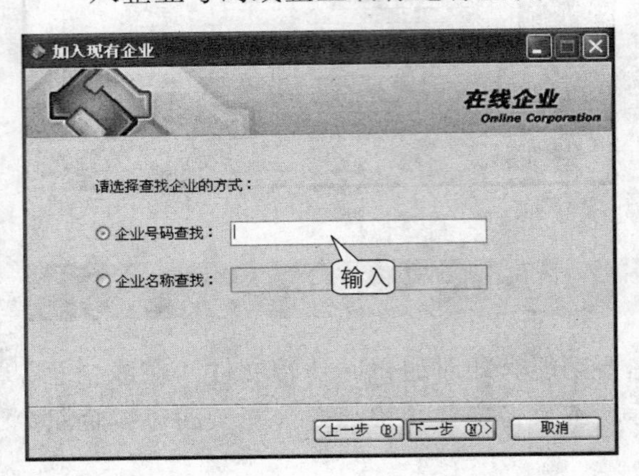

4 如果是创建自己的在线企业，在如下图所示的对话框中输入要创建的企业名称，然后根据向导提示进行操作即可。

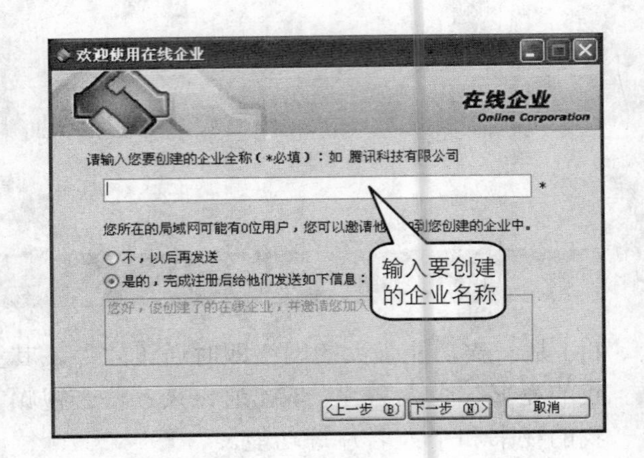

2. TM小秘书

TM 小秘书，是 TM 为办公人士精心打造的功能之一。用户可以通过 TM 小秘书设置备忘录、防打扰，并可使用 TM 小秘书代收留言等。TM 贴心小秘书可以为用户打理一切琐碎小事，让用户的办公更加轻松。

1 单击TM主窗口下方显示的小秘书头像，打开“我的小秘书”窗口，也可以单击“工具>小秘书”命令进入。小秘书窗口中的“欢迎”选项卡中会显示用户所在地区的当天的天气预报。

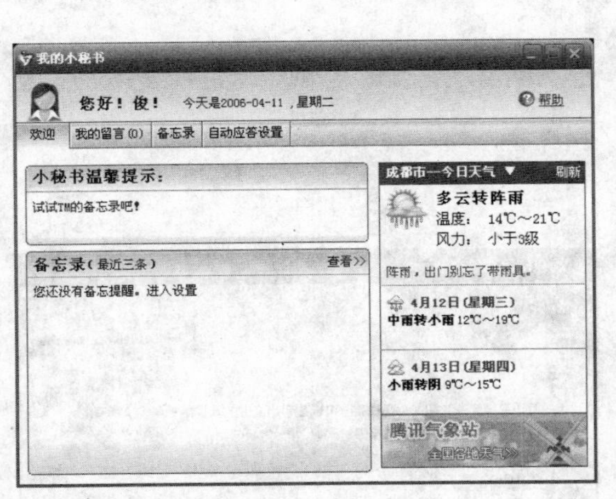

2 切换到“我的留言”选项卡中，在此可以查看小秘书所接收到的留言，如下图所示。

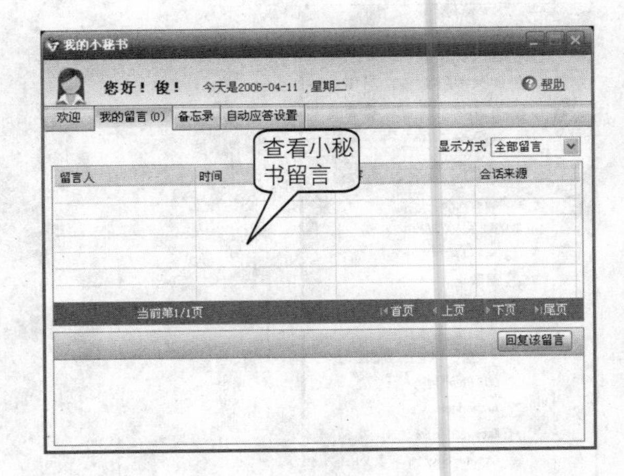

3 切换到“备忘录”选项卡中，单击“新建”按钮即可添加备忘录，如下图所示。

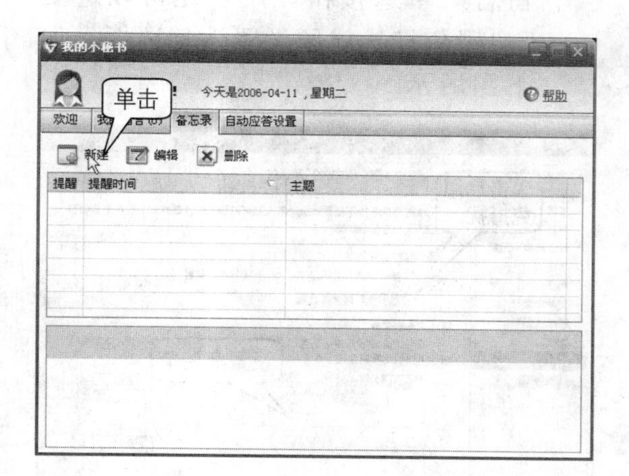

4 接着打开“提醒条件设定”对话框，在“主题”文本框中输入主题，选中“需要提醒”复选框，根据需要选择提醒的次数，然后设置提醒的具体时间和具体内容，如下图所示。

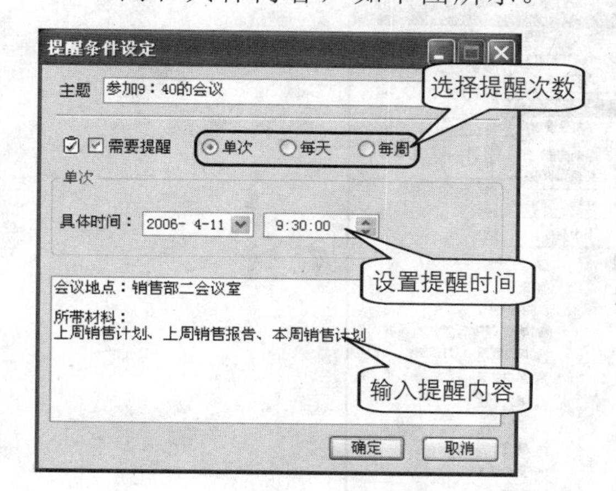

5 单击“确定”按钮返回“我的小秘书”窗口，如右图所示，可以看见列表中将显示刚刚新建的提醒。

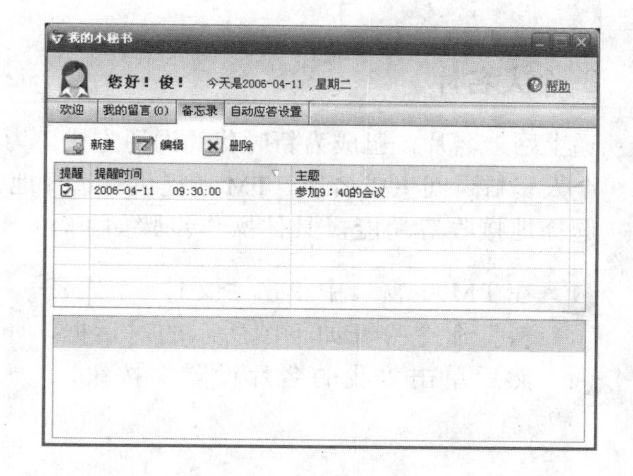

6 对于用户所添加的备忘事项，在事件时间前30分钟时，小秘书会在TM主面板下方的小秘书提示栏中提醒用户该事件，如下图所示。

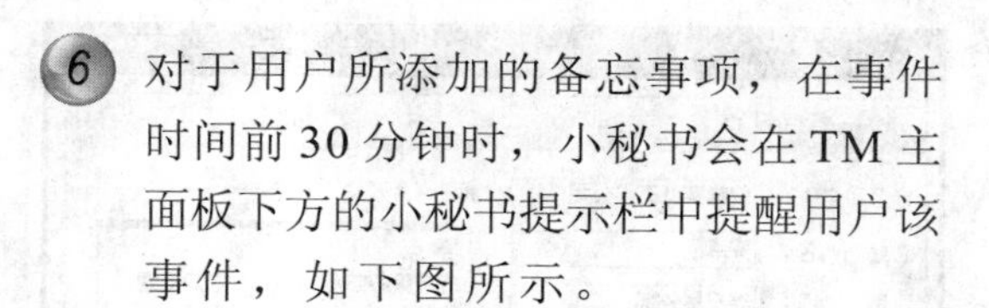

7 除此之外，在事件时间到达时小秘书还将弹出如下图所示的提示对话框提示该事件。

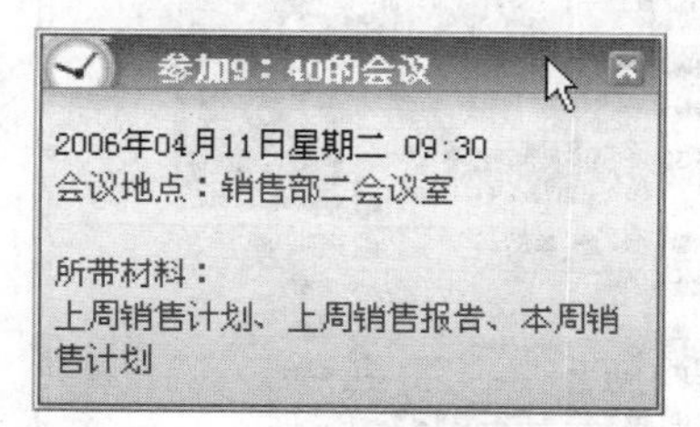

8 用户还可以使用小秘书接收临时会话消息。在TM主窗口中单击“文件>系统设置”命令，如下图所示。

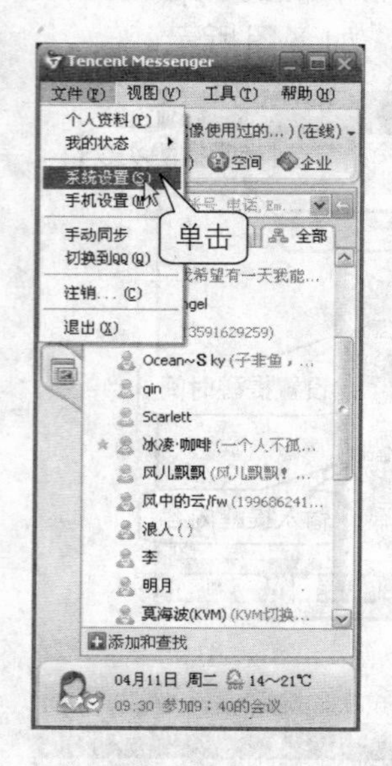

9 弹出“TM设置”对话框，在“系统设置”列表中单击“临时会话消息”命令，选中“接收临时会话消息”复选框，然后单击“小秘书代收留言”单选按钮。用户还可以选中“启用免打扰问题设置”复选框，如下图所示。

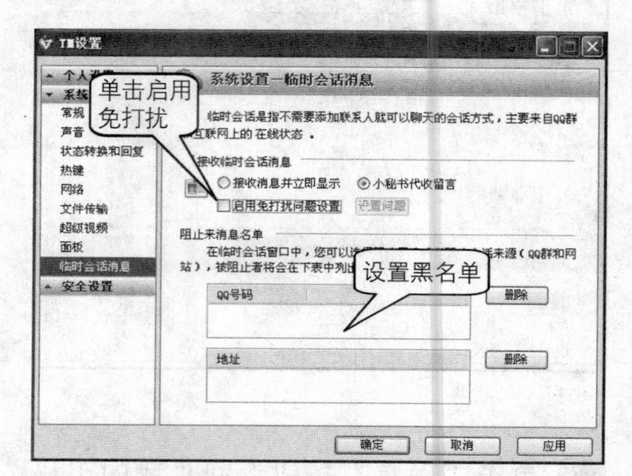

3. 个人名片

递上网上名片，已成为新时代的沟通方式。为了辅助商务方面的沟通，TM可以根据用户的个人资料瞬间生成名片。TM还提供有选择地公开、有选择地发送以及对别人的名片可以有选择地接收等功能，具体操作步骤如下。

1 在TM主窗口中单击“文件>个人资料”命令打开如下图所示的对话框，然后单击“我的名片设置”按钮。

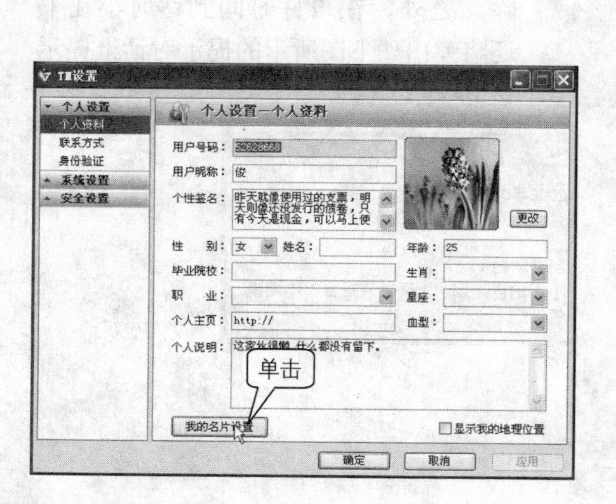

2 打开“名片设置”对话框，用户可以输入公司名称、姓名、部门、职务等相关信息。在“我的名片预览”中将会显示名片的预览效果，单击“确定”完成名片设置，如下图所示。

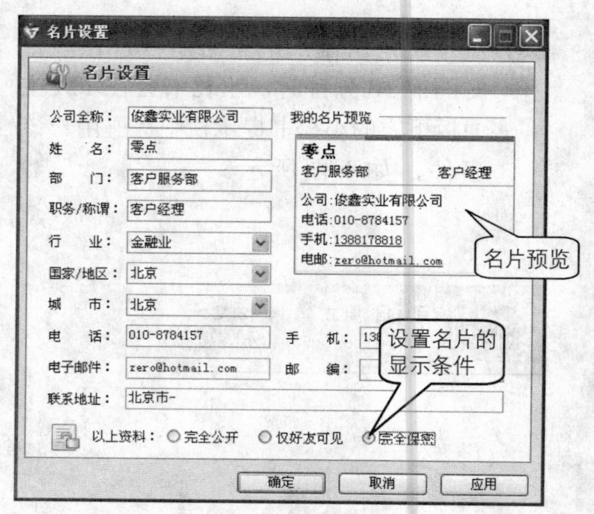

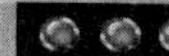

3 在与对方交谈时，可以在会话窗口的工具栏中单击“名片”按钮，并从下拉列表中单击“获取名片”按钮向对方获取名片。系统会在如下图所示的对话窗口中显示提示信息。

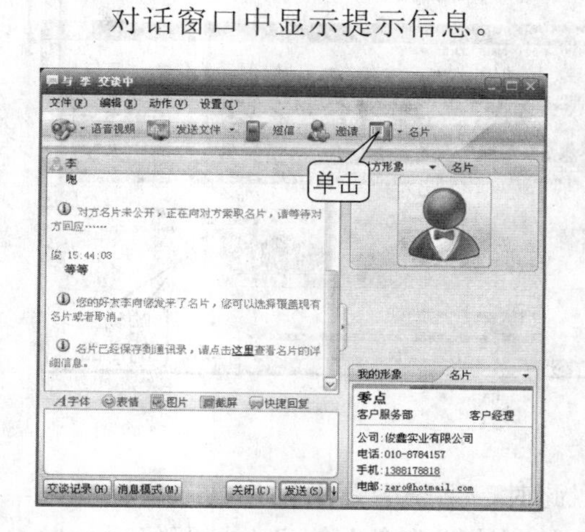

4 当需要向好友发送自己的名片时，在与该好友的会话窗口中，单击工具栏中的“名片”按钮从弹出的下拉列表中单击“发送名片”按钮，如下图所示。

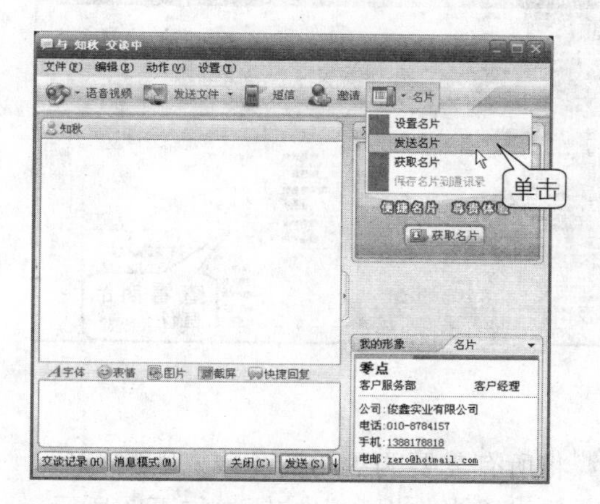

TM的功能还有许多，操作起来都比较简单，这里就不详细介绍了，有兴趣的读者可以自己查阅相关资料。

3 网上购物和网上订购

随着网络的发展，人们逐渐将现实生活中的事融入到网络生活中。例如，现在越来越多的人们选择在网上购买和销售商品；人们还可以在网上订购火车票、飞机票，或者在网上预订酒店等。

网上购物

网上购物流程通常为：进入购物主页→选取所需商品→加入购物车→去收银台→填写用户信息→购物成功→进行电话确认→按要求送货。

不同网站的购物流程也略有不同，特别是在支付方式上，有些是可以直接通过网上银行支付、也有些可以货到付款等。

1 用户打开购物网站主页后，可以在主页中查找需要购买的商品类别等信息，如右图所示。

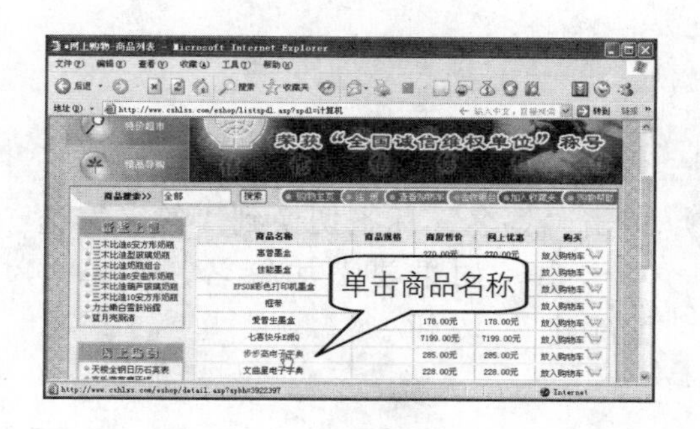

2 单击需要购买的商品名称，可以查看该商品的详细介绍。如果用户决定购买，则单击“放入购物车”按钮，如下图所示。

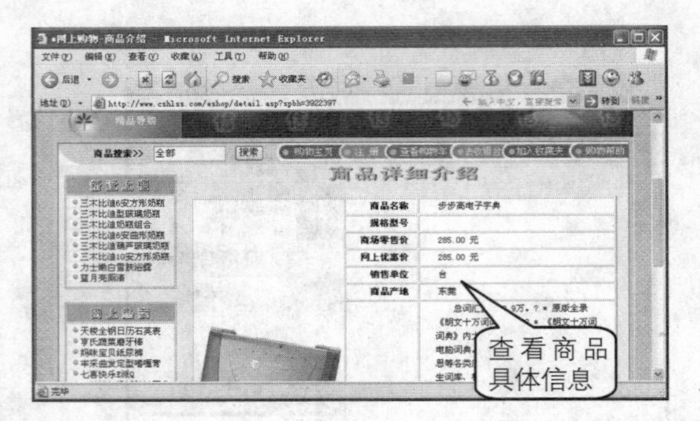

3 此时会显示当前用户购物车中的商品，单击“修改数量”按钮即可更改购物的数量、单击“继续购物”按钮可以继续购买其他的商品，如下图所示。

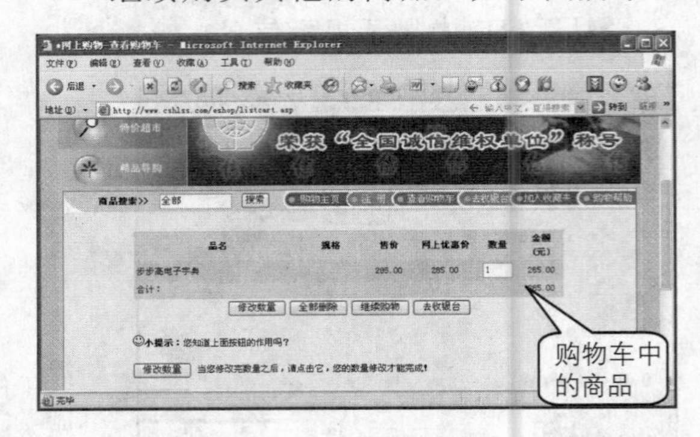

4 将所有需要购买的商品放入购物车后，单击“去收银台”按钮，如下图所示。

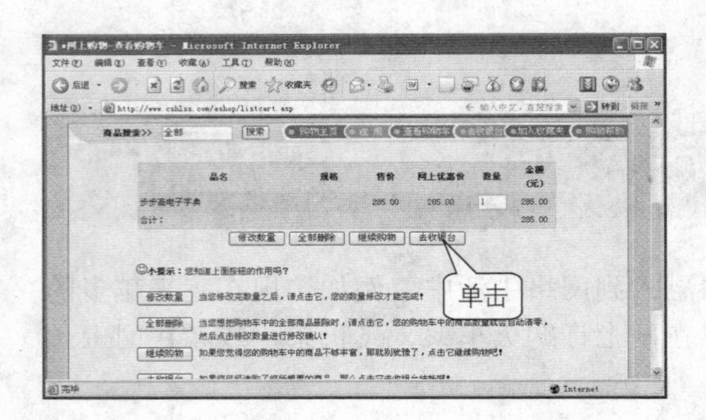

5 此时，系统会要求用户输入自己的姓名、地址等个人信息。填写好后，单击“购买”按钮，如下图所示。

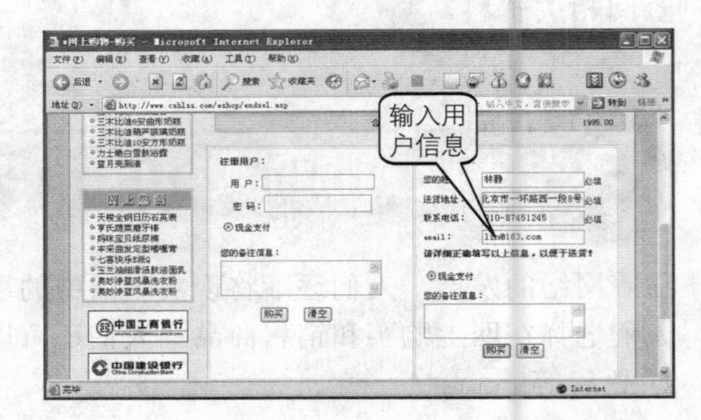

6 一般情况下，用户确认购买后，系统还会要求用户再确认一次，单击“确认无误”按钮则购物成功，如右图所示。

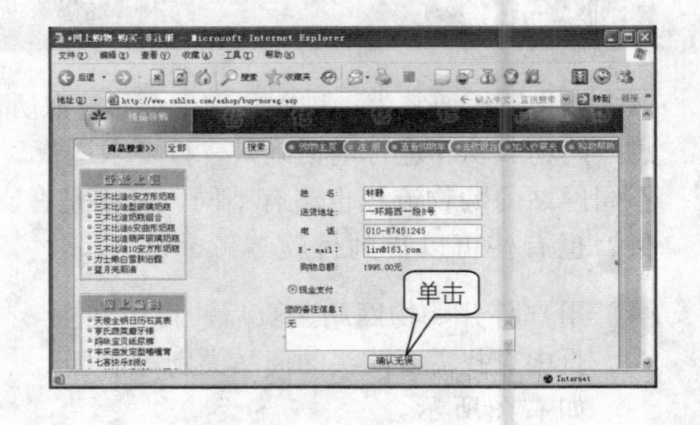

7 单击“签名”标签切换到“签名”选项卡中，如果要添加签名，则单击“新建”按钮。

8 在“编辑签名”文本框中选中“文本”单选按钮，并在其后的文本框中输入签名内容。

在线订购车票

在现代社会，人们可以坐在办公室或家中进行在线订购车票或机票等。在线订购车票前，需要在订购车票的网页中免费注册一个用户名，然后查阅相关信息，选择需要订购的车次，通过网上支付一部分订金，车票就会被送上门来。具体操作步骤如下。

1 打开车票订购主页，如果没有注册用户名，则要先注册一个用户名，单击“免费注册”链接，如下图所示。

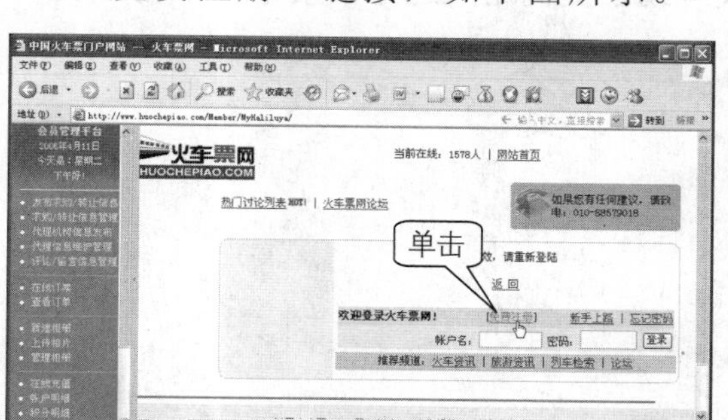

2 接着在网页中输入用户的个人信息等内容，如下图所示。

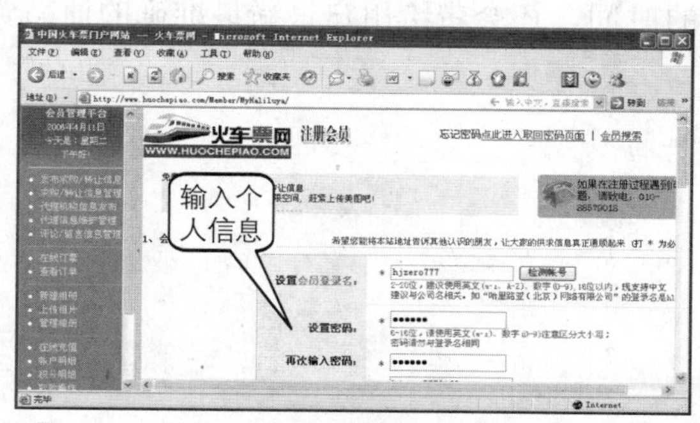

3 输入完毕后，单击“点此阅读火车票网服务条款”阅读条款，然后单击“看过并同意服务条款！确认提交”按钮，如下图所示。

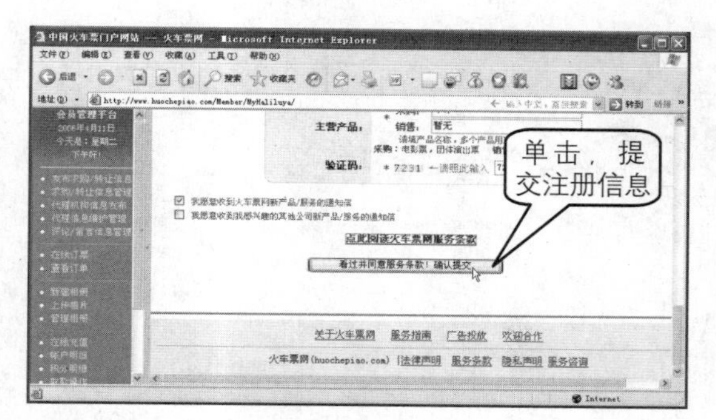

4 注册成功后，网页中会显示注册成功的提示，如下图所示。在左侧的窗口中单击“在线订票”链接。

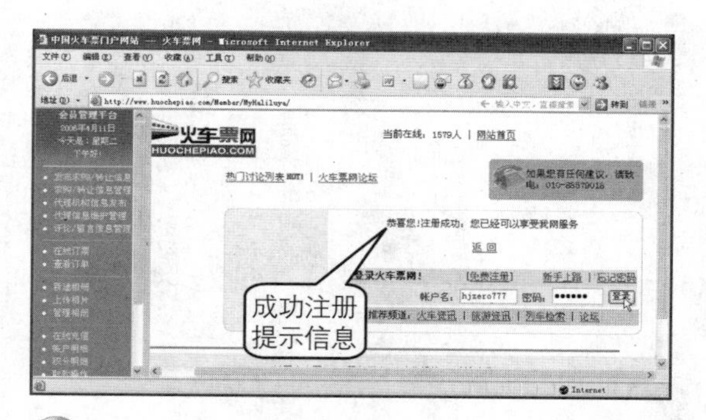

5 选择好“出发站”，然后在“到达站”文本框中输入城市名称，单击“一切完成，我要下一步！”按钮，如下图所示。

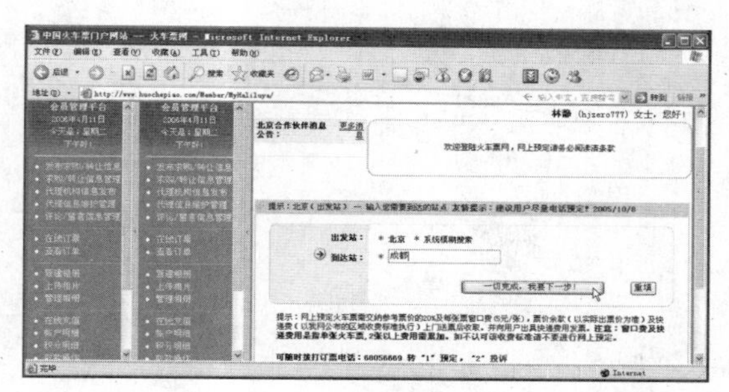

6 此时，如下图所示，网页会显示从出发站到到达站的车次及车票价格。单击需要的车次处的“订票”链接便可订阅该车次。

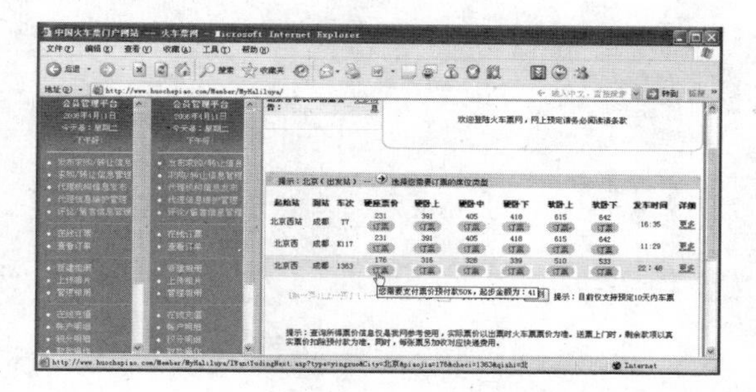

本章小结

今天，远在各地的人们交流不再仅仅依赖于传统的书信、电话等方式。一些大大小小的办公即时通讯软件成为人们进行远程沟通的新宠。本章主要介绍了较为常用的两个办公即时通讯软件：MSN Messenger 和 TM Messenger。

此外，本章还介绍了如何在网上购买商品和订购车票。相信通过本章的学习，用户会越来越喜爱电子商务这种新的消费方式，这不仅有助于提高用户的办事效率，节约宝贵的时间，还会带给用户最新最准确的商品资讯。

Chapter 18

实现轻松安全办公

网络，是一个多姿多彩的世界，同时也是危机四伏的——总有着“黑客”或是一些不怀好意的人伺机窥探甚至破坏别人的计算机系统。因此，在享受网络化办公的轻松与便捷时，对计算机系统的安全与维护也不可掉以轻心。

1. 计算机病毒特点及分类
2. 新版的几款杀毒软件
3. 计算机IE安全性设置

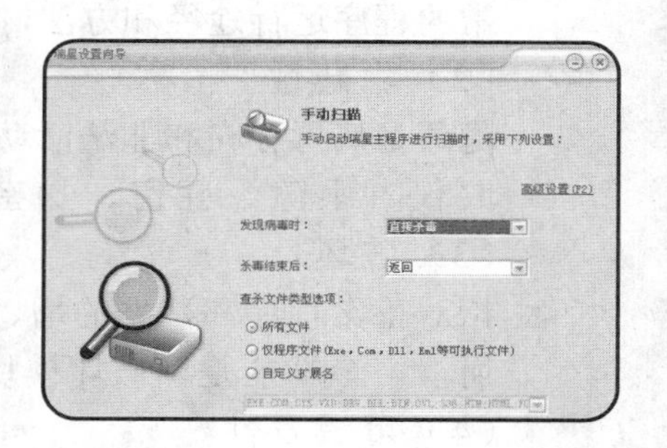

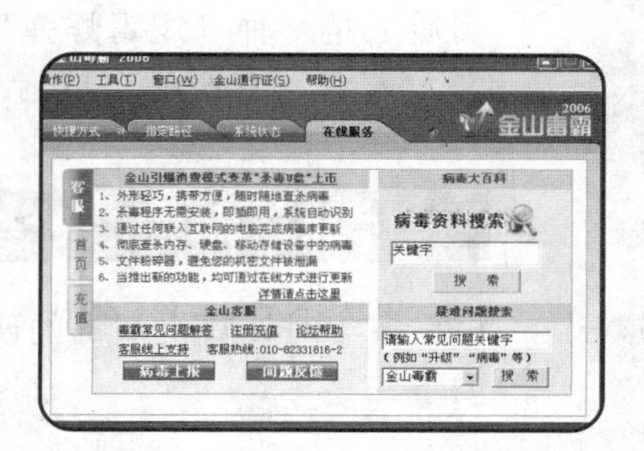

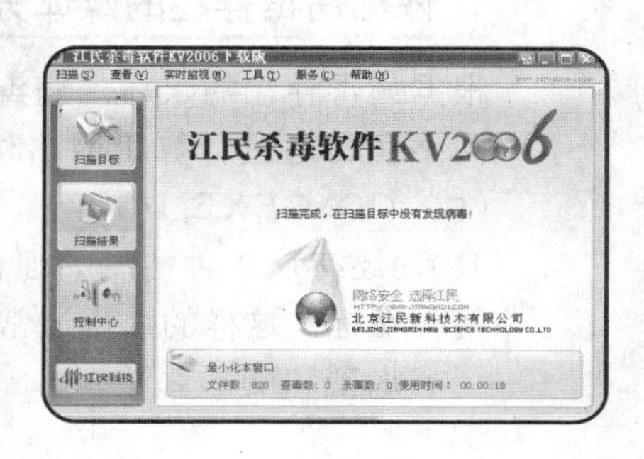

1 计算机病毒概述

计算机病毒是一种能在计算机中生存、繁殖和传播，侵入计算机系统并且危害系统资源的特殊计算机程序。计算机病毒可以很快地蔓延，又常常难以根除，能把自身附着在各种类型的文件上，当文件被复制或从一个用户传送到另一个用户时，随同文件一起传染开来。

计算机病毒的特点

计算机病毒（Computer Virus）在《中华人民共和国计算机信息系统安全保护条例》中被明确定义为："指编制或者在计算机程序中插入的破坏计算机功能或者破坏数据，影响计算机使用并且能够自我复制的一组计算机指令或者程序代码"。

计算机病毒的特点有以下几个方面。

（1）传染性

指病毒从一个程序体复制进入另一个程序体的过程，其功能是由病毒的传染模块实现的。正常的程序运行途径和方法，也就是病毒运行传染的途径和方法。

（2）隐蔽性

隐蔽是病毒存在和非法活动的手段，它一般依附在某种介质中。常用的隐蔽手段有：贴附取代、乘隙、驻留、加密、反跟踪等。

（3）破坏性

指对正常程序和数据的增、删、改等操作，以致造成局部功能的残缺，或者系统的瘫痪、崩溃。该功能是由破坏模块实现的。

（4）可激发性

实质上是一种"逻辑炸弹"，激发条件是病毒设计者预设的，可以是日期、时间、文件名、人名、密级等，或者一旦侵入即刻发作。

计算机病毒的分类

根据多年对计算机病毒的研究，按照科学的、系统的、严密的方法，计算机病毒可分类如下。

1. 依据病毒存在的媒体分类

根据病毒存在的媒体，病毒可以划分为网络病毒、文件病毒和引导型病毒。

网络病毒通过计算机网络传播感染网络中的可执行文件，文件病毒感染计算机中的文件(如：COM, EXE, DOC等)，引导型病毒感染启动扇区（Boot）和硬盘的系统引导扇区（MBR），还有这 3 种情况的混合型，例如：多型病毒（文件和引导型）感染文件和引导扇区两种目标，这样的病毒通常都具有复杂的算法，它们使用非常规的办法侵入系统，同时使用了加密和变形算法。

2. 依据病毒破坏的能力分类

根据病毒破坏的能力可划分为以下几种。

- 无害型：除了传染时减少磁盘的可用空间外，对系统没有其他影响。
- 无危险型：这类病毒仅仅是减少内存、显示图像、发出声音及同类音响。
- 危险型：这类病毒在计算机系统操作中造成严重的错误。
- 非常危险型：这类病毒删除程序、破坏数据、清除系统内存区和操作系统中重要的信息。

这些病毒对系统造成的危害，并不是本身的算法中存在危险的调用，而是当它们传染时会引起无法预料的和灾难性的破坏。由病毒引起其他程序产生的错误也会破坏文件和扇区，这些病毒也按照它们引起的破坏能力划分。一些现在的无害型病毒也可能会对新版的DOS、Windows和其他操作系统造成破坏。例如：在早期的病毒中，有一个“Denzuk”病毒在360KB磁盘上可以很好的工作，不会造成任何破坏，但是在后来的高密度软盘上却能引起大量的数据丢失。

3. 依据病毒特有的算法分类

根据病毒特有的算法，病毒可以划分为以下几种。

- 伴随型病毒：这一类病毒并不改变文件本身，它们根据算法产生EXE文件的伴随体，具有同样的名字和不同的扩展名（COM），例如：XCOPY.EXE的伴随体是XCOPY.COM。病毒把自身写入COM文件并不改变EXE文件，当DOS加载文件时，伴随体优先被执行到，再由伴随体加载执行原来的EXE文件。
- “蠕虫”型病毒：通过计算机网络传播，不改变文件和资料信息，利用网络从一台机器的内存传播到其他机器的内存，计算网络地址后将自身的病毒通过网络发送。有时它们在系统存在，一般除了内存不占用其他资源。
- 寄生型病毒：除了伴随和“蠕虫”型，其他病毒均可称为寄生型病毒，它们依附在系统的引导扇区或文件中，通过系统的功能进行传播，按算法分为：

（1）练习型病毒：病毒自身包含错误，不能进行很好的传播，例如一些病毒在调试阶段。

（2）诡秘型病毒：它们一般不直接修改DOS中断和扇区数据，而是通过设备技术和文件缓冲区等DOS内部修改，不易看到资源，并且使用比较高级的技术。利用DOS空闲的数据区进行工作。

（3）变型病毒（又称幽灵病毒）：这一类病毒使用一个复杂的算法，使自己每传播一份都具有不同的内容和长度。它们一般是由一段混有无关指令的解码算法和被变化过的病毒体组成。

常见的几种计算机病毒

引入计算机病毒的途径大致有以下几种：引进的计算机系统和软件中带有病毒；各类人员带回的机器和软件染有病毒；一些染有病毒的游戏软件；非法拷贝中毒；计算机生产、经营单位销售的机器和软件染有病毒；维修部门交叉感染；有人研制、改造病毒；通过国际互联网传入。目前计算机流行的主要病毒有如下几种。

1. 冲击波

该病毒利用RPC的DCOM接口的漏洞，向远端系统上的RPC系统服务所监听的端口发送攻击代码，从而达到传播的目的。计算机中毒后，莫名其妙地死机或重新启动计算机；IE浏览器不能正常地打开链接；不能复制粘贴；应用程序异常；网络变慢；在任务管理器里有一个叫“msblast.exe”的进程在运行。

2. 恶鹰

“恶鹰”有6个变种，变种“M、N”采用了加密变形的方法去感染可执行文件，导致系统文件被破坏，出现系统提示错误；其变种“O、R、S、T”在感染文件的基础上加入了利用微软漏洞传播的新特性。中毒症状是病毒在系统中开后门，利用P2P软件进行传播；“O、R、S、T”还会在系统中打开TCP 81端口，将被感染的系统设置为HTTP服务器，可让其他用户从此端口下载病毒。

3. 网络天空

该病毒利用系统收信邮件地址，乱发病毒邮件大量浪费网络资源，使众多邮件服务器瘫痪，因此让受感染的系统速度变慢。该病毒是一个典型的电子邮件类病毒，它会将自身复制到系统中的共享目录中，使用Microsoft Word图标和两个扩展名来欺骗用户。

4. 震荡波

它利用Windows平台的Lasses漏洞进行传播，中招后的系统将开启128个线程去攻击其他网上的用户；可造成机器运行缓慢、网络堵塞，并让系统不停的进行倒计时重启；其破坏程度有时可超过“冲击波”。

常见系统中毒后的现象

不论什么样的病毒，计算机中毒后都主要表现为如下现象：屏幕上出现了一些不是由正在运行的应用程序显示的异常画面；系统自动读写驱动器；出现用户数据丢失；磁盘文件的属性、长度发生变化；占用大量系统内存；磁盘出现坏道，或磁盘卷标发生变化；系统在运行过程中死机、系统自动启动等故障；计算机执行一项操作频繁；应用程序的启动速度明显下降等等。

常见的几种计算机杀毒软件

计算机病毒的防治要从防毒、查毒、解毒3方面来进行；防毒，根据系统特性，采取相应的系统安全措施预防病毒侵入计算机；查毒，对于确定的环境，能够准确地报出病毒名称，该环境包括内存、文件、引导区以及网络等；解毒，根据不同类型病毒对感染对象的修改，并按照病毒的感染特性所进行的恢复。

目前市面上流行的几款功能较为强大的查毒杀毒软件有：瑞星、江民、金山毒霸等，现分别介绍如下。

瑞星杀毒 2006

瑞星杀毒软件是北京瑞星计算机科技开发有限责任公司自主研制开发的反病毒安全软件，主要用于对各种恶性病毒查找、清除和实时监控，并恢复被病毒感染的文件或系统等，维护计算机与网络信息的安全。瑞星杀毒软件能全面清除感染 DOS、Windows 9x、Windows 2000、Windows XP 等多平台的病毒以及危害计算机网络信息安全的黑客程序。

瑞星杀毒软件分为世纪版、标准版和 OEM 版，它们均包含 DOS 版和 Windows 版 2 套杀毒软件，并有实时监控的防火墙功能，在 Windows 9x/2000/XP 版中还包括了智能的病毒实时监控功能。

1. 安装瑞星2006

1. 将瑞星 2006 杀毒软件安装盘放入光驱中，单击“SETUP.EXE”图标，系统弹出如下图所示的自动安装程序对话框。

2. 等待几秒钟后，系统弹出安装语言选择对话框。这里有中文简体、中文繁體、English、日本语等供用户安装选择，通常选择“中文简体”作为安装语言，然后单击“确定”按钮，如下图所示。

3. 在弹出的安装欢迎对话框中单击“下一步”按钮，系统会弹出许可证对话框，选中“同意”复选框，然后单击“下一步”按钮，打开“验证产品序列号和用户 ID”对话框。输入产品序列号（通常在外包装或者安装文件中可以找到），然后单击“下一步”按钮，如右图所示。

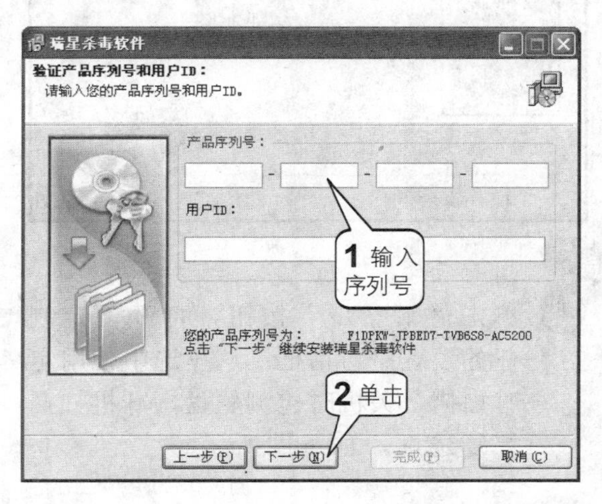

4 打开“定制安装”对话框，从下拉列表中直接选择“全部安装”，用户也可以在列表框中只选择某一部分组件进行安装。选择完毕后，单击“下一步”按钮，如下图所示。

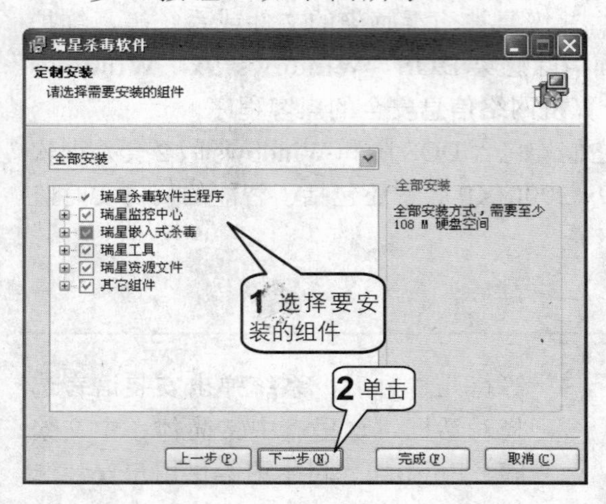

5 打开“选择目标文件夹”对话框，用户可以单击“浏览”按钮更改安装目标文件夹，如下图所示。设置完毕后，单击“下一步”按钮。

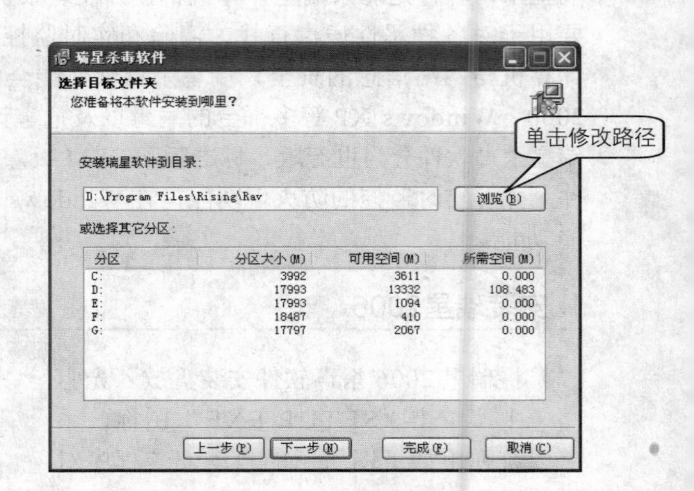

6 此时开始进入安装过程，如下图所示的安装向导对话框中会显示正在复制文件。此过程可能需要几分钟时间。

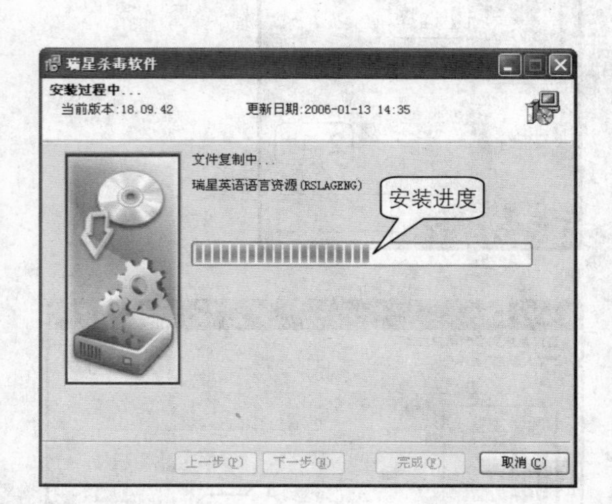

7 文件复制完成后，瑞星 2006 杀毒软件即安装到计算机，系统弹出“瑞基设置向导——手动扫描”对话框进行如下图所示的设置。

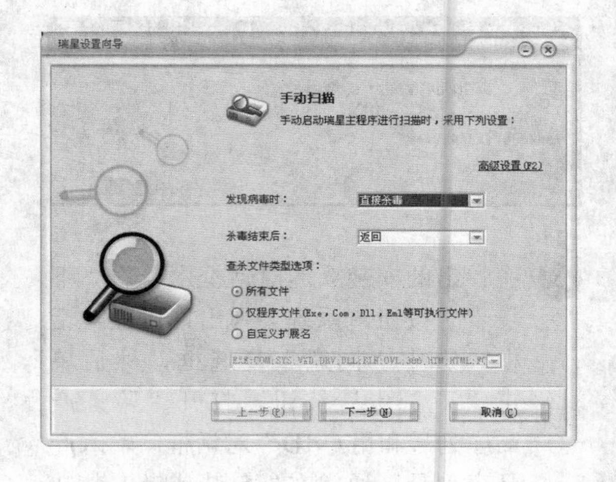

8 单击“下一步”按钮，打开“定制任务设置”对话框；这里选中使用定时扫描、关机时检测软盘、开机扫描等复选框，如下图所示。

9 单击“下一步”按钮，打开“瑞星监控中心设置”对话框。用户可以根据需要，设置计算机启动时，需要启动瑞星监控中心的哪些内容，如下图所示。

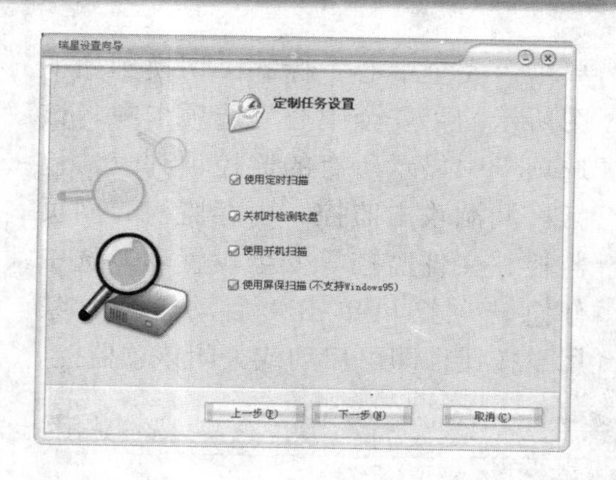

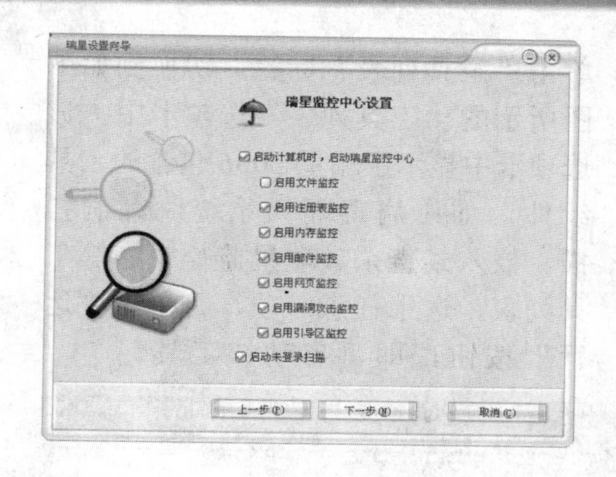

10 然后单击“下一步”按钮打开“定时升级”对话框。用户可以在该对话框中设置瑞星杀毒软件升级的频率、时间等选项。如果希望该杀毒软件能自动进行版本检测，则在“版本检测”选项区域中选中“自动检测最新版本（推荐）”复选框，然后单击“完成”按钮，如右图所示。

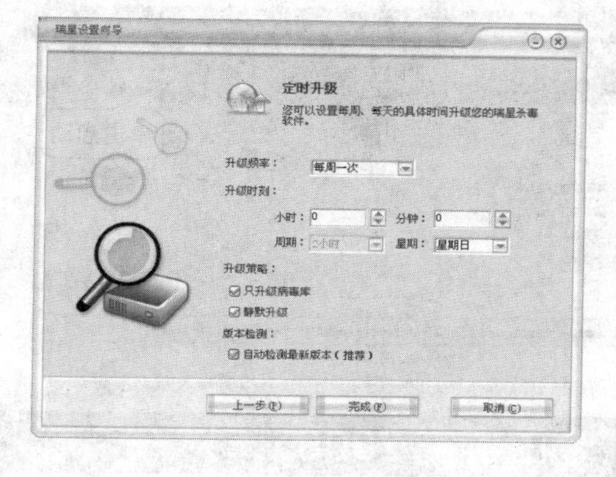

2. 使用瑞星杀毒2006软件进行查毒和杀毒

1 单击“开始>所有程序>瑞星杀毒软件>瑞星杀毒软件”命令，启动瑞星2006主界面，如下图所示。在窗口左侧显示查杀病毒目标列表，包括各个本地磁盘、移动磁盘、内存、邮件等；在窗口右侧为查杀病毒列表，包括文件名、路径、病毒名、状态等信息；单击“杀毒”按钮，软件进入到查杀病毒的状态。

2 单击“快捷方式”标签，切换到如下图所示的“快捷方式”选项卡中。这里包括“所有光盘”、“所有硬盘”、“可移动介质”等快捷方式，用户还可以单击“添加我的快捷方式”命令创建新的快捷方式。单击相应的快捷方式，瑞星就可以对该快捷方式中所显示的查杀目标进行杀毒。

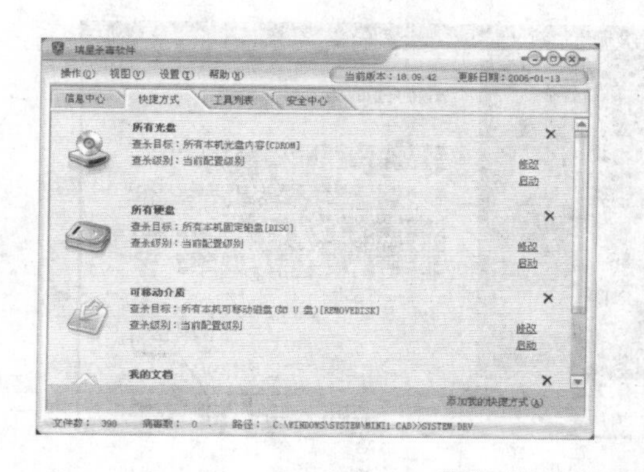

3 单击“工具列表”标签，切换到如下图所示的“工具列表”选项卡中。该选项卡中显示了瑞星 2006 包含的工具组件，如：病毒隔离系统、漏洞扫描、嵌入式查杀、瑞星监控中心等工具列表，选中任意一项，再单击“运行”按钮，即可启动该工具。

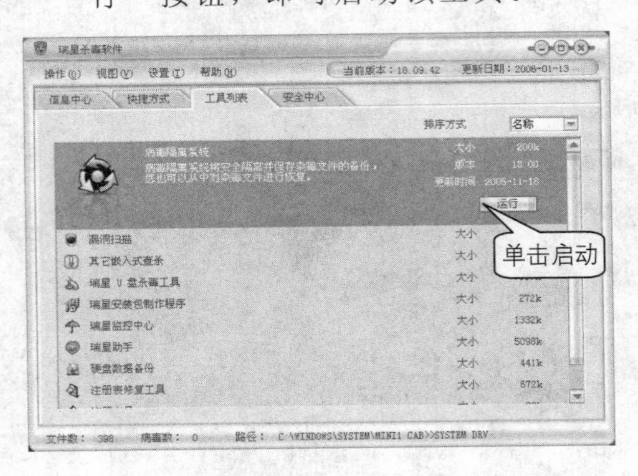

4 单击“安全中心”标签，切换到如下图所示的“安全中心”选项卡中。该选项卡中显示所有的监控项列表，包括：漏洞攻击监控、内存监控、网页监控、文件监控等安全设置项，选中任意一项，再单击“启动”或“禁用”按钮，即可启动或关闭该项监控。

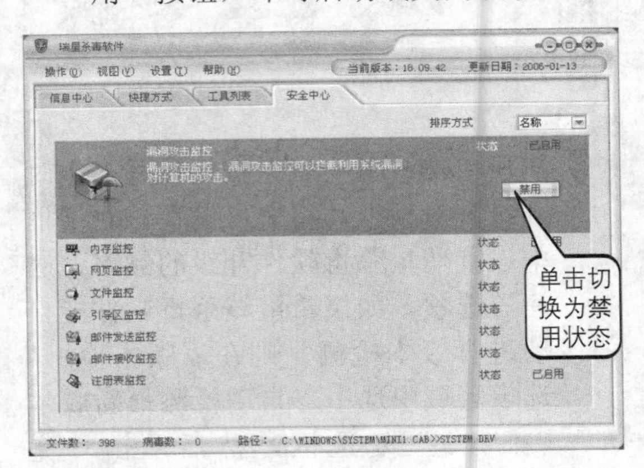

金山毒霸 2006

金山毒霸 2006 杀毒软件是由金山软件公司推出的最新的防病毒产品；采用触发式搜索、代码分析、虚拟机查毒等反病毒技术，具有病毒防火墙实时监控、压缩文件查毒等多项功能。金山毒霸目前可查杀多种黑客程序、特洛伊木马和蠕虫病毒及其变种，是目前最有效的国产特洛伊木马、黑客程序清除工具。金山毒霸 2006 能查杀多种病毒，包括对压缩和自解压文件格式的文件和 E-mail 附件病毒的检测；此外先进的病毒防火墙实时反病毒技术，可以自动查杀来自 Internet、E-mail、黑客程序的入侵以及盗版光盘的病毒。

1. 安装金山毒霸2006套件

1 将光盘放入光驱，启动金山毒霸 2006 安装程序向导，如下图所示，直接单击“下一步”按钮。

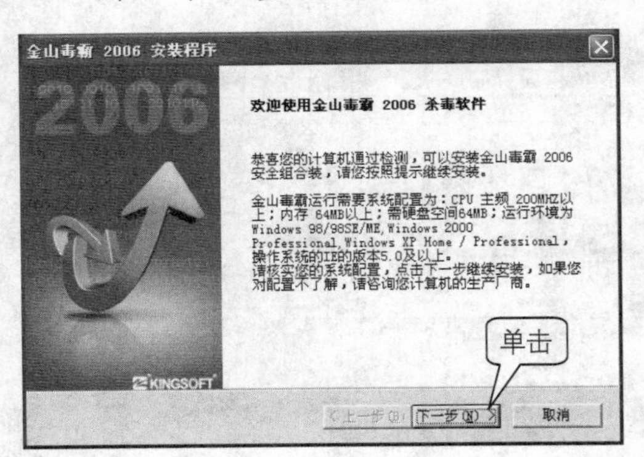

2 然后弹出金山软件最终用户许可协议对话框，阅读该协议后，单击“是”按钮，如下图所示。

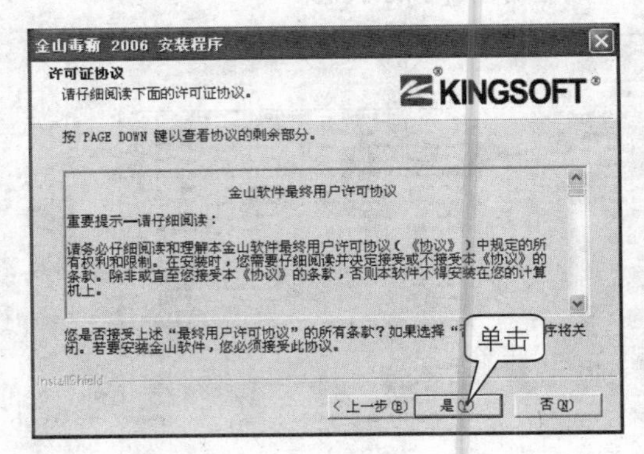

3 接着对话框中将显示关于如下图所示的金山毒霸2006的产品信息，用户可以阅读以掌握金山毒霸2006的新特性，然后单击“下一步”按钮。

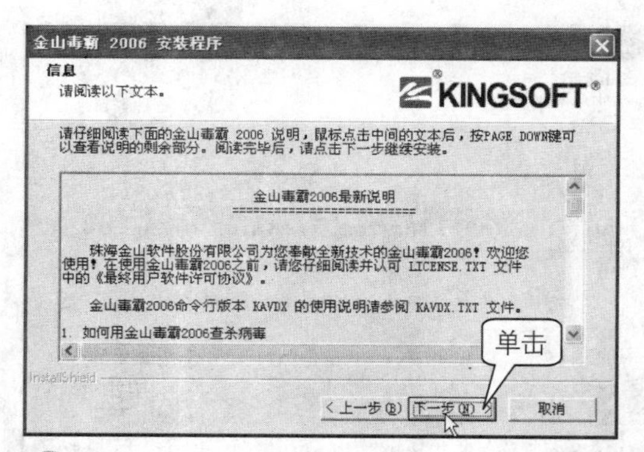

4 然后弹出“客户信息”对话框要求用户输入自己的信息，输入完毕后，单击“下一步”按钮，如下图所示。

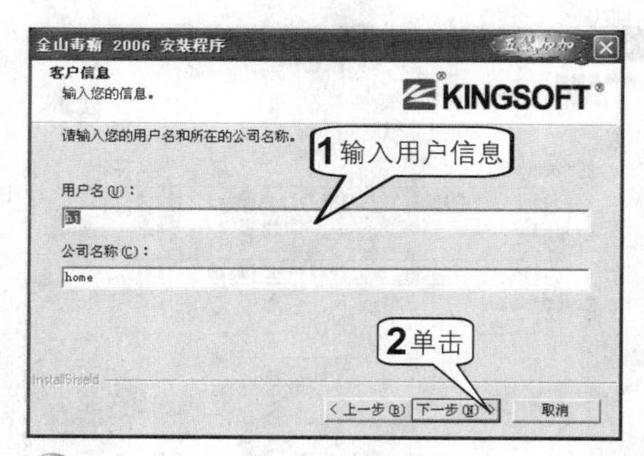

5 打开“安装类型”对话框，默认的安装类型为“典型”，如果用户需要自定义安装，则选中“自定义”单选按钮。单击“浏览”按钮可以更改安装位置。最后单击“下一步”按钮，如下图所示。

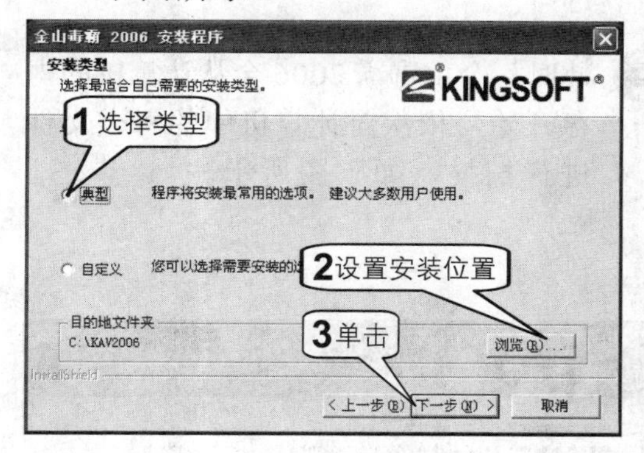

6 此时系统开始复制程序文件，几秒钟后，屏幕上显示如下图所示的对话框提示文件复制完成，单击“下一步”按钮。

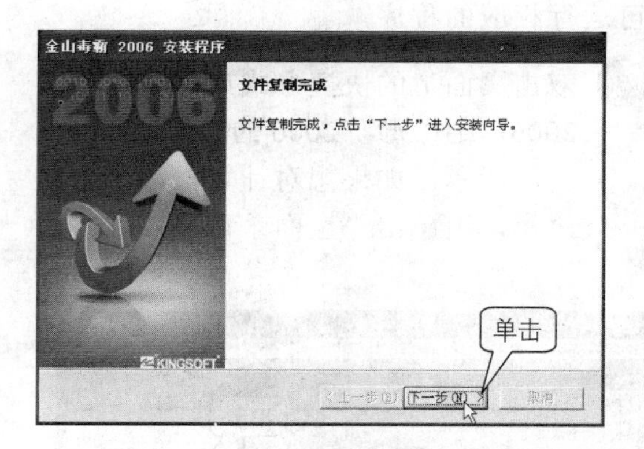

7 打开“金山毒霸2006安全组合装—安装向导”对话框，单击“下一步”按钮，如下图所示。

8 此时屏幕上会弹出“内存扫描”对话框，显示正在进行内存查毒。如果用户不想进行该操作，则单击“跳过”按钮，如下图所示。

9 打开“组件及服务”对话框，如下图所示。

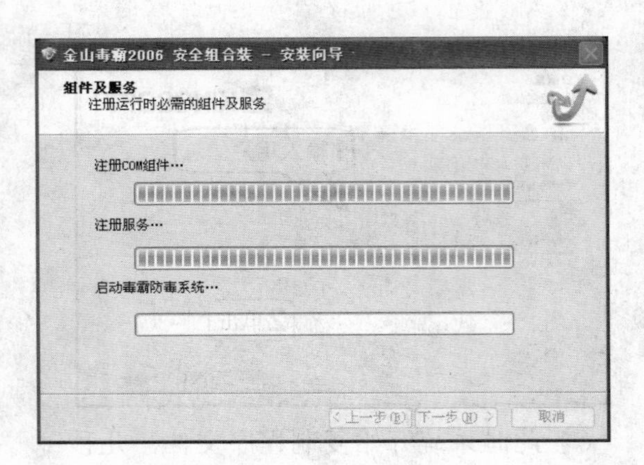

10 随后屏幕上会弹出绑定金山通行证对话框，用户如果不想设置金山通行证，则直接单击“跳过”按钮直到完成安装向导。

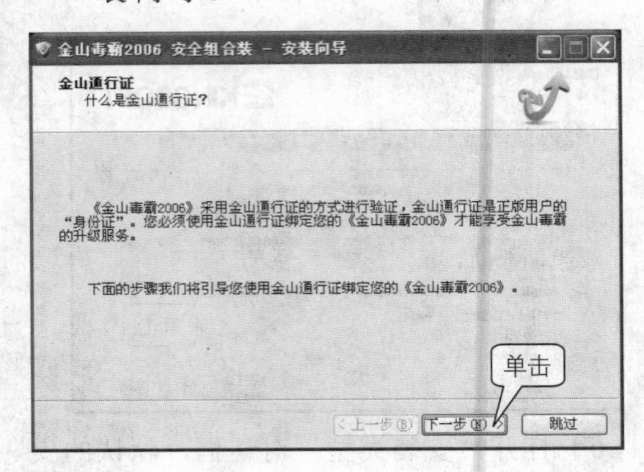

2. 使用金山毒霸2006及安全组合软件

当安装完金山毒霸 2006 及安全组合装以后，桌面上会出现金山毒霸 2006、金山网镖 2006、金山漏洞扫描 2006 以及金山反间谍 2006 程序的快捷方式图标。单击这些快捷方式图标，即可运行相应的程序。

1 双击桌面上的快捷方式启动金山毒霸 2006，金山毒霸 2006 的操作主界面如下图所示。如果想对计算机进行全面杀毒，请单击“全面杀毒”按钮，如下图所示。

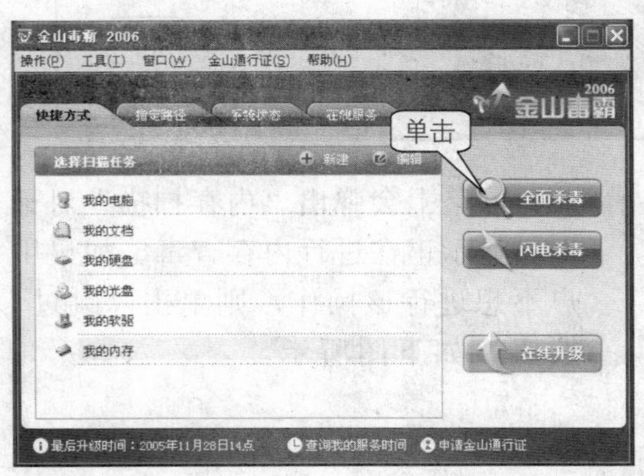

2 此时，金山毒霸 2006 会从计算机的内存开始，依次对计算机中的每个文件进行扫描，如下图所示。

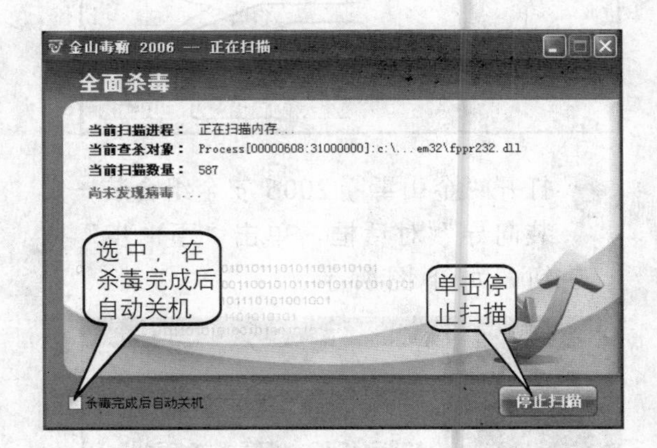

3 用户还可以对计算机中指定的路径进行杀毒。单击“指定路径”标签切换到“指定路径”选项卡中，在“选择扫描路径”列表框中选中需要杀毒的路径，然后单击“全面杀毒”或“闪电杀毒”按钮，如下图所示。

4 单击“系统状态”标签切换到“系统状态”选项卡。在该选项卡中，用户可以查看当前计算机中启用了哪些综合设置选项，如下图所示。

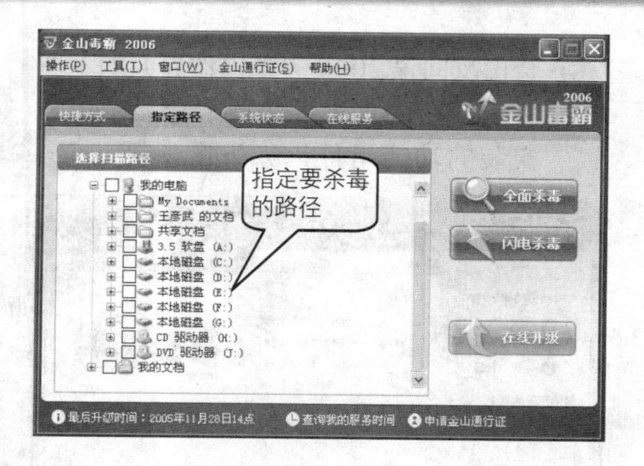

5 切换到“在线服务”选项卡中，可以在该页面中搜索病毒资料，还可以链接到金山公司主页，如下图所示。

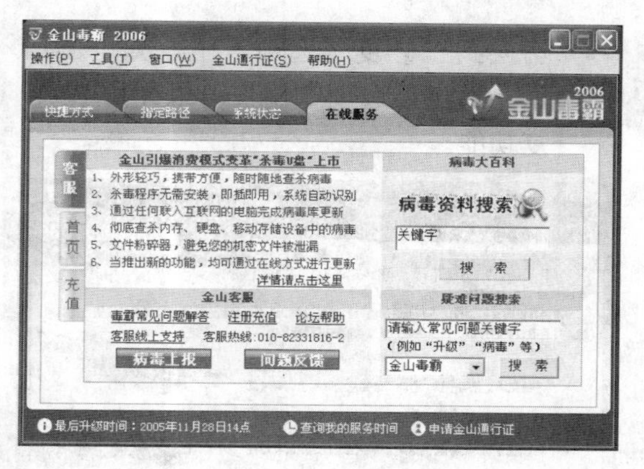

7 在“金山网镖2006”窗口中单击“工具>安全设置”命令打开“安全设置”对话框，选中“开启防火墙”单选按钮，如下图所示。此时在状态栏右侧会显示金山网镖标记和防火墙标记。

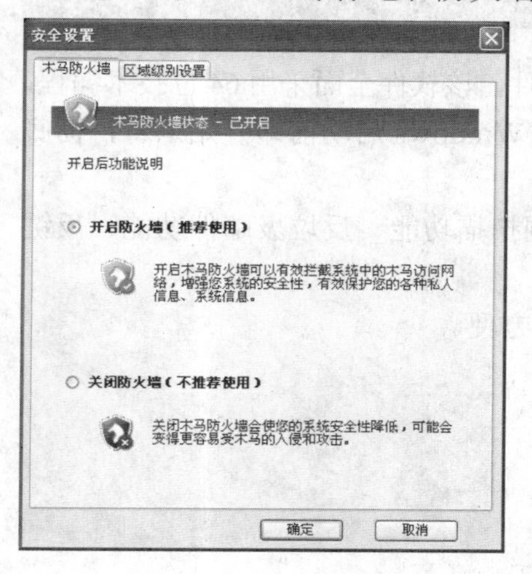

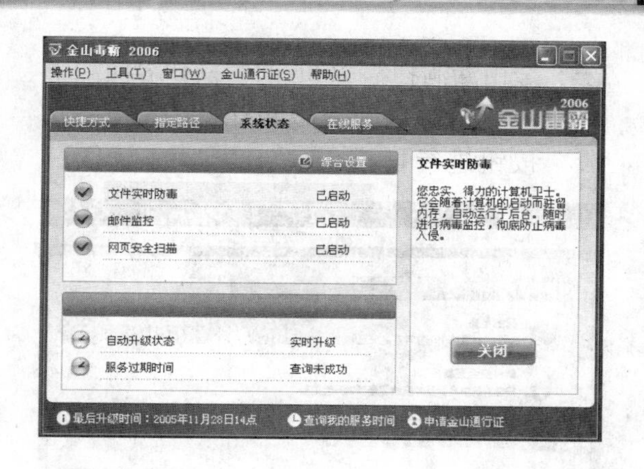

6 用户还可以单击桌面上的快捷方式图标启用金山网镖2006，它的操作主界面如下图所示。

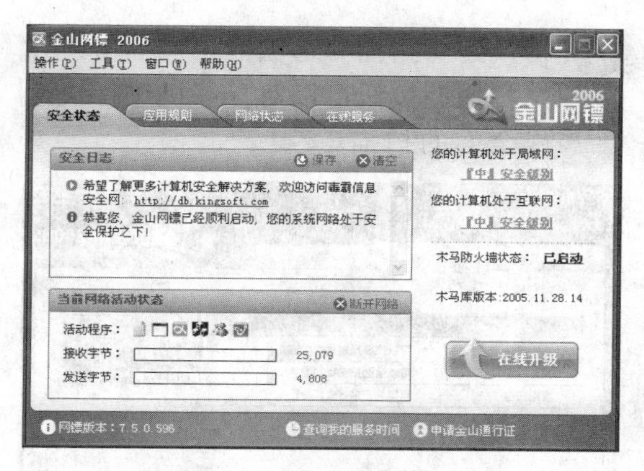

8 开启了金山网镖后，当用户在启动某些程序时，系统会进行询问。用户可以在如下图所示的“应用规则”选项卡中设置哪些程序需要进行询问。

9 金山漏洞扫描 2006 的主操作界面如下图所示。用户可以单击“扫描漏洞”按钮进行扫描。

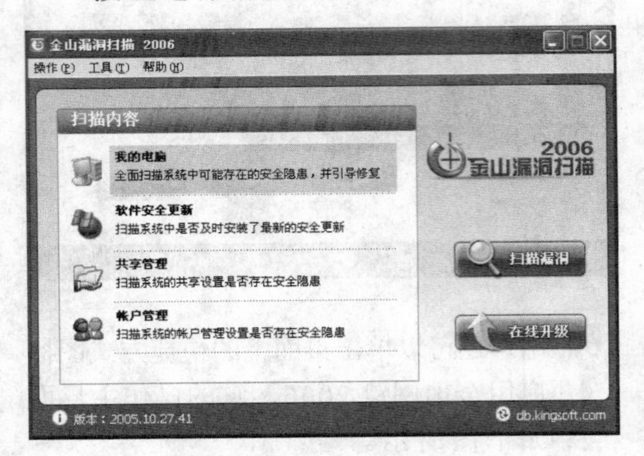

10 金山反间谍 2006 的主操作界面如下图所示。在“首页”选项卡会显示用户安装的功能组件，如下图所示。

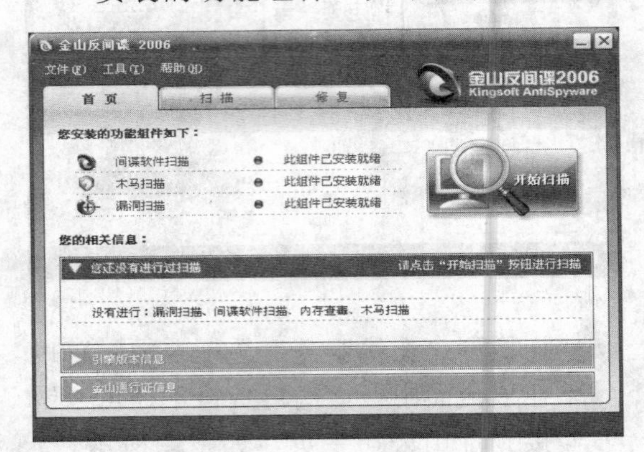

11 切换到“扫描”选项卡中，单击“开始扫描”按钮可以对计算机进行快速或全面的扫描。

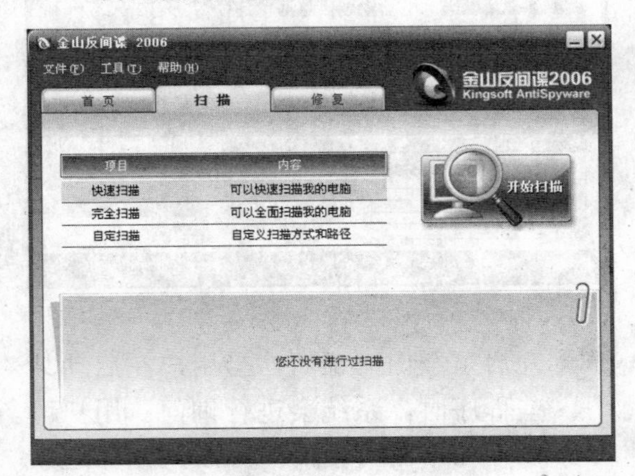

12 切换到“修复”选项卡中，如下图所示，通过该选项卡用户可以使用 IE 修复功能。

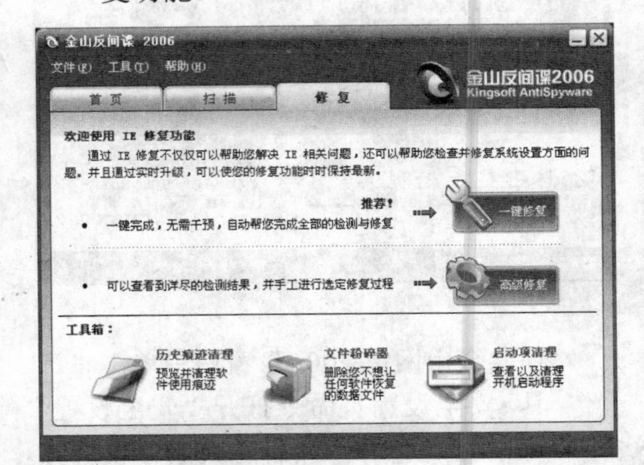

江民杀毒软件 KV2006

江民杀毒软件 KV2006 是江民公司最新推出的一套杀毒软件，该软件全面采用 64 位技术编程，杀毒效率更高。KV2006 独创 BOOTSCAN 杀毒技术，在 Windows 启动前即开始杀毒，彻底解决冲击波、震荡波等恶性病毒。

KV2006 可自动恢复病毒破坏的注册表，同时还新增漏洞扫描功能、反垃圾邮件功能、反键盘输入监视功能等新功能。

KV2006 还新增了多种风格界面，界面更亮丽、使用更方便。

1. KV2006的安装过程

① 启动安装程序，屏幕上出现正准备安装的界面，如下图所示。

② 进入如下图所示界面，此时对话框中显示了KV2006的一些新功能，直接单击“下一步”按钮。

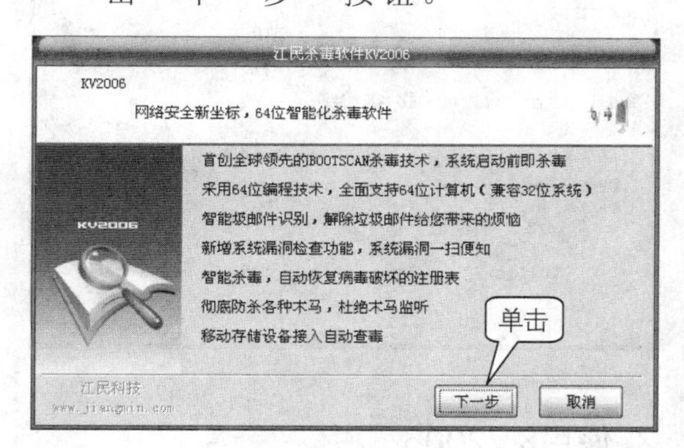

③ 进入欢迎使用界面，单击“下一步”按钮，如下图所示。

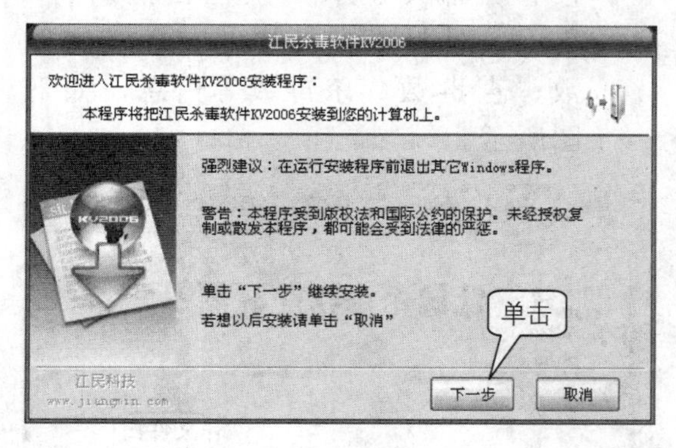

④ 阅读了许可协议后，单击“是”按钮，如下图所示。

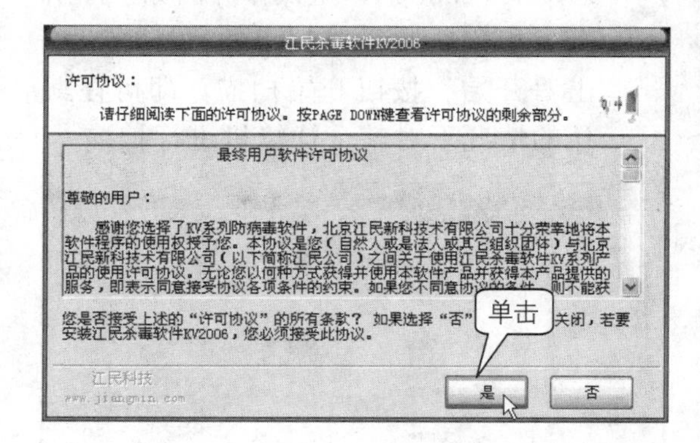

⑤ 进行选择安装路径界面，单击“浏览”按钮可以修改安装路径，设置完毕后，单击“下一步”按钮，如下图所示。

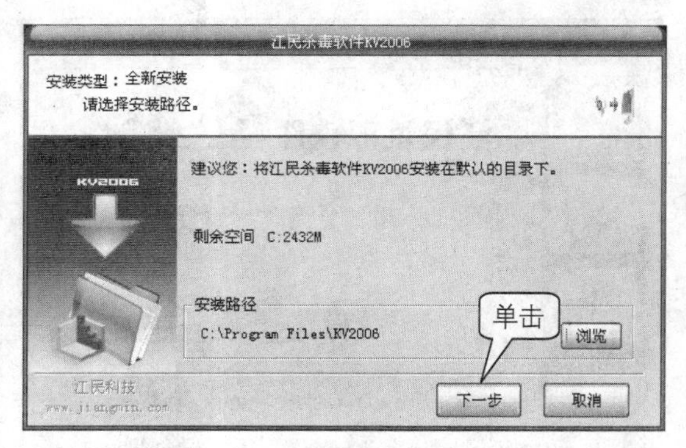

⑥ 如果希望在安装前先扫描系统病毒，则选中“安装前先扫描系统病毒”复选框，然后单击“下一步”按钮，如下图所示。

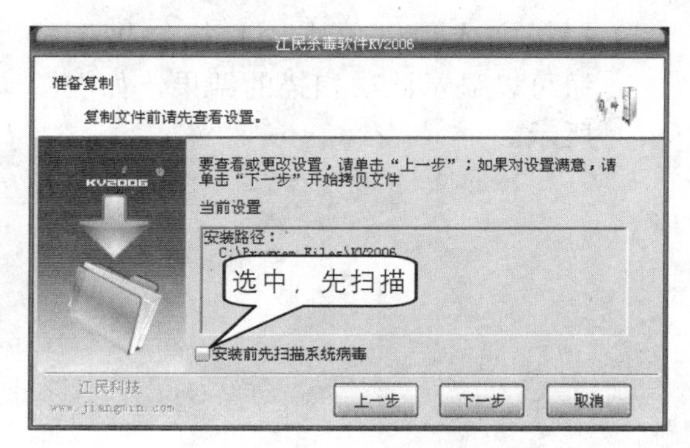

7 接下来开始拷贝文件，如下图所示。

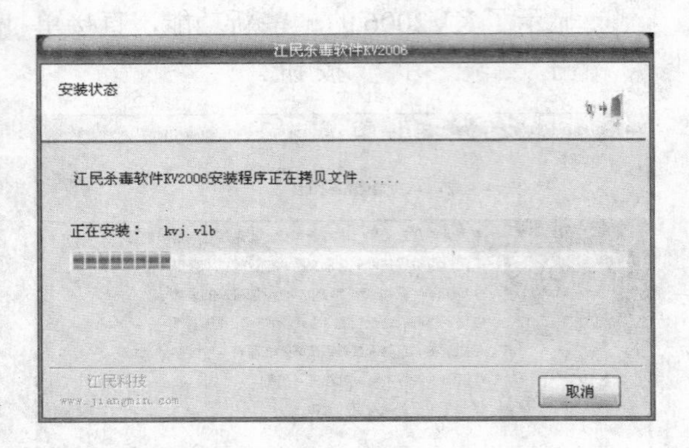

8 文件拷贝完成后，如下图所示，显示安装成功对话框，单击“完成”按钮即可。

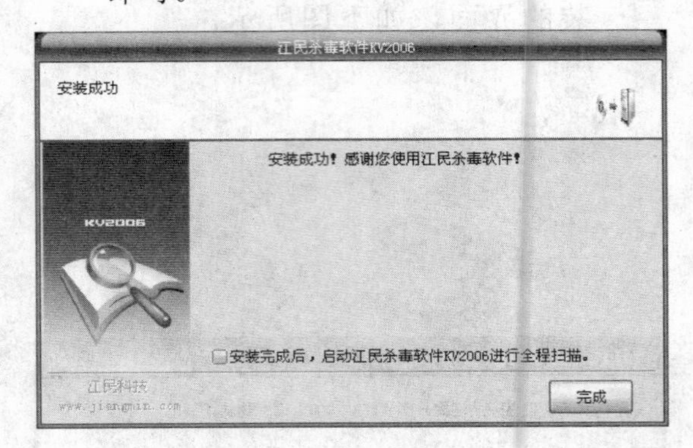

2. 使用KV2006

杀毒软件的使用都比较简单，用户可以根据操作界面上的提示进行操作，这里只做简单介绍。

1 启动KV2006后，主操作界面如下图所示。用户选中需要扫描的目标后，单击“开始”按钮开始扫描。即可在默认的情况下对整个计算机进行扫描。

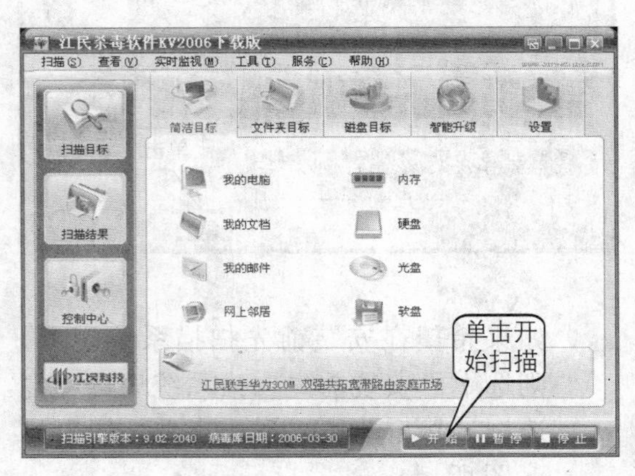

2 接着屏幕会显示“正在扫描病毒”界面，包括正在扫描的文件及文件数、查毒数、杀毒数等信息，如下图所示。

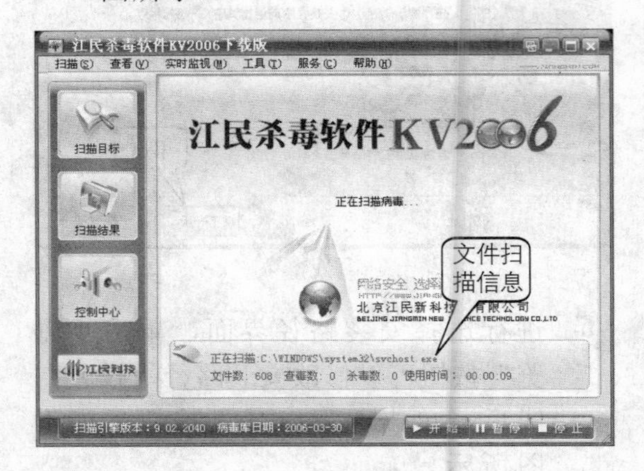

3 扫描完成后，单击“扫描结果”按钮可以显示此次扫描的结果，如右图所示。

在主操作界面中单击“工具>设置”命令打开“江民杀毒软件方案编辑器”对话框，切换到“实时监控”选项卡，在“设置开机自动启动的实时监视程序”选项区域中选中需要在计算机启动时自动运行的监视程序，如右图所示。

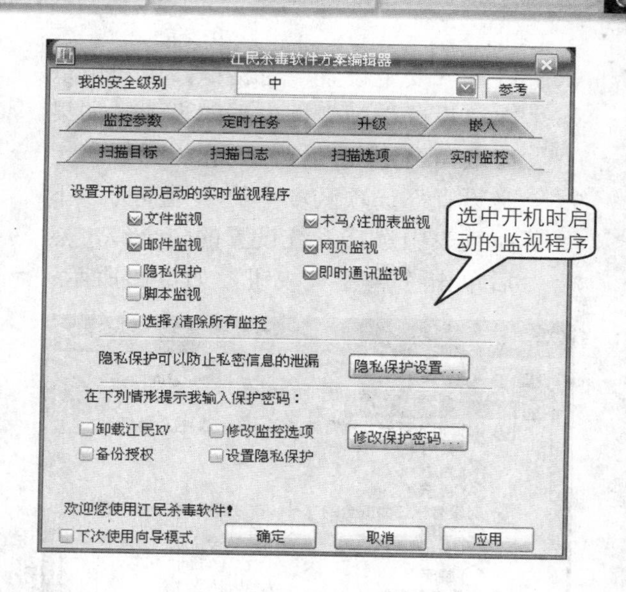

IE安全性设置

网络时代，计算机安全尤其重要，它关系计算机信息与数据的保密，使其尽量不受计算机病毒和黑客的侵扰，要合理设置Internet浏览器的安全参数，管理好计算机及网络邮件的各种密码。

Microsoft Internet Explorer（IE）是Windows XP的组件之一，是多功能的网页浏览器，支持多种链接和其他网页技术；IE允许用户对许多参数进行修改，包括安全选项等。

1. 打开IE浏览器，单击菜单栏中的“工具>Internet选项”命令，如下图所示。

2. 打开“Internet选项”对话框，单击“安全”标签切换到“安全”选项卡中。如果要自定义安全级别，则单击“自定义级别”按钮，如下图所示。

3 打开“安全设置”对话框，用户可以在“设置”列表框中更改设置。如果要取消自定义设置，则在“重置自定义设置”选项区域中的“重置为”下拉列表中选择系统设置的安全级，然后单击“重置”按钮，如下图所示。

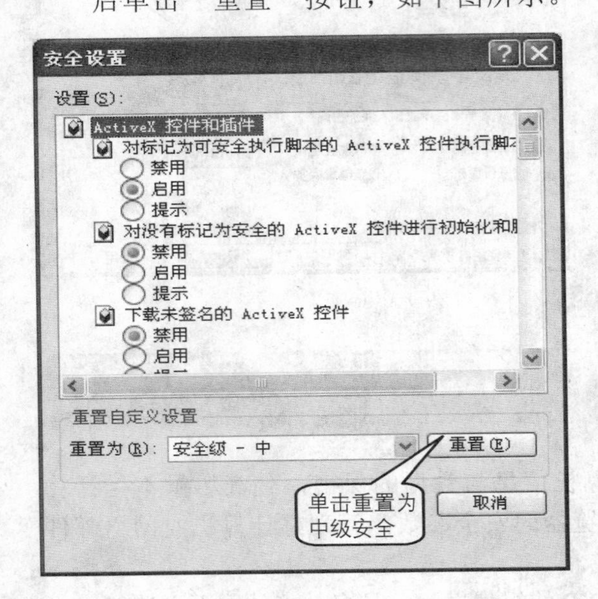

4 在Web区域中，单击“受信任的站点”标签，IE切换到受信任的站点对话框，在“该区域的安全级别”选项区域中显示当前的设置，如下图所示。用户可以单击“站点”按钮将一些可信任的网址添加为受信任的站点。

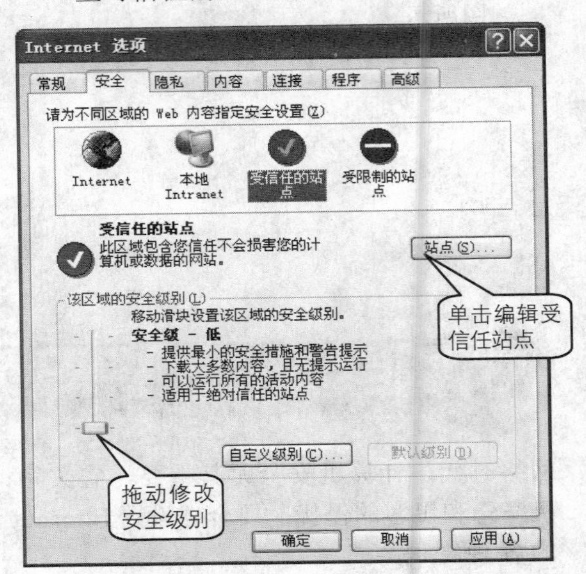

5 在Web区域单击“本地Intranet”图标，可以设置本地Intranet站点和安全级别，如下图所示。

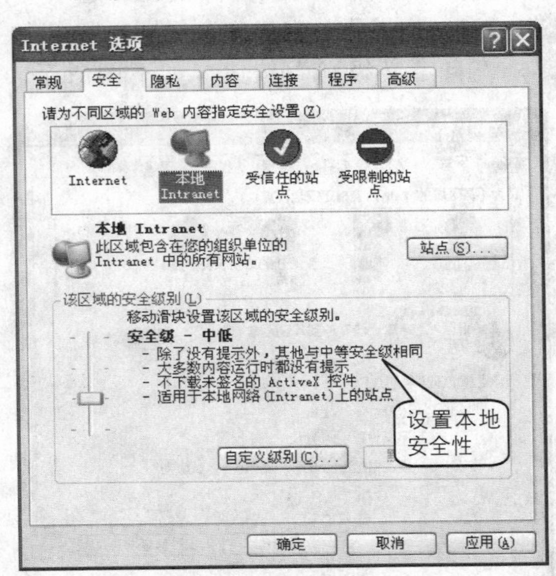

6 单击“站点”按钮打开“本地Intranet”对话框。用户可以使用3种方式设置指定本地的Intranet区域中包含的网站，如下图所示。

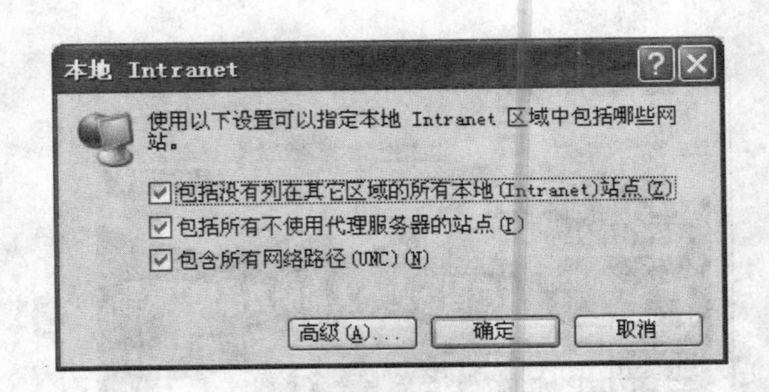

4 本章小结

在网络办公迅速普及应用的现代商务社会，人们在享受网络办公的高速便捷的同时，更应该注意网络安全和计算机病毒的防治，绝不可掉以轻心。

本章主要介绍了计算机病毒的特点、计算机病毒的分类、常见的几种计算机病毒，此外还介绍了目前最新版的几款杀毒软件，其中包括瑞星杀毒2006、金山毒霸2006和江民杀毒软件2006。在本章的最后介绍了如何对自己的计算机进行IE安全性设置。

通过本章的学习，首先要求读者具有网络安全和防毒杀毒意识；其次读者应当掌握常见的病毒及特点；最后要求读者掌握常见的几种杀毒软件及其使用方法，为创造一个安全的办公环境提供最大的保障。